Picture Book and Ecology of the Freshwater Diatoms

淡水珪藻生態図鑑

群集解析に基づく汚濁指数 DAIpo, pH 耐性能

渡辺 仁治 編著

内田老鶴圃

著者紹介

編著者
渡辺　仁治（わたなべ　としはる）
　　元金沢大学，奈良女子大学，関西外国語大学教授
　　日本珪藻学会会長
　　理学博士

著　者（五十音順）
浅井　一視（あさい　かずみ）
　　大阪医科大学生物学教室
大塚　泰介（おおつか　たいすけ）
　　滋賀県立琵琶湖博物館
　　農学博士
辻　　彰洋（つじ　あきひろ）
　　国立科学博物館植物研究部
　　理学博士
伯耆　晶子（ほうき　あきこ）
　　奈良女子大学理学部

本書の全部あるいは一部を断わりなく転載または
複写(コピー)することは，著作権および出版権の
侵害となる場合がありますのでご注意下さい．

序　文

　珪藻は，顕微鏡を用いてようやく見ることのできる微小な藻類ではあるが，美を極めた最も美しい植物とされてきた．しかし，生きている状態の珪藻の細胞や群体には，写真や図で示されているような美しい形は認めにくい．細胞を包むゼリー状の糖外被と，殻の中の細胞質を取り除いたとき，初めて美しい模様をもった殻の姿が現れる．

　珪藻に与えられた"Diatoms"の名は，ラテン語で"2つの"を意味する"di"と，"微小な単位"を意味する"atoms"から成り立っている．生命の本体である細胞質は，蓋と身とからなる2つのガラス質の殻でできた小箱の中に収まっている．珪藻の美しさは，このガラス箱の殻に施された，幾何学的，立体的で多様な模様によるものである．この模様と殻の形が，珪藻種同定の大切なよりどころとなる．

　また一方では，珪藻は単細胞生物でありながら，哺乳類や高等植物よりもあとで出現した，新参者とされる不思議な生物である．しかし新参者とされながらも，短期間に最も種数の多い部族にまで進化した生物集団，さらには奇跡的な早さであらゆる水循環に適応して，ほとんどすべての水中動物の生存を支える，代表的な生産者になるほどの大繁殖を遂げた生物集団であり，生物学的常識を逸脱した不思議な生物とされている．

　珪藻は，並外れた美しさと，すさまじいまでの適応能，生命力をもつ，多くの謎を秘めた生物集団でありながら，人とのかかわりあいが小さいせいもあろうが，決して馴染み深い生物とはなっていない．しかし，この生物に秘められた興味深い問題を，見逃したままにされるはずはなく，珪藻研究の歴史は，ヨーロッパではおよそ200年前にまでさかのぼることができる．近年になって，日本では日本珪藻学会が，国外では国際珪藻学会が，ほとんど同時期に発足して25年になる．日本では，平成16年に300名に近い会員を擁する学会の会誌"Diatom"の第20巻が発刊されたが，会誌に掲載されてきた論文，報文を通覧すると，分類，形態，生態，微化石に関する業績が日本でも著しく充実してきたことを知ることができよう．しかし，研究を進めるに当たって避けることのできない種の同定や生態情報の蒐集については，未だ多くを外国の図書に頼らざるをえない現状である．

　今，珪藻の生態に焦点を絞って考えてみると，膨大な種数に分化した種が，海から湖，川から小さな水たまりにまで，ありとあらゆる水域へ適応して，それぞれの環境に対して独自の群集を形成する生物だけに，環境と生物生存のあり方を研究するには，うってつけの生物といえよう．また多くの種は，Hustedtがいったように，世界中どこにおいてもよく似た生物的特性を示す世界普遍種である．したがって研究によって得られた生態情報の普遍性も，当然大きく世界に通用する．ことに珪藻群集を環境指標とするとき，種ごとに正確に細胞数を数えることができることは，他の追随を許さぬ得がたい適性であり，環境を適確に数値表現することを可能たらしめた．さらには付着性珪藻群集を環境指標とすることによって，河川の汚濁と湖沼の富栄養化の度合を，同一の尺度で測ることができるようになった．それはつまり，貧腐水性から強腐水性までの，流水域における腐水性体系に基づく汚濁階級と，貧栄養から富栄養までの，止水域における栄養性体系に基づく栄養階級との合体を可能としたことになる．

　川がせき止められて湖ができ，湖から川が流出するなど，流水域と止水域とは本来密接に連繋

しあう1つのシステムでありながら，Riglerがいうように，両者は別個の水域系として，互いに省みられることなく独自の方法で研究されてきた．しかし両体系の合体は，その方策が見つからないままに，数10年もの長期にわたる国際的な課題であった．付着珪藻群集を環境指標とする指数DAIpo（付着珪藻群集に基づく有機汚濁指数）が開発されたことによって，この長年の課題を解決する1つの道すじを，ようやく開くことができたと筆者らは考えている．

本書は，筆者らが日本のみならず，世界の各地から得たおよそ1500の淡水産付着珪藻群集のサンプルに基づいて生態情報を処理検討し，その結果をまとめて，将来の研究に資することを目的としたものである．しかし珪藻は環境に対して大変敏感に反応して生息するので，種あるいは群集の生態に関する情報は，適正な採集試料に基づいて注意深く解析された情報でない限り正しい情報とはなりにくい．本書ではこのことを配慮して，すべてのサンプルを後述の統一条件下で採集した．独自の統一条件下での試料の採集と，生態情報の新しい処理解析法は，生態情報の妥当性を期しての方策である．この方策と情報が，読者の方々の新しい研究に何らかのお役に立つことができれば，筆者一同の望外の喜びである．

本書の出版に当たって，内田老鶴圃社長の内田悟氏からは，貴重な御教示を賜ったばかりか常に励ましていただき，稿を進めるに当たっての心強い支えとなった．また同社の内田学氏，笠井千代樹氏からは，図書作りの細部にわたって，また筆者らの気付きにくい事項について，具体的で親切な御教示をいただいた．さらに度重なる本文，図版の修正にもかかわらず，原稿や図版を巧みに整理，編集して下さった．また，琵琶湖博物館の花田美佐子氏は，貴重な電顕写真を提供して下さった．さらに，試料採集に当っては，日本データパシフィック株式会社の吉田覚氏の特別の支援と協力を賜った．校正に当たっては，京都の吉田修氏の協力を得ることができ，渡辺澄子からは，文の推敲，試料の採集整理，校正などへの長期にわたる心配りと協力を得た．ここに記して，深く感謝申し上げたい．

2005年1月

渡辺　仁治

目 次

序　文 ……………………………………………………………………………………… iii
凡　例 ……………………………………………………………………………………… ix

総　論

第1章　珪藻研究の歴史 …………………………………………………………… 3
1-1　新種記載からはじまる分類学の歴史 ………………………………………… 3
1-2　細胞学，生理学的研究の歴史 ………………………………………………… 4
1-3　生態学的研究の歴史 …………………………………………………………… 6

第2章　環境指標としての珪藻群集 ……………………………………………… 14
2-1　物理化学的分析と生物学的分析 ……………………………………………… 15
2-2　生態系と環境指標 ……………………………………………………………… 15
2-3　なぜ珪藻群集を指標とするのか ……………………………………………… 16

第3章　湖沼，河川共通の水質汚濁指数 DAIpo …………………………………… 18
3-1　条件統一とその必要性 ………………………………………………………… 18
3-2　珪藻の有機汚濁への耐性能に対する純生物学的数理解析 ………………… 19
3-3　珪藻群集の規則的変動と DAIpo（DAIpo の理論的根拠） ………………… 20
3-4　DAIpo の求め方と好清水性種および好汚濁性種 …………………………… 22
3-5　DAIpo と物理化学的分析値 …………………………………………………… 38
3-6　DAIpo に基づく川の汚染地図と河川総合評価値 RPId …………………… 40
3-7　ダム湖と流入河川の DAIpo …………………………………………………… 43
3-8　DAIpo の季節的変化と四季の汚染地図 ……………………………………… 45
3-9　汚濁負荷量算定への試み ……………………………………………………… 47
3-10　将来の水質監視のための調査地点設定 ……………………………………… 49
3-11　外国河川の例 …………………………………………………………………… 52

第4章　珪藻の生活様式 …………………………………………………………… 54
4-1　浮遊生活と付着生活 …………………………………………………………… 54
4-2　群体形成の様式 ………………………………………………………………… 54
4-3　付着性珪藻の生活様式 ………………………………………………………… 57
4-4　付着性珪藻の被付着物による類別 …………………………………………… 58

第5章　試料の採集 ·· 60
5-1　浮遊性珪藻の採集法 ·································· 60
5-2　付着性珪藻の採集法 ·································· 60
5-3　表泥の採集法 ·· 62

第6章　試料の処理と検鏡 ···································· 63
6-1　試料の処理法 ·· 63
6-2　永久プレパラートの作り方 ···························· 64
6-3　光顕写真撮影法 ······································ 65

第7章　形態（種の同定に関わる特性要素） ···················· 66
7-1　縦溝の走り方 ·· 67
7-2　被殻の形 ·· 70
7-3　被殻先端部の形 ······································ 72
7-4　条線の走り方と構造，密度 ···························· 74

参考文献 ·· 81

写真編

写真編の写真および解説について ······························· 2

I　中心目(Centrales)の分類 ·································· 4

Melosira C.A.Agardh 1824 ·································· 8
Aulacoseira Thwaites 1848 ································ 12
Orthoseira G.H.K.Thwaites 1848 ···························· 27
Cyclotella (Kützing) Brébisson 1838 ······················ 29
Cyclostephanos Round 1987 ································ 37
Stephanodiscus Ehrenberg 1845 ···························· 41
Thalassiosira P.T.Cleve 1873 ······························ 48
Rhizosolenia Ehrenberg 1843 ······························ 52
Pleurosira Meneghini 1845 ································ 54
Hydrosera Wallich 1858 ···································· 56
Attheya T.West 1860 ······································ 58

II　羽状目(Pennales)の分類 ································ 61

IIA　無縦溝亜目(Araphidineae)の分類 ························ 67

IIA　ディアトマ科(Diatomaceae)

Tabellaria Ehrenberg 1840 ································ 70
Diatoma Bory 1824 ·· 74

Martyana F.E.Round 1990 ⋯⋯81
Punctastriata D.M.Williams & F.E.Round ⋯⋯84
Staurosirella D.M.Williams & F.E.Round ⋯⋯84
Pseudostaurosira D.M.Williams & F.E.Round 1987 ⋯⋯89
Tabularia D.M.Williams & F.E.Round 1986 ⋯⋯89
Fragilariforma D.M.Williams & F.E.Round 1987 ⋯⋯94
Staurosira (C.G.Ehrenberg) D.M.Williams & F.E.Round 1987 ⋯⋯94
Fragilaria Lyngbye 1819 ⋯⋯100
Synedra Ehrenberg 1830 ⋯⋯100
Ctenophora (Grunow) Lange-Bertalot 1991 ⋯⋯100

IIB　有縦溝亜目(Raphidineae)の分類 ⋯⋯123

IIB₁　ユーノチア科(Eunotiaceae)
Eunotia Ehrenberg 1837 ⋯⋯124
Actinella Lewis 1864 ⋯⋯165
Peronia Brébisson & Arnott *ex* Kitton 1868 ⋯⋯168

IIB₂　アクナンテス科(Achnanthaceae)
Cocconeis Ehrenberg 1838 ⋯⋯173
Achnanthes Bory 1822 ⋯⋯180

IIB₃　ナビクラ科(Naviculaceae)
Frustulia Rabenhorst 1853 ⋯⋯228
Gyrosigma Hassal 1843 ⋯⋯235
Caloneis Cleve 1894 ⋯⋯238
Neidium Pfitzen 1871 ⋯⋯244
Diploneis Ehrenberg 1844 ⋯⋯250
Stauroneis Ehrenberg 1843 ⋯⋯258
Anomoeoneis Pfitzen 1871 ⋯⋯267
Brachysira Kützing 1836 ⋯⋯270
Navicula Bory de St.Vincent 1822 ⋯⋯276
Pinnularia Ehrenberg 1843 ⋯⋯354
Amphora Ehrenberg *in* Kützing 1844 ⋯⋯404
Encyonema Kützing 1833 ⋯⋯413
Cymbella Agardh 1830 ⋯⋯427
Gomphoneis P.T.Cleve 1894 ⋯⋯462
Gomphonema Ehrenberg 1832 ⋯⋯467

IIB₄　エピテミア科(Epithemiaceae)
Epithemia Brébisson *ex* Kützing 1844 ⋯⋯521
Rhopalodia O.Müller 1895 ⋯⋯533
Denticula Kützing 1844 ⋯⋯538

IIB₄ ニチア科(Nitzschiaceae)
Nitzschia Hassall 1845 ···**545**
IIB₅ スリレラ科(Surirellaceae)
Surirella Turpin 1828 ···**605**
Cymatopleura W.Smith 1851 ···**630**
Stenopterobia Brébisson 1878 ···**633**

学名総索引 ···**641**
事項索引 ···**663**

凡　　例

1.　種の分類，同定について

　珪藻の研究は現在，電子顕微鏡を用いた形態学的研究による微細構造の解明はいうに及ばず，細胞分裂，生活史，光合成に関わる葉緑体，ミトコンドリアの機能など，生理学的分野においても，新しい手法による研究が積極的に進められている．これらの研究は，一方においては新属，新種の設定，あるいは統合とも関わりあい，そのために，分類学はかなり流動的であるといわざるをえない．本書の編集に当たっては，新しい情報に配慮しながら，基本的には従来からの分類体系を重視し，新しい分類群名はできる限り併記した．

　種の同定の難しさが，研究者にとって大きな障害であった．この障害をできる限り少なくするために，殻の形や殻端の形など，従来の言葉で示されてきた形態の要素ごとにモデル図を設け，モデル記号の組み合わせを，同定に利用できるように配慮した．また

　種名は，Cleve-Euler, A. (1951-1955)；Patrick, R. & Reimer, C.W. (1966, 1975)；Krammer, K. & Lange-Bertalot, H. (1986-1991)；Hustedt, F. (1930, 1961-1966)；Round, F.E. *et al.* (1990) らを参考とした．

　種名には，Synonym および最近の分類学的情報を文献と併記して，生態学的情報の混乱を避けることにつとめた．

2.　生態学的情報について

　陸水の有機汚濁と pH に対する生態学的情報，および生態分布図は，筆者らが特定の統一条件のもとで採集した付着珪藻群集の試料を，数理統計的に処理して得た情報を示したものである．なお，プランクトンとして出現する淡水産珪藻も，ほとんどすべて含まれる．他の環境要因との関係については，内外の研究者による生態学的情報も精選して紹介した．

2-1　付着珪藻群集に基づく水質の有機汚濁指数（DAIpo）

　DAIpo（Diatom Assemblage Index to organic water pollution）は，止水域，流水域共通の有機汚濁に対する生物学的指数である．0は最も強い汚濁，100は最も清浄であることを示す．

　"常に共存する種は，環境に対して類似の反応を示す" という筆者らの考えに基づき，珪藻種の有機汚濁に対する耐性能を求め，その順に珪藻種を一列に並べることができた．この序列を検討した結果，付着珪藻群集の群集形式は，次の3つの規則性に従うことが明らかとなった．

　(1) 三者分離則，(2) 二者共存則，(3) 比例変化則．

　これらの規則性は，環境変化に伴う群集の規則的変化として次図のように図示できる．DAIpo の値は，この図から導き出される簡単な次式によって求めることができる．

$$\text{DAIpo} = 50 + 1/2\,(A - B)$$

　　A：その調査地点に出現したすべての好清水性種群の相対頻度(%)の和
　　B：その調査地点に出現したすべての好汚濁性種群の相対頻度(%)の和

　好清水性種群，好汚濁性種群は，第3章で述べるように，数理統計学的に抽出された．その判定は，第3章，表3-2と表3-3に従う．

DAIpoの具体的な計算法を，下記の珪藻種の出現表を用いて示すが，詳しくは第3章を参照されたい．

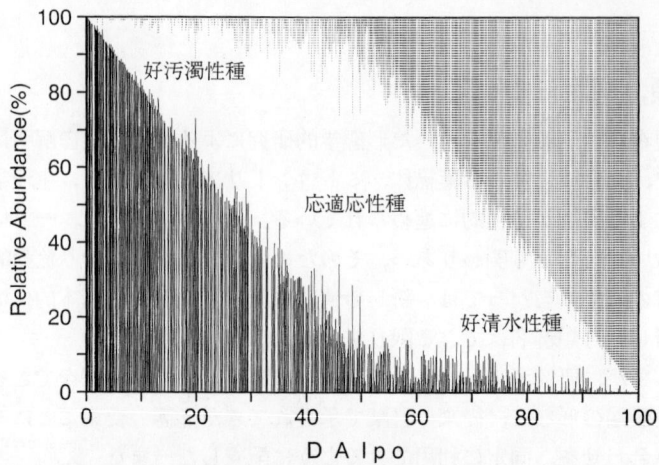

図 1240地点の付着珪藻群集組成の変動（渡辺，浅井1995を改変）
　1本1本の垂直な線が調査地点の群集組成を示している．1240本の線が図示されているが，それぞれの線において，下から立ち上がる線は群集中の好汚濁性種群を，垂れ下がる線は好清水性種群を，中間の余白部は広適応性種群の相対頻度（優占度）(%)を示すものである．珪藻群集中の3生態種群のどの相対頻度も，DAIpoの増減に比例して変動する．

表 珪藻種の出現表の作例とDAIpoの求め方

出現種	地点	1 細胞数 (%)		2 細胞数 (%)		3 細胞数 (%)	
*1	*Achnanthes clevei*	2	(0.5)	—	—	—	—
*2	*A. japonica*	252	(58.2)	6	(1.2)	—	—
*3	*Cocconeis placentula* var. *euglypta*	115	(26.6)	—	—	3	(0.5)
4	——	7	(1.6)	7	(1.4)	124	(20.9)
#5	——	4	(0.9)	—	—	2	(0.3)
6	——	23	(5.3)	11	(2.3)	67	(11.3)
7	——	3	(0.7)	9	(1.8)	38	(6.4)
8	——	9	(2.1)	37	(7.6)	279	(47.0)
9	——	18	(4.2)	1	(0.2)	53	(8.9)
10	——	1	(0.2)	1	(0.2)	8	(1.3)
#11	——	—	—	43	(8.8)	4	(0.7)
#12	——	—	—	18	(3.7)	15	(2.5)
#13	——	—	—	354	(72.7)	—	—
*A	(%)		(86.2)		(1.2)		(0.8)
#B	(%)		(0)		(85.2)		(3.2)
総細胞数		433		487		593	

＊好清水性種，＃好汚濁性種

地点1のDAIpo = 50+1/2(86.2−0) = 93.1
地点2のDAIpo = 50+1/2(1.2−85.2) = 8.0
地点3のDAIpo = 50+1/2(0.8−3.2) = 48.8

DAIpoを広く利用していただくことは，本書編纂の目的の1つである．その理論と効用については，総論第3章を参照されたい．

2-2 環境傾斜(有機汚濁とpH)に伴う付着珪藻群集中の相対頻度の変動

本書では，できるだけ多くの分類群(種)について，有機汚濁指数(DAIpo)とpHの変動に伴う，付着珪藻群集中における相対頻度(優占度)の変動を示す図を添えた．以下の図は，代表種の分布図を例示したものである．これらの図から，それぞれの種の適応能の特性を知ることができよう．

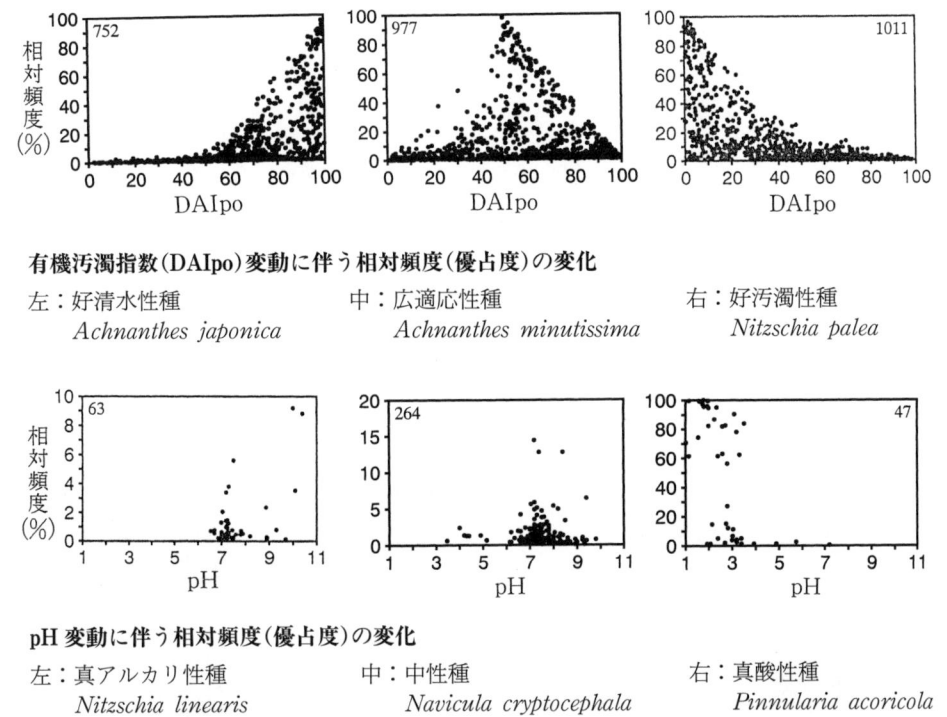

有機汚濁指数(DAIpo)変動に伴う相対頻度(優占度)の変化

左：好清水性種　　　　　中：広適応性種　　　　　右：好汚濁性種
　Achnanthes japonica　　　*Achnanthes minutissima*　　*Nitzschia palea*

pH変動に伴う相対頻度(優占度)の変化

左：真アルカリ性種　　　中：中性種　　　　　　右：真酸性種
　Nitzschia linearis　　　*Navicula cryptocephala*　　*Pinnularia acoricola*

相対頻度(%)：珪藻群集中における，その分類群(種)の計測細胞数の，出現したすべての珪藻分類群の計測細胞数の合計に対する割合(%)．

枠内上部の数値：その分類群(種)が出現した珪藻群集の試料数．

総論

第1章　珪藻研究の歴史

　珪藻研究の歴史は，およそ200年前にまでさかのぼることができる．Müller, O. F. は，珪藻をDiatomaceenと呼んだが，Agardh, C. A. (1824)が用いたDiatomsの語が現在広く使われている．この名は，1986年にイギリスで発刊された国際機関誌"Diatom Research"にも，また1985年発刊の日本珪藻学会誌"Diatom"のみならず，最近における内外の論文中にも，広く用いられている．この"Diatom"の名は，ラテン語で"2つの"を意味する"di"と，"微小な単位"を意味する"atom"とから成り立っている．つまり，蓋と身からなる小さな箱を意味する．

　一方，Nitzsch, L. (1817)は，珪藻綱を設定してBacillariaeと呼んだ．Hustedt, F. (1930)は，珪藻門をBacillariophytaとした．後にHendey, N. I. (1964)の分類体系では，珪藻綱Bacillariophyceae中に，珪藻目Bacillariales，珪藻科Bacillariaceaeの語を見ることができる．1978年には小さな棒状体"bacillum"に由来するBacillariaの名称でドイツから国際機関誌が発刊された．

　DiatomとBacillariaとの2系統の呼び名をもつ珪藻は，長い間珪藻門Bacillariophytaまたは珪藻綱Bacillariophyceaeに属する生物群とされてきたが，研究が進むにつれて，現在では主として下記の理由から黄金藻門"Chrysophyta"に近似の門，または黄金藻門中の綱と考えられている．

黄金藻門に近似の門または綱と考えられる理由
（1）　光合成補助色素
　褐藻と同様に，クロロフィル(Chlorophyll) a, c_1, c_2(c_3)と，黄金藻，褐藻と同様のカロテン系色素フコキサンチン(fucoxanthin)，ディアディノキサンチン(diadinoxanthin)，ベーターカロテン(β-carotene)を含む．これらのカロテン系色素を含むので，生細胞を顕微鏡で見たとき，あるいは付着している珪藻群集を肉眼で見たときに，それらは茶褐色に見える．

（2）　光合成産物
　黄金藻と同様にクリソラミナリン(chrysolaminarine)と呼ぶ多糖類を生産する．条件によっては，二次的生産物と考えられる油脂(lipid)が蓄積する．この油脂には，イコサペンタ塩酸(eicosapentaenoic acid：EPA)を成分とする様々な油脂が含まれる．

（3）　葉緑体の構造
　緑色植物の葉緑体は，2枚の膜で被われているのに対して，珪藻の葉緑体は黄金藻と同様に，4枚の膜で被われている(図1-1)．

1-1　新種記載からはじまる分類学の歴史

　19世紀には，西ヨーロッパにおいて，続々と新しい種が記載されていった．
　ドイツのEhrenberg, C. G., Hustedt, F., Krasske, G., Kützing, F. T., Mayer, A., Müller, O., オーストリアのGrunow, A., スウェーデンのAgardh, C. A., Cleve-Euler, A., Cleve, P. T., イギリスのGregory, W., Smith, W. らは，19世紀の代表的な研究者で，多くの種のauthor nameにその名を見ることができる．

　20世紀になると，光学顕微鏡による分類学は1つの頂点を迎え，Hustedt, F.(ドイツ)，Cholnoky, B. J.(ハンガリー)，Patrick, R.とReimer, C. W.(アメリカ)らの著書は，日本の研究者にとっても，長い間種同定の指導書として利用されてきた．

　しかし，1930年代から透過型電子顕微鏡による形態学的研究が盛んとなり，ドイツのHelmcke, J. G. とKrieger, W.および奥野春雄らが先駆者となって，殻の微細構造が解明されていった．その後に出現した走査型電子顕微鏡は，珪藻殻の微細構造を研究するためには，あつらえむきの顕微鏡であったこともあり，1960年以降，走査電顕による研究からの新しい知見は，珪藻の従来からの分類学をあわただし

く修正しながら現在に至っている．

1-2 細胞学，生理学的研究の歴史

分類学的研究は，当初から現在に至るまで，閉ざされることなく継続されてきたが，細胞学，生理学に関する研究は断続的に行われてきたといえよう．

1-2-1 細胞分裂に関する研究

古くは，1896年のRauterborn, R.の書にさかのぼることができる．当時の光顕のおそらく限界性能にまで達したと思えるほどの精緻な観察の結果は，いくつかの批判を受けてはきたが，その結果が正しかったことが，1984年にアメリカのPickett-Heapsらによって確認された．透過型電顕による細胞分裂の研究は，新しいテクニックの開発を得て1970年以降急速に発展し，ことに紡錘体の構造と分裂時の挙動との特異性が注目されている．

1-2-2 葉緑体に関する研究

葉緑体は，光合成を行う細胞小器官の1つであり，生細胞の観察時においては，形，大きさ共によく目立つことから，古くから注目されてきた．珪藻は，葉緑体中に含まれる葉緑素の組成が，クロロフィルaとcのいわゆるac植物であって，緑藻や車軸藻，あるいは陸上の種子植物やコケ類などのab植物とは，系統の異なる生物群であることが分類学上重要な特徴とされている．最近になって，葉緑体の形，分裂の時期，分裂の様式が，特定の種群では一定していることが判明したことから，葉緑体の性質は分類の基準として注目されるようになった．イギリスのCox, E. J.(1992)は，生細胞を用いての淡水産珪藻の同定を試みた際，分類の基準として，葉緑体の形，細胞内の位置，数をとりあげている．

珪藻の葉緑体は，2枚の葉緑体ER(chloroplast endoplasmic reticulum)と2枚の葉緑体膜(chloroplast envelope)の，計4枚の膜で被われている．このような膜の構成は黄色植物に共通した特徴であり，

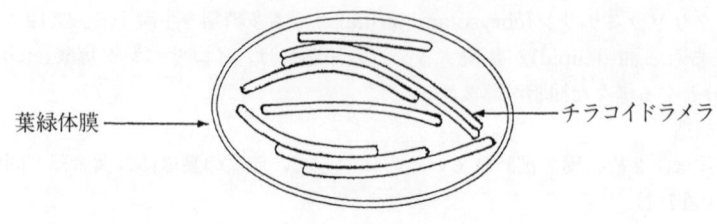

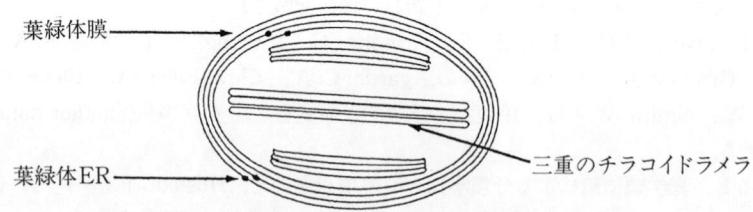

図1-1 緑藻と珪藻の葉緑体

緑藻の葉緑体（上図）：チラコイドラメラ(thylakoid lamella)を2枚の**葉緑体膜**(chloroplast envelope)が包む．
珪藻の葉緑体（下図）：三重のチラコイドラメラ(threefold thylakoid lamella)を，内側の2枚の葉緑体膜と外側の2枚の**葉緑体ER**(chloroplast endoplasmic reticulum)，計4枚の膜が包む．

2枚の膜しかもたない緑色植物との際だった違いとして重要視されている．それはまた，珪藻の葉緑体が真核藻類の共生が起源であるのに対して，緑藻や紅藻の葉緑体は，原核藻類の共生が起源であるとの考えをめぐっての論争にまで発展した．

1-2-3　ミトコンドリアに関する研究

　ミトコンドリア(mitochondria)の内部構造についての電顕による観察知見も，珪藻の系統分類を考えるに当たって重要な情報を提供している．ミトコンドリアは，細菌や藍藻などの原核生物には存在しない，長さ2 μmほどの小さな細胞器官である．外膜と内膜に包まれた米粒状の細胞器官の内部は，内膜がミトコンドリアの内部へ膨出してできた薄い板によって仕切られている．この板をクリスタ(crista)と呼んでいる．ここが呼吸における電子伝達系であり，呼吸によって取り込んだ酸素で水素を水に変え放出されるエネルギーで，酸素を使ってアデノシン3燐酸(ATP)をつくる．ATPやその類似体のトリヌクレオチド(trinucleotide)は，生物が生きてゆくのに必要なエネルギー源である．ところが，この板状構造のクリスタは多くの緑色植物に見られるのに対して，珪藻は黄色植物と同様の管状構造のクリスタをもつ．しかし，板状構造のクリスタと管状構造のクリスタとの機能に違いがあるか否かは，まだ明らかにされていない(図1-2)．

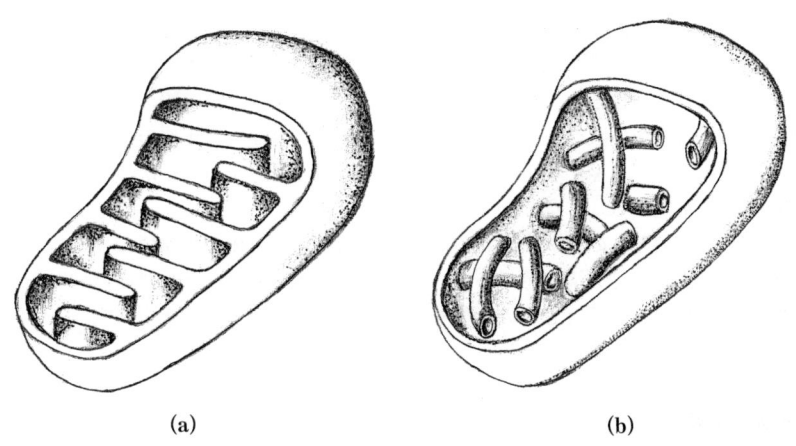

図1-2　緑色植物と珪藻・黄色植物のミトコンドリア
(a)多くの緑色植物のミトコンドリア，(b)珪藻と黄色植物のミトコンドリア．

1-2-4　光合成産物に関する研究

　珪藻の光合成産物は，ほとんどすべて液胞内に貯えられている．光学顕微鏡下の観察によって，液胞内にはヨウ素反応陽性の粒子は見られず，脂溶性色素で染色される滴が見られることから，珪藻の光合成産物は油脂であり，それゆえに糖を生産する他の藻類とは別の生物群と考えられてきた．しかし，液胞中には油脂以外に高分子多糖類も含まれており，それぞれの含有率が成長段階によって変化することが確かめられている．すなわち，成長の盛んな若い細胞では，高分子多糖類が多く(30-40％)，油脂は少ない(5-15％)．一方，増殖能がほとんどなくなった古い細胞では，多糖類は少なく(5-15％)，油脂が多い(40-40％)(厳佐 1976)．

　液胞中に貯えられている高分子多糖類については，
　　　珪藻，黄色植物では，　　水溶性の　クリソラミナリン(chrysolaminarine)
　　　褐藻では，　　　　　　水溶性または非水溶性の　ラミナリン(laminarine)
　　　ミドリムシ類では，　　非水溶性の　パラミロン(paramylon)

であることが確かめられている．このことも，珪藻と黄色植物とが類縁関係が近いとする根拠の1つとされている．細胞学，生理学が今明らかにしつつあることは，珪藻の系統分類学を考える基本的な要素として，殻の微細構造に関する形態学的知見と共に，今後ますます重要な情報となるに違いない．

1-3 生態学的研究の歴史

珪藻の生活様式は，浮遊性と付着性(底生)の2つに大別できる．

浮遊性珪藻の多くは中心類珪藻であるが，羽状類珪藻の中にも，縦溝(raphe)をもたないハリケイソウなどは，浮遊性のものが多い．

付着性珪藻の多くは羽状類珪藻である．付着性珪藻には，群体を形成せず，個体が滑走運動をするものもあれば，粘液物質を分泌して，器物や他の生物などに固着して群体を形成するものもある．

一方，珪藻は適応能の異なる，極めて多数の種を含む生物群であるので，その分布は地球を広く覆い尽くすといっても過言ではない．すなわち，淡水，海水の別を問わず，広い温度域，pH域，塩濃度域の自然環境はもちろん，人間生活の影響を受けた有機汚濁水域や鉱山，工場からの廃水によって汚染された水域にまで出現する．

このような傾向は藍藻にも認められるが，それぞれの水域に出現する種数，個体数，現存量は，多くの場合，珪藻の方がはるかに多い．ことに海での一次生産者は，ほとんどすべてが珪藻といえるほど現存量が多いところから，増殖，生産に関わる研究の多くは，海産の珪藻を試料としている．

これらの特性は，水環境の指標生物としても都合のよい性質である．さらに，珪酸質の被殻は分解されにくいので，堆積物中に遺骸として残り，微化石として出現する．その際，ある地史年代に出現して比較的短期間に絶滅した種が多数発見されているが，これらの種は地史年代の指標生物となりうる．また，微化石として見いだされる種が現生種と同種で，その種の適応能が明らかである場合には，地史年代の特定地点の環境を推定することができよう．

種あるいは群集の環境要因との相関に関わる生態学的知見は，現在の水環境のみならず，地史年代の水環境への指標としての，基礎的情報源であることはいうまでもない．それだけに，現生珪藻の生態学的知見の客観的な妥当性は，指標としての価値を左右しよう．このような視点に立って，従来の環境指標としての情報創出の歴史を概観してみたい．

1-3-1 水質汚濁と珪藻

陸水学では，Rigler(1975)が指摘したように，止水域(湖沼)と流水域(河川)での汚濁研究が，それぞれ別個の研究者グループによって，他を顧みず独自の方法で研究されてきた．その結果，

止水域では，栄養の多少に基づく一次生産量を基準にして湖の類型が定義された．これを**栄養性体系**(trophic system)と呼んでいる．

流水域では，微生物による分解が可能な有機物の，有無多少を基準とした類型が定義された．これを，**腐水性体系**(saprobic system)と呼んでいる．

湖の栄養性体系に関わる研究は，Naumann, E.(1919)，Thienemann, A.(1925)，Hutchinson, G. E.(1957)らによって体系化された．その中で，調和型湖沼(harmonic lake type)は，

   貧栄養型(oligotrophic)
   中栄養型(mesotrophic)
   富栄養型(eutrophic)

の3型に類別され，現在も汚濁総合指標としてのCODと共に広く利用されている．これらの栄養型に対する指標珪藻は，下記の研究者らによって設定されてきた．

Hustedt, F. (1930, 1937-1939, 1949, 1957), Jørgensen, E. G. (1948), Hornung, H. (1959), Foged, N. (1964), Patrick, R. & Reimer, C. W. (1966, 1975), Cholnoky, B. J. (1968), Stoermer, E. F. & Yang, J. J. (1970), Weber, C. I. (1970), Lowe, P. L. & Crang, R. E. (1972).

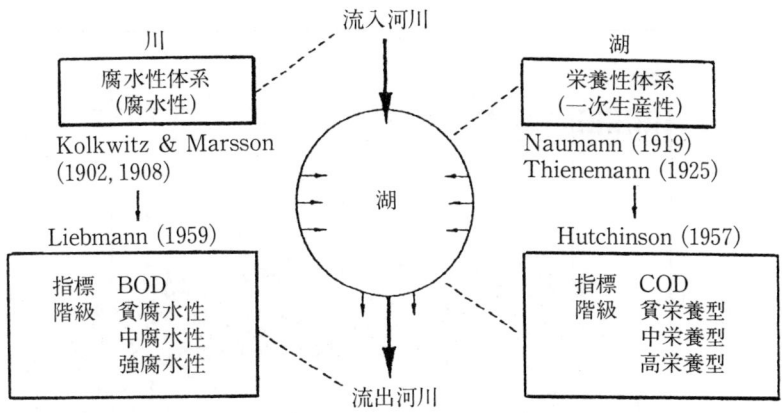

図 1-3 流水域と止水域とにおける研究体制の違い(渡辺 1993)
大きい矢印：流入，流出河川．小さい矢印：地下水の流入，流出．

　流水域では，微生物による分解可能の有機物の有無多少(saprobity)を基準とした腐水性体系(saprobic system)．止水域では，栄養の多少による一次生産量(productivity)を基準とした．栄養性体系(trophic system)に基づいて研究が進められてきた．その結果，指標，水質階級共に質的に異なるものが用いられている．すなわち，流水域ではBODと，貧・中・強腐水性の階級．止水域ではCODと，貧・中・富栄養型の階級が，現在も広く用いられている．

　河川の腐水性体系に関わる研究は，Kolkwitz, R. & Marsson, M. (1902, 1908)，Liebmann, H. (1959)，Sládeček, V. (1986)，Lange-Bertalot, H. (1978, 1979)らによって進められ，それぞれ独自の体系化が計られた．日本では，下記4型の汚濁階級が汚濁総合指標としてのBODと共に広く用いられている．

貧 腐 水 性(oligosaprobic)	きれい
β中腐水性(β-mesosaprobic)	少し汚れる
α中腐水性(α-mesosaprobic)	きたない
強 腐 水 性(polysaprobic)	大変きたない

Caspers, H. & Karbe, L.(1966)は，貧腐水性と強腐水性水域とを，中腐水性水域と同様に，αとβとに2分し，計6階級に細分した．

　上記の研究動向は，水質汚濁の度合いを汚濁階級によって表現したものであった．しかし，汚濁階級と数値で示された物理化学的測定値との因果律を探ることは不可能に近い．さらに，渡辺(1981)がいうように，"水質汚濁の度合いは，本来いくつかの階級に区分できるものではなく，連続的環境傾斜として把握されるべきものである"．汚濁度の適正な数値判定法の開発が，それゆえ期待されてきた．

　珪藻を指標とした有機汚濁度の数値判定法は，すでに多くの研究者によって提案されてきた．それらは，下記のように類別することができよう．

A. 指標生物の種類数に着目する指数
付着性珪藻集の種数に基づく汚濁度指数(渡辺 1962)．

$BI = (2A+B-2C)/(A+B+C)$

BI：珪藻群集の種数に基づく指数
A：非汚濁耐性種の種数
B：広適応性種の種数
C：汚濁耐性種の種数

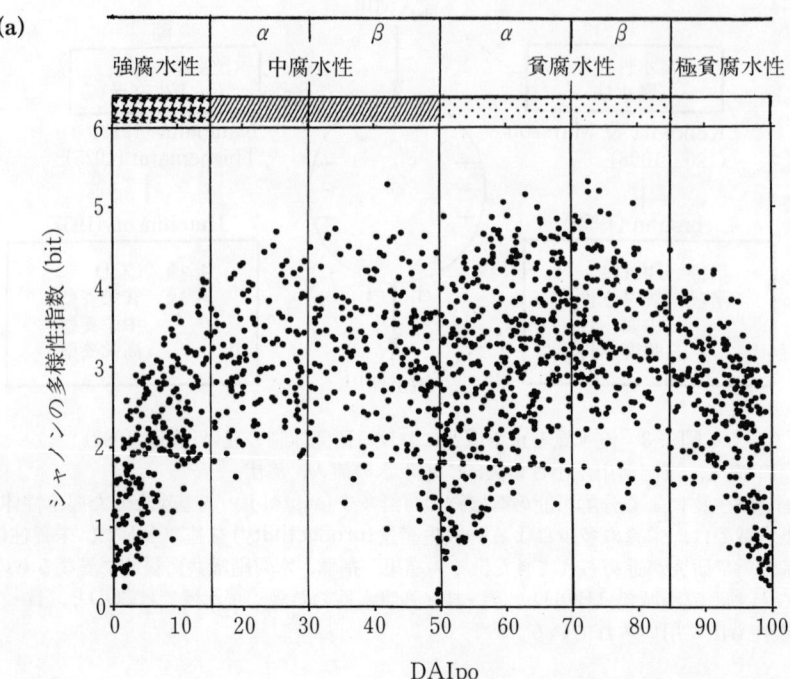

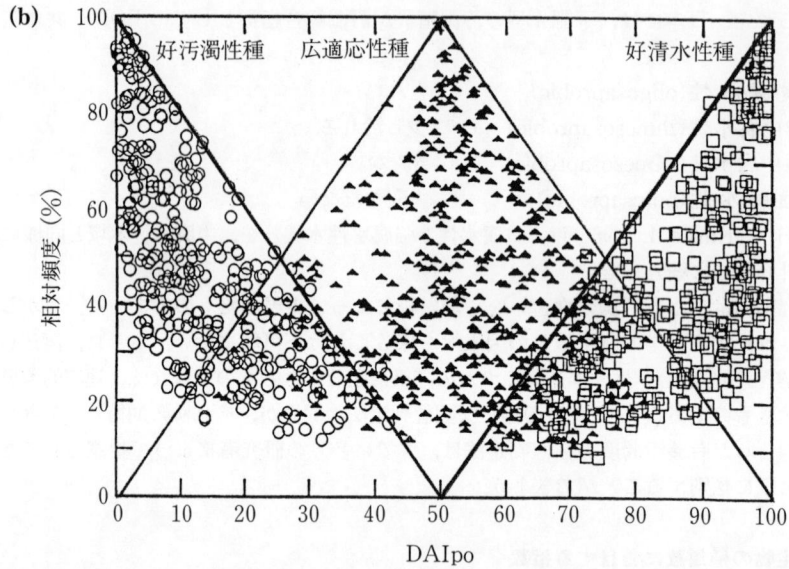

図 1-4 (a) 水の有機汚濁度(DAIpo)の変動に伴う付着珪藻群集の多様性指数(シャノン指数)の変化.
(b) 珪藻群集中,第1位優占種として出現した種の3生態種群(○好汚濁性種,▲広適応性種,□好清水性種)ごとにまとめた相対頻度分布.

清浄度と汚濁度(小林 1982).
　　清浄度：貧腐水性水域を指標とする珪藻種数の，全出現珪藻種数に対する百分率．
　　汚濁度：α中腐水性水域と強腐水性水域を指標する珪藻種数の，全出現珪藻種数に対する百分率．
汚濁指数(福島ら 1988).
　　汚濁指数 ＝ 汚濁度－清浄度＋100
　　汚濁度と清浄度は，小林(1982)の値を用いる．
　最近，付着性珪藻群集の多様性と，群集を構成する種類数共に，環境傾斜に伴って，放物線状に変動すること，さらには環境傾斜のうち中央部で，両者共に最大となる傾向はあるが，小さい場合も少なくはないことが明らかになった(図1-4(a))．つまり，両者の変動幅は，環境傾斜の中央部で最も大きくなることが判明した(渡辺，浅井，伯耆 1986)．図1-4(b)は，珪藻群集中の第1位優占種として出現した種の相対頻度分布を，3生態種群(3-2節を参照)ごとにまとめたものである．図で明らかなように各生態種群の分布図は，独立した3個の三角形として示すことができる．それを組み合わせた分布図は，図1-4(a)の多様性指数の分布図と相似である．この図は，珪藻群集の多種性の有機汚濁度の変化に伴う変動パターンを説明する図であると同時に，群集の多様性や種数を指標とすることについて，慎重に対応する必要性のあることを暗示している．

B. 指標種の環境への耐性に着目する指数

　Zelinka, M. & Marvan, P.(1961)は，従来の汚濁階級の指標生物に指標性に関する属性を組み入れて，指数を求めるための次式を提案した．

$$ID = \sum_{i=1}^{n} a_i \cdot h_i \cdot g_i / \sum_{i=1}^{n} h_i \cdot g_i$$

　　a_i：5段階の汚濁階級のうち，その種がどの階級に多く出現するかを，持ち点10を配分した種ごとの定数
　　h_i：出現個体数
　　g_i：指標性の大きいものから小さいものの順に，1から5までの点数で表した，種ごとの指標性の重みの評点
　　n：その群集中の a_i，g_i が判明している種の数

　Descy, J. P.(1979)，Coste, M.(1978, 1991)，Fabri, R. & Leclereq, L.(1987)，Leclereq, L. & Maquet, B.(1987)，Sládeček, V.(1986)の指数は，いずれもこの式を基本としている．
　Lange-Bertalot, H.(1978, 1979)は，珪藻を，汚濁に対する耐性によって，次の3群に類別した．
　　Group 1：most tolerant taxa　　最強耐性種
　　Group 2：tolerant taxa　　　　 耐性種
　　Group 3：sensitive taxa　　　　非耐性種
その上で，珪藻群集中における各グループごとに，それぞれ帰属する分類群の相対頻度(%)の和を求め，それら各グループの頻度の組み合わせと，BOD，溶存酸素量とから5段階の汚濁階級を設定した．小林，真山(1982)は，東京近郊の河川の汚濁度を，その方法を用いて判定している．

C. 群集構造の変動に着目する方法

　Patrick, R.(1949, 1954)は，図1-5に示すように，群集中に出現する種ごとの細胞数の対数を x 軸にとり，同一細胞数を計数した種の数を y 軸にとって，出現したすべての種についての計数結果をプロットすると，描かれる独自の曲線の形には，汚濁の度合いが反映されていることを明らかにした．これは，Preston(1948)が考案したオクターブ法(octave method)を珪藻群集に当てはめたものである．福島，小林(1972)は，この方法に対して，大量の細胞をカウントしなければならないために随分長い時間を要することを指摘している．しかし，Patrickが示した図は，群集の多様性の内容，ことに種の偏在性を明

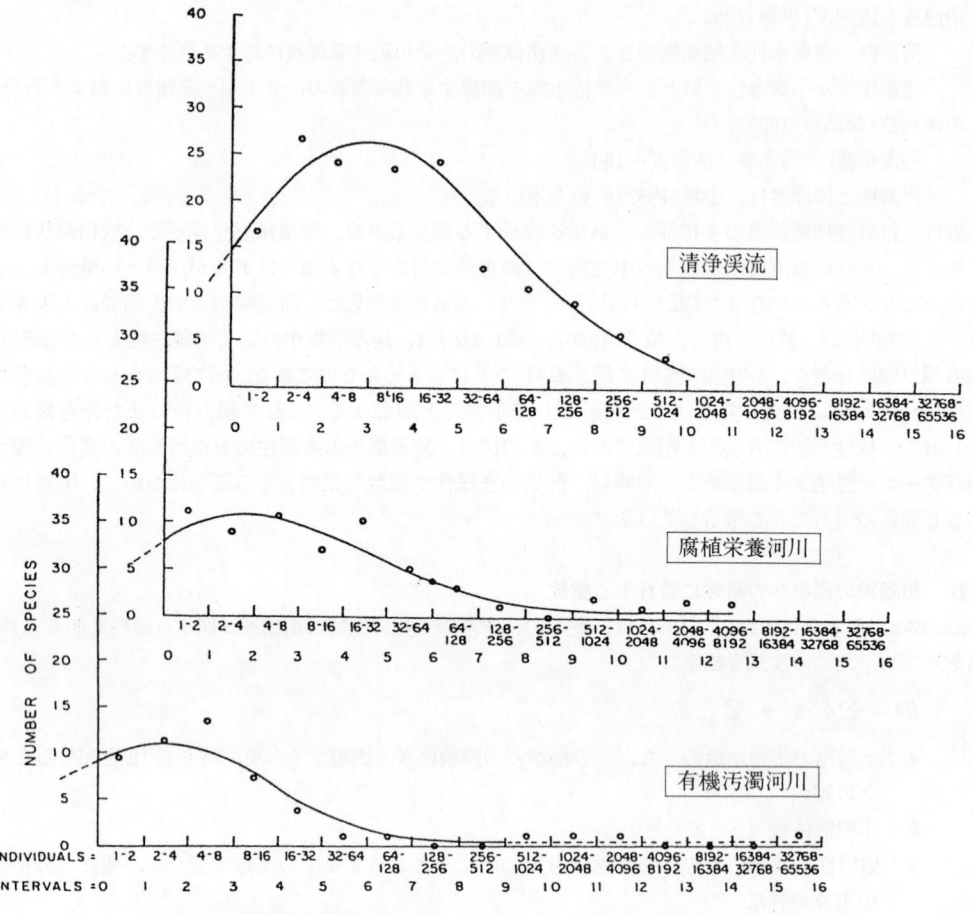

図1-5 珪藻群集の構造の環境による違い(Patrick, R. 1949, 1954)
横軸は細胞数,縦軸は種類数.
(上)清浄渓流,(中)腐植栄養型の河川,(下)有機汚濁河川.

示しうる図であり,単に汚濁判定への利用のみならず,多様性の内容を検討しうる図として注目したい.

最近,付着珪藻群集を指標とする有機汚濁総合評価値DAIpo(Diatom Assemblage Index to organic water pollution)を,Watanabe, T. et al. (1986)が開発した.この指数の完成までには,珪藻の汚濁耐性能に関する従来の情報や,BOD値との関連が検討された結果,まずDCI(Diatom Community Index)(渡辺 1981, 1982,渡辺ら 1982),次いでNDCI(New DCI)(Sumita, M. & Watanabe, T. 1983)が提案された.

DAIpoとDCI,NDCIとは,珪藻種の汚濁耐性を決定する方法が全く異なる.DAIpoについては,第3章で詳しく述べる.ここにはその特性のみを記しておきたい.

1. DAIpoは,有機汚濁度に対する流水,止水,共通の生物学的指数である.
2. 珪藻の有機汚濁に対する耐性は,一定の条件統一下で採集された生物試料に基づき,純生物学的な数理解析によって求められ,すべての珪藻種は,共存,非共存の理に従って,好清水性種,広適応性種,好汚濁性種の3生態群に類別された.DAIpoは,これら3生態群の優占度に基づく指数である.
3. DAIpoは,物理化学的要因とは関係なく,純生物学的に求められた指数であるにもかかわらず,

DAIpo 値と物理化学的要因の対数値との間には負の相関が成立し，電気伝導度(EC)との相関が最も大きい．

1-3-2　珪藻と pH
A．国内での研究

日本では，無機酸性の湖沼や河川が多いので，無機酸性水域に出現した珪藻を記載した報文も多い．

無機酸性湖(inorganic acid lake)の珪藻については，生物が生息しうる限界の酸性湖といわれてきた潟沼(pH 1.2-2.0)について，藤松(1938)，根来(1938, 1944)，渡辺ら(1974)，Satake, K. et al.(1974)などの報文がある．魚類の生息限界とされている酸性湖，恐山湖(宇曽利山湖 pH 3.2)については，Negoro, K.(1944)，益子ら(1973)，渡辺ら(1973)，Satake, K. et al. (1974)などの報文がある．田沢湖，猪苗代湖の珪藻についても，益子ら(1973)，渡辺ら(1973)，田中(1977)などの報文を挙げることができる．

無機酸性河川の珪藻については，長野県松川(福島ら 1968)，玉川(根来 1940，河西 1940，渡辺ら 1996)，吾妻川(福島ら 1951)，須川(小林 1971)，長瀬川(上條ら 1974)などの付着珪藻が調べられている．

有機酸性の腐植栄養湖は，日本では北海道，本州の高緯度地域と高山に分布している．それらの湖沼の珪藻についての報文は多い．例えば，志賀高原湖沼群の珪藻については，田村ら(1970, 1971)，安田ら(1978)，渡辺ら(1982)，八甲田山系の池沼の珪藻については，渡辺(1959 a, b)，平野(1975)，飛騨山系池沼の珪藻については，Hirano, M.(1972)，北海道の湖沼，湿原の珪藻については，平野ら(1974)，平野(1980)など多数の報文を挙げることができる．

次に，珪藻の pH 耐性について考察した論文にふれておきたい．

Negoro, K.(1944)は，日本の無機酸性水域に出現した藻類の生態を総括したなかで，多くの珪藻の酸性水に対する耐性について，新しい知見を記述している．福島ら(1972)は，日本湖沼産珪藻の植生を総説したなかで pH への耐性を検討して，珪藻を，酸性種，不定性種，アルカリ性種の 3 生態群に類別した．この類別に基づいて，珪藻群集中における 3 生態群ごとの種類数の百分率を検討した．

渡辺ら(1982)は，pH 7.0 以下の酸性水域へ出現する珪藻を下記のように類別した．

　　　真耐性種(extremely torelant taxa)　　12 属　　86 分類群
　　　耐性種(torelant taxa)　　　　　　　　19 属　　109 分類群

とに類別した．

さらに，Watanabe, T.(1985)は，アルカリ性水域へ出現する珪藻を

　　　真アルカリ性種(alkalibiontic taxa)　　18 属　　63 分類群
　　　好アルカリ性種(alkaliphilous taxa)　　31 属　　230 分類群

その間，渡辺(1984)は，pH 2.0-6.8 の酸性湖沼に優占的に出現したプランクトン珪藻として 10 属 20 分類群を選出し，Negoro, K.(1985)は，日本の無機酸性水域における珪藻フローラは 12 種からなると報じた．

最近になって，渡辺ら(1996)は，pH 1.03 から 12.5 までの水域に出現した 485 分類群の珪藻それぞれについて，pH への適応能を純生物学的視点から数理的に求め，

　　　真酸性種(acidobiontic taxa)　　　　　　38 分類群
　　　真アルカリ性種(alkalibiontic taxa)　　　27 分類群

を抽出した．

B．pH 傾斜上における諸陸水の分布

日本の各地に存在する多種多様な陸水を，pH 傾斜の視点に立って分類すると，次のように類別することができる．

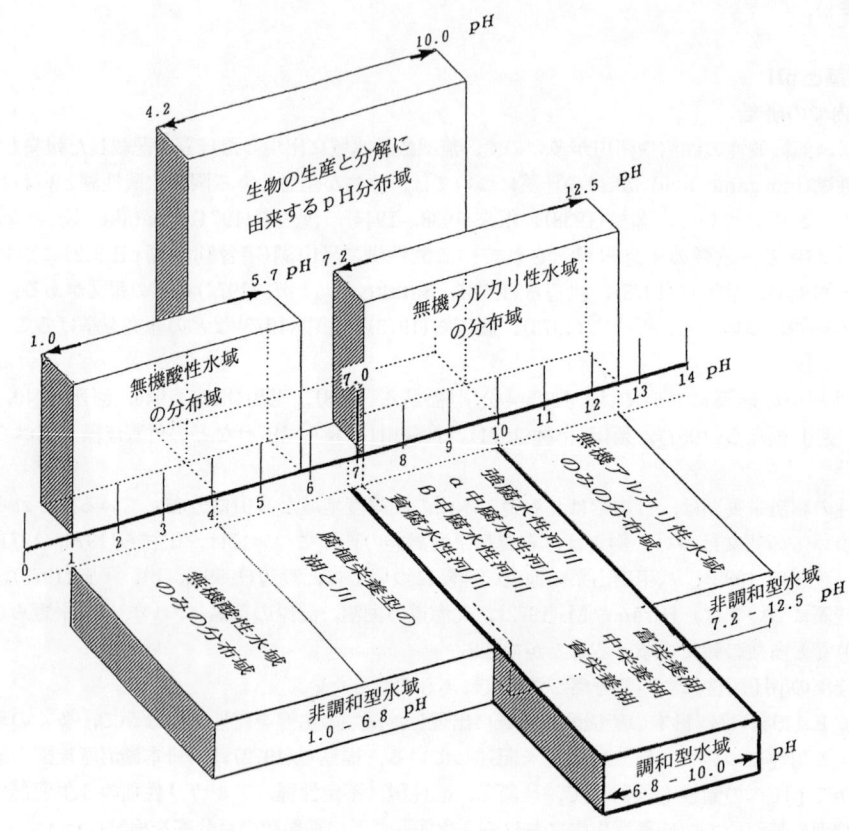

図1-6 pH傾斜上における諸陸水の出現範囲（Watanabe & Asai 2002 を改正）

　　　(a)　酸性水域(acid waters)
① 無機酸性水域(inorganic acid waters)：酸性の温泉・湧水に由来する酸性水域で，pH 1.0 からおよそ 6 の範囲内に存在する．これは非調和型水域(dysharmonic waters)としての酸性水域である．
② 有機酸性水域(organic acid waters)：有機物の分解に由来する酸性水域で，pH およそ 4 から 7 の範囲内に存在する．これも非調和型水域としての酸性水域で，腐植栄養型(dystrophic)の湖や川がこれに当たる．
　　　(b)　アルカリ性水域(alkaline waters)
① 無機アルカリ性水域(inorganic alkaline waters)：高アルカリ性の温泉・湧水に由来するアルカリ性水域で，pH およそ 7 から 12.5 の範囲内に存在する．これは非調和型水域としてのアルカリ性水域である．
② 有機アルカリ性水域(organic alkaline waters)：光合成による有機物生産に由来するアルカリ性水域で，pH およそ 7 から 10 の範囲内に存在する．これは調和型水域(harmonic waters)としてのアルカリ性水域である．

　上記の諸水域は，図 1-6 に示すように，pH 傾斜の両極側に無機酸性，無機アルカリ性水域があり，両者にはさまれて左側に有機酸性の腐植栄養型水域，右側に有機アルカリ性の調和型水域がある．

このことはまた，図の下段に示したように，貧栄養湖，富栄養湖を含む調和型湖沼と，清浄河川，有機汚濁河川など，最も身近な水域が，pH 傾斜上においては，普通 pH 6.8〜10 の範囲内に存在し，他のpH 水域はすべて，非調和型水域の分布域であると言いかえることもできる．これらの陸水には，それぞれに特有の珪藻群集が生存し，それらの陸水を，珪藻群集の優占種によって代表させることができる．

図中の両極の pH 水域は，現在のところ藻類が生育できる限界の pH 域といえよう．そしてまた，このような強酸性・強アルカリ性の水域は，原始地球の苛酷な陸水環境の遺跡あるいはその再現と考えることもできよう．吉村(1937)は，無機酸性栄養湖の遷移の1つの型として，温泉湖沼→調和型湖沼(貧栄養湖・富栄養湖) を提示した．また，益子ら(1974)は，現在の無機酸性湖の富栄養化の過程を「地球上の水界の陸水学的系統発生(phylogeny) に対する1つの個体発生(ontogeny)を示す」と考えた．

強酸性，強アルカリ性水域に出現する種と群集は，したがって原始陸水の苛酷な環境に対する耐性への，生理学的・生態学的情報を内蔵している可能性が大きい．このような考えに基づいて，渡辺ら(1995)は，これらの種と群集をそれぞれ環境開拓種(environmental frontier species)，環境開拓群集(environmental frontier community)と呼んだ．

C. 外国での最近の研究

Huttunen, F., Huttunen, P. & Merilainen, J. (1986)は，東フィンランドの 50 の湖沼から得た珪藻についての多変量解析の結果から，23 種の酸性耐性種を抽出した．

Anderson, D. S. *et al.* (1986)は，南ノールウェーの湖底表泥珪藻群集の群分析に用いた 134 種の珪藻のうち，7 種を真酸性(acidobiontic)種，53 種を好酸性(acidophilic)種，13 種を好アルカリ性(alkaliphilic)種とした．

Gasse, F. *et al.* (1983)は，東アフリカ産の珪藻について pH や pH に関わる要因を考慮した回帰分析を行い，244 種の珪藻について pH 耐性に関わる係数を求めた．その係数に基づいて，化石珪藻群集が生存していたときの pH を推定する式を提案した．

Charles, D. F. (1985)は，湖沼の底泥表層中の珪藻群集と，湖水の化学分析値との相関を検討し，約 110 分類群について，それら分類群が生存していた環境水の pH の範囲を推定した．

Dixit, S. S. & Dickman, M. D. (1986)は，カナダの湖沼表泥中の珪藻群集について，真酸性(acidobiontic)種群，好酸性(acidophilous)種群，好アルカリ性(alkaliphilous)種群を抽出し，それぞれの相対頻度(%)と，湖水の pH との間には有意な相関が成立することを報じた．

さらに，Dixit, S. S. *et al.* (1988)は，湖底泥から得た 234 分類群の珪藻について，各分類群ごとに，頻度に比重をおいた pH の平均値を求めて，生態種群の類別を行った．

Håkansson, S. (1993)は，南スウェーデンの，8 湖沼の底泥コアーサンプル中に出現した 504 分類群の珪藻を 8 生態群に類別したが，各類別群間には明確な区別の基準はなく，群同士が互いに大きく重なり合うと述べている．

Van Dam, H. *et al.* (1994)は，オランダ産の珪藻 948 分類群について，pH，酸素，汚濁階級など 8 項目の要因に対する指標価値のチェックリストを作った．

第2章　環境指標としての珪藻群集

　現在，河川の汚濁，湖沼の富栄養化は，環境の保全，水資源利用，水産養殖など多角的な立場から，国際的な社会問題として検討されている．その際，汚濁度や富栄養化の程度を知る尺度として，物理化学的分析値が広く用いられ，その測定値に基づいて論議されることが多かった．他方，生物を指標とした生物学的水質判定法も古くから利用されてきたが，その方法は多様で，両者の関連について論議されることはほとんどなかった．

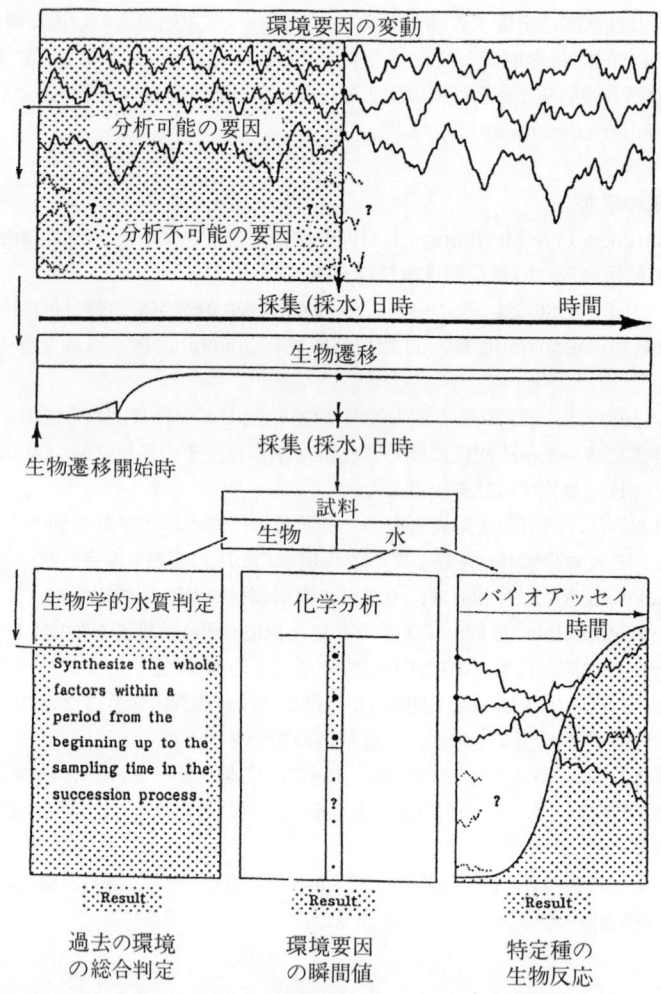

図 2-1　物理化学的測定値，生物学的判定値が示す情報の性質（Watanabe *et al.* (1990)を一部修正）
　時間の経過に従って，分析可能，分析不能の環境要因は刻々と変化する（最上図）．一方そのような環境の中で，増殖・死滅を繰り返す生物の遷移が進行している（中央図）．サンプルから得た値が示す情報内容を，時間の視点でとらえて点紋で示した．
　生物学的判定値(左)：遷移初期から採集時までの環境変動を総合的に指標する．
　物理化学的分析値(中)：採水時の要因の瞬間値．
　バイオアッセイの結果(右)：採水時の水にインキュベートされた特定種が示す生物反応．

2-1 物理化学的分析と生物学的分析

図2-1は,物理化学的分析と生物学的分析との特性と問題点とを図示したものである.

2-1-1 物理化学的分析値
（1） 図2-1に示すように,物理化学的分析値は,化学反応が様々な物理的環境要因の影響下で進行する中で,採水時に得た瞬間値である.
（2） 分析が困難または不可能に近い物質も少なくない.
（3） 多くの要因が複雑に関連しあって刻々と変動する水質を,物理化学的分析値によって総合的に評価することは容易ではない.

2-1-2 生物学的水質判定
（1） 図2-1に示すように,採集した試料のもつ情報は,生物の遷移開始時から採集時までの環境変動に対する応答情報である.
（2） したがって環境要因の総合的な累積評価とはなりえても,個々の環境要因を判定することはできない.

2-1-3 AGPとAAP
（1） 共に,採水時の水に,特定の光,温度条件下でインキュベートされた特定種が示す生物反応を,藻類生産の潜在力と考えて,富栄養化,水質汚濁の現状把握,あるいは予測,制御の目安とする.さらには毒性物質の評価にも利用できる.
（2） 試水の前処理の方法,供試藻の種,照度や温度などの培養条件の違いなど,それぞれの組み合わせによって生物の応答は多様に異なる.
（3） どのような応答を評価の対象にするかについても,個体の生存率,成長率,行動,あるいは細胞の生残率,増殖率,DNA,ATP合成,酵素活性,染色体異常から,ミトコンドリアのMTT還元能など,極めて多様な方法が開発され検討されている.
（4） AGP(algal growth potential：藻類生産の潜在力),AAP(algal assay procedure bottle test：藻類培養試験回分法)は,それらがどのように評価されたとしても,図2-1に示すように,採水時の瞬間値を出発点として変動してゆく,実験系内での応答に基づいた値である.

2-2 生態系と環境指標

生物は,個々の個体が独立して生存しうるものではなく,群集を形成してしか生存しえない.

自然の生物群集は,環境にみあった特定の生態系を形成し,物質循環,エネルギーの流れに支えられた,調和系の構成者である.生態系を構成する生物群集中,生産者(植物)は,物質循環,エネルギーの流れの起点である.

植物の光合成による有機物生産は,すべてのエネルギー中,全生物の生命活動に使える唯一のエネルギー,すなわち分子エネルギーへ,光エネルギーを転換する作用といえる.このエネルギー転換がなければ,消費者(動物),分解者(細菌,菌類など)の生存は許されない.

図2-2に示すように,生産者(producer),消費者(consumer),分解者(decomposer)への環境からの作用(action)は,三者それぞれの群集構造(community structure)と群集機能(community function)の全く異質の応答(response)をひき起こす.しかし,作用に対する応答は異なっていても,それら異質の応答は,基本的には,同じ環境からの作用を説明できる,等質の情報となることができる.

その際,これらの応答の指標性を考えると,下記のような基本的視座が定まってこよう.

（1） 種の存否を指標とするよりも,群集の応答を指標とする方が情報として確かである.

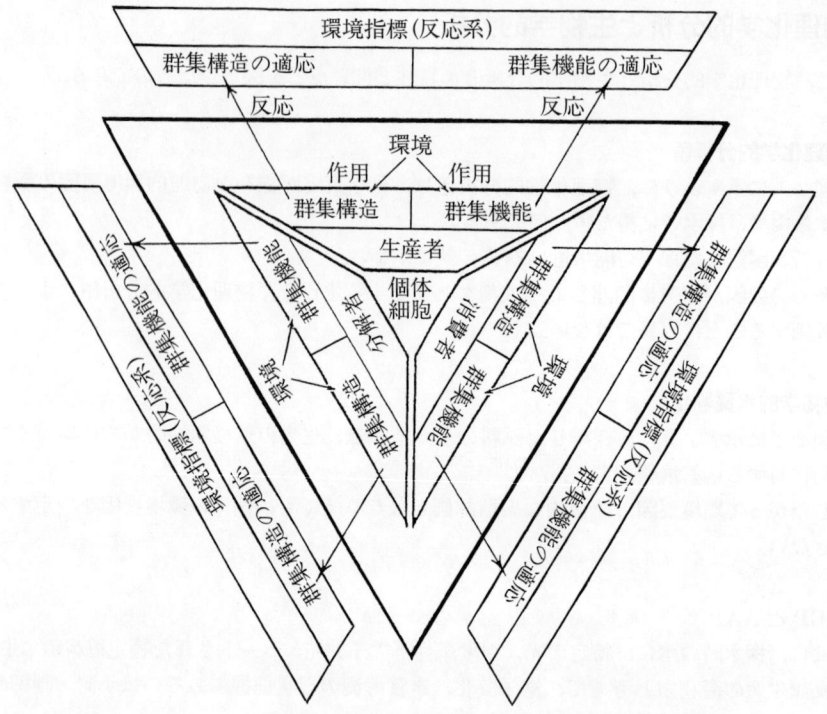

図 2-2 生態系の構造と生物の反応情報としての環境指標(渡辺 1992)

（2） ある生態系内の1つの生物群の応答は，他の生物群の異質の応答と深く関連し，互いに他の応答を代弁する可能性がある．
（3） 生産者の指標性は，環境に対する最も直達的な指標となりうる．
（4） どの生物群を指標とする場合にも，遷移過程の成熟期に達して，生態系としての調和が形成された後の試料を得る必要がある．
（5） 生産者，消費者，分解者は，それぞれのゼネレーションの長さが異なる．またそれぞれの生物群の環境に対する応答は，当然のことながら生存し始めてから採集されるまでの，違った期間の環境への応答である．したがって，同じ地点で採集した試料であっても，藻類群集の応答と底生動物群集の応答とは，必ずしも同一環境への応答と考えられないことがある．
（6） 生産者としての藻類の多くは世界普遍種である．したがって，指標としての普遍性は大きい．一方消費者については，例えば日本の水生昆虫相や魚類相は，台湾，東南アジアのそれとは全く異なるし，ヨーロッパでの指標種に関する情報は日本ではほとんど通用しない．

2-3 なぜ珪藻群集を指標とするのか

淡水環境中の藻類群集は，普通，藍藻，珪藻，緑藻によって構成されている．どの生物群に属する種も，その多くは世界普遍種である．これらの藻類群集中から，珪藻群集のみをとりあげて，その群集構造(種構成)を，環境からの作用に対する応答と見なした理由を下に列記した．
（1） Hustedt, F. (1937-1939)がいうように，多くの珪藻は，世界中のどこにおいてもよく似た生態的特性を示す世界普遍種である．
（2） 珪藻は，熱帯から寒帯まで，清浄水域から極端な汚濁水域にまで，強酸性から強アルカリ性水

域にまでと，ありとあらゆる水域に広く出現し，金属汚染にも耐えられる種を含むほどに多様な適応をとげた生物種群である．
（3）酸処理などによって，珪酸質の殻のみを残すことができ，その殻の表面の模様によって種を同定することができる．したがって，種ごとに細胞数を容易に数えることができる．ことに付着藻類群集中では，細胞数を正確に数えることができる唯一の生物群である．
（4）種の同定基準を，光顕，走査電顕，透過電顕による顕微鏡写真によって明示しやすい．したがって，種名変更，誤同定などによる生態学的情報の混乱を避けやすい．
（5）付着性珪藻群集は，流水と止水両水域の共通の指標生物となりうる（渡辺ら 1986, 1988）．
（6）珪藻は，死後もガラス質の被殻を残す．したがって，付着性藻類群集の試料中には，遷移の初期から採集時までに出現した珪藻の遺骸も含まれている．（このような珪藻群集には，community の語を当てることを避けて，assemblage と呼ぶのが適切であろう．）　一方，生物が成育し始めてから採集するまでの期間の水質を，累積評価できることが生物学的水質判定法の重要なメリットである．両者を考え合わせると，付着性珪藻群集は，他では得られない情報をもつ生物指標といえる．

第3章 湖沼，河川共通の水質汚濁指数 DAIpo

　付着珪藻群集に基づく有機汚濁指数 DAIpo (Diatom Assemblage Index to organic water pollution) は，渡辺ら (1986 a, b) が開発した，止水域，流水域共通の有機汚濁に対する生物指数である．本指数の開発によって，長年の課題であった止水域の栄養性体系 (trophic system) と，流水域の腐水性体系 (saprobic system) との合体への道が初めて拓かれたのである．

　したがって DAIpo は，有機汚濁度の生物学的数量評価値として有用であることに止まらず，湖への河川の流入，湖からの河川の流出に伴う水質の変化を把握することが可能となり，その利用範囲は今後さらに広くなることが期待できる．

　本書では，本指数の理論的根拠を概説すると共に，指数の求め方を具体的に解説し，利用の仕方を実例を挙げて説明した．

3-1　条件統一とその必要性

　珪藻群集は，水環境の化学的要因のみならず，物理的要因からも強い影響を受けている．例えば，河床の石礫の上面の珪藻群集から水質判定をすると貧腐水性，石礫の下面の試料からの判定は β 強腐水性というような，大きく異なる判定結果が生じる (上條，渡辺 1975) こともある．また津田 (1972) は，川底に付着する藻類の種組成は流速によって異なることを指摘した．

　次に珪藻群集は，他の藻類群集と同様に，遷移過程において現存量はもちろん，種組成も時間と共に変動する (渡辺，鈴木 1989，田中，渡辺 1990，肥塚，渡辺 1996)．

　これらのことは，異なる水域や地点の水質を比較するための，水質指標としての試料を得るためには，一定の条件統一下で採集を行う必要があることを示唆している．

　下記の条件統一法は，筆者らが用いている方法 (渡辺ら 1986，渡辺，浅井 1996) である．

流水域での条件統一法
（1）　流速 40 cm/sec 内外，水深約 30 cm 以浅の瀬で採集する．
（2）　石礫の上面が平滑で，その面が水面とほぼ平行な石礫を選び，上面に付着する群集のみを採集する．

止水域での条件統一法
（3）　シルトなどの堆積による被付着環境部位への影響を避けて，杭，コンクリート壁，吊り下げられたロープなど，垂直に近い器物の表面に付着した群集を採集する．

流水域，止水域共通の条件統一法
（4）　遷移過程の成熟期と考えられる，現存量の大きい群集を選択採集する．
（5）　上記の条件下で採集した試料を 5 試料以上混ぜ合わせてその調査地点の試料とする．
（6）　有機汚濁を検討するための試料採集に当たっては，調和型の水域のみを対象とし，強酸性，強アルカリ性，腐植栄養性など，特定物質の影響がある非調和型水域，あるいは毒性物質，無機物質，海水の影響を受ける水域は対象としない．

3-2 珪藻の有機汚濁への耐性能に対する純生物学的数理解析

　珪藻の有機汚濁への耐性を考えるには，有機汚濁度の尺度に照らし合わせて論議するのが常道であろう．しかし諸種の物理化学的分析値は，前述のように瞬間値であるところから，調査地点の汚濁度の適正な尺度とは必ずしもなりえないことが多い．そこで，珪藻の汚濁耐性を諸種の物理化学的分析値には頼らないで，純生物学的視点から，数理的に解析することを試みた．

　まず，われわれの実地調査から得た知見と従来の生態学情報に基づいて，*Nitzschia palea* を有機汚濁が極端に進行した水域に常に出現する代表種とし，*Achnanthes japonica* を清水域に常に出現する代表種と仮定した．この仮定は，分散・共分散行列を出発点とする主成分分析によって検討された結果，適正妥当な仮定であることが確かめられた．次いで，「常に共存する種は，環境に対して類似の反応を示す」という考え(渡辺，伯耆，浅井 1987)に基づき，次の2式を用いて，珪藻種の有機汚濁に対する耐性能を求めた．

$$S_i = \sum_{j=1}^{m}(R_{ij} \cdot D_j) \qquad (1)$$

$$D_j = \sum_{i=1}^{n}(R_{ij} \cdot S_i) / \sum_{i=1}^{n}(R_{ij}) \qquad (2)$$

　　S_i：調査地点 i の有機汚濁指数
　　D_j：珪藻種 j の有機汚濁に対する耐性指数
　　R_{ij}：調査地点 i における珪藻種 j の相対頻度(%)
　　m：全調査地点に出現したすべての珪藻の分類群数
　　n：全調査地点数

　まず初期値として，*N. palea* の D 値を0，*A. japonica* の D 値を100とする．その他の種の D 値は，有機汚濁に対して適応性がある ($D=0$) とも，あるいは適応性がない ($D=100$) とも判定ができないと考え，中間値の50とする．次に採集地点の有機汚濁指数 (S_i) は，式(1)により D 値によってウエイトをかけた相対頻度の加重平均で求める．その次に，各珪藻種の D 値を，求まった S_i 値によって相対頻度にウエイトをかけ，その加重平均として求める．この操作により，*A. japonica* と共存して出現する傾向の強い種は，D 値が50よりも増加し，逆に *N. palea* と共存する傾向の強い種の D 値は，50よりも減少する．次にこの D 値を用いて(ただし，*A. japonica* と *N. palea* の D 値は，それぞれ100および0にもどして)同じ操作を反復し，各種の D 値が収束するまでその操作を続行する．このようにして求まった最終の D 値は，珪藻種の有機汚濁に対する適応度を示していると考えることができる．

　そこで最終の D 値を用いて，式(1)により各調査地点の有機汚濁度を求めることができるように見える．しかしこのようにして求めた D 値は，生物試料があらゆる汚濁度の水域から，均等に採集されたサンプル母集団ではないので，試料数が増加すれば，値は少しずつではあるが変化する．したがって，D 値をそれぞれの種に固有の値として利用することはできない．しかし，それぞれの種の D 値順に一列に並ぶ順序は，試料が増えてもほとんど変化しないので，この序列に注目し(Watanabe *et al.* 1988 a)，次項のような解析を行った．

3-3　珪藻群集の規則的変動と DAIpo（DAIpo の理論的根拠）

　汚濁耐性能順に並んだ珪藻種の序列の両端，A，B から，列の中央へ向かって順位を増してゆき，それぞれの種群を A 群，B 群とすると，最初は A 群に属する種と，B 群に属する種とが，1 つの調査地点の群集中に共存することはない．しかし，A，B 群の種数をさらに増してゆくと，共存例は少しずつ増加する．そしてある区分点を越えると，共存例が，図 3-1 に示すように急増することが判明した．しかしこれは，出現頻度の大きい分類群ほど共存例が多くなるので，正確には，共存例を標準化された値で判断する必要があった．

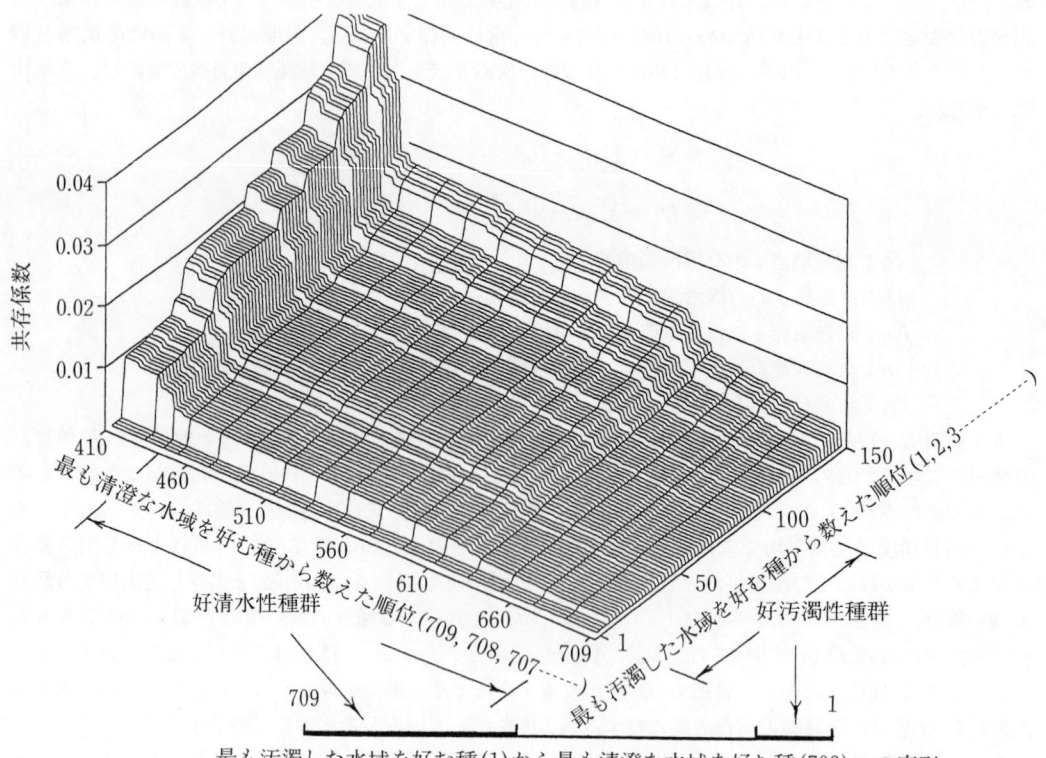

図 3-1　好清水性種群と好汚濁性種群との抽出（渡辺, 浅井 1995）

　1240 地点に出現した 709 分類群の付着珪藻を，数理統計的に，有機汚濁に対する耐性指数順に並べることができた（最下段 1～709 の線）．x 軸上には，最も清澄な水域を好む種 709 から，708, 707……へと，耐性指数の序列順に種が並んでいる．y 軸上には，最も汚濁した水域を好む種 1 から 2, 3……へと種が並んでいる．z 軸は，それぞれの種が同一地点で共存する事例をすべてとりあげ，両種の相対頻度の積の平均（共存係数）を示したものである．

そこで，標準化された共存係数として，Pianka(1973)の niche overlap equation を用いて求め，珪藻の汚濁耐性能順に並んだ序列に従って，この共存係数を比較検討した(Asai 1995)．その結果，図3-2 に示すように序列の中に2ヵ所の明らかな境界(矢先)を見いだすことができた．この2ヵ所の境界を設定することによって，付着珪藻種を従来よりも客観的かつ合理的に3生態種群に類別することができた(**三者分離則**(law of seperation into three groups))．その結果，A群とB群に属する珪藻の種数は，既報の種類数(Watanabe *et al.* 1990)よりも増加した(Asai & Watanabe 1995)．この3群分離によって，次の規則性が必然的に生じる．

　二者共存則(law of coexistence)
　3生態種群中A，B群は共存しないが，いずれも，A，B群以外のC群とは共存できる．
　比例変化則(haw of proportional variation)
　珪藻群中の3生態種群の相対頻度は，どれも汚濁度に比例して変化する．
　DAIpo は，この規則性を数式化して得られた指数である(Watanabe *et al.* 1988)．

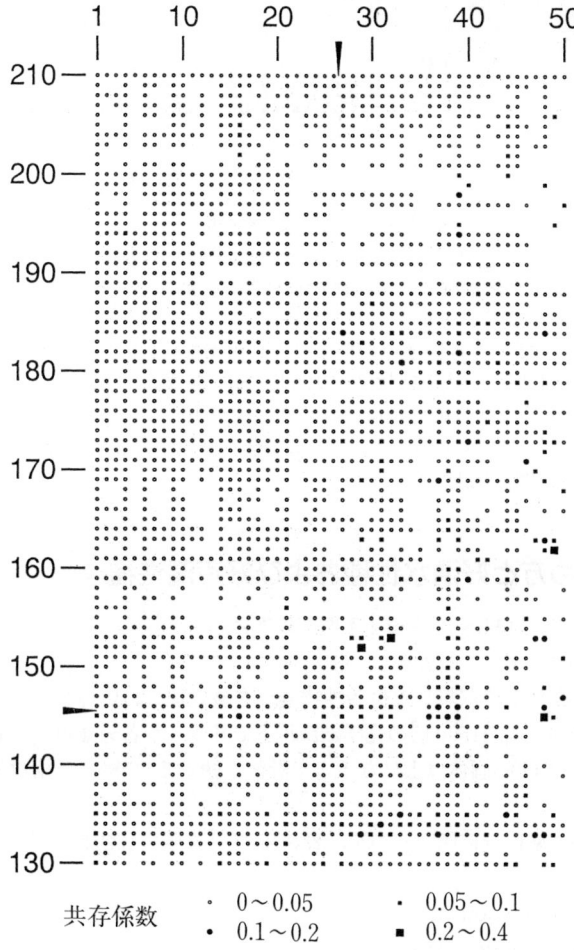

図3-2 1240の珪藻群集中10群集以上，100殻以上計測された210種のそれぞれの共存係数の行列
　縦および横軸の数字は210種の汚濁耐性能順を示す．2ヵ所の矢先は境界を示す．横軸の1～50の数字は，汚濁耐性の最も大きい好汚濁性の分類群1から，小さいものへの順に並べた分類群の序列の順番を示す．縦軸の210～130の数字は，汚濁耐性能の最も小さい好清水性の分類群210から，大きいものへの順に並べた分類群の序列の順番を示す．

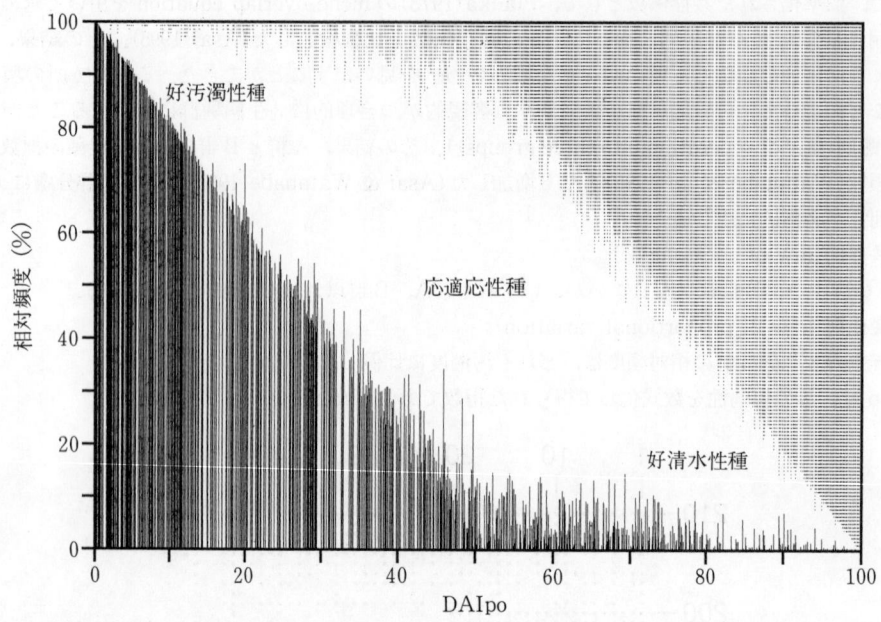

図 3-3 珪藻群集の規則的変化

1本1本の垂直な線が調査地点の群集組成を示している．1240本の線が図示されているが，それぞれの線において，下から立ち上がる線は群集中の好汚濁性種群を，垂れ下がる線は好清水性種群を，中間の余白部は広適応性種群の相対頻度(%)を示すものである．

　DAIpo = 0 の最も汚濁度の大きい地点の群集は，好汚濁性種のみによる群集，

　DAIpo = 50 の地点の群集は，広適応性種が100%に近い群集，

　DAIpo = 100 の最も清浄な地点の群集は，好清水性種が100%を占める群集．

DAIpo(汚濁指数)の0から100までの変化に従って，珪藻群集中の3生態種群のどの頻度も，DAIpoの増減に比例して変動する(比例変化則)．

3-4　DAIpoの求め方と好清水性種および好汚濁性種

調査の具体例に基づいて，DAIpoを求める手順を以下に記す．

（1）　出現した各分類群の個体数を計測し，相対頻度を求める．

表3-1は，先述の統一条件下で採集した付着性物群集を酸処理し，処理した試料中に出現した珪藻を表示したものである．表中には，1500倍の光学顕微鏡下で計測した各分類群の個体数と，それを，出現したすべての珪藻の個体数(400個体以上になるまで計測を続ける)で割った相対頻度(%)とが示されている．

（2）　各分類群がどの生態種群に属するかを，表3-2，3-3に照らし合わせて決定する．表3-1の種名の前に付けた記号は，

　　＊：好清水性種(saproxenous taxa)

　　＃：好汚濁性種(saprophilous taxa)

であることを示している．表3-2, 3-3に含まれていない種は，すべて広適応性種(indifferent taxa)とする．ただし，表中に記されている種の変種，品種は，表中になくても，その種と同等の生態種群に属するものとみなす．

応適応性種は，DAIpoの計算には関係しない．

表3-1 調査地点における珪藻種の出現表

調査地点 / 種名	地点1	地点2	地点3	地点4
* *Achnanthes japonica*				46(9.2%)
Achnanthes peragalli var. *parvula*	2(0.1%)			
# *A. exigua*	8(1.8%)			
A. lanceolata var. *lanceolata*		4(0.8%)		3(0.6%)
A. minutissima var. *minutissima*		422(88.3%)		12(2.4%)
* *Cocconeis placentula* var. *placentula*		4(0.8%)		
* *C. placentula* var. *euglypta*		4(0.8%)		8(1.6%)
* *Encyonema minutum*		8(1.7%)		423(84.8%)
* *Cymbella sinuata*		2(0.4%)		4(0.8%)
# *Navicula mutica* var. *goeppertiana*			54(13.0%)	
# *N. pupula* var. *pupula*			2(0.5%)	
# *N. seminulum* var. *seminulum*			112(27.1%)	
N. veneta			246(59.4%)	
Nitzschia amphibia	5(1.1%)			
N. dissipata		2(0.4%)		2(0.4%)
N. frustulum	92(21.2%)			
N. inconspicua	332(75.8%)	22(4.6%)		
* *Rhoicosphenia abbreviata*		10(2.1%)		1(0.2%)
総個体数	439	478	414	499
* A(%)		5.8%		95.8%
# B(%)	1.8%		40.6%	
DAIpo	49.1	52.9	29.7	97.9

*：好清水性種　　＃：好汚濁性種
（　）外左の数値は計測個体(細胞)数，（　）内の数値は相対頻度(%)

（3）下記の式により DAIpo を求めることができる．

$$\text{DAIpo} = 50 + 1/2(A - B)$$

　　A：その調査地点に出現したすべての好清水性種(*)の相対頻度(%)の和
　　B：その調査地点に出現したすべての好汚濁性種(#)の相対頻度(%)の和

表3-1中の各調査地点の DAIpo は次式のようにして求めることができる．

　　地点1：DAIpo = 50 + 1/2(0 − 1.8) = 49.1
　　地点2：DAIpo = 50 + 1/2(5.8 − 0) = 52.9
　　地点3：DAIpo = 50 + 1/2(0 − 40.6) = 29.7
　　地点4：DAIpo = 50 + 1/2(95.8 − 0) = 97.9

この式からもわかるように，
　　群集の構成種がすべて好清水性種(*)で占められている場合には　DAIpo = 100 である．
　　群集の構成種がすべて好汚濁性種(#)で占められている場合には　DAIpo = 0 である．
　　群集の構成種がすべて広適応性種の場合には　　　　　　　　　DAIpo = 50 となる．

表 3-2　好清水性種 (171 分類群) (Asai & Watanabe 1995 を一部修正)
[　]：synonym．種名の後の記号と数字："写真編" の plate 番号と plate 内の写真の番号．

Achnanthes Bory 1822

 Achnanthes atomus Hustedt　ⅡB_2-12：45-58
 A. biasolettiana Grunow var. *biasolettiana*　ⅡB_2-12：1-9
  [*A. pyrenaica* Hustedt]
  [*Achnanthidium lineare* W. Smith]
  [*A. pyrenaicum* (Hustedt) Kobayasi]
 A. biasolettiana var. *subatomus* Lange-Bertalot　ⅡB_2-12：10-20
  [? *A. subatomus* Hustedt]
 A. biasolettiana var. *undulata* nom. nud.　ⅡB_2-12：40-44
 A. bioretii Germain　ⅡB_2-5：21-24
  [*Navicula rotaeana* var. *excentrica* Grunow]
  [*N. vanheurckii* Patrick]
  [*Psammothidium bioretii* (Germain) Bukhtiyarova & Round]
 A. clevei Grunow var. *clevei*　ⅡB_2-7：19-26
  [*Karayevia clevei* (Grunow) Round & Bukhtiyarova]
 A. clevei var. *rostrata* Hustedt　ⅡB_2-7：27-29
  [*Karayevia clevei* var. *rostrata* (Hustedt) Kingston]
 A. conspicua A. Mayer　ⅡB_2-7：1-10
  [*A. conspicua* var. *brevistriata* Hustedt]
  [*A. pinnata* Hustedt]
 A. convergens H. Kobayasi　ⅡB_2-13：10-17
 A. crenulata Grunow　ⅡB_2-3：8, 9
  [*A. brevipes* var. *subcrenulata* Cleve]
  [*A. subsessilis* var. *subcrenulata* Cleve]
 A. delicatula ssp. *hauckiana* (Grunow) Lange-Bertalot　ⅡB_2-4：23, 24
  [*A. fonticola* Hustedt]
  [*A. hauckiana* Grunow]
  [*A. hauckiana* f. *lancettula* Hustedt]
 A. exilis Kützing　ⅡB_2-13：42, 43
 A. flexella (Kützing) Brun var. *flexella*　ⅡB_2-2：13-16
  [*A. maxima* (A. Cleve) A. Cleve-Euler]
  [*A. minuta* (Cleve) A. Cleve-Euler]
 A. inflata (Kützing) Grunow　ⅡB_2-3：1-5, 10
 A. japonica H. Kobayasi　ⅡB_2-13：1-9
 A. laevis var. *quadratarea* (Østrup) Lange-Bertalot　ⅡB_2-5：28-30
  [*A. lapponica* (Hustedt) Hustedt]
  [*A. lapponica* var. *ninckei* (Guermeur & Manguin) Reimer]
  [*Cocconeis quadratarea* Østrup]
  [*Eucocconeis quadratarea* (Østrup) Lange-Bertalot]
 A. lanceolata ssp. *apiculata* (Patrick) Lange-Bertalot　ⅡB_2-9：1-4
  [*A. lanceolata* var. *apiculata* Patrick]
 A. lanceolata (Brébisson) Grunow var. *lanceolata*　ⅡB_2-8：12-21
  [*Achnanthes lanceolata* var. *ventricosa* Hustedt]
  [*Achnanthidium lanceolatum* Brébisson *ex* Kützing]
  [*A. lanceolatum* var. *inflata* A. Mayer]
  [*Planothidium lanceolatum* (Brébisson) Round & Bukhtiyarova]
 A. lanceolata ssp. *frequentissima* var. *magna* (Straub) Lange-Bertalot　ⅡB_2-8：29-36
  [*A. rostrata* var. *magna* Straub]
 A. lanceolata ssp. *frequentissima* var. *minor* (Schulz) Lange-Bertalot　ⅡB_2-8：22-27

    [*A. eplliptica* var. *minor* (Schulz) A. Cleve]
    [*A. lanceolata* var. *elliptica* f. *minor* Schulz]
    [*A. lanceolata* var. *minor* (Schulz) A. Cleve]
    [*A. robusta* var. *minor* (Schulz) Straub]

A. lapidosa Krasske var. *lapidosa*   IIB_2-7 : 30-37
= *A. quadratarea* (Østrup) Max Möller *ex* Foged
    [*A. lapponica* (Hustedt) Hustedt]
    [*Achnanthidium lapidosum* (Krasske) H. Kobayasi]
    [*Nupela lapidosa* (Krasske) Lange-Bertalot]

A. laterostrata Hustedt   IIB_2-4 : 11-18

A. levanderi Hustedt   IIB_2-5 : 37-42
    [*A. levanderi* var. *helvetica* Hustedt]

A. lutheri Hustedt   IIB_2-5 : 13-16

A. marginulata Grunow   IIB_2-6 : 19-21

A. minutissima var. *gracillima* (F. Meister) Lange-Bertalot   IIB_2-11 : 27-31
    [*A. alteragracillima* Lange-Bertalot]
    [*A. microcephala* Kützing]
    [*A. microcephala* var. *gracillima* (F. Meister) Cleve-Euler]
    [*Achnanthidium alteragracillima* (Lange-Bertalot) Round & Bukhtiyarova]
    [*Microneis gracillima* F. Meister]

A. minutissima var. *jackii* (Rabenhorst) Lange-Bertalot   IIB_2-11 : 32-40
    [*Achnanthidium jackii* Rabenhorst]
    [*Achnanthes linearis* var. *jackii* (Rabenhorst) Grunow]

A. minutissima var. *robusta* Hustedt   IIB_2-12 : 25-32

A. minutissima var. *scotica* (Carter) Lange-Bertalot   IIB_2-11 : 13-23
    [*A. microcephala* f. *scotica* Carter]

A. montana Krasske   IIB_2-8 : 5-7
    [*Psammothidium montanum* (Krasske) Mayama]

A. oblongella Østrup   IIB_2-5 : 7-12
    [*A. saxonica* Krasske *ex* Hustedt]
    [*Psammothidium oblongellum* (Østrup) Vijver]

A. peragalli var. *parvula* (Patrick) Reimer 1966   IIB_2-9 : 31-36
    [*A. oestrupii* var. *parvula* Patrick]
    [*Planothidium peragalli* var. *parvulum* (Patrick) Andresen, Stoermer & Kreis]

A. pusilla (Grunow) De Toni   IIB_2-13 : 38-41
    [*A. (linearis* var. ?) *pusilla* Grunow]

A. rupestoides Hohn   IIB_2-5 : 1-6
    [*A. hustedtii* (Krasske) Reimer]
    [*A. krasskei* Kobayasi & Sawatari]
    [*Cocconeis hustedtii* Krasske]
    [*Psammothidium hustedtii* (Krasske) Mayama]

A. septentrionalis var. *subcapitata* Østrup   IIB_2-4 : 19-22
    [*Achnanthidium delicatulum* Kützing]
    [*Achnanthes delicatula* ssp. *septentrionalis* (Østrup) Lange-Bertalot]
    [*A. delicatula* (Kützing) Grunow]
    [*A. engelbrechlii* Cholnoky]

A. subatomoides (Hustedt) Lange-Bertalot & Archibald   IIB_2-5 : 31-36
    [*Navicula subatomoides* Hustedt]
    [*Achnanthes kryophila* var. *africana* Cholnoky]
    [*A. detha* Hohn & Hellerman]
    [*A. occulta* Kalbe]
    [*A. sutura* Carter]

[*A. umara* Carter]
[*Psammothidium subatomoides* (Hustedt) Round & Bukhtiyarova]
A. subhudsonis Hustedt   IIB_2-7 : 38-43
A. suchlandtii Hustedt   IIB_2-8 : 8-11
  [*A. lewisiana* Patrick]
  [*A. suchlandtii* var. *robusta* Hustedt]
  [*Cocconeis utermoeblii* Hustedt]
  [*Navicula fluviatilis* Hustedt]
  [*Kolbesia suchlandtii* (Hustedt) Kingston]

Amphora Ehrenberg 1844

Amphora fogediana Krammer   IIB_3-63 : 14-17
A. inariensis Krammer   IIB_3-63 : 9-12
A. ovalis (Kützing) Kützing   IIB_3-62 : 1-4
  [*A. gracilis* Ehrenberg]
A. pediculus (Kützing) Grunow   IIB_3-63 : 1-6
  [*A. ovalis* var. *pediculus* (Kützing) Van Heurck]
  [*A. pediculus* var. *exilis* Grunow]
  [*A. perpusilla* Grunow]

Asterionella Hassall 1850

Asterionella formosa Hassall   IIA-14 : 11, 12
  [*A. formosa* var. *gracillima* (Hantzsch) Grunow]
  [*A. gracillima* (Hantzsch) Heiberg]
  [*Diatoma gracillima* Hantzsch]

Aulacoseira Thwaites 1848

Aulacoseira nipponica (Skvortzow) Tuji   I-7 : 1-6

Brachysira 1836

Brachysira serians (Brébisson *ex* Kützing) Round & Mann   IIB_3-16 : 1-6
  [*Anomoeoneis serians* (Brébisson *ex* Kützing) Cleve]
  [*Navicula serians* Brébisson *ex* Kützing]

Cocconeis Ehrenberg 1837

Cocconeis pediculus Ehrenberg   IIB_2-2 : 1-4
  [*C. depressa* Kützing]
C. placentula var. *euglypta* (Ehrenberg) Grunow   IIB_2-1 : 5-10
  [*C. euglypta* Ehrenberg]
C. placentula var. *lineata* (Ehrenberg) Van Heurck   IIB_2-1 : 11
  [*C. lineata* Ehrenberg]
C. placentula var. *rouxii* Brun & Héribaud   IIB_2-1 : 12, 13

Ctenophora (Grunow) Lange-Bertalot 1991

Ctenophora pulchella (Ralfs) Williams & Round   IIA-14 : 1-4
  [*Synedra familiaris* Kützing]
  [*S. pulchella* (Ralfs) Kützing]
  [*Fragilaria pulchella* (Ralfs *ex* Kützing) Lange-Bertalot]

Cymbella Agardh 1830

Cymbella affinis Kützing   IIB_3-70 : 1-6

[*C. excisa* Kützing]
[*Cocconema parvum* W. Smith]
[*Cymbella parva* (W. Smith) Kirchner]
C. amphicephala Naegeli var. *amphicephala*   IIB_3-80 : 4, 5
   [*Cymbopleura amphicephala* (Naegeli) Krammer]
C. cistula (Ehrenberg) Kirchner   IIB_3-75 : 4
   [*C. cistula* var. *maculata* (Kützing) Van Heurck]
   [*C. maculata* (Kützing) Kützing]
   [*Bacillaria cistula* Ehrenberg]
C. cistula var. *gibbosa* Brun   IIB_3-76 : 2-4
C. cymbiformis Agardh var. *cymbiformis*   IIB-75 : 1, 2
C. cymbiformis var. *nonpunctata* Fontell   IIB_3-75 : 3
C. delicatula Kützing var. *delicatula*   IIB_3-69 : 11, 12
   [*Delicata delicatula* (Kützing) Krammer]
C. hustedtii Krasske   IIB_3-71 : 11-15
C. japonica Reichelt   IIB_3-71 : 9, 10
C. laevis Naegeli   IIB_3-73 : 6-11
C. lanceolata (Ehrenberg) Kirchner   IIB_3-76 : 1
C. lata Grunow   IIB_3-80 : 2, 3
   [*C. loczyi* Pantocsek]
   [*C. elliptica* Prudent]
   [*C. cuspidata* var. *elliptica* (Prudent) Mayer]
   [*Cymbopleura lata* (Grunow) Krammer]
C. leptoceros (Ehrenberg) Kützing   IIB_3-73 : 1-5
   [*Cocconema leptoceros* Ehrenberg]
C. mexicana (Ehrenberg) Cleve   IIB_3-79 : 1-9
   [*Cocconema mexicanum* Ehrenberg]
   [*Cymbella kamtschatica* Grunow]
C. novazeelandiana Krammer   IIB_3-71 : 5-7
   [*C. turgida* var. *kappii* Cholnoky]
C. proxima Reimer   IIB_3-77 : 1-4
C. subaequalis Grunow   IIB_3-72 : 1, 2
   [*C. aequalis* sensu Cleve]
   [*C. aequalis* sensu Hustedt]
   [*Cymbopleura subaequalis* (Grunow) Krammer]
C. thienemannii Hustedt   IIB_3-69 : 25-34
   [*Encyonopsis thienemannii* (Hustedt) Krammer]
C. tumida (Brébisson) Van Heurck   IIB_3-71 : 1, 2
   [*Cocconema tumidum* Brébisson]
   [*Cymbella stomatophora* Grunow]
C. turgidula Grunow var. *turgidula*   IIB_3-70 : 7-10
C. turgidula var. *nipponica* Skvortzow   IIB_3-71 : 8
   [*C. rheophila* Ohtsuka]
   [*C. subturgidula* Krammer]

Denticula Kützing 1844

Denticula tenuis Kützing   IIB_4-8 : 1-6
   [*D. crassula* Naegeli *ex* Kützing]
   [*D. frigida* Kützing]
D. vanheurckii Brun var. *vanheurckii*   IIB_4-9 : 11-13

Diatoma Bory 1790

Diatoma mesodon (Ehrenberg) Kützing   II A-3 : 4-8
  [*D. hyemale* var. *mesodon* (Ehrenberg) Fricke]
D. tenuis Agardh   II A-4 : 1-6
  [*D. elongatum* (Lyngbye) Agardh]
  [*D. mesoleptum* Kützing]
  [*D. tenuis* var. *elongatum* Lyngbye]
D. vulgaris Bory   II A-3 : 11-14
  [*D. vulgaris* var. *producta* Grunow]
  [*D. vulgare* var. *ovalis* (Fricke) Hustedt]

Diploneis Ehrenberg 1844

Diploneis boldtiana Cleve   II B_3-11 : 5, 6
D. elliptica (Kützing) Cleve var. *elliptica*   II B_3-10 : 1-5
  [*Navicula elliptica* Kützing]
D. pseudovalis Hustedt   II B_3-11 : 2-4

Encyonema Kützing 1833

Encyonema caespitosum Kützing   II B_3-67 : 1-8
  [*Cymbella caespitosa* (Kützing) Brun]
E. elginense (Krammer) D. G. Mann   II B_3-67 : 11-13
  [*Cymbella elginensis* Krammer]
  [*C. turgida* Gregory]
E. gracile Ehrenberg   II B_3-68 : 1-5
  [*Cymbella gracilis* (Ehrenberg) Kützing]
  [*C. lunata* W. Smith]
  [*C. scotica* W. Smith]
E. hebridicum (Ghegory) Grunow   II B_3-67 : 9, 10
  [*Cymbella hebridica* (Grunow) Cleve]
E. leei (Krammer) Ohtsuka, Hanada & Yus. Nakamura   II B_3-68 : 12-18
E. lange-bertalotii Krammer   II B_3-65 : 13-18
E. latens (Krasske) D. G. Mann   II B_3-65 : 10-12
  [*Cymbella minuta* f. *latens* (Krasske) Reimer]
E. mesianum (Cholnoky) D. G. Mann   II B_3-66 : 20-22
  [*Cymbella mesiana* Cholnoky]
  [*C. minuta* var. *pseudogracilis* (Cholnoky) Reimer]
  [*C. turgida* var. *pseudogracilis* Cholnoky]
  [*C. turgida* sensu Cleve]
  [*C. turgida* sensu Hustedt]
E. minutum (Hilse *ex* Rabenhorst) D. G. Mann   II B_3-65 : 1-9
  [*Cymbella minuta* Hilse *ex* Rabenhorst]
  [*C. ventricosa* Kützing]
E. reichardtii (Krammer) D. G. Mann   II B_3-66 : 12-19
  [*Cymbella reichardtii* Krammer]
E. silesiacum (Bleisch) D. G. Mann   II B_3-65 : 19-30
  [*Cymbella silesiaca* Bleisch]
  [*C. minuta* var. *silesiaca* (Bleisch) Reimer]

Encyonopsis Krammer 1997

Encyonopsis minuta Krammer & Reichardt   II B_3-69 : 15-24
  [*Cymbella ruttnerii* Hustedt]

[*Navicula incompta* Krasske]

Epithemia Brébisson 1838

Epithemia adnata (Kützing) Brébisson var. *adnata*   II B$_4$-3 : 1-9
   [*E. zebra* (Ehrenberg) Kützing]
   [*E. kurzeana* Rabenhorst Alg.]
   [*Eunotia zebra* (Ehrenberg) Ehrenberg]
   [*Frustulia adnata* Kützing]
E. smithii Carruthers var. *smithii*   II B$_4$-2 : 3
   [*E. proboscidae* W. Smith]
E. sorex Kützing var. *sorex*   II B$_4$-5 : 3-9
   [*Cystopleura sorex* (Kützing) Kuntze]
   [*Eunotia sorex* (Kützing) Rabenhorst]
E. trugida (Ehrenberg) Kützing var. *trugida*   II B$_4$-1 : 1-3
   [*Eunotia turgida* (Ehrenberg) Ehrenberg]
   [*Navicula turgida* Ehrenberg]
E. turgida var. *granulata* (Ehrenberg) Brun   II B$_4$-1 : 4
   [*E. granulata* (Ehrenberg) Kützing]
   [*Eunotia librile* Ehrenberg]
   [*E. turgida* var. *vertagus* (Kützing) Grunow]
   [*E. vertagus* Kützing]
   [*Navicula granulata* Ehrenberg]

Eunotia Ehrenberg 1837

Eunotia arculus (Grunow) Lange-Bertalot & Nörpel   II B$_1$-15 : 10-16
   [*E. paludosa* var. *arculus* Grunow]
   [*E. rostellata* Hustedt]
E. biseriatoides H. Kobayasi, Kaz. Ando & T. Nagumo   II B$_1$-10 : 3-9
E. intermedia (Krasske *ex* Hustedt) Nörpel & Lange-Bertalot   II B$_1$-8 : 26-31
   [*E. pectinalis* var. *minor* f. *intermedia* Krasske *ex* Hustedt]
   [*E. faba* var. *intermedia* Cleve-Euler]
   [*E. vanheurckii* var. *intermedia* Patrick]
E. minor (Kützing) Grunow   II B$_1$-4 : 7-10
   [*E. impressa* Ehrenberg]
   [*E. pectinalis* var. *minor* (Kützing) Rabenhorst]
   [*E. pectinalis* var. *minor* f. *impressa* (Ehrenberg) Hustedt]
   [*E. pectinalis* var. *impressa* O. Müller]
E. monodon var. *bidens* (Gregory) Hustedt   II B$_1$-4 : 1-3
   [*E. major* var. *bidens* (Gregory) Rabenhorst]
   [*E. media* (? var. *jemtlandica*) Fontell]
   [*E. monodon* var. *constricta* Cleve-Euler]
   [*E. scandinavica* A. Cleve *ex* Fontell]
   [*E. tibia* var. *bidens* Cleve-Euler]
   [*Himantidium bidens* Gregory]
E. naegelii Migula   II B$_1$-11 : 1, 2
   [*E. lunaris* var.? *alpina* (Nägeli) Grunow]
   [*E. alpina* (Nägeli) Hustedt]
E. pectinalis (Dillwyn) Rabenhorst var. *pectinalis*   II B$_1$-4 : 4-6
   [*E. pectinalis* (Dillwyn) Rabenhorst]
   [*E. pectinalis* f. *elongata* Van Heurck]
   [*E. pectinalis* var. *stricta* (Rabenhorst) Van Heurck]

E. praerupta Ehrenberg var. *praerupta* II B$_1$-9 : 1-7
E. veneris (Kützing) De Toni II B$_1$-5 : 5-7
   [*E. pirla* Carter]
   [*Himantidium veneris* Kützing]

Fragilaria Lyngbye 1819

Fragilaria capitellata (Grunow) J. B. Petersen II A-8 : 1-10
   [*F. vaucheriae* var. *copitellata* (Grunow) Ross]
   [*Synedra* (*vaucheriae* var.) *copitellata* Grunow]
F. capucina Desmazières var. *capucina* II A-8 : 14-18
   [*F. capucina* var. *lanceolata* Grunow]
   [*Synedra* (*amphicephala* var. ?) *fallax* Grunow]
   [*S. rumpens* var. *acuta* (Ehrenberg) Rabenhorst]
   [*S. rumpens* var. *familiaris* f. *major* Grunow]
F. capucina var. *gracilis* (Østrup) Hustedt II A-10 : 17, 18
   [*F. gracilis* Østrup]
   [*Synedra famelica* Kützing]
   [*S. familiaris* Kützing]
   [*S. rumpens* var. *familiaris* (Kützing) Grunow]
F. capucina var. *mesolepta* (Rabenhorst) Rabenhorst II A-9 : 19-22
   [*F. mesolepta* Rabenhorst]
   [*F. subconstricta* Østrup]
   [*F. tenuistriata* Østrup]
F. capucina var. *vaucheriae* (Kützing) Lange-Bertalot II A-8 : 19-29
   [*F. intermedia* Grunow]
   [*F. vaucheriae* (Kützing) J. Petersen]
   [*Staurosira intermedia* Grunow]
   [*Synedra rumpens* var. *meneghiniana* Grunow]
F. mazamaensis (Sovereign) Lange-Bertalot II A-4 : 18-21
F. rumpens var. *fragilarioides* (Grunow) Cleve-Euler II A-8 : 30-34
   [*Synedra rumpens* var. *fragilarioides* Grunow]
   [*S. vaucheriae* var. *distans* Grunow]

Frustulia Rabenhorst 1853

Frustulia amphipleuroides (Grunow) Cleve-Euler II B$_3$-3 : 1
   [*F. rhomboides* var. *amphipleuroides* (Grunow) Cleve]
   [*F. rhomboides* var. *amphipleuroides* (Grunow) De Toni]
   [*Navicula* (*Vanheurckia*) *rhomboides* var. *amphipleuroides* Grunow]

Gomphoneis Cleve 1894

Gomphoneis eliense var. *variabilis* Kociolek & Stoermer II B$_3$-84 : 5, 7-10
   [*G. herculeana* var. *japonica* T. Watanabe]
G. herculeana (Ehrenberg) Cleve var. *herculeana* II B$_3$-84 : 1-4
   [*Gomphonema herculeanum* Ehrenberg]
   [*G. herculeanum* Ehrenberg]
G. okunoi Tuji II B$_3$-87 : 1-8
   [*Gomphoneis tetrastigmata* sensu Ohtsuka]
G. olivaceoides (Hustedt) Carter *et* Bailey-Watts II B$_3$-86 : 15-18
   [*Gomphonema olivaceoides* Hustedt]
G. pseudokunoi Tuji II B$_3$-86 : 1-9

Gomphonema **Ehrenberg 1832**

Gomphonema angustum Agardh   II B$_3$-91 : 1-7
   [*G. bohemicum* Reichelt & Fricke]
   [*G. dichotomum* Kützing]
   [*G. fanensis* Maillard]
   [*G. intricatum* var. *bohemicum* (Reichelt *et* Fricke) A. Cleve]
   [*G. intricatum* var. *pumilum* Grunow]
   [*G. intricatum* Kützing]
   [*G. vibrio* var. *pumilum* (Grunow) R. Ross]
   [*G. vibrio* var. *bohemicum* (Reichelt & Fricke) R. Ross]
G. aff. *angustatum* var. *sarcophagus* (Gregory) Grunow   II B$_3$-92 : 17, 18
G. biceps F. Meister   II B$_3$-98 : 9-13
   [*G. brasiliense* var. *demerarae* Grunow]
G. christenseni Lowe *et* Kociolek   II B$_3$-94 : 17, 18
G. clavatum Ehrenberg   II B$_3$-97 : 5-7
   [*G. longiceps* Ehrenberg]
   [*G. mustela* Ehrenberg]
   [*G. montanum* Schumann]
   [*G. subclavatum* (Grunow) Grunow]
   [*G. commutatum* Grunow]
   [*Gomphocymbella obliqua* (Grunow) O. Müller]
G. clevei Fricke var. *clevei*   II B$_3$-93 : 1-7
G. italicum Kützing   II B$_3$-102 : 8, 9
   [*G.* (*constricum* var. *capitatum* sensu Grunow]
G. olivaceum (Hornemann) Brébisson var. *olivaceum*   II B$_3$-86 : 10-14
   [*Gomphoneis olivacea* (Hornemann) Dawson *ex* Ross & Sims]
G. pala Reichardt   II B$_3$-102 : 10
   [*G. truncatum* var. *capitatum* sensu Patrick]
G. truncatum Ehrenberg   II B$_3$-102 : 6, 7
   [*G. capitatum* Ehrenberg]
   [*G. canstrictum* Ehrenberg]
   [*G. turgidum* Ehrenberg]
G. undulatum Hustedt   II B$_3$-90 : 22, 23,   II B$_3$-97 : 10

Hannaea **Patrick 1966**

Hannaea arcus (Ehrenberg) Patrick var. *arcus*   II A-13 : 1-4
= *Fragilaria arcus* (Ehrenberg) Cleve
   [*Ceratoneis arcus* (Ehrenberg) Kützing]
   [*Fragilaria arcus* (Ehrenberg) Cleve]
H. arcus var. *amphioxys* (Rabenhorst) Patrick   II A-13 : 5-7
= *Fragilaria arcus* var. *recta* Cleve
   [*Ceratoneis amphioxys* Rabenhorst]
   [*C. arcus* var. *linearis* f. *recta* (Skvortzow & Meyer) Proschkina-Lavrenko]
   [*C. arcus* var. *recta* (Ehrenberg) Krasske]
   [*C. recta* (Skvortzow & Meyer) Iwahashi]

Meridion **Agardh 1824**

Meridion circulare (Graville) C. A. Agardh var. *circulare*   II A-2 : 1-6
   [*M. circulare* var. *zinkenii* (Kützing) Grunow]
   [*M. zinkenii* Kützing]
M. circulare var. *constrictum* (Ralfs) Van Heurck   II A-2 : 7-10

[*M. constrictum* Ralfs]

Navicula Bory 1822

Navicula angusta Grunow   II B$_3$-36 : 1-6
  [*N. cari* var. *angusta* Grunow]
  [*N. cincta* var. *angusta* (Grunow) Cleve]
  [*N. cincta* var. *linearis* Østrup]
  [*N. lobeliae* Jørgensen]
  [*N. pseudocari* Krasske]
N. capitatoradiata Germain   II B$_3$-40 : 7-10
  [*N. cryptocephala* var. *intermedia* Grunow]
  [*N. salinarum* var. *intermedia* (Grunow) Cleve]
N. cincta (Ehrenberg) Ralfs   II B$_3$-41 : 19, 20
  [*N. heufleri* Grunow]
  [*N. inutilis* Krasske]
  [*N. umida* Bock]
  [*Pinnularia cincta* Ehrenberg]
N. clementoides Hustedt   II B$_3$-29 : 8-11
N. concentrica Carter   II B$_3$-38 : 1
  [*N. cymbula* Donkin]
  [*N. lanceolata* var. *cymbula* (Donkin) Cleve]
N. contenta f. *biceps* (Arnott *ex* Grunow) Hustedt   II B$_3$-42 : 17-22
  [*N. biceps* Arnott *ex* Grunow]
  [*N. contenta* var. *biceps* (Arnott *ex* Grunow) Cleve]
  [*Diadesmis contenta* var. *biceps* (Arnott *ex* Grunow) Hamilton]
N. cryptotenella Lange-Bertalot   II B$_3$-34 : 12-21
  [*N. radiosa* var. *tenella* (Brébisson *ex* Kützing) Van Heurck]
  [*N. tenella* Brébisson *ex* Kützing]
N. heuflerii Cholnoky   II B$_3$-42 : 11, 12
N. hustedtii Krasske   II B$_3$-21 : 26
N. mediopunctata Hustedt   II B$_3$-21 : 30-32
N. nipponica (Skvortzow) Lange-Bertalot   II B$_3$-32 : 4-9
N. oppugnata Hustedt   II B$_3$-32 : 11
N. placenta Ehrenberg   II B$_3$-30 : 5, 6
  [*N. hexagona* Torka]
  [*Decussata placenta* (Ehrenberg) Lange-Bertalot & Metzeltin]
N. pseudolanceolata Lange-Bertalot   II B$_3$-37 : 1-3
  [*N. lanceolata* (Agardh) Kützing]
N. slesvicensis Grunow   II B$_3$-35 : 5-10
  [*N. viridula* var. *slesvicensis* (Grunow) Van Heurck]
N. subatomoides Hustedt   II B$_3$-20 : 17-20
  [*N. utermoehlii* var. *subatomoides* (Hustedt) Cleve-Euler]
N. subtilissima Cleve   II B$_3$-21 : 45-48
  [*N. subtilissima* var. *micropunctata* Germain]
N. yuraensis Negoro & Gotoh   II B$_3$-34 : 4-11

Nitzschia Hassall 1845

Nitzschia dissipata (Kützing) Grunow var. *dissipata*   II B$_4$-10 : 7-10
  [*N. minutissima* W. Smith]
  [*Synedra dissipata* Kützing]
N. dissipata var. *media* (Hantzsch) Grunow   II B$_4$-10 : 11-14

[? *N. bavarica* Hustedt]
[*N. media* Hantzsch]
N. elegantula Grunow　IIB_4-25：1
　[*N. jugiformis* Hustedt]
　[*N. microcephala* var. *elegantula* Van Heurck]
　[*N. microcephala* var. *medioconstricta* Fritsch & Rich]
　[*N. osmophila* Cholnoky]
N. heidenii Meister　IIB_4-12：13-20
N. microcephala Grunow　IIB_4-25：14-20
N. tabellaria (Grunow) Grunow　IIB_4-12：1-6
　[*Denticula tabellaria* Grunow]
　[*Nitzschia sinuata* var. *tabellaria* (Grunow) Grunow]

Reimeria Kociolek, J. P. & Stoermer, E. R. 1987

Reimeria sinuata (Gregory) Kociolek & Stoermer　IIB_3-69：1-10
　[*Cymbella sinuata* Gregory]

Rhoicosphenia Grunow 1860

Rhoicosphenia abbreviata (C. Agardh) Lange-Bertalot　IIB_3-1：1-8
　[*Gomphonema abbreviatum* C. Agardh]
　[*G. curvatum* Kützing]
　[*Rhoicosphenia curvata* (Kützing) Grunow *ex* Rabenhorst]

Stauroneis Ehrenberg 1843

Stauroneis anceps Ehrenberg var. *anceps*　IIB_3-13：1-5
　[*S. anceps* var. *amphicephala* (Kützing) Van Heurck]
S. anceps var. *americana* Reimer　IIB_3-13：6-8
S. anceps f. *linearis* (Ehrenberg) Hustedt　IIB_3-13：9, 10
　[*S. linearis* Ehrenberg]
S. japonica H. Kobayasi　IIB_3-14：9, 10
　[*Sellaphora japonica* (H. Kobayasi) H. Kobayasi]
S. kriegeri Patrick var. *kriegeri*　IIB_3-13：12, 13
　[*S. anceps* var. *capitata* M. Peragallo]
　[*S. pygmaea* Krieger]

Staurosira (Ehrenberg) Williams & Round 1987

Staurosira construens Ehrenberg var. *construens*　IIA-7：30-35
　[*Fragilaria construens* (Ehrenberg) Grunow var. *construens*]

Staurosirella D. M. Williams & F. E. Round

Staurosirella leptostauron (Ehrenberg) Williams & Round　IIA-5：33-39
　[*Biblarium leptostauron* Ehrenberg]
　[*Fragilaria leptostauron* (Ehrenberg) Hustedt]

Stephanodiscus Ehrenberg 1846

Stephanodiscus suzukii Tuji & Kociolek　I-14：1-5
　[*S. carconensis* (Eulenstein *ex* Grunow) Grunow]
S. pseudosuzukii Tuji & Kociolek　I-14：6-10
　[*S. carconensis* var. *pusilla* sensu Skvortzow]

Surirella **Turpin 1828**

Surirella linearis var. *helvetica* (Brun) F. Meister   IIB_5-2 : 6, 7
[*S. helvetica* Brun]

***Synedra* Ehrenberg 1832**

Synedra inaequalis H. Kobayasi   II A-14 : 7-10
S. rumpens var. *familiaris* (Kützing) Grunow   II A-9 : 14-18
= *Fragilaria capucina* var. *gracilis* (Østrup) Hustedt
[*Synedra familiaris* Kützing]
[*S. familiaris* f. *major* Grunow]
[*S. familiaris* f. *parva* Grunow]
[*S. famelica* Kützing]
[*S. pulchella* var. *flexella* Boyer]
S. ulna var. *ramesi* (Héribaud) Hustedt   II A-14 : 5, 6
[*S. ramesi* Héribaud]

***Tabellaria* Ehrenberg 1840**

Tabellaria flocculosa (Roth) Kützing   II A-1 : 6-9
[*Conferva flocculosa* Roth]
[*Striatella flocculosa* (Roth) Kuntze]
[*Tabellaria fenestrata* var. *intermedia* Grunow]
[*T. flocculosa* var. *ventricosa* (Kützing) Grunow]

表3-3 好汚濁性種(40分類群)(Asai & Watanabe 1995 を一部修正)
[   ]：synonym. 種名の後の記号と数字："写真編" の plate 番号と plate 内の写真の番号.

Achnanthes Bory 1822

Achnanthes exigua Grunow var. *exigua*　IIB_2-10：1-8
　　[? *A. exigua* var. *constricta* (Torka) Hustedt]
　　[*A. exigua* var. *heterovalvata* Krasske]
　　[*Achnanthidium exiguum* (Grunow) Czarnecki]
A. exigua var. *elliptica* Hustedt　IIB_2-10：9-12
A. minutissima var. *saprophila* H. Kobayasi & Mayama　IIB_2-11：7-12
　　[*Achnanthidium saprophilum* (H. Kobayasi & Mayama) Round & Bukhtiyarova]

Amphora Ehrenberg 1844

Amphora coffeaeformis var. *acutiuscula* (Kützing) Rabenhorst　IIB_3-63：13
　　[*A. acutiuscula* Kützing]

Caloneis Cleve 1894

Caloneis aerophila Bock　IIB_3-6：8-19

Cyclotella (Kützing) Brébisson 1838

Cyclotella atomus Hustedt　I-10：30-33
C. meneghiniana Kützing　I-9：1-6
　　[*C. kuetzingiana* Thwaites]
　　[*C. laevissima* van Goor]
　　[*C. meneghiniana* var. *binotata* Grunow]
　　[*C. meneghiniana* var. *laevissima* (van Goor) Hustedt]
　　[*C. meneghiniana* f. *plana* (Fricke) Hustedt]
　　[*C. meneghiniana* var. *rectangulata* Grunow]
　　[*C. meneghiniana* var. *vogesiaca* Grunow]
　　[*C. rectangula* Brébisson]

Fragilaria Lyngbye 1819

Fragilaria capucina var. *amphicephala* (Grunow) Lange-Bertalot　IIA-9：1-3
　　[*Synedra amphicephala* Kützing]

Gomphonema Ehrenberg 1832

Gomphonema lagenula Kützing　IIB_3-99：11-14, IIB_3-100：1-6
G. pseudoaugur Lange-Bertalot　IIB_3-95：1-7

Navicula Bory 1822

Navicula accomoda Hustedt　IIB_3-41：24, 25
　　[? *N. minusculoides* Hustedt]
N. atomus (Kützing) Grunow var. *atomus*　IIB_3-19：31-36, 37-41
　　[*N. atomus* var. *permitis* (Hustedt) Lange-Bertalot]
　　[*N. caduca* Hustedt]
　　[*N. excelsa* Krasske]
　　[*N. peratomus* Hustedt]
　　[*N. permitis* Hustedt]
　　[*N. pseudoatomus* Lund]
N. confervacea (Kützing) Grunow　IIB_3-19：1-5
　　[*Diadesmis confervacea* Kützing]

[*N. confervacea* var. *hungarica* Grunow]
[*N. confervacea* var. *peregrina* Grunow]
N. goeppertiana (Bleisch) H. L. Smith var. *goeppertiana*   IIB_3-22 : 10-13
  [*N. mutica* var. *goeppertiana* (Bleisch) Grunow]
  [*N. mutica* f. *goeppertiana* (Bleisch) Hustedt]
  [*N. mutica* var. *tropica* Hustedt]
  [*N. terminata* Hustedt]
  [*Luticola goeppertiana* (Bleisch) D. G. Mann]
  [*Stauroneis goeppertiana* Bleisch]
N. mutica Kützing var. *mutica*   IIB_3-23 : 1-4
  [*N. imbricata* Bock]
  [? *N. paramutica* Bock]
  [*Sturoneis rotaeana* Rabenhorst]
N. paucivisitata Patrick   IIB_3-21 : 41-44
  [*N. minuscula* Grunow]
N. pupula Kützing var. *pupula*   IIB_3-25 : 1-10
  [*Sellaphora pupula* (Kützing) Mereschkowsky]
N. pupula var. *subcapitata* Hustedt   IIB_3-25 : 11-13
  [? *Stauroneis japonica* H. Kobayasi]
N. saprophila Lange-Bertalot & Bonik   IIB_3-19 : 28-30
  [*N. muralis* f. *minuta* Grunow]
  [*Fistulifera saprophila* (Lange-Bertalot & Bonik] Lange-Bertalot]
N. seminulum Grunow var. *seminulum*   IIB_3-21 : 5-13
  [*N. atomoides* Grunow]
  [*N. saugerii* Desmaziéres]
  [*N. seminulum* var. *fragilarioides* Grunow]
  [*Sellaphora seminulum* (Grunow) D. G. Mann]
N. subminuscula Manguin   IIB_3-20 : 21-44
  [*Eolimna subminuscula* (Manguin) G. Moser, Lange-Bertalot & Metzeltin]
  [*N. demissa* Hustedt]
  [*N. frugalis* Hustedt]
  [*N. luzonensis* Hustedt]
  [*N. perparva* Hustedt]
  [*N. vaucheriae* Petersen]
N. tenera Hustedt   IIB_3-28 : 20-23
  [*N. auriculata* Hustedt]
  [*N. biseriata* Brockmann]
  [*N. dissipata* Hustedt]
  [*N. insociabilis* var. *dissipatoides* Hustedt]
  [*N. uniseriata* Hustedt]
  [*Fallacia tenera* (Hustedt) D. G. Mann]

Nitzschia Hassall 1845

Nitzschia amphibia Grunow f. *amphibia*   IIB_4-26 : 33-42
  [*N. amphibia* var. *acutiuscula* Grunow]
N. communis Rabenhorst   IIB_4-20 : 14-20
N. gracilis Hantzsch   IIB_4-17 : 12,   IIB_4-24 : 20, 21
  [*N. graciloides* Hustedt]
N. heufleriana Grunow   IIB_4-16 : 1-3
  [*N. lauenburgiana* Hustedt]
N. levidensis (W. Smith) Grunow var. *levidensis*   IIB_4-13 : 1
  [*N. tryblionella* var. *levidensis* (W. Smith) Grunow]

[*N. tryblionella* var. *victoriae* (Grunow) Grunow]
[*Tryblionella levidensis* var. *levidensis* W. Smith]
N. nana Grunow IIB$_4$-14 : 1-3
  [*N. ignorata* Krasske]
  [*N. obtusa* var. *lepidula* Grunow]
  [*N. obtusa* var. *nana* (Grunow) Van Heurck]
N. palea (Kützing) W. Smith IIB$_4$-19 : 1-7
  [*N. accommodata* Hustedt]
  [*N. fusidium* (Kützing) H. L. Smith]
  [*N. minuta* Bleisch]
  [*N. palea* f. *major* Rabenhorst]
  [*N. palea* var. *minuta* Bleisch]
  [*N. pilum* Hustedt]
N. scalpelliformis (Grunow) Grunow IIB$_4$-16 : 4-6
  [*N. obtusa* var. *scalpelliformis* Grunow]
N. supralitorea Lange-Bertalot IIB$_4$-20 : 21-24

Pinnularia Ehrenberg 1843

Pinnularia acidojaponica M. Idei *et* H. Kobayasi IIB$_3$-46 : 1-13
=*P. braunii* var. *amphicephala* (A. Mayer) Hustedt
  [*P. amphicephala* Mayer]
  [*P. biceps* var. *amphicephala* (Mayer) Cleve-Euler]
  [*P. stauroptera* var. *amphicephala* (Mayer) Cleve-Euler]
P. gibba var. *sancta* (Grunow *ex* Cleve) Meister IIB$_3$-56 : 4, 5
  [*P. stauroptera* var. *sancta* Grunow *ex* Cleve]
P. microstauron (Ehrenberg) Cleve var. *microstauron* IIB$_3$-50 : 1-5
  [*P. microstauron* morphotype 1 sensu Krammer]
P. rhombarea Krammer var. *rhombarea* IIB$_3$-51 : 1-5
  [*P. microstauron* morphotype 3 sensu Krammer]
P. septentrionalis (Grunow) Krammer IIB$_3$-48 : 5
  [*P. mesolepta* morphotype 5 sensu Krammer]
  [*P. mesolepta* (Ehrenberg) W. Smith]
  [*P. mesolepta* var. *seminuda* Cleve-Euler]
  [*P. mesolepta* var. *stauroneiformis* (Grunow) Gutwinski]
P. sinistra Krammer IIB$_3$-45 : 6-8
  [*P. subcapitata* auct. nonull *in* Krammer]
P. subcapitata Gregory var. *subcapitata* IIB$_3$-44 : 8, 9
  [*P. hilseana* Janisch]
  [*P. subcapitata* var. *hilseana* (Janisch) O. Müller]
P. valdetolerans Mayama & H. Kobayasi IIB$_3$-47 : 13-16

Staurosira Ehrenberg 1843

Staurosira construens var. *venter* (Ehrenberg) Kawashima & Kobayasi IIA-7 : 15-24
  [*Fragilaria construens* var. *venter* (Ehrenberg) Grunow]
  [*F. venter* Ehrenberg]

3-5 DAIpoと物理化学的分析値

　すでに述べたように，DAIpo値に見合う適正な物理化学的分析値となると，採集した試料生物が遷移を開始したときから，採集時までの，数ヵ月間の連続測定値が必要となる．現時点では，そのような連続値を得ることは極めて難しい．したがって，生物試料採集時からさかのぼって，およそ1年間の4～12回の測定値の平均を暫定値として，DAIpoとの相関を検討した．ただECのみは，試料採集時1回のみの測定値を用いた．

　その結果，図3-4に示すように下記のことが明らかになった．
（1）　DAIpo値の増減は，すべての物理化学的分析値の等比級数的な増減に比例する．
（2）　電気伝導度(EC)との相関が最大である（$R=-0.89$）．

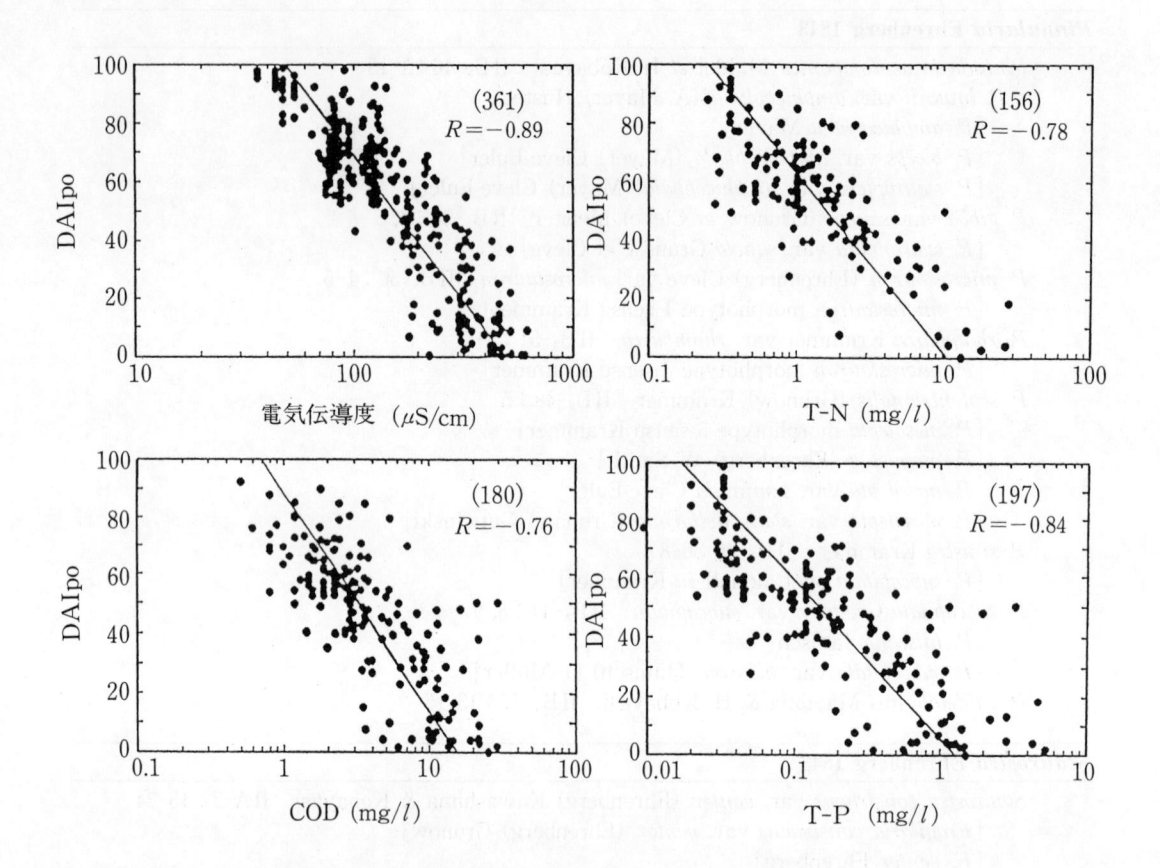

図3-4　電気伝導度(EC), COD, T-N, T-PとDAIpoとの相関
　　　（　）内数値：地点数，R：相関係数

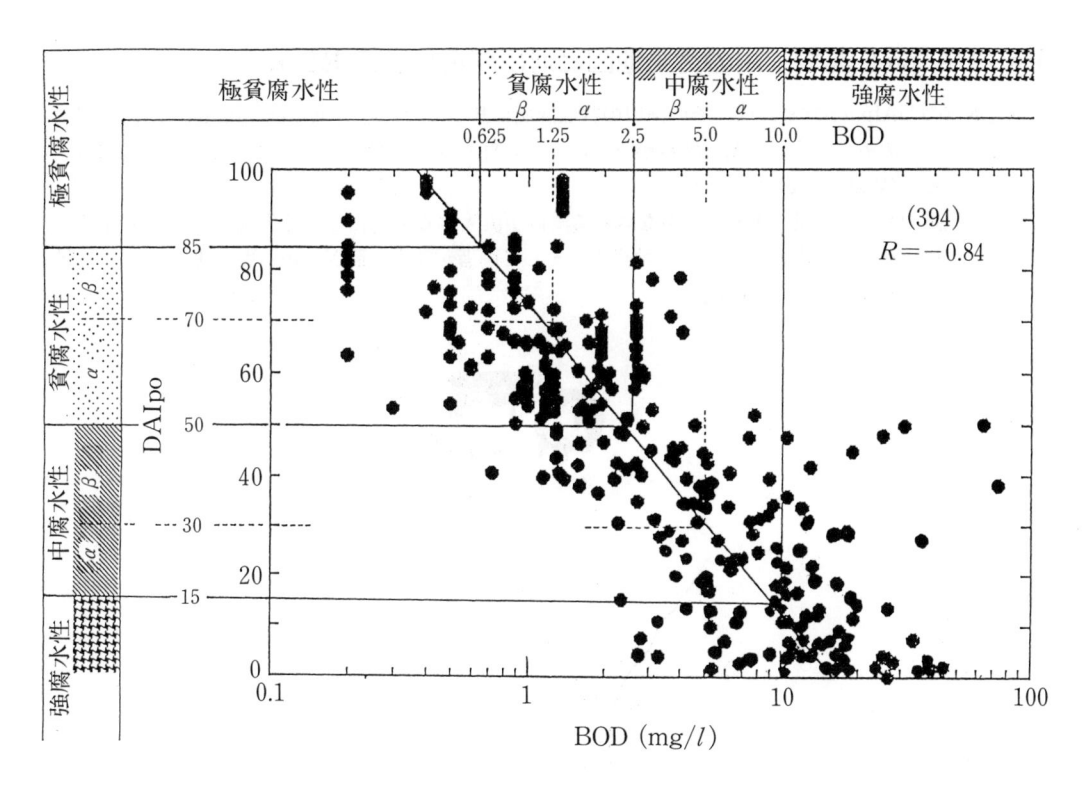

図 3-5　BODとDAIpoとの相関
　　　　（　）内数値：地点数，R：相関係数．

　また，DAIpoとBODとの相関(図3-5)から，河川において広く用いられてきた，従来の汚濁階級とDAIpoとの関連をも求めることができる．汚濁階級のBODによる境界値は，研究者によって微妙に違っていたが，上記(1)の事実に基づいて整理すると，表3-4のように修正することができる．

表3-4　DAIpo, BOD, 従来の汚濁階級との関係

DAIpo	BOD	汚濁階級
100-85	0-0.625	極貧腐水性水域(xenosaprobic)
85-70	0.625-1.25	β貧腐水性水域(β-oligosaprobic)
70-50	1.25-2.5	α貧腐水性水域(α-oligosaprobic)
50-30	2.5-5.0	β中貧腐水性水域(β-mesosaprobic)
30-15	5.0-10.0	α中貧腐水性水域(β-mesosaprobic)
15-0	>10	強腐水性水域(polysaprobic)

　この表を用いることによって，従来の汚濁階級による水質判定結果からも，DAIpoのおよその値を推定することができる．さらには，珪藻群集の第1，第2優占種を選出することによって，DAIpoのおよその値，あるいは汚濁階級をも簡単に得られるようになった(渡辺，浅井 1992 a〜d)．

3-6 DAIpo に基づく川の汚染地図と河川総合評価値 RPId

調査地点の DAIpo が求まれば，その河川の数値評価に基づく汚染地図(water quality map)を描くことができる．この汚染地図は，調査地点が下記のように注意深く選ばれたときに，その利用価値はさらに大きくなろう(Watanabe *et al.* 1990)．

(a) 流量や汚濁負荷量が大きいと見なされる支流が流入する場合には，流入前の本流に D 地点を，本流へ流入する直前の支流に C 地点を，そして両者が完全に混ざりあったと考えられる E 地点を選ぶ必要がある(図3-6)．

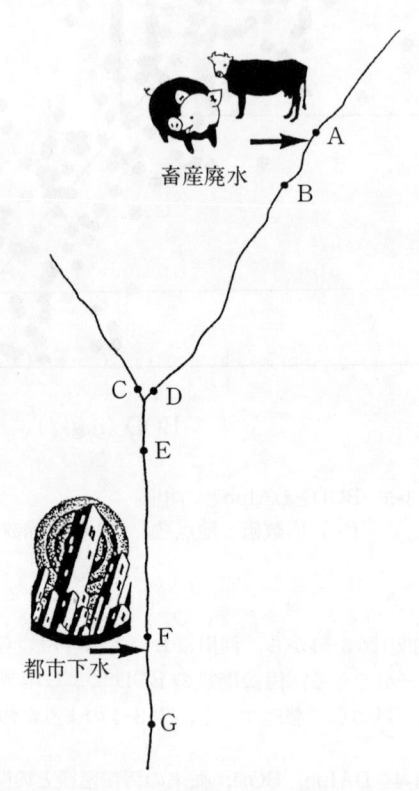

図3-6 適正な汚染地図を作るための調査地点の設定(Watanabe *et al.* 1990)
A, F：汚濁負荷流入前の調査点，C, D：合流直前の調査地点，B, E, G：よく混合されたと考えられる調査地点(地点間の距離は 10 km 以内)

(b) 畜産廃水や都市下水などが大量に流入する場合には，流入前の地点 A, F と，それらがよく混合したと考えられる地点 B, G を選ぶ必要がある．
(c) 隣接する調査地点間の距離が 10 km 以上にならないように配慮する．

適切な調査地点設定によって作られた汚染地図は，現状を詳細に示すのみならず，河川汚濁に対する防止対策を考える際にも，重要な資料となりえよう．

数量的汚染地図を用いて流路長の異なる河川の汚濁を比較することもできる．そのための河川総合評価値 RPId(River Pollution Index based on DCI)が，Sumita & Watanabe(1983)によって提唱された．DCI は DAIpo が開発される前に提案された指数だったが，後に，DCI は DAIpo に置き換えられた．RPId は，次式によって求めることができる．

$$\text{RPId} = A/L$$

RPId：DAIpo に基づく河川総合評価値
A：縦軸とプロットされた点を結んだ線とが囲む部分の面積
L：調査した河川の流路長（調査地点中，最上流の地点と最下流の地点との距離）

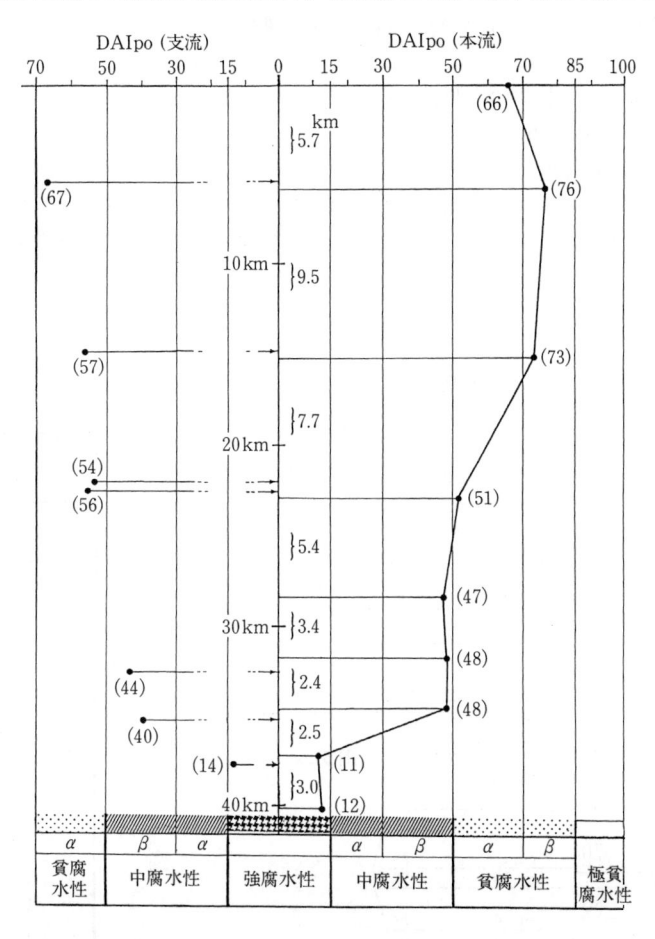

図 3-7 猪名川の汚染地図，左支流，右本流（伯耆 1986）（（ ）内数値：DAIpo 値）

　図 3-7 は，主として家庭雑排水によって汚された，兵庫県の猪名川の汚染地図である．その RPId は，下の式のように計算して，56 の値を得ることができる．

$$\begin{aligned}
A = &(66+76) \times 5.7/2 \\
&+ (76+73) \times 9.5/2 \\
&+ (73+51) \times 7.7/2 \\
&+ (51+47) \times 5.4/2 \\
&+ (47+48) \times 3.4/2 \\
&+ (48+48) \times 2.4/2 \\
&+ (48+11) \times 2.5/2 \\
&+ (11+12) \times 3.0/2 = 2239.4 \\
L = &\ 40.16 \\
\text{RPId} = &\ 2239.4/40.16 \fallingdotseq 56
\end{aligned}$$

図3-8は，四国の吉野川と四万十川の汚染地図である．吉野川は，この汚染地図に基づいて，次の3水域に区分することができた(児島，渡辺 1997)．
1. 池田ダム湖より上流のDAIpo 80以上の清浄水域
    RPId = 81
2. 池田ダムから地点17までのDAIpo 70台の中流清浄水域
    RPId = 72
3. 下流部のDAIpo 70以下の汚濁進行水域
    RPId = 60

四万十川は日本の代表的清流として有名であり，汚染地図を見ても，ほとんどすべての地点がDAIpo 85以上の極貧腐水性である．従来の汚濁階級を当てはめると，すべての水域が貧腐水性となる．しかしこの汚染地図で明らかなように，四万十川の水質は流れに沿って微妙に変化している(Sumita & Watanabe 1995)．

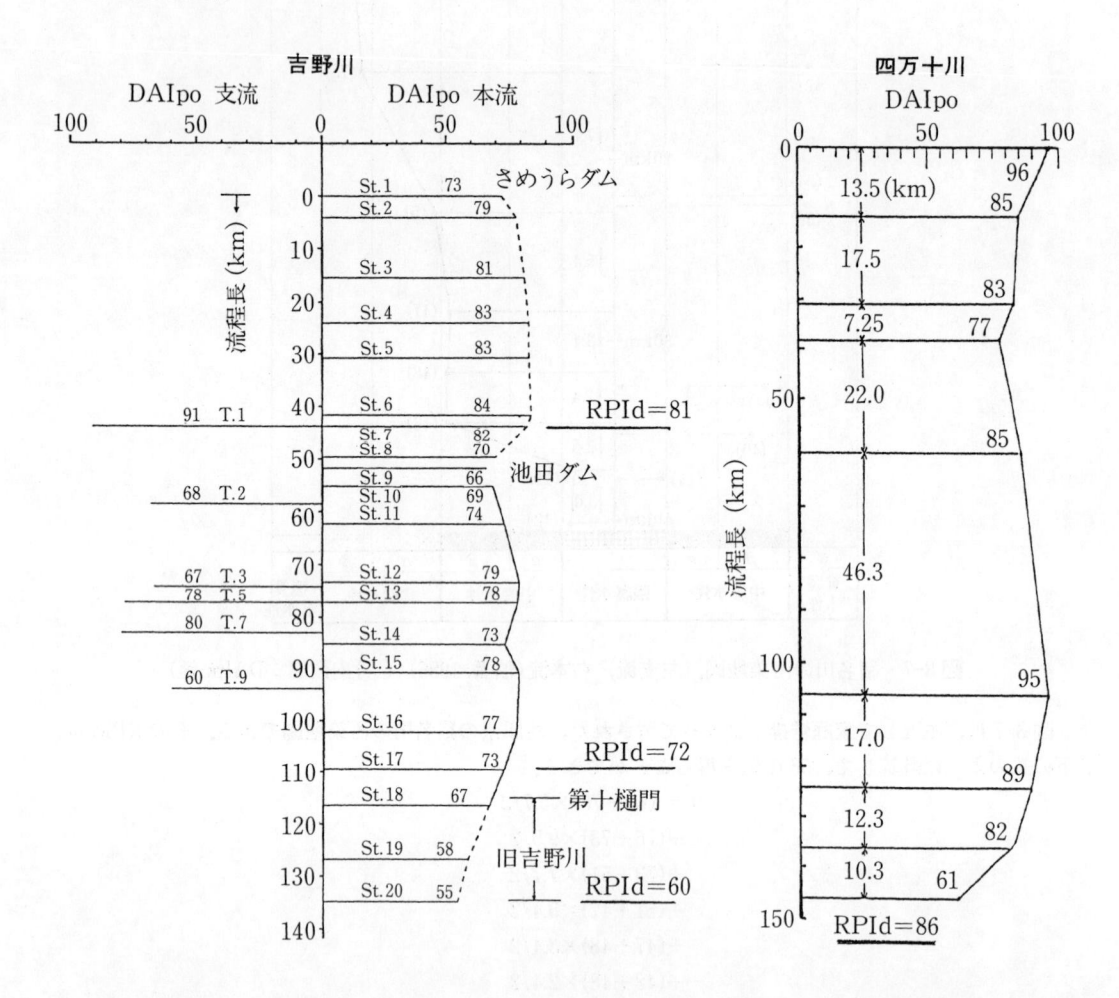

図3-8 四国吉野川(児島，渡辺 1997)と四万十川(Sumita & Watanabe 1995)の汚染地図とRPId

3-7 ダム湖と流入河川の DAIpo

DAIpo は，流水域，止水域両者に共通の有機汚濁指数である．この DAIpo の利点を利用することによって，湖と河川の水質を比較したり，流入河川の水質が，ダム湖でどう変化するのかを，生物学的視点から初めて知ることができるようになった．

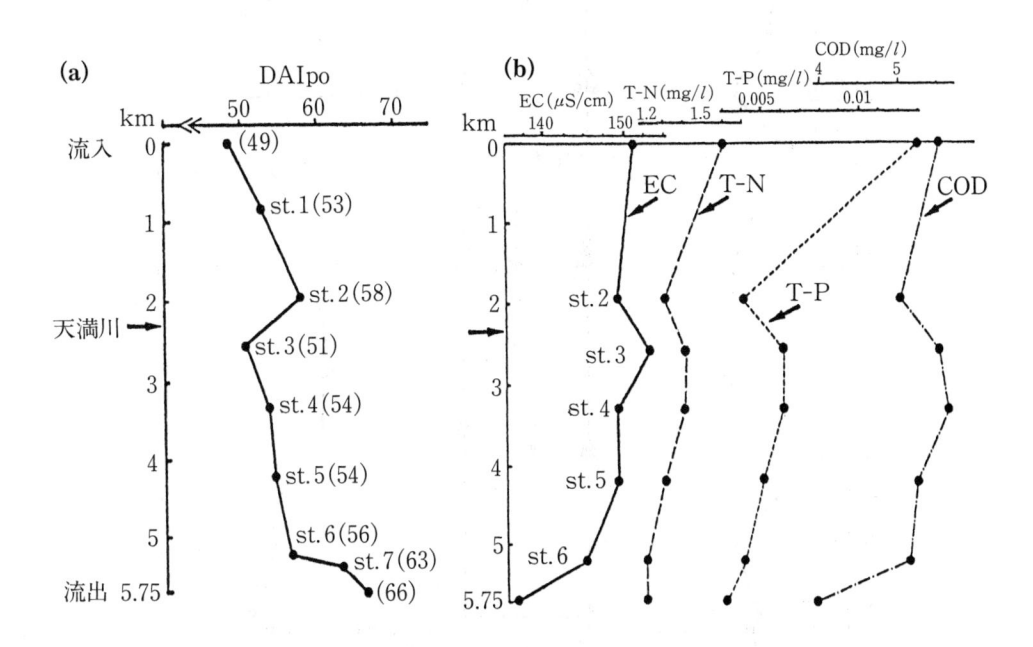

図 3-9 奈良県室生ダム湖の水質変化(渡辺，金近 1986)
(a) 室生ダム湖(奈良県)，および流入，流出河川のDAIpo値．
(b) 同上各地点におけるEC(μS/cm)，T-N，T-P，COD(mg/l)の変動．

図3-9は奈良県の室生ダム湖における水質の変化を，DAIpo値と物理化学的分析値の変化として図示したものである．流入河川の DAIpo は 49 であるが，湖内を流下するにつれて水質は徐々に浄化され，2 km 下流の地点2では，58 にまで回復している．しかし，生活雑排水による汚濁河川天満川の流入によって，水質は地点3で51にまで悪化する．その後の浄化作用の結果，流出河川の水質は66にまで回復した(図3-9(a))．

この DAIpo の変化傾向に対して，図3-9(b)に示した各分析値の変化傾向は，DAIpo の変化傾向と対称的によく対応している(渡辺，金近 1986)．

図3-10は，紀伊半島を縦走する新宮川の汚染地図(渡辺 1993)である．図に示されているように，新宮川には多数のダム湖がある．

DAIpo 値は流入河川の水質がダム湖でどう変化するのか，さらには流出後の河川の水質変化も示している．例えば地点6，9，30のダム湖の DAIpo 値は，流入河川水の値と比べて著しく低い．ダム湖地点30では，バックウォーターに近い上流部からダムに近い下流部へ向かって，DAIpo値が低下する状況を知ることができる．これに対してダム湖地点4，11では，流入河川水と DAIpo 値間に大きな違いは認められない．

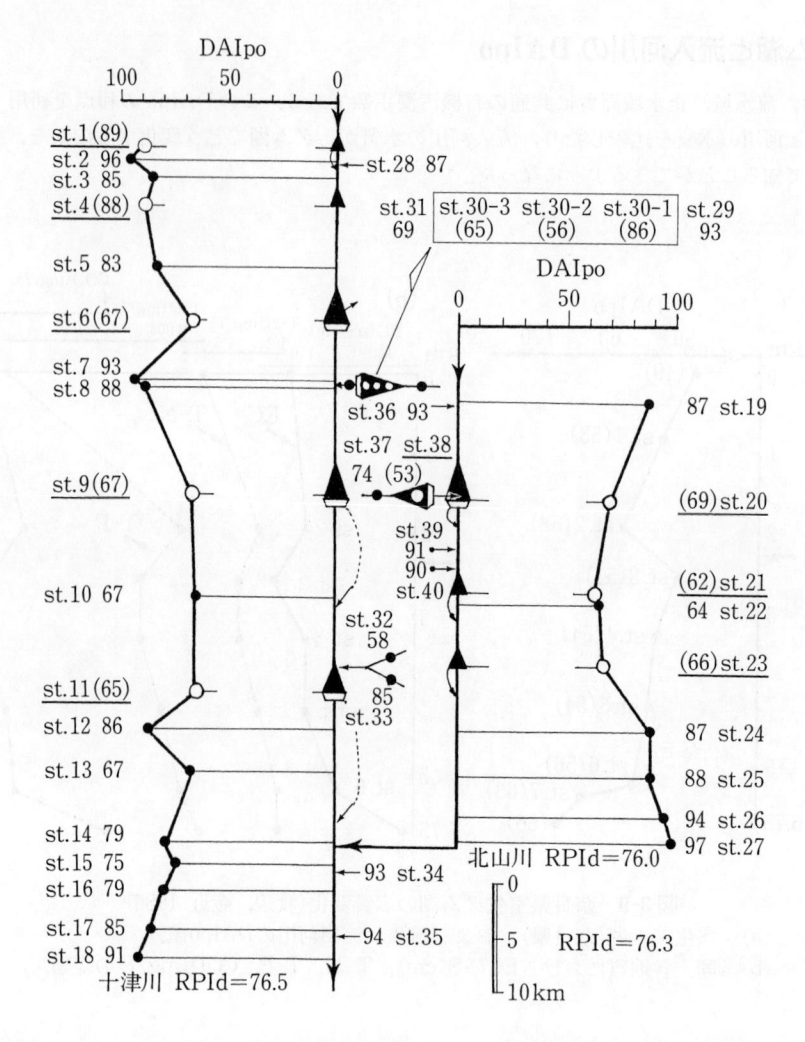

図 3-10 DAIpoに基づく新宮川(紀伊半島)の汚染地図と，川全体の平均汚濁度(河川総合評価，RPId)
(渡辺 1993)
●：河川における調査地点，○：人工湖の調査地点．
地点番号に接する数値：その地点のDAIpo値，( )：貯水池のDAIpo値．

渡辺ら(1989)は，ダム湖と流入河川の水質の違いを調べて次のようにまとめた．
（1） ダム湖の水質が，流入河川の水質よりも悪くなる(水の停滞時間の長い湖へ清冽な河川が流入する場合)
　　　　例：池原ダム，風屋ダム，坂本ダム，七色ダム，二津野ダム，猿谷ダム，高瀬ダム，旭ダム
（2） ダム湖の水質は，流入河川の水質とほぼ同等(水の停滞時間の比較的短い，流れダムの場合)
　　　　例：小森ダム，川迫ダム，九尾ダム
（3） ダム湖の水質が，流入河川水の水質よりもよくなる(水の停滞時間の比較的長い湖へ汚濁河川が流入する場合)
　　　　例：室生ダム，七倉ダム

3-8　DAIpoの季節変化と四季の汚染地図

　図3-11は，清浄な地点と汚濁した地点とのDAIpo値の周年変化を示したものである(肥塚，渡辺 1995)．図3-11(a)は清浄河川，図3-11(b)は汚濁河川の地点での観測図である．共に自然群集と，被付着物を沈めて付着藻類群集を着生させた，実験群集とから得たDAIpo値の変化を図示している．

　図3-11(a)の清浄河川においては，図で明らかなように，自然群集のDAIpoは，年間を通してほぼ一定であった．一方，図3-11(b)の汚濁河川では，DAIpoは冬季に高く夏季に低くなる傾向が顕著である．これはつまり，汚濁度が冬季に低く，夏期に高いことを示している．これと同等の現象を福島ら(1982)も指摘していたが，墨田(1989)は，冬に汚濁が進む反対の例のあることを指摘した．

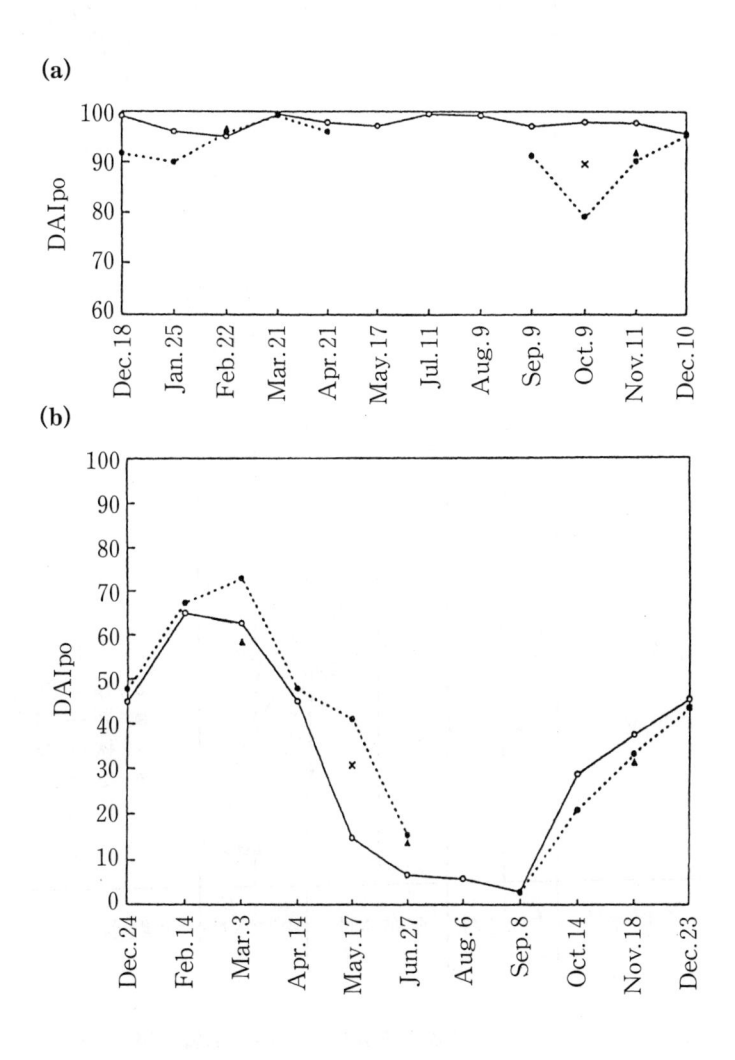

図3-11　DAIpoの季節変化(肥塚，渡辺 1995)
(a)清浄河川—高見川，(b)汚濁河川
○自然群集，他は表面を洗い流した石を河床に置いた後，1〜4月を経て，石面の付着藻を採集した試料．
●1月後：×2月後：▲3月後：■4月後．

図 3-12 は,奈良市を流れる佐保川とその支流の四季の汚濁状況を示した汚染地図である.汚染地図から求めた総合評価値 RPId からすれば,1986 年には佐保川で夏季の水質が最も悪く,秋から冬に向かって順次よくなり,春に最も清浄化したといえる.これは上流から下流までの累積評価値の変化傾向であり,どの調査地点においてもそうであるとは限らない.

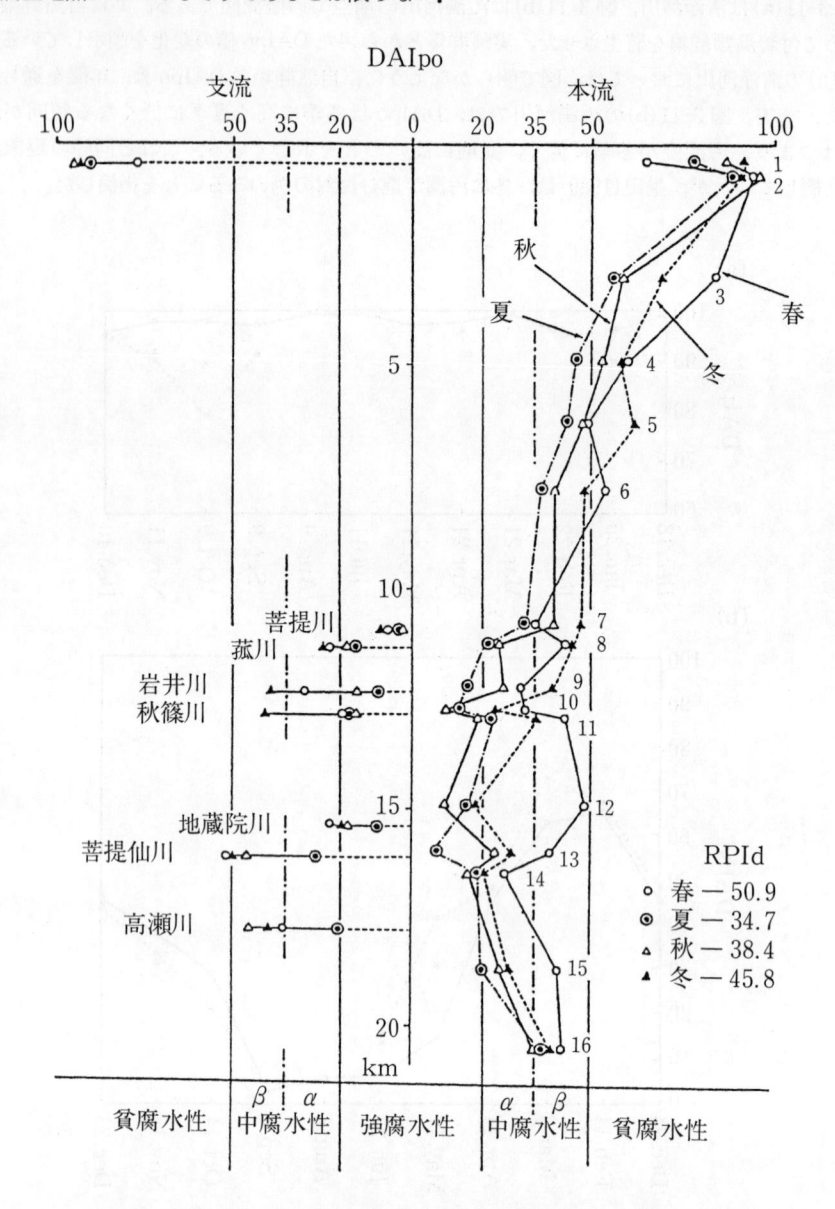

図 3-12 佐保川とその支流の四季の汚染地図(渡辺,戸松 1987)
DAIpo:付着珪藻群集に基づく有機汚濁指数.
RPId:河川全域の有機汚濁に対する総合評価値.

3-9 汚濁負荷量算定への試み

　DAIpo 値は，生物群集に影響を与える，すべての物質の影響を示す複合指数という意味を兼ねそなえている．したがって，DAIpo 値が小さいほど，生物群集へ悪影響を及ぼす物質濃度が大きいといえよう．そこで

$$100-\mathrm{DAIpo}$$

の値を，生物群集へ悪影響を及ぼす物質濃度の代弁値と読み代えることができる．Watanabe & Asai (1994) は，琵琶湖へ流入する河川の，河口に近い調査地点の DAIpo 値から，

$$(100-\mathrm{DAIpo})\times 流量$$

を求めて，それを DAIpo 負荷量と呼んだ．

　図 3-13 は，琵琶湖への主要流入河川の DAIpo の負荷量を図示したものである．図中の太い矢印は，負荷量の大きい流入河川を示している．また，東岸からの負荷量と西岸からの負荷量とを比べると，北湖ではほぼ 5：1，南湖では 3：1 となる．

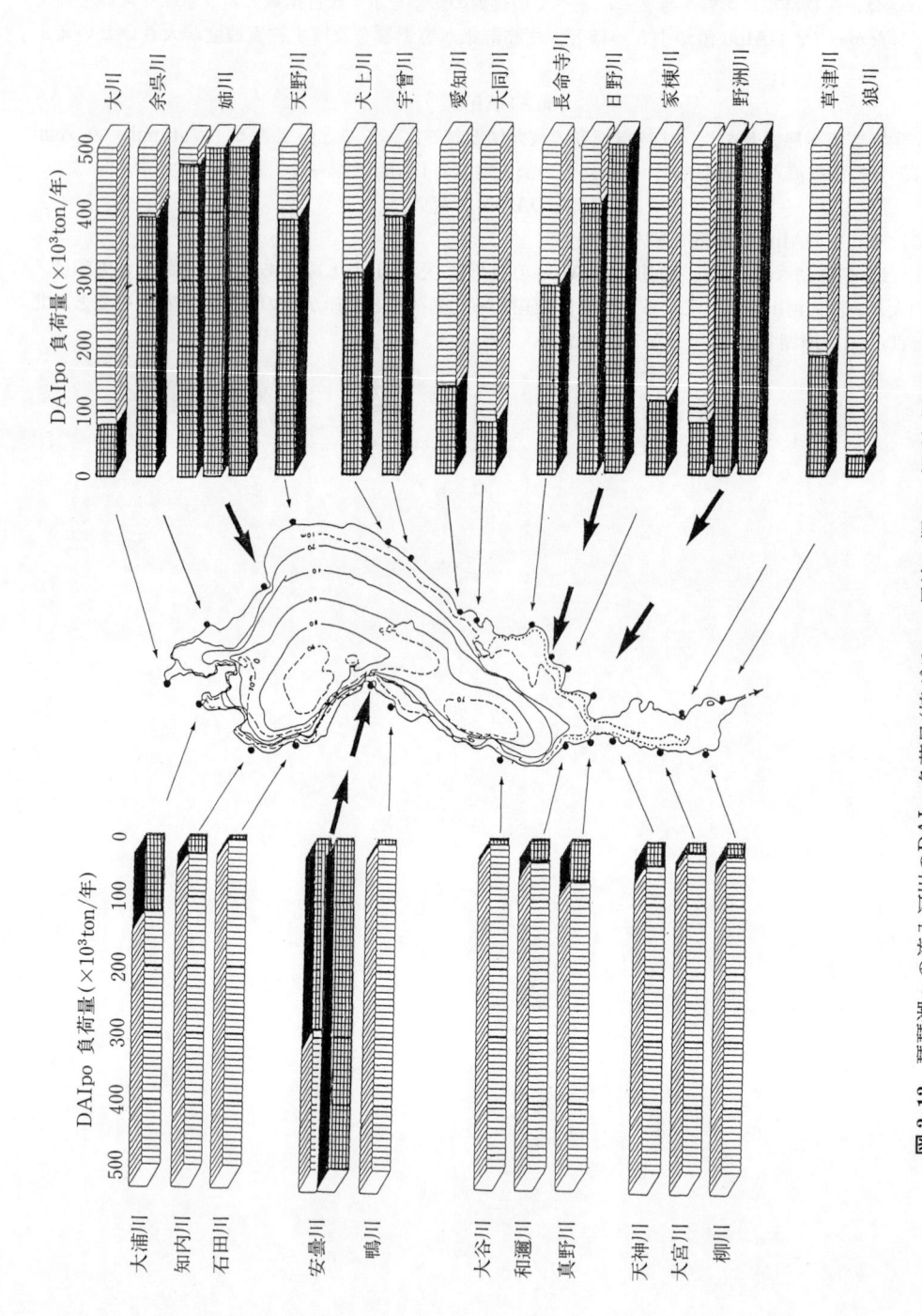

図3-13 琵琶湖への流入河川のDAIpo負荷量(棒グラフの黒塗,網かけ部分)(渡辺,浅井,伯耆 1997)太い矢印は負荷量の多い河川の流入口を示す.細い矢印は他の流入河川の流入口を示す.

3-10　将来の水質監視のための調査地点設定

図3-14は，琵琶湖の湖央と湖岸のDAIpo値の分布を示したものである．図に示されているように，北湖では，西湖岸，東湖岸共にDAIpo 75以上の地点は7，74-70の地点が3であるのに対して，湖央では，75以上の地点は2地点あるのみで，他の7地点中6地点までが60台であった．1988年夏季の調査において，上記のように，湖央の水質が湖岸の水質よりも悪化しているという，予想外の事実を得たので，1989年に再度調査を行ったが結果は変わらなかった．この予想外の現象は，湖岸あるいは湖岸に近い湖底から湧出する地下水の流入による湖岸水質の浄化と，琵琶湖周辺から流入する汚濁負荷物質の，渦状湖流による湖央への輸送による汚濁の進行がその原因であろうと考えられている（Watanabe & Asai 1994）．

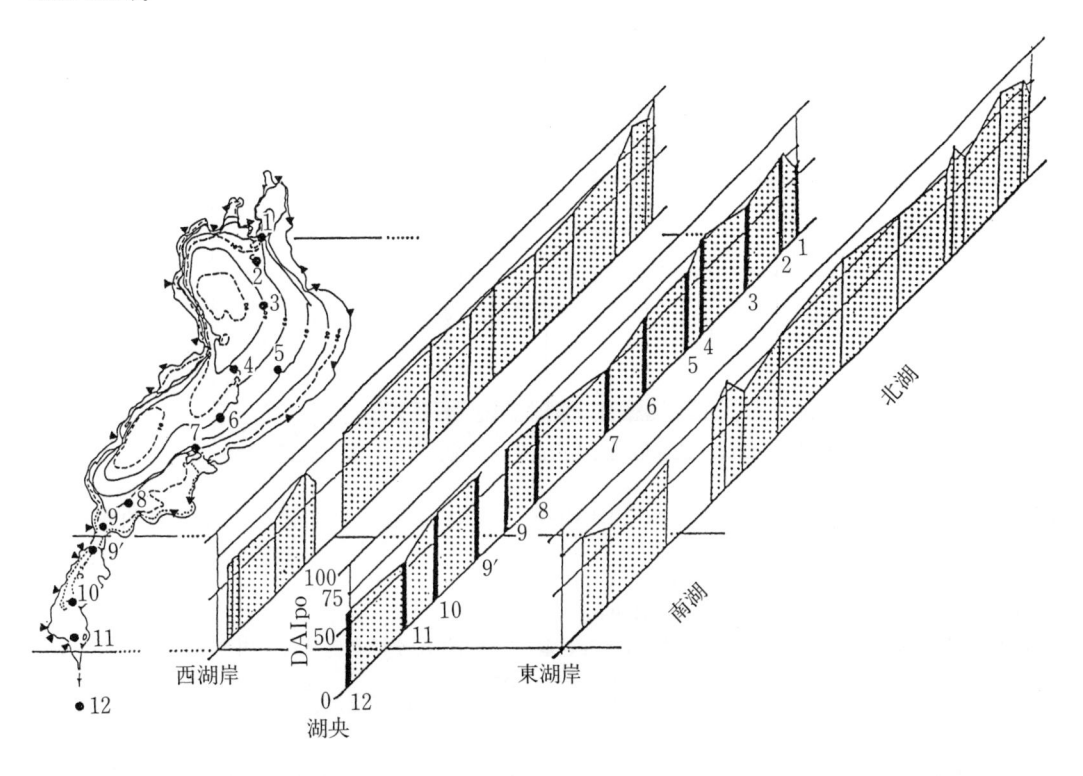

図3-14　琵琶湖湖央（●）と湖岸（▼）の調査地点におけるDAIpo（渡辺，浅井，伯耆 1997）

次ページの図3-15は，淀川本流の汚染地図に，流入する支流の合流直前の調査地点のDAIpo値を加えて図示したものである．この図は，琵琶湖の最下流地点に当たる南郷を最上流地点とし，約60 km下流の淀川大堰（地点20）までの流程の，1993年夏季の汚染地図である．

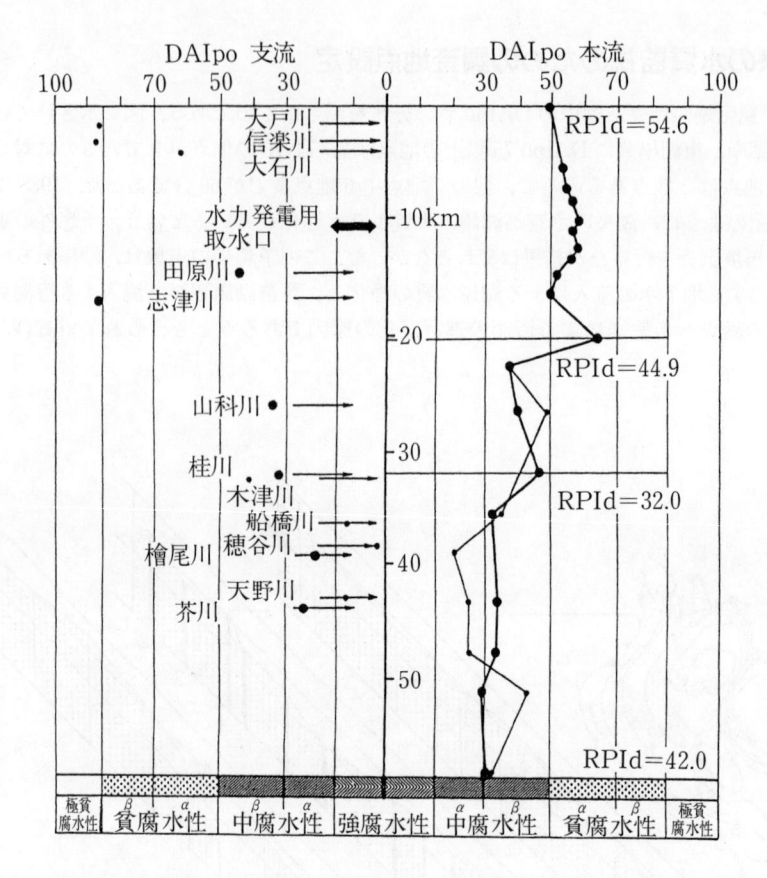

図 3-15 1993年夏における淀川と支流河川のDAIpo分布とRPId(河川総合評価)(渡辺,浅井,伯耆 1997)
縦軸は最上流調査地点からの距離(km).
- ○本流の右岸と,右岸へ流入する支流のDAIpo.
- ●本流の左岸と,左岸へ流入する支流のDAIpo.
右下のRPId値(42.0)は,上流の清浄水域,中流域,下流の汚濁水域を併せた淀川全域の平均値.

　琵琶湖からの流出河川淀川の水質は,図3-15で明らかなように,上流域,中流域,下流域では,RPIdの値にして,およそ10ずつ順次低下している.図3-14,3-15に示した結果を合わせて,琵琶湖を含む淀川水系の水質汚濁機構を検討した結果(渡辺ら 1997),淀川水系は,RPIdに基づいて,図3-16右図のように5流程に区分できた.また,琵琶湖は北湖と南湖に分けられるが,RPIdの差はおよそ10である.

　北湖と南湖の境界点「琵琶湖大橋」のDAIpo値は,北湖全体の水質を代表する値ともいえようし,南湖の最大涵養水の水質としても重要な意味をもつ.琵琶湖最北端に近い「竹生島」の地点は,北湖において,汚濁負荷の影響が少ない.清浄な水域の代表地点といえよう.そして琵琶湖最南端の「南郷」地点のDAIpo値は,南湖の水質の代表値でもあり,淀川が流れ出す地点の水質を示す指標値でもある.

　南郷から下流の淀川は,すでに述べたように,上,中,下流域の3流程に区分ができる.南郷から宇治までの上流域には人工湖があるが,その間のRPIdは,南郷の値と大同小異である.つまり,琵琶湖を含めて淀川水系は,5流程に区分することができるが,各流程のRPIdは,

北湖	68–70
南湖	55–66
淀川の上流域	55
淀川の中流域	45
淀川の下流域	32

となり，RPId 値にしてほぼ 10 間隔で低下している．

　図 3-16 には 5 流程の境界地点名を記したが，「宇治」は上流の水質が維持される限界地点「楠葉」は淀川へ流入する支流の中でも，流量，汚濁負荷量共に最大級の 2 支流合流後の地点である．この地点の水質は，淀川下流の水質に対して支配的な影響を及ぼしている．最下流の「淀川大堰」地点は，淀川の淡水域流程での最下流地点である．しかし，この地点の近くには流量は小さくても極端に汚染された支流が数本流入するために，汚濁は急速に進行する．この地点の DAIpo 値は，大阪市の水道源水の水質を代弁している．

　これらのことを考えると，図 3-16 右図に黒丸で示した 6 調査地点は，淀川水系の水質を監視するのに，最小限必要な調査地点と考えることができよう．また，図 3-16 左には，5 流程域に流入する河川について，汚濁度と流量とから考えて，水質に著しい影響を与える支流を各流程ごとに選んで流入点を図示した．

　図 3-16 左に示した 6 調査地点（●印）と，5 流程区ごとに選定された支流の DAIpo 値および水質分析値は，淀川水系の将来の水質変化と，汚濁防止対策を考える基礎資料として，最も重要な役割を果たす情報であると考えることができよう．

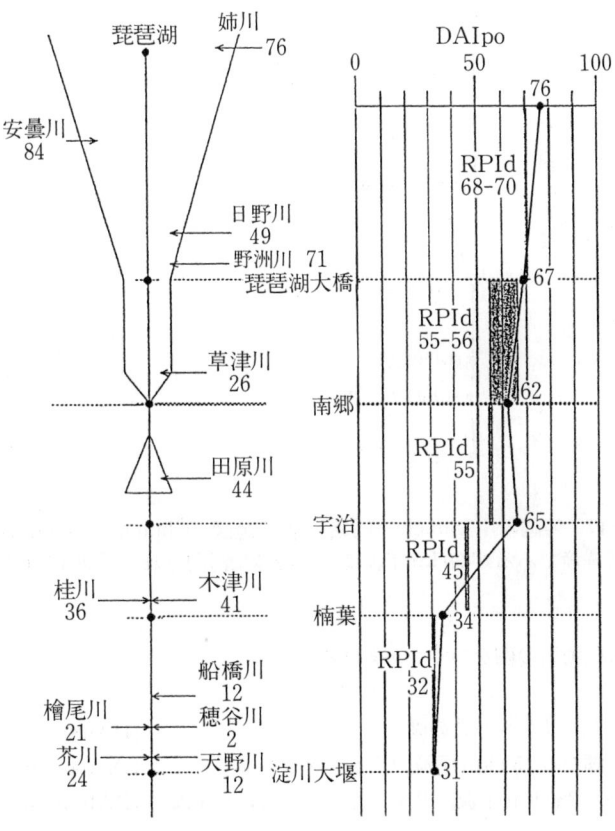

図 3-16　淀川水系の RPId に基づく流程域区分（右図）とそれぞれの流程域の水質に著しい影響を与える支流の，本流への流入直前の DAIpo（左図）（渡辺，浅井，伯耆 1997）

3-11 外国河川の例

　DAIpo は，韓国，台湾でも利用され，東南アジアでの測定例もいくつかある．図 3-17 は韓国の新川水系の汚染地図である(Chung, J. *et al.* 1985)．この図は，DAIpo 開発途上の暫定指数 NDCI を用いての汚染地図である．図で明らかなように，わずかに 20 km ほどの短距離の間の水質汚濁の進行は極めて激しい．このような例は，日本においても決して珍しくはない．最近ロシアにおいても，ウラジオストック近辺の清流が，都市廃水によって DAIpo 95 から 28 にまで低下した例もある(未発表)．

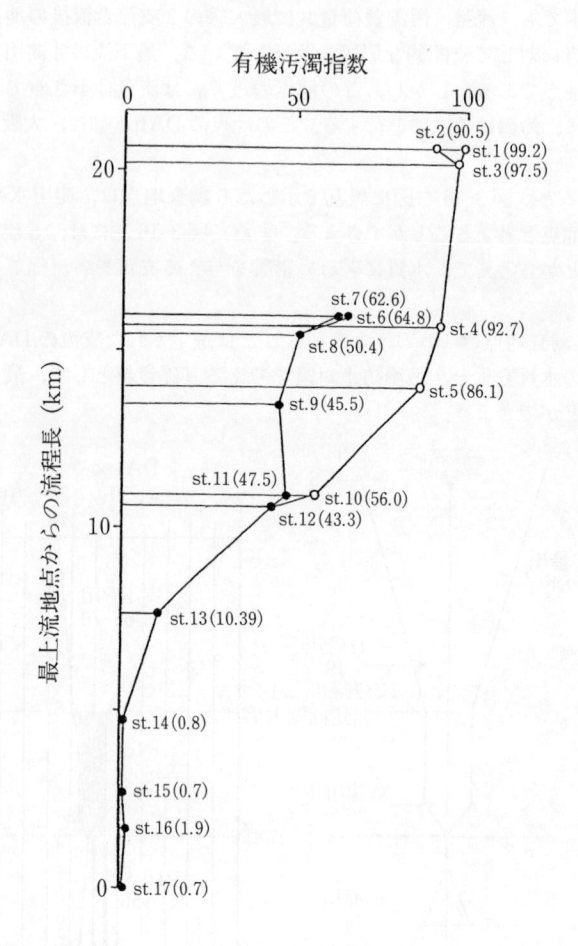

図 3-17 韓国新川(Sin-chun)水系の汚染地図 (Chung, J. *et al.* 1985)
上流地点では極めて洗浄であるが 20 km 下流では，極端に汚濁され，NDCI が 0 に近い水質になる．

ヨーロッパでの代表的河川の例をいくつかあげると，
ライン河
　　スイスの一源流　ジュリエルパスの湖　　　　　　　　　　　(DAIpo＝74)
　　ジュリエルパスの湖から 150 km 下流のラインフォール　　　(DAIpo＝80)
　　ラインフォールから 350 km 下流，ドイツのリューデスハイム　(DAIpo＝47)
セーヌ河
　　フランス　ルーブル美術館前　　　　　　　　　　　　　　　(DAIpo＝35)

テームズ河
 ロンドン　ウォーターロー橋の近く　　　　　　　　　　　　　　（DAIpo＝46）
 ウォーターロー橋から約 16 km 下流のテームズバリア　　　　（DAIpo＝35）

　上記の DAIpo 値は，1986 年から，1996 年の間に得た値である．ヨーロッパの代表的都市河川の汚濁度は，淀川下流の現在の DAIpo 値 35 と大同小異である．これらの値が，近年における諸国の水質改善への懸命な努力の結果であるとすれば，現行の水処理技術によってたどり着く，大都市河川の水質改善の限界をこれらの値が訴えているかのように思える(渡辺 1996)が，最近ではどうであろう．

第4章　珪藻の生活様式

4-1　浮遊生活と付着生活

　珪藻の生活様式は，浮遊生活と付着生活の2つに大別できる．この両方の生活様式をとる種も少なくない．生活様式は従来下記のように区分されてきた．
　（1）　真止水性(limnobiontic)
　（2）　好止水性(limnophilous)
　上記の生活様式をとる種は，普通，湖沼，池などの止水域で生活する浮遊性種であるが，時には付着藻類群集の構成種となることもある．この傾向は後者の方が強い．
　（3）　真流水性(rheobiontic)
　（4）　好流水性(rheophilous)
　上記の生活様式をとる種は，普通，流水域に出現する種であり，ほとんどすべての種が付着性藻類群集の構成種である．しかし中には，止水域において浮遊生活のできる種もある．その傾向は後者の方が強い．
　日本の河川のように流程長が短い川では，大陸の大河川で認められるように，川の流れの中で発生生育を遂げた浮遊性種は，普通認められない．流下藻の中に浮遊性種が混じっていることがあるが，それらは，多くの場合，上流のダム湖や上流域にある湖沼や水田などから流れ出たものである．また，付着性藻類群集の藻糸間の微水域で増殖した浮遊性種もあろう．つまり，浮遊生活をしている種であっても，それらは
　　1）　真浮遊性(euplanktonic)
　　2）　一時浮遊性(tychoplanktonic)
のように区別されることもある．

4-2　群体形成の様式

　珪藻の群体形成には，図4-1に示すように次の2つの様式がある．
　（1）　結合針(linking spine)によって接合する様式．
　蓋殻面が向かい合い，蓋殻面の周囲にある結合針によって接合する．
　（2）　多糖類の粘質物(mucilage pad)によって接合する様式の群体は，接合の仕方によって，次の4種類に分けることもできる．

1）　直線群体(straight chain colony)	例　*Tabellaria*
2）　ジグザグ群体(zig-zag chain colony)	例　*Diatoma*
3）　星状群体(stellate colony)	例　*Asterionella*
4）　放射状群体(radiate colony)	例　*Synedra*

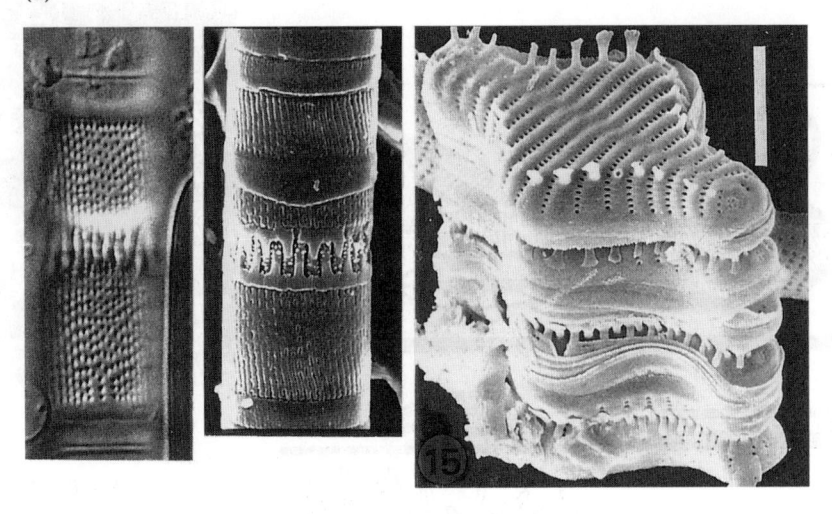

Aulacoseira *Staurosira (Fragilaria)*

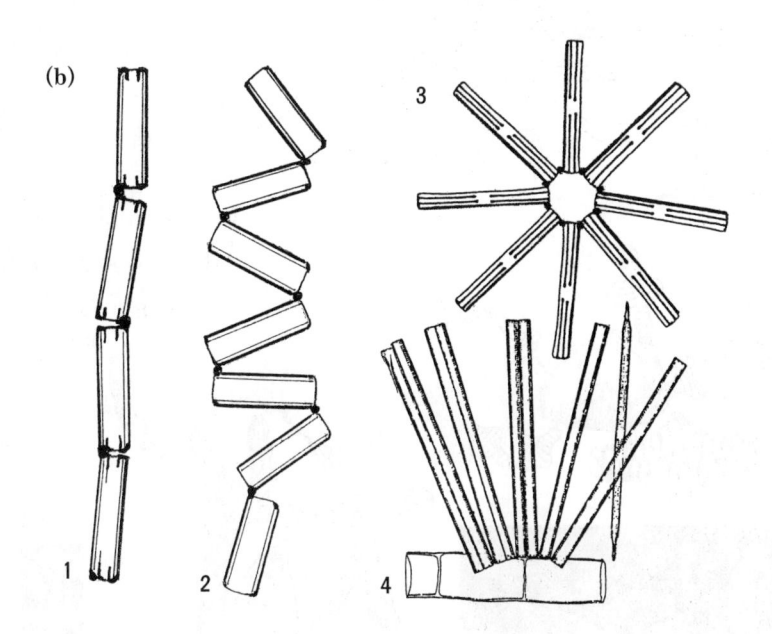

図 4-1 群体形成の様式
(a) 結合針による結合.
(b) 粘質物による結合.
　1. 直線群体, 2. ジグザグ群体, 3. 星状群体, 4. 放射状群体.

Ach. minutissima   Nit. palaeacea   Syn. ulna

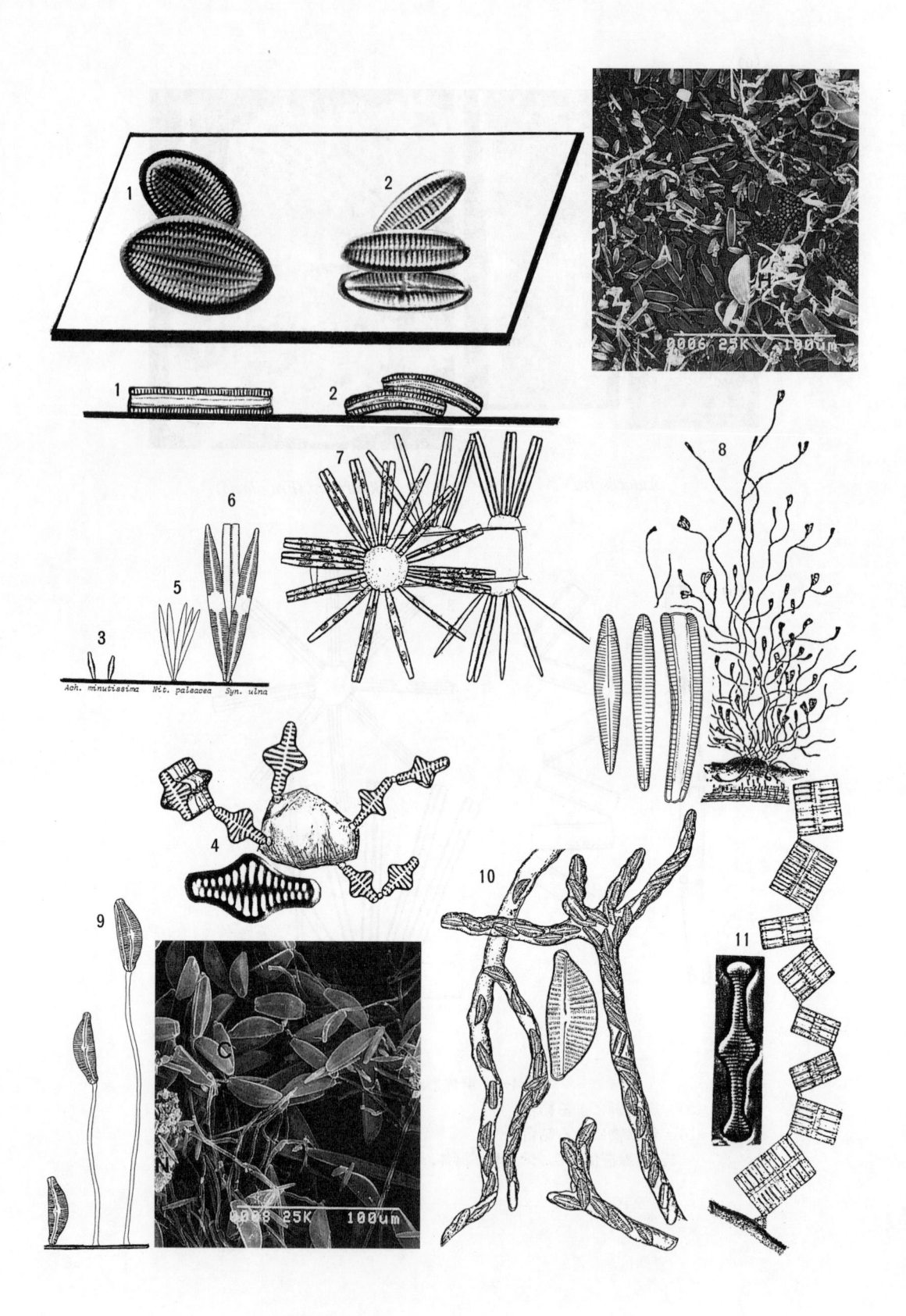

56

4-3　付着性珪藻の生活様式

付着性珪藻の生活様式は，次の3型に大別でき，直立型はさらに5型(単独直立型，放射直立型，樹状直立型，管内群体型，ジグザグ群体型)(図4-2)に細分できよう．

（1）　滑走型(sliding type)　　例：*Nitzschia, Navicula* など

動く珪藻はすべて縦溝をもち，滑走した後に軌跡が残ることから，従来，縦溝から水や粘質物を排出して動くという仮説が提示されてきた．この動きの速さは，1秒間に1-25 μm で，200倍ほどの光学顕微鏡下で確かめることができる．近年滑走運動のメカニズムの研究が進んでいるが，海産の無縦溝珪藻の中にも滑走する種が見つかっている．

（2）　密着型(prostrate type)　　例：*Cocconeis, Achnanthes* など

（3）　直立型(upright type)

（3）に属する種は，被殻から分泌された粘質物が伸びて，その先端に被殻が押し上げられて付着する．細胞が分裂すると，両被殻から分泌された粘質物は，二叉に分かれた樹枝のように伸びてゆく．

図4-2　付着性珪藻の生活様式
密着型(prostrate type)
　　　1．*Cocconeis placentula* var. *euglypta*
　　　2．*Achnanthes japonica* ＝ *Achnanthidium japonicum*(右上写真中のA)
直立型(upright type)
　単独直立型(solitary upright type)
　　　3．*Achnanthes minutissima*
　　　4．*Fragilaria leptostauron*
　放射直立型(radiating upright type)
　　　5．*Nitzschia paleacea*
　　　6．*Synedra ulna* var. *oxyrhynchus*
　　　7．*Synedra affinis*
　樹状直立型(dendoriform upright type)
　　　8．*Rhoicosphenia abbreviata*
　　　9．*Cymbella turgidula*(左下写真中のC)
　管内群体型(tube-dwelling colony type)
　　　10．*Cymbella prostrata*
　ジグザグ群体型(zig-zag chain colony type)
　　　11．*Tabellaria flocculosa*

4-4 付着性珪藻の被付着物による類別

被付着物の違いによって，普通下記のように類別されている(図4-3)．
(1) 石礫表付着性(epilithic)
(2) 砂表付着性(epsammic)
(3) 泥表付着性(epipelic)
(4) 植物体表付着性(epiphytic)
(5) 動物体表付着性(epizoic)

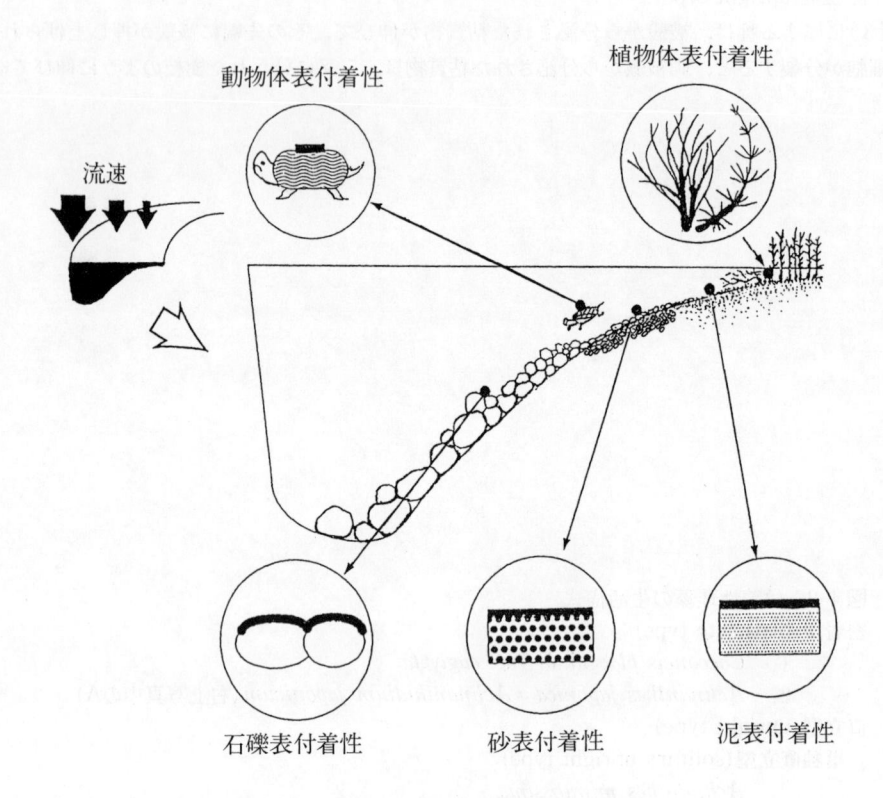

図 4-3 付着性珪藻の被付着物による類別

普通，河床が岩や礫であることは流速が大きいことを，泥底であることは流速が小さいことを反映している．例えば，川を横断観測する場合を想定すると，流速の速い流心には(1)の珪藻群集が生存し，川岸へ向かって流速が小さくなるに従い，順次(2)，(3)の珪藻群集が出現する．

河床上にある1つの石礫の，上面，側面，下面に付着する藻類群集を，区別して採集すると，それらの群集中に認められる珪藻群集は，異質であることが多い．それは，石礫周辺の微環境が微妙に異なることを反映している．このことは，試料を採集する場合，目的にかなった条件統一の必要性を示唆している．

また，泥，植物体，動物体へ付着する群集は，泥の分解産物，生物体からの分泌物の影響があることを考慮すべきである．

　水草などの大型の植物群落が形成されていて，その群葉中の付着性珪藻群集を調査するときには，上記（１）〜（５）のどれを試料とする際にも，その水環境は，開水面と比べて，物理的にも化学的にも，多少とも異質であることを考慮すべきである．

第5章　試料の採集

5-1　浮遊性珪藻の採集法

5-1-1　プランクトンネットによる採集

　プランクトンネットは，普通，定性的研究用の試料採集に用いる．河川においても，流下藻類中の珪藻を調べるために利用することもある．

　珪藻は，比較的小さいものが多いので，布目の細かい生地のネットを用いる．ミューラーガーゼの中では，No.25（メッシュ　1辺の長さ 40-76 μm）が最も細かい．

5-1-2　沈殿濃縮法

　この方法は，定量的研究の際によく用いられている．

　一定量の水を採水し，固定剤を加えて沈殿させる．広く用いられている固定法としては，水 100 ml 当たり 10-15 ml のホルマリン（市販の 40%液）を加えて一定時間放置し，沈殿を待つ方法と，遠心機を用いて強制沈殿させる方法とがある．後者の場合，毎分 2000 回転で約 5 分間回転させれば十分である．

5-2　付着性珪藻の採集法

5-2-1　止水域での採集

　図 5-1 のように，ブイにナイロンロープを結びつけて沈め，ブイやロープの表面に付着した試料を，ブラシで削り落とす．その際，適当な深さの位置に，水深を記入したラベルを結びつけておくと便利である．

　図 5-2 は，各深度に，スライドグラスをセットする装置を示したものである．群集が付着する状態を，そのまま検鏡できるメリットがある．

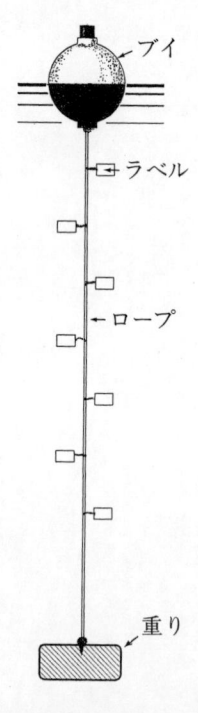

図 5-1　止水域での付着性珪藻の採集装置
　　　　ブイ，ロープの表面に付着した試料をブラシで削り落す．

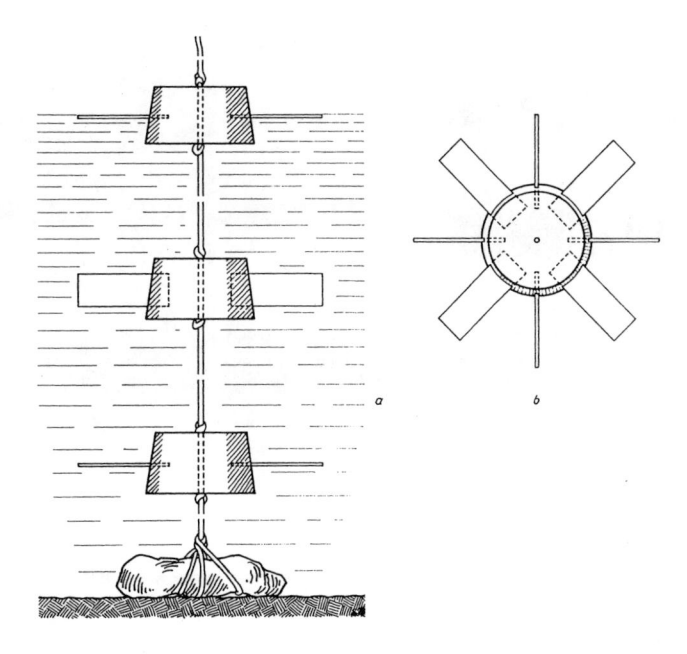

図 5-2　止水域で付着珪藻を採集するための装置(Jürgen Schwoerbel 1970)
スライドグラスを種々の深度にセットする．

5-2-2　流水域での採集

採集器具については，研究者ごとに工夫されているが，ここには，筆者らが用いてきた採集用具と採集法を一例として示す(図5-3)．
（1）用　　具

金属皿，真鍮製細毛ブラシ(硬毛の歯ブラシを代用する際には，採集後の洗浄を特に念入りにする必要がある)．管ビン，ホルマリン(固定液)，ビニールテープ．
（2）採　集　法
  1) 金属皿に水を適当量入れる．
  2) よく洗浄したブラシで，付着生物をこすり取る．
  3) 金属皿の水で，試料の付いたブラシを洗う．
  4) 2と3の操作を，金属皿の水が濃く色づくまで繰り返す．
  5) 金属皿上の試料を管ビンへ移し，ホルマリンを加えた後，蓋をビニールテープで固定する．
（3）岩盤，杭などの固形物への付着試料の採集法
  1) 硬質ガラスの大型ピペット(大型の吸引ゴムの付いたものがよい)の先で削り取りながら吸引する．
  2) コンクリート壁や杭の側面など，比較的平坦な面への付着性物は，ブラシを用いて，水中から水面まで静かにこすりあげて採集することができる．
（4）簡便な定量採集法

机上に置く合成ゴム板を，10 cm四方に切り，中央に5 cm四方の穴をあける．このゴム板を被付着物上に置き，赤鉛筆を用いて5 cm四方の枠を描く．ブラシによって，枠の外側の藻類を丁寧に削り取り，水をかけて洗い流す．残された5 cm四方の付着性群集試料の採集は，上記の方法と同様である．

金属皿　　　　　　大型ピペット

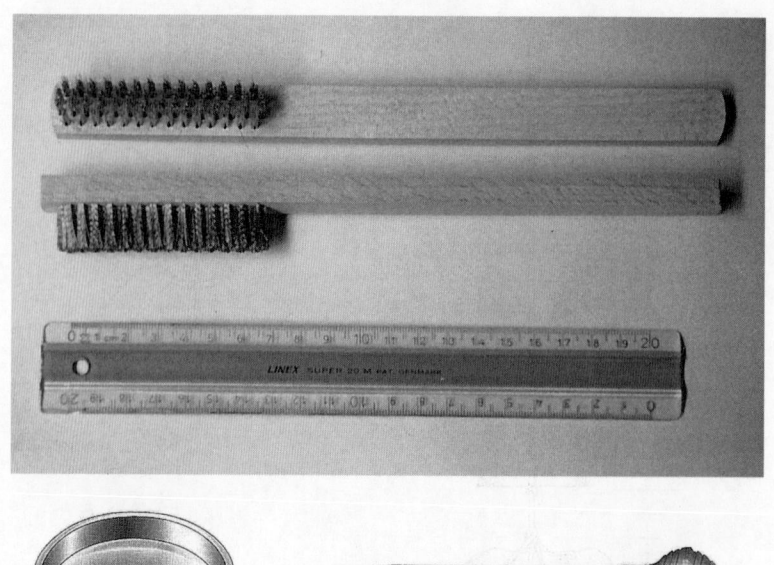

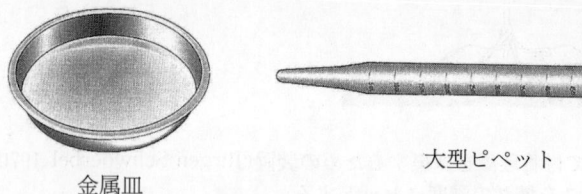

図 5-3　付着性珪藻の採集用具

5-3　表泥の採集法

泥表の群集を採集する方法としては，下記の簡便法が広く用いられている．
（1）　スポイト（強力な吸引ゴムをつけたものがよい）で吸引する．
（2）　スプーンなどを用いて，静かにすくいあげる．

　湖底，川の淵など，水深が大きい所の表泥を採集する場合，筆者らは図5-4のような携帯用採泥器を用いている．細いロープを付けて勢いよく沈め，泥中に突き差すような動作を数回繰り返すと，バネで軽くおさえられ三角錐状の容器を蓋していた金属板が泥と接触して上へ押し上げられ，表泥は三角錐状の容器中に入る．

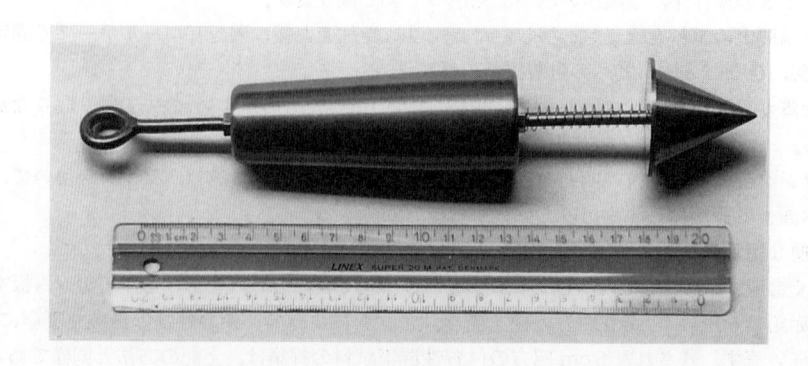

図 5-4　携帯用採泥器（表泥を簡単に採集できる）

第6章　試料の処理と検鏡

　種を同定するためには，群体の形成様式，葉緑体の形，数，配置などを生細胞のままで観察することも大切だが，被殻の微細な構造の形態学的特徴が決め手になる．被殻の微細な構造の特徴を知るためには，細胞内の原形質，細胞外の粘質多糖類などの有機物を取り除き，珪酸質の被殻のみにしなければならない．
　そのための試料の処理法を次に記す．

6-1　試料の処理法

　珪藻の微細構造を，光顕，電顕で観察するために，種々の処理法が考案されてきた．それらの中から，最もよく利用されている方法と，最近考案された簡便法とを以下に記す．

（1）　強制酸化法
　1）　蒸発皿に試料を数 ml とり，過マンガン酸カリウムの結晶を，5，6粒加える．
　2）　先端を丸めたガラス棒を用いて結晶を砕き，赤褐色に変色した液と試料をよく攪拌する．
　3）　ドラフトの中で，濃硫酸を，赤褐色の色がほとんど消えるまで静かに加える．
　　　激しく反応して，刺激臭と発熱を伴うので注意すること．
　4）　遠心機を用いて(2000 rpm で数分間)試料を沈殿させた後，上澄み液をピペットを用いて静かに取り除く．
　　　蒸留水を遠心管の7分目まで加え，ピペットを用い攪拌後，再度遠心機にかけ沈殿させる．この操作をおよそ5回繰り返す(水洗が不十分であると，微細構造の観察がしにくくなるので，水洗は特に入念に行う)．pH試験紙を用いて，酸が残っていないことを確かめた後，水洗を終了する．

（2）　硫酸強熱法
　1）　蒸発皿に試料を数 ml とり，その量の2〜3倍の濃硫酸を加える．
　2）　ドラフトの中で，バーナにより約10分加熱し，液が暗褐色になったとき，薬さじの小さい方を使って，硝酸カリウムを少量ずつ加えて，暗褐色の色が消えることを確かめる．
　3）　水洗は，上の方法と同じ．

　上記(1)，(2)の方法は，従来より広く使われてきた方法であるが，濃硫酸の使用と廃液の処理には細心の注意が必要であり，誰もが手軽に利用できる方法ではない．下記の方法は，手軽で安全に利用できる方法として最近考案された簡便法である．

（3）　強熱処理法
　1）　セラミック付きの金網(料理用のホットプレートでもよい)上に，カバーグラスを置く．
　2）　採集してきた試料をよく攪拌し，スポイトを用いて，カバーグラス上に，1〜2滴落とす．針を用いて，試料をカバーグラス上に広げる．
　3）　約200℃で約20分間加熱する．

（4）　簡便処理法
排水管の洗浄剤を用いる方法
　南雲(1995)が考案した簡便法である．家庭用品として市販されている洗浄剤パイプユニッシュ(ユニチャーム社製)を使って，多量の試料を処理することができる．

1) 適当な容器(遠心管，試験管，蒸発皿，ビーカーなど)に，試料および試料の約1/2の洗浄剤を入れてガラス棒で攪拌し，10～30分静置する．
2) 水洗は先述の方法と同じ．

注意：この洗浄剤には水酸化ナトリウム(4%)が含まれているので，長時間放置すると，被殻の微細構造が破壊されるおそれがある．したがって手早く処理すべきである．次亜塩素酸が含まれているので，処理中多少の臭気が発生する．換気に注意すること．

入れ歯の洗浄剤を用いる方法

本法も南雲(1995)が考案した方法である．入れ歯洗浄剤ピカ赤袋(発売元，松風)を使用する．ピカは，青袋と赤袋の2種の薬剤がセットで販売されている．
有機物は，塩素化イソシアヌル酸ナトリウムによって酸化分解される．

1) 適当な容器(上法と同じ)に試料を入れ，ピカ赤袋の薬剤を約1～2g加えると，かなり泡が出る．ガラス棒で攪拌後静置すると，最初青色に変色した液は，しばらくして無色になる．無色になってから約1時間放置する．
2) 水洗は前述の方法と同じ．

注意：この方法は，パイプユニッシュを使う方法よりも時間がかかるが，安全で臭気も出ない．

漂白剤ブリーチを用いる方法

本法は，Nagumo & Kobayasi(1990)が，走査電顕による珪藻の観察のために，被殻を殻と帯片とに分離させることを目的として考案した方法である．その後真山(1993)は，この方法を大量の試料のクリーニングに応用した．

1) 適当な容器に試料を入れ，50%に薄めたブリーチを試料の5倍量加える．2分後強く攪拌する(被殻を殻と帯片とに分ける)．攪拌は30分ほど頻繁に繰り返す．30分後蒸留水を加えて1～2日間放置する．その間にも攪拌を繰り返す．
2) 上澄み液を捨てた後水洗する(先述の水洗法と同じ)．

注意：界面活性剤の入っているブリーチを用いると，攪拌時に泡が出て具合が悪いので，界面活性剤の入っていないブリーチを選ぶ必要がある．この方法は，有機物の多い底泥などの処理には必ずしも適していない．

6-2　永久プレパラートの作り方

高倍率で検鏡する必要上，スライドグラス，カバーグラス共に良質のものを用いる．ことにスライドグラスは，厚さ1.0mm以下のものを用いる．

1) 耐熱ガラス皿あるいは金網上に，カバーグラスを少なくとも5mm以上の間隔をあけて並べる．その際，ガラス面上に指が触れないように注意する．
2) 処理機の試料液をよく攪拌して，ピペットを使って，カバーグラス上へ数滴落とす．振動が加わると，懸濁していた珪藻殻が，互いに引きあいながら密に集合して，検鏡しにくくなることが多い．これを避けるためには，処理後の液に，あらかじめ，ほぼ1/3量のアルコールを加えると，よい結果が得られる．
3) 乾燥機または電子レンジを用いて加熱乾燥させる．その際，カバーグラス上の試料が沸騰しないように，まず90℃ほどの温度で水分を蒸発させ，カバーグラス面に白い粉が付いていることを見定めた後，さらに10分ほど乾燥を続ける．
4) スライドグラス上へ封入剤を滴下し，試料の乗ったカバーグラスの面を下にして封入する．封入後のプレパラートは，約10分加熱乾燥する．
　　封入剤の厚みをできる限り薄くすることが，観察しやすいプレパラートを作る1つのこつである．そのために，封入乾燥後のプレパラートを軽く温め，封入剤が軟らかいうちに，カバーグラ

スがずれないように注意して，ピンセットで軽く押さえる．カバーグラスの外へ封入剤がはみ出した場合には，乾燥終了後，キシロールを用いて取り除く．

封入剤：入手しやすい封入剤として，Pleurax(マウントメディアの商品名で販売されている)をあげることができる．後藤(1990)は，殻套の深い種，被殻の厚い種あるいは，*Melosira* 属のように，帯面観が深く湾入する種の観察や，写真撮影には，封入剤 M.X(松浪硝子工業製)の使用を推奨している．

6-3 光顕写真撮影法

顕微鏡と写真撮影装置の使用法は，それぞれの機種によって異なるので，マニュアルの指示に従うのが原則である．ここには共通の基本的操作を，順を追って列挙する．

1) 顕微鏡は振動のできる限り少ないところへ置く．
2) 照明むらを防ぐために，光軸の調整を行い，正確な心出しをする．
3) コンデンサーの開口絞りは，コントラストと分解能を強く左右する．普通，開口絞りを対物レンズの開口数の 70〜80% にすると，コントラストも上がり，焦点深度も深くなる．それ以上に絞ると，コントラストは上がっても分解能は下がる．特に写真撮影に当たっては，コントラストよりも分解能を重視すべきである．
4) 単色フィルター(モノクロームフィルム使用時には，緑色フィルターを使うとよい)を用いると，分解能，コントラスト共に高い像を得ることができる．
5) シャッター速度は，フィルムの感度によって異なるが，光の強度を，コントラストが落ちないように，しかもできるだけ短時間の露光時間を与えるように調節する．
6) 種の同定に必要な形質にピントを合わせる．必要な場合には，1種について何枚もの写真を撮る．
7) 条線が密であるために，その存在や走り方を観察しにくいことがある．そのような場合，コンデンサーを，条線の走る方向に対して，90度方向へずらしながら絞りを調整すると見えてくることが多い．コンデンサーが固定されている場合には，黒く塗りつぶした厚紙を，コンデンサーのレンズの上で動かし，斜光が当たるように工夫すると，同様の効果を得ることができる．
   この操作は，条線のみならず，縦溝，極裂，中心域などの構造の観察にも役立つ．
8) 油浸レンズを使う場合には，対物レンズとプレパラート間のみならず，コンデンサーのレンズとプレパラート間も油浸した方が，鮮明な写真を得ることができる(機種によっては，コンデンサーのレンズに油浸のできないものがある)．
9) 写真を種の同定に利用する際には，印画紙に焼き付けたときの倍率を一定にしておくと便利である(種の同定には，1500倍以上の写真を用いることが望ましい．筆者は2000倍としている)．
10) デジタルカメラを使用すると，写真のプリントが思うように簡便にできて，しかも極めて経済的であるが，現段階では，顕微鏡写真撮影のできるカメラが限られていて比較的高価である．この難点は間もなく解消されよう．

第7章 形態(種の同定に関わる特性要素)

　珪藻の生態を考えるに当たっては，個体生態学あるいは群集生態学，どちらの視点から取り組もうとも，種の正しい同定は，考察のための最も基本的で，最も重要なよりどころとなる．
　第7章では，種の同定の難しさを軽減するために，種の同定に係る形態要素ごとに，まず形態のモデル図を策定し，この要素形態モデル図の組み合わせを同定に利用することとした．同定に係る形態の基準要素の説明に入る前に，まず珪藻の形態の基本構造を図示しておきたい．
　図7-1は，被殻(frustule)の基本構造を示したものである．
　珪藻は，珪酸質の蓋(外殻(epivalve))と身(内殻(hypovalve))に相当する殻と，珪酸質が少なく模様のつくことが少ない中間帯(girdle)とから成る．中間帯は普通，外殻帯(epicinglum)と内殻帯(hypocinglum)とから成る．
　　　外殻と外殻帯とを併せて外殻筒(epitheca)
　　　内殻と内殻帯とを併せて内殻筒(hypotheca)と呼ぶ．

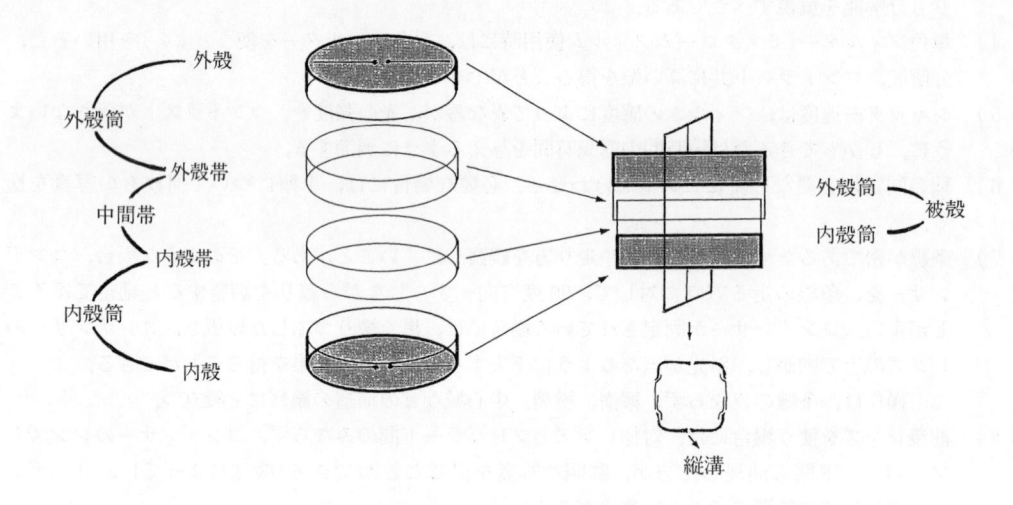

図7-1　珪藻被殻の基本構造

　被殻の形を立体的に記述するために，図7-2のような，幾何学的3断面や相称軸の名称を用いることが多い．

　　AA′B′B：縦断面(apical plane)　　　AB：縦(長)軸(apical axis)
　　CC′D′D：横断面(transapical plane) CD：横軸(transapical axis)
　　EF′E′F　：殻断面(valvar plane)　　　GH：貫殻軸(valvar axis)

　検鏡するときには，被殻を真上から見ていることもあれば，横から見ていることもある．前者を殻面観(valve view)，後者を帯面観(girdle view)と呼ぶ．普通，殻面観における被殻の形態学的特徴が，種同定の基準となることが多い．しかし最近環帯の構造特性も，種同定の基準として重要視されるようになった．
　種の同定に対しては，従来から最も基本的な形態の基準特性とされてきたのは，次の4つの要素である．

　　　1）縦溝の走り方　　　2）被殻の形
　　　3）被殻先端部の形　　4）条線(striae)の走り方と構造

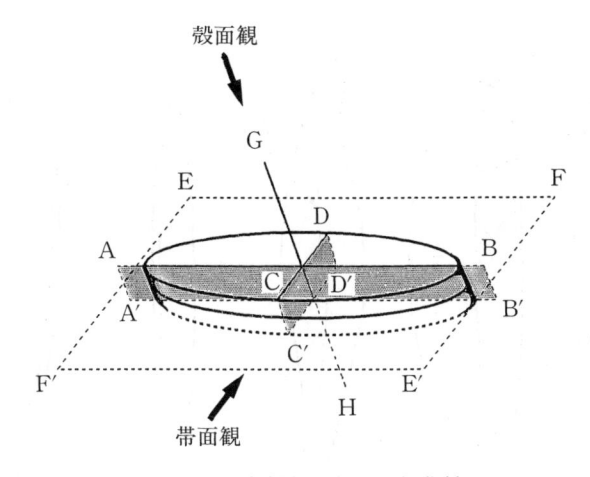

図 7-2 珪藻被殻の断面と相称軸
AA′B′B：縦断面(apical plane)，CC′D′D：横断面(transapical plane)，EF′E′F：殻断面(valvar plane)．
AB：長軸(apical axis)，CD：横軸(transapical axis)，GH：貫殻軸(valvar axis)．

もちろんこの他にも，中心域，軸域の形と広さあるいは，電顕でしか確かめられない微細構造が，分類の基準として取り上げられており，将来は DNA 構造の検討も予想される．この図鑑では，光顕で識別できる形態的特性要素に基づいて，分類を行うことを原則とした．

7-1　縦溝の走り方

珪藻は，Hustedt, F. や Simonsen, R. らの伝統的な分類では，下記のように 2 大別されてきた．
1.　被殻の構造中心は点，縦溝なし．　　　中心目(Centrales)
2.　被殻の構造中心は線，縦溝あり，またはなし．　羽状目(Pennales)

中心目は，胞紋列が被殻の中心から放射状に出ていることに由来する呼び名であるし，羽状目は，条線が被殻の両端を結ぶ軸域から，鳥の羽のように側方へ伸びることに由来する呼び名である．羽状目にのみ存在する縦溝(raphe)は，被殻の軸域(axial area)を貫通する細長いスリット状の裂け目である．

この裂け目は，殻面に対して
　　　　　　　垂直のもの　（直截縦溝）
　　　　　　　斜めのもの　（斜截縦溝）
　　　　　　　湾曲するもの（曲截縦溝）
に大別することができる(図 7-3)．

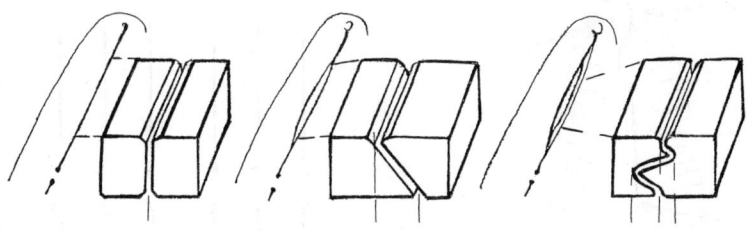

図 7-3　縦溝の種類
（左）直截縦溝，（中）斜截縦溝，（右）曲截縦溝

それぞれの縦溝は，光顕で見ると図 7-3 の左図のように見える．
また，縦溝は走る位置によって，次記のように分類できる(図 7-4)．

図 7-4 縦溝の走る位置

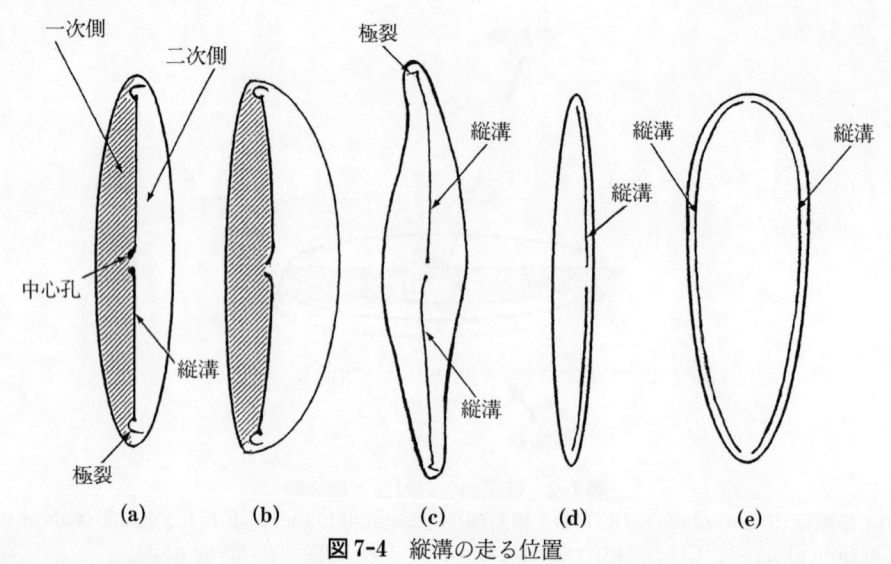

例：(a) *Navicula, Pinnularia*. (b) *Cymbella, Encyonema*. (c) *Gyrosigma, Pleurosigma*. (d) *Nitzschia, Epithemia*. (e) *Surirella, Cymatopleura*.

殻の長軸に沿って走るもの	*Navicula, Cymbella, Gyrosigma* など	図7-4(a), (b), (c)
殻の側縁に沿って走るもの	*Nitzschia, Epithemia* など	図7-4(d)
殻の周縁を走るもの	*Surirella, Cymatopleura* など	図7-4(e)

さらに、*Pinnularia* の縦溝を例にとってみると、図7-5に示したような構造をみることができる．

殻端では、縦溝の裂け目が殻を貫通しない極裂(terminal fissure)として終わっているが、種によって縦溝の先端部の形が異なる(図7-4)．縦溝の先端が曲がっている場合、湾曲は両殻端共に、殻の二次側〔殻の形成過程において、先に形成され始める側を一次側(primary side)、遅れて形成が始まる側を二次側(secondary side)と呼ぶ〕へ向かうことが多い(図7-4(a), (b))．しかし、*Gyrosigma, Pleurosigma* のように、一方の極裂は一次側、他方は二次側へ向かう(図7-4(c))ものもある．

殻の中央部では、縦溝が向き合うものが多いが、縦溝の先端が孔状に拡大して中心孔(central pore)を形成したり、Y字またはT字状に分岐、あるいは湾曲するものもある(図7-6)．

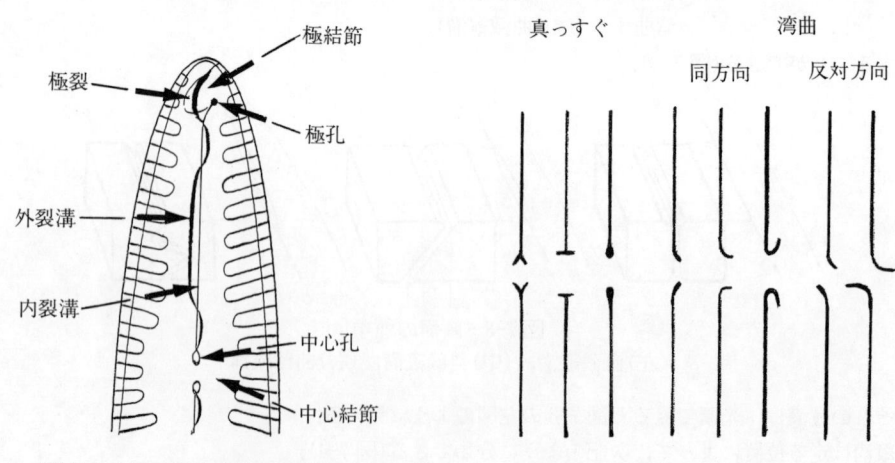

図 7-5 縦溝が形成する構造(*Pinnularia* の場合)

図 7-6 中心域における縦溝の末端

最近，Round, F.E., Crawford, R.M. & Mann, D.G. (1990)は，珪藻の分類体系を，走査電顕による微細構造に関する最近の情報に基づいて検討し，次の3綱に大別している．
1. Coscinodiscophyceae(中心目に相当する)
2. Fragilariophyceae(無縦溝亜目 Araphidineae に相当する) 羽状目に相当する
3. Bacillariophyceae(有縦溝亜目 Raphidineae に相当する) 羽状目に相当する

伝統的な分類に従うと，羽状類には殻が縦溝をもたない無縦溝類と，縦溝をもつ縦溝類とがあり，縦溝類は縦溝の発達の程度によって，原始的な短い縦溝をもつ原始(短)縦溝類，片方の殻にのみ縦溝をもつ単縦溝類，両方の殻に縦溝をもつ双縦溝類に分類されてきた．そして珪藻は，この順に進化したと考えられていた．しかし最近の研究(Mayama & Kobayasi 1989)によって，単縦溝類における縦溝のない殻でも，縦溝は一度形成された後，縦溝部に珪素が沈着して消失することが確かめられた．無縦溝類については，殻の形成過程が Pickett-Heaps(1989)によって観察されているが，縦溝の形成は認められていない．さらに化石として出現した地質年代を見ると，表に示したように，中心類が最初に出現した後，無縦溝類，双縦溝類，単縦溝類がこの順に現れ，最後に原始縦溝類が現れている．つまり縦溝類のみについては，従来考えられていた進化の順序とは逆の順序で出現したことになる．最近の研究では，逆の順序が正しいことを支持するものが多い．したがって従来の原始縦溝類は，これを短縦溝類と呼ぶ方が妥当であろう．

珪藻が地球上に出現した年代は，表7-1に示したように，哺乳類や被子植物の出現年代よりも新しい．つまり，珪藻は単細胞生物でありながら，高等な動植物よりも新しい地質年代に現れた新参者であり，しかも，短期間で著しい分化発展を遂げて，種類，量共に急速に増大した特異な生物群と一般には考えられている．しかし，化石に基づくこの考え方に異論を唱え，珪藻の出現はさらに古い年代にまで遡ると主張する説もある．

表7-1 珪藻が出現した年代

		地質時代		年代（万年前）	珪藻と他の生物の出現
新生代 Cenozoic	第四紀 Quaternary	完新世	Holocene	1	
		更新世	Pleistocene	164	
	第三紀 Tertiary	鮮新世	Pliocene	520	
		中新世	Miocene	2,350	**原始縦溝類**
		漸新世	Oligocene	3,550	**単縦溝類**
		始新世	Eocene	5,650	**双縦溝類**
		暁新世	Paleocene	6,500	**無縦溝類**
中生代 Mesozoic		白亜紀	Cretaceous	14,600	**中 心 類**
		ジュラ紀	Jurassic	20,800	（被子植物）
		三畳紀	Triassic	24,500	（哺乳類，鳥類）
古生代 Paleozoic		二畳紀	Perminian	29,000	
		石炭紀	Caroniferous	36,300	（爬虫類，昆虫類）
		デボン紀	Devonian	40,900	（魚類，両生類，裸子植物）
		シルリ紀	Silurian	43,000	（シダ植物）
		オルドビス紀	Ordovician	51,000	（紅藻）
		カンブリア紀	Cambrian	57,000	（緑藻）

7-2 被殻の形

　殻面観における珪藻の被殻の形態は極めて多様であるが，捉えようによっては，1つの系として把握することが可能である．

　図7-7に示すように，中央の円を，中心を通る上下の直線に沿って反対方向に引くと，楕円，舟形を経て針状形が生ずる．いずれも上下の縦軸に対して左右相称であり，中心を通りその軸に直角に交わる横軸に対しては上下相称である．つまり2つの相称面をもつ(右上図)．これらの基本形が変形して，相称面が1つになった形(右下図)のものもある．

　左側の図は，円形あるいは円周上の等距離に位置する3以上の点から，中心へ向かって押されるようにしてできる，三角形から多角形の形で，3以上の相称面をもつ．

　すでに述べてきたように，Round, F. E., Crawford, R. M. & Mann, D. G.(1990)は，中心目と羽状目とに2大別されてきた珪藻の伝統的分類を改めて，3綱(class)に大別した．それぞれの綱に含まれる珪藻の殻面観の形は，図7-7を用いると，次のように把握することができる．

1) Coscinodiscophyceae(中心目に相当する)
2) Fragilariophyceae(羽状目の無縦溝亜目―Araphidineaeに相当する)
3) Bacillariophyceae(羽状目の有縦溝亜目―Raphidineaeに相当する)

　中心目と羽状目の殻面観の形は，図7-7において，次のように把握することができる．

　　中心目 Centrales：3以上の相称面をもつ，円形，三角形，多角形．
　　羽状目の有縦溝亜目 Raphidineae：2～0の相称面をもつもの．
　　羽状目の無縦溝亜目 Araphidineae：上記両者の形をもつ．

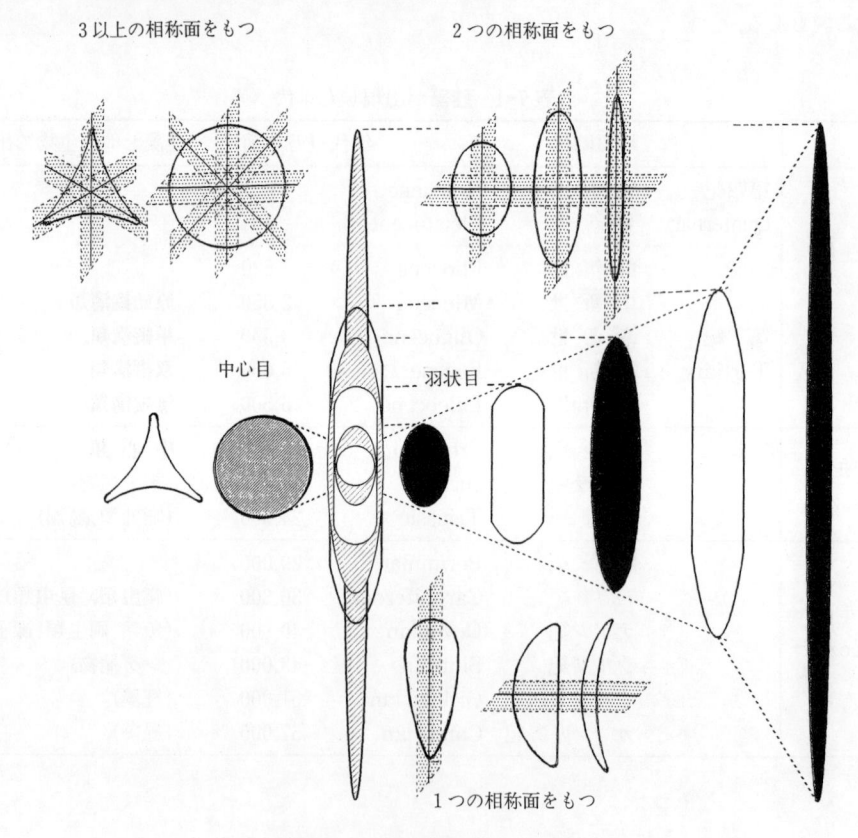

図 7-7　珪藻被殻の形態と相称面

図7-8の中央横軸(太い線)上に，描かれた5種類の形を，基本形(standard shape)として配置し，その上下にそれぞれの基本形の変形群(deformation series)を配した．この図には，中心目は含まれていない．

　中央線上に並ぶ5基本形を，左から順にそれぞれ

　　　(1)楕円(elliptic)，(2)狭い楕円(narrow elliptic)，(3)舟形(lanceolate)，(4)狭い舟形(narrow lanceolate)，(5)線形(linear)

と呼び，順次(1)〜(5)の番号を与えた．

　変形群としては，

中央線より上方には

　　　中央膨出(swollen—Swo)，中央圧縮(constricted—Con)，

　　　二ヵ所圧縮(biconstricted—Bic)の変形群を配した．

中央線よりも下方には

　　　卵形(ovate—Ova)，三日月形(lunate—Lun)，

　　　S字状(sigmoid—Sig)，無相称(nonsymmetric—Non)

の変形を配した．

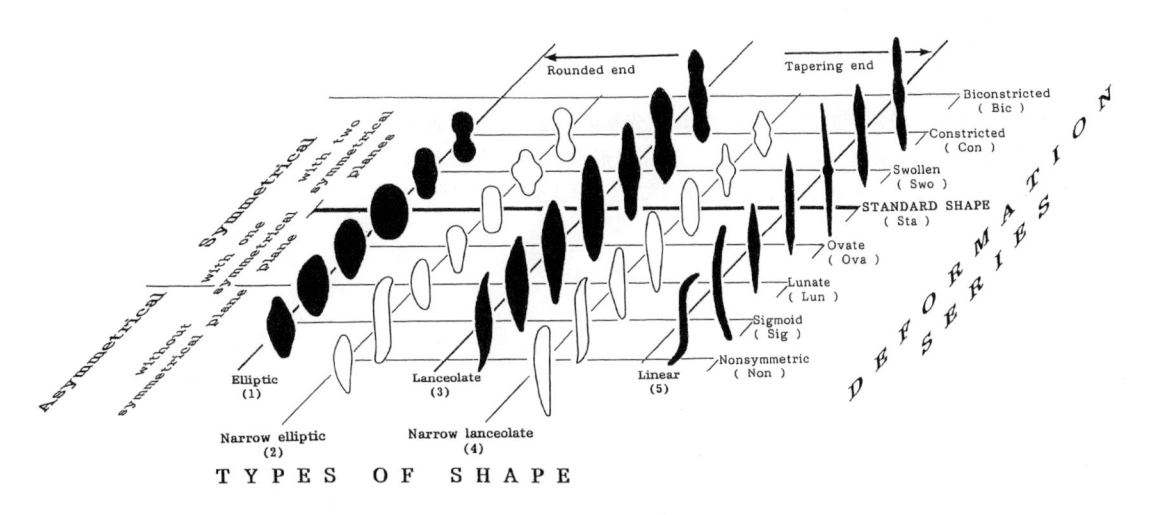

図7-8　羽状目珪藻の形態

　これらの変形群の相称面の数は，上から下へ順次小さくなる．また(3) lanceolateを境にして，左側の変形群の殻端は丸く(rounded end)，右側変形群の殻端は先細(tapering end)である．

　被殻の形を指定する場合には，基本形の番号と変形シリーズの記号を組み合わせて，例えば下記のように指定する．

　　　1-Con，3-Sta，4-Non，5-Ova

この表記法は，分類群の形態記載の際に略記号として用いる．

7-3 被殻先端部の形

被殻先端の形は，広円形を原点とする上下2方向の変形シリーズとして把握することができる．

1つは，先端部がくびれながらふくらむ方向の変形シリーズであり，もう1つは，先端部がやせ細りながらくびれる方向の変形シリーズである．

図7-9は，これら2つの変形シリーズを図示したものである．矢印はくびれの位置を示している．図で明らかなように，くびれの数によって，0，1あるいは1対，2対のように3つの変形群に分けることができる．

それぞれの先端形に対して，下記のように番号を与えた．

広円形 ［0］ (broadly rounded) 　　くさび形 ［11, 12］ (cuneate)
小突起形 ［1］ (apiculate) 　　突起伸長形 ［13］ (produced apiculate)
準くちばし形 ［2］ (sub-rostrate) 　　鋭端形 ［14］ (acute)
くちばし形 ［3］ (rostrate)
くちばし伸長形 ［4］ (produced rostrate) 　　翼をもつ小突起形 ［10］ (apiculate with wings)
頭状(すりこぎ)形 ［5］ (capitate) 　　蛇頭形 ［20］ (snake head)
サジ形 ［6］ (spathulate)

これらの数値は，分類群の形態記載の際に，先端の形態を示す代表番号とした．

ただし，*Eunotia* においてのみ被殻先端部の形態番号は上記とは異なる番号，〔1〕サジ形，〔2〕，〔3〕頭状形，〔4〕くちばし形，〔5〕すりこぎ形，〔6〕くさび形とした(写真編 p.125, 図ⅡB$_1$-3参照)．

殻端の膨出が進む →

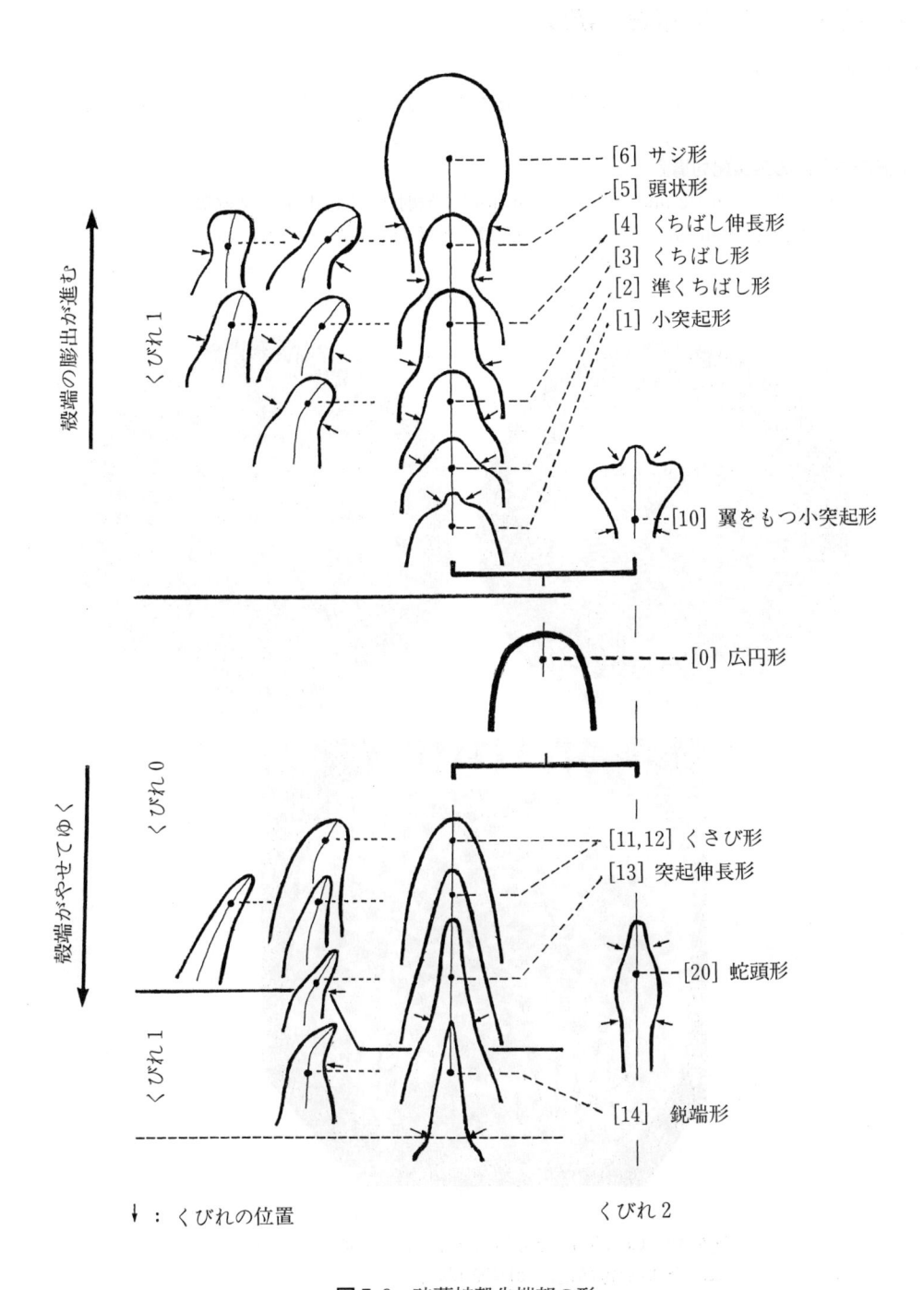

くびれ 1

[6] サジ形
[5] 頭状形
[4] くちばし伸長形
[3] くちばし形
[2] 準くちばし形
[1] 小突起形

[10] 翼をもつ小突起形

[0] 広円形

くびれ 0

殻端がやせてゆく →

くびれ 1

[11,12] くさび形
[13] 突起伸長形
[20] 蛇頭形
[14] 鋭端形

くびれ 2

↓：くびれの位置

図 7-9　珪藻被殻先端部の形

7-4 条線の走り方と構造，密度

7-4-1 条線の走り方
条線の配列の走り方を，Hendey(1964)の類別に従って分けると，下記のように分類できる．

従来の中心目の条線配列構造
（1） 放射線構造(centric and radial areolation)：放射状，同心円状の条線構造．
（2） 切線構造(tangential areolation)：真っすぐかまたは曲がった切線状の配列．

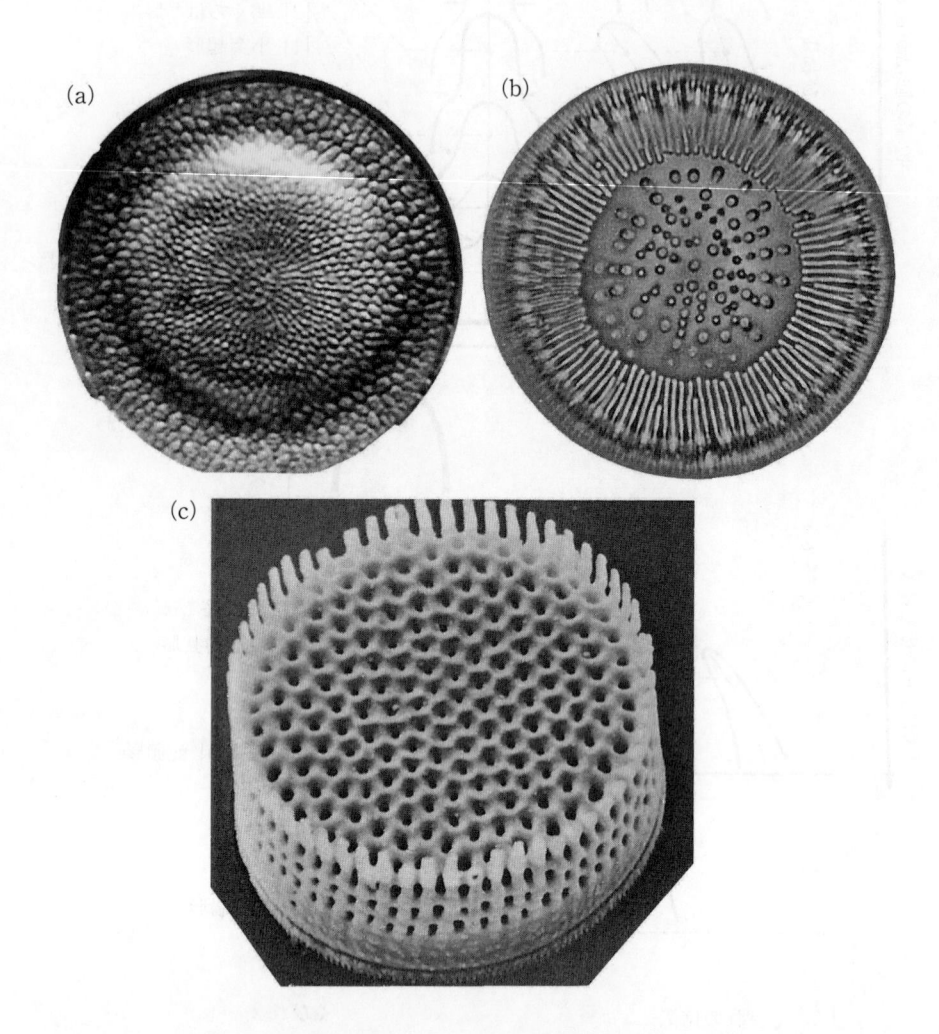

図 7-10 Coscinodiscophyceae(従来の中心目)の条線配列
(a),(b)放射線構造，(c)切線構造．

(1) 柵状構造　　　　(2) 直交構造　　　　(3) 斜交構造

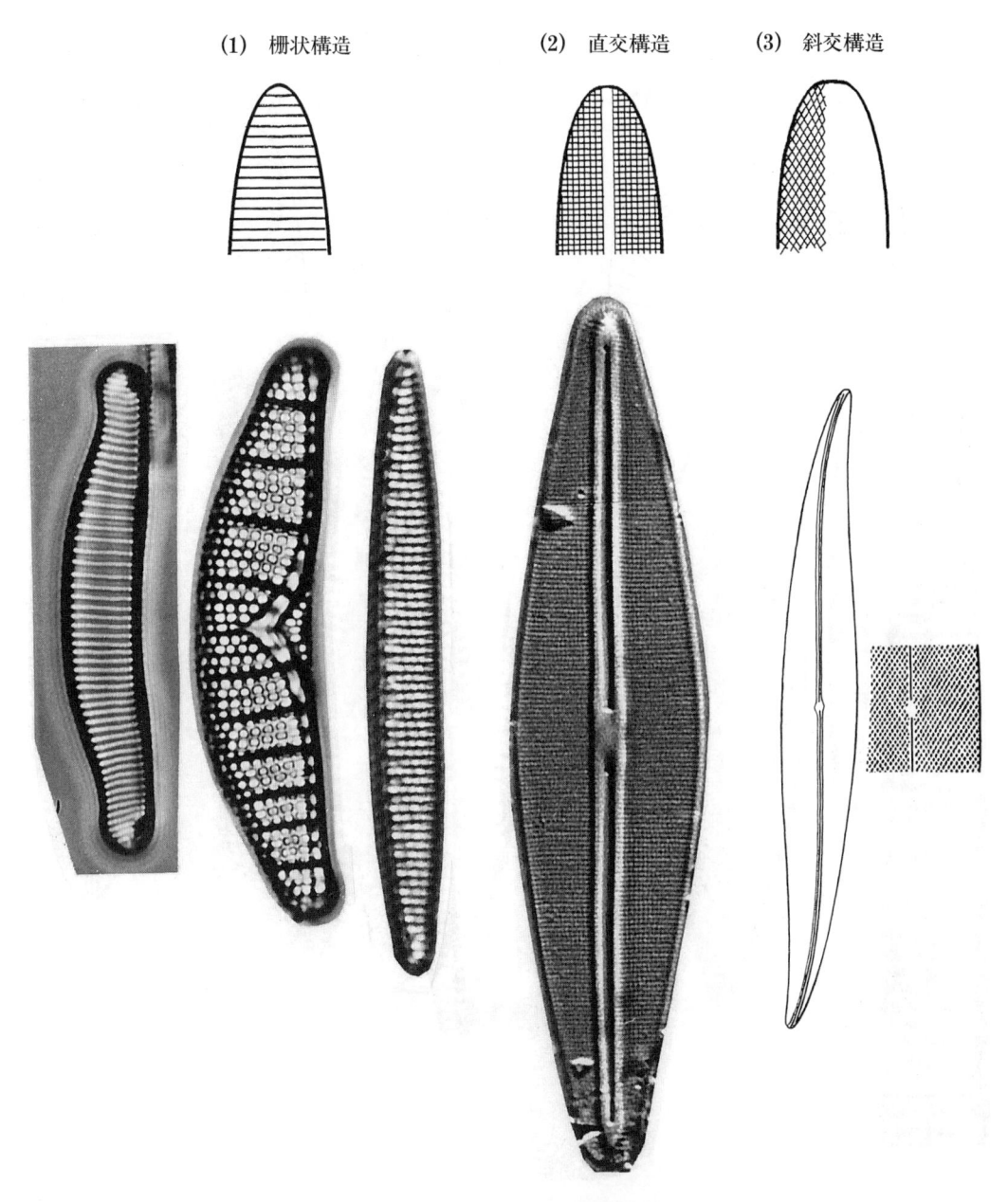

図 7-11　従来の羽状目の条線配列構造(1)

従来の羽状目の条線配列構造
（1）　柵状構造(trellisoid striation)（図 7-11）：被殻の一方から他方の縁へ向かって走る条線が柵状に並ぶ
（2）　直交構造(transverse and longitudinal striation)（図 7-11）
（3）　斜交構造(transverse and oblique striation)（図 7-11）

(4) 羽状構造

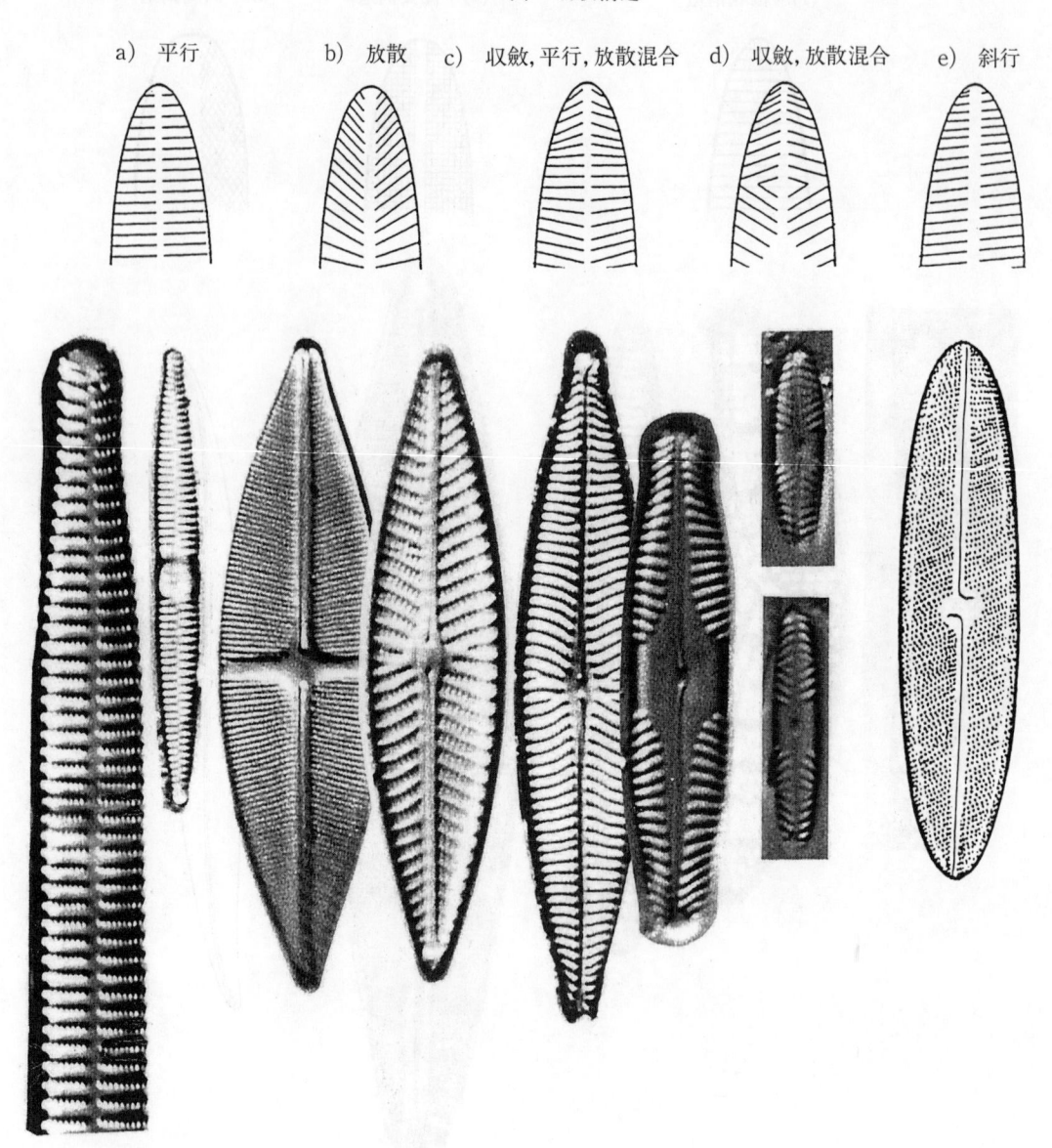

a) 平行　　b) 放散　　c) 収斂, 平行, 放散混合　　d) 収斂, 放散混合　　e) 斜行

図 7-12 従来の羽状目の条線配列構造(2)

(4) 羽状構造(pennate striation)：条線の配列は，長軸に対して対称的(図 7-12)．
 a) 平行(parallel)
 b) 放散(radiate)
 c) 収斂(convergent)，平行，放散混合(convergent＋parallel＋radiate)
 d) 収斂，放散混合(convergent＋radiate)
 e) 斜行(oblique)

羽状構造

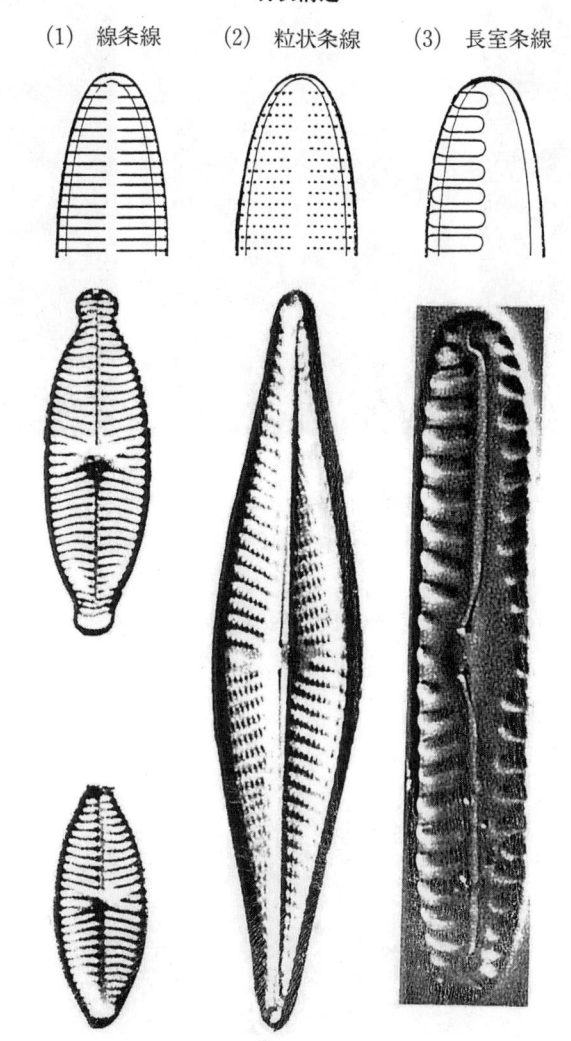

(1) 線条線　　(2) 粒状条線　　(3) 長室条線

図 7-13　条線の構造

7-4-2 条線の構造

条線は，光顕下では，図 7-13 のように，3 つに大別できる．
(1) 線　条　線 (plain striae)
(2) 粒状条線 (areolate or punctate striae)
(3) 長室条線 (alveolate striae)

しかし電顕で見ると，線は胞紋あるいは微小な線配列であったり，長室にはさらに細かい構造が認められる(図 7-14)．

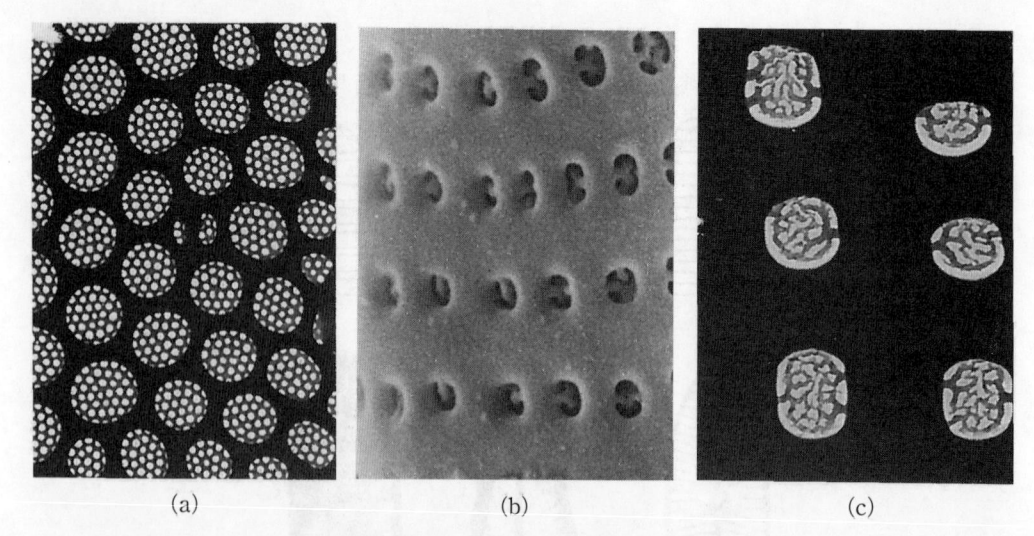

図 7-14 胞紋の微細構造
(a) 多孔篩膜，(b) 輪形篩膜，(c) 肉柎状篩膜

また，点のように見える穴には，電顕下では下記のような微細構造を認めることができる(図 7-14)．
(a) 多孔篩膜(cribrum)
(b) 輪形篩膜(rota)
(c) 肉柎状篩膜(vola)

7-4-3 条線密度の計測

条線の密度は，同じ個体でも計測の仕方によって粗密の差が生じる．

Anonymous(1975)によると，中心目珪藻の胞紋数の計測は，被殻の中心付近で放射状に配列する胞紋列に沿って計り，周縁部では切線上の一定間隔内の密度を計測する．

羽状目の条線密度は，中央に近い被殻縁で計測する．副次的に両極付近での計測値を添えることもある．条線を構成する胞紋数は，被殻中央部の条線で計測する．

密度は，10μm中の胞紋数で表す(図7-15右)．

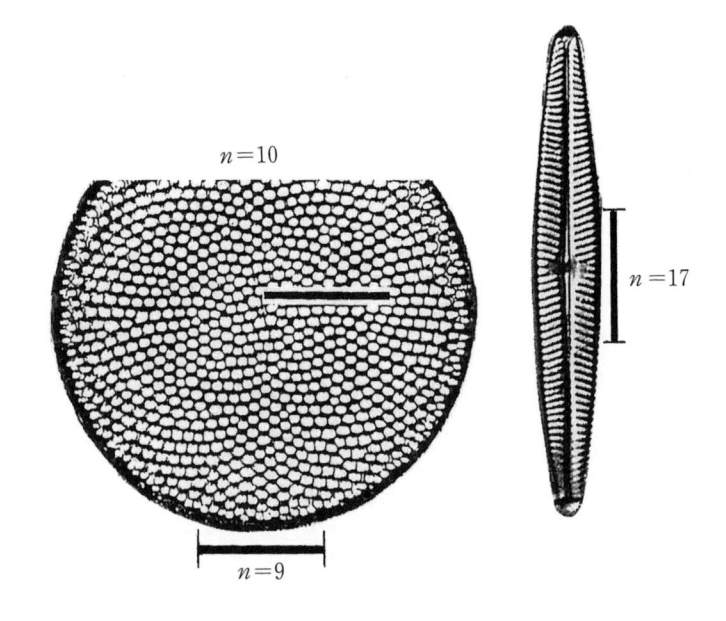

図 7-15 条線密度の計測の仕方

参 考 文 献

Agardh, C.A. 1824. Systema Algarum. Literis Berlingiansis, Lundae.

Anderson, D.S., Davis, R.B. and Berge, F. 1986. Relationships between diatom assemblages in lake surface-sediments and limnological characteristics in southen Norway. pp. 97-113. *In* : Smol, J.P., Battarbee, R.W., Davis, R.B. and Meriläinen, J. (eds.) Diatoms and Lake Acidity. Dr. W. Junk Publishers, Dordorecht, Boston, Lancaster.

Andresen, N.A., Stoermer, E.F. and Kreis, E.G. 2000. New nomenclatural combinations referring to diatom taxa which occur in the laurentian great lakes of North America. Diatom Research **15** : 413-418.

Anonymous 1975. Proposals for a standardization of diatom terminology and diagnoses. Nova Hedwigia Beih. **53** : 323-354.

Archibald, R.E.M. 1971. Diatoms from the Vaal Dam catchment area, Transvaal, South Africa. Bot. Marina **14** : 17-70.

Archibald, R.E.M. 1966a. Some new and rare diatoms from South Africa, 1. Nova Hedwigia Beih. **21** : 251-274.

Archibald, R.E.M. 1966b. Some new and rare diatoms from South Africa, 2. Diatoms from Lake Sibayi and Lake Nhlange in Tongaland (Natal). Nova Hedwigia **12** : 477-495.

有田重彦, 大塚泰介 2004. 円弧構成モデルによる *Navicula* 殻外形の記述. Diatom **20** : 191-198.

Asai, K. 1995. Statistic classification of epilithic diatom species into three ecological groups relating to organic water pollution (1). Method with coexistence index. Diatom **10** : 13-34.

Asai, K. and Watanabe, T. 1995. Statistic classification of epilithic diatom species into three ecological groups relating to organic water pollution (2). Saprophilous and saproxenous taxa. Diatom **10** : 35-47.

Asai, K. and Watanabe, T. 1999. Statistical classification of epilithic diatom species into three ecological groups relating to organic water pollution. pp. 413-418. *In* : Mayama, S., Idei, M. and Koizumi, I. (eds.) Proceedings of the 14th International Diatom Symposium. Koeltz Scientific Books, Koenigstein.

Asai, K., Houki, A. and Watanabe, T. 2001. Relationship between water quality and relative abundance of the most dominant taxon in epilithic diatom assemblages. pp. 249-256. *In* : Economou-Amilli, A. (ed.) Proceedings of the 16th International Diatom Symposium. The University of Athens, Athens.

Asai, K., Houki, A. and Sulaiman, A. 2002. Water quality assessment of rivers of West Sumatra using epilithic diatom assemblages. pp. 51-59. *In* : John, J. (ed.) Proceeding of the 15th International Diatom Symposium. Koeltz Scientific Books, Koenigstein.

Asai, K. and Watanabe, T. 2004. Relationship between water quality and diversity indeces of freshwater epilithic diatom assemblages. pp. 1-10. *In* : Poulin, M. (ed.) Proceedings of the 17th International Diatom Symposium. Biopress Limited, Bristol.

Bourrelly, P. 1968. Les Algues d'eau douce. Tome II : Les Algues jaunes et brunes. Paris : N. Boubée et Co. 438 pp.

Bukhtiyarova, L. and Round, F.E. 1996. Revision of the genus *Achnanthes* sensu *lato*. Psammoth-

idium, a new genus based on *A. marginulatum*. Diatom Research **11** : 1-30.

Caspers, H. and Karbe, L. 1966. Trophic und Saprobität als Stoffwechseldynamischer Komplex. Gesichtspunkte für die Definition der Saprobitätsstufen. Arch. f. Hydrobiol. **61** : 453-470.

Charles, D.F. 1985. Relationships between surface sediment diatom assembrages and lakewater characteristics in Adirondack lakes. Ecology **66** : 994-1011.

Cholnoky, B.J. 1955. Diatomeen aus salzhaltigen Binnengewässern der westlichen Kap-Provinz in Südafrika. Ber. Dtsch. Bot. Ges. **68** : 11-23.

Cholnoky, B.J. 1962. Ein Beitrag zu der Ökologie der Diatomeen in dem englischen Protektonat Swaziland. Hidrobiologia **20** : 309-335.

Cholnoky, B.J. 1968a. Die Ökologie der Diatomeen in Binnengewässern. 699 pp. Verlag J. Cramer, Lehre, Berlin.

Cholnoky, B.J. 1968b. Die Diatomeenassoziationen der Santa-Lucia-Lagune in Natal (Südafrika). Botanica Marina, Suppl. **11** : 1-121.

Cholnoky, B.J. 1968c. Diatomeen aus drei Stauseen in Venezuela. Revista de Biologia **6** : 235-271.

Chung, Jun and Watanabe, T. 1984. Studies on the diatoms in the suburbs of Kyungju. Korean Journal of Botany **27** : 191-214.

Chung, J., Watanabe, T. and Houki, A. 1985. Assessment of water quality by epilithic diatoms of Sin-chun water-system. Research Review of Kyungpook National University **39** : 99-112.

Clarke, K.B. 1994. *Pelagodictyon* a new genus of centric diatom from the Norfolk Broads. Diatom Research **9** : 17-26.

Cleve-Euler, A. 1939. Bacillariaceen-Assoziationen im nördlichsten Finnland. Acta Soc. Sci. Fennicae Nov. Ser. B **2** : 1-22.

Cleve-Euler, A. 1951-1955. Die Diatomeen von Schweden und Finnland. Kungliga Sveska Vetenskapsakakademiens Handlingar **2** : 1-163 (Teil. 1, Centricae, 1951) ; **4** : 1-158 (Teil. 2, Araphideae, Brachyraphidaea, 1953) ; **4** : 1-225 (Teil. 3, Monoaraphidaea, Biraphidaea 1 ; 1953) ; **5** : 1-232 (Teil. 4, Biraphidaea 2, 1955).

Cocquyt, C. and Jewson, D.H. 1994. *Cymbellonitzschia minima* Hustedt (Bacillariophyceae), a light and electron microscopic study. Diatom Research **9** : 239-247.

Compère, P. 1982. Taxonomic revision of the diatom genus *Pleurosira* (Eupodiscaceae). *Bacillaria* **5** : 165-189.

Coste, M. 1976. Contribution à l'écologie des diatomées benthiques et périphytiques de la Seine : Distribution longitudinale et influence des pollutions. Soc. Hydrotech. Fr. **14** : 1-6.

Coste, M. 1978. Sur l'utilisation des diatomées benthiques pour l'appréciation de la qualité biologique des eaux courantes. Thèse Biol. végét. Univ. Besançon, 150 pp.

Coste, M., Bosca, C. and Dauta, A. 1991. Use of algae for monitoring rivers in France. pp. 75-88. *In* : Whitton, B.A., Rott, E. and Friedrich, G. (eds.) Use of algae for monitoring rivers. Institut für Botanik, Universität *Innsbruck*, Austria.

Cox, E.J. 1987. Studies on the diatom genus *Navicula* Bory. VI. The identity, structure and ecology of some freshwater species. Diatom Research **2** : 159-174.

Cox, E.J. 1991. What is the basis for using diatoms as monitors of rives quality? pp. 33-40. *In* : Whitton, E.R. and Friedrich, G.E. (eds.) Use of algae for monitoring rivers. Rott, Innsbruch.

Cox, E.J. 1996. Identification of freshwater diatoms from live material. pp. 1-158. Chapman & Hall, London, Weinheim, New York, Tokyo, Melbourne.

Descy, J.P. 1979. A new approach to water quality estimation using diatoms. Nova Hedwigia **64**: 305-323.

Dickman, M., Dixit, S., Fortescue, J., Barlow, B. and Terasmae, J. 1984. Diatoms as indicators of the rate of lake acidification. Water, Air and Soil Pollution **21**: 375-386.

Dixit, S.S. and Dickman, D. 1986. Correlation of surface sediment diatoms with the present lake water pH in 28 Algoma lakes, Ontario, Canada. Hydrobiologia **131**: 133-143.

Dixit, A.S., Dixit, S.S. and Evans, D. 1988. The relationship between sedimentary diatom assemblages and lake water pH in 35 Quebec lakes, Canada. Journal of Paleolimnology **1**: 23-38.

Fabri, R. and Leclercq, L. 1986. Végétation de diatomées des rivières du nord de l'Ardenne (Belgique): types naturels et impact des pollutions. pp. 337-346. *In* Ricard, M. (ed.) Proc. of the 8th International Diatom Symposium. Koeltz Scientific Books, Koenigstein.

Foged, N. 1953. Diatoms from West Greenland. Medd. Gronland **147**: 1-86.

Foged, N. 1954. On the diatom flora of some Funen Lakes. Fol. Limn. Scand. **6**: 1-75.

Foged, N. 1960. Notes on diatoms. I. Gomphocymbella ancyli, recent in Denmark and Eire. Bot. Tidskr. **55**: 282-288. II. Cymbellonitzschia diluviana in Denmark, Northern Ireland and Iceland. Ebenda **55**: 289-295.

Foged, N. 1964. Freshwater diatoms from Spitsbergen. Tromsö Museums Skrifter **11**: 1-205.

Foged, N. 1966. Freshwater diatoms from Ghana. Biol. Medd. Biol. Skr. **11**: 1-205.

Foged, N. 1976. Freshwater diatoms in Sri Lanka (Ceylon). Bibl. Phycol. **23**: 1-113.

Foged, N. 1977. Freshwater diatoms in Ireland. Bibl. Phycol. **34**: 1-222.

Foged, N. 1981. Diatoms in Alaska. Bibl. Phycol. **53**: 1-318.

Foged, N. 1993. Some diatoms from Siberia especially from Lake Baikal. Diatom Research **8**: 231-279.

藤松 馨 1938. 強酸性湖潟沼の生物に就て. 生態学研究 **4**: 131-140.

福島 博, 石井昭治, 古屋長彦, 森本義信 1951. 群馬県下利根川水系の藻類植生. 植物生態会報 **1**: 83-87.

Fukushima, H. 1954. Diatoms flora of Oze. Sci. Res. Ozegahara Moor. 602-621.

福島 博 1957. 日本淡水珪藻目録, 海産藍藻及び化石珪藻を含む. 横浜市立大学紀要, Series C-18 **71**: 1-24.; Series C-20 **82**: 1-54.

福島 博, 岸本千江子 1964. 磐梯五色沼群のケイ藻類. 横浜市立大論叢 **16** (1): 55-75.

福島 博 1967. 鉱山廃水および有機性廃水が河川の底生藻類におよぼす影響. 特定研究, 鉱工業廃水の河川生物におよぼす影響ならびに鉱工業廃水の生物学的処理の研究. 昭和41年度結果報告書 7-10.

Fukushima, H. and Kishimoto, C. 1968. Diatom from Shiretoko Peninsula, Northern Hokkaido, Japan. J. Yokohama City Univ. **180**: 1-35.

Fukushima, H. and Ko-Bayashi, T. 1968. Diatom flora of the Matsukawa River, Central Japan. Bulletin of Yokohama Municipal University, Natural Science **19**: 1-8.

Fukushima, H. and Nakamura, S., 1972. Diatom flora of lakes in Japan. Bulletin of Yokohama Municipal University, Natural Science **23**: 1-24.

福島 博, 木村 努, 小林艶子 1973. 木曽川のケイ藻. 横浜市立大学紀要, 生物学編 **3**: 1-155.

福島 博, 小林艶子, 寺尾公子 1982. 河川水質の評価について. 文部省「環境科学」研究報告集 **B121-R12-10**: 22-30.

福島 博, 吉武佐紀子, 小林艶子 2001. 酸性水域から得られた新種珪藻*Pinnularia paralange-bertalotii* Fukush., Yoshit. & Ts. Kobay. nov. spec.について. Diatom **17**: 37-46.

Fukushima, H., Ko-Bayashi, T. and Yoshitake, S. 2002. *Navicula tanakae* Fukush., Ts. Kobay. &

Yoshit. nov. sp., new diatom taxon from hot spring. Diatom **18** : 13-21.

福島 博, 吉武佐紀子, 小林艶子 2002. 日本の強酸性水域産, *Pinnularia*の新珪藻 3 種. Diatom **18** : 1-12.

Gasse, F., Talling, J.F. and Kilham, P. 1983. Diatom assemblages in East Africa : Classification, distribution and ecology. Rev. Hydrobiol. trop. **16** : 3-34.

Gasse, F. 1986. East African diatoms and water pH. pp. 149-168 *In* : Smol, J.P., Battarbee, R.W., Davis, R.B. and Meriläinen, J. (eds.) Diatoms and lake acidity W. Junk Publishers, Dordrecht, Boston, Lancaster.

Germain, H. 1982. *Navicula joubaudii* nom. nov. (Bacillariophyceae). Cryptogamie, Algologie **3** : 33-36.

後藤敏一 1986. 熊野川河口の珪藻群集. Diatom **2** : 103-115.

後藤敏一 1990. 光学顕微鏡による珪藻の写真撮影のコツ. Diatom **5** : 111-114.

Håkansson, H. and Stoermer, E.F. 1984. An investigation of the morphology of *Stephanodiscus alpinus* Hust. Bacillaria **7** : 159-172.

Håkansson, H. 1988. A study of species belonging to the *Cyclotella bodanica/comta* complex (Bacillariophyceae). pp. 329-354. *In* : Round, F.E. (ed.) Proceedings of the 9th International Diatom Symposium. Biopress Bristol and Koeltz Scientific Books, Koenigstein.

Håkansson, H. and Stoermer, E.F. 1988. A note on the centric diatom *Stephanodiscus parvus*. Diatom Research **3** : 267.

Håkansson, H. 1989. A light and electron microscopical investigation of the type species of *Cyclotella* (Bacillariophyceae) and related forms, using original material. Diatom Research **4** : 255-267.

Håkansson, H. and Kling, H. 1989. A light and electron microscope stydy of previously described and new *Stephanodiscus* species (Bacillariophyceae) from central and Northern Canadian lakes, with ecological notes on the species. Diatom Research **4** : 269-288.

Håkansson, H. and Kling, H. 1990. The current status of some very small freshwater diatoms of the genera *Stephanodiscus* and *Cyclostephanos*. Diatom Research **5** : 273-287.

Håkansson, S. 1992. On numerical methods for inference of pH variations in mesotrophic and eutrophic lakes in southern sweden. Diatom Research **7** : 203-206.

Håkansson, S. 1993a. Numerical methods for the inference of pH variations in mesotrophic and eutrophic lakes in southern Sweden-A progress report. Diatom Research **8** : 349-370.

Håkansson, H. 1993b. Morphological and taxonomic problems in four *Cyclotella* species (Bacillariophyceae). Diatom Research **8** : 309-316.

Håkansson, H. and Bailey-Watts, A.E. 1993. A contribution to the taxonomy of *Stephanodiscus hantzschii* Grunow, a common freshwater planktonic diatom. Diatom Research **8** : 317-332.

Haworth, E.Y. 1988. Distribution of diatom taxa of the old genus *Melosira* (now mainly *Aulacoseira*) in Cumbrian waters. pp. 138-168. *In* : Round, F.E. (ed.) Algae and aquatic environment. Bristol.

Henderson, M.V. and Reimer, C.W. 2003. Bibliography on the fine structure of diatom frustules (Bacillariophyceae). II. (+Deletions, Addenda and Corrigenda for Bibliography I.) *In* : Witkowski, A. (ed.) Diatom monographs **3** : 1-372. A.R.G. Grantner Verlag K.G.

Hendey, N.I. 1964. An Introductory Account of the Smaller Algae of British Coastal Waters. Part

Ⅴ. Bacillariophyceae (Diatoms). pp. 1-317. Fishery Investigations Series Ⅳ. HMSO, London.

Hendey, N.I. and Sims, P.A. 1982. A review of the genus Gompho-nitzschia Grunow and the description of Gomphotheca gen. nov., an unusual marine diatom group from tropical waters. Bacillaria **5** : 191-212.

Hickel, B. and Håkansson, H. 1993. *Stephanodiscus alpinus* in Plußsee, Germany, ecology, morphology and taxonomy in combination with initial cells. Diatom Research **8** : 89-98.

平野　実 1962. 知床藻類ノート. Acta Phytotax. Geobot. **19** : 33-38.

平野　実, 岩城住江 1970. 大雪山の珪藻(1). 藤女子大・藤女子短大紀要 **8** : 59-105.

平野　実, 岩城住江 1972. 大雪山の珪藻(2). 藤女子大・藤女子短大紀要 **10** : 119-141.

Hirano, M. 1972. Diatoms from the Hida Mountain Range in the Japan Alps. Contr. Biol. Lab. Kyoto Univ. **24** : 1-30.

平野　実, 岩城住江 1973. 無意根山の珪藻. 藤女子大・藤女子短大紀要 **11** : 97-109.

平野　実, 岩城住江 1974. ニセコ山岳地域の珪藻. 藤女子大・藤女子短大紀要 **12** : 93-112.

平野　実 1975. 八甲田山の珪藻. 梅花短大研究紀要 **24** : 99-110.

平野　実, 岩城住江 1977. 夕張岳の珪藻. 日本藻類学会誌 **25** : 55-60.

平野　実 1980. 北海道太平洋岸地方の湿原の珪藻についての研究. 梅花短大研究紀要 **29** : 155-180.

肥塚利江, 渡辺仁治 1995. 清浄河川(高見川)と汚濁河川(佐保川)における付着珪藻群集と有機汚濁指数DAIpoの季節変化. 日本水処理生物学会誌 **31** : 89-98.

Hornung, H. 1959. Floristisch-ökologische Untersuchungen an der Echz unter besonderer Berücksichtigung der Verunreinigung durch Abwasser. Arch. f. Hydrobiol. **55** : 52-126.

Houk, V. 1993. Some morphotypes in the "*Orthoseira roeseana*" complex. Diatom Research **8** : 385-402.

伯耆晶子, 渡辺仁治 1982. 川床の付着藻類組成および構造に基づく群集形成過程への考察. 日本水処理生物学会誌 **18** : 16-23.

伯耆晶子 1986. 猪名川(兵庫県・大阪府)の付着珪藻群集とDAIpoに基づく汚染地図の季節変化. Diatom **2** : 133-151.

Hustedt, F. 1922. Bacillariales aus Schlesien I. Ber. Dtsch. Bot. Ges. **40** : 98-103.

Hustedt, F. 1927. Bacillariales aus dem Aokiko-See in Japan. Arch Hydrobiol. **18** : 155-172.

Hustedt, F. 1927-1966. Die Kieselalgen Deutschlands, Österreichs und der Schweiz mit Berücksichtigung der übrigen Länder Europas sowie der angrenzenden Meeresgebiete. Rabenhorst Kryptogamenflora Band Ⅶ. Teil **1** : 1-920(1927-1930) ; Teil **2** : 1-845(1931-1959) ; Teil 3 : 1-816(1961-1966). Leipzig.

Hustedt, F. 1930. Bacillariophyta (Diatomeae). pp. 1-466. *In* : Pascher, A. (ed.) Die Süsswasser-Flora Mitteleuropas. Jena, Gustav Fischer.

Hustedt, F. 1930-1966. Die Kieselalgen Deutschlands, Österreichs und der Schweiz mit Berücksichtigung der übrigen Länder Europas sowie der angrenzenden Meeresgebiete. *In* : Rabenhorst, L. (ed.) Kryptogamen-Flora Ⅰ, pp. 1-920 (1930) ; Ⅱ, pp. 1-845 (1959) ; Ⅲ, pp. 1-816 (1961-1966), Leipzig.

Hustedt, F. 1937-1939. Systematische und ökologische Untersuchungen über die Diatomeen-Flora von Java, Bali und Sumatra. Archiv für Hydrobiology, Supplement, **15** : 131-177, **15** : 187-295, **15** : 393-506, **15** : 638-790, **16** : 1-155, **16** : 274-394.

Hustedt, F. 1949. Diatomeen von der Sinai-Halbinsel und aus dem Libanon-Gebiet. Hydrobiologia **2** : 24-55.

Hustedt, F. 1950. Die Diatomeenflora norddeutscher Seen mit besonderer Berüksichtigung des holsteinischen Seengebiets. V-VII. Seen in Mecklenburg, Lauenburg und Nordostdeutschland. Archiv für Hydrobiologie **43** : 329-458.

Hustedt, F. 1954. Die Diatomeenflora von Oberche in der Lüneburger Heide. Abhandlungen der Naturwissenschaftlichen Verein zu Bremen **33** : 431-455.

Hustedt, F. 1957. Die Diatomeenfrora des Flusssystems der Wasser im Gebiet der Hamsestadt Bremen. Abhandl. Naturwiss. Ver. Bremen **34** : 181-440.

Hutchinson, G.E. 1957. A treatise on limnology. Vol. 1., 1015pp. John Wiley & Sons, Inc. New York.

Huttunen, P. and Meriläinen, L. 1985. Applications of multivariate techniques to infer limnological conditions from diatom assemblages. pp. 201-211. *In* : Smol, J.P., Battarbee, R.W., Davis, R.B. and Meriläinen, J. (eds.) Diatoms and lake acidity. W. Junk Publishers, Dordrecht.

Idei, M. and Kobayasi, H. 1986. Observations on the valve structure of fresh water *Diploneis* (Bacillariophyceae), *D. oculata* (Bréb.) Cleve and *D. minuta* Petersen. Jpn. J. Phycol. **34** : 87-93.

Idei, M. and Kobayasi, H. 1988. Examination of the type specimens of *Diploneis parma* Cl. pp. 397-403. *In* : Round, F.E. (ed.) Proceedings of the 9th International Diatom Symposium, Biopress, Bristol, and Koeltz Scientific Books, Koenigstein.

Idei, M. and Kobayasi, H. 1989. Examination of the type material of *Diploneis boldtiana* Cl. (Bacillariophyceae). Jpn. J. Phycol. **37** : 137-143.

出井雅彦, 南雲　保 1995. 無縦溝珪藻*Fragilaria*属(狭義の)とその近縁属. 藻類 **43** : 227-239.

Idei, M. and Mayama, S. 2001. *Pinnularia acidojaponica* M. Idei et H. Kobayasi sp. nov. and *P. valdetolerans* Mayama et H. Kobayasi sp. nov. new diatom taxa from Japanese extreme environments. pp. 265-277. *In* : Jahn, R., Kociolek, J. P., Witkowski, A. and Compère, P. (eds.) Lange-Bertalot-Festschrift. A.R.G. Gantner, Ruggell.

巌佐耕三 1976. 珪藻の生物学. pp. 1-136. 東京大学出版会, 東京.

Jewson, D.H. and Lowry, S. 1993. *Cymbellonitzschia diluviana* Hustedt (Bacillariophyceae) : Habitat and Auxosporulation. *In* : Van Dam, H. (ed.) Proceedings of the 12th International Diatom Symposium, Renesse, The Netherlands. Hydrobiologia **269/270** : 87-96.

John, J. 1993. The use of diatoms in monitoring the development of created wetlands at a samdmining site in Western Australia. pp. 427-436. *In* : Van Dam, H. (ed.) Proceedings of the 12th international Diatom Symposium. Kluwer Academic Publishers, Dordrecht, Boston, London.

Jørgensen, E.G. 1948, 1950. Diatom communities in some Danish lakes and ponds. K. Danske Vetensk.-Selsk. Biol. **5** : 1-140 (1948). II. Dansk. Bot. Ark. **14** : 1-19.

Jørgensen, E.G. 1948. Diatom communities in some Danish lakes and ponds. Det Kongelige Danske Videnskabernes Selskab, Biologishe Skrifter **5** : 1-40.

上條裕規, 渡辺仁治, 益子帰来也 1974. 強酸性河川長瀬川水系(福島県)の付着藻類植生. 日本生態学会誌 **24** : 147-152.

上條裕規, 渡辺仁治 1975. 石川県犀川の汚水生物学的研究, とくに川床の石の上面下面の水質汚濁階級の相異について. 陸水学雑誌 **36** : 16-22.

加藤　進, 志賀恵司, 内山久生, 市岡孝生, 仲　邦煕, 松本　正 1990. 付着性の珪藻を用いた河川の評価法の研究. 三重県環境科学センター研究報告 **10** : 7-16.

河島綾子, 小林　弘 1993. 阿寒湖の珪藻 (1. 中心類). 自然環境科学研究 **6** : 41-58.

河島綾子, 小林　弘 1994. 阿寒湖の珪藻 (2. 羽状類—広義の*Fragilaria*). 自然環境科学研究 **7** : 9-22.

河島綾子, 小林　弘 1995. 阿寒湖の珪藻（3. 羽状類―広義の*Fragilaria*を除く無縦溝類）. 自然環境科学研究 **8**：35-49.

河島綾子, 小林　弘 1996. 阿寒湖の珪藻（4. 羽状類―縦溝類：*Eunotia, Cocconeis, Achnanthes, Rhoicosphenia*）. 自然環境科学研究 **9**：15-32.

河島綾子, 真山茂樹 1997. 阿寒湖の珪藻（5. 羽状類―縦溝類：*Aneumastus, Craticula, Diatomella, Diploneis, Frustulia, Gyrosigma, Luticola, Neidium, Sellaphora, Stauroneis*）. 自然環境科学研究 **10**：35-52.

河島綾子, 真山茂樹 1998. 阿寒湖の珪藻（6. 羽状類―縦溝類：*Cuvinula, Diadesmis, Geissleria, Hippodonta, Navicula, Placoneis*）. 自然環境科学研究 **11**：23-41.

河島綾子, 真山茂樹 2000. 阿寒湖の珪藻（7. 羽状類―縦溝類：*Caloneis, Pinnularia*）. 自然環境科学研究 **13**：67-83.

河島綾子, 真山茂樹 2001. 阿寒湖の珪藻（8. 羽状類―縦溝類：*Cymbella, Encyonema, Gomphoneis, Gomphonema, Gomphosphenia, Reimeria*）, 自然環域科学研究 **14**：89-109.

河島綾子, 真山茂樹 2002. 阿寒湖の珪藻（9. 羽状類―縦溝類：*Amphora, Epithemia, Rhopalodia*）. 自然環境科学研究 **15**：47-58.

河島綾子, 真山茂樹 2003. 阿寒湖の珪藻（10. 羽状類―縦溝類：*Bacillaria, Cymbellonitzschia, Denticula, Hantzschia, Nitzschia*）. 自然環境科学研究 **16**：7-21.

Kobayasi, H. 1965. Notes on the new diatoms from River Arakawa (Diatoms from River Arakawa-4). Journ. Jap. Bot **40**：347-351.

Kobayasi, H. 1968. A survey of the freshwater diatoms in the vicinity of Tokyo. Jap. Journ. Bot. **20**：93-122.

小林　弘, 原口和夫 1969. 川越近郊の湧泉から得たケイソウについて. 秩父自然史博物館紀要 **15**：27-54.

Kobayasi, H. and Ando, K. 1978. New species and new combinations in the genus *Stauroneis*. Jpn. J. Phycol. **26**：13-18.

Kobayasi, H. and Idei, M. 1979. *Fragilaria pseudogaillonii* sp. nov., a freshwater pennate diatom from Japanese river. Jpn. J. Phycol. **27**：193-199.

Kobayasi, H., Ando, K. and Nagumo, T. 1980. On some endemic species of the genus *Eunotia* in Japan. pp. 93-114. *In*：Ross, R. (ed.) Proceedings of the 6th Diatom Symposium 1980. Koeltz, Koenigstein.

小林　弘, 真山茂樹 1981. 強腐水域でのケイ藻による水質判定法の検討. 用水と廃水 **23**：1190-1198.

小林　弘, 野沢美智子 1981. 淡水産中心類ケイソウ*Aulacoseira ambigua* (Grun.) Sim. の微細構造について. Jpn. J. Phycol. **29**：121-128.

Kobayasi, H. and Mayama, S. 1982. Most pollution-torerant diatoms of severly polluted rivers in the vicinity of Tokyo. Jpn. J. Phycol. **30**：188-196.

小林　弘, 野沢美智子 1982. 淡水産中心類ケイソウ*Aulacoseira italica* (Ehr.) Sim.の微細構造について. Jpn. J. Phycol. **30**：139-146.

小林　弘, 井上裕喜 1985. 日本産小形ステファノディスクス属（ケイソウ類）の微細構造と分類. 1. *Stephanodiscus invisitatus* Hohn & Hell. Jpn. J. Phycol. **33**：149-154.

Kobayasi, H. and Nagumo, T. 1985. Observations on the valve structure of marine species of the diatom genus *Cocconeis* Ehr. Hydrobiologia **127**：97-103.

Kobayasi, H., Kobayashi, H. and Idei, M. 1985. Fine structure and taxonomy of the small and tiny *Stephanodiscus* (Bacillariophyceae) species in Japan. 3. Co-occurrence of *Stephanodiscus minutullus* (Kutz.) Round and *S. parvus* Stoerm. & Hak. Jpn. J. Phycol. **33**：293-300.

小林　弘, 真山茂樹, 浅井一視, 中村真一 1985.　東京およびその近郊の各種汚濁河川から採取したケイソウの出現様式, 特に相対出現頻度とBOD₅との関係について. 東京学芸大学紀要　第4部門 **37**：21-46.

Kobayasi, H., Nagumo, T. and Mayama, S. 1986.　Observations on the two rheophilic species of the genus *Achnanthes* (Bacillariophyceae), *A. convergens* H. Kob. and *A. japonica* H. Kob. Diatom **2**：83-93.

Kobayasi, H. and Mayama, S. 1986.　*Navicula pseudacceptata* sp. nov. and validation of *Stauroneis japonica* H. Kob. Diatom **2**：95-101.

Kobayasi, H., Idei, M., Kobori, S. and Tanaka, H. 1987.　Observations on the two rheophilic species of the genus *Synedra* (Bacillariophyceae)：*S. inaequalis* H. Kob. and *S. lanceolata* Kütz. Diatom **3**：9-16.

Kobayasi, H. and Kobayashi, H. 1987.　Fine structure and taxonomy of the small and tiny *Stephanodiscus* (Bacillariophyceae) species in Japan. 5. *S. delicatus* Genkel and the characters useful in identifying five small species. Jpn. J. Phycol. **35**：268-276.

Kobayasi, H. and Kobayashi, H. 1988.　A study of *Epithemia amphicephala* (Østr.) comb. *et* stat. nov. and *E. reticulata* Kütz., with special reference to the areolar occlusion. pp. 459-467. *In*：Round, F. E. (ed.) Proceedings of the 9th International Diatom Symposium. Biopress Bristol and Koeltz Scientefic Books, Koenigstein.

Kobayasi, H. and Mayama, S. 1989.　Evaluation of river water quality by diatoms. Korean J. Phycol. **4**：121-133.

Kobayasi, H. and Kobori, S. 1990.　*Nitzschia linearis* and two related diatom species. pp. 183-193. *In*：Simola, H. (ed.) Proceedings of the 10th International Diatom Symposium. Koeltz Scientific Books, Koenigstein.

Ko-Bayashi, T. 1963.　Variation in *Pinnularia braunii*. Bot. Mag. Tokyo **76**：455-458.

小林艶子 1982.　生物学的水質判定について. 横浜市立大学論叢, 33, 自然科学系列, 1, 2：23-57.

Kojima, S. 1967.　The effects of mining effluent and organic wastes on the primary production in rivers. Information Bulletin on Planktology in Japan, Commemoration Number of Dr. Y. Matsue, 97-100.

児島正幸, 渡辺仁治 1997.　四国吉野川の有機汚濁に対する付着珪藻群集を指標とした生物学的数量評価. 日本水処理生物学会誌 **33**：171-178.

小久保清治 1960.　浮遊珪藻類. pp. 1-330. 恒星社厚生閣, 東京.

Kolkwitz, R. and Marsson, M. 1902.　Grundastz für die biologische Beunteilung des wassers nach seiner flora und fauna. Mitt Prüf. Anst. Wass. Versorg. Abwasserbeseit. Berl. **1**：33-72.

Kolkwitz, R. and Marsson, M. 1908.　Okologie der pflanzlichen Saprobien. Ber. d. Deut. Bot. Ges. **26**：505-519.

Krammer, K. and Lange-Bertalot, H. 1986.　Bacillariophyceae. Teil 1. Naviculaceae. pp. 1-876. Süßwasserflora von Mitteleuropa, Bd. 2, begr. von A. Pascher. Gustav Fischer Verlag, Stuttgart, New York.

Krammer, K. and Lange-Bertalot, H. 1988.　Bacillariophyceae. Teil 2. Bacillariaceae, Epithemiaceae, Surirellaceae. pp. 1-596. Süßwasserflora von Mitteleuropa, Bd. 2, begr. von A. Pascher. Gustav Fischer Verlag, Stuttgart, New York.

Krammer, K. and Lange-Bertalot, H. 1991a.　Bacillariophyceae. Teil 3. Centrales, Fragilariaceae, Eunotiaceae. pp. 1-576. Süßwasserflora von Mitteleuropa, Bd. 2, begr. von A. Pascher. Gustav Fischer Verlag, Stuttgart, New York.

Krammer, K. and Lange-Bertalot, H. 1991b.　Bacillariophyceae. Teil 4. Achnanthaceae. Kritische

Ergänzungen zu Navicula. pp. 1-437. Süßwasserflora von Mitteleuropa, Bd. 2, begr. von A. Pascher. Gustav Fischer Verlag, Stuttgart, New York.

Krammer, K. 1991a. Morphology and taxonomy of some taxa in the genus *Aulacoseira* Thwaites (Bacillariophyceae). I. *Aulacoseira distans* and similar taxa. Nova Hedwigia **52** : 89-112.

Krammer, K. 1991b. Morphology and taxonomy of some taxa in the genus *Aulacoseira* Thwaites (Bacillariophyceae). II. Taxa in the *A. granulata-, italica-* and *lirata-*groups. Nova Hedwigia **53** : 477-496.

Krammer, K. 2000. The genus Pinnularia. pp. 1-703. *In* : Lange-Bertalot, H. (ed.) Diatoms of Europe. Vol. 1. A.R.G. Gantner Verlag, K.G.

Lange-Bertalot, H. and Simonsen, R. 1978. A taxonomic revision of the *Nitzschia lanceolata* Grunow 2. European and related extra-European freshwater and brackish water taxa. Bacillaria **1** : 11-112.

Lange-Bertalot, H. 1978. Diatomeen-Differentialarten anstelle von Leitformen : ein geeigneteres Kriterium der Gewässerbelastung. Arch. Hydrobiol. Suppl. **51** : 393-427.

Lange-Bertalot, H. 1979. Pollution tolerance of diatoms as a criterion for water quality estimation. Nova Hedwigia Beiheft **64** : 285-304.

Lange-Bertalot, H. & Rumrich, U. 1980. The taxonomic identity of some ecologically important small *Naviculae*, 135-153. *In* : Ross, R. (ed.) Proceedings of the 6th International Diatom Symposium. Koeltz Scientific Books, Koenigstein.

Lange-Bertalot, H. and Krammer, K. 1989. *Achnanthes* eine Monographie der Gattung. Bibliotheca Diatomologica **19** : 1-139.

Lange-Bertalot, H. and Metzeltin, D. 1996. Indicators of Oligotrophy, 800 taxa representative of three ecologically distinct lake types. Carbonate buffered-Oligodystrophic-Weakly buffered soft water. pp. 1-390. *In* : Lange-Bertalot, H. (ed.) Iconographia Diatomologica 2. Koeltz Scientific Books, Koenigstein.

Lange-Bertalot, H., Metzeltin, D. and Witkowski, A. 1996. *Hippodonta* gen. nov. Umschreibung und Begrundung einer neuen Gattung der Naviculaceae. *In* : Lange-Bertalot, H. (ed.) Annotated diatom micrographs. Taxonomy. Iconographia Diatomologica 4. Koeltz Scientific Books, Koenigstein.

Lange-Bertalot, H. 1997. Frankophila, Mayamaea and Fistulifera : drei neue Gattungen der Klasse Bacillariophyceae. Archiv für Protistenkunde **148** : 65-76.

Lange-Bertalot, H. 2001. *Navicula* sensu stricto 10 genera separated from *Navicula* sensu lato *Frustulia*. pp. 1-526. *In* : Lange-Bertalot, H. (ed.) Diatoms of Europe 4. Koeltz Scientific Books, Koenigstein.

Leclercq, L. and Maquet, B. 1987. Deux nouveaux indices diatomique et de qualité chimique des eaux courantes. Comparaison avec differents indices existants. Cah. Biol. Mar. **28** : 303-310.

Li, C.-W. and Chiang, Y.-M. 1979. A euryhaline and polymorphic new diatom, Proteucylindrus taiwanensis gen. et sp. nov. British Phycological Journal **14** : 377-384.

Liebmann, H. 1959. Methodik und Auswertung der biologischen Wassergüte-Kartierung. Münchener Beiträge zur Abwasser-, Fischerei- und Flussbiologie, Bd. **6** : 135-156.

Liebmann, H. 1962. Handbuch der Frischwasser- und Abwasserbiologie, I. 1. Aufl. Verlag Oldenbourg, München.

Lowe, R.L. and Crang, R.E. 1972. The ultrastructure and morphological variability of the frustule of *Stephanodiscus invisitatus* Hohn and Hellerman. J. Phycol. **8** : 256-259.

Lund, J.W.G. 1951. Contributions to our knowledge of British Algae XII. A new planctonic *Cyclotella* (*C. praetermissa* n. sp.). Notes on *C. glomerata* Bachmann and *C. catenata* Brun and the ocurrence of setae in the genus. Hydrobiologia **3** : 93-100.

Lund, J.W.G. 1961. The algae of the Malham Tarn district. Field Studies **1** : 85-119.

Mann, D.G. 1980. Studies in the diatom genus *Hantzschia*. II. *H. distinctepunctata*. Nova Hedwigia **33** : 341-352.

Mann, D.G. 1984. Observations on copulation in *Navicula pupula* and *Amphora ovalis* in relation to the nature of diatom species. Annals of Botany **54** : 429-438.

Mann, D.G. 1989. The diatom genus *Sellaphora* : Separation from *Navicula*. British Phycological Journal **24** : 1-20.

Manguin, E. 1952. Bacillariophyceae. **99** : 1-281. *In* : Bourrelly, P. and Manguin, E. (eds.) Algues d'eau douce de la Guadeloupe et dépendances. Centre Nat. Rech. Scient., Soc. Edition Enseignement Supérieur Paris.

益子帰来也, 渡辺仁治, 上條裕規 1973a. 猪苗代湖の湖沼学的研究. 陸水富栄養化の基礎的研究 **2** : 19-22.

益子帰来也, 渡辺仁治, 上條裕規 1973b. 恐山湖の富栄養化. 陸水富栄養化の基礎的研究 **2** : 23-25.

Mayama, S. and Kobayasi, H. 1984. The separated distribution of the two varieties of *Achnanthes misutissima* Kütz, according to the degree of river water pollution. Jpn. J. Limnol. **45** : 304-312.

Mayama, S. and Kobayasi, H. 1986. Observations of *Navicula mobiliensis* var. *minor* Patr. and *N. goeppertiana* (Bleisch) H.L. Sm. pp. 173-182. *In* : Ricard, M. (ed.) Proceedings of the 8th International Diatom Symposium. Paris, August 27-September 1, 1984.

Mayama, S. and Kobayasi, H. 1988. Morphological variations in *Navicula atomus* (Kütz.) Grun. pp. 427-435. *In* : Round, F.E. (ed.) Proceedings of the 9th International Diatom Symposium, Biopress Bristol and Koeltz Scientific Books, Koenigstein.

Mayama, S. and Kobayasi, H. 1989. Sequential valve development in the monoraphid diatom *Achnanthes minutissima* var. *saprophila*. Diatom Research **4** : 111-117.

Mayama, S. and Kobayasi, H. 1990. Studies on *Eunotia* species in the classical "Degernas Material" housed in the Swedish Museum of Natural History. Diatom Research **5** : 351-366.

Mayama, S. and Kobayasi, H. 1991. Oabservations of *Eunotia arcus* Ehr., type species of the genus *Eunotia* (Bacillariophyceae). Jpn. J. Phycol. **39** : 131-141.

Mayama, S. 1992. Morphology of *Eunotia multiplastidica* sp. nov. (Bacillariophyceae) examined throughout the life cycle. Korean Journal of Phycology **7** : 45-54.

真山茂樹 1992-1993. 珪藻の話(The diatoms). 水 **34**(15) : 75-82, **35**(1) : 16-21, **35**(3) : 16-22, **35**(4) : 16-21, **35**(5) : 59-66, **35**(6) : 22-24, **35**(7) : 20-33.

Mayama, S. 1993. *Eunotia sparsistriata* sp. nov., a moss diatom from Mikura island, Japan. Nova Hedwigia Beih. **106** : 143-150.

Mayama, S., Idei, M., Osada, K. and Nagumo, T. 2002. Nomenclatural changes for 20 diatom taxa occurring in Japan. Diatom **18** : 89-91.

Mereschkowsky, C. 1903. Uber *Placoneis*. ein neues Diatomeengenus. Beih. Bot. Centralbl. **15** : 1-30.

Meriläinen, J. and Huttunen, P. 1984. Ecological interpretations of diatom assemblages by means of two-way indicator species analysis (Twinspan). pp. 385-392. *In* : Mann, D.G. (ed.) Proceedings of the 7th International Diatom Symposium. Otto Koeltz, Koenigstein.

Metzeltin, D. and Lange-Bertalot, H. 1995. Kritische Wertung der Taxa in *Didymosphenia* (Bacillariophyceae). Nova Hedwigia **60**: 381-405.

Metzeltin, D. and Lange-Bertalot, H. 1998. Tropical diatoms of South America. I. About 700 predominantly rarely known or new taxa representative of the neotropical flora. *In*: Lange-Bertalot, H. (ed.) Annotated diatom micrographs. Iconographica Diatomologica **5**: 1-695.

三重野恵子, 辻　彰洋, 大塚泰介, 兵頭かほり, 坂東忠司 1997.　黒沢湿原（徳島県）の珪藻植生. Diatom **13**: 147-160.

Mölder, K. and Tynni, R. 1967-1973. Über Finlands rezente und subfossile Diatomeen. Ⅰ. Compt. Rend. Soc. géol. Finl. **39**: 199-217 (1967). Ⅱ. Bull. Geol. Soc. Finland **40**: 151-170 (1968). Ⅲ. Bull. Geol. Soc. Finland **41**: 235-251 (1969). Ⅳ. Bull. Geol. Soc. Finland **42**: 129-144 (1970). Ⅴ. Bull. Geol. Soc. Finnland **43**: 203-220 (1971). Ⅵ. Bull. Geol. Soc. Finland **44**: 141-149 (1972). Ⅶ. Bull. Geol. Soc. Finland **45**: 159-179 (1973). Weitere Bände siehe bei Tynni.

Moser, G., Lange-Bertalot, H. and Metzeltin, D. 1998. Insel der Endemiten. Geobotanisches Phanomen Neukaledonien. Bibliotheca Diatomologica **38**: 1-464.

南雲　保, 小林　弘 1977.　光顕並びに電顕的研究に基く*Melosira arentii* (Kolbe) comb. nov. について. Bull. Jap. Soc. Phycol. **25**: 182-188.

南雲　保, 小林　弘 1985.　淡・汽水産珪藻*Cyclotella*属の3種, *C. atomus*, *C. caspia*, *C. meuanae*の微細構造. 日本プランクトン学会報 **32**: 101-109.

Nagumo, T. and Kobayasi, H. 1990. The bleaching method for gently loosening and cleaning a single diatom frustule. Diatom **5**: 45-50.

Nagumo, T. and Kobayasi, H. 1990. Three *Amphora* species of the section *Halamphora* (Bacillariophyceae) found in Japanese brackish waters. pp. 149-160. *In*: Simola, H. (ed.) Proceedings of the 10th International Diatom Symposium. Koeltz Scientific Books, Koenigstein.

南雲　保 1995.　簡単で安全な珪藻被殻の洗浄法. Diatom **10**: 88.

Nakano, K., Watanabe, T., Usman, R. and Syahbuddin 1987. A fundamental study of overall conservation of terrestrial and freshwater ecosystems in a Montane Region of Western Sumatora: Vegetation, Land-use and Water quality. Mem. Kagoshima University Research Center for the South Pacific **8**: 87-124.

Naumann, E. 1919. Nagra sypuncter angaende limnoplanktons ökologi med särskild hänsyn till fytoplankton. Svensk Botanisk Tiddskrift **13**: 129-163.

根来健一郎 1938.　強酸性湖潟沼の湖底泥中に産する珪藻. 動物及植物 **6**: 81-86.

Negoro, K. 1944. Untersuchungen über die Vegetation der mineralogen azidotrophen Gewässer Japans. Science Reports of the Tokyo Bunrika Daigaku, Section B **6**: 1-375.

根来健一郎 1968.　滋賀県植物誌. pp. 275-330. 保育社.

Negoro, K. 1985. Diatom flora of the mineralogenous acidotrophic inland waters of Japan. Diatom **1**: 1-8.

Negoro, K. 1986. *Melosira hustedti* Krasske from Lake Biwa, as one of the subfossil diatoms in the bottom deposits. Diatom **2**: 19-21.

根来健一郎, 生田美和子 1989.　バイカル湖の南部湖岸帯の数カ所における硅藻植生. 平岡環境科学研究所報告 **2**: 1-17.

Negoro, K. and Kawashima, A. 1990. Diatom flora of Lake Ashi, Hakone (The first part). 平岡環境科学研究所報告 **3**: 11-52.

Negoro, K. and Kawashima, A. 1991. Diatom flora of Lake Ashi, Hakone (The second part). 自然

環境科学研究 **4**：1-38.

根来健一郎 1992. 日本の*Asterionella*属硅藻. 自然環境科学研究 **5**：79-82.

野崎健太郎, 辻　彰洋, 由水千景, 神松幸弘, 石川俊之, 山本敏也 1998.　中池見湿地（福井県敦賀市）における浮遊藻群集の季節遷移とその特徴. 陸水学会誌 **59**：329-339.

野崎健太郎, 辻　彰洋, 神松幸弘, 山本敏也, 平澤理世, 石川俊之 1998.　中池見湿地の水生生物相と水環境の関係. *In*：特集：低湿地生態系の保護：中池見湿地を中心に. 日本生態学会誌 **48**：187-192（総説）.

Okuno, H. 1944.　Studies on Japanese diatomite deposits. II. Bot. Mag. Tokyo **58**：8-14.

Okuno, H. 1974.　Freshwater diatoms. *In*：Helmcke, Krieger and Gerloff (eds.) Diatomeenschalen im elektronenmikroskopischen Bild, 9：Taf. 825-924.

長田敬五, 南雲　保 1983.　新潟県, 郡殿ノ池および男池のケイソウ. Bull. Nip. Dent. Univ. Gen. Edu. **12**：203-238.

長田敬五, 南雲　保 1985.　新潟県, 三面川のケイソウ. Bull. Nip. Dent. Univ. Gen. Edu. **14**：139-165.

大塚泰介, 辻　彰洋 1997. 何殻を数えるべきか？　Ⅰ. フロラ調査の場合. Diatom **13**：83-92.

大塚泰介 1998.　河川の一形態単位内における付着類群落, 特に珪藻群落の生息場所による違い. 陸水学雑誌 **59**：311-328.

大塚泰介 1998.　何殻を数えるべきか？　Ⅱ. 多様性指数を算出する場合. Diatom **14**：41-49.

Ohtsuka, T. and Fujita, Y. 2001.　Diatom flora and its seasonal changes in a paddy field in Central Japan. Nova Hedwigia **73**：97-128.

Ohtsuka, T. and Tuji, A. 2002.　Lectotypification of some pennate diatoms described by Skvortzow in 1936 from Lake Biwa. Phycological Research **50**：243-249.

Ohtsuka, T. 2002.　Checklist and illustration of diatoms in the Hii River. Diatom **18**：23-56.

Ohtsuka, T., Hanada, M. and Nakamura, Y. 2004.　SEM observation and morphometry of *Encyonema leei* (Krammer) nov. comb. Diatom **20**：145-151.

Pantle, R. and Buck, H. 1955.　Die Biologische Überwachung der Gewässer und die Darstellung der Ergebnisse. Ges-und Wasserfach. **96**：604.

Patrick, R. 1949.　A proposed biological measure of stream condition, based on a survey of the Conestoga Basin. Lancaster County, PA. Proc, Academy of Natural Sciences of Philadelphia **101**：277-341.

Patrick, R. 1954.　The diatom flora of Bethany Bog. J. Protozool. **1**：34-37.

Patrick, R., Hohn, M.H. and Wallace, J.H. 1954.　A new nethod for determining the pattern of the diatom flora. Not. Nat. Acad. Nat. Sci. Philadelphia **259**：1-12.

Patrick, R. and Reimer, C.W. 1966.　The diatoms of United States **1**：1-788. Acad. Nat. Sci. Phil. Monograph 13.

Patrick, R. and Reimer, C.W. 1975.　The diatom of the United States **2**：1-213. pt. 1. Acad. Nat. Sci. Phil. Monograph.

Petersen, J.B. 1946.　Algae collected by Eric Hultén on the Swedish Kamtchatka Expedition 1920-1922, especially from hot springs. Biol. Medd. K. Danske Videnskab. Selskab **10**：1-122.

Pianka, E.R. 1973.　The structure of lizard communities. Ann. Rev. Ecol. Syst. **4**：53-74.

Pickett-Heaps, J.D. 1989.　Morphogenesis of the labiate process in the araphid pennate diatom *Diatoma vulgare*. J. Phycol. **25**：79-85.

Preston, F.W. 1948.　The commonness and rarity of species. Ecology **29**：254-283.

Qi, Y.Z., Reimer, C.W. and Mahoney, R.K. 1984. Taxonomic studies of the Genus *Hydrosera*. I. Comparative morphology of *H. triquetra* Wallich and *H. whampoensis* (Schwartz) Deby, with ecological remarks. pp. 213-224. *In* : D.G. Mann (ed.) Proceedings of the 7th Diatom Symposium Koeltz, Koenigstein.

Rigler, F.H. 1975. Lakes 2 : Chemical limnology, nutrient kinetics and the new topology. Verhandlungen Internationale Vereins Limnologie **19** : 197-210.

Round, F.E. and Mann, D.G. 1980. *Psammodiscus* nov. gen. Based on *Coscinodiscus nitidus*. Annals of Botany **46** : 367-373.

Round, F.E. and Mann, D.G. 1981. The diatom genus *Brachysira*. I. Typification and separation from Anomoeoneis. Archiv für Protistenkunde **124** : 221-231.

Round, F.E. 1981. The diatom genus *Stephanodiscus*. An electron microscopic view of the classical species. Archiv für Protistenkunde **124** : 455-470.

Round, F.E., Crawford, R.M. and Mann, D.G. 1990. The diatoms. Biology & morphology of the genera. pp. 1-747. Cambrigde University Press, Cambridge.

Round, F.E. and Håkansson, H. 1992. Cyclotelloid species from a diatomite in the Harz mountains, Germany, including *Pliocaenicus* gen. nov Diatom Research **7** : 109-125.

Round, F.E. and Bukhtiyarova, L. 1996. Four new genera based on *Achnanthes* (*Achnanthidium*) together with a re-definition of *Achnanthidium*. Diatom Research **11** : 345-361.

Round, F.E. and Maidana, N.I. 2001. Two problematic freshwater araphid taxa reclassified in new genera. Diatom **17** : 21-28.

佐竹俊子, 小林　弘 1991. 淡水産中心類珪藻*Aulacoseira valida* (Grunow in Van Heurck) Krammerの微細構造. 平岡環境科学研究所報告 **4** : 45-57.

Satake, K. and Saijo, Y. 1974. Carbon dioxide content and metabolic activity of microorganisms in some acid lakes in Japan. Limnology and Oceanography **19** : 331-338.

Schmidt, A. *et al*. 1874-1959. Atlas der Diatomaceen-kunde. Heft 1-120, Tafeln pp. 1-460 (Tafeln 1-216 A. Schmidt ; 213-216 M. Schmidt ; 217-240 F. Fricke ; 241-244 H. Heiden ; 245, 246 O. Müller ; 247-256 F. Fricke ; 257-264 H. Heiden ; 265-268 F. Fricke ; 269-472 F. Hustedt). Aschersleben-Leipzig.

Schoeman, F.R. 1973. A systematical and ecological study of the diatom flora of Lesotho with special reference to the water quality. National Inst. for Water Research, Pretoria. pp. 1-355.

Simonsen, R. 1987. Atlas and catalogue of the diatom types of Friedrich Hustedt. Vol. 1 : Catalogue. pp. 1-525. Vol. 2 : Atlas, Taf. 1-395. Vol. 3 : Atlas, Taf. 396-772. J. Cramer Berlin/Stuttgart.

篠原みど里, 福島　博, 小林艶子, 吉武佐紀子 2001. 峰温泉と片瀬温泉（静岡県）の珪藻植生. Diatom **17** : 135-140.

Skvortzow, B.W. 1936a. Diatoms from Biwa Lake, Honshu island, Nippon. Philippine Journ. Sci. **61** : 253-303.

Skvortzow, B.W. 1936b. Diatoms from Kizaki Lake, Honshu island, Nippon. Philippine Journ. Sci. **61** : 9-90.

Skvortzow, B.W. 1937a. Diatoms from Ikeda Lake, Satsuma province Kiusiu island, Nippon. Phillipine Journ. Sci. **62** : 191-222.

Skvortzow, B.W. 1937b. Bottom diatoms from Olhon Gate of Baikal Lake, Siberia. Philippine Journ. Sci. **62** : 293-377.

Sládeček, V. 1963. A scheme of the biological classification of waters. (In Czech.) Vodni hospodarstvi **13** : 421-422.

Sládeček, V. 1965. The future of the saprobity system. Hydrobiologia **25** : 518-537.

Sládeček, V. 1966. Water quality system. Verh. Internat. Ver. Limnol. **16** : 809-816.

Sládeček, V. 1969. The measures of saprobity. Verh. Internet. Ver. Limnol. **17** : 546-559.

Sládeček, V. 1973. System of water quality from the biological point of view. Arch. Hydrobiol. Beih. **7** : 1-218.

Sovereign, H.E. 1958. The diatoms of the Crater Lake, Oregon. Trans. Amer. Micr. Soc. **77** : 96-134.

Srámek-Hušek, R. 1956. Zum biologischen Charakteristik der höheren Saprobitätsstufen. Arch. Hydrobiologie **51** : 376-390.

Stockner, J.G. 1971. Preliminary characterization of lakes of the Experimental Lakes Area, northwestern Ontario ; using diatom occurrences in sediments. Journal of the Fisheries Research Board of Canada **28** : 265-275.

墨田廸彰, 渡辺仁治 1973. 郷谷川, 梯川の鉱毒汚染に関する陸水学的研究. 金沢大学理学部付属能登臨海実験所年報 **13** : 85-94.

Sumita, M. and Watanabe, T. 1979. Epilithic freshwater diatoms in Jakarta and Surabaya, Indonesia, and Singapore. Japanese Journal of Phycology **27** : 1-6.

Sumita, M. and Watanabe, T. 1983. New general estimation of river pollution using new diatom community index (NDCI) as biological indicator based on specific composition of epilithic diatom communities—Applied to the Asano-gawa and the Sai-gawa Rivers in Ishikawa Prefecture. Japanese Journal of Limnology **44** : 329-340.

Sumita, M. and Watanabe, T. 1984. Water quality assessment of 7 rivers in Noto Peninsula (Japan) using epilithic diatom communities on river bed as biological indicators. Japanese Journal of Limnology **45** : 134-143.

墨田廸彰, 渡辺仁治 1985. 石川県梯川における赤瀬ダム建設にともなう川床付着珪藻の変化. 陸水学雑誌 **46** : 41-49.

Sumita, M. and Watanabe, T. 1986. The changes of benthic diatom assemblages affected by dam construction and its completion on the Tedorigawa River in Ishikawa prefecture (Japan). Japanese Journal of Phycology **34** : 194-202.

墨田廸彰 1989. 付着珪藻群集による北陸河川汚濁の数量的評価 (III) 珪藻汚濁指数 (DAIpo) 値と河川綜合評価点(RPId)の季節変化. 陸水学雑誌 **50** : 199-205.

墨田廸彰 1990. 北陸河川の有機汚濁に対する付着珪藻群集の分析による考察(1). Diatom **5** : 91-109.

墨田廸彰, 渡辺仁治 1995. 富山県黒部川扇状地湧水群の付着珪藻群集. Diatom **11** : 65-71.

Sumita, M. and Watanabe, T. 1995. A numerical assessment of organic water pollution in the River Shimanto and its tributaries, Kouchi Prefecture, using attached diatom assemblages. The Journal of Limonology **56** : 137-144.

墨田廸彰, 渡辺仁治 1997a. 石川県金沢市及びその近郊部湧水のDAIpo. Diatom **13** : 161-169.

墨田廸彰, 渡辺仁治 1997b. 酸性水中和対策の付着珪藻群集による評価―石川県鍋谷川の場合―. 日本水処理生物学会誌 **33** : 65-80.

墨田廸彰, 渡辺仁治 1999. 石川県能登半島の湧水のDAIpo. Diatom **15** : 111-117.

高村典子, 三上 一, 伯耆晶子, 中川 恵 1999. ワカサギからヒメマスへ, 1980年代と逆の優占魚種の変化がプランクトン群集と水質に及ぼした影響について―1995-1997年の調査結果から. 国立環境研「十

和田湖の生態系管理に向けて」報告集 **146**：16-26.

田村精子, 斉藤 豊, 野口寧世 1970. 志賀湖沼群の水域特性と珪藻群 第1報. 信州大志賀自然教育研究施設研究業績 **9**：77-91.

田村精子, 斉藤 豊, 野口寧世 1971. 志賀湖沼群の水域特性と珪藻群 第2報. 信州大志賀自然教育研究施設研究業績 **10**：67-77.

田中正明 1977. プランクトンから見た本邦湖沼の富栄養化の現状(3). 東北地方の湖沼. 十和田湖, 小川原沼, 田沢湖, 猪苗代湖, 桧原湖, 秋元湖, 小野川湖. 水 **19**：57-62.

田中正明 1992. 日本湖沼誌. pp. 1-530. 名古屋大学出版会, 愛知.

田中志穂子, 渡辺仁治 1990. 日本の清浄河川における代表的付着珪藻群集 *Homoeothrix janthina—Achnanthes japonica* 群集の形成過程. 藻類 **38**：167-177.

Thienemann, A. 1925. Die Binnengewässer Mitteleuropas：Eine limnologischer Einfürung. Die Binnengewässer **1**：1-225.

津田松苗 1972. 水質汚濁の生態学. pp. 1-240. 公害対策技術同友会, 東京.

津田松苗, 森下郁子, 生田美和子, 古屋八重子 1972. 志賀高原湖沼群の水生生物相. 日本水処理生物学会誌 **9**：6-12.

辻 彰洋 1996a. 琵琶湖沿岸帯における付着性珪藻群集(1). Diatom **11**：17-23.

辻 彰洋 1996b. オソウシ温泉における珪藻群集. Diatom **11**：80-84.

辻 彰洋 1996c. 浦内川(沖縄県西表島)の珪藻植生. Diatom **11**：89-92.

Tuji, A. 1999. A new fluorescence microscopy method to study biofilm architecture. 14th International Diatom Symposium Proceedings. pp. 321-326.

辻 彰洋, 唐崎千春, 神松幸弘, 山本敏哉, 村山恵子, 野崎健太郎 1999. 中池見湿地(福井県敦賀市)における水質環境と生物群集. 陸水学雑誌 **60**：201-203.

Tuji, A. 2000a. Observation of developmental processed in loosely attached diatom (Bacillariophyceae) communities. Phycol. Res. **48**：75-84.

Tuji, A. 2000b. The effect of irradiance on the growth of different forms of freshwater diatoms：Implications for succession of attached diatom communities. J. Phycol. **36**：659-661.

Tuji, A. and Kociolek, J.P. 2000. Morphology and taxonomy of *Stephanodiscus suzukii* sp. nov. and *S. pseudosuzukii* sp. nov. from Lake Biwa, Japan, and comparison with the *S. carconensis* Grunow species complex. Phycol. Res. **48**：231-239.

辻 彰洋, 伯耆晶子 2001. 琵琶湖の中心目珪藻. Lake Biwa Monograph **9**：1-90.

Tuji, A., Iwao, Y., Ashiya, M., Kuwamura, K. and Haga, H. 2001. Epiphytic diatom communities in the littoral zone of Lake Biwa, Japan. 15th International Diatom Symposium Proceedings. pp. 471-480.

Tuji, A. 2002. Observations on *Aulacoseira nipponica* from Lake Biwa, Japan, and *Aulacoseira solida* from North America (Bacillariophyceae). Phycol. Res. **50**：313-316.

Tuji, A., Kawashima, A., Julius, M.L. and Stoermer, E.F. 2002. *Stephanodiscus akanensis* sp. nov., a new species of extant diatom flora Lake Akan, Hokkaido, Japan. Bull. Nat. Sci. Mus. ser. B **29**：1-8.

辻 彰洋, 谷村好洋 2002. 国立科学博物館における珪藻標本の受け入れについて. Diatom **18**：93-94.

Tuji, A. 2003a. Freshwater diatom flora in the bottom sediments of Lake Biwa (South Basin)：*Navicula* sensu lato. Bull. Nat. Sci. Mus. ser. B **29**：65-82.

Tuji, A. 2003b. Freshwater diatom flora in the bottom sediments of Lake Biwa (South Basin)：Part 2. *Gomphonema* sensu lato. Bull. Nat. Sci. Mus. ser. B **29**：97-107.

Tuji, A. and Watanabe, T. 2003. Two new endemic *Pinnularia* species (Bacillariophyceae) from Japan. Diatom **19** : 47-53.

Tuji, A. 2004. Type examination of the ribbon-forming *Fragilaria capucina* complex described by Christian Gottfried Ehrenberg. pp. 411-422. Seventeeth Intenational Diatom Symposium 2002 Proceedings. Poulin, M. (ed.) Biopress Limited, Bristol.

Tuji, A. and Houki, A. 2004a. Taxonomy, ultrastructure, and biogeography of the *Aulacoseira subarctica* species complex. Bull. Nat. Sci. Mus. ser. B **30** : 35-54.

Tuji, A. and Houki, A. 2004b. Type examination of *Synedra delicatissima* W. Sm. and its occurrence in Japan. Bull. Nat. Sci. Mus. ser. B **30** (in press).

辻　彰洋, 小倉紀雄, 村上哲生, 渡辺仁治, 吉川俊一, 中島拓男 2004. 《総説》珪藻試料を用いた酸性雨による陸水影響モニタリング. Diatom **20** : 207-222.

植松京子, 渡辺仁治 1998. 北山ダム湖の水質と付着珪藻群集からみた汚濁の評価. 用水と廃水 **40** : 482-488.

Van Dam, H., Mertens, A. and Sinkeldam, J. 1994. A coded checklist and ecological indicator values of freshwater diatoms from the Netherlands. Netherlands Journal of Aquatic Ecology **28** : 117-133.

Van Landingham, S.L. 1967-1979. Catalogue of the fossil and recent genera and species of diatoms and their synonyms. A. revision of F. M. Mills, An index to the genera and species of the diatomaceae and their synonyms. **1-8** : 1-4654. Braunschweig.

若林徹哉, 一瀬　諭 1982. 昭和 56 年の琵琶湖北湖のプランクトンの季節変動について. 滋賀県立衛生環境センター所報 **17** : 95-103.

渡辺仁治 1958. 蔦沼湖沼群(青森県)における湖沼堆積泥の色と珪藻遺骸の群構造. 奈良女子大学付属中学・高校研究紀要 **1** : 58-65.

渡辺仁治 1959. 睡連沼地沼群(青森県)のC.I.E.表色法による堆積泥の色と珪藻遺骸の群構造および水色. 日本生態学会誌 **9** : 4-10.

渡辺仁治 1962a. カワイ島(ハワイ諸島)の渓流における藻類相. 陸水学雑誌 **23** : 86-101.

渡辺仁治 1962b. 北海道常呂川の水質汚濁に対する珪藻の種類数に基づく生物指標. 日本生態学会誌 **12** : 216-222.

渡辺仁治, 津田松苗 1965. 珪藻骸白帯. 陸水学雑誌 **26** : 22-24.

渡辺仁治 1968. 大和吉野川における付着藻類と濁度. 日本水処理生物学会誌 **4** : 9-11.

渡辺仁治 1969. 精進湖の富栄養化. 日本水処理生物学会誌 **5** : 8-11.

渡辺仁治 1970a. 砂利採取の河川生物への影響. 遺伝 **12** : 9-16.

渡辺仁治 1970b. 福島県阿武隈川の生物学的水質判定. 日本水処理生物学会誌 **8** : 37-41.

渡辺仁治 1971a. 奈良県高見川(水ヶ瀬付近)の付着珪藻. 金沢大学理学部付属能登臨海実験所年報 **11** : 9-20.

渡辺仁治 1971b. ケイソウからみた水質判定. バイオテク **2** : 25-33.

渡辺仁治 1973. 石川県犀川の付着珪藻. 金沢大学教養部論集 **10** : 77-106.

渡辺仁治, 上條裕規, 森下郁子, 新谷　力, 益子帰来也 1973. 無機酸性湖恐山湖の富栄養化に関する研究. 金沢大学理学部付属能登臨海実験所年報 **13** : 39-51.

渡辺仁治 1974. 奈良県吉野川の瀬における付着生物の生産と植生. 金沢大学教養部論集 **11** : 107-120.

渡辺仁治, 益子帰来也, 上條裕規 1974. 強酸性湖潟沼の陸水生物学的研究. 陸水富栄養化の基礎的研究 **3** : 18-22.

渡辺仁治, 上條裕規 1975. 田沢湖の酸性化と生物の変遷. 陸水富栄養化とその対策 **1**：12-16.

渡辺仁治, 墨田廸彰 1976. 梯川水系の河床付着物による重金属の濃縮と生物相. 日本水処理生物学会誌 **12**：65-72.

渡辺仁治 1977a. 青森県赤沼の陸水学的研究. 陸水富栄養化とその対策 **3**：6-11.

渡辺仁治 1977b. 大阪市神崎川の水質汚濁と底泥中の珪藻. 奈良陸水 **6**：27-65.

渡辺仁治 1978a. 陸水環境の指標生物に対する問題点. 文部省「環境科学」研究報告集 **B17-R12-12**：27.

渡辺仁治 1978b. ケイ藻をトレーサーとして推定した琵琶湖南北両湖盆の水の交流. 用水と廃水 **20**：73-76.

渡辺仁治 1978c. 沖部における付着珪藻群集の類似度に基づく琵琶湖南湖盆の水域区分. 陸水学雑誌 **39**：130-136.

渡辺仁治, 大柳実喜子 1978. 霧島国立公園の無機酸性湖不動池の陸水学的研究, 特に珪藻群集. 陸水学雑誌 **39**：156-162.

渡辺仁治 1979a. 珪藻群集から見た木場潟(石川県). 日本水処理生物学会誌 **15**：11-18.

渡辺仁治 1979b. ネパールの水をたずねて. 水温の研究 **23**：13-19.

渡辺仁治 1981a. 付着性珪藻の相対頻度に基づく生物指標への試み―指標生物に対する問題点の考察から―. 公害と対策 **17**：13-18.

渡辺仁治 1981b. 高瀬川川床への付着珪藻群集とダム湖のプランクトン. 高瀬川流域自然総合追跡調査報告書 175-202.

渡辺仁治 1982. 生物学的水質判定の歴史. 昭和56年度環境庁委託業務結果報告書―水質管理計画調査 3-18.

渡辺仁治, 浅井一視, 角谷晴世, 藤平 緑 1982. 付着珪藻群集を構成する各taxonの汚濁スペクトラム. 文部省「環境科学」研究報告集 **B121-R12-10**：34-43.

渡辺仁治, 藤平 緑, 角谷晴世 1982. 有機汚濁河川の付着性珪藻群集を用いた新しい水質判定法. 文部省「環境科学」研究報告集 **B121-R12-10**：44-47.

Watanabe, T. *et al*. 1982. Population denity, Standing crop and photosynthetic production of the epiphytic and benthic algae. 413 pp. *In*：Furtado, J.I. and Mori, S. (eds.) Tasek Bera-The ecology of a fresh water swamp. Dr. W. Junk Publishers, Hague-Boston-London.

渡辺仁治, 藤平 緑, 角谷晴世 1982. 有機汚濁に耐性を持つ付着性珪藻と広い適応性を持つ付着珪藻. 文部省「環境科学」研究報告集 **B121-R12-10**：48-74.

渡辺仁治, 山本浩美 1982. 人工水路における河川性藻被の遷移に伴う構造の変化. 文部省「環境科学」研究報告集 **B121-R12-10**：81-91.

渡辺仁治 1982. 汚染地図に基づく河川汚濁の点数評価. 文部省「環境科学」研究報告集 **B121-R12-10**：92-95.

渡辺仁治, 安田郁子 1982. 志賀高原の渋池, 三角池, 長池, 木戸池の底泥中の珪藻群と珪藻群に基づく酸性度指数. 陸水学雑誌 **43**：237-245.

渡辺仁治, 根来健一郎, 福島 博, 小林 弘, 浅井一視, 後藤敏一, 小林艶子, 真山茂樹, 南雲 保, 伯耆晶子, 藤平 緑 1983. 珪藻群集を指標とする陸水汚濁の定量的環境評価法の研究(1). 日産科学振興財団第10回事業報告書. pp. 336-341.

渡辺仁治 1984a. アユを育てる水あかの驚異. アニマ **6**：33-36.

渡辺仁治 1984b. 淡水産植物プランクトンの分布と生態. 日本プランクトン学会創立30周年記念号 87-96.

渡辺仁治, 根来健一郎, 福島 博, 小林 弘, 浅井一視, 後藤敏一, 小林艶子, 真山茂樹, 南雲 保, 伯耆晶子, 藤平 緑 1984. 珪藻群集を生物指標とする陸水汚濁の定量的環境評価法の研究(2). 日産科学振興財団第11回事業報告書 336-341.

Watanabe, T. 1985. Tolerant diatoms to inorganic acid and alkaline lakes and some evolutionary considerations. Diatom **1**: 21-31.

渡辺仁治 1985. 付着珪藻群集を環境指標としてみたバンコック・チェンマイ市周辺河川の汚濁状況. 水処理技術 **26**: 9-18.

渡辺仁治, 金近美佐子 1986. DAIpoの止水域への適用—奈良県室生ダム湖の場合. Diatom **2**: 153-162.

渡辺仁治, 根来健一郎, 福島 博, 小林 弘, 浅井一視, 後藤敏一, 南雲 保, 小林艶子, 真山茂樹, 伯耆晶子 1986. 珪藻群集を生物指標とする陸水汚濁の定量的環境評価法の研究. 日産科学振興財団研究報告書 **9**: 139-167.

渡辺仁治, 浅井一視, 伯耆晶子 1986a. 付着珪藻群集に基づく有機汚濁指数DAIpoとその生態学的意義. 奈良女子大学大学院人間文化研究科年報 **1**: 77-95.

渡辺仁治, 浅井一視, 伯耆晶子 1986b. 珪藻群集による河川有機汚濁の数量評価. 関西自然保護機構会報 **13**: 31-48.

渡辺仁治, 田中志穂子, 肥塚利江 1986. 紀ノ川の汚染地図—付着珪藻群集に基づく有機汚濁指数(DAIpo)を用いて. Diatom **2**: 117-124.

渡辺仁治, 肥塚利江, 田中志穂子 1986. 川床への付着珪藻群集組成からみた大和川の汚濁状況. Diatom **2**: 125-134.

Watanabe, T., Asai, K. and Houki, A. 1986. Numerical estimation to organic pollution of flowing water by using the epilithic diatom assemblage—Diatom assemblages index to organic water pollution (DAIpo). The Science of the Total Environment **55**: 209-218.

Watanabe, T., Asai, K., Houki, A., Tanaka, S. and Hizuka, T. 1986. Saprophilous and eurysaprobic diatom taxa to organic water pollution and diatom assemblage index (DAIpo). Diatom **2**: 23-73.

渡辺仁治 1987. 有機汚濁評価のための生物指標. 水質汚濁研究 **10**: 81-85.

渡辺仁治, 戸松麻美 1987. 奈良市を貫流する佐保川の付着珪藻と汚染地図の季節変化. 水処理技術 **28**: 7-17.

渡辺仁治, 伯耆晶子, 浅井一視 1987. 環境指標生物としての珪藻群集. シンポジウム「水域における生物指標の問題点と将来」報告集. pp. 23-32. 国立公害研究所.

Watanabe, T. and Usman, R. 1987. Epilithic freshwater diatoms in Central Sumatra. Diatom **3**: 33-87.

Watanabe, T. and Houki, A. 1988. Attached Diatoms in Lake Biwa. Diatom **4**: 21-46.

渡辺仁治, 山田妥恵子, 浅井一視 1988. 珪藻群集による有機汚濁指数(DAIpo)の止水域への適用. 水質汚濁研究 **11**: 765-773.

Watanabe, T., Asai, K. and Houki, A. 1988a. Numerical index of water quality using diatom assemblages. pp. 179-192. *In*: Yasuno, M. and Whitton, A. (eds.) Biological monitoring of environmental pollution. Tokai University Press, Tokyo.

Watanabe, T., Asai, K. and Houki, A. 1988b. Biological information closely related to the numerical index DAIpo (Diatom Assemblage Index to Organic Water Pollution). Diatom **4**: 49-58.

Watanabe, T., Asai, K. and Houki, A. 1988c. Numerical water quality monitoring of organic pollution using diatom assemblages. pp. 123-141. *In*: Round, F.E. (ed.) Proceedings of the 9th International Symposium. Biopress, Bristol and Koeltz Scientific Books, Koenigstein.

渡辺仁治, 浅井一視, 山田妥恵子 1989. ダム建設に伴う河川水有機汚濁度の変化. 陸水学雑誌 **50**: 69-70.

渡辺仁治, 鈴木紀子 1989. 被付着物の違いが付着性珪藻群集の形成と生物学的水質判定に及ぼす影響. 陸水学雑誌 **50**: 129-137.

渡辺仁治 1990. 川の中の森. フライの雑誌 **14**: 1-4.

Watanabe, T. 1990. Attached diatoms in Lake Mashuu and its value of the diatom assemblage index of organic water pollution (DAIpo). Diatom **5**: 21-31.

渡辺仁治, 浅井一視 1990. 陸水有機汚濁の生物学的数量判定. 関西外国語大学研究論集 **52**: 99-139.

Watanabe, T., Asai, K., Houki, A. and Sumita, M. 1990. Numerical simulation of organic pollution based on the attached diatom assemblage in Lake Biwa (1). Diatom **5**: 9-20.

Watanabe, T., Asai, K., Houki, A. and Yamada, T. 1990. Pollution spectrum by dominant diatom taxa in flowing and standing waters. pp. 563-572. *In*: Simola, H. (ed.) Proceedings of the 10th International Diatom Symposium. Koeltz Scientific Books, Koenigstein.

Watanabe, T., Asai, K. and Houki, A. 1990. Numerical simulation of organic population in Flowing waters. pp. 251-281. *In*: Cheremisinoff, P.N. (ed.) Encyclopedia of Environmental Control Technology 4. Gulf Publiscing Company, Houston.

渡辺仁治, 浅井一視 1992a. 汚濁階級の類別と生物指数の生態学的意義への考察―藻類を指標とする場合. 関西外国語大学研究論集 **55**: 201-226.

渡辺仁治, 浅井一視 1992b. 高優占度珪藻による有機汚濁度の判定(1). *Achnanthes, Anomoeoneis, Aulacoseira, Melosira*を第1位種とする群集. Diatom **7**: 13-19.

渡辺仁治, 浅井一視 1992c. 高優占度珪藻による有機汚濁度の判定(2). *Caloneis, Cocconeis, Cyclotella, Cymbella, Diatoma, Eunotia, Fragilaria, Gomphoneis, Gomphonema*を第1位種とする群集. Diatom **7**: 21-27.

渡辺仁治, 浅井一視 1992d. 高優占度珪藻による有機汚濁度の判定(3). *Navicula*が第1位種となる群集. Diatom **7**: 29-35.

渡辺仁治, 浅井一視 1992e. 高優占度珪藻による有機汚濁度の判定(4). *Nitzschia, Pinnularia, Surirella, Synedra*が第1位種となる群集. Diatom **7**: 37-42.

渡辺仁治 1993a. 河川生態系と水質―生物指標からのアプローチ―. ダム技術 **85**: 3-14.

渡辺仁治 1993b. ネス湖のネッシーと日本湖沼の蛇体・竜. 関西外国語大学研究論集 **58**: 211-226.

渡辺仁治 1993c. ヨーロッパを代表する河川のDAIpo. 欧州の環境生態. pp. 75-80. ダム水源地環境整備センター, 東京.

渡辺仁治ら 1994. ダム水源地環境整備センター(監修), 水辺の環境調査. pp. 1-483. 技報堂出版, 東京.

Watanabe, T. and Asai, K. 1994. Numerical estimation of organic pollution based on the attached diatom assemblage in Lake Biwa and its inflows. pp. 567-582. *In*: Kociolek, J.P. (ed.) Proceedings of the 11th International Diatom Symposium. California Academy of Science, San Francisco.

渡辺仁治, 浅井一視 1995a. 付着珪藻群集を水質指標とした指数DAIpo. 月刊下水道 **18**: 2-8.

渡辺仁治, 浅井一視 1995b. 日本最強アルカリ温泉(pH 10.1)に出現した環境開拓者としての珪藻群集. Diatom **10**: 1-7.

渡辺仁治, 浅井一視 1995c. pH 1.1〜2.0の無機酸性水域に出現した環境開拓者としての*Pinnularia acoricola* Hustedt var. *acoricola*. Diatom **10**: 9-11.

渡辺仁治, 浅井一視 1996a. pH傾斜とケイ藻. 生物科学 **48**: 90-105.

渡辺仁治, 浅井一視 1996b. 強酸性水の中和対策と珪藻群集―秋田県玉川の場合. 用水と廃水 **38**: 637-646.

渡辺仁治 1996. 水への旅の道しるべ―陸水を旅して. 204 pp. 近代文芸社, 東京.

渡辺仁治 1999. 珪藻を環境指標として見た酸性環境. pp. 189-222. 佐竹研一(編), 酸性環境の生態学. 愛智出版, 東京.

Watanabe, T. and Asai, K. 1999. Diatoms on the pH gradient from 1.0 to 12.5. pp. 383-412. *In*: Mayama, S., Idei, M. and Koizumi, I. (eds.) Proceedings of the 14th International Diatom Symposium. Koeltz Scientific Books, Koenigstein.

Watanabe, T. and Asai, K. 2001. Ecology of the attached diatoms occurring in inorganic and organic acid waters. pp. 269-278. *In* : Economou-Amilli, A. (ed.) Proceedings of the 16th International Diatom Symposium. The University of Athens, Athens.

Watanabe, T. and Asai, K. 2002. Variation in the diversity of attached diatom assemblages along pH and organic pollution gradients. pp. 61-74. *In* : John, J. (ed.) Proceedings of the 15th International Diatom Symposium. Koeltz Scientific Books, Koenigstein.

Watanabe, T. and Asai, K. 2004a. Dominant taxa in epilithic diatom assemblages and their ecological properties. pp. 423-432. *In* : Poulin, M. (ed.) Proceedings of the 17th International Diatom Symposium. Biopress Limited, Bristol.

Watanabe, T. and Asai, K. 2004b. *Nitzschia paleaeformis* and *Nitzschia amplectens* occurring in strongly acid waters of pH renge from 1.0 to 3.9 in Japan. Diatom **20** : 153-158.

Watanabe, T. 2004. Three new *Eunotia* and one new *Navicula* occurred in strong acid waters in Japan. Diatom **20** : 167-170.

Weber, C.I. and McFarland, B.H. 1969. Periphyton biomass-chlorophyll ratio as an index of water quailly. Address presented at 17th Meeting of Midwest Benthological Society, Gillbertsville, Kentucky.

Williams, D.M. 1986. Comparative mophology of some species of *Synedra* Ehrenb. With a new definition of the genus. Diatom Research **1** : 131-152.

Williams, D.M. 1987. Observations on the genus *Tetracyclus*. I. Valve and girdle structure of the extant species. Br. Phycol. **1** : 383-399.

Williams, D.M. and Round, F.E. 1986. Revision of the genus *Synedra* Ehrenberg. Diatom Research **1** : 313-339.

Williams, D.M. and Round, F.E. 1987. Revision of the genus *Fragilaria*. Diatom Research **2** : 267-288.

Williams, D.M. and Round, F.E. 1988. Phylogenetic systematics of Synedra. pp. 303-316. *In* : Round, F.E. (ed.) Proceedings of the 9th International Symposium. Biopress, Bristol and Koeltz Scientific Books, Koenigstein.

山川清次 1994. 嘉瀬川河口の珪藻. Diatom **9** : 41-72.

安田郁子, 井山洋子 1982. 有機汚濁に対する川床付着藻類の指標性について. 文部省「環境科学」研究報告集 **B121-R12-10** : 17-22.

Zelinka, M. and Marvan, P. 1961. Sur Präzisierung der biologischen Klassifikation der Reinheit fliessender Gewässer. Arch. Hydrobiol. **57** : 389-407.

写 真 編

写真編の写真および解説について

写真は断りのない限り，すべて 2000 倍である．
　写真編に示したすべての種（分類群）については，
1：Synonym（異名），Basionym（基本名）を記述し，2：形態，3：生態　を解説記述した．
　生態については，筆者らが設定した条件（総論 3-1 を参照）下で，主として日本，および東南アジア（インドネシア，マレーシア，シンガポール，ネパール），台湾，ロシア，アメリカ，ヨーロッパ，アフリカの河川，湖沼から採集した，約 1500 の付着性珪藻の試料に基づいて検討した．その中には，プランクトン珪藻についての情報も含まれている．A.有機汚濁への耐性，B.pH への適応能は，純生物学的に数理解析された．すべての分類群の生態情報はこの新しい生態情報であるが，普遍性の大きい分類群についてはその情報に基づく生態図を示した．海外の研究者からの情報は参考資料として併記したものである．

A. 有機汚濁への耐性

　出現珪藻の有機汚濁への耐性が解析された結果，出現珪藻は，下記 A～C の 3 生態種群に類別できた（総論 3-2 を参照）．この生態種群名は，写真編では種ごとに記されている．これは，DAIpo を求めるための基礎資料として重要である．さらに，A，B 各生態種群については，種群に属する種名を，synonym（異名）と図版中の番号を併せて表 3-2, 3-3 に表示した．

　　好清水性種群(saproxenous taxa)　　A　　171 分類群
　　好汚濁性種群(saprophilous taxa)　　B　　40 分類群　　（A，B に指定されていない珪藻は，すべて C と判断する）
　　広適応性種群(indifferent taxa)　　C

　珪藻の群集形成において，A～C の 3 生態種群間には，次の "二者共存則（law of coexistence）" が成立している．
　　A 群の種と B 群の種とは共存しない．C 群の種は，A 群，B 群のどちらの種とも共存できる．

B. pH への適応能

　種ごとに，pH に対する耐性指数を求め，その大から小への順に一列に並べることができた．この指数列を数理解析し，出現頻度の小さい珪藻を除いて，ほとんどすべての種を，次の 5 生態種群に類別した（Watanabe & Asai 1996）．写真編では，種ごとにその生態種群名が記されている．

　　真酸性種群(acidobiontic taxa)　　38 分類群
　　　　産地 pH の加重平均値が 4.5 以下の酸性水域でしばしば優占し，pH 耐性指数が 33 以下の分類群
　　好酸性種群(acidophilous taxa)　　約 75 分類群
　　　　中性以下の酸性水域でしばしば多産するが，pH 4.5 以下の水域では優占しない分類群
　　好アルカリ性種群(alkaliphilous taxa)　　約 80 分類群
　　　　中性以上のアルカリ水域でしばしば多産するが，pH 9.0 以上の水域では優占しない分類群
　　真アルカリ性種群(alkalibiontic taxa)　　27 分類群
　　　　産地 pH の加重平均値が 9.0 以上のアルカリ水域でしばしば優占し，pH 耐性指数が 45 以上の分類群
　　中性種群(circumneutral taxa)
　　　　中性周辺の広い pH 範囲の水域に出現する分類群

C. 海外の研究者からの情報

Van Dam *et al.* (1994) は，オランダ産の珪藻種について，ヨーロッパの多くの研究者による生態情報をまとめて表示した．本書では，その表から関係のある種を選択し，生態情報としての階級名を参考資料として引用した．引用した階級名の内容を次に列記する．

pHに関する階級名と，それらの情報内容は，主として Hustedt (1938-1939) に基づいている．

acidobiontic	pH 5.5 以下に最適の出現域がある．
acidophilous	pH 7 以下の水域に主として出現する．
circumneutral	pH 7 周辺の水域に主として出現する．
alkaliphilous	pH 7 以上の水域に主として出現する．
alkalibiontic	pH 7 以上の水域にのみ出現する．
indifferent	最適の pH 域をもたない．

（欧文の階級名は，先述の筆者らの階級名と同じであるが，階級の内容とその規定の仕方が異なるので注意されたい）

河川の腐水性体系 (saprobic system) に基づく汚濁階級，およびその生態内容は，Lange-Bertalot (1978, 1979)，Krammer & Lange-Bertalot (1986-1991) に基づいている．

		溶在酸素(%)	BOD_5 (mg/l)
oligosaprobous	貧腐水性	>85	<2
β-mesosaprobous	β中腐水性	70-85	2-4
α-mesosaprobous	α中腐水性	25-70	4-13
α-meso/polysaprobous	α中/強腐水性	10-25	13-22
polysaprobous	強腐水性	<10	>22

湖沼の栄養性体系 (trophic system) に基づく栄養階級の多くは，質的なものであって，必ずしも最適な生態情報に裏付けされたものではない．

oligotraphentic	貧栄養性	eutraphentic	富栄養性
oligo-mesotraphentic	貧/中栄養性	hypereutraphentic	超富栄養性
mesotraphentic	中栄養性	oligo-to eutraphentic	貧/富栄養(超富栄養)性
meso-eutraphentic	中/富栄養性	(hypereutraphentic)	

表 I-1 汚濁階級，DAIpo，BOD との関連

汚濁階級	DAIpo	BOD
xenosaprobic zone (極貧腐水性水域)	100〜85	<0.625
β-oligosaprobic zone (貧腐水性水域)	85〜70	0.625〜1.25
α-oligosaprobic zone	70〜50	1.25〜2.50
β-mesosaprobic zone (中腐水性水域)	50〜30	2.50〜5.0
α-mesosaprobic zone	30〜15	5.0〜10.0
β-polysaprobic zone (強腐水性水域)	15〜5	10.0〜20.0
α-polysaprobic zone	5〜0	>20.0

D. DAIpo と汚濁階級との関連

河川(流水域)と湖沼(止水域)について，"水質汚濁に関する環境傾斜は，本来いくつかの階級に区分できるものではなく，連続した傾斜である"との概念に基づいて，生物指数 DAIpo が開発された．本書では，有機汚濁に関する情報は，すべて 100 満点の DAIpo に基づいて記述されている．しかし，上記の階級は，平易で理解しやすい利便性にも支えられて，世界中で長期間利用されてきたし，日本でも広く用いられてきた．DAIpo と BOD との相関図 (総論図 3-5) から得た表 I-1 によって，DAIpo の値から，流水の汚濁階級を求めることもできるし，従来の汚濁階級から，DAIpo の概略の値を知ることもできる．

I 中心目の分類

淡水産の**中心目**(Centrales)は,下記の形態特性により,次のようにA–Cの3亜目に分類できる(図I-1).

1. **被殻**(frustule)は放射相称で,**極性**(polarity)をもたない.
    被殻の周縁に**針状刺**(spine)がある.突起の退化しているものもある.
        A. **コスキノディスクス亜目**(**Coscinodiscineae**)
2. 被殻には極性がある.
    被殻の周縁には針状刺はない.
    2a. 被殻は**一極形**(unipolar).
        細胞は**貫殻軸**(valvar axis)方向に発達する.
            B. **リゾソレニア亜目**(**Rhizosoleniineae**)
    2b. 被殻は基本的には**二極形**(bipolar)だが,一部には三極形,多極形から円形のものもある.
            C. **ビドゥルフィア亜目**(**Biddulphiineae**)

コスキノディスクス亜目は,普通メロシラ科,タラシオシラ科,コスキノディスクス科の3科を含むが,本書では前二者のみを扱う(図I-1A).

A. コスキノディスクス亜目

1. 被殻は普通長い円筒形で,**連結刺**(linking spine)(図I-4)によって糸状の群体を形成する.
    胞紋(areola)は,外側に開口し,内側に**篩膜**(cribrum)をもつ(図I-3:6).
    被殻には**唇状突起**(labiate process)のみがあり,**有基突起**(strutted process)はない(図I-3).
    休眠胞子(resting spore)をつくる.
        メロシラ科(**Melosiraceae**)   (Plate I-1〜I-8)
    例:*Melosira*, *Aulacoseira*, *Orthoseira* (図I-1A上)
2. 被殻は通常円盤状で単体,粘液糸によって糸状群体を形成することもある.
    胞紋は,外側に開口し,内側に篩膜をもつ.
    被殻の縁辺に1個の唇状突起をもつ.
        タラシオシラ科(**Thalassiosiraceae**)   (Plate I-9〜I-15)
    例:*Cyclotella*, *Cyclostephanos*, *Stephanodiscus*, *Thalassiosira* (図I-1A,図I-2)

B. リゾソレニア亜目

現生種ではリゾソレニア科のみ.   **リゾソレニア科**(**Rhizosoleniaceae**)   (Plate I-16)
    例:*Rhizosolenia* (図I-1B)

C. ビドゥルフィア亜目

被殻はしばしばいくつかの隆起と連結針状突起をもつ.
偽眼域(pseudocellus)をもつものが多い.
        ビドゥルフィア科(**Biddulphiaceae**)   (Plate I-17〜I-19)
    例:*Pleurosira*, *Hydrosera*, *Attheya* (図I-1C)

A. コスキノディスクス亜目 (Coscinodiscineae)

メロシラ科
Melosiraceae

Melosira　*Aulacoseira*　*Orthoseira*

帯面観

輪溝
襟
輪溝

襟	−	+	+） 大きく融合して
輪溝	−	+	+） 両者の区別不明瞭
胞紋	±	+	+

タラシオシラ科
Thalassiosiraceae

Cyclotella　*Cyclostephanos*　*Stephanodiscus*　*Thalassiosira*

殻面観

B. リゾソレニア亜目 (Rhizosoleniineae)　C. ビドゥルフィア亜目 (Biddulphiineae)

リゾソレニア科　　　　　　　　　　ビドゥルフィア科
Rhizosoleniaceae　　　　　　　　　Biddulphiaceae

Rhizosolenia　　　　　*Pleurosira*　*Hydrosera*　*Attheya*

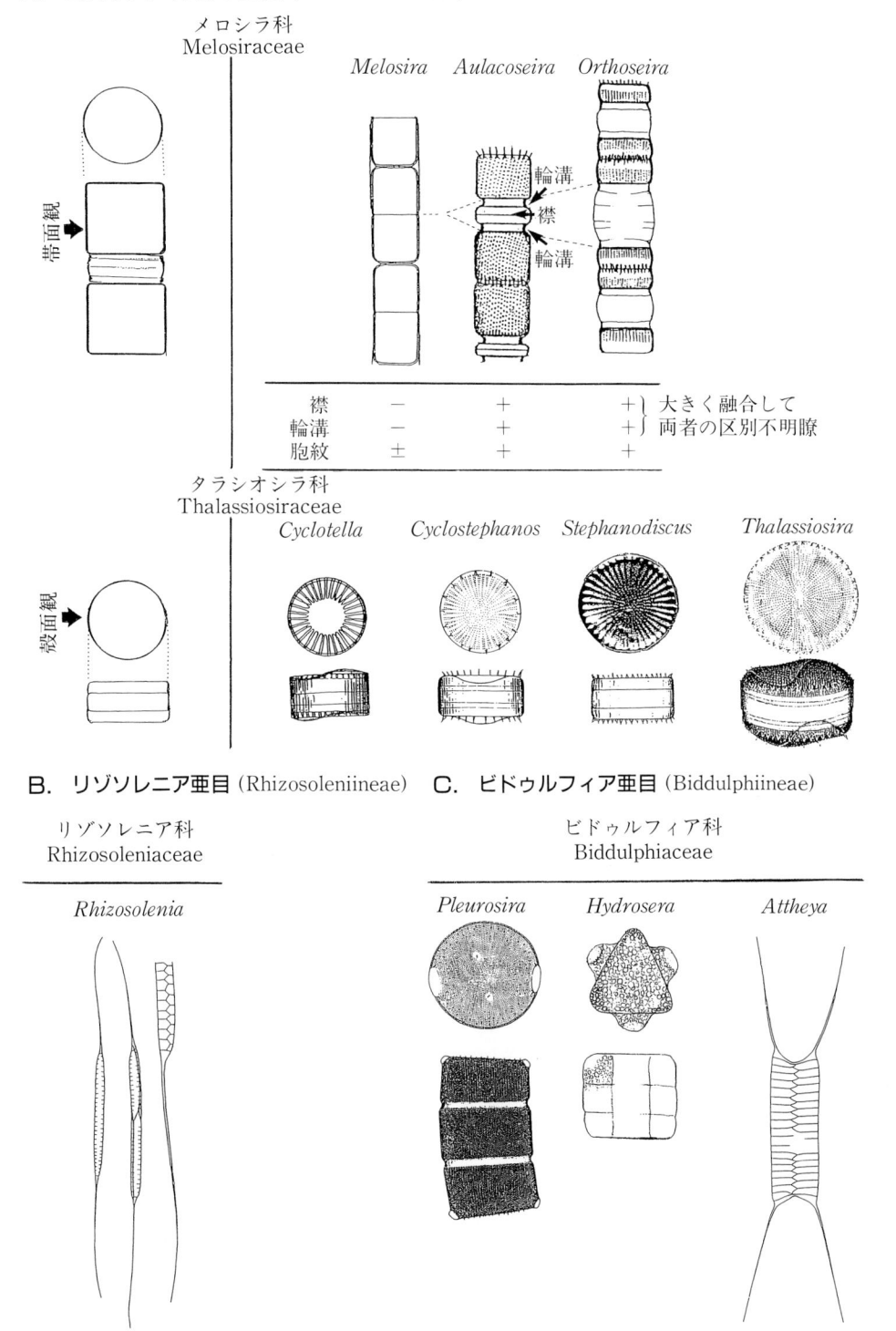

図 I-1　淡水産中心目の分類―3亜目(A-C)中の科，属

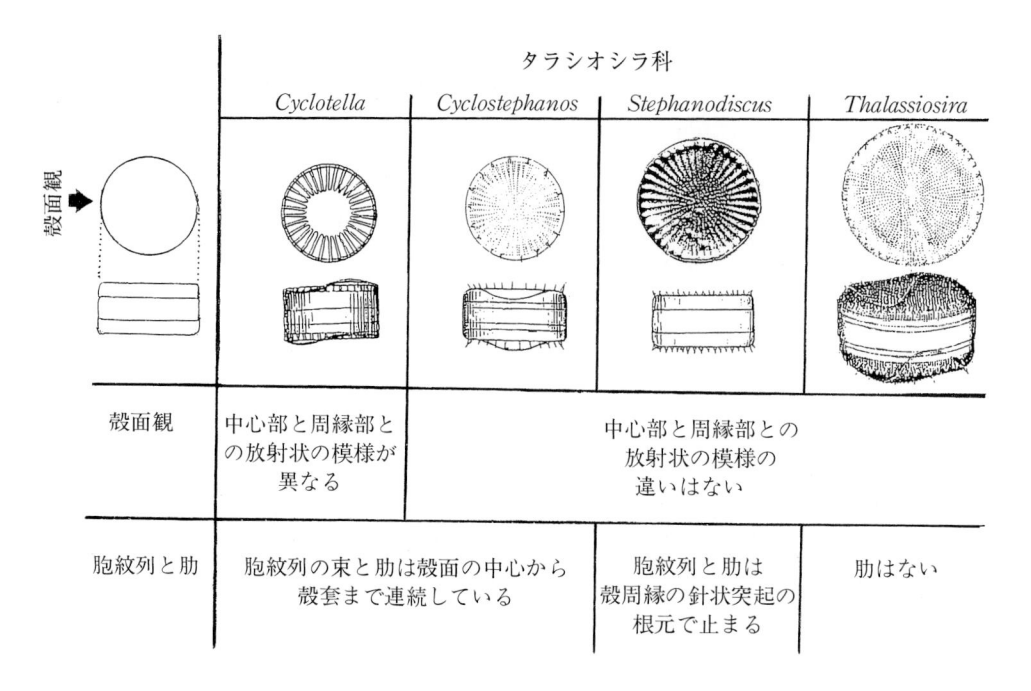

	タラシオシラ科			
殻面観	*Cyclotella*	*Cyclostephanos*	*Stephanodiscus*	*Thalassiosira*
殻面観	中心部と周縁部との放射状の模様が異なる	中心部と周縁部との放射状の模様の違いはない		
胞紋列と肋	胞紋列の束と肋は殻面の中心から殻套まで連続している		胞紋列と肋は殻周縁の針状突起の根元で止まる	肋はない

図 I-2　タラシオシラ科の4属の分類

1. メロシラ科(Melosiraceae)(Plate I-1〜I-8)

淡水産のメロシラ科珪藻には，図 I-1 に示したような3属が含まれる．各属は，図に示したように，**殻套**(valve mantle)における形態特性によって区別できる．

2. タラシオシラ科(Thalassiosiraceae)(Plate I-9〜I-15)

淡水産のタラシオシラ科珪藻には，図 I-1 に示したような4属が含まれる．これら4属については，光顕によって観察できる**殻面観**(valve view)の模様によって，下記のような類別が可能である．

　　　　肋(胞紋列の束と束との間で，胞紋のない部分)が存在する
　　　　　　　中心部と周縁部との放射状の模様が
　　　　　　　　　　全く異なる　　　　　*Cyclotella*
　　　　　　　　　　ほとんど違わない　　*Cyclostephanos*, *Stephanodiscus*
　　　　肋が存在しない　　　　　　　　　*Thalassiosira*

図 I-2 は，タラシオシラ科中の4属の形態特性を図示したものである．
Cyclotella, *Cyclostephanos* と *Stephanodiscus* とは，**胞紋列**(rows of areolae)と**肋**(costae)が，中心から**殻套**(valve mantle)まで連続するか否かによって区別する．しかし，このことは電顕を用いなければわからない(p. 29 の *Cyclotella* 属の説明参照)．

また，どの属にも，中実の**針状刺**(spine)と，中空の**唇状突起**(labiate process)，**有基突起**(strutted process)とがある．この構造もまた電顕観察によらなければ明らかにすることはできない．

図 I-3 は，突起の構造を図示したものである．図はすべて，上が殻の内側への開口，下が外側への開口を示している．

唇状突起(図 I-3 の 1, 2)は，開口部の形から，溝状の開口部という意味で**裂溝門**(rimoportula)とも呼ばれている．殻の外側への突出部の先端には，2枚の唇に似た**縦裂溝**(longitudinal slit)がある(図 I-3

の2).

　有基突起は，支柱をもった開口部という意味で**支柱門**(fultopotula)とも呼ばれている．この突起は殻を貫通する管で，**孔蓋**(pore cover)と**マント**(cowling)をもつ，数個の**付随孔**(satellite pore)で囲まれている(図I-3の4,5)．被殻の外側には胞紋(areola)が開口し，普通，内側へ貫通しているが，一方の開口部に図I-3の6ような多孔篩膜(cribrum)をもつものが多い．

3. リゾソレニア科(Rhizosoreniaceae)(Plate I-16)

　淡水産のリゾソレニア科には，図I-1に示したような *Rhizosorenia* 1属のみが含まれる．

4. ビドゥルフィア科(Biddulphiaceae)(Plate I-17〜I-19)

　淡水産のビドゥルフィア科には，図I-1に示したような下記の3属が含まれる．各属は，被殻の形態，極性の有無，針状刺の有無によって区別できる．

　　Pleurosira, *Hydrosera*, *Attheya*

　中心目については，電顕観察による情報によって種の同定を行ったうえで，種ごとに整理された光顕観察からの情報を考えあわせて，光顕によって可能な範囲内での種の同定，あるいは種群のグループ分けを行った．生態学的特性は，それらの種あるいは種群を単位としてまとめてある．

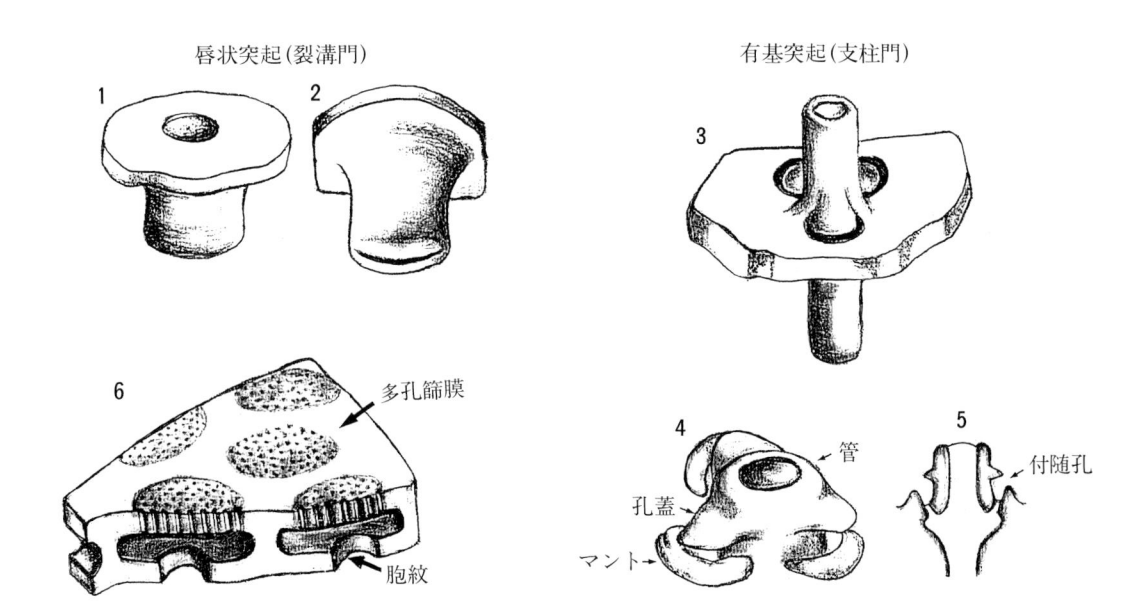

図I-3　唇状突起，有基突起と多孔篩膜をもつ被殻基質の構造
　　1,2：唇状突起，3-5：有基突起，6：多孔篩膜をもつ被殻
　　図はすべて，上が殻の内側への開口，下が外側への開口を示す．

Melosira C. A. Agardh 1824 (Plate I-1)

生活様式：分泌された粘質物で，糸状群体をつくる．
葉緑体：浅裂した小さな円盤状．
殻面観：殻面は平坦または半球形で，**小刺**(spinule)や **顆粒**(granule)（ともに光顕での観察は困難）をもつものがある．
帯面観：帯面観は長方形または楕円形．殻面と殻套との境界は不明瞭．**上殻**(epivalve)と**下殻**(hypovalve)の**殻套**(valve mantle)は，重なり合っている．殻套に**胞紋列**(rows of areolae)＝**条線**(striae)をもつものともたないものとがある．
　　　　胞紋(areola)は小箱構造で，外壁の穴は小さく，内壁の穴は大きい．
針状刺，有基突起：共に存在しない．
唇状突起：殻面または殻套に**唇状突起**(labiate process)をもつものがある（この突起は光顕での観察は普通は困難）．

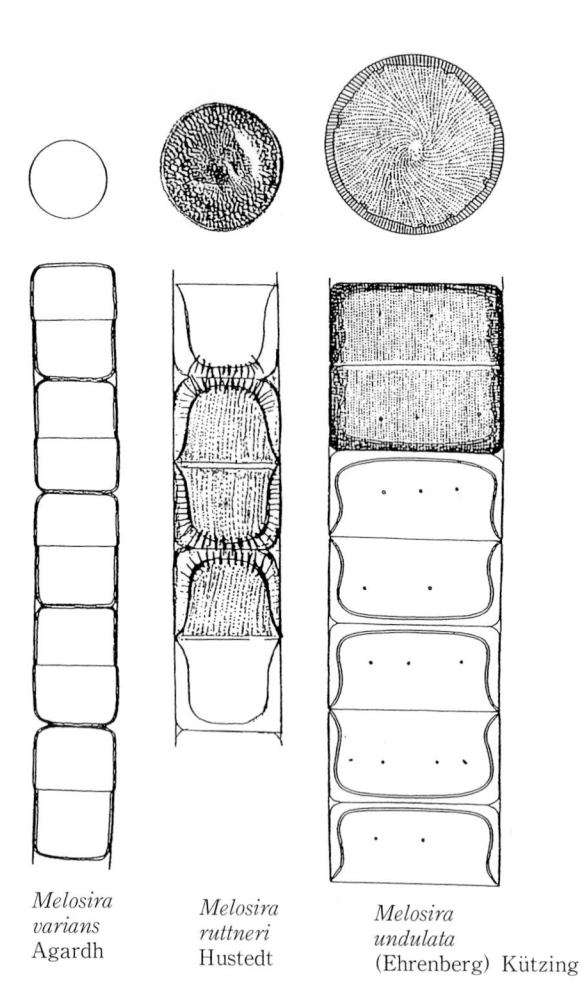

種の同定に必要な記載事項

例：*Melosira varians* Agardh
1. 被殻の大きさ
   直径　12μm　　高さ　8μm
2. 条線の有無　　　　　　　　　　無
3. 針条刺，有基突起の有無　　　　無
4. 唇状突起(矢先)が見える個体もある

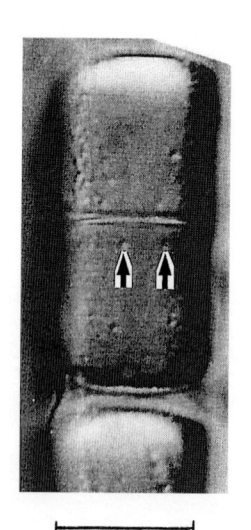

Melosira varians Agardh

Melosira ruttneri Hustedt

Melosira undulata (Ehrenberg) Kützing

10μm

Melosira varians Agardh 1827 (Plate I-1：1-3)

|形態| 径 8-35 μm；高さ 4-14 μm．殻套の端に沿って唇状突起(矢印)が点在する．

|生態| 図に示すように，**有機汚濁に関しては広適応性種**．本種の相対頻度が第1位となる珪藻群集は，貧腐水性の流水域に多い(渡辺，浅井 1992)．本来，付着性種として糸状群体を形成するが，プランクトンとして出現することもある．**pH に関しては好アルカリ性種**．

従来，好アルカリ性種(Cholnoky 1968, Foged 1954, Hustedt 1957)．β 中腐水性水域の指標種(Hustedt 1930, 1937-38, Kolkwitz & Marsson 1908, Liebmann 1962, Manguin 1952, Sládeček 1973)，富栄養湖の指標種(Cholnoky 1968, Hustedt 1930, 1937-38, Jørgensen 1948)とされてきた．

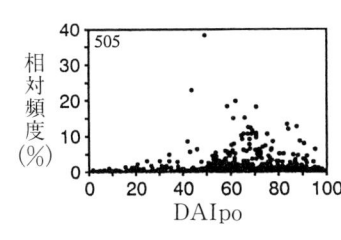

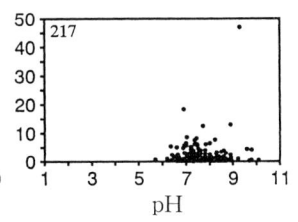

Melosira varians の生態図

Melosira ruttneri Hustedt 1937 (Plate I-1：4-6)

|形態| 径 15-25 μm；高さ 23-38 μm；条線 26-27/10 μm；胞紋 16-23/10 μm．殻面観(6)においては，中心から放射状に並ぶ内側の小さい胞紋列と，外縁部に不規則に並ぶ大小の胞紋が見える．周縁部には唇状突起がある(6の矢印)．帯面観においては，条線が垂直方向あるいは少し斜め方向に走る(4)．

|生態| 日本では稀産種．奈良県松尾寺境内湧水(pH 6.6)，湯泉地温泉湧水(pH 8.6)に出現した．珪藻群集中の相対頻度は，いずれも小さい(1.0％以下)．

Melosira arentii (Kolbe) Nagumo & H. Kobayasi 1977

(Plate I-1：7-9；9：bar=1 μm)

Basionym：*Cyclotella arentii* Kolbe 1948.

|形態| 径 9-18 μm；高さ 3-5.5 μm；条線 12-16/10 μm；南雲，小林(1977)は，本種を *Cyclotella* から *Melosira* へ移した．

|生態| 日本では，鹿児島県蘭牟田池(pH 5.7)，および御在所温泉露天風呂の側溝(pH7.7-7.9)に出現した．埼玉県仙女ヶ池，群馬県太峰沼からも報告されている．

ヨーロッパでは，腐植栄養湖，中栄養湖においてプランクトンとして出現する．通常相対頻度は小さいが，ときに大きい場合もある(Krammer & Lange-Bertalot 1991)．Foged(1977)は，本種を *Cyclotella arentii* として，アイルランドの pH 4.0-6.5 の河川と，pH 7.6-8.9 のアルカリ水域から出現したことを記載している．

Melosira undulata (Ehrenberg) Kützing var. *undulata* 1844

(Plate I-1：10, 11；10：bar=10 μm)

|形態| 径 16-80 μm；高さ 20-35 μm；条線 13-17/10 μm．殻面観(10)．

|生態| 日本では，芦ノ湖(小久保 1960, Negoro & Kawashima 1990)，阿寒湖(河島，小林 1993)，河口湖，山中湖(小久保 1960)，青木湖(Hustedt 1927)，木崎湖，琵琶湖(Skvortzow 1936 a, b)，池田湖(Skvortzow 1937)から本種の出現が報告されている．これらの産地から判断すると，貧栄養の湖に出現する種と考えられるが，さらに検討する必要がある．

　小久保(1960)は，本種を沿岸性プランクトンとする．Cholnoky(1968)は，本種の最適 pH を 7 以下としている．

Plate I-1

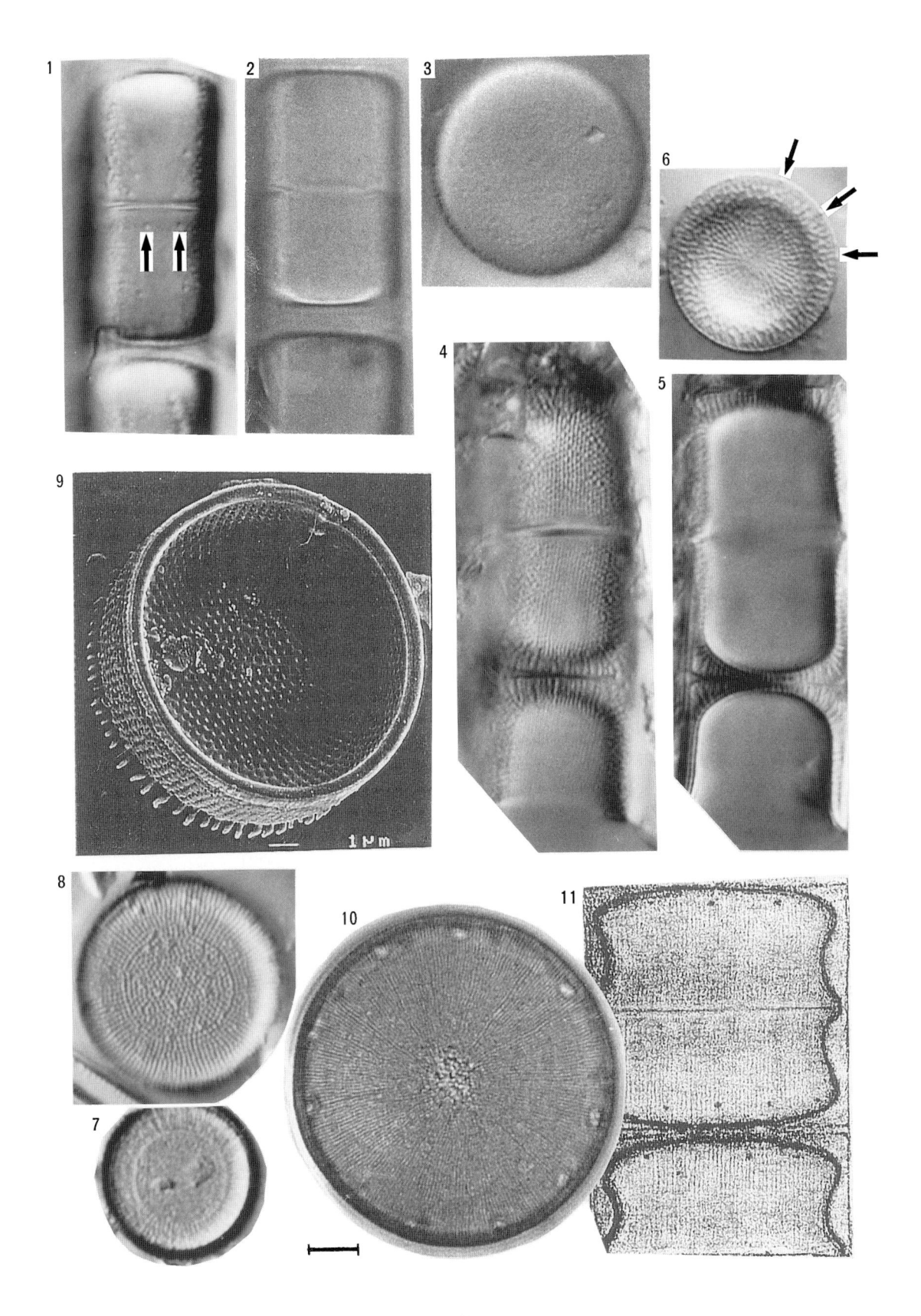

Aulacoseira Thwaites 1848 (Plate I-2〜I-7)

生活様式：円筒形の細胞(frustule)が，殻の周縁にある**連結刺**(linking spine)でかみ合い，直線，湾曲またはらせん状の糸状群体を形成する．
多くの種は浮遊性であるが，付着藻類群集中にもしばしば出現する．
葉 緑 体：粒状，多数．
殻 面 観：殻面観は円形で，**胞紋**(areola)をもつものもある．
帯 面 観：殻套は高く，**胞紋列**(rows of areolae)が，側面の壁と平行または斜めに走る．
　　　刺：刺には，**連結刺**(linking spine)と**分離刺**(seperating spine)（下写真矢印）とがある．両方をもつ種と片方をもつ種とがある．連結刺の形は，電顕でなければ確認できない（図I-4 右）．
唇状突起：**輪溝**(sulcus)の内側に，小さな**唇状突起**(labiate process)をもつ．

種の同定に必要な記載事項

例：*Aulacoseira granulata*

1. 殻の大きさ
    直径　　　　　　　　　　7 μm
    殻套の高さ　　　　　　　19 μm
2. 胞紋
    配列　　　　　　　　　　斜行
    胞紋列の密度　　　　　　10/10 μm
    胞紋密度　　　　　　　　11/10 μm
3. 殻面観での胞紋の有無　　　有
4. 分離刺の有無　　　　　　　有

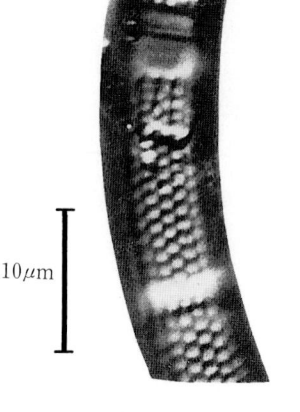

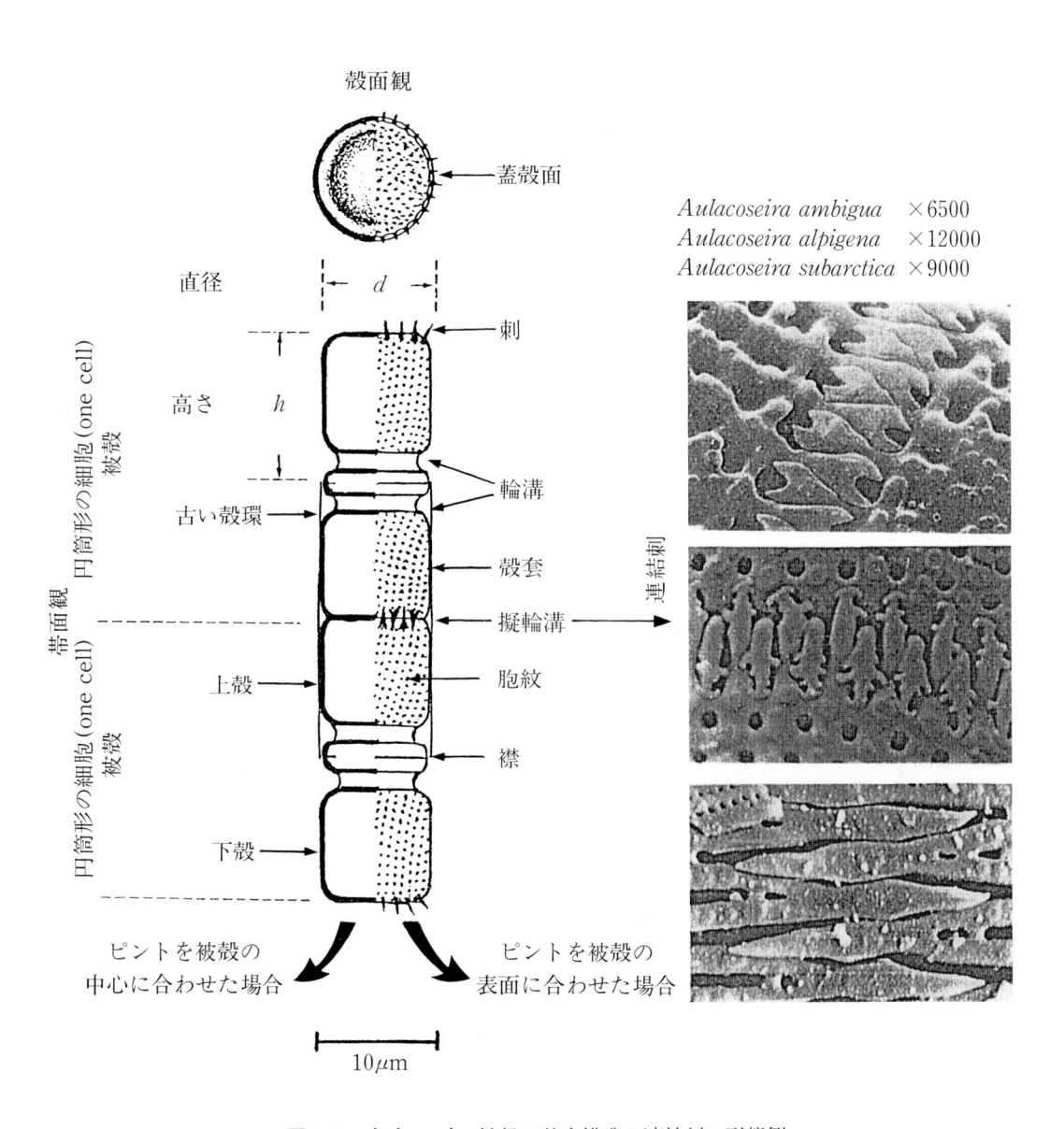

図 I-4　*Aulacoseira* 被殻の基本構造と連結刺の形態例

Aulacoseira canadensis (Hustedt) Simonsen 1979 　　(Plate I-2 : 1-7 ; 7 : bar=1 μm)

Basionym : *Melosira canadensis* Hustedt 1952.

|形態| 径 6-17.5 μm；高さ 10-17 μm；条線 6-9/10 μm で粗い；胞紋 5-6/10 μm で粗い．殻面観(3-6)．条線は殻の側壁と平行に走る(1, 2)．連結刺は短いへら状(7)．

|生態| 鹿児島県藺牟田池(pH 5.7-6.0)では，石への付着藻として出現した．青森県恐山湖からの流出河川の正津川では，pH 2.7 の強酸性温泉の噴気孔の近くに石への付着藻として出現した．酸性水に耐性のある種であろうが，今後さらに豊富な試料に基づいた検討が必要である．

Aulacoseira granulata (Ehrenberg) Simonsen var. *granulata* 1979

(Plate I-2 : 8-12 ; 12 : bar=1 μm)

Syn : *Melosira granulata* (Ehrenberg) Ralfs 1861.

|形態| 径 5-21 μm；高さ 5-18 μm；条線 8-12/10 μm；胞紋 8-10/10 μm で粗い．

Aulacoseira granulata var. *angustissima* (O. Müller) Simonsen 1979

(Plate I-2 : 13, 14)

|形態| 径 3-5 μm；高さ/径＜10；条線 14-8/10 μm；胞紋 10-12/10 μm．両分類群ともに，群体の末端の殻には長短の分離刺がある(8, 9, 13, 14)．また連結刺は短いへら状(12)．

従来タイプ種と変種とは上記のように分けられていたが，筆者らはこれら2分類群を1つの複合種群として扱った．

|生態| 両分類群ともに，富栄養湖にプランクトンとして出現する(小久保 1960)が，付着藻類群集中にも出現する代表的普遍種である．

下図は基本種と変種とを合わせて複合種群と見なして図示したものである．図で明らかなように，有機汚濁に関してはDAIpo 50-60 の α 貧腐水性水域に多産する傾向があるが，図の分布傾向からもわかるように**広適応性種**．pH に関してはpH 7-9 の水域に多く出現する**好アルカリ性種**である．

Van Dam *et al.* (1994)は，β-mesosaprobous, meso-eutraphentic, alkaliphilous とし，Håkansson (1993) も alkaliphilous とした．

Aulacoseira granulata と *A. granulata* var. *angustissima* 複合種群の生態図

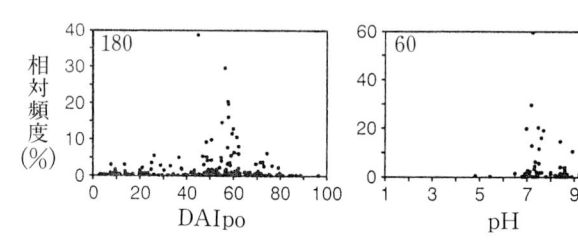

Plate I-2

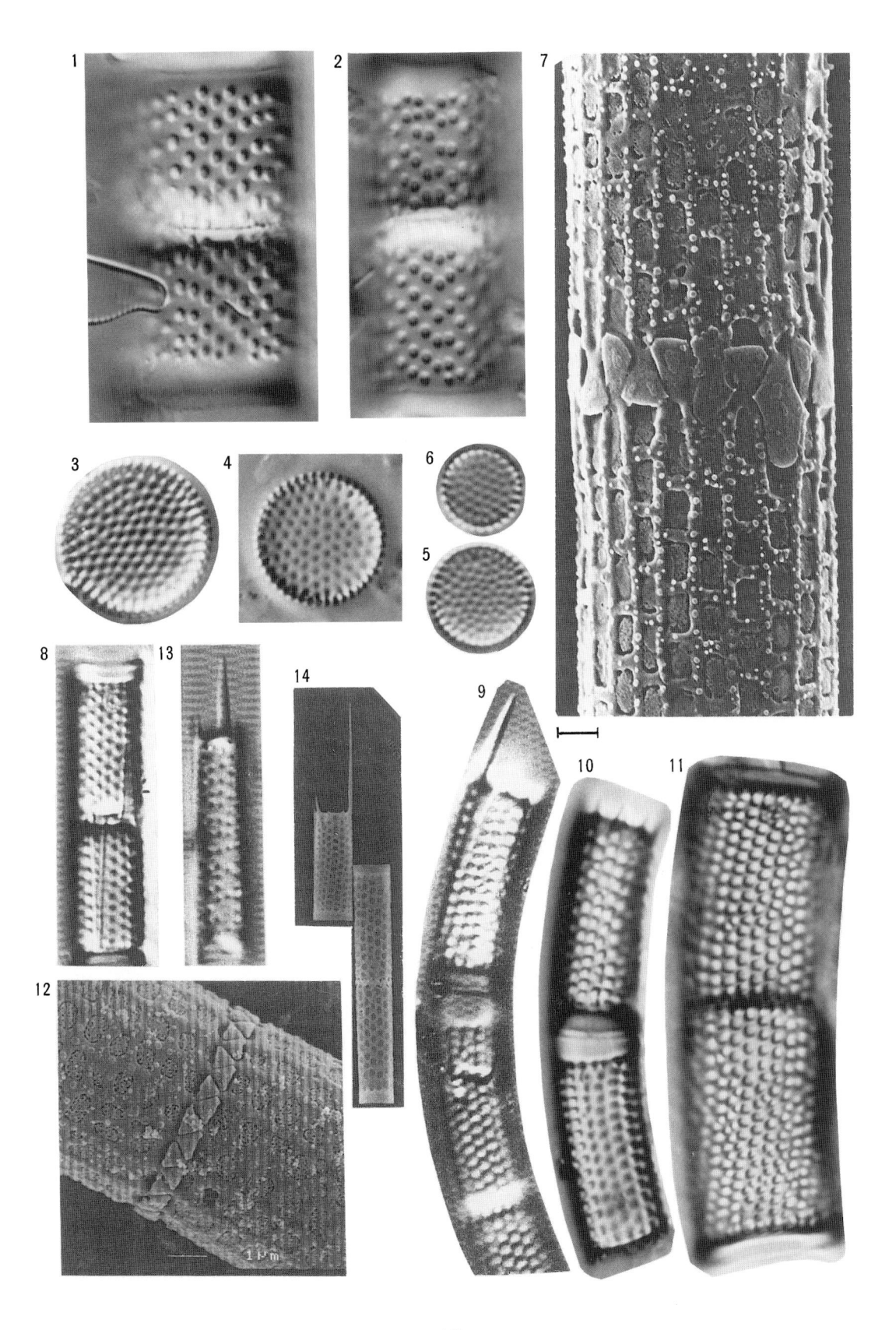

Aulacoseira crenulata (**Ehrenberg**) **Thwaites 1848**　　(Plate I-3 : 1-4 ; 4 : bar=1 μm)
　Basionym： *Melosira crenulata* (Ehrenberg) Kützing 1844. Syn：*M. italica* f. *crenulata* (Ehrenberg) O. Müller 1906.
　形態　径 5-32 μm；高さ 8-20 μm；条線 14-19/10 μm；胞紋 9-13/10 μm．連結刺(4)は，光顕でもその存在を確かめることができる(1-3)．
　生態　奥日光大谷川の双頭の滝(DAIpo 86)に出現した．日本では稀産種．
　Van Dam *et al.* (1994)は，本種を oligosaprobous, oligotraphentic, pH circumneutral とする．

Aulacoseira subarctica (**O. Müller**) **Haworth 1988**　　(Plate I-3 : 5-7 ; 7 : bar=10 μm)
　Basionym：*Melosira italica* subsp. *subarctica* O. Müller 1906. Syn：*Aulacoseira italica* subsp. *subarctica* (O. Müller) Simonsen 1979.
　形態　径 3-10 μm；高さ 2.5-18 μm；条線 16-20/10 μm；胞紋 17-22/10 μm．連結刺は，比較的長い三角形で，条線の1列おきごとに1本存在する(7)が，光顕では見ることができない．
　生態　青木湖(DAIpo 73)，支笏湖，鹿児島県藺牟田池(pH 5.8-6.8)に出現．
　Van Dam *et al.* (1994)は acidophilous とするが，Håkansson(1993)は，alkaliphilous/indifferent にまたがる種としている．

Aulacoseira valida (**Grunow**) **Krammer 1990**　　(Plate I-3 : 8-13 ; 13 : bar=1 μm)
　Basionym：*Melosira crenulata* var. *valida* Grunow *in* Van Heurck 1882. Syn：*M. italica* var. *valida* (Grunow) Hustedt 1927；*M. granulata* var. *valida* Hustedt 1935；*Aulacoseira italica* var. *valida* (Grunow) Simonsen 1979.
　形態　径 10-25 μm；高さ 10-18 μm；条線 12-15/10 μm；胞紋 10-15/10 μm；連結刺は太くて長い(13)．
　生態　尾瀬沼(DAIpo 56)，山中湖(DAIpo 54)，青木湖(DAIpo 73)，木崎湖(DAIpo 81)，池田湖(DAIpo 87)に出現した．産地と相対頻度からすれば，貧栄養，腐植栄養の湖に出現する稀産種と考えられる．
　ヨーロッパ，北米においても，山岳地帯の腐植栄養，貧栄養の湖，池沼で出現する広適応性種とされている(Krammer & Lange-Bertalot 1991)．Gasse(1986)は，本種を *Melosira granulata* var. *valida* として，アフリカ，ケニアの強アルカリ湖 Lake Nakuru(pH 9.6-10.5)で，高い相対頻度で出現したことを記録しているが，筆者らが1979年に採集した湖岸泥表の試料中には，本種を見いだすことはできなかった．

Plate I-3

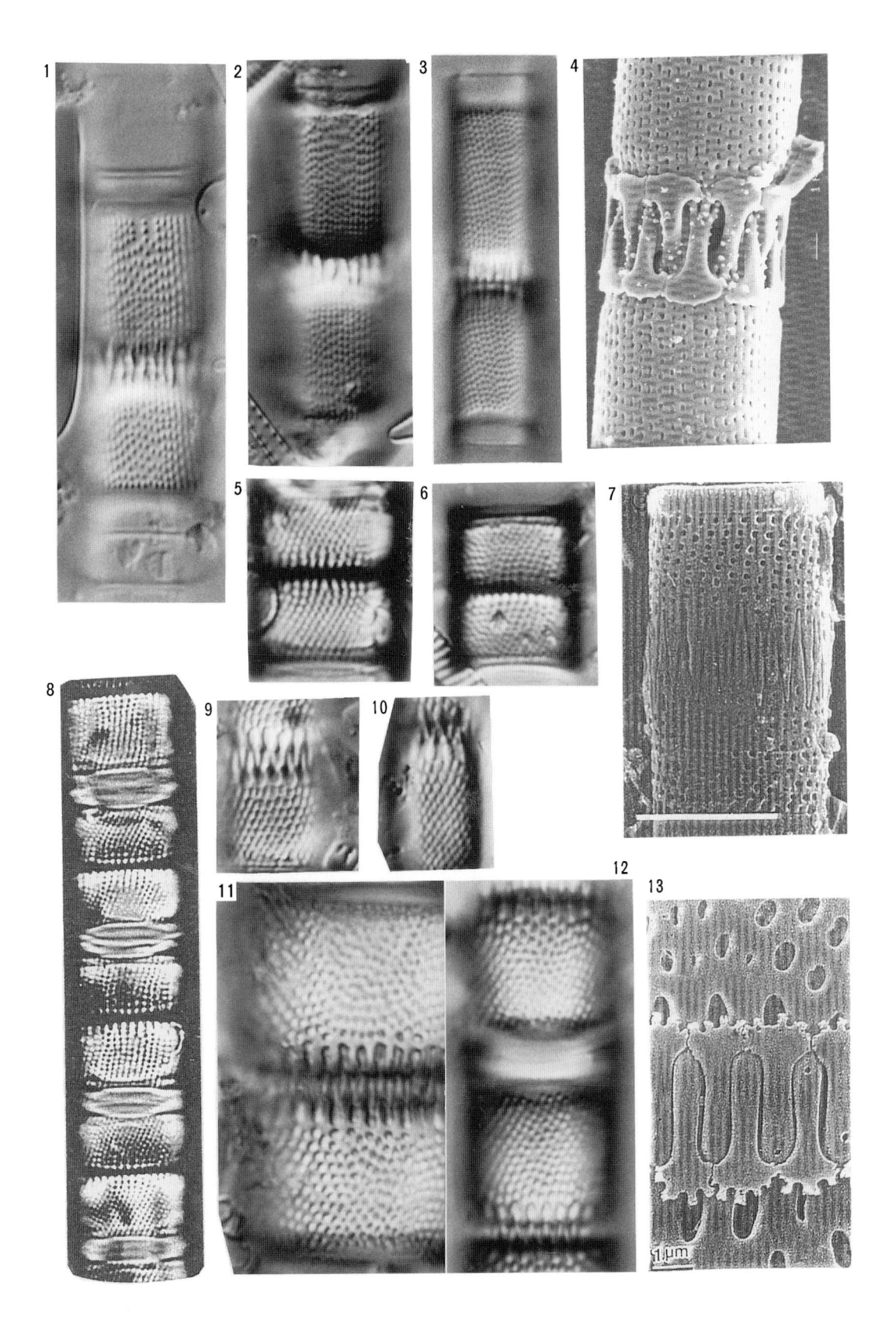

Aulacoseira ambigua (Grunow) Simonsen 1979 　　(Plate I-4：1-8；7, 8：bar=1 μm)

　Basionym：*Melosira ambigua* (Grunow) O. Müller 1903. Syn：*Melosira crenulata* var. *ambigua* Grunow *in* Van Heurck 1882.

　形態　径 4-17 μm；高さ 5-13 μm；条線 16-19/10 μm；殻面観(6)；胞紋 17-19/10 μm. SEM 観察により，連結刺が短いへら状(8)であることから，連結刺の長い *Melosira italica* と区別できる．しかし光顕で両者を区別することは難しいので，長い間 *M. italica* と誤同定されてきた疑いがもたれる．殻の先端の刺は分離刺(7)．

　生態　有機汚濁に関しては広適応性種である．尾瀬沼(pH 7.0)にも出現した．

　Hustedt(1930, 1937-1938)は，富栄養湖における真浮遊性種とする．Kolkwitz, R. & Marsson, M. (1908)は，貧腐水性種とした．

　Van Dam *et al.*(1994)は，本種を β-mesosaprobous, eutraphentic の指標種とし，pH に関しては alkaliphilous/indifferent の両方にまたがる種とする．

Aulacoseira longispina Hustedt 1942 　　　　　　　　　　　　(Plate I-4：9-12)

　形態　径 7-14 μm；高さ 12-14 μm；条線 約 13/10 μm；連結刺長い．

　生態　Hustedt(1942)は，本分類群を日光の中禅寺湖の試料によって新種記載した．本分類群と次記 *A. italica* とは，従来から混同されてきた疑いがある．

Aulacoseira italica (Ehrenberg) Simonsen var. *italica* 1979 　　(Plate I-4：13-16)

　Basionym：*Melosira italica* (Ehrenberg) Kützing 1844.

　形態　径 5-28 μm；高さ 8-21 μm；条線 18-20/10 μm；胞紋 約 20/10 μm. 前記 *A. longispina* と似るが連結刺の長さ，条線密度の違いによって区別できる．

　従来本分類群と同定されてきたものは，ほとんど前述の *A. ambigua* であると考えられる．

Aulacoseira italica var. *tenuissima* (Grunow) Simonsen 1979　　(Plate I-4：17, 18)

　　Basionym：*Melosira italica* var. *tenuissima* (Grunow) O. Müller 1906. Syn：*Melosira tenuissima* Grunow 1882.

形態　径 3-5 μm；高さ 8-20 μm；被殻が基本種と比べて細長い．基本種，変種ともに連結刺は比較的に長いので，光顕によってその存在は確かめられる(17)が，形まで知ることはできない．

生態　基本種，変種ともに淡水プランクトンとして最もポピュラーな種であり，付着藻類群集中にもよく出現する種とされてきたが，先述のように *A. ambigua*, *A. longispina* を *A. italica* と誤同定してきた疑いがもたれる．しかし，有機汚濁や pH に対する適応能は相似である(Van Dam *et al.* 1994)ので，三者を1つの複合種群と見なして下図をつくった．どちらの環境傾斜においても分布は広い．3分類群共に**有機汚濁に関しては広適応性種，pH に関しては中性種**である．

　　Van Dam *et al.* (1994) は，両分類群(*A. ambigua*, *A. italica*)を β-mesosaprobous の指標種および mesotraphentic/eutraphentic にまたがる水域の指標種，さらに pH に対しては circumneutral とした．Håkansson(1993)は，pH に関して，両分類群ともに alkaliphilous/indifferent にまたがる種とした．

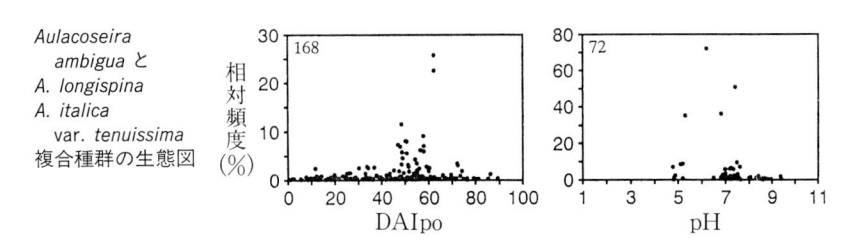

Aulacoseira ambigua と
A. longispina
A. italica
　　var. *tenuissima*
複合種群の生態図

Plate I-4

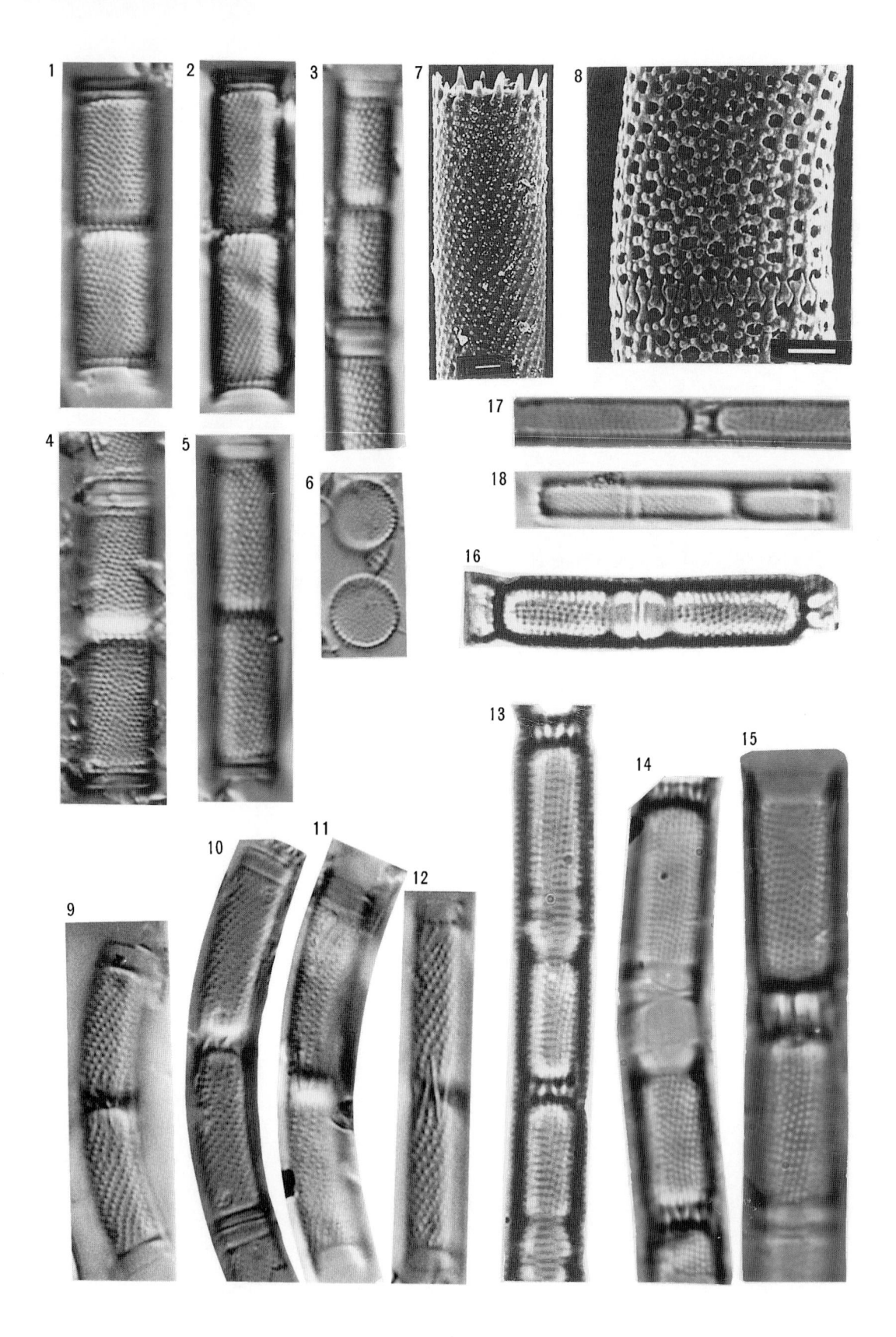

下記3分類群は，従来 *Aulacoseira distans* group と呼ばれてきた小型の種群である．最近まで分類は混乱していたが，Haworth(1988)，Krammer(1991)らの SEM による研究によって，この分類群は整理された．光顕のみによって種を正確に同定することは難しいが，河川や湖沼の石面付着群集においては，どれも相対頻度は小さく，有機汚濁に関して広適応性であるので，DAIpo の算出に当たって問題となることは少ない．下記3分類群は胞紋密度が比較的細かい種群．

Aulacoseira perglabra (Østrup) Haworth 1988 　　　(Plate I-5：1-7；7：bar=1 μm)

　Basionym：*Melosira distans* var. *perglabra* (Østrup) Jørgensen 1948.

形態　径 8-17 μm；高さ 2.8-4 μm；条線 13-16/10 μm で比較的大．殻面観(2-6)．写真(7)の中央に連結刺が見える．

生態　pH 5.7 の藺牟田池(鹿児島県)に出現したが，相対頻度は小さい．稀産種．
　Haworth(1988)は，英国の Cumbria 地域の pH 6.3-6.4 の水域に出現したことを記録している．

Aulacoseira laevissima (Grunow) Krammer 1990 　　　(Plate I-5：8-13；13：bar=1 μm)

　Basionym：*Melosira distans* var. *laevissima* Grunow *in* Van Heurck 1882.

形態　径 6-17 μm；高さ 5-10 μm；条線 22-28/10 μm で比較的密；胞紋 21-30/10 μm で比較的密．条線は，長軸に対して平行．

生態　尾瀬，藺牟田池(鹿児島県)(pH 5.7)，八島ヶ原湿原の八島ヶ池(pH 4.7)，鎌ヶ池(pH 5.2)に出現した．鎌ヶ池では相対頻度が 10.6 ％ に達した．腐植栄養型の水域に出現する傾向が強いが，普通相対頻度は低い．
　Grunow がスコットランドで本種を記載して以来，稀にしか発見されなかった．ヨーロッパでも稀産種とされている．

Aulacoseira alpigena (Grunow) Krammer 1990 　　　(Plate I-5：14-22；22：bar=1 μm)

　Basionym：*Melosira distans* var. *alpigena* Grunow *in* Van Heurck 1882.

形態　径 4-15 μm；高さ 4-7 μm；条線 15-22/10 μm で比較的密；胞紋 22-23/10 μm で比較的密．殻面観(21)．連結刺(22)．条線は，長軸に対して斜行．

生態　日本では志賀高原の蓮池，長野県高瀬川，近畿の新宮川，宮川に出現したが，相対頻度はどの地点においても小さい．産地からすれば，貧腐水性，貧栄養の水域に出現する傾向があるが，下図に示すように**有機汚濁に関しては広適応性種**である．
　ヨーロッパでは，スコットランド，ラップランド，アルプスなどの高地水域での普遍種とされている(Krammer & Lange-Bertalot 1991)．

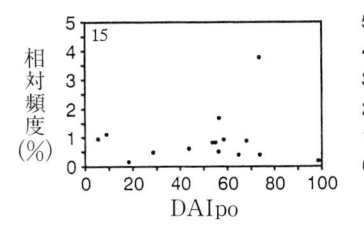

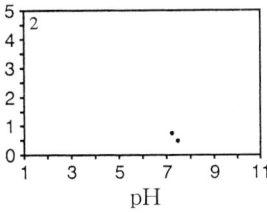

Aulacoseira alpigena の生態図

Plate I-5

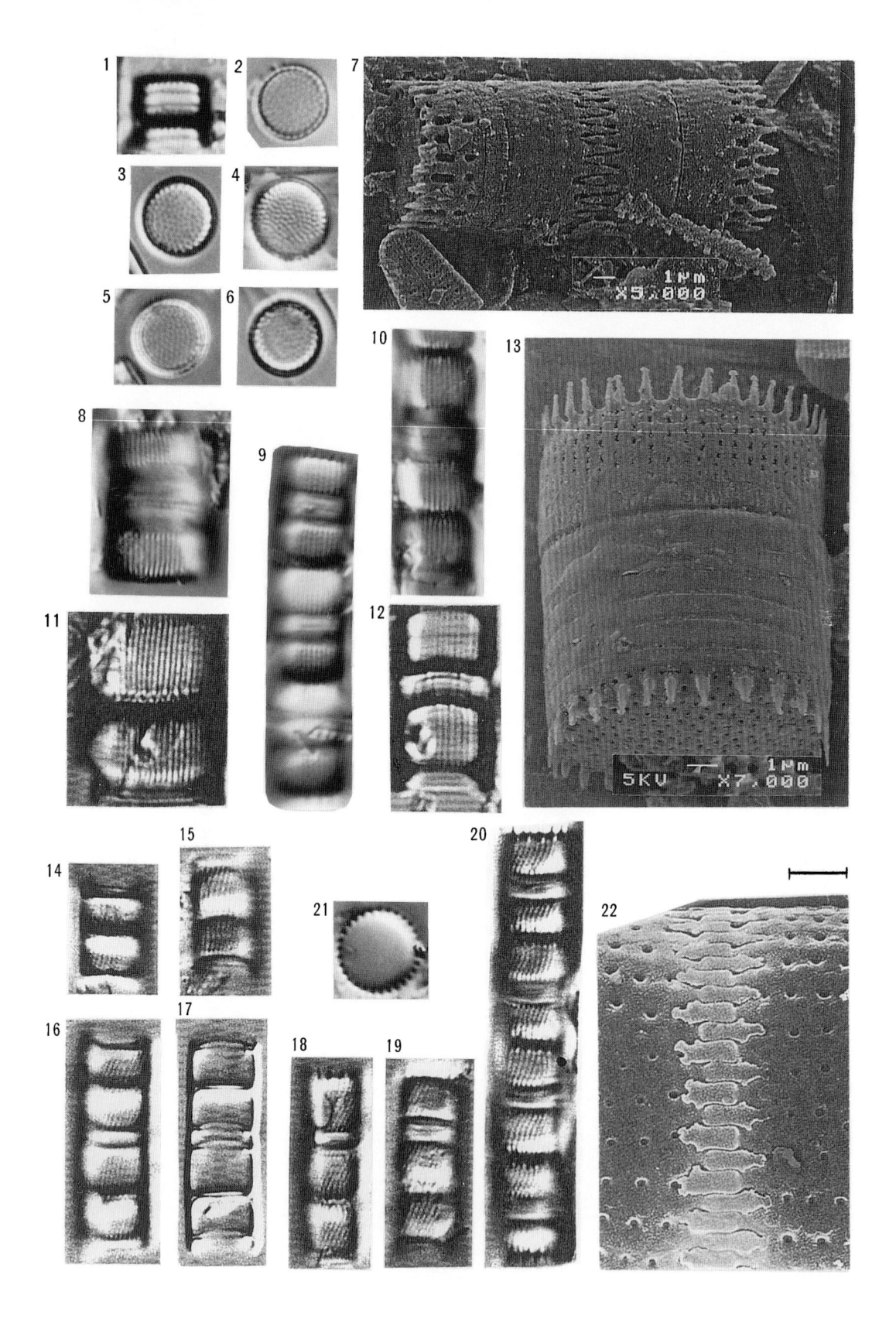

下記3分類群は，*A. distans* group 中，胞紋密度が比較的粗い種群として前記分類群と区別できる．

Aulacoseira distans (Ehrenberg) Simonsen var. *distans* 1979 (Plate I-6：1-10)

Syn：*Melosira distans* (Ehrenberg) Kützing 1844.

形態 径 4-20 μm；高さ 3.5-8.5 μm；条線 11-15/10 μm；胞紋 13-17/10 μm．殻面観(9, 10)．

生態 本種が第1位優占種となることがあるが，そのような水域は，流水域，止水域共に β 中腐水性水域である(渡辺，浅井 1992)．**有機汚濁に関しては広適応性種**．pH に関してはもうせん沼(pH 3.9)，尾瀬の治右衛門池(pH 6.6)などのような有機酸性水域によく出現する**好酸性種**．相対頻度はしばしば大きくなる(>10 %)．

Van Dam *et al.*(1994)は，oligosaprobous, oligotraphentic, acidophilous とする．Håkansson (1993)は，基本種と var. *humilis*, var. *lirata* とを，ともに acidophilous としている．

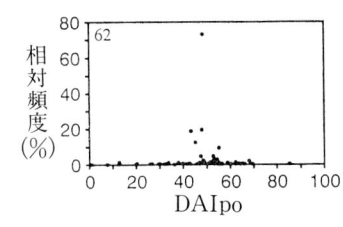

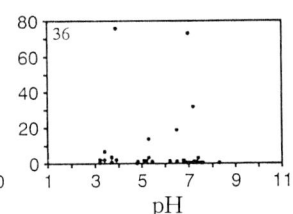

Aulacoseira distans var. *distans* の生態図

Aulacoseira tethera Haworth 1988 (Plate I-6：11, 12)

形態 径 6.5-12 μm；高さ 2.5-4 μm；条線 11-16/10 μm；条線1列当たりの胞紋数 2-5．

生態 本種は，恐山湖(pH 3.2-3.5)，もうせん沼(pH 3.9)，治右衛門池(pH 6.6)，尾瀬沼(pH 7.0)，下銅沼(pH 3.4)に出現した．**好酸性種である**．

Aulacoseira pfaffiana (Reinsch) Krammer 1990 (Plate I-6：13-15)

Basionym：*Melosira pfaffiana* Reinsch 1864. Syn：*M. distans* var. *pfaffiana* (Reinsch) Grunow *in* Cleve & Möller 1878；*M. distans* var. *africana* O. Müller 1904.

形態 径 4.5-23 μm；高さ 3-10.5 μm；高さ/径 0.25-0.8；条線 12-15/10 μm；胞紋 12-15/10 μm；1条線当たりの胞紋数 3-6．殻面観(15)．

生態 九州霧島の不動池(pH 3.8-4.0)，六観音池(pH 4.0-4.3)，恐山湖からの流出河川の正津川(pH 2.7)，裏磐梯の赤沼(pH 3.9)，緑沼(pH 3.6)などの無機酸性湖に出現する**好酸性種**．相対頻度は，酸性水域(pH 5 付近)でしばしば10 % 以上になる(下図参照)．

Foged(1981)は，本種を *Melosira distans* var. *africana* として記載し，acidophilous とする．Van Dam *et al.*(1994)は，oligotraphentic, oligosaprobous, acidophilous とする．Gasse(1986)は本種を *M. distans* var. *africana* として記載し，カルシウム，マグネシウムの炭酸塩または重炭酸塩を含む水を好むように見える，と記述している．

Aulacoseira pfaffiana の生態図

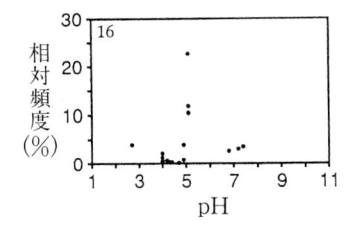

Plate I-6

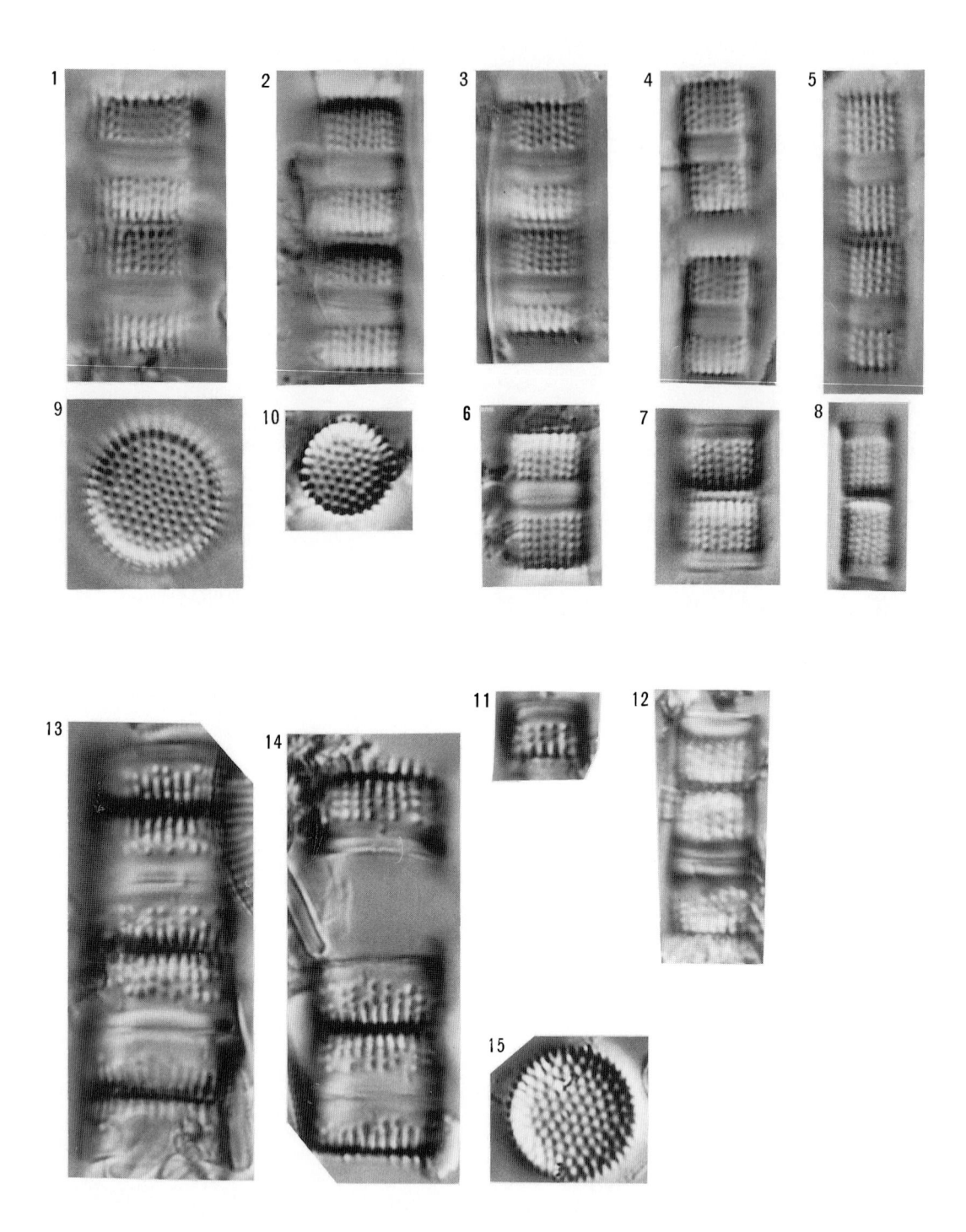

24

Aulacoseira nipponica (Skvortzow) Tuji 2002 (Plate I-7:1-6;4-6:bar=1μm)

Basionym: *Melosira solida* var. *nipponica* Skvortzow.

形態 径 6-9.5μm；高さ 13-25μm；条線 12/10μm；胞紋 12/10μm．連結刺は細長い三角形で，その形は *Aulacoseira subarctica* (Pl.I-3：5-7)と似る(6)．殻面観(4, 5)．増大胞子(3)．

生態 琵琶湖では，各所に普通に出現する．下図に示すように付着藻類中での相対頻度は比較的小さい．本種は，**有機汚濁に関しては好清水性種**，**pH に関しては好アルカリ性種**．

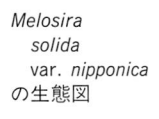

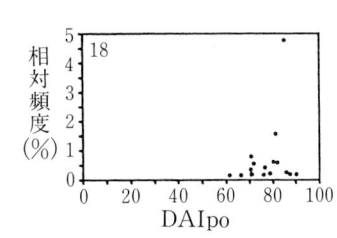

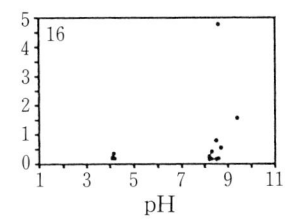

Melosira solida var. *nipponica* の生態図

Aulacoseira islandica (O. Müller) Simonsen 1979 (Plate I-7:7-12;12:bar=1μm)

Basionym: *Melosira islandica* O. Müller 1906.

形態 径 3-28μm；高さ 4-21μm；条線 11-16/10μm；胞紋 12-18/10μm．条線は，長軸に平行．殻面観(11)．連結刺(12)．

生態 止水域では，奈良県大仏池，唐招提寺の池，うわなべ池，こなべ池，垂仁天皇陵外堀などの池沼，あるいは山中湖，河口湖，精進湖，尾瀬沼，流水域では新宮川の付着藻類中に出現した．図に示すように，**有機汚濁に関しては広適応性種**であるが，貧栄養，中栄養の湖，池沼によく出現する傾向がある．相対頻度は小さい．**pH に関しては中性種**．

Van Dam *et al.*(1994)は，本種を貧栄養から富栄養までの止水域に広く分布する種とし，流水域では β-mesosaprobous (BOD 2-4 mg/*l*)の指標種とする．さらに pH に関しては circumneutral とする．

Håkansson(1993)は，*Melosira islandica* subsp. *helvetica* O. Müller を alkaliphilous とする．

Aulacoseira islandica の生態図

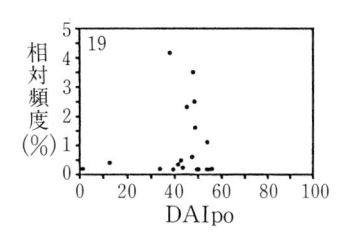

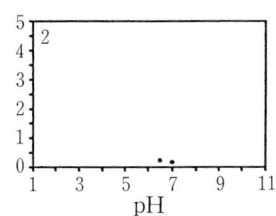

Plate I-7

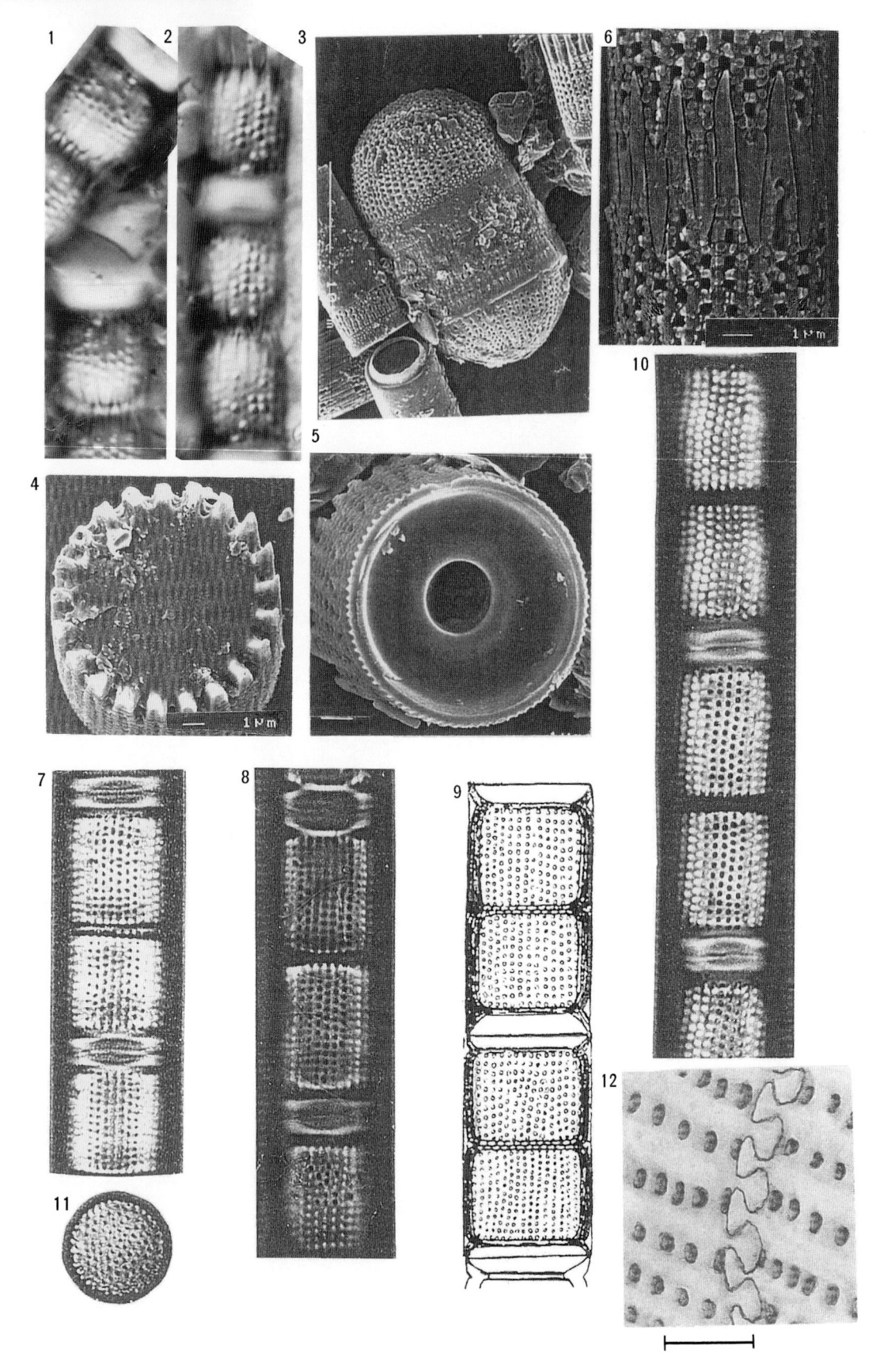

Orthoseira G. H. K. Thwaites 1848 (Plate I-8)

生活様式：細胞同士押しつけたように融合し，短い糸状群体を形成する（図Ⅰ-1）．
　　　　アルカリ水域のコケに着生することがある．
葉 緑 体：小さい円盤状で，殻の周縁部に多数存在する．
殻 面 観：殻面の中央に，2-5個の大きな**管状突起**（carinoportula）がある．
　　　　胞紋列（rows of areolae）は，殻面の中心付近から放射状に伸びて殻套を下降する．
帯 面 観：**襟**（collar）と**輪溝**（sulcus）とが融合し，分厚く肥厚する．

Orthoseira roeseana (Rabenhorst) O'Meara 1876　　　　　　　　　(Plate I-8：1-7)

　Basionym：*Melosira roeseana* Rabenhorst 1852. Syn：*M. roeseana* var. *epidendron* (Ehrenberg) Grunow *in* Van Heurck 1882；*M. roeseana* var. *spiralis* (Ehrenberg) Grunow *in* Van Heurck 1882；*Orthosira spinosa* W. Smith 1855.

|形態|　径 8-70 μm；高さ 6-13 μm；条線 14-20/10 μm；胞紋 19-28/10 μm；殻面観には，3個の管状突起がある(4-7)．殻の周縁には，連結刺と見られる刺(5,7)がある．殻の先端には，頑丈に見える分離刺がある(1)．Houk(1993)は，本種に6種のmorphotypeを設定した．写真に示した分類群は，group "*roeseana*", subgroup "*roeseana*" に相当する．

|生態|　奈良市周辺の社寺内池沼に出現．日本では稀産種．
　ヨーロッパでは，湿ったコケの間や，植物の根に着いた土の上，濡れた石や岩への付着藻類として出現するとされてきた(Houk 1993)．

Plate I-8

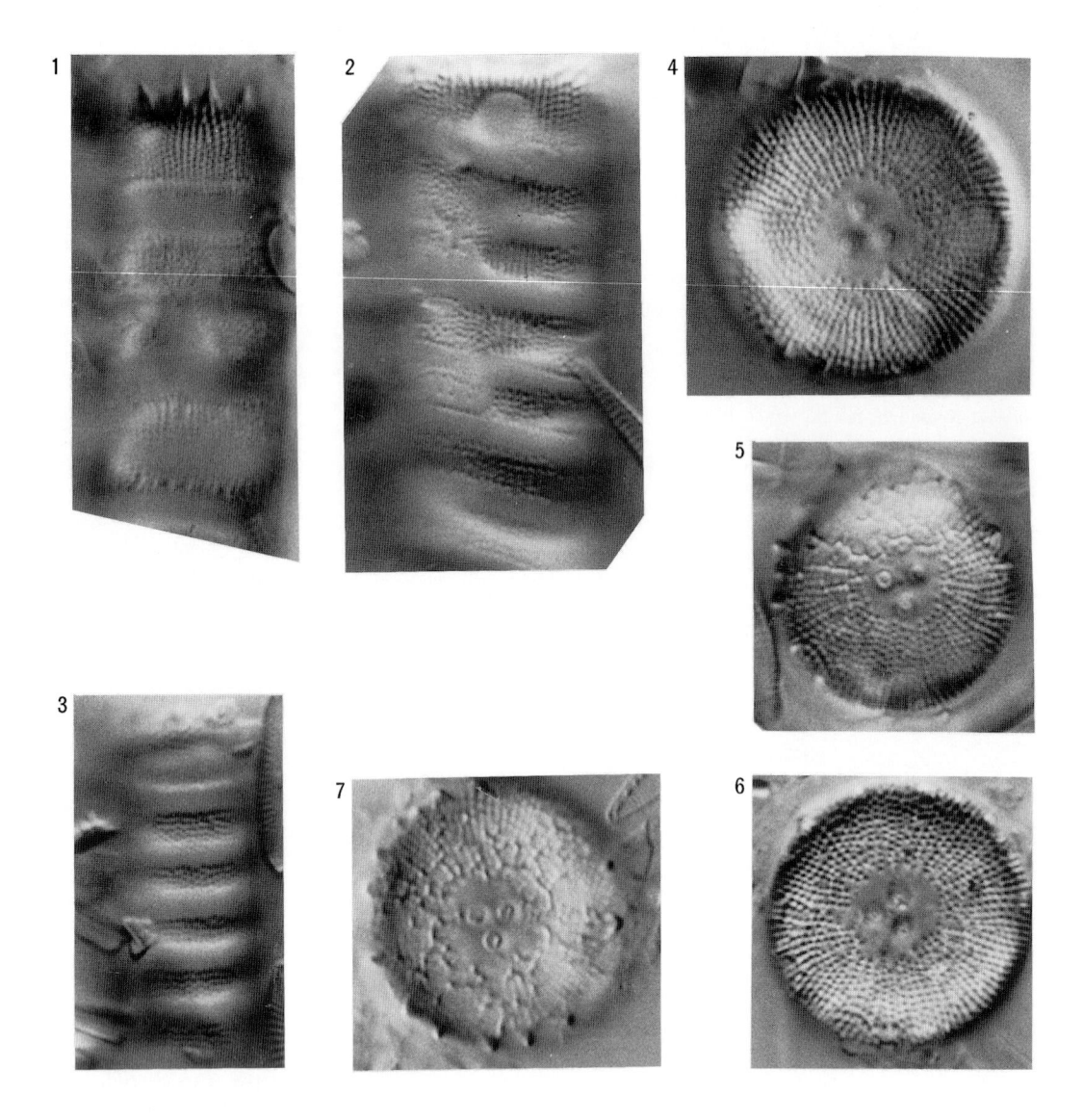

Cyclotella (Kützing) Brébisson 1838 (Plate I-9〜I-11)

生活様式：細胞は円盤状で単体，または粘液糸によって連なる．通常は浮遊性．
葉 緑 体：円盤状，多数ある．
殻 面 観：殻面観は円形で，中心部と周辺部との模様が異なる．
　　　　　周辺部では，**胞紋列**(rows of areolae)の**束**(fascicle)とその間の**肋**(costae)が放射状に走る．中心部には，種によって異なるが，**胞紋**(areola)，胞紋列，または**有基突起**(strutted process)が散在し，殻が**隆起**(protrude)または**波うつ**(undulate)場合がある．
帯 面 観：**殻套**(valve mantle)の高さは低く，観察しにくい．
　　　　　電顕で観察すると，胞紋列の束と肋が，殻面から殻套へ続いて下降している(左図)．
針 状 刺：光顕ではわかりにくい．刺のあるものとないものとがある．
　　　　　刺は中実で，殻の周縁部にある胞紋列の束の間の肋上に配列する．
唇状突起：光顕ではわかりにくい．突起は中空で，その存在位置は様々で1〜数個．
有基突起：光顕ではわかりにくい．突起は中空．
　　　　　殻面の中心部に存在する**中心有基突起**(central strutted process)と，殻の周縁にある**周縁有基突起**(marginal strutted process)とがある．後者は必ず存在するが，前者は存在しない場合もある．

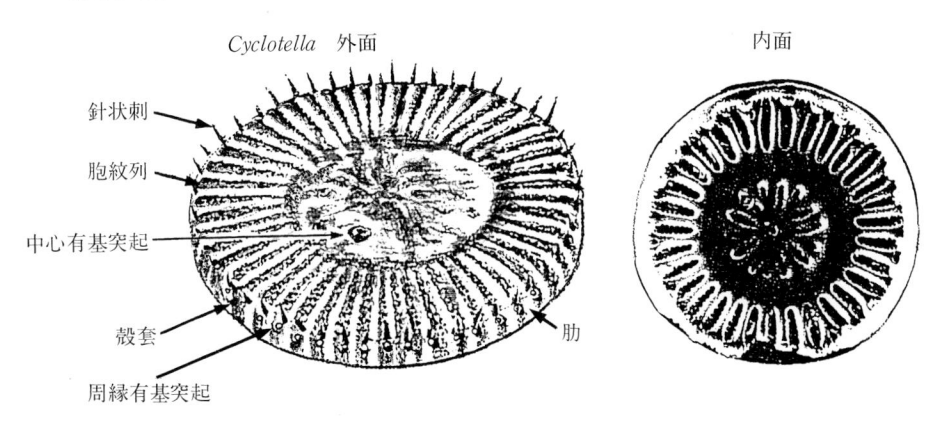

種の同定に必要な記載事項

例：*Cyclotella meneghiniana* Kützing
1. 殻の大きさ
　　　直径 20 μm
2. 条線密度(胞紋列の束の密度)
　　　7/10 μm
3. 中心部：隆起して波うつ

下記の突起はいずれも光顕では観察しにくい．
4. 針状刺：殻の周縁部にある．個体変異がある．
5. 唇状突起：殻套の内側にある．
6. 有基突起：中心部に1〜数個．存在は光顕で確かめることができる．

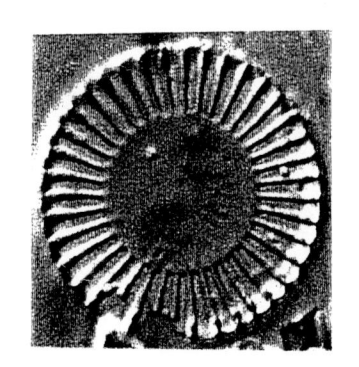

Cyclotella meneghiniana Kützing 1844　　　　　(Plate I-9：1-6；5, 6：bar=1 μm)

　Syn：*Cyclotella kuetzingiana* Thwaites 1848；*C. laevissima* Van Goor 1920；*C. meneghiniana* var. *rectangulata* Grunow *in* Van Heurck 1882；*C. meneghiniana* var. *vogesiaca* Grunow *in* Van Heurck 1882；*C. meneghiniana* var. *binotata* Grunow *in* Van Heurck 1882；*C. meneghiniana* f. *plana* (Fricke) Hustedt 1908；*C. meneghiniana* var. *laevissima* (Van Goor) Hustedt 1928；*C. rectangula* Brébisson 1861.

　形態　径 5-43 μm；放射条線 6-10/10 μm．殻面周縁の肋上に針状刺，殻套上に有基突起(5)．殻面中心部に有基突起(1-6)がある．

　生態　付着藻，プランクトン群集の普遍的構成種．**有機汚濁に関しては好汚濁性種，pH に関しては好アルカリ性種**(図参照)．本種が第1位優占種となる水域は，β中腐水性の止水域である(渡辺，浅井 1992)．

　Van Dam *et al.*(1994)は，eutraphentic, α-mesosaprobous/polysaprobous 水域の指標種とし，pH に対しては，alkaliphilous とする．Schoeman(1973)は，本種の最適環境水域が窒素の豊富な水域にあるとする．Gasse(1986)は，本種を eurythermal とし，温泉の高温にも耐えられるとする．Liebmann (1962)は，α-mesosaprobous 水域の指標種とする．

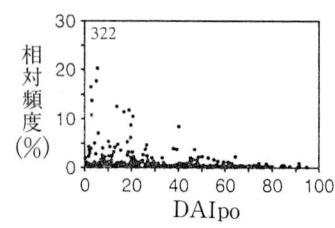

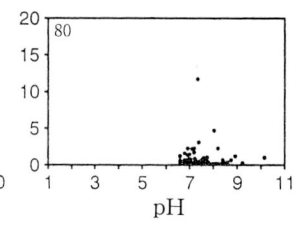

Cyclotella meneghiniana の生態図

Cyclotella delicatula Hustedt 1952　　　　　　　　　　　(Plate I-9：7-10)

　形態　径 5-13 μm；放射条線 約 17/10 μm．中心の無条線域の径は殻径の 1/2 よりも大きい．
　生態　稀産種．生態は情報が少ないため不明．

Cyclotella ocellata Pantocsek 1901　　　　　(Plate I-9：11-16；16：bar=1 μm)

　Basionym：*Cyclotella crucigera* Pantocsek 1901. Syn：*C. tibetana* Hustedt 1922.
　形態　径 6-25 μm；放射条線 13-15/10 μm；中心無条線域の径は，殻径の 1/2 よりも大きいが，中心域に 2-5 のくぼみがある(12-16)ことによって，*C. delicatula* と区別できる．
　生態　北海道倶多楽湖(DAIpo 71)，アメリカの Lake Tahoe(DAIpo 89, 93)などの貧栄養湖に付着藻として出現した．**有機汚濁に関しては広適応性種，pH に関しては好アルカリ性種．**

　Lange-Bertalot(1991)は，湖岸，河川に出現する種で多分普遍種だろうとする．Foged(1981)は，oligohalobe, alkaliphilous とする．

Cyclotella cyclopuncta Håkansson & Carter 1990　　　　(Plate I-9：17-23)

　形態　径 4-14 μm；放射条線 約 20/10 μm．形態類似種の *C. ocellata* とは，放射条線密度がはるかに大きく，中心無条線域の径が殻径の 1/2 よりも小さく，有基突起が1個あることによって区別できる．
　生態　稀産種，スイスの L. Luzern からの流出河川に出現．生態は情報が少ないため不明．

Plate I-9

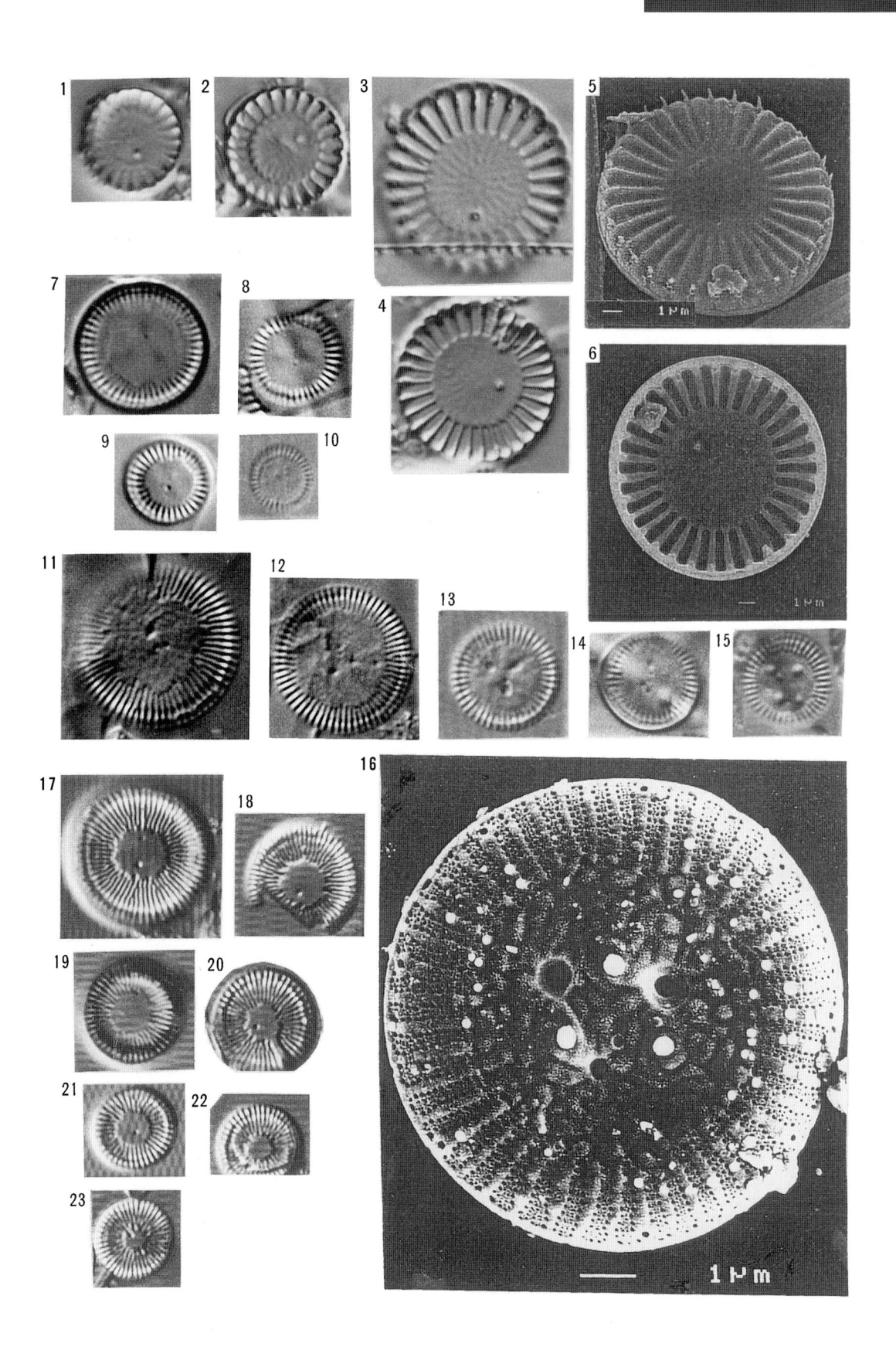

Cyclotella stelligera Cleve & Grunow var. *stelligera in* Van Heurck 1882

(Plate I-10：1-11；10, 11：bar=1 μm)

Basionym：*Cyclotella meneghiniana* var.? *stelligera* Cleve & Grunow *in* Cleve 1881. Syn：*C. meneghiniana* var. *stellulifera* Cleve *et* Grunow *in* Cleve 1881；*C. meneghiniana* var.? *stellifera* Cleve *et* Grunow *in* Van Heurck 1882.

|形態| 径 5-40 μm；放射条線 10-14/10 μm.

|生態| 有機汚濁に関しては広適応性種，pH に関しては中性種（図参照）．本種が第1位優占種となる群集では，*Stephanodiscus hantzschii* var. *hantzschii* が第2位優占種となることが，わが国の河川では最も多い．その場合の水質は，DAIpo 50-52 の貧腐水性またはβ中腐水性である．

　Håkansson(1993)は pH に関しては indifferent とする．Stockner(1971)は，貧腐水性の水を好む種としたが，Molder & Tynni(1968)は trophic indifferent と考えた．

　Cholnoky(1968c)は，本種の最適 pH は約 8.5 とする．Hustedt(1957)は，pH indifferent とする．

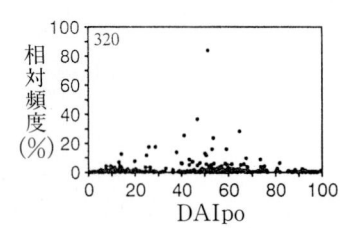

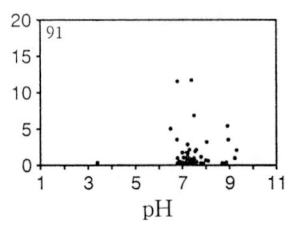

Cyclotella stelligera var. *stelligera* の生態図

Cyclotella pseudostelligera Hustedt 1939

(Plate I-10：12-16)

|形態| 小型種．径 7-8 μm；放射条線 約 18/10 μm．中央無条線域の径は，直径の約 1/2．殻の周縁には，数個の瘤状肥厚部がある．

|生態| 琵琶湖，池田湖，志賀高原の木戸池，芦ノ湖などに出現．相対頻度が 15%以上になる水域として，琵琶湖近江大橋(DAIpo 55)，南郷(DAIpo 51)と，琵琶湖からの流出河川淀川の宇治隠元橋(DAIpo 38)，観月橋(DAIpo 50)などのβ中腐水性-α貧腐水性水域があげられる．**有機汚濁に関しては広適応性種，pH に関しては好アルカリ性種**（図参照）．

　Van Dam *et al.*(1994)は，α-mesosaprobous の指標種，eutraphentic 水域の指標種とし，pH circumneutral とする．Foged(1964)，Håkansson(1993)は，pH indifferent とする．

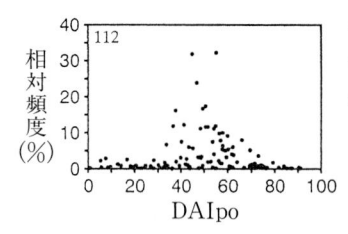

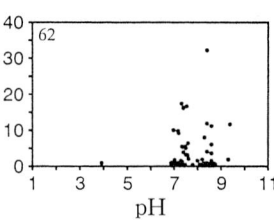

Cyclotella pseudostelligera の生態図

Cyclotella stelligeroides Hustedt 1945 (Plate I-10：17-21)

[形態] 小型種．径 5-8 μm；放射条線 16-17/10 μm．中央無条線域の径は 2.5-3.0 μm で，直径の 1/2 よりも小さい．

[生態] 有機汚濁に関しては広適応性種．池田湖(DAIpo 87)，琵琶湖の流入河川の野洲川(DAIpo 73, pH 7.1)，草津川(DAIpo 27, pH 7.0)，長命寺川(DAIpo 59, pH 7.0)などに出現．長命寺川では，約 30 % の高い相対頻度で出現した．

Håkansson(1993)は，pH indifferent とする．

Cyclotella glomerata Bachmann 1911 (Plate I-10：22, 23)

[形態] 小型種．径 3-8 μm；放射条線 14-17/10 μm．

[生態] 有機汚濁に関しては広適応性種，**pH** に関しては好アルカリ性種(図参照)．プランクトンとしてもよく出現する．

光顕によって，前記種と本種とを区別することは困難であるので，両者を複合種群と見なして下図を作製した．

Cyclotella stelligeroides と *C. glomerata* 複合種群の生態図

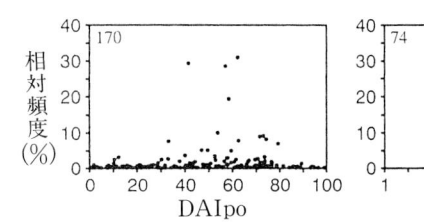

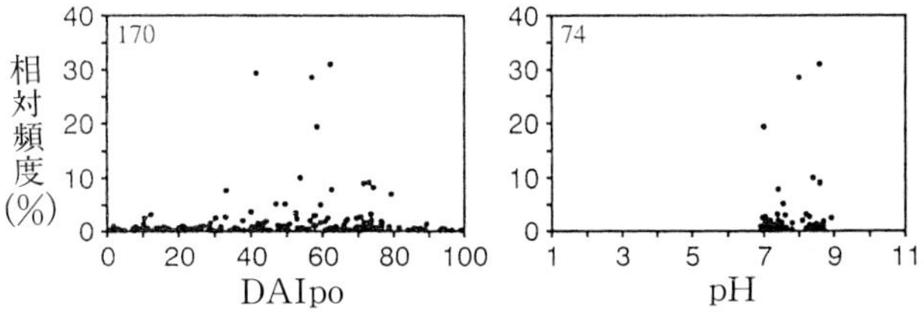

Cyclotella wolterecki (Woltereckii) Hustedt 1942 (Plate I-10：24-29)

Syn：*Cyclotella socialis* var. *minima* Bachm.

[形態] 小型種．径 5-9 μm；放射条線 約 19-21/10 μm．中央無条線域の径はわずかに 1-3 μm で，直径の約 1/3 あるいはそれ以下．殻の周縁には 7-10 個の瘤状肥厚部がある(26 の矢印)．

[生態] 琵琶湖，埼玉県宮沢湖，鎌北湖で，付着藻類群集中に出現．普通プランクトン性とされている．稀産種．ジャワ島植物園内池の試料から Hustedt(1942)が記載したが，情報量が少なく生態は不明．

Cyclotella atomus Hustedt 1937 (Plate I-10：30-33)

[形態] 小型種．径 3.5-7.0 μm；放射条線 16-20/10 μm．

[生態] 有機汚濁に関しては好汚濁性種，**pH** に関しては中性種(図参照)．DAIpo，産地 pH の加重平均は，それぞれ 16.7, 6.6．本種が第 1 位優占種となる珪藻群集は，DAIpo 6-22 の α 中腐水性～強腐水性の汚濁水域に出現する(渡辺，浅井 1992)．付着藻類のみならず，微細プランクトンの構成種としても広く出現する普遍種．

Van Dam *et al.*(1994)は，eutraphentic, α-mesosaprobous であり，alkaliphilous とする．Håkansson(1993)は，pH indifferent とする．

Cyclotella atomus の生態図

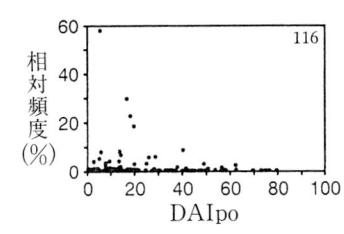

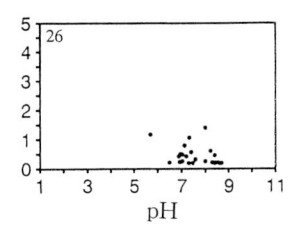

Plate I-10

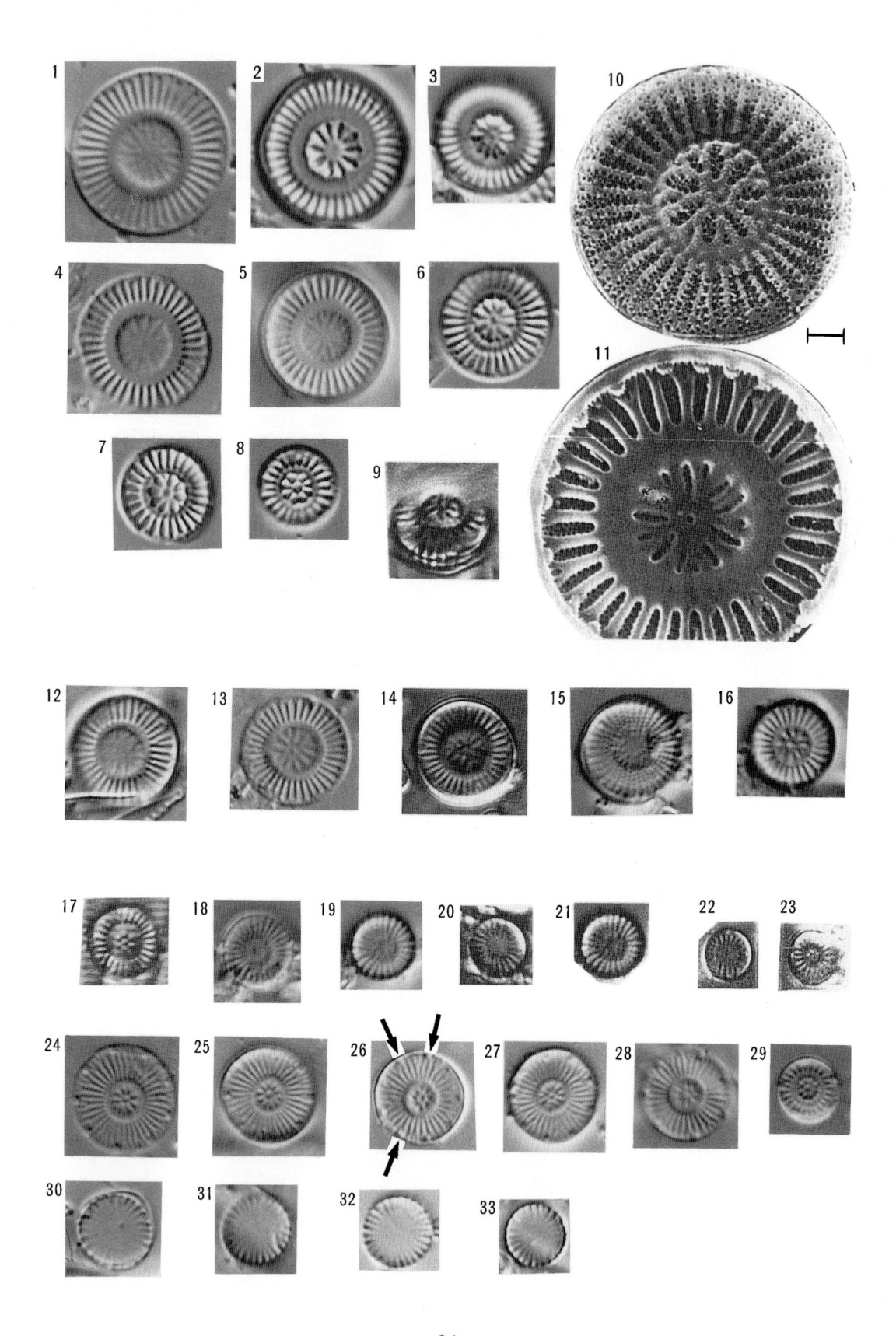

34

Cyclotella bodanica var. *affinis* (Grunow) Cleve-Euler 1951 (Plate I-11：1-5)

Basionym：*Cyclotella comta* var. *affinis* Grunow *in* Van Heurck 1882. Syn：*C. americana* Fricke 1900.

形態 径 6-25 μm；放射条線 13-15/10 μm．写真は十和田湖(DAIpo 54)，池田湖(DAIpo 87)，尾瀬沼(DAIpo 56)に産したものであるが，Håkansson(1986)が撮影した Grunow の type slide 1648 からの写真とよく一致した．

生態 稀産種であるが上記の産地からすれば，**好清水性種である可能性**がある．

Van Dam *et al.*(1994)は，本分類群の基本種 *C. bodanica* を oligosaprobous, pH circumneutral とする．

Cyclotella praetermissa Lund 1951 (Plate I-11：6-9)

形態 径 8-25 μm；放射条線 13-19/10 μm．

生態 芦ノ湖(DAIpo 59)，西湖(DAIpo 88)，スイスの L. Lutzern の付着藻類群集中に出現．産地からすれば，**好清水性種である可能性**がある．

Lund(1951)は，プランクトン性 *Cyclotella* という．

Cyclotella lacunarum Hustedt 1922 (Plate I-11：10-14)

形態 径 9-19 μm；放射条線 13-15/10 μm．十和田湖で出現した分類群は Simonsen(1987)が，Hustedt(1922)が南チベットで採集した試料中，lectotype として選んだ分類群を撮影した写真と酷似する．中央無条線域の径は，直径の1/3以下．

生態 十和田湖(DAIpo 54)の付着藻類群集中に出現したが，稀産種であるので，生態は不明．

Cyclotella radiosa (Grunow) Lemmermann 1900 (Plate I-11：15-20)

Basionym：*Cyclotella comta* var. *radiosa* Grunow *in* Van Heurck 1882. Syn：*Discoplea comta* sensu Ehrenberg 1845, 1854；*Cyclotella comta* Kützing 1849；*C. comta* var. *melosiroides* Kirchner *in* Schröter & Kirchner 1896；*C. melosiroides* (Kirchner) Lemmermann 1900；*C. schroeteri* Lemmermann 1900；*C. balatonis* Pantocsek 1901.

形態 径 8-50 μm；放射条線 13-16/10 μm．

生態 世界普遍種．図に示すように，**有機汚濁に関しては広適応性種，pH に関しては好アルカリ性種**．

Håkansson(1993)は，本分類群を *Cyclotella comta* として，alkaliphilous とする．

Van Dam *et al.*(1994)は，β-mesosaprobous, eutraphentic, alkaliphilous とする．

Cyclotella radiosa の生態図

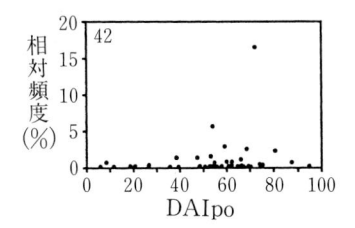

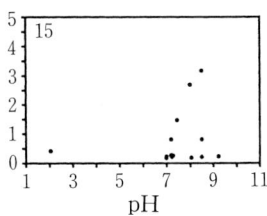

Plate I-11

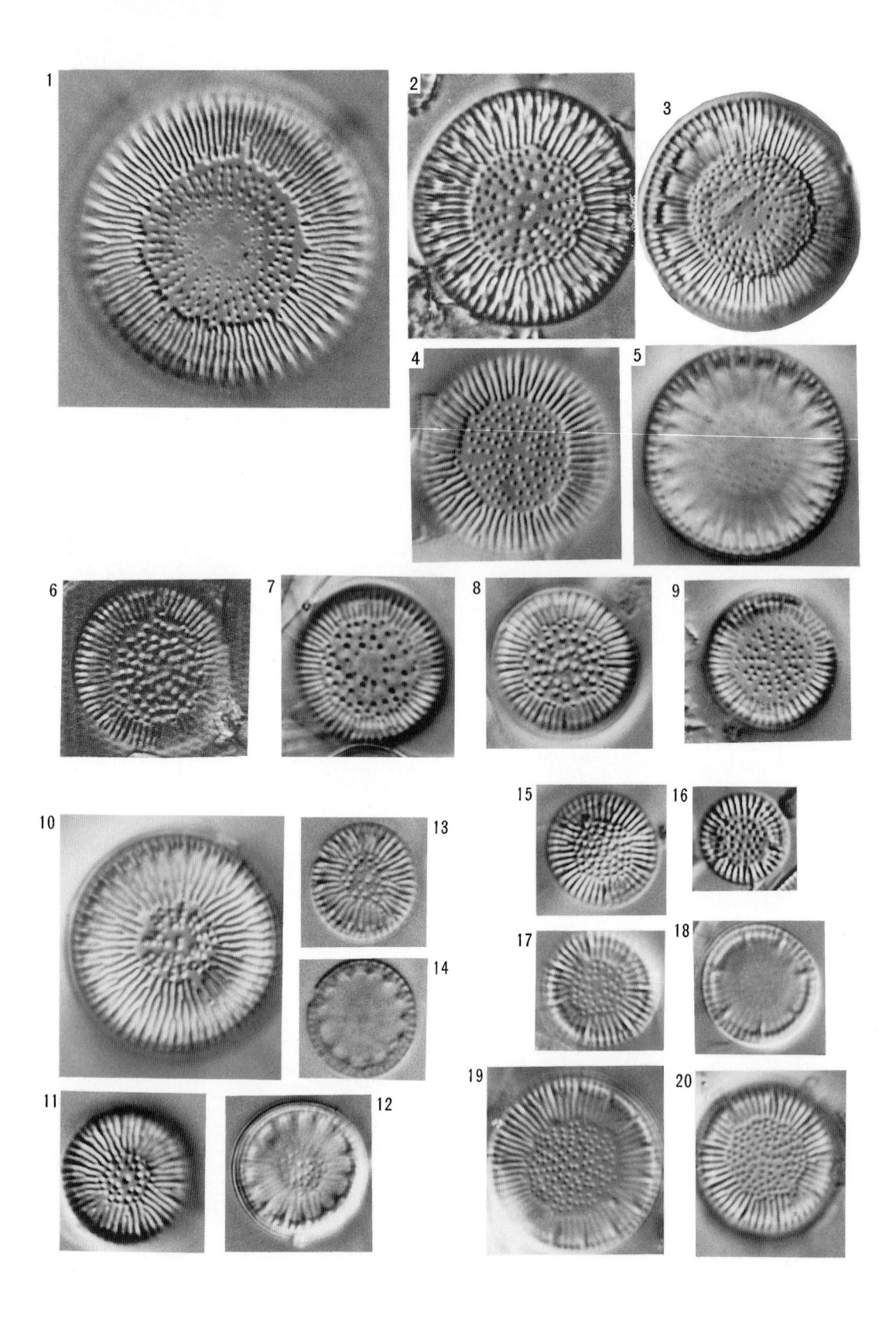

Cyclostephanos Round 1987 (Plate I-12〜I-13)

生活様式：**細胞**は円盤状，通常単体で浮遊生活をする．
葉 緑 体：円盤状，多数ある．
殻 面 観：殻面観は円形で，**胞紋列**(rows of areolae)が中心から放射状に走る．
　　　　　周辺部では，胞紋列の**束**(fascicle)間の**肋**(costae)が，はっきりと放射状に走る．
　　　　　中心部は，同心円状に隆起している場合がある．
帯 面 観：**殻套**(valve mantle)の高さは低い．電顕で観察すると，胞紋列の束と肋が，殻面から殻套へ
　　　　　続いて下降している．
針 状 刺：光顕ではわかりにくい．刺は中実．被殻周縁の，胞紋列の束間の肋ごとにある．
唇状突起：光顕ではわかりにくい．中空．1個存在する．
有基突起：光顕ではわかりにくい．中空．殻の周縁にある．開口は針状突起の下にある．突起基部の脚
　　　　　の数は，通常2個．

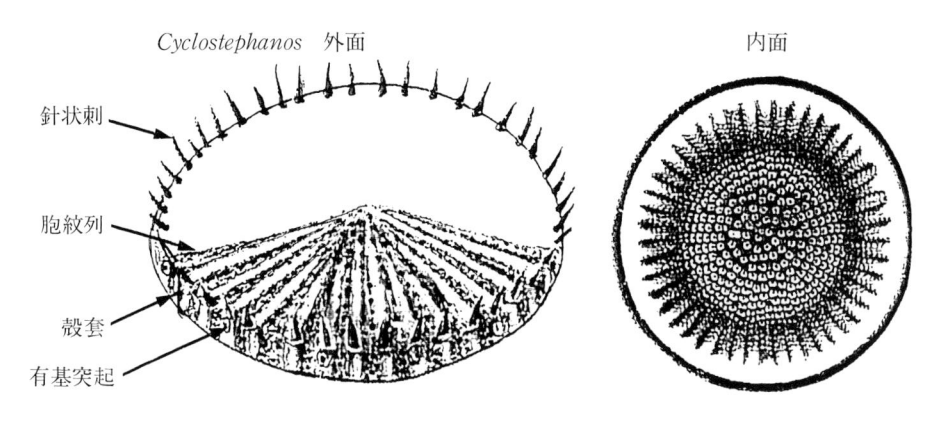

種の同定に必要な記載事項

例：*Cyclostephanos dubius* (Fricke) Round
1. 被殻の大きさ
　　　直径 15 μm
2. 条線密度(胞紋列の束の密度)
　　　肋密度 11/10 μm，胞紋の束を形成する胞紋列の数 2
　針状刺，唇状突起，有基突起いずれも光顕では観察しにくい．

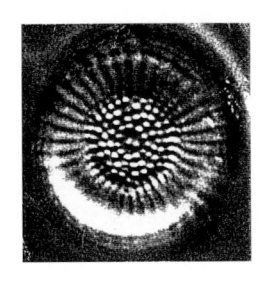

Cyclostephanos fritzii (K.B. Clarke) Tuji & Houki 2001
(Plate I-12：1-4)

　　Basionym：*Pelagodictyon fritzii* K.B. Clarke 1994.

形態　径 9-16 μm；肋 18-20/10 μm. Clarke(1994)が新属 *Pelagodictyon* を記載したときに，本種を含めて3新種を合わせて記載した．しかし，辻，伯耆(2001)は，胞紋の網目構造によって新属とされたことについて，より詳細に再検討されるべきであると考えて，*Cyclostephanos* の一分類群とした方が好ましいとし，本種を *Cyclostephanos* の一分類群として裸名で報告した．

生態　Clarke(1994)は，潮の干満のある河川ではあるが，海水浸入の限界域よりも上流部で本種を発見した．またその地点は，下水処理場の排水口から9km下流であったとする．

　本邦では，志賀高原の丸沼(pH 8.9)，日光の湯滝(DAIpo 76)，琵琶湖など，淡水域からの出現が報告されているが，情報量が未だ少なく，その生態は不明である．

Cyclostephanos tholiformis Stoermer, Håkansson & Theriot 1987
(Plate I-12：5-8)

形態　径 7-12 μm；肋 12-13/10 μm. 殻の中心部には，中心有基突起がある．前記の *Cyclostephanos fritzii* と似るが，肋密度が粗い．

生態　琵琶湖の汚濁水域，赤野井湾(辻，伯耆 2001)，埼玉県宮沢湖，鎌北湖，および流水域では，日光の湯滝に出現した**広適応性種**．

　本種のタイプ原産地米国の Iowa 州，Lazy Lagoon は，富栄養化した水域である．内外の産地からすれば，富栄養化した水域にも出現しうる種であることは確かである．

Cyclostephanos tholiformis の生態図

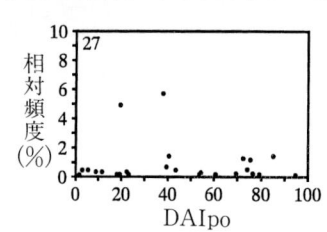

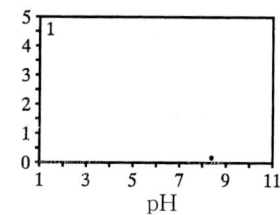

Stephanodiscus hantzschii Grunow 1880   (Plate I-12：9, 10；10：bar=1 μm)

Syn：*Cyclotella operculata* sensu Hantzsch 1827；*Stephanodiscus hantzschianus* Grunow 1881；*S. hantzschii* var. *pusilla* Grunow 1880；*S. zachariasii* Brun 1894；*S. hantzschii* var. *zachariasii* (Brun) Fricke 1902；*S. hantzschii* var. *delicatula* Cleve-Euler 1910；*S. pusillus* (Grunow) Krieger 1927；*S. tenuis* Hustedt 1939.

形態 径 5-30 μm；肋 8-12/10 μm. 光顕下では，殻は *Cyclostephanos* 属の前記の 2 種と同様に円盤状で，属の違いを識別することはできない．ただ，肋密度が前二者よりも粗いことによって，種を判別しうる．肋が殻套にまでは伸びない *Stephanodiscus* の特徴は，SEM によって確認できる(10).

生態 有機汚濁に関しては広適応性種，pH に関しては好アルカリ性種.
Van Dam *et al.* (1994)は，汚濁に関しては α-meso/polysaprobous, hypereutraphentic, pH に関しては alkalibiontic とする．Håkansson(1993)は，alkalibiontic/alkaliphilous にまたがる種とする．Lund(1961)は，富栄養化した水域を特徴づける種で，かなりの汚濁に耐えられる種であるとする．

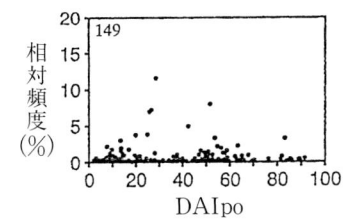

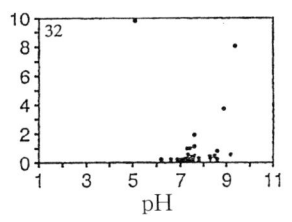

Stephanodiscus hantzschii の生態図

Cyclostephanos cf. *invisitatus* (Hohn & Hellermann) Theriot, Stoermer & Håkansson 1987
(Plate I-12：11-17；15-17：bar=1 μm)

形態 径 11-15 μm；肋 11-13/10 μm. 次記の *C. dubius* とともに，肋が殻套にまで伸びるなど，*Cyclostephanos* 属の特徴をもち，光顕下では，両者の区別は難しい．中心有基突起は 1 個(17)，2-3 肋ごとに存在する周縁有基突起(16)は，いずれも 2 脚である(15).

生態 春季に琵琶湖沿岸域で広域に出現する．有機汚濁に関しては広適応性種(辻，伯耆 2001).

Cyclostephanos cf. *invisitatus* の生態図

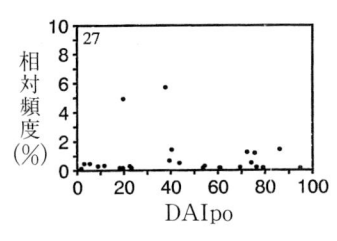

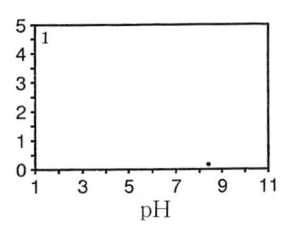

Plate I-12

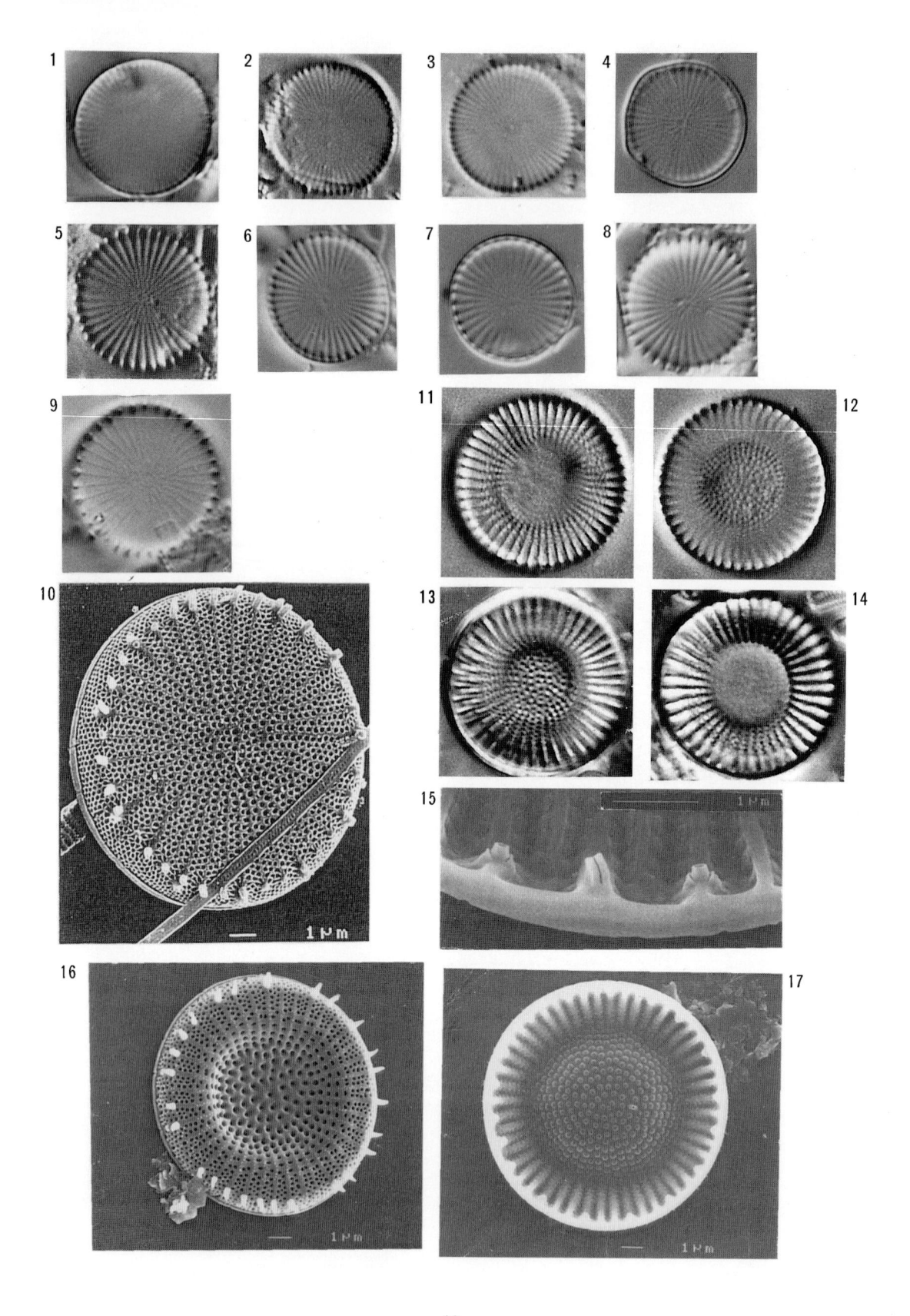

Stephanodiscus Ehrenberg 1845（Plate I-12〜I-14）

生活様式：**細胞**は円盤状．通常単体で浮遊性．殻の周縁部の突起より，粘液質の糸を分泌する場合がある．
葉 緑 体：円盤状，多数．
殻 面 観：殻面観は円形で，**胞紋列**（rows of areolae）が中心から放射状に走る．
　　　　　胞紋列は中心部では1列であるが，周辺部では2〜数列の**束**（fascicle）になり，束の間の**肋**（costae）と共に放射状に走る．
　　　　　中心部は，平坦なものもあれば隆起しているものもある．隆起の程度は，同種内でも個体差がある．中心部に**有基突起**（strutted process）をもつものがある．
帯 面 観：**殻套**（valve mantle）の高さは小さい．電顕で観察すると，胞紋列の束と肋が，中心部から放射状にのびるが，殻の周縁部の**針状刺**（spine）の根元で止まり，殻套へは下降しない（下図，中央）．
　　　　　殻套では，**胞紋**（areola）は均質に分布する．
針 状 刺：中実．殻周縁の，胞紋列の束間の肋ごとにある．
唇状突起：中空．殻套に1〜数個存在する．外側への開口部は筒状．電顕でなければ見えない．
有基突起：中空．殻の周縁にある有基突起の開口は，針状刺の下にある．電顕でなければ見えない．

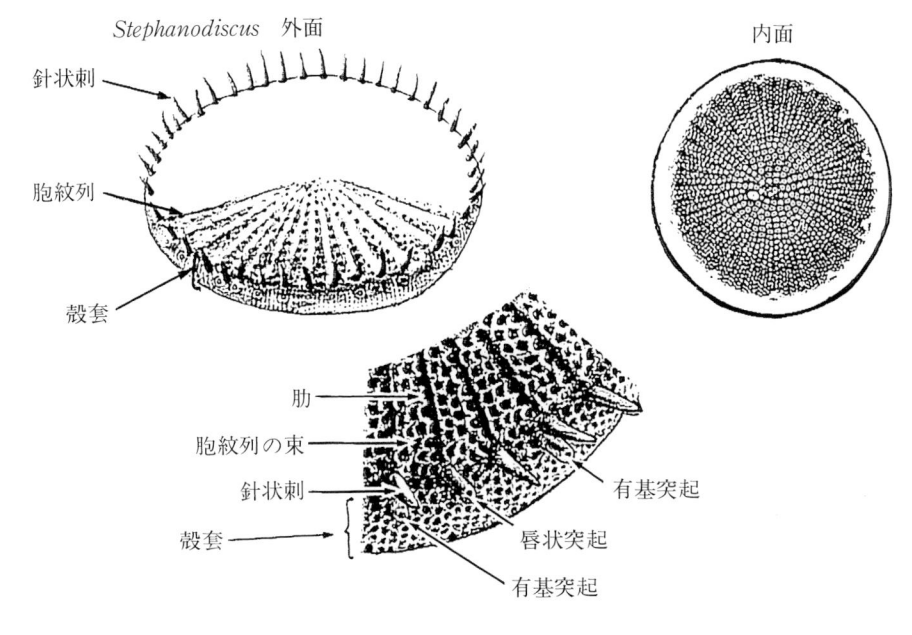

種の同定に必要な記載事項

例：*Stephanodiscus alpinus* Hustedt
1．殻の大きさ
　　　直径 18 μm
2．条線密度（胞紋列の束の密度）
　　　10/10 μm

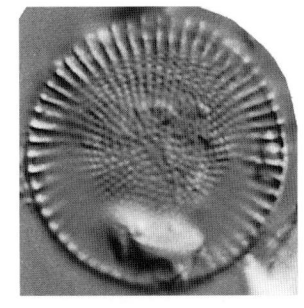

Cyclostephanos dubius (Fricke) Round 1982　　　　(Plate I-13：1-3；3：bar＝1μm)

Syn：*Cyclotella dubia* Fricke 1900；*Stephanodiscus dubius* (Fricke) Hustedt 1928；*S. pulcherrimus* Cleve-Euler 1911；*Cyclotella dubia* var. *spinulosa* Cleve-Euler 1915；*S. dubius* α *radiosa* Cleve-Euler 1951；*S. dubius* β *dispersus* Cleve-Euler 1951；*S. dubius* f. *longiseta* Cleve-Euler 1951.

形態　径 4.5-35μm；肋 12-18/10μm. 光顕下では前記種および次記種と区別することは困難である. 殻の周辺部で肋が肥厚していることが, 前記種との大きな違いである(3).

生態　有機汚濁に関しては広適応性種, pH に関しては中性種(図参照). 淀川水系の多くの地点に出現.

Van Dam *et al*. (1994)は, 汚濁に関しては α-mesosaprobous, eutraphentic, pH に関しては alkalibiontic とする. Håkansson(1993)は, alkaliphilous とする.

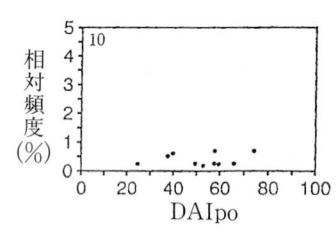

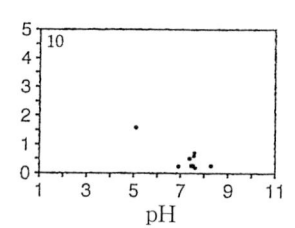

Cyclostephanos dubius の生態図

Stephanodiscus alpinus Hustedt 1942　　　　　　　　　　　　　(Plate I-13：4-8)

形態　径 10-32μm；肋 8-11/10μm；胞紋 18-29/10μm. 光顕下では, 先述の *Cyclostephanos* cf. *invisitatus*, *Cyclostephanos dubius* との区別は難しいが, 種の殻周辺の突起が強く目立つことは, 本種を他と区別することの手がかりとなろう.

生態　北海道摩周湖(DAIpo 91, 93)に出現(渡辺 1990). 辻, 伯耆(2001)は, 若林ら(1982)が, *Stephanodiscus alpinus* とした琵琶湖産のものは, *Cyclostephanos* cf. *dubius* であると考えた.

Hickel & Håkansson (1993)は, 北ドイツの富栄養湖での 20 年間にわたる観測において, 本種が水温 1.9-9.6℃の冬から春にかけて, プランクトンとして出現し, 春季の水の華の主要構成種となったこともあったと報じている. 富栄養のみならず, 貧栄養の水域にも出現できる種とする.

Stephanodiscus binatus Håkansson & Kling 1990　(Plate I-13：9-13；13：bar=1μm)

形態 径 5-9μm；肋 約10-12/10μm；中心域 狭い；胞紋 不規則に点在．

生態 日光の湯滝(DAIpo 76)，双頭の滝(DAIpo 86)，琵琶湖への流入河川である野洲川(DAIpo 73)で出現．生態は情報が未だ少なく未詳だが，**好清水性種である可能性が大きい**．

　オーストリア，カナダで本種が出現した湖は，すべて貧栄養湖(Håkansson & Kling 1990)．

Stephanodiscus minutulus (Kützing) Cleve & Möller 1882　　(Plate I-13：14-18)

　Basionym：*Cyclotella minutula* Kützing 1844. Syn：*Stephanodiscus minutulus* (Kützing) F. E. Round 1981；*S. parvus* Stoermer & Håkansson 1984；*S. astraea* var. *minutula* (Kützing) Grunow *in* Van Heurck 1882.

形態 径 5-12μm；肋 10-12/10μm．前種とともに比較的径が小さく，肋密度の粗い種である．Kobayasi *et al.* (1985)は，本種と *S. parvus* とを同一分類群と考えた．

生態 九州の池田湖(DAIpo 87)，富士五湖の1つ本栖湖(DAIpo 69)に出現したが，琵琶湖全域にも出現した(辻，伯耆 2001)．**有機汚濁，pHに関しては，それぞれ広適応性種，好アルカリ性種である**(図参照)．図は，本種と *S. parvus* とを合わせて複合種群とし，その生態を示したものである．

　Van Dam *et al.* (1994)は，*S. minutulus* と *S. parvus* ともに，eutraphentic, alkalibiontic とし，*S. parvus* には，α-mesosaprobous の性質を加えている．

Stephanodiscus minutulus と *S. parvus* 複合種群の生態図

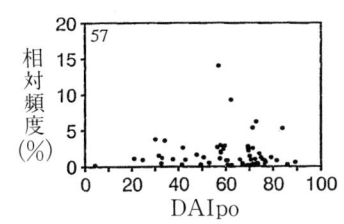

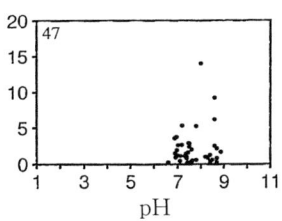

Plate I-13

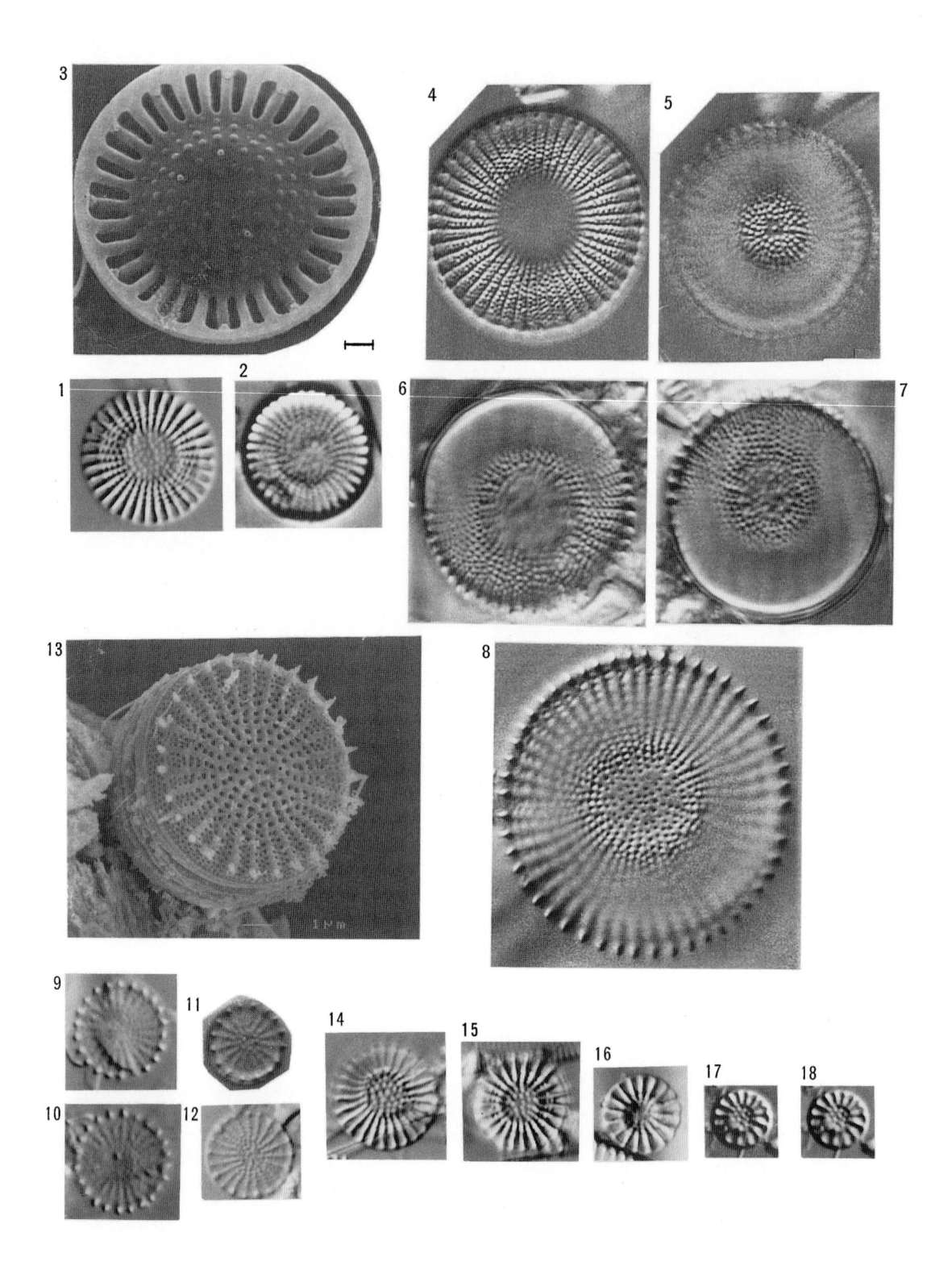

44

Stephanodiscus suzukii Tuji & Kociolek 2000

(Plate I-14：1-5；2, 3：bar＝10 μm, 4, 5：bar＝1 μm)

Syn：*Stephanodiscus carconensis* (Eulenstein *ex* Grunow) Grunow 1878 sensu Skvortzow 1936.

形態 径 14-40 μm；肋 3-4/10 μm；胞紋 14/10 μm．殻套にある周縁有基突起は，殻面の肋に対応する位置に開口する(4)．(5)は殻内面への有基突起と多孔質膜をもつ胞紋の開口．従来 *Stephanodiscus carconensis* Grunow var. *carconensis* とされてきた種で，本邦では琵琶湖とその周辺の水域に産する固有種とされてきた．しかし，*S. carconensis* と同定してよいか否かは，古くから疑問視されていた(小林 1976)．

最近，Tuji & Kociolek (2000)の研究により，カリフォルニア産の *S. carconensis* と，琵琶湖産のものとは微細構造が異なることが判明し，新種として記載された．

生態 琵琶湖では，北湖の近江舞子，中庄浜，月出，竹生島，多景島，堅田，磯のみならず，南湖の琵琶湖研究所近くにおいても，付着藻類試料中に出現したが，本種は本来プランクトン性種．相対頻度は小さい．

好清水性種である．pH に関しては好アルカリ性種．

本種は次記種とともに，琵琶湖で進化した固有分類群であると考えられる．北湖では冬季にプランクトンとして出現し，夏季には躍層下に存在する．琵琶湖において，本種は唯一の大型 *Stephanodiscus* である(Tuji & Kociolek 2000)．

Stephanodiscus suzukii の生態図

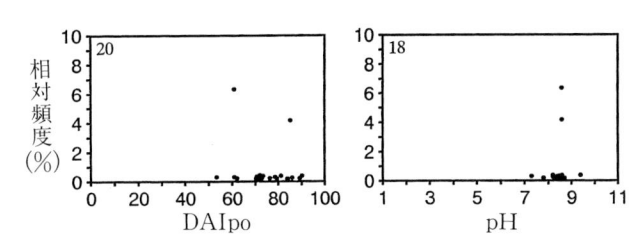

Stephanodiscus pseudosuzukii Tuji & Kociolek 2000

(Plate I-14：6-10；9, 10：bar＝1 μm)

Syn：*Stephanodiscus carconensis* var. *pusilla* sensu Skvortzow 1936.

形態　径 5-20 μm；肋 3-4/10 μm；胞紋 12-16/10 μm．前記種と比べて径が小さいことと，中心部で幅広くなった肋が存在することによって，光顕を使っても区別できる．

生態　前種と比べてはるかに多い地点で出現し，相対頻度も比較的大きい(図参照)．

有機汚濁に関しては好清水性種，pH に関しては好アルカリ性種(図参照)．

琵琶湖北湖に多いが，南湖においても，ことに秋から春にかけて見られるようになった(Tuji & Kociolek 2000)．

他に余呉湖と三方五湖からも報告されている．Kato *et al.* (2003) は，この2種を区別できないとして *S. suzukii* 1種として記載したが，殻径や肋の幅の違いでほぼ区別できるので，ここでは別種として扱った．

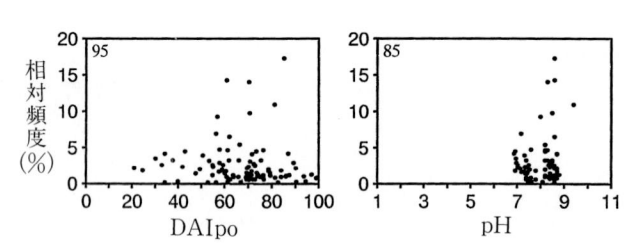

Stephanodiscus pseudosuzukii の生態図

Plate I-14

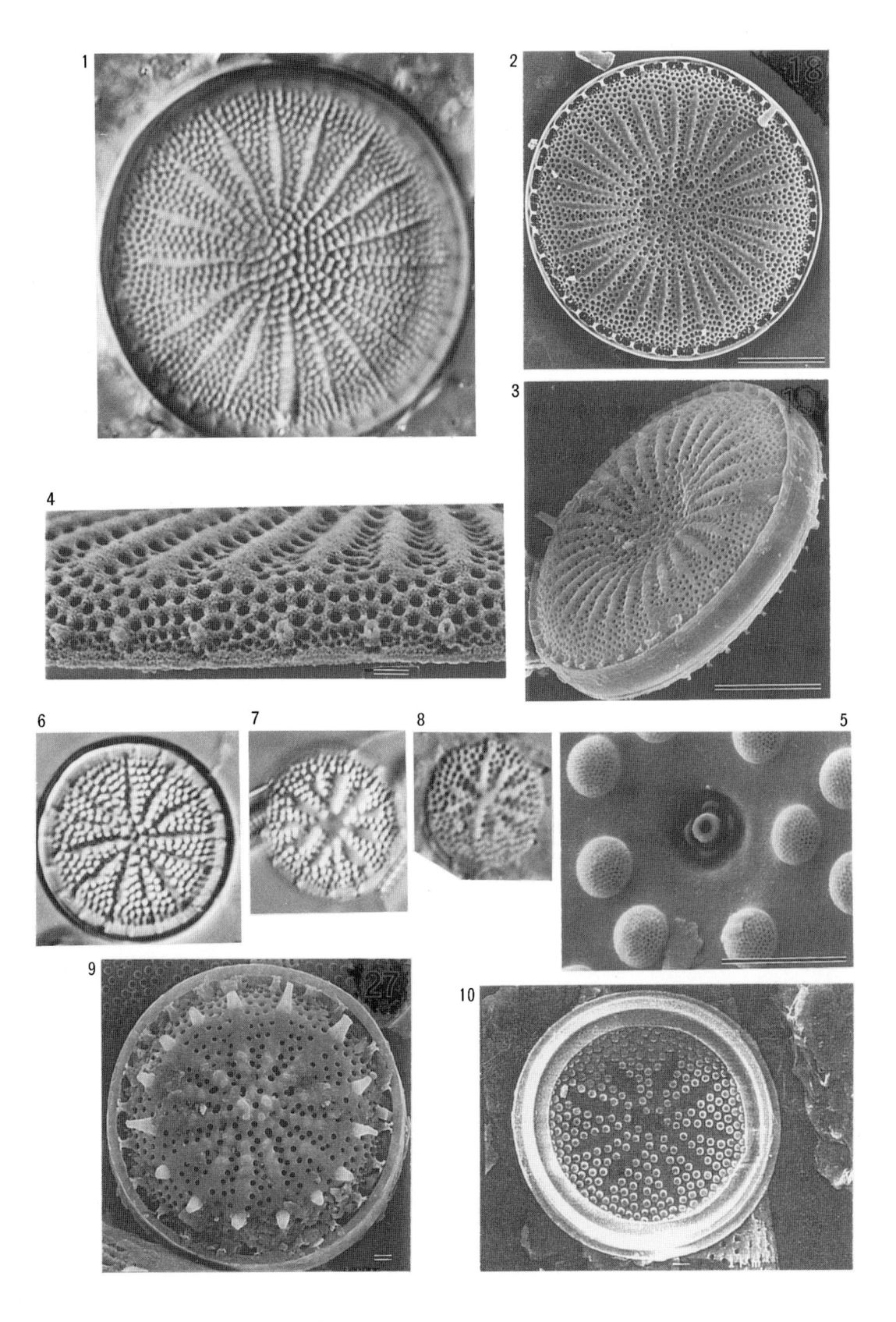

Thalassiosira P.T. Cleve 1873 (Plate I-15)

生活種式：細胞は円盤状または円筒形．中心部の**有基突起**(strutted process)から分泌されるキチン質の連結糸により，鎖状に連なる群体を作る場合もあれば，殻の周縁部の有基突起から粘質糸を放射状に分泌する場合もある．単体で生活する場合もある．
海産の種が多く，淡水産種は少ない．通常浮遊生活をする．
葉 緑 体：円盤状，多数ある．
殻 面 観：殻面観は円形で，平坦．
胞紋列(rows of areolae)は，放射状，正接状または弧状に並ぶ．肋(costae)は存在しない．有基突起の筒状開口は，殻の周縁にある．
帯 面 観：殻套(valve mantle)の高さは低い．
唇状突起：通常1個．外側へは，明瞭な筒の先端で開口する．
有基突起：有基突起の開口は筒状．殻の周縁部または殻面上に存在する．

種の同定に必要な記載事項

例：*Thalassiosira bramaputrae* (Ehrenberg) Håkansson
1. 殻の大きさ
 直径 26 μm
2. 胞紋
 胞紋密度(小室の数) 14/10 μm

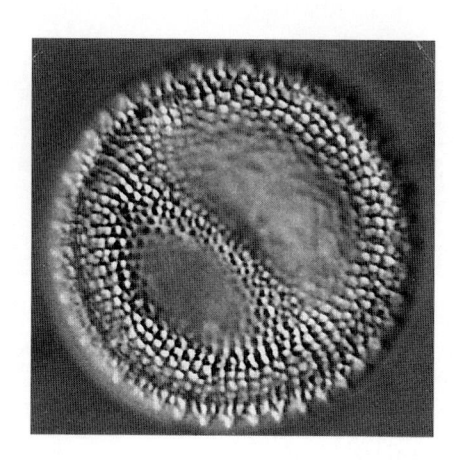

Thalassiosira bramaputrae (Ehrenberg) Håkansson & Locker 1981

(Plate I-15：1-3)

Basionym：*Stephanodiscus bramaputrae* Ehrenberg 1854. Syn：*Cyclotella punctata* W. Smith 1856；*Coscinodiscus lacustris* Grunow *in* Cleve & Grunow 1880；*Thalassiosira lacustris* (Grunow) Hasle 1977.

形態 径 13-35 μm；胞紋 12-13/10 μm．大型で殻面が波うつ．放射状の粗い胞紋列が走るが，明瞭な条線とはならない．周縁部の刺と，中心と周縁の有基突起は，焦点の調整により，光顕で観察できる．

生態 図に示すように，**有機汚濁に関しては広適応性種，pH に関しては好アルカリ性種**．Van Dam *et al.* (1994) は，β-mesosaprobous, eutraphentic, alkaliphilous とする．

Thalassiosira bramaputrae の生態図

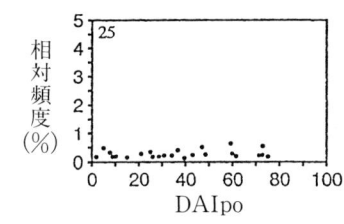

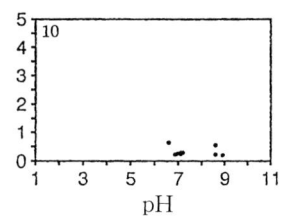

Thalassiosira faurii (Gasse) Hasle var. *faurii* 1978

(Plate I-15：4-6)

Basionym：*Coscinodiscus faurii* Gasse 1975.

形態 径 25-30 μm；条線 18-20/10 μm．

生態 台湾で最大のダム湖曽文水庫にプランクトンと付着藻類群集の一員として出現した．このダム湖は，富栄養化が進行し，pH は 8.2-8.9．アフリカでは，高アルカリ湖でプランクトンとして出現 (Gasse 1986)．

Thalassiosira weissflogii (Grunow) Fryxell & Hasle 1977

(Plate I-15：7-11；11：bar=1 μm)

Basionyn：*Micropodiscus weissflogii* Grunow *in* Van Heurck 1883. Syn：*Thalassiosira fluviatilis* Hustedt 1926.

形態 径 4-32 μm．胞紋は極めて小さいので，条線は光顕下では認められない．等間隔に並ぶ周縁有基突起と，中央部の数個の中心有基突起(11)は，光顕により確かめることができる(7-10)．

生態 本種は淡水から汽水にかけてよく出現するが，琵琶湖への流入河川に出現した．天野川(DAIpo 71)，姉川(DAIpo 77)の石礫付着藻としてしばしば出現．姉川が流入する琵琶湖のヨシ帯で，夏季に大量発生を見た(辻，伯耆 2001)．**有機汚濁に関しては広適応性種**．

ヨーロッパでは，淡水から汽水にかけて出現するが，流水によく出現する種とされている(Krammer & Lange-Bertalot 1991)．Van Dam *et al.* (1994) は，α-mesosaprobous, hypereutraphentic, alkaliphilous とする．

Thalassiosira weissflogii の生態図

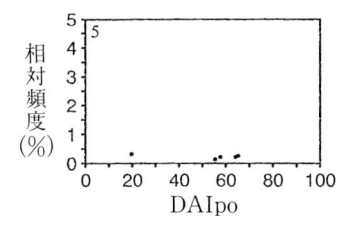

Thalassiosira pseudonana Hasle & Heimdal 1970　　　　　　(Plate I-15：12-21)

Syn：*Cyclotella nana* Hustedt 1957.

[形態]　径 2.5-9 μm．極めて小型で，光顕での殻面観察は困難．

[生態]　本種は，本来プランクトン性とされてきた．日光の湯滝(DAIpo 76)で出現した．

Van Dam *et al*. (1994)は，前記種と同様に，*α*-mesosaprobous, hypereutraphentic, alkaliphilous とする．

Plate I-15

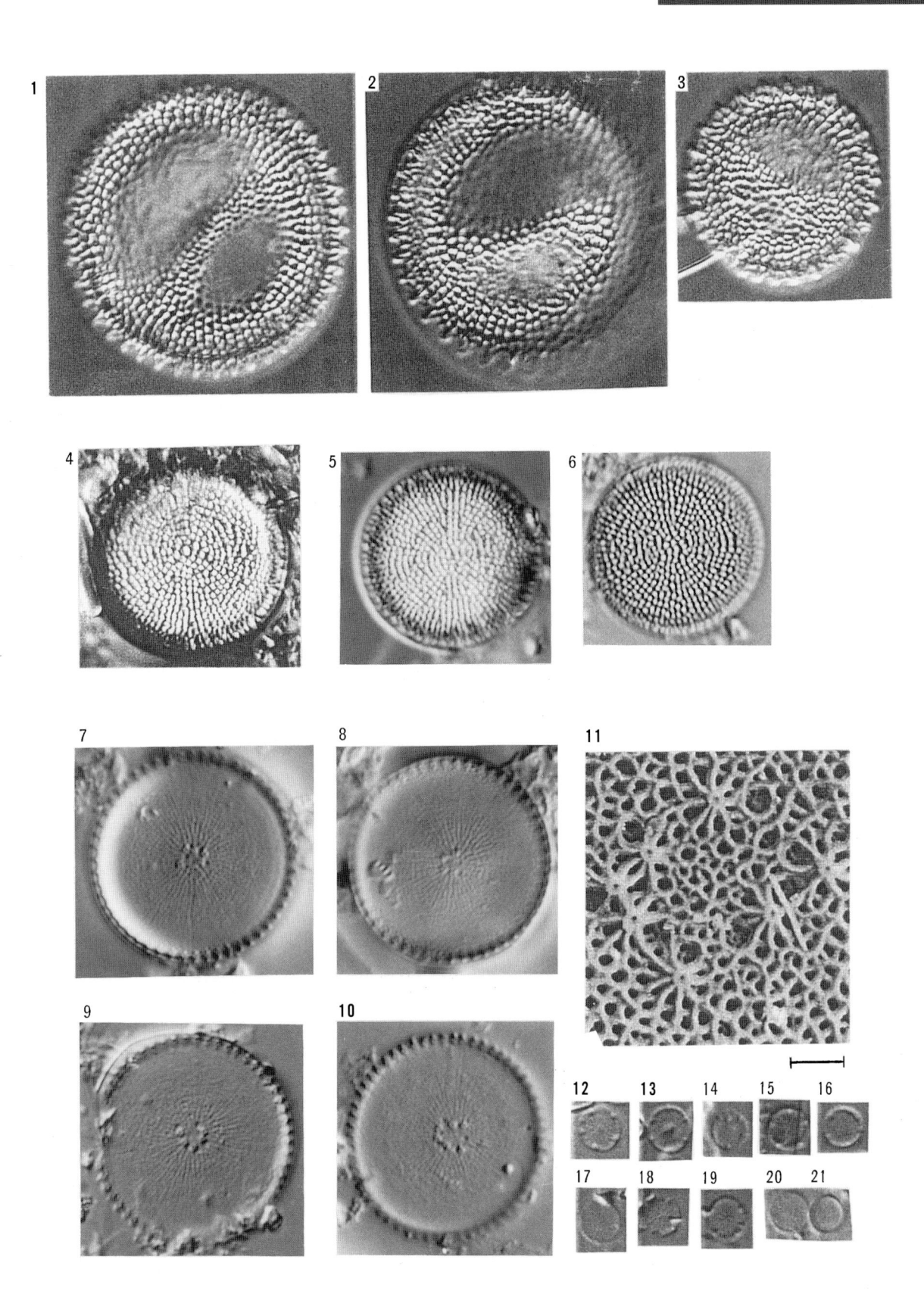

Rhizosolenia Ehrenberg 1843 (Plate I-16)

　本属中の多くの分類群は海産で，わずかではあるが淡水産のものもある．海産の *Rhizosolenia* 分類群と淡水産の分類群とは，形態構造が異なることにより，淡水産分類群は，新属 *Urosolenia* に組み替えられた．しかし次記の *Urosolenia longiseta* には，*Urosolenia* にはない唇状突起があるなど，種の帰属について，さらなる検討を要する問題点のあることが指摘されている（辻，伯耆 2000）．

Urosolenia longiseta (O. Zacharias) Edlund & Stoermer 1993

(Plate I-16：1-7；1-5, 7：bar＝10 μm, 6：bar＝1 μm)

　Syn：*Rhizosolenia longiseta* O. Zacharias 1893.

　形態　径 4-10 μm；長さ（刺を除く）70-250 μm．刺の長さは，細胞の長さよりも長いこともある（3, 7），(3, 4)は分裂直前の細胞．

　生態　淡水止水域でプランクトンとして出現する．津軽十二湖の大池，面子坂の池では11月と12月，小川原湖では8月に出現した記録がある．木崎湖，琵琶湖にも出現するが，人工湖で大量に発生することが知られている．

Plate I-16

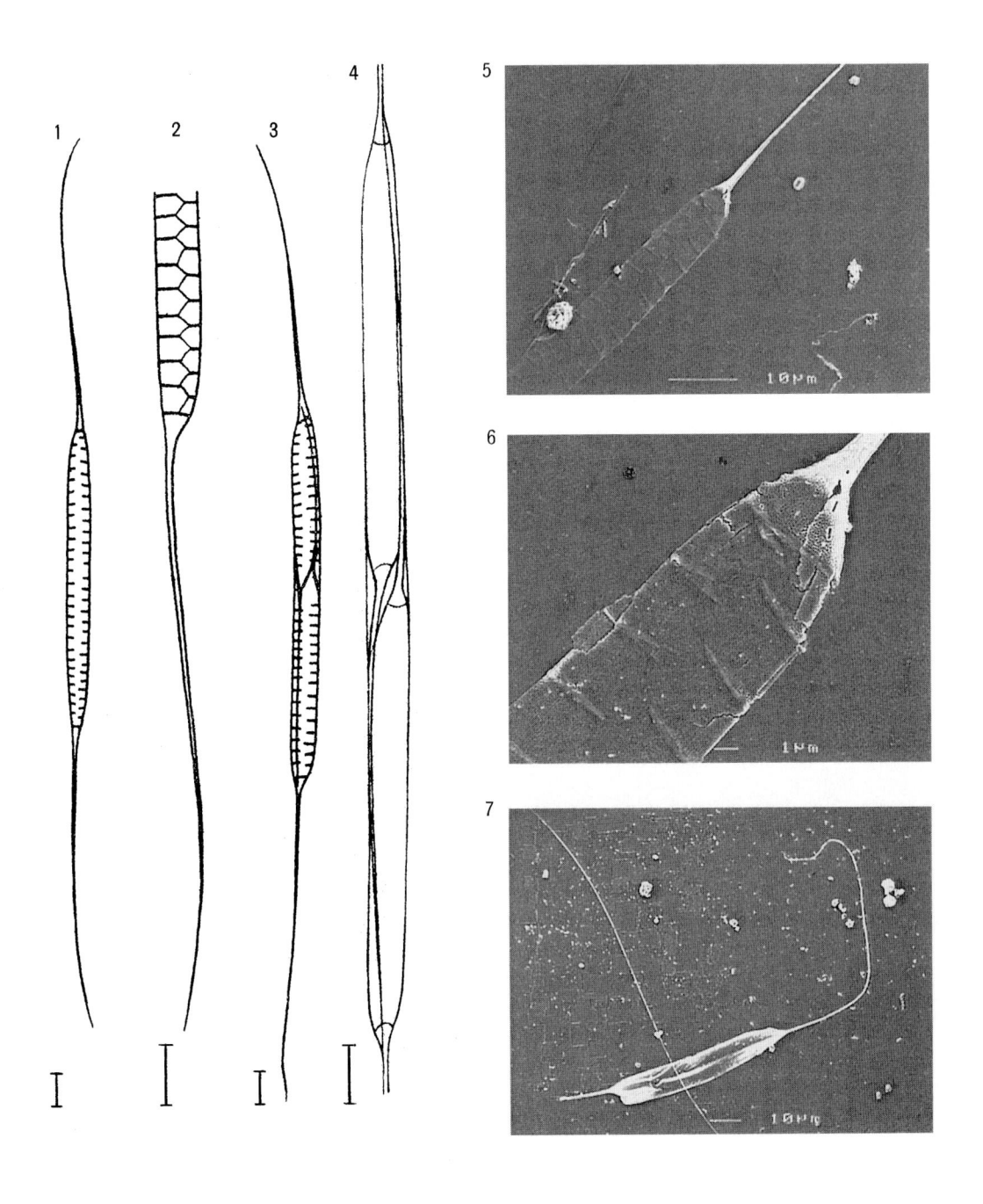

Pleurosira Meneghini 1845（Plate I-17）

　被殻は *Melosira* 属と同様に円筒形(3)．眼域(ocellus)の小孔から分泌される粘質物によって，細胞同士がつながり，ジグザグ状または真っすぐの群体を形成する．

　特に熱帯，亜熱帯における汽水域を，本来の生息地とする種であろうと考えられてきた(Cholnoky 1968, Round *et al.* 1990)．日本に出現する淡水産種は下記の1種のみである．

Pleurosira laevis（Ehrenberg）Compère 1982　　　　　　　　　　　　（Plate I-17：1-3）

　Basionym：*Biddulphia laevis* Ehrenberg 1843.

形態　径 40-100 μm；胞紋 13-16/10 μm．細胞は大型で，密につまった小孔をもつ2, 3個の眼域(2の矢印)から分泌される粘液で細胞が接着し，ジグザグ状の群体を形成する．殻面には2, 3個の唇状突起(1の矢印)が存在する．その位置は光顕によって確かめることができる．

生態　琵琶湖では，流入河川の付着藻，および富栄養化の進んだ赤野井湾のプランクトンとして出現した．琵琶湖湖内では，死細胞として観察されることが多いが，それらは，周辺の集水域や流入河川から流入したものと考えられる(辻，伯耆 2001)．

　フィリピンのラグナ湖(Laguna Bay)は，唯一の流出河川を海水が逆流するために，最近まで汽水湖であったが，流出河川に水門を設けた結果，淡水化が進行し，本湖の塩素量は 150-250 mg/l 程度となっている(沖野 1991)．この湖の南岸へ流入するサンファン川(R. San Juan)の下流で，本種は 21.1% の高頻度で出現した．この地点の水質は，pH 8.5, 透視度 12 cm, COD 48 mg/l で，汚濁が進行していた．

　上記の出現情報からすれば，**好汚濁性種である可能性**があるが，生態情報が少ないので，今後さらに多くの情報に基づいての検討が必要である．

　Van Dam *et al.* (1994)は，本種を oligosaprobous, eutraphentic, alkalibiontic としている．Cholnoky (1968)は汽水性種とするが，Compère(1982)は，淡水の河川でも，電気伝導度と水温が高い所で見られるとする．

Plate I-17

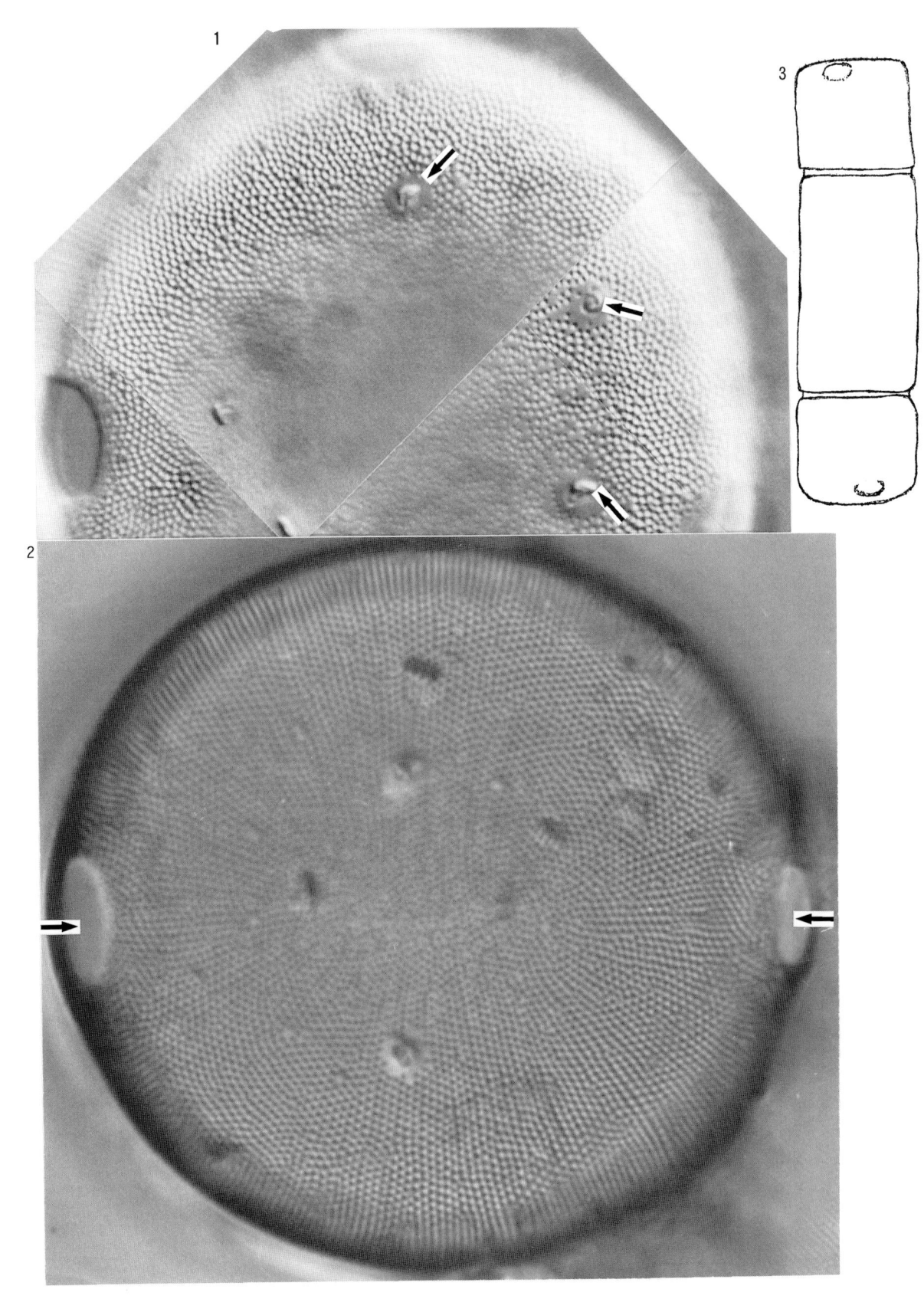

Hydrosera Wallich 1858 (Plate I-18)

殻面観は三角形の組み合わせ，帯面観は波うった矩形の大型種である．
通常海の植物体表付着性種として河口に出現するが，淡水域にも見られる(Li & Chiang 1977)．
従来熱帯に出現する種群と見なされていたが，温帯に出現するものもある．

Hydrosera whampoensis (Schwarz) Deby 1891   (Plate I-18 : 1, 2)

Basionym : *Triceratium whampoense* Schwarz 1874.

形態 径 52-91 μm．殻面観においては，大きな三角形の各側面中央に，偽眼域(1, 2 の矢印)を先端にもつ突出部がある．上記径の長さは，突出部の先端から，相対する三角形の頂天までの長さを指す．2つの三角形を組み合わせたような殻形と，粗い胞紋，3個の偽眼域をもつことの特性によって，他種と容易に区別できる．

日本では，*Hydrosera triquetra* と誤って同定されたこともあるが，Takano(1967), Bourrelly(1968), Okuno(1974)は，日本産のものが *H. whampoensis* であることを支持している．近年における Qi *et al.* (1982)の詳細な分類学的研究により，*H. whampoensis* と *H. triquetra* との違いは明確となった．その結果，両者は，光顕下において，中央本体部が三角形であるか否かによって区別できる．

生態 付着性，偽眼域からの粘液の分泌により，殻面同士が接着して群体を形成する．日本では，多くの河川で石礫への付着藻として出現した**広適応性種**．琵琶湖ではヨシの茎への付着藻としても出現した．**pH に関しては好アルカリ性種**．

淡水域のみならず汽水域にも出現するが，日本での報告例のほとんどすべては，淡水域からである．
Qi *et al.* (1982)も，中国，アメリカでの出現地点は，ほとんど淡水域であったと報じている．

Hydrosera whampoensis の生態図

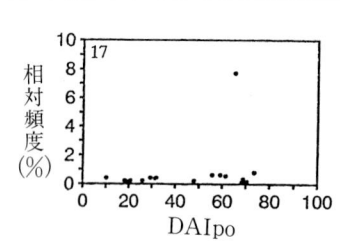

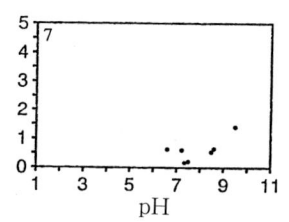

Plate I-18

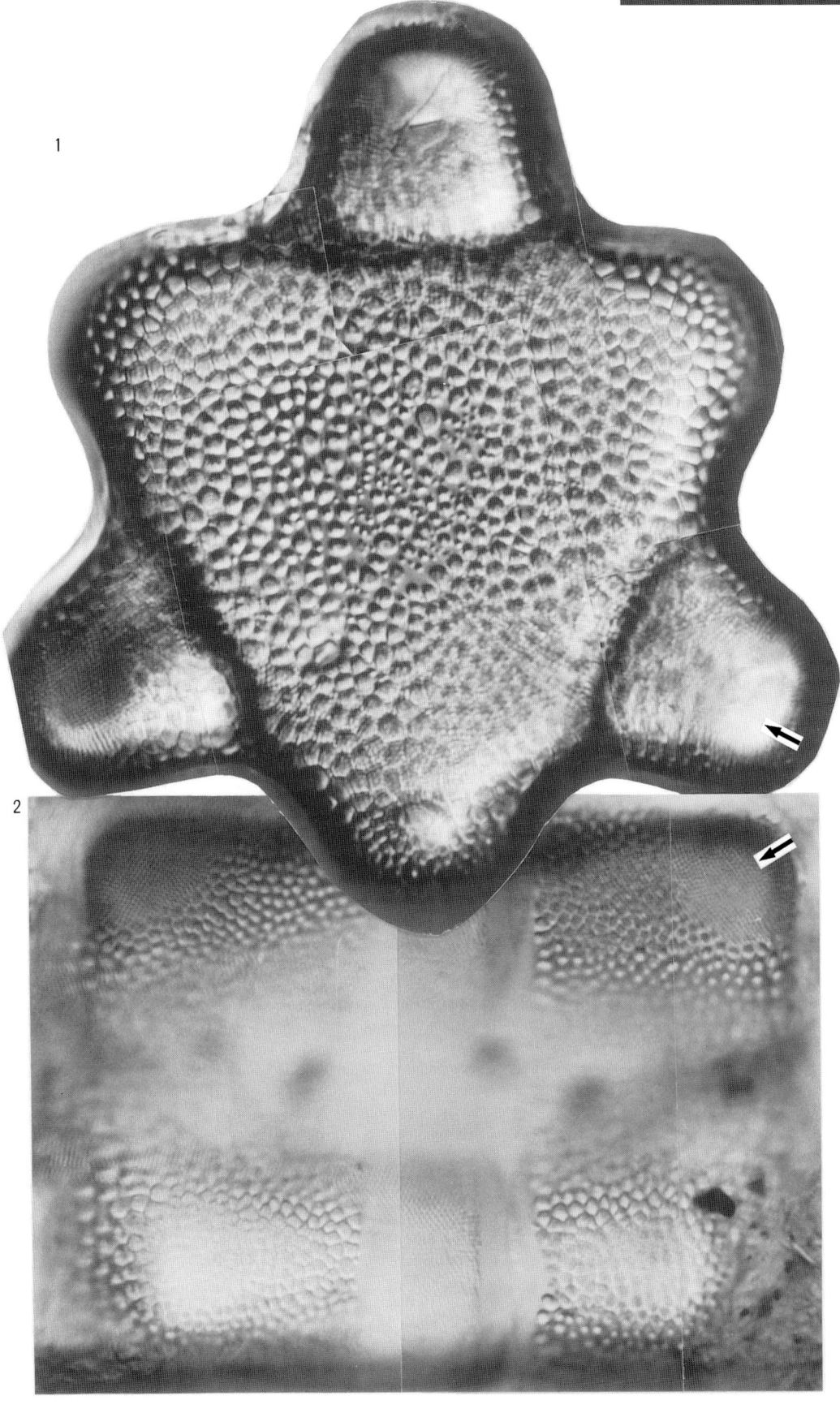

1

2

57

Attheya T. West 1860 (Plate I-19)

　Attheya 属は，T. West が汽水産の *A. decora* を記載した折に設けた属名であるが，海産，汽水産の分類群と，淡水産の *A. zachariasii* とは形態構造が異なるために，*A. zachariasii* は，1910 年に Honigmann が設けた *Acanthoceras* へ移された．しかしこの属名は，Edlund & Stoermer (1993) によって無効となる可能性が指摘されている．

Acanthoceras zachariasii (Brun) Simonsen 1979 (Plate I-19：1-4；1-4：bar=10 μm)

　Basionym：*Attheya zachariasii* Brun 1894.

形態　殻幅 12-40 μm；刺の長さ 40-60 μm．殻の長さすなわち貫殻軸長は，中間帯の数と細胞の古さとに比例して変化する．分裂直前の細胞(2)．

生態　淡水産プランクトンとして，世界的普遍種．殻が薄いので，生のままの試料を，スライドグラス上で乾燥させたプレパラートでないと観察できない．琵琶湖では，春，秋に優占種として出現した (Negoro 1968) こともあり，箱根芦ノ湖では9月に最も多くなる (小久保 1960) などの情報もある．ダム湖にもプランクトンとして出現する．**有機汚濁に関しては広適応性種，pH に関しては好アルカリ性種**．

　Van Dam *et al.* (1994) は，汚濁に関して，止水域では eutraphentic，流水域では BOD の値が $2\,mg/l$ 以下の oligosaprobous とする．また pH に関しては alkalibiontic とする．

Plate I-19

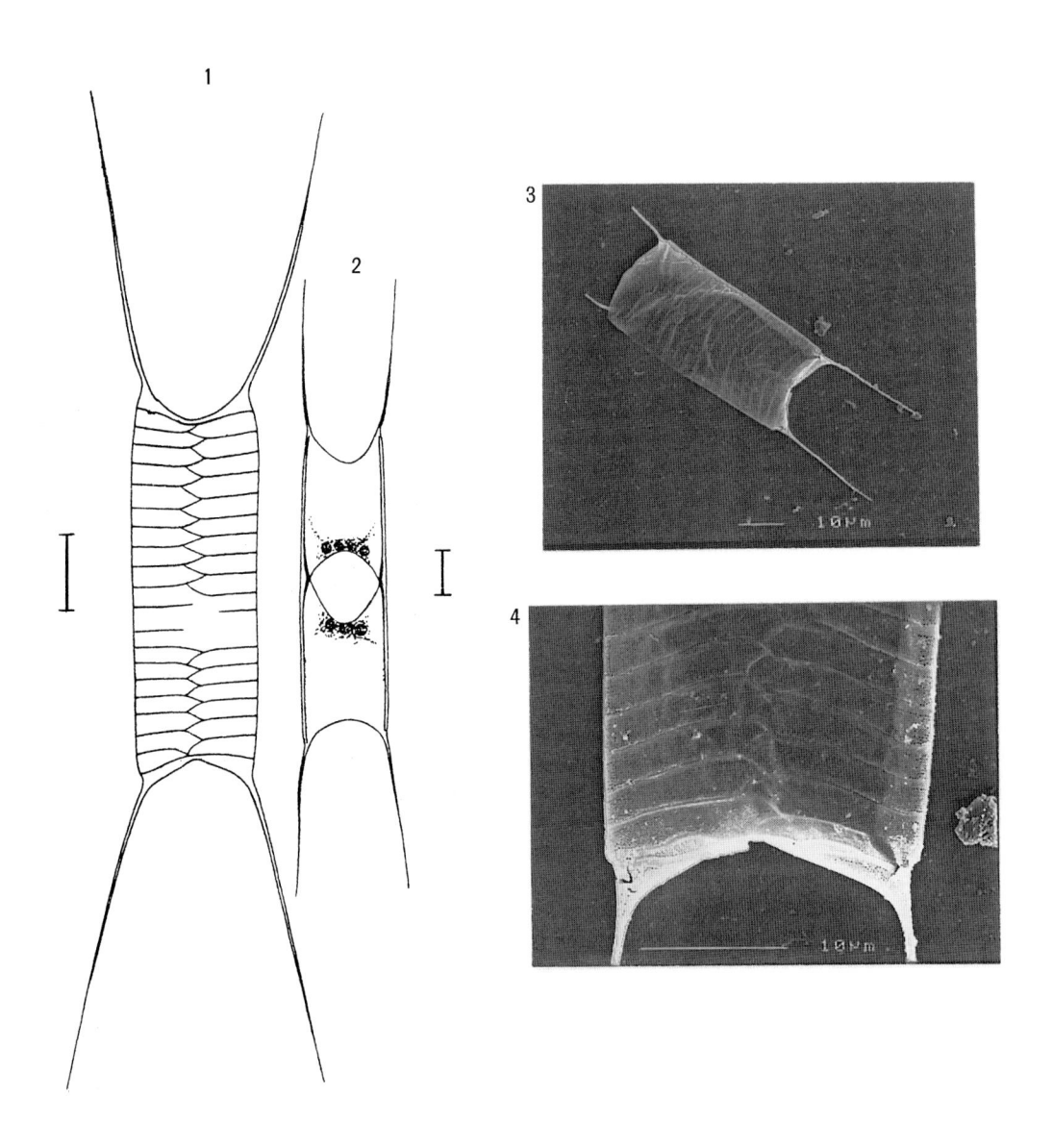

II 羽状目の分類

羽状目(Pennales)は，表II-1の分類表に示すように，**縦溝**(raphe)の有無によって，次の2つの亜目に分けられる．

無縦溝亜目には1つの科が含まれる．

有縦溝亜目には，縦溝の構造の違いによって分類された6科が含まれる．

表II-1 羽状目の分類

IIA. **無縦溝亜目**(Araphidineae)　被殻には**縦溝**(raphe)がない．
被殻の一方の端に1つの**唇状突起**(labiate process)をもつ．

　　　　　　　　　　　　　　　　　　　　　　　　　ディアトマ科(**Diatomaceae**)　　IIA

　　例：*Asterionella, Diatoma, Fragilaria, Meridion, Synedra, Tabellaria*

IIB. **有縦溝亜目**(Raphidineae)　被殻には縦溝がある．
　a.　被殻には短い縦溝がある．（短縦溝類）

　　　　　　　　　　　　　　　　　　　　　　　　　ユーノチア科(**Eunotiaceae**)　　IIB$_1$

　　　　例：*Actinella, Eunotia, Peronia, Semiorbis*

　b.　被殻には発達した長い縦溝がある．
　　1.　縦溝は**間板**(fibula)や**管状構造**(canal)をもたない．
　　　1a.　片方の被殻にのみ縦溝がある．（単縦溝類）

　　　　　　　　　　　　　　　　　　　　　　　　　アクナンテス科(**Achnanthaceae**)　　IIB$_2$

　　　　　例：*Achnanthes, Cocconeis*
　　　1b.　両方の被殻に縦溝がある．（双縦溝類）

　　　　　　　　　　　　　　　　　　　　　　　　　ナビクラ科(**Naviculaceae**)　　IIB$_3$

　　　　　例：*Amphipleura, Amphora, Cymbella, Diploneis, Gomphonema, Navicula,*
　　　　　　　Pinnularia, Rhoicosphenia

　　2.　縦溝は間板や管状構造をもつ．
　　　2a.　被殻は長軸に対して非相称．
　　　　　縦溝は被殻の背側にあるかまたは中央部で背側へ曲がる．
　　　　　目立った**横走助骨**(copula costa)をもつ．（管縦溝類）

　　　　　　　　　　　　　　　　　　　　　　　　　エピテミア科(**Epithemiaceae**)　　IIB$_4$

　　　　　例：*Epithemia, Rhopalodia*

　　　2b.　被殻は長軸に対して相称（*Hantzschia*を除く）．
　　　　　縦溝は**竜骨**(costae)の上にある．
　　　　3a.　縦溝は被殻の片側を被殻の縁に沿って走る．

　　　　　　　　　　　　　　　　　　　　　　　　　ニチア科(**Nitzschiaceae**)　　IIB$_4$

　　　　　　例：*Bacillaria, Denticula, Hantzschia, Nitzschia*
　　　　3b.　縦溝は被殻の縁に沿って被殻全体をとりまくように走る．
　　　　　　縦溝は突き出た翼管上を走る．（翼管縦溝類）

　　　　　　　　　　　　　　　　　　　　　　　　　スリレラ科(**Surirellaceae**)　　IIB$_5$

　　　　　　例：*Cymatopleura, Surirella*

IIA，IIB$_1$…IIB$_5$の各記号は科の記号であり，それはまたPlate(写真図版)の記号である．

図II-1は，無縦溝亜目のディアトマ科(Diatomaceae)と，有縦溝亜目中の短縦溝類とも呼ばれているユーノチア科(Eunotiaceae)の，被殻(frustule)とその横断面の模式図，および，それぞれの科に属する代表的な属の，殻面観と帯面観を，写真と図で示したものである．図中の矢印は縦溝を示す．

　図II-2は，有縦溝亜目中の単縦溝類と双縦溝類の，被殻構造模式図および代表的な属を示したものである．図中の矢印は縦溝を示す．

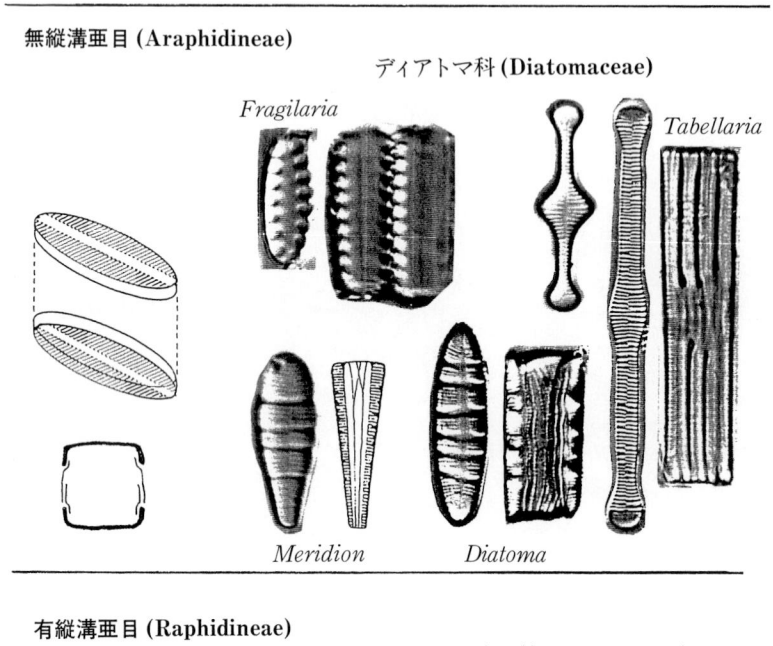

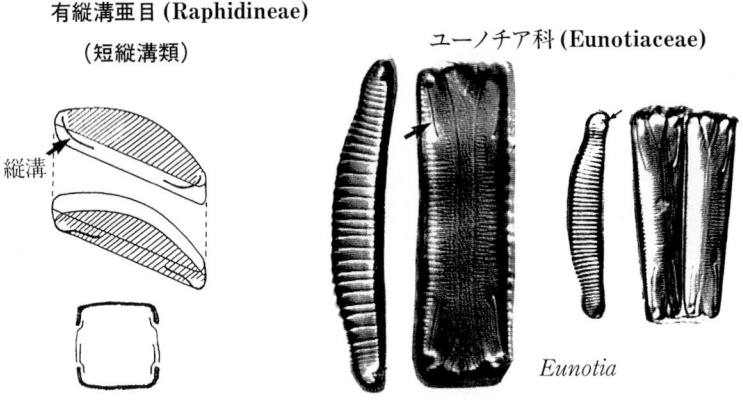

図II-1 ディアトマ科(上)とユーノチア科(下)の模式図(左図)と代表的属の写真
　　　　矢印：縦溝．

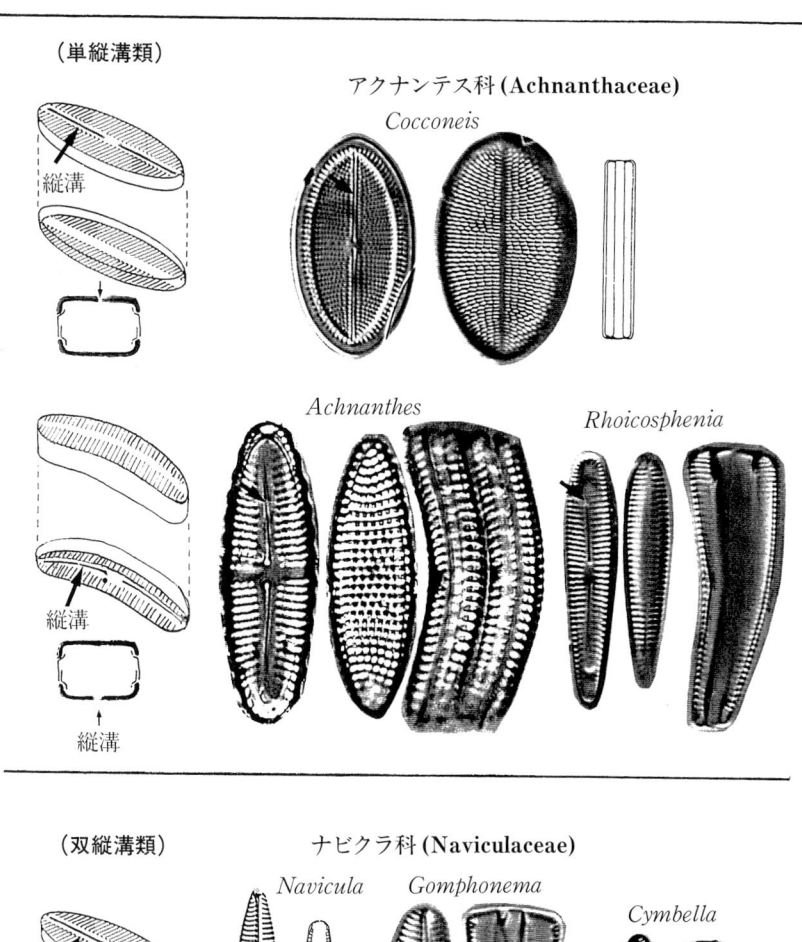

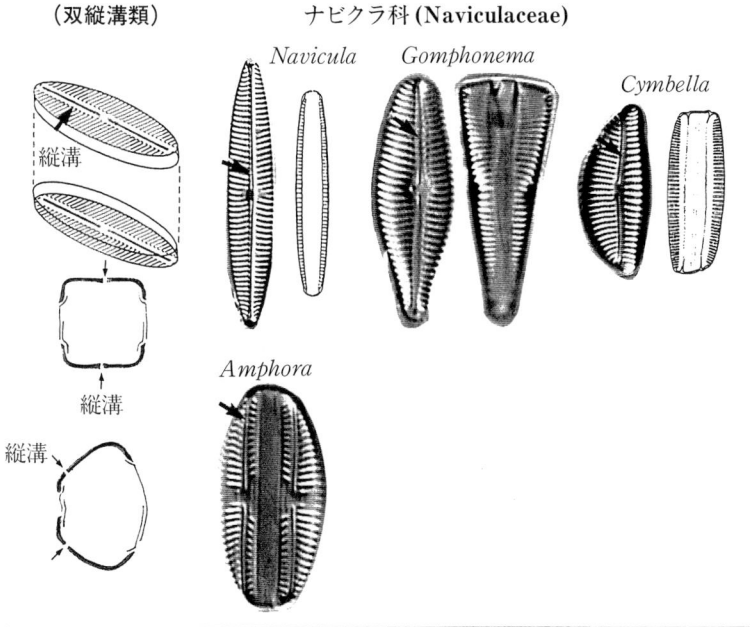

図II-2 アクナンテス科(上)とナビクラ科(下)の模式図(左図)と代表的属の写真 矢印：縦溝.

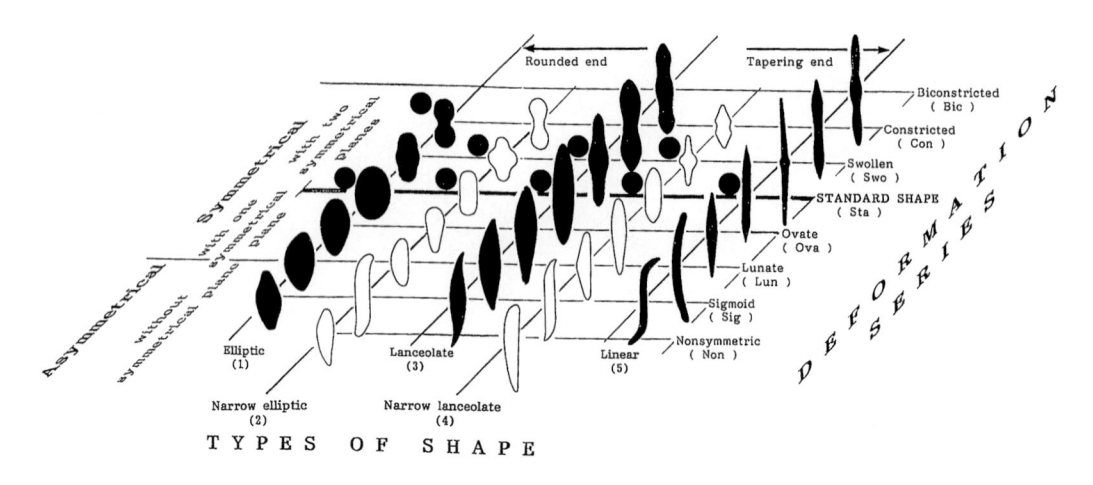

図Ⅱ-3 *Achnanthes* の殻の形

単縦溝類アクナンテス科（Achnanthaceae）に属する *Cocconeis* と *Achnanthes* および *Rhoicosphenia* は，共に一方の殻にのみ縦溝があるが，*Achnanthes* と *Rhoicosphenia* とは，帯面観における被殻の形が，くの字形に曲がり，中間帯が存在しない点で *Cocconeis* と異なる．

これらの属の中では，*Achnanthes* に属する種数が，比較的多く，殻面観の形も多様性が一番大きい．*Achnanthes* の種の殻面観の形は，図Ⅱ-3 中●印を付したもののいずれかに近似する．例えば，図Ⅱ-2 の写真で示した *Achnanthes* の形態は，図Ⅱ-3 の殻形番号（types of shape）(3)，変形記号（deformation series）の基本形（Sta），すなわち 3-Sta の形態記号で示すことができる．

双縦溝類ナビクラ科（Naviculaceae）に含まれる属の数は，最も多い．これらの属は，図Ⅱ-2 に示すように，縦溝が被殻の中央を，長軸に沿って走るものと，被殻の一方側へ片寄って走るものとに分けることができる．前者の横断面は矩形であるが，後者は梯形に近い．

これらの属の中，*Navicula* に属する種数は，群を抜いて多く，*Cymbella*, *Pinnularia* が次いで多い．しかし最近，走査電顕による形態に関する情報，葉緑体の形と細胞内での配置，あるいは分裂に伴う葉緑体の動向などの情報に基づいて，従来の属名が検討され，それらに属していた種のかなり多くのものが，新属や復活属を含む別の属に配置換えされている（Round *et al.* 1990）．

Navicula に属する種の殻面観の形は極めて多様である．それを形態記号で示すと，殻形番号の 1～5 と，変形記号の基本形（Sta），膨張形（Swo），圧縮形（Con），2 点圧縮形（Bic）との組み合わせとなる（例えば 1-Con, 3-Sta）．

Gomphonema と *Cymbella* とに属する種の殻面の形の形態番号は，共に 1～5 のすべてに当てはまるが，変形記号は，*Gomphonema* の卵形（Ova），*Cymbella* は三日月形（Lun）のそれぞれ一形でしかない．

Amphora に属するどの種も，外殻（epivalva），内殻（hypovalva）共に，形態番号は 2 または 4 で変形記号は三日月（Lun）である．しかし，図に示したように，横断面が梯形状にひずんでいるので，横断面の左方から見た殻面観の形は，その右方にある写真のように，卵形に近似の形を呈する．

縦溝が間板や管状構造をもつものには，被殻が長軸に対して非相称の**管縦溝類エピテミア科（Epithemiaceae）**と，相称の**管縦溝類ニチア科（Nitzschiaceae）**，および**翼管縦溝類スリレラ科（Surirellaceae）**とがある．

図Ⅱ-4 に示したように，管縦溝類は，文字通り，長い空間をもつ管の上を縦溝が走る．しかし，エピテミア科の種と，ニチア科の *Hantzschia* と縦溝は，外殻（epivalva），内殻ともに同じ側を走る（右と中央の横断図）のに対して，*Nitzschia* の縦溝は，反対側を走る（図Ⅱ-4（上）左を参照）．

図Ⅱ-5 は，*Nitzschia denticula* の被殻構造を示したものである．図(a)は光顕写真，(b)は横断面の模

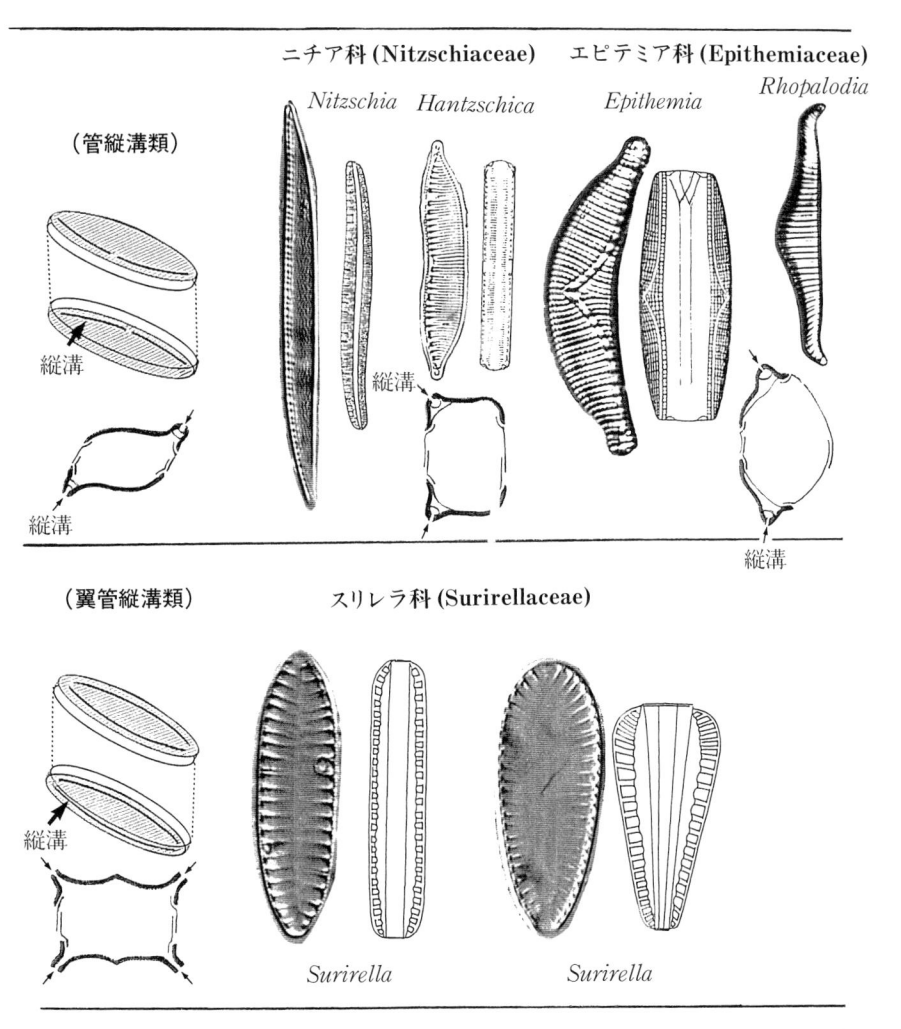

図 II-4 ニチア科，エピテミア科(上)とスリレラ科(下)の模式図と代表的属の写真
矢印：縦溝．

式図，(c)(被殻内面)と(e)は電顕写真，(d)は被殻外面の電顕写真からトレースした図である．(a)〜(d)は殻面観，(e)は帯面観と殻面観の両者を示すものである．(d)，(e)の太い矢印は縦溝を，(a)，(c)の細い矢印を付した線は，(b)のような横断面が見られる断面の位置を示している．(b)の上図は，**間板**(fibula)と間板との中間で，被殻の厚さの薄いところを切断した場合の断面図である．下図は，被殻が肥厚した間板を切断した図である．いずれも，被殻の上面の一方の辺縁部が肥厚して**殻套**(valve mantle)へ折れ曲がるが，その部分は，図II-5(b)に示したように管状構造となり，管の裂けめとしての溝が縦溝である．*Nitzschia* の光顕観察では，被殻の片側に，胞紋列または(a)のような太い線の列が見えるが，胞紋列または太い線列は間板の位置を，太い線は間板の長さを示す．

　図II-6は，縦溝Eが**翼窓**(wing fenestra)Bのある**翼管**(alar canal)C上を走る，翼管縦溝類スリレラ科(**Surirellaceae**)中，*Surirella* の被殻構造を図示したものである．図左の電顕写真は，*Surirella tenera* Gregory の被殻表面と，**殻套**(valve mantle)と中間帯(girdle)を含む帯面観を示したものである．矢印の付いた枠内の被殻構造を図示したのが，中央上下の矢印の付いた図である．中央上図は横断面，中央下図は，翼窓Bのある翼管Cと縦溝Eや竜骨Aなどの，立体構造を図示したものである．*Surirella* の

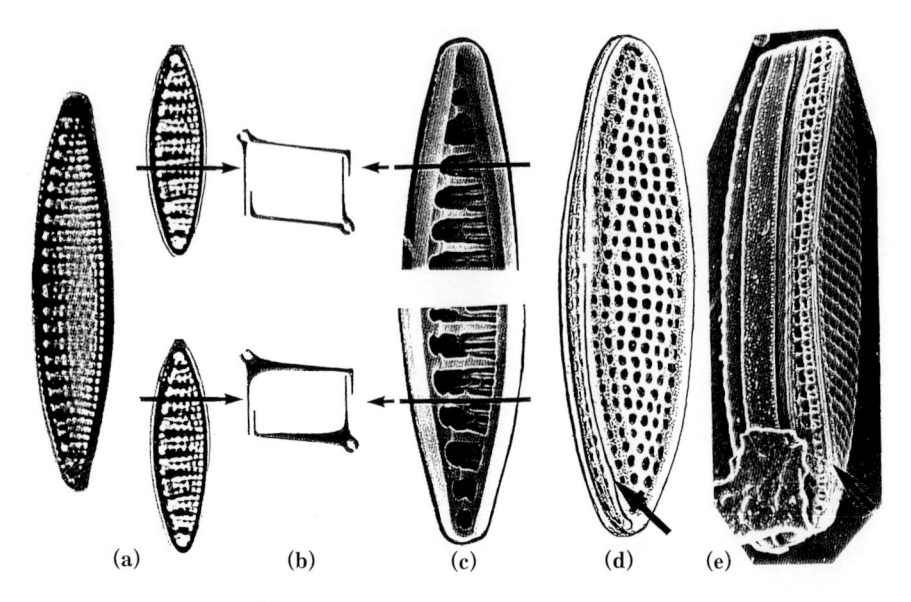

図II-5 *Nitzschia denticula* の被殻構造

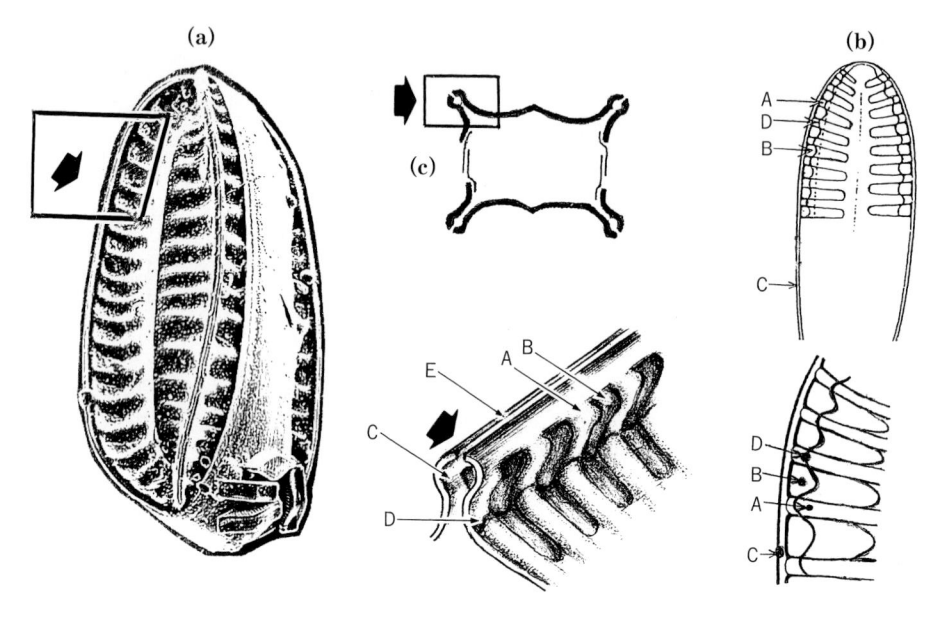

図II-6 *Surirella* の被殻構造

　被殻を，中央上図のような箱の蓋にたとえると，蓋の上の面(殻の表面)と，蓋の側面(**殻套**)との境が突き出て，管(**翼管**)を形成する．この境にできた細長い隙間が縦溝である．
　図II-6右の(b)上下図は，*Surirella* を光顕で見た場合の図である．図中の記号は
　　A：**間板**(fibula)，B：**翼窓**(wing fenestra)，C：**翼管**(alar canal)，D：**糸状波**(linear undulate)
　　　縦溝(raphe)は，図(b)では翼管Cの左側の線に相当し，中央下図ではEで示される．
これらA〜Eの構造は，図(c)下図の立体構造図の記号と照合すると，被殻の辺縁部が張り出して，殻が薄い翼窓と，肥厚した間板が交互に並ぶ翼管が形成されている構造を知ることができよう．

ⅡA. 無縦溝亜目(Araphidineae)の分類

　ディアトマ科(Diatomaceae)1科のみである．
　ディアトマ科に属する淡水産の属は16属であるが，それらの厳密な分類には，走査電顕が必要である．
　表ⅡA-1は，その淡水産の16属について走査電顕による研究情報を勘案して，光顕観察に基づく形態情報から，分類を試みた検索表である．

表ⅡA-1　ディアトマ科の検索表　（　）は図版記号

隔壁(septum)の有無

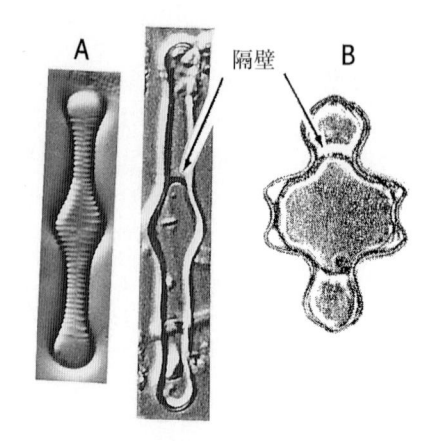

$\begin{cases} 有 \begin{cases} \textit{Tabellaria} & A（ⅡA-1）\\ \textit{Tetracyclus} & B（ⅡA-1）\end{cases} \\ 無 \Rightarrow (1) \end{cases}$

(1)　**肋(costa)の有無**

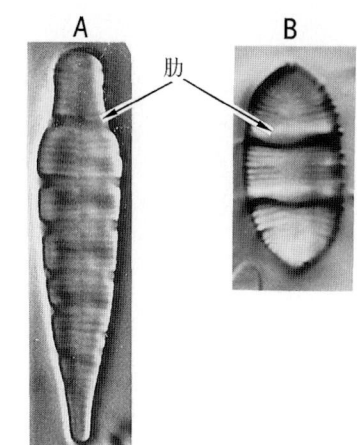

$\begin{cases} 有 \begin{cases} \textit{Meridion} & A（ⅡA-2）\\ \textit{Diatoma} & B（ⅡA-2〜ⅡA-4）\end{cases} \\ 無 \Rightarrow (2) \end{cases}$

(2)　**殻形(valve shape)**

$\begin{cases} 1軸 \begin{cases} (左右)相称　\textit{Martyana}　A（ⅡA-5）\\ (上下)相称 \begin{cases} \textit{Fragilaria} \\ B（ⅡA-4, ⅡA-6〜ⅡA-10） \\ \textit{Synedra} \\ C（ⅡA-8〜ⅡA-14）\end{cases} の一部 \end{cases} \\ 2軸(上下左右)相称 \Rightarrow (3) \end{cases}$

(3)　**条線密度(striae density)**

$\begin{cases} \leq 13/10\,\mu m \Rightarrow (4) \\ \geq 14/10\,\mu m \Rightarrow (5) \end{cases}$

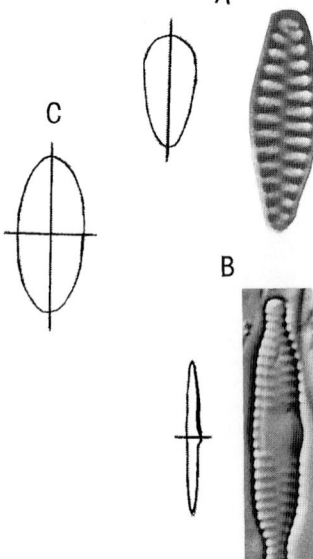

表ⅡA-1(続)　ディアトマ科の検索表

(4)　軸域(sternum)

- 広い　*Staurosirella*　A（ⅡA-5）
- 狭い
  - *Punctastriata*　B（ⅡA-5）
  - *Synedra* の一部　C（ⅡA-8〜ⅡA-10）

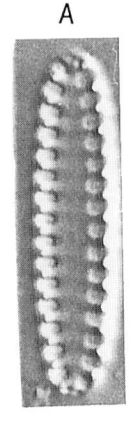

(5)　軸域(sternum)

- 極めて広い
  - *Pseudostaurosira*　A（ⅡA-6）
  - *Tabularia*　B（ⅡA-6）
- 極めて狭く，ないようにも見える *Fragilariforma*
- 狭い⇒(6)　　　　　　　　　C（ⅡA-7）

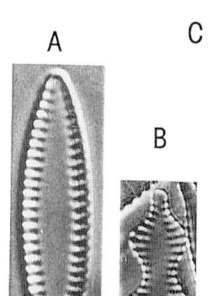

(6)　殻形(valve shape)

- 楕円(elliptic)　1-Sta
  - *Staurosira*　A（ⅡA-7）
- 中央膨出(swollen)　1-4-Swo
  - *Staurosira*　B（ⅡA-7）
- 細い舟形(linear)　5-Sta
  - *Asterionella*, *Ctenophora*　C（ⅡA-14）
  - *Hannaea*　5-Lun　D（ⅡA-13）
  - *Fragilaria* の一部，*Synedra* の一部
    　　　　　　　　　　E（ⅡA-7）

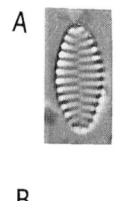

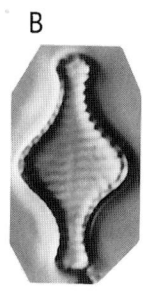

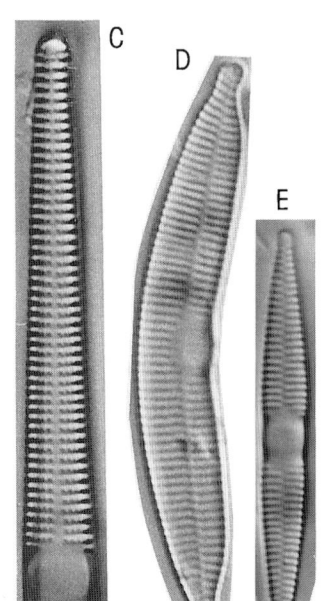

Tabellaria Ehrenberg 1840 (Plate ⅡA-1)

生活様式：粘質物で結合しあって，ジグザグ形または帯状，稀に星状の群体を作る．淡水プランクトンとして，湖沼，ダム湖に出現する．付着藻群集中にも出現する．大変ポピュラーで，世界的に広く分布する普遍種を含む．

葉緑体：多くの棒状または，塊状の小型の葉緑体がある．

殻面観：中央部がふくらんだ棒状(5-Swo)の被殻で，両先端は頭状形[5]．条線の間隔は均一でないことが多く，中央に，長軸方向に走る狭い**軸域**(sternum)がある．

帯面観：長方形で1細胞に4またはそれ以上の**隔壁**(septum)がある．

種の同定に必要な記載事項

例：*Tabellaria flocculosa*
1. 殻の形 5-Swo，先端の形 頭状形[5]
2. 被殻の大きさ 殻長38 μm，幅(中央)5.1 μm
3. 条線 18/10 μm
4. 帯面観 矩形，隔壁5

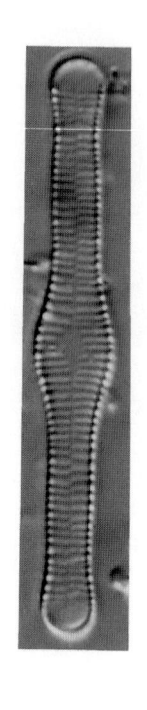

Tetracyclus emarginatus (Ehrenberg) W. Smith 1856　　　　　(Plate ⅡA-1：1, 2)

　Basionym：*Biblarium emarginatum* Ehrenberg 1844.
　形態　殻の形 2-Swo；先端の形 頭状形［5］；殻長 28-55 μm；幅 22-28 μm；隔壁 2-4/10 μm；条線 20-25/10 μm.
　生態　日本では，1940，1950 年代に奥野春雄によって本種の生存が報じられたが(福島 1957)，その後の報告はないように思う．稀産種．写真は，英国の河川産個体．
　Patrick & Reimer (1966) は，湖や池沼の冷水を好む種のように思えるというが，生態は未詳．

Tabellaria fenestrata (Lyngbye) Kützing 1844　　　　　(Plate ⅡA-1：3-5)

　Basionym：*Diatoma fenestratum* Lyngbye 1819. Syn：*Tabellaria trinodis* Ehrenberg 1840.
　形態　殻の形 5-Swo；先端の形 頭状形［5］；殻長 25-116 μm；幅 5-10 μm；条線 14-18/10 μm；隔壁 4 または 4 以下；軸域 極めて狭い．
　生態　帯状群体を形成．有機汚濁に関しては広適応性種，pH に関しては中性種．世界に広く分布し，淡水産プランクトン珪藻としては，最も主要な種の1つである．
　Van Dam *et al.* (1994) は，circumneutral, β-mesosaprobous, oligo-mesotraphentic とし，Håkansson (1993) は，acidophilous とする．Patrick & Reimer (1966) は，中栄養から富栄養の湖沼，中性水域を好む種とする．

Tabellaria fenestrata の生態図

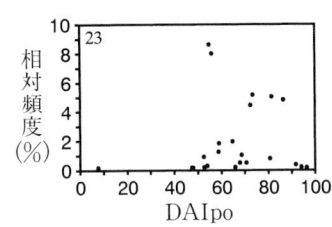

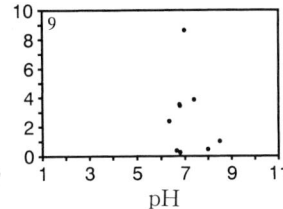

Tabellaria flocculosa (Roth) Kützing 1844　　　　　(Plate ⅡA-1：6-9)

　Basionym：*Conferva flocculosa* Roth 1797. Syn：*Tabellaria flocculosa* var. *ventricosa* (Kützing) Grunow 1862；*T. fenestrata* var. *intermedia* Grunow 1881；*Striatella flocculosa* (Roth) Kuntze 1898.
　形態　殻の形 5-Swo；先端の形 頭状形［5］；殻長 60-130 μm；幅 5-16 μm；条線；13-20/10 μm；隔壁 5 以上(9)；軸域 狭く，中央部で拡大する(6, 8)．
　生態　ジグザグ状群体を形成．有機汚濁に関しては好清水性種，pH に関しては中性種．淡水プランクトン珪藻の1代表種．
　Van Dam *et al.* (1994) は，acidophilous, β-mesosaprobous, mesotraphentic とし，Håkansson (1993) は，acidophilous とする．Patrick & Reimer (1966) は，酸性の湿原，池沼，また，貧栄養から中栄養の水域に，しばしば出現するという．

Tabellaria flocculosa の生態図

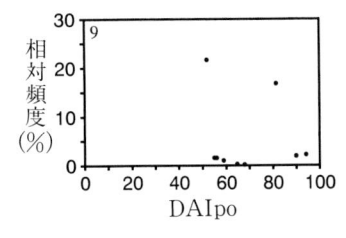

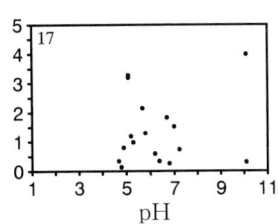

***Tabellaria ventricosa* Kützing 1844** (Plate ⅡA-1：10-15)

|形態| 殻の形 4-Swo；先端の形 頭状形［5］；殻長 16-35 μm；幅 7.5-10 μm；条線 15-18/10 μm；隔壁 5以上．

|生態| 蔵王いろは沼，玉川夏瀬ダム(pH 6.2)，志賀高原一沼(pH 6.8)，木戸池(pH 6.8)など，微酸性の貧栄養湖沼に出現．スコットランドの Lake Ness(DAIpo 87)にも出現した(渡辺 1993)．微酸性の貧栄養湖，腐植栄養湖に本種が出現することは，Krammer & Lange-Bertalot(1991)の記述とも一致する．

Plate IIA-1

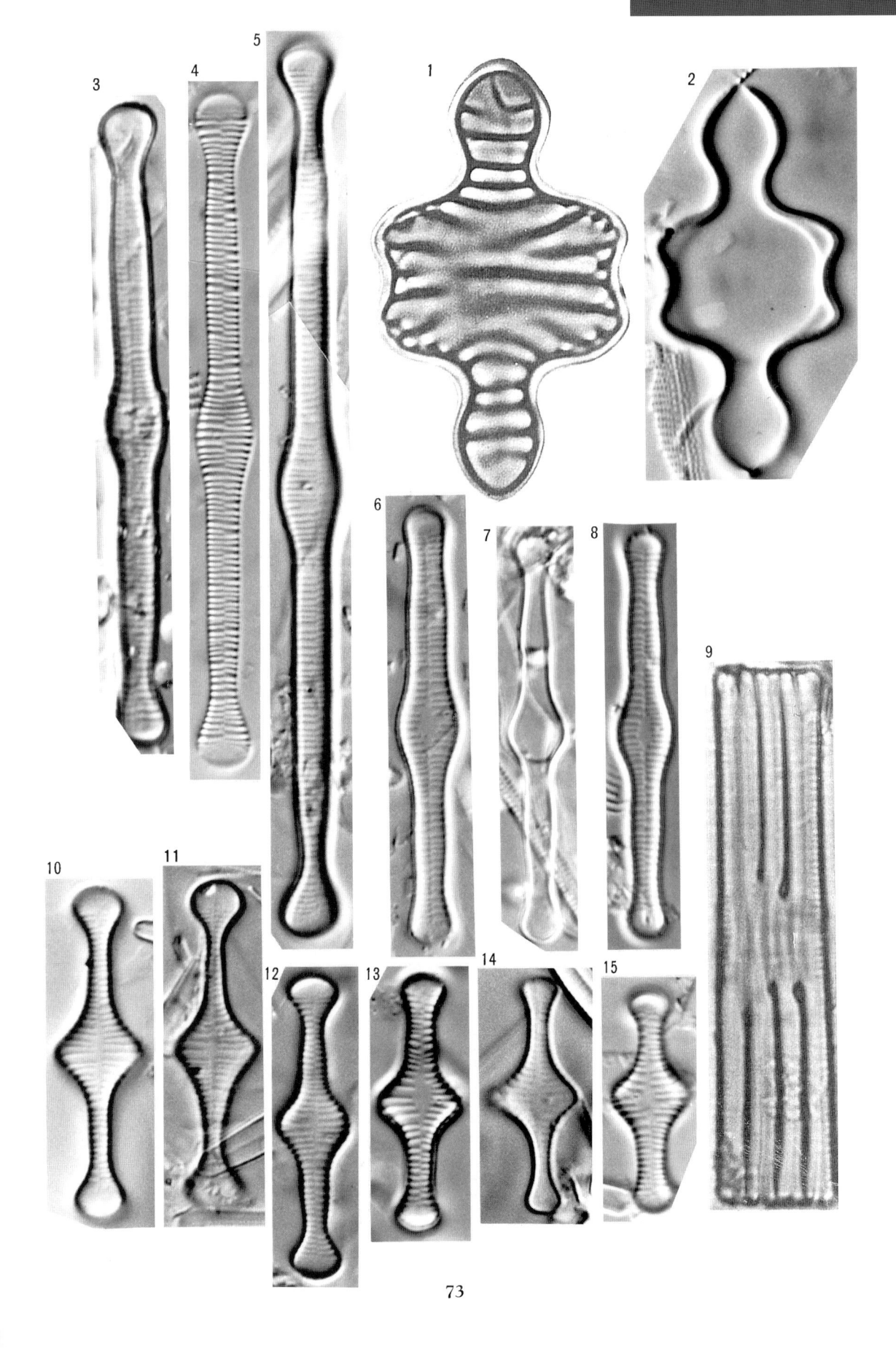

Diatoma Bory 1824（Plate ⅡA-2〜ⅡA-4）

生活様式：ジグザグ形または帯状の群体を形成する．本属は主として淡水産で，その分布は広く，止水域，流水域の両者に出現する．プランクトンのみならず，付着藻類群集の一員となることもある．

葉 緑 体：多くの円盤状または塊状の葉緑体．

殻 面 観：殻の形は 1-5-Sta；殻の先端は，くさび形[11, 12]，広円形[0]，あるいは頭状形[5]．殻面には強固な**肋**(costae)と**条線**(striae)とがあり，条線は，殻の中央で，長軸方向の隙間，**軸域**(sternum)を挟んで向かい合っている．

帯 面 観：矩形．

種の同定に必要な記載事項
例：*Diatoma mesodon*
1. 殻の形 3-Sta，先端の形 くさび形[11]
2. 殻の大きさ 殻長 17.5 μm；幅 7 μm
3. 肋 4/10 μm；条線 24/10 μm

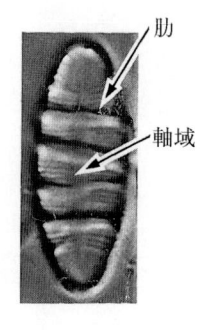

Meridion circulare (Greville) C.A.Agardh var. *circulare* 1831 (Plate ⅡA-2：1-6)

　Basionym：*Echinella circularis* Greville 1822. Syn：*Meridion zinkenii* Kützing 1843；*M. circulare* var. *zinkenii* (Kützing) Grunow 1862.

　形態　殻の形　4-Ova；先端形　広円形[0]；殻長　12-80 μm；幅　4-8 μm；条線　15-16/10 μm；肋　3-5/10 μm；帯面観　くさび形(6)．

　生態　有機汚濁に関しては好清水性種，pH に関しては好アルカリ性種．

　Van Dam *et al*. (1994)は，alkaliphilous, β-mesosaprobous, oligo-to eutraphenitcとする．Håkansson (1993)は，alkaliphilous とする．

Meridion circulare var. *constrictum* (Ralfs) Van Heurck 1880 (Plate ⅡA-2：7-10)

　Basionym：*Meridion constrictum* Ralfs 1843.

　形態　殻の形　4-Ova；先端の形　頭状形[5]；殻長　12-80 μm；幅　4-8 μm；条線　15-16/10 μm；肋　3-5/10 μm；帯面観　台形またはくさび形(10)．

　生態　上記基本型と同様に，有機汚濁に関しては好清水性種，pH に関しては好アルカリ性種．下のDAIpo, pH 傾斜上の分布図は，基本種と本変種とを併せた複合種群としての生態図である．

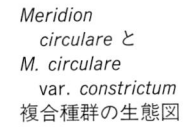

Meridion circulare と *M. circulare* var. *constrictum* 複合種群の生態図

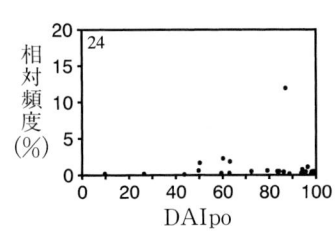

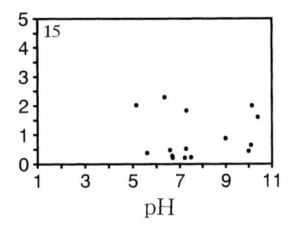

Diatoma hyemalis (Roth) Heiberg 1863 (Plate ⅡA-2：11-13)

　Basionym：*Conferva hyemalis* Roth 1800. Syn：*Odontidium hyemalis* Kützing 1844.

　形態　殻の形　3-Sta；先端の形　くさび形[11]；殻長　30-100 μm；幅　7-13 μm；条線　18-22/10 μm；肋　2-4/10 μm；帯面観　矩形(12)．

　生態　有機汚濁に関しては広適応性種，pH に関しては中性種．pH 5.6 の八幡平源太清水の湧出部で，相対頻度が94.4%に達し，本種の純群落に近い群集が見られた．

　Van Dam *et al*. (1994)は，alkaliphilous, oligosaprobous とする．

Diatoma hyemalis の生態図

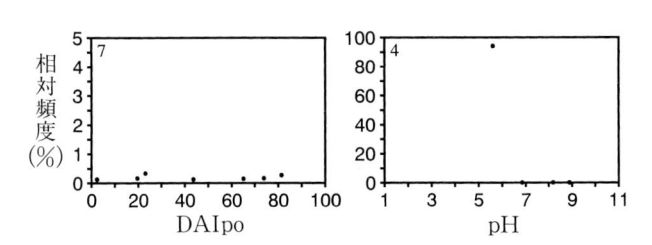

Diatoma maxima (Grunow) Fricke 1906 (Plate ⅡA-2：14-16)

　　Basionym：*Odontidium anomalum* var. *maximum* Grunow 1862.

形態　殻の形 3-Sta；先端の形 くさび形[11]；殻長 25-78 μm；幅 8-10 μm；条線 18-22/10 μm；肋 3-5/10 μm，横走する肋の幅は比較的広い；軸域 中央長軸方向に走り，殻端部を除いて幅が広がる．その幅は，時に殻の幅の 1/3 に達することもある．

生態　支笏湖の湖岸，中禅寺湖からの流出河川(DAIpo 95)，阿寒湖(河島，小林 1995)など，貧栄養湖，清冽河川に出現．稀産種．

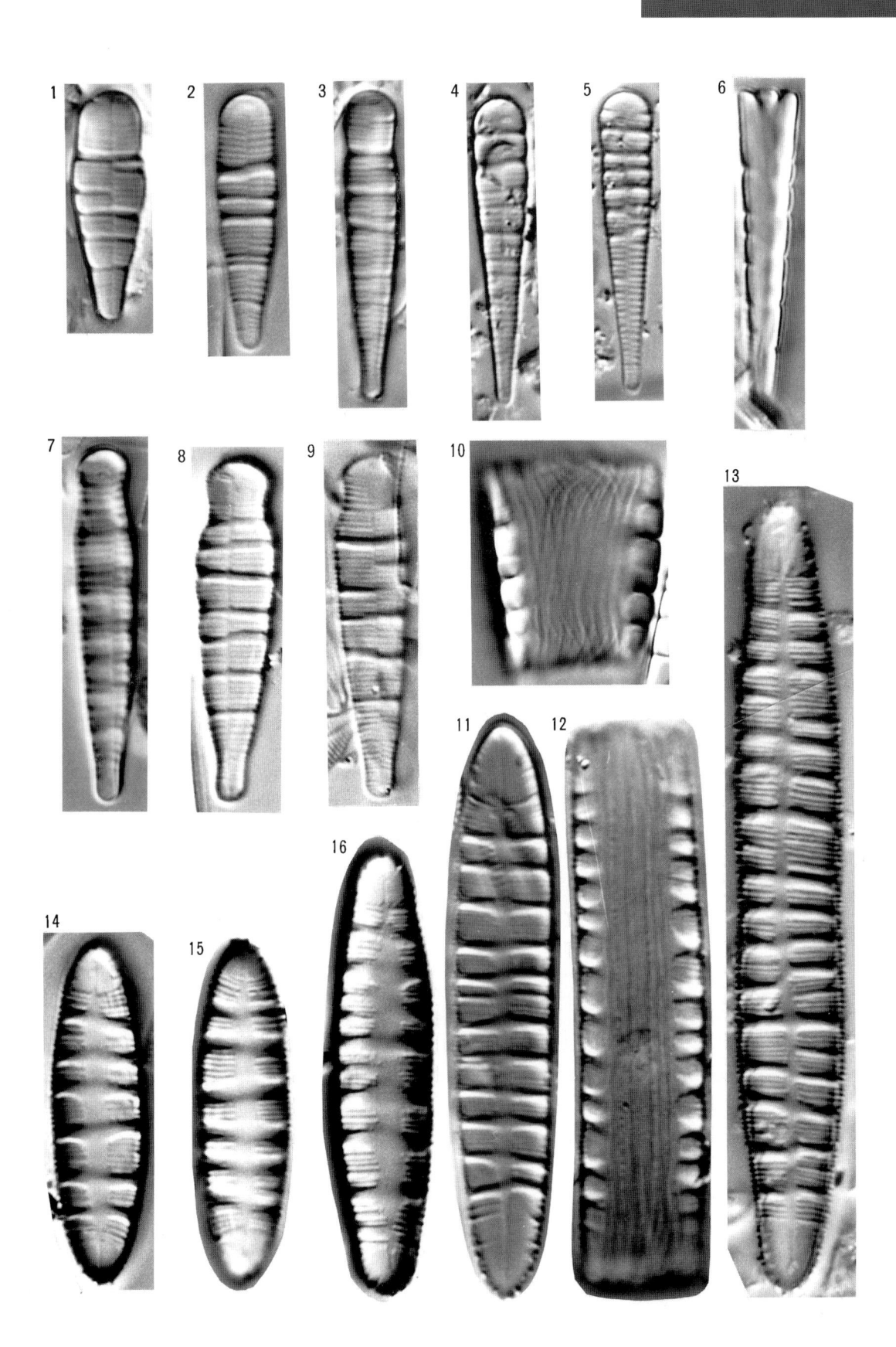

Plate IIA-2

Diatoma maxima（Grunow）Fricke 1906　　　　　　　　　　　　　　　　　　　（Plate ⅡA-3：1-3）

　Pl. ⅡA-2：14-16 の記述を参照されたい．

Diatoma mesodon（Ehrenberg）Kützing 1844　　　　　　　　　　　　　　　　（Plate ⅡA-3：4-8）

　Basionym：*Fragilaria mesodon* Ehrenberg 1839. Syn：*Diatoma hyemale* var. *mesodon* (Ehrenberg) Fricke 1906.

形態　殻の形 2-4-Sta；先端の形 くさび形[11]；殻長 10-30 μm；幅 6-9 μm；条線 22-30/10 μm；肋 3-5/10 μm；軸域 狭く，時に確認しにくいことがある．

生態　有機汚濁に関しては好清水性種(Watanabe, Asai & Houki 1990—*Diatoma hyemale* var. *quadratum* (Kützing) R. Ross の synonym として)．**pH** に関しては真アルカリ性種．ことに高アルカリの塩沢温泉(pH 10.2)，下呂温泉(pH 9.0)の湧出口近辺では，それぞれ 52.7%，31.9%の高い相対頻度で出現した．本種は高アルカリ水域への 1 環境開拓種(渡辺，浅井 1995)と考えられる．

　Van Dam *et al.* (1994)は，circumneutlral, oligosaprobous, mesotraphentic とする．

Diatoma mesodon の生態図

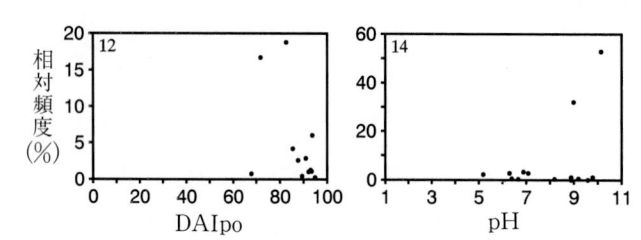

Diatoma ehrenbergii Kützing 1844　　　　　　　　　　　　　　　　　　　　（Plate ⅡA-3：9-10）

　Basionym：*Diatoma vulgaris* var. *ehrenbergii* (Kützing) Grunow 1862. Syn：*D. grande* W. Smith 1855；*D. vulgaris* var. *grande* (W. Smith) Grunow 1862.

形態　殻の形 5-Sta；先端の形 頭状形[5]；殻長 30-120 μm；幅 6-9 μm；条線 約 40/10 μm；肋 6-12/10 μm；左右の殻縁はほぼ平行；軸域 確認しにくい個体が多い．

生態　摩周湖(DAIpo 92, 93)，洞爺湖(DAIpo 52)，湯ノ湖(DAIpo 71)など，貧栄養湖，中栄養湖，また奥日光双頭の滝(DAIpo 86)のような清冽な流水中にも出現．

　Van Dam *et al.* (1994)は，alkalibiontic, *α*-mesosaprobous, meso-eutraphentic とする．

Diatoma vulgaris Bory 1824 (Plate ⅡA-3：11-14)

Krammer & Lange-Bertalot (1991)の Morphotyp *vulgaris* (13, 14)；Morphotyp *ovalis* (*Diatoma vulgaris* var. *ovalis* (Fricke) Hustedt 1930 (12)；Morphotyp *producta* (*Diatoma vulgaris* var. *producta* Grunow 1862) (11)を含む．

|形態| 殻の形 1-3-Sta；先端の形 くちばし形[11](13, 14)，広円形[0](12)，頭状形[5]，殻長 8-75 μm；幅 7-18 μm；条線 約 40/10 μm；肋 5-12/10 μm；左右の殻縁は中央部でふくらむ；軸域 大変狭い．

|生態| 有機汚濁に関しては好清水性種，pH に関しては好アルカリ性種．

Van Dam *et al*. (1994)は，alkalibiontic, β-mesosaprobous, meso-eutraphentic とし，Håkansson (1993)は，alkaliphilous/alkalibiontic とする．

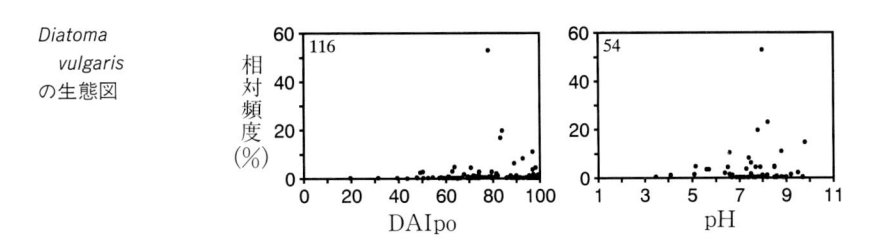

Diatoma vulgaris の生態図

Plate IIA-3

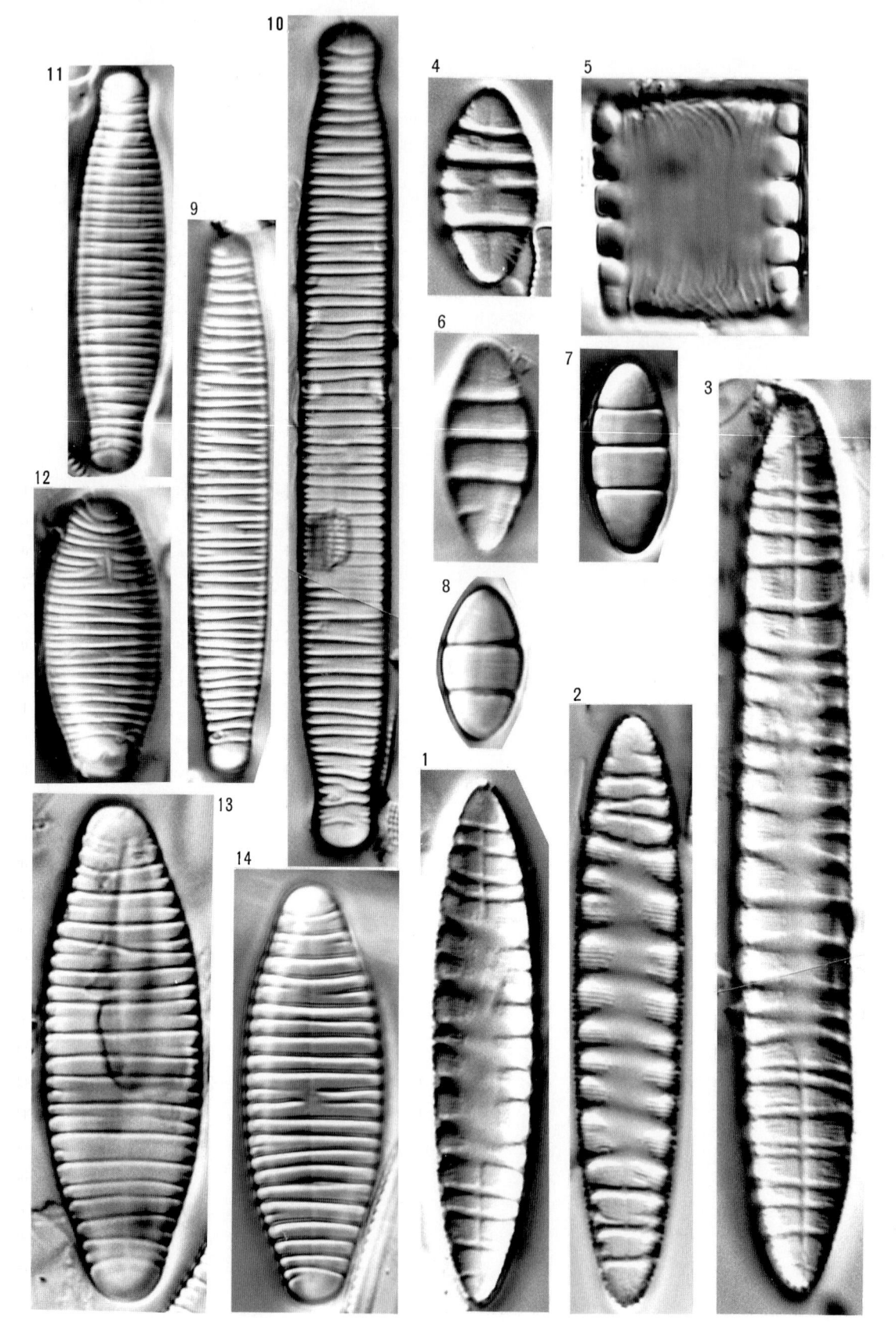

80

Martyana F. E. Round 1990 (Plate ⅡA-5)

生活様式：砂，礫などの表面に，くさび形の殻の，狭い方の殻端から分泌された粘質物で単独で付着する．
葉緑体：2枚の板状葉緑体が，被殻の上下面に，1枚ずつ密着するように存在する．
殻面観：殻の形は，ディアトマ科中，唯一の1軸(左右)相称形の卵形を呈する分類群．1-4-Ova．また，条線密度の粗い($<13/10\,\mu m$)分類群の1属でもある．
帯面観：くさび形．

　種の同定に必要な記載事項は省く．Pl. ⅡA-5：1-12に関する記載を参照．
　走査電顕で観察できる形態特性を列記する．
1. 幅広の頭部殻端に近く，1ステップの段差がある(図ⅡA-1矢先)．
2. 光顕で，太くて粗い条線密度で並んだように見える条線は，ほぼ長軸方向に細長いスリットが数本または10数本並んだものである(図ⅡA-1上小矢印)．
3. 殻端の狭い尾部には，**小孔群**(apical pore field)(図ⅡA-1下小矢印)があり，ここから出る粘質物によって付着基物に着生する．

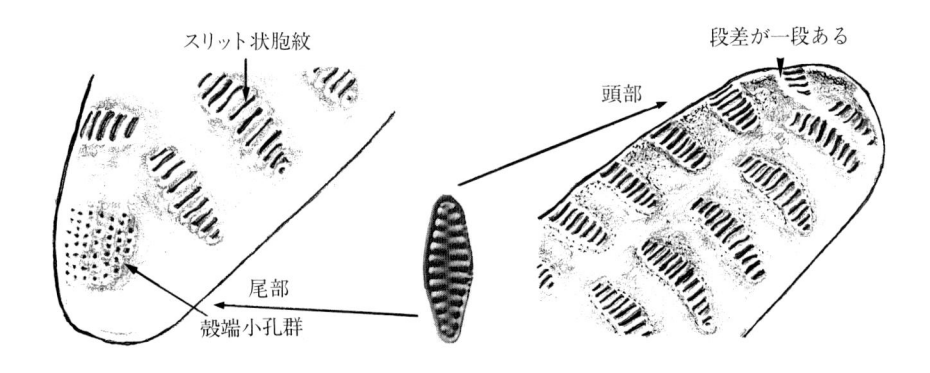

図ⅡA-1　*Martyana*の形態図

Diatoma tenuis Agardh 1812 (Plate IIA-4：1-6)

Syn：*Diatoma tenuis* var. *elongatum* Lyngbye 1819；*D. elongatum* (Lyngbye) Agardh 1824；*D. mesoleptum* Kützing 1844.

形態 殻の形 5-Sta；先端の形 頭状形[5]；殻長 22-120 μm；幅 2-5 μm；条線 約40/10 μm；肋 6-10/10 μm.

生態 摩周湖(DAIpo 91, 93)，洞爺湖(DAIpo 52)，阿寒湖，湯ノ湖(DAIpo 71)，および奥日光の湯滝(DAIpo 76)，双頭の滝など，清冽な水域に出現する**好清水性種，pHに関しては中性種**.

Van Dam *et al*. (1994)は，alkaliphilous，α-mesosaprobous，eutraphentic とする．

Diatoma tenuis の生態図

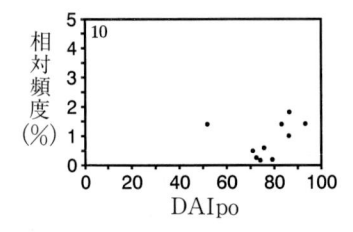

Diatoma moniliformis Kützing 1833 (Plate IIA-4：7-11)

Basionym：*Diatoma tenuis* var. *moniliformis* Kützing 1833.

形態 殻の形 5-Sta；先端の形 くさび形[11]；殻長 8-40 μm；幅 2-4 μm；条線 約40/10 μm；肋 7-12/10 μm.

生態 わが国では未記録．写真はアメリカの Lake Pyramid 産(7-10)のものと，ネパール河川産(11)のものとを示した．

Fragilaria oldenburgiana Hustedt 1959 (Plate IIA-4：12-17)

形態 殻の形 3,5-Sta；先端の形 くさび形[11] または，くちばし形[3]；殻長 10-20 μm；幅 3-4 μm；条線 13-21/10 μm.

生態 日本では未記録，アメリカ，カナダの Lake Tahoe(DAIpo 89, 93)，スイスの Juriel pass の小湖(DAIpo 74)に出現した試料を示した．いずれも極めて清澄な水域である．

Van Dam *et al*. (1994)は，acidophilous，oligosaprobous，oligo-mesotraphentic とする．

Fragilaria mazamaensis (Sovereign) Lange-Bertalot *in* Krammer & Lange-Bertalot 1991
(Plate IIA-4：18-21)

Basionym：*Synedra mazamaensis* Sovereign 1958.

形態 殻の形 5-Sta；先端の形 細長く伸びた頭状形[5]；殻長 23-40 μm；幅 3-4 μm；条線 24/10 μm，中央部 平行，殻端部 弱い放散状；中心域 一方へ片寄る，中央の条線4-6本をはさんで，両側に隔壁のように見える肥大部が見える．膨出した殻縁と反対側の殻壁も極めて弱くふくれる個体が多い．

生態 Lake Tahoe 湖岸のロープ，コンクリート壁への付着藻，また，流入河川の礫への付着藻の一員として出現した．それぞれの地点のDAIpo値は，93，89，97で極めて高く，すべて極貧腐水性の清冽水域であった．相対頻度は常に低い(<3%)稀産種．**有機汚濁に関しては好清水性種**.

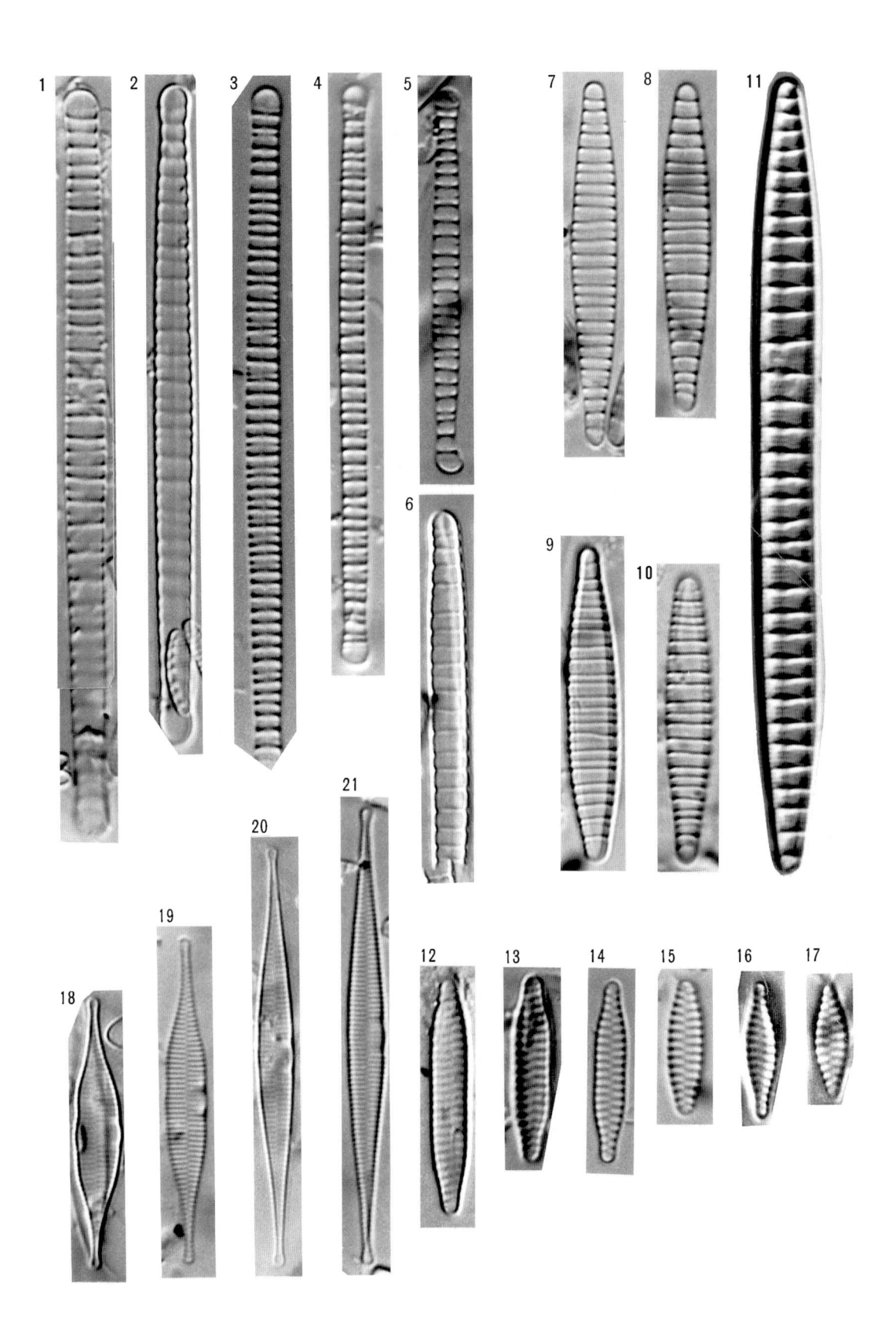

Plate IIA-4

Punctastriata D. M. Williams & F. E. Round（Plate ⅡA-5）
Staurosirella D. M. Williams & F. E. Round（Plate ⅡA-5）

いずれも1987年に新設された属である．光顕レベルでの形態特性による分類学的基準によって，従来 *Fragilaria* 属と考えられてきた種群は，走査電顕による微細構造に関する新情報を得て，抜本的な分類学的検討が加えられた．

その結果，新生した，2新属の特徴を従来の光顕レベルの特性へフィードバックさせると，両者共に
A. 条線は太くて密度が小さく 13/10 μm 以下
B. 2軸(上下左右)相称

上記 A，B の特性を併せ備えた分類群となる．しかし，走査電顕による微細構造を見ると，両属間には大きな違いが認められる．表ⅡA-2 と ⅡA-3 は，両属の形態特性を，光顕レベルと電顕レベルとに分けて表記した．図ⅡA-2 は，出井，南雲(1995)の電顕写真を参考にして作図したものに，代表種の光顕写真を添えたものである．

表ⅡA-2 *Punctastriata* と *Staurosirella* の光顕レベルでの形態特性

	Punctastriata	*Staurosirella*
条線密度 (striae density)	粗い 13/10 μm 以下	粗い 13/10 μm 以下
軸域 (sternum)(矢印)	狭い	広い
葉緑体 (chloroplast)	平板状，2枚	平板状，2枚

表ⅡA-3 *Punctastriata* と *Staurosirella* の電顕レベルでの形態特性

	Punctastriata	*Staurosirella*
条線 (striae)(矢印)	殻套まで伸びる 多孔列条線	殻套まで伸びる スリット状条線
連結針 (linking spine)(矢先)	間条線上にあり 2分枝形	間条線上にあり 複雑分枝形
殻端小孔群 (apical pore field)	見えにくい	2, 3列〜多数列の 小孔群

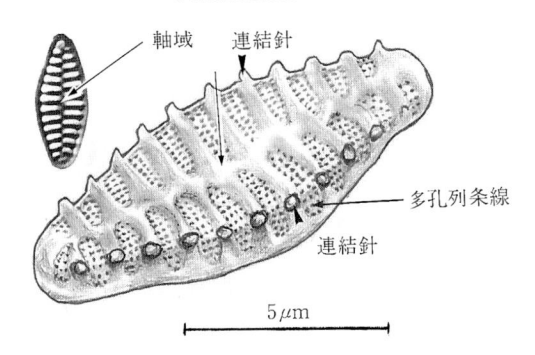

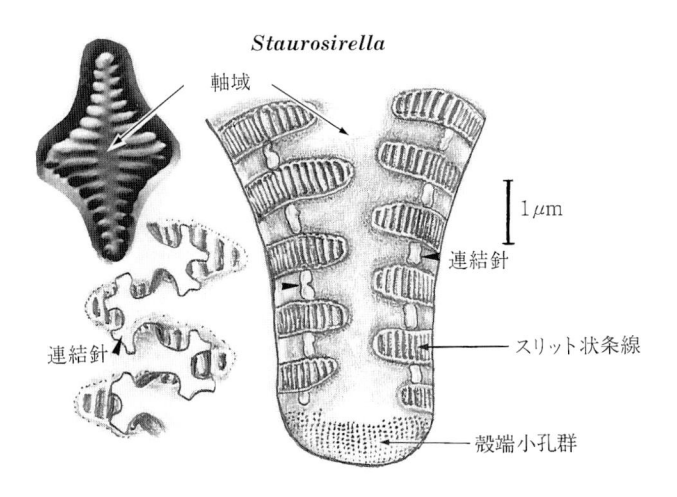

図ⅡA-2　*Punctastriata*（上）と*Staurosirella*（下）の形態図

Martyana martyi (Héribaud) Round 1990 　　　　　　　　　　　(Plate ⅡA-5：1-12)

　　Basionym：*Opephora martyi* J. Héribaud 1902.

形態　殻の形 1-4-Ova；先端の形 くさび形[11]；殻長 10-21 μm；幅 3.5-4.5 μm；条線 8-10/10 μm；1 軸(左右)相称の卵形殻をもち、条線が 13/10 μm 以下であることから、他の分類群と、容易に区別できる.

生態　琵琶湖白髭神社(DAIpo 74, pH 8.7)、芦ノ湖(DAIpo 59)、琵琶湖への流入河川余呉川(DAIpo 62, pH 7.6)、あるいは、インドネシア、スマトラ島の Lake Diatas(DAIpo 63, 77, 80)、アメリカの Lake Tahoe(DAIpo 89, 93)など、貧栄養、中栄養の湖沼、貧腐水性、β中腐腐水性の水域に出現したが、相対頻度は常に小さい稀産種と考えられる. 生態未詳.

Punctastriata linearis Williams & Round 1987 　　　　　　　(Plate ⅡA-5：13-15, 21-24)

形態　殻の形 3-Sta, 3, 4-Swo；先端の形 くさび形[11](13-15)、くちばし形[3](21-24)；殻長 5-35 μm；幅 2-6 μm；条線 太く密度は粗く 7-12/10 μm；軸域 狭い. この分類群は、複数の分類群である可能性がある. (15)は軸域がやや広いので、*Staurosirella pinnata* の可能性がある.

　Punctastriata 中の本分類群と次記の分類群とは、Williams & Round (1987)が述べているように、*Fragilaria pinnata* あるいは *F. pinnata* var. *lancettula* と同定されてきた. 筆者らもそうしてきたので、下記の生態情報は、結果的には、*Punctastriata linearis* と *P. ovalis* との複合種群の情報となる.

生態　広い分布域をもつ普遍種. 有機汚濁に関しては広適応性種、pH に関しては好アルカリ性種. 本分類群は時に第1位優占種となることがあるが、そのような珪藻群集が出現する水域の DAIpo は、50 前後の α 貧腐水性、β 中腐水性水域である.

　Van Dam *et al.* (1994)は *Fragilaria pinnata* を、alkaliphilous, β-mesosaprobous, oligo-to eutraphentic とし、Håkansson (1993), Cholnoky (1968), Foged (1953, 1964), Hustedt (1957)らもまた、*F. pinnata* を、alkaliphilous とする.

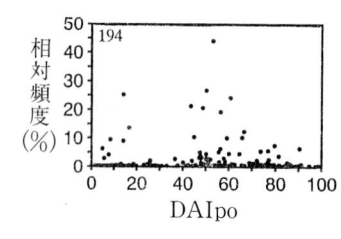

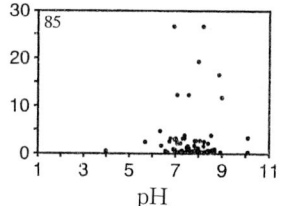

Punctastriata linearis と *P. ovalis* 複合種群の生態図

Punctastriata ovalis Williams & Round 1987 　　　　　　　　(Plate ⅡA-5：16-20)

形態　殻の形 1-Sta；先端の形 広円形[0]、くさび形[11]；殻長 (3)5-7(15) μm；幅 2(4)-3(6) μm (原記載の指示値に対して、原記載の電顕写真 Figs. 43, 44 から得られる値は、指示値より大きく、ここに示した 16-20 の写真から得た値(( )内の数値)の範囲内に入る；条線 約 9/10 μm(原記載の 1-2/10 μm は誤りと思える)；軸域 狭い.

生態　前記の *P. linearis* の記述を参照されたい.

Staurosirella lapponica (Grunow) Williams & Round 1987 (Plate IIA-5:25-32)

Basionym: *Fragilaria lapponica* Grunow 1880.

形態　殻の形 2-4-Sta；先端の形 くさび形[11]；殻長 12-40μm；幅 4-6μm；条線 6-9/10μm，条線は太くてその密度は大変粗い；軸域 広い．軸域の幅の違いによって，上記の *Punctastriata linearis*, *P. ovalis* と区別することができる．

生態　大和郡山の金魚池（DAIpo 5, 9, 14, 17, 35, 45），氷室神社内の小池，尾瀬沼（DAIpo 55, 59），あるいは，有機汚濁河川である奈良市の富雄川など，DAIpo 8-56 の強腐水性-中腐水性水域に出現．相対頻度は常に小さい（<6%）．**好汚濁性種である可能性が大きい．**

Van Dam *et al*. (1994)は *Fragilaria lapponica* を，alkaliphilous とするが，Håkansson (1993)は，pH indifferent とする．

Staurosirella lapponica の生態図

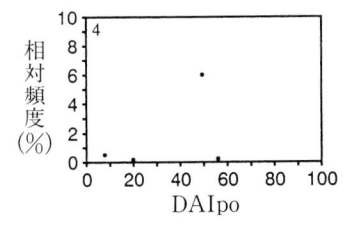

Staurosirella leptostauron (Ehrenberg) Williams & Round 1987
(Plate IIA-5:33-39)

Basionym: *Fragilaria leptostauron* (Ehrenberg) Hustedt 1931. Syn: *Biblarium leptostauron* Ehrenberg 1854.

形態　殻の形 2-Swo，中央左右が突出した十字形；先端の形 くちばし形[3]，くちばし伸長形[4]；殻長 16-25μm；幅（最大部）10-13μm；条線 6-10/10μm．

生態　奈良市近郊の池，中禅寺湖（DAIpo 65），琵琶湖堅田（DAIpo 82, pH 7.4），小矢部川，ウラジオストック近郊の R. Gorajskj（DAIpo 95），スイス，ネパールの渓流（pH 6.8, 7.2）など，DAIpo 45-95 の比較的清冽な水域に出現する傾向が強いが，相対頻度，出現頻度共に小さい．**有機汚濁に関しては好清水性種．pH に関しては中性種．**

以下の生態情報は，すべて *Fragilaria leptostauron* としての情報である．Van Dam *et al*. (1994)は，alkaliphilous, oligosaprobous, meso-eutraphentic とする．Håkansson (1993)は，alkaliphilous とする．Cholnoky (1968)は，pH およそ 8.0 で，溶存酸素の豊富な貧栄養の水域が，本分類群の最適環境であると考えた．Hustedt (1957)は，alkaliphilous, oligosaprobous とする．

Staurosirella leptostauron の生態図

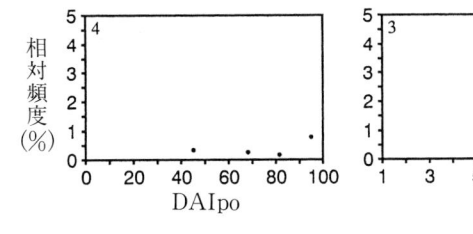

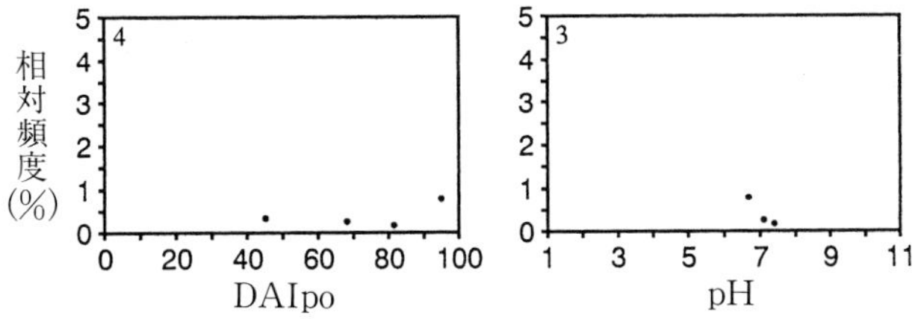

Plate IIA-5

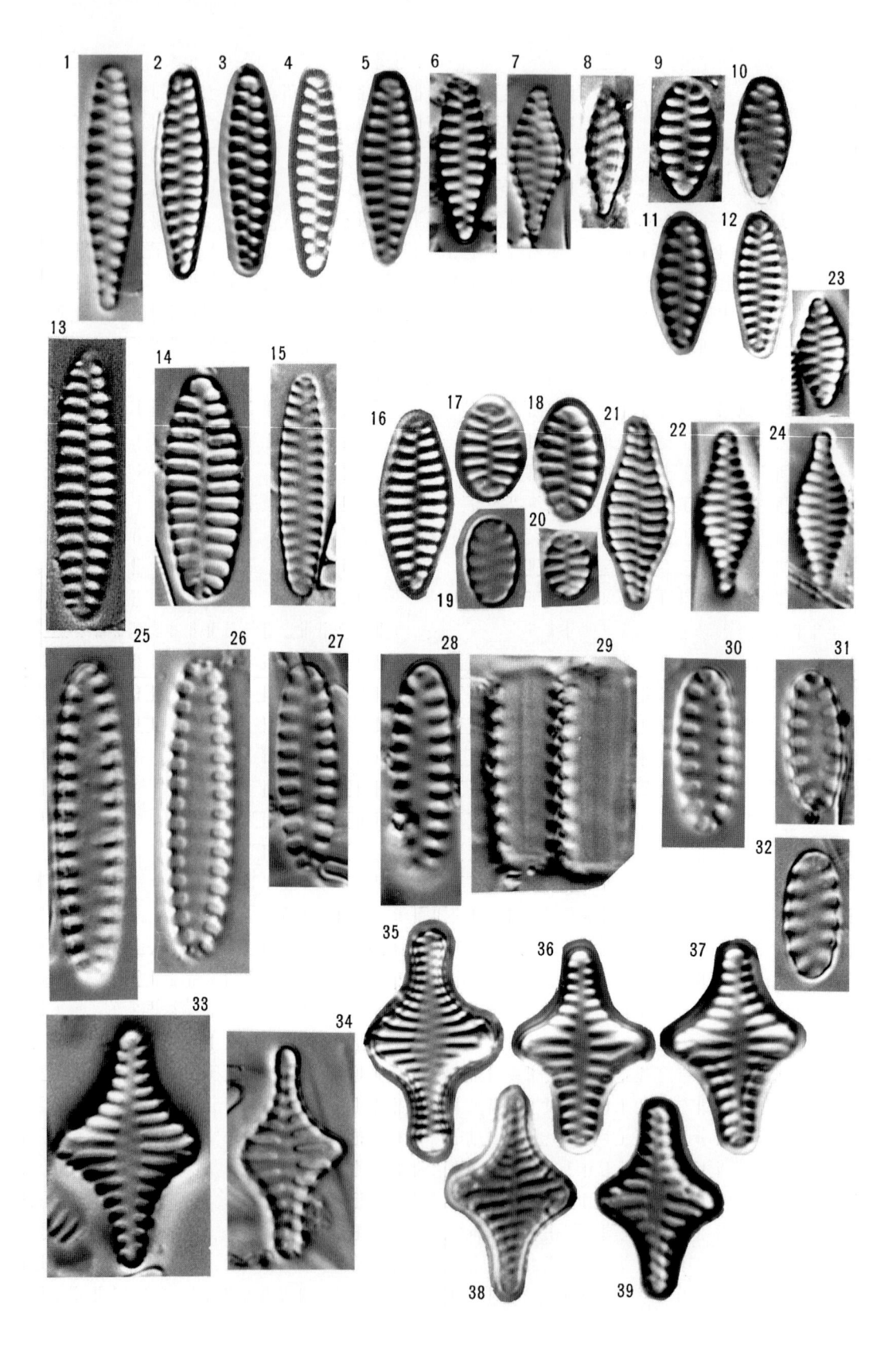

Pseudostaurosira D. M. Williams & F. E. Round 1987（Plate ⅡA-6）
Tabularia D. M. Williams & F. E. Round 1986（Plate ⅡA-6）

　本分類群は，ディアトマ科の分類で示したように，条線密度が14/10μm以上で，軸域が非常に広いという，2つの共通の形態特性をもつ．
　両属の形態特性は，光顕レベルと電顕レベルとに分けて，表ⅡA-4と表ⅡA-5に記した．また，図ⅡA-3にその形態図を添えた．

表ⅡA-4　*Pseudostaurosira* と *Tabularia* の光顕レベルでの形態特性

	Pseudostaurosira	*Tabularia*
条線密度 (striae density)	14/10μm 以上	14/10μm 以上
軸域 (sternum)	非常に広い	非常に広い
葉緑体 (chloroplast)	板状	板状2枚

表ⅡA-5　*Pseudostaurosira* と *Tabularia* の電顕レベルでの形態特性

	Pseudostaurosira	*Tabularia*
条線 (striae)	殻面に数個の胞紋(大矢先)が並ぶ．殻套(太い矢印)には条線の延長上に1個の胞紋(大矢先)	不規則に並ぶ小孔群による師板または円形胞紋が2列に並ぶ(矢印)など多様
唇状突起 (labiate process =rimoportulla)	ない	一方の殻端に1個(矢先)
飾り板 (plaques)(小矢印)	殻套縁に沿って並ぶ	ない
殻端小孔群 (apical pore field)	数個の小孔群，一方の殻端にのみ存在(細い矢印)	小孔列，一方の殻端にのみ存在(矢印)
連結針 (linking spine)	ある(小矢先)	ない

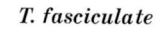

図ⅡA-3　*Pseudostaurosira*（上）と *Tabularia*（下）の形態図

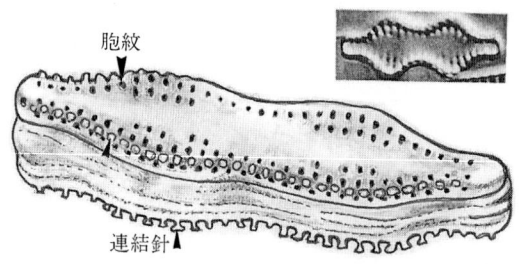

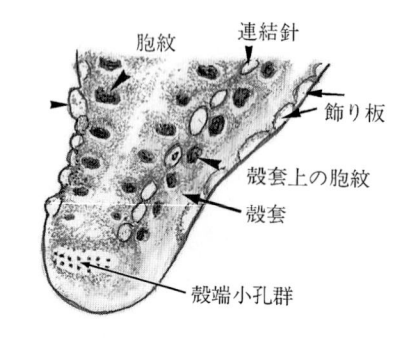

Tabularia fasciculata (Agardh) Williams & Round 1986   (Plate ⅡA-6：1-7)

Syn：*Diatoma fasciculatum* Agardh 1812；*Synedra fasciculata* (Agardh) Kützing 1844；*S. affinis* var. *fasciculata* (Agardh) Grunow 1881；*S. tabulata* var. *acuminata* (Grunow) Hustedt 1932；*S. tabulata* var. *fasciculata* (Agardh) Hustedt 1932；*S. fasciculata* var. *truncata* (Greville) Patrick 1966.

[形態]　殻の形 3,4-Sta；先端の形 くさび形[11]；殻長 13-60 μm；幅 4-7 μm；条線 12-15/10 μm；軸域 極めて広く，殻幅の 1/3-1/2.

本分類群は，*Pseudostaurosira zeilleri* (Syn：*Fragilaria zeilleri*) と殻の形，条線密度，軸域の広さなど，光顕レベルでの形態特性がよく似る．しかし，電顕観察によってしか分からないが *P. zeilleri* の条線は，2-4 個の小孔からなることによって，本分類群と区別することができる．

[生態]　止水域では，十和田湖(DAIpo 54)，倶多楽湖(DAIpo 71)，中禅寺湖(DAIpo 65)など典型的な貧栄養の湖に，付着藻群集中の一員として出現するが，DAIpo 30-50 の β 中腐水性水域にも出現する**広適応性種．pH に関しては中性種．**

Van Dam *et al*. (1994)は，alkaliphilous, α-mesosaprobous, eutraphentic とし，日本での産地からする生態傾向とは少し異なる．

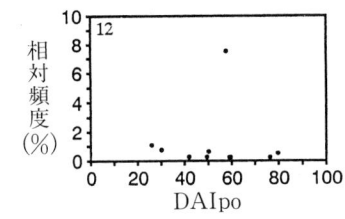

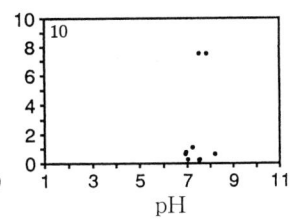

Tabularia fasciculata の生態図

Pseudostaurosira brevistriata (Grunow) Williams & Round 1987

(Plate ⅡA-6：8-17)

Syn：*Fragilaria brevistriata* Grunow 1885.

[形態]　殻の形 3,4-Sta, 2,3-Swo；先端の形 くさび形[12]；殻長 11-30 μm；幅 3-5 μm；条線 12-17/10 μm；軸域 非常に広い．殻幅の 1/2 以上(中央部において)．

[生態]　**有機汚濁に関しては広適応性種，pH に関しては好アルカリ性種．**

Van Dam *et al*. (1994)は，alkaliphilous, oligosaprobous, oligo-to eutraphentic とする．

Pseudostaurosira brevistriata の生態図

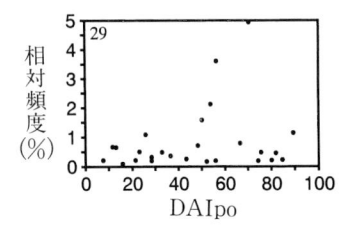

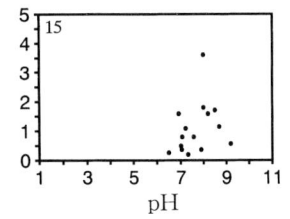

Pseudostaurosira brevistriate var. *minor* nom. und.   (Plate ⅡA-6：18-26)

[形態]　殻の形 3-Sta；先端の形 くさび形[11]；殻長 6-8 μm；幅 2.5-3.5 μm；条線 16-17/10 μm．極めて小型の種である，軸域が非常に広く，条線密度が 14/10 μm 以上などの特徴は，*Pseudostaurosira* の特性であり，その他の近縁の属の特性とは異質であるところから，現時点では，*Pseudostaurosira* の 1 種とするが，今後走査電顕による精査が必要である．

生態 奈良県湯泉地温泉(pH 8.6)，湯沢温泉(pH 9.7)の無機高アルカリ温泉の流出溝および，十和田湖(DAIpo 54)に付着藻類群集の一員として出現した．最近，大塚(2002)が斐伊川で *Pseudostaurosira* sp. として記載したものと同等である．出現頻度は低い．**好アルカリ性種の可能性が大きい．**

Pseudostaurosira robusta (Fusey) Williams & Round 1986 (Plate IIA-6 : 27-34)

Syn：*Fragilaria robusta* (Fusey) Manguin 1960；*F. construens* var. *binodis* f. *robusta* Fusey 1951；*F. pseudoconstruens* var. *bigibba* Marciniak 1982.

形態 殻の形 4-Con；先端の形 くちばし伸長形[4]；殻長 13-17μm；幅 中央3-4.5μm；条線 15-18/10μm，条線は，2-3個の粒状胞紋が並び短い；軸域 条線が短く，ことに中央部では軸域の存在が不明瞭になる個体もあり，軸域の幅が不規則な広がりをもつ．

生態 倶多楽湖(DAIpo 71)，池田湖(DAIpo 87)，阿寒湖，日光大谷川(含満が淵 DAIpo 78)，ネパールの清冽河川など，β-oligosaprobic 以上の清冽な水域にも，DAIpo 20 以下の強い汚濁水域にも出現する．**有機汚濁に関しては広適応性種，pH に関しては好アルカリ性種．**

Van Dam *et al.* (1994)は，*Fragilaria construens* f. *binodis* (Ehrenberg) Hustedt を，alkaliphilous, oligosaprobous, meso-eutraphentic とするが，この分類群は，*Pseudostaurosira robusta* と殻の形は同等であっても，条線構造が異なる．ただ光顕では，両者を混同しやすいので注意が必要である．

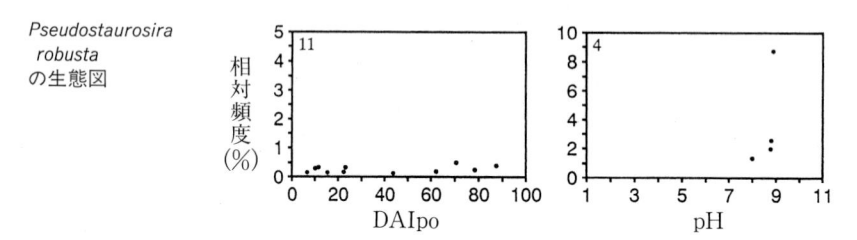

Pseudostaurosira robusta の生態図

Fragilaria parasitica (W. Smith) Grunow var. *parasitica* 1881 (Plate IIA-6 : 35-40)

Syn：*Odontidium parasiticum* W. Smith 1856；*Synedra parasitica* (W. Smith) Hustedt 1930.

最近，Round & Maidana(2001)は本分類群を新属の一種，*Synedrella parasitica* (W. Smith) Round & Maidana として記載した．

形態 殻の形 4-Swo；先端の形 突起伸長形[13]；殻長 10-26μm；幅（中央最大部）5-7μm；条線 14-18/10μm；先述の *Pseudostaurosira brevistriata* の一部の個体と，殻の形態が似るが，本分類群は，殻の先端が著しく細長く伸び，中央部のふくらみが大きいことで，*P. brevistriata* と区別できる．両者の近縁関係は近く，本分類群も *Pseudostaurosira* に属する可能性があるが，今後の電顕による検討結果を待ちたい．

生態 淀川，三重県の数河川(DAIpo 73-85)，ロシアの R. Razdornaya(DAIpo 89)，R. Komarovka (DAIpo 98)，無名小河川(DAIpo 86)など，極めて清冽な河川に出現した．しかし，珪藻群集中の相対頻度は1%以下で小さい．

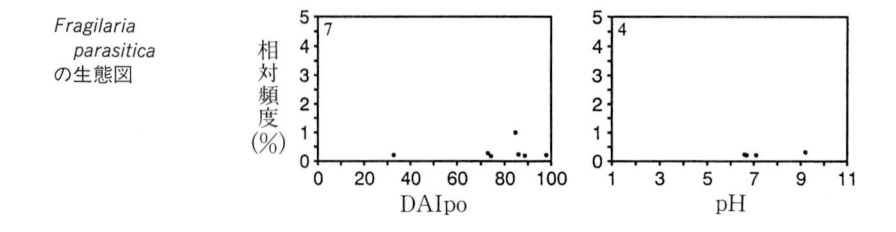

Van Dam *et al.*(1994)は，alkaliphilous, β-mesosaprobous, meso-eutraphentic とする．

Fragilaria parasitica の生態図

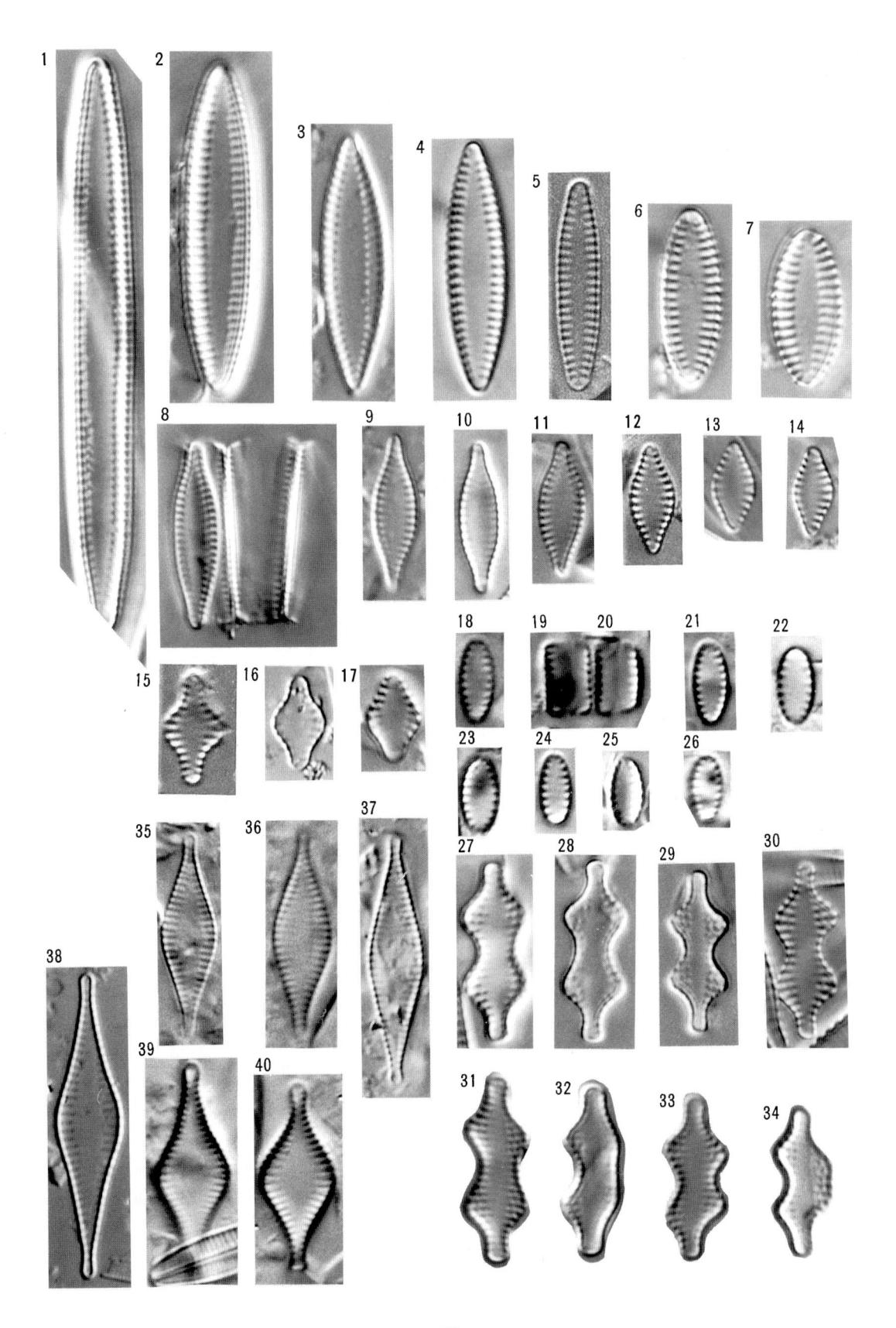

Plate IIA-6

Fragilariforma D. M. Williams & F. E. Round 1987(Plate ⅡA-7)
Staurosira (C. G. Ehrenberg) D. M. Williams & F. E. Round 1987(Plate ⅡA-7)

　上記2分類群は，ディアトマ科の検索表に示されているように，いずれも条線密度が14/10 μm以上であるが，軸域が極めて狭く，ないようにさえ見える分類群 *Fragilariforma* と，比較的狭い分類群 *Staurosira* とに分けることができる．

　電顕レベルでの形態に関する情報によって，両分類群の違いをより明確なものとすることができる(表ⅡA-7)．

表ⅡA-6　*Fragilariforma* と *Staurosira* の光顕レベルでの形態特性

	Fragilariforma	*Staurosira*
条線密度 (striae density)	14/10 μm 以上	14/10 μm 以上
軸域 (sterum)(白矢印)	非常に狭く，ないように見える場合がある	比較的狭いが，存在は明瞭
葉緑体 (chloroplast)	小円盤状で数個	帯面観において2枚，殻面観では1枚のように見える
群体 (colony)	直線群体かジグザグ群体を形成	単独または直線群体かジグザグ群体を形成

表ⅡA-7　*Fragilariforma* と *Staurosira* の電顕レベルでの形態特性

	Fragilariforma	*Staurosira*
条線 (striae)	小さな円形，楕円形の胞紋が，殻套へまで1列に並ぶ	小円形の胞紋が，殻套へまで1列に並ぶ
唇条突起 (labiate process =rimoportulta)	1個(細い矢印)	ない
殻端小孔群 (apical pore field)(矢先)	多数の小孔が密集して，顕著	少数(2, 3～数個)の小孔が集合
連結針 (linking spine)	間条線上の殻縁にある．形は変化に富む	間条線上の殻縁にありへら状，または2分枝(太い矢印)

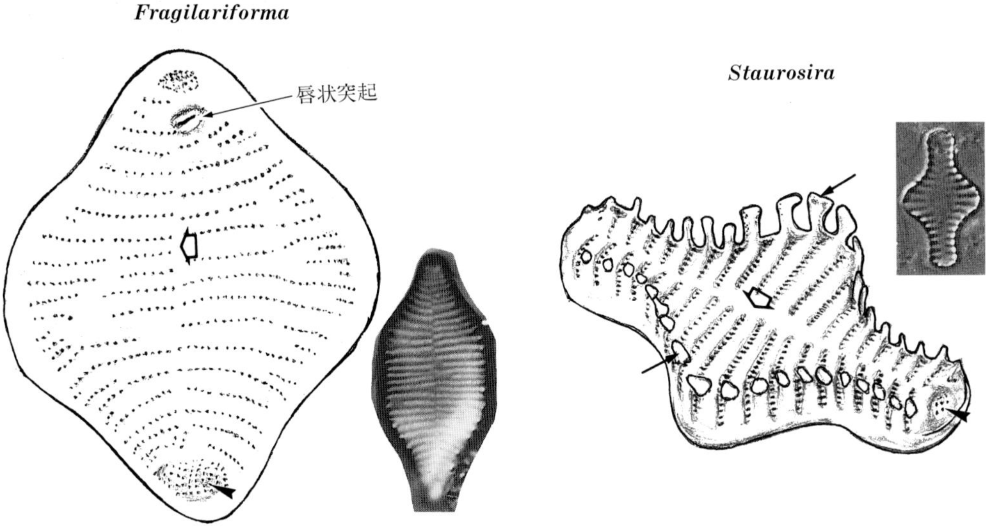

図 II A-4　*Fragilariforma*（左）と *Staurosira*（右）の形態図
　　　　白矢印：軸域，短い矢印：連結針
　　　　長い矢印：唇状突起，矢先：殻端小孔群

Fragilariforma virescens (Ralfs) Williams & Round 1986　　　　(Plate ⅡA-7：1)

Basionym：*Fragilaria virescens* Ralfts 1843. Syn：*Fragilaria aequalis* Heiberg 1863.

形態　殻の形 4-Sta；先端の形 くさび形[11]，くちばし形[3]；殻長 約10-120μm；幅 約6-10μm；条線 13-19/10μm；軸域 非常に狭い．

生態　尾瀬沼(DAIpo 55, pH 7.0)に出現．日本では稀産種．

Van Dam *et al.* (1994)は，circumneutral, oligosaprobous, oligo-mesotraphentic とする．出井，南雲(1995)は，*Fragilariforma* 属の種類は，生育地が高層湿原のような酸性域に限られているという．

Fragilariforma virescens var. *exigua* (Grunow) Poulin *in* Hamilton *et al.* 1992
　　　　　　　　　　　　　　　　　　　　　　　　　　　　　　　　(Plate ⅡA-7：2-4)

Basionym：*Fragilaria virescens* var. *exigua* Grunow 1881；non *F. exigua* (W. Smith) Lemmermann 1908.

Fragilariforma exigua としても記載されている(大塚 2002)．

形態　殻の形 3-5-Sta；先端の形 くさび形[11]；殻長 5-25μm；幅 3-5μm；条線 18-21/10μm；軸域 非常に狭い．本分類群は，別属の種をも含む複数の種からなる可能性がある．

生態　蘭牟田池，十和田湖(DAIpo 54)，オコタンペ湖など，貧栄養湖と腐植栄養湖に出現．**好アルカリ性種**．生態図は，*Fragilariforma virescens* と *F. virescens* var. *exigua* との複合種群の生態図である．

Van Dam *et al.* (1994)は，circumneutral, oligosaprobous, oligotraphentic とする．

Fragilariforma virescens と *F.virescens* var. *exigua* 複合種群の生態図

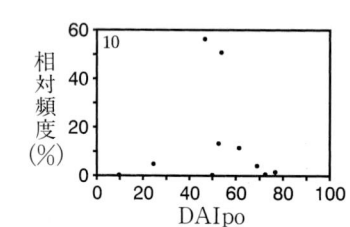

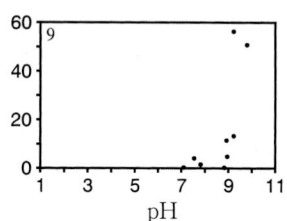

Fragilariforma bicapitata (A.Mayer) Williams & Round 1987　　(Plate ⅡA-7：5-12)

Basionym：*Fragilaria bicapitata* A. Mayer 1917.

形態　殻の形 1-4-Sta；先端の形 頭状形[5]，くちばし形[3]，広円形[0]；殻長 10-55μm；幅 3-5μm；条線 13-19/10μm(間隔不同)；軸域 極めて狭く，ないように見える．

生態　支笏湖に出現．日本では稀産種．形態は極めて多様．

Krammer & Lange-Bertalot (1991)は，oligo-eutrophic の止水域，oligo-mesosaprobic の流水域で，電解質の少ないところから豊富な所にまで出現するとする．Van Dam *et al.* (1994)は，circumneutral, β-mesosaprobous, oligo-to eutraphentic とする．両者共に *Fragilaria bicapitata* の生態情報として記載している．

Fragilaria construens f. *exigua* (W. Smith) Hustedt 1959　　(Plate ⅡA-7：13, 14)

Syn：*Triceratium exiguum* W. Smith 1856；*Fragilaria exigua* (W. Smith) Lemmermann 1908；*F. exigua* var. *concava* Lemmermann 1908；*F. construens* var. *exigua* (W. Smith) Schulz 1922.

形態　殻の形 三角形；先端の形 くちばし形[3]；殻長 (1辺)約10μm；条線 約16/10μm．

生態　Van Dam *et al.* (1994)は，alkaliphilous, oligosaprobous, meso-eutraphentic とする．

Staurosira construens var. *venter* (Ehrenberg) Kawashima & Kobayasi 1994

(Plate II A-7 : 15-24)

Basionym : *Fragilaria construens* f. *venter* (Ehrenberg) Hustedt 1957. Syn : *F. venter* Ehrenberg 1854 ; *Fragilaria construens* var. *venter* (Ehrenberg) Grunow 1881.

形態 殻の形 1-3-Sta；先端の形 頭状形[5]，くさび形[11]，広円形[0]；殻長 6-22 μm；幅 3-7 μm；条線 14-16/10 μm；軸域 狭い．

生態 倶多楽湖(DAIpo 71)，中禅寺湖(DAIpo 65)，支笏湖など貧栄養湖から，汚濁流水域，八幡平の御在所温泉(pH 7.9)まで，多様な水域に出現するが，相対頻度は汚濁水域で高い傾向がある．**有機汚濁に関しては好汚濁性種，pH に関しては好アルカリ性種**．DAIpo と産地の pH との加重平均は，それぞれ 19.4，8.74 である．

Van Dam *et al.*(1994)は，alkaliphilous，β-mesosaprobous，meso-eutraphentic とする．

Staurosira construens var. *venter* の生態図

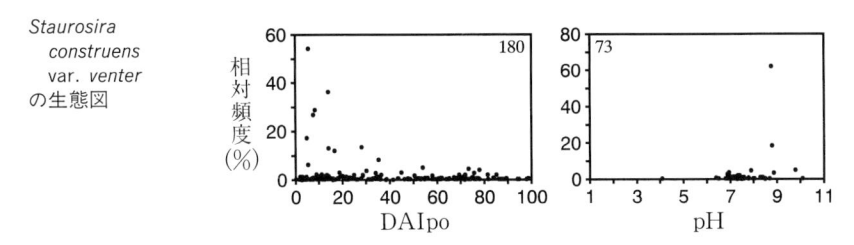

Staurosira construens var. *binodis* (Ehrenberg) Hamilton *in* Hamilton *et al.* 1992

(Plate II A-7 : 25-29)

Syn : *Fragilaria binodis* Ehrenberg 1854 ; *F. construens* var. *binodis* (Ehrenberg) Grunow 1862 ; *F. construens* f. *binodis* (Ehrenberg) Hustedt 1957.

形態 殻の形 3-Con；先端の形 頭状形[5]；殻長 15-25 μm；幅 最大 4.5-8 μm；条線 15-17/10 μm；軸域 狭い．

生態 志賀高原丸沼(pH 8.9)，九州由布院の温泉湧出口付近(pH 8.8)に出現．**有機汚濁に関しては広適応性種，pH に関しては好アルカリ性種**．

Van Dam *et al.*(1994)は，alkaliphilous，oligosaprobous，meso-eutraphentic とする．

Staurosira construens var. *binodis* の生態図

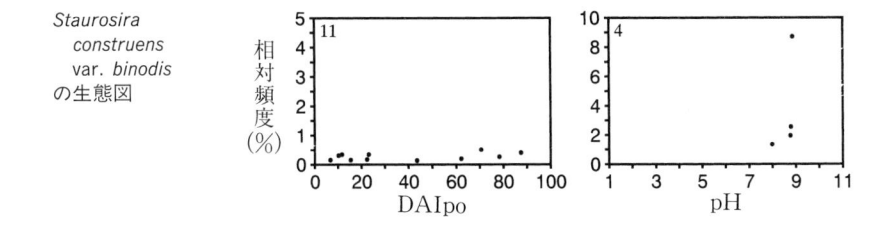

Staurosira construens Ehrenberg var. *construens* 1841 (Plate IIA-7：30-35)

Syn：*Fragilaria construens* (Ehrenberg) Grunow var. *construens* 1862.

形態 殻の形 2-4-Swo；先端の形 頭状形[5]，くちばし形[3]，くちばし伸長形[4]；殻長 8-20 μm；幅（最大）5-9 μm；条線 13-16/10 μm；軸域 狭い．

生態 有機汚濁に関しては好清水性種，pH に関しては好アルカリ性種．

Van Dam *et al*. (1994)は，*Fragilaria construens* を alkaliphilous, β-mesosaprobous, meso-eutraphentic とする．Håkansson (1993) もそれを alkaliphilous とする．

Staurosira construens var. *construens* の生態図

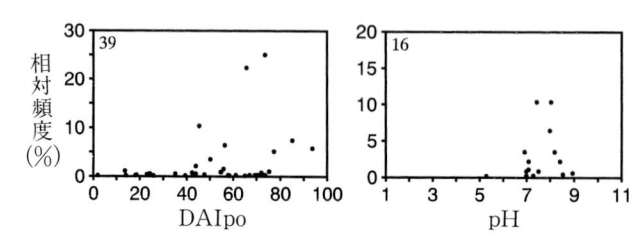

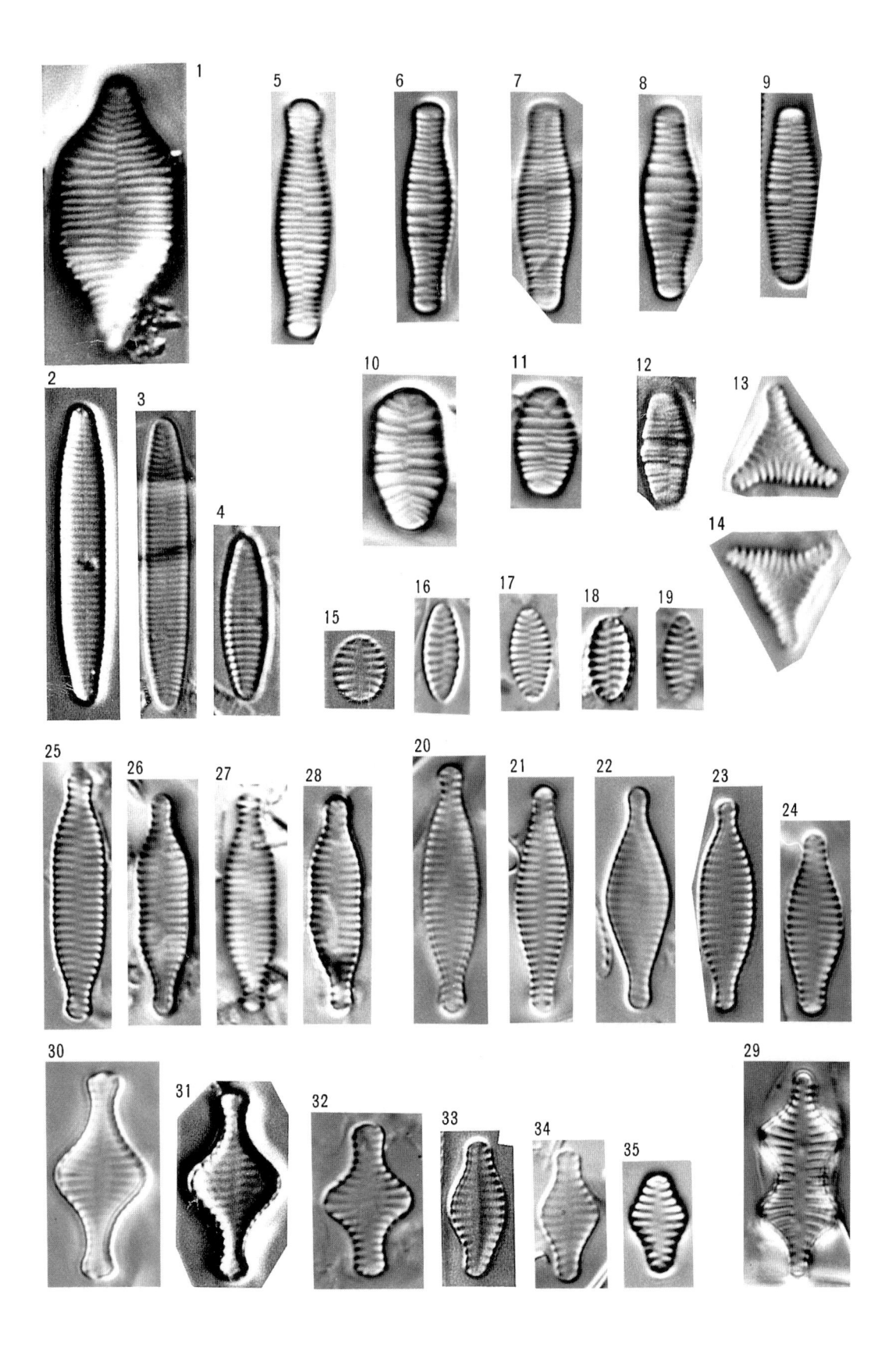

Plate IIA-7

Fragilaria Lyngbye 1819（ⅡA-4，ⅡA-6〜ⅡA-10）
Synedra Ehrenberg 1830（ⅡA-8〜ⅡA-14）
Ctenophora（Grunow）Lange-Bertalot 1991

　3属共に，殻の形は細長い舟形の5-Staでよく似ている．前二者を区別するに当たっては，従来，形は比較的小さく，蓋殻面が向かいあって，蓋殻面の周囲にある連結針（linking spine）によって結合し，帯状の群体をつくるものを *Fragilaria* 属とし，形が比較的大きく，単独または，粘質物によって，放射状（叢状）群体をつくるものを *Synedra* 属としてきた．その後，両者の分類基準をめぐって多くの論議がなされた結果，次の2つの方向が示された．
　1）両者を1つにまとめて *Fragilaria* 属とする（Lange-Bertalot 1980）．
　2）両属名は残し，それぞれの属から派生した，5属ずつの新しい属を設定した（Williams 1986, Williams & Round 1986, 1987, 1988）．
　Fragilaria 属から派生した属の中，淡水産の種を含むもの（*Fragilariforma*，（*Martyana*），*Pseudostaurosira*，*Punctastriata*，*Staurosira*，*Staurosirella*）については，すでに記述した．
　Synedra から派生した5属中，淡水産のものを含む属は，*Ctenophora* と *Tabularia* の2属であるが，*Tabularia* はすでに記述した．したがって，ここでは，新しく派生した属を除いたあとの，*Fragilaria*，*Synedra* および *Ctenophora* の特性を，光顕レベルと電顕レベルに分けて表示した（表ⅡA-8，ⅡA-9）．

表ⅡA-8　*Fragilaria*，*Synedra*，*Ctenophora* の光顕レベルでの形態特性

	Fragilaria	*Synedra*	*Ctenophora*
殻の形 (valve shape)	3-5-Sta 紡錘形，舟形，線形	5-Sta 線形，針形	5-Sta 線形
条線 (striae)	≧14/10 μm 軸域をはさんで，左右条線がちぐはぐに向かいあう傾向がある（図ⅡA-5：1, 2）	≧14/10 μm あるいは ≦13/10 μm 軸域をはさんで左右の条線が互いに向かいあう傾向がある（図ⅡA-5：3, 4）	12-20/10 μm 軸域をはさんで左右の条線が互いに向かいあう．明確な胞紋列（図ⅡA-5：6-8）
軸域 (sternum)	狭い	狭い	狭い

表ⅡA-9　*Fragilaria*，*Synedra*，*Ctenophora* の電顕レベルでの形態特性

	Fragilaria	*Synedra*	*Ctenophora*
連結針 (linking spine)	殻縁条線上に存在する（図ⅡA-5：2）	ない （図ⅡA-5：4）	ない （図ⅡA-5：7, 8）
唇状突起 (labiate process)	一方の殻端に1個（図ⅡA-5：2矢先）	両殻端に1個ずつ（図ⅡA-5：4, 5矢先）	両殻端に1個ずつ（図ⅡA-5：7, 8矢先）
殻端小孔群 (apical pore field)	ある （図ⅡA-5：2矢印）	ある （図ⅡA-5：4, 5矢印）	ある （個ⅡA-5：7, 8矢印）

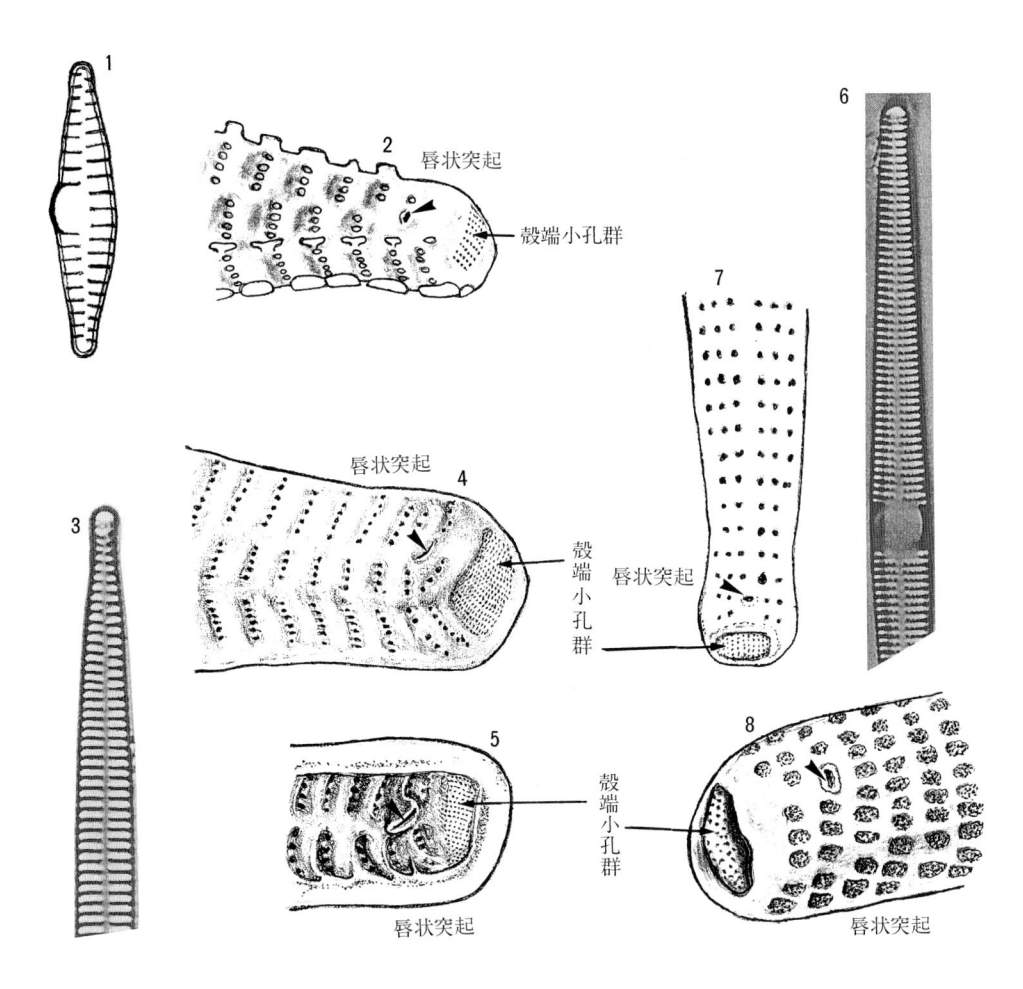

図 II A-5　*Fragilaria*，*Synedra*，*Ctenophora* の形態図
　　　　　Fragilaria：1.光顕写真図，2.電顕写真図
　　　　　Synedra　：3.光顕写真，4, 5.電顕写真図，4.表面，5.裏面
　　　　　Ctenophora：6.光顕写真，7, 8.電顕写真図，共に表面
　　　　　矢先：唇状突起，矢印：殻端小孔群．

Fragilaria capitellata (Grunow) J. B. Petersen 1946 (Plate IIA-8：1-10)

Basionym：*Synedra* (*vaucheriae* var.) *capitellata* Grunow *in* Van Heurck 1881. Syn：*Fragilaria vaucheriae* var. *capitellata* (Grunow) Ross 1947.

形態　殻の形 3-Sta；先端の形 小突起形[1]，頭状形[5]；殻長 15-25 μm；幅 4-5 μm；条線 15-18/10 μm；軸域 狭い；中心域 片方へ片寄る．

生態　支笏湖，中禅寺湖(DAIpo 65)，琵琶湖，阿寒湖(河島，小林 1994)，アメリカのLake Pyramid, L. Tahoe (DAIpo 93, 89)のような貧栄養湖，および華厳の滝(DAIpo 95)，斐伊川(Ohtsuka 2002)，さらに奈良県十津川村上湯温泉(pH 7.9)，長野県高原川牧(pH 9.2)に出現．有機汚濁に関しては好清水性種で，本分類群が第1位優占種となる群集は，DAIpoが70以上のβ貧腐水性，極貧腐性の止水域に出現する．pH に関しては中性種．

Van Dam *et al.* (1994)は，*F. capucina* var. *capitellata* (Grunow) Lange-Bertalot(この分類群のBasionymが *Synedra vaucheriae* var. *capitellata* Grunowである)を，pH circumneutral, α-mesosaprobous, eutraphentic とした．

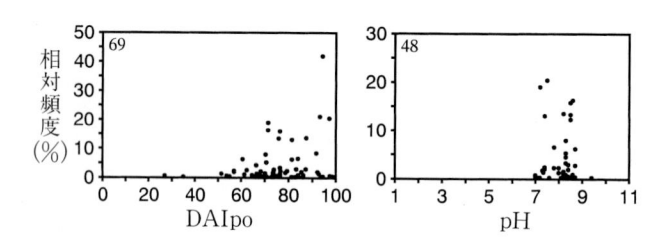

Fragilaria capitellata の生態図

Synedra rumpens Kützing 1844 (Plate IIA-8：11-13)

Syn：*Fragilaria laevissima* Østrup 1910；*F. pseudolaevissima* Van Landingham 1971；*F. capucina* var. *rumpens* (Kützing) Lange-Bertalot 1991.

形態　殻の形 5-Sta；先端の形 くちばし形[3]，頭状形[5]；殻長 30-48μm；幅 3-4μm；条線 18-20/10 μm；軸域 大変狭く，中心域片方へ片寄る．

生態　有機汚濁に関しては広適応性種，pH に関しては中性種．広汎な水環境に出現する普遍種．

Van Dam *et al.* (1994)は，circumneutral, oligo-mesotraphentic とし，Håkansson (1993)は，pH indifferent とする．Krammer & Lange-Bertalot (1991)も oligo-mesotraphentic とする．

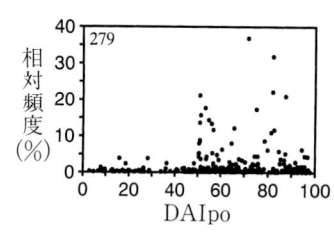

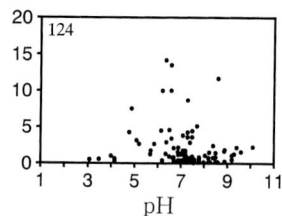

Synedra rumpens の生態図

Fragilaria capucina Desmazières var. *capucina* 1825 (Plate IIA-8：14-18)

Syn：*Fragilaria capucina* var. *lanceolata* Grunow *in* Van Heurck 1881；*Synedra rumpens* var. *familiaris* f. *major* Grunow *in* Van Heurck 1881；*S.* (*amphicephala* var.?) *fallax* Grunow *in* Van Heurck 1881；*S. rumpens* var. *acuta* (Ehrenberg) Rabenhorst 1864 sensu Grunow.

形態　殻の形 5-Sta；先端の形 頭状形[5]；殻長 20-60 μm；幅 3-4 μm；条線 12-15/10 μm；軸域 狭い．中心域 片方へ片寄る．

生態 北海道の支笏湖，倶多楽湖(DAIpo 71)，洞爺湖(DAIpo 52)，インドネシアの Lake Singkarak など，貧栄養湖に出現する**好清水性種，pH に関しては中性種**.

Van Dam *et al.* (1994)は，alkaliphilous とする．

Fragilaria capucina var. *vaucheriae* (Kützing) Lange-Bertalot 1980

(Plate ⅡA-8：19-29)

Syn：*Staurosira intermedia* Grunow 1862；*Fragilaria intermedia* Grunow 1881：*Synedra rumpens* var. *meneghiniana* Grunow 1881；*Fragilaria vaucheriae* (Kützing) Petersen 1938.

形態 殻の形 3-5-Sta，殻の両縁が多少ともふくらむ；先端の形 くちばし形[3]；殻長 7.5-40 μm；幅 4-7.5 μm；条線 9-14/10 μm；軸域 大変狭い，中心域 片方へ片寄る．本分類群中には，*Fragilaria vaucheriae* var. *parvula* (Kützing) A. Cleve とされていた小型の分類群(22-25)も含む．

生態 殻形態が細長いタイプ(26-29)のものは，中禅寺湖(DAIpo 65)，忍野八海(pH 8.4)のような，清澄な止水域に，太短いタイプ(19-25)のものは，日光双頭の滝(DAIpo 86)，白糸の滝(pH 8.5)，ウラジオストック近郊の清流など，清冽な流水域に出現した．**有機汚濁に関しては好清水性種，pH に関しては好アルカリ性種**である．

Van Dam *et al.* (1994)は，alkaliphilous, α-mesosaprobous, eutraphentic とし，Håkansson (1993)，Foged (1953, 1964)，Jørgensen(1948)は，*Fragilaria vaucheriae* として，alkaliphilous とし，pH 6.5-9.0 を，本分類群の最適範囲とした．これは下図ともよく一致する．

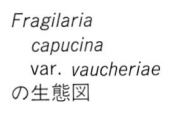

Fragilaria capucina var. *vaucheriae* の生態図

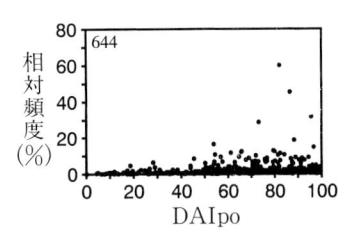

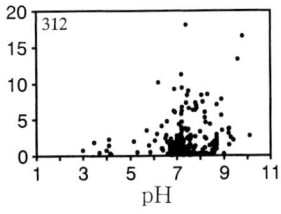

Fragilaria rumpens var. *fragilarioides* (Grunow) Cleve-Euler 1953 (Plate ⅡA-8：30-34)

Basionym：*Synedra rumpens* var. *fragilarioides* Grunow 1881. Syn：*Synedra vaucheriae* var. *distans* Grunow *in* Van Heurck 1881.

Krammer & Lange-Bertalot(1991)らは，本分類群を，*Fragilaria capucina distans/fragilarioides*-Sippen とする．

形態 殻の形 4-Sta，殻の両縁は平行；先端の形 くちばし形[3]；殻長 23-70 μm；幅 4-5.5 μm；条線 10-12/10 μm；軸域 極めて狭い；中心域 片方へ片寄る．

生態 中禅寺湖(DAIpo 65)，北海道洞爺湖(DAIpo 52)，支笏湖など貧栄養湖と，極貧腐水性の山間渓流などに，よく出現する**好清水性種，pH に関しては真アルカリ性種**．本種が珪藻群集中第1位優占種となる例は少ないが，DAIpo 50-69 の貧栄養の止水域でそのような例が出現した．

Patrick & Reimer (1966)は，*S. rumpens* var. *fragilarioides* を，かなり高い電気伝導度をもち，中性の水域にしばしば出現し，滝や湧水，小川を好む種とする．

Synedra rumpens var. *fragilarioides* の生態図

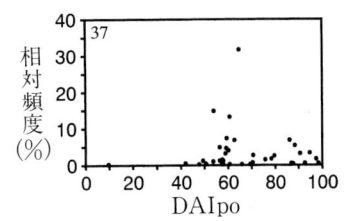

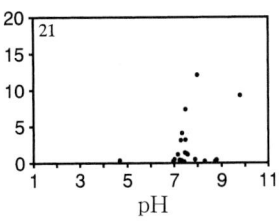

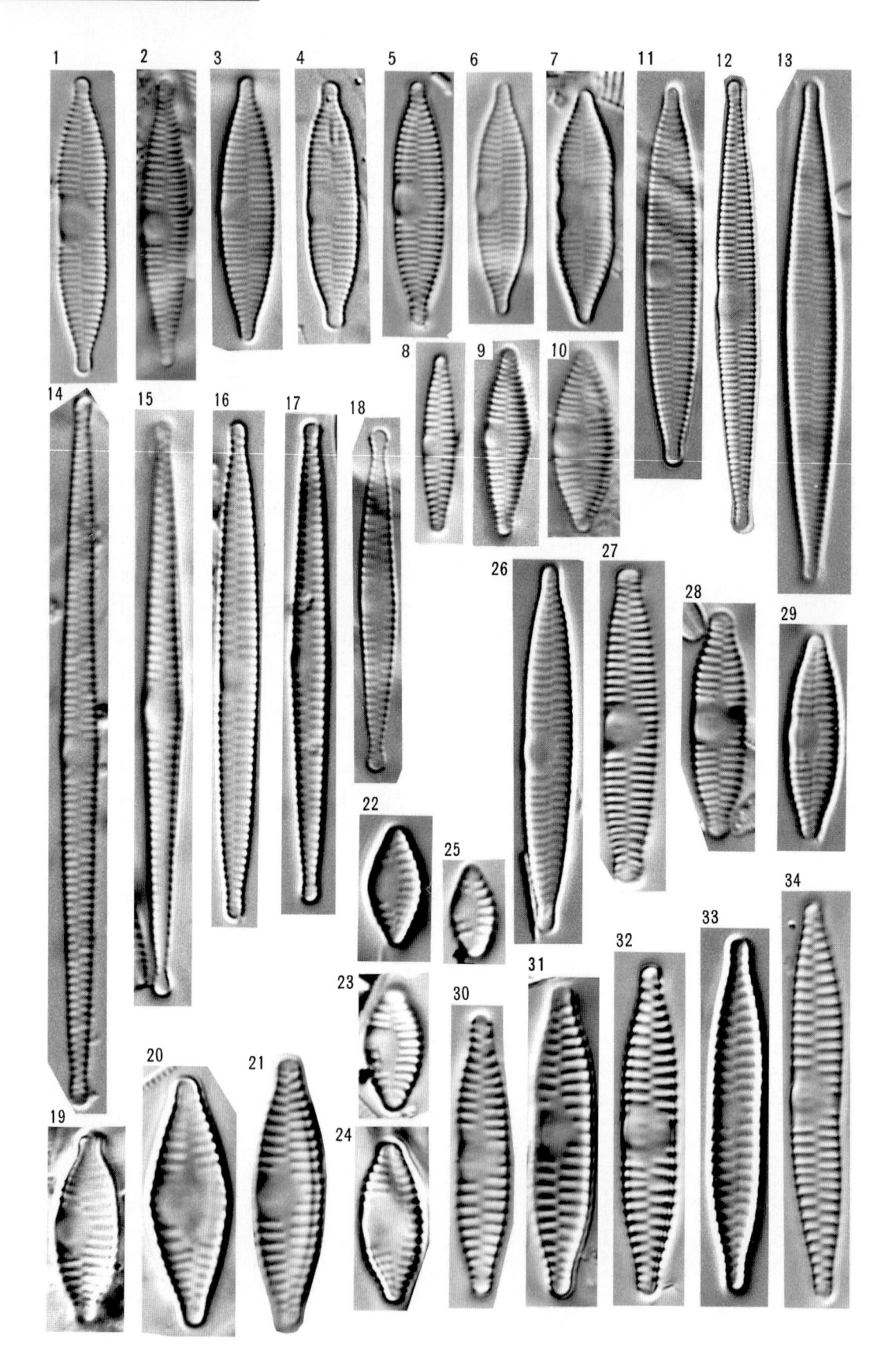

Plate IIA-8

104

Fragilaria capucina var. *amphicephala*（Grunow）**Lange-Bertalot 1991**

(Plate ⅡA-9：1-3)

Syn：*Synedra amphicephala* Kützing 1844.

形態　殻の形 5-Sta；先端の形 頭状形[5]；殻長 20-75μm；幅 2.5-4μm；条線 11-16/10μm；軸域 狭い．

生態　奈良市内汚濁河川菩提川(DAIpo 43)，金魚養殖池(DAIpo 14)など，有機汚濁の進んだ流水，止水域に，付着藻類群集の一員として出現．**有機汚濁に関しては好汚濁性種，pH に関しては中性種**．

Van Dam *et al.*（1994）は，alkaliphilous, oligosaprobous, oligo-mesotraphentic とする．

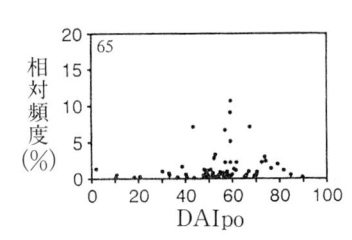

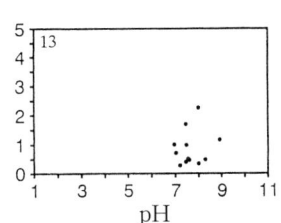

Fragilaria tenera（W. Smith）**Lange-Bertalot 1980**

(Plate ⅡA-9：4-9)

Syn：*Synedra tenera* W. Smith 1856；(?) *S. acus* var. *radians*（Kützing）Hustedt 1930；*S. acus* var. *angustissima* Grunow *in* Van Heurck 1880-1885.

形態　殻の形 5-Sta，5-Swo；先端の形 頭状形[5]；殻長 30-100μm；幅 2-3μm，極めて細い針状形；条線 17-20/10μm．

生態　中禅寺湖(DAIpo 65)，鹿児島県藺牟田池，スマトラ島の Lake Diatas(DAIpo 63, 80)，スコットランドの Lake Ness(DAIpo 87)などの貧栄養湖の付着藻類群集の一員として出現もするが，かなり汚濁の進んだ水域にも出現する．**有機汚濁に関しては広適応性種，pH に関しては好アルカリ性種**．

Van Dam *et al.*（1994）は，acidophilous, oligosaprobous, oligo-mesotraphentic とする．

Fragilaria crotonensis **Kitton 1869**

(Plate ⅡA-9：10)

Syn：*Fragilaria smithiana* Grunow *in* Van Heurck 1881.

形態　殻の形 5-Sta；先端の形 頭状形[5]；殻長 40-170μm；幅 2-4μm；中心域をはさんで上下の殻幅がやや広くなる．細長い針状形；条線 14-(18)/10μm．

生態　華厳の滝など(DAIpo 50-70)の水域に出現し，**有機汚濁に関しては広適応性種，pH に関しては好アルカリ性種**．

Van Dam *et al.*（1994）は，alkaliphilous, β-mesosaprobous, mesotraphentic とする．

Fragilaria crotonensis の生態図

Fragilaria delicatissima (W. Smith) Lange-Bertalot 1980 　　(Plate ⅡA-9：11-13)

　Basionym：*Synedra delicatissima* W. Smith 1853.

　形態　殻の形 5-Sta；先端の形 頭状形[5]；殻長 30-100 μm；幅 2.5-3 μm；条線 14-16/10 μm；極めて細い針状形，前記の *F. tenera* と形態が似るが，光顕下でも，条線密度の違いによって区別できる．

　生態　従来，プランクトンとして記載されていることが多く，付着藻類群集試料中からの報告は少ない．写真は木崎湖産．本分類群が珪藻群集中第1位優占種となる水域は，DAIpo 50代の貧腐水性水域．有機汚濁に関しては広適応性種，pH に関しては中性種．

　Van Dam *et al.*(1994)は，circumneutral, mesotraphentic とする．

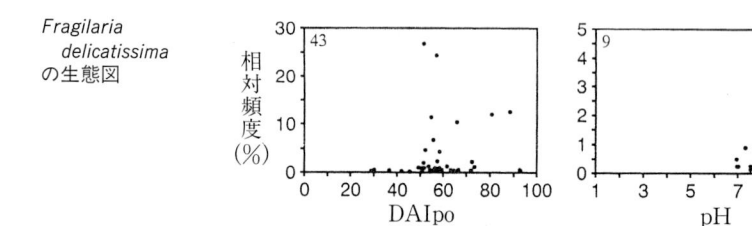

Fragilaria delicatissima の生態図

Synedra rumpens var. *familiaris* (Kützing) Grunow *in* Van Heurck 1881

(Plate ⅡA-9：14-18)

　Basionym：*Synedra familiaris* Kützing 1844. Syn：*Synedra familiaris* f. *parva* Grunow 1881；*S. familiaris* f. *major* Grunow 1881；*S. pulchella* var. *flexella* Boyer 1916.

　形態　殻の形 5-Sta；先端の形 頭状形[5]；殻長 30-80 μm；幅 3-4 μm；条線 18-20/10 μm；軸域極めて狭い；中心域 明確．

　本分類群の所属についてはいくつかの意見があり，*Fragilaria socia* Wallace だとする説もある．しかし，現段階では，従来から慣用してきた分類群名を用いた．

　生態　中禅寺湖(DAIpo 65)，木崎湖(DAIpo 81)，西湖(DAIpo 88)，十和田湖(DAIpo 54)など貧栄養湖に出現．有機汚濁に関しては好清水性種，pH に関しては好アルカリ性種．DAIpo と産地 pH の加重平均は，それぞれ 70.47, 8.17 である．

　Van Dam *et al.*(1994)は，circumneutral, oligo-mesotraphentic とする．

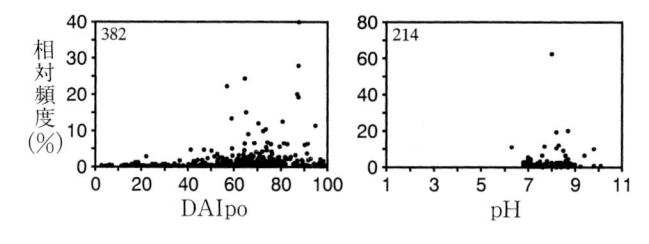

Synedra rumpens var. *familiaris* の生態図

Fragilaria capucina var. *mesolepta*(Rabenhorst)Rabenhorst 1864

(Plate ⅡA-9：19-22)

Syn：*Fragilaria mesolepta* Rabenhorst 1861；*F. subconstricta* Østrup 1910；*F. tenuistriata* Østrup 1910.

形態　殻の形 5-Con；先端の形 くちばし形[3]；殻長 15-40 μm；幅 中央 2-3 μm；条線 17-18/10 μm；殻の中央部がくびれる特殊な形態．

生態　十和田湖(DAIpo 54)に出現．情報は少ないが，**好清水性種である**．

Van Dam *et al.*(1994)は，alkaliphilous とする．

Fragilaria capucina var. *mesolepta* の生態図

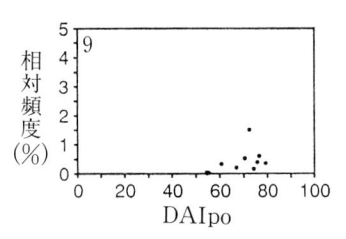

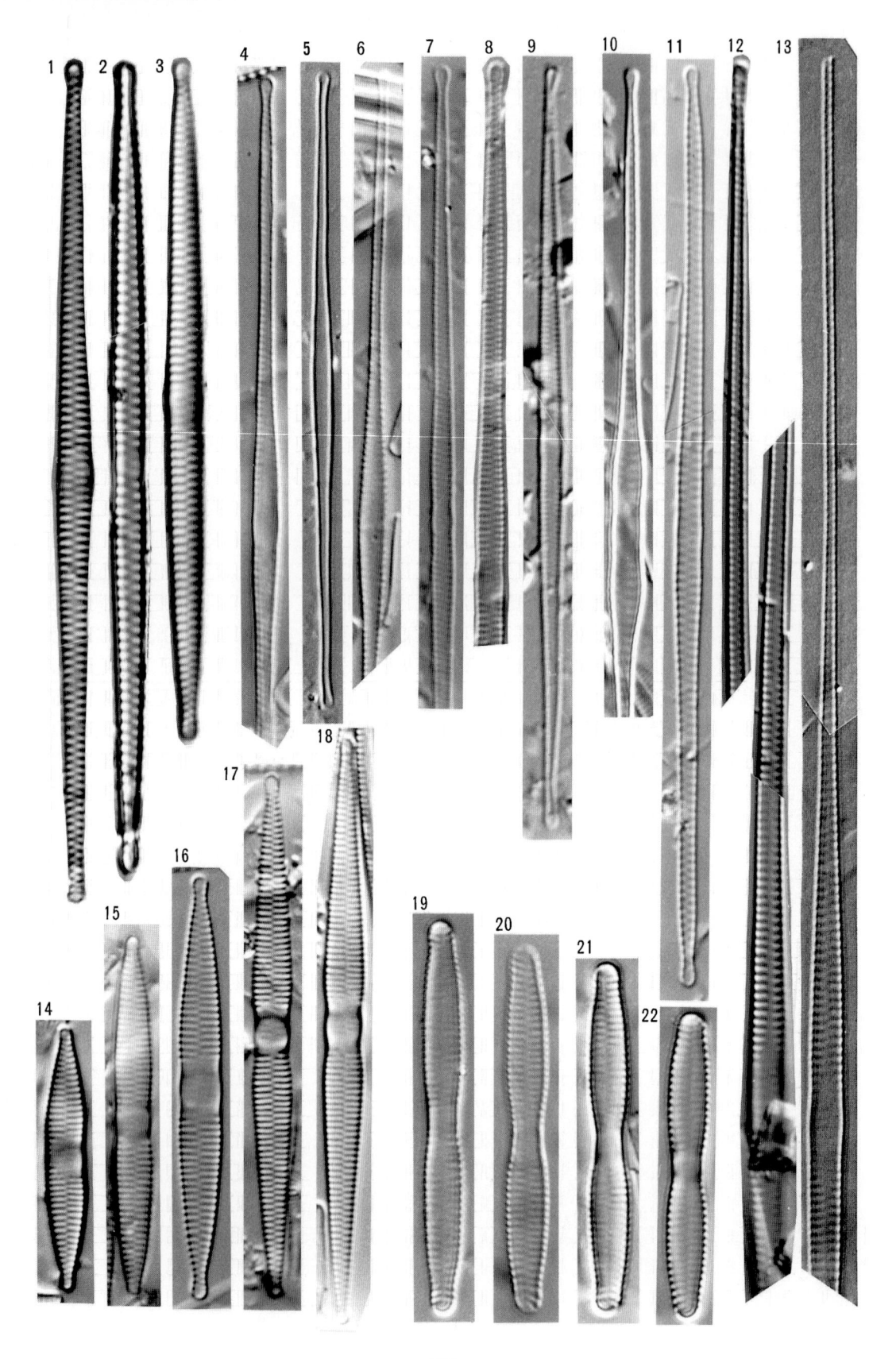

Plate IIA-9

Synedra acus Kützing 1844 (Plate IIA-10:1-4)

Syn：*Fragilaria ulna* var. *acus* Lange-Bertalot 1980.

形態 殻の形 5-Sta；先端の形 小さい頭状形[5]；殻長 90-180 μm；幅 4.5-6 μm；条線 11-14/10 μm；軸域 狭い．

生態 北海道の倶多楽湖(DAIpo 71)，十和田湖(DAIpo 54)，中禅寺湖(DAIpo 65)などの貧栄養湖にしばしば出現するが**広適応性種，pH に関しては中性種**．

Cholnoky (1968)は，*Synedra acus* の最適 pH 範囲を 7.4-7.6 とし，酸素欠乏には耐えられない種とする．Hustedt (1957)は，alkaliphilous, oligosaprobous の水域に出現する種とする．

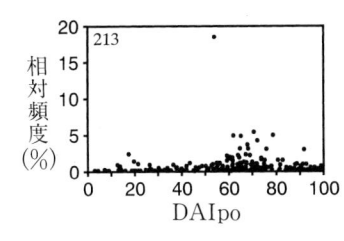

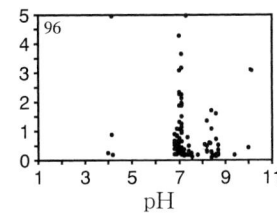

Synedra acus の生態図

Fragilaria rumpens var. *fragilarioides* (Grunow) Cleve-Euler 1953 (Plate IIA-10:5-13)

Pl. IIA-8：30-34 の記述参照．

Synedra minuscula Grunow 1881 (Plate IIA-10:14-16)

Syn：*Synedra* (*famelica* var.?) *minuscula* Grunow 1881；*S. minuscula* var. *latestriata* Østrup 1920；*S. minuscula* var. *undulata* Peragello 1920；*S. delicatula* A. Mayer 1919.

形態 殻の形 5-Sta；先端の形 小さい頭状形[5]；殻長 15-33μm；幅 2-3μm；条線 15-18/10μm；軸域 狭い：中心域 殻の両縁には，短い条線が残ることもあれば，ないこともある．

生態 西湖(pH 9.8)に出現．Hustedt (1959)は，平地から山岳にかけての，堀や湿原，湧水の流出溝などに生存する糸状藻上に付着し，おそらくヨーロッパ中に分布するのであろうが，現在までしばしば見落されたり，他種と混同されたりしてきたのであろうという．日本でも同様のおそれがある．

***Fragilaria capucina* var. *gracilis* (Østrup) Hustedt 1950**　　　(Plate ⅡA-10：17, 18)

Basionym：*Fragilaria gracilis* Østrup 1910．Syn：*Synedra rumpens* var. *familiaris* (Kützing) Grunow 1881 (part)；*Synedra familiaris* Kützing 1844；*S. famelica* Kützing 1844．

本分類群には，同名の *F. capucina* var. *gracilis* (Østrup 1910) Cleve-Euler 1953 があるが，命名年代の若い Hustedt が命名したものをとった．

形態　殻の形 5-Sta；先端の形 小さい頭状形[5]；殻長 30-80μm；幅 2-4μm；条線 18-20/10μm；軸域 狭い．中心域 明確．

生態　DAIpo 60 以上の清澄水域に高い相対頻度で出現する**好清水性種**，本種が珪藻群集中で，第1位優占種となる場合には，その水域の水質は，DAIpo 80 以上の貧腐水性または，極貧腐水性である．**pH** に関しては，**好アルカリ性種**である．

Van Dam *et al.* (1994)は，circumneutral, oligosaprobous, oligo-mesotraphentic とする．Patrick & Reimer (1966)は，circumneutral の水域に広く分布するという．

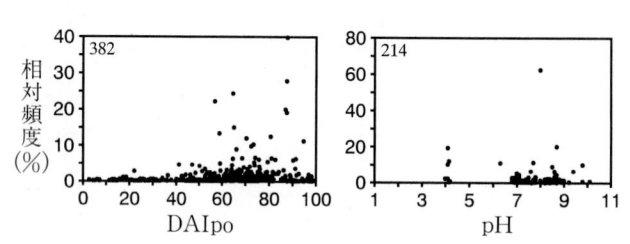

Fragilaria capucina var.*gracilis* の生態図

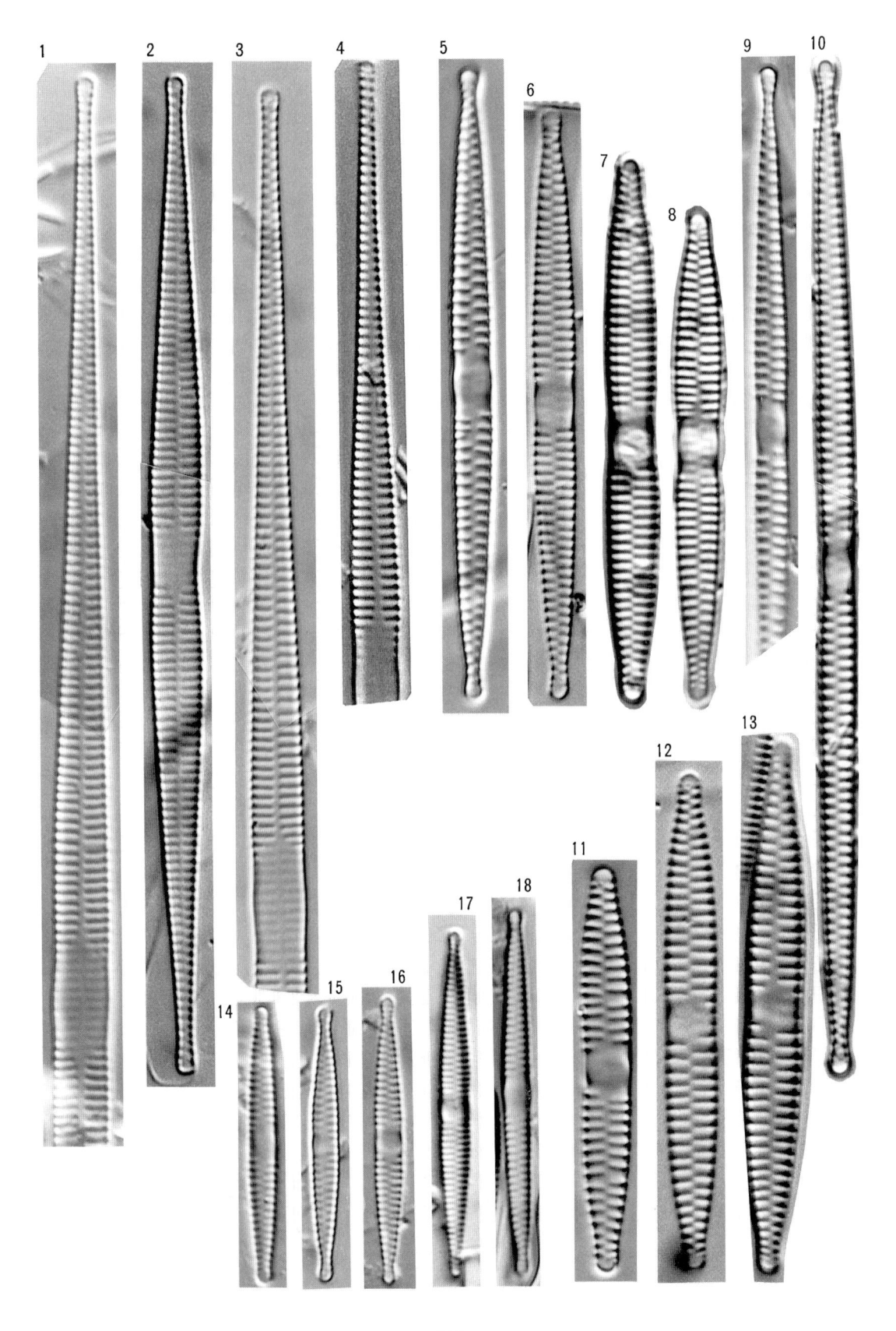

Plate IIA-10

111

Synedra ulna var. *spathulifera* Grunow 1881 (Plate IIA-11：1-3)

Syn：*Synedra balatonis* Pantocsek 1902；*S. balatonis* f. *staurophora* Pantocsek 1902；*S. joursacensis* Héribaud 1903；*S. rostrata* Pantocsek 1902；*S. spathulifera* Grunow *in* Van Heurck 1881.

形態 殻の形 5-Sta；先端の形 蛇頭形[20]＋くちばし形[3]；殻長 150-250 μm；幅 中央 4-6 μm，最大部 5-8 μm；条線 約 10/10 μm；軸域 狭い；大型の針形；殻端に唇状突起がある(矢先).

生態 北海道支笏湖と，アメリカの Lake Tahoe への流入河川(DAIpo 94, 97)に，付着藻類群集の一員として出現．稀産種．好清水性種と考えられるが，生態特性は未詳．

Synedra ulna var. *claviceps* Hustedt 1937 (Plate IIA-11：4-6)

形態 殻の形 5-Sta；先端の形 広円形[0]；殻長 100-400 μm；幅 5-9 μm；条線 8-10/10 μm；胞紋約 27/10 μm：軸域 狭い；大型の針形；殻端に唇状突起が見える(6 矢先).

生態 本分類群は，Hustedt (1937)がスマトラの Lake Toba からの試料によって記載したものである．Watanabe (1987)は，スマトラのL. Manindjauに産したものを，*Fragilaria pseudogaillonii* H. Kob. & M. Idei として報告し，その種が，本分類群と似ていることを付記している．Lange-Bertalot (1991)は，*F. pseudogaillonii* を *F. biceps* の synonym としている．今回スマトラの L. Manindjau, L. Diatas (DAIpo 61), L. Dibaruh(DAIpo 52)および，その流出河川(DAIpo 66)から得た試料と，新宮川，三重県の宮川(DAIpo 57-93)，九州川内川の湯尾の滝，琵琶湖からの試料を併せて検討した結果，それらはすべて，本分類群とするのが妥当と考えた．しかし，上記分類群との関係については，今後電顕観察の試料を加えた検討が必要であろう．試料は少ないが，本分類群が出現した水域のDAIpoは，50 以上の貧腐水性であったことから，清水域に出現する傾向のあるものと考えられる．Asai & Watanabe (1995)は，*F. biceps* を好汚濁性種としているが，それは本分類群とは異なる種である可能性が大きい．

Synedra ulna (Nitzsch) Ehrenberg 1832 (Plate IIA-11：7, 8)

Basionym：*Bacillaria ulna* Nitzsch 1817.

Lange-Bertalot (1980)は，本分類群を *Fragilaria ulna* (Nitzsch) Lange-Bertalot としている．

形態 殻の形 5-Sta；先端の形 くちばし伸長形[4]，頭状形[5]；殻長 75-100 μm；幅 5-9 μm；条線 9-11/10 μm；軸域 狭い；大型針形種．

生態 有機汚濁に関しては広適応性種，pH に関しては好アルカリ性種．分布域が極めて広い普遍種．*Synedra inaequalis*(Pl. IIA-14：7-10)と共に *Synedra* の中では，流水域で第1位優占種となる数少ない分類群である．本分類群が第1位優占種となる流水域は，DAIpo 30-50 の β 中腐水性水域である．

Van Dam *et al.* (1994)は，alkaliphilous，α-meso-/polysaprobous とする．Jörgensen (1948), Håkansson (1993)も alkaliphilous とする．

Synedra ulna の生態図

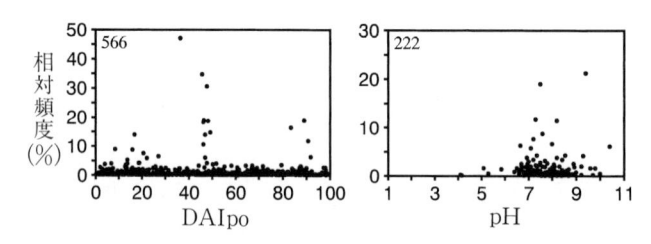

Plate IIA-11

Synedra lanceolata Kützing 1844 (Plate IIA-12:1-3)

Syn：*Synedra ulna* var. *lanceolata* (Kützing) Grunow 1862；*S. juliana* De Notaris & Baglietto 1871；*S. ulna* var. *fonticola* Hustedt 1937；*S. ulna* var. *oxyrhynchus* sensu Germain 1981.

形態　殻の形 3,4-Sta；先端の形 くちばし形[3]，くちばし伸長形[4]；殻長 57-110 μm；幅 7-9.5 μm；条線 二重胞紋列(光顕では観察できない)で，9-11/10 μm；軸域 狭い；中心域 片方へ片寄る．

生態　日光双頭の滝(DAIpo 86)，琵琶湖，台湾北港渓(pH 9.7)，スマトラの河川に出現したが，稀産種のために生態未詳．

Synedra ulna var. *oxyrhynchus* (Kützing) Van Heurck 1885 (Plate IIA-12:4-6)

Syn：*Synedra oxyrhynchus* var. *medioconstricta* Forti 1910；*S. ulna* var. *oxyrhynchus* f. *contracta* Hustedt 1930.

Krammer & Lange-Bertalot (1991)は，本分類群を *Fragilaria ulna* var. *oxyrhynchus*-Sippen とする．

形態　殻の形 3-Sta, 3,5-Con；先端の形 くちばし形[3]，頭状形[5]；殻長 50-100 μm；幅 中央 6-10 μm；条線 9-11/10 μm；軸域 狭い；中心域左右幅よりも上下の長さの方が大きいものが多い．

生態　有機汚濁に関しては広適応性種，珪藻群集中の相対頻度は常に低い(4%以下)．pH に関しては好アルカリ性種．

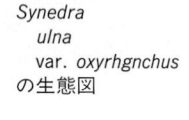

Van Dam *et al.* (1994)は，alkaliphilous，α-mesosaprobous，eutraphentic とする．

Synedra ulna var. *oxyrhgnchus* の生態図

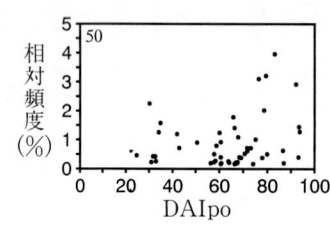

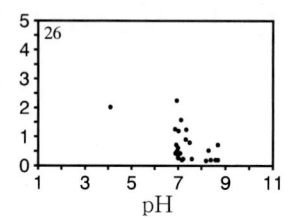

Fragilaria capucina var. *vaucheriae* (Kützing) Lange-Bertalot 1980
(Plate IIA-12:7-12)

Pl. IIA-8：19-29 の記述を参照．

Fragilaria rumpens var. *fragilarioides* (Grunow) Cleve-Euler 1953
(Plate IIA-12:13-17)

Pl. IIA-8：30-34 の記述を参照．

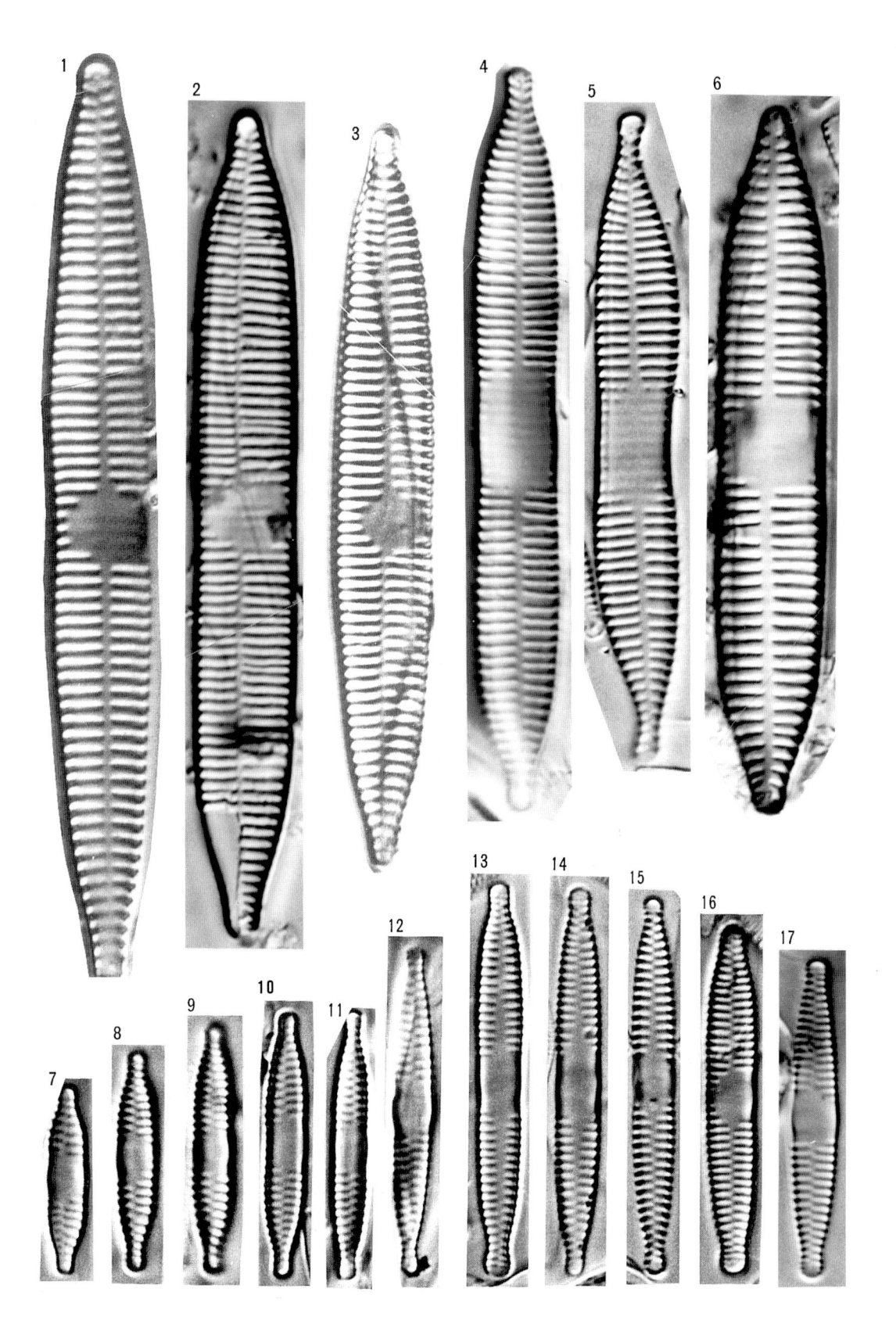

Plate IIA-12

Hannaea arcus（Ehnenberg）Patrick var. *arcus* 1966 　　　　（Plate ⅡA-13：1-4）

Basionym：*Navicula arcus* Ehrenberg 1838. Syn：*Ceratoneis arcus*（Ehrenberg）Kützing 1844；
Fragilaria arcus（Ehrenberg）Cleve 1898.

形態　殻の形 5-Lun；先端の形 くちばし形[3]，頭状形[5]；殻長 15-150 μm；幅 4-8 μm；条線 15-18/10 μm；軸域 狭い；中心域 くの字に曲がった腹側に片寄り，中心域が接する殻縁は多少ともふくれる．

生態　有機汚濁に関しては好清水性種，pH に関しては中性種．
Van Dam *et al.*（1994）は, alkaliphilous, β-mesosaprobous, oligo-mesotraphentic とする．

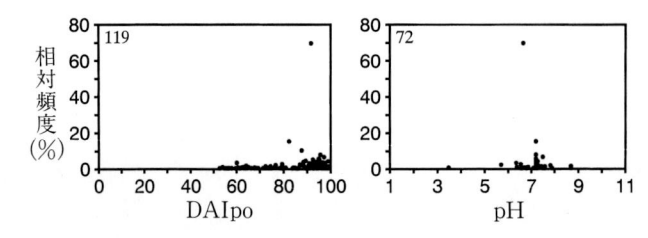

Hannaea arcus var. *arcus* の生態図

Hannaea arcus var. *amphioxys*（Rabenhorst）Patrick 1966 　　（Plate ⅡA-13：5-7）

Basionym：*Ceratoneis amphioxys* Rabenhorst 1853. Syn：*Fragilaria arcus* var. *recta* Cleve 1898；
Ceratoneis recta（Skvortzow & Mayer）Iwahashi 1936；*C. arcus* var. *linearis* f. *recta*（Skvortzow & Mayer）Proschkina-Lavrenko 1951.

形態　殻の形 5-Sta；先端の形 くちばし形[3]，頭状形[5]；殻長 20-62 μm；幅 中央 4.5-7 μm；条線 13-16/10 μm；軸域 狭い；中心域 一方へ片寄る．

生態　有機汚濁に関しては基本種と共に典型的な好清水性種，pH に関しては好アルカリ性種．

Hannaea arcus var. *amphioxys* の生態図

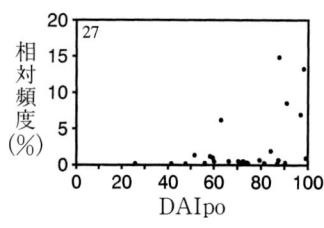

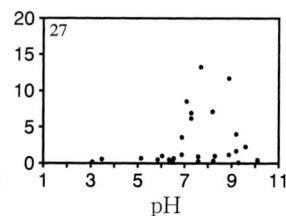

Synedra sumatrensis nom. nud. (Plate IIA-13：8-12)

　本分類群は，Hustedt(1937)が，東ジャワ，中部・北部スマトラの滝，湧水，小川，さらに，Lake Toba から採集した試料に基づいて，新種として記載した *Synedra ulna* var. *fonticola* Hustedt と似るが，この変種は，軸域が筆者らの種と比べて広く，先端の形態も異なる．また，Metzeltin & Lange-Bertalot(1998)が，メキシコの Yacatan の滝から得た，*Fragilaria goulardii* (Brébisson) Lange-Bertalot とも酷似する．しかしその分類群の中心域の幅は広く，殻の両縁にまで達する．さらに，中心域が存在する殻の中央部がくびれる．これらの特性は，写真(8-12)のいずれの個体にも認められない．

形態 　殻の形 3-Sta；先端の形 くさび形[11]；殻長 45-70 μm；幅 中央 8-14 μm；条線 9-10/10 μm；軸域 殻の形は，長軸に対して左右対称でないものが多いが，軸域は常に両殻端頂を結んで一直線である．たとえ(8-10)のように，殻が湾曲していても，軸域は曲がらないのは，他にはない特性といえる；中心域 不定形で，片方へ片寄るが，中心域の偏在する側の殻が，上記の *Hannaea arcus* のようにふくれあがることはない．

生態 　インドネシア，スマトラの Lake Diatas (DATpo 50-79)，L. Dibaruh (DAIpo 52-72)に出現したが，稀産種．日本では，琵琶湖北湖からも出現した．生態未詳．

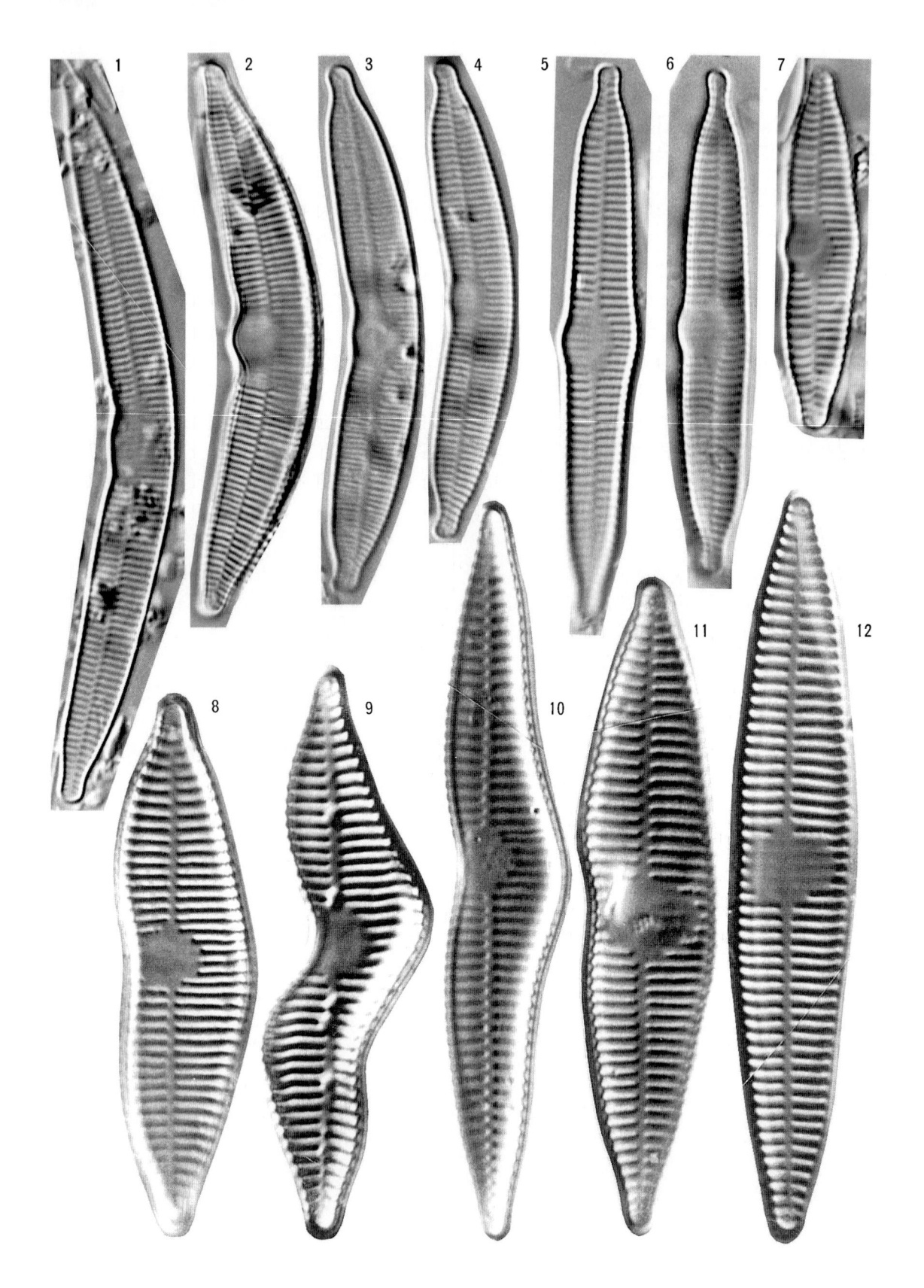

Plate IIA-13

Ctenophora pulchella (Ralfs) Williams & Round 1986　　　　(Plate IIA-14：1-4)

Basionym：*Synedra pulchella* (Ralfs) Kützing 1844. Syn：*Synedra familiaris* Kützing 1844；*Fragilaria pulchella* (Ralfs *ex* Kützing) Lange-Bertalot 1980.

形態　殻の形 5-Sta；先端の形 頭状形[5]，くちばし形[3]；殻長 33-150 μm；幅 5-8 μm；条線 12-16/10 μm，条線は明確な胞紋列；中心域 四角，円形，殻の両縁にまで達する．

生態　有機汚濁に関しては好清水性種，pH に関しては好アルカリ性種．

Van Dam *et al*. (1994) は，α-mesosaprobous, eutraphentic とし，Patrick & Reimer (1966) は，金属イオン濃度の高い淡水，あるいはわずかに塩分を含んだ，汽水域にも出現するとしている．いずれも，好清水性種という特性から逸脱しているが，図に示すように，DAIpo 50 以下の中腐水性以下の汚れた水域には，全く出現しなかった．Håkansson (1993) は，pH に対して，alkaliphilous/indifferent とする．

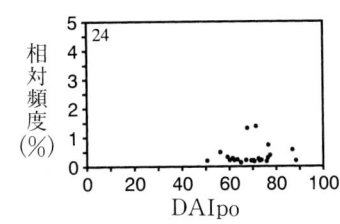

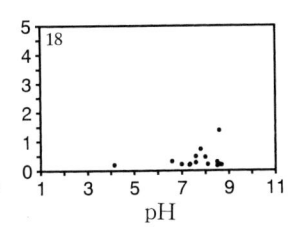

Ctenophora pulchella の生態図

Synedra ulna var. *ramesi* (Héribaud) Hustedt 1930　　　　(Plate IIA-14：5, 6)

Basionym：*Synedra ramesi* Héribaud 1903.

形態　殻の形 5-Sta；先端の形 くさび形[12]，突起伸長型[13]；殻長 55-80 μm；幅 中央 5-6 μm；条線 13-16/10 μm．

生態　図に示すように，有機汚濁に関しては好清水性種，pH に関しては好アルカリ性種．相対頻度は常に低い(<5%)．

Patrick & Reimer (1966) は，溶存イオン濃度が低い中性水域を好むように思うと述べている．

Synedra ulna var. *ramesi* の生態図

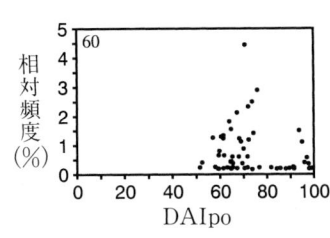

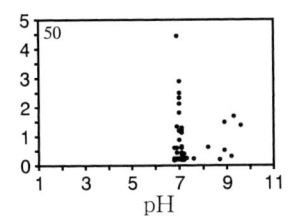

Synedra inaequalis H. Kobayasi 1964 (Plate ⅡA-14：7-10)

形態 殻の形 3-5-Con；先端の形 くちばし形[3]；殻長 35-90 μm；幅 中央 6-8 μm；条線 12-14/10 μm．本分類群は，小林(1964)が述べているように，殻面観の形態が *Synedra goulardy*, *S. ulna* var. *contracta*, *S. rostrata* と似る．しかし，本分類群は，条線の配列の特殊性によって他と区別できる．小林(1964)は，次のように述べている．「条線は不規則に並んだ胞紋列でできているので，その輪郭は不明瞭で不規則に波うち，条線間の間隔も不規則である．軸域も不規則に屈曲し，たいていの場合，殻の一方の側に片寄って走っている」．

生態 有機汚濁に関しては典型的な好清水性種，**pH** に関しては好アルカリ性種．産地のDAIpoとpHとの加重平均は，それぞれ85.17，7.85である．

本分類群が第1位優占種となる珪藻群集は，DAIpo 85以上の極貧腐水性の，清冽な流水域においてのみ出現する．

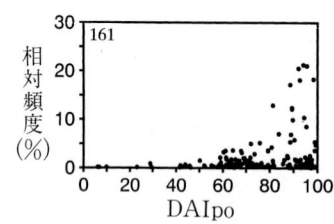

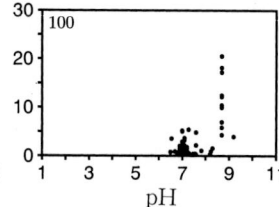

Synedra inaequalis の生態図

Asterionella formosa Hassall 1850 (Plate ⅡA-14：11, 12)

Syn：*Diatoma gracillima* Hantzsch 1861；*Asterionella gracillima* (Hantzsch) Heiberg 1863；*A. formosa* var. *gracillima* (Hantzsch) Grunow 1881.

形態 殻の形 5-Sta；先端の形 頭状形[5]；殻長 40-130 μm；幅 1-3 μm；条線 24-28/10 μm；軸域極めて狭い．以前，*A. formosa* var. *formosa* とされてきたものは，殻端の頭状のふくらみの大きさが異なり(11)，同等のもの(12)は var. *gracillima* として区別されていた．共に星状の群体を形成する浮遊種．

生態 プランクトンとしての普遍種．有機汚濁に関しては，広い範囲の汚濁度の水域に出現するが，DAIpo 50以上の貧腐水性水域によく出現する**好清水性種**．**pH** に関しては中性種．

Van Dam *et al*. (1994)は，alkaliphilous, β-mesosaprobous, meso-eutraphentic とする．Håkansson (1993)は alkaliphilous とする．

Asterionella formosa の生態図

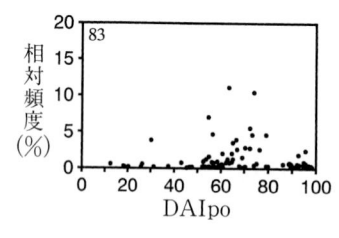

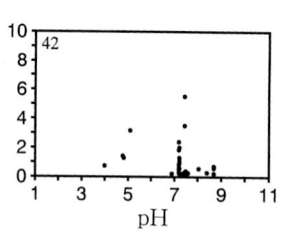

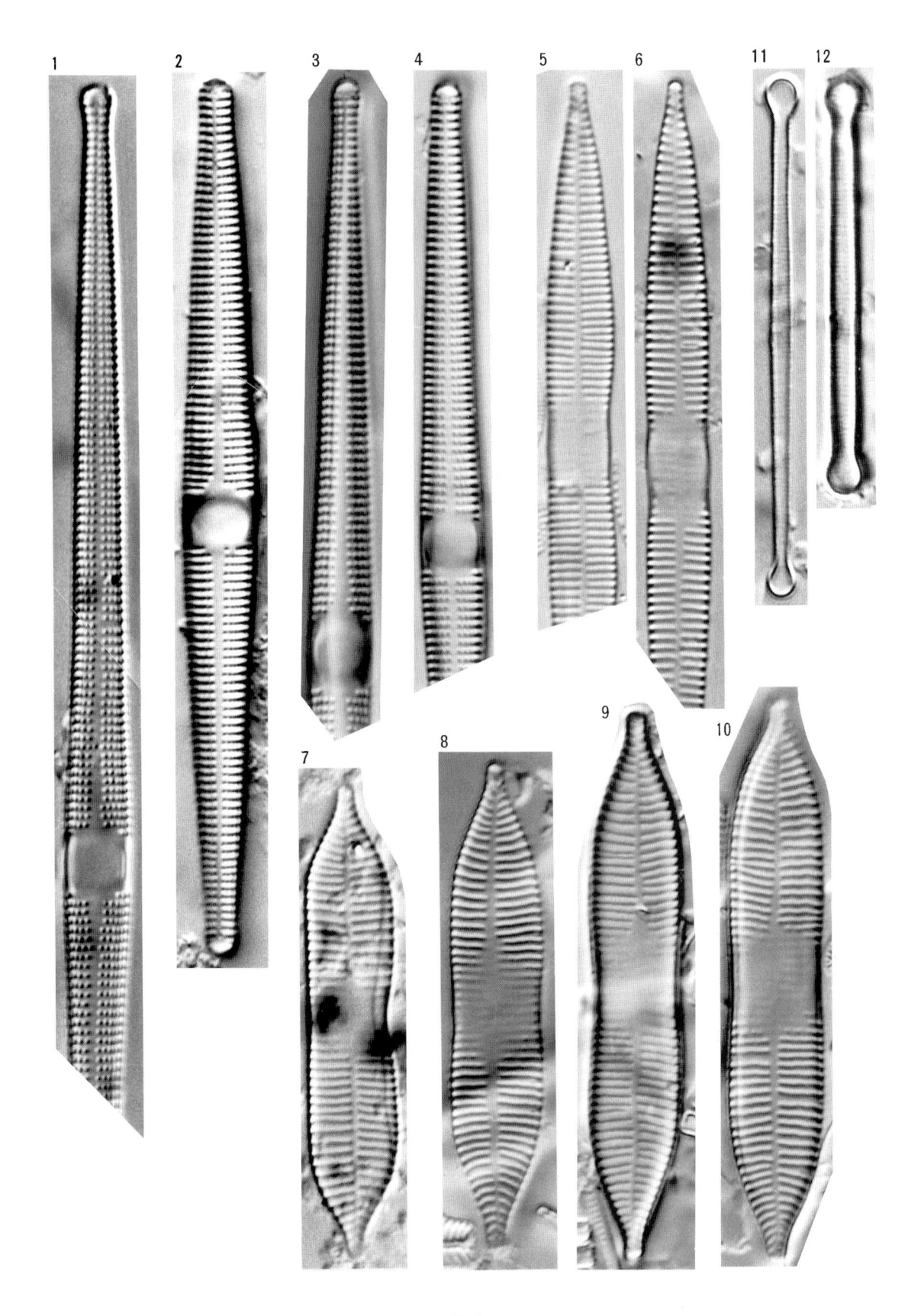

Plate IIA-14

ⅡB. 有縦溝亜目(Raphidineae)の分類

有縦溝亜目は，表Ⅱ-1 に示したように，縦溝の構造の違いによって下記の 6 科に分類されている．

ユーノチア科　（Eunotiaceae）　　ⅡB$_1$	エピテミア科（Epithemiaceae）ⅡB$_4$
アクナンテス科（Achnanthaceae）ⅡB$_2$	ニチア科　　（Nitzschiaceae）ⅡB$_4$
ナビクラ科　　　（Naviculaceae）　ⅡB$_3$	スリレラ科　（Surirellaceae）　ⅡB$_5$

Eunotia Ehrenberg 1837 (Plate IIB$_1$-1〜IIB$_1$-18)

生活様式：分泌された粘質物で，単独または互いに連結して，付着生活をする．**腐植栄養，貧栄養**水域によく出現する．酸性の温泉や湧水の流入する無機酸性水域では，しばしば優占種となる種がある．また，水中の蘚苔類に着生することもあれば，有機酸性の湿原にもよく出現する．*Eunotia* は酸性水域に出現する種の多い代表的な珪藻属の1つである．

葉緑体：帯面観において，2枚の板状葉緑体が，外殻と内殻の両面に貼り付くように存在するが，殻面観では，1枚の板状葉緑体が被殻の腹側へ貼り付いているように見える．

殻面観：被殻の形態は，図IIB$_1$-1において，●印を付けた楕円(1)から針形(5)までの形態の三日月形(Lun)変形群のどれかに類似する．しかし，大部分の種は，2-Lun，4-Lun，5-Lunまたは，2，4の腹側がへこんだ三日月形変形群に属する．これらのうち，大部分の種を集約すると，図IIB$_1$-2のように類別することができる．すなわち，

腹側の殻縁が**真っすぐ**(ventral edge straight)か，**湾曲**(ventral edge bent)するかで，上下2つの形態群に分ける．両者共に，殻幅が大から小への順に，2，4，5の基本形形態群に分けられる．

被殻先端部の形態も，種の分類の一規準となる．図IIB$_1$-3は，その形態を示したものである．図中の矢印はくびれを示す．図の左から右へ1〜6の順に，くびれが被殻の両側に認められるものから，片側のみを経て，くびれのないものへの順に並んでいる．

1：**サジ形**，2，3：**頭状形**は，被殻先端のくびれ部よりも先の部分の径(m)がくびれ部の幅(n)よりも大きい．

これに対して，4：**くちばし形**，5：**すりこぎ形**，6：**くさび形**は，先端部の径(m)が殻の幅よりも小さいかまたは同等である．

条線は，殻の先端部を除いて，長軸に対してほぼ垂直方向に並ぶ．

帯面観：帯面観は長方形または平行四辺形．帯面観の**縦溝**の方が，殻面観に見える縦溝よりも長い．

唇状突起：被殻の片方の先端部に1個ある．光顕では観察できない．

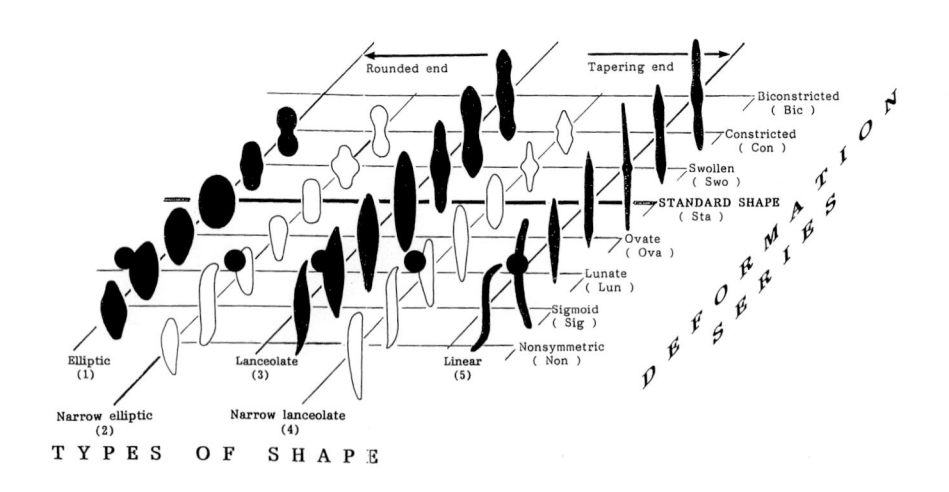

図IIB$_1$-1　*Eunotia* の殻の形（図IIB$_1$-2，図IIB$_1$-3 を参照）

2-Lun	4-Lun	5-Lun	
			腹側殻縁真っすぐ
			腹側殻縁湾曲
2′-Lun	4′-Lun	5′-Lun	

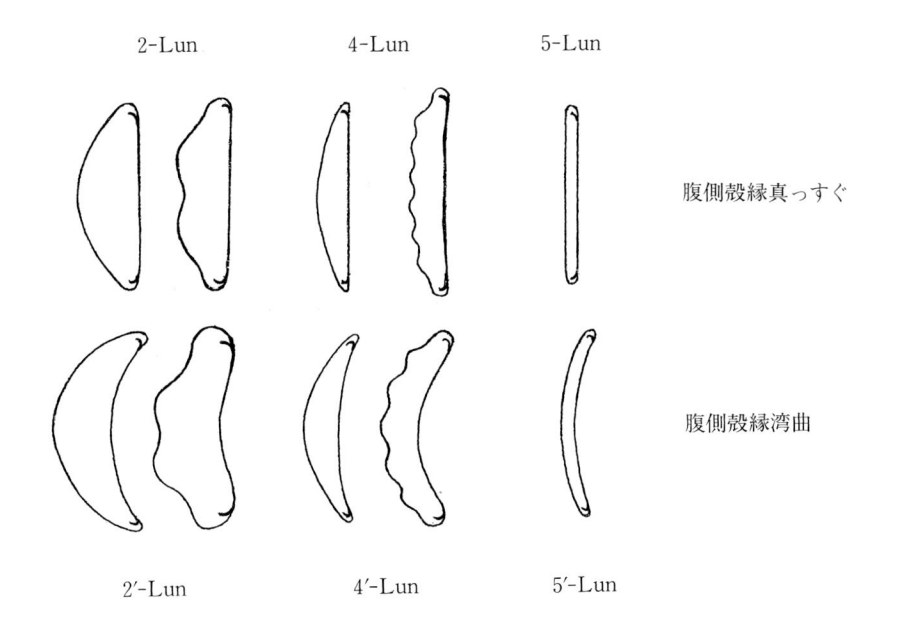

図 II B$_1$-2 *Eunotia* の被殻形態の類別
各分類群の形態は図中の記号によって示す.

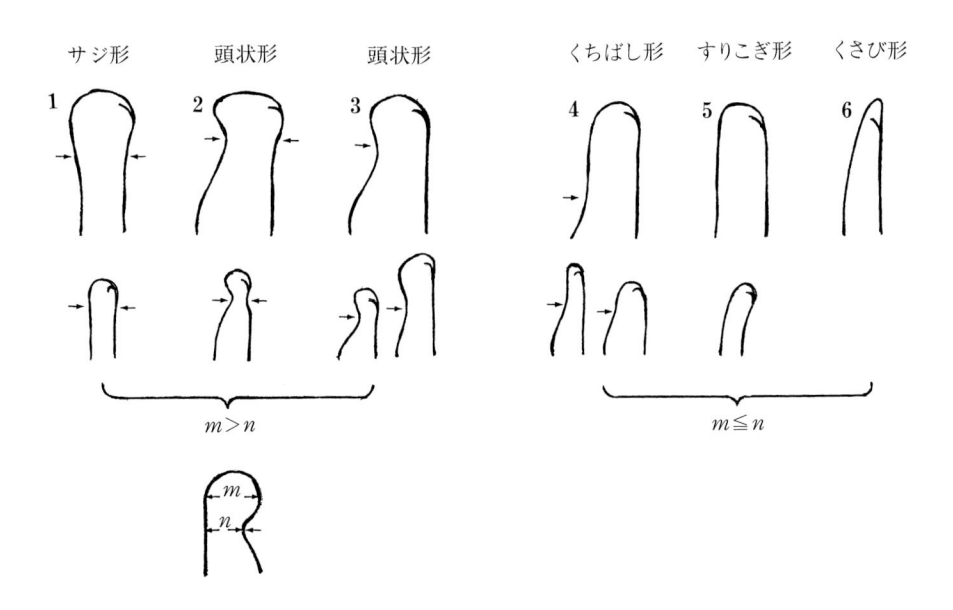

サジ形　　頭状形　　頭状形　　　くちばし形　すりこぎ形　くさび形
　1　　　　2　　　　3　　　　　　4　　　　　5　　　　　6

$m > n$　　　　　　　　$m \leqq n$

図 II B$_1$-3 *Eunotia* の被殻先端部の形態名
各分類群の殻端部の形態は図中の形名,番号〔1〕〜〔6〕によって示す.

種の同定に必要な記載事項

例：*Eunotia veneris*（Kützing）De Toni
左は殻面観，右は帯面観
1. 殻の形 4-Lun，先端の形 くちばし形〔4〕
2. 被殻の大きさ 殻長 20 μm，幅 4.5 μm
3. 条線 17/10 μm
4. 帯面観 矩形

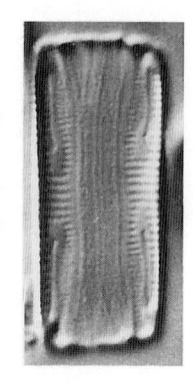

Eunotia serpentina Ehrenberg 1854 (Plate IIB₁-1：1-3)

Syn：*Eunotia eruca* Ehrenberg 1844；*Amphicampa eruca* (Ehrenberg) Ehrenberg 1854；*A. mirabilis* Ehrenberg *ex* Ralfs 1861；*Actinella mirabilis* Grunow 1881.

形態 殻長 29-95 μm；幅 10-15 μm；条線 8-10/10 μm；胞紋 約 24/10 μm．長軸に対してほぼ垂直な条線は，被殻腹側の殻縁の近くで二分される．被殻の背側と腹側とが，共に大きく波うつのが本分類群の際立った特徴である．

生態 アメリカ，オーストラリア，ニュージーランドから報告されているが，稀産種のために，生態未詳．写真はニュージーランドの試料．

Eunotia praerupta var. *bidens* (Ehrenberg) Grunow 1880 (Plate IIB₁-1：4, 5)

Syn：*Eunotia bidens* Ehrenberg 1845；*E. praerupta* var. *bidens* f. *minor* Grunow 1881；*E. praerupta* var. *bidens* f. *compressa* Berg 1939.

形態 殻の形 2-Lun；先端の形 頭状形〔3〕；殻長 20-100 μm；幅 4-15 μm；条線 6-13/10 μm；胞紋 24-28/10 μm；被殻の背側に 2 つの山をもつうねりがある．

生態 金属塩濃度の低い水域で，蘚苔類と一緒に出現する．**有機汚濁に関しては好清水性種よりの広適応性種，pH に関しては中性種**である．八ヶ岳の双子池(pH 7.1)，蔵王のいろは沼，奈良県上北山のくらがり又谷の滝(DAIpo 91，pH 7.3)および，松尾寺，長岳寺奥の院(DAIpo 98，pH 7.4)，山添村鍋倉渓の湧水の流出路(DAIpo 98，pH 7.3)に出現する．これらの水域の DAIpo は 74-98 であるところから，好清水性種である可能性が大きい分類群と考えられる．

Van Dam *et al.* (1994) は，本分類群を，oligosaprobous, oligo-mesotraphentic, acidobiontic とする．Håkansson (1993) は，*E. praerupta* Ehrenberg を acidophilous とする．

Eunotia pseudoserrata H. Kobayasi, Kaz. Ando & T. Nagumo 1980

(Plate IIB₁-1：6, 7)

形態 殻の形 2'-Lun；先端の形 くちばし形〔4〕；殻長 23.5-55.5 μm；幅 10-15 μm；条線 7-10/10 μm；胞紋 20-25/10 μm；被殻の背側に，3-9 の山をもつうねりがある．長い条線の間隔が，背側で広がったところに，短い条線がはさまれるように存在する．

生態 写真は，九州霧島高原の六観音池(pH 4.0-4.3)産のものである．本分類群は稀産種であるために，生態的情報がまだ極めて少ない．原記載者 Kobayasi *et al.* (1980) は，本種を好気性種とし，湿った岩，あるいは，水中の岩上の苔への付着藻として生存することが多いと記している．

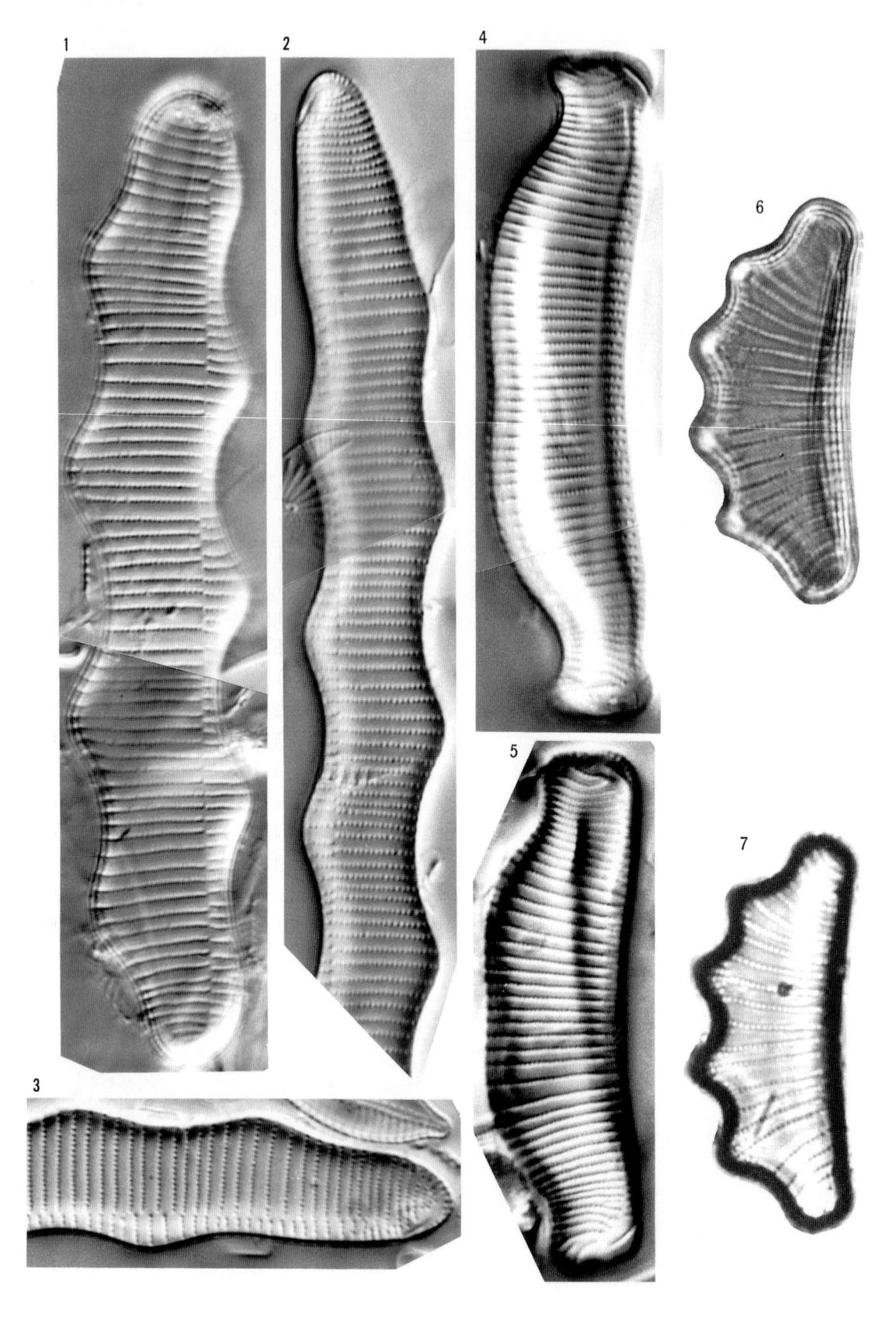

Plate IIB$_1$-1

Eunotia serra Ehrenberg var. *serra* 1837 (Plate IIB₁-2：1, 2)

Syn：*Eunotia robusta* Ralfs *in* Pitchard 1861；*Himantidium polyodon* (Ehrenberg) Brun 1880；*Eunotia scarda* Berg 1939.

形態　殻の形 4′-Lun；先端の形 くちばし形〔4〕；殻長 50-160 μm；幅 12-17 μm；条線 9-12/10 μm；胞紋 23-28/10 μm；背側殻縁が強く波うつ．

生態　腐植栄養湖など弱酸性水域によく出現する**好酸性種．**

　Van Dam *et al.* (1994)は，本種を acidophilous, oligosaprobous, oligotraphentic とする．Håkansson(1993)は，*Eunotia robusta* として acidophilous とする．Patrick & Reimer (1966)は，貧栄養と腐植栄養の水域に出現する種とした．

Eunotia serra var. *serra* の生態図

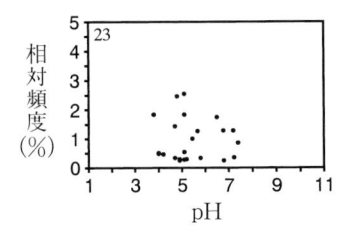

Eunotia aff. *pseudoserra* De Oliveira & Steinitz-Kannan sensu Lange-Bertalot 1998
(Plate IIB₁-2：3, 4)

形態　殻の形 4-Lun；先端の形 くちばし形〔4〕；殻長 43-110 μm；幅 16-24 μm；条線 10-13/10 μm；胞紋 23-26/10 μm；背側殻縁は波うち，4つの山をもつ．

生態　本分類群は，ブラジルのアマゾン地域から発見記載されたものである．しかし，写真(3)は，青森県恐山湖(pH 3.2-3.7)の水深 3.5-9 m に繁殖するウカミカマゴケ(*Drepanoeladus fluitans*)への着生藻群集の一員として見いだされた．写真(4)は，恐山湖からの無機酸性流出河川，正津川(pH 3.8)に出現した．(3), (4)は別種の可能性もあるが，共に強い無機酸性水域産であって，基本種の産地の環境との間には大きな隔たりがある．

Eunotia camelus Ehrenberg 1841 (Plate IIB₁-2：5-8)

形態　殻の形 4′-Lun；先端の形 くちばし形〔4〕；殻長 29-40 μm；幅 5.5-6.5 μm；条線 10-14/10 μm．

生態　マレーシア熱帯雨林中の腐植栄養湖 Lake Bera (pH 4.5)に出現した稀産種．日本では未発見．

Eunotia circumborealis Lange-Bertalot & Nörpel 1991 (Plate IIB₁-2：9-12)

Syn：*Eunotia septentrionalis* var. *bidens* Hustedt 1925；*E. pectinalis* var. *undulata* (Ralfs) Rabenhorst 1864；*E. scandinavica* Cleve-Euler 1922；*E. scandinavica* f. *typica* Cleve-Euler 1953；*E. pectinalis* var. *curta* f. *subimpressa* Cleve-Euler 1953.

形態　殻の形 2′-Lun；先端の形 すりこぎ形〔5〕；殻長 約13-45 μm；幅 6-8 μm；条線 10-17/10 μm．

生態　写真(9-11)は，奈良県室生村の室生竜穴神社の近くを流れる，渓流に望む吉祥竜穴からの流出水中に出現したものである．pH 6.7, BOD 0.5 の極めて清澄な水中の石礫上に，相対頻度 41.5% の優占種で出現したもの．(12)は九州蘭牟田池産．日本では稀産種．pH に関しては Watanabe & Asai (1999)は *E. septentrionalis* を**真酸性種**とする．Van Dam *et al.* (1994)は，この分類群を acidophilous, oligosaprobous, oligotraphentic とする．

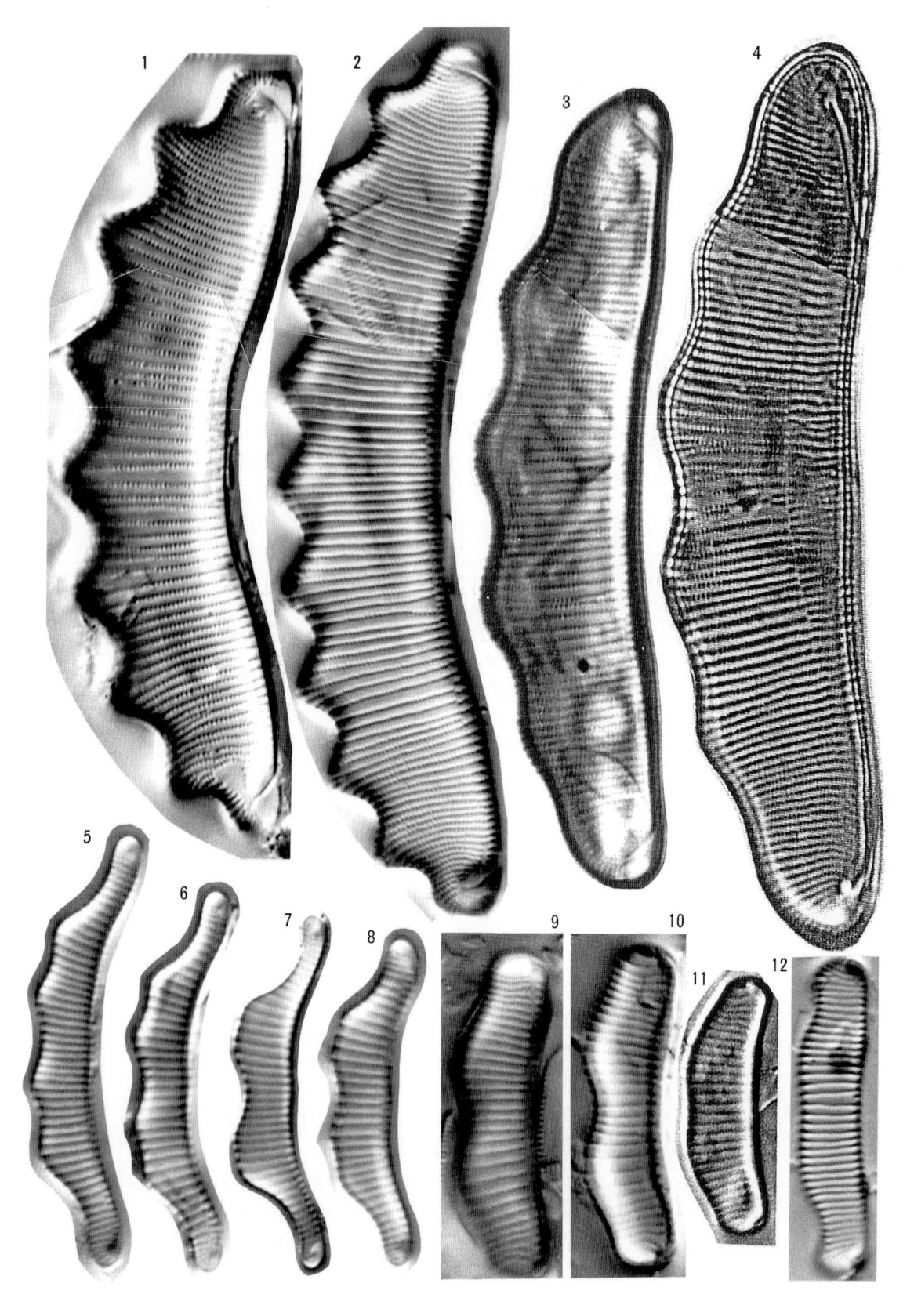

Plate IIB$_1$-2

130

Eunotia formica Ehrenberg var. *formica* 1843　　　　　　　　　　　　　　(Plate IIB$_1$-3：1-3)

形態　殻の形 5'-Lun；先端の形 すりこぎ形〔5〕；殻長 35-200 μm；幅 7-14 μm；条線 8-12/10 μm；胞紋 24/10 μm；殻の腹側中央部がわずかに膨出する(1, 2)．(3)は先端帯面観と縦溝．

生態　紀伊半島の山中にある池原ダム，小森ダムの付着藻として出現．カナダの Lake White，英国の Rojii Fall，ロシアの Amur 湾へ流入する河川 River Kedrovaya の支流にも出現した．これらの出現地点から判断すると，**好清水性種である可能性**が大きい．

　Van Dam *et al.* (1994)は，本種を acidophilous, oligosaprobous, oligotraphentic とする．Patrick & Reimer (1966)は，酸性から中性までの軟水の止水域，あるいは緩流水域に出現するという．

Eunotia formica var. *formica* の生態図

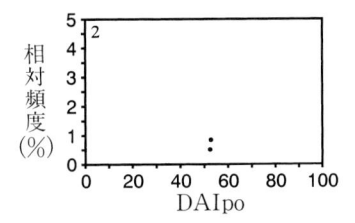

Eunotia serra var. *diadema* (Ehrenberg) Patrick 1958　　　　　　　　　(Plate IIB$_1$-3：4)

Syn：*Eunotia diadema* Ehrenberg 1837；*E. tetraodon* Ehrenberg 1838；*E. heptaodon* Ehrenberg 1854；*E. diadema* var. *tetraodon* (Ehrenberg) Cleve-Euler 1953；*E. diadema* var. *intermedia* Cleve-Euler 1953；*E. diadema* var. *densior* Cleve-Euler 1953.

形態　殻の形 4'-Lun；先端の形 くちばし形〔4〕；殻長 21-85 μm；幅 16-21 μm；条線 10-15/10 μm；胞紋 約 26/10 μm．背側は波うつが，波の数は 4 の場合が多い．

生態　日本では *E. diadema* あるいは *E. robusta* var. *diadema* として報告された例が少数ある(福島 1957)．写真(4)は，マレーシアの熱帯降雨林中にある，腐植栄養湖 Lake Bera 産のものである．

　Patrick & Reimer (1966)は，貧栄養，あるいは腐植栄養の冷水中に出現し，沼や湿原でよく見いだされるとし，Van Dam *et al.* (1994)は，acidophilous, oligosaprobous, oligotraphentic としている．

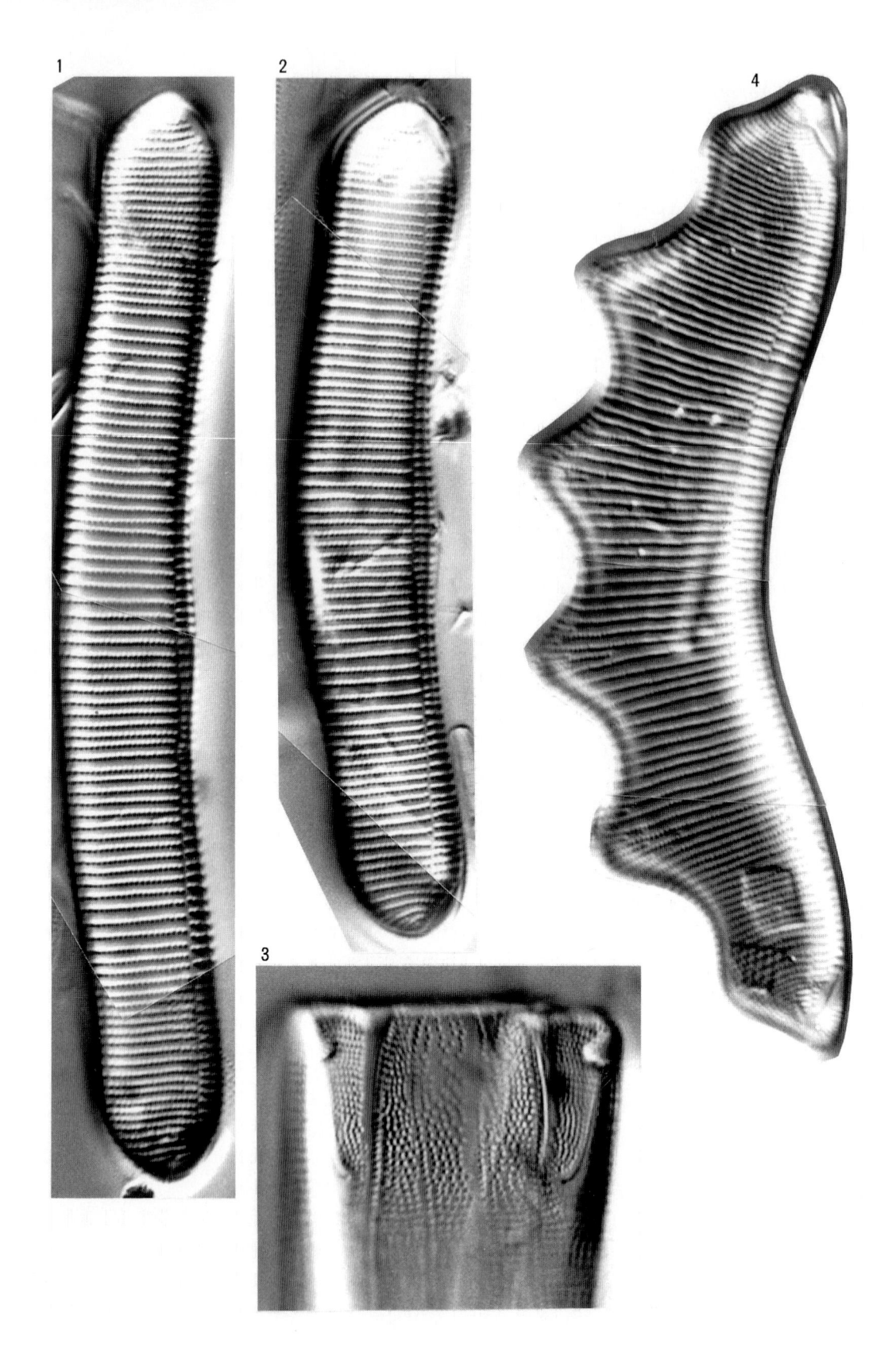

Plate IIB₁-3

Eunotia monodon var. *bidens* (Gregory) Hustedt 1932 (Plate IIB₁-4：1-3)

Syn：*Himantidium bidens* Gregory 1854；*Eunotia major* var. *bidens* (Gregory) Rabenhorst 1864；*E. media* (? var. *jemtlandica*) Fontell 1917；*E. scandinavica* A. Cleve *ex* Fontell 1917；*E. tibia* var. *bidens* Cleve-Euler 1953；*E. monodon* var. *constricta* Cleve-Euler 1953.

形態 殻の形 4-Lun；先端の形 くちばし形〔4〕；殻長 35-220 μm；幅 6-15 μm；条線 8-12(13)/10 μm.

生態 奈良県室生村の吉祥竜穴(DAIpo 90, pH 6.7)と呼ぶ渓流では，相対頻度 41.5 %の高い相対頻度で，第1位優占種として出現した．またインドネシアのスマトラの小湖 Lake Talang (DAIpo 57, 59)とその流入河川(DAIpo 63)に出現した．**有機汚濁に関しては好清水性種.**

Krammer & Lange-Bertalot (1991)は，例えば湧水路，沼，湿原のような，電気伝導度の低い貧栄養，腐植栄養の水域に出現するという．

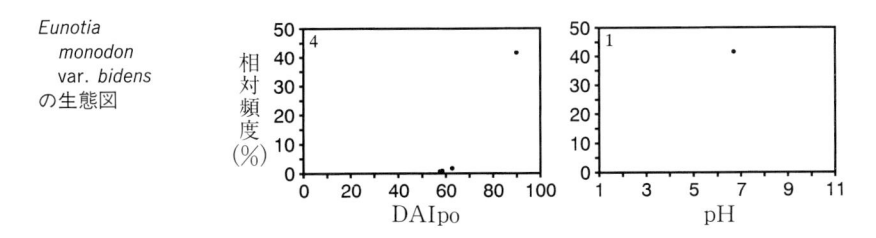

Eunotia monodon var. *bidens* の生態図

Eunotia pectinalis (Dillwyn) Rabenhorst var. *pectinalis* 1864 (Plate IIB₁-4：4-6)

Syn：*Eunotia pectinalis* (Dillwyn) Rabenhorst 1864；*E. pectinalis* f. *elongata* Van Heurck 1881；*E. pectinalis* var. *stricta* (Rabenhorst) Van Heurck 1881.

形態 殻の形 4,5-Lun；先端の形 くちばし形〔4〕；殻長 17-140 μm；幅 5-10 μm；条線 7-14/10 μm；腹側の中央部で，殻縁がわずかにふくらむ個体(4-6)がある．

生態 有機汚濁に関しては**好清水性種**，pHに関しては，広範囲に出現するが，pH 5以下においても，高い相対頻度で出現する**好酸性種**である．

Van Dam *et al*. (1994)は，acidophilous, β-mesosaprobous, oligo-mesotraphentic とする．Håkansson (1993)も，acidophilous とする．

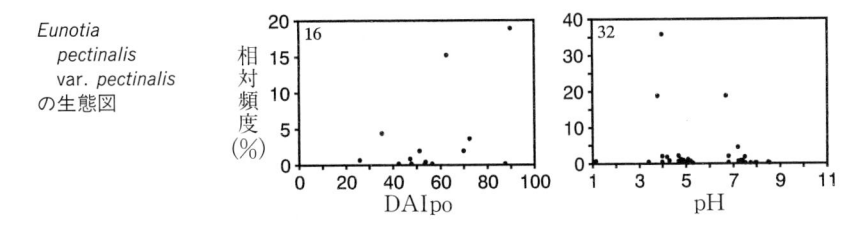

Eunotia pectinalis var. *pectinalis* の生態図

Eunotia minor (Kützing) Grunow *in* Van Heurck 1881 (Plate IIB$_1$-4：7-10)

Syn：*Eunotia impressa* Ehrenberg 1854；*E. pectinalis* var. *minor* (Kützing) Rabenhorst 1864；*E. pectinalis* var. *impressa* O. Müller 1898；*E. pectinalis* var. *minor* f. *impressa* (Ehrenberg) Hustedt 1930.

|形態| 殻の形 4-Lun；先端の形 くちばし形〔4〕；殻長 20-60μm；幅 4.5-8μm；条線 12-15/10μm．
|生態| 有機汚濁に関しては好清水性種，pH に関しては中性種である．

Håkansson (1993) は，本分類群を *Eunotia pectinalis* var. *minor* とし，*E. pectinalis* var. *pectinalis*，および var. *minor* f. *impressa*, var. *minor* f. *intermedia*, var. *undulata*, var. *ventralis* らと共にすべて好酸性種としている．*E. sudetica* O. Müller と殻形は酷似する．しかし縦溝先端部の極節の存在する位置が，*E. sudetica* の方が先端からより離れた部位に存在することによって区別できる．

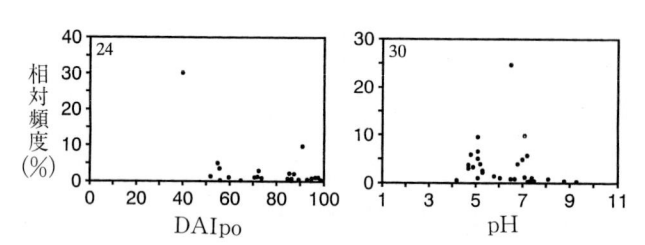

Eunotia minor の生態図

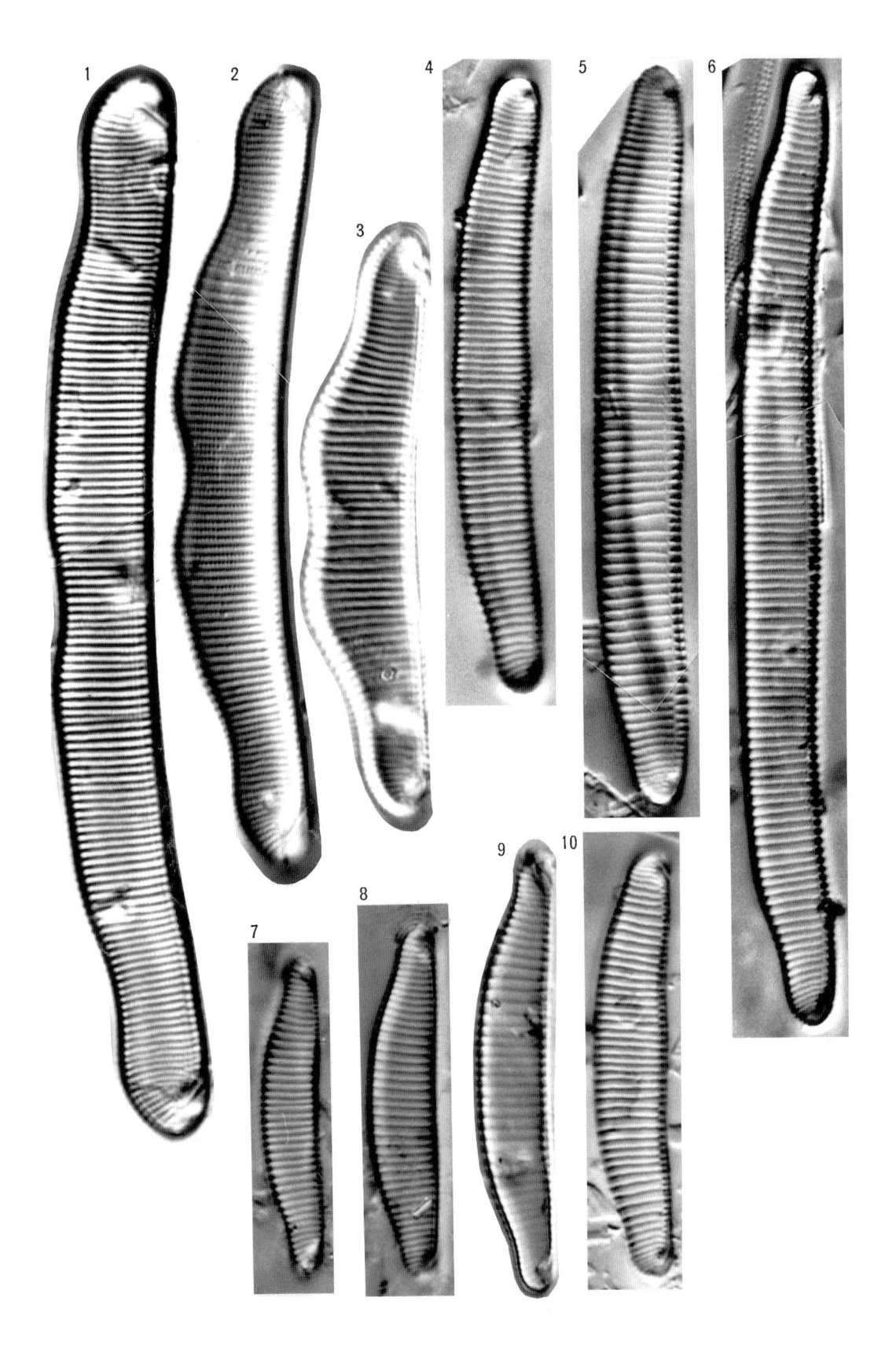

Plate IIB$_1$-4

135

Eunotia submonodon Hustedt *in* A. Schmidt *et al.* 1913 (Plate IIB$_1$-5 : 1, 2)

形態 殻の形 4-Lun；先端の形 頭状形〔3〕；殻長 55-90 μm；幅 15-19 μm；条線 6-12/10 μm；胞紋 30-32/10 μm. Metzeltin & Lange-Bertalot (1998)は，本分類群を，新種 *Eunotia pirarucu* の Synonym としたが，その計測値は，殻長，幅共に，*E. submonodon* の値よりもはるかに大きく，条線密度も粗い．このことから，われわれの試料種は，*E. submonodon* を復活させて，その種に帰属させた．

生態 日本での報告例はなく，外国をも含めて稀産種．(1, 2)は，マレーシア熱帯降雨林中の腐植栄養湖 Lake Bera (pH 4.5)の，付着藻類試料に出現したもの．

Eunotia epithemioides Hustedt *in* A. Schmidt *et al.* 1913 (Plate IIB$_1$-5 : 3)

形態 殻の形 2-Lun；先端の形 頭状形〔3〕；殻長 65-75 μm；幅 11-13 μm；条線 6-12/10 μm, 2-6 本の条線が束になり，束間の間隔は不ぞろいである；胞紋 約 27/10 μm. 条線配列が極めて特徴的な分類群である．

生態 奈良県上北山村のくらがり又谷の滝に出現した稀産種．この地点の水質は，DAIpo 74，BOD 0.2 mg/*l*，T-N 0.19 mg/*l*，T-P 0.06 mg/*l*，pH 7.3 で，極めて清冽な水である．Hustedt (1937/39) は，本分類群をジャワ，スマトラの滝から発見し，アルカリ性の流れや滝での生存者としている．

Eunotia praerupta var. *inflata* Grunow *in* Van Heurck 1881 (Plate IIB$_1$-5 : 4)

形態 殻の形 4-Lun；先端の形 半頭状形〔3〕；殻長 25-60 μm；幅 10-15 μm；条線 5-8/10 μm；胞紋 約 30/10 μm. 短い桿状のダッシュ状胞紋である．

生態 岩手県八幡平の御在所温泉露天風呂(pH 7.7, w.t 33℃)の付着藻群集中に出現．この地点の付着藻は，珪藻種の多様性に富み，ことに *Achnanthes* 属は，15 分類群が共存していた．Patrick & Reimer (1966)は，本種がコケと共存し，酸性水域，冷水を好むように思えると述べている．

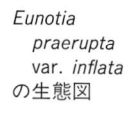

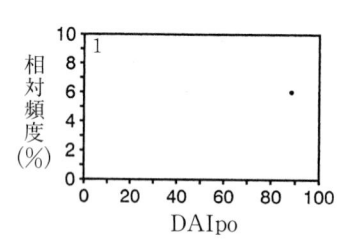

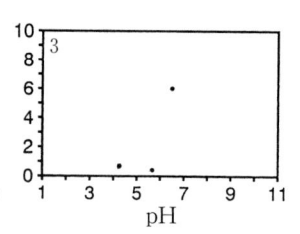

Eunotia praerupta var. *inflata* の生態図

Eunotia veneris (Kützing) De Toni 1892 (Plate IIB$_1$-5 : 5-7)

Syn : *Himantidium veneris* Kützing 1844；*Eunotia pirla* Carter 1988.

形態 殻の形 4-Lun；先端の形 くちばし形〔4〕；殻長 15-50 μm；幅 4-8 μm；条線 12-15/10 μm. 腹縁中央部が弱い段差を生じて陥没したように見える．

生態 別府海地獄(pH 4.2)，志賀高原上の小池(pH 5.7)など貧腐水性，貧栄養の水域に出現．**有機汚濁に関しては好清水性種，pH に関しては好酸性種．**

Van Dam *et al.* (1994)は，acidophilous, oligosaprobous, oligo-mesotraphentic とする．

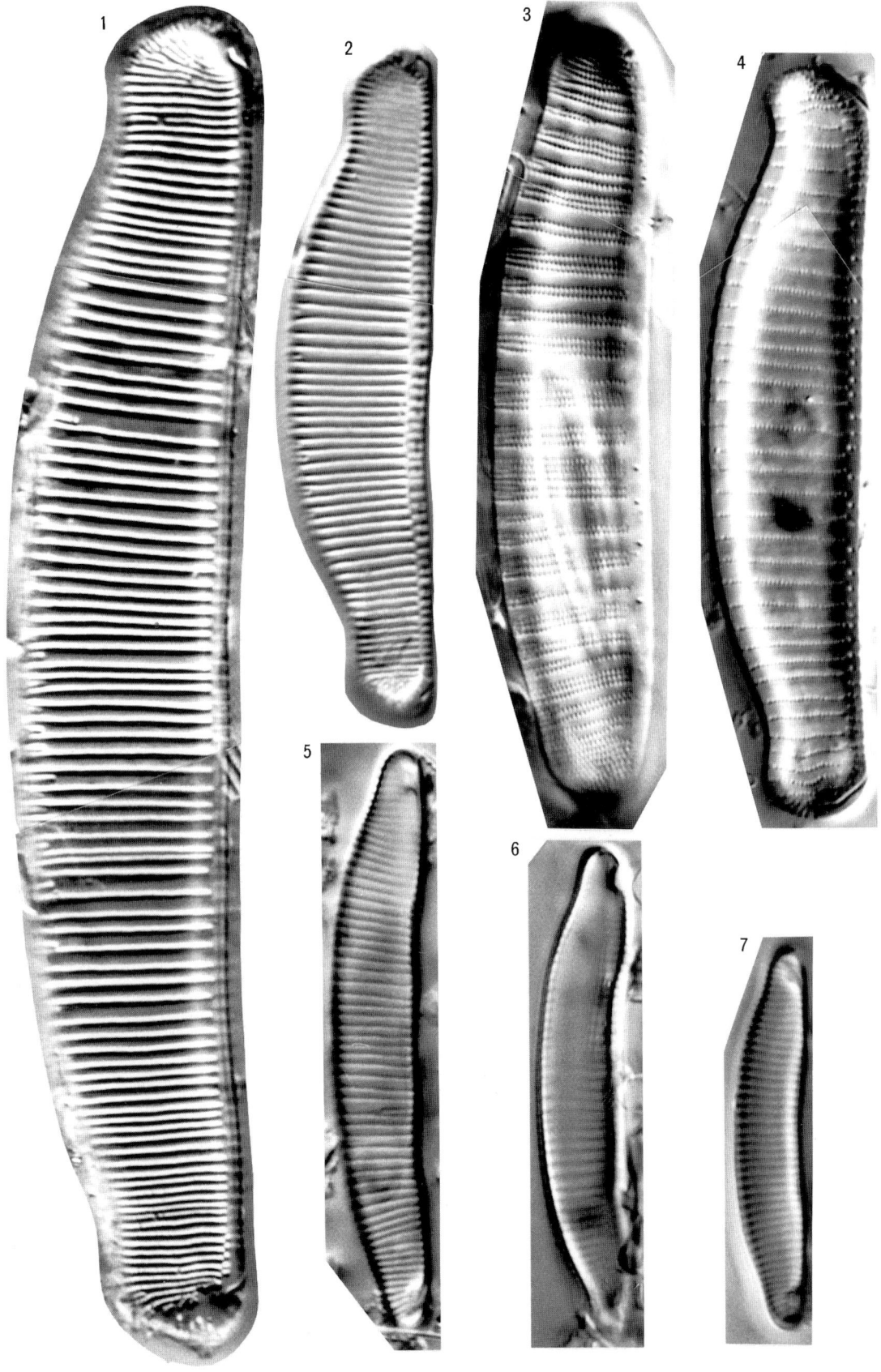

Plate IIB$_1$-5

Eunotia nipponica Skvortzow var. *nipponica* 1938　　　　　　　　(Plate IIB$_1$-6：1-5)

形態　殻の形 4,5-Lun；先端の形 くちばし形〔4〕，すりこぎ形〔5〕；殻長 35-80 μm；幅 8-12 μm；条線 約20/10 μm；本分類群は，*Eunotia lapponica* Grunow と，形態が酷似するが，殻の周辺に刺の列が存在することによって，刺をもたない *E. lapponica* と区別することができる(Kobayasi *et al.* 1980)．刺は一般に走査電顕によって確かめることができるが，光顕によって確かめることができるものもある((1, 2, 5)の矢印)．

生態　青森県恐山湖(宇曽利山湖，沖，水深4mに生育していたウカミカマゴケ(*Drepanocladus fluitans*)に，本種の着生が認められた．その水深のpHは3.3であった．稀産種である．Skvortzow (1938)は，本種を長野県鎌ヶ池から採集して新種として記載し，寒冷地の微酸性のミズゴケ湿原や沼地に広く分布すると記している．

Eunotia veneris (Kützing) De Toni 1892　　　　　　　　(Plate IIB$_1$-6：6-14)

　　Basionym：*Himantidium veneris* Kützing. Syn：*Eunotia pirla* Carter 1988.

形態　殻の形 4-Lun；先端の形 すりこぎ形〔5〕，くさび形〔6〕；殻長 6-35(45) μm；幅 2.7(3.5)-4.5 (6.0) μm；条線 18-23/10 μm；極節が先端から比較的大きく離れて位置する．本分類群は，*Eunotia incisa* と似るが，極節が本分類群の方が *E. incisa* よりも殻端に近い位置に存在することによって区別できる．

生態　恐山湖からの流出河川正津川(pH 3.4)，恐山湖の付着藻中によく出現する．**pH に関しては好酸性種**．無機酸性水域によく出現するが，腐植栄養型の有機酸性水域にはほとんど出現しない特異な種といえよう．

Eunotia veneris の生態図

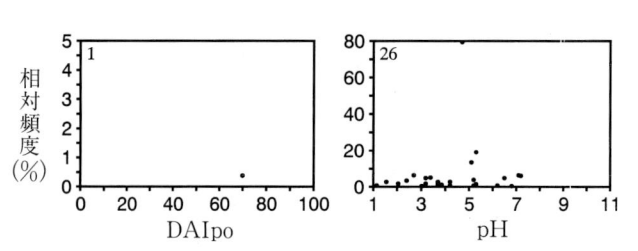

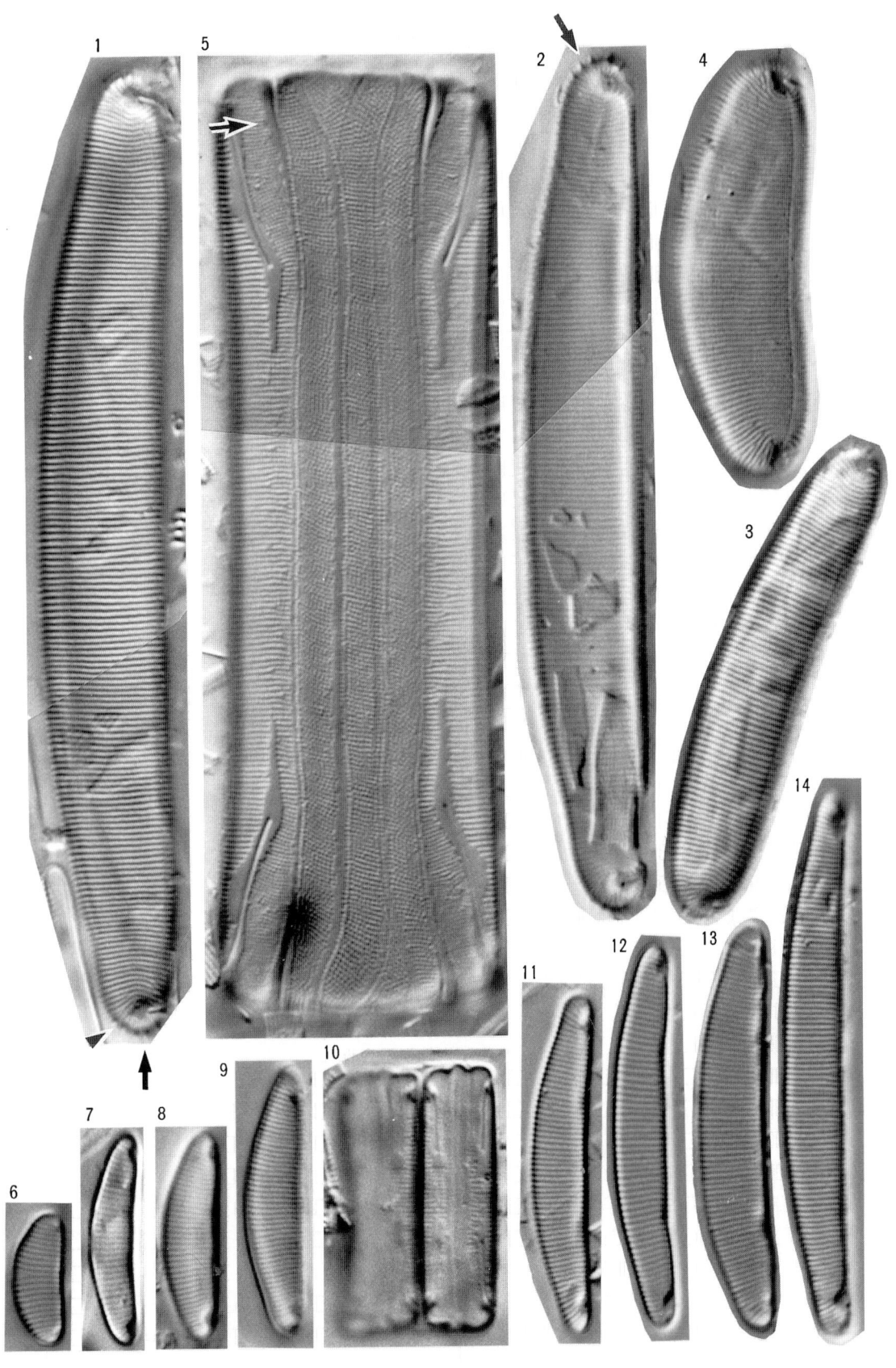

Plate IIB₁-6

Eunotia meisteri Hustedt var. *meisteri* 1930 (Plate IIB$_1$-7 : 1-7)

[形態] 殻の形 2-Lun；先端の形 頭状形〔2〕，半頭状形〔3〕；殻長 12-16 μm；幅 3-4 μm；条線 約 21/10 μm；殻端部は多少とも背側へ反る．

写真(6, 7)は Simonsen (1987)の写真 Pl. 191 : 12-16 とよく一致する．しかし，(1, 2)は殻の大きさが上記計測値の範囲を越えて大きい．しかし，他の形態的特徴は一致する．

[生態] 本種は図に示すように，産地の平均 pH が約 4.0 の**真酸性種**である．

渡辺，安田(1982)は，耐酸性種としていた．

Patrick & Reimer (1966)は，好酸性種とし，Van Dam *et al.* (1994)は，acidophilous, oligosaprobous, oligotraphentic としている．

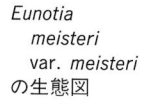

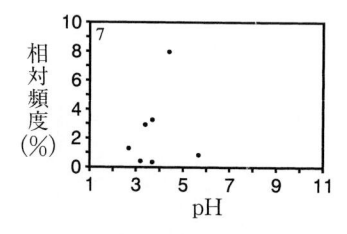

Eunotia meisteri var. *meisteri* の生態図

Eunotia pseudosoresanensis Tosh. Watanabe 2004 (Plate IIB$_1$-7 : 8-16)

Syn：*Eunotia osoresanensis* var. *minor* sensu Watanabe & Asai 1999.

[形態] 殻の形 2-Lun；先端の形 くちばし形〔4〕；殻長 14-35 μm；幅 4.5-6 μm；条線 18-20/10 μm．

形態は *E. osoresanensis* と似ているが，殻の先端部が，ほとんどくびれないままに細く突出することにおいて異なる．くちばし状突起の幅と，殻中央の最大幅との比は約 1：3(1：5)である．

[生態] 青森県恐山湖内のコケ，ロープ，石礫への付着藻，および，流出河川正津川の石礫への付着藻中に出現したが，恐山湖以外では筆者らは未だ発見していないし，他からの報告もない．本分類群は，したがって**無機酸性水域に限って出現する真酸性種**であると同時に，恐山湖の endemic species と考えられる．

Eunotia exigua (Brébisson *ex* Kützing) Rabenhorst var. *exigua* 1864

(Plate II B$_1$-7 : 17-24, 25-33)

Syn : *Himantidium exiguum* Brébisson *ex* Kützing 1849 ; *Eunotia gracilis* W. Smith 1853 ; *E. minuta* Hilse *in* Rabenhorst 1861-1879 ; *E. paludosa* Grunow 1862.

形態 殻の形 2-Lun；先端の形 くちばし形〔4〕；殻長 8-28 μm；幅 2-4 μm；条線 18-24/10 μm.

Krammer & Lange-Bertalot (1991) は，*Eunotia exigua* 種複合体として，分類学的区別が難しい *E. meisteri*, *E. nymanniana*, *E. tenella*, *E. levistriata*, *E. fastigiata* を挙げている．写真(25-33)のような，殻の形 2-Lun，先端がくびれない頭状形〔5〕の個体群の殻形は，上記複合体中，*E. levistriata* に最も似るが，条線密度，極節が殻端に極めて近い位置にある特性は，*E. exigua* の特性と一致する．*E. septentrionalis* とも殻形は似るが，条線密度が *exigua* の方がはるかに密であることによって区別できる．

生態 有機汚濁に関しては広適応性種，pH に関しては真酸性種．pH 4 以下の無機酸性水域，4 以上の腐植栄養型の有機酸性水域両者に，優占種としてしばしば出現する．Patrick & Reimer (1966) は，低金属塩濃度の酸性水域中に蘚苔類と一緒に出現し，湧水，沼，小さな渓流にも出現すると述べている．

Van Dam *et al*. (1994) は，本種を acidobiontic, *α*-mesosaprobous, oligo to eutraphentic (hypereutraphentic) とする．Håkansson (1993), Jörgensen (1948) は acidobiontic とする．

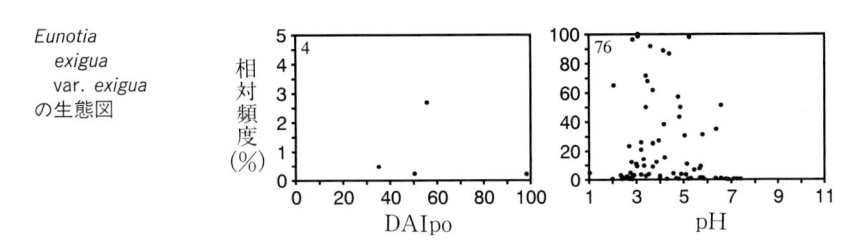

Eunotia exigua var. *exigua* の生態図

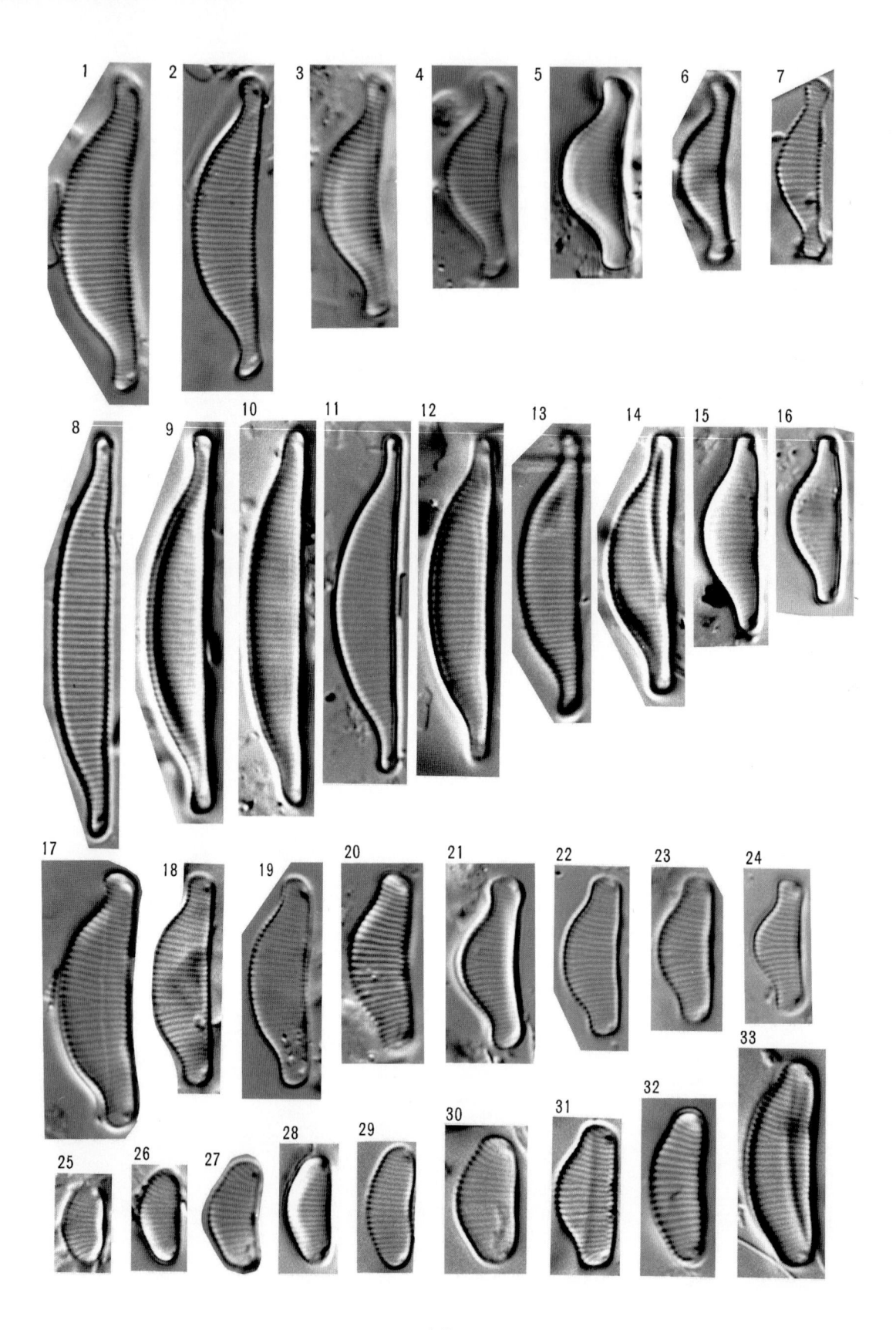

Plate IIB₁-7

Eunotia rhomboidea Hustedt 1950 (Plate ⅡB₁-8:1-8)

Syn: *Eunotia incisa* var. *minor* Grunow *in* Cleve & Müller 1878 ; *E. fallax* var. *aequalis* Hustedt 1937.

|形態| 殻の形 5-Lun；先端の形 すりこぎ形〔5〕；殻長 10-25 μm；幅 2-4 μm；条線 15-19/10 μm. 帯面観(8)は平行四辺形.

|生態| 九州藺牟田池(pH 5.8-6.8)，蔵王いろは沼(pH 4.4)，志賀高原下の小池(pH 4.4)，三角池(pH 5.8)，渋池(pH 5.1)，長池(pH 5.5)，およびマレーシアの Lake Bera(pH 4.9-5.4)などの腐植栄養湖に，付着藻として出現した**好酸性種**である.

渡辺，安田(1982)は極端な耐酸性種とし，Van Dam *et al.* (1994)は acidophilous とした.

Eunotia minor (Kützing) Grunow *in* Van Heurck 1881 (Plate ⅡB₁-8:9-12)

Pl. ⅡB₁-4：7-10 の記述を参照.

Eunotia incisa Gregory 1854 (Plate ⅡB₁-8:13-18)

Eunotia veneris (Kützing 1844) O. Müller 1898 を Synonym とする説もあるが，筆者らは別種とする.

|形態| 殻の形 4-Lun；先端の形 くさび形〔6〕；殻長 13-50 μm；幅 4-6 μm；条線 12-17/10 μm.
|生態| 有機汚濁に関しては好清水性種に近い広適応性種，**pH に関しては中性種**である. 尾瀬沼，京都鴨川などの中性水域から，青森県恐山湖への流入酸性河川，頭無川(pH 4.2)へまでも分布する.

Van Dam *et al.* (1994)は，acidophilous, oligosaprobous, oligotraphentic とする.

Eunotia incisa の生態図

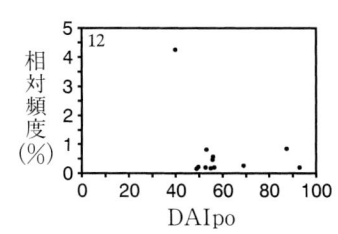

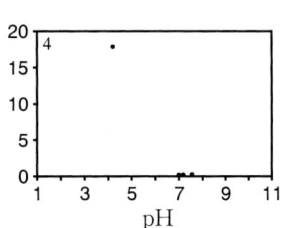

Eunotia implicata Nörpel, Lange-Bertalot & Alles 1991 (Plate ⅡB₁-8:19-22)

Syn: *Eunotia impressa* var. *angusta* Grunow *in* Van Heurck 1881 ; *E. impressa* var. *angusta* f. *vix impressa* Grunow *in* Van Heurck 1881 ; *E. pectinalis* var. *minor* f. *impressa* (Ehrenberg) Hustedt 1930.

|形態| 殻の形 4-Lun；先端の形 半頭状形〔3〕；殻長 20-40 μm；幅 3-6 μm；条線 14-22/10 μm.
|生態| 別府海地獄(pH 2.6)，秋田県玉川(pH 3.7)などの強酸性水域では，付着珪藻群集中での優占度は小さいが，志賀高原渋池，三角池，長池，弓池，上の小池など pH が 4.6-5.7 の水域で相対頻度が高い**好酸性種**である. Van Dam *et al.* (1994)は acidophilous とする.

Eunotia implicata の生態図

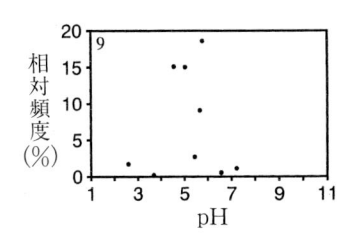

Eunotia tenella (Grunow) A. Cleve var. *tenella* 1895 (Plate II B$_1$-8：23-25)

Syn：*Eunotia arcus* var.？ *tenella* Grunow 1881；*E. arcus* var.？ *hybrida* Grunow 1881.

形態　殻の形 4-Lun；先端の形 くちばし形〔4〕；殻長 6-37μm；幅 2-4μm；条線 14-16/10μm.

生態　九州霧島六観音池(pH 4.0-4.3)，八ヶ岳茶水池(pH 7.2)，諏訪千代田池(pH 6.2)などの有機酸性の腐植栄養水域，貧栄養，中栄養の池沼に出現したが，pH 4.8 の青森県赤沼(透明度は，おそらく日本最大とも考えられている)で，付着珪藻群集中 32％の高い相対頻度で出現．**pH に関しては好酸性種，有機汚濁に関しては広適応性種．**

Van Dam *et al.*(1994)は，acidophilous, oligosaprobous, oligotraphenticとし，Håkansson (1993)もacidophilousとする．Patrick & Reimer (1966)は，*Eunotia*のほとんどすべての種と同様に，酸性水，軟水を好む種としている．

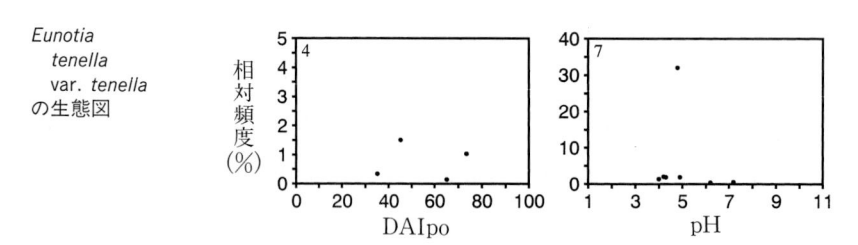

Eunotia tenella var. *tenella* の生態図

Eunotia intermedia (Krasske *ex* Hustedt) Nörpel & Lange-Bertalot 1991
(Plate II B$_1$-8：26-31)

Syn：*Eunotia pectinalis* var. *minor* f. *intermedia* Krasske *ex* Hustedt 1932；*E. faba* var. *intermedia* Cleve-Euler 1953；*E. vanheurckii* var. *intermedia* Patrick 1958.

形態　殻の形 4-Lun；先端の形 くさび形〔6〕；殻長 14-45μm；幅 3.5-5μm；条線 14-19/10μm；帯面観(23)は矩形．

生態　九州明ばん温泉(pH 2.2)のような強酸性水域から，青木湖，奈良県山添村湧水のような中性水域，および福井県大野市の湧水御清水(pH 6.3)に出現．**有機汚濁に関しては好清水性種，pH に関しては中性種．**

Van Dam *et al.*(1994)は，acidophilous, oligotraphentic とする．

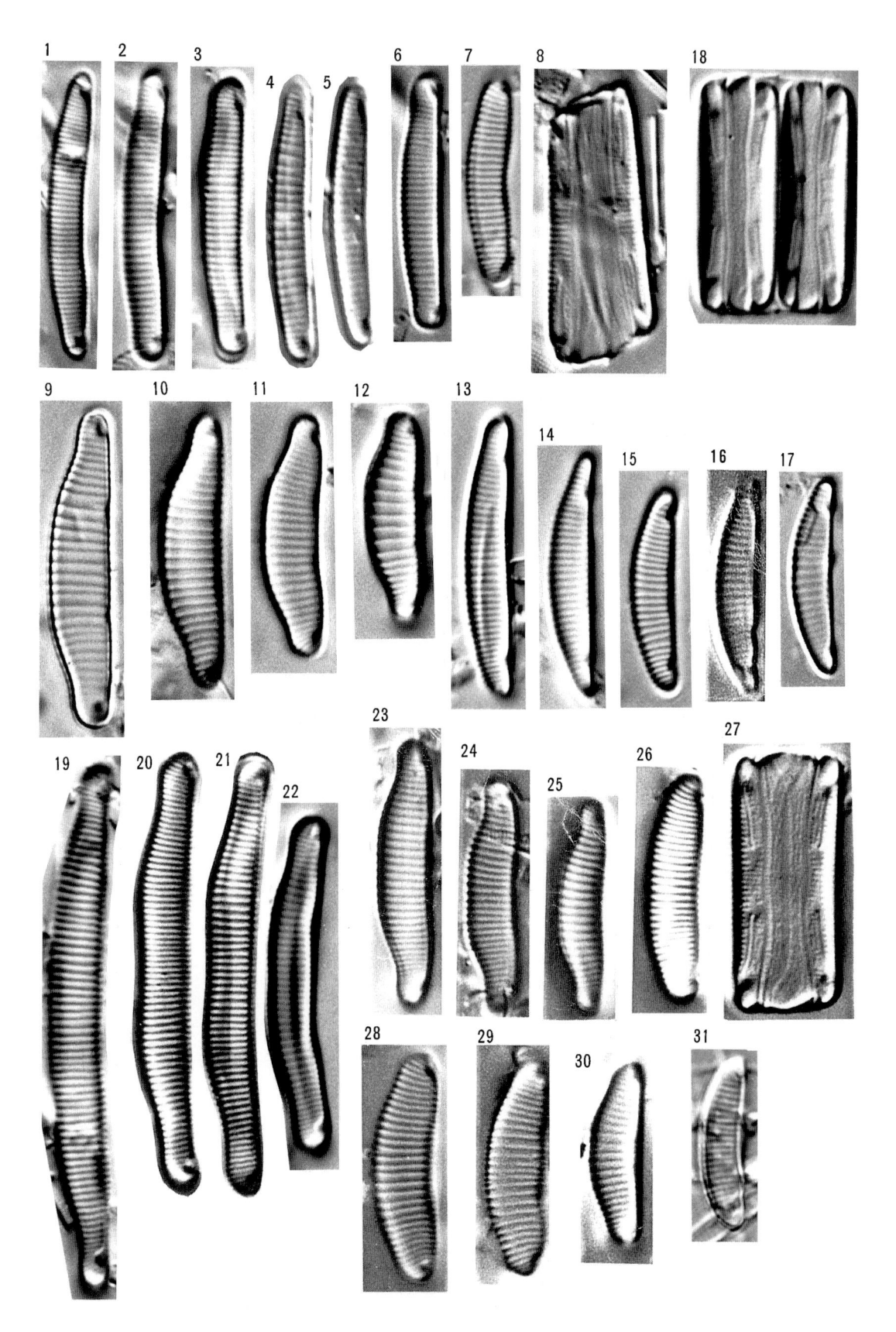

Plate IIB₁-8

Eunotia praerupta Ehrenberg var. *praerupta* 1843 (Plate II B$_1$-9：1-7)

形態 殻の形 4'-Lun；先端の形 頭状形〔3〕；殻長 20-100 μm；幅 6-17 μm；条線 6-13/10 μm. 縦溝の先端部および極節は殻の先端部にある. 写真(6,7)のように，背側殻縁に刺をもつものもある.

生態 有機汚濁に関しては好清水性種，pH に関しては中性種.

Van Dam *et al*. (1994) は，acidophilous, oligosaprobous, oligo-mesotraphentic とし，Håkansson (1993) は，acidophilous とする.

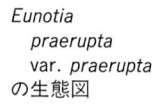

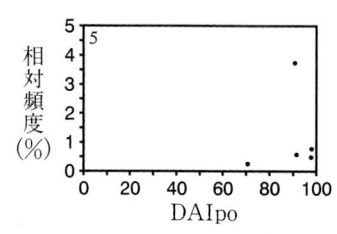

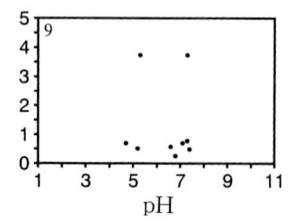

Eunotia praerupta var. *praerupta* の生態図

Eunotia lapponica Grunow *ex* A. Cleve var. *lapponica* 1895 (Plate II B$_1$-9：8-10)

Syn：*Eunotia* (*denticula* Brébisson var.) *glabrata* Grunow *in* Cleve & Möller 1877-1882.

形態 殻の形 2', 4'-Lun；先端の形 くちばし形〔4〕；殻長 38-100μm；幅 6-9.5μm；条線 (15)16-(17)22/10 μm. 本種の形態は，*E. nipponica*(Pl. II B$_1$-6：1-5)とよく似るが，殻縁に刺がなく，条線密度が少し粗いことによって *E. nipponica* と区別できる.

生態 志賀高原渋池，三角池，長池(pH 4.7-5.1)などの池沼，八島ヶ原湿原(pH 4.7)の付着藻として出現. pH に関しては産地 pH 平均 4.96 の好酸性種.

Patrick & Reimer (1966)は，アメリカの北方山岳地帯，湧水，湿原に出現すると記している.

Eunotia lapponica var. *lapponica* の生態図

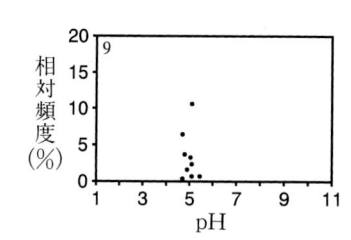

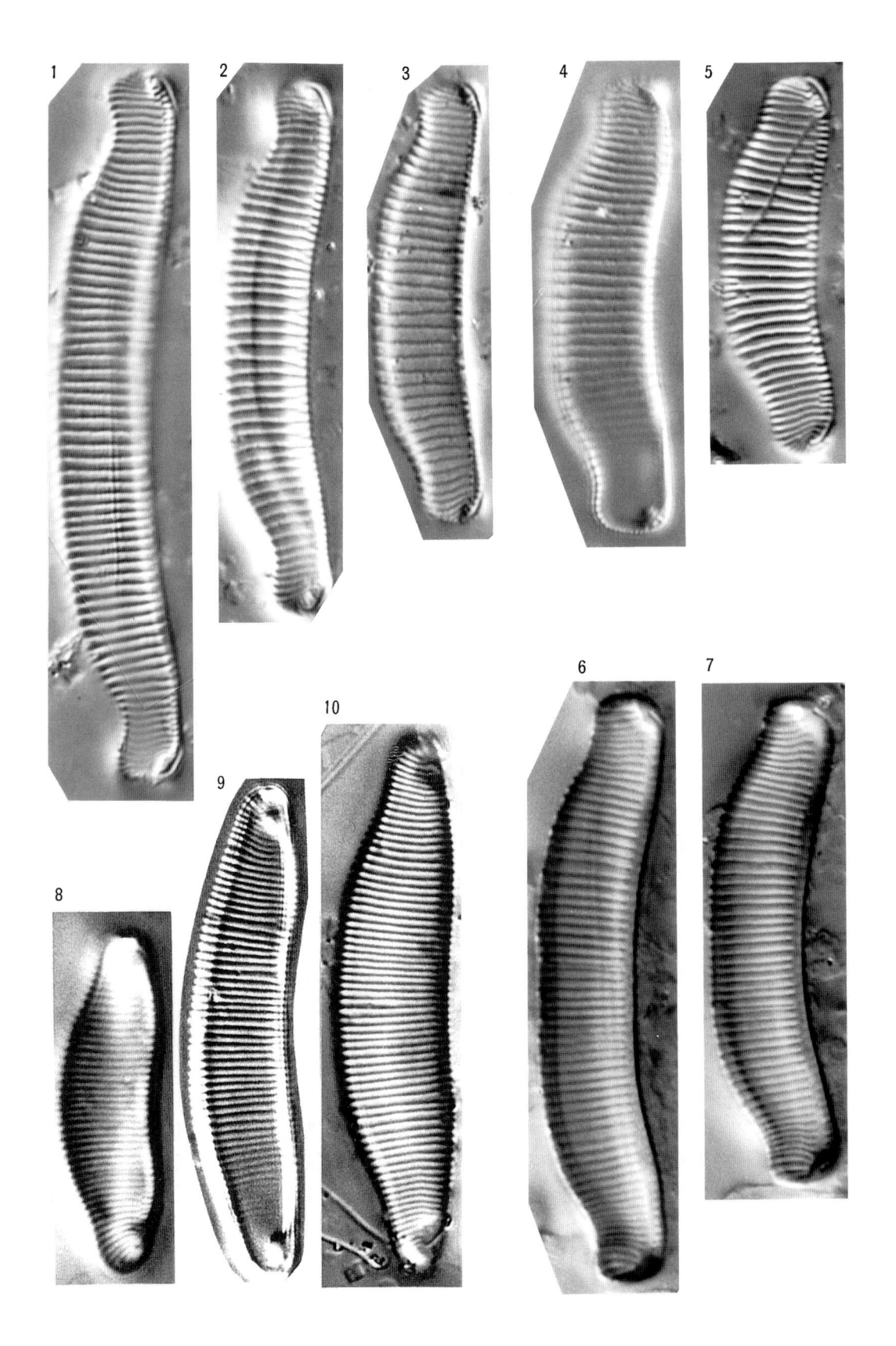

Plate IIB$_1$-9

Eunotia parallela Ehrenberg var. ***parallela*** 1843　　　　　　　　(Plate IIB$_1$-10：1, 2)

Syn：*Eunotia media* A. Cleve 1895；*E. crassa* Pantocsek & Greguss 1913；*E. pseudoparallela* Cleve-Euler 1934；*E. parallela* var. *pseudoparallela* Cleve-Euler 1953；*E. parallela* var. *media* Cleve-Euler 1953.

形態　殻の形 5-Lun；先端の形 すりこぎ形〔5〕；殻長 50-100 μm；幅 5-15 μm；条線 8-16/10 μm.

生態　八島ヶ原湿原八島ヶ池，鎌ヶ池，鬼ヶ泉水(pH 4.2-5.3)など，湿原中の池沼に出現，**pH に関しては好酸性種**．Van Dam *et al*. (1994)は，acidophilous, oligosaprobous, oligotraphentic とする．Patrick & Reimer (1966)は，冷水域で，しばしば水ごけと共存するという．

Eunotia biseriatoides H. Kobayasi, Kaz. Ando & T. Nagumo 1980

　　　　　　　　　　　　　　　　　　　　　　　　　　　　　　　　　　　(Plate IIB$_1$-10：3-9)

形態　殻の形 4,4'-Lun；先端の形 くちばし形〔4〕；殻長 (33)37.5-57 μm；幅 6.5-9 μm；条線 4-9/10 μm(極めて粗い)．帯面観(9)は矩形．

生態　屋久島荒川(pH 5.8)では相対頻度 5.7%，大和郡山松尾寺境内の湧水流路(pH 6.6)で 3.9%出現．その他奈良県山添村神野鍋倉の水，長岳寺奥の院，曽爾村済浄坊渓谷など，pH 7.1-7.4 の清冽な水中石礫への付着藻として出現．**有機汚濁に関しては好清水性種，pH に関しては中性種**(図参照)．

　Kobayasi *et al*. (1981)は，伊豆半島の Joorennotaki から本種を得て新種として記載し，水がしたたり落ちるがけに生えている蘚苔類に着生している例が，色々なところで見いだされたとする．また，本種は，アマゾン産の *E. biseriata* Hustedt と形態が似るとしたが，Krammer & Lange-Bertalot (1991)が示したブラジル産の *E. siolii* Hustedt の写真とも酷似する．しかし，それよりも大型である．これらの種は，いずれも熱帯，亜熱帯から報告された種であり，形態に関する記載もないので，今回は比較検討しないままに Kobayasi *et al*. (1981)に従った．

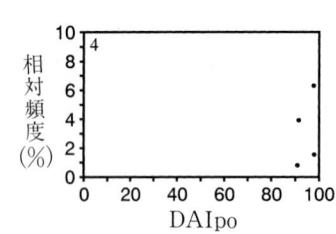

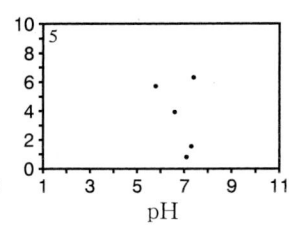

Eunotia biseriatoides の生態図

Eunotia arcus Ehrenberg var. ***arcus*** 1837　　　　　　　　　(Plate IIB$_1$-10：10-12)

Syn：*Himantidium arcus* Ehrenberg 1840；*Eunotia arcus* var. *minor* Grunow *in* Van Heurck 1881；*E. arcus* var. *plicata* Brun et Héribaud *in* Héribaud 1893.

形態　殻の形 5,5'-Lun；先端の形 頭状形〔3〕；殻長 17-90 μm；幅 3-9 μm；条線 8-14/10 μm.

生態　三重県四日市，滋賀県木の本，和歌山県の河川(DAIpo 41-86)，インドネシアの Anai, Saributan, Sulangtia 川(DAIpo 26-77, pH 6.8-7.9)に出現．**有機汚濁に関しては広適応性種，pH に関しては中性種**．Van Dam *et al*. (1994)は，pH circumneutral, oligosaprobous, oligo-mesotraphentic とする．Håkansson (1993)は，indifferent-acidophilous とする．

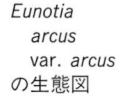

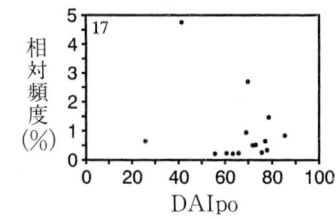

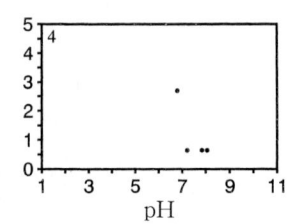

Eunotia arcus var. *arcus* の生態図

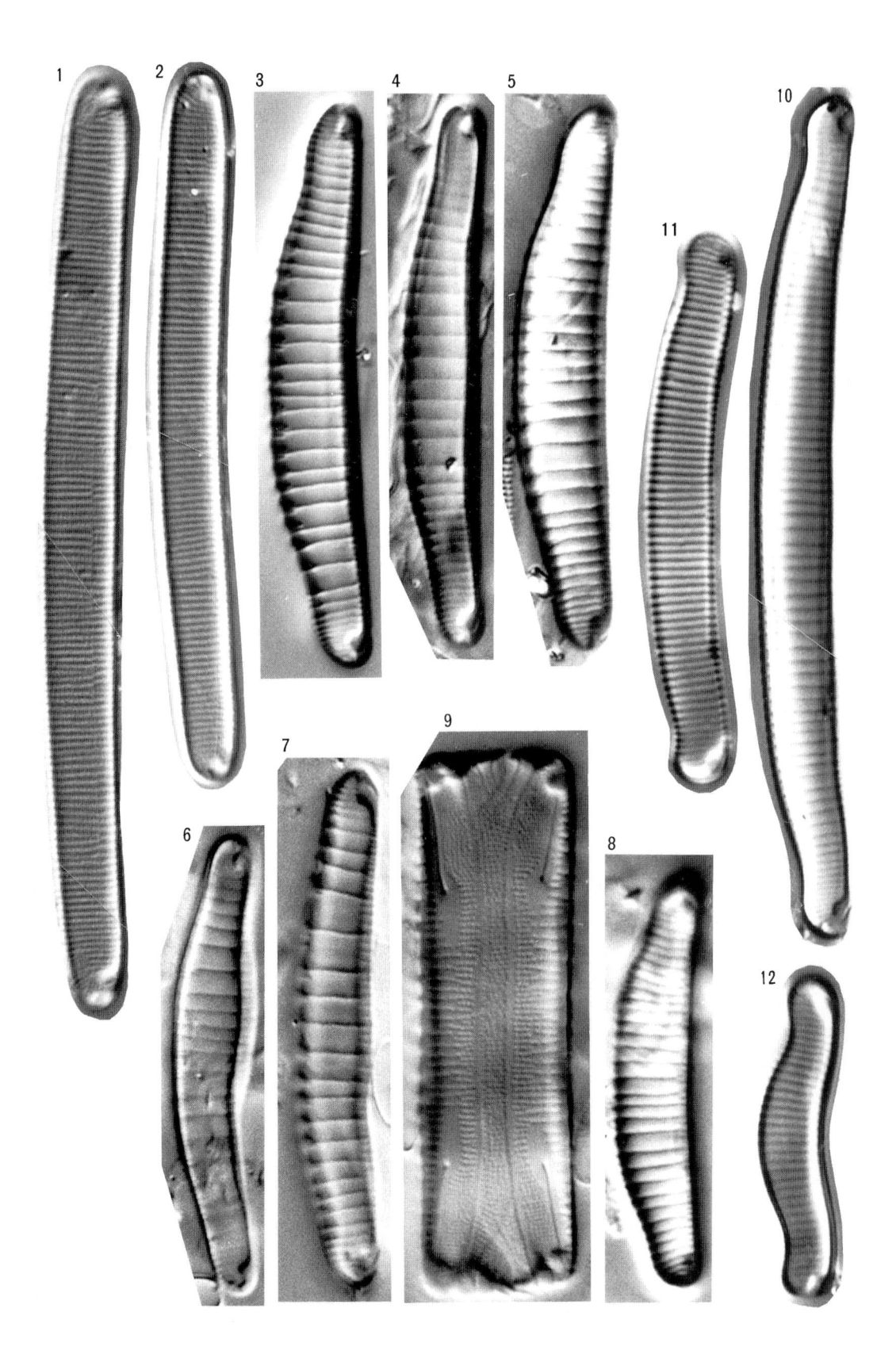

Plate IIB$_1$-10

Eunotia naegelii Migula *in* Thomé 1907 (Plate IIB₁-11：1, 2)

Syn：*Eunotia lunaris* var. ? *alpina* (Nägeli) Grunow *in* Van Heurck 1881；*E. alpina* (Nägeli) Hustedt *in* A. Schmidt *et al.* 1913.

|形態| 殻の形 5′-Lun；先端の形 くちばし形〔4〕；殻長 45-130 μm；幅 1.5-3.5 μm；条線 14-20/10 μm．*Eunotia* 属の中で，幅が最も細い種の1つである．

|生態| 奈良県細井の滝，曽爾村済浄坊渓谷などの清冽な水域，九州霧島の六観音池(pH4.0-4.3)，白紫池(pH4.9)などの無機酸性水域にも出現．**有機汚濁に関しては好清水性種，pH に関しては真酸性種**．
Van Dam *et al.* (1994)は，acidophilous, oligosaprobous, oligotraphentic とする．

Eunotia naegelii の生態図

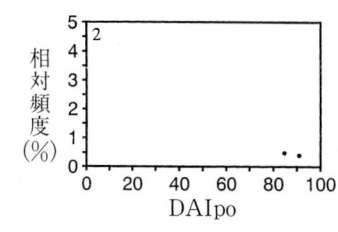

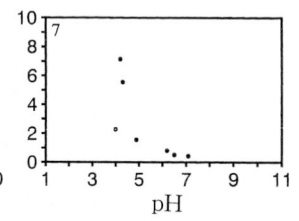

Eunotia intermedia (Krasske *ex* Hustedt) Nörpel & Lange-Bertalot 1991

(Plate IIB₁-11：3-8)

Pl.IIB₁-8：26-31 を参照．

Eunotia rhomboidea Hustedt 1950 (Plate IIB₁-11：9-13)

Syn：*Eunotia incisa* var. *minor* Grunow *in* Cleve & Möller 1878；*E. fallax* var. *aequalis* Hustedt 1937.

|形態| 殻の形 4, 4′-Lun；先端の形 すりこぎ形〔5〕；殻長 10-25 μm；幅 2-4 μm；条線 15-19(21)/10 μm．

|生態| 志賀高原の三角池，上の小池，一沼(pH 5.7-6.8)に出現．**pH に関しては好酸性種**．
Van Dam *et al.* (1994)は，acidophilous, oligosaprobous, oligotraphentic とする．Håkansson (1993)は，acidophilous とする．

Eunotia tenelloides H. Kobayasi, Kaz. Ando & T. Nagumo 1980

(Plate IIB₁-11：14-18)

|形態| 殻の形 5, 5′-Lun；先端の形 すりこぎ形〔5〕，くさび形〔6〕；殻長 12-25 μm；幅 2.5-3.5 μm；条線 約22-26/10 μm(筆者らの個体は 18-21/10 μm)．

|生態| 尾瀬沼(pH 7.0)，八島ヶ原湿原八島ヶ池，鎌ヶ池，鬼ヶ泉水など(pH 4.2-5.3)に出現する好酸性種．本種の原産地は，北海道大雪山の酸性の湿原である(Kobayasi *et al.* 1980)．筆者らの産地もすべて有機酸性の湿原である．**本種は有機酸性水域に出現する好酸性種**．

Eunotia tenelloides の生態図

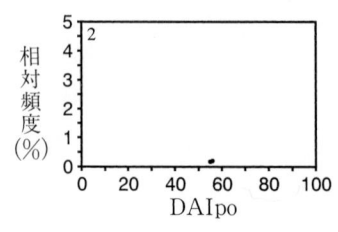

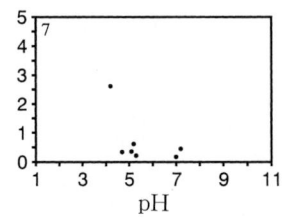

Eunotia paludosa Grunow var. *paludosa* 1862 (Plate IIB$_1$-11：19-23)

|形態| 殻の形 5-Lun；先端の形 くちばし形〔4〕；殻長 6-60 μm；幅 2-3 μm；条線 19-25/10 μm.
|生態| 九州霧島不動池，白紫池(pH 3.8 と 4.0)などの無機酸性水域，志賀高原渋池，上の小池，長池 (pH 5.1-5.7)などの有機酸性水域に出現する**好酸性種**.

 Van Dam *et al*. (1994)は，acidobiontic, oligosaprobous, origotraphenticとし，Håkansson (1993) は，acidophilous とする.

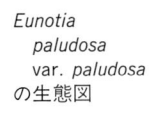

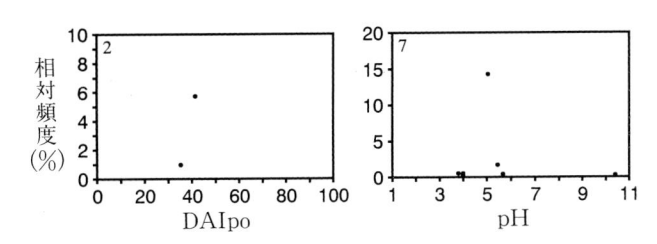

Eunotia paludosa var. *paludosa* の生態図

Eunotia minor (Kützing) Grunow *in* Van Heurck 1881 (Plate IIB$_1$-11：24-26)

Pl. IIB$_1$-4：7-10 を参照.
有機汚濁に関しては好清水性種に近い広適応性種，pH に関しては中性種.

Eunotia pectinalis (Dillwyn) Rabenhorst var. *pectinalis* 1864

(Plate IIB$_1$-11：27, 28)

Pl. IIB$_1$-4：4-6 を参照.
有機汚濁に関しては好清水性種に近い広適応性種，pH に関しては好酸性種.

Plate IIB$_1$-11

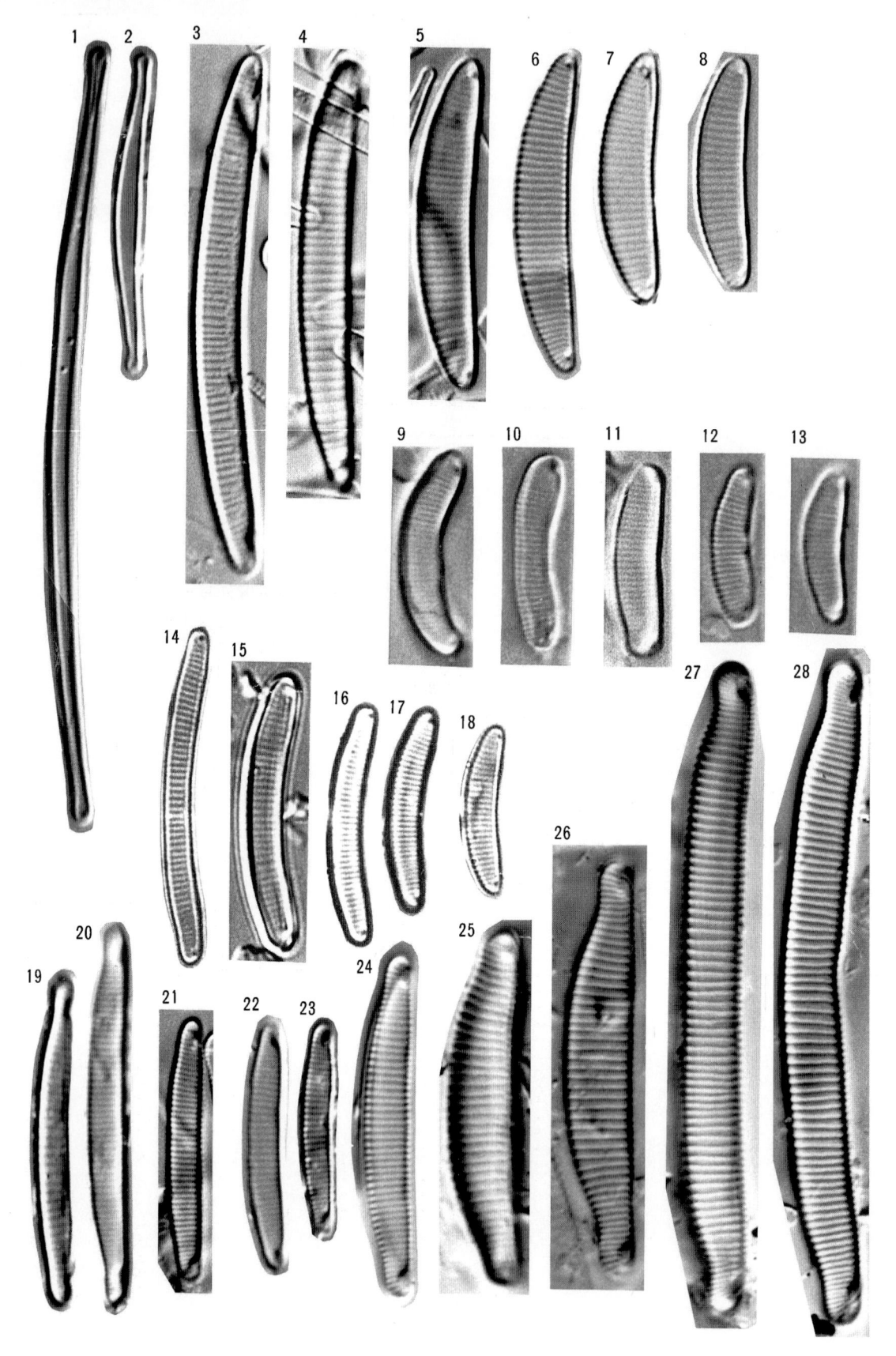

Eunotia arctica Hustedt 1936 (Plate IIB$_1$-12:1-5)

|形態| 殻の形 2,2′-Lun；先端の形 半頭状形〔3〕；殻長 13-35 μm；幅 4-9 μm；条線 約 12-14/10 μm. Krammer & Lange-Bertalot (1991)は，本分類群を，*E. praerupta arctica*-Sippen とする．

|生態| 奈良県山添村神野鍋倉の湧水流路，スマトラの Lake Talang への流入河川に出現したものを，*Eunotia bigibba* Kützing として報告している(渡辺，R. Usman 1987)．稀産種．渡辺，安田(1982)は，酸性水に対して強い耐性をもつ種とした．Hustedt は Island からの試料によって，本分類群を新種として記載した．

Eunotia rabenhorstii var. *maxima* Hustedt 1913 (Plate IIB$_1$-12:6, 7)

Metzeltin & Lange-Bertalot (1998)は，本分類群を，*E. tambaquina* の synonym とする．

|形態| 殻の形 2′-Lun；先端の形 くちばし形〔4〕；殻長 20-30 μm；幅 6-8 μm；条線 12/10 μm．背側殻縁中央部が，こぶ状に盛り上がるのが本分類群の特異な特徴．

|生態| 筆者らは，本分類群をスマトラの Lake Talang へ流入する小河川で得たが，Hustedt (1949)は，アフリカの Kongo で，Foged (1976)は Sri Lanka で得ている．日本では報告されていない．稀産種で熱帯性種と考えられる．

Eunotia praerupta Ehrenberg var. *praerupta* 1843 (Plate IIB$_1$-12:8, 9)

Pl. IIB$_1$-9:1-7 の記載を参照．先端の形が強く反り返った頭状形〔2〕であることが Plate IIB$_1$-9 のものと異なる．

Eunotia muscicola Krasske var. *muscicola* 1939 (Plate IIB$_1$-12:10, 11)

|形態| 殻の形 4-Lun；先端の形 くちばし形〔3〕；殻長 6-35 μm；幅 3-4 μm；条線 12-19/10 μm．

|生態| 大和郡山市松尾寺境内湧き水(pH 6.5)，別府鶴見霊園鶴の湯温泉(pH 3.1)，奈良県室生村吉祥竜穴(pH 6.7)に出現．**pH** に関しては**好酸性種**．

Eunotia muscicola var. *perminuta* (Grunow) Nörpel & Lange-Bertalot 1991
(Plate IIB$_1$-12:12-15)

Syn：*Eunotia tridentula* var. *perminuta* Grunow *in* Cleve & Möller 1879；*E. tassii* Berg 1939；*E. perminuta* (Grunow) Patrick 1958.

|形態| 殻の形 4′-Lun；先端の形 頭状形〔2〕；殻長 10-24 μm；幅 3-4 μm；条線 (12)14-19/10 μm；背側殻縁は波うって，3 から 4 の山がある．帯面観は平行四辺形．

|生態| 大和郡山市松尾寺境内湧き水，秋田県玉川の夏瀬ダム(pH 5.8)に出現．**pH** に関しては基本種と同様に**好酸性種**．

Eunotia exigua var. *bidens* Hustedt 1930 (Plate ⅡB₁-12：16-21)

|形態| 殻の形 2′-Lun；先端の形 頭状形〔2〕；殻長 8-28 μm；幅 2.5-4 μm；条線 18-24.
Nörpel & Lange-Bertalot (1996)は，本分類群を，*E. varioundulata* の synonym とした．
|生態| 志賀高原渋池，三角池，上の小池，長池(pH 5.1-5.8)に出現．**好酸性種**．

Eunotia exigua var. *bidens* の生態図

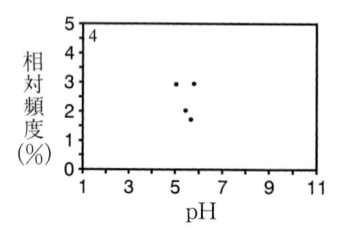

Eunotia meisteri Hustedt var. *meisteri* 1930 (Plate ⅡB₁-12：22)

Pl. ⅡB₁-7：1-7 の記述を参照．
pH に関しては真酸性種．

Eunotia microcephala Krasske *ex* Hustedt var. *microcephala* 1932

(Plate ⅡB₁-12：23-27)

|形態| 殻の形 4′-Lun；先端の形 頭状形〔2〕；殻長 9-15 μm；幅 2-3 μm；条線 18-22/10 μm．
|生態| 志賀高原上の小池，長池(pH 5.5-5.7)に出現した．**好酸性種**．
Van Dam *et al.* (1994)は，acidophilous, oligosaprobous, oligotraphentic とする．Patrick & Reimer (1966)は，貧栄養あるいは腐植栄養の冷水域で，ミズゴケと共存することを好む種のように思えるという．

Eunotia raphidioides Tosh. Watan. 2004 (Plate ⅡB₁-12：28-30)

|形態| 殻の形 5-Lun；先端の形 くさび形〔6〕；殻長 17.5-30 μm；幅 2-2.5 μm；条線 約 24-26/10 μm．本分類群は，*Eunotia tenelloides* (Pl.Ⅱ B₁-11：14-18)とも似るが，殻の形，条線密度が異なることによって区別できる．
|生態| 本分類群は，本書の編著者渡辺が，1973年に青森県，宇曽利山湖(恐山湖)の水深 4 m に生育していた蘚苔類 *Scapania undulate* ？への付着藻類群集中から採取した試料に基づいて記載したものである．宇曽利山湖にのみ生育する固有種と考えられている．

Plate IIB₁-12

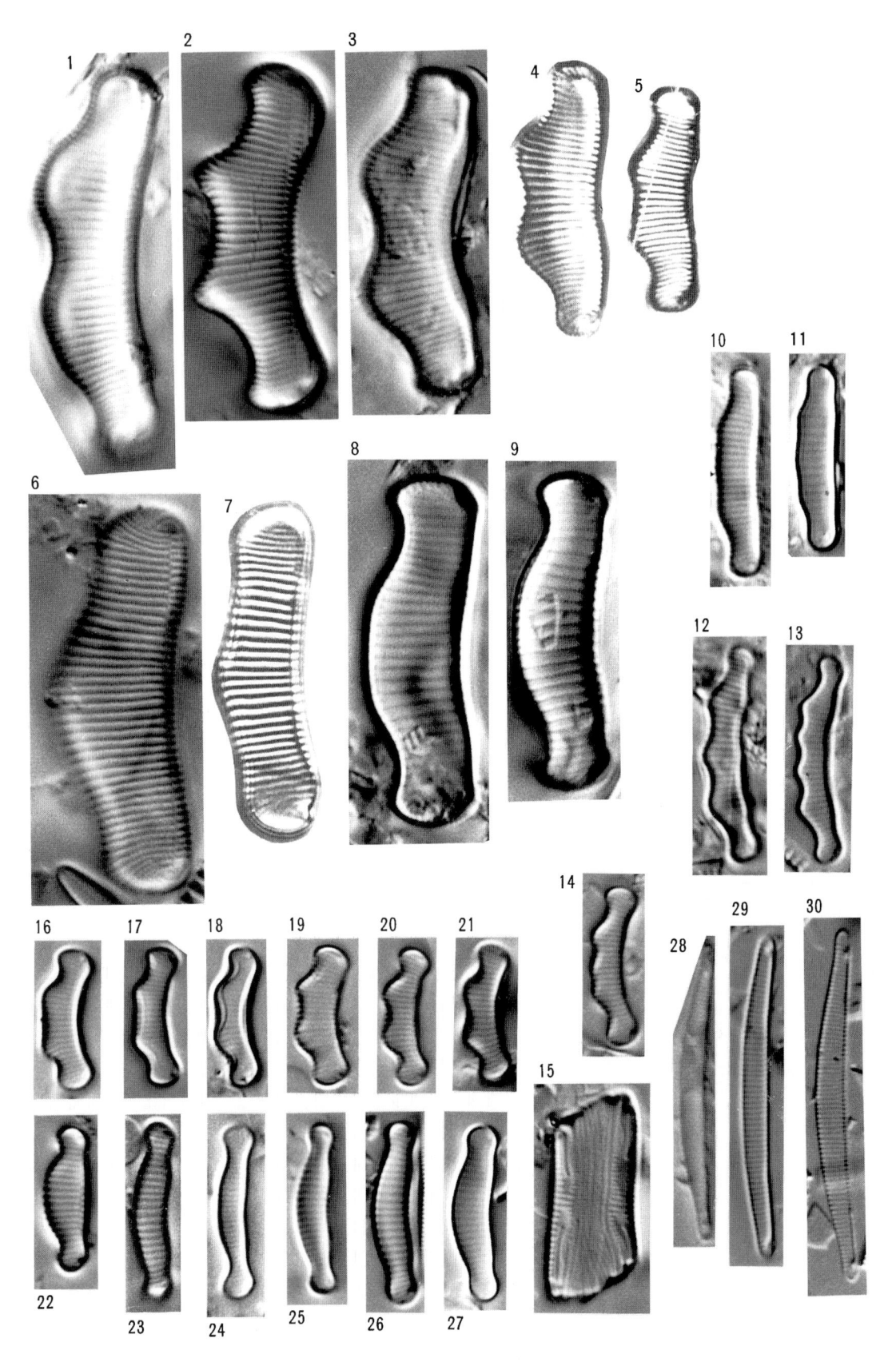

***Eunotia frickei* var. *elongata* Hustedt *in* A. Schmidt *et al.* 1913**

(Plate ⅡB$_1$-13：1-6；bar=10 μm)

形態　殻の形 5-Lun；先端の形 すりこぎ形〔5〕；殻長 160-310 μm；幅 10-12 μm；条線 10-13/10 μm；胞紋 約 21/10 μm．殻縁に微小な刺をもつ(写真(6))．殻端には唇状突起と考えられるものがある(矢印)．

生態　マレーシアの熱帯降雨林中の腐植栄養湖 Lake Bera の水草(*Lepironia articulata*, *Utricularia flexuosa*)への付着藻として出現．原記載は，Hustedt が南米の Guyana を北流する Demerara 川から採取した試料に基づいている．熱帯産の稀産種と考えられる．日本では，Skvortzow (1938)により鎌ヶ池からの報告が一例あるのみである(福島 1957)．

Plate IIB$_1$-13

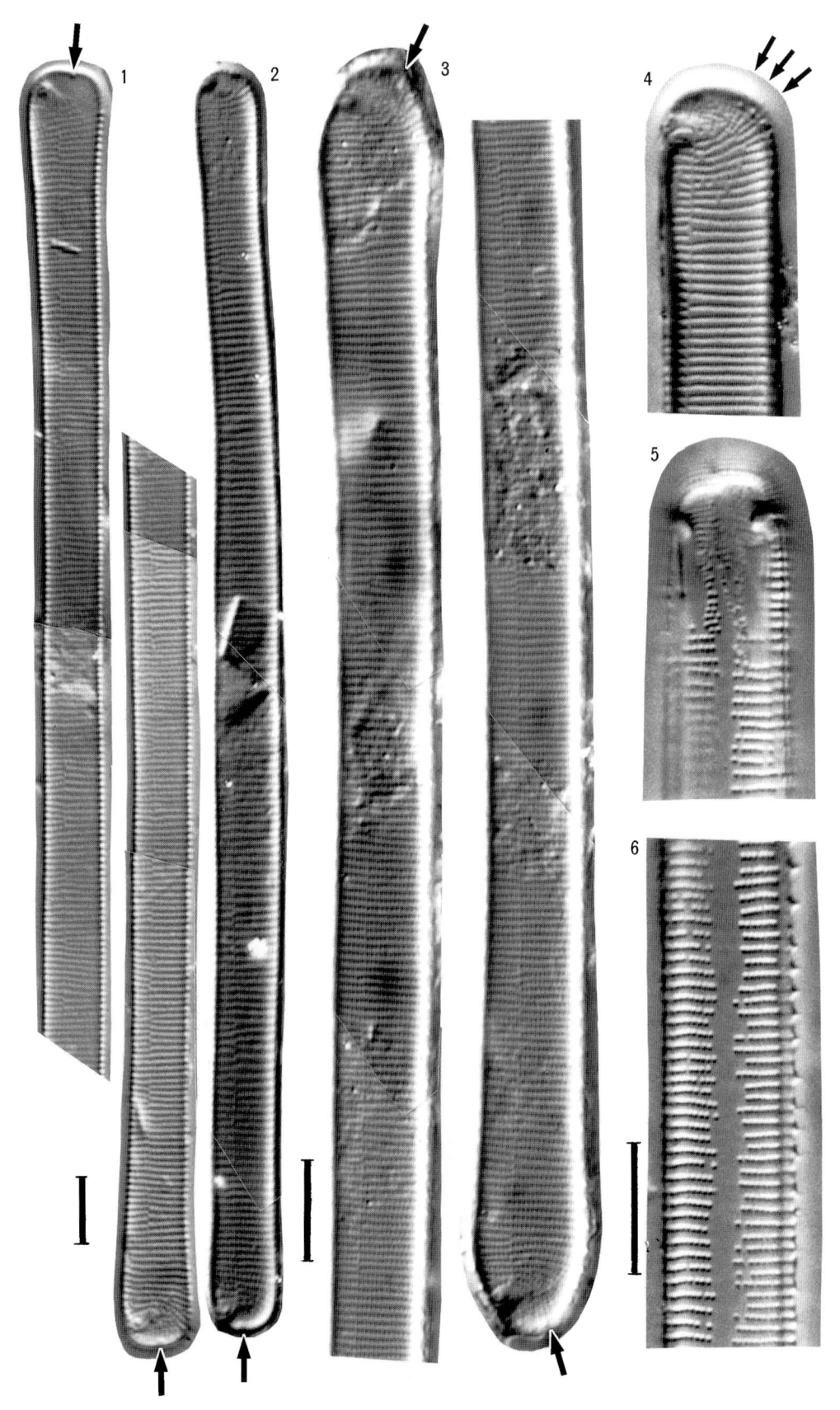

Eunotia frickei var. *elongata* Hustedt *in* A. Schmidt *et al.* 1913

(Plate ⅡB$_1$-14：1-3)

Pl.ⅡB$_1$-13：1-6 の記述参照．写真(1-3)は，オーストラリア Church point の滝に出現したもので，殻縁の刺が明瞭な個体．

Eunotia flexosa (Brébisson) Kützing 1849 (Plate ⅡB$_1$-14：4-8)

Syn：*Eunotia flexosa* var. *pachycephala* Grunow *in* Van Heurck 1881；*E. flexosa* var. *eurycephala* Grunow *in* Van Heurck 1881；*E. pseudoflexuosa* Hustedt 1949；*E. mesiana* Cholnoky 1966.

形態 殻の形 5-Lun；先端の形 サジ形〔1〕；殻長 90-300 μm；幅 2-7 μm；条線 11-20/10 μm．

生態 志賀高原木戸池(pH 6.8)，一沼(pH 6.8)，八島ヶ原湿原鬼ヶ泉水(pH 5.1)など，貧栄養の止水域，腐植栄養水域に出現する．**pH に関しては中性種**．

Van Dam *et al.* (1994)は，acidophilous, oligosaprobous, oligo-mesotraphentic, Håkansson(1993)は，acidophilous とする．

Eunotia flexosa の生態図

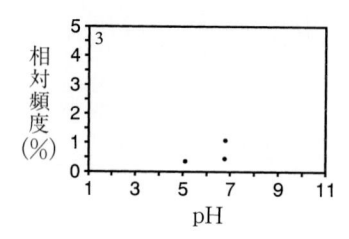

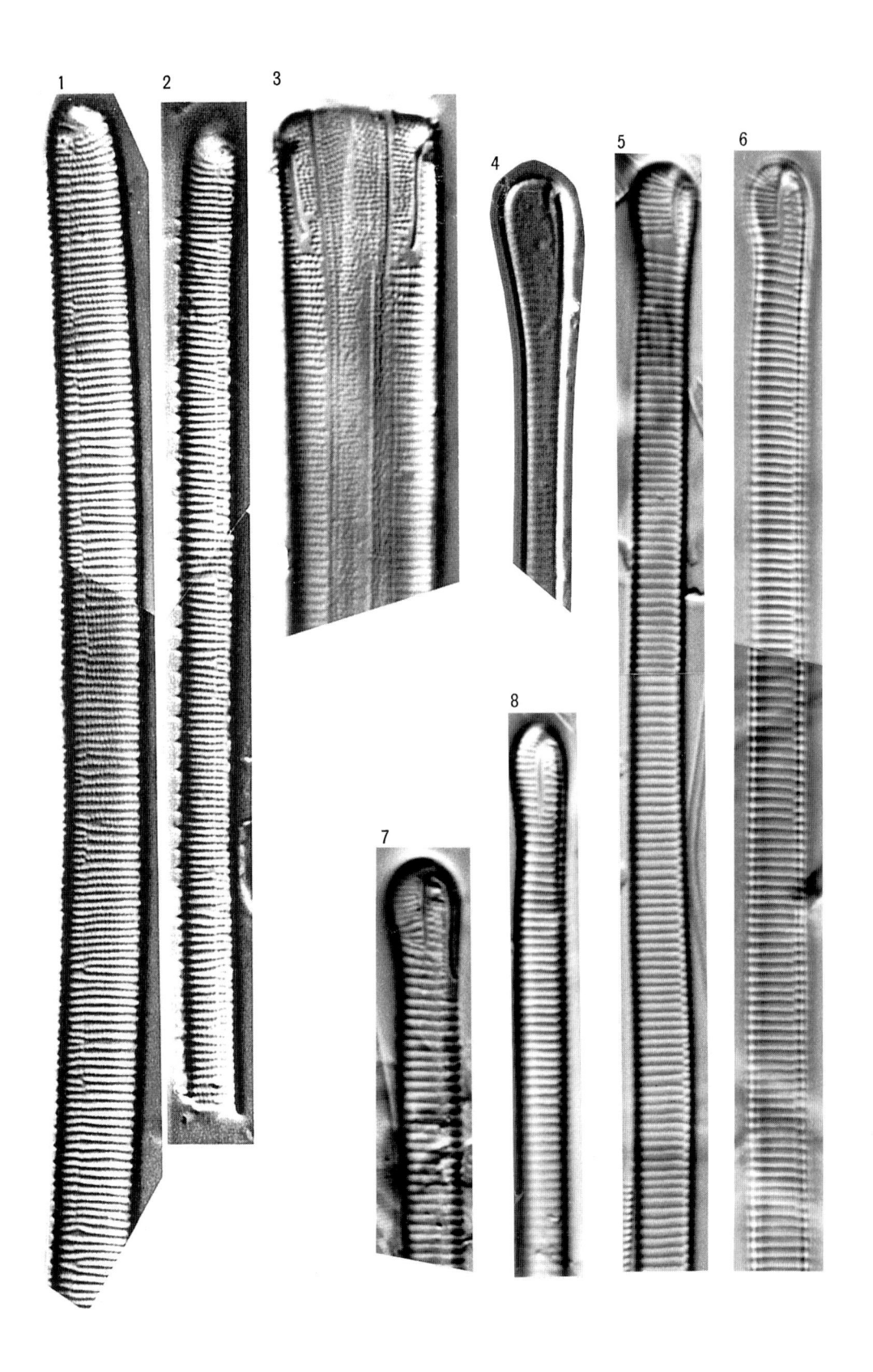

Plate IIB$_1$-14

Eunotia microcephala Krasske *ex* Hustedt var. *microcephala* 1932

(Plate IIB$_1$-15：1-5)

Pl. IIB$_1$-12：23-27 の記述を参照．

この図版に示したものは，Pl. IIB$_1$-12 に示した個体群と異なり，背側中央部に突出したふくらみをもつ．この特徴は，次記の分類群の特性の一部と類似し，殻形も似て，一見同一種群のように見える．しかし，殻の先端の形によって両者を区別することができる．

Eunotia paludosa var. *trinacria* (Krasske) Nörpel 1991　　　(Plate IIB$_1$-15：6-9)

Syn：*Eunotia trinacria* Krasske 1929 ; *E. trinacria* var. *undulata* Hustedt 1930 ; *E. exigua* var. *gibba* Hustedt 1937.

形態　殻の形 4, 4′-Lun；先端の形 くちばし形〔4〕，頭状形〔3〕；殻長 7-15(19) μm；背側中央部に小さく突出したふくらみをもつもの(6-8)がある：幅 2-3(4) μm；条線 17-22/10 μm．

生態　恐山湖からの流出河川正津川(pH 3.2-3.4)に出現．**pH に関しては真酸性種**．

Van Dam *et al*. (1994)は，acidobiontic, oligosaprobous, oligotraphentic とする．

Eunotia paludosa var. *trinacria* の生態図

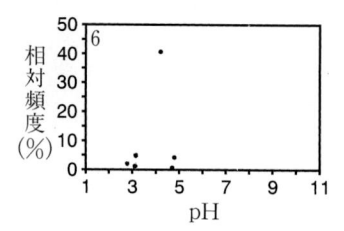

Eunotia arculus (Grunow) Lange-Bertalot & Nörpel 1991　　　(Plate IIB$_1$-15：10-16)

Syn：*Eunotia paludosa* var. *arculus* Grunow *in* Van Herck 1880-1887 ; *E. rostellata* Hustedt sensu Foged 1981.

形態　殻の形 5′-Lun；先端の形 頭状形〔3〕；殻長 14-50 μm；幅 3-4 μm；条線 16-24/10 μm．

生態　箱根須沢(pH 1.6)から尾瀬沼(pH 7.0)までの無機酸性水域から，腐植栄養型の性質を帯びた貧栄養水域にまで出現したが，相対頻度が高くなる水域のpH範囲は，pH 3.2-4.0 の狭い範囲である．本分類群は**好清水性種**で，出現水域の **pH 平均値が 3.81 の真酸性種**．

Van Dam *et al*. (1994)は，acidophilous, oligosaprobous, oligo-mesotraphentic とする．

Eunotia arculus の生態図

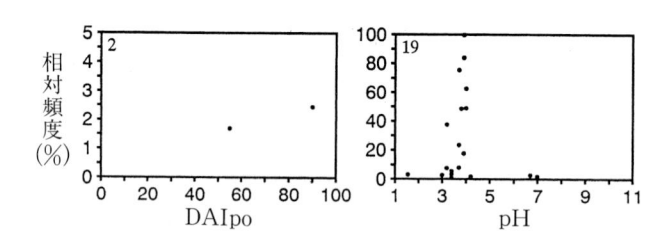

Eunotia bilunaris (Ehrenberg) Mills var. *bilunaris* 1934

(Plate IIB_1-15：17-22)

Syn：*Eunotia lunaris* (Ehrenberg) Grunow *in* Van Heurck 1881；*E. lunaris* var. *bilunaris* (Ehrenberg) Grunow *in* Van Heurck 1881；*E. curvata* (Kützing) Lagerstedt 1884.

|形態| 殻の形 5'-Lun；先端の形 くちばし形〔4〕；殻長 10-150 μm；幅 1.9-6 μm；条線 17-21/10 μm．

|生態| 有機汚濁に関しては広適応性種，pH に関しては出現地の pH 平均値 4.19 の真酸性種．

Van Dam *et al.* (1994) は，pH indifferent, β-mesosaprobous, oligo-to eutraphentic (hypereutraphentic) とする．

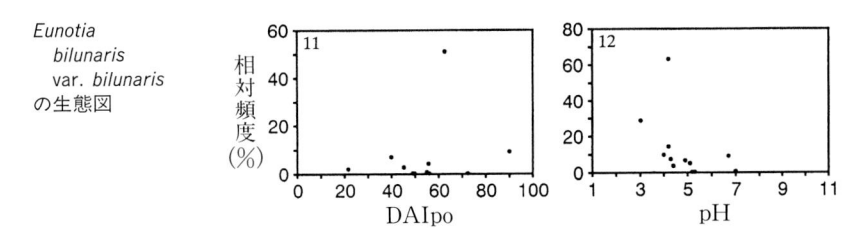

Eunotia bilunaris var. *bilunaris* の生態図

Eunotia bilunaris var. *mucophila* Lange-Bertalot & Nörpel 1991

(Plate IIB_1-15：23, 24)

Syn：(?) *Eunotia lunaris* var. *subarcuata* (Nägeli) Grunow *in* Van Heurck 1881；(?) *E. subarcuata* (Nägeli) Pantocsek 1902.

|形態| 殻の形 5'-Lun；先端の形 すりこぎ形〔5〕；殻長 10-150 μm；幅 1.9-2.7 μm；条線 20-28/10 μm．

|生態| 恐山湖(pH 3.2-3.7)，万座温泉周辺の湧水(pH 3.0-3.5)，九州赤川(pH 4.8-4.9)などの**無機酸性水域**と，志賀高原長池，上の小池などの有機酸性水域に出現する真酸性種．

Van Dam *et al.* (1994) は，acidophilous, oligosaprobous, oligo-mesotraphentic とする．

Eunotia bilunaris var. *mucophila* の生態図

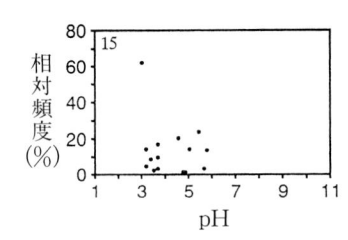

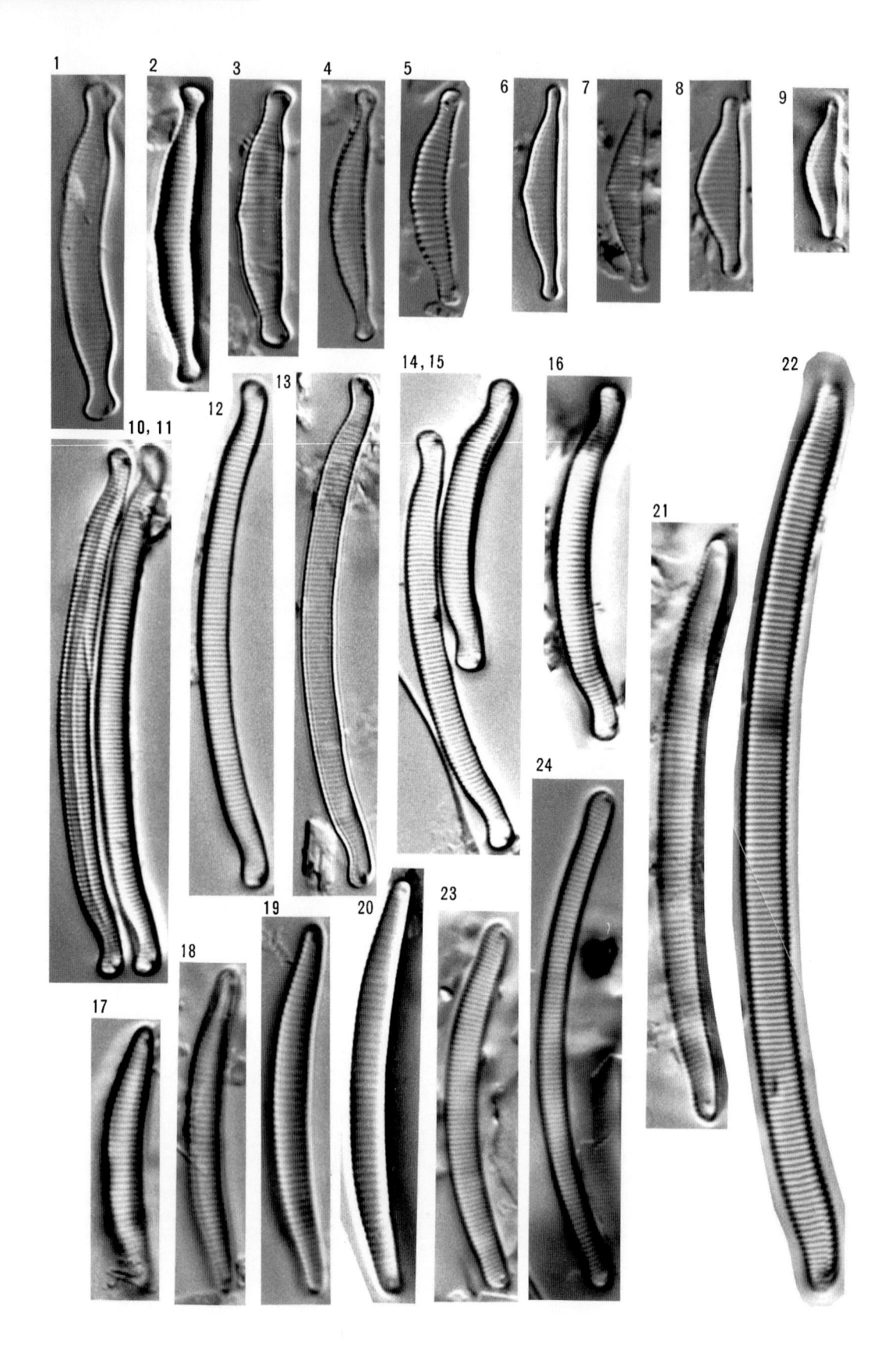

Plate IIB₁-15

Eunotia osoresanensis Negoro 1944 (Plate IIB$_1$-16：1-7)

形態 殻の形 5-Lun；先端の形 くちばし形[4]；殻長 15-55 μm；幅 3.7-5.7 μm；条線 18-21/10 μm．これらの値は，原記載者 Negoro (1994)の測定値である．Kobayasi *et al.* (1980)は，同じ順に，55-69 μm；6-6.5 μm；18-21/10 μm の値を得ている．原記載の測定値と比べると，殻長が大きく，幅も太いのが特徴的である．筆者らは，恐山湖および正津川から得たサンプルから，殻長 48-82 μm；幅 3.5-4.5 μm；20-24/10 μm の値を得たが，これもまた，原記載値よりも殻長はさらに大きいものが加わり，条線密度は高い．

生態 筆者らは，恐山湖(pH 3.2)とその流出河川正津川(pH 3.4)から，本分類群を得たが，原記載者 Negoro が新種記載を行った試料は，恐山地帯にある硫酸酸性の池沼(pH 1.8，水温 32°C)から採集された．恐山湖とその周辺域以外の産地は発見されていない．資料は少ないが**真酸性種と考えられる**．

Eunotia osoresanensis var. *cuneata* Tosh. Watan. 2004 (Plate IIB$_1$-16：8-15)

形態 殻の形 5-Lun；先端の形 くさび形[6]；殻長 30-71 μm；幅 3.5-4.5 μm；条線 20-24/10 μm；殻長，幅，条線は，筆者らが得た基本種の値と変わらないが，次の2点において異なる．
1. 殻の先端の形は，基本種はくびれのある半頭状形[3]であるのに対して，本分類群では，くびれのないくさび形[6]である．
2. 極節の位置が，基本種と比べて，殻端からより離れた位置にある．

上記の理由から，これらのものを，新変種とした．

生態 基本種同様に，本分類群も，恐山湖，正津川以外には認められない**真酸性種**．

本分類群はまた，*E. subarcuatoides* (Pl. II B$_1$-6：6-14)とも似るが，殻幅/殻長の値が本変種の方がはるかに小さく，殻の先端部の形が異なることによって区別できる．しかし，互いに近縁種である可能性が大きいと考えられる．

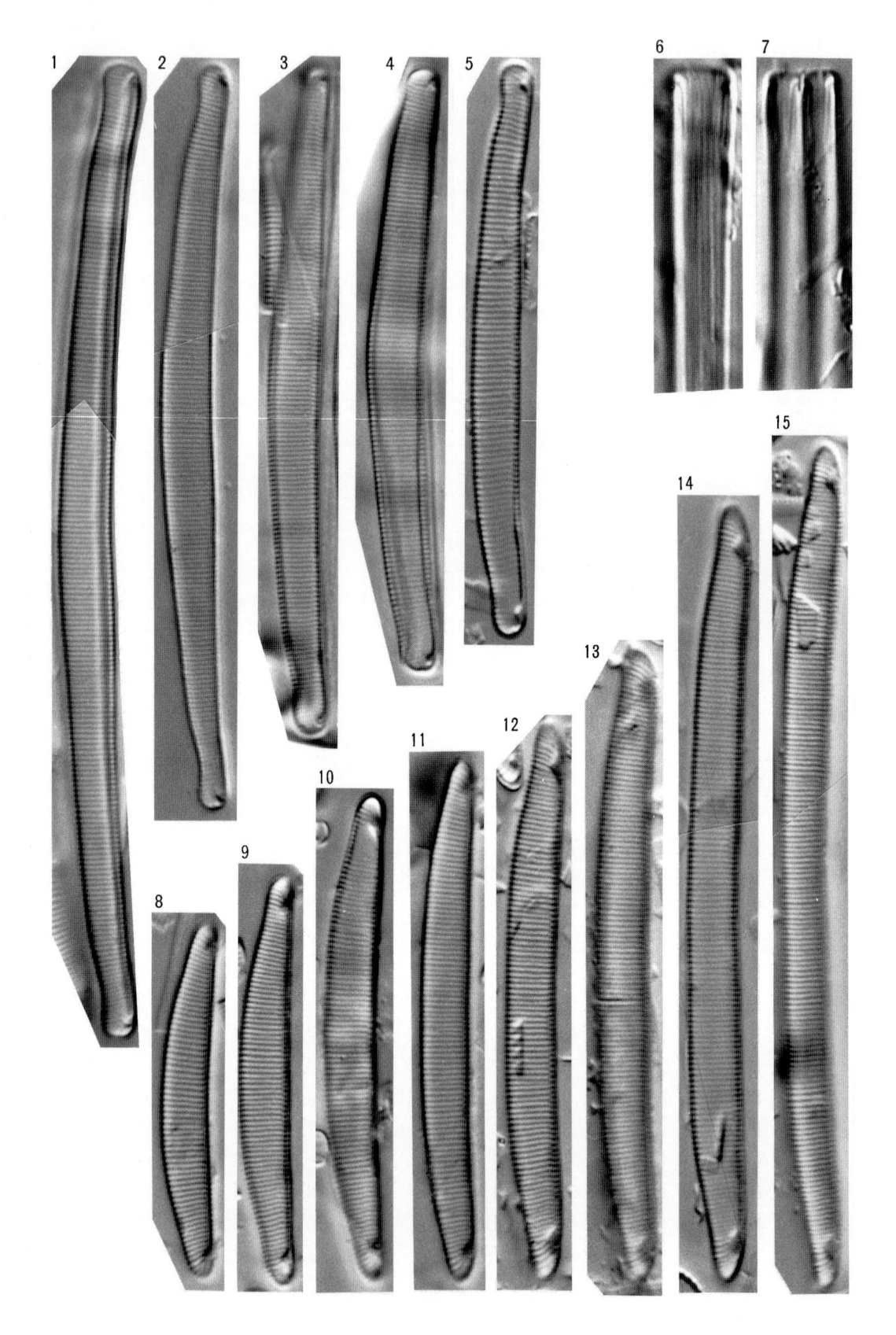

Plate IIB$_1$-16

Actinella Lewis 1864 (Plate ⅡB₁-17〜ⅡB₁-18)

Eunotia 属とは，被殻の横断軸に対して非相称であることにより，相称の *Eunotia* と区別できる．

生活様式：単独細胞または群生して付着生活をする．幅の狭い方の先端から出る粘質物で付着する．
酸性水域，腐植栄養型水域に出現する．熱帯性種ともいわれてきた(Patrick & Reimer 1966)が，温帯域にも分布する．所属する種は少なく，稀産種が多い．
殻面観：横断軸に対して非相称である．それは被殻の両端部の幅が異なったり，中央部のふくらみが一方へ片寄ったり，背側と腹側の被殻辺縁の波がずれることに起因している．

種数も少なく，形態も特異な非相称形であるので，同定に必要な記載事項は省略する．

Actinella usoriensis nom. nud. (Plate IIB$_1$-17：1-4)

形態　殻の形 4-Non(狭い舟形-非相称)；先端の形 くちばし形〔4〕；殻長 47-72μm；幅 4-6.5μm；条線 20-23/10μm；胞紋 約35/10μm．本分類群は，横断軸に対して上下非相称であることを除くと，形態上の計測値と極節の位置は，*Eunotia osoresanensis* と酷似する．一方，Metzeltin & Lange-Bertalot (1998)は，南米の熱帯性珪藻の１分類群として，*Actinella* (? nov.) spec.を挙げている．その光顕写真(Tafel 6：7, 8)の形態学的な記載はないが，殻形は本分類群とよく似る．しかし殻長，特に条線密度は大きく異なり，産地も熱帯と寒冷地との違いがある．

生態　横断軸に対して上下非相称という，*Eunotia* の特性にはずれた特徴があるが，産地は *E. osoresanensis* の産地と一致し，形態学的な特徴が酷似して，他では出現しないところから，その異形という考え方もできよう．しかし，上下非相称の形態特性が明確であり，その特性をもつ個体が多数出現したことを重視して新種とした．

Eunotia aff. *fontellii* var. *genuina* Cleve-Euler 1953 (Plate IIB$_1$-17：5-8)

形態　殻の形 1-Lun；先端の形 くちばし形〔4〕；殻長 12-19μm(9-29μm)；幅 5-7μm；条線 14-20(14-17)．本分類群は，殻面観において，通常背側は真っすぐ，腹側がふくれる(Cleve-Euler 1953)が，筆者らの分類群は，背側，腹側共にふくれる．*Eunotia* に属する分類群中，腹縁がふくれるのは，わずかな分類群に限られるので，本分類群の所属については，なお検討中である．

生態　青森県恐山湖の湖岸石礫上付着藻群集，湖底表泥中，さらには水深10mの水草への付着藻として出現．産地のpHは3.2-3.6である．**真酸性種である可能性が大きい．**

Eunotia mira var. *genuina* Cleve-Euler 1953 (Plate IIB$_1$-17：9-14)

形態　殻の形 1-Lun(elliptic lunate)；先端の形 くちばし形〔4〕，くちばし伸長形〔5〕；殻長 14-16μm(6-12μm)；幅 4-5μm(3-5μm)；条線 17-20(19-23)；腹側中央部が膨出する小型種．

生態　上記種同様，恐山湖湖岸石礫上付着藻群集中に出現．他からの報告例はない．**本種もおそらく真酸性種であろう．**

Actinella subperonioides var. *subperoniodes* nom. nud. (Plate IIB$_1$-17：15-21)

形態　殻の形 4-Non(狭い舟形-非相称)；先端の形 すりこぎ形〔5〕；殻長 12-33μm；帯面観(21)の形はくさび形；幅 最大部 3-4μm；条線 17-20/10μm．

　本分類群は，Metzeltin & Lange-Bertalot (1998)が *A. peronioides* とする光顕写真(Tafel 12：1-6)とよく似て，条線密度もほぼ等しい．ただ先端膨出部の形は，Simonsen (1987)が Hustedt(1952)の原記載用プレパラートから得た光顕写真(Plate 562：8-10)と共に，いずれも多少のくびれがあるのに対して，本分類群にはくびれがなく，膨出部のふくらみが大きく，他端へ向かって急に細くなる．この特性によって *A. peronioides* と区別できる．

生態　オーストラリア Church point の渓流にある滝に出現．日本では未発見．

Actinella subperonioides var. *linearis* nom. nud. (Plate IIB$_1$-17：22-27)

形態　殻の形 4-Non(狭い舟形-非相称)；先端の形 くさび形〔6〕；殻長 18-30μm；幅 (最大)3-4μm；帯面観(27)の形はくさび形；条線 20-21/10μm；形態は上記基本種と似ているが，先端部の形が異なり，条線密度が幾分大きい．

生態　オーストラリア Blue mountain の湧水流出口付近で出現．日本では未発見．

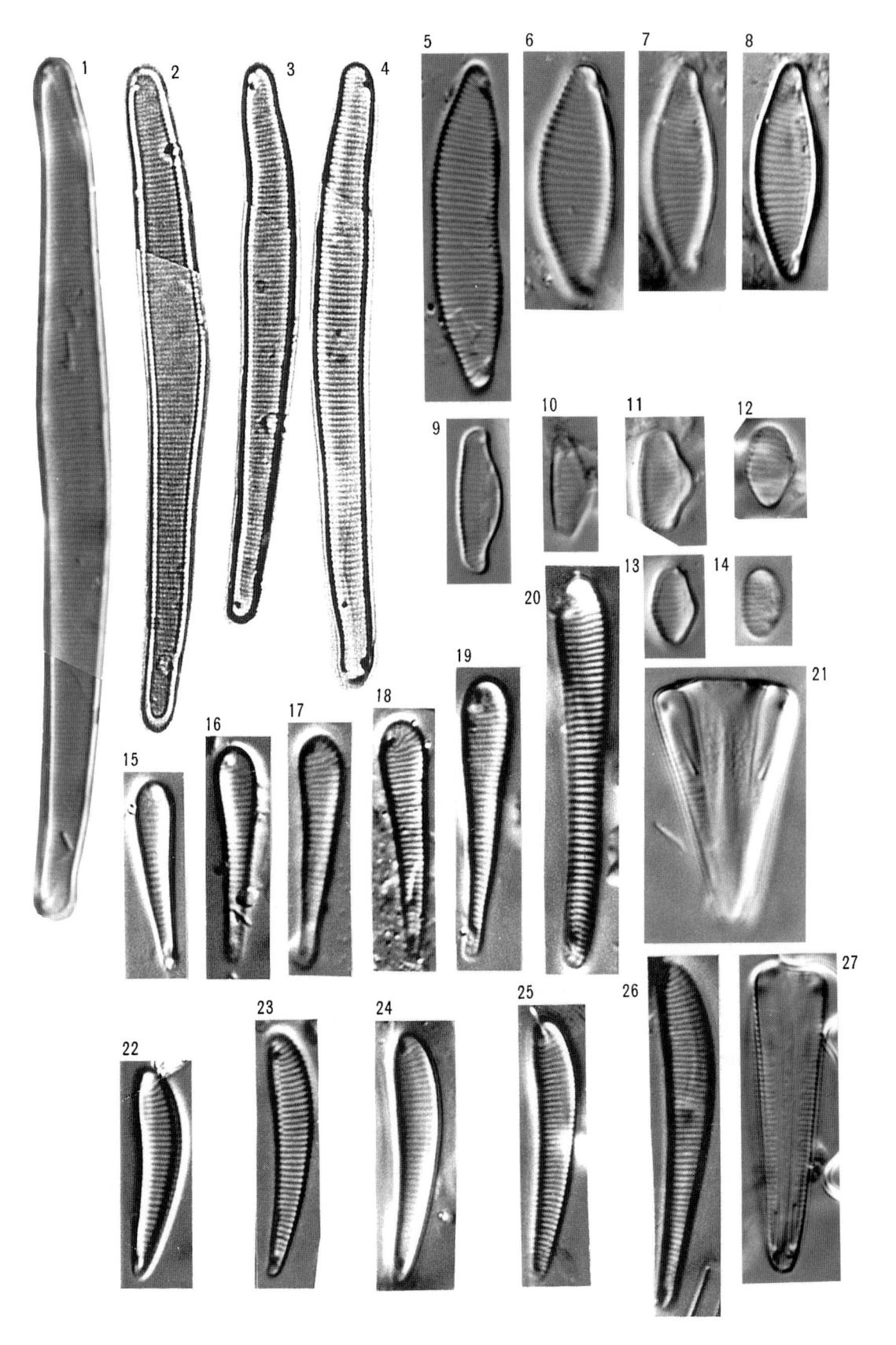

Plate IIB$_1$-17

Peronia Brébisson & Arnott *ex* Kitton 1868 (Plate ⅡB$_1$-18)

Eunotia, *Actinella* と共に短縦溝類に属するが, 縦溝が一方の殻にのみあることと, 縦軸が曲がっていないことによって他と区別できる. また, 属名が"とげ"の意味をもつ perone を用いているように, 殻の周縁には短い刺がある.

生活様式：単独で粘質の軸をつくり, 水中の植物に付着する.
葉 緑 体：H型の葉緑体をもつ(Cox 1996).
殻面観, 帯面観：共にくさび状.

　種数も少なく, 形態も特異なくさび状であるので, 同定に必要な記載事項は省略する.

Actinella punctata Lewis var. *punctata* 1864 (Plate IIB$_1$-18：1, 2)

Syn：*Tibiella punctata* (Lewis) Patrick 1939.

形態 殻の形 少し湾曲した棒状；先端の形 大きく膨出した方は先端部が陥没したサジ形〔1〕，他方はすりこぎ形〔5〕．極節が両殻端部の腹側にあり，殻縁に小さい刺がある．殻長 65-100 μm；幅（中央）4-6 μm；条線 15-17/10 μm．

生態 志賀高原の渋池，三角池，長池，木戸池(pH 4.7-6.8)，八島ヶ原湿原の八島ヶ池，鎌ヶ池，鬼ヶ泉水(pH 4.7-5.3)など，湿原の影響を受けた，有機酸性の腐植栄養型水域に出現する傾向が大きい．珪藻群集中での相対頻度は比較的小さいが，pH 4.7-5.1 の水域で 5-7% の相対頻度で出現する．**pH に関しては好酸性種**．Patrick & Reimer (1966) は，本種を腐植栄養の池沼を好むように思えるという．

Actinella punctata var. *punctata* の生態図

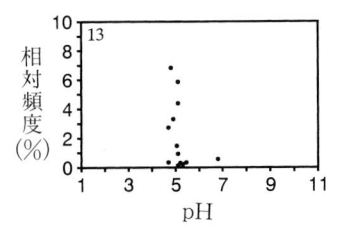

Peronia fibula (Brébisson *ex* Kützing) Ross var. *fibula* 1956 (Plate IIB$_1$-18：3-7)

Syn：*Gomphonema fibula* Brébisson *ex* Kützing 1849；*Peronia erinacea* Brébisson & Arnott *ex* Kitton 1868；*P. heribaudii* Brun & M. Peragallo *in* Heribaud 1893.

形態 殻の形 5-Lun；殻面観において，幅の広い方の先端部はわずかにくびれて頭状．他方は狭くなりくさび形．殻縁には小さい刺がある(帯面観(6)の写真でより明瞭に確認できる)．殻長 16-70 μm；幅 2.5-5 μm；条線 13-20/10 μm；縦溝 殻長の 1/3-1/4 の長さの縦溝が，両殻端部から殻中央へ向かって伸びる．縦溝の両端の極節の周囲，および縦溝の両側の条線は，並び方の乱れることが多い(3, 7)．

生態 志賀高原の三角池，長池，上の小池，木戸池(pH 4.9-6.8)，八ヶ岳白駒池(pH 5.1)の腐植型池沼に出現．中でも pH 4.9-5.8 の三角池と白駒池で相対頻度は比較的大きかった(7.9-10.1%)．**好酸性種**．
Van Dam *et al*. (1994) は，acidophilous, oligosaprobous, oligo-mesotraphentic とする．

Peronia fibula var. *fibula* の生態図

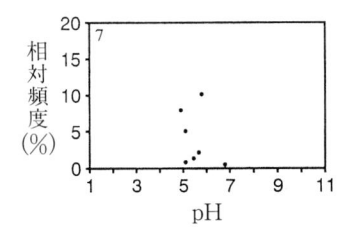

Eunotia asterionelloides Hustedt 1952 (Plate ⅡB₁-18：8-17)

形態 殻の形 5-Lun；先端の形 サジ形〔1〕またはすりこぎ形〔5〕；殻長 14-40 μm；幅（中央）2-3 μm；条線 14-21/10 μm；極節の存在する腹側の殻縁は，中央部がへこむように，わずかに湾曲する．背側は真っすぐまたは，中央部がふくれるように，わずかに湾曲する．

生態 編者の渡辺は，ネパールの Pokhara にある Lake Phewa において，石礫と水草への付着藻類群集中にのみ本分類群が存在するのを見いだすことができた．なお，ネパールの Lake Phewa は，1978年12月，当時表層の水温は19℃，pH は8.4，水深3m以下の全層のpH は7.4，透明度1.8m の，β中腐水性の水質であった．稀産種である．*Eunotia* 属には珍しい中性種である可能性が大きい．

　Simonsen (1987) は，Hustedt が新種記載を行った際の，Holotype としてのプレパラートからえた写真を掲載している (Pl. 570：1-6)．これらの写真から，本分類群は，3-4細胞が，星状群体を形成することは明らかであるが，この群体は，浮遊生活時の群体の形である．付着生活時の群体形成の形も，浮遊生活時と似た形を保って付着するのかもしれない．Simonsen の写真，Metzeltin ＆ Lange-Bertalot (1998) の写真 (Tafel 56：7-12) 共に，筆者らの試料の形態測定値に合致するが，筆者らの得た細胞の方が，殻端のふくらみがやや小さい．

Plate IIB₁-18

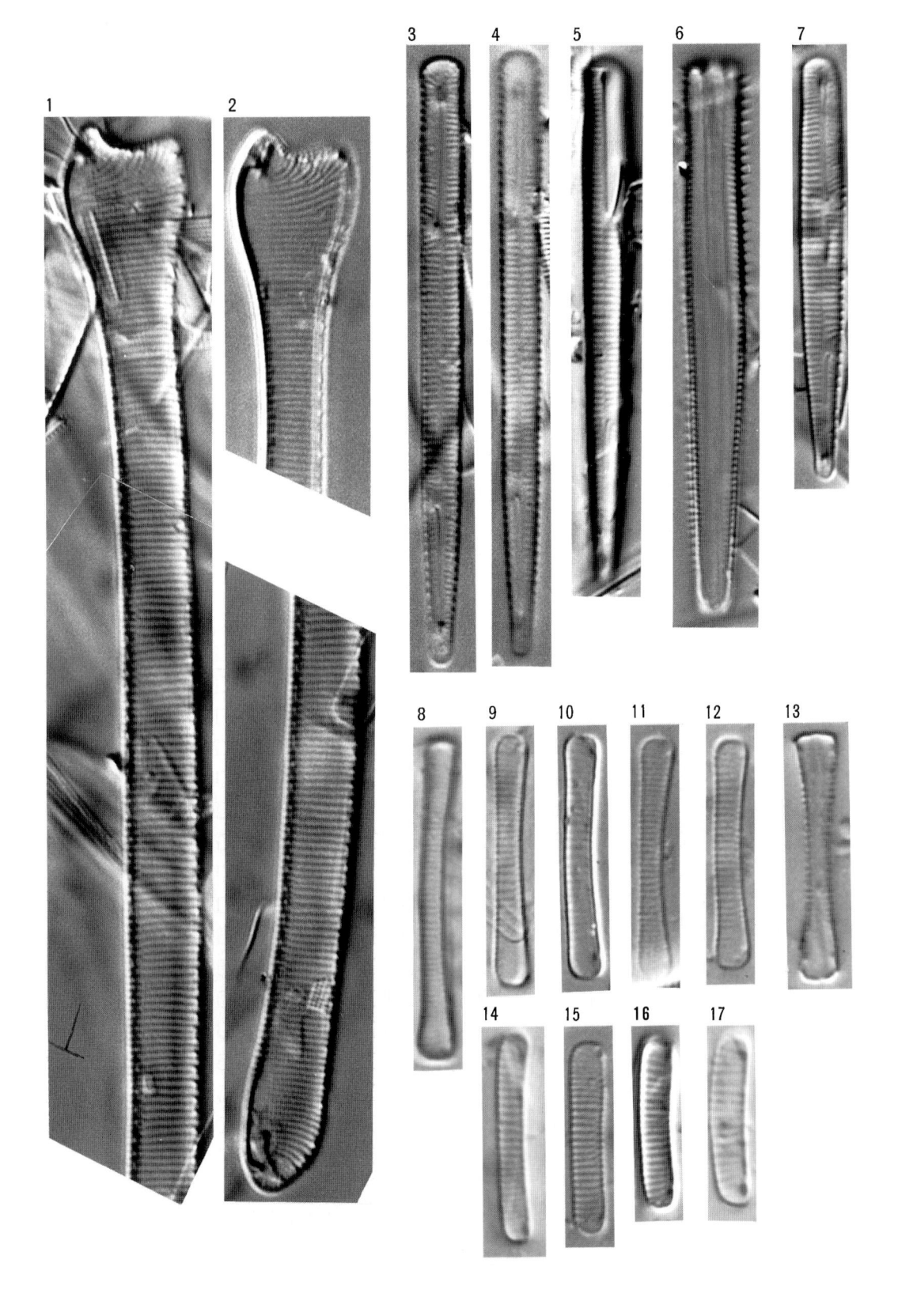

Cocconeis Ehrenberg 1838 （Plate ⅡB₂-1, ⅡB₂-2）

生活様式：個々の細胞が単独で，**縦溝の存在する殻**(raphe valve)を下にして，付着性の緑藻，水草の体表に固着する**密着型**(prostrate type)の種群である．藍藻，紅藻の表面には普通着生しない．DAIpo 約 60 以上の清冽な水域で，相対頻度が大きくなる**好清水性**の分類群が多い．pH に関しては，**好アルカリ性**の分類群が多い．

葉緑体：殻面観において，1枚の太書きのC字状葉緑体が，殻内に平たく大きく広がる．

殻面観：被殻の形態は，すべて卵形の標準形．符号で示すと，1-Sta である．縦溝殻の縦溝は，狭い中心域から上下双方に真っすぐに伸び，両端は殻縁から離れた位置で終わる．無縦溝殻の中央には，縦軸方向に，擬縦溝とも呼ばれる殻の肥厚部が上下に走る．

条線は，縦溝殻，無縦溝殻共に**粒状条線**(areolae striae)，またはダッシュ(-)状の条線．

帯面観：幅の狭い矩形．

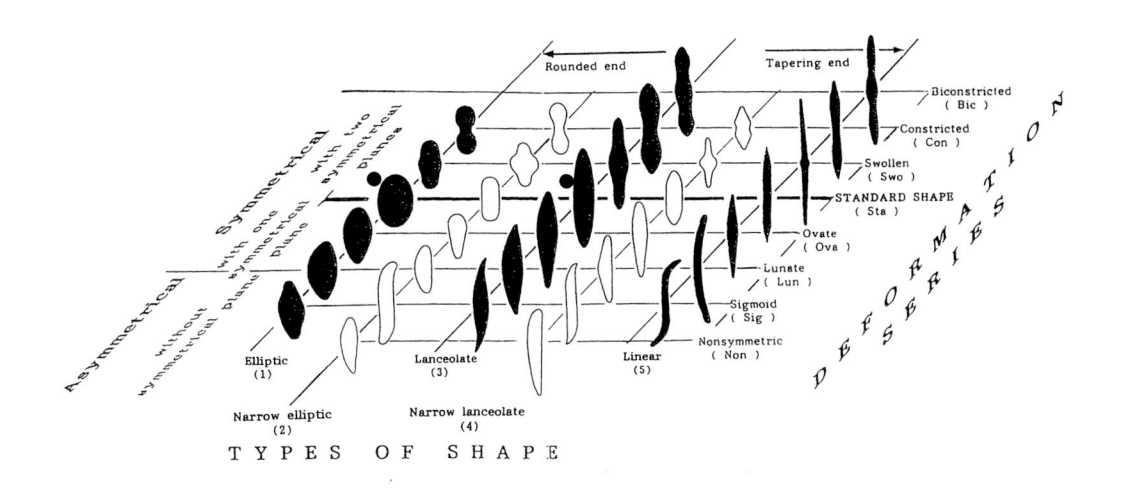

図ⅡB₂-1　*Cocconeis* の殻の形

種の同定に必要な記載事項

1. 殻の形　卵形-標準型(1-Sta)，先端の形　広円形[0]
2. 殻の大きさ　殻長 27 μm，幅 14 μm
3. 条線　15/10 μm
4. 胞紋　12/10 μm
   右図は×200

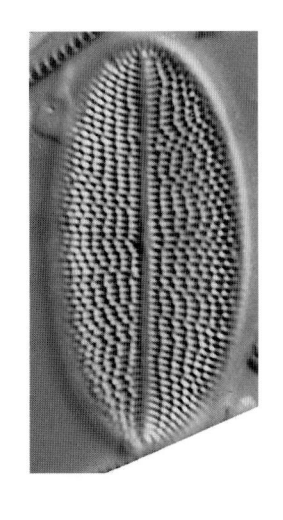

Cocconeis placentula Ehrenberg var. *placentula* 1838 (Plate IIB₂-1：1-4)

Syn：*Cocconeis punctata* Ehrenberg 1841；*C. elongata* Ehrenberg 1841；*C. pumila* Kützing 1844.

形態 殻の形 1-Sta；先端の形 広円形[0]；殻長 11-70 μm；幅 8-40 μm；条線 縦溝殻 20-23/10 μm，無縦溝殻 24-26/10 μm；胞紋 18-22/10 μm.

生態 従来，日本では各地に広く分布する普遍種とされてきたが，次記の変種と比べると，出現頻度も相対頻度も小さい．**有機汚濁に関しては広適応性種，pH に関しては好アルカリ性種である**．流水域，止水域共に付着藻として出現し，止水域のプランクトン試料中に見られることがあっても，それは真のプランクトン生活者ではない．本種が第1位優占種となった例は少ないが，DAIpo 55 の貧腐水性流水域でその例が見られた．

Van Dam *et al*.(1994) は，β-mesosaprobous, eutraphentic とし，pH に関しては，Håkansson (1993)，Cholnoky(1968)，Foged(1953)，Hustedt(1957)，Merilainen(1967)，Patrick & Reimer (1966) らが，alkaliphilous とする．

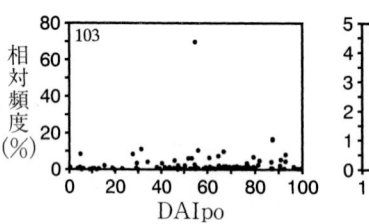

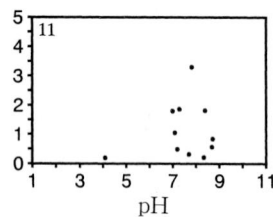

Cocconeis placentula var. *placentula* の生態図

Cocconeis placentula var. *euglypta* (Ehrenberg) Grunow 1884 (Plate IIB₂-1：5-10)

Syn：*Cocconeis euglypta* Ehrenberg 1854.

形態 殻の形 1-Sta；先端の形 広円形[0]；殻長 10-46 μm；幅 8-20 μm；条線 無縦溝殻 19-22/10 μm；条線は，湾曲した波状の縦脈によって，3-5本の短いダッシュ(-)状横線に分けられる．

生態 **有機汚濁に関しては好清水性種，pH に関しては好アルカリ性種**．日本では出現頻度が大きい普遍種で DAIpo が 70 以上の清冽な水域で相対頻度が高くなる．

本分類群が付着珪藻群集中で第1位優占種として出現するのは，DAIpo 85 以上の極貧腐水性と，DAIpo 70-84 の β 貧腐水性の流水域である．

Van Dam *et al*.(1994)，Håkansson(1993) の指標性の判定は，基本種と同一．

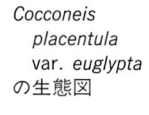

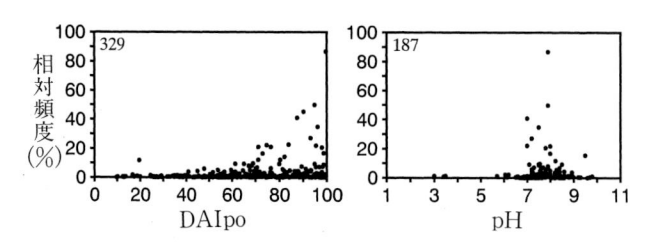

Cocconeis placentula var. *euglypta* の生態図

Cocconeis placentula var. *lineata* (Ehrenberg) Van Heurck 1880-1885

(Plate IIB$_2$-1：11)

Syn：*Cocconeis lineata* Ehrenberg 1843.

形態　殻の形 1-Sta；先端の形 広円形[0]；殻長 10-80 μm；幅 8-40 μm；条線 無縦溝殻 16-21/10 μm．条線は，長軸にほとんど平行な縦脈によって縦断され，点列に分断される．

生態　上記の *C. placentula* var. *euglypta* と同じ．

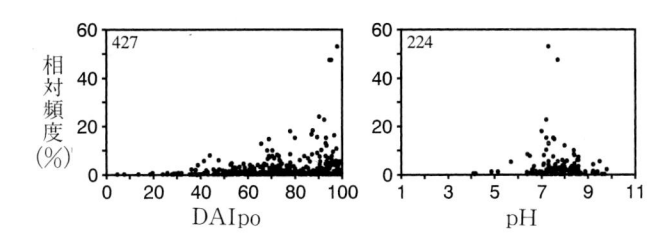

Cocconeis placentula var. *lineata* の生態図

Cocconeis placentula var. *rouxii* Brun & Héribaud 1893

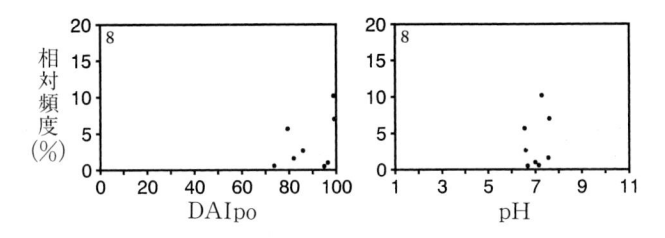

(Plate IIB$_2$-1：12, 13)

形態　殻の形 1-Sta；先端の形 くさび形[11]，広円形[0]；殻長 23-29 μm，筆者らの試料は 10-30 μm；幅 13.6-17 μm，筆者らの試料は 6-19 μm；条線 無縦溝殻 12-13/10 μm，筆者らの試料は 15-19/10 μm；胞紋 15/10 μm，筆者らの試料は 13-20/10 μm.

基本種と比べて，無縦溝殻中央を走る擬縦溝部がやや広く，細長い舟形を呈する．また，条線は際立って明確な胞紋列である．

生態　東ロシア，ウラジオストック近郊河川，R. Kedrovaya, R. Barabashevka, R. Gorajskj などの pH 6.5-7.6 の清浄水域(DAIpo 73-99)に，相対頻度 0.5-10.2%で出現したが，日本では未発見．中央フランスからは微化石として，また西ロシアの L. Baikal，レニングラードの北東にある L. Onega(Onozhskoye Oz.)からも出現した(Skvontzow 1937)．**有機汚濁に関しては好清水性種，pH に関しては中性種**．

Cocconeis placentula var. *rouxii* の生態図

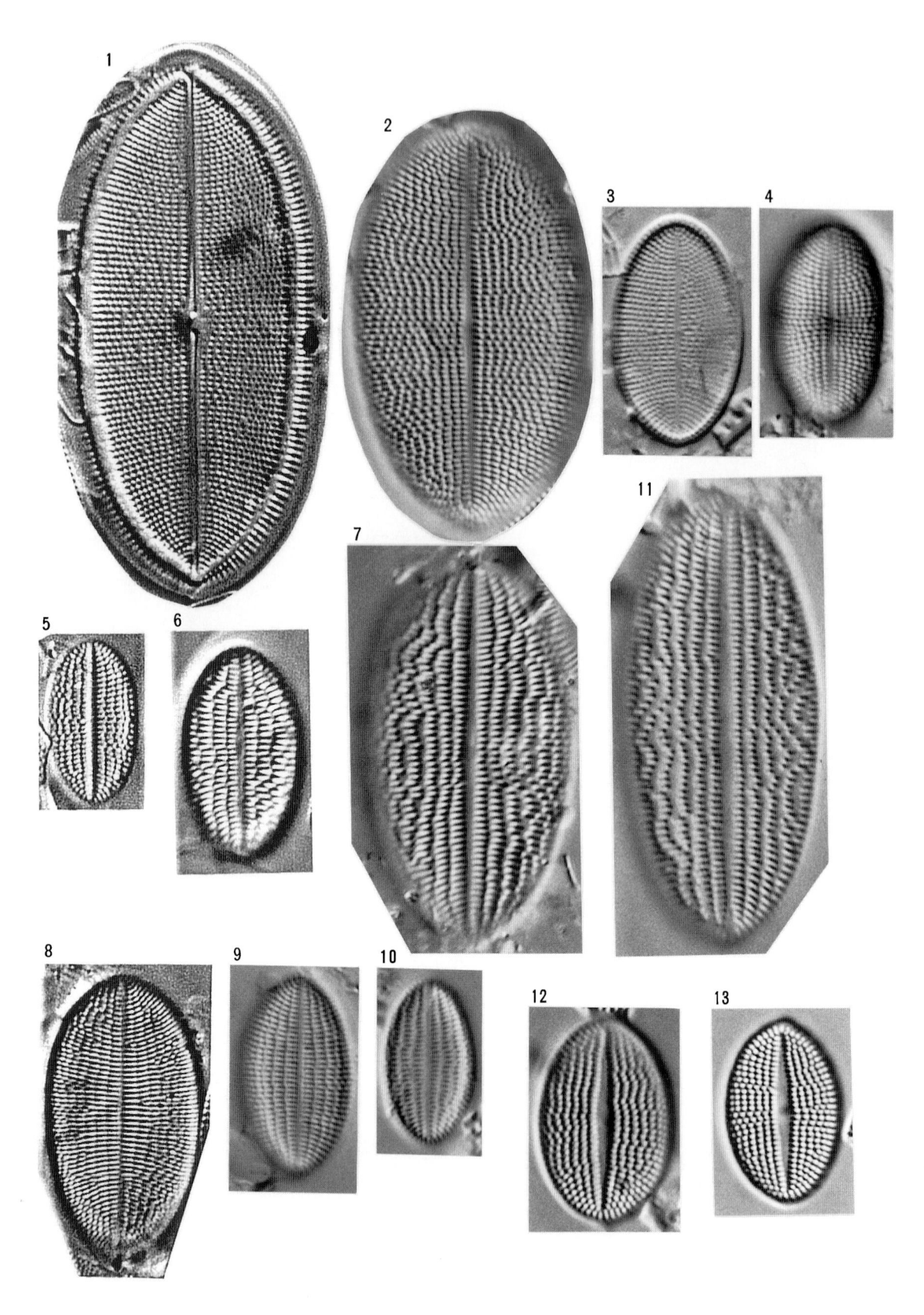

Plate ⅡB₂-1

176

Cocconeis pediculus Ehrenberg 1838 (Plate IIB$_2$-2：1-4)

Syn：*Cocconeis depressa* Kützing 1844.

形態 殻の形 1-Sta；先端の形 広円形[0]；殻長 12-54 μm；幅 7-37 μm；縦溝殻(1,3)では，条線 16-24/10 μm；胞紋 約18-23/10 μm；無縦溝殻(2,4)では，条線 16-24/10 μm；胞紋 10-13/10 μm．
縦溝殻は，中央部がへこむが，光顕では，へこむか膨出するかの区別はつきにくい．

生態 本種も，水中の水草などに，縦溝殻を下にして付着生活をする．**有機汚濁に関しては好清水性種，pHに関しては好アルカリ性種．**

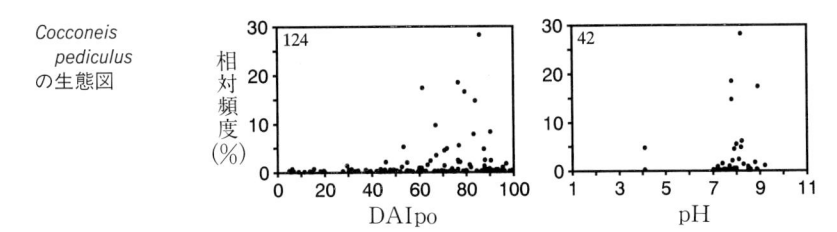

Van Dam et al.(1994)は，alkaliphilous, β-mesosaprobous, eutraphentic とし，Håkansson (1993) は alkaliphilous とする．

Cocconeis pediculus の生態図

Cocconeis neodiminuta Krammer 1991 (Plate IIB$_2$-2：5-12)

Syn：(?) *Cocconeis diminuta* Pantocsek 1901；*C. disculus* var. *diminuta* (Pantocsek) Scheshukova 1951.

形態 殻の形 1-Sta；先端の形 くさび形[11]；殻長 7-18 μm；幅 5-9 μm；条線 縦溝殻 24-32/10 μm (5)，無縦溝殻 11-14/10 μm (6-12)，条線は湾曲した縦脈によって，2-4の胞紋または短いダッシュ(-)状線に分けられる．

生態 琵琶湖近江舞子，淀川観月橋，奈良市巻向川，九州湯布院宇鳥越川などに，石礫付着藻として出現したが，相対頻度は1％以下で，大きくなることはなかった．上記産地水域のpHは7.3-8.8である．資料が少ないので，生態は未詳．

Achnanthes flexella (Kützing) Brun var. *flexella* 1880　　　(Plate IIB$_2$-2：13-16)

Syn：*Achnanthes maxima* (A. Cleve) A. Cleve-Euler 1953；*A. minuta* (Cleve) A. Cleve-Euler 1953.

[形態]　殻の形 1-Sta；先端の形 くさび形[11]；殻長 14-82 μm；幅 7-26 μm；条線 縦溝殻 17-20/10 μm，無縦溝殻 20-23/10 μm；胞紋 約 25/10 μm；縦溝殻，無縦溝殻共に，殻面に特有の凹凸があり，像には，H字状の異焦点部が生じる(14,15).

[生態]　尾瀬沼(DAIpo 55)，倶多楽湖(DAIpo 71)，中村ダム(DAIpo 94)，高瀬ダム(DAIpo 81)などの貧栄養湖に，付着藻群集として出現したが，相対頻度は 0.2-3.4％で，比較的小さい値でしか出現しない**好清水性種**.

Van Dam *et al.* (1994)は，pH circumneutral, oligosaprobous, oligotraphentic とし，Håkansson (1993), Patrick & Reimer(1966)は，pH indifferent/acidophilous とする．Foged (1954, 1958, 1964), Merilainen (1967)は，pH indifferent とし，Cholnoky (1968), Jørgensen (1948)は，acidophilous とする．

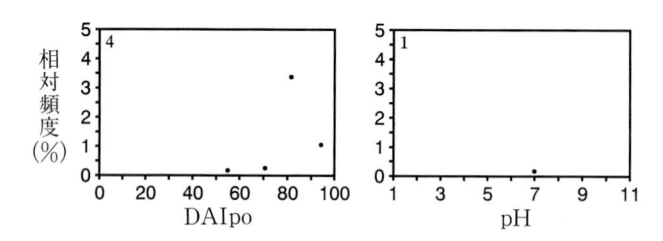

Achnanthes flexella の生態図

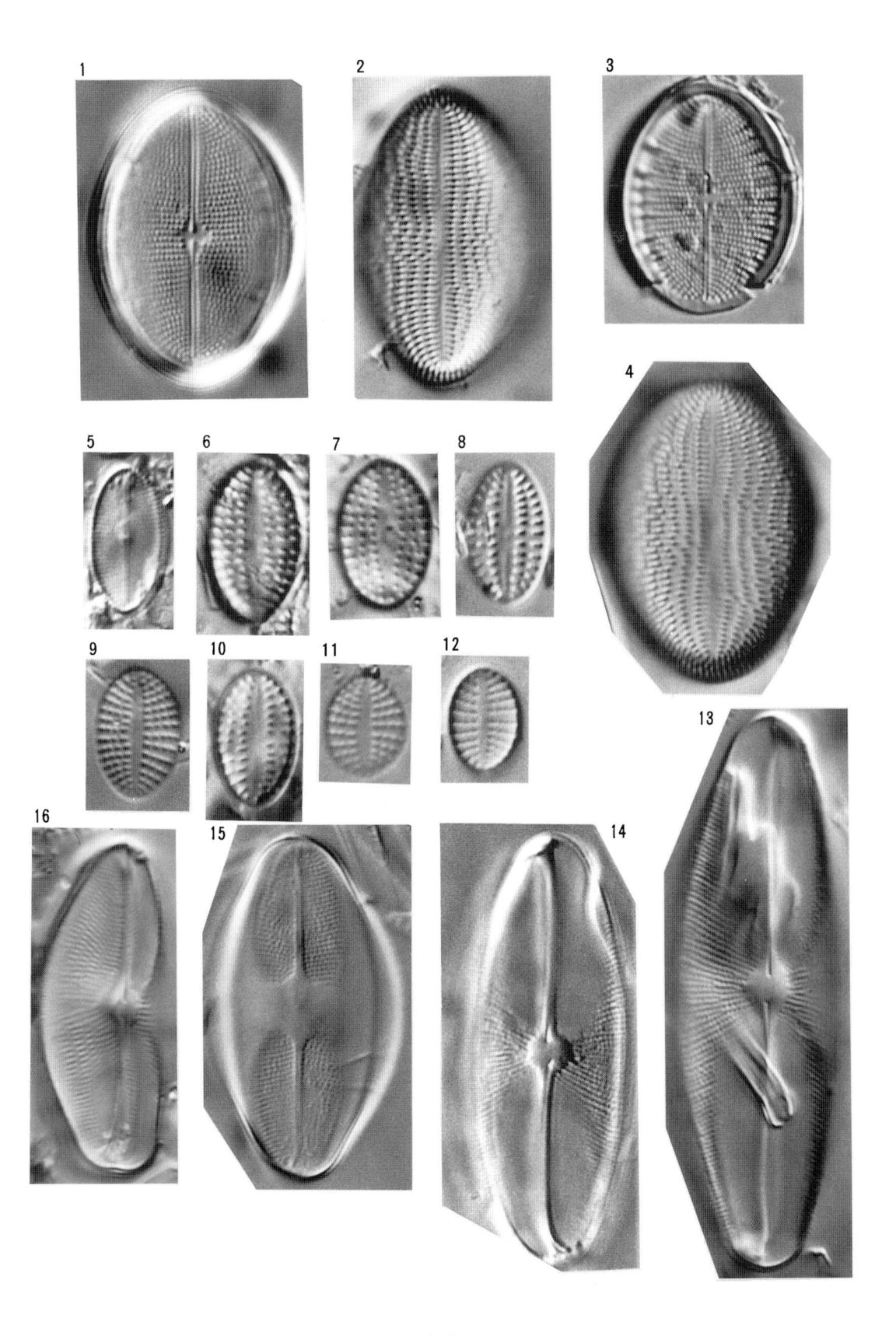

Plate IIB₂-2

Achnanthes Bory 1822 (Plate ⅡB₂-2〜ⅡB₂-14)

Achnanthes 属については最近分類学的研究が進み，いくつかの属に分けることが提案されている．しかし検討すべき問題も残されているので，現段階において本書では新属名をとらず，すべて従来のまま *Achnanthes* とした．

生活様式：単縦溝類に属するので，一方の殻にのみ縦溝がある．この縦溝殻を下にして被付着物(石礫，岩，生物体)に付着する**密着型**(prostrate type)の種が多いが，中には，*Achnanthes minutissima* のように，**直立型**(upright type)のものもある．
　　　　　Achnanthes が第1位優占種となる珪藻群集は，大部分が DAIpo 50 以上の**極貧腐水性**，**貧腐水性**の清浄水域に出現する代表的群集である(渡辺，浅井 1992)．また，**好清水性**の分類群が多いが，*A. exigua*, *A. minutissima* var. *saprophila* のような，極めて少数の**好汚濁性**の分類群もある(Asai 1995, Asai & Watanabe 1995)．
葉 緑 体：平たい板状の葉緑体が，殻の内面に貼りつくように広がる．耳たぶのような突起部をもつものもある．
殻 面 観：被殻の殻面観の形は大変多様であり，図ⅡB₂-2 に示すように，殻形番号1〜5と，変形記号 Swo(中央膨出)，Con(中央圧縮)との組み合わせで示すことができる．
帯 面 観：帯面観は，くの字形に曲がった平たい矩形．くの字形矩形のへこんだ側に縦溝殻が，突出側に無縦溝殻がある．へこんだ側の殻を下にして付着する．

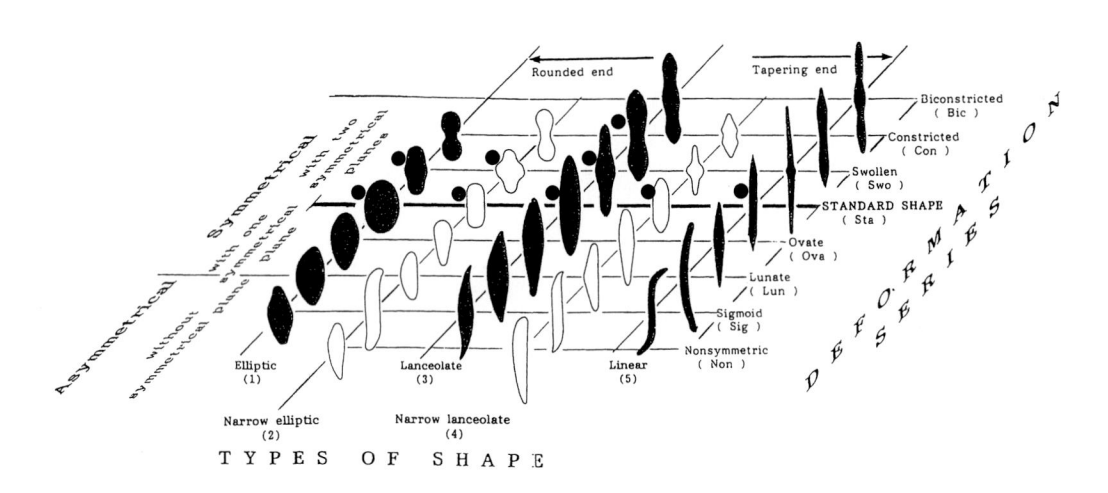

図ⅡB₂-2　*Achnanthes* の殻の形

種の同定に必要な記載事項

例：*Achnanthes lanceolata* (Brébisson) Grunow var. *lanceolata*
左は縦溝殻，右は無縦溝殻いずれも殻面観
1. 殻の形 3-Sta（舟形標準型），先端の形 くちばし形［3］
2. 殻の大きさ 殻長 20 μm，幅 7 μm
3. 条線 14/10 μm（縦溝殻，無縦溝殻共に）
4. 帯面観 くの字形に湾曲する（条線密度，殻長が等しく，帯面観を呈する細胞を探して確かめる）

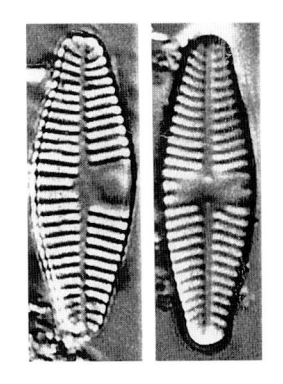

Achnanthes inflata (Kützing) Grunow *in* Cleve & Grunow 1880
(Plate IIB₂-3：1-5)

|形態| 殻の形 3-Swo；先端の形 くさび形[11]；殻長 (26)30-96 μm；幅 10-18 μm；条線 縦溝殻, 無縦溝殻共に 8-13/10 μm；胞紋 9-12/10 μm, 筆者らの試料では，13-16/10 μm でかなり密である．縦溝は，中心域を挟んで，わずかに同方向へ曲がる；軸域 縦溝殻では広く，中央部で横長矩形の中心域を形成する(1, 3, 4)．無縦溝殻では，中央長軸をずれた部位を走る(2, 5)．

|生態| 奈良松尾寺境内湧水流路，うぐいすの滝，桃の屋の滝，くらがり又谷の滝，七滝八壺など DAIpo91-99の最高に清冽な水域に出現するが，一方では奈良市近郊の汚染河川(DAIpo27-45)の，β～α 中腐水性水域にも出現する．しかし相対頻度は，清冽水域で高い．**有機汚濁に関しては好清水性種, pHに関しては中性種．**
Patrick & Reimer(1966)は，中性からアルカリ性水域にわたって出現するという．

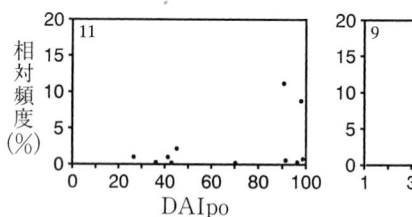

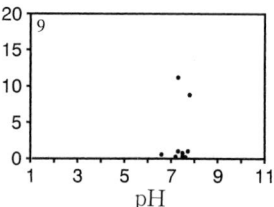

Achnanthes inflata の生態図

Achnanthes brevipes Agardh 1824
(Plate IIB₂-3：6, 7)

|形態| 殻の形 3-Sta；先端の形 くさび形[11]；7-10/10 μm；胞紋 約 10/10 μm．下記の *A. crenulata* に似るが，殻縁に凹凸がないことで区別できる．日本では稀産種．

|生態| **有機汚濁に関しては広適応性種，pHに関しては中性種．**
Foged(1953, 1964)は alkaliphilous とする．

Achnanthes crenulata Grunow *in* Cleve & Grunow 1880
(Plate IIB₂-3：8, 9)

Syn：*Achnanthes subsessilis* var. *subcrenulata* Cleve 1891；*A. brevipes* var. *subcrenulata* Cleve 1895.

|形態| 殻の形 3-Sta；先端の形 くさび形[11]；殻長 45-70 μm；幅 17-22 μm；条線 6-7/10 μm；胞紋 6-9/10 μm(胞紋極めて大きく粗い)．殻縁に粗い凹凸がある(波の山の数 2-3/10 μm)．
A. crenulata の原図では，無縦溝殻の軸域が，殻面上中央の長軸をずれた部位を走っているのに対して，本邦産の大部分の個体の無縦溝殻では軸域が見られない(9)．そのために本分類群は別種 *Achnanthes undata* F. Meister 1934(1935)である可能性が高いとする意見(後藤，撫養 2000)もある．この問題については，今後さらなる検討が必要である．

|生態| 本種は，Cleve が Sunda 群島の各地水域で発見記載して以来，Hustedt(1938)が，Java, Sumatra からの試料に基づいて精査している．Hustedt は，本種が熱帯アジア，オーストラリアに分布し，主として，泉，小川，滝に出現することも記載している．また，出現地のpHは 5.5-8.5 であり，7.7-8.1 の水域に最も多く出現すると述べている．渡辺もオーストラリアの Mossman 川で発見した．日本では，岩橋(1936)が甑島，屋久島で，室伏(1955)が小田原城址で，根来(1955)が京都宇川で，渡辺(1957)が奈良県月瀬の滝で発見し，比較的稀産種とされていた．渡辺(1957)は，滝の水が弧を描いて落下する裏側の岩盤に 54.4％の高い相対頻度で，ラン藻の *Lyngbya major* と共存していたことを報告している．これは，Hustedt による滝への出現記載とも併せて，本種が日陰を好む陰生植物であることを示唆していよう．**有機汚濁に関しては好清水性種，pHに関しては好アルカリ性種．**ちなみに，*A.*

undata の生態について，後藤，撫養(2000)は，南緯 21°から北緯 37°，東経 77°から 180°の範囲に分布し，日本では富山(新潟?)北緯 37°(38°)付近を北限と考えている．また，アルカリ性の泉，小川，滝の標徴種．最適 pH は 7.7-8.1 のかなりの暗がり(日陰)のもとでよく生育するとし，日本の生育地の環境因子記録として，水温 4-40℃，pH 6.9-8.1，電気伝導度 26-65 μS/cm を挙げている．

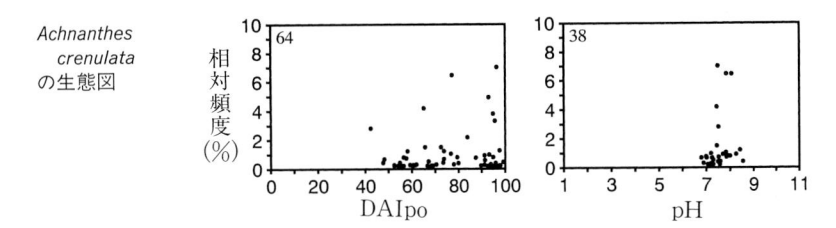

Achnanthes crenulata の生態図

Achnanthes aff. *inflata* (Kützing) Grunow

(Plate II B$_2$-3：10)

形態　写真は，オーストラリアの Kuranta 川産のものである．殻の形 3-Swo；先端の形 くさび形[11]；殻長 88 μm；幅 20 μm(中央最大幅)；条線 約 7/10 μm；胞紋 中心域周辺 6-7/10 μm，殻端付近 8-9/10 μm．殻の形，殻長，幅は，*A. inflata* の原記載値の最大限の値に近く，中心域の形，縦溝の走り方などは *A. inflata* と変わらない．しかし，条線密度，胞紋密度共に基本種よりもはるかに粗である．つまり，*A. inflata* の形態特性を備える一方で，*A. brevipes*，*A. crenulata* の条線，胞紋特性を備えた新変種の可能性がある．

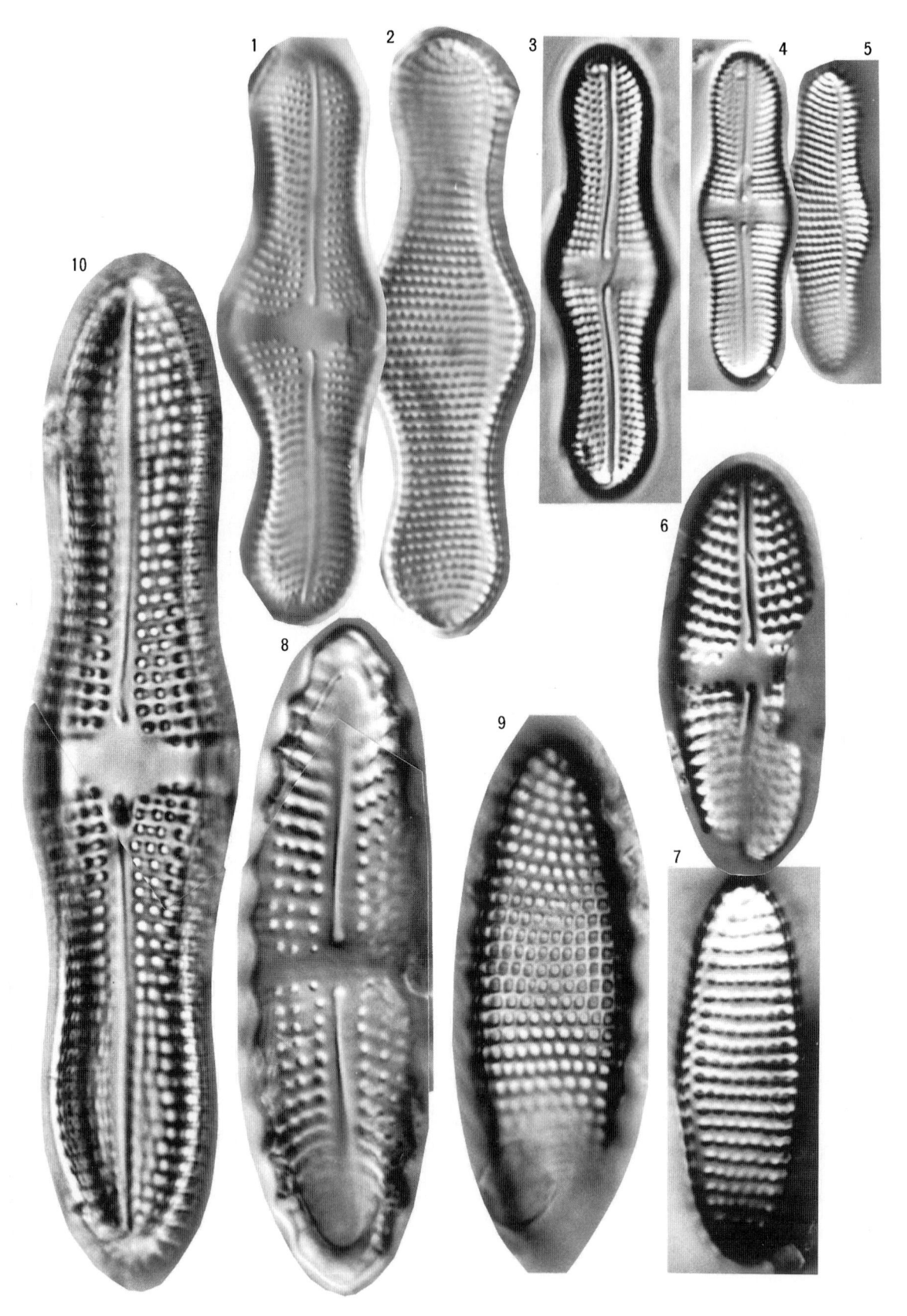

Plate IIB₂-3

Achnanthes parvula Kützing 1844 (Plate IIB$_2$-4:1-6)

Syn：*Achnanthes brevipes* var. *parvula* (Kützing) Cleve 1895.

形態　殻の形 3-Sta；先端の形 広円形[0]，くさび形[11]；殻長 10-30 μm，；幅 5-10 μm；条線 10-12/10 μm (縦溝殻の方が無縦溝殻よりもわずかに多い．前者約11：後者約9)；胞紋 縦溝殻約 16/10 μm，無縦溝殻 12-14/10 μm．

生態　pH 7.7 の熱川温泉の排水路において，少数個体を見たにしかすぎない．

Van Dam *et al.*(1994)は，alkalibiontic, brackish (Cl⁻ 1000-5000 mg/*l*, salinity 1.8-9.0‰), eutraphentic とする．熱川温泉(静岡県)は，Cl⁻ 895.4 mg/*l* を含む弱食塩泉である．本種は，本来河口のような汽水域に出現する種であるが，食塩泉系の温泉水流路に出現したことは，興味深い事象といえよう．

Achnanthes coarctata (Brébisson) Grunow *in* Clere & Grunow 1880 (Plate IIB$_2$-4:7, 8)

Syn：*Achnanthes coarctata* var. *constricta* Krasske 1929；*A. coarctata* var. *elliptica* Krasske 1929.

形態　殻の形 3-Con；先端の形 広円形[0]；殻長 17-48 μm；幅 6-15 μm；条線 10-14/10 μm；胞紋 14-18/10 μm．

生態　熱海駅前温泉流路(pH 8.5)に少数個体出現．阿寒湖にも出現(河島，小林 1996)．

Van Dam *et al.*(1994)は，pH circumneutral, oligosaprobous, oligo-mesotraphentic とする．Cholnoky(1968)は acidophilous とし，最適 pH を6以下とするが，Foged(1953, 1964)，Hustedt(1957)，Patrick & Reimer(1966)は，pH indifferent とする．また Patrick & Reimer(1966)は，本種は好気性種であり，土，岩石，コケの上に見られ，時に流水中に出現するという．

Achnanthes obliqua (Gregory) Hustedt 1924 (Plate IIB$_2$-4:9, 10)

Syn：*Stauroneis obliqua* Gregory 1856；*Navicula obliqua* Cleve 1891.

形態　殻の形 1-Sta；先端の形 くさび形[12]；殻長 20-60 μm；幅 12-20 μm；条線 縦溝殻約 18/10 μm，無縦溝殻約 16/10 μm；胞紋 18-22/10 μm．

生態　日本では未発見．アメリカの Lake Tahoe で採集．

Krammer & Lange-Bertalot (1991)は，アルプスの生育環境下にある北，北西ヨーロッパ，アジア，アメリカに分布し，貧栄養湖を好む種とした．

Achnanthes laterostrata Hustedt 1933 (Plate IIB$_2$-4:11-18)

形態　殻の形 2-Swo；先端の形 くちばし形[3]；殻長 10-36 μm；幅 6-10 μm；条線 縦溝殻 20-23/10 μm，無縦溝殻 12-14/10 μm．

生態　有機汚濁に関しては好清水性種，pH に関しては中性種．

Van Dam *et al.*(1994)は，pH circumneutral, oligosaprobous, oligotraphentic とし，Håkansson (1993)は，pH indifferent とする．

Achnanthes laterostrata の生態図

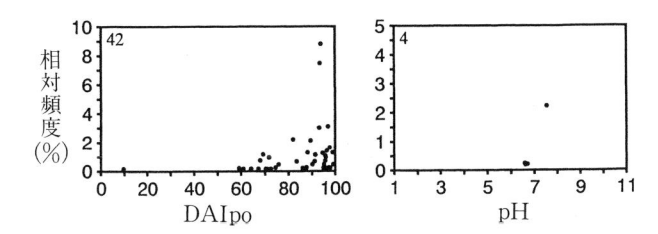

***Achnanthes septentrionalis* var. *subcapitata* Østrup 1910**   (Plate IIB$_2$-4：19-22)

Syn：*Achnanthes delicatula* ssp. *septentrionalis* (Østrup) Lange-Bertalot 1989；*A. delicatula* (Kützing) Grunow 1880；*A. engelbrechlii* Cholnoky 1955；*Achnanthidium delicatulum* Kützing 1844.

|形態| 殻の形 1-Sta；先端の形 くちばし形[3]，くちばし伸長形[4]；殻長 10-26μm；幅 5-10μm；条線 11-16.

|生態| 有機汚濁に関しては好清水性種，pH に関しては中性種．

Krammer & Lange-Bertalot (1991)は，本分類群を，*A. delicatula* (Kützing) Grunow 1880 ssp. *delicatula* の1 synonym としている．

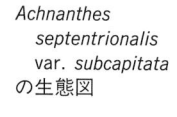

Achnanthes septentrionalis var. *subcapitata* の生態図

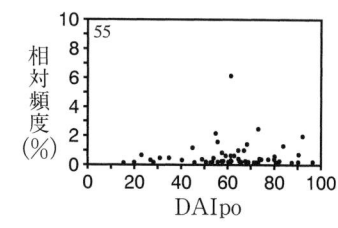

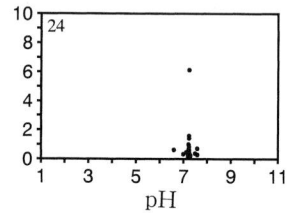

***Achnanthes delicatula* ssp. *hauckiana* (Grunow) Lange-Bertalot *in* Lange-Bertalot & Ruppel 1980**   (Plate IIB$_2$-4：23, 24)

Syn：*Achnanthes hauckiana* Grunow *in* Cleve & Grunow 1880；(?) *A. hauckiana* f. *lancettula* Hustedt *in* A. Schmidt *et al*. 1937；*A. fonticola* Hustedt 1945.

|形態| 殻の形 3-Sta；先端の形 くさび形[11]；殻長 8-30μm，幅 4.5-7.5μm，9-12/10μm.

|生態| 佐賀県嘉瀬川(DAIpo 90)，国東半島の朝来野川(DAIpo 55)までの清浄水域と，東京近郊の白子川(DAIpo 23)から DAIpo 6.5 の鶴見川までの汚染水域にまで出現する．相対頻度は常に小さい(<3%)が，清浄水域で高くなる傾向がある**好清水性種**である．

Achnanthes delicatula ssp. *hauckiana* の生態図

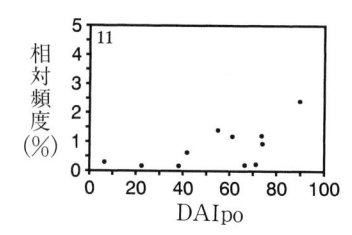

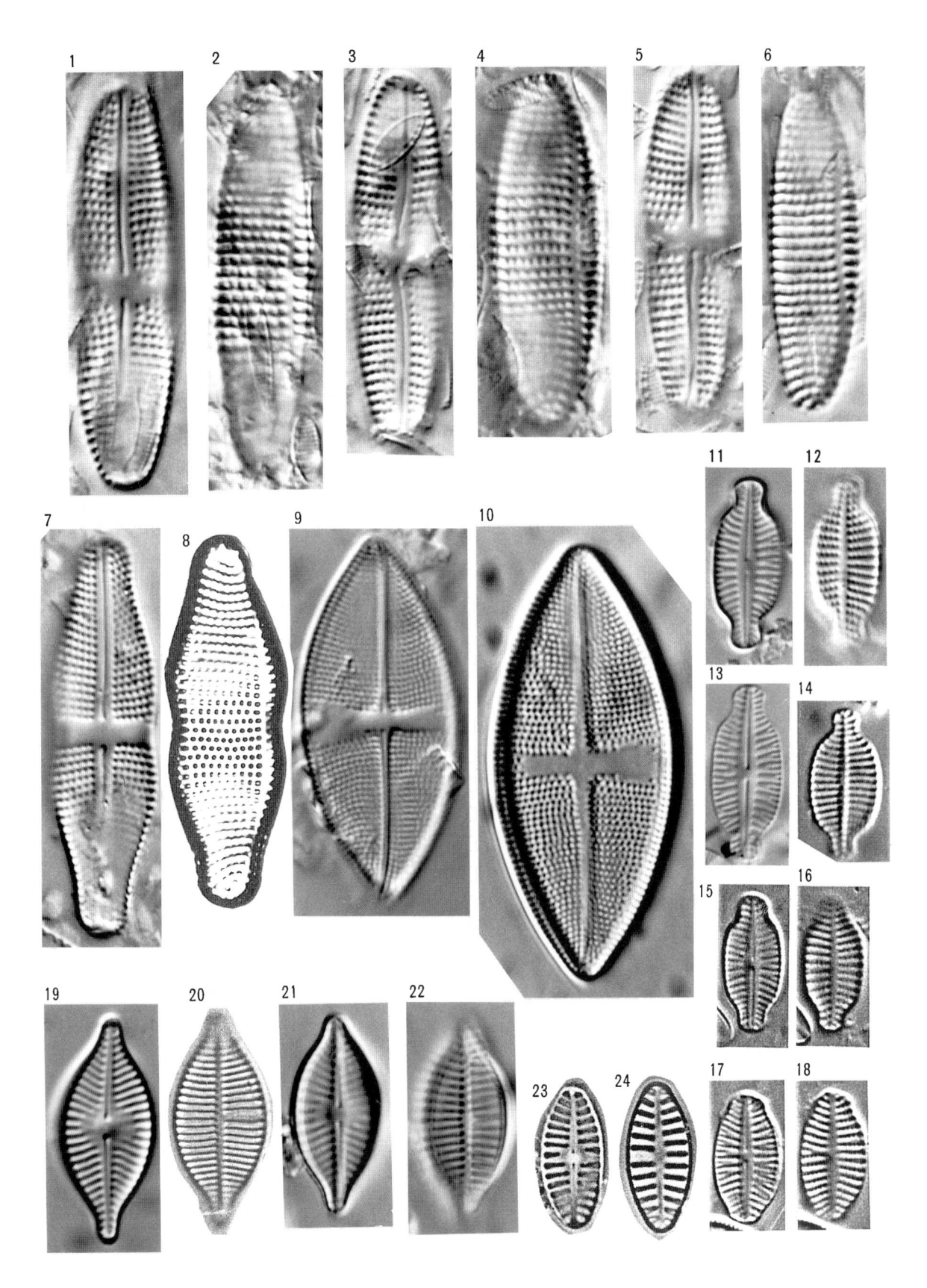

Plate IIB$_2$-4

Achnanthes rupestoides Hohn 1961 (Plate IIB$_2$-5：1-6)

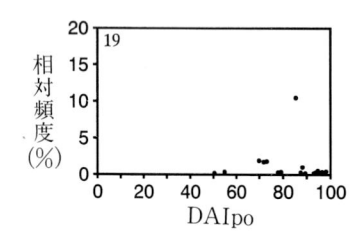

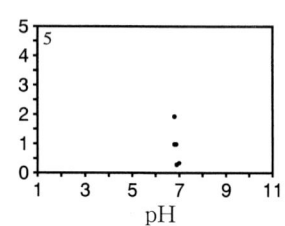

Syn：*Cocconeis hustedtii* Krasske 1923；*Achnanthes hustedtii* (Krasske) Reimer *in* Patrick & Reimer 1966；*A. krasskei* Kobayasi & Sawatari 1986；*Psammothidium hustedtii* (Krasske) Mayama *in* Mayama *et al.* 2002.

形態　殻の形 3-Sta；先端の形 くさび形[11]；殻長 11-17 μm；幅 5-7 μm；条線 縦溝殻，無縦溝殻共に 17-22/10 μm；無縦溝殻の中央に，長軸方向に走る舟形の広い無条線域がある．

生態　九州霧島高原の六観音池(pH 4.0-4.3)，大浪池(pH 4.4)，白紫池(pH 4.9)はどの無機酸性湖と，山梨県忍野八海の湧池(pH 8.4)に出現．ことに大浪池では，珪藻群集中 25.9％の高い相対頻度で出現した．**有機汚濁に関しては好清水性種，pH に関しては中性種**．

Van Dam *et al.* (1994)は，acidophilous, oligosaprobous, oligotraphentic とする．Patrick & Reimer (1966)は，*A. hustedtii* を川の瀬や滝に出現する好アルカリ性種とする．

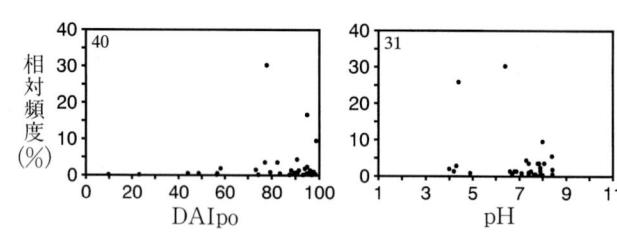

Achnanthes rupestoides の生態図

Achnanthes oblongella Østrup 1902 (Plate IIB$_2$-5：7-12)

Syn：*Achnanthes saxonica* Krasske *ex* Hustedt 1933；*Psammothidium oblongellum* (Østrup) Vijver *in* Vijver *et al.* 2002.

形態　殻の形 3-Sta；先端の形 くさび形[11]；殻長 7-20 μm；幅 4-8 μm；条線 縦溝殻 23-27/10 μm，無縦溝殻 10-14/10 μm．

生態　日本の河川，インドネシア，ロシアの河川のみならず，止水域にも広く出現するが，相対頻度は常に低い．**有機汚濁に関しては好清水性種**．

Van Dam *et al.* (1994)は，pH circumneutral, oligosaprobous, oligotraphentic とする．

Achnanthes oblongella の生態図

Achnanthes lutheri Hustedt 1933 (Plate IIB_2-5：13-16)

形態　殻の形 3-Sta；先端の形 くさび形[11]；殻長 8-15 μm；幅 4.5-7 μm；条線 縦溝殻 28-30/10 μm，無縦溝殻(10)12-16/10 μm（縦溝殻の条線の密度，走り方は，前記 *A. oblongella* と似るが，無縦溝殻の無条線域の広さが異なることによって，区別できる）．

生態　青森恐山湖への流入河川頭無川(pH 4.2)，九州蘭牟田池(pH 5.7)など，主として**酸性水域に出現する好酸性種．有機汚濁に関しては好清水性種．**

Van Dam *et al.* (1994)は，acidophilous, oligosaprobous, oligotraphentic とする．

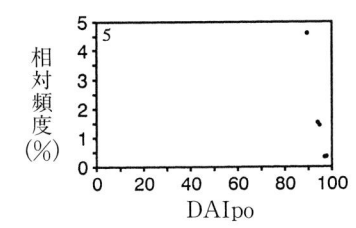

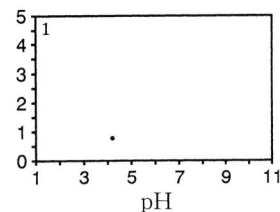

Achnanthes lutheri の生態図

Achnanthes helvetica (Hustedt) Lange-Bertalot 1989 (Plate IIB_2-5：17-20)

Syn：*Achnanthes austriaca* var. *helvetica* Hustedt 1933；*A. austriaca* var. *ventricosa* Krasske 1932；(?) *A. atalanta* Carter 1966；*Psammothidium helveticum* (Hustedt) Bukhtiyarova & Round 1996．

形態　殻の形 3-Sta；先端の形 くさび形[11]；殻長 7-28 μm；幅 5-7.5 μm；条線 縦溝殻，無縦溝殻共に 23-28/10 μm．

生態　日光大谷川湯滝，恐山湖(pH 3.7 の地点)，恐山湖流入河川頭無川(pH 4.2)に出現する．**中性種であるが好酸性の傾向がある．**

Van Dam *et al.* (1994)は，alkaliphilous, oligosaprobous, mesotraphentic とする．

Achnanthes helvetica の生態図

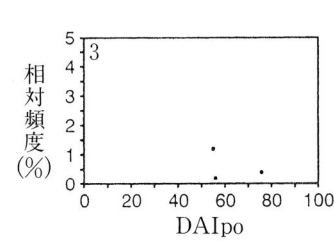

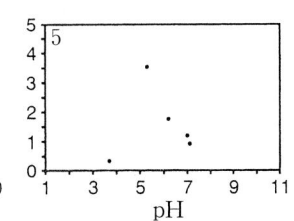

Achnanthes bioretii Germain 1957 (Plate IIB_2-5：21-24)

Syn：*Navicula rotaeana* var. *excentrica* Grunow *in* Van Heurck 1880；*N. vanheurckii* Patrick 1966；*Psammothidium bioretii* (Germain) Bukhtiyarova & Round 1996．

形態　殻の形 3-Sta；先端の形 くさび形[11]；殻長 10-30 μm；幅 5-10 μm；条線 縦溝殻，無縦殻共に 22-28/10 μm；縦溝が長軸に関して多少傾斜して走る(21, 23, 24)．

生態　北海道摩周湖(DAIpo 92, 93)，ロシアの清冽河川 R.Razdornaya(DAIpo 89-98), R.Kaskadny (DAIpo 63)に出現した稀産種であるが，**好清水性種．**

Van Dam *et al.* (1994)は，pH circumneutral, oligosaprobous, mesotraphentic とする．

Achnanthes aff. *kryophila* Petersen 1924　　　　　　　　　　　(Plate IIB_2-5：25-27)

Syn：*Achnanthes plitvicensis* Hustedt 1945.

形態　殻の形 3-Sta；先端の形 くさび形[11]；殻長 9-20 μm；幅 5-8 μm；条線 20-24/10 μm，筆者らの試料種の条線密度は，20-22/10 μm．前記 *A. bioretii* にも似るが，縦溝の走る方向，および無条線域の幅が殻端から中心域へ向かって広くなる点が異なる．

生態　別府の海地獄前の池(pH 4.8)に出現．稀産種のために，生態は不明．

Van Dam *et al.* (1994)は，*A. kryophila* を，pH circumneutral, oligosaprobous, oligotraphentic とする．Håkansson (1993)は，pH indifferent/acidophilous とする．

Achnanthes laevis var. *quadratarea* (Østrup) **Lange-Bertalot 1989**
　　　　　　　　　　　　　　　　　　　　　　　　　　　　(Plate IIB_2-5：28-30)

Syn：*Cocconeis quadratarea* Østrup 1910；*Achnanthes lapponica* (Hustedt) Hustedt 1933；*A. lapponica* var. *ninckei* (Guermeur & Manguin) Reimer；*Eucocconeis quadratarea* (Østrup) Lange-Bertalot 1999.

形態　殻の形 3-Sta；先端の形 くさび形[11]；殻長 9-26 μm；幅 5-9 μm；条線 21-34/10 μm；縦溝殻，無縦溝殻共に，中心域の片側の条線が欠けている傾向が強い．

生態　ウラジオストック近郊の清冽河川 R. Komarovka (DAIpo 88-89)に出現したが，日本では揖斐川，由良川に出現．**好清水性種**．

Van Dam *et al.* (1994)は，基本種をpH circumneutral, oligosaprobous, oligotraphentic とし，Håkansson (1993)は acidophilous とする．

Achnanthes laevis var. *quadratarea* の生態図

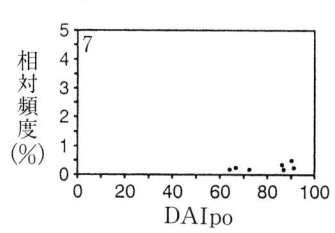

Achnanthes subatomoides (Hustedt) Lange-Bertalot & Archibald 1985
(Plate IIB_2-5：31-36)

Syn：*Navicula subatomoides* Hustedt *in* A. Schnidt *et al.* 1936；*Achnanthes kryophila* var. *africana* Cholnoky 1960；*A. detha* Hohn & Hellerman 1963；*A. occulta* Kalbe 1963；*A. sutura* Carter 1970；*A. umara* Carter 1970；*Psammothidium subatomoides* (Hustedt) Round & Bukhtiyarova 1996.

[形態] 殻の形 1-Sta；先端の形 広円形[0]；殻長 6-15μm；幅 3.5-6.5μm；条線 28-40/10μm(極めて密)．

[生態] 摩周湖(pH 7.0)，尾瀬沼(pH 7.0)，大野市の湧水御清水(pH 6.3)など，清冽な水域に出現する稀産種．**好清水性種．**

Van Dam *et al.* (1994)は，acidophilous, oligosaprobous, oligo-mesotraphentic とする．Håkansson は acidophilous とする．

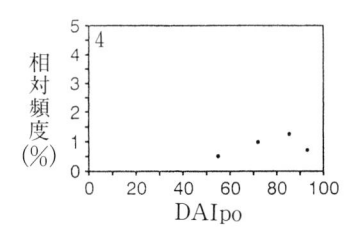

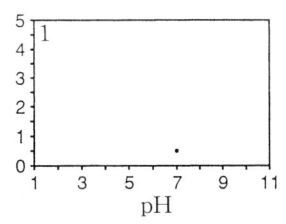

Achnanthes subatomoides の生態図

Achnanthes levanderi Hustedt 1933
(Plate IIB_2-5：37-42)

Syn：*Achnanthes levanderi* var. *helvetica* Hustedt 1933.

[形態] 殻の形 1-Sta；先端の形 広円形[0]；殻長 6-11μm；幅 4-5μm；条線 22-28/10μm．

[生態] 摩周湖(DAIpo 90, 92, pH 7.1, クロロフィル 0.33μg/*l*, COD 0.5mg/*l*)，治右衛門池(pH 6.6)，尾瀬沼(DAIpo 55, 56, pH 7.0)および Lake Tahoe(DAIpo 89, 93)など，極めて清冽な湖沼に，低い相対頻度で出現した小型稀産種．**好清水性種．**

Van Dam *et al.* (1994)は，pH circumneutral, oligosaprobous, oligotraphentic とするが，Håkansson (1993)は，pH indifferent(?)とする．

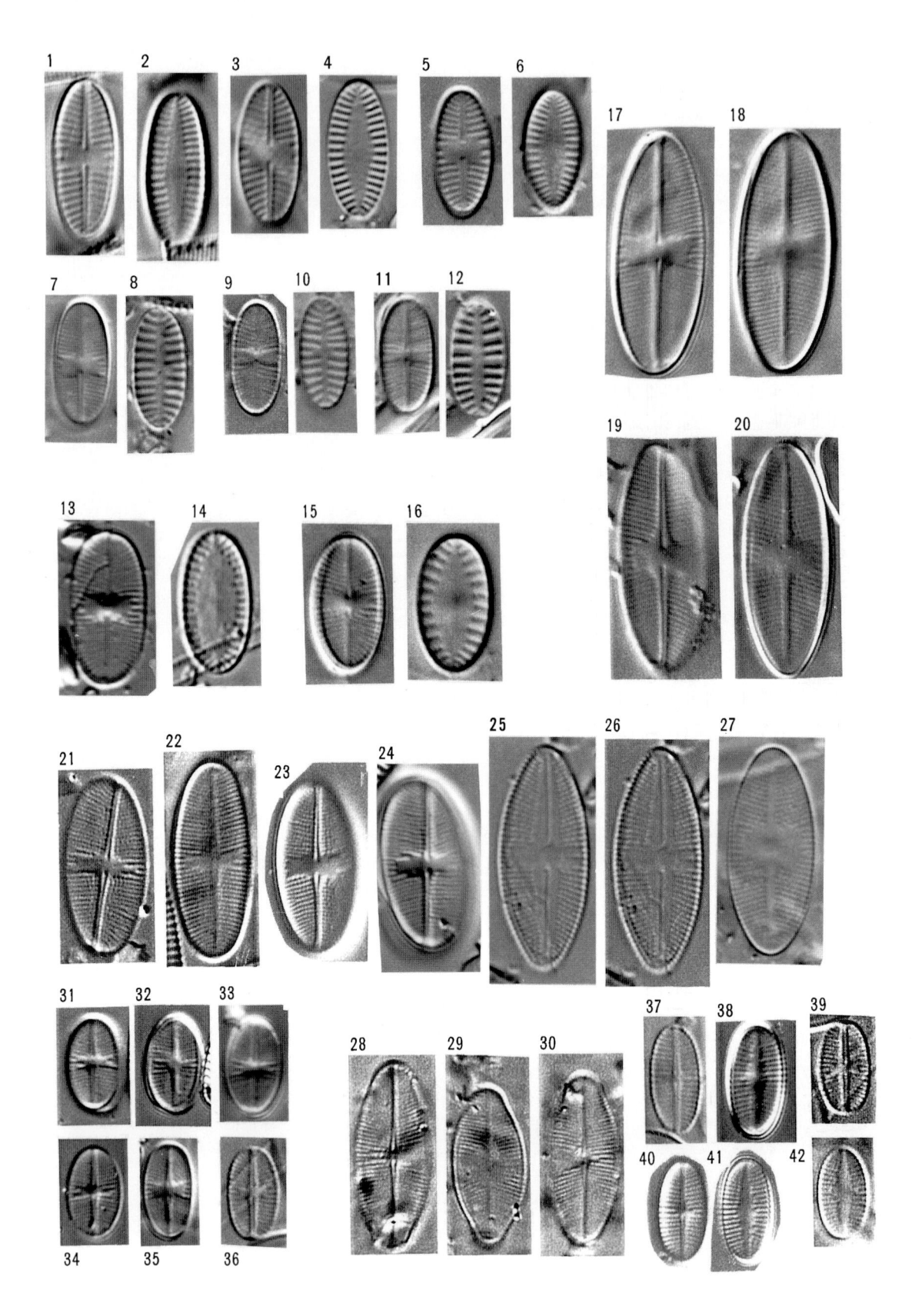

Plate II B$_2$-5

192

Achnanthes hungarica (Grunow) Grunow *in* Cleve & Grunow 1880

(Plate IIB_2-6：1-6)

Syn：*Achnanthidium hungaricum* Grunow 1863；*Achnanthes andicola* (Cleve) Hustedt 1911； *A. pseudohungarica* Cholnoky-Pfannkuche 1966.

|形態| 殻の形 3-Sta；先端の形 くさび形[11]；殻長 6-45μm；幅 4-8μm；条線 縦溝殻，無縦溝殻共に 16-23/10μm.

|生態| 各地都市近郊河川(pH 7.1-8.1)に出現．さらに，塩沢鉱泉湧出口近辺では pH 9.8-10.2 の流水中に出現した**好アルカリ性種**．有機汚濁に関しては，出現地の平均 **DAIpo 値 67 の広適応性種**．

Van Dam *et al*. (1994)は，alkaliphilous, *α*-mesosaprobous hypereutraphentic とし，Håkansson (1993)は，alkaliphilous とする．

Achnanthes hungarica の生態図

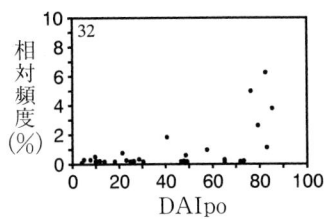

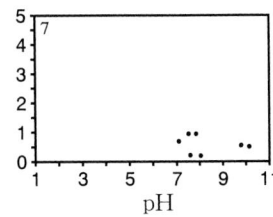

Achnanthes calcar (Cleve) Cleve 1895

(Plate IIB_2-6：7-10)

Syn：*Planothidium calcar* (Cleve) Round & Bukhtiyarova 1996.

|形態| 殻の形 1-Sta；先端の形 広円形[0]；殻長 9.5-20μm；幅 6.5-12μm；条線 22-28/10μm；胞紋 約 28/10μm.

|生態| 日光華厳の滝(DAIpo 52)，Lake Tahoe(DAIpo 89, 93)に出現．相対頻度はいずれも小さい稀産種．古くは青木湖に出現した記録もある(福島 1957)．Håkansson (1993)は pH indifferent とする．

Achnanthes oestrupii (Cleve-Euler) Hustedt var. *oestrupii* 1930

(Plate IIB_2-6：11-18)

Syn：*Achnanthes lanceolata* var. *oestrupii* Cleve-Euler 1922；*A. elliptica* (Cleve) Cleve-Euler 1932 non sensu Hustedt；*Planothidium oestrupii* (Cleve-Euler) Round & Bukhtiyarova 1996.

|形態| 殻の形 1-Sta；先端の形 くさび形[11]；殻長 7.5-40μm；幅 4-15μm；条線 縦溝殻 20-30/10μm，無縦溝殻 9-20/10μm.

|生態| 倶多楽湖(DAIpo 71，pH 7.6 のカルデラ湖，貧栄養湖)，湯ノ湖(DAIpo 71，pH 8.0)，御在所温泉の露天風呂(pH 7.7)，Lake Tahoe (DAIpo 89, 93)に出現した．Skvortzow (1936)は木崎湖に出現したことを報じている．産地から考えると，**好清水性種である可能性が大きい**．

Van Dam *et al*. (1994)は，pH circumneutral, oligosaprobous, oligo-mesotraphentic とする．Håkansson (1993)は，pH indifferent とする．

Achnanthes marginulata Grunow *in* Cleve & Grunow 1880   (Plate ⅡB$_2$-6：19-21)

形態　殻の形 3-Sta；先端の形 広円形[0]，くさび形[11]；殻長 6-21μm；幅 4-6μm；条線 縦溝殻，無縦溝殻共に 27-30/10μm．

生態　河川，湖沼に広く出現する．**有機汚濁に関しては好清水性種**．pH に関しては適応範囲が比較的狭い傾向がある．八ヶ岳雨池(pH 5.3)では，相対頻度が 32.4%に達した．**好酸性種**．

　Van Dam *et al*. (1994)は，acidophilous, oligosaprobous, oligotraphentic とし，Håkansson (1993)は acidophilous とする．

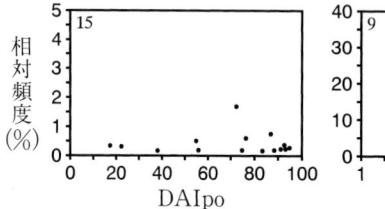

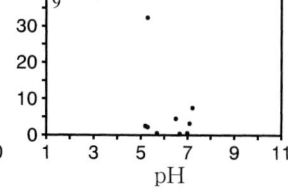

Achnanthes marginulata の生態図

Achnanthes daonensis Lange-Bertalot *in* Lange-Bertalot & Krammer 1989

(Plate ⅡB$_2$-6：22-29)

　Syn：*Psammothidium grischnum* f. *daonensis* (Lange-Bertalot) Bukhtiyarova & Round 1996.

形態　殻の形 1-Sta；先端の形 くさび形[11]；殻長 10-26μm；幅 5-8μm；条線 縦溝殻，無縦溝殻共に 27-32/10μm；*A. marginulata* と形態は酷似するが，本分類群は前記種と比べて幅がやや幅広く，無縦溝殻中央部の無縦溝殻域の形が菱形を呈することで区別できる．

生態　ウラジオストック近郊の河川(DAIpo 53-88，pH 6.1-6.5)に出現．日本では尾瀬沼(DAIpo 55, 56，pH 7.0)，摩周湖(DAIpo 92, 93)に出現した稀産種．**好清水性種である可能性が大きい**．

　Van Dam *et al*. (1994)は，pH circumneutral, oligosaprobous, oligotraphentic とする．

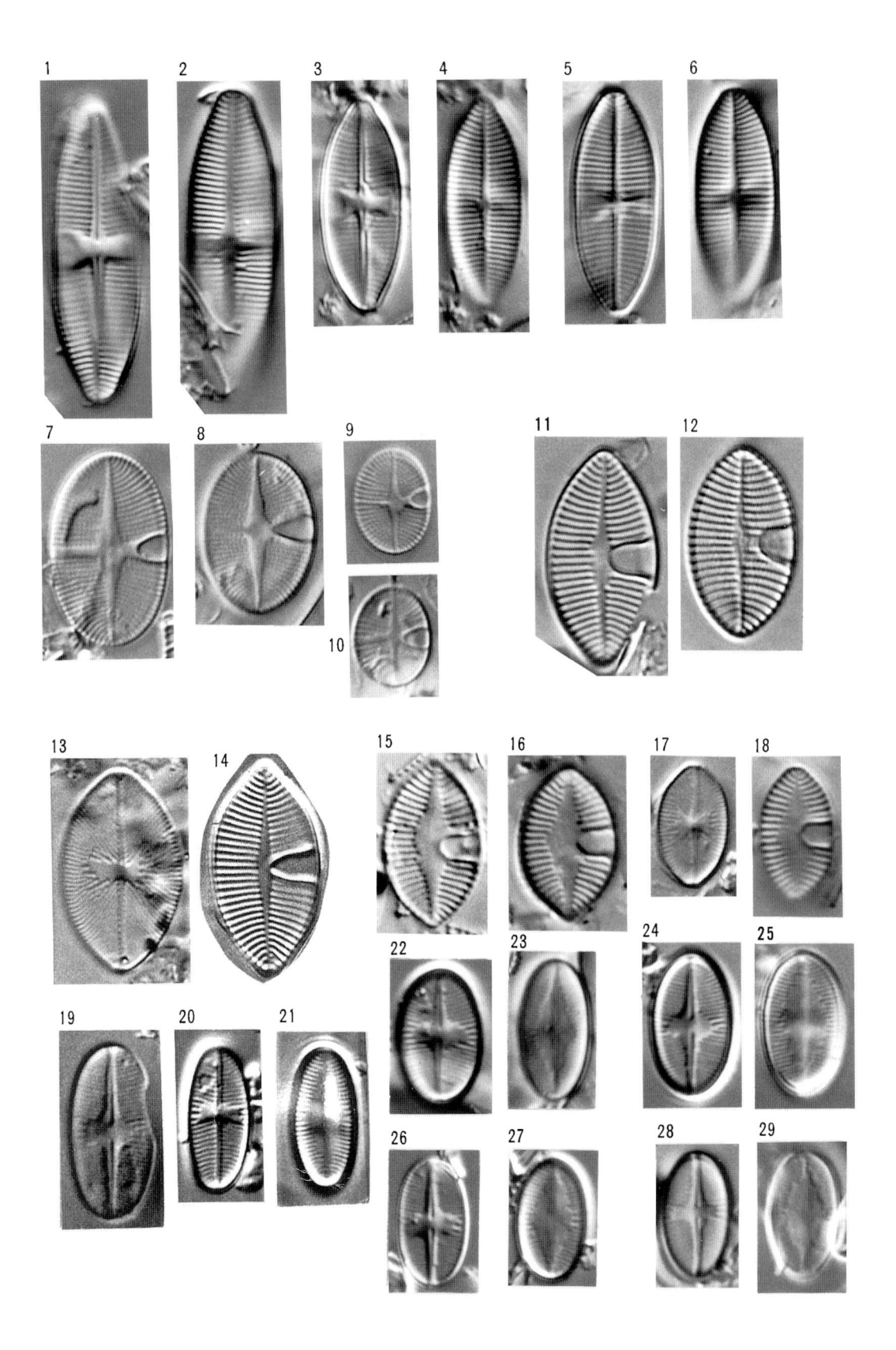

Plate IIB₂-6

195

Achnanthes conspicua A. Mayer 1919 (Plate IIB$_2$-7：1-10)

Syn：*Achnanthes conspicua* var. *brevistriata* Hustedt 1930；*A. pinnata* Hustedt 1922.

形態　殻の形 3-Sta；先端の形 くさび形[11]；殻長 7-16μm；幅 4-6μm；条線 11-16/10μm.

生態　DAIpo 85 以上の極貧腐水性水域に高い相対頻度で出現する，**好清水性種**．本分類群が，付着珪藻集の第 1 位優占種として出現する水域は，DAIpo 90 以上の極貧腐水性水域である．

Van Dam *et al.* (1994) は，pH circumneutral, oligosaprobous, oligo-to eutraphentic (hypereutraphentic) とし，Håkansson (1993) は alkaliphilons とする．

Achnanthes conspicua の生態図

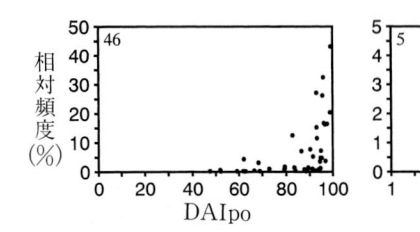

Achnanthes frigida Hustedt *in* A. Schmidt *et al.* 1937 (Plate IIB$_2$-7：11-13)

形態　殻の形 1-Sta；以下筆者らの試料の計測値を記す．殻長 9-11μm(Simonsen 1987 は 13-17μm とする)；幅 6-8μm；条線 縦溝殻，無縦溝殻共に 24-26/10μm.

生態　摩周湖(DAIpo 92, 93)，Lake Tahoe(DAIpo 89, 93)とに出現した稀産種．ヨーロッパでは，ノールウェー，スコットランドからの報告があるが，生態情報は極めて少ない．**おそらく好清水性種**であろう．

Achnanthes grischuna Wüthrich 1975 (Plate IIB$_2$-7：14-16)

形態　殻の形 3-Sta；先端の形 くさび形[11]；殻長 6-18μm；幅 4-5.5μm；条線 縦溝殻，無縦溝殻共に 18-27/10μm.

生態　ウラジオストック近郊の河川 R. Narva(DAIpo 59-64)に出現．日本では未発見．稀産種．

Achnanthes rechtensis Leclercq 1983 (Plate IIB$_2$-7：17, 18)

形態　殻の形 3-Sta；先端の形 くさび形[11]；殻長 11-20μm；幅 3-7μm；条線 縦溝殻，無縦溝殻共に 22-24/10μm.

生態　日光光徳沼からの流出河川(pH 9.0)に出現．稀産種．

Achnanthes clevei Grunow *in* Cleve & Grunow var. *clevei* 1880

(Plate IIB$_2$-7：19-26)

Syn：*Karayevia clevei* (Grunow) Round & Bukhtiyarova 1996.

形態　殻の形 3-Sta；先端の形 くさび形 [11, 12]；殻長 8-32μm；幅 4.5-10μm；条線 縦溝殻 16-27/10μm，無縦溝殻 9-16/10μm；胞紋 縦溝殻 24-27/10μm，無縦溝殻 18-22/10μm.

生態　清冽な河川，湖沼に出現する**好清水性種．pH に関しては中性種**．

Van Dam *et al.* (1994) は，alkaliphilous, β-mesosaprobous, meso-eutraphentic とし，Håkansson (1993), Patrick & Reimer (1996) は，alkaliphilous とする．

Achnanthes
clevei
var. *clevei*
の生態図

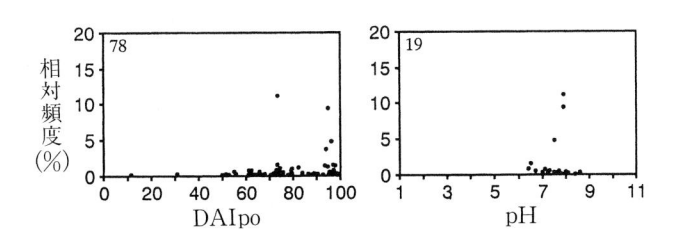

Achnanthes clevei var. *rostrata* Hustedt 1930 (Plate IIB₂-7：27-29)

Syn：*Karayevia clevei* var. *rostrata* (Hustedt) Kingston 2000.

形態　殻の形 3-Sta；先端の形 くちばし形[11]；殻長 10-30 μm；幅 5-9 μm；条線 縦溝殻 23-26/10 μm，無縦溝殻 10-15/10 μm；胞紋 縦溝殻 24-27/10 μm，無縦溝殻 18-22/10 μm.

生態　基本種同様清冽な河川，湖沼に出現する**好清水性種**．出現地の DAIpo 平均値は，基本種は 83.4(78 地点)本変種は 90.1(12 地点)に達する．**pH に関しては中性種**．

Van Dam *et al*. (1994) は，上記基本種と同じ生態能をもつとする．

Achnanthes
clevei
var. *rostrata*
の生態図

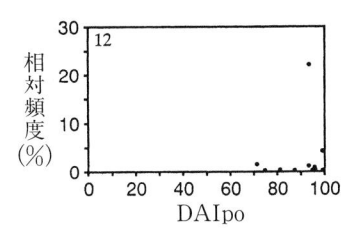

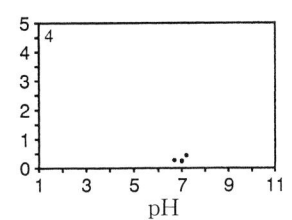

Achnanthes lapidosa Krasske var. *lapidosa* 1929 (Plate IIB₂-7：30-37)

Syn：*Achnanthes quadratarea* (Østrup) Max Möller *ex* Foged 1974；*A. lapponica* (Hustedt) Hustedt 1933；*Achnanthidium lapidosum* (Krasske) H. Kobayasi *in* Mayama *et al*. 2002；*Nupela lapidosa* (Krasske) Lange-Bertalot 1999.

形態　殻の形 3-Sta；先端の形 くさび形[12]；殻長 12-25 μm；幅 4-7 μm；条線 縦溝殻，無縦溝殻 共に 18-24/10 μm．

生態　奈良県山添村神野鍋倉の水，長岳寺奥の院湧水流路，滝など清澄な水域に出現する．**有機汚濁に関しては好清水性種，pH に関しては中性種**．

Van Dam *et al*. (1994) は，acidophilous, oligosaprobous, oligotraphentic とする．

Achnanthes
lapidosa
var. *lapidosa*
の生態図

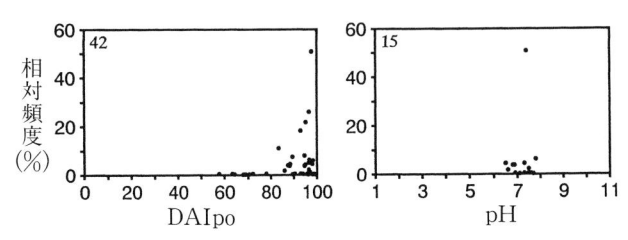

Achnanthes subhudsonis Hustedt 1921 (Plate ⅡB$_2$-7：38-43)

|形態| 殻の形 3-Sta；先端の形 くさび形[12]：殻長 12-23 μm；幅 4-6 μm；条線 縦溝殻 17-19/10 μm，無縦溝殻 18-23/10 μm．

|生態| 有機汚濁に関しては，かなり広い範囲の汚濁度水域に出現するが，DAIpo 85 以上の xenosaprobic の清冽な水域で，高い相対頻度で出現する**好清水性種**．本分類群が第 1 位優占種となる付着珪藻集の出現する水域は，DAIpo 85 以上の極貧腐水性，または DAIpo 70-84 の β 貧腐水性の水域である．**pH に関しては中性種**．御在所温泉(pH 7.9)，忍野八海(pH 8.3, 8.4)のような湧水池にも出現する．

Achnanthes subhudsonis の生態図

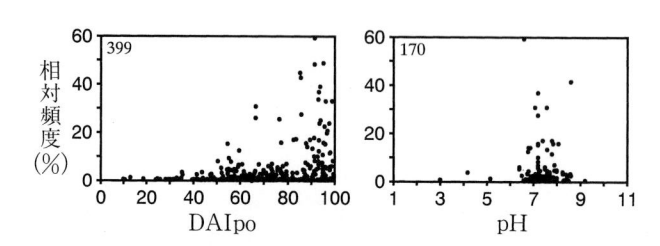

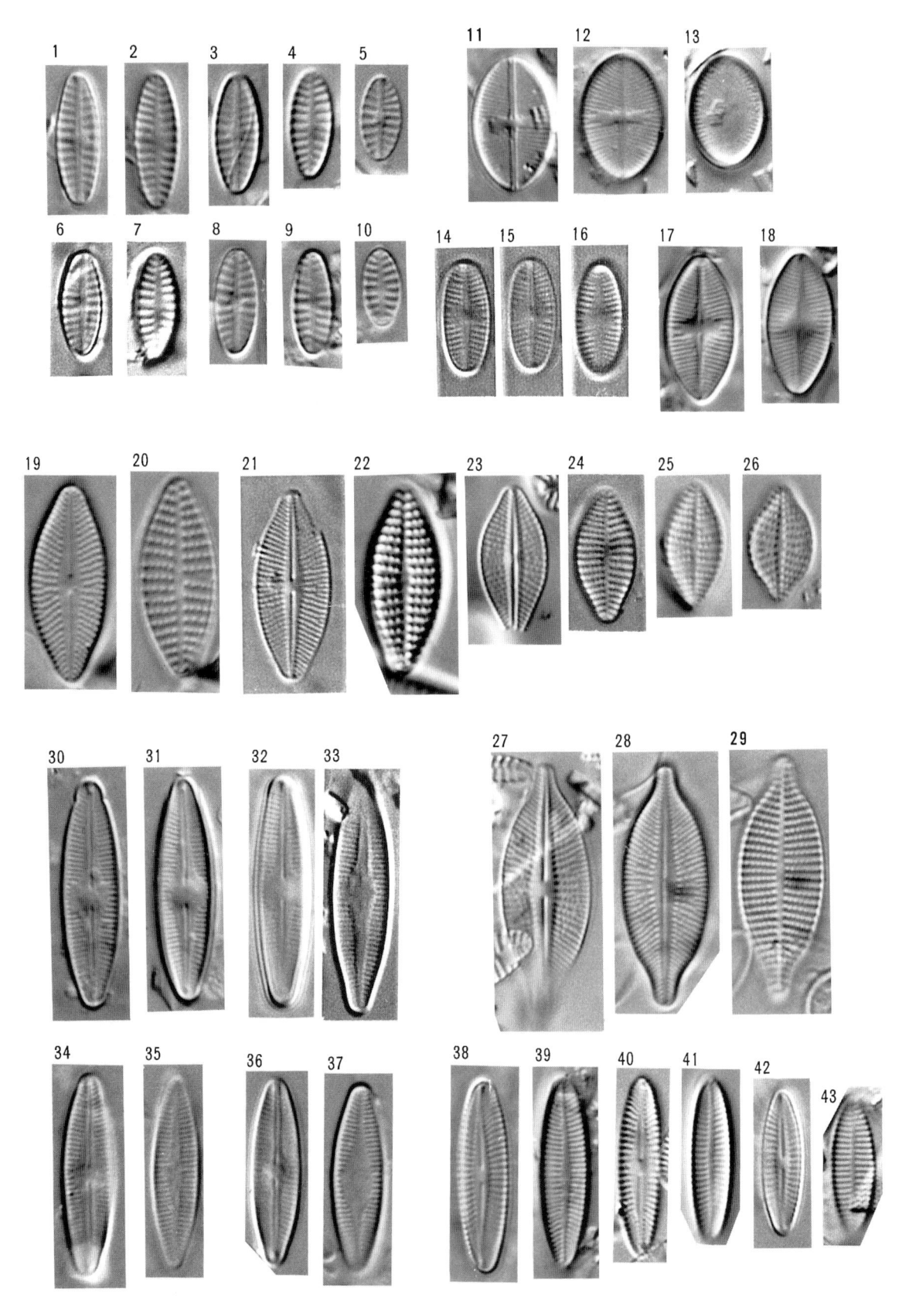

Plate II B$_2$-7

Achnanthes joursacense Héribaud 1903 (Plate IIB₂-8：1-4)

Syn：*Achnanthes lanceolata* var. *omissa* Reimer *in* Patrick & Reimer 1966.

|形態| 殻の形 1-Sta；先端の形 くさび形[11]；殻長 12-20 μm；幅 6.5-10 μm；条線 縦溝殻，無縦溝殻共に 13-15/10 μm．

|生態| Lake Tahoe(DAIpo 89，93)で出現した稀産種．日本では阿寒湖(河島，小林 1996)，琵琶湖に出現した．

Van Dam *et al*. (1994)は，alkaliphilous，oligosaprobous，oligo-mesotraphentic とする．

Achnanthes montana Krasske 1929 (Plate IIB₂-8：5-7)

Syn：*Psammothidium montanum* (Krasske) Mayama *in* Mayama *et al*. 2002.

|形態| 殻の形 1-Sta；先端の形 くちばし形[3]；殻長 9-14 μm；幅 5-7 μm；条線 縦溝殻，無縦溝殻共に 18-24/10 μm．

|生態| 猪名川(DAIpo 68，93)，佐保川の上流域(DAIpo 84-97)，倶多楽湖(DAIpo 71，pH 8.5)，天理ダム湖(DAIpo 54)など，比較的清澄な水域に出現する**好清水性種．pH に関しては中性種**．

Van Dam *et al*. (1994)は，pH circumneutral，oligosaprobous，oligotraphentic とする．

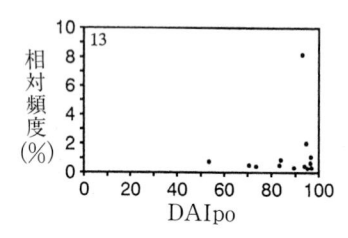

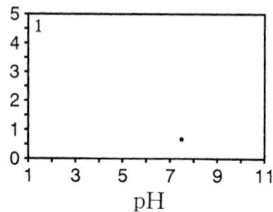

Achnanthes montana の生態図

Achnanthes suchlandtii Hustedt 1933 (Plate IIB₂-8：8-11)

Syn：*Achnanthes lewisiana* Patrick 1945；*Cocconeis utermoeblii* Hustedt 1954；*Navicula fluviatilis* Hustedt 1957；*A. suchlandtii* var. *robusta* Hustedt 1959；*Kolbesia suchlandtii* (Hustedt) Kingston 2000.

|形態| 殻の形 1-Sta；先端の形 くさび形[11]；殻長 7-15(19)μm；幅 3.5-5.5 μm；条線 縦溝殻，無縦溝殻共に 14-22/10 μm．

|生態| 河川の上流清澄水域に出現するが，相対頻度は常に低い**好清水性種．pH に関しては中性種**．

Van Dam *et al*. (1994)は，pH circumneutral，oligosaprobous，oligotraphentic とし，Håkansson (1993)は pH indifferent とする．

Achnanthes suchlandtii の生態図

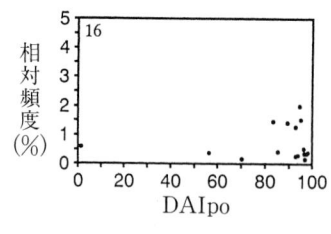

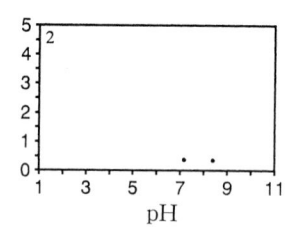

Achnanthes lanceolata (Brébisson) Grunow var. *lanceolata* 1880
(Plate IIB₂-8：12-21)

Basionym：*Achnanthidium lanceolatum* Brébisson *ex* Kützing 1849. Syn：*Achnanthidium lan-*

ceolatum var. *inflata* A. Mayer 1913 ; *Achnanthes lanceolata* var. *ventricosa* Hustedt 1914 ; *Planothidium lanceolatum* (Brébisson) Round & Bukhtiyarova 1996.

形態　殻の形 3-Sta；先端の形 広円形[0]，くさび形[11]；殻長 12-31μm；幅 4.5-8μm；条線 縦溝殻，無縦溝殻共に 11-14/10μm．

生態　DAIpo 30-100 の水域に高い相対頻度で出現する**好清水性種**．本種の相対頻度が第 1 位となるような珪藻群集は，DAIpo が，50-85 の貧腐水性の流水に出現する（渡辺，浅井 1992）．**pH に関しては中性種**．

Van Dam *et al*. (1994)は，alkaliphilous，α-mesosaprobous，eutraphentic とする．Håkansson (1993)は，alkaliphilous とする．Hustedt (1957)は oligosaprobous としているのに関して，Backhaus (1968)は，強腐水性の下水の流れる水域で出現したことを報じているが，これは下図でも明らかなように稀な事例といえよう．

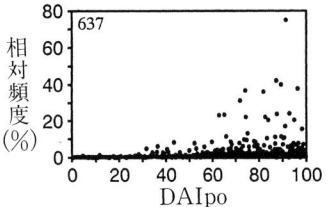

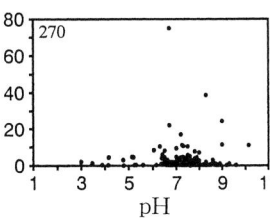

Achnanthes lanceolata var. *lanceolata* の生態図

Achnanthes lanceolata ssp. *frequentissima* var. *minor* (Schulz) Lange-Bertalot 1991

(Plate IIB₂-8：22-27)

Syn：*Achnanthes lanceolata* var. *elliptica* f. *minor* Schulz 1926 ; *A. elliptica* var. *minor* (Schulz) A. Cleve 1932 ; *A. robusta* var. *minor* (Schulz) Straub 1985.

形態　殻の形 1-Sta；先端の形 くさび形[11]；殻長 7-10μm；幅 4-6μm；条線 縦溝殻，無縦溝殻共に 12-14/10μm．

生態　多くの河川の比較的清澄な水域や湖沼に出現する小型種．有機汚濁に関しては**好清水性種**，**pH に関しては好アルカリ性種**．

Van Dam *et al*. (1994)は，var. *elliptica* を alkaliphilous，α-mesosaprobous とし，Håkansson (1993)も，alkaliphilous とする．

Achnanthes lanceolata ssp. *lanceolata* var. *haynaldii* (Schaarschmidt) Cleve 1894

(Plate IIB₂-8：28)

Syn：*Achnanthes haynaldii* Schaarschmidt 1881 ; *A. lanceolata* var. *capitata* O. Müller 1909.

形態　殻の形 1-Sta；先端の形 頭状形[5]；殻長 15-28μm；幅 4.5-5.5μm；条線 縦溝殻，無縦溝殻共に約 14/10μm．

生態　奥日光湯ノ湖への流入河川，白根沢(DAIpo 74)に出現したのみで，生態情報は少ない．

Van Dam *et al*. (1994)は，alkaliphilous，α-mesosaprobous，oligo-to eutraphentic とする．

Achnanthes lanceolata ssp. *frequentissima* var. *magna* (Straub) Lange-Bertalot 1991

(Plate IIB₂-8：29-36)

Syn：*Achnanthes rostrata* var. *magna* Lange-Bertalot 1991.

形態　殻の形 3-Sta；先端の形 くさび形[11]；殻長 11-15μm；幅 4-4.5μm；条線 縦溝殻，無縦溝殻共に 15-17/10μm．

生態　忍野八海中池(pH 8.3)に出現．稀少種．**好清水性種**．

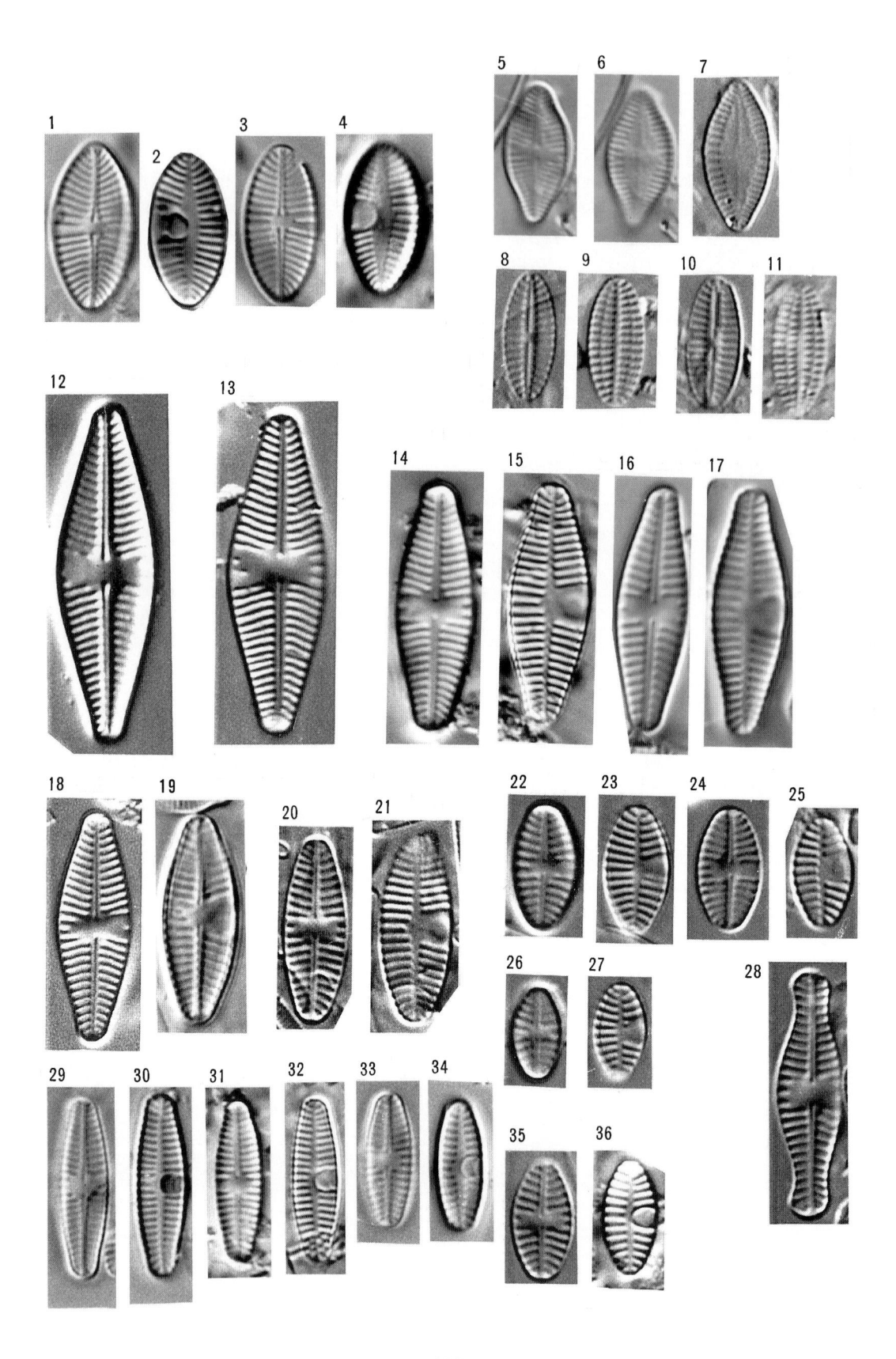

Plate IIB₂-8

Achnanthes lanceolata ssp. *apiculata*（Patrick）Lange-Bertalot 1991

(Plate：IIB$_2$-9：1-4)

Basionym：*Achnanthes lanceolata* var. *apiculata* Patrick 1945.

形態 殻の形 3-Sta；先端の形 小突起形[1]；殻長 20-32 μm；幅 8.5-11 μm；条線 縦溝殻 6-10/10 μm，無縦溝殻 10-12/10 μm.

生態 摩周湖(DAIpo 92，93)，Lake Tahoe(DAIpo 89，93)に出現したが稀産種．**好清水性種．**
Patrick & Reimer (1966)は，軟水の渓流中に最も多く出現するという．

Achnanthes lanceolata ssp. *biporoma*（Hohn & Hellerman）Lange-Bertalot 1991

(Plate IIB$_2$-9：5-8)

Syn：*Achnanthes biporoma* Hohn & Hellerman 1963.

形態 殻の形 3-Sta；先端の形 くちばし形[3]；殻長 14-25 μm；幅 6-7 μm；条線 縦溝殻，無縦溝殻共に 13-15/10 μm.

生態 琵琶湖への流入河川，日野川，真野川などの清浄域に出現．

Krammer & Lange-Bertalot (1991)は，oligatraphentic, circumneutral とする．Van Dam *et al.* (1994)も oligotraphentic, circumneutral とする．

Achnanthes lanceolata ssp. *rostrata*（Østrup）Lange-Bertalot 1991

(Plate IIB$_2$-9：9-20)

Syn：(?) *Achnanthes rostrata* Østrup 1902；(?) *A. piafica* Carter in Carter & Denny 1982；*Planothidium rostratum* (Østrup) Round & Bukhtiyarova 1996.

形態 殻の形 3-Sta；先端の形 くちばし形[3]；殻長 7-16 μm；幅 4-7 μm；条線 縦溝殻，無縦溝殻共に 11-14/10 μm.

生態 有機汚濁に関しては広適応性種，pH に関しては好アルカリ性種で，多様な環境水域に出現する普遍種．

Van Dam *et al.* (1994)は，alkaliphilous, α-mesosaprobous, eutraphentic とする．Håkansson (1993)も，alkaliphilous とする．

Achnanthes lanceolata ssp. *rostrata* の生態図

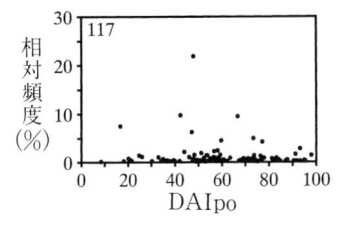

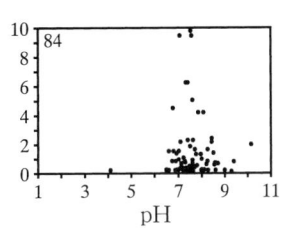

Achnanthes peragalli Brun & Héribaud var. *peragalli* 1893

(Plate IIB_2-9 : 21-30)

Syn：*Planothidium peragalli* (Brun & Héribaud) Round & Bukhtiyarova 1996.

形態　殻の形 1-Sta；先端の形 小突起形[1]；殻長 12-18μm；幅 6-9(11)μm；条線 縦溝殻 22-24/10μm，無縦溝殻 15-17/10μm.

生態　尾瀬沼(DAIpo 55, 56)，摩周湖(DAIpo 92, 93)，倶多楽湖(DAIpo 71, pH 7.6)，Lake Tahoe (DAIpo 89, 93)(29, 30)のような貧栄養の湖沼，御在所温泉の流出溝(pH 7.9)にも出現する．稀産種．

Van Dam *et al.* (1994)は，circumneutral，β-mesosaprobous，oligotraphentic とし，Håkansson (1993)は，pH indifferent とする．

Achnanthes peragalli var. *parvula* (Patrick) Reimer 1966

(Plate IIB_2-9 : 31-36)

Syn：*Achnanthes oestrupii* var. *parvula* Patrick 1945；*Planothidium peragalli* var. *parvulum* (Patrick) Andresen, Stoermer & Kreis 2000.

形態　殻の形 1-Sta；先端の形 準くちばし形[2]；殻長 9-12μm；幅 6-7μm；条線 縦溝殻約 22/10μm，無縦溝殻約 15/10μm；先端が明確な小突起がない準くちばし形であることで，基本種と異なる．

生態　奈良県宇陀川(DAIpo 79)の清水域に出現．稀産種．

Van Dam *et al.* (1994)は，circumneutral，β-mesosaprobous，oligotraphentic とする．本種の形態は，無縦溝殻の中心域にある，鐘状の無条線域が，二重構造になっている以外，形態は *Achnanthes lanceolata* ssp. *dubia* (Grunow) Lange-Bertalot 1991；Syn：*A. lanceolata* var. *dubia* Grunow 1880 とほとんど同等といえる．DAIpo，pH 分布の図は，両者を併せて複合種群として作図したものである．**好清水性種．**

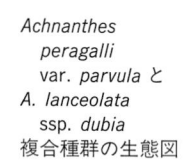

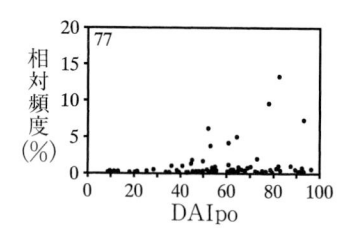

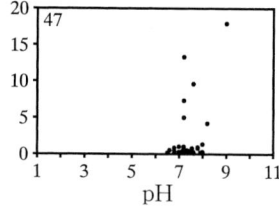

Achnanthes peragalli var. *parvula* と *A. lanceolata* ssp. *dubia* 複合種群の生態図

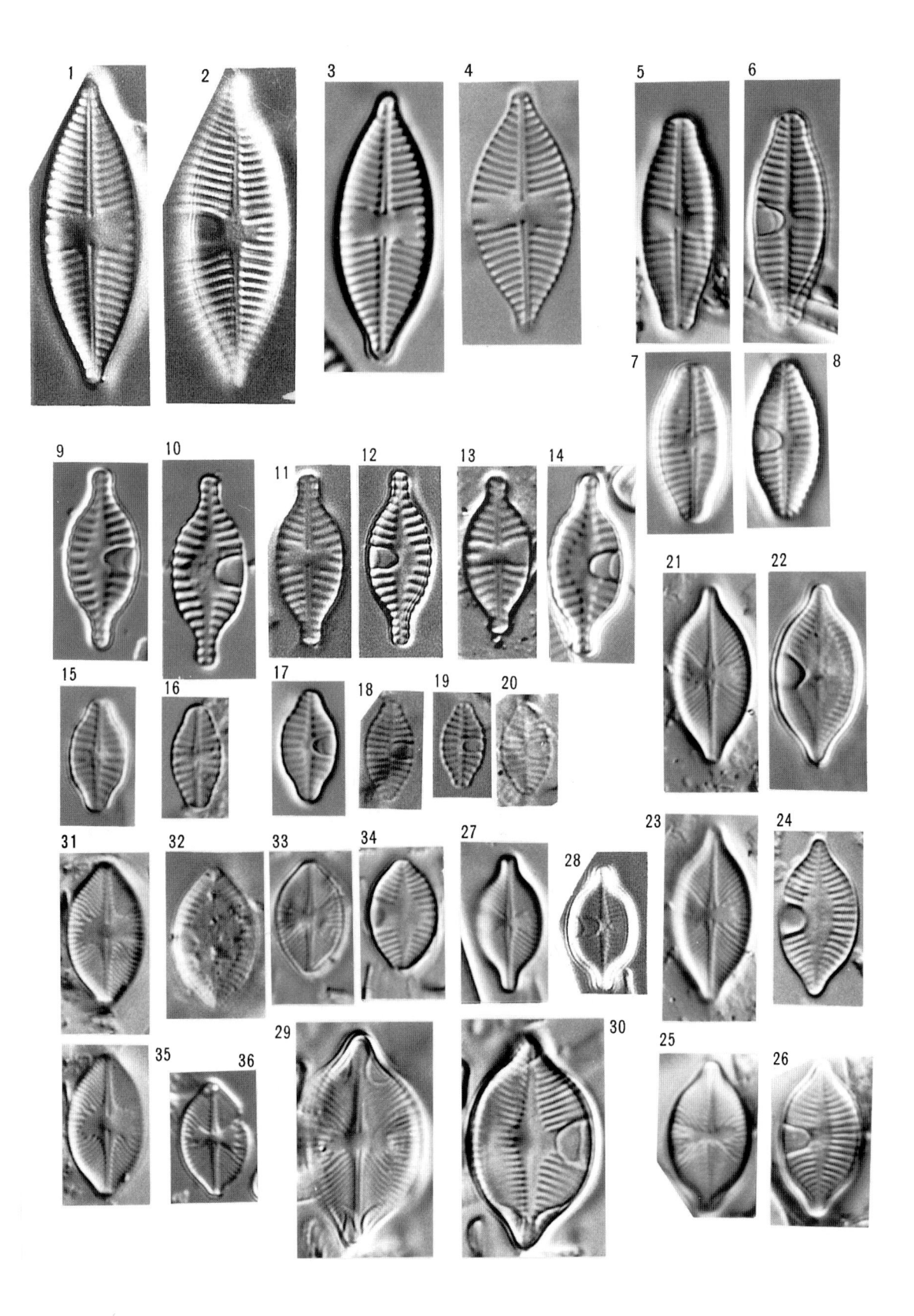

Plate II B₂-9

Achnanthes exigua Grunow var. *exigua* 1880 (Plate IIB$_2$-10：1-8)

Syn：(?) *Achnanthes exigua* var. *constricta* (Torka) Hustedt 1921；*A. exigua* var. *heterovalvata* Krasske 1923；*Achnanthidium exiguum* (Grunow) Czarnecki 1994.

|形態| 殻の形 3-Sta；先端の形 くちばし形［3］～頭状形［5］；殻長 7-17 μm；幅 4.5-8 μm；条線 縦溝殻 24-25/10 μm，無縦溝殻 20-24/10 μm.

|生態| *Achnanthes* 中数少ない**好汚濁性種**の1つ．**好アルカリ性種**．
Van Dam *et al.* (1994)は，alkaliphilous，β-mesosaprobous，oligo-to eutraphentic (hypereutraphentic)とする．Håkansson(1993)も alkaliphilous とする．Cholnoky (1968)は，本種の最適 pH を約8とする．Petersen (1946)は，水温 32-46℃の温泉中に多産したことを報じているが，日本でも，石和温泉(pH 8.1，38℃，EC 595 μS/cm)で，相対頻度 95%で出現したし，弁慶 (pH 7.9)，貝掛 (pH 7.7)，竜神 (pH 8.5)，カルルス (pH 7.7)，湯沢 (pH 9.3)，下呂 (pH 9.2)，大師湯 (pH 8.3)などの無機アルカリ温泉においても，40-85%の相対頻度で出現した．

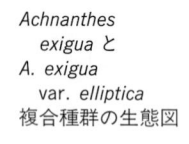

Achnanthes exigua と *A. exigua* var. *elliptica* 複合種群の生態図

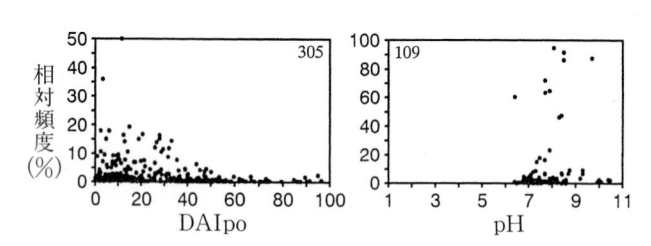

Achnanthes exigua var. *elliptica* Hustedt 1937 (Plate IIB$_2$-10：9-12)

|形態| 殻の形 1-Sta；先端の形 準くちばし形［2］；殻長 7-12 μm；幅 4-5 μm；条線 縦溝殻約 28/10 μm，無縦溝殻約 25/10 μm.

|生態| **有機汚濁，pH に関しては，基本種と同様に好汚濁性種，好アルカリ性種**．上の生態図は，基本種と本変種とを併せた複合種群として，産地の DAIpo，pH 値傾斜上の相対頻度の分布を示したものである．

Achnanthes nitidiformis Lange-Bertalot *in* Lange-Bertalot & Krammer 1989
(Plate IIB$_2$-10：13-16)

|形態| 殻の形 3-Sta；先端の形 頭状形［5］；殻長 12-18 μm；幅 4.5-5 μm；条線 縦溝殻，無縦溝殻共に 21/10 μm；*A. amoena* Hustedt と似るが，本種の方が殻長が大きく，先端頭状突起のくびれがやや深いことで区別できる．

|生態| 摩周湖(DAIpo 92, 93)と別府市平田川下流(pH 6.7，EC 400 μS/cm)に出現した稀産種．

Achnanthes daui Foged 1962 (Plate IIB₂-10：17-20)

　Syn：*Achnanthes ploenensis* sensu Kreis & Stoermer 1979；*A. lemmermannii* sensu Negoro & Gotoh 1983.

　形態 　殻の形 3-Sta；先端の形 くちばし形[3]～頭状形[5]；殻長 7-12μm；幅 3.5-6μm；条線 縦溝殻，無縦溝殻共に 14-16/10μm.

　生態 　摩周湖に，*A. nodosa* として出現が記録された(Watanabe 1990)種は，本種の誤同定．阿寒湖にも出現する(河島，小林 1996)．稀産種．好清水性種の可能性が大きい．

　Van Dam *et al.*(1994)は，pH circumneutral, oligosaprobous, oligotraphentic とし，Krammer & Lange-Bertalot (1991)も，pH circumneutral, oligotraphentic とする．

Achnanthes ziegleri Lange-Bertalot 1991 (Plate IIB₂-10：21-24)

　形態 　殻の形 1-Sta；先端の形 くちばし形[3]；殻長 8-14μm；幅 6-8μm；条線 縦溝殻，無縦溝殻共に 20-22/10μm．*A. exigua* var. *elliptica* と形態が似るが，条線密度が，本分類群の方が粗く，無縦溝殻の擬縦溝部の形が，細い舟形であることによって区別できる．

　生態 　Lake Tahoe に出現した稀産種．

Achnanthes ventralis (Krasske) Lange-Bertalot *in* Lange-Bertalot & Krammer 1989
(Plate IIB₂-10：25, 26)

　Syn：*Achnanthes sublaevis* Hustedt 1957；*A. kryophila* var. *protracta* Hustedt *in* A. Schmidt *et al.* 1937；(?)*A. sublaevis* var. *crassa* Reimer in Patrick & Reimer 1966；*Psammothidium ventralis* (Krasske) Bukhtiyarova & Round 1996.

　形態 　殻の形 1-Swo；先端の形 広円形[0]；殻長 8-16μm；幅 4.5-6μm；条線 縦溝殻，無縦溝殻共に 27-32/10μm．

　生態 　治右衛門池(pH 6.6)，Lake Tahoe(DAIpo 89, 93)に出現．稀産種．

　Van Dam *et al.*(1994)は，acidophilous, oligosaprobous, oligo-mesotraphentic とする．

Achnanthes kolbei Hustedt 1930 (Plate IIB₂-10：27-30)

　Syn：*Kolbesia kolbei* (Hustedt) Round & Bukhtiyarova 1996.

　形態 　殻の形 1-Sta；先端の形 くちばし形[3]；殻長 11-26μm；幅 5.5-7.5μm；条線 縦溝殻，無縦溝殻共に 12-15/10μm；縦溝殻の軸域は細長い舟形．無縦溝殻の放射状条線は，細い擬縦溝域を境にして，左右共に縦の溝により二分される．*A. suchlandtii*(Pl.IIB₂-8：8-11)と近縁の種と考えられる．

　生態 　オーストラリアの R. Massmen に出現したが，日本では未発見．

　Krammer & Lange-Bertalot (1991)は弱アルカリの oligo-β-mesosaprobous の水域に出現する普遍種とする．

Achnanthes didyma Hustedt 1933 (Plate IIB₂-10：31)

　形態 　殻の形 2-Sta；先端の形 広円形[0]；殻長 6-8μm；幅 3-4.5μm；条線 縦溝殻 24-28/10μm，無縦溝殻約 31/10μm．

　生態 　摩周湖(DAIpo 92, 93)に出現した稀産種．Håkansson は，pH indifferent/acidophilous とする．

Achnanthes hintzii Lange-Bertalot & Krammer 1989   (Plate ⅡB$_2$-10：32-35)

Syn：*Cocconeis semiaperta* Hustedt 1945.

形態 　殻の形 1-Sta；先端の形 くさび形[11]；殻長 10-16 μm；幅 6-8 μm；条線 縦溝殻，無縦溝殻共に約 23/10 μm；胞紋 約 20/10 μm.

生態 　オーストラリアの Blue Mountain 近郊の湧水流出路に出現した稀産種.

　Krammer & Lange-Bertalot (1991) は，北ドイツの低地，アルプス地域の低〜中程度の電気伝導度を有する，貧栄養から中栄養の湖に出現するとする.

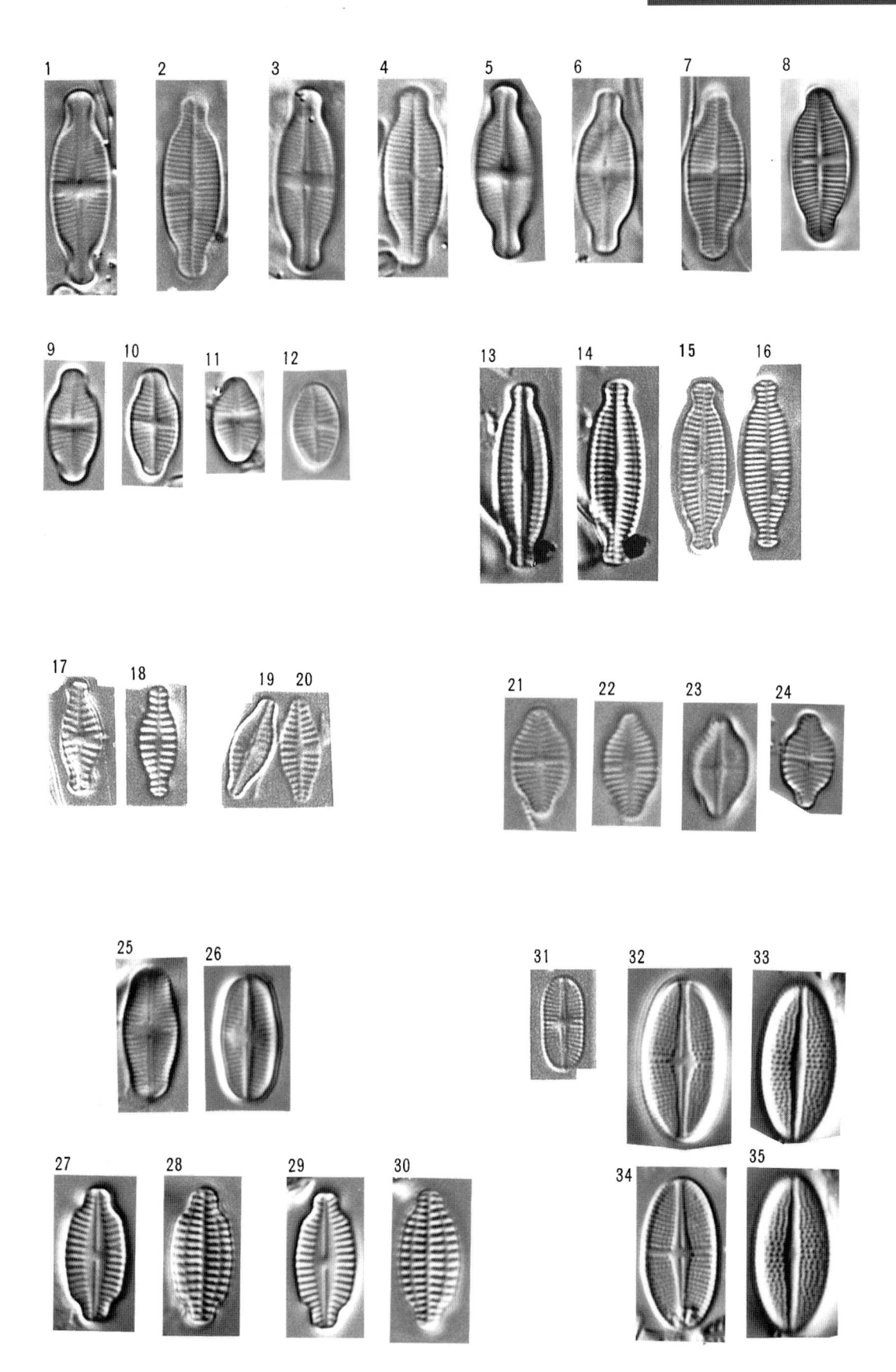

Plate II B$_2$-10

209

Achnanthes minutissima Kützing var. *minutissima* 1833 (Plate IIB₂-11：1-6)

Syn：*Achnanthes minutissima* var. *cryptocephala* Grunow 1880；*A. minutissima* f. *curta* Grunow 1880；*Achnanthidium minutissimum* (Kützing) Czarnecki 1994.

|形態| 殻の形 3-Sta；先端の形 くちばし形[3]；殻長 5-40 μm；幅 2-4 μm；条線 中心域付近でも 30-32/10 μm で，比較的密度の大きい分類群．

|生態| 有機汚濁に関しては広適応性種，pH に関しては中性種(図参照)．*Achnanthes* 中，*A. japonica* と共に，最も相対頻度が高く出現する普遍種．本種が相対頻度において，第1位優占種として出現するのは，DAIpo 50-84 の貧腐水性，または，DAIpo 30-49 の β 中腐水性の流水域，止水域である．ことに日本のダム湖では，本分類群が付着珪藻群集の第1位優占種として出現することが多い．これらのことは，本分類群が環境ストレスの少ない通常水域において，流水，止水の別なく，付着珪藻群集中，しばしば他を圧して優占するほどの，強い生活力をもった種であることを示唆していよう．一方，本分類群は，pH 10.1 の温泉湧出口と，pH 12.5 の強アルカリ鉱泉湧水との，生物生存の限界に近い強アルカリ水環境に，第1位優占種として出現したことが報告された(渡辺，浅井 1995)．本分類群の環境ストレスに対する耐性は，単に強アルカリ環境のみならず，銅，亜鉛など，植物にとって特に強い制限要因となる鉱毒汚染に関しても認められる(福島 1967，Kojima 1967，墨田，渡辺 1973，渡辺，墨田 1967)．このような極端な環境への耐性の持主を，渡辺，浅井(1995)は環境開拓生物種(environmental frontier species)と呼んだ．

Foged (1964)，Hustedt (1957)，Jörgensen (1948)らは pH indifferent，Van Dam *et al.* (1994)は circumneutral，Håkansson (1993)は alkaliphilous/indifferent とする．また Van Dam *et al.* (1994)は β-mesosaprobous, oligo-to eutraphentic とする．

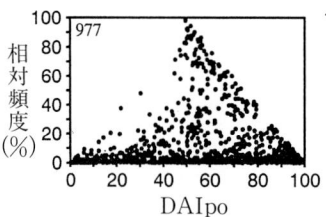

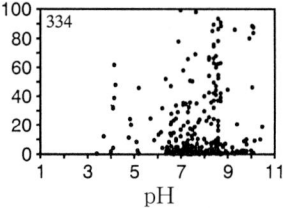

Achnanthes minutissima var. *minutissima* の生態図

Achnanthes minutissima var. *saprophila* H. Kobayasi & Mayama 1982
(Plate IIB₂-11：7-12)

Syn：*Achnanthidium saprophilum* (H. Kobayasi & Mayama) Round & Bukhtiyarova 1996.

|形態| 殻の形 4-Sta；先端の形 くさび形[11]；殻長 8-15 μm；幅 3-3.5 μm；条線 縦溝殻，無縦溝殻共に，中心部約 28/10 μm，殻端部で約 32/10 μm，全面で放散状配列．

承名変種(前記 var. *minutissima*)と比べて，ややずんぐりしていて，軸域がやや広く，殻端部での条線の放射の程度がよりゆるいこと以外では，ほとんど区別がつかない(小林 1995)．

|生態| 前記承名変種ならびに他の変種とは異なり，**強い有機汚濁域に偏した分布を示す好汚濁性種**．Mayama & Kobayasi(1984)は，α 中腐水性または強腐水性と判定できる河川に広く分布し，しばしば優占種となっているという．本分類群が付着性珪藻群集中第1位優占種となる水域は，強腐水性の流水域であり，そのような群集では，*Nitzschia palea*，*N. amphibia* が第2位優占種となる(渡辺，浅井 1992)．また，pH 10 以上の強アルカリ水域においても，第1位優占種として出現することもある**好アルカリ性種**．

Achnanthes
minutissima
var. saprophila
の生態図

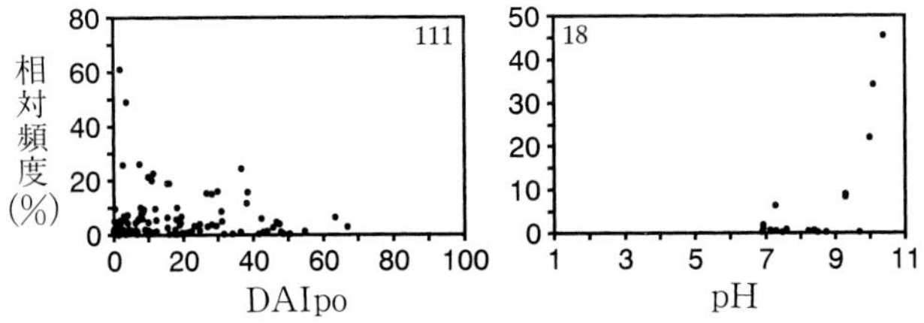

Achnanthes minutissima var. *scotica* (Carter) Lange-Bertalot 1989

(Plate IIB_2-11：13-23)

Syn：*Achnanthes microcephala* f. *scotica* Carter 1981.

形態　殻の形 5-Sta；先端の形 頭状形[5]；殻長 10-35 μm；幅 2.7-3.8 μm；条線 28-32/10 μm，基本種同様密度は比較的大きく，基本種とほぼ同等．

生態　日本では，支笏湖，倶多楽湖(DAIpo 71)，本栖湖(DAIpo 69)，西湖(DAIpo 88)，池田湖などの貧栄養湖に出現．またスコットランドの Lake Ness(DAIpo 87)，スイス Julier Pass(DAIpo 74)の小湖にも出現し，ことに Lake Ness では 26% の高い相対頻度で出現した．いずれも貧栄養湖である．**有機汚濁に関しては好清水性種．**

Van Dam *et al.* (1994)，Krammer & Lange-Bertalot(1991)は，pH に関して circumneutral としている．

Achnanthes
minutissima
var. scotica
の生態図

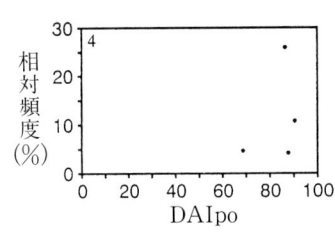

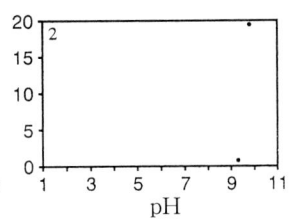

Achnanthes microcephala (Kützing) Grunow var. *microcephala* 1880

(Plate IIB_2-11：24-26)

Syn：*Achnanthidium microcephalum* Kützing 1844.

形態　殻の形 5-Sta；先端の形 頭状形[5]；殻長 8-26 μm；幅 2-3 μm；条線 28-30/10 μm．

生態　次記の *A. minutissima* var. *gracillima* と，条線密度がやや密なことと殻幅が狭いことを除くと，形態が酷似するので，混同されてきた可能性が大きい．**有機汚濁に関しては広適応性種，pH に関しては中性種．**

Cholnoky (1968)は，貧栄養でわずかに酸性から中性の水域に生息し，最適 pH は 6.4-6.6 とする．さらに溶存酸素が常時飽和で，弱酸性水域の最良の指標生物とする．Foged (1981)，Håkansson (1993)は，circumneutral とする．

Achnanthes
microcephala
var. microcephala
の生態図

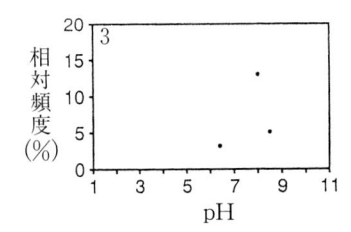

Achnanthes minutissima var. *gracillima* (F. Meister) Lange-Bertalot 1989

(Plate IIB$_2$-11 : 27-31)

Syn : *Microneis gracillima* F. Meister 1912 ; *Achnanthes microcephala* var. *gracillima* (F. Meister) Cleve-Euler 1953 ; *Achnanthes alteragracillima* Lange-Bertalot 1993 ; *Achnanthidium alteragracillima* (Lange-Bertalot) Round & Bukhtiyarova.

|形態| 殻の形 5-Sta；先端の形 頭状形[5]；殻長 8-44μm；幅 3.4-4.5μm；条線 22-25/10μm.

|生態| 華厳の滝を含む大谷川，紀伊半島の高見川，あるいは九州池田湖，信州の高瀬ダム，奈良県の旭ダム，坂本ダムなど，比較的清冽な水域に出現．華厳の滝の上流では84％，中村ダム，高瀬ダム，坂本ダムでは，それぞれ32, 42, 47％の高い相対頻度で出現．本変種は，前記のように *A. microcephala* var. *microcephala* と形態が酷似し，光顕で区別するのに，注意深い観察が必要である．Krammer & Lange-Bertalot(1991)は，*A. microcephala* を，本分類群のsynonymとしている．**有機汚濁に関しては好清水性種，pHに関しては好アルカリ性種**である．

Van Dam *et al.* (1994)は，本変種を alkaliphilous, oligotraphentic とし，Håkansson (1993)は，*A. microcephala* を pH indifferent とする．

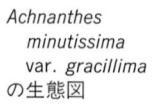

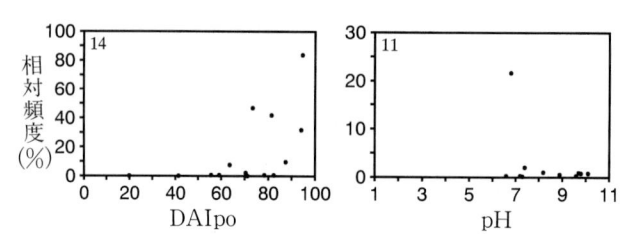

Achnanthes minutissima var. *gracillima* の生態図

Achnanthes minutissima var. *jackii* (Rabenhorst) Lange-Bertalot 1980

(Plate IIB$_2$-11 : 32-40)

Syn : *Achnanthidium jackii* Rabenhorst 1861 ; *Achnanthes linearis* var. *jackii* (Rabenhorst) Grunow 1880.

|形態| 殻の形 5-Sta；先端の形 くちばし形[3]；殻長 13-20μm；幅 3-4μm；条線 約26/10μm.

殻形は *A. exilis* とも似るが，縦溝殻の中心域の形と，その周辺の条線配列の違いによって区別できる．

|生態| var. *scotica*, var. *gracillimg* と共に**有機汚濁に関しては好清水性種，pHに関しては中性種**．基本種とは，条線密度が幾分粗く，縦溝殻の中心域周辺の条線の並び方が異なることを除いて，形態がよく似ているが，生態特性は異なるので，種の同定に注意する必要がある．

Van Dam *et al.* (1994)は，circumneutral, oligosaprobous とする．図は，*A. minutissima* var. *jackii* と，var. *robusta*(IIB$_2$-12 : 25-32)とを併せて複合種群と考えて，作図したものである．

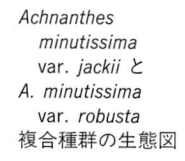

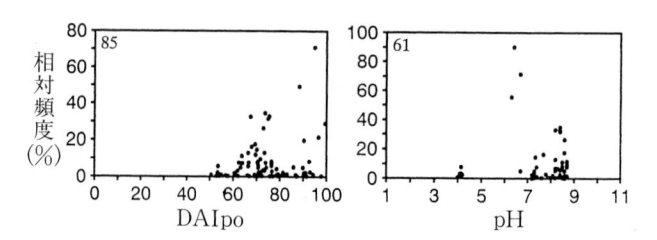

Achnanthes minutissima var. *jackii* と *A. minutissima* var. *robusta* 複合種群の生態図

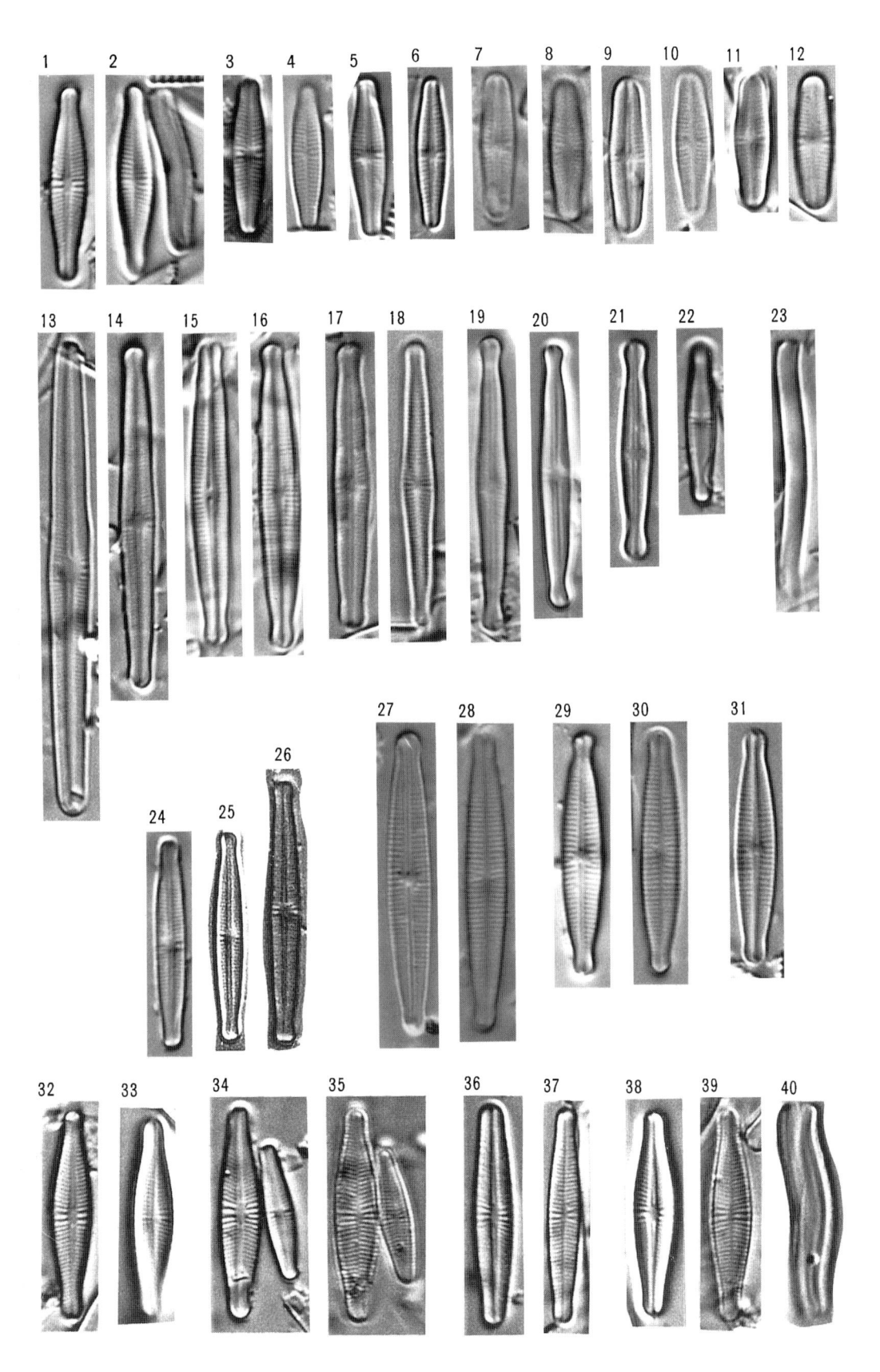

Plate II B$_2$-11

Achnanthes biasolettiana Grunow var. *biasolettiana* 1880 　　　(Plate IIB$_2$-12：1-9)

Syn：*Achnanthidium lineare* W. Smith 1855；*Achnanthes pyrenaica* Hustedt 1939.
　Kobayasi (1997)は，本分類群を *Achnanthidium pyrenaicum* (Hustedt) Kobayasi とした．
|形態| 殻の形 2-Sta；先端の形 広円形[0]；殻長 6-25 μm；幅 3-5 μm；条線 18-24/10 μm．
|生態| 有機汚濁に対しては，資料は少ないが，いずれも DAIpo 95 以上の極めて清冽な水域に出現し，**好清水性種．pH に関しては中性種．**
　Van Dam *et al.* (1994)は，alkaliphilous, mesotraphentic とする．Krammer & Lange-Bertalot (1991)は，カルシウム成分に富んだ中栄養から貧栄養の水域が，本種の最適環境であるとする．

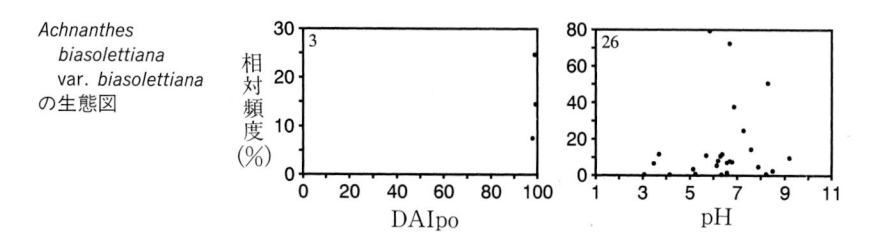

Achnanthes biasolettiana var. *biasolettiana* の生態図

Achnanthes biasolettiana var. *subatomus* Lange-Bertalot 1989
　　　　　　　　　　　　　　　　　　　　　　　　　　　(Plate IIB$_2$-12：10-20)

Syn：(?) *Achnanthes subatomus* Hustedt 1939.
|形態| 殻の形 3-Sta；先端の形 くさび形[11]；殻長 9-20 μm；幅 3.5-4.5 μm；条線 19-22/10 μm；条線の胞紋列が基本種よりも明瞭．
|生態| スコットランドの Lake Ness (DAIpo 86)，アメリカの Lake Tahoe への流入河川 (DAIpo 94, 97)の清冽水域に，それぞれ，32, 43, 11%の高い相対頻度で出現．日本では未だ出現した事例を見ない．資料は少ないが，**好清水性種**である．稀産種．

Achnanthes minutissima var. *affinis* (Grunow) Lange-Bertalot 1989
　　　　　　　　　　　　　　　　　　　　　　　　　　　(Plate IIB$_2$-12：21-24)

Syn：*Achnanthes affinis* Grunow 1880.
|形態| 殻の形 3-Sta；先端の形 広円形[0]；殻長 8-30 μm；幅 3.5-5 μm；条線 21-24/10 μm；条線の配列は，強い放散状．中心域は放射状に広がる．
|生態| 日本での出現事例は少ないので，生態特性は特定できない．
　Van Dam *et al.* (1994)は，alkaliphilous, oligosaprobous とする．

Achnanthes minutissima var. *robusta* Hustedt 1937　　　　(Plate ⅡB₂-12：25-32)

形態　Lange-Bertalot & Ruppe (1980)は，本変種を *A. minutissima* var. *jackii* の synonym とし，Krammer & Lange-Bertalot (1991)も疑問符を付けながら，var. *jackii* の synonym としている．

　筆者らが摩周湖，東ロシアの河川で得た個体の形態(25, 26)は，Simonsen (1987)が，Hustedt のスマトラ，ジャワから採集した lectotype スライドから得た写真(37-42)と酷似し，Krammer & Lange-Bertalot (1991)が，var. *jackii* としたものとは，形態が異質と考えて，本変種と var. *jackii* とは別変種とした．

　殻の形 3-Sta；先端の形　広円形[0]；殻長 10-12 μm；幅 4-4.5 μm；条線 18-26/10 μm．

生態　摩周湖(DAIpo 90, 92)，ロシアの河川(DAIpo 94)など極めて高い値の清冽水域に出現．生態的特性は，前述の var. *jackii* と似ている．しかし，従来両者は混同されていた可能性が大きい．今回は両者を複合種群として扱い，DAIpo，pH 分布の図を作成した (*A. minutissima* var. *jackii* の図 (Pl. ⅡB₂-11：32-40)参照)．有機汚濁に関しては**好清水性種**，**pH** に関しては**中性種**．

Achnanthes petersenii Hustedt 1937　　　　(Plate ⅡB₂-12：33-36)

Syn：*Achnanthes kryophila* var. *densestriata* Hustedt 1934；*A. procera* Hustedt 1945；*A. hustedtii* Bily & Marvan 1959；*A. parallela* Carter 1963；*A. pusilla* var. *petersenii* (Hustedt) Lange-Bertalot；*A. sonyda* Hartley 1986；*A. grubei* Simonsen 1987.

形態　殻の形 3-Sta；先端の形　広円形[0]；殻長 8.5-42.5 μm；幅 4-5 μm；条線 26-36/10 μm；条線は，中心から殻端まで平行に近い放散形．中心域は，横軸と平行に，条線数 3-5 本分ほどの，比較的広い無条線域が，殻の左右両縁まで広がる．

生態　日本では未発見．東ロシアのウラジオストックが臨むアムール湾への流入河川，R. Razdolnaya の支流，R. Komarovka の上流の清冽な水域(DAIpo 98)，オーストラリアの Blue Mountain 周辺の湧水口(DAIpo 91)などに出現．好清水性種である可能性が大きい．

　Van Dam *et al.* (1994)は，circumneutral, oligosaprobous, oligotraphentic とする．

Achnanthes rosenstockii Lange-Bertalot var. *rosenstockii* 1989
　　　　　　　　　　　　　　　　　　　　　　　　　　　　(Plate ⅡB₂-12：37-39)

形態　殻の形 1-Swo；先端の形　広円形[0]；殻長 6-14 μm；幅 3-4.5 μm；条線 27-32/10 μm．

生態　稀産種のために生態未詳．

　Van Dam *et al.* (1994)は，alkaliphilous, oligosaprobous, oligo-mesotraphentic とする．

Achnanthes biasolettiana var. *undulata* nom. nud.　　　　(Plate ⅡB₂-12：40-44)

形態　殻の形 3-Sta；先端の形　くちばし形[3]；殻長 15-17 μm；幅 3-4 μm；条線 24-25/10 μm；条線は中心域から殻端まで放散状．縦溝殻の中心域は，短い条線 1 本をはさんで，横軸に平行な狭い無条線域を形成する．無縦溝殻では，殻の中央部を長軸方向に細い無条線域が走るが，中央部では無条線域が少し広がる．

　殻縁が，中央と殻端の近くでくびれ，したがって，両殻縁共に 2 つの波を描いて波うつ以外，他の形質は，*Achnanthes biasolettiana* の基本種と似るので，*A. biasolettiana* の変種として記載することを検討している．

生態　奈良県内の榛原町，曽爾村などの湧水流路に出現した稀産種．**好清水性種**．

Achnanthes atomus Hustedt 1937 (Plate IIB_2-12：45-58)

形態　殻の形 3,4-Sta；先端の形 広円形[0]，くさび形[11]；殻長 5-13 μm；幅 2-3.5 μm(幅の狭い小型種)；条線 18-23/10 μm，縦溝殻では放散状，無縦溝殻ではほぼ平行；中心域 横帯を形成する；軸域 狭い；縦溝 真っすぐに伸びて，殻端では曲がらない．

生態　京都の鴨川，北山川，奈良県の佐保川，吉野川などの各支流の源流域に出現している．また，インドネシア，スマトラ島の河川 R. Salibutan(DAIpo 77)，R. Buluh(DAIpo 91)，R. Anai(DAIpo 35，83，88)，R. Singgalanggadang(DAIpo 83)，R.Tanjung(DAIpo 60)に比較的高い相対頻度(11-71%)で出現した．**有機汚濁に関しては好清水性種，pH に関しては中性種．**

タイプ種の産地はジャワ島．本分類群出現の報告は世界的に少ないが，スマトラの河川では，多くの地点に出現する．Hustedt (1937-1938)は，pH 7.5-8.1 の O_2 が豊富な流水中に出現し，滝や森林中の小川に多いという．

Achnanthes atomus の生態図

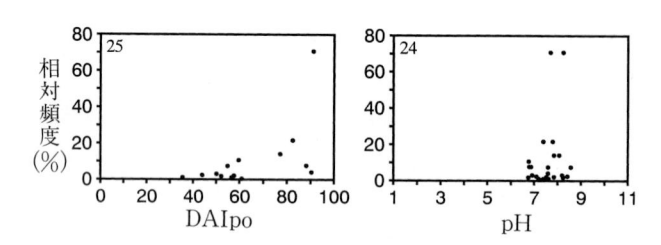

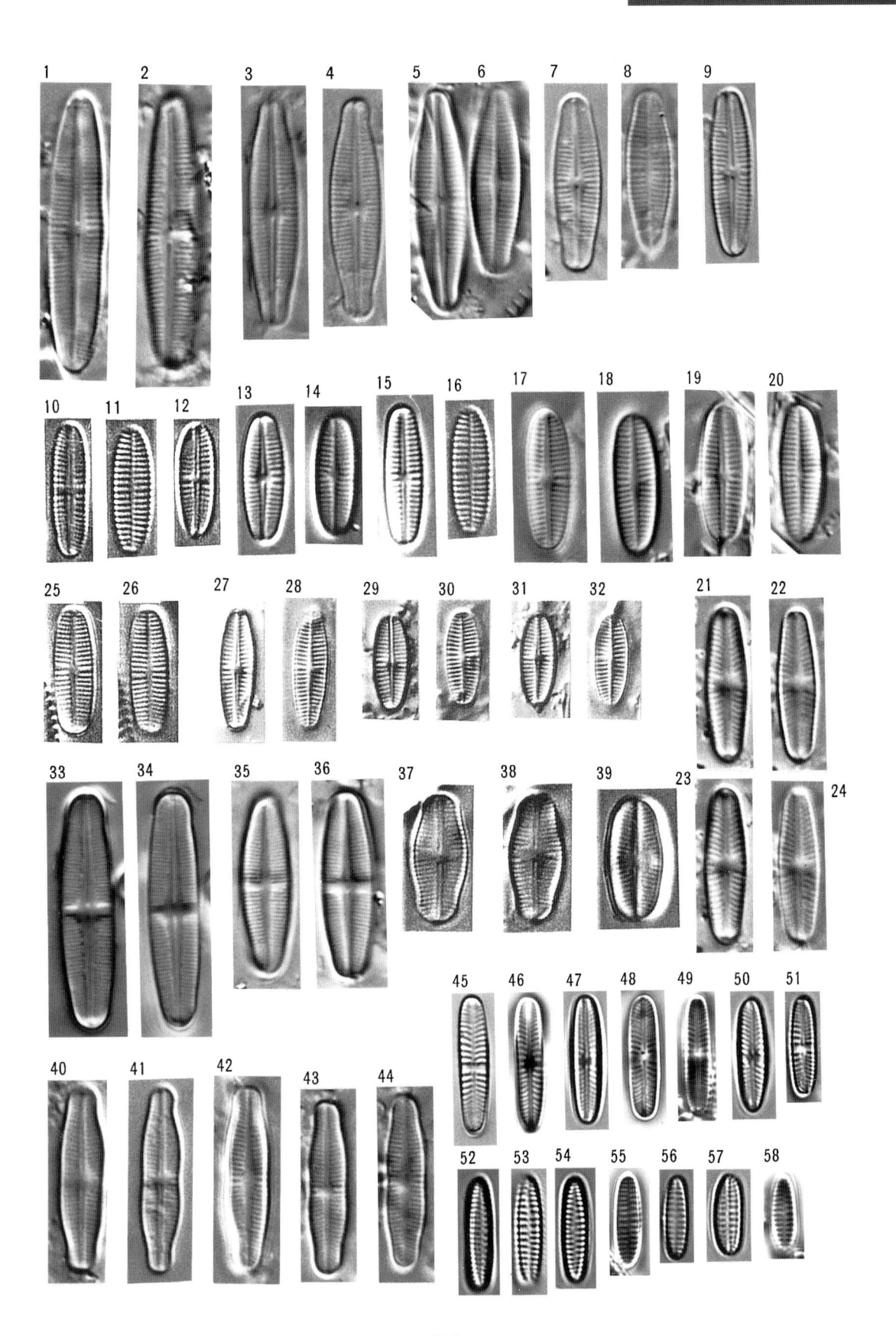

Plate ⅡB₂-12

Achnanthes japonica H. Kobayasi *in* H. Kobayasi, Nagumo & Mayama 1986

(Plate IIB$_2$-13：1-9)

形態　殻の形 4-Sta；先端の形 くさび形[11]；殻長 15-25μm；幅 4-5μm；条線 縦溝殻中心付近 16-20/10μm，殻端付近では約 30/10μm，無縦溝殻では約 18/10μm，光顕では確認しにくいことが多い．縦溝殻の条線は殻端まで放散形．縦溝は，両殻端部で同一方向へ曲がるが，それは SEM によらなければ確認できない．Kobayasi(1997)は，この特性をもつ本種を含めて 4 種の *Achnanthes* を，*Achnanthidium* としたが，筆者らは，多くの他の *Achnanthes* の帰属が未確認であるので，本種を *Achnanthes* として扱った．

生態　本種は，日本の清冽河川の DAIpo 50 以上の貧腐水性，DAIpo 85 以上の極貧腐水性水域に，ラン藻の *Homoeothrix janthina* と共に出現する，最も代表的普遍種である(田中，渡辺 1990)(生態図参照)．**典型的な好清水性種**．本種が第 1 位優占種となる場合，DAIpo は，71-100 であるが，第 2 位優占種が *Achnanthes minutissima* var. *minutissima* である群集が最も多く，その地点の DAIpo は 82-96 であった．次いで *Cymbella turgidula* var. *turgidula* が第 2 位優占種となることが多かったが，その際の DAIpo は，90-99 で，最も清冽な渓流の典型的な珪藻群集であった．**pH に関しては中性種**．

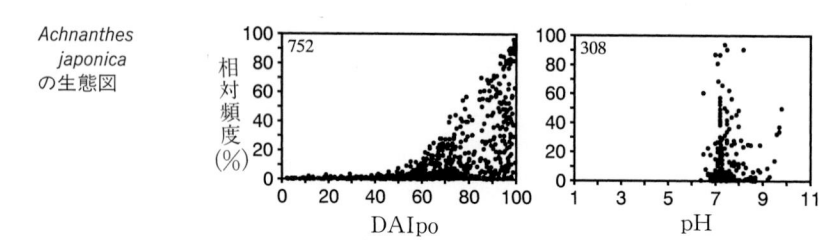

Achnanthes japonica の生態図

Achnanthes convergens H. Kobayasi *in* H. Kobayasi, Nagumo & Mayama 1986

(Plate IIB$_2$-13：10-17)

形態　殻の形 4-Sta；先端の形 くさび形[11]；殻長 10-25μm；幅 4-4.5μm；条線 縦溝殻中心域付近 約 18/10μm，殻の先端付近約 36(40 以下)/10μm，光顕では確認が難しいことが多い．

本種は前記の *A. japonica* と形態が酷似するが，右図に示すように，殻端付近の条線の配列が異なることによって区別できる．しかし，光顕下で両者を明確に区別できる個体は少ない．

生態　本種の DAIpo，pH 分布は，生態図のように先述の *A. japonica* と大変よく似ており，本種もまた**好清水性種**，**pH に関しては中性種**である．先述のように，光顕下では両者を区別しにくいが生態学的には，両者は類似の性質をもつ(両分類群の DAIpo，pH 分布図参照)ので，DAIpo を求める場合には，両者を同一種群と見なしてもさしつかえない．

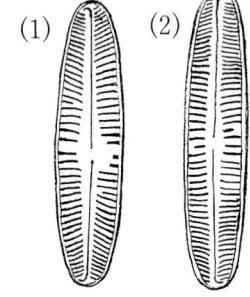

1. *A. japonica*, 2. *A. convergens*

Achnanthes convergens の生態図

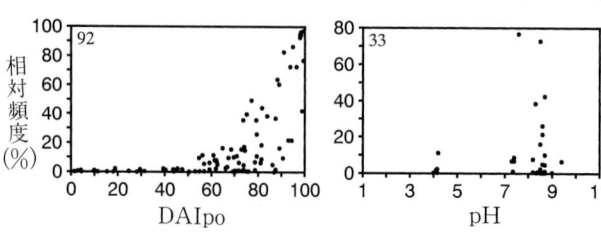

Achnanthes crassa Hustedt 1937 (Plate ⅡB₂-13：18-32)

形態 殻の形 4-Sta；先端の形 くさび形[11]；殻長 7-18 μm；幅 3-4.5 μm；条線 縦溝殻，無縦溝殻共に 22-26/10 μm；条線は縦溝，無縦溝殻共に弱い放散形．*A. japonica* と形態が似るが，条線密度が中心部と殻端部とで，*A. japonica* ほどに大きく違わないので，殻端部の条線が明確に見える点で区別できる．

生態 芦ノ湖(DAIpo 59)，摩周湖(DAIpo 92，93)などに出現．有機汚濁に関しては広適応性種，pH に関しては中性種．

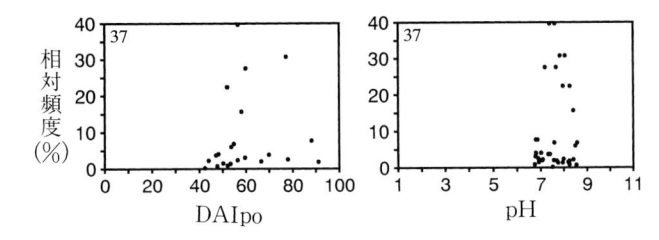

Achnanthes crassa の生態図

Achnanthes linearis W. Smith sensu Hustedt 1930 (Plate ⅡB₂-13：33-37)

Syn：*Achnanthidium lineare* W. Smith 1855；*Achnanthes linearis* var. *jackii* (Rabenhorst) Grunow 1880.

形態 殻の形 4-Sta；先端の形 広円形[0]；殻長 10-20 μm；幅 3-4.5 μm；条線 縦溝殻，無縦溝殻共に 24-28/10 μm；条線は中央部では平行，殻端へ向かって，極めて弱い放散状を帯びるが，平行に近い．

生態 有機汚濁に関しては広適応性種，pH に関しては中性種．

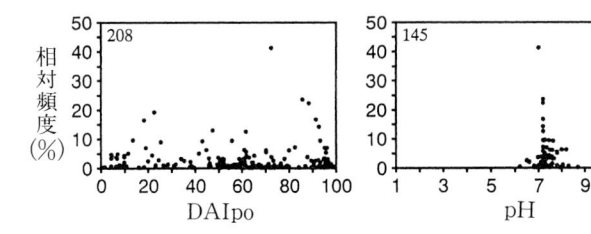

Achnanthes linearis の生態図

Achnanthes pusilla (Grunow) De Toni 1891 (Plate ⅡB₂-13：38-41)

Syn：*Achnanthes* (*linearis* var. ?) *pusilla* Grunow 1880.

形態 殻の形 4-Sta；先端の形 広円形[0]；殻長 8.5-18 μm；幅 3.5-4.5 μm；条線 縦溝殻，無縦溝殻共に 18-23/10 μm；条線は，中央部から殻端部まで平行，または極めて弱い放散状．形態は，前記 *A. linearis* と酷似するが，本種の条線密度のほうが，かなり粗であることによって区別できる．

生態 有機汚濁に関しては好清水性種，pH に関しては中性種．

Van Dam *et al.* (1994)は，circumneutral，Håkansson (1993)は，pH indifferent とする．

Achnanthes pusilla の生態図

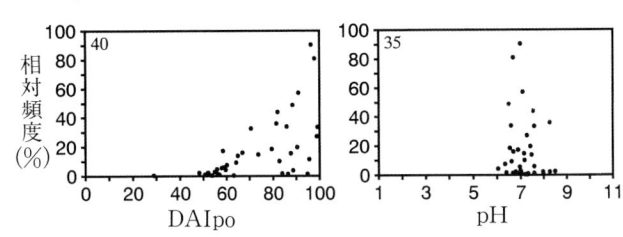

Achnanthes exilis Kützing 1833 (Plate IIB_2-13：42, 43)

|形態| 殻の形 3-Sta；先端の形 くさび形[11]；殻長 12-33 μm；幅 4-6 μm；条線 約 24/10 μm 放射状に配列；無縦溝殻の軸域比較的広い．中央部へ向かってゆるやかにふくらむ(43)．

|生態| 奥日光の湯ノ湖への流入河川，白根沢(DAIpo 72)に出現した**好清水性種**，稀産種．

Plate IIB$_2$-13

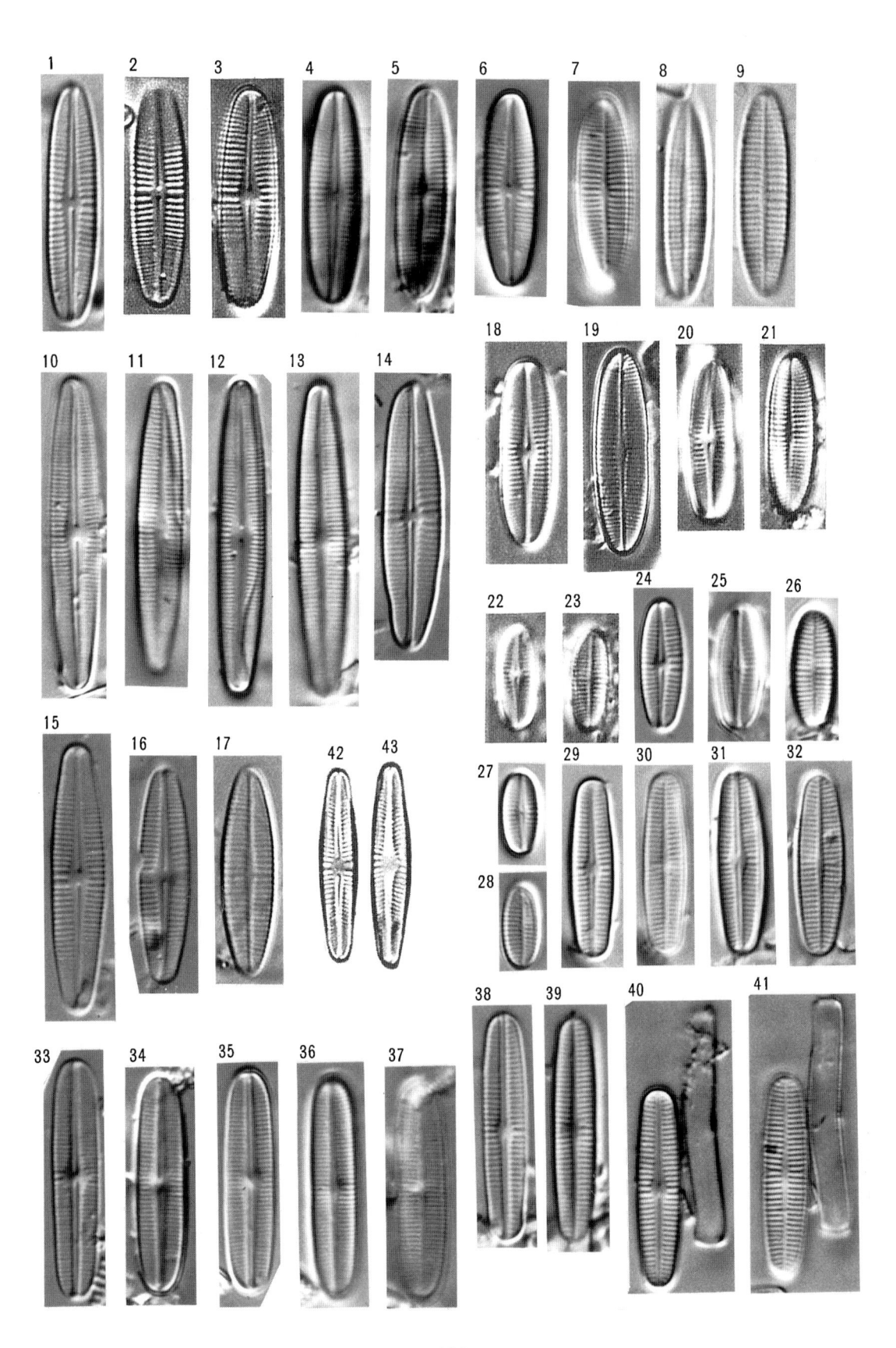

Achnanthes japonica H. Kobayasi *in* H. Kobayasi, Nagumo & Mayama 1986

(Plate IIB$_2$-14：1-3)

　形態，生態については，すでに Pl. IIB$_2$-13：1-9 で記述したが，ここには電顕写真(すべて 5000 倍)を示して，*A. convergens*, *A. atomus* との形態特性の違いを，電顕像によって明確にした．
1：縦溝殻の外側へ向く面
2：縦溝殻の内側へ向く面
3：無縦溝殻の外側へ向く面

Achnanthes convergens H. Kobayasi *in* H. Kobayasi, Nagumo & Mayama 1986

(Plate IIB$_2$-14：4-7)

　形態，生態については，すでに Pl. IIB$_2$-13：10-17 で記述した．
4,5：縦溝殻の外側(4)と内側(5)へ向く面
6：無縦溝殻の外側へ向く面
7：帯面観

Achnanthes atomus Hustedt 1937　　　　　　　　　　　　　　　　(Plate IIB$_2$-14：8-11)

　形態，生態については，すでに Pl. IIB$_2$-12：45-58 で記述した．
8,9：縦溝殻の外側(8)と内側(9)へ向く面
10：無縦溝殻の外側へ向く面
11：帯面観

　上記3分類群の形態特性は次ページの表のようにまとめることができる．

3分類群の形態特性

	縦溝殻		無縦溝殻	
	条線	縦溝	条線	無条線域
Achnanthes japonica (Pl. IIB₂-13：1-9)	放散状配列（1）	外面(1,4) 中央部：真っすぐに向かいあう 殻端部：同方向に曲がる 内面(2,5) 中央部：逆方向に曲がり向かいあう 殻端部：真っすぐに伸びる	中央部：平行(3) 殻端部：弱い 放散状(3)	幅狭く，真っすぐに伸びる(3)
Achnanthes convergens (Pl. IIB₂-13：10-17)	中央部：放散状 殻端部：収斂状(4,5)		条線は全域で平行に近い(6) 胞紋は軸域と殻縁に接するもののみ，2胞紋が合体しているように見える(6)	幅狭く，中央部でわずかに膨出する(6)
Achnanthes atomus (Pl. IIB₂-12：45-58)上記2分類群と比べ小型で幅が狭い	強い放散状配列(8) 中央部の条線が欠除し，横帯が形成される(8,9)	外面：軸域中央を真っすぐに走り殻端においても曲がらない(8) 内面：中央部で逆方向に曲がり向かいあう(9)	全域で平行(10)	幅狭く，真っすぐに伸びる(10)

Plate II B$_2$-14

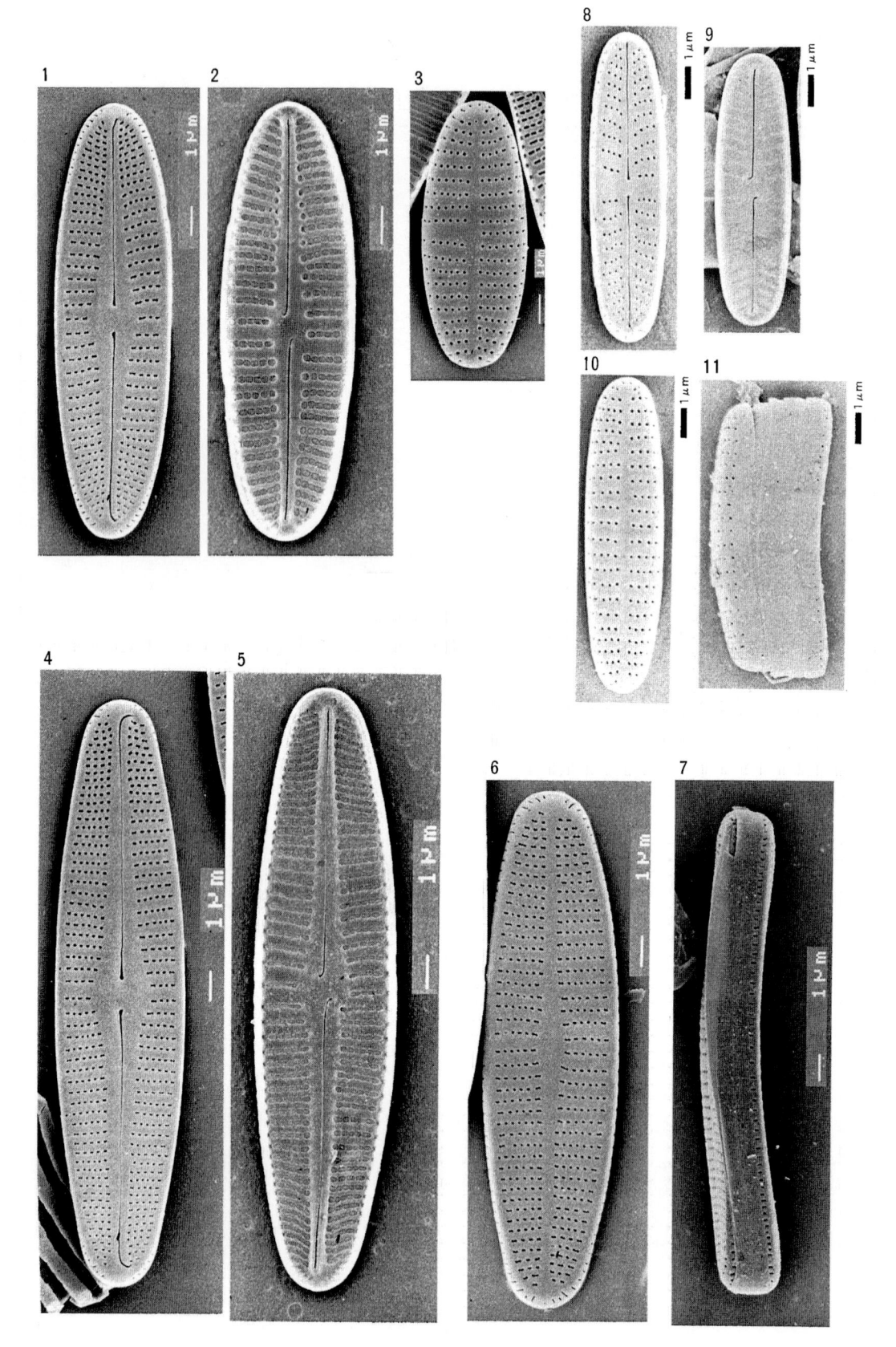

Rhoicosphenia abbreviata (C. Agardh) Lange-Bertalot 1980 　　(Plate IIB$_3$-1：1-8)

Syn：*Gomphonema abbreviatum* C. Agardh 1831；*G. curvatum* Kützing 1833；*Rhoicosphenia curvata* (Kützing) Grunow *ex* Rabenhorst 1864.

形態 殻の形 4-Ova；先端の形 くさび形[11,12]；殻長 10-75 μm；幅 3-8 μm；条線 縦溝殻中央部 14-20/10 μm，わずかに放射状(1,3-5)，不完全縦溝殻中央部 11-24/10 μm，平行に近い(2)；帯面観はくの字形(6)；(7,8)は条線密度の粗い小型種.

生態 有機汚濁に関しては好清水性種，pH に関しては好アルカリ性種.

Van Dam *et al.* (1994)は，alkaliphilous, β-mesosaprobous, eutraphentic とする．Håkansson (1993)は，*R. curvata* を alkaliphilous とする．Foged (1981)は，*R. curvata* を alkaliphilous の普遍種とし，Liebmann (1959)は，β 中腐水性の指標種とする.

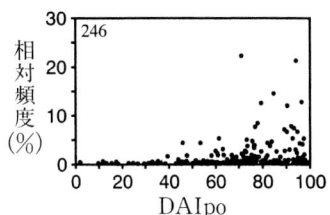

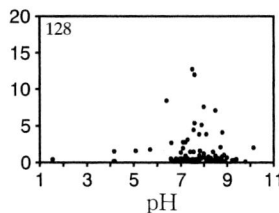

Rhoicosphenia abbreviata の生態図

Diatomella balfouriana (W. Smith) Greville 1855 　　(Plate IIB$_3$-1：9-13)

Syn：*Grammatophora? balfouriana* W. Smith 1856.

形態 殻の形 2-Sta；先端の形 くさび形[11]；殻長 10-55 μm；幅 3.5-8 μm；条線 18-22/10 μm；殻面観では，太い2個の隔壁があるために，3個の大きな穴が並ぶように見える(9,12,13)；帯面観では，隔壁が，左右に2個ずつ，黒い粒のように見える(10).

生態 殻は糸状に連なる．ヨーロッパでは，高山帯の小さな流れの中の，ぬれたコケや岩の表面に付着藻として出現し，北欧では広く分布して，稀産種ではないとする(Hustedt 1985)が，日本では報告例は少なく，青木湖，那須弁天温泉からの報告があるにすぎない(福島 1957)．奈良県内湧水流出溝に出現した．**好清水性種である**可能性が大きい.

Patrick & Reimer(1966)は，アメリカの山岳によく見られ，栄養塩濃度の低い冷水を好む種とする.

Mastogloia smithii Thwaites var. *smithii* 1856 　　(Plate IIB$_3$-1：14-17)

形態 殻の形 2-Sta；先端の形 くさび形[11]；殻長 20-45 μm；幅 8-14 μm；条線 18-20/10 μm；方形の数個から10数個の区画が縦に並ぶ区画環(pastectal ring)がある(15,17).

生態 日本では稀産種．那須弁天温泉からの報文を見るのみである(福島 1957)．写真はアメリカのL. Tahoe産(DAIpo 89, 93)．Patrick & Reimer (1966)は，淡水と汽水産だが，淡水湖からの報告の方が多いとする．本属中の多くの種は海産，汽水産で，沿岸性種とされている.

Amphipleura pellucida (Kützing) Kützing 1844 (Plate ⅡB₃-1：18,19)

Syn：*Frustulia pellucida* Kützing 1833.

形態　殻の形 5-Sta；先端の形 くさび形[12]；殻長 80-140 μm；幅 7-9 μm；条線 37-40/10 μm（光顕では確認しにくい）；中央に長軸に沿って縦走する長い軸脈があり，両端でそれぞれ二分岐し，短い縦溝をはさみこむ．先端では，二分岐した軸脈は閉じて末端の極節を形成する．

生態　殻壁の薄いプランクトン性種．芦ノ湖(DAIpo 59)，木崎湖(DAIpo 81)，野尻湖，池田湖(DAIpo 87)に出現．相対頻度は普通小さい．

Van Dam *et al.*(1994)は，alkaliphilous，α-meso-/polysaprobous，oligo-mesotraphentic とする．

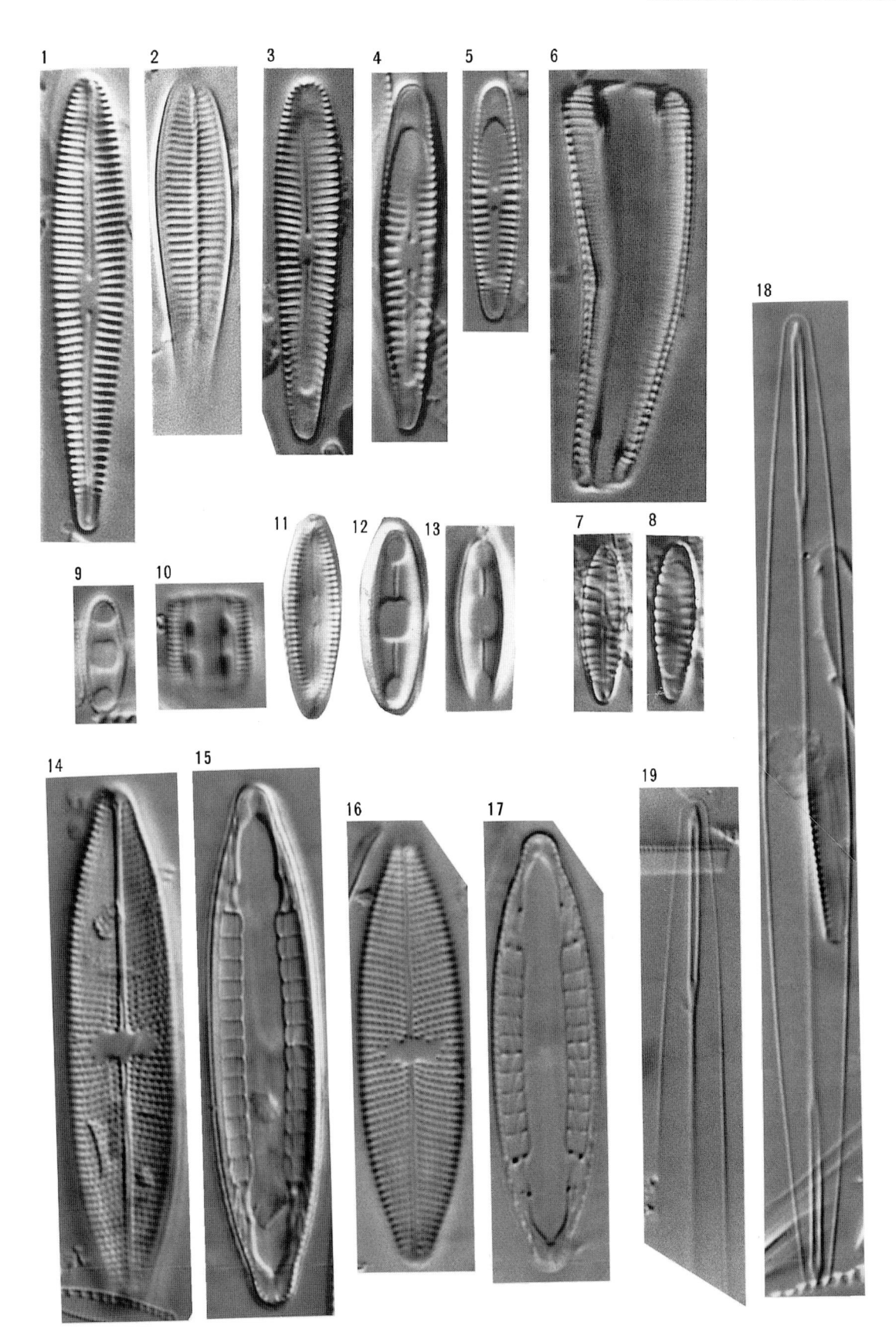

Plate II B₃-1

Frustulia Rabenhorst 1853 (Plate ⅡB₃-2, ⅡB₃-3)

生活様式：有機酸性のコーヒー色の水をたたえた腐植湖，あるいは湿原に，付着藻としてしばしば出現する．大部分の種は，**好酸性種**．
葉 緑 体：中央部にレンズ状のピレノイドをもつ，長い板状の葉緑体が2枚あり，いずれも殻の内壁を裏打ちするかのように，上下に長く伸びている．
殻 面 観：殻の形は 3-Sta；先端の形はくさび形；条線は横条線，縦条線共に密で，いずれも 10 μm 当たり 30 本内外．
帯 面 観：矩形．

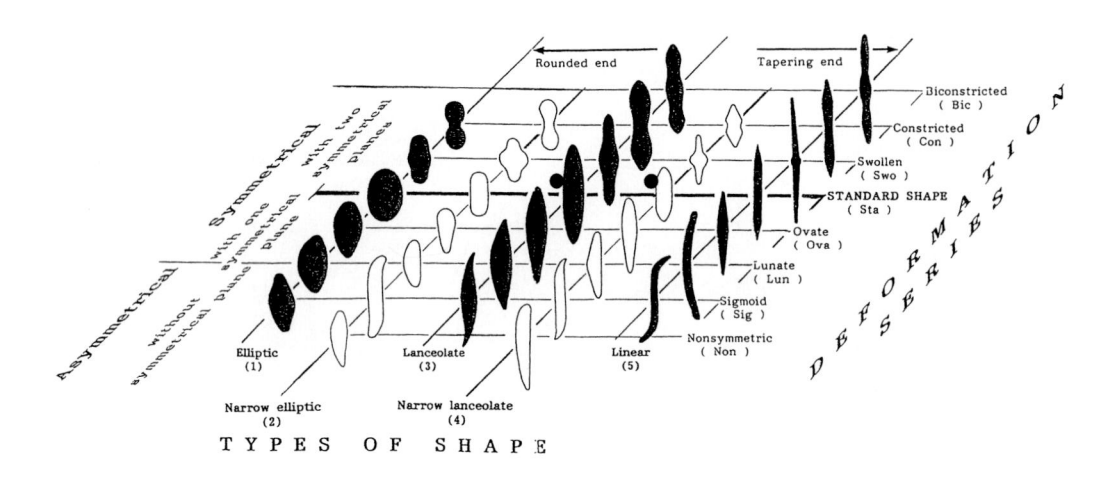

図ⅡB₃-1　*Frustulia* の殻の形

種の同定に必要な記載事項

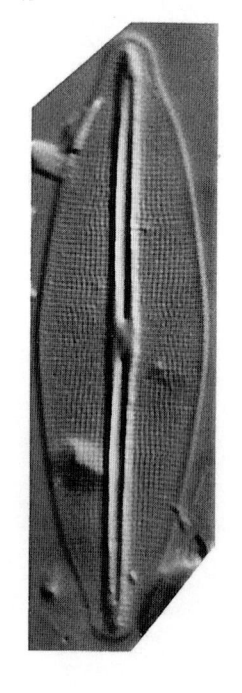

例：*Frustulia rhomboides* var. *saxonica*
1. 殻の形 3-Sta，先端の形 くちばし形[3]
2. 殻の大きさ 殻長 41 μm，幅 12 μm
3. 条線，配列
    横条線 33/10 μm，平行
    縦条線 31/10 μm

Frustulia rhomboides (Ehrenberg) De Toni var. *rhomboides* 1891

(Plate IIB$_3$-2：1,2)

Syn：*Navicula rhomboides* Ehrenberg 1841；*Vanheurckia rhomboides* Brébisson 1868.

|形態| 殻の形 3-Sta；先端の形 くさび形[11,12]；殻長 40-160 μm；幅 12-30 μm；条線 横条線 20-28/10 μm；縦条線 20-28/10 μm；縦溝の走る軸域は，中央部で幾分締めつけられたようにへこむ.

|生態| 有機汚濁に関しては，図に示すように広適応性種ではあるが，相対頻度は常に小さい．**pH**に関しては**好酸性種**で，pH 5 付近に最適 pH 域がある（図参照）.

Van Dam *et al.*(1994)は，acidophilous, oligosaprobous, oligotraphentic とする．Håkansson (1993)も acidophilous とする．Patrick & Reimer (1966)は，普通弱酸性の湿原や湖沼に出現する種とするが，熱帯の pH 7-8 の水域からも報告されたと記している．Cholnoky (1968)は，それぞれ，硫酸を含んだパルプ工場排水，鉱山排水を受ける水域に，本分類群の出現したことを報じている．

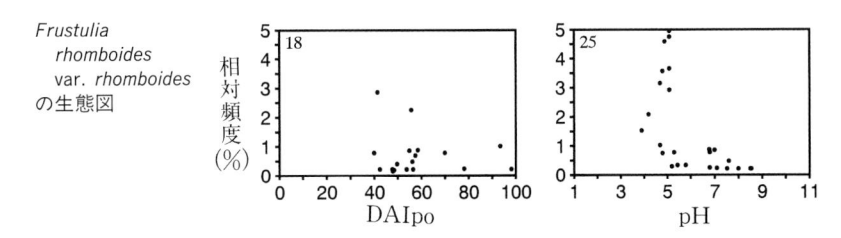

Frustulia rhomboides var. *rhomboides* の生態図

Frustulia rhomboides var. *saxonica* (Rabenhorst) De Toni 1891

(Plate IIB$_3$-2：3,4)

Syn：*Frustulia saxonica* Rabenhorst 1851.

|形態| 殻の形 3-Sta；先端の形 くさび形[11]；殻長 40-70 μm；幅 12-20 μm（基本種と比べて少し小型）；条線 横条線 30-35/10 μm, 縦条線 35-40/10 μm, 基本種よりもやや密である；軸域は中央部で締めつけられたようにへこむ.

本変種は基本種（前記）と区別すべきではないという説もあり，両者の分布図が示すように，生態情報も近似であるが，現段階ではこのままにして，今後の分類学的検討の結果を待ちたい．

|生態| 有機汚濁に関しては広適応性種で，DAIpo 60 付近の貧腐性水域で，相対頻度が 10％以上になることがある．**pH**に関しては**真酸性種**であり，pH 3-4 の強酸性水域で，相対頻度は 10-40％の高い値に達することが多い（下図参照）．本分類群は，湿原や腐植酸性水域での代表的指標種といえる．

Van Dam *et al.*(1994)は，acidobiontic, oligosaprobous, oligotraphentic とし，Håkansson (1993) は acidophilous とする．

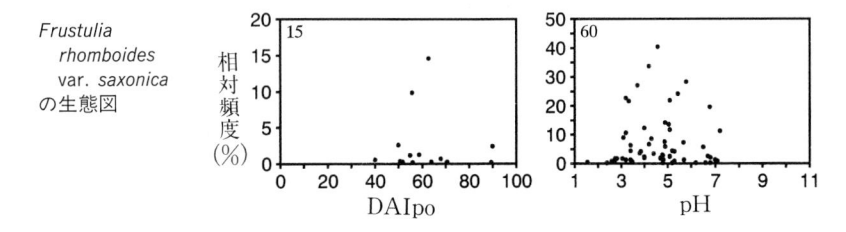

Frustulia rhomboides var. *saxonica* の生態図

Frustlia rhomboides var. *capitata* (A. Mayer) Patrick 1966 (Plate IIB$_3$-2：5,6)

Syn：*Frustlia saxonica* var. *capitata* A. Mayer 1917；*F. rhomboides* var. *saxonica* f. *capitata* (A. Mayer) Hustedt 1930；*Vanheurckia rhomboides* var. *crassinervia* f. *capitata* (A. Mayer) Patrick 1945.

形態　殻の形 3-Sta；先端の形 くちばし形[3]；殻長 40-60 μm；幅 10-13 μm；条線 横縦条線共に 24-30/10 μm，条線密度がやや密であり，殻端がくちばし形のほかに，縦条線が，殻の中央部で，時にわずかに波うつことで，他と区別できる(Patrick 1966)．

生態　出現事例が少ないので生態未詳．Patrick & Reimer (1966)は，金属塩濃度の低い弱酸性水域に出現すると記している．

Frustlia rhomboides var. *crassinervia* (Brébisson *ex* W. Smith) Ross 1947
(Plate IIB$_3$-2：7-10)

Syn：*Navicula crassinervia* Brébisson *ex* W. Smith 1853；*Vanheurckia crassinervia* (Brébisson *ex* W. Smith) Brébisson 1868；*V. rhomboides* var. *crassinervia* (Brébisson) Van Heurck 1885.

形態　殻の形 3-Sta；先端の形 頭状形[5]，くちばし形[3]；殻長 30-50 μm；幅 10-15 μm；条線 横条線 36-42/10 μm，縦条線約 40；殻縁が，他の分類群のようにスムーズな曲線ではなく，ゆらぎのある曲線であることが，先端の形と併せて，1つの特性となっている．

生態　**腐植栄養型の水域によく出現する好酸性種**．有機汚濁に対する耐性は，試料が少ないが，**清水域を好む傾向が大きいように見られる**．相対頻度は比較的低い(＜10%)ことが多い．

Van Dam *et al*. (1994)は，acidobiontic, oligosaprobous, oligotraphentic とする．Patrick & Reimer (1966)は，貧栄養，腐植栄養の水を好むように思うと記している．

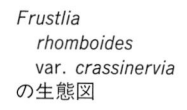

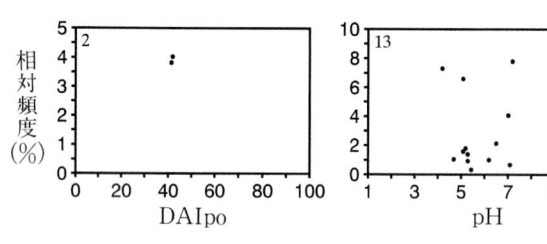

Frustlia rhomboides var. *crassinervia* の生態図

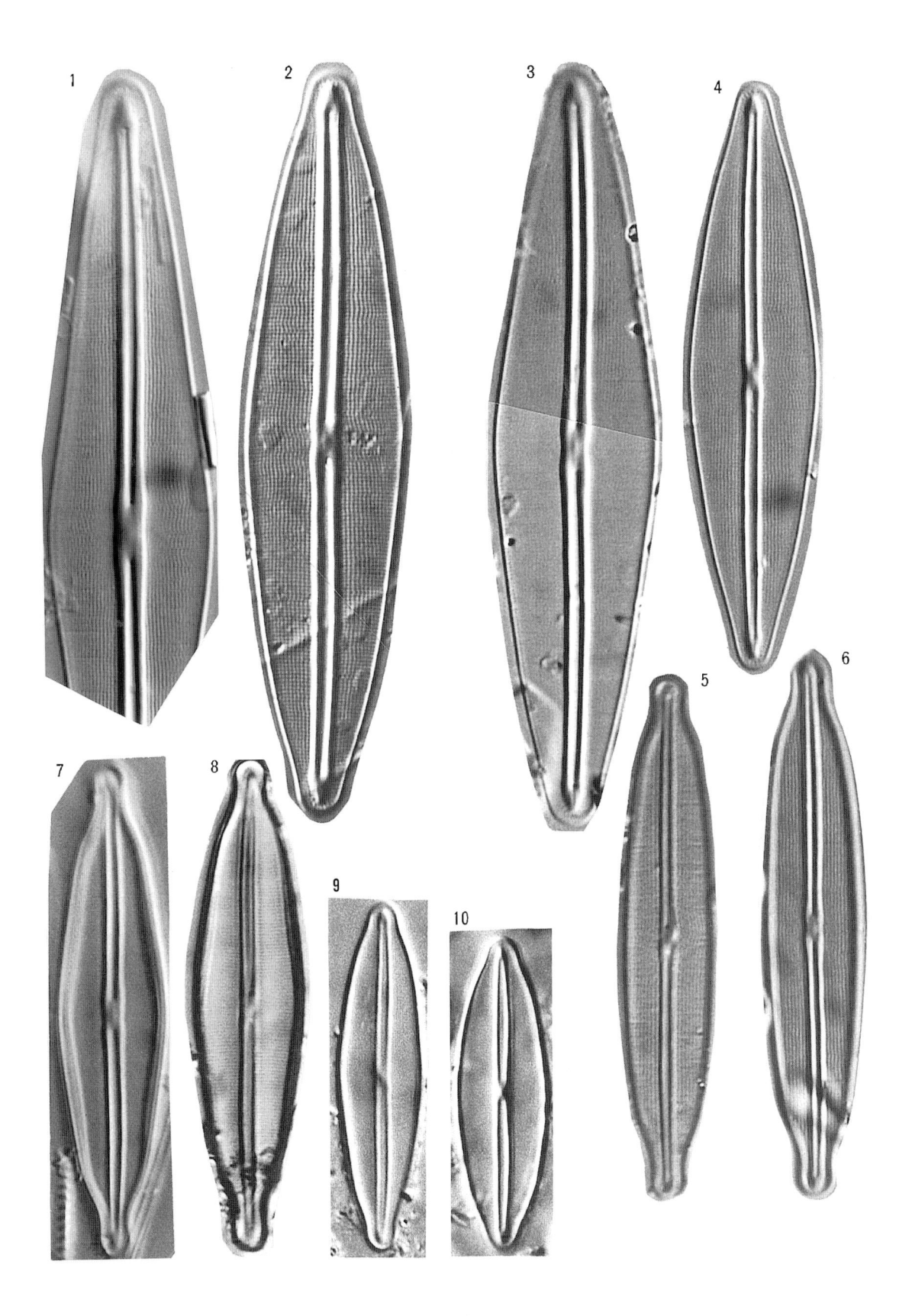

Plate II B₃-2

231

Frustulia amphipleuroides (Grunow) Cleve-Euler 1934 (Plate IIB$_3$-3：1)

Syn：*Navicula* (*Vanheurckia*) *rhomboides* var. *amphipleuroides* Grunow 1880；*Frustulia rhomboides* var. *amphipleuroides* (Grunow) De Toni 1891；*F. rhomboides* var. *amphipleuroides* (Grunow) Cleve 1894.

形態　殻の形 3-Sta；先端の形 くさび形[11]；殻長 70-160 μm；幅 15-30 μm；条線 横条線 22-24/10 μm，縦条線 18-24/10 μm；縦溝の中心付近での先端の間隔が，他の分類群と比べて大きい．また，軸域は微妙に曲がる．

生態　有機汚濁に対しては，図に示すように，**好清水性種．pH に関しては好アルカリ性種の傾向**がありそうだが未だ不明．

Van Dam *et al.* (1994)は，acidophilous, oligosaprobous, oligotraphentic とする．Patrick & Reimer (1966)は，低濃度の金属塩を含む，弱酸性水域に出現するとする．

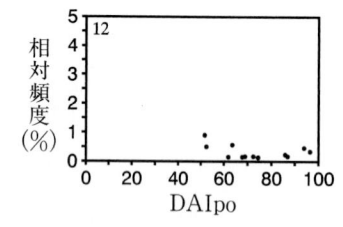

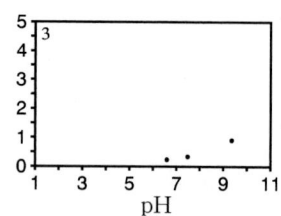

Frustulia amphipleuroides の生態図

Frustulia rhomboides var. *viridula* (Brébisson) Cleve 1894 (Plate IIB$_3$-3：2)

Syn：*Vanheurckia viridula* (Brébisson) Brébisson 1868；*Frustulia viridula* (Brébisson) De Toni 1891.

形態　殻の形 3-Sta；先端の形 くさび形[11]；殻長 80-110 μm；幅 13-16 μm；条線 横条線，縦条線共に 25-30/10 μm；中心域は小さいが，中央部が幾分ふくれぎみであることは，他分類群との区分点の 1 つである．

生態　試料が少ないので生態未詳．

Patrick & Reimer (1966)は，常に金属塩濃度の低い水域に出現するとし，Van Dam *et al.* (1994)は，acidophilous, oligosaprobous, oligotraphentic とする．

Frustulia vulgaris (Thwaites) De Toni 1891 (Plate IIB$_3$-3：3-6)

Syn：*Schizonema vulgare* Thwaites 1848；*Vanheurckia vulgaris* (Thwaites) Van Heurck 1885.

形態 殻の形 3-Sta；先端の形 くさび形[11]；殻長 50-70 μm；幅 10-13 μm；条線 横条線 24-31/10 μm，縦条線 27-35/10 μm；中心結節の周りの中心域は丸くふくれぎみで，中央がへこむことはない．写真(5,6)のような，殻の左右両側縁が平行に近いものを，Hustedt (1937)は，var. *elliptica* とした．

生態 有機汚濁に関しては広適応性種で，図で明らかなように，強腐水性の汚濁水域(DAIpo 3-15)から，極貧腐水性の清冽な水域(DAIpo 85-100)まで広く分布する．**pH** に関しては中性種で，pH 7 内外の比較的狭い pH 域に出現する．

Van Dam *et al.* (1994)は，alkaliphilous, β-mesosaprobous, meso-eutraphentic とする．Håkansson (1993)は alkaliphilous とする．Patrick & Reimer (1966)は，通常中性で金属塩濃度の低い水域に出現するという．

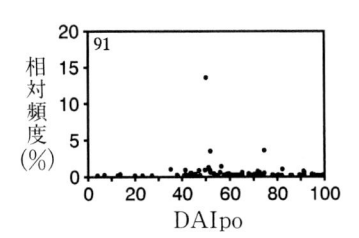

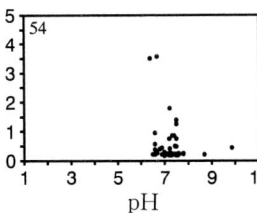

Frustulia vulgaris の生態図

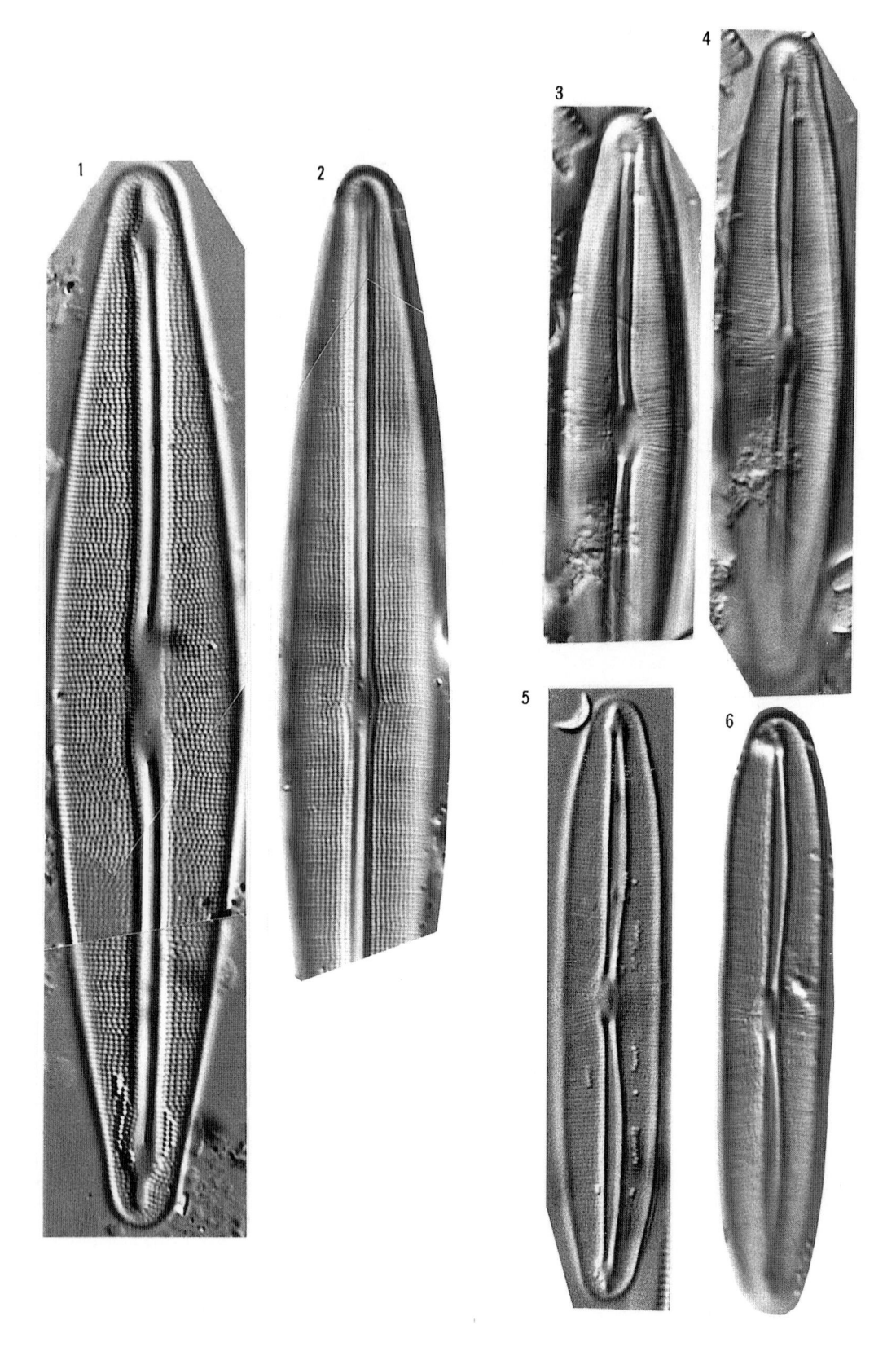

Plate ⅡB₃-3

Gyrosigma Hassal 1843 (Plate II B$_3$-4)

生活様式：この属は，海産，汽水，淡水産の種を含むが，淡水産の分類群は比較的少ない．
葉 緑 体：2枚の板状の葉緑体が，殻面の左右にそれぞれ1枚ずつ，上下に長く伸びる．
殻 面 観：殻の形はS字状の2-4-Sig．条線は密に配列し，横条線と縦条線とは直交して，四角形の細かい網目を形成する．
帯 面 観：長方形または湾曲した長方形．

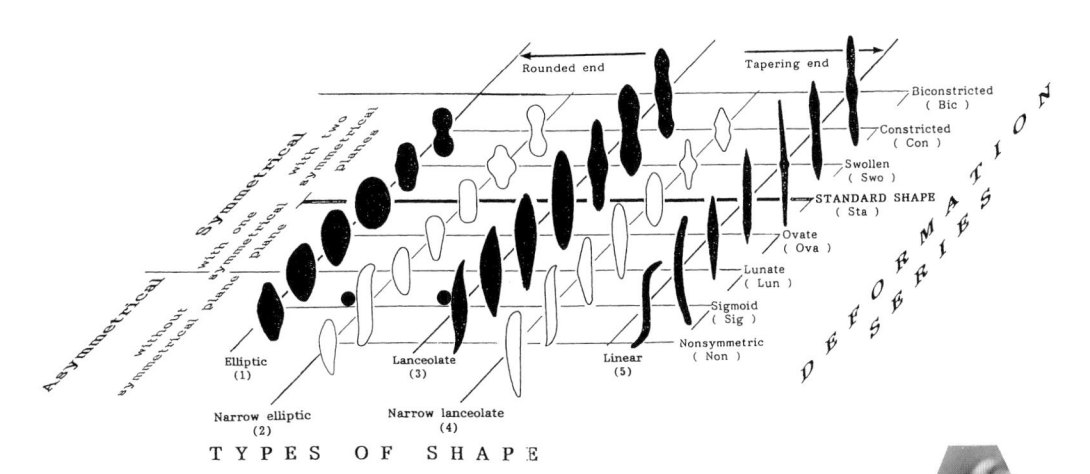

図 II B$_3$-2　*Gyrosigma*の殻の形

種の同定に必要な記載事項

例：*Gyrosigma procerum*

1. 殻の形　3-Sig，先端の形　広円形 [0]
2. 殻の大きさ　殻長 97 μm，幅 15 μm
3. 条線密度
    横条線 21/10 μm ⎱ 直交する
    縦条線 30/10 μm ⎰
4. 縦溝　殻の中央部を走行．先端近くで，中央からそれて湾曲部の外側へ片寄って走行する．中心域で相対峙する縦溝の先端は，逆方向に曲がる（右図）．

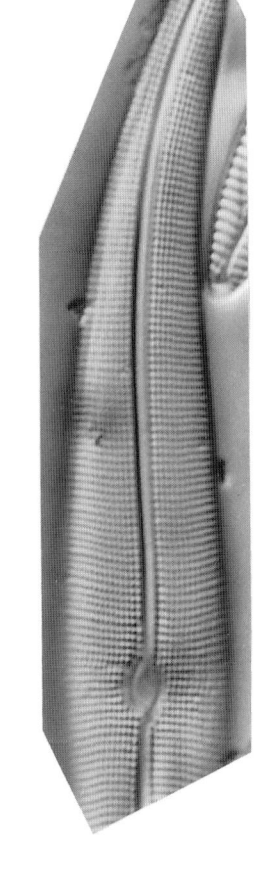

Gyrosigma procerum Hustedt 1956 (Plate IIB₃-4：1-3)

|形態| 殻の形 3-Sig；先端の形 くさび形[11]；殻長 70-130 μm；幅 11-18 μm；条線 横条線 19-21/10 μm, 縦条線 26-28/10 μm；縦溝 殻のほぼ中央を縦走するが, 殻端に近づくと湾曲部の外側へ片寄って走る. 光顕下では, 本分類群と *G. nodiferum* (Grumow) Reimer, *G. spencerii* (Quekett) Griffith & Henfrey とを区別することは難しい.

|生態| 下図は, 本分類群と上記2種を併せた複合種群としての生態図である. **有機汚濁に関しては広適応性種, pH に関しては中性種**. 本種は Hustedt (1956) が, ベネズエラのマラカイボ湖から新種記載をした分類群.

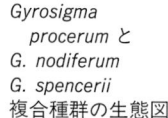

Gyrosigma procerum と
G. nodiferum
G. spencerii
複合種群の生態図

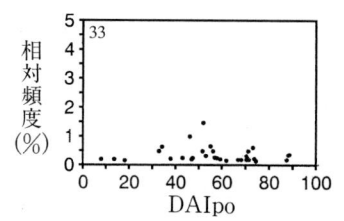

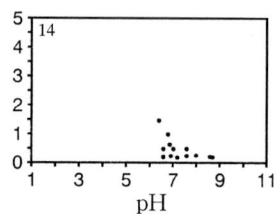

Gyrosigma scalproides (Rabenhorst) Cleve 1894 (Plate IIB₃-4：4)

Syn：*Pleurosigma scalproides* Rabenhorst 1861.

|形態| 殻の形 2-Sig；先端の形 くさび形[11]；殻長 40-70 μm；幅 7-11 μm；各線 横条線約 22/10 μm, 縦条線 28-33/10 μm；縦溝 殻の中央を縦走する.

|生態| **有機汚濁に関しては広適応性種, pH に関しては中性種**. しかし相対頻度は常に低い.

Hustedt (1959) は, 湿原, 池沼, 湖沼に広く分布し, 稀産種ではないとする. Patrick & Reimer (1966) は, 中性あるいは, 弱アルカリ性の流水域に広く分布するという.

Gyrosigma scalproides の生態図

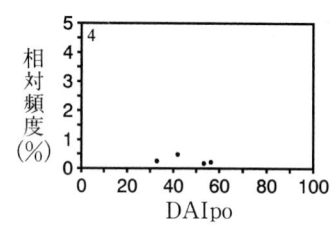

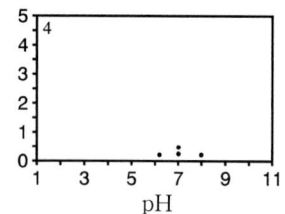

表IIB₃-1 淡水産の代表的 *Gyrosigma* の形態特性

	殻長(μm)	幅(μm)	条線(－/10 μm)	
			横条線	縦条線
G. procerum	70-130	11-18	19-21	26-28
G. spencerii	70-220	12-25	17-22	22-24
G. nodiferum	60-140	11-13	17-20	20-24
G. scalproides	40-70	7-11	約22	28-33

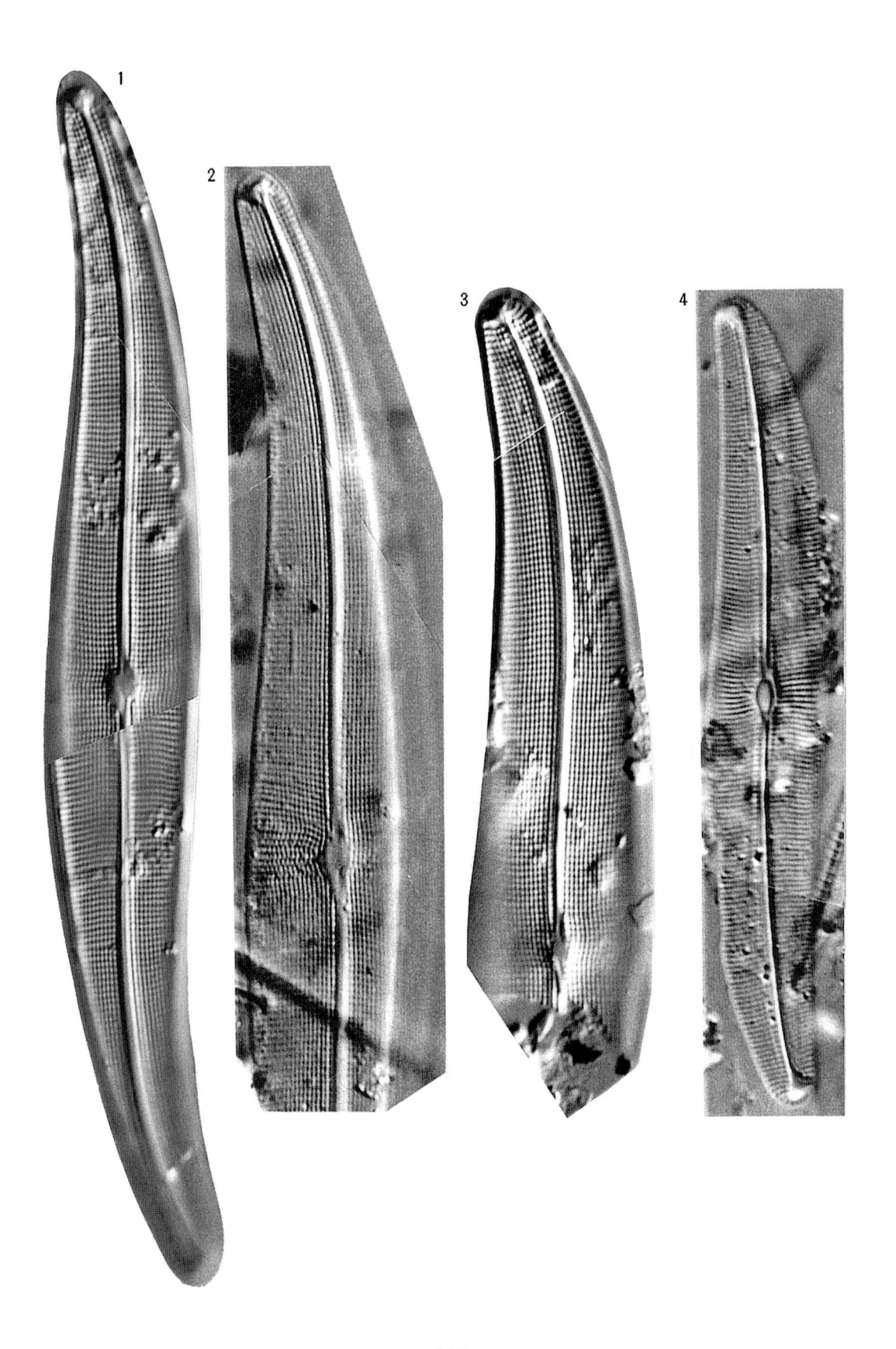

Plate II B$_3$-4

Caloneis Cleve 1894 (Plate ⅡB₃-5, ⅡB₃-6)

生活様式：電解質が中～高濃度の水域に着生するものが多い．
葉 緑 体：2枚の板の中央部が，短い橋で結ばれたH字状の葉緑体．
殻 面 観：殻の形は，図ⅡB₃-3の黒丸を付けたもの，すなわち狭い卵形(2)，舟形(3)，狭い舟形(4) 殻形の，標準形(Sta)と膨出形(Swo)，2圧縮形(Bic)への変形と，殻の形は多様である．
帯 面 観：矩形．

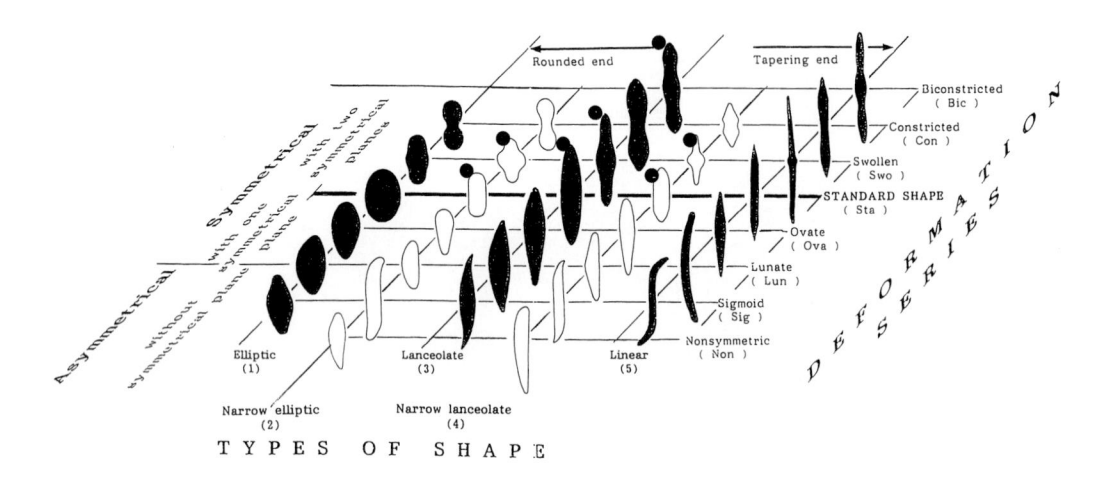

図ⅡB₃-3 *Caloneis*の殻の形

種の同定に必要な記載事項

例：*Caloneis moralis*

1. 殻の形 3-Sta，先端の形 広円形[0]
2. 殻の大きさ 殻長 34 μm，幅 7 μm
3. 条線 21/10 μm；中心域付近ではゆるい放散条 殻端付近では収斂状に配列する
4. 縦溝 中心域における縦溝の末端は，軽く同方向に湾曲する

Caloneis silicula var. *truncatula* (Grunow) Cleve (Plate IIB$_3$-5：1)

|形態| 殻の形 3-Sta，3-Swo；先端の形 くさび形[11]；殻長 25-70 μm；幅 6-12 μm；条線 18-21/10 μm；放散状．

|生態| 有機汚濁に関しては広適応性種，pH に関しては好アルカリ性種．

Van Dam *et al.* (1994)は，alkaliphilous, oligosaprobous, oligo-mesotraphentic とする．

Caloneis bacillum (Grunow) Cleve 1894 (Plate IIB$_3$-5：2-7)

Syn：*Stauroneis bacillum* Grunow 1860；*Navicula fasciata* Lagerstedt 1873；*Caloneis fasciata* (Lagerstedt) Cleve 1894．

|形態| 殻の形 2-4-Sta；先端の形 くさび形[11]，広円形[0]；殻長 15-48 μm；幅 4-9 μm；条線 20-30/10 μm；条線配列 中心部から殻端まで弱い放散状；中心域 左右の殻縁までとどく帯状，幅は時に殻長の1/3近くにまで及ぶことがある．

|生態| 有機汚濁に関しては広適応性種，pH に関しては好アルカリ性種．相対頻度は，普通5％以下で低いが，稀に10％程度の相対頻度を占めることがある．

Van Dam *et al.* (1994)は，alkaliphilous, β-mesosaprobous, meso-eutraphentic とし，Håkansson (1993)はalkaliphilousとする．Hustedt (1959)は，あらゆる種類の陸水に広く分布するとし，Patrick & Reimer (1966)は，軟水，硬水あるいは弱い汽水域そして，湖沼，河川，湿原にも出現するが，しばしばアルカリ性の止水域に出現すると述べている．これらの記述から，本分類群はアルカリ性の多様な陸水に広く適応しうる分類群と考えられる．

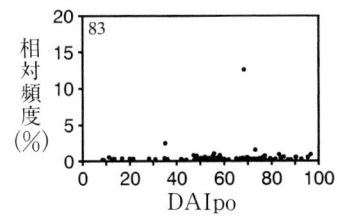

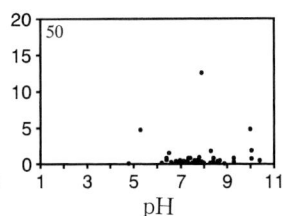

Caloneis bacillum の生態図

Caloneis bacillum f. *inflata* Hustedt 1935-1936 (Plate IIB$_3$-5：8,9)

|形態| 殻の形 3-Swo；先端の形 くちばし状[3]；殻長 33-53 μm；幅 6.5-9 μm；左右両殻縁共に中央部で膨出する；条線 21-23/10 μm；条線配列 中央付近は放散状，殻端に近づくと平行または弱い収斂状；軸域 殻端部から中央部へ向かって徐々に太くなる；中心域 左右の殻縁にまでとどく帯状．

本分類群は，Hustedt (1935-1936)が，アフリカ Kongo の Lake Edward, L. Kivu などから新しい品種として報告したものである．同定は，Simonsen (1987)の図版525；Figs.1-6を参考にした．しかし一方では，*C. bacillum* var. *lancettula* (Schulz) Hustedt (Cleve-Euler 1955, K.V.A. Handle, 5：4, Fig. 1147 h-k)とも酷似する．この変種は，福島，木村，小林(1973)によって，木曽川，益田川，秋神川，飛驒川，中津川，可児川から報告されているが，筆者らの試料個体よりもはるかに小さい．さらに，*C. clevei* (Lagerstedt) Cleve とも似るが，本試料個体の方が小さく，殻端近くの条線が収斂せず平行であることによって区別できる．

|生態| 出現地点数は少ない．金魚養殖池，奈良市内の溜池，多摩川など，汚濁の進んだ水域に出現することができる．稀産種．

Caloneis silicula (Ehrenberg) Cleve 1894 (Plate IIB$_3$-5:10,11)

Syn：*Navicula silicula* Ehrenberg 1838；*N. ventricosa* Ehrenberg 1839；*N. leptogongyla* Ehrenberg 1841；*Caloneis ventricosa* (Ehrenberg) F. Meister 1912.

形態 殻の形 2-4-Sta, 3-Swo, 3-Bic；先端の形 くさび形[11]，広円形[0]，くちばし形[3]；殻長 13-120 μm；幅 5-20 μm；条線 15-20/10 μm；条線配列 すべて放散状．中心域の両側に雲状の斑紋がある．

生態 池田湖(DAIpo 87)，芦ノ湖(DAIpo 59)，紀伊半島内の渓流，東ロシア ウラジオストック近郊の R. Razdornaya(DAIpo 82-91)に出現．

Van Dam *et al.*(1994)は，alkaliphilous, oligosaprobous, meso-eutraphentic とする．Håkansson (1993)，Jørgensen (1948)，Hustedt (1957)も alkaliphilous とする．また，Cholnoky (1968)は，本分類群の最適 pH は，およそ 8.5 とする．

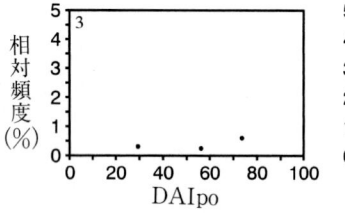

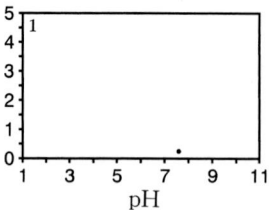

Caloneis silicula の生態図

Caloneis limosa (Kützing) Patrick 1966 (Plate IIB$_3$-5:12)

Syn：*Navicula schumanniana* Grunow 1880；*N. trochus* Schumann 1863, non *N. trochus* Ehrenberg 1838；*Caloneis trochus* (Schumann) A. Mayer 1941；*C. schumanniana* (Grunow) Cleve 1894.

形態 殻の形 2,3-Sta, 3-Swo, 3-Bic；先端の形 くさび形[11]，くちばし形[3]；殻長 22-90 μm；幅 8-15 μm；条線 17-20/10 μm；条線配列 普通すべて放散状．一部平行の混ることがある；中心域の両側に，明瞭な三日月形の斑紋がある．写真(12)は，本分類群中最も普通に出現するとされている var. *biconstricta* Grunow である．

生態 芦ノ湖(DAIpo 59)に出現．河島，真山(2000)は，阿寒湖での出現を報じているが，いずれも相対頻度は小さい．日本では報告例が少ない．

Van Dam *et al.* (1994)は，alkalibiontic, oligosaprobous, eutraphentic とする．Krammer & Lange-Bertalot (1986)は，中程度の電解質濃度の貧栄養水域において，沿岸部に出現する普遍種とする．

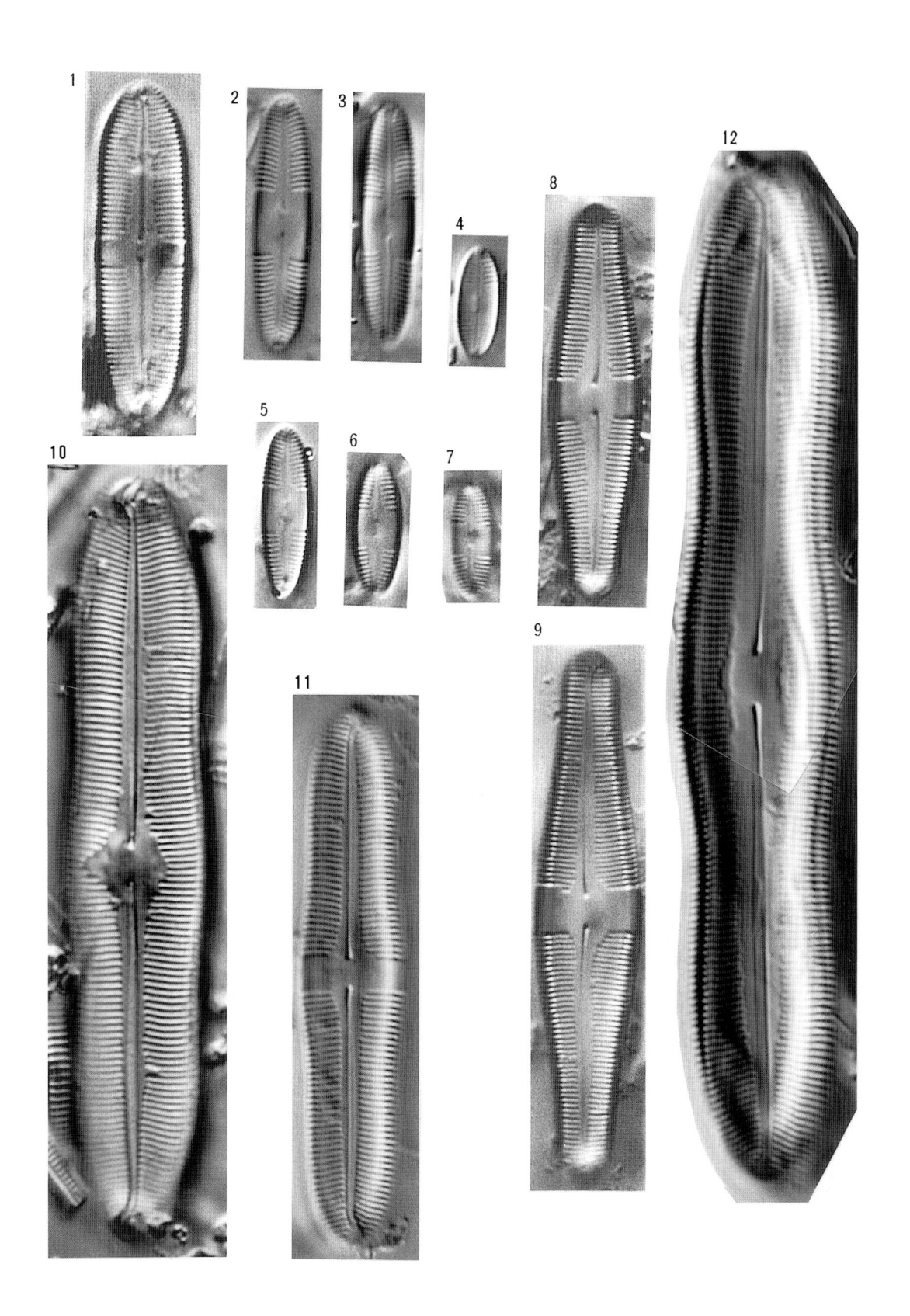

Plate II B$_3$-5

241

Caloneis molaris (Grunow) Krammer 1985 (Plate IIB$_3$-6：1-4)

Syn：*Navicula molaris* Grunow 1863；*Pinnularia molaris* (Grunow) Cleve 1895；*Caloneis clevei* sensu Hustedt 1930.

形態　殻の形 3,4-Sta；先端の形 広円形[0]；殻長 24-65μm；幅 5-10μm；条線 17-22/10μm；条線配列 中央部は平行または放散．殻端部は，収斂または平行；軸域 比較的広い；中心域 殻縁にまで達する横帯状．

生態　奈良県十津川村上湯温泉(pH 8.6)，同下湯温泉(pH 7.9)に出現．ウラジオストック近郊のR. Razdornaya(DAIpo 82-91)にも出現．稀産種．Van Dam *et al.* (1996)は，circumneutralとする．

Caloneis tenuis (Gregory) Krammer 1985 (Plate IIB$_3$-6：5-7)

Syn：*Pinnularia tenuis* Gregory 1854；*P. gracillima* Gregory 1856.

形態　殻の形 3,4-Sta；先端の形 くちばし形[3]；殻長 20-50μm；幅 4-7μm；条線 18-24/10μm；条線配列 中央部は平行または放散．殻端部は平行または収斂；中心域 横帯状．

生態　志賀高原の木戸池(pH 6.8)，御在所温泉露天風呂(pH 7.7)，奈良県山地渓流に出現．**有機汚濁に関しては広適応性種，pH に関しては中性種．**

Van Dam *et al.* (1994)は，circumneutral, oligosaprobous, mesotraphenticとする．Krammer & Lange-Bertalot (1986)は，弱から中低度の電解質濃度を有する，貧腐水性の水域ならば，止水域にも流水域にも普遍種として出現するとしている．

Caloneis aerophila Bock 1963 (Plate IIB$_3$-6：8-19)

形態　殻の形 3-5-Sta；先端の形 くさび形[11]；殻長 10-25μm；幅 3-5μm；条線 18-30/10μm；条線配列 中心部は平行または弱い放散状，殻端部は収斂する；中心域 殻縁にまで達する横帯状．本分類群は，長田，南雲 (1983)が，新潟県の郡殿ノ池から報告した *Caloneis largerstedtii* (Lagerstedt) Cholnoky 1957 (この synonym に *C. fasciata* (Lagerstedt) Cleve が含まれる)とも酷似するが，殻端部の条線について，*C. lagerstedtii* には平行の記述はあっても，収斂の記述がないので，検討の必要はあろうが，現段階では *C. aerophila* とする．

生態　本分類群は，pH 2.0-5.7 の強酸性水域において，ある所では相対頻度が47%の優占種となる特異な生態能をもつ**真酸性種**である(Watanabe & Asai 1999, 2001)．*Caloneis* 属では，真酸性種として，もう一分類群 *C. sublinearis* を挙げることができる．この分類群は，pH 3.0-4.2 において純群落として出現したが，両者を光顕下で区別することは難しいので，両者を併せて，複合種群として扱う．

有機汚濁に関しては好汚濁性種．

Caloneis aerophila と *C. sublinearis* 複合種群の生態図

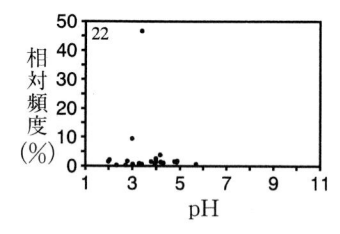

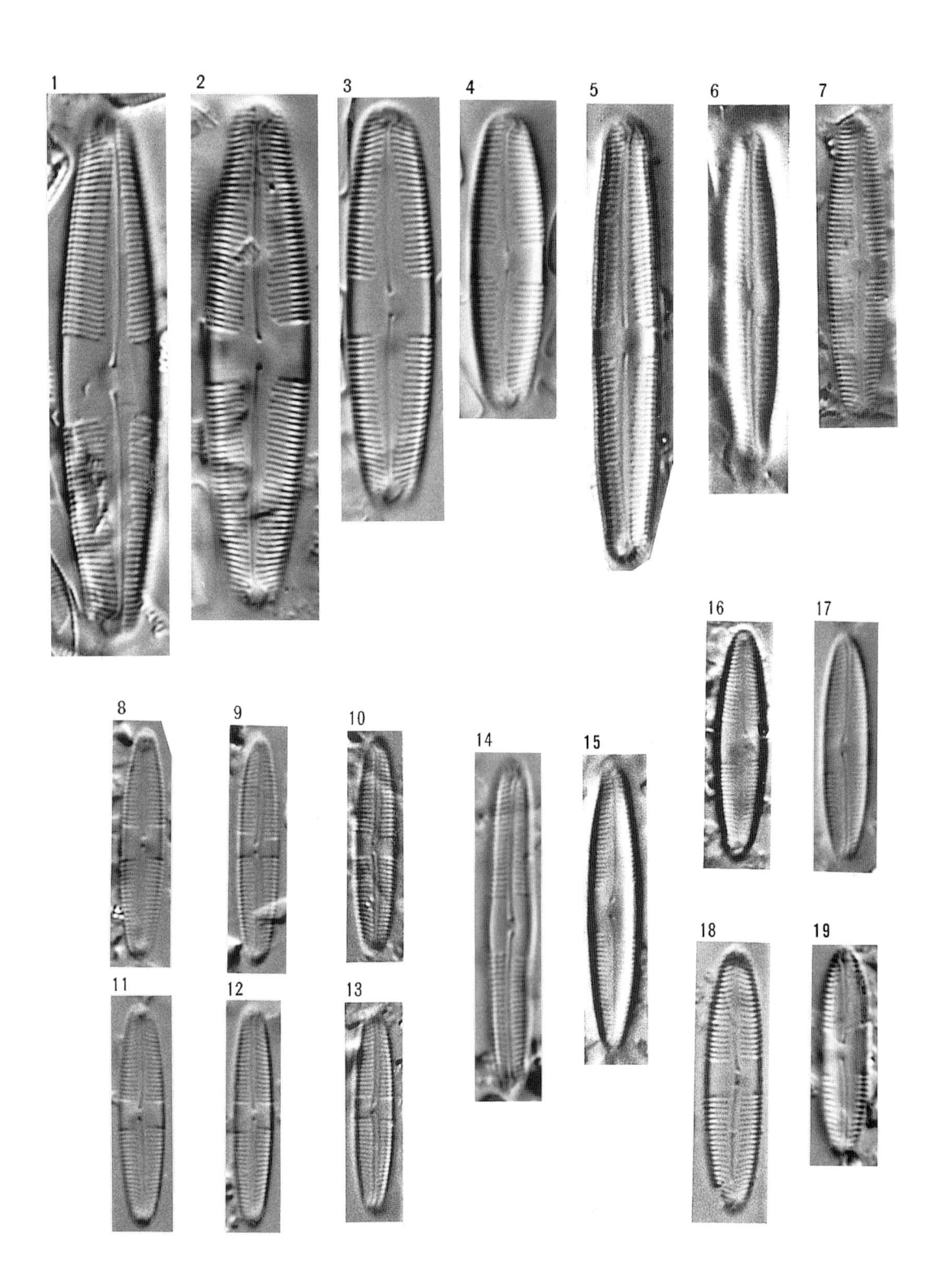

Plate IIB₃-6

Neidium Pfitzen 1871 (Plate ⅡB₃-7, ⅡB₃-8)

生活様式：普通清澄な湧水の流出口，湖沼に付着藻の一員として出現する．また，河川の付着藻として出現することも珍しくない．

葉緑体：通常4枚の葉緑体をもち，それぞれに1個ずつのピレノイドがある．殻面観においては，上下にそれぞれ2枚ずつの葉緑体が向かい合う．*Neidium binodis* のみ，2枚ずつ向かい合う葉緑体がH字状につながる．

殻面観：殻の形は 1-4-Sta, 1-4-Swo, 1-4-Con, 3-Bic；先端の形はくちばし形，くさび形，頭状形と多様．

帯面観：矩形．

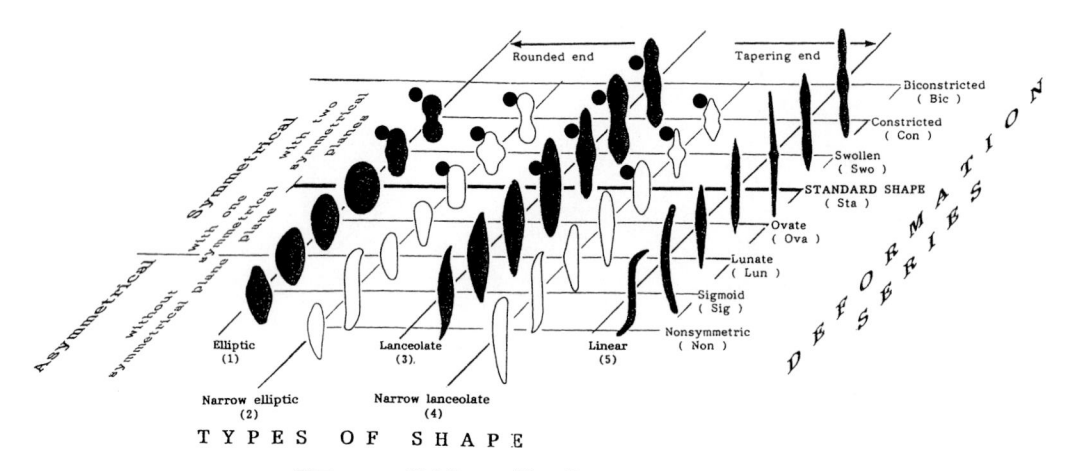

図ⅡB₃-4　*Neidium* の殻の形

種の同定に必要な記載事項

例：*Neidium ampliatum*

1. 殻の形　3,4-Sta，先端の形　くさび形[11]
2. 殻の大きさ　殻長 48 μm，幅 15 μm
3. 条線 21/10 μm
4. 胞紋 20/10 μm
5. 縦溝　楕円形の中心域で，先端が反対方向に曲がる
6. 殻の両側に何本かの縦走管が走る

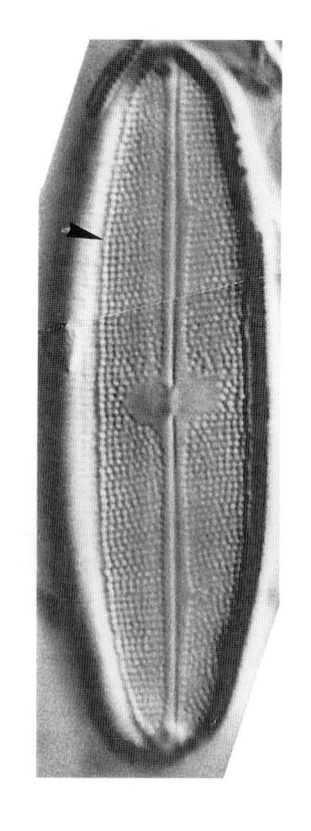

Neidium iridis (Ehrenberg) Cleve var. *iridis* 1894 (Plate IIB$_3$-7：1)

Syn：*Navicula iridis* Ehrenberg 1845；*N. amphigomphus* Ehrenberg 1843；*Neidium iridis* var. *amphigomphus* (Ehrenberg) A. Mayer 1917；*N. iridis* var. *subundulatum* (Cleve-Euler) Reimer 1959；*N. affine* f. *maxima genuina* O. Müller 1898；*N. maximum* (Cleve) F. Meister 1912.

形態 殻の形 3-Sta；先端の形 くさび形[11]；殻長 37-300 μm；幅 15-40 μm；条線 12-18/10 μm；胞紋 12-18/10 μm；縦溝の先端が中心域で反対方向に曲がる．

生態 有機汚濁に関しては広適応性種，pH に関しては**好酸性種**．志賀高原の渋池(pH 5.0)，下の小池(pH 4.6)などで出現．Patrick & Reimer (1966)は，止水域あるいはわずかに水流のある水域を好むとし，湖沼，湿原，ときには河川にも出現する貧腐水性種であろうという．また，pHに関しては広適応性種とする．Van Dam *et al.* (1994)は，circumneutral, β-mesosaprobous, mesotraphentic とし，Håkansson (1993)は，pH indifferent とする．

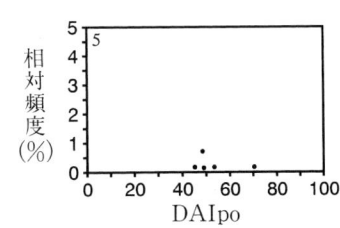

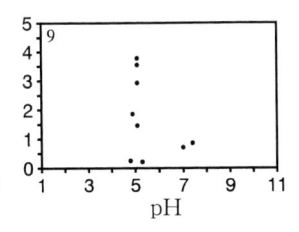

Neidium iridis var. *iridis* の生態図

Neidium ampliatum (Ehrenberg) Krammer 1985 (Plate IIB$_3$-7：2-4)

Syn：*Navicula ampliata* Ehrenberg 1854；*Neidium iridis* var. *ampliata* (Ehrenberg) Cleve 1894；*N. iridis* var. *parallela* Krieger 1929；*N. iridis* f. *vernalis* Reichelt *ex* Hustedt 1930；*N. iridis* var. *obtusa* Hustedt 1950；*N. affine* var. *elegans* A. Mayer 1913.

形態 殻の形 3-Sta；先端の形 くさび形[11]，広円形[0]；殻長 40-100 μm；幅 14-24 μm；条線 16-20/10 μm(筆者らの試料では，21-25/10 μm)；胞紋 16-24/10 μm；縦溝 中心域で先端が反対方向に曲がる；殻の両縁に沿って，数本の縦走線が走る．

生態 志賀高原の渋池(pH 5.0)，下の小池(pH 4.4)，横岳の七つ池(pH 5.0)に出現した**好酸性種**．普通止水域に出現するが，流水域に出現することもある．Van Dam *et al.* (1994)は，circumneutral, oligo-mesotraphentic とする．Håkansson (1993), Patrick & Reimer (1966)も pH indifferent とする．

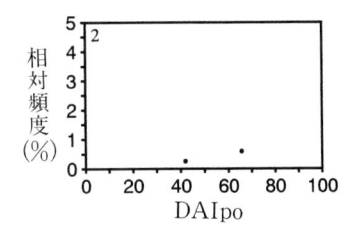

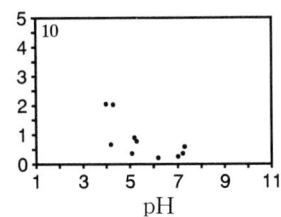

Neidium ampliatum の生態図

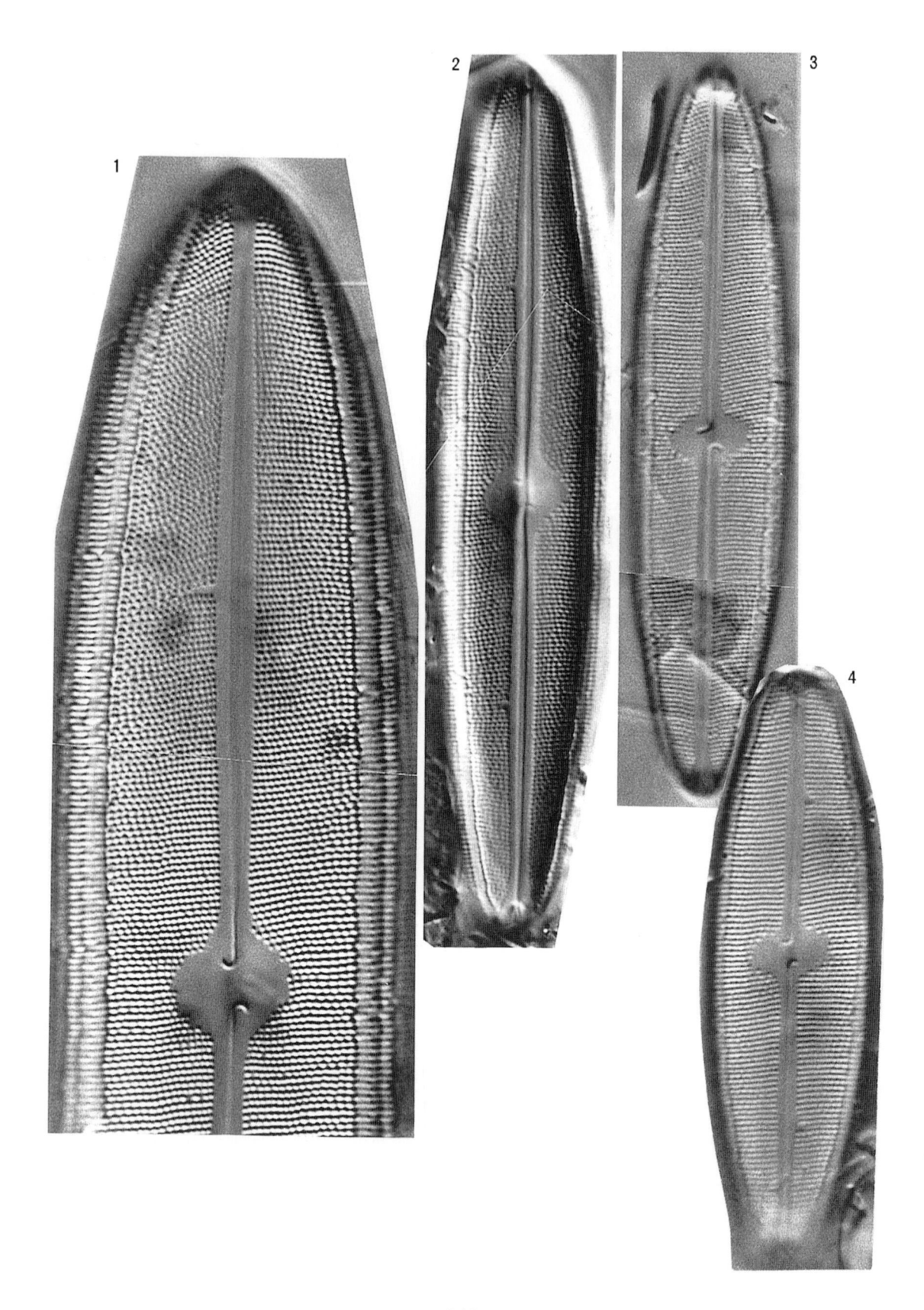

Plate II B₃-7

Neidium testa Carter & Bailey-Watts 1981 (Plate IIB₃-8：1)

|形態| 殻の形 3-Sta；先端の形 くさび形[11]；殻長 34-36 μm；幅 9-10 μm；条線 24-26/10 μm；胞紋 約 20/10 μm；縦溝 中心域で上下の縦溝先端部が，曲がらないままに向かいあう．次記の *N. dubium* と似るが，条線密度が本分類群の方が，密であることにより区別できる．

|生態| ウラジオストック近郊の R. Razdornaya(DAIpo 82-91)に出現．日本では未記録．生態不明．

Neidium dubium (Ehrenberg) Cleve var. *dubium* 1894 (Plate IIB₃-8：2)

Syn：*Navicula dubia* Ehrenberg 1843.

|形態| 殻の形 4-Sta；先端の形 くさび形[11]；殻長 30-58 μm；幅 10-16 μm；条線 16-24/10 μm；胞紋 19-23/10 μm；縦溝 中心域で，縦溝先端部が曲がらないままで向かいあう．

|生態| 横岳の七つ池(pH 5.0)に出現した．木崎湖，池田湖，西湖からの報告もある(福島 1957)．Van Dam *et al.* (1994)は，circumneutral, β-mesosaprobous, meso-eutraphentic とし，Patrick & Reimer (1966)は，湖沼，渓流に出現するが，大量には出現しない pH indifferent 種であるとする．

Neidium alpinum Hustedt var. *alpinum* 1943 (Plate IIB₃-8：3)

Syn：*Neidium perminutum* Cleve-Euler 1934；*Navicula quadripunctata* Hustedt 1950；*Neidium odamii* Bastow 1954.

|形態| 殻の形 3-Sta；先端の形 くさび形[11]；殻長 13-37 μm；幅 4-6 μm；条線 36-40/10 μm(光顕での確認は難しい)．

|生態| 志賀高原の長池(pH 5.5)に出現．稀産種のために生態未詳．Van Dam *et al.* (1994)は，acidophilous, oligosaprobous, oligotraphentic とする．Patrick & Reimer (1966)は，湖と小さな川の源流に産出するとする．

Neidium affine var. *longiceps* (Gregory) Cleve 1894 (Plate IIB₃-8：4-6)

Syn：*Navicula longiceps* Gregory 1856；*Neidium tenellum* A. Mayer 1919；*Neidium longiceps* (Gregory) R. Ross 1947.

|形態| 殻の形 3-Sta；先端の形 くちばし形[3]；条線 28-33/10 μm；殻の形，条線の走り方などは，var. *amphirhynchus* と似るが，条線が本分類群の方が密であることによって区別できる．

|生態| 奈良県山間地からの湧水流出路，清浄河川に出現したが稀産種．Van Dam *et al.* (1994)は，acidophilous, oligosaprobous, oligotraphentic とする．Patrick & Reimer (1966)も acidophilous とする．

Neidium affine var. *longiceps* の生態図

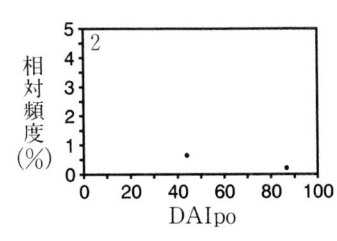

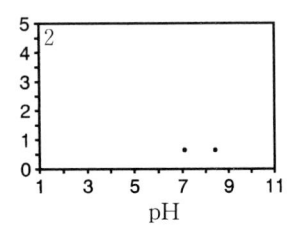

Neidium minor nom. nud (Plate IIB$_3$-8：7-10)

形態 殻の形 3-Sta；先端の形 くさび形[11]；殻長 11-18 μm；幅 3-4 μm；条線 34-36/10 μm の粒状条線，光顕ではかろうじて確認可能，弱い放散状，先端部も弱い放散状，平行に近い個体もある；軸域 狭い；縦溝 幅の狭い横長の中心域で，先端がわずかに同方向へ頭をもたげるようにして向かいあう．殻縁の内側を，縦走線が走る．先述の *N. alpinum* に似るが，それよりも条線密度が少し粗いことと殻形の違いによって区別できる．

生態 志賀高原一沼(EC 23.9 μS/cm，pH 6.8，水温 26.9℃)に出現した稀産種．たいへん小型の *Neidium*．

Neidium bisulcatum var. *subampliatum* Krammer 1985 (Plate IIB$_3$-8：11-13)

形態 殻の形 3-Sta；先端の形 くさび形[11]；殻長 28-82 μm；幅 7-12 μm；条線 18-23/10 μm；胞紋 20-24/10 μm；縦溝 中心域において，向かいあう縦溝の先端部は，反対方向に，比較的長く真っすぐ伸びる．基本種とは，条線密度，胞紋密度共に，本分類群の方が粗いことによって区別することができる．

生態 下図は，本変種と基本種 var. *bisulcatum* の分布とを併せて図示したものである．有機汚濁に関しては，好清水性の傾向がうかがえるが，**広適応性種．pH に関しては基本種，他の変種共に好酸性種** (Watanabe & Asai 1999)．

Van Dam *et al.* (1994)は，基本種を circumneutral, oligosaprobous, oligotraphentic とする．Håkansson (1993)は，基本種を pH indifferent/acidophilous とする．Patrick & Reimer (1966)は，基本種は止水域と流水域での普遍種とする．

Neidium bisulcatum var. *subampliatum* と *N. bisulcatum* var. *bisulcatum* 複合種群の生態図

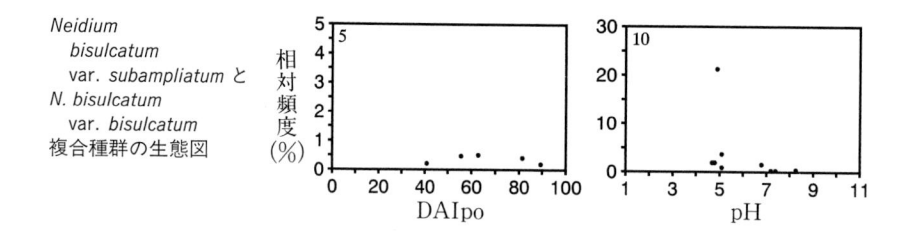

Neidium hercynicum A. Mayer 1917 (Plate IIB$_3$-8：14, 15)

Syn：*Neidium affine* f. *hercynica* (A. Mayer) Hustedt 1930.

形態 殻の形 3-Sta；先端の形 くさび形[11]；殻長 17-80 μm；幅 5-13 μm；条線 26-30/10 μm；胞紋 22-25/10 μm；条線配列 殻面観において，片方上りの斜行線に近い配列となる．

生態 志賀高原一沼(pH 6.8)，長池(pH 5.5)，渋池(pH 5.1)に出現．**有機汚濁に関しては広適応性種，pH に関しては好酸性種**．Patrick & Reimer (1966)は，小さな腐植栄養型の沼や渓流に出現するという．Van Dam *et al.* (1994)は，acidophilous とする．

Neidium hercynicum の生態図

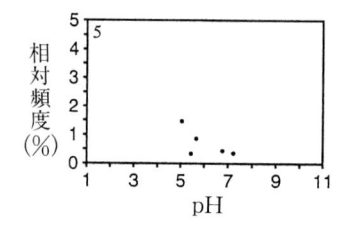

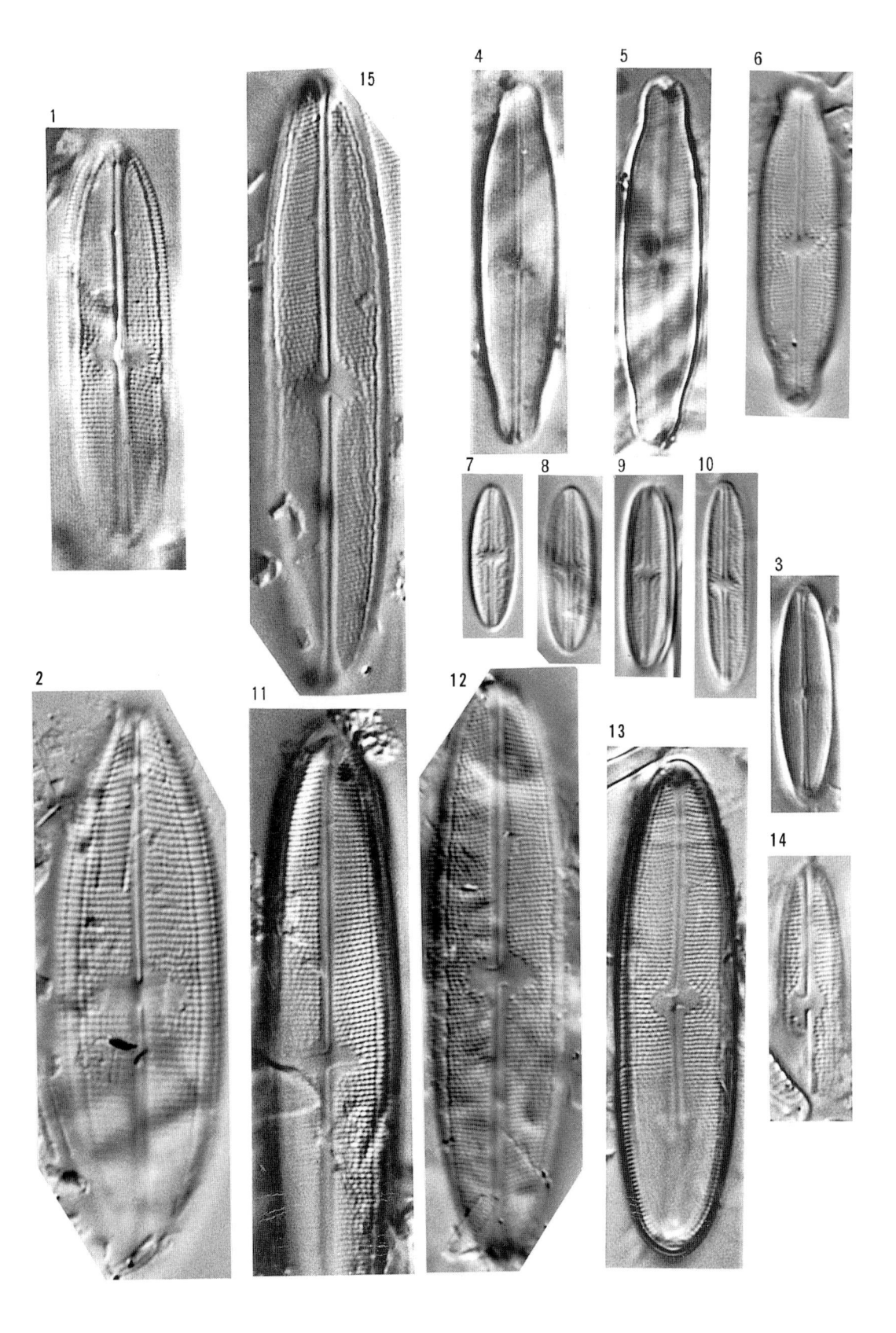

Plate II B$_3$-8

249

Diploneis Ehrenberg 1844 (Plate ⅡB₃-9～ⅡB₃-11)

- **生活様式**：清浄な水域に付着藻の一員として出現する．相対頻度は比較的小さく，10%以上になるようなことは極めて稀である．
- **葉緑体**：殻面観において，かなり大きな2枚の葉緑体が，互いに向きあう．このタイプの葉緑体には，不定形の湾入がいくつもある．湾入のない2枚の棒状の葉緑体が，上下にずれて向かい合うものもある．
- **殻面観**：殻の形は普通 1-Sta．2-Sta，1-2-Con のものもある．先端の形は広円形；条線を構成する胞紋が大きく，条線密度の粗い分類群が多い．縦溝の両側に無紋の軸域があるが，*Diploneis* は軸域の両側に条線の列を縦に分断して，両殻端を結ぶ**縦管**(longitudinal canal)(矢先)をもつことが1つの特色である．縦管の幅の大小は分類群によって異なる．
- **帯面観**：矩形．

種の同定に必要な記載事項

例：*Diploneis elliptica*
1. 殻の形 1-Sta，先端の形 広円形[0]
2. 殻の大きさ 殻長 33 μm，幅 22 μm
3. 条線 8/10 μm，弱い放散状配列，中心部は平行
   胞紋 18/10 μm
   縦管 狭い．胞紋が縦に1列に並ぶように見える(矢先)

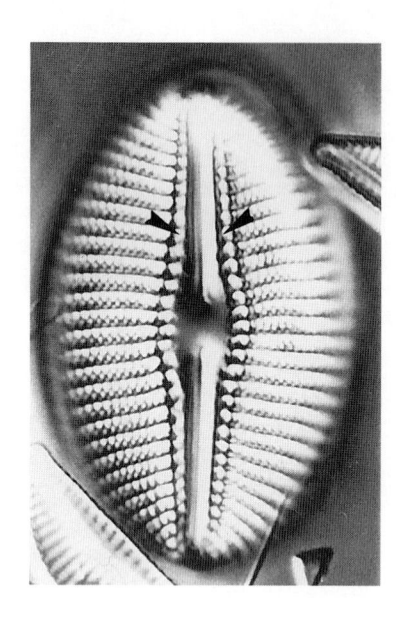

Diploneis finnica (Ehrenberg) Cleve 1891 (Plate IIB$_3$-9：1, 2)

Syn：*Cocconeis finnica* Ehrenberg 1838；*Diploneis clevei* Fontell 1917；*D. duplopunctata* Fontell 1917.

形態 殻の形 1-Sta；先端の形 広円形［0］；殻長 35-120 μm；幅 21-45 μm；条線 7-8/10 μm；胞紋 12-14/10 μm．以上は，Idei & Kobayasi (1989) による値．この属の中では大型の分類群である．縦管の幅が他と比べて広い．

生態 尾瀬沼(DAIpo 56, pH 7.0)，九州の藺牟田池(pH 5.8-6.8)，青木湖(DAIpo 73)に出現．貧栄養湖，腐植栄養湖に産出する．阿寒湖では，比較的普通に見られる(河島，真山 1997)が，日本では稀産種．

Håkansson (1993) は，pH indifferent とする．Hustedt (1959) は，本種に新変種 var. *clevei* (Fontell) Hustedt を設け，その synonym に *Diploneis clevei* Fontell を挙げているので，この変種は本分類群と同等である．Hustedt は，この変種がヨーロッパ全土に普遍種として分布し，特に淡水の止水域に産出するという．Foged (1981) は，pH に関しては circumneutral とし，ユーラシア，グリーンランド，北アメリカ，アラスカに広く分布するという．

Diploneis yatukaensis Horik. *et* Okuno *in* Okuno 1944 (Plate IIB$_3$-9：3, 4)

Syn：*Navicula smithii* var. *dilatata* Peragallo 1908.

形態 殻の形 1-Sta；先端の形 広円形［0］；殻長 25-75 μm；幅 15-50 μm；条線 5-12/10 μm；胞紋 約 12/10 μm；中心域 殻が大きく肥厚して左右に広がる；縦溝の向かいあう先端部が，中心域で同方向に曲がる．本種は，Okuno (1944) により岡山県の八束珪藻鉱床から記載された．他種と比べて横長の外形，正方形に近い形の中心域によって容易に同定できる．

生態 別府の平田川川床上の底泥中に出現．普通，湖沼の底泥上に生息していると考えられる．また付着藻類群集中にも稀に見いだされる．芦ノ湖(根来，河島 1990) や溜池(中井 1990) からも報告されている．稀産種．生態未詳．

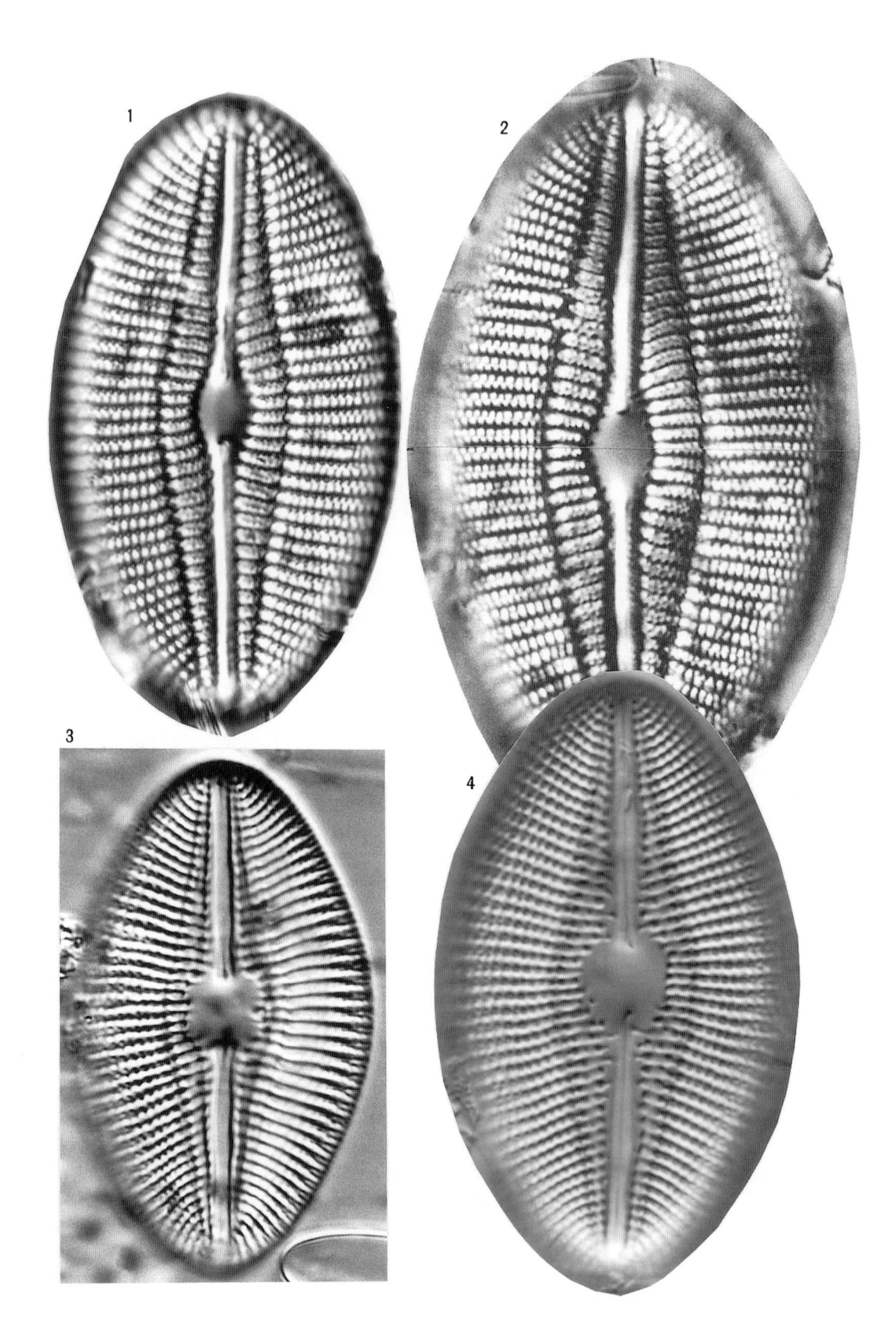

Plate IIB$_3$-9

Diploneis elliptica (Kützing) Cleve var. *elliptica* 1891　　　　(Plate ⅡB₃-10：1-5)

Syn：*Navicula elliptica* Kützing 1844.

形態　殻の形 1-Sta；先端の形 広円形[0]，くさび形[11]；殻長 20-130 μm；幅 10-60 μm；条線 8-14/10 μm；胞紋 12-14/10 μm．

生態　淡水産普遍種で，**好清水性種，好アルカリ性種**．摩周湖(DAIpo 92, 93)，阿寒湖，倶多楽湖(DAIpo 71)，パンケ湖など，貧栄養湖にプランクトンとして出現したが，摩周湖，倶多楽湖では，湖岸石礫上の付着藻の一員として出現した．いずれの場合も相対頻度は低い．

Van Dam *et al.* (1994)は, alkaliphilous, oligosaprobous, mesotraphentic とし，Håkansson (1993)は, alkaliphilous/indifferent とする．Patrick & Reimer (1966)は，湿原，湖沼，湧水のような淡水から，少し汽水性を帯びた水域にまで出現するという．

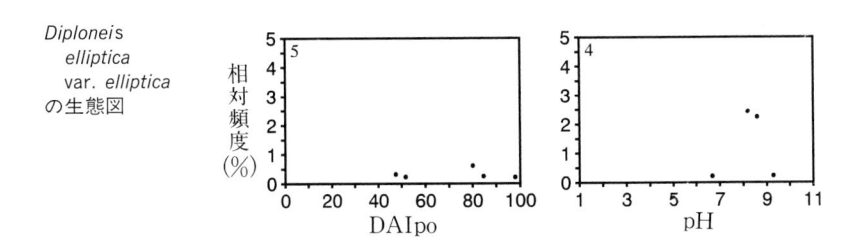

Diploneis elliptica var. *elliptica* の生態図

Diploneis subovalis Cleve 1894　　　　(Plate ⅡB₃-10：6-9)

形態　殻の形 1-Sta；先端の形 広円形[0]，くさび形[11]；殻長 10-50 μm；幅 8-20 μm；条線 8-12/10 μm；胞紋 18-22/10 μm；中心域 大きく，上下から軸域が突入するために中心域は H 字形となる．

生態　pH 12.5 の長野県の鉱泉湧出水路，奈良県湯泉地温泉の湧出岩壁(pH 8.6)のような，高アルカリ水域に出現した**真アルカリ性種**と考えられる．本分類群の形態は前記の *D. elliptica* と似ているが，胞紋密度の違いによって区別できる．しかし，光顕によって区別することは比較的困難である．Hustedt (1959)は，本分類群を，熱帯の小川，河川，湿ったコケの表面，あるいは湖岸に出現する最も普遍的な淡水産珪藻の一種とする．

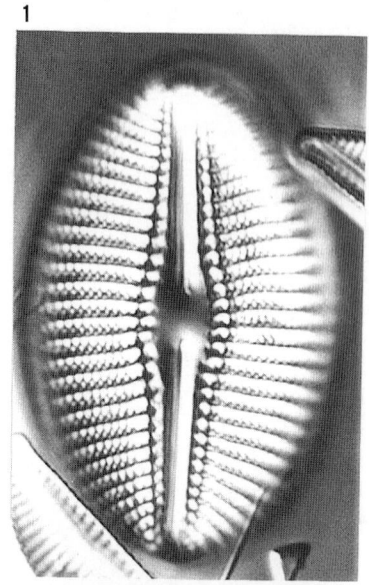

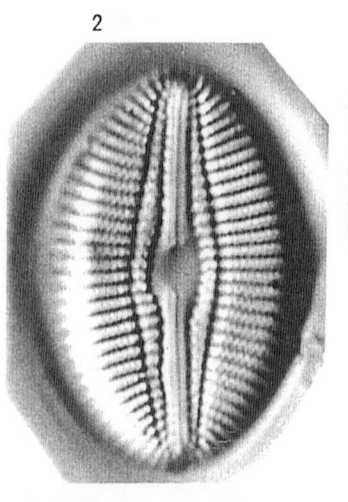

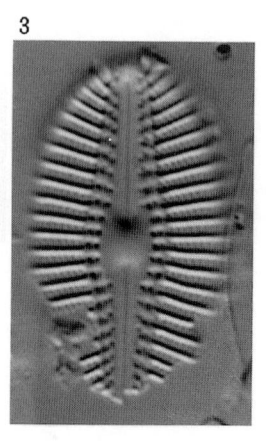

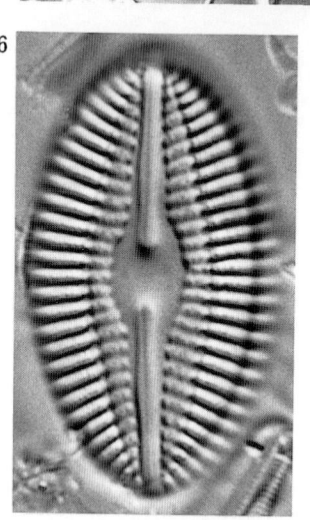

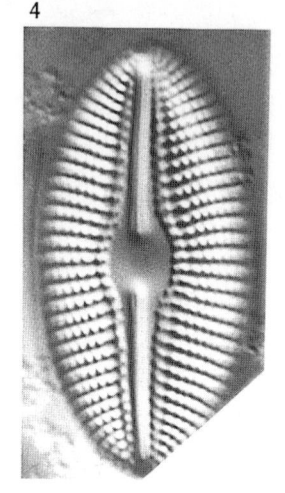

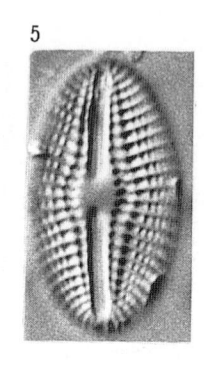

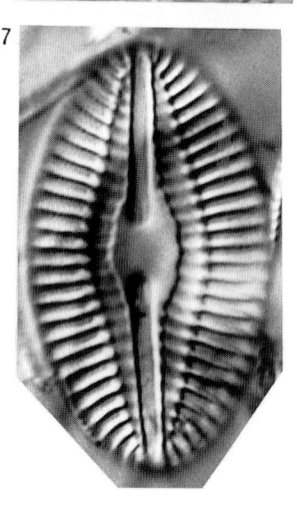

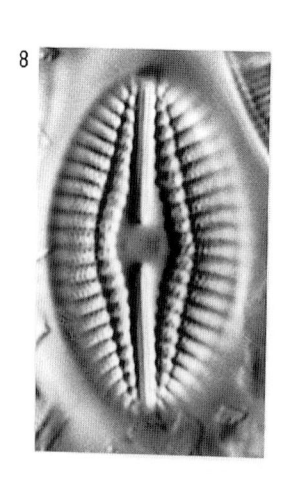

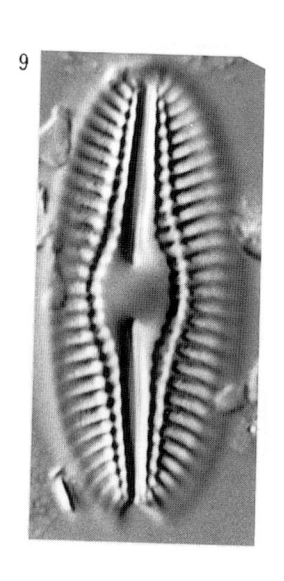

Plate II B₃-10

254

Diploneis alpina F. Meister 1912 (Plate IIB₃-11:1)

Syn：*Diploneis domblittensis* var. *subconstricta* A. Cleve 1895；(?) *D. burgitensis* Prudent 1905；*D. didyma* var. *bavarica* f. *typica* A. Mayer 1919；*D. subconstricta* (A. Cleve) Cleve-Euler 1953.

形態　殻の形 2,3-Sta；先端の形 くさび形[11]；殻長 50-120 μm；幅 18-35 μm；条線 7-11/10 μm．

生態　日本では稀産種．Hustedt (1959) は，*D. domblittensis* var. *subconstricta* として，全ヨーロッパの淡水域，特に湖沼に分布し，アルプス地域のみならず，バルチック海近辺の湖沼にも優占的に出現するという．

Diploneis pseudovalis Hustedt 1930 (Plate IIB₃-11:2-4)

形態　殻の形 3-Sta；先端の形 広円形[0]；殻長 16-31 μm；幅 9-14 μm；条線 8-12/10 μm，胞紋 18-20/10 μm，条線配列 放散状；縦管は，比較的細く中心域のふくらみに沿って曲がるほかは，長軸方向に真っすぐに走る．

生態　支笏湖，野尻湖，木崎湖，池田湖(DAIpo 81)のような貧栄養湖と，新宮川の支流，ウラジオストック近郊の R. Komarovka など，貧腐水性河川に出現する**好清水性種**である．相対頻度は常に低い (<2%)．稀産種．

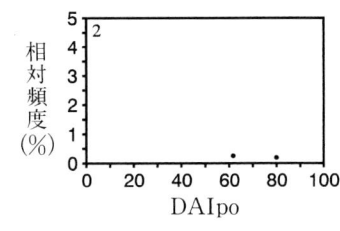

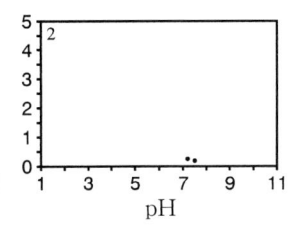

Diploneis pseudovalis の生態図

Diploneis boldtiana Cleve 1891 (Plate IIB₃-11:5, 6)

形態　殻の形 2,3-Sta；先端の形 広円形[0]，くさび形[11]；殻長 23-38 μm；幅 10-12 μm；条線密度 14-15/10 μm；胞紋 細かく約 25-30/10 μm；条線は2列の胞紋からなるが，殻縁近くでは3列となる(Idei & Kobayasi 1989)；縦管は細く，長軸方向に真っすぐに走る．

生態　**好清水性種**，pH に関しては中性種．相対頻度は常に小さい．佐賀県の嘉瀬川など，主として上流部の清冽な流水域に出現．青木湖(DAIpo 73)の湖岸にも産出．Hustedt (1959) は，淡水産種ではあるが，おそらく温帯の北部，極地の周辺から，極地にまで分布する種であろうとする．フィンランドの多くの水域で観察したが，どこでも稀産種であったとする．

Diploneis boldtiana の生態図

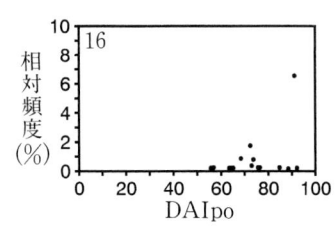

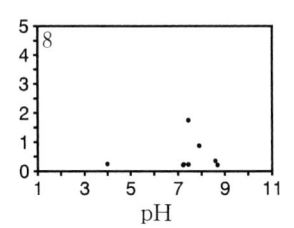

***Diploneis marginestriata* Hustedt 1922**　　　　　　　　　　　　　(Plate ⅡB₃-11：7, 8)

|形態|　殻の形 2-Sta；先端の形 くさび形[11]；殻長 20-35 μm；幅 8-13 μm；条線 18-24/10 μm；中心域が小さいので，縦管は，軸域に沿って真っすぐに走る．

|生態|　北海道の倶多楽湖(DAIpo 71, pH 8.0, 8.3)に出現したが，日本では稀産種．Hustedt (1959) は，中央ヨーロッパ，北欧の止水域に分布するが，普遍種ではないとする．Krammer & Lange-Bertalot (1986)は，北アルプス域，貧腐水性の水域に出現し，たぶん世界に広く分布する種であろうという．

***Diploneis interrupta* (Kützing) Cleve var. *interrupta* 1894**　　　(Plate ⅡB₃-11：9, 10)

　Syn：*Navicula interrupta* Kützing 1844.

|形態|　殻の形 1-Con；先端の形 広円形[0]；殻長 29-80 μm；幅 (最大)12-30 μm, (中央くびれ部) 7-16 μm；条線 8-12/10 μm；胞紋 12-16/10 μm．

|生態|　芦ノ湖(DAIpo 59)に産した稀産種．

　Krammer & Lange-Bertalot (1986)，Patrick & Reimer (1996)，Van Dam *et al*. (1994)は，共に本分類群を brackish(汽水性種)とするが，日本では芦ノ湖のみならず，阿寒湖での出現の報告(河島，真山 1997)もある．

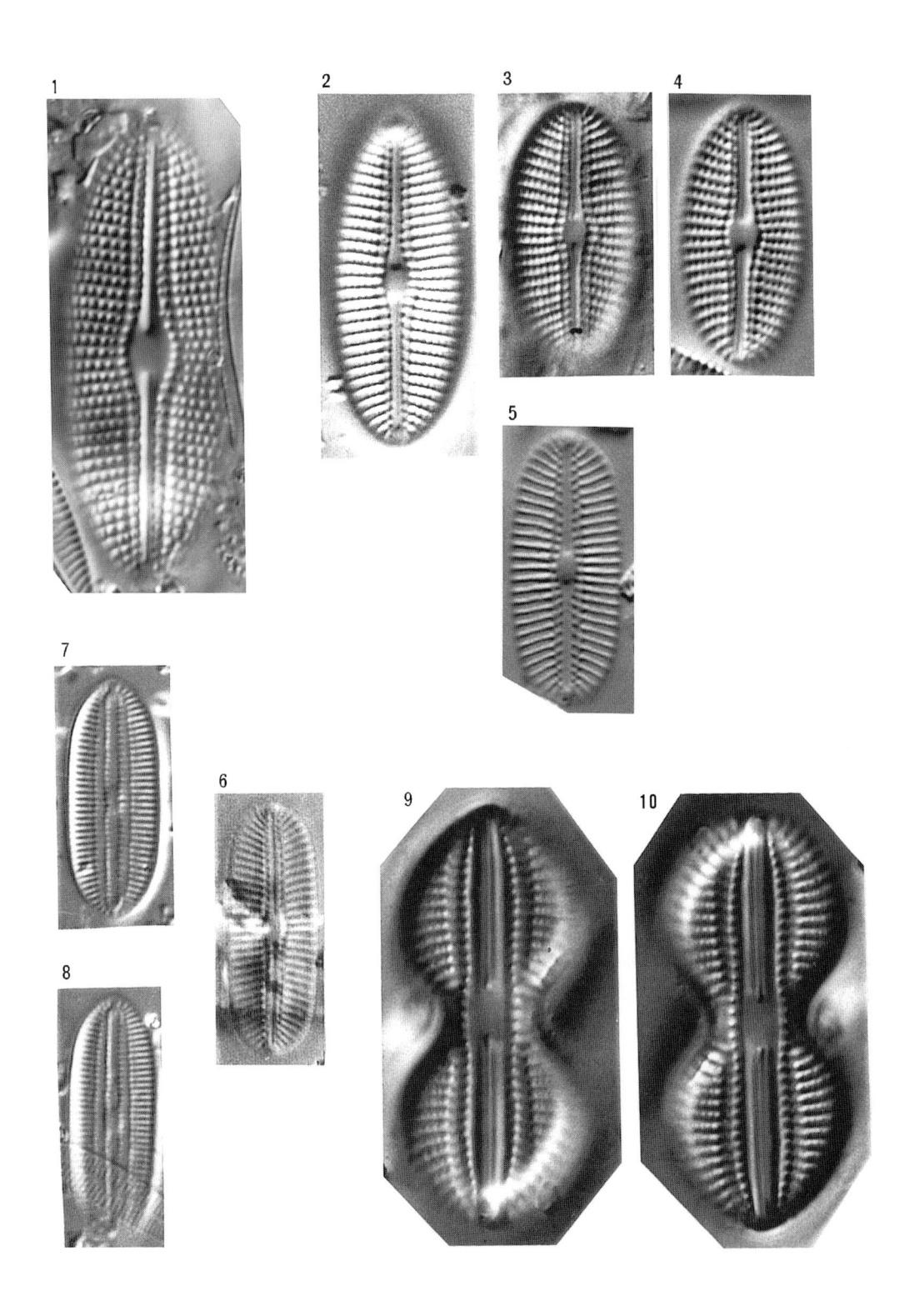

Plate II B$_3$-11

Stauroneis Ehrenbeng 1843（Plate ⅡB₃-12～ⅡB₃-14）

生活様式：本属は，極めて広い生態域，すなわち海水，汽水，淡水はもとより，淡水止水域では貧栄養湖から富栄養湖まで，流水域では貧腐水性から強腐水性まで，さらには湧水流出部や非調和型の腐植栄養水域にまで，幅広く分布する．

葉緑体：殻面観の，左右両殻縁に寄り添うようにして，1枚ずつ計2枚の葉緑体がある．

殻面観：細い軸域と，殻縁に達する幅広の横帯とで，明瞭な十字の無条線域を形成する．属名は十字の意のギリシア語 stauros を語源としている．殻の形は 3-Sta のものが多い．やや小型の分類群中には2箇所で圧縮が生じ，殻縁に3つの波が見られる．3-Bic のものもある．

帯面観：矩形．

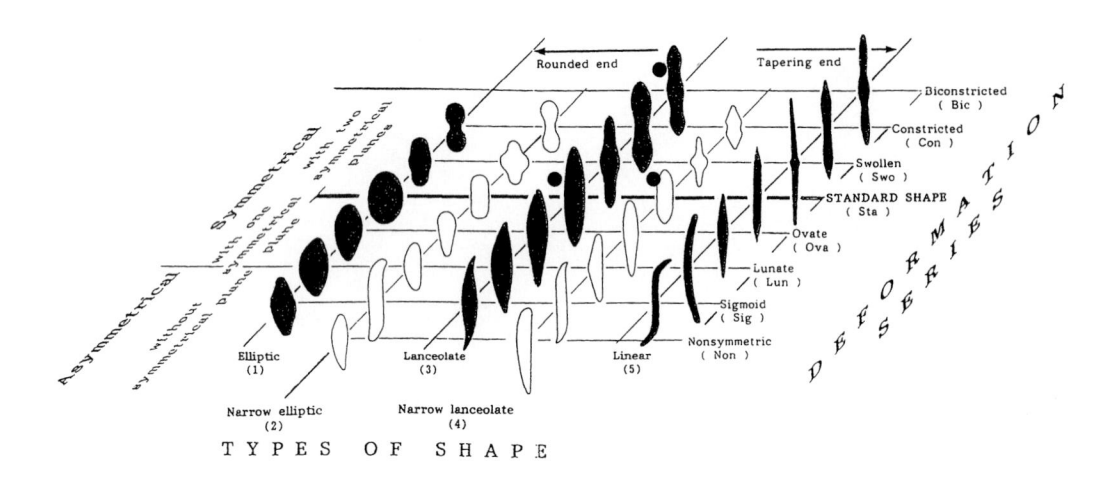

図ⅡB₃-5　*Stauroneis* の殻の形

種の同定に必要な記載事項

例：*Stauroneis anceps*
1. 殻の形 3-Sta，先端の形 頭状形［5］
2. 殻の大きさ 殻長 27 μm，幅 5 μm
3. 条線 26/10 μm
   条線配列は中心部から殻端部まで放散配列

Stauroneis phoeniceteron (Nitzsch) Ehrenberg var. *phoenicenteron* 1843

(Plate IIB$_3$-12：1, 2)

Syn：*Bacillaria phoenicenteron* Nitzsch 1817.

|形態| 殻の形 3-Sta；先端の形 くちばし形[3]，くちばし伸長形[4]，頭状形[5]；殻長 70-365 μm；幅 16-53 μm；条線 12-20/10 μm，条線は強い放散状；胞紋 12-21/10 μm；軸域比較的広く真っすぐに伸び，中央で，殻縁にまで達するほとんど同じ幅の横帯と交わる．

|生態| 志賀高原の蓮池(pH 7.2)，尾瀬の治右衛門池(pH 6.6)に出現したものの写真を示した．本分類群は，日本でも，多様な種類の水域に広く分布する，最も普通の珪藻の1つである．従来報告された産地のほとんどすべては止水域で，流水域からの報告は，北海道のユーラップ川，北上川，名寄川，五十鈴川，三段峡などで見られるが，止水域からの報告事例と比べると大変少ない．**有機汚濁に関しては広適応性種，pHに関しては中性種．**

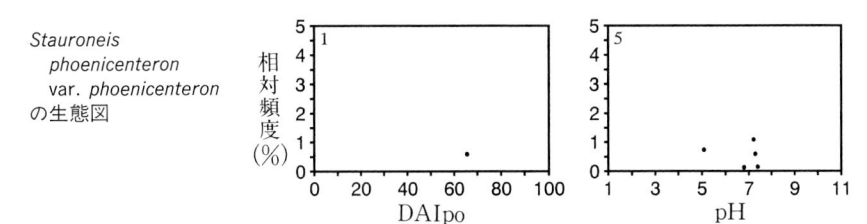

Van Dam *et al.* (1994)は，circumneutral，β-mesosaprobous，mesotraphentic とする．Håkansson (1993)，Patrick & Reimer は，pH indifferent とする．

Stauroneis phoenicenteron var. *phoenicenteron* の生態図

Stauroneis phoenicenteron f. *nipponica* Skvortzow 1936 (Plate IIB$_3$-12：3)

|形態| 殻の形 3-Sta；先端の形 くちばし形[3]；殻長 85-110 μm；幅 24-25 μm．Skvortzow (1936)が木崎湖からの試料によって，この新品種を記載したが，殻長，殻幅共に，筆者らの試料(60 μm×15 μm)は小型である．しかし，条線密度 14-18/10 μm と配列，殻形は，記載値，記述，図とよく一致する．Kobayasi & Ando (1978)は，この品種は，先述の var. *phoenicenterom* の変異と連続するものかもしれないと述べている．

|生態| 志賀高原蓮池(pH 7.2)に出現し，大阪の浄水場からの報告もあるが，稀産種．

Stauroneis staurolineata var. *japonica* H. Kobayasi & Ando 1978

(Plate IIB$_3$-12：4)

|形態| 殻の形 3-Sta；先端の形 突起伸長型 [13]；殻長 95-128 μm；幅 17-20.5 μm；条線 16-17/10 μm，配列はわずかに放散状；縦走条線はほとんど平行に走る，密度は 16-20/10 μm．

|生態| Kobayasi & Ando(1978)は，埼玉県仙女ヶ池からの試料に基づいて本変種を記載した．さらに，長野県の信州竜池と，琵琶池からの報告もある．ここに示した写真は，九州の蘭牟田池(pH 5.8-6.8)産のものである．稀産種．生態未詳．

Plate II B₃-12

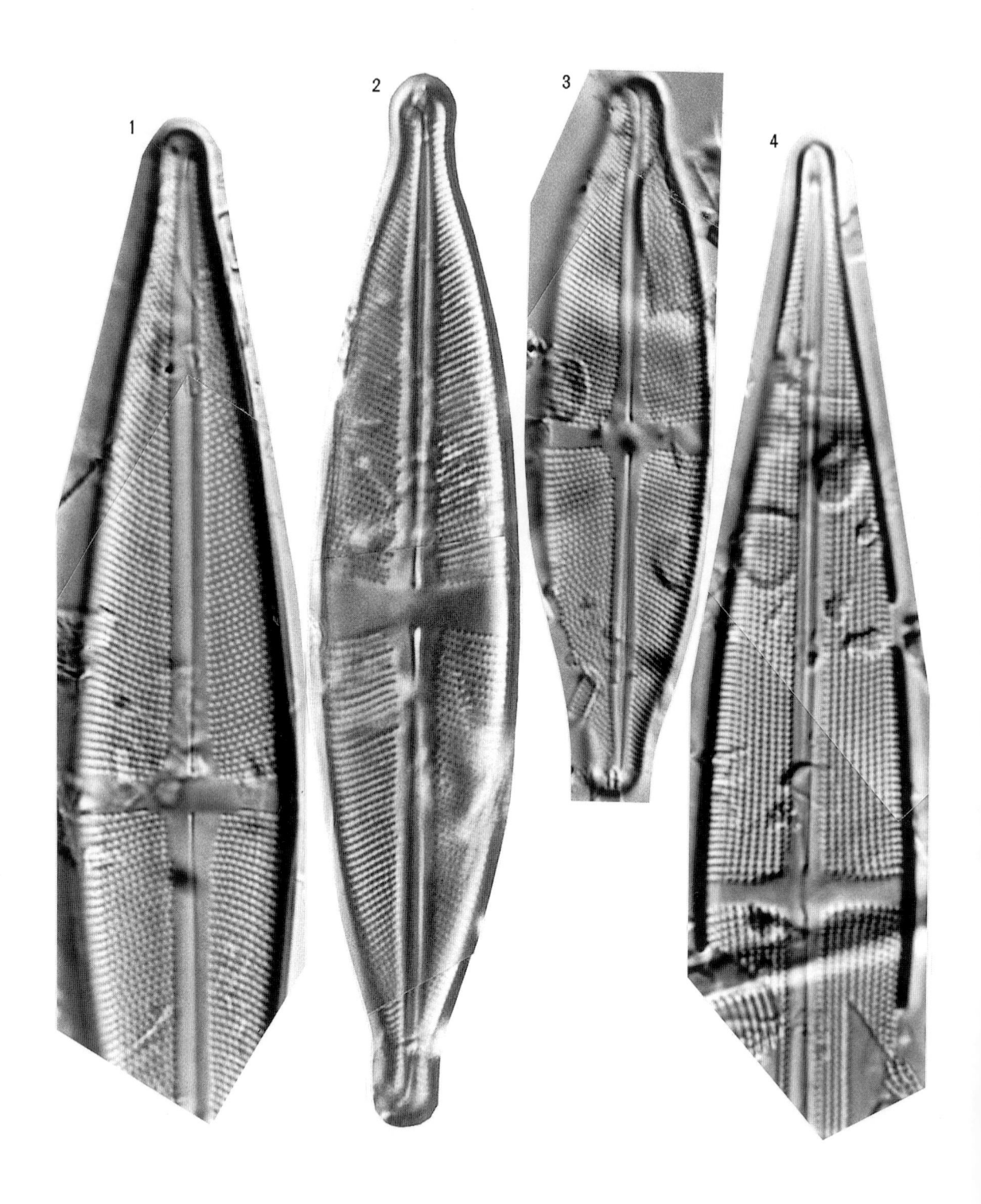

Stauroneis anceps Ehrenberg var. *anceps* 1843　　　　　　　　(Plate IIB$_3$-13：1-5)

Syn：*Stauroneis anceps* var. *amphicephala* (Kützing) Van Heurck 1880.

形態　殻の形 3-Sta；先端の形 くちばし形[3]，頭状形[5]；殻長 24-75 μm；幅 6-15 μm；条線 20-33/10 μm．

生態　日本各地に広く分布する普遍種．本分類群は，湖沼，溜池など，多様な止水域や，水田，温泉あるいは河川からも出現する．**有機汚濁に関しては好清水性種，pH に関しては中性種．**

　Van Dam *et al.* (1994)は，circumneutral, β-mesosaprobous, meso-eutraphentic とし，Håkansson (1993)，Patrick & Reimer (1966)，Foged (1964)，Hustedt (1957)，Jørgensen (1948)は，いずれも pH indifferent とする．Cholnoky (1970)は，最適 pH が 7.0 よりもわずかに低いので，弱酸性水域においてのみ，優占的に出現できるという．

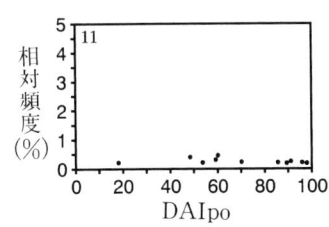

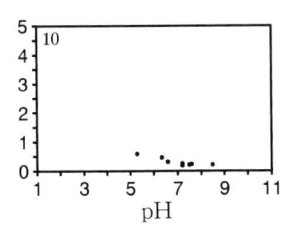

Stauroneis anceps var. *anceps* の生態図

Stauroneis anceps var. *americana* Reimer 1961　　　　　　　　(Plate IIB$_3$-13：6-8)

形態　殻の形 3-Sta；先端の形 くさび形[11]，くちばし形[3]；殻長 39-69 μm；幅 12.5-14 μm；条線 26-30/10 μm；横帯が，粗い胞紋列によって境とされることと，条線密度が細かいことによって，他の変品種と区別できる．

生態　倶多楽湖(DAIpo 71, pH 8.5)，支笏湖，池田湖(DAIpo 87) に出現．日本では，他に塘路湖，白老沼(北海道)，青木湖，中綱湖，木崎湖，湯ノ湖，芦ノ湖からも報告されている(Kobayasi & Ando 1978)．**有機汚濁に関しては好清水性種．**

Stauroneis anceps f. *linearis* (Ehrenberg) Hustedt 1930　　　　　　　　(Plate IIB$_3$-13：9, 10)

Syn：*Stauroneis linearis* Ehrenberg 1841(1843).

形態　殻の形 4-Sta；先端の形 頭状形[5]；殻長 20-60 μm；幅 5-9 μm；条線 26-30/10 μm；先端がくびれて頭状であること，殻の両縁がほぼ平行であることによって，他の変品種と区別できる．

生態　日本では各地の湖沼，河川に出現する普遍種．水中のコケの表面に付着することもある．**有機汚濁に関しては好清水性種．**

Stauroneis anceps f. *linearis* の生態図

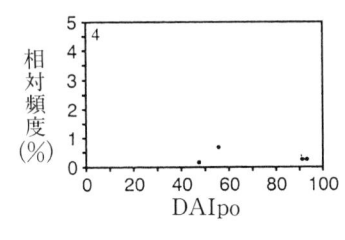

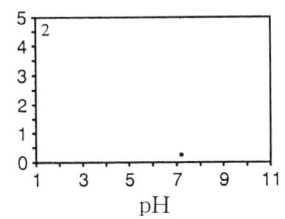

Stauroneis anceps var. *javanica* Hustedt 1937   (Plate IIB₃-13：11)

|形態| 殻の形 3-Sta；先端の形 くちばし形［3］；Hustedt(1937)は，スマトラの Lake Toba から得た試料によって，この新変種を記載したが，Simonsen (1987)が，isolectotype として示した写真によると，殻長65μm, 幅10μm である．また Kobayasi & Ando (1978) は殻長54-77μm, 幅11.5-13μm とする．筆者らの試料では，殻長27-42μm, 幅7-8.5μm ではるかに小型であるが，殻形，条線26/10μm は，原記載の図と合致し，横帯の幅が著しく狭い特性を備えているので，小型ではあるが本変種と考えた．

|生態| 木崎湖(DAIpo 81)，志賀高原の三角池(pH 4.9, 5.8)，丸池(pH 8.9)に出現する稀産種．生態未詳．

Hustedt (1937)は，熱帯に分布する種であるが，南ヨーロッパでも認められるという．

Stauroneis kriegeri Patrick var. *kriegeri* 1966   (Plate IIB₃-13：12, 13)

Syn：*Stauroneis anceps* var. *capitata* M. Peragallo 1908；*S. pygmaea* Krieger 1929.

|形態| 殻の形 3-Sta；先端の形 頭状形［5］；殻長 Patrick & Reimer (1966)は 20-23μm, Kobayasi & Ando (1978) は30μm におよぶ個体もあるとし，筆者らの個体も 25-28μm のものが多い；幅 4-7μm；条線 約26, 条線配列 放散状．

|生態| 清冽な水域でよく出現するが，有機汚濁の進んだ水域にも稀に産出する**好清水性種**．相対頻度は常に低い．**pH に関しては中性種**．

Van Dam *et al.* (1994)は，circumneutral, β-mesosaprobous, meso-eutraphentic とする．Patrick & Reimer (1966)は，pH indifferent とし，川の源流，上流部に出現する特性があるとする．これは筆者らの生態情報ともよく一致する．

Stauroneis kriegeri var. *kriegeri* の生態図

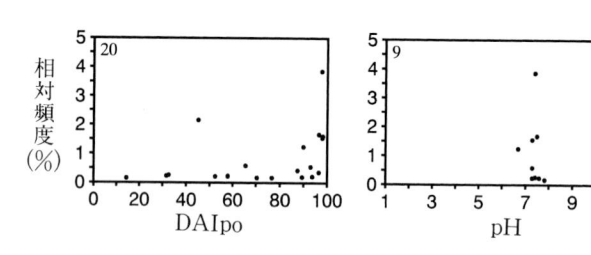

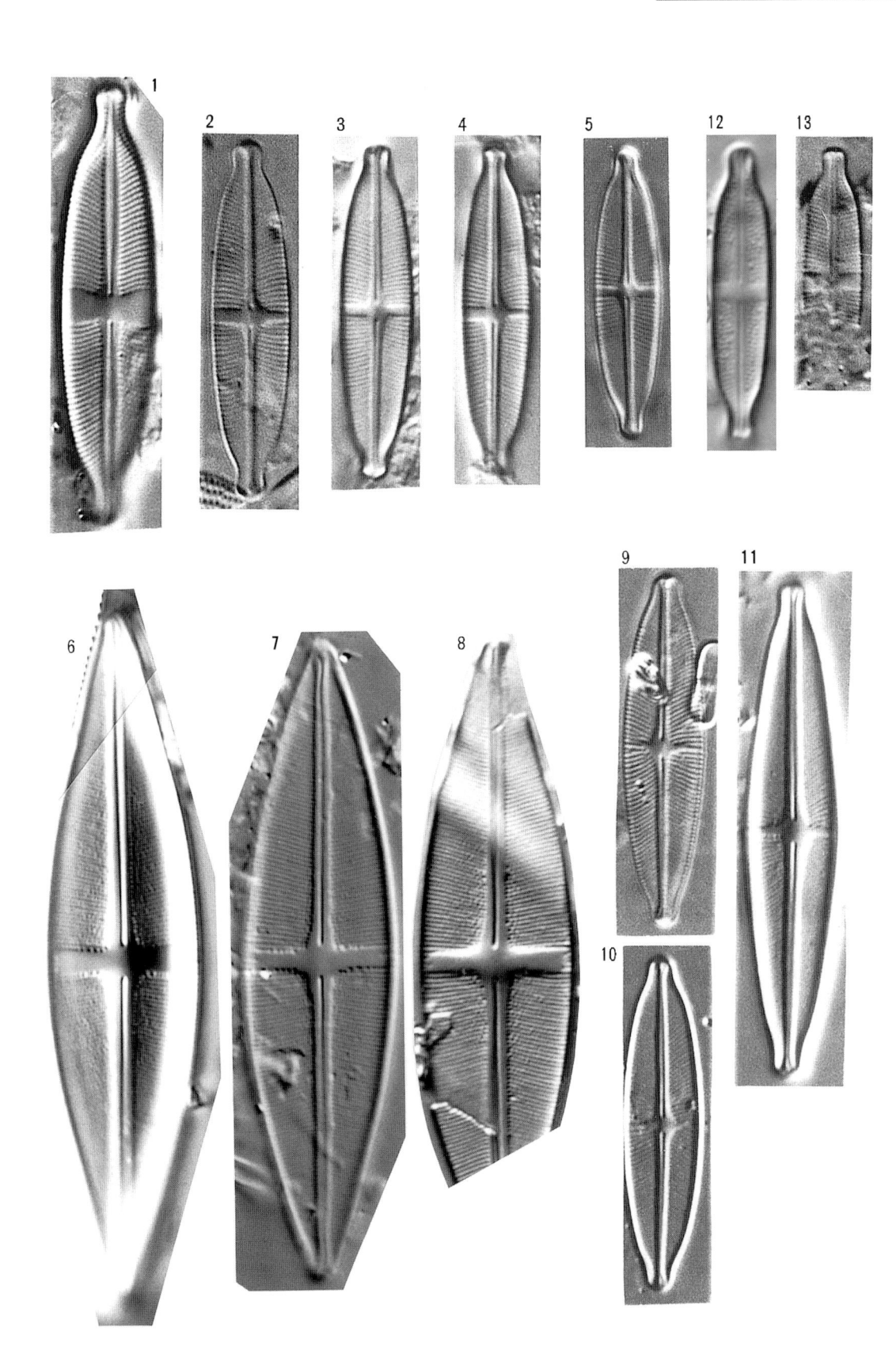

Plate II B₃-13

263

Stauroneis legumen (Ehrenberg) Kützing var. *legumen* 1844　　(Plate ⅡB$_3$-14；1, 2)

　　Syn：*Stauroptera legumen* Ehrenberg 1841.

　形態　殻の形 3-Bic；先端の形 くちばし形[3]，くちばし伸長形[4]；殻長 16-45μm；幅 4-10μm；条線 24-29/10μm；胞紋 約 25/10μm；殻の両端近くに偽隔壁(矢先)がある．

　生態　蘭牟田池(pH 5.8-6.8)，尾瀬治右衛門池，洞爺湖(DAIpo 52, pH 8.0)に出現した稀産種．日本では他にも，北海道白老沼，長野県琵琶池からの報告(Kobayasi & Ando 1978)もある．

　Van Dam *et al*. (1994)は，pH circumneutral, meso-eutraphentic とし，Håkansson (1993), Foged (1981)は，pH indifferent とする．

Stauroneis smithii Grunow var. *smithii* 1860　　(Plate ⅡB$_3$-14：3-5)

　　Syn：*Stauroneis linearis* Ehrenberg 1853.

　形態　殻の形 3-Bic；先端の形 くちばし形[3]，くさび形[11]；殻長 14-40μm；幅 4-9μm；条線 26-30/10μm，放散形；軸域 狭い．殻の両端の近くに偽隔壁がある．

　生態　十和田湖(DAIpo 54)，オコタンペ湖，奈良長岳寺奥の院の湧水(DAIpo 98, pH 7.4)など，清澄な水域から，大和川の支流で著しい汚濁水域にまで，広く分布する**広適応性種**であるが，相対頻度は常に低い．**pH に関しては中性種**．

　Van Dam *et al*. (1994)は，alkaliphilous, β-mesosaprobous, oligo-to eutraphentic (hypereutraphentic)とする．Håkansson (1993), Patrick & Reimer (1966)は，alkaliphilous とする．Cholnoky (1968)は，本分類群の最適 pH を約 8.0 とし，溶存酸素の豊富な水域を好むように見えるという．

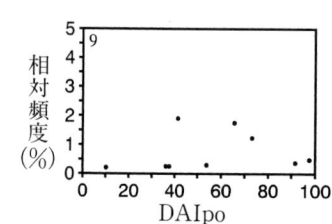

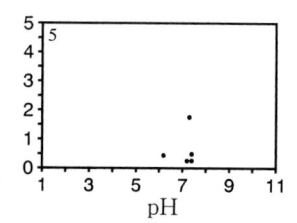

Stauroneis smithii var. *smithii* の生態図

Stauroneis prominula (Grunow) Hustedt 1959　　(Plate ⅡB$_3$-14：6, 7)

　　Syn：*Pleurostauron prominulum* Grunow 1881；*Stauroneis parvula* var. *prominula* Grunow 1894；*S. biundulata* Cleve-Euler 1934；*S. ignorata* Hustedt 1939.

　形態　殻の形 3-Bic；先端の形 くちばし形[3]；殻長 18-42μm；幅 3-8μm；偽隔壁(矢先)がある；条線 20-26/10μm；胞紋 約 25/10μm；条線は平行に近いゆるい放散形．

　生態　天理市の長岳寺奥の院の湧水(DAIpo 98, pH 7.4)中に出現した稀産種．

　Patrick & Reimer (1966)は，本分類群を，*Stauroneis ignorata* の synonym とし，わずかにアルカリ性の淡水を好む種とし，塩分濃度の低い汽水域，湖，池沼に出現する種とする．

Stauroneis producta Grunow 1880 (Plate IIB$_3$-14：8)

Syn：*Pleurostauron parvulum* Grunow 1878；*Stauroneis parvula* var. *producta* (Grunow) Cleve 1894；*S. parvula* var. *prominula* sensu Hustedt 1930；*S. parvula* var. *subrhombica* Cleve-Euler 1953.

形態　殻の形 3-Sta；先端の形 くちばし形[3]，くちばし伸長形[4]；殻長 26-50 μm；幅 7-11 μm；条線 20-28/10 μm，強い放散状；胞紋 28-30/10 μm；偽隔壁（矢先）をもつ．

生態　倶多楽湖(DAIpo 71, pH 8.5)にのみ出現した稀産種．Hustedt (1959)は，淡水から弱い汽水域に極めて普通に分布し，前記の *S. prominula* よりも，塩分濃度に対して広適応であるとする．

Van Dam *et al*. (1994)は，alkaliphilousとするが，汚濁など他の環境要因への適応能にはふれていない．

Stauroneis japonica H. Kobayasi 1965 (Plate IIB$_3$-14：9, 10)

Syn：*Sellaphora japonica* (H. Kobayasi) H. Kobayasi *in* Mayama et Kawashima 1998.

形態　殻の形 2-Sta；先端の形 頭状形[5]；殻長 15-25 μm；幅 4-6 μm；条線 約24/10 μm；小林 (1965)によって，新種として記載された小型の分類群で，殻の幅は長さの約1/4，横帯は，その幅が両殻縁へ向かうに従って広くなる．

生態　本分類群は，関東荒川の支流，埼玉，長野の河川において，しばしば，水中のコケへの付着藻の一員として見いだされた．また pH 1.8-3.2 の強酸性域にも出現．有機汚濁に関しては清冽な水域によく出現するが，かなり汚濁した水域にも時に出現する**好清水性種**，**pH に関しては真酸性種**である．普遍種であるが相対頻度は常に低い．

Stauroneis japonica の生態図

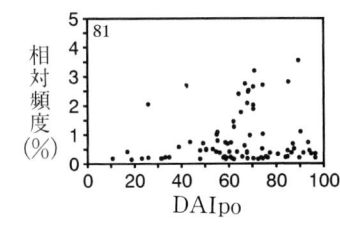

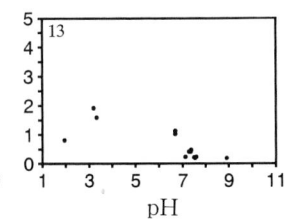

Stauroneis thermicola (Petersen) Lund 1946 (Plate IIB$_3$-14：11-15)

Syn：*Navicula thermicola* Petersen 1928；*N. contempta* Krasske 1929；*Stauroneis montana* Krasske *ex* Hustedt 1930.

形態　殻の形 3-Sta；先端の形 くちばし形[3]；殻長 8-17 μm；幅 3-5 μm；条線 中央部はきわだって粗く，約 20/10 μm，殻端では急に密になり約 30/10 μm 以上になる；軸域 狭い；中心域 殻縁にまで達する，幅の狭い長方形．

生態　奥日光の湯滝に多数出現したが，日本では稀産種．

Van Dam *et al*. (1994)は，circumneutral, β-mesosaprobous, oligo-to eutraphentic (hypereutraphentic)とする．

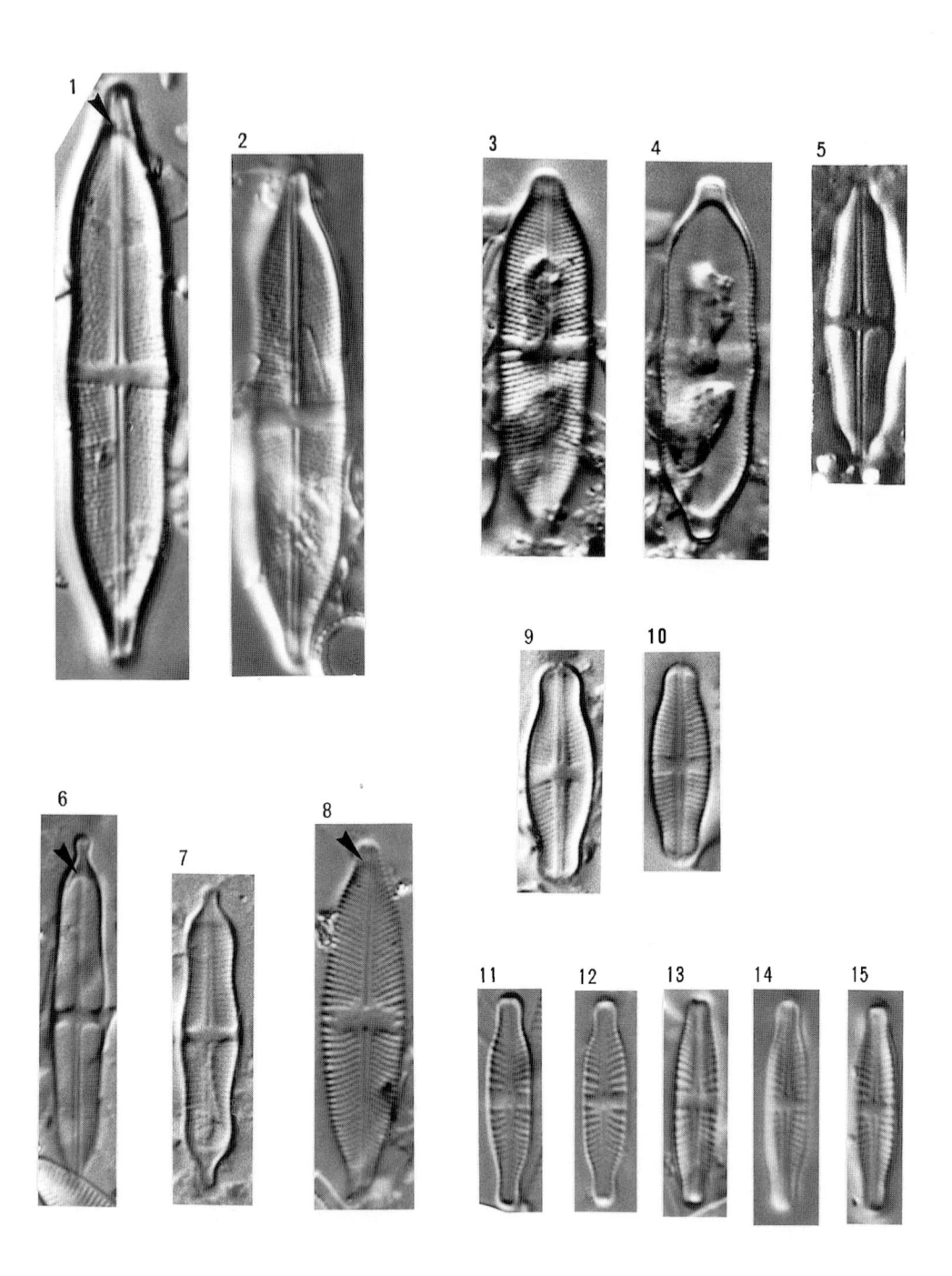

Plate II B$_3$-14

Anomoeoneis Pfitzen 1871 (Plate ⅡB$_3$-15)

生活様式：細胞は常に単独で，舟形の殻面観を上にして生存している．湖岸の付着藻の一員として出現するが，電解質の豊富な，したがって電気伝導度の高い水域に出現する．以前この属中にあったいくつかの分類群が *Brachysira* 属へ移されたので，2種のみの小さい属となった．
葉緑体：1枚の大型の葉緑体は，縦溝の下部付近に深い切れ込みをもつ．
殻面観：殻の形は舟形(3-Sta)，条線は比較的明瞭な胞紋列．
帯面観：矩形．

種の同定に必要な記載事項

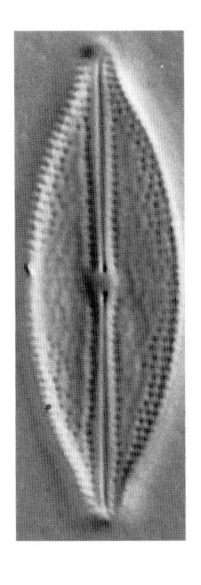

例：*Anomoeoneis sphaerophora* f. *sculpta*
1. 殻の形 3-Sta，先端の形 くちばし形[3]
2. 殻の大きさ 殻長 31.5 μm，幅 11 μm
3. 条線 16/10 μm，配列は平行に近い放散状，先端部ではほとんど平行
4. 軸域 両側に縦に1列に並ぶ孔状胞紋列がある
5. 軸域の両側の殻がへこむために，条線，孔状胞紋の像がぼやける

Anomoeoneis sphaerophora f. *sculpta* (Ehrenberg) Krammer 1985

(Plate IIB$_3$-15：1-6)

Syn：*Navicula rostrata* Ehrenberg 1840；*N. tumens* W. Smith 1853；*N. sculpta* Ehrenberg 1854 (1840?)；*Anomoeoneis sculpta* (Ehrenberg) Cleve 1895；*A. sphaerophora* var. *sculpta* (Ehrenberg) O. Müller 1899.

|形態| 殻の形 3-Sta；先端の形 くちばし形［3］；殻長 65-200μm；幅 25-45μm；条線 10-16/10μm；条線配列 平行に近い放散状で，殻端の近くでは，平行またはわずかに収斂状；縦溝 中心域で向かいあう縦溝の先端は，殻の外面では，中心孔(5の矢先)を形成して向かいあうが，内面(6)では，先端が同一方向へ曲がる；軸域(4,5の矢印) 縦溝の両側の，殻が肥厚してもり上がった軸域の基部には，縦に1列に並んだ孔状胞紋列がある．その孔は，殻の内側(6)にまで通じ，同様に1列の孔状胞紋列(6矢先)を形成する．

|生態| アフリカ，ケニアの Lake Nakuru (pH 9.6)において，湖岸の泥表上に，*Rhopalodia gibberula*, *Nitzschia fonticola*, *N. frustulum*, *N. sigma* などと共に高い相対頻度(＞30％)で出現した**真アルカリ性種**．日本では未記録．ただし，基本種 *A. sphaerophora* (Ehrenberg) Pfitzer は，袋田温泉，埼玉県新河岸川川跡沼，長野県和村から報告されている(福島 1957)．

Van Dam *et al.* (1994)は alkaliphilous とし，Håkansson (1993)は，alkalibiontic とする．

Anomoeoneis sphaerophora f. *costata* (Kützing) Schmidt 1977

(Plate IIB$_3$-15：7, 8)

Syn：*Navicula costata* Kützing 1844；*Anomoeoneis costata* (Kützing) Hustedt 1959；*A. polygramma* (Ehrenberg) Cleve 1895；non *Stauroneis polygramma* Ehrenberg 1843.

|形態| 殻の形 3-Sta；先端の形 くちばし形［3］；殻長 50-175μm；幅 20-42μm；条線 15-20/10μm；中心域は，殻縁にまで達する幅広いリボン状であるが，左右非相称．

|生態| アフリカ，ケニアの Lake Nakuru(pH 9.6)で，湖岸泥表上に，前記品種と共に出現したが，日本では発見されていない．**真アルカリ性種**．

Van Dam *et al*. 1994 は，alkaliphilous とする．Patrick & Reimer (1966)は，中程度から高度の塩分濃度をもつ陸水中に出現したことを報じている．

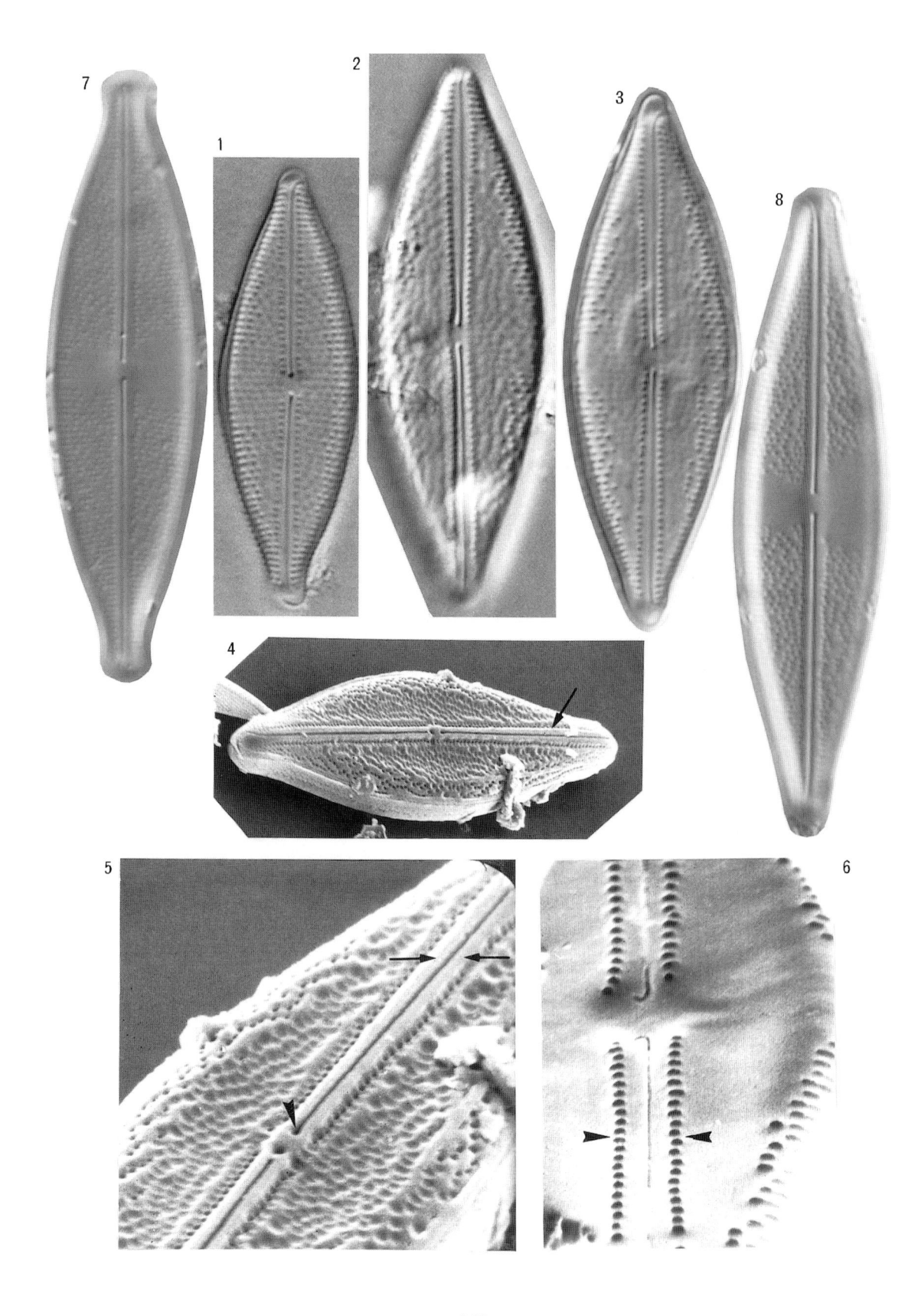

Plate IIB₃-15

Brachysira Kützing 1836 (Plate IIB$_3$-16, IIB$_3$-17)

生活様式：従来，*Anomoeoneis* 属に所属していた多くの種が，本属に移された．海産の *B. aponina* を除く他の分類群はほとんど淡水産で，特に貧栄養の湖沼や湿地に普通に出現する．
葉 緑 体：H字形の1枚の大きな葉緑体をもつ．
殻 面 観：殻の形は 3-Sta．または上下非相称の舟形 3-Ova．条線は明確な横長の胞紋列．条線は，どの分類群も放散状．
帯 面 観：矩形．

種の同定に必要な記載事項

例：*Brachysira brebissonii*
1. 殻の形 3-Sta，先端の形 くさび形[11]
2. 殻の大きさ 殻長 25 μm，幅 7 μm
3. 条線 26/10 μm，配列は放散状
4. 軸域，中心域の両側に，縦に1列に並んだ胞紋列がある
5. 中心式で向かい合う縦溝の先端部は，微妙に同方向に曲がる

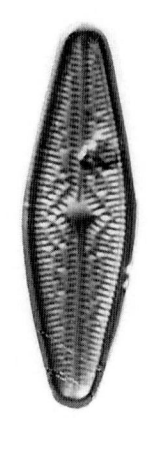

Brachysira serians (Brébisson *ex* Kützing) Round & Mann 1981

(Plate IIB$_3$-16：1-6)

Syn：*Navicula serians* Brébisson *ex* Kützing 1844；*Anomoeoneis serians* (Brébisson *ex* Kützing) Cleve 1895.

形態 殻の形 1-Sta；先端の形 くさび形[11,12]；殻長 40-115 μm；幅 9-21 μm；条線 19-23/10 μm；中心域 横長の楕円形または菱形．

生態 志賀高原の上の小池(pH 5.7)，下の小池(pH 4.0-4.3)など，微酸性または貧栄養の水域に出現した**好酸性種．有機汚濁に関しては好清水性種．**

Van Dam *et al.* (1994)は，*Anomoeoneis serians* として，acidobiontic, oligosaprobous, oligotraphentic とする．Håkansson (1993)は，acidophilous/acidobiontic とする．Cox (1996)は，電気伝導度が 50-100 μS/cm と低い貧栄養の水域に，広く分布するという．

Brachysira serians の生態図

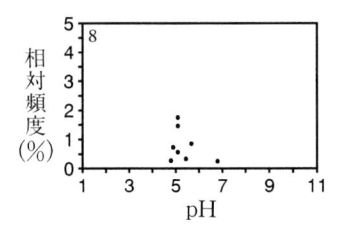

Brachysira wygaschii (Krasske) Lange-Bertalot 1994

(Plate IIB$_3$-16：7-11)

Syn：*Anomoeoneis serians* sensu Hein 1990；*Brachysira serians* var. *acuta* Hustedt.

形態 殻の形 3-Sta；先端の形 先の細いくさび形[12]；殻長 30-65 μm；幅 7-12 μm；条線 20-24/10 μm；条線配列 放散状；中心域 横長の楕円形または菱形．

生態 北海道オコタンペ湖，長野県赤沼(pH 3.9)，九州六観音池(pH 4.0-4.3)など，強酸性湖，貧栄養湖に出現する．**真酸性種．**

Brachysira wygaschii の生態図

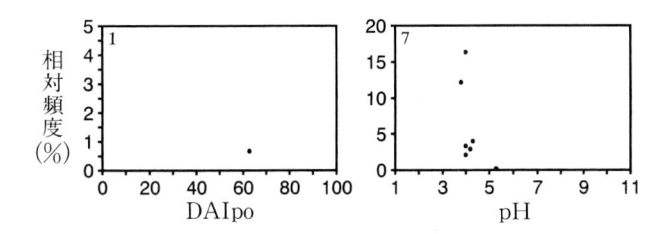

Brachysira aff. *sublinearis* Lange-Bertalot 1998

(Plate IIB$_3$-16：12)

形態 殻の形 3-Sta；先端の形 くさび形[12]；殻長 42 μm；幅 7 μm；条線 24/10 μm；条線配列 ほとんど放散状，先端部は平行；上記計測値と殻形は，原記載並びにその写真(Tafel 107 Fig. 15)とよく一致する．

生態 秋田県玉川の中流域にある夏瀬ダム(pH 6.2)で，ブイへの付着藻の一員として出現．生態不明．

Plate II B₃-16

1 2 3 4 5 6

12 7 8 9 10 11

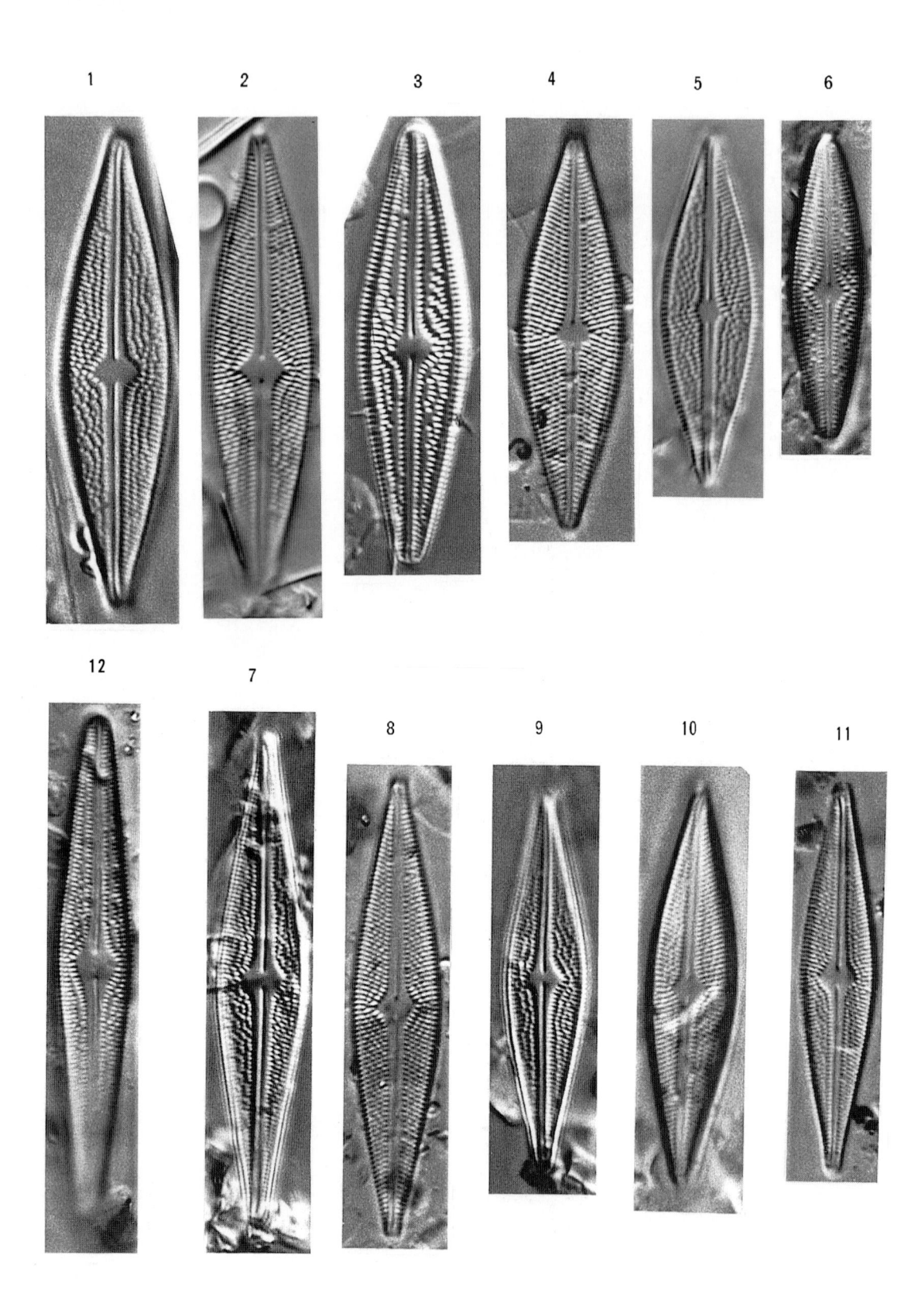

272

Brachysira brebissonii R. Ross *in* Hartley 1986 (Plate ⅡB₃-17：1-8)

Syn：*Anomoeoneis serians* var. *brachysira* (Brébisson *in* Rabenhorst 1853) Cleve *in* Cleve and Möller 1882；*A. brachysira* (Brébisson *in* Rabenhorst) Grunow var. *brachysira*.

形態　殻の形 3-Sta；先端の形 くさび形[12]；殻長 12-50 μm；幅 4-10 μm；条線 24-30/10 μm；条線は放散状に配列．

生態　北海道オコタンペ湖，志賀高原一沼(pH 6.8)，上の小池(pH 5.7)，九州藺牟田池(pH 5.8-6.8)など，弱酸性の腐植栄養水域に出現する**好酸性種，有機汚濁に関しては広適応性種**．

Van Dam *et al.* (1994)と Håkansson (1993)は，共に *Anomoeoneis brachysila* を acidophilous とし，Van Dam *et al.* (1994)は，oligosaprobous, oligotraphentic とする．Patrick & Reimer (1966)は，*A. serians* var. *brachysira* を淡水から汽水の湖沼，河川に出現する種としている．

Brachysira brebissonii の生態図

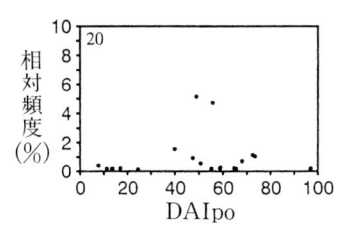

Brachysira neoexilis Lange-Bertalot *in* Lange-Bertalot & Gerd Moser 1994 (Plate ⅡB₃-17：9-15)

形態　殻の形 3-Sta；先端の形 頭状形[5]；殻長 12-34(36) μm；幅 3-5(7) μm；条線 30-36/10 μm；殻の先端が頭状で，条線密度が高いことで，他と容易に区別できるが，従来 *Anomoeoneis vitrea*(この synonym に *A. exilis* がある)とよく混同されてきた．

生態　尾瀬沼(pH 7.0)では 29.5%，倶多楽湖(pH 8.5)では 69%，西湖(pH 9.8)では 14.5% など，有機的アルカリ水域で高い相対頻度で出現する．一方，微酸性の玉川の神代ダム(pH 6.2)でも 62.5%，玉川の田沢湖への取水堰の上流(pH 6.4)で 23.6% の高い相対頻度で産出した．**有機汚濁に関しては広適応性種，pH に関しては好アルカリ性種**．下図は，本分類群と *Anomoeoneis vitrea* との複合種群としての生態図である．

Van Dam *et al.* (1994)は, alkaliphilous, oligosaprobous, oligo-mesotraphentic とする．Patrick & Reimer (1966)は，広い生態環境に適応できる種で，アルカリ性の水域を好むように思えるという(いずれも *A. vitrea* について)．

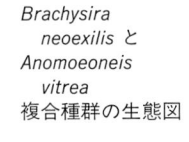

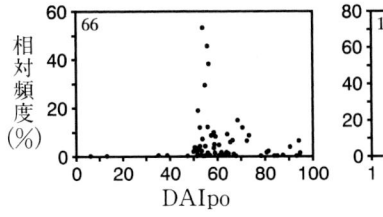

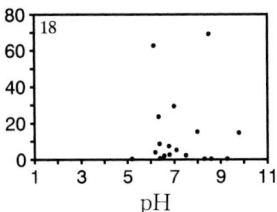

Brachysira neoexilis と *Anomoeoneis vitrea* 複合種群の生態図

Brachysira irawanae (Podzorski & Håkansson) Lange-Bertalot & Podzorski 1994
(Plate ⅡB$_3$-17：16-23)

Basionym：*Anomoeoneis irawanae* Podzorski & Håkansson 1987.

形態　殻の形 3-Sta；先端の形 くさび形[12]；殻長 15-20 μm；幅 4.5-6.5 μm；条線 30-32/10 μm；本分類群は，中心域が長軸方向に長く，横軸方向には広がらないので，細長い中心域となる．両殻端近くでの，殻の幅のせばまり方が，わずかながら異なるように見えるので，中心域を境にして一見上下非相称のように見える個体が多い．以前，*B. styriaca* とされてきたこともあるが，殻形，中心域の形，条線密度の違いによって区別できる．

生態　八島ヶ原湿原の八島ヶ池(pH 5.2)で 11.6%，奈良市内大仏池(pH 7.0)で 4.1%の相対頻度で出現したが，普通相対頻度は低い．その他，九州蘭牟田池(pH 5.8-6.8)，芦ノ湖(DAIpo 58)，御在所温泉排水路，玉川の夏瀬ダム(pH 6.2)などに出現．**有機汚濁に関しては広適応性種，pH に関しては中性種**である．

下図は本分類群と *B. styriaca* との複合種群としての生態図である．

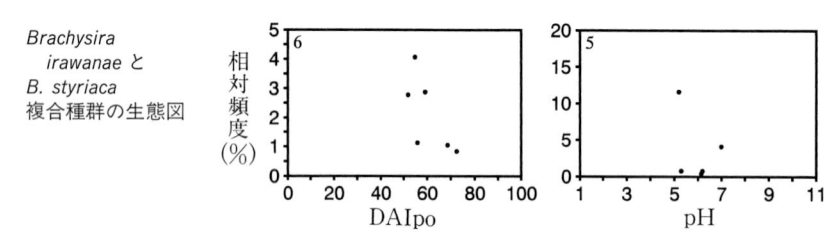

Brachysira irawanae と *B. styriaca* 複合種群の生態図

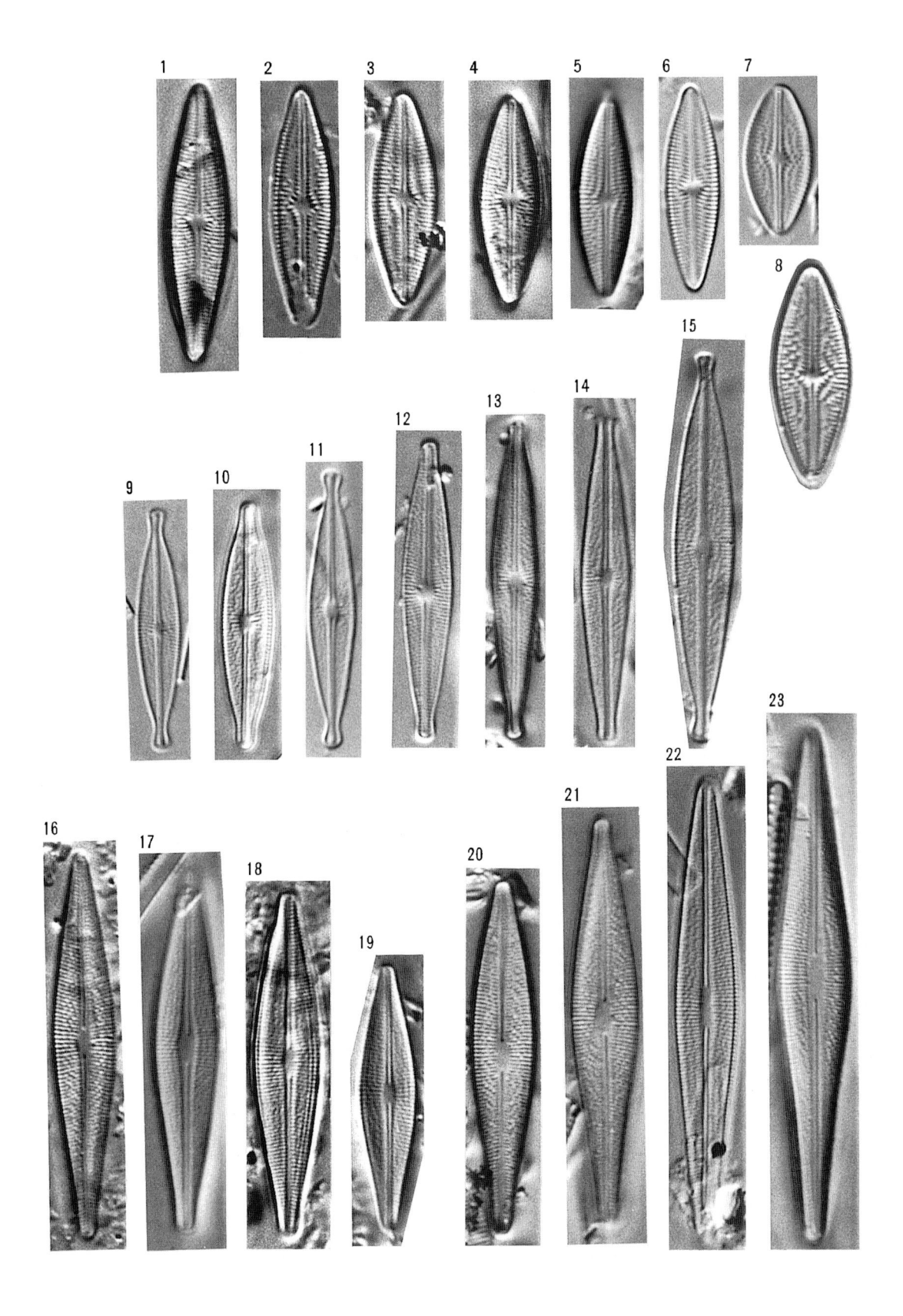

Plate II B$_3$-17

Navicula Bory de St. Vincent 1822 (Plate ⅡB$_3$-18〜ⅡB$_3$-42)

生活様式：淡水産の分類群が極めて多く，湖，池沼などの止水域はもちろん，流水域にも付着性種として出現する．浮遊性のものもあるが，付着性種と比べると極めて少ない．汽水域にも出現する．

珪藻群集中，第1位優占種となる種数は，*Achnanthes*，*Nitzschia* と並んで多いが，α貧腐水性から強腐水性の水域，つまり有機汚濁度の比較的高い水域で優占種となるものが多い．

葉 緑 体：普通2枚の板状葉緑体であるが，1個の葉緑体をもつ種もある．

殻 面 観：殻の形は通常 3-Sta. しかし，図ⅡB$_3$-6 に示したように，様々な形を呈するものがあり，珪藻属中では，形の多様性が最も大きい．いずれも2つの相称面をもつ．

帯 面 観：矩形．

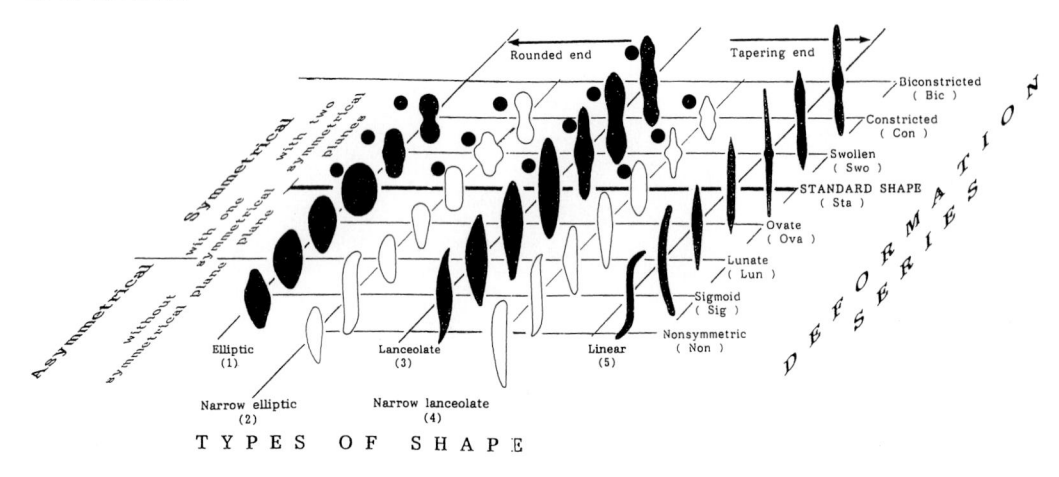

図ⅡB$_3$-6 *Navicula*の殻の形

種の同定に必要な記載事項

例：*Navicula gregaria*
1. 殻の形 3-Sta，先端の形 くちばし形[3]
2. 殻の大きさ 殻長 22 μm，幅 5.5 μm
3. 条線，配列
   条線 17/10 μm，弱い放散状，殻端の近くでは平行から弱い収斂状
4. 胞紋 27/10 μm

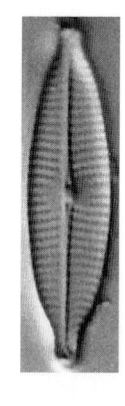

Navicula cocconeiformis Gregory *ex* Greville 1856 (Plate IIB$_3$-18：1-4)

　Mann, D. G. & Stickle は, Round *et al.* (1990)中で本分類群を新属 *Cavinula* のタイプ種とし, *Cavinula cocconeiformis* (Gregory *ex* Greville) D.G. Mann & Stickle の basionym とした.

　形態　殻の形 1-Sta；先端の形 広円形［０］；殻長 12-40 μm；幅 7-15 μm；条線 24-36/10 μm, 条線はすべて放散状.

　生態　尾瀬沼(DAIpo 55, 56), 摩周湖(DAIpo 90, 92), Lake Tahoe(DAIpo 89, 93)に出現した世界普遍種. 阿寒湖(河島, 真山 1998)にも出現し, 青木湖からの報告もある. 付着性珪藻として出現することは, 日本では少ない. 貧栄養, 腐植栄養型の水域に出現.

　Van Dam *et al.* (1994)は, pH に関しては circumneutral, oligosaprobous, oligo-mesotraphentic とする. Håkansson (1993)は, pH indifferent/acidophilous とする.

Navicula jaernefeltii Hustedt 1942 (Plate IIB$_3$-18：5-9)

　Syn：*Cavinula jaernefeltii* (Hustedt) D.G. Mann & Stickle *in* Round *et al.* 1990.

　形態　殻の形 1-Sta；先端の形 広円形［０］；殻長 8-20 μm；幅 6-11 μm；条線 25-36/10 μm, 条線はすべて放散状. 上記種 *N. cocconeiformis* と形態は似るが, 本分類群の中心域は, 前記分類群と比べて, より小さく, 中心域の両側の条線は, 中心域を囲んで整然とまとまり, 殻がやや小型である点で異なる.

　生態　尾瀬沼(DAIpo 55, 56), 摩周湖(DAIpo 92, 93), 青木湖(DAIpo 73), Lake Tahoe(DAIpo 89, 93)に出現. Van Dam *et al.* (1994)は, acidophilous, oligosaprobous, oligo-mesotraphentic とする.

Navicula pseudoscutiformis Hustedt 1930 (Plate IIB$_3$-18：10-15)

　Syn：*Navicula scutelloides* var. *minutissima* Cleve 1881.

　本分類群は, *Cavinula pseudoscutiformis* (Hustedt) D.G. Mann & Stickle の basionym とされている.

　形態　殻の形 1-Sta（円形に近い）；先端の形 広円形［０］；殻長 3.5-25μm；幅 3-17μm；条線 20-26/10 μm, 極めて強い放散型；胞紋 10-16/10 μm.

　生態　藺牟田池(pH 5.8-6.8), 支笏湖, 御在所温泉の温泉水溢水流路(pH 7.9)などに産出. 木崎湖(Skvortzow 1936), 琵琶湖(Skvortzow 1936)からも出現した.

　Krammer & Lange-Bertalot (1986)は, 北米, 北欧, 東欧では多分広く分布する普遍種で, 地域によって, 稀にしか出現しない所もあれば, 頻繁に出現する所もある. さらに, 貧腐水性から β 中腐水性水域に出現するという. Patrick & Reimer (1966)は, 時に高濃度の金属塩を含む水域に出現し, 冷水を好む種と思えるという. Van Dam *et al.* (1994)は, alkaliphilous, β-mesosaprobous, meso-eutraphentic とする. Håkansson (1993)は, pH indifferent とする.

Navicula scutelloides W. Smith *ex* Gregory 1856 (Plate ⅡB$_3$-18：16, 17)

Syn：*Cavinula scutelloides* (W. Smith) Lange-Bertalot *in* Lange-Bertalot *et* Metzeltin 1996.

形態 殻の形 1-Sta（円形に近い）；先端の形 広円形[0]；殻長 10-35 μm；幅 8-20 μm；条線 7-17/10 μm，粗い放射状配列；胞紋 10-16/10 μm，大変粗い．

生態 琵琶湖，諏訪湖に出現する普遍種．付着珪藻として出現することは比較的少ない．

Van Dam *et al.* (1994)は，alkalibiontic, oligosaprobous, eutraphentic とし，Håkansson (1993) は，alkalibiontic とする．

Navicula scutelloides の生態図

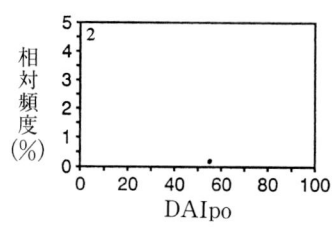

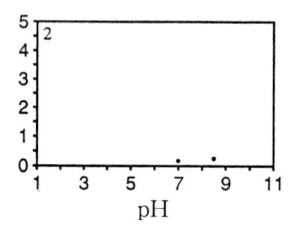

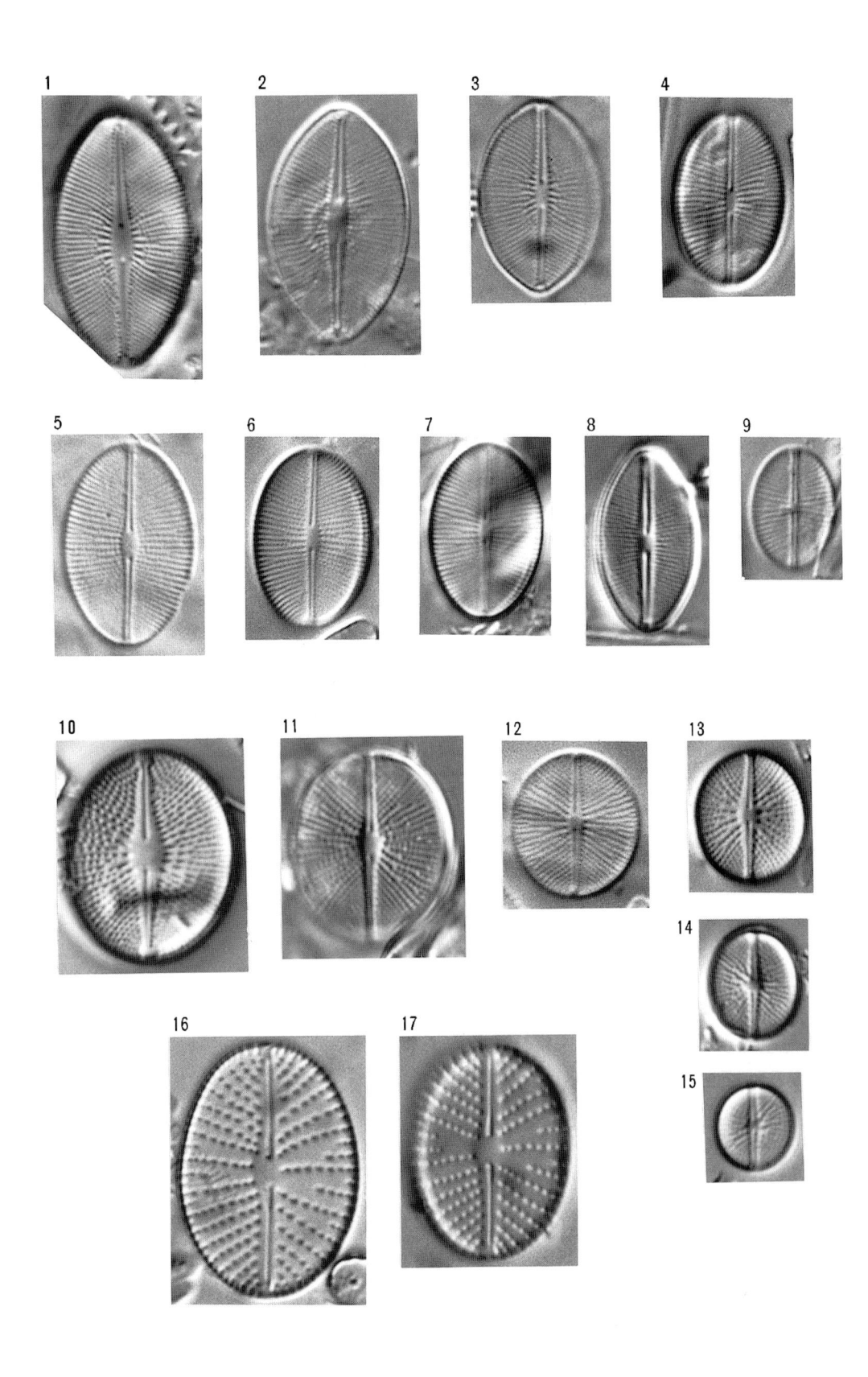

Plate II B₃-18

Navicula confervacea (Kützing) Grunow 1880 (Plate IIB$_3$-19：1-5)

Syn：*Diadesmis confervacea* Kützing 1844；*Navicula confervacea* var. *hungarica* Grunow 1880；*N. confervacea* var. *peregrina* Grunow 1880.

Round *et al.* (1990)は *Diadesmis* 属を復活した．本分類群はそのタイプ種である．

形態　殻の形 3-Sta；先端の形 くさび形[11]，くちばし形[3]；殻長 9-28μm；幅 4-10μm；条線 18-26/10μm すべて放散状；胞紋 14-40/10μm；中心域は菱形で大きい．

生態　有機汚濁に関しては**好汚濁性の普遍種**ではあるが，付着性群集中の相対頻度は比較的小さく，10％を越えることはない．**pH に関しては 7-9 の範囲の水域によく出現する好アルカリ性種**．

Van Dam *et al.* (1994) は，pH circumneutral，α-mesosaprobous，eutraphentic とする．Patrick & Reimer (1966) は，しばしば浅い水域に出現し，軟水，温水を好むように思えるという．

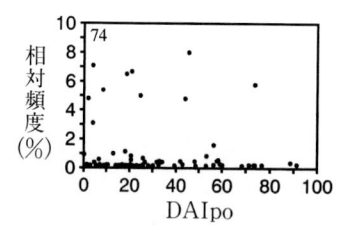

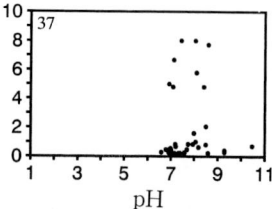

Navicula confervaceae の生態図

Navicula porifera var. *opportuna* (Hustedt) Lange-Bertalot 1985
(Plate IIB$_3$-19：6-10)

Syn：*Navicula opportuna* Hustedt 1950.

本分類群は近年 *Placoneis* 属へ移されている．

形態　殻の形 1-Sta；先端の形 くさび形[11]；殻長 11-22μm；幅 6-12μm；条線 13-16/10μm，配列は放散状；中心域 極めて狭く，ほとんどないに等しい．

生態　摩周湖(DAIpo 92, 93)，尾瀬沼(DAI po 55, 56)に出現した稀産種．

Krammer & Lange-Bertalot (1986) は，中部と南東ヨーロッパに分布し，貧腐水性で電解質の乏しい湖から，豊富な湖にまで出現するという．

Navicula ignota Krasske var. *ignota* 1932 (Plate IIB$_3$-19：11, 12)

Syn：*Navicula lagerstedtii* Hustedt *in* A. Schmidt *et al*. 1934 non Cleve 1894.

Lange-Bertalot & Metzeltin (1996) は，本分類群を，*Geissleria ignota* (Krasske) Lange-Bertalot & Metzeltin 1996 の basionym とした．

形態　殻の形 3-Bic；先端の形 頭状形[5]；殻長 6-25μm；幅 4-6μm；条線 13-18/10μm，どの条線も放散状に配列する；殻端の軸域をはさんで，両側 2-3 個ずつの胞紋を有するのが，本種の特徴である．

生態　淀川の枚方大橋に出現した．下記の変種と比べると，出現頻度ははるかに低く，日本では稀産種．枚方大橋の DAIpo は 43(中腐水性)であった．

Lange-Bertalot (2001) は，むしろ湿った場所，すなわち，水草の表面とか湿った土壌にしばしば見られるという．

Navicula ignota var. *acceptata* (Hustedt) Lange-Bertalot 1985　　　(Plate IIB₃-19：13-20)

Syn：*Navicula lagerstedtii* var. *palustris* f. *minores* Hustedt 1950；*N. acceptata* Hustedt 1950.

本分類群は，*Geissleria acceptata* (Hustedt) Lange-Bertalot & Metzeltin 1996 の basionym とされている．

形態　殻の形 1, 3-Sta；先端の形 広円形[0]，くさび形[11]；殻長 6-14 μm；幅 4.5-6 μm；条線 14-16/10 μm；中心域に1個の遊離点をもつ個体(17, 20)もある．

生態　有機汚濁に関しては広適応性種，pH に関しては中性種．DAIpo 30-50 の β 中腐水性水域において，第1位優占種として出現する．

Van Dam *et al.* (1994)は，β-mesosaprobous とする．Lange-Bertalot (2001)は，中栄養から，富栄養水域に出現するが，平均的な電解質濃度を有する，貧腐水性水域にも産するという．

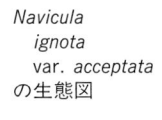

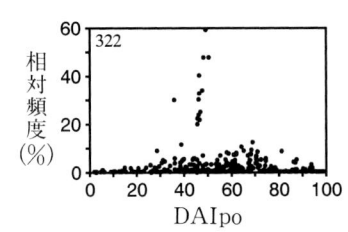

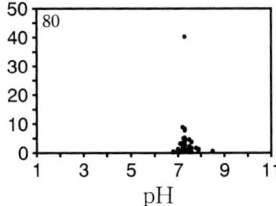

Navicula ignota var. *acceptata* の生態図

Navicula fossalis Krasske var. *fossalis* 1929　　　(Plate IIB₃-19：21-25)

Lange-Bertalot (1997)は，新属を設定し，本分類群を *Mayamaea fossalis* (Krasske) Lange-Bertalot 1997 の basionym とした．

形態　殻の形 3-Sta；先端の形 くさび形[11]；殻長 9-12 μm；幅 3.5-5 μm；条線 16-21/10 μm，放散状である．

生態　有機汚濁に関しては広適応性種，pH に関しては中性種．

Van Dam *et al.* (1994)は，pH circumneutral，β-mesosaprobous とする．

Navicula pelliculosa (Brébisson *ex* Kützing) Hilse 1863　　　(Plate IIB₃-19：26, 27)

Syn：*Fistulifera pelliculosa* (Brébisson) Lange-Bertalot 1997.

形態　殻の形 3-Sta；先端の形 広円形[0]；殻長 9-12.5 μm で小型；幅 4-6.2 μm；条線（光顕では数えることは不可能）45-55/10 μm．

生態　極めて広く分布する代表的普遍種．ことに流水においては，付着珪藻群集の第1位優占種として出現することがある．その場合，DAIpo が 30 前後の α 中腐水性水域での優占種であることもあれば，DAIpo 70 前後の β 貧腐水性水域での優占種となることもある．有機汚濁に関しては典型的な広適応性種，pH に関しては中性種．

Van Dam *et al.* (1994)は，alkaliphilous，oligo-mesotraphentic とする．Patrick & Reimer (1966)は，高濃度の金属塩を含む水を好むように思えるという．

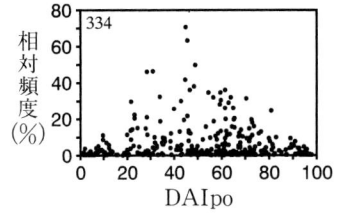

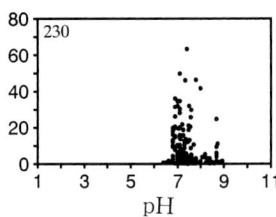

Navicula pelliculosa の生態図

Navicula saprophila Lange-Bertalot & Bonik 1976 (Plate IIB$_3$-19：28-30)

Syn：*Navicula muralis* f. *minuta* Grunow *in* Van Heurck 1880；*Fistulifera saprophila* (Lange-Bertalot & Bonik) Lange-Bertalot 1997.

形態 殻の形 1-Sta；先端の形 くさび形[11]；殻長 4.5-7.6 μm；幅 2-4 μm(小型種)；条線(光顕では観察不可能)48-81/10 μm；軸域 狭く，真っすぐに走る．上記 *N. pelliculosa* は，本分類群よりも大きいが，殻形も似ており，条線も光顕下では共に見ることができないので，混同されてきた可能性がある．

生態 有機汚濁に関しては好汚濁性種，pH に関しては中性種．

Navicula saprophila の生態図

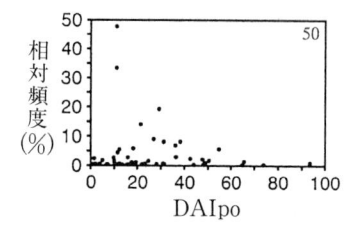

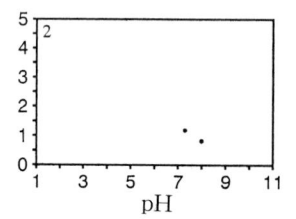

Navicula atomus (Kützing) Grunow var. *atomus* 1860 (Plate IIB$_3$-19：31-36, 37-41)

Syn：*Navicula atomus* var. *permitis* (Hustedt) Lange-Bertalot；*N. caduca* Hustedt 1942；*N. excelsa* Krasske 1925；*N. peratomus* Hustedt 1957；*N. permitis* Hustedt 1945；*N. pseudoatomus* Lund 1946.

Lange-Bertalot (1997) は，本分類群を，新属 *Mayamaea* のタイプ種とし，*Mayamaea atomus* (Kützing) Lange-Bertalot 1997 と呼んだ．

形態 殻の形 3-Sta；先端の形 くさび形[11]；殻長 4-13 μm；幅 3.5-.4.5 μm；条線 約20/10 μm，強い放散状．写真(37-41)は，*Navicula saprophila* に似て小型であるが，光顕下で，条線を時に見ることができ，軸域が細く盛り上ったように見える．また，両端と中央部に，中心節と極節とが，盛り上った胞紋として，明確にとらえることができる．これらの特徴から，写真(37-41)は *N. atomus* var. *permitis* に相当する個体と考えられるが，光顕下では断定できない．本書では，写真(37-41) と *N. atomus* var. *atomus* とを併せて，複合種群とした．

生態 有機汚濁に関しては好汚濁性種，pH に関しては真アルカリ性種．DAIpo 30-50 の，β 中腐水性から α 中腐水性の流水域において，しばしば第1位優占種として出現する．

Van Dam *et al.* (1994) は，*N. atomus* を alkaliphilous, α-meso-/polysaprobous, hypereutraphentic とし，Håkansson (1993) も，*N. atomus* を alkaliphilous とする．Patrick & Reimer (1966) は，高い栄養塩濃度の水域にしばしば出現する種としている．

Navicula atomus var. *atomus* と *N. atomus* var. *permitis* 複合種群の生態図

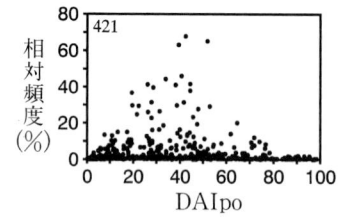

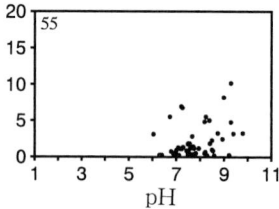

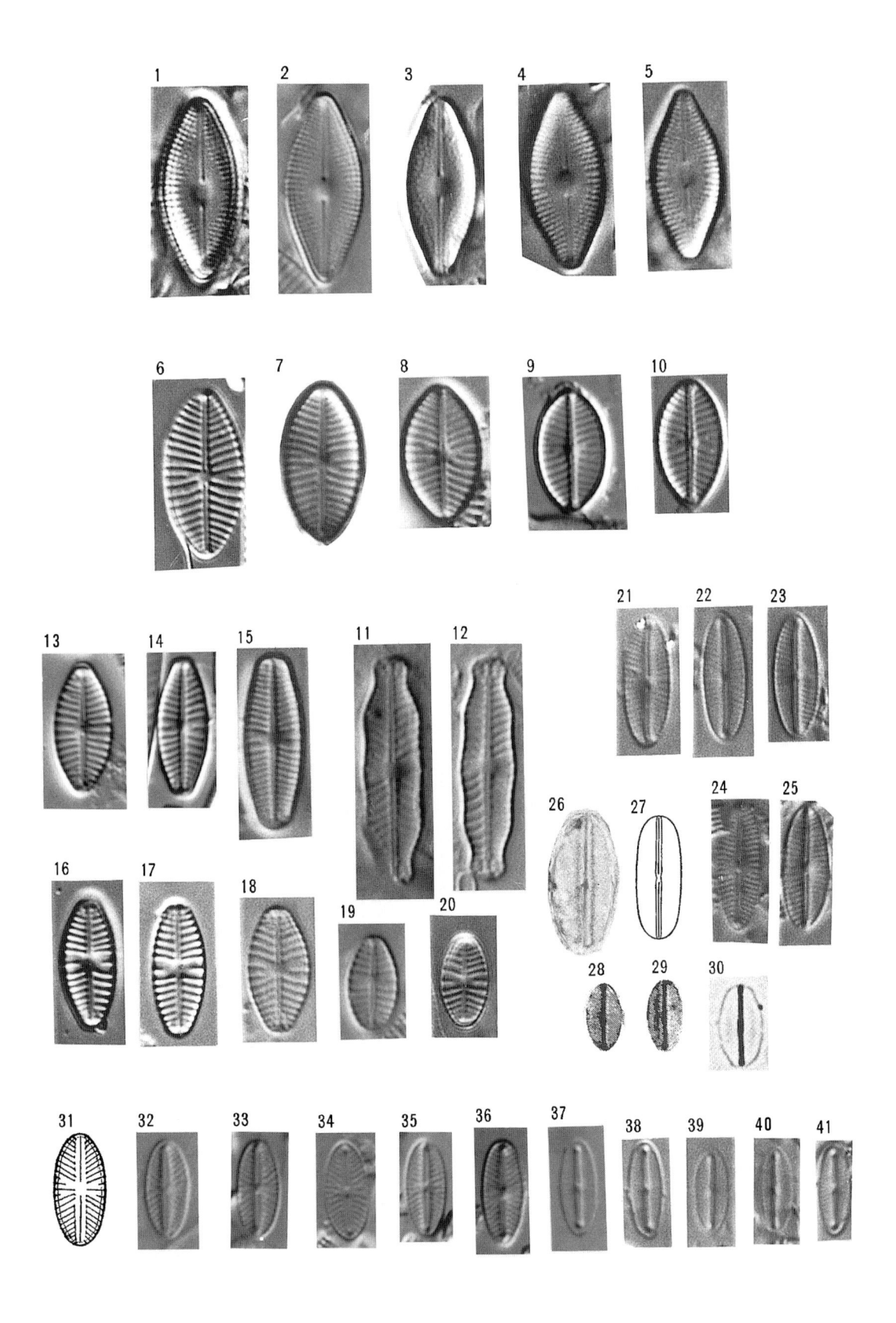

Plate ⅡB₃-19

Navicula minima Grunow *in* Van Heurck 1880 (Plate IIB$_3$-20：1-13)

Syn：*Navicula minutissima* Grunow 1860；*N. atomoides* (Grunow) Cleve 1894；*Eolimna minima* (Grunow) Lange-Bertalot *in* G. Moser *et al.* 1998.

形態 殻の形 1,3-Sta；先端の形 くさび形[11]；殻長 6-17 μm；幅 2.5-5 μm；条線 25-30/10 μm. Krammer & Lange-Bertalot 1986 は，*Navicula tantula* Hustedt 1943 を，本分類群の synonym としているが，中心域の大きさ，条線密度が異なるので，本書では両者を別種とした．

生態 有機汚濁に関しては，極めて強い汚濁水域(DAIpo 15 以下の強腐水性水域)から，DAIpo 100 に近い清冽な水域にまで広く出現する広適応性種，本分類群は，貧腐水性～α中腐水性の流水域，止水域で，第1位優占種として出現するが，その出現頻度は，β中腐水性からα中腐水性の流水域において高い(渡辺，浅井 1992)．pH に関しては好アルカリ性種．

Van Dam *et al.* (1994)は, alkaliphilous, α-meso-/polysaprobous, eutraphentic とする．Håkansson (1993) も alkaliphilous とする．

Navicula minima の生態図

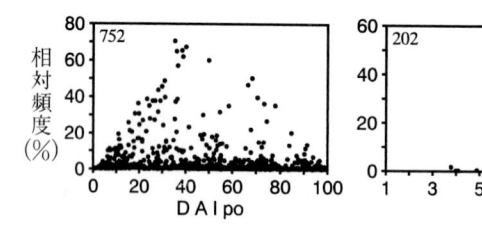

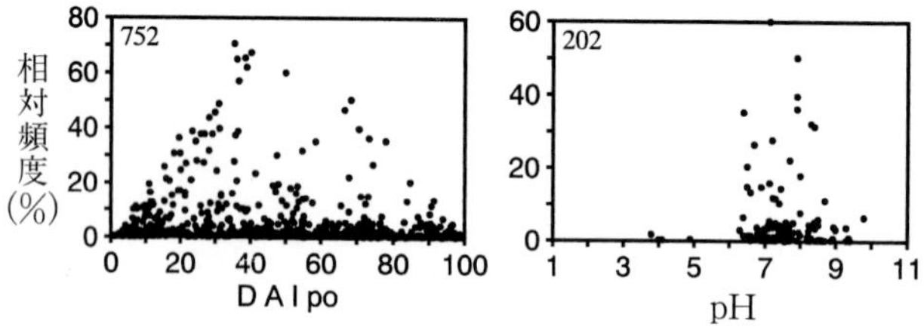

Navicula vaucheriae J.B. Petersen 1915 (Plate IIB$_3$-20：14-16)

形態 殻の形 3-Sta；先端の形 くさび形[11]；殻長 11.5-15 μm；幅 3.5-4.5 μm；条線 19-21/10 μm，条線は平行に近い弱い放散状；軸域 狭い；中心域 小さい．光顕では下記分類群 *N. subminuscula* と区別しにくく，Krammer & Lange-Bertalot (1986)は，本分類群を，次記 *N. subminuscula* の synonym としている．両分類群の生態は複合種群として図示した．

Navicula subatomoides Hustedt 1936 *in* Schmidt *et al.* 1874 (Plate IIB$_3$-20：17-20)

Syn：*Navicula utermoehlii* var. *subatomoides* (Hustedt) Cleve-Euler 1953.

形態 殻の形 1-Sta；先端の形 広円形[0]；殻長 6.5-9 μm；幅 4-5 μm；条線 30-36/10 μm，放散状；軸域 狭い；中心域 横長の矩形，両側に 2-3 本の短い条線がある，条線の数は，一方が他方よりも多い．

生態 九州嘉瀬川では，多くの地点(DAIpo 58-93)に出現した．有機汚濁に関しては好清水性種，pH に関しては中性種．相対頻度は常に低い(<4%)．

Navicula subatomoides の生態図

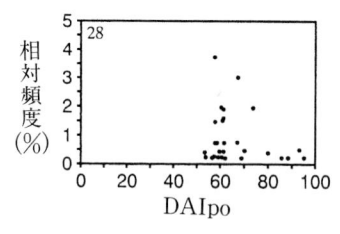

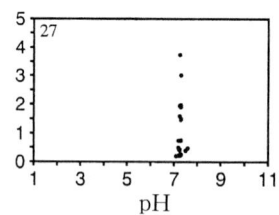

Navicula subminuscula Manguin 1941 (Plate IIB$_3$-20:21-30, 31-39, 40-44)

Syn:*Navicula luzonensis* Hustedt 1942;*N. demissa* Hustedt 1945;*N. frugalis* Hustedt 1957;*N. vaucheria*e Petersen sensu Hustedt 1961;*N. perparva* Hustedt sensu Cholnoky 1968;*Eolimna subminuscula* (Manguin) G. Moser, Lange-Bertalot & Metzeltin 1998.

形態 殻の形 3-Sta;先端の形 くさび形[11];殻長 7-12.5 μm;幅 3.5-6 μm;条線 15-26(34)/10 μm;写真(35-39)は 30 以上/10 μm.

生態 有機汚濁に関しては好汚濁性種,**pH** に関しては好アルカリ性種.本種が第1位優占種となる群集は,汚濁流水域での代表的群集である.本種は,好汚濁性の *Nitzschia palea* を第2位優占種に従えて出現することが最も多い.そのような群集の出現する地点のDAIpo は 5-19 で,強腐水性,または α 中腐水性の汚濁水域である(渡辺,浅井 1992).上記の情報は,*Navicula vaucheriae*, *N. frugalis*, *N. luzonensis* を併せた複合種群としての情報である.

Van Dam *et al.* (1994)は,*N. subminscula* を alkaliphilous, α-meso-/polysaprobous, eutraphentic とする.

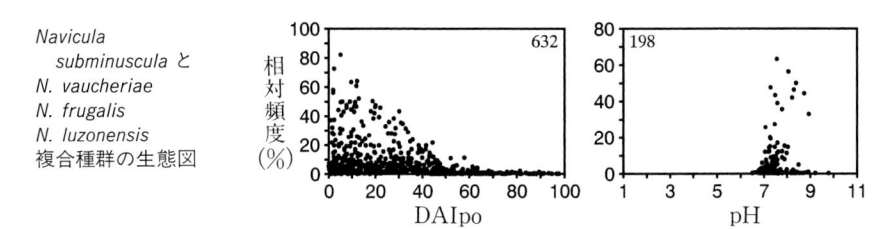

Navicula subminuscula と
N. vaucheriae
N. frugalis
N. luzonensis
複合種群の生態図

Navicula utermoehlii Hustedt 1943 (Plate IIB$_3$-20:45)

Syn:*Navicula mollicula* Hustedt 1945.

形態 殻の形 3-Sta;先端の形 くさび形[11];殻長 8-12 μm;幅 4.5-6 μm;条線 24-36/10 μm,弱い放散状;幅の狭い軸域は明瞭であるが,中心域はない.

生態 琵琶湖北湖の西岸,白髭地点で出現したが稀産種.

Krammer & Lange-Bertalot は,ヨーロッパでは,各所に分散して出現するが,平地からアルプス地帯の貧栄養湖にしばしば出現するという.

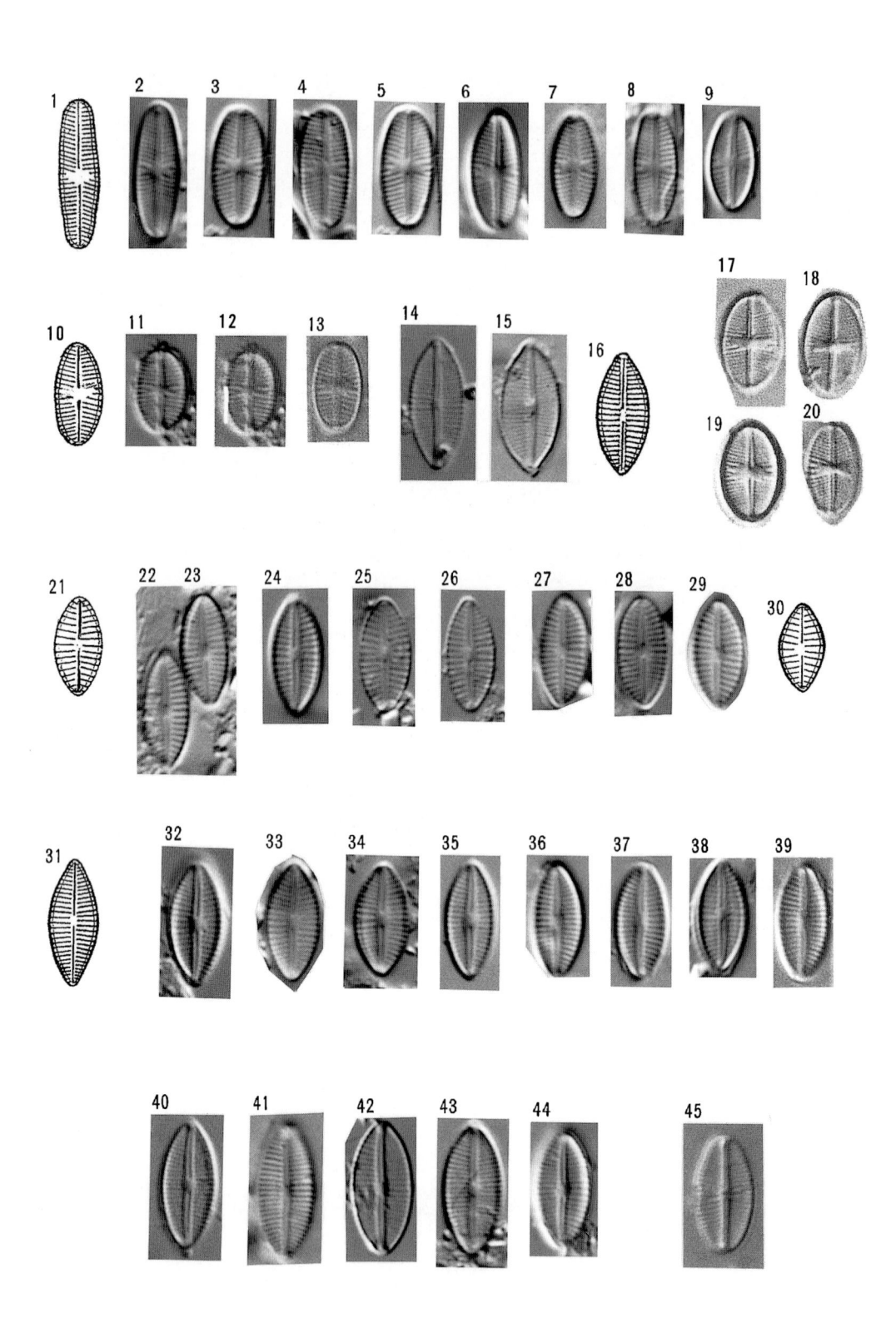

Plate II B₃-20

Navicula joubaudii Germain 1982 (Plate IIB$_3$-21：1-4)

Syn：*Navicula seminulum* var. *radiosa* Hustedt 1954.

Kobayasi, H. は，本分類群を SEM を用いて観察した結果に基づいて，*Sellaphora* 属に帰属させ，*S. radiosa* (Hustedt) H. Kobayasi とした(Mayama *et al.* 2002).

形態 殻の形 3-Sta；先端の形 くさび形[11]；殻長 9-19 μm；幅 3-4 μm；条線 約 20/10 μm；形態は *N. seminulum* var. *seminulum* (*Sellaphora seminulum*) と似るが，条線がより強い放射状であることによって区別できる.

生態 日本では記載例が少なく，琵琶湖への流入河川に散見されたのと，Ohtsuka & Fujita (2001) が水田から報告したのを見るのみである.

Van Dam *et al.* (1994) は，本種を β-mesosaprobous とする.

Navicula seminulum Grunow var. *seminulum* 1860 (Plate IIB$_3$-21：5-13)

Syn：*Navicula saugerii* Desmaziéres 1836-1854(?)；*N. seminulum* var. *fragilarioides* Grunow *in* Van Heurck 1880；*N. atomoides* Grunow *in* Van Heurck 1880.

現在，本分類群は *Sellaphora seminulum* (Grunow) D.G. Mann とされている.

形態 殻の形 3-Sta；先端の形 くさび形[11]；殻長 3-21 μm；幅 2-5 μm；条線 18-22/10 μm.

生態 有機汚濁に関しては好汚濁性種. 本種が第1位優占種となる群集は，DAIpo 15-29 の α 中腐水性，DAIpo 14 以下の強腐水性の汚濁流水域での代表的珪藻群集であり，40 の事例中，過半数の 28 例が強腐水域に出現した. その際の第2位種は，*Nitzschia palea*, *Achnanthes minutissima* var. *saprophila*, *Gomphonema parvulum* であることが多い(渡辺，浅井 1992). pH に関しては好アルカリ性種.

Van Dam *et al.* (1994) は，pH circumneutral, α-meso/polysaprobous, eutraphentic とする. Håkansson (1993) は，pH に関して pH indifferent/acidophilous とする.

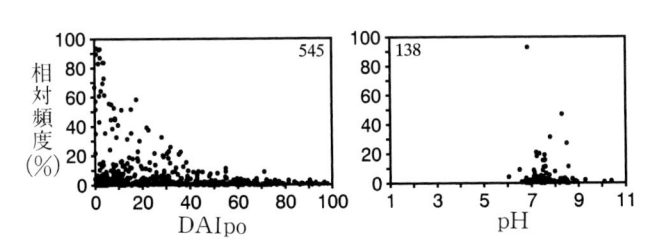

Navicula seminulum の生態図

Navicula tantula Hustedt 1934 (Plate IIB$_3$-21：14-19)

Sellaphora に帰属することになろう.

形態 殻の形 3-Sta；先端の形 くさび形[11]；殻長 7-15 μm；幅 2-3 μm；条線 約 30/10 μm；Krammer & Lange-Bertalot (1986) は，本分類群を *Navicula minima* の synonym とするが，中心域が両殻縁にまで達して幅が広いことから，独立した種として扱った.

生態 有機汚濁に関しては広適応性種，pH に関しては中性種.

Navicula stroemii Hustedt 1931 (Plate IIB$_3$-21：20-24)

Syn：*Navicula subbacillum* Hustedt 1937；*N. vasta* Hustedt 1937；*N. rivularis* Hustedt 1942；*N. subcontenta* Krieger 1944 non Hustedt；*N. ventraloides* Hustedt 1945；*N. aggerica* Reichardt 1982；*Sellaphora stroemii* (Hustedt) H. Kobayasi *in* Mayama *et al.* 2002.

形態 殻の形 3-Sta；先端の形 広円形[0]；殻長 7.8-24 μm；幅 3.2-5.1 μm；条線 23-28/10 μm.

生態 芦ノ湖(DAIpo 59)，華厳の滝(DAIpo 95)に出現したが稀産種．
Van Dam *et al.* (1994)は，alkliphilous とする．

Navicula stroemii の生態図

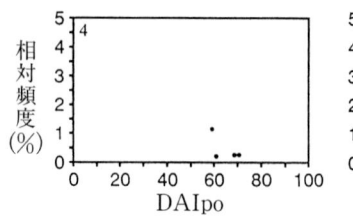

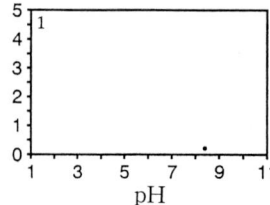

Navicula soehrensis var. *muscicola* (Petersen) Krasske 1929 (Plate IIB_3-21：25)

Syn：*Pinnularia muscicola* Petersen 1928；*Chamaepinnularia soehrensis* var. *muscicola* (J.B. Petersen) Lange-Bertalot & Krammer *in* Lange-Bertalot & Metzeltin 1996.

形態 殻の形 3-Sta；先端の形 頭状形[5]；殻長 8.5-10 μm；幅 2-3.5 μm の小型種；条線 約 20/10 μm，平行に近い放散状，殻端近くでは平行．

生態 裏磐梯の銅沼近辺にある小さな沼地(pH 2.4)で出現した稀少種．
Van Dam *et al.* (1994)は，acidophilous, oligosaprobous, oligotraphentic とする．

Navicula hustedtii Krasske 1923 (Plate IIB_3-21：26)

形態 殻の形 3-Sta；先端の形 頭状形[5]；殻長 12-17 μm；幅 4-5 μm の小型種；条線 24-28/10 μm，中央部は放射状，殻端部は平行～収斂状；軸域 狭い；中心域 小さい；形は次記 *N. maceria* と似るが，条線の配列が全く異なる．

生態 有機汚濁に関しては，図のように，汚濁水域から清水域にまで広く分布するが，清水域の方で相対頻度が高くなる傾向のある**好清水性種，pH に関しては中性種**．
Van Dam *et al.* (1994)は，acidophilous とする．

Navicula hustedtii の生態図

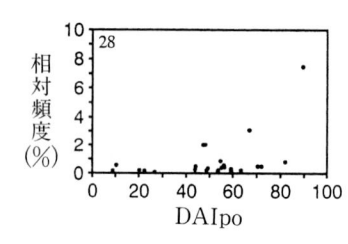

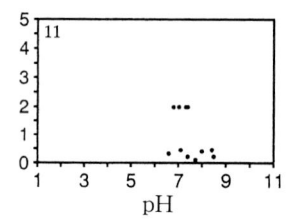

Navicula maceria Schimanski 1978 (Plate IIB_3-21：27-29)

Syn：*Navicula ingrata* Krasske 1938；*Fallacia maceria* (Schimanski) Lange-Bertalot *in* Lange-Bertalot & Metzeltin 1996.

形態 殻の形 3-Sta；先端の形 頭状形[5]；殻長 13-20 μm；幅 4-5.5 μm；条線 28-30/10 μm；中央部 平行に近い放散状配列，殻端部 弱い放散状；軸域 細い；中心域 ない．

生態 琵琶湖北湖の京都大学旧臨湖実験所前(DAIpo 72，pH 8.7)にのみ出現した稀産種．生態未詳．

Navicula mediopunctata Hustedt 1934 *in* Schmidt *et al.* 1874

(Plate IIB$_3$-21：30-32)

形態　殻の形 3-Swo；先端の形 頭状形[5]；殻長 8.5-9.5 μm；幅 2.5-3 μm；軸域 狭い；中心域 ない．小型種であるために，光顕では *N. maceria* との区別がつきにくい．

生態　兵庫県の猪名川の上流から中流にかけて(DAIpo 59-98)出現した**好清水性種**．しかし，他での出現の報告は少ない．

Navicula mediopunctata と *N. maceria* 複合種群の生態図

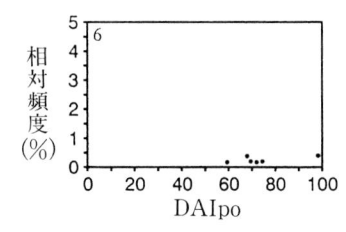

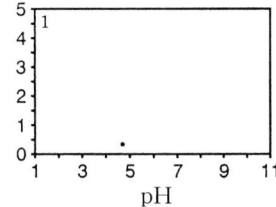

Navicula molestiformis Hustedt 1949

(Plate IIB$_3$-21：33-35)

本分類群は，現在 *Craticula molestiformis* (Hustedt) Lange-Bertalot 2001 の basionym とされている．

形態　殻の形 3-Sta；先端の形 くさび形[11]；殻長 13-17 μm；幅 4-5 μm；条線 約 25/10 μm，光顕では確かめにくい；軸域 狭い；中心域 ない．*Neidium alpinum* である疑いがもたれる．

生態　三重県の河川(DAIpo 58)に出現した．
Lange-Bertalot (2001)は，電解質の豊富な水域，しばしば強い汚濁水域，強腐水性の汚濁水域にまで達した下水処理場に出現するとする．

Navicula halophiloides Hustedt 1959

(Plate IIB$_3$-21：36-40)

形態　殻の形 3-Sta；先端の形 くさび形[11]；殻長 (5.5)12-17 μm；幅 3-4.5 μm；条線 約 30/10 μm．

生態　有機汚濁に関しては広適応性種，相対頻度は常に低い．**pH に関しては好アルカリ性種**．流水域にのみ出現した．

Navicula halophiloides の生態図

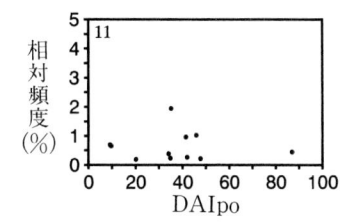

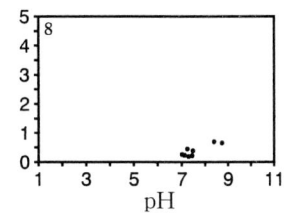

Navicula paucivisitata Patrick 1959 (Plate IIB₃-21：41-44)

Syn：*Navicula minuscula* Grunow *in* Van Heurck 1880.

形態 殻の形 3-Sta；先端の形 くさび形[11]；殻長 11-12 μm；幅 3-4 μm；条線 >35/10 μm；殻形は，上記の *N. halophiloides* と似るが，本分類群は，*N. halophiloides* よりも殻長が小さく，条線密度が大きいことで区別できる．

生態 有機汚濁に関しては代表的な好汚濁性種，pH に関しては中性種．

Navicula paucivisitata の生態図

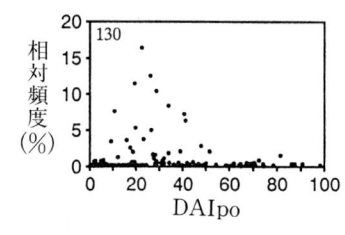

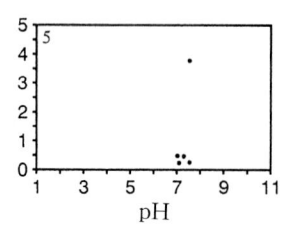

Navicula subtilissima Cleve 1891 (Plate IIB₃-21：45-48)

Syn：*Navicula subtilissima* var. *micropunctata* Germain 1981.

形態 殻の形 4-Sta；先端の形 くちばし形[3]；殻長 18-38 μm；幅 3.5-6 μm；条線 40-42/10 μm，光顕ではほとんど観察不能；中心域 小さい．

生態 有機汚濁に関しては好清水性種，pH に関しては好酸性種ではあるが，pH 7-8.5 の水域にも出現する．

Van Dam *et al.* (1994) は，本種を acidobiontic, oligosaprobous, oligotraphentic とし，Håkansson も acidobiontic とする．

Navicula subtilissima の生態図

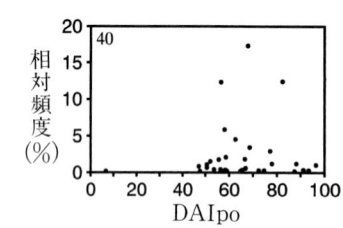

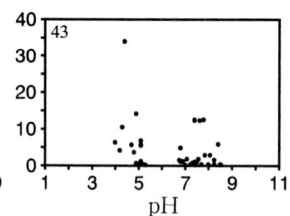

Navicula festiva Krasske 1925 (Plate IIB₃-21：49)

Syn：*Frustulia vitrea* Østrup 1901；*Navicula vitrea* (Østrup) Hustedt 1930；non *N. vitrea* Grunow *in* Cleve & Möller 1879；*Fallacia vitrea* D.G. Mann *in* Round *et al.* 1990.

形態 殻の形 3-Sta；先端の形 くちばし形[3]；殻長 11-33 μm；幅 4-7.5 μm；条線 24-30/10 μm，放散状；縦溝；真っすぐに伸びて殻の中央で向きあうが，その間隔は，条線 5-6 本分が並ぶ間隔に相当する；中心域 ほとんどない．本種は殻縁に沿って，長軸方向に走る 2 本ずつの線のあることが，独特の特徴である．

生態 有機汚濁に関しては，好清水性種と考えられるが，試料が少ないので，今後の検討が必要である．pH に関しては真酸性種である．奈良県十津川の上湯(pH 4.9)，志賀高原の長池(pH 3.9)，裏磐梯のもうせん沼(pH 3.2)に出現した．

Van Dam *et al.* (1994) は，acidobiontic, oligosaprobous, oligotraphentic とする．

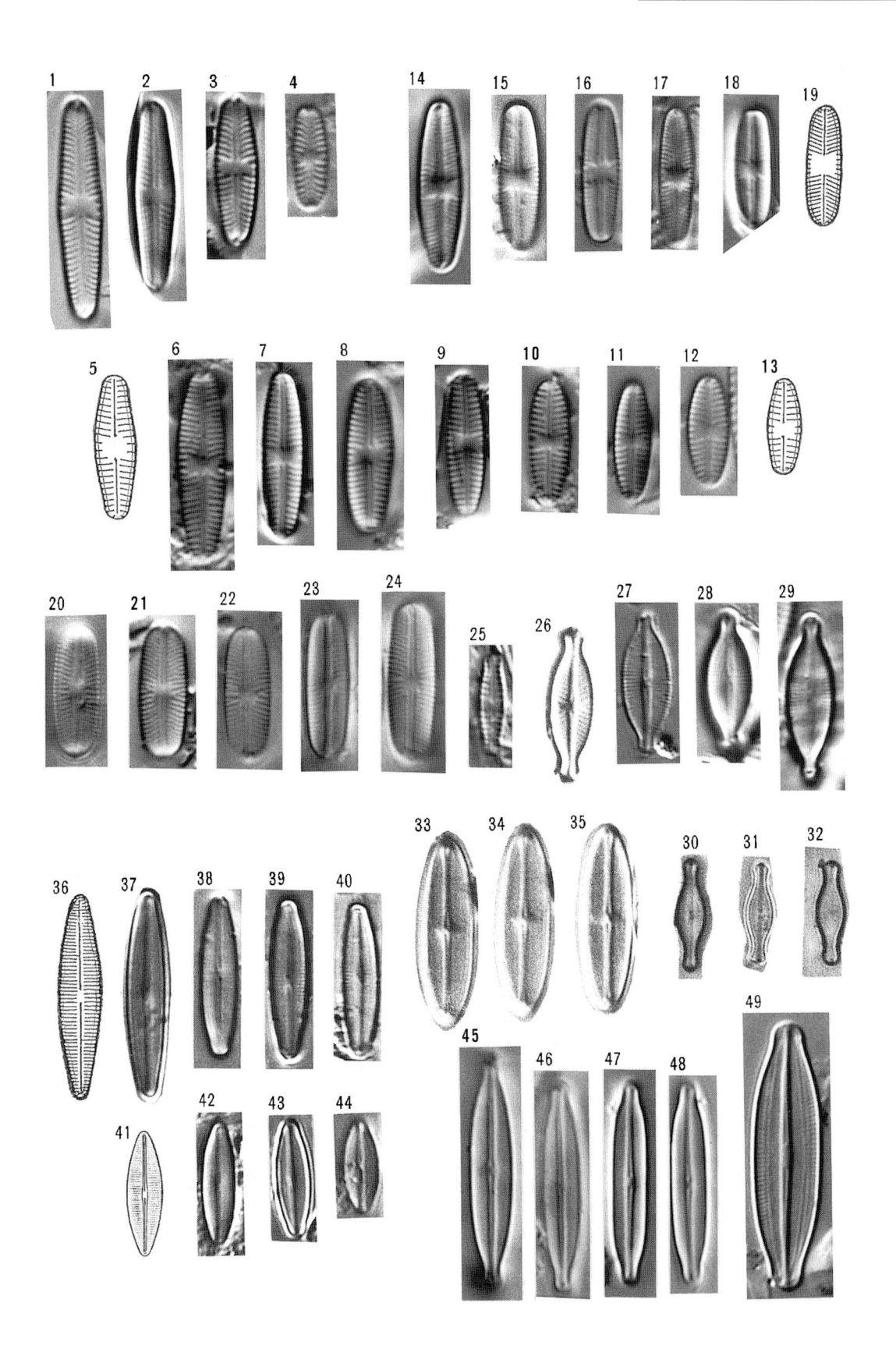

Plate II B$_3$-21

291

Navicula bryophila J.B. Petersen 1928 (Plate IIB_3-22：1-7)

Syn：*Navicula tridentula* var. *parallela* Krasske 1925；(?) *N. suchlandtii* Hustedt 1943；*N. maillardii* Germain 1982.

Lange-Bertalot (1998) は，*Adlafia* と呼ぶ新属を設定した．これに従えば本分類群は *Adlafia bryophila* (J.B. Petersen) Lange-Bertalot 1998 となる．

形態　殻の形 3-Sta；先端の形 頭状形[5]；殻長 10-25 μm；幅 2.5-4 μm；条線 24-36(38)/10 μm，中心付近は放散状，先端部は収斂状．

生態　有機汚濁に関しては広適応性種．pH に関しては好アルカリ性種で，pH 8.9-9.6 の流水域（高原川）にも出現した．

Van Dam *et al.* 1994 は，pH circumneutral, oligosaprobous, mesotraphentic とする．

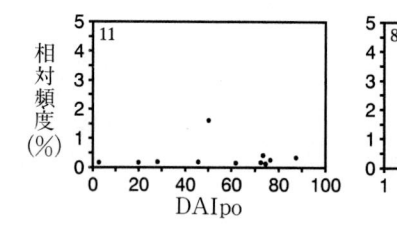

Navicula bryophila の生態図

Navicula integra (W. Smith) Ralfs *in* Pritchand 1861 (Plate IIB_3-22：8, 9)

Syn：*Pinnularia integra* W. Smith 1856.

形態　殻の形 3-Sta；先端の形 頭状形[5]；殻長 25-45 μm；幅 8-10 μm；条線 17-23/10 μm．

生態　支笏湖湖岸石礫への付着珪藻として，流水域では，ウラジオストック近辺の河川 R. Razdornaya (DAIpo 84) に出現したが，稀産種．

Van Dam *et al.* (1994) は，pH circumneutral, α-mesosaprobous, eutraphentic とする．Patrick & Reimer (1966) は，高い金属塩濃度の水を好むように思え，しばしば汚濁水中に出現するという．

Navicula goeppertiana (Bleisch) H. L. Smith var. *goeppertiana* 1874-1879

(Plate IIB_3-22：10-13)

Syn：*Stauroneis goeppertiana* Bleisch *in* Rabenhorst 1861；*Navicula mutica* var. *goeppertiana* (Bleisch) Grunow *in* Van Heurck 1880；*N. mutica* var. *tropica* Hustedt 1937；*N. mutica* f. *goeppertiana* (Bleisch) Hustedt 1966；*N. terminata* Hustedt 1966.

Mann (1990) は，新属 *Luticola* を，*Navicula* 属から分離させ，本分類群を *Luticola goeppertiana* (Bleisch *in* Rabenhorst) D.G. Mann とした (*In* Round *et al.* 1990)．

形態　殻の形 3-Sta；先端の形 くさび形[11,12]；殻長 15-35 μm；幅 7-10 μm；条線 20-22/10 μm，強い放散状；胞紋 約 20/10 μm；縦溝 中心域で向かいあい，二次殻側へ曲がる．中心域の片側に，明瞭な遊離点が1個ある．

生態　有機汚濁に関しては好汚濁性種，pH に関しては好アルカリ性種．本種は，α 中腐水性と強腐水性の流水域において，第1位優占種として出現することがある．

Van Dam *et al.* (1994) は，alkaliphilous, α-meso-/polysaprobous, eutraphentic とする．

Navicula goeppertiana var. *goeppertina* の生態図

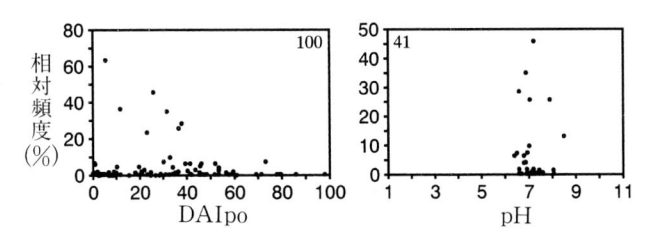

Navicula goeppertiana var. *peguana* (Grunow) Lange-Bertalot 1985

(Plate IIB$_3$-22：14)

Syn：*Navicula mutica* var. *peguana* Grunow *in* Cleve & Möller 1879；*N. peguana* (Grunow) Hustedt 1966；*Luticola peguana* (Grunow) D.G. Mann 1990.

形態　殻の形 3-Sta；先端の形 くさび形[11]；殻長 26-40 μm；幅 8-10 μm；条線 17-18/10 μm；胞紋 約 20/10 μm；軸域 極めて広く，殻の幅の 1/3 に近い．

生態　ウラジオストック近郊の R. Komarovka(DAIpo 88, 98)に出現した稀産種．

Krammer & Lange-Bertalot (1986)は，本分類群を，熱帯の淡水産種の化石としてのみ，これまでよく知られていたという．

Navicula mobiliensis var. *minor* Patrick 1959

(Plate IIB$_3$-22：15, 16)

形態　殻の形 3-Sta；先端の形 くさび形[11]；殻長 34-43 μm；幅 10-12 μm；条線 16-20/10 μm；胞紋 20-22/10 μm；本変種は，基本種(var. *mobiliensis*)と比べて小型であり，条線密度が密である．さらに中心域の二次殻側にも数個の遊離点が存在するものもある．Krammer & Lange-Bertalot (1986)は，疑問符を付しながら，前記 *N. goeppertiana* var. *peguana* の synonym かもしれないとする．

生態　奈良県内の湧水路(DAIpo 55)に出現した稀産種．

Patrick & Reimer (1966)は，本分類群は本変種の試料採集地からのみ，出現が知られているとする．

Navicula mutica var. *ventricosa* (Kützing) Cleve & Grunow 1880

(Plate IIB$_3$-22：17)

Syn：*Navicula neoventricosa* Hustedt 1968；*Luticola ventricosa* (Kützing) D.G. Mann 1990.

形態　殻の形 1-Sta；先端の形 くちばし形[3]；殻長 12-17 μm；幅 約 7 μm；条線 16-17/10 μm，胞紋 約 20/10 μm；中心域 大きく，片側に 1 個の遊離点がある．

生態　有機汚濁に関しては広適応性種であるが，DAIpo 45-65 の β 中腐水性から α 貧腐水性の流水域において，ことに後者において第 1 位優占種となることが多い．**pH に関しては中性種**．

Van Dam *et al.* (1994)は，pH circumneutral, β-mesosaprobous, eutraphentic とする．

Navicula mutica var. *ventricosa* の生態図

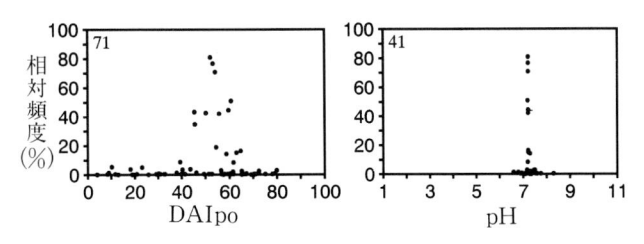

Navicula nivalis Ehrenberg 1854 (Plate ⅡB$_3$-22：18)

Syn：*Navicula quinquenodis* Grunow 1860；*N. mutica* var. *quinquenodis* Grunow *in* Van Heurck 1880；*N. mutica* var. *nivalis* (Ehrenberg) Hustedt 1911；*Luticola nivalis* (Ehrenberg) D.G. Mann 1990.

形態 殻の形 3-Bic；先端の形 頭状形［5］；殻長 12-22 μm；幅 5.5-6.5 μm；条線 17-21/10 μm；胞紋 17-20/10 μm. Patrick & Reimer (1966)は，*Navicula mutica* var. *nivalis* と，形態が酷似する *N. mutica* var. *undulata* (Hilse) Grunow との違いを述べ，アメリカ産のものを，後者と判定した．光顕下で検討する限り，両者を区別することは難しいので，筆者らは両者を併せて，*N. nivalis* 複合体とした．

生態 奈良県十津川温泉スバルの里からの温泉水排水路(pH 8.7)から出現したが，*N. mutica* var. *undulata* は，埼玉県新河岸川川跡沼(福島 1957)からの報告もある．稀産種．

Van Dam *et al.* (1994)は，*N. nivalis* を，pH circumneutral，β-mesosaprobous，eutraphentic とする．

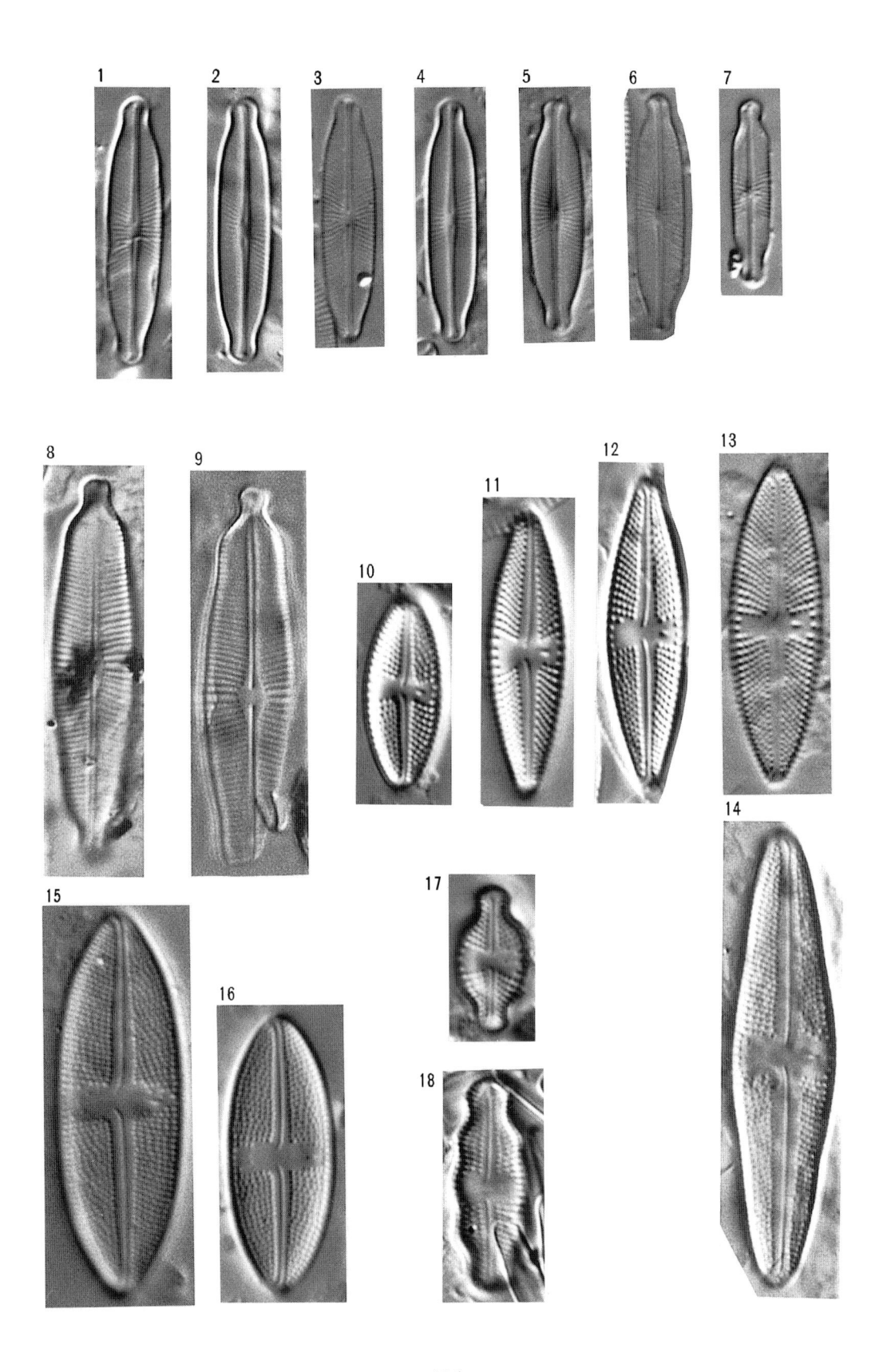

Plate IIB₃-22

Navicula mutica Kützing var. *mutica* 1844 (Plate ⅡB₃-23：1-4)

Syn：*Stauroneis rotaeana* Rabenhorst 1856；*Navicula imbricata* Bock 1963；(?) *N. paramutica* Bock 1963.

形態 殻の形 3-Sta；先端の形 くさび形[11]；殻長 6-30(40)μm；幅 4-9(12)μm；条線 14-20/10μm，放散状；胞紋 約 15/10μm；中心域の縦溝が曲がる反対方向に，1個の遊離点がある．

生態 有機汚濁に関しては好汚濁性種．本種はDAIpo 2-22の，強腐水性〜α中腐水性の流水域で，しばしば第1位優占種となる．その際第2位種が，*Nitzschia palea* であることが多いが，そのような群集は，ほとんどすべて強腐水性水域に出現する．pH に関しては好アルカリ性種．

Van Dam *et al.* (1994) は，pH circumneutral, α-mesosaprobous, eutraphentic とする．

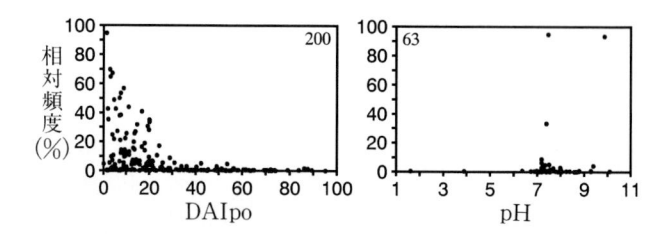

Navicula mutica var. *mutica* の生態図

Navicula mutica f. *intermedia* Hustedt 1966 (Plate ⅡB₃-23：5-14)

Syn：*Navicula lagerheimii* var. *intermedia* Hustedt 1930；*Luticola acidoclinata* Lange-Bertalot *in* Lange-Bertalot & Metzeltin 1996.

形態 殻の形 3-Sta；先端の形 くちばし形[3]，広円形[0]；殻長 11-22μm；幅 7-10μm；条線 18-20/10μm，胞紋 20-22/10μm；殻の中央部が膨出することによって，上記の基本種と区別できる．

Ohtsuka (2002)は，本分類群を，*Luticola aequatorialis* (Heiden) Lange-Bertalot & Ohtsuka の synonym とした．

生態 スマトラの Lake Maninjau に出現した．わが国からの報告例はない．

Hustedt (1937-1939)が，新変種 *Navicula lagerheimii* var. *intermedia* として記載した本分類群を，筆者らはスマトラの湖の付着藻群集中に見ることができた(Watanabe, T. *et al.* 1987)．

Navicula suecorum var. *dismutica* (Hustedt) Lange-Bertalot 1985
(Plate ⅡB₃-23：15, 16)

Syn：*Navicula dismutica* Hustedt 1966；*Luticola dismutica* (Hustedt) D.G. Mann 1990.

形態 殻の形 3-Sta；先端の形 くちばし形[3]；殻長 15-40μm；幅 6-11μm；条線 約20/10μm，弱い放散状，先端部は平行になることもある．

生態 裏磐梯もうせん沼(pH 3.9)に出現した稀産種．

Krammer & Lange-Bertalot(1986)は，アルプス地帯で，高所の雪解け水の溜った所や，湿った粘板岩上の苔の植生中に出現するという．

Navicula saxophila Bock *ex* Hustedt 1966 (Plate IIB$_3$-23：17-24)

Syn：*Luticola saprophila* (Bock & Hustedt) D.G. Mann 1990.

形態 殻の形 1-Sta；先端の形 広円形[0]；殻長 8-32 μm；幅 6-10 μm；条線 21-23/10 μm，放散状；胞紋 12-15/10 μm；軸域，中心域共に幅が広い．中心域において，向かいあう縦溝先端部は，共に同方向へ曲がるが，大きい遊離点が縦溝の曲がる方向とは反対側に存在する．この特性によって，形態が酷似する *N. pseudokotschyi*，*N. plausibilis* と区別できる．

生態 山梨県天恵泉温泉の排水路(pH 9.9)，別府の塚原温泉(pH 1.6)など，極端な pH 水域に，極めて僅少であるが出現した．その他，日光の湯滝，志賀高原の上の小池にも出現したが，稀産種といえよう．

Van Dam *et al.* (1994)は，pH circumneutral, oligosaprobous, mesotraphentic とする．

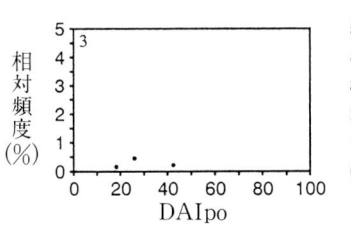

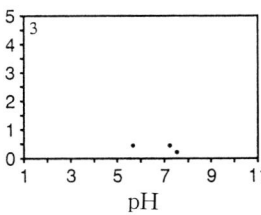

Navicula saxophila の生態図

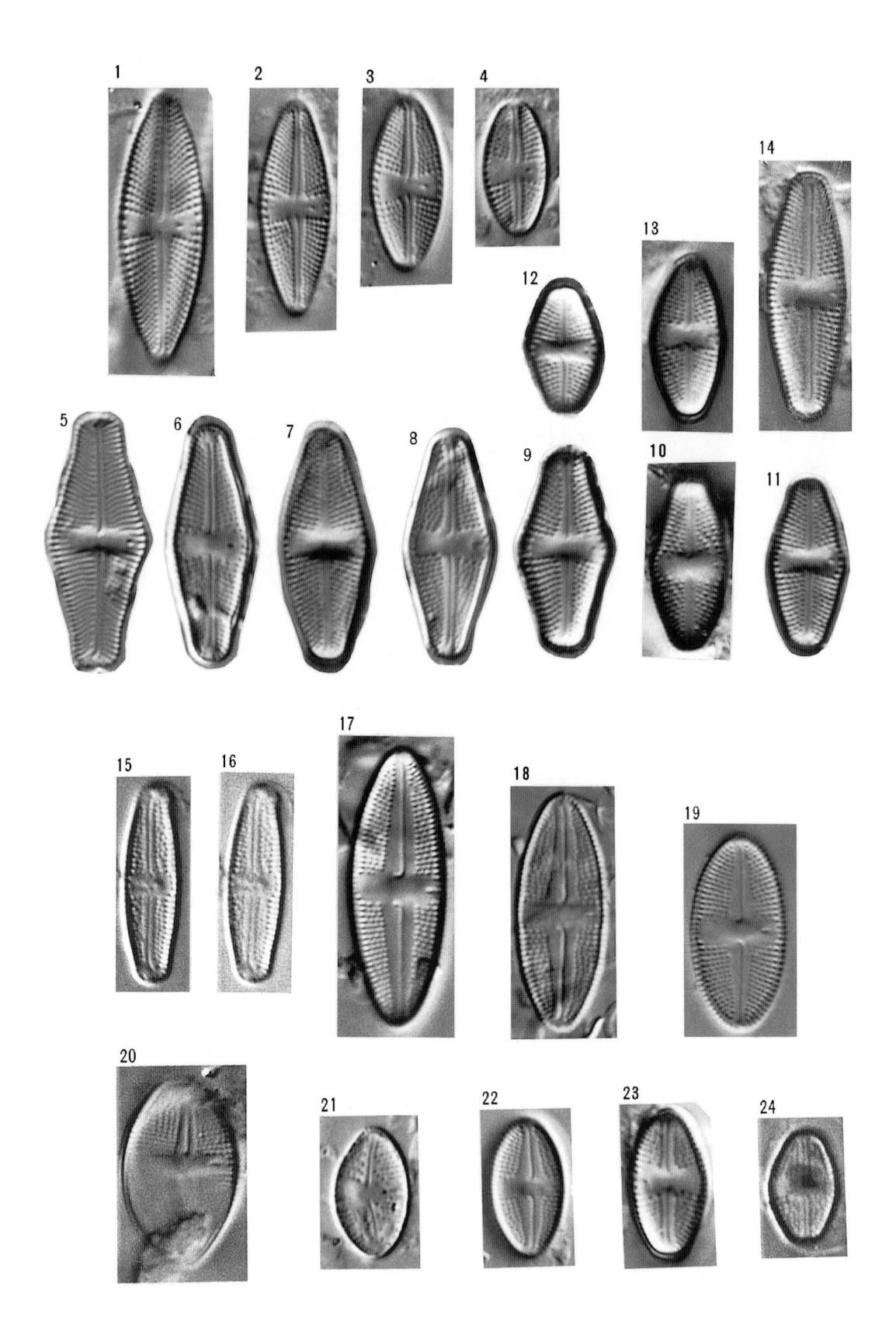

Plate II B₃-23

Navicula bacillum Ehrenberg 1843 (Plate IIB$_3$-24：1-5)

　SEM による観察で，殻の内面の殻端にある内裂溝の先端部から，左右に広がる肥厚部のあることなどにより，Mann(1989)は，この特徴のあるものを *Navicula* から独立した新属 *Sellaphora* へ従属させた．Mann は，次の分類群を *Sellaphora* へ帰属させた(*S. pupula, S. bacillum, S laevissima, S. seminulum, S. disjuncta*)．

形態 殻の形 3, 4-Sta；先端の形 広円形[0]；殻長 30-90 μm；幅 10-20 μm；条線 12-14/10 μm，すべて放散状．

生態 有機汚濁に関しては広適応性種，pH に関しては中性種．本種は相対頻度が常に低い．

　Van Dam *et al.* (1994)は，alkaliphilous, β-mesosaprobous, meso-eutraphentic とする．Håkansson (1993)も，alkaliphilous とする．Patrick & Reimer (1966)は，alkaliphilous, circumneutral とする．

Navicula bacillum の生態図

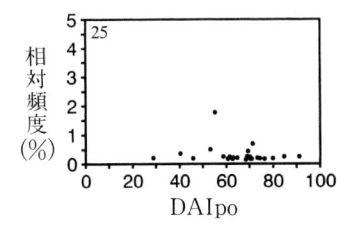

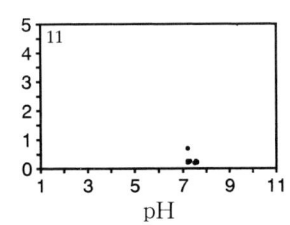

Navicula laevissima Kützing var. *laevissima* 1844 (Plate IIB$_3$-24：6, 7)

　Syn：*Navicula wittrockii* (Lagerstedt 1873) Tempére & Peragallo 1909；*N. bacilliformis* Grunow in Cleve & Grunow 1880；*N. fusticulus* Østrup 1910．

　本分類群は *Sellaphora laevissima* (Kützing) Mann 1989 とされている．

形態 殻の形 3, 4-Sta；先端の形 広円形[0]；殻長 32-45 μm；幅 8-10 μm；条線 12-15/10 μm；中心域は，不規則に短くなった各線に囲まれて小さい．

生態 有機汚濁に関しては広適応性種，pH に関しては中性種と考えられるが，pH 10.4 の高アルカリ水域(北海道オソウシ温泉)にも出現した．しかし相対頻度の低い(＜2％)稀産種．

　Van Dam *et al.* (1994)は，pH circumneutral, oligosaprobous, mesotraphentic とする．

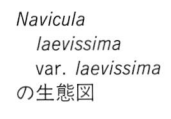

Navicula laevissima var. *laevissima* の生態図

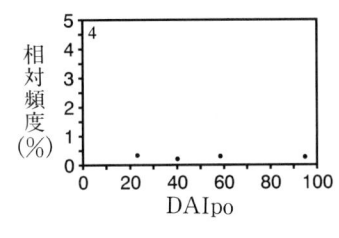

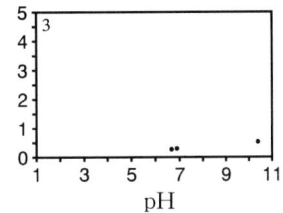

Navicula stroemii Hustedt 1931 (Plate IIB$_3$-24：8-15)

　本分類群については，すでに Pl. IIB$_3$-21：20-24 において記述したが，ここにあげた(8-15)の写真は，殻の両縁が軽く波うつ形態と，条線密度が粗い点で前記のものとは異なる．この形態は，本分類群の synonym, *Navicula ventraloides* Hustedt に最も近い．

生態 止水域では，倶多楽湖(DAIpo 71)，琵琶湖つづらお崎(DAIpo 61)，本栖湖(DAIpo 69)，芦ノ湖(DAIpo 59)に出現．流水域では琵琶湖への流入河川安曇川(DAIpo 86, pH 7.4)，京都鴨川に出現．有機汚濁に関しては広適応性種，pHに関しては中性種．Van Dam *et al.* (1994)は，alkaliphilous とする．

Plate IIB₃-24

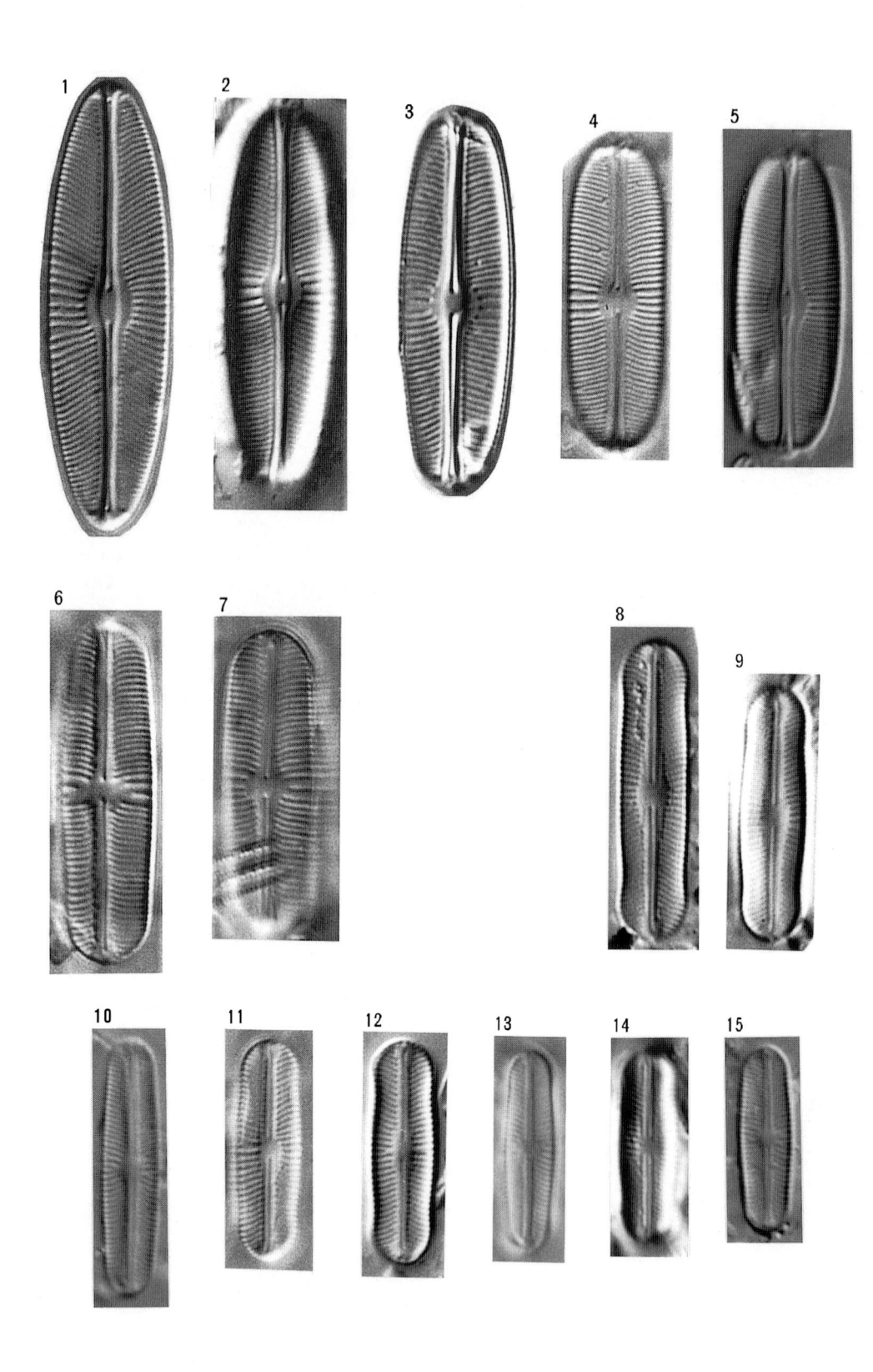

Navicula pupula Kützing var. *pupula* 1844 (Plate IIB₃-25：1-10)

本分類群は，*Sellaphora* 属のタイプ種で，*Sellaphora pupula* (Kützing) Mereschkowsky 1902 とされている．

形態 殻の形 2-Sta；先端の形 広円形[0]；殻長 20-40 μm；幅 7-11 μm；条線 13-17/10 μm．

生態 有機汚濁に関しては好汚濁性種，pH に関しては中性種．強腐水性の高汚濁水域(DAIpo 0-15)において，時に高い相対頻度(8-17%)で出現することもあるが，普通相対頻度は低い．本分類群が第1位優占種となることはない．

Van Dam *et al.* (1994) は，pH circumneutral, α-mesosaprobous, meso-eutraphentic とする．Håkansson (1993) は pH indifferent とする．Patrick & Reimer (1966) は，高金属塩濃度の中性水を好むように思えるという．

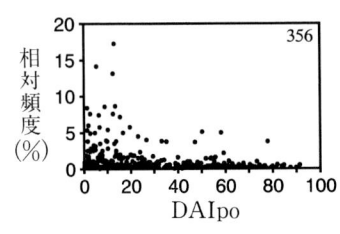

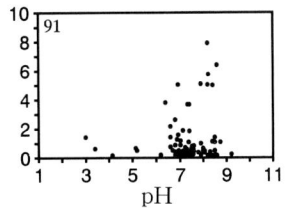

Navicula pupula var. *pupula* の生態図

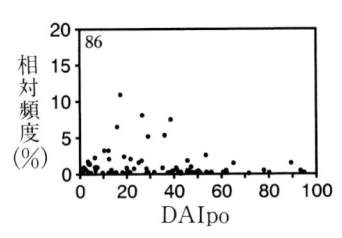

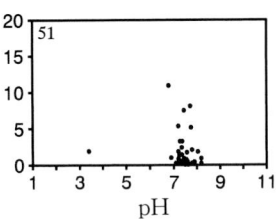

Navicula pupula var. *subcapitata* Hustedt 1911 (Plate IIB₃-25：11-13)

本分類群は，*Stauroneis japonica* H. Kobayasi 1986 と同種であるかもしれないが，今後検討を必要とする．

形態 殻の形 3-Sta；先端の形 頭状形[5]；殻長 15-30 μm；幅 5.5-6.5 μm；条線 24-26/10 μm；軸域 前分類群よりも幾分太い．

生態 有機汚濁に関しては好汚濁性種，pH に関しては中性種．

Van Dam *et al.* (1994) は，alkaliphilous, β-mesosaprobous, meso-eutraphentic とする．Håkansson (1993) は，pH indifferent とする．

Navicula pupula var. *subcapitata* の生態図

Navicula pupula var. *mutata* (Krasske) Hustedt 1930 (Plate IIB$_3$-25:14, 15)

Syn: *Navicula mutata* Krasske 1929; *Sellaphora mutata* (Krasske) Lange-Bertalot *in* Lange-Bertalot & Metzeltin 1996.

本分類群も *Sellaphora* 属に帰属すべき変種であろう.

形態 殻の形 3-Sta;先端の形 広円形[0];殻長 14-25 μm;幅 6-8 μm;条線 23-27/10 μm;中心域は不規則に短くなった放散状線で囲まれる.

生態 琵琶湖へ流入する大浦川,真野川,琵琶湖の牧,伊崎など比較的清冽な水域(DAIpo 65-82)に出現する場合と,奈良市内の汚濁河川(DAIpo 4-38)に出現する場合とがある.**有機汚濁に関しては広適応性種,pH に関しては中性種**. 相対頻度は常に低い(3%以下).

Van Dam *et al.* (1994)は,pH circumneutral, β-mesosaprobous, oligo-mesotraphentic とする.

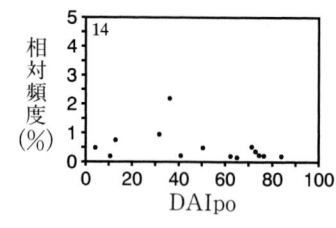

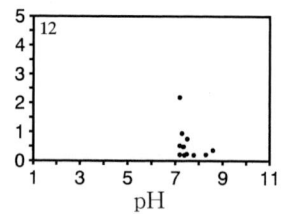

Navicula pupula var. *mutata* の生態図

Navicula aff. *pupula* (Plate IIB$_3$-25:16)

形態 殻の形 3-Sta に近い;先端の形 広円形[0];殻長 35 μm;幅 7 μm;条線 23/10 μm, すべて放散状配列;軸域 広い;中心域 比較的狭い. 本分類群は,前記 var. *subcapitata* の産地と同じ地点(奈良十津川湯泉地温泉排水路,pH 8.5)に出現し,条線の密度,配列,中心域の形態が似ているので, var. *subcapitata* の近縁種と考えられる. また,その初生殻かもしれない.

生態 稀産種.

Navicula vitabunda Hustedt 1930 (Plate IIB$_3$-25:17-19)

Syn: *Navicula verecunda* Hustedt 1930.

形態 殻の形 3-Sta;先端の形 くさび形[11];殻長 8-22 μm;幅 3.5-7 μm;条線 22-26/10 μm すべて放散状配列;中心域 比較的狭い.

生態 **有機汚濁に関しては広適応性種,pH に関しては好アルカリ性種**.

Navicula vitabunda の生態図

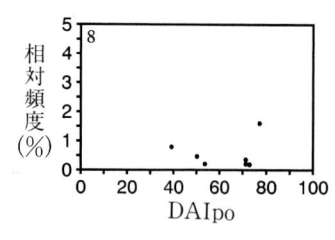

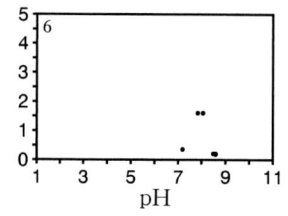

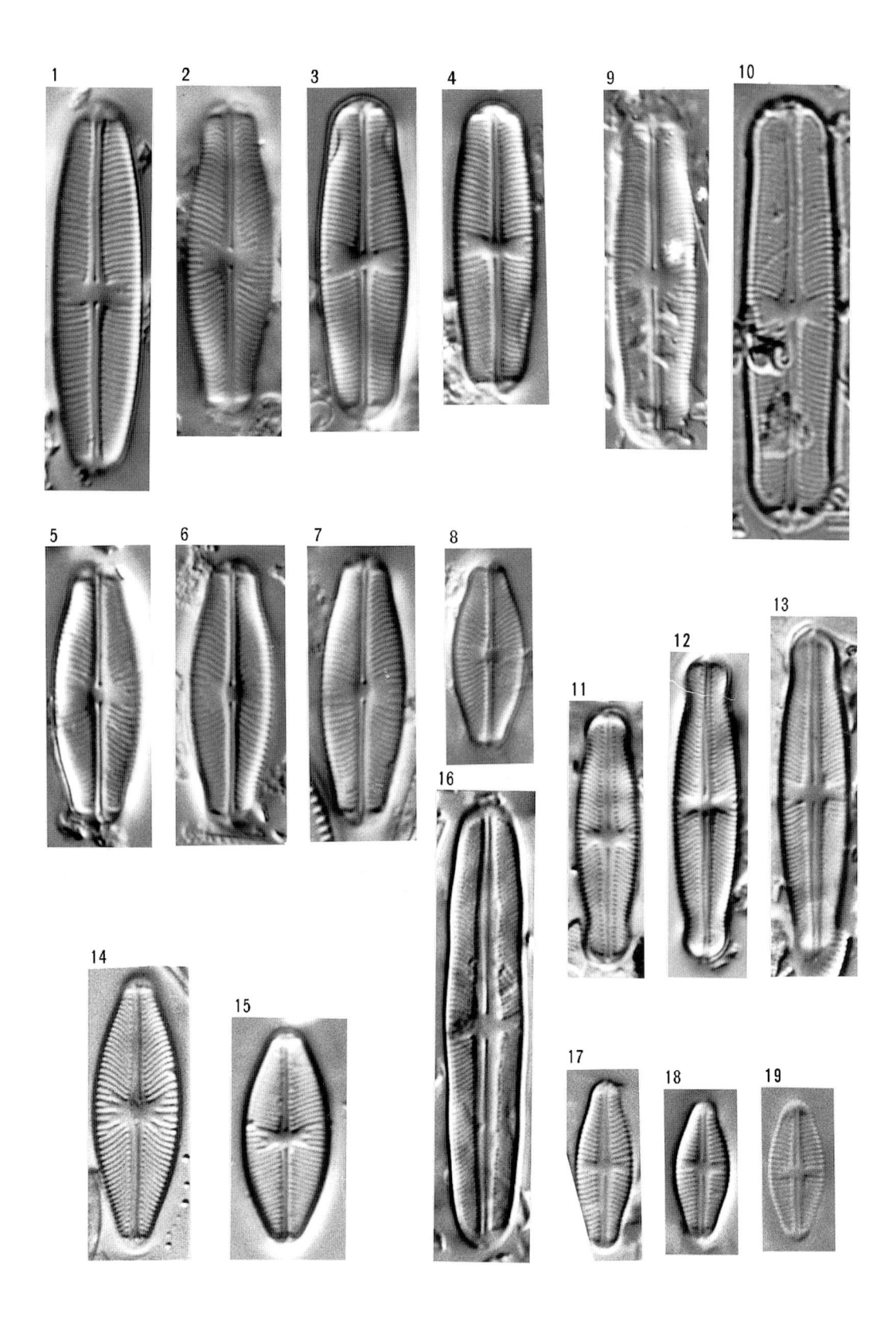

Plate II B$_3$-25

Navicula laterostrata Hustedt 1925 (Plate IIB$_3$-26：1-3)

Syn：*Navicula inflata* Kützing 1870, non Kützing 1833；*N. mournei* Patrick 1959.

形態 殻の形 3-Sta；先端の形 頭状形[5]；殻長 20-36 μm；幅 (5)7-10 μm；条線 17-21/10 μm；中央部 放散状，殻端部 平行〜収斂状．

生態 奈良市内河川の上流，九州の嘉瀬川などの比較的清冽な水域に出現したが，事例が少ないので生態学的特性は未だ決定しにくい．**pH に関しては好アルカリ性種**．pH 8.6，9.6 の高原川に出現した．相対頻度は常に低い(2%以下)．

Navicula laterostrata の生態図

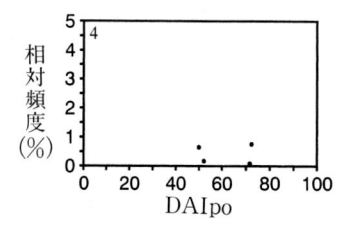

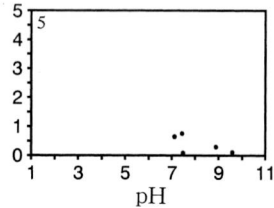

Navicula protractoides Hustedt 1957 (Plate IIB$_3$-26：4-10)

Syn：*Parlibellus protractoides* (Hustedt) Witkowski, Metzeltin & Lange-Bertalot 2000.

形態 殻の形 3,4-Sta；先端の形 くちばし形[3]，頭状形[5]；殻長 17-60 μm；幅 5-10 μm；条線 14-20，条線配列 すべて放散状；軸域 狭い；中心域 小さく，ほとんどないように見える．

生態 **有機汚濁に関しては好清水性の傾向が認められるが広適応性種．相対頻度は常に小さい(<2%)．pH に関しては好アルカリ性種**．

Van Dam *et al.* (1994)は，pH circumneutral, α-mesosaprobous, eutraphentic とする．Håkansson (1993)は，alkaliphilous/indifferent とする．

Navicula protractoides の生態図

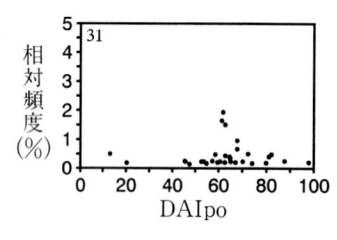

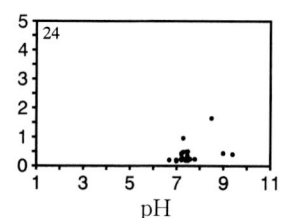

Navicula ventralis Krasske 1923 (Plate ⅡB₃-26：11-13)

|形態| 殻の形 3-Sta；先端の形 くちばし形[3]；殻長 11.5-25 μm；幅 4.5-6.5 μm；条線 24-29/10 μm；中心域の左右両側には4-6本ずつの短い条線がある．タイプ種の再研究で，本分類群は *Achnanthes* である可能性が大きい．

|生態| 情報が少なく，少数の情報も，相対頻度の極めて小さい(1％以下)情報でしかないので，生態未詳．稀産種．奈良県内の湧水地，ウラジオストック近郊のR. Komarovka に出現．

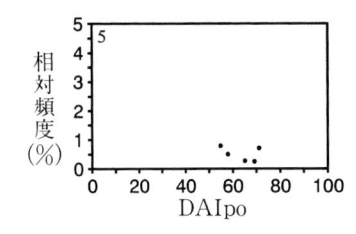

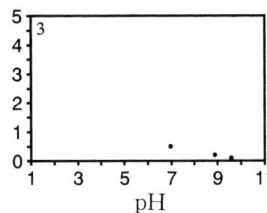

Navicula ventralis の生態図

Navicula absoluta Hustedt 1950 (Plate ⅡB₃-26：14-17)

Syn：*Navicula hustedtii* var. *obtusa* Hustedt *in* Schmidt *et al*. 1934；*N. hustedtii* f. *obtusa* Hustedt 1961.

|形態| 殻の形 3-Sta；先端の形 くちばし形[3]；殻長 10-20 μm；幅 4-6 μm；条線 18-24/10 μm；形態は，前記 *Navicula ventralis* と酷似するが，条線密度が，本分類群の方が幾分粗く，中心域の両側の短い条線数が，本分類群の方が少なく，したがって中心域の幅が小さい．この2点の違いによって両者を一応区別できるが，将来検討する必要があろう．

|生態| 淀川のDAIpo 34の汚濁域，あるいは，大和郡山市松尾寺境内の湧水路(DAIpo 91)，三重県の河川(DAIpo 80)に出現するなど，有機汚濁に関しては，広適応性の傾向があっても，出現事例が少なく，常に極めて低い相対頻度(1％以下)でしか出現しないので，特性を特定することはできない．pH に関しても同様である．

Navicula absoluta の生態図

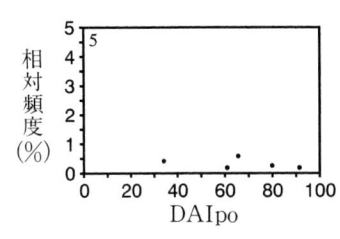

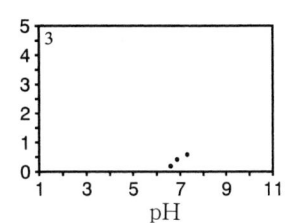

Navicula thienemannii Hustedt 1936 *in* Schmidt *et al.* (Plate ⅡB₃-26：18-21)

形態 殻の形 3-Sta；先端の形 頭状形[5]；殻長 17-23 μm；幅 5-7 μm；条線 22-24/10 μm；放散状，先端部は平行；中心域の両側には，短くなった条線が 2-4 本ずつある．したがって中心域は比較的大きい．形態は *N. ventralis*, *N. absoluta* と似るが，先端部が強く締めつけられて頭状形を呈することで区別できる．

生態 奈良県十津川村の滝川渓谷，三重県宮川のような，DAIpo 97, 88 の極貧腐水性の清冽渓流に出現することもあれば，東大寺近辺の池やインドネシアの L. Diatas のような，DAIpo 50 近辺の止水域に出現することもある．資料が少ないので生態未詳．稀産種．

　本分類群は，*Sellaphora japonica* (H. Kobayasi) H. Kobayasi 1998 と形態が酷似する．しかし，この分類群の basionym である *Stauroneis japonica* の新種記載の折(1986)にも，本分類群には言及していない．Simonsen (1987) の paralectotype としての写真(Pl. 303：1-7) と Hustedt の新種記載時(1936)の図を見る限り，光顕下では，*N. thienemannii* と *Sellaphora japonica* との区別はつけにくい．両者は同種異名かもしれないが，今後の検討が必要である．

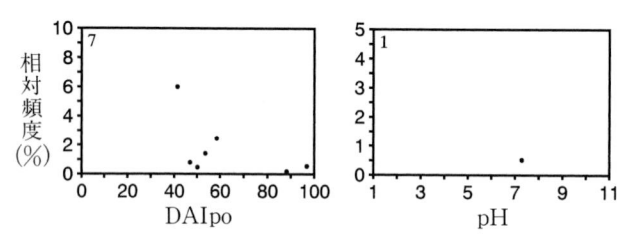

Navicula thienemannii の生態図

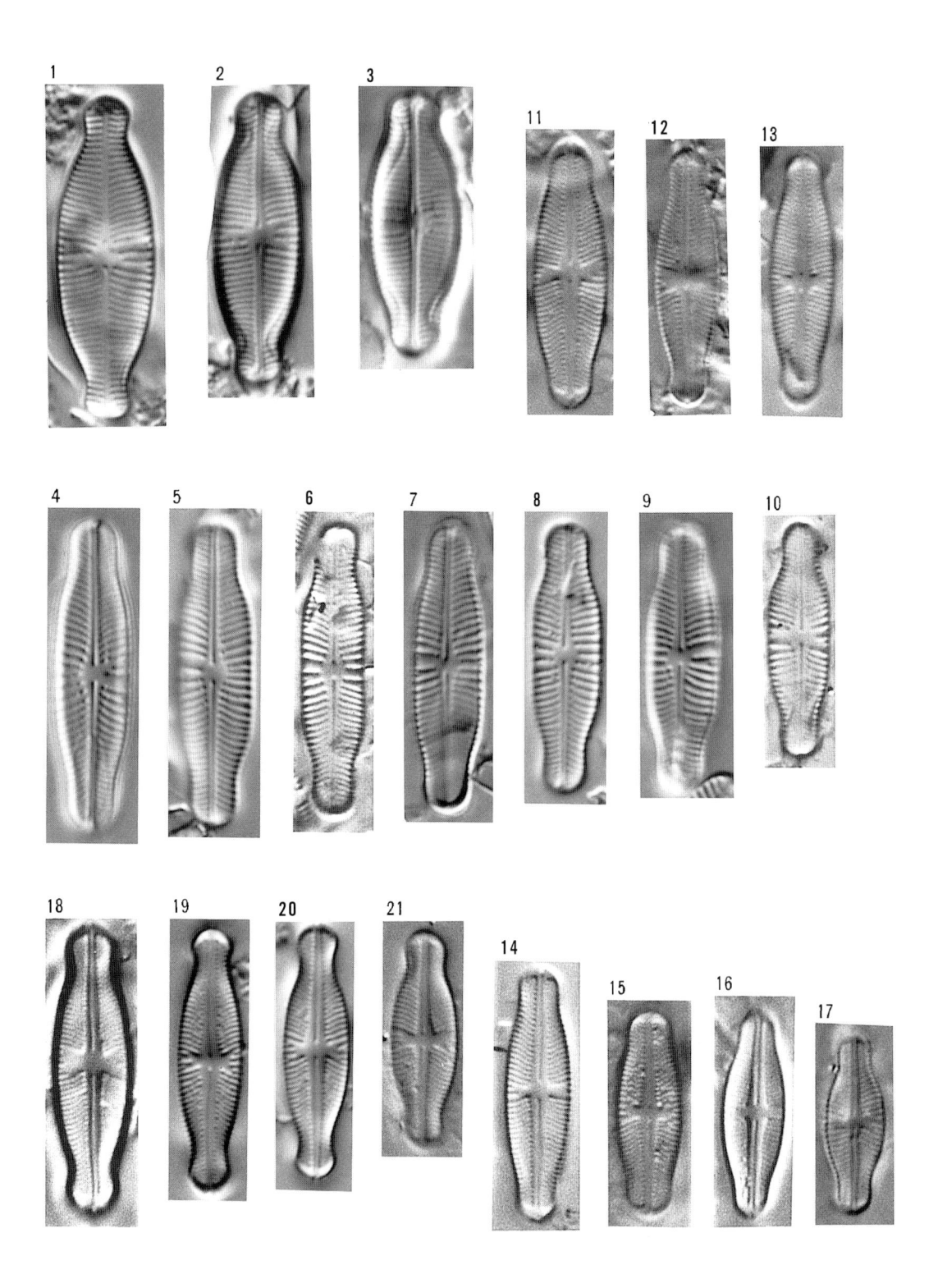

Plate II B$_3$-26

Navicula elginensis(Gregory)Ralfs var. *elginensis* 1861 　　　(Plate ⅡB₃-27：1-11)

Syn：*Navicula anglica* Ralfs 1861；*N. placentula* var. *anglica* (Ralfs) Grunow *in* Cleve & Grunow 1880；*N. dicephala* var. *minor* Grunow *in* Van Heurck 1880；*N. anglica* var. *subsalina* Grunow *in* Van Heurck 1880；*N. tumida* var. *anglical* (Ralfs *in* Pritchard) Gutwinski 1891；*N. dicephala* var. *undulata* Østrup 1918；*N. neglecta* Krasske 1929.

Cox (1987)は，*Pinnularia elginensis* Gregory 1856 を *Placoneis elginensis* (Gregory) Cox としている．Krammer & Lange-Bertalot (1986)は，*P. elginensis* を *N. elginensis* の synonym としている．したがって，*N. elginensis* は *Placoneis elginensis* の basionym となる．(1)と(5)，(6)は，synonym 中の *N. dicephala* var. *undulata* と同定できるが，Krammer & Lange-Bertalot (1986)に従って，本分類群と同定した．

|形態| 殻の形 3, 4-Sta；先端の形 くちばし形[3]，頭状形[5]；殻長 15-30 μm；幅 6-10 μm；条線 8-12/10 μm，大部分放散状，殻端部は平行または収斂状．

|生態| 有機汚濁に関しては広適応性種，pH に関しては中性種．
Van Dam *et al.* (1994)は，alkaliphilous, β-mesosaprobous, hypereutraphentic とする．Håkansson (1993)は，*Navicula anglica*；*N. dicepha* (Ehrenberg) W. Smith を共に alkaliphilousとする．Patrick & Reimer (1966)は，淡水から低度の半鹹水にまで幅広い水域に対して耐性をもつ種としている．

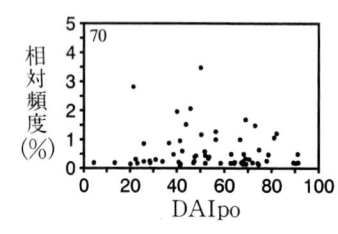

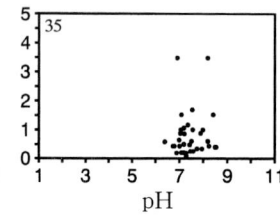

Navicula elginensis var. *elginensis* の生態図

Placoneis palaelginensis Lange-Bertalot 2000　　　(Plate ⅡB₃-27：12)

|形態| 殻の形 4-Sta；先端の形 頭状形[5]；殻長 23 μm；幅 6 μm；条線 11-12/10 μm；軸域 狭い；中心域 条線 2-4 本分の幅の横長矩形，遊離点はない．前記の *Navicula elginensis* と形態は似るが，本分類群は，殻の両側縁が平行であることによって，*N. elginensis* と区別できる．

|生態| 河川，湖では稀産種であるが，水田にはよく出現する．生態未詳．

Navicula gastrum (Ehrenberg) Kützing var. *gastrum* 1844　　　(Plate ⅡB₃-27：13)

Syn：*Pinnularia gastrum* Ehrenberg 1843.

|形態| 殻の形 3-Sta；先端の形 くさび形[11]；殻長 20-60 μm；幅 10-20 μm；条線 8-13/10 μm，すべて放散状；中心域 狭く遊離点はない．

|生態| 芦ノ湖(DAIpo 59)に出現した．古くは，宮城県，三重県，佐賀県，大分県，鹿児島県からの報告もあり(福島 1957)，池田湖にも出現する．日本では稀産種．
Van Dam *et al.* (1994)は，alkaliphilous, β-mesosaprobous, eutraphentic とする．

Navicula acidobionta Tosh. Watanabe 2004 (Plate ⅡB₃-27:14-39)

形態 殻の形 3, 4-Sta；先端の形 くさび形[11]；殻長 8.5-20 μm；幅 3.5-4 μm；条線 20-21/10 μm，大きいものは弱い放散状，小さいものは平行に近い放散状．先端部では収斂しない．*Navicula bremensis* Hustedt と形態が似るが，*N. bremensis* のように殻の中央部が膨出することはなく，条線密度は，*N. bremensis* よりも幾分密であることによって区別できる．

生態 本分類群は強い無機酸性水域，例えば恐山湖(pH 3.2-3.6)，九州霧島国立公園の不動池(pH 3.8-4.0)，磐梯の下銅沼(pH 3.4)，志賀高原三角池(pH 5.8)，九州赤川(pH 4.8)，酢川(pH 4.4)など，酸性の止水域，流水域両者に出現する．**真酸性種．**

Navicula acidobionta の生態図

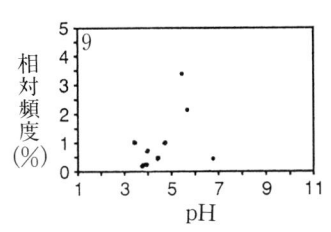

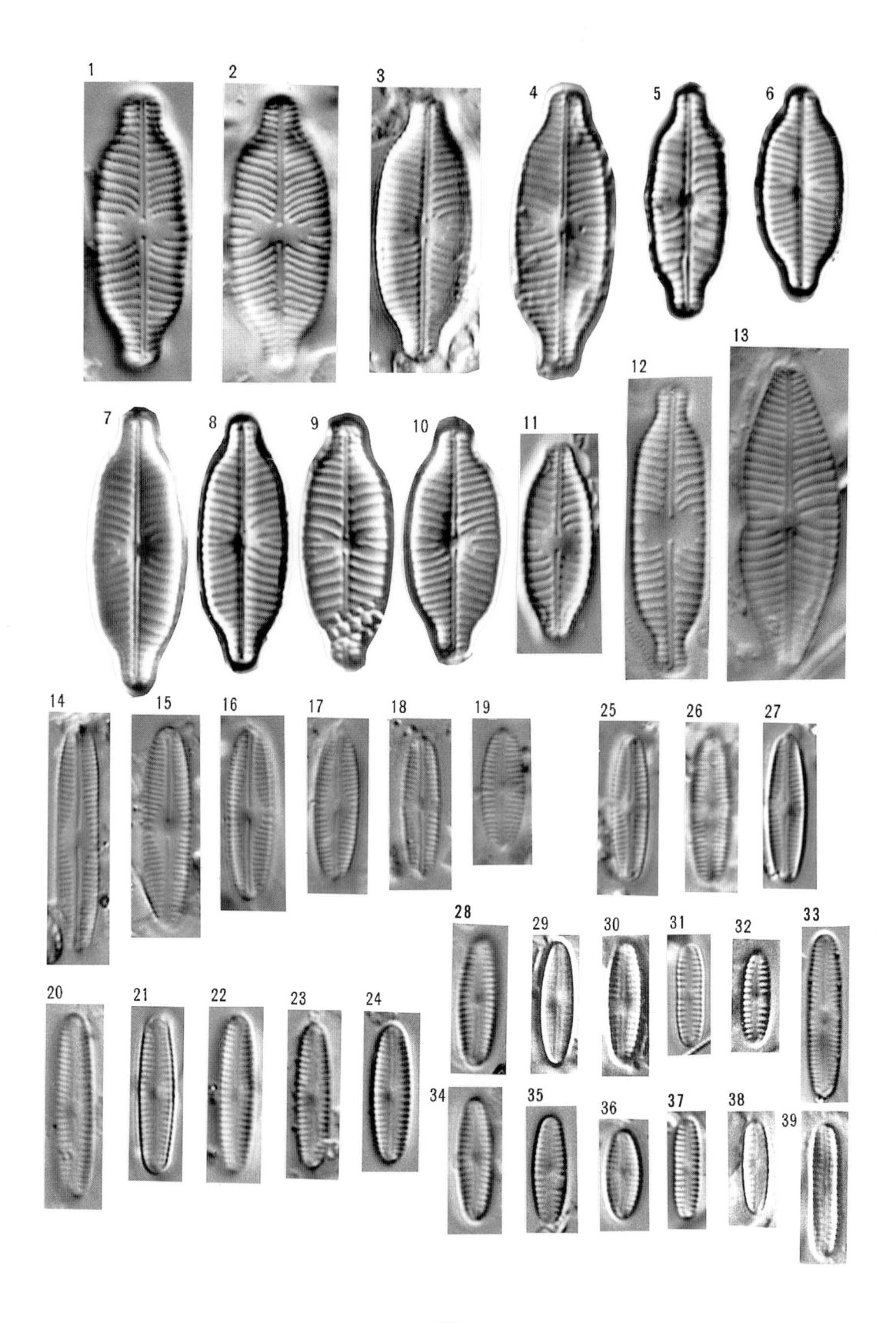

Plate ⅡB₃-27

Navicula seminuloides Hustedt 1936 (Plate IIB$_3$-28:1-9)

形態 殻の形 3-Sta；先端の形 くさび形[11]；殻長 5-15 μm；幅 3-6 μm；条線 20-24/10 μm，すべて放散状；中心域 小さい．

生態 有機汚濁に関しては典型的な広適応性種．本分類群が第 1 位優占種となる珪藻群集は，流水域においてのみ見られるが，その例は少ない．その際，その地点の水質は，DAIpo 29-48 の β 中腐水性である．pH に関しては好アルカリ性種．

Van Dam *et al.* (1994) は alkaliphilous，Håkansson (1993) は，alkaliphilous/indifferent とする．

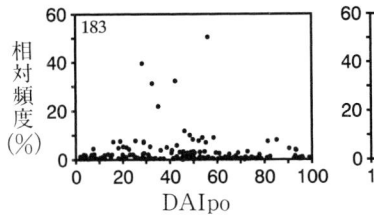

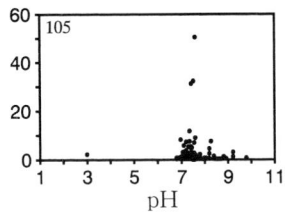

Navicula seminuloides の生態図

Navicula evanida Hustedt 1942 (Plate IIB$_3$-28:10-14)

Syn：*Navicula ventosa* Hustedt 1957；*Chamaepinnularia evanida* (Hustedt) Lange-Bertalot *in* Lange-Bertalot & Metzeltin 1996.

形態 殻の形 3-Sta；先端の形 くさび形[11] 殻長 6-10 μm；幅 2.5-3 μm；条線 24-28/10 μm；前記 *N. seminuloides* と形態は似るが，条線密度が前分類群よりも幾分密であり，中心域がより小さいことで区別できる．

生態 DAIpo 69-85 の β 貧腐水性の流水域(三重県の河川)，琵琶湖の野洲川，草津の湖岸に出現したが，試料が少ないために生態未詳．pH に関しては，志賀高原一沼(pH 6.8)，塩沢鉱泉落葉の下をくぐって流れる水(pH 9.8)，塩沢温泉(pH 9.3)，湯沢温泉(pH 9.3)など，かなり高アルカリの流水域に出現することができる．

Van Dam *et al.* (1994) は，pH circumneutral, oligosaprobous, mesotraphentic とする．

Navicula obsoleta Hustedt 1942 (Plate IIB$_3$-28:15-17)

形態 殻の形 3-Sta；先端の形 くさび形[11]；殻長 6-11 μm；幅 2-2.5 μm；条線 20-24/10 μm；本分類群も *N. seminuloides* と形態が似るが，条線が極めてゆるい放散状であることによって区別できる．

生態 下銅沼(pH 3.4)，八島ヶ原湿原の八島ヶ池(pH 5.2)，志賀高原一沼(pH 6.8)に出現したが稀産種．好酸性種．

Navicula seminulum var. *intermedia* Hustedt 1942 (Plate IIB$_3$-28:18, 19)

形態 殻の形 2-Sta；先端の形 くさび形[11]；殻長 10-18 μm；幅 5-6 μm；条線 20-22/10 μm；基本種 var. *seminulum* (Pl. IIB$_3$-21:5-13) と比べて，幅広の長円形である．

生態 稀産種で，生態不明．Hustedt (1971) は，pH indifferent，貧塩生(広適応)種とする．

Navicula tenera Hustedt 1937 (Plate IIB$_3$-28:20-23)

Syn：*Navicula uniseriata* Hustedt *in* Schmidt *et al.* 1934；*N. dissipata* Hustedt *in* Schmidt *et al.* 1936；*N. auriculata* Hustedt 1944；*N. biseriata* Brockmann 1952；*N. insociabilis* var. *dissipatoides* Hustedt 1957；*Fallacia tenera* (Hustedt) D.G. Mann *in* Round *et al.* 1990.

|形態| 殻の形 2-Sta；先端の形 くさび形[11]；殻長 9-27 μm；幅 4-9 μm；条線 13-22/10 μm，長軸方向に走る溝によって，条線は2-3本のダッシュ形胞紋列に分断される．

|生態| DAIpo 8-14 の強腐水性河川(奈良市佐保川，東京都内河川)から，DAIpo 70-88(佐保川上流，玉川)の清浄河川にまで，幅広い水域に分布するが，相対頻度は常に小さい(0.5%以下)．しかし，汚濁域では少し相対頻度が高くなる**好汚濁性種**．

Navicula tenera の生態図

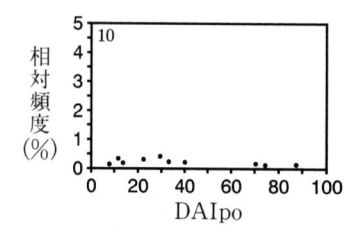

Navicula pseudoacceptata H. Kobayasi 1986 (Plate IIB$_3$-28:24-29)

Syn：*Hippodonta pseudoacceptata* (H. Kobayasi) Lange-Bertalot, Metzeltin & Witkowski 1996.

殻端に殻縁に沿って並ぶ胞紋列がある(SEMによってしか確かめられない)などの特徴によって，*Navicula*から新属 *Hippodonta* が独立設定された(Lange-Bertalot, Metzeltin & Witkowski 1996)．

|形態| 殻の形 3-Sta；先端の形 くさび形[11]；殻長 6-15 μm；幅 4-5 μm；条線 16/10 μm，中央部で平行に近い放散状，殻端ではほとんど平行．

|生態| 有機汚濁に関してはDAIpo 20 から 95 まで広く分布する，**広適応性種である．pH** に関しては中性種である．

Navicula pseudoacceptata の生態図

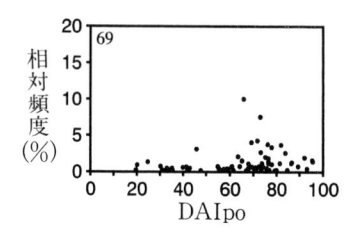

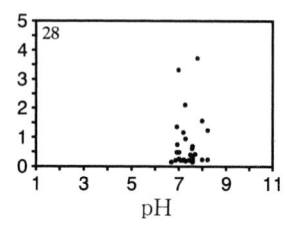

Navicula capitata Ehrenberg var. *capitata* 1838 (Plate IIB₃-28：30)

Syn：*Pinnularia capitata* Ehrenberg 1848；*P. digitus* Ehrenberg 1854；*Navicula humilis* Donkin 1872；*N. hungarica* var. *capitata* (Ehrenberg) Cleve 1895.

本分類群は，*Hippodonta capitata* (Ehrenberg) Lange-Bertalot, Metzeltin & Witkowski 1996 の basionym とされている.

形態　殻の形 3-Sta；先端の形 くちばし伸長形[4]，頭状形[5]；殻長 12-47 μm；幅 5-10 μm；条線 8-10/10 μm.

生態　有機汚濁に関しては広適応性種．pH に関しては中性種である．
Van Dam *et al*. (1994)は，alkaliphilous, α-mesosaprobous, meso-eutraphentic とする．Håkansson (1993)は alkaliphilous とする．Patrick & Reimer (1966)は，水の化学成分の広い変異に適応するように思うという．

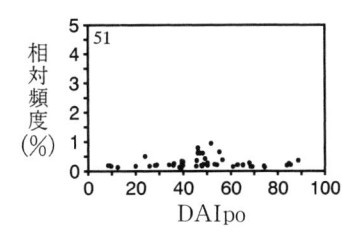

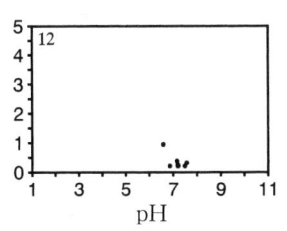

Navicula capitata var. *capitata* の生態図

Navicula hungarica var. *linearis* Østrup 1910 (Plate IIB₃-28：31)

本分類群は，現在 *Hippodonta linearis* (Østrup) Lange-Bertalot, Metzeltin & Witkowski 1996 の basionym とされている.

形態　殻の形 3-Sta；先端の形 くさび形[11]；殻長 14-22 μm；幅 5-5.5 μm；条線 8-11/10 μm.

生態　須沢(pH 4.2)に出現した稀産種．

Navicula capitata var. *luneburgensis* (Grunow) Patrick 1966 (Plate IIB₃-28：32)

Syn：*Navicula hungarica* var. *luneburgensis* Grunow 1882.

形態　殻の形 3-Sta；先端の形 くさび形[12]；殻長 12-36 μm；幅 5-8 μm；条線 10/10 μm.

生態　琵琶湖草津湖岸(DAIpo 58)に出現したが稀産種．Patrick & Reimer (1966)は，弱い汽水産種とする．

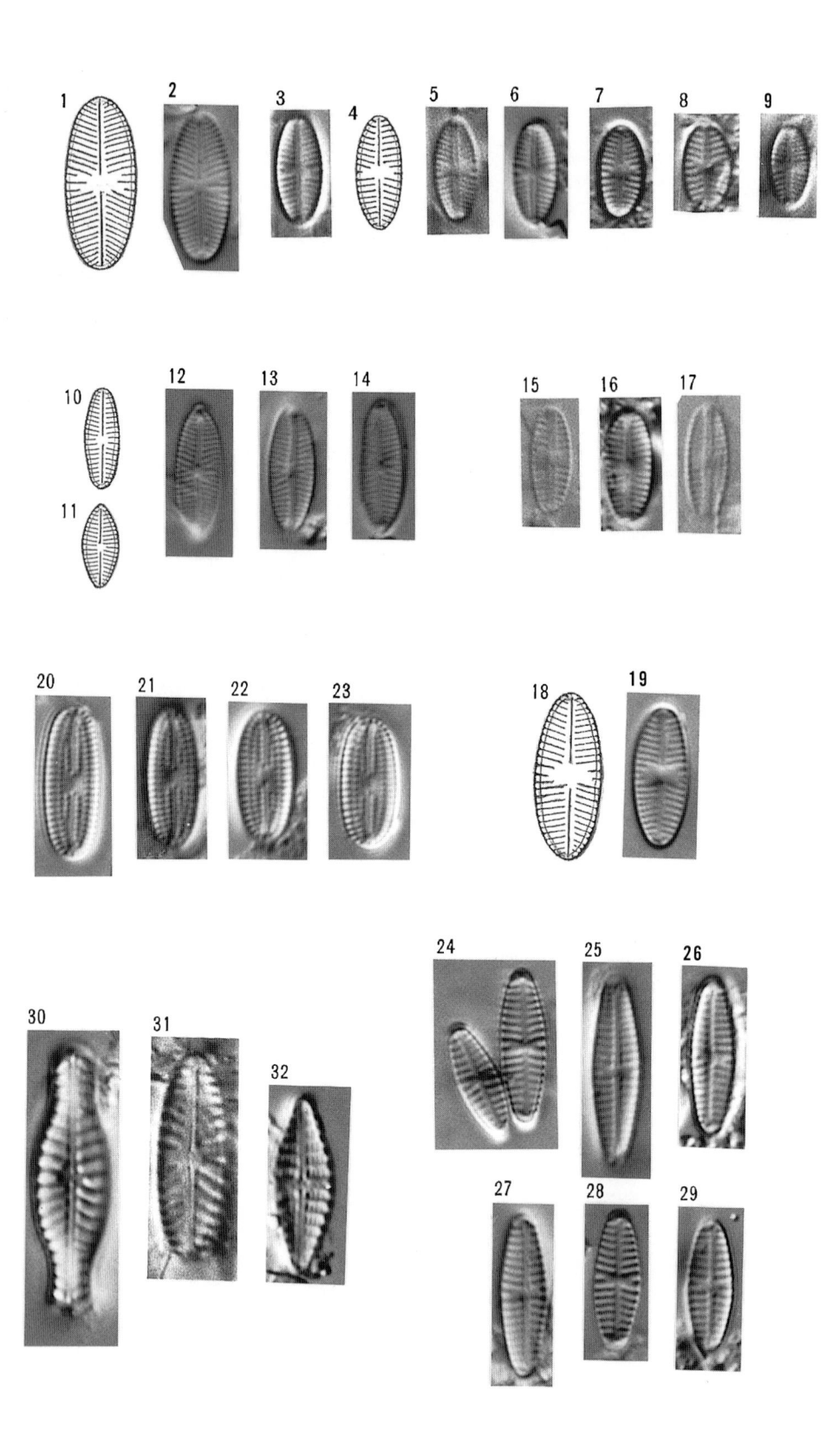

Plate IIB$_3$-28

314

Navicula decussis Østrup var. *decussis* 1910 (Plate IIB₃-29：1-7)

Syn：(?) *Navicula thingvallae* Østrup 1920；*N. exiguiformis* Hustedt 1944；*N. terbrata* Hustedt 1944.
Lange-Bertalot & Metzeltim (1996)は，Hustedt (1937)が，*Annulatae* 属としたものを，*Navicula* 属から独立させて，*Geissleria* 属とした．したがって，上記分類群は，*Geissleria decussis* (Østrup) Lange-Bertalot & Metzeltin の basionym となる．

形態 殻の形 3-Sta；先端の形 くちばし形[3]，頭状形[5]；殻長 15-27 μm；幅 6-9 μm；条線 14-18/10 μm．

生態 有機汚濁に関しては広適応性種．本分類群は，各所にしばしば出現する普遍種ではあるが，第1位優占種とはならない．pH に関しては好アルカリ性種．
Van Dam *et al.* (1994)は，alkaliphilous, oligosaprobous, meso-eutraphentic とする．

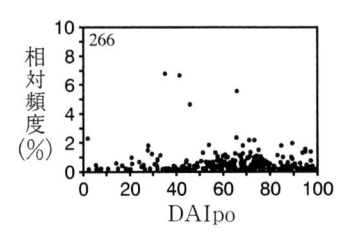

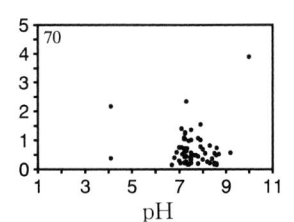

Navicula decussis var. *decussis* の生態図

Navicula clementoides Hustedt 1944 (Plate IIB₃-29：8-11)

Mereschkowsky (1903)は，*Navicula* の中で，葉緑体が1枚のものを他と区別して，新属 *Placoneis* を創設した．Cox (1987)は，本分類群を *Placoneis clementoides* (Hustedt) Cox の basionym とした．

形態 殻の形 3-Sta；先端の形 くちばし形[3]，頭状形[5]；殻長 14-32 μm；幅 7-12 μm；条線 13-14/10 μm，すべて放散状；中心域 ほぼ円形，片側に2個の遊離点がある．*N. clementis* var. *japonica* H. Kobayasi 1968 と似る．

生態 琵琶湖への流入河川知内川(DAIpo 97, pH 7.1)，安曇川(DAIpo 86, pH 7.4)および，ロシアのウラジオストック近郊 R. Razdornaya(DAIpo 82, 91)などの清流域に出現した**好清水性種．稀産種．**
Krammer & Lange-Bertalot (1986)は，中部〜北郡ヨーロッパで，主として，貧栄養湖にたびたび出現すると記している．

Navicula clementis Grunow 1882 (Plate IIB$_3$-29：12, 13)

Syn：*Navicula clementis* var. *rhombica* Brockmann 1950；*N. inclementis* Hendey 1964；*Placoneis clementis* (Grunow) Cox 1987.

|形態| 殻の形 3-Sta；先端の形 くちばし形[3]，準くちばし形[2]；殻長 15-50 μm；幅 7-15 μm；条線 8-15/10 μm，すべて放散状；中心域 横広で，片側に2個の遊離点がある．(13)は大型で遊離点が1個であるところから，別種である可能性がある．

|生態| 有機汚濁に関しては広適応性種，pH に関しては好アルカリ性種．

Van Dam *et al.* (1994) は, alkaliphilous, β-mesosaprobous, meso-eutraphentic とする．Håkansson (1993) も alkaliphilous とする．

Navicula clementis の生態図

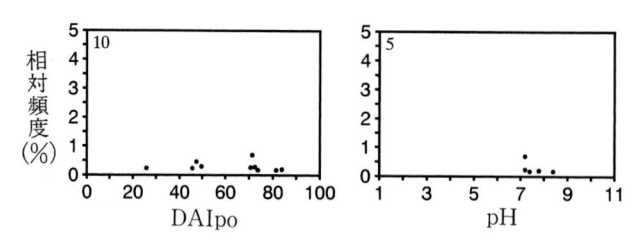

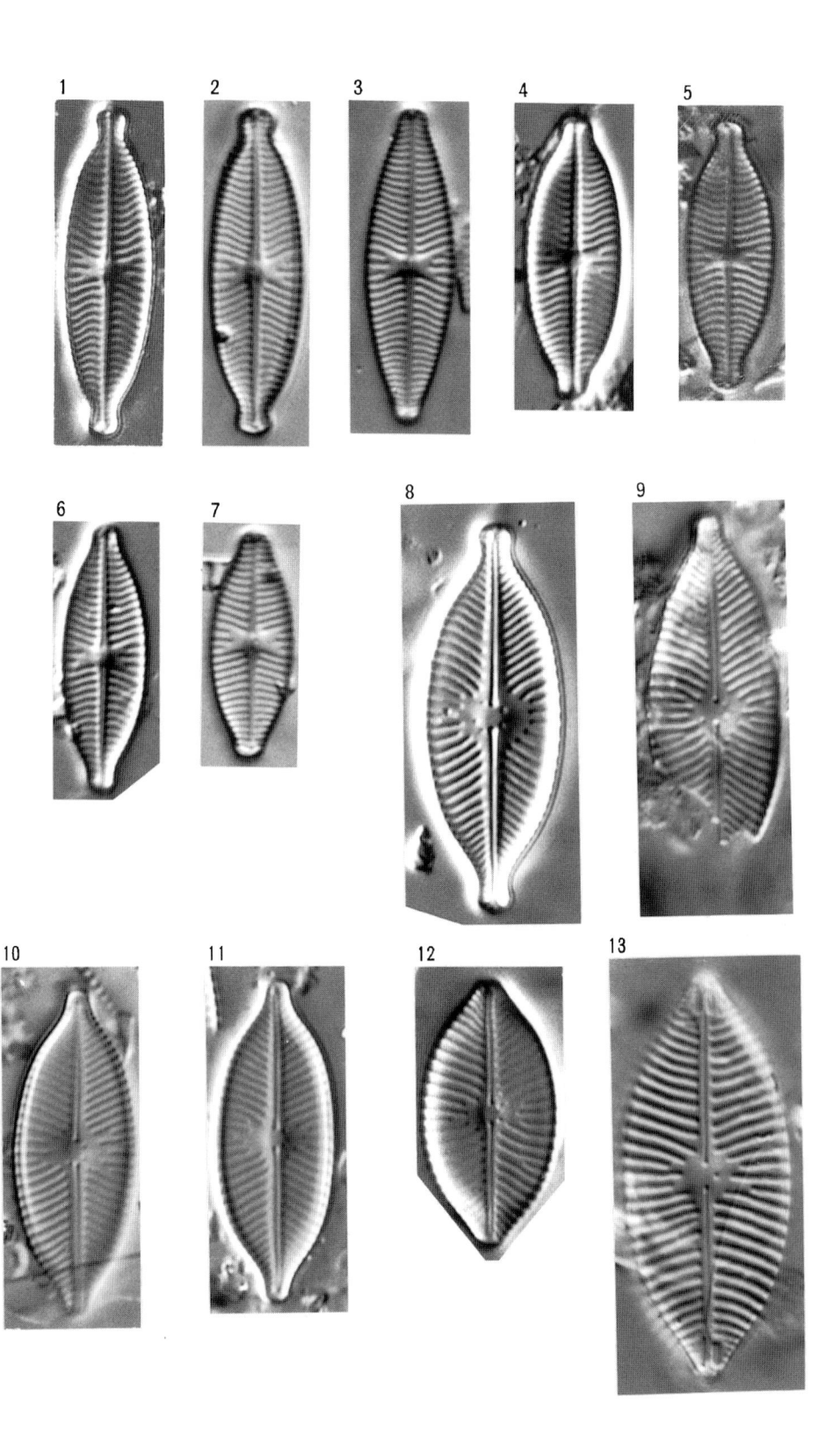

Plate II B$_3$-29

Navicula tuscula var. *rostrata* Hustedt 1911 (Plate IIB₃-30：1-3)

Syn：*Navicula tusculoides* Cleve-Euler 1953.

Mann & Stickle (1990)は，胞紋，縦溝，色素体の特性が，他の *Navicula* と異なることによって，新属 *Aneumastus* 属を創設した．Lange-Bertalot (2001)は，本変種を *Aneumastus rostratus* (Hustedt) Lange-Bertalot とした．したがって本変種は *A. rostratus* の basionym である．

|形態| 殻の形 1-Sta；先端の形 くちばし形[3]；殻長 35-65 μm；幅 16-20 μm；条線 11-12/10 μm，すべて放散状，条線は横長の胞紋列；胞紋 8-10/10 μm；*Navicula tuscula* Ehrenberg と形態は酷似するが，縦溝が，変種では波うたず，ほぼ真っすぐであることによって区別できる．

|生態| 支笏湖，大分県赤川(pH 4.8-5.7)，琵琶湖に出現したが，稀少種．

Lange-Bertalot (2001)は，最適環境は，電解質の豊富な汽水域に見られ，淡水域では沿岸の近くに出現するという．Van Dam *et al.* (1994)は，*N. tuscula* を alkalibiontic, β-mesosaprobous, oligo-to eutraphentic とするが，本変種についてはふれていない．

Navicula exigua var. *elliptica* Hustedt 1927 (Plate IIB₃-30：4)

|形態| 殻の形 1-Sta；先端の形 くちばし形[3]；殻長 11-15 μm；幅 5-6 μm；条線 10-13/10 μm，大部分が放散状，殻端部は，平行；中心域 大きい．*Navicula constans* var. *symmetrica* Hustedt とも似るが，var. *elliptiea* の方が，中心域が広く条線が太いことによって区別できる．

|生態| 日光の湯滝(DAIpo 76)に出現した．日本では稀産種．

Van Dam *et al.* (1994)は，*N. exigua* (Gregory) Grunow を alkaliphilous, β-mesosaprobous, eutraphentic とするが，本変種にはふれていない．

Navicula placenta Ehrenberg 1854 (Plate IIB₃-30：5, 6)

Syn：(?)*Navicula hexagona* Torka 1933.

Lange-Bertalot & Metzeltin *in* Lange-Bertalot (2000)は，Patrick (1959)が，subgenus とした *Decussata* を新属 *Decussata* (Patrick) Lange-Bertalot & Metzeltin とし，本種を *Decussata placenta* (Ehrenberg) Lange-Bertalot & Metzeltin とした．したがって本種は *D. placenta* の basionym である．

|形態| 殻の形 1-Sta；先端の形 くちばし形[3]；殻長 28-60μm；幅 10-25μm；条線 20-27/10μm，ゆるい放散状と見えることもあれば(5)，斜交構造(6)と見えることもある；胞紋 約 18-22/10 μm；中心域 円形に近い．

|生態| 奈良県宇陀川，笠間川，東吉野村小坪の谷など，DAIpo 61-65 の α 貧腐水性の河川，および DAIpo 99 の極貧腐水性の渓谷に出現した**好清水性種**．これらの水域のpH は 7.2-8.0 であった．稀産種．Lange-Bertalot(2001)は，おそらく普遍種だろうが，常に少数個体しか出現しないとし，主として湧水，時々湿るコケ類の表面，あるいはまた電解質濃度の低い貧栄養湖に出現するという．

Van Dam *et al.* (1994)は，*N. placenta* を，pH circumneutral, oligosaprobous とする．

Navicula placenta の生態図

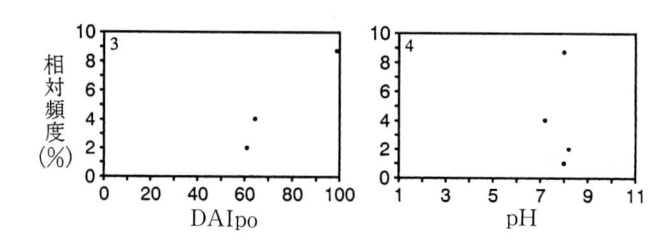

Navicula pusio Cleve 1895　　　　　　　　　　　　　　　　(Plate ⅡB$_3$-30：7-9)

|形態|　殻の形 1-Sta；先端の形 頭状形[5]；殻長 15-30μm；幅 6-13μm；条線 30-36/10μm，放散状，殻端部は平行；*Cavinula* 属に帰属すべき種であろう．

|生態|　尾瀬(DAIpo 55, 56)に出現．稀産種．

　Krammer & Lange-Bertalot (1986)は，ヨーロッパの北アルプスでは多分，普遍種として分布しているようが，貧栄養湖では稀で，電解質に富んだ水域では優勢であるとする．

Navicula beaufontina Hustedt 1955　　　　　　　　　　　　　(Plate ⅡB$_3$-30：10)

|形態|　殻の形 1-Sta；先端の形 くちばし伸長形[4]，くちばし形[3]；殻長 27-32μm；幅 13-15μm；条線 約28/10μm，強い放散状；縦溝の両側殻の肥厚が著しい．

|生態|　倶多楽湖(DAIpo 71)，九州蘭牟田池(pH 5.8-6.8)に出現．稀産種．

Navicula cocconeiformis Gregory *ex* Greville 1856　　　　　(Plate ⅡB$_3$-30：11)

　Pl. ⅡB$_3$-18：1-4 の説明を参照．

Plate ⅡB₃-30

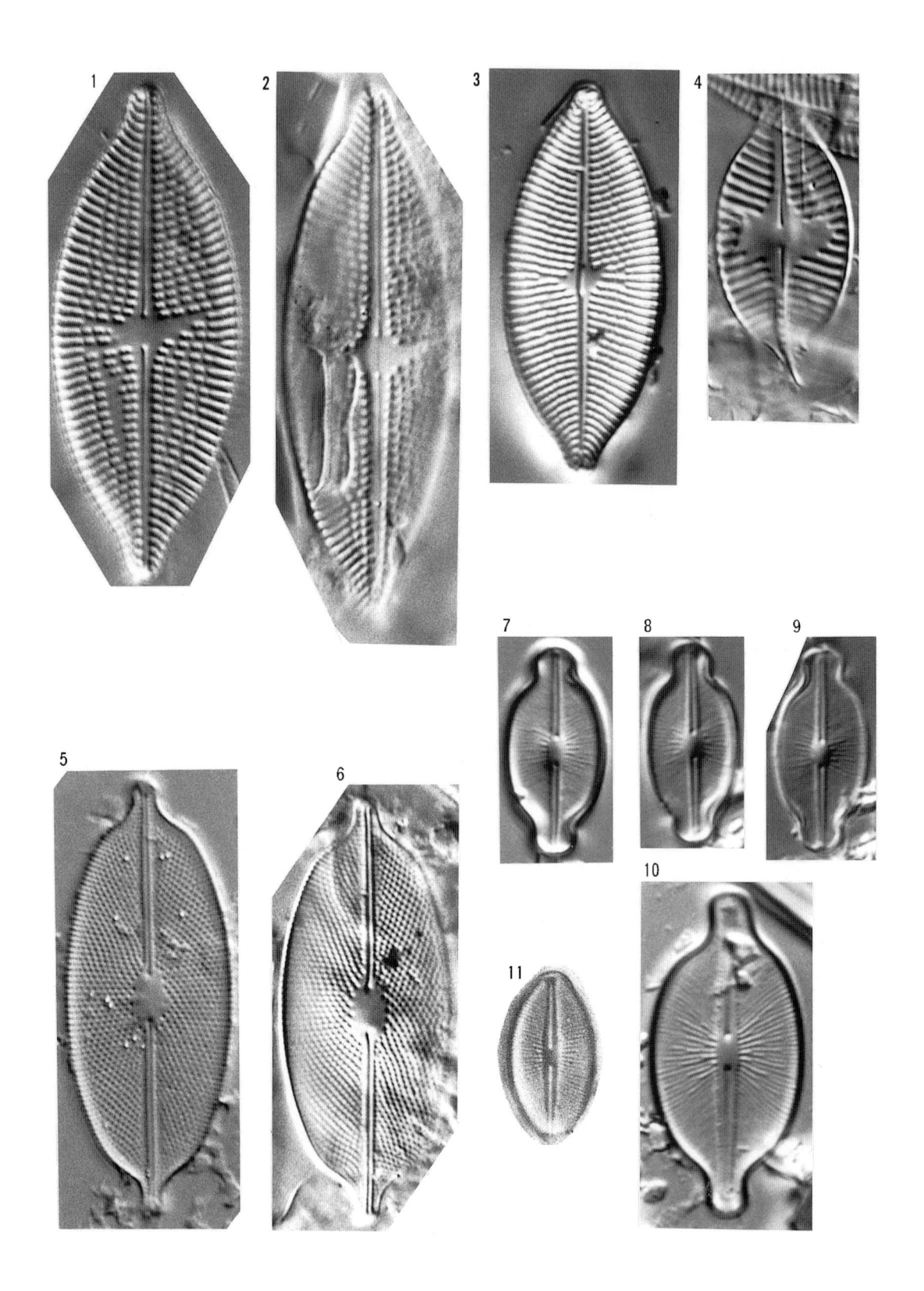

Navicula upsaliensis (Grunow) Peragallo 1903 (Plate IIB$_3$-31:1)

Syn: *Navicula menisculus* var. *upsaliensis* Grunow 1880; *N.* (*gastrum* var.?) *upsaliensis* Grunow *in* Cleve & Möller 1881.

形態 殻の形 3-Sta；先端の形 くさび形[11]；殻長 18-47μm；幅 9.5-12μm；条線 9-11.5/10μm，ゆるい放散状，殻端部は平行に近い収斂状；縦長の胞紋 25-27/10μm．

生態 琵琶湖北湖の北岩寺(DAIpo 88)，琵琶湖への流入河川犬上川(DAIpo 72)，奈良市内溜池(DAIpo 49)に出現．本種は，*Navicula menisculus* var. *menisculus* と酷似するが，中心域をとりまく条線の配列によって，ようやく区別できる．本書では，両者を併せて *N. upsaliensis* の複合種群とした．図は複合種群の生態を示したものである．**有機汚濁に関しては広適応性種，pH に関しては好アルカリ性種．**

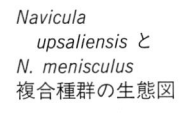

Van Dam *et al.* (1994)は，*Navicula menisculus* var. *upsaliensis* を，alkaliphilous，β-mesosaprobous とする．

Navicula upsaliensis と *N. menisculus* 複合種群の生態図

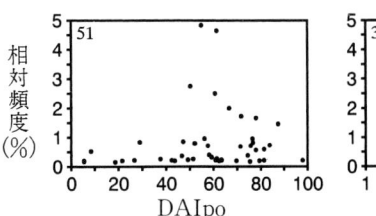

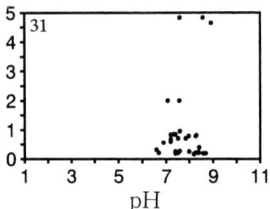

Navicula reinhardtii (Grunow) Grunow *in* Cleve & Möller 1877

(Plate IIB$_3$-31:2, 3)

Basionym: *Stauroneis reinhardtii* Grunow 1860.

形態 殻の形 3-Sta；先端の形 広円形[0]，くさび形[11]；殻長 35-70μm，幅 11-18μm；条線 7-9/10μm，放散状だが，先端部は平行，稀に収斂状；縦長の胞紋 20-22/10μm．

生態 日本では支笏湖，摩周湖(DAIpo 93)のような貧栄養湖においてのみ出現した．稀産種．Lange-Bertalot(2001)は，中栄養から富栄養の平均して電解質濃度の大きい水域に出現し，β中腐水性水域にも適応する種とする．

Van Dam *et al.* (1994)は，alkalibiontic，β-mesosaprobous，eutraphentic とし，いずれも日本での出現傾向とは異なる．

Navicula semen Ehrenberg 1843 (Plate IIB$_3$-31:4, 5)

形態 殻の形 3-Sta；先端の形 広円形[0]，くさび形[11]；殻長 45-120μm；幅 20-30μm；条線 6-8/10μm，放散状配列，先端部は平行時に収斂状；縦長の胞紋 約 15-21/10μm．

生態 日本では未発見．ウラジオストック近郊の R. Razdornaya(DAIpo 84)に出現した稀産種．

Krammer & Lange-Bertalot(1986)は，ヨーロッパ，アジア，北アメリカの北方と極地で，かなり頻繁に出現するという．

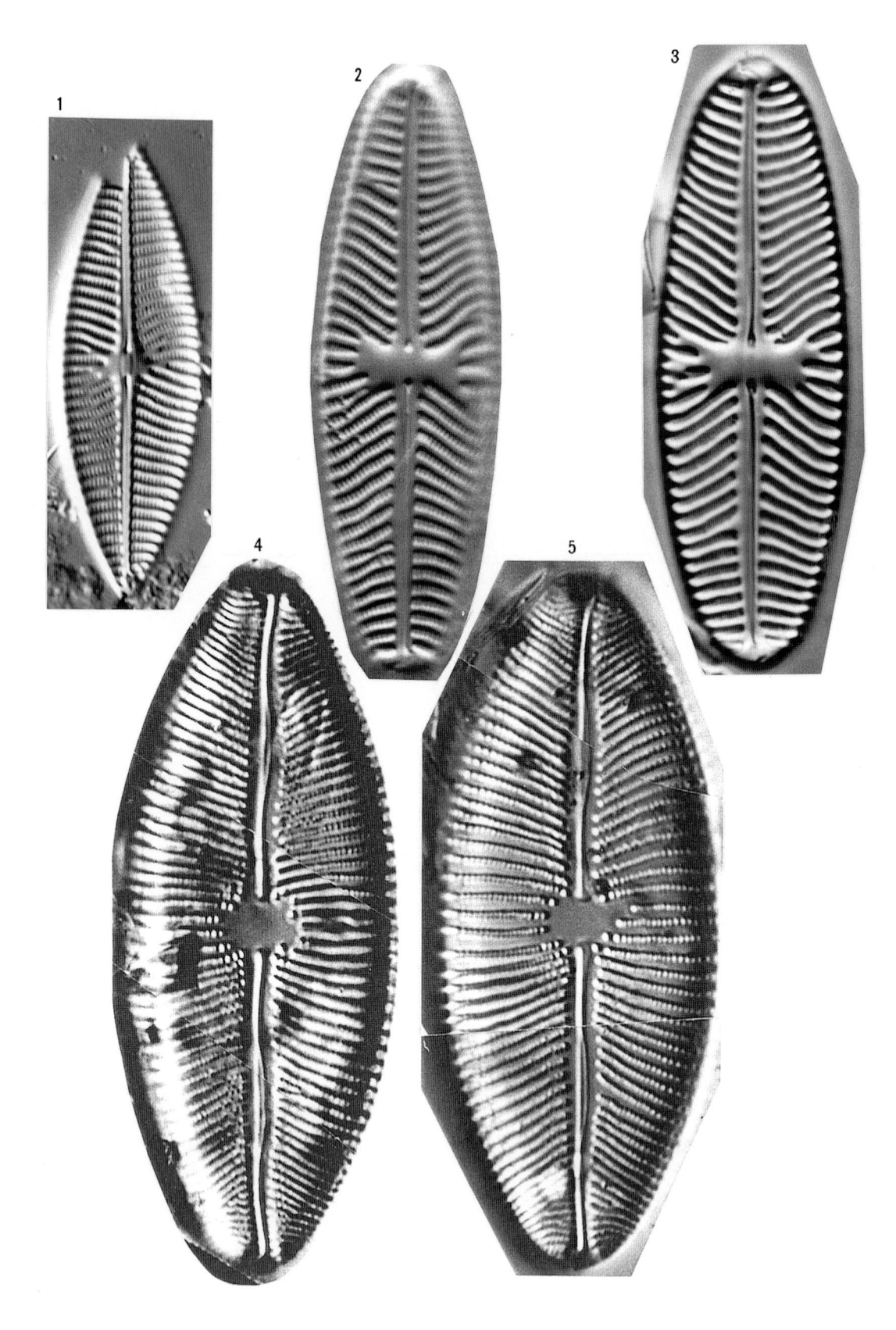

Plate II B$_3$-31

Navicula radiosa Kützing var. *radiosa* 1844 (Plate IIB$_3$-32：1)

形態 殻の形 3-Sta；先端の形 くさび形[11]；殻長 40-120 μm；幅 8-12 μm；条線 10-12/10 μm，放散状，殻端部は収斂状．次記 *N. radiosafallax* とは，殻形，条線配列などの特性がよく似る．

生態 有機汚濁に関しては広適応性種，**pH** に関しては好アルカリ性種．DAIpo 51-52 の貧腐水性の止水域において，第1位優占種として出現した．下の生態図は，次記種との複合種群としての図である．

Lange-Bertalot (2001) は，電解質の豊富な水域から貧弱な水域にまで，腐植質による弱酸性の水域からカルシウムの豊富な水域まで，弱アルカリから強アルカリ性水域まで，そして，貧栄養から富栄養水域までと，非常に多様な環境に広く分布するという．また，下水による汚濁に対しては敏感であり，貧腐水性〜β中腐水性よりも汚濁度の高い汚濁階級水域を避けるという．

Van Dam *et al.* (1994) は，pH に対しては circumneutral，β-mesosaprobous，meso-eutraphentic とする．

Navicula radiosa var. *radiosa* と *N. radiosafallax* 複合種群の生態図

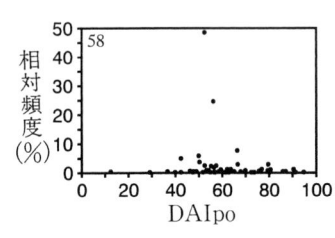

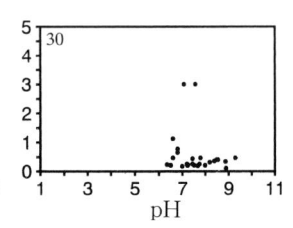

Navicula radiosafallax Lange-Bertalot 1993 (Plate IIB$_3$-32：2, 3)

Syn：*Navicula radiosa* var. *parva* Wallace 1960.

形態 殻の形 3-Sta；先端の形 くさび形 [12]；殻長 30-50 μm；幅 5.6-6.6 μm；条線 13-14/10 μm，放散状，殻端部は収斂状；胞紋 33-35/10 μm，光顕下で本分類群と前記基本種を区別することは難しい．前記の *N. radiosa* var. *radiosa*（約 32/10 μm）よりも密であるが，光顕では確認できない．

生態 var. *radiosa* との複合種群として扱ってきた．上の生態図を参照されたい．

Navicula nipponica (Skvortzow) Lange-Bertalot 1993 (Plate IIB$_3$-32：4-8, 9?)

Basionym：*Navicula radiosa* f. *nipponica* Skvortzow 1936.

形態 殻の形 3-Sta；先端の形 くさび形[12]；殻長 40-50 μm；幅 7-9 μm；条線 9-10/μm，放散状，殻端部は収斂状；胞紋 明瞭で，その密度は約 28/10 μm．

生態 本分類群は，Skvortzow (1936) により，青木湖の底泥試料に基づいて記載され，琵琶湖の底泥からも報告されている．有機汚濁に関しては好清水性種，pH に関しては中性種．

Navicula nipponica の生態図

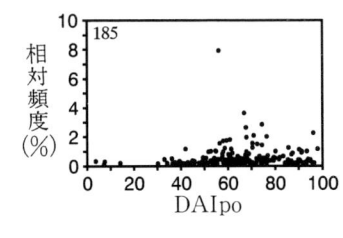

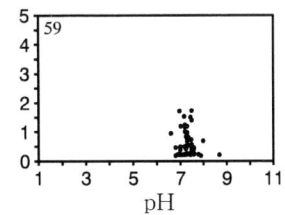

Navicula vaneei Lange-Bertalot 1998 (Plate IIB$_3$-32：10)

Syn：*Navicula peregrina* auct. non (Ehrenberg) Kützing；*N. rhynchocephala* var. *amphiceros* auct. non Kützing；*N. rhynchocephala* var. *elongata* Mayer sensu Germain 1981.

形態 殻の形 3-Sta；先端の形 くさび形[11]；殻長 40-80 μm；幅 11-13 μm：条線 7-8/10 μm，放散状，殻端部では弱い収斂状；胞紋 20-24/10 μm と粗く，光顕で確認できる．

生態 ウラジオストック近郊の R. Narva (DAIpo 59-64, pH 6.3-6.9)に出現した稀産種．Lange-Bertalot (2001)は，ヨーロッパと北西部シベリアからのみ見いだした種としている．また，電解質濃度の平均から高濃度の水域に出現するが，稀産種であるとする．

Navicula oppugnata Hustedt 1945 (Plate IIB$_3$-32：11)

形態 殻の形 3-Sta；先端の形 くさび形[12]；殻長 30-60 μm；幅 8.5-12 μm；条線 7-8/10 μm，胞紋 約 24/10 μm．Krammer & Lange-Bertalot (1986)は，上記の *Navicula radiosa* f. (var.) *nipponica* を，*N. oppugnata* の synonym かもしれないとする．しかし，*N. oppugnata* は，Simonsen (1987)の写真(Pl. 510：1-5)からも明らかなように，条線密度，胞紋密度共に，前記分類群よりもはるかに粗い．このことから，本書では両者を別種として扱う．(9)は本分類群である可能性がある．

生態 有機汚濁に関しては好清水性種，pH に関しては中性種．本分類群の生態図は，先述の *N. nipponica* の生態図と分布傾向はよく似る．

Van Dam *et al.* (1994)は，oligosaprobous とする．

Navicula oppugnata の生態図

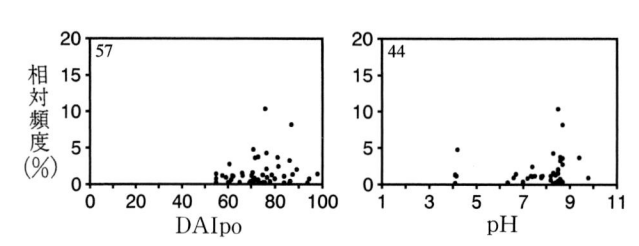

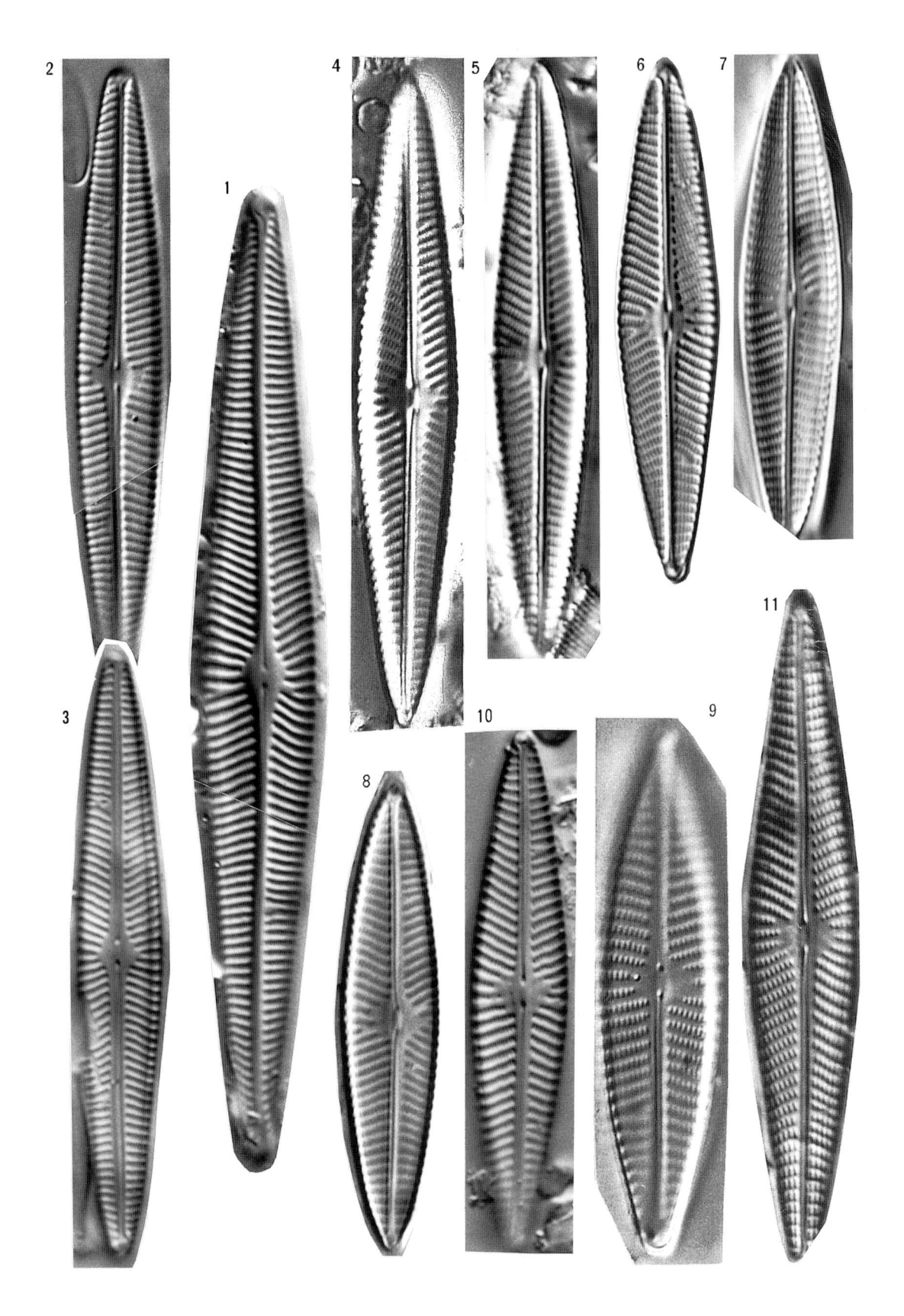

Plate II B₃-32

Navicula lanceolata (Agardh) Ehrenberg 1838 (Plate IIB$_3$-33：1-4)

Syn：*Frustulia lanceolata* Agardh 1827；*Navicula* (*viridula* var.?) *avenacea* (Brébisson) Grunow *in* Schneider 1878；*Schizonema thwaitesii* Grunow *in* Van Heurck 1880.

|形態| 殻の形 3-Sta；先端の形 くさび形[11]，くちばし形[3]；殻長 28-70 μm；幅 (8)9-12 μm；条線 10-13/10 μm，放散状，先端部では収斂状；胞紋 約 32/10 μm；中心域 比較的大きく円形.

|生態| 有機汚濁に関しては広適応性種，pH に関しては中性種．極地から熱帯までの広域に，広く分布する世界普遍種．
Lange-Bertalot(2001)は，本分類群が，止水域の富栄養化に対する，確かな指標種であるという．

Navicula lanceolata の生態図

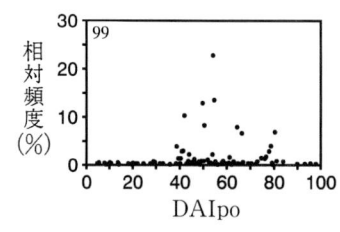

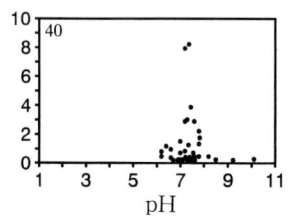

Navicula subalpina Reichardt 1988 (Plate IIB$_3$-33：5, 6)

|形態| 殻の形 3-Sta；先端の形 くさび形[11]；殻長 20-52 μm；幅 5-7 μm；条線 14-17/10 μm，放散状，殻端部では強く収斂する；胞紋 約 30-33/10 μm；中心域 小さい．

|生態| Lange-Bertalot(2001)は，石灰質が豊富な貧栄養湖から α 中栄養湖にわたって分布し，流水域では，貧腐水性から幾分汚濁した β 中腐水性水域にまで出現するとしたうえで，β 中腐水性よりも良好な水域の適切な指標種であるとした．日本では比較的少産．

Navicula cf. *broetzii* Lange-Bertalot & Reichardt 1996 (Plate IIB$_3$-33：7-11)

|形態| 殻の形 3-Sta；先端の形 くさび形[12]；殻長 38-70 μm；幅 6.5-9 μm；条線 11-13/10 μm，放散状，殻端部では収斂する；中心域 小さい；軸域 狭い．

N. radiosa var. *nipponica*，*N. arkona*，*N. cataractarheni* などに形態が似るが，条線密度，中心域の大きさ，中心域をとりまく条線の配列などによって区別できる．新種として近年発表されるはずの *N. minizanonii* H. Kobayasi との違いを，さらに検討する必要があろう．

|生態| 池田湖(DAIpo 87)，琵琶湖北湖の海津(DAIpo 95)，竹生島(DAIpo 71)，華厳の滝(DAIpo 95) など，清冽な水域に出現したが稀産種．Lange-Bertalot (2001)は，いくつかの貧栄養湖，石灰質の豊富な湖，アルプスの泉からにのみ出現したとする．生態情報は未だ極めて少ないが，日本，ヨーロッパの産地が清冽な水域に限られているので，**好清水性種である可能性**が大きい．

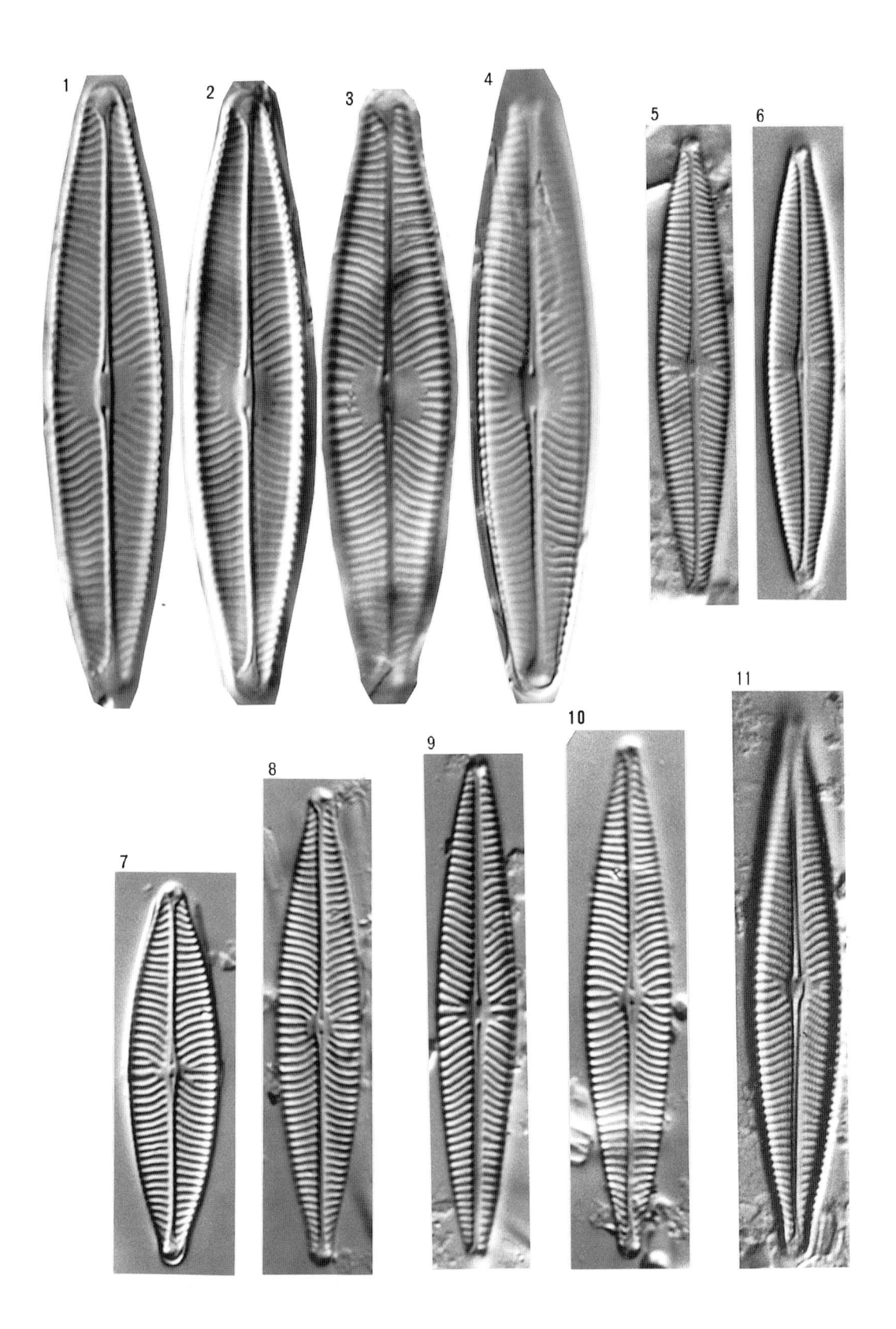

Plate II B$_3$-33

Navicula cryptocephala Kützing 1844 (Plate IIB$_3$-34：1-3)

形態　殻の形 3-Sta；先端の形 くちばし形[3]，くちばし伸長形[4]，頭状形[5]；殻長 20-40 μm；幅 5-7 μm；条線 14-18/10 μm，強い放散状，殻端部は弱い収斂状．

生態　有機汚濁に関しては広適応性種，pH に関しては中性種．従来から世界普遍種とされてきた．しかし，本分類群が第1位優占種として出現することは極めて少ない．

　Van Dam *et al.* (1994)は，pH circumneutral, α-mesosaprobous, oligo-to eutraphentic (hyper-eutraphentic)とする．Håkansson (1993)は alkaliphilous とする．Lange-Bertalot (2001)は，貧腐水性から α-β 中腐水性までの水域が，本分類群の耐性範囲だとする．

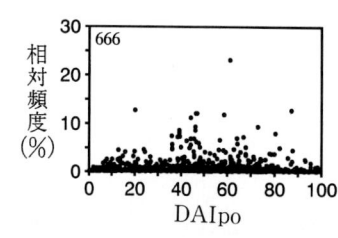

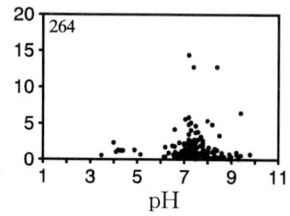

Navicula cryptocephala の生態図

Navicula yuraensis Negoro & Gotoh 1983 (Plate IIB$_3$-34：4-11)

形態　殻の形 3-Sta；先端の形 くさび形[11]；殻長 26-30 μm；幅 6.5-7 μm；条線 12-13/10 μm，ゆるい放散状，殻端部では平行に近い収斂状；軸域 極めて狭い；中心域 比較的狭い．

生態　有機汚濁に関しては好清水性種，pH に関しては中性種．後藤(1986)は，淡水域から塩分の淡い汽水域にかけて分布するという．

Navicula yuraensis の生態図

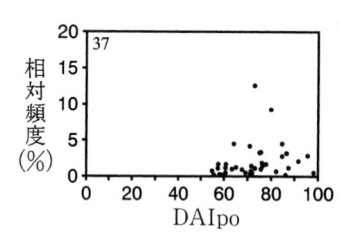

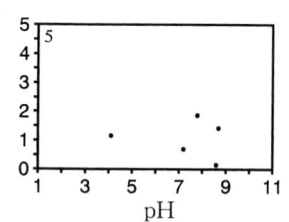

Navicula cryptotenella Lange-Bertalot 1985 (Plate ⅡB₃-34：12-21)

Syn：*Navicula tenella* Brébisson *ex* Kützing 1849；*N. radiosa* var. *tenella* (Brébisson *ex* Kützing) Van Heurck 1885.

|形態| 殻の形 3-Sta；先端の形 くさび形[11,12]；殻長 12-40 μm；幅 5-7 μm；条線 14-16/10 μm，放散状，殻端部では平行または収斂状．

|生態| **有機汚濁に関しては好清水性種，pH に関しては中性種**．多くの地点に，比較的高い相対頻度で出現する普遍種．

Van Dam *et al.* (1994)は，alkaliphilous，β-mesosaprobous，oligo-to eutraphentic (hypereutraphentic)とする．Lange-Bertalot (2001)は，β中腐水性とそのレベルよりもよい水質階級の指標として，特に興味深い．また汚濁に対する敏感さの現れとして，β-α中腐水性の汚濁階級には，出現しないと述べている．

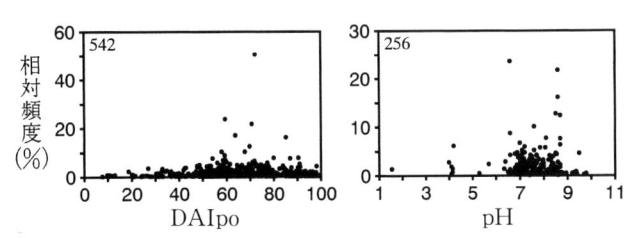

Navicula cryptotenella の生態図

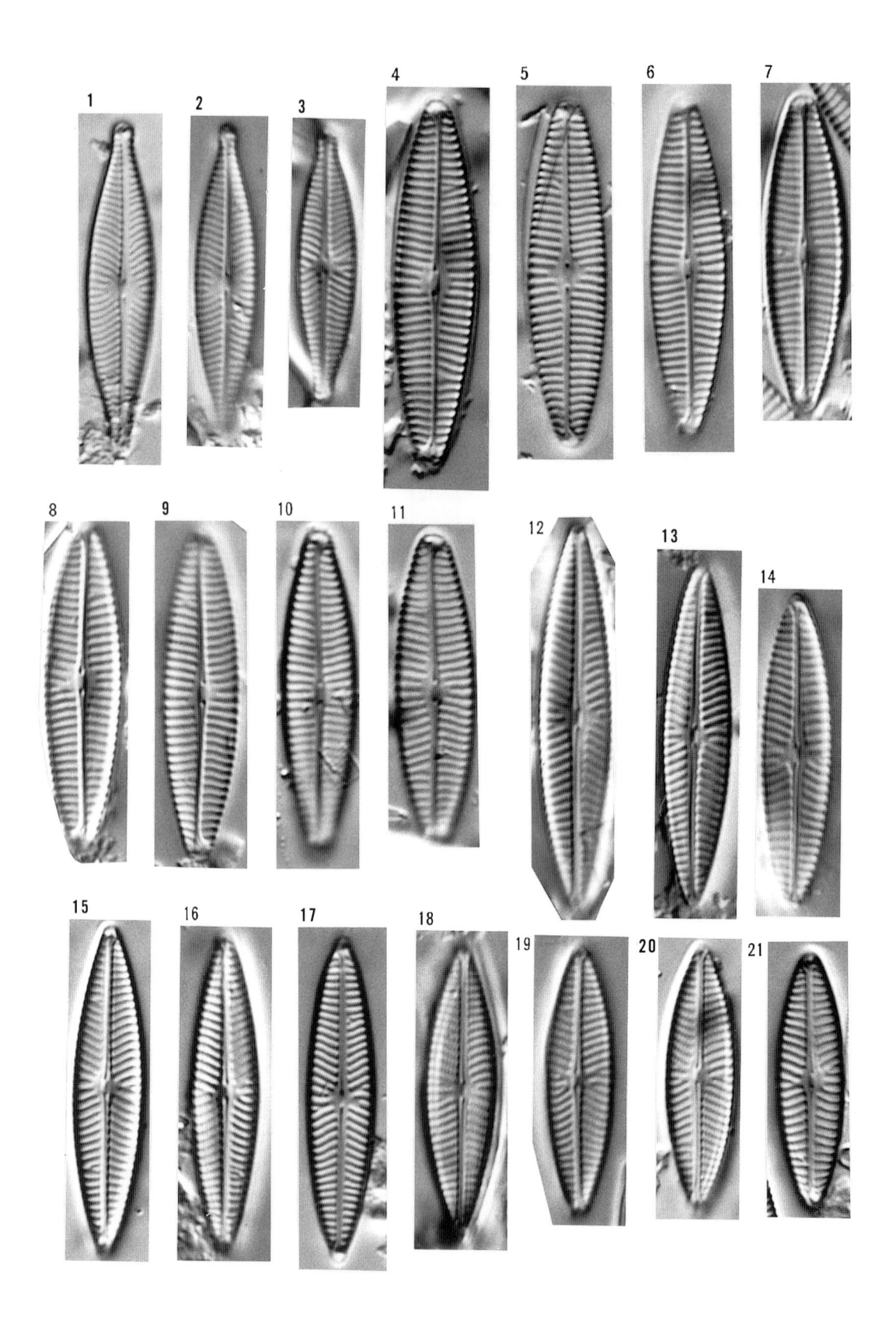

Plate II B₃-34

330

Navicula tripunctata (O. F. Müller) Bory 1822　　　　　　　　　(Plate ⅡB₃-35：1-4)

Syn：*Vibrio tripunctatus* O. F. Müller 1786；*Navicula gracilis* Ehrenberg 1838；*Schizonema neglectum* Thwaites 1848.

|形態| 殻の形 3-Sta；先端の形 くさび形[11]；殻長 30-70 μm；幅 6-10 μm；条線 9-12/10 μm，普通 10-11/10 μm，弱い放散状，殻端部は平行または収斂状；胞紋 約32/10 μm；中心域 横長で，殻幅の1/2よりも大きい．

|生態| 有機汚濁に関してはDAIpo40-90の範囲内（β中腐水性～極貧腐水性）に出現する**広適応性種**，**pHに関しては好アルカリ性種**．相対頻度は常に10％以下の低い値である．

Van Dam *et al.* (1994)は，alkaliphilous, β-mesosaprobous, eutraphentic とする．Lange-Bertalot (2001)は，電解性物質濃度が通常平均値から高い値をもつような，富栄養化水域に対するよい指標種であるという．

Navicula tripunctata の生態図

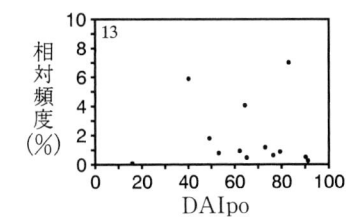

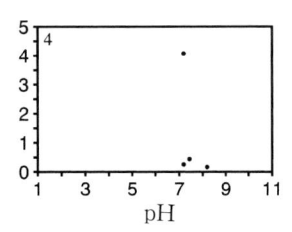

Navicula slesvicensis Grunow 1880　　　　　　　　　　　　　(Plate ⅡB₃-35：5-10)

Syn：*Navicula viridula* var. *slesvicensis* (Grunow) Van Heurck 1885.

|形態| 殻の形 3-Sta；先端の形 くちばし形[3]；殻長 25-50 μm；幅 9-11 μm；条線 8-9/10 μm，弱い放散状，殻端部では弱い収斂状；胞紋 約26/10 μm；軸域 狭い；中心域 横長の矩形に近い．

|生態| 有機汚濁に関しては**好清水性種**．**pHに関しては中性種**．しかし，相対頻度は常に低い．Lange-Bertalot(2001)は，少し汽水がかった水域，すなわち，内陸の塩分を含んだ湧水，河口とその沿岸部では比較的個体数が多いという．筆者らの試料には，そのような汽水に近い試料が含まれていない．常に相対頻度が小さかったのは，そのためであろう．

Van Dam *et al.* (1994)は，alkaliphilous, β-mesosaprobous, eutraphentic とする．

Navicula slesvicensis の生態図

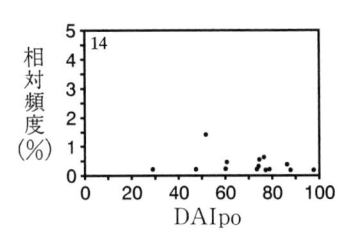

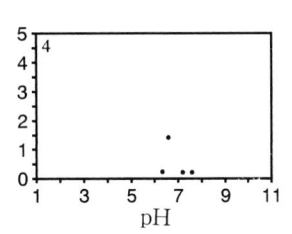

Navicula subrostellata nom. nud. (Plate ⅡB₃-35：11-15)

形態 殻の形 3-Sta；先端の形 くさび形[11]；殻長 18-35μm；幅 6.5-8.5μm；条線 10-12/10μm，胞紋 29-32/10μm，放散状，殻端部では弱い収斂状；軸域 狭い；中心域 円形に近い．

　本分類群は，従来，*N. viridula* var. *rostellata* Skvortzow，*N. rostellata* Kützing，または *N. menisculus* Schumann とされてきた．筆者らの得た個体は，前二者とは先端の形が異なり，*N. menisculus* よりも殻長，幅共に小さく，条線密度，胞紋密度共に密である．ちなみに *N. menisculus* は 32-50×11-12.5μm；条線 8.5-9.5/10μm；胞紋 24-25/10μm である．また中央結節の片側が肥厚する特性は上記 3 種にはない特性であり，本分類群が *N. viridula* と近縁の種であることを示唆している．

生態 有機汚濁に関しては広適応性種，pH に関しては好アルカリ性種．相対頻度は常に低い．
　Lange-Bertalot(2001)は，*N. menisculus* は中栄養から弱い富栄養湖に現れ，流水域では，貧腐水性からβ中腐水性までの水域に出現するが，それ以上に汚濁度が進むと適応できない種とする．一方，*N. viridula* var. *rostellata* に対しては，Van Dam *et al*. (1994) は，alkaliphilous, β-mesosaprobous, eutraphentic とする．筆者らは本分類群を，京都の鴨川(DAIpo 61)，三重県の河川(DAIpo 61-78)，猪名川(DAIpo 88)のほか，インドネシアの河川 R. Anai (DAIpo 55)，R. Lurahdalam(DAIpo 67)，R. Sipisang(DAIpo 47)と Lake Diatas(DAIpo 50)，ロシアの R. Razdornaya (DAIpo 56)で得ている．熱帯から亜熱帯にかけて広域に分布するが，Lange-Bertalot (2001)がいうように，DAIpo 30 以下のβ中腐水性以上に汚濁が進んだ水域には出現しない．

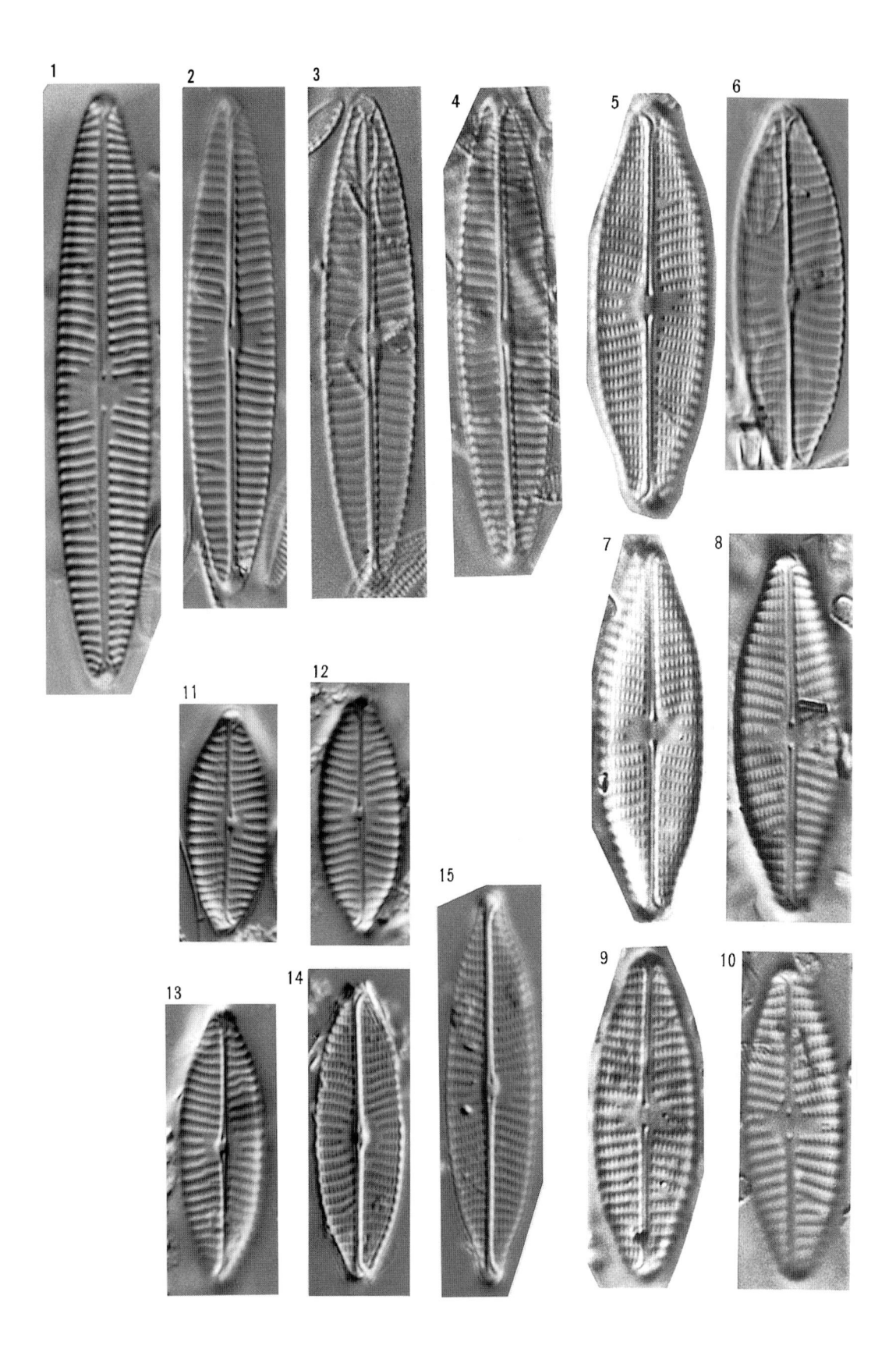

Plate II B$_3$-35

Navicula angusta Grunow 1860 (Plate IIB₃-36：1-6)

Syn：*Navicula cari* var. *angusta* Grunow *in* Van Heurck 1880；*N. cincta* var. *angusta* (Grunow) Cleve 1895；*N. cincta* var. *linearis* Østrup 1910；*N. pseudocari* Krasske 1939；*N. lobeliae* Jørgensen 1948.

形態 殻の形 5-Sta；先端の形 広円形[0]；殻長 30-78 μm；幅 5-8 μm；条線 11-13/10 μm；放散状，殻端部では収斂状；胞紋 約30/10 μm；軸域 狭い；中心域 一方が他方よりも広くなる傾向がある．写真(6)は尾瀬沼産の変異種．

生態 本栖湖(DAIpo 69)，芦ノ湖(DAIpo 59)，新宮川の小森ダム(DAIpo 68-59)，旭ダム(DAIpo 59)，池原ダム(DAIpo 66)のような止水域，佐保川上流(DAIpo 82)，佐賀県嘉瀬川上流(DAIpo 91)，あるいは，奈良県済浄坊渓谷のコケへの付着珪藻を含む試料(DAIpo 91)に出現．**有機汚濁に関しては好清水性種，pH に関しては中性種．**

Van Dam *et al*. (1994)は，acidophilous, oligosaprobous, oligotraphentic とする．Lange-Bertalot (2001)は，電解質の少ない，弱酸性水域，貧栄養湖，貧腐水性水域，そして，水がにじみ出た所に出現するコケの群生地にも産するという．

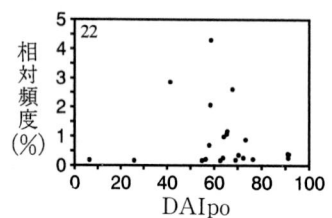

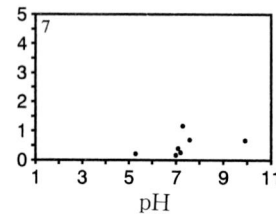

Navicula angusta の生態図

Navicula aff. *splendicula* Van Landingham 1975 (Plate IIB₃-36：7-11)

Syn：*Navicula certa* Hustedt 1945.

形態 殻の形 3-Sta；先端の形 くさび形[11]；殻長 30-46 μm；幅 7-9 μm；条線 12-16/10 μm，放散状，先端部は収斂状；胞紋 約25/10 μm；軸域 狭い；中心域 狭い舟形；先端の形は本分類群とは微妙に異なり，胞紋密度が細かいなど，本種と同定するのには問題が残る．

生態 ウラジオストック近郊の R. Barbashevka (DAIpo 57-74)に出現，日本では櫛田川でわずかに出現(大塚未発表)．稀産種．

Lange-Bertalot (2001)は，*N. splendicula* について富栄養で常に平均的な電解質濃度を保有する石灰質の豊富な湖や，貧腐水性から，β 中腐水性までの流水域に出現するという．

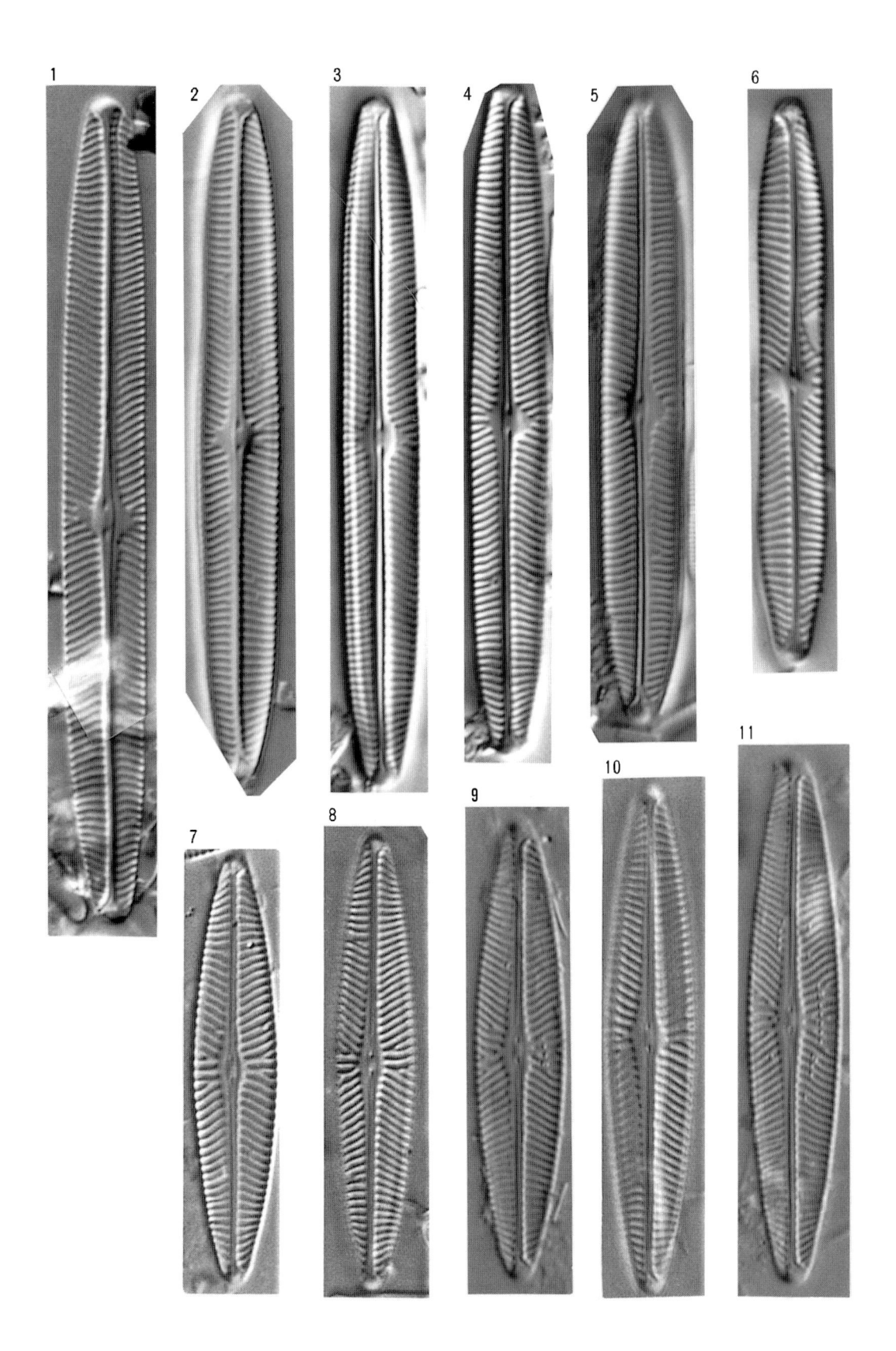

Plate II B₃-36

Navicula pseudolanceolata Lange-Bertalot 1980 (Plate IIB₃-37:1-3)

Syn: *Navicula lanceolata* sensu Hustedt 1930.

形態 殻の形 3-Sta；先端の形 くさび形[12]；殻長 25-50 μm；幅 6-9 μm；条線 9-12/10 μm, 中央から殻端にいたるまですべて強い放散状；胞紋 24(28)/10 μm；軸域 狭い；中心域 狭いもの(3)と, 横への広がりをもつもの(1,2)とがある．本分類群は後述の *Navicula concentrica* Carter (Pl.IIB₃-38：1) と形態が酷似するが, *N. concentrica* よりも殻長, 幅共にやや小さく, 条線密度が大きいことによって区別できるが, 注意深く観察しない限り, 両者を混同する可能性が大きい．

生態 図は本分類群の生態情報である．**有機汚濁に関しては好清水性種, pH に関しては好アルカリ性種.**

Van Dam *et al.* (1994)は, *N. pseudolanceolata* を, alkaliphilous, oligosaprobous, meso-eutraphentic とする．Lange-Bertalot(2001)は, *N. pseudolanceolata* は, 電解質の乏しい湖, あるいは腐植質による弱い酸性湖(腐植栄養湖), 貧栄養湖に出現する．*N. concentrica* は, 貧栄養湖, カルシウムの豊富な湖のよい指標種であるとして, 両者の生態域が異なることを指摘している．

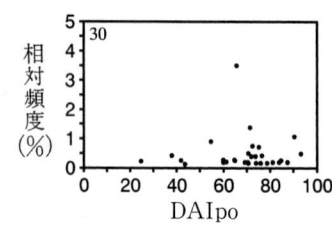

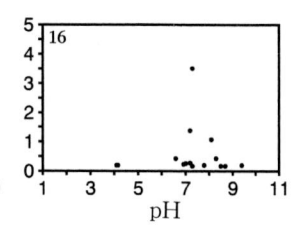

Navicula pseudolanceolata の生態図

Navicula schroeterii F. Meister 1932 (Plate IIB₃-37:4-6)

Syn: *Navicula simulata* Manguin 1942；*N. schroeterii* var. *escambia* Patrick 1959.

形態 殻の形 3-Sta；先端の形 くさび形[11]；殻長 30-55 μm；幅 5-9 μm；条線 12-15/10 μm, すべて強い放散状；胞紋 20-23/10 μm．本分類群は, *Navicula symmetrica* Patrick var. *symmetrica* (32-35×5-7 μm；条線 15-17/10 μm)と酷似するが, 条線の粗密によって一応の区別ができる．本書では, 両者を本分類群の複合種群として扱う．

生態 有機汚濁に関しては広適応性種, pH に関しては好アルカリ性種.

Van Dam *et al.* (1994)は, alkaliphilous, β-mesosaprobous, eutraphentic とする．Lange-Bertalot (2001)は, 汽水域と電解質濃度が比較的高い水域には普通に出現するが, 電解質濃度が平均的な水域では少ない．また, 富栄養化した水域を好み, 弱い α 中腐水性の流水にも適応できるという．

Navicula schroeterii と *N. symmetrica* var. *symmetrica* 複合種群の生態図

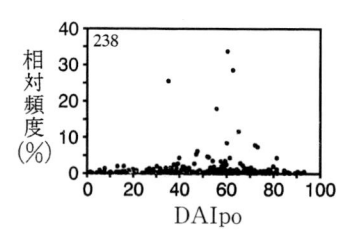

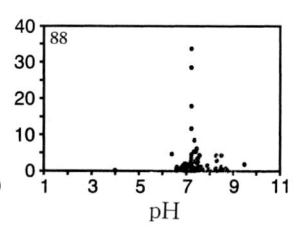

Navicula trivialis Lange-Bertalot 1980 (Plate IIB₃-37:7)

Syn: *Navicula lanceolata* sensu Kützing, non sensu Grunow.

形態 殻の形 3-Sta；先端の形 くさび形[12]；殻長 40-64 μm；幅 9-10 μm；条線 10.5-12/10 μm, すべて強い放散状；胞紋 27-29/10 μm；縦溝は中心域で中心孔を形成して向きあうが, 二次殻側へわず

かに曲がる．本分類群は，*N. subconentica* Lange-Bertalot（25-65×9-12.5 μm；条線 11-13/10 μm；胞紋 28-32/10 μm）と形態が酷似する．

生態　強腐水性(DAIpo 2)から β 貧腐水性(DAIpo 74)の広範囲の水域に出現する**広適応性種．pH に関しては中性種**．相対頻度は常に低い．**稀産種**．

Van Dam *et al.*（1994）は，alkaliphilous，α-mesosaprobous，eutraphentic とする．Lange-Bertalot（2001）は，本分類群が，多様な水域に，普通堆積物の表層に出現するとし，いくらか電解質に富んだ富栄養化した水域を好み，さらには，乾燥にも，α 中腐水性の汚濁水域に対しても適応しうるとする．

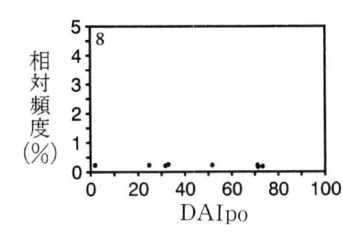

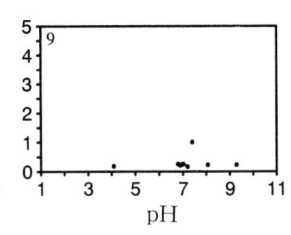

Navicula trivialis の生態図

Navicula hasta var. *gracilis* Skvortzow 1936　　　　　　　　(Plate IIB₃-37：8)

Syn：*Navicula subhasta* Ohtsuka *in* Ohtsuka & Tuji 2002.

形態　殻の形 3-Sta；先端の形 突起伸長形[13]；殻長 46-70 μm；幅 10.5-15 μm；本分類群は，次記タイプ種よりも小型である；条線 7-9/10 μm；軸域 狭い；縦溝 真っすぐに走り，中心域において，中心孔を形成して向かいあう；中心域 小さい円形．

生態　Skvortzow（1936）が，琵琶湖の底泥に出現した新変種として記載後，今回の琵琶湖北湖での付着藻類群集の一員としての出現以外，出現の報告はない．

Navicula hasta Pantocsek var. *hasta* 1892　　　　　　　　(Plate IIB₃-37：9)

Syn：(?) *Navicula undulata* Skvortzow 1936.

形態　殻の形 3-Sta；先端の形 くさび形[12]；殻長 (50)60-130 μm；幅 15-19 μm；条線 8-10/10 μm，殻端まで強い放散状；胞紋 約26/10 μm；軸域 狭い；中心域 小さい；前述の *Navicula pseudolanceolata* と似るが，殻端部が，*N. hasta* の方がより細いくさび形を呈し，条線が殻端部で，より強い放散状であり，中心域の形態も異なるなどの違いがある．

生態　止水域では，奈良市の平尾池（DAIpo 55），琵琶湖（DAIpo 68）から出現し，流水域では，佐賀県の嘉瀬川（DAIpo 54-69），三重県の宮川（DAIpo 93），東京町田川（DAIpo 68）に出現した．古くは，芦ノ湖，野尻湖，諏訪湖からの報告もあり（福島1957），Hustedt（1927）は青木湖から，Skvortzow（1936）は木崎湖から，本分類群の出現を報じている．**好清水性種の可能性がある**．

Navicula hasta の生態図

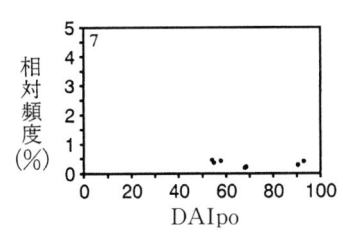

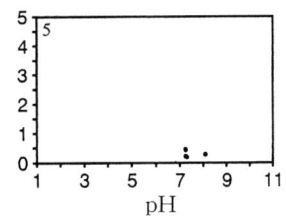

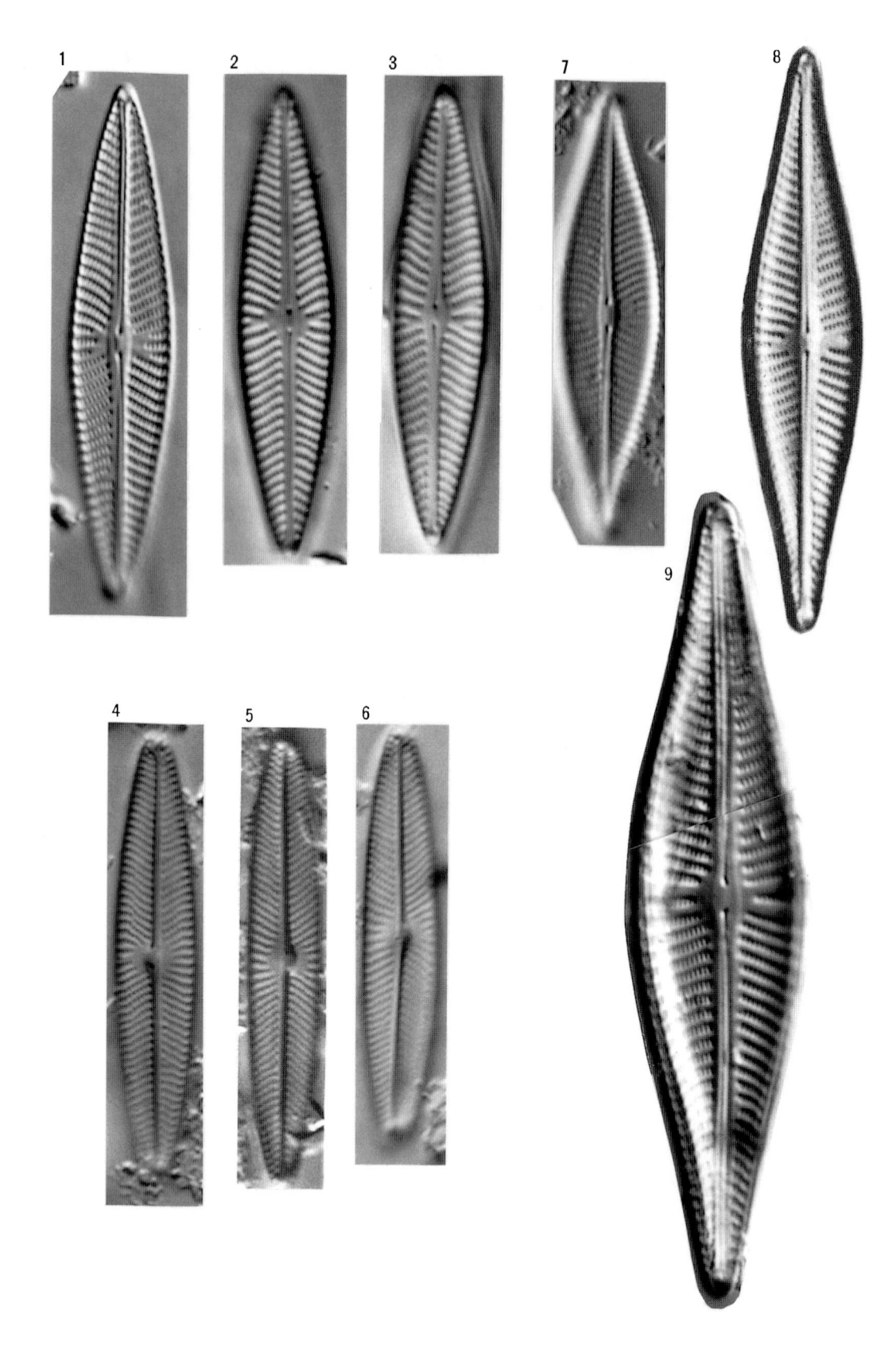

Plate IIB₃-37

Navicula concentrica Carter 1981 (Plate ⅡB₃-38:1)

Syn：*Navicula cymbula* Donkin 1869 sensu Grunow；*N. lanceolata* var. *cymbula* (Donkin) Cleve 1895.

形態 殻の形 3-Sta；先端の形 くさび形[12]；殻長 40-75 μm；幅 9-12 μm；条線 8-11/10 μm, 中央から殻端まで強い放散状；胞紋 明瞭で約 25/10 μm；軸域 狭い；中心域 小さい.

生態 湖沼では青木湖（DAIpo 73），木崎湖（DAIpo 81），十和田湖（DAIpo 54），流水では，琵琶湖北湖への流入河川知内川（DAIpo 97），ウラジオストック近郊の清流 R. Tchernaya（DAIpo 88）に出現した**好清水性種．pH に関しては中性種**.

Van Dam *et al.*（1994）は，oligotraphentic とする．*N. pseudolanceolata*（Pl. ⅡB₃-37：1-5）と形態が酷似し，両者を混同しやすいが，本分類群の方が中心域が狭いことによって区別できる．

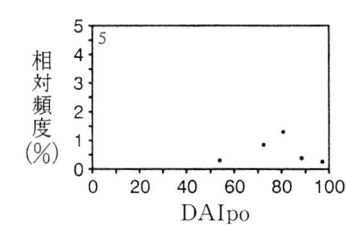

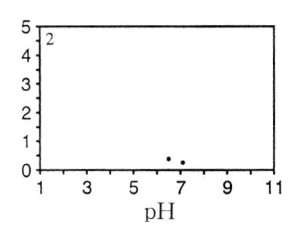

Navicula concentrica の生態図

Navicula concentrica var. *angusta* nom. nud. (Plate ⅡB₃-38:2-6)

形態 殻の形 3-Sta；先端の形 くさび形[11, 12]；殻長 40-60 μm；幅 8-10 μm：条線 8-10/10 μm, 中央部から殻端まで放射状；胞紋 (20)22-24/10 μm．前述の *Navicula concentrica* とされてきた日本産のもの（Pl. ⅡB₃-38：1）は，殻長が同等であっても，(2)は殻幅/殻長の値が(1)よりも小さく，胞紋が幾分粗く，殻端の形が，同じくさび形ではあるが，やや丸みを帯びるなど，(1)との違いがあるので，地域的に固定された変異と考えて，大塚が新変種として記載する予定である．写真(3-6)は，琵琶湖博物館の坪井美智子氏から提供されたものである．

生態 琵琶湖と京都の賀茂川から見いだされたが，生態未詳．

Navicula delicatilineolata H. Kobayasi *et* Mayama 2003 (Plate ⅡB₃-38:7-13)

形態 殻の形 3-Sta；先端の形 くさび形[11]；殻長 29-42 μm；幅 6.5-7.5 μm；条線 15-16/10 μm, 中央部は放散状, 殻端部は収斂状；胞紋 30-35/10 μm；軸域 狭い；縦溝 真っすぐに走り, 中心域では，中心孔をもつ先端部が，わずかに片側へ頭をもたげて向かいあう；中心域 それをとりまく条線は，それぞれの側の 3-5 本が短く，時に長短交互に並ぶ．そして，左右非相称の形の中心域を形成することが，本分類群の一特性とされている．

生態 タイプ産地は，長崎市内の女子高校内の池であるが，後に大塚(2002)は，島根県の斐伊川から本種を見いだしている．

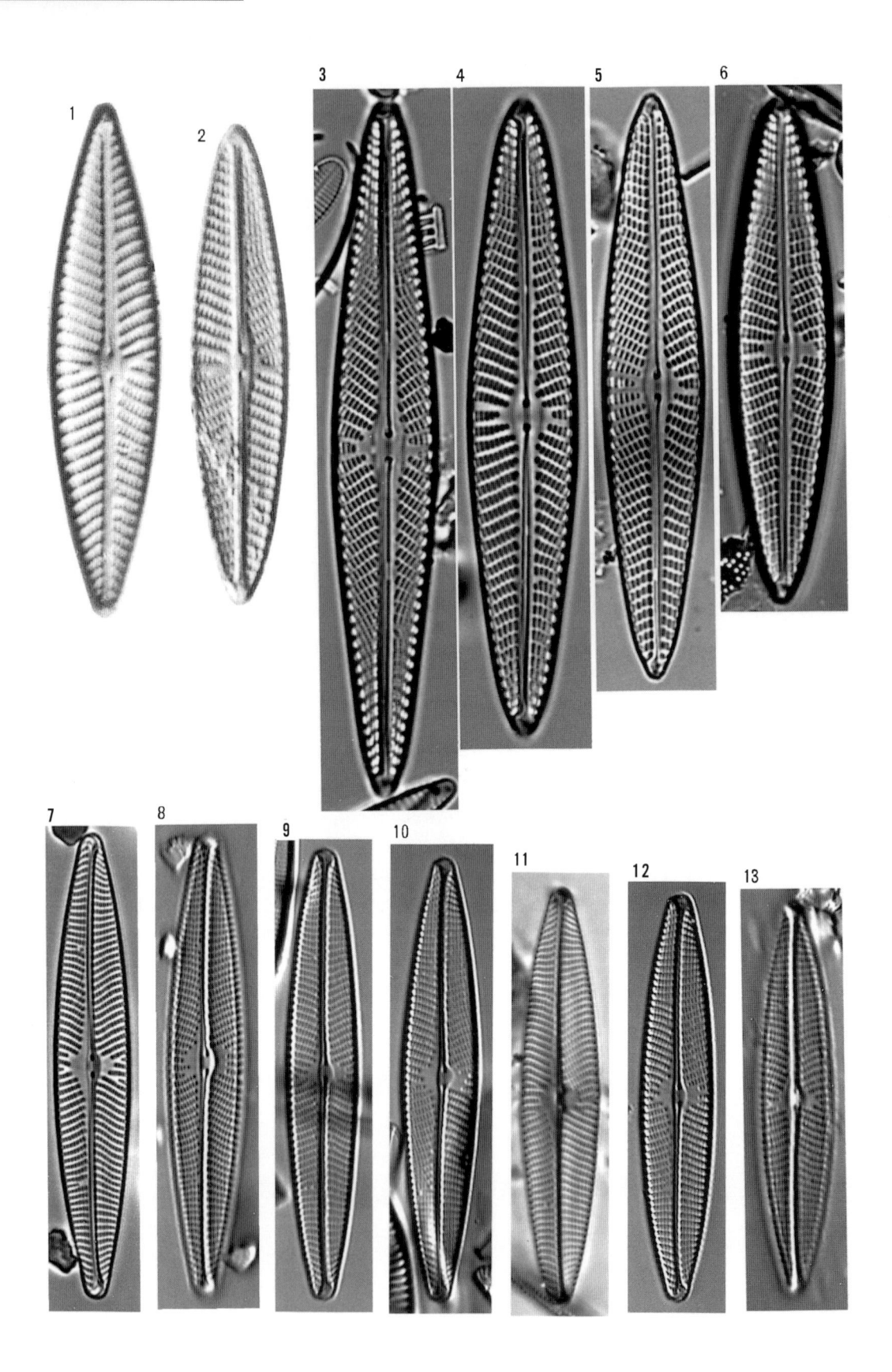

Plate II B$_3$-38

340

Navicula viridula var. *linearis* Hustedt 1937 (Plate IIB$_3$-39：1, 2)

形態 殻の形 4-Sta，殻の両縁がほぼ平行；先端の形 くちばし形[11]；殻長 45-100 μm；幅 9-12 μm；条線 8-10/10 μm；胞紋 約 26/10 μm．写真(1,2)は，Simonsen (1987)によるスマトラの Lake Toba からの写真に最も近い．

生態 DAIpo 35-93 の応い汚濁階級水域に出現する**広適応性種**，**pH に関しては好アルカリ性種**．相対頻度は常に小さい．

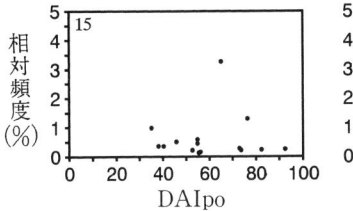

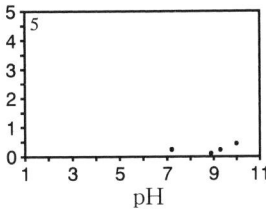

Navicula viridula var. *linearis* の生態図

Navicula viridulacalcis Lange-Bertalot *in* Rumrich *et al.* 2000

(Plate IIB$_3$-39：3)

形態 殻の形 3-Sta；先端の形 くちばし形[3]；殻長 30-65 μm；幅 8-12 μm；条線 7-11/10 μm，放散状，殻端部は収斂状；胞紋 21-25(27)/10 μm；縦溝 中心域で中心孔を形成して向きあうが，わずかに二次殻側へ曲がる；中心域は円形．

生態 未だ記載例が少ないので不明であるが，*Navicula viridula* に似ると考えられる．

Navicula amphiceropsis Lange-Bertalot & Rumrich 2000 (Plate IIB$_3$-39：4-7)

形態 殻の形 4-Sta；先端の形 くちばし伸長形[4]，頭状形[5]；殻長 28-45 μm；幅 7.5-10 μm；条線 10-12/10 μm，ゆるい放散状，殻端部では収斂状；胞紋 約 27/10 μm；中心域は比較的大きい四角または円形；軸域 狭い；縦溝 中心域で向かいあうが，先端部は二次殻側へ曲がる．

生態 奈良県十津川村の上湯温泉の湧出路(pH 7.9)などに出現した．本分類群は次記 *Navicula rostellata* Kützing(Pl. IIB$_3$-40：2-4)と形態が酷似しているために，その生態情報は，両者を併せた複合種群の情報として示した．有機汚濁に関しては，極貧腐水性から強腐水性の幅広い水域に出現する**広適応性種**．本種が第1位優占種となる群集は DAIpo 53-73 の貧腐水性水域に出現する．**pH に関しては好アルカリ性種**．

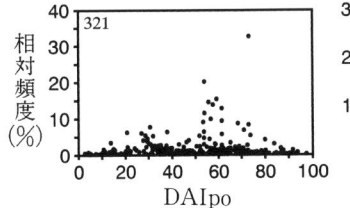

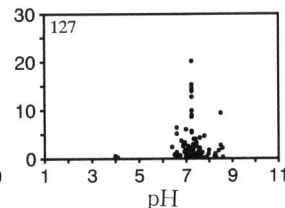

Navicula amphiceropsis と *N. rostellata* 複合種群の生態図

Plate II B$_3$-39

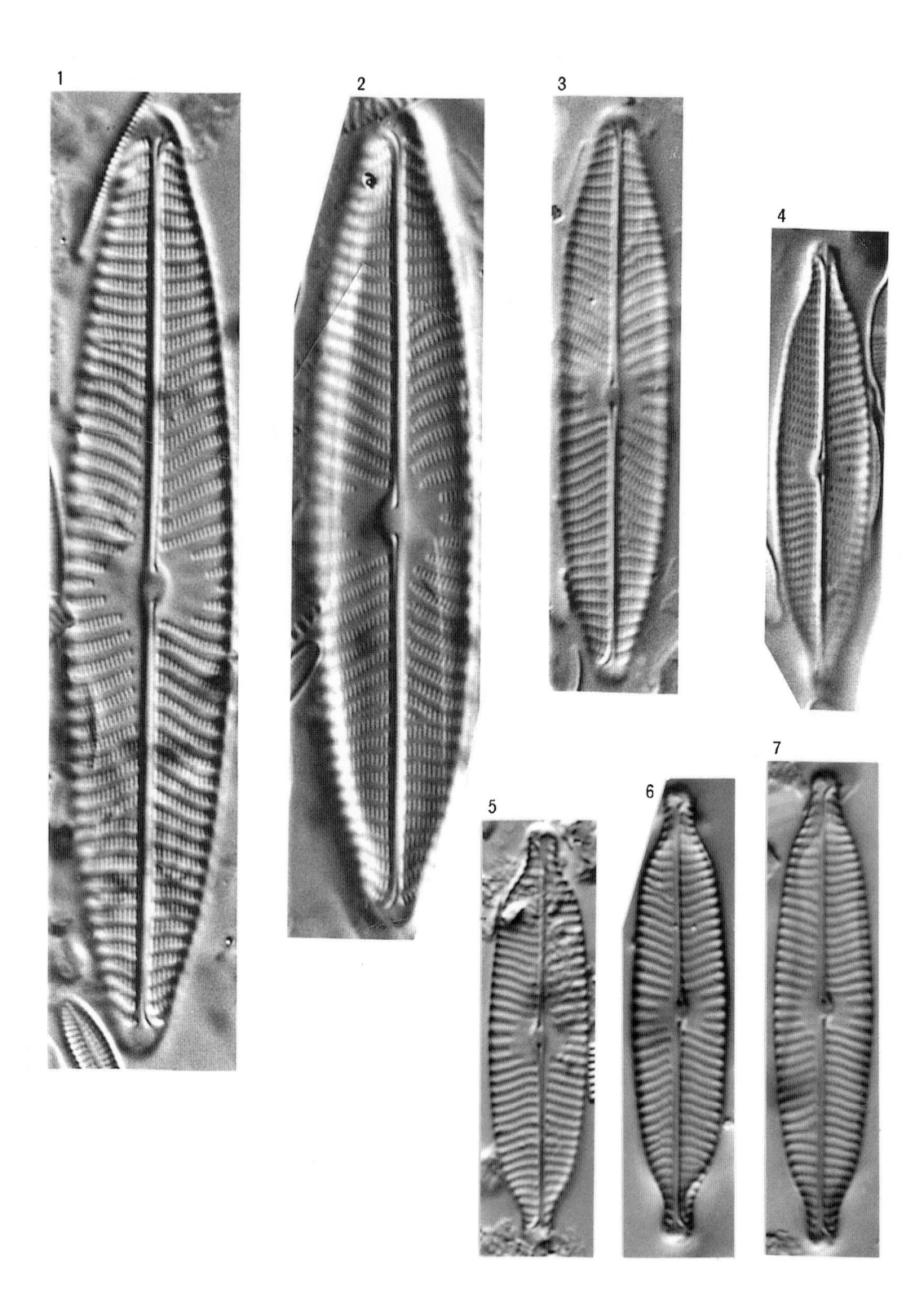

Navicula viridula (Kützing) Ehrenberg var. *viridula* 1838　　　(Plate IIB$_3$-40：1)

Syn：*Frustulia viridula* Kützing 1833；*Pinnularia silesiaca* Bleisch *ex* Fresenius 1862.

|形態|　殻の形 3-Sta；先端の形 くちばし伸長形［4］；殻長 50-100 μm，大型の種の1つ；幅 10-15 μm；条線 9(6)-11/10 μm，中央部 放散状，殻端部へ移るに従って，平行から収斂状へ変化する；胞紋 24-26/10 μm；縦溝 中心域で小さい中心孔を形成して向きあうが，共に二次殻側へ曲がる；中心域 横に長い大きい円形．

|生態|　有機汚濁に関しては広適応性種，pH に関しては中性種．本分類群は，DAIpo 40-50 の α 貧腐水性から β 中腐水性の流水で第1位優占種となることもあれば，DAIpo 71-75 の α-β 貧腐水性の流水でも第1位優占種となる．

　Van Dam *et al.* (1994) は，alkaliphilous，α-mesosaprobous，eutraphentic とする．Lange-Bertalot (2001) は，有機堆積物や水生植物上のみならず，石礫や堆積泥の表面にもよく出現するという．また，β-α 中腐水性の汚れた流水にも，多少とも富栄養化した止水にも適応するという．

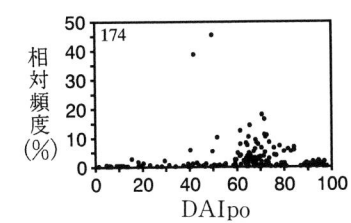

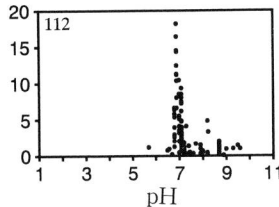

Navicula viridula の生態図

Navicula rostellata Kützing 1844　　　(Plate IIB$_3$-40：2-4)

Syn：*Navicula rhynchocephala* var. *rostellata* (Kützing) Cleve & Grunow 1880；*N. viridula* var. *rostellata* (Kützing) Cleve 1895.

|形態|　殻の形 3-Sta；先端の形 くちばし形［3］；殻長 34-50 μm；幅 8-10 μm；条線 12-14(15)/10 μm；胞紋 約30/10 μm；軸域 狭い；中心域 ほぼ円形；縦溝の先端の中心孔は，二次殻側へ強く曲がる．前記 *Navicula amphiceropsis* (Pl. II B$_3$-39：4-7) と形態が酷似するが，条線と胞紋の密度が本分類群のほうが少し密であり，中央部における殻両縁のふくらみ方が異なる．

|生態|　*Navicula rostellata*，*N. amphiceropsis* 両者の複合種群とした．共に**有機汚濁に関しては広適応性種，pH に関しては好アルカリ性種**．DAIpo 傾斜に対する相対頻度の分布図は，*N. amphiceropsis* (Pl. II B$_3$-39：4-7) の図を参照．

Navicula rhynchocephala Kützing var. *rhynchocephala* 1844 (Plate IIB$_3$-40：5, 6)

Syn：*Navicula rhynchocephala* var. *constricta* Hustedt 1954.

形態　殻の形 3-Sta；先端の形 くちばし伸長形[4]；殻長 40-60 μm；幅 8.5-10 μm；条線 9-12/10 μm，放散状だが殻端部へ移るに従い，平行から収斂状となる．胞紋 約 25/10 μm；軸域 狭い；中心域 横に長い矩形．

生態　有機汚濁に関しては広適応性種，pH に関しては好アルカリ性種．相対頻度は常に低い（＜5％）．Van Dam *et al.* (1994)は，alkaliphilous，β-mesosaprobous，oligo-to eutraphentic (hypereutraphentic)とする．Håkansson (1993)は pH indifferent とする．Lange-Bertalot (2001)は，電解質濃度の低い水域から平均的な水域にまで広く分布する普遍種とし，貧栄養湖から富栄養湖まで，あるいは β 中腐水性から α 中腐水性の流水域にも出現するが，貧腐水性の流水域を好むようであるという．

Navicula rhynchocephala var. *rhynchocephala* の生態図

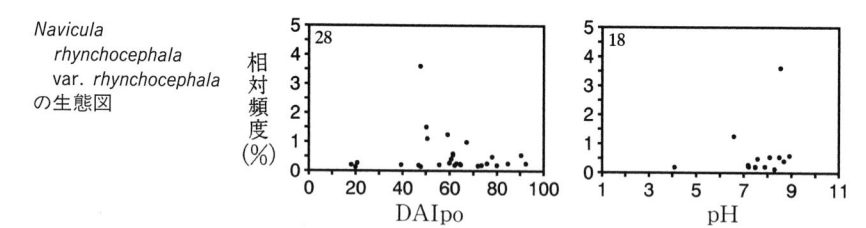

Navicula capitatoradiata Germain 1981 (Plate IIB$_3$-40：7-10)

Syn：*Navicula cryptocephala* var. *intermedia* Grunow *in* Van Heurck 1880；*N. salinarum* var. *intermedia* (Grunow) Cleve 1895.

形態　殻の形 3-Sta；先端の形 頭状形 [5]；殻長 24-45 μm；幅 7-10 μm；条線 11-14/10 μm，放散状，殻端部は収斂状；胞紋 約 35/10 μm；軸域 狭い；中心域 小さい；縦溝は中心域で中心孔を形成して向かいあうが，一方へ曲がるようなことはない．

生態　有機汚濁に関しては好清水性種，pH に関しては好アルカリ性種．本分類群が第 1 位優占種となる水域は DAIpo 70 以上の β 貧腐水性あるいは 85 以上の極貧腐水性流水域である．

Van Dam *et al.* (1994)は，alkaliphilous，α-mesosaprobous，eutraphentic とする．Lange-Bertalot (2001)は，わずかに汽水湖よりあるいは，電解質濃度の高い淡水域，富栄養湖に出現し，流水域では β-α 中腐水性より清浄な水域によく適応して出現するという．

Navicula capitatoradiata の生態図

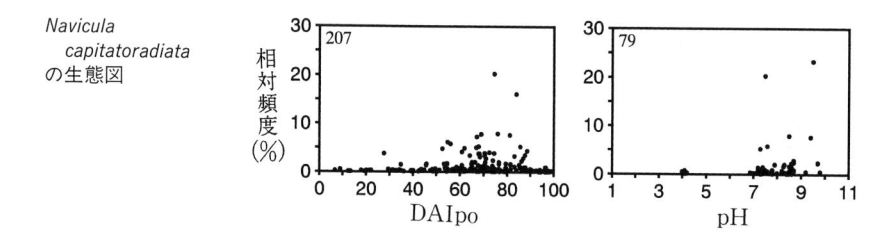

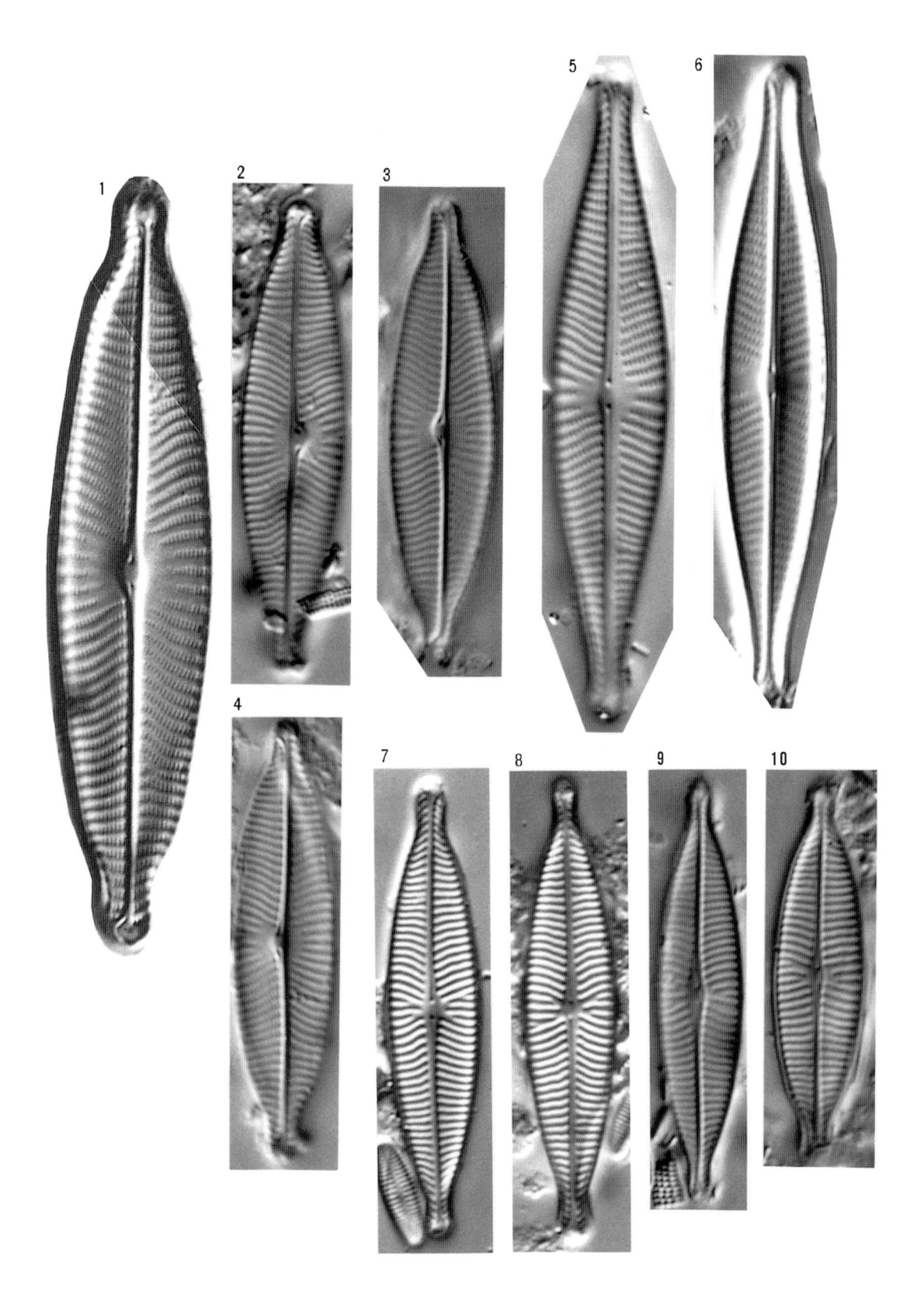

Plate II B₃-40

Navicula pseudoreinhardtii Patrick var. *pseudoreinhardtii* 1959 (Plate IIB_3-41:1-7)

形態 殻の形 3-Sta；先端の形 くさび形[11]；殻長 11-25 μm；幅 4-7 μm（小型種）；条線 18-20/10 μm，放散状，殻端部は平行あるいは弱い収斂状；軸域 狭い；中心域 極めて小さい．

生態 琵琶湖北湖の大浦（DAIpo 99，pH 8.7），南浜（DAIpo 84，pH 8.5）および北湖への流入河川姉川（DAIpo 77，pH 8.0）に出現したが，稀産種であるために，その生態は未だよく分かっていないが，**好清水性種である可能性**が大きい．

Navicula veneta Kützing 1844 (Plate IIB_3-41:8-11)

Syn：*Navicula cryptocephala* var. *veneta* (Kützing) Rabenhorst 1864；*N. cryptocephala* var. *subsalina* Hustedt 1925；(?) *N. lancettula* Schumann 1867.

形態 殻の形 3-Sta；先端の形 くさび形[12]；殻長 13-30 μm；幅 5-6 μm；条線 13.5-15/10 μm，弱い放散状，殻端部では弱い収斂状；胞紋 約 35/10 μm．

生態 強い汚濁水域から，極めて清浄な水域にまで広く分布する**広適応性種**で普遍種，**pH に関しては好アルカリ性種**．本種が第1位優占種となる地点の水域は，DAIpo 50-68 の β 貧腐水性の流水域．

Van Dam *et al.* (1994)は，alkaliphilous，α-meso-/polysaprobous，eutraphentic とする．Lange-Bertalot (2001)は，電解質の豊富な水域から汽水にまで，一部極めて富栄養化した水域にも，広く分布する普遍種とする．また，強腐水性の流水にもよく適応して出現するし，しばしば，工場廃水によって汚染された水域で，優占種になるとする．一方，*Navicula cryptocephala* とは対照的に，電解質の貧弱な水域には出現しないとする．日本では，この生態特性は顕著ではない．

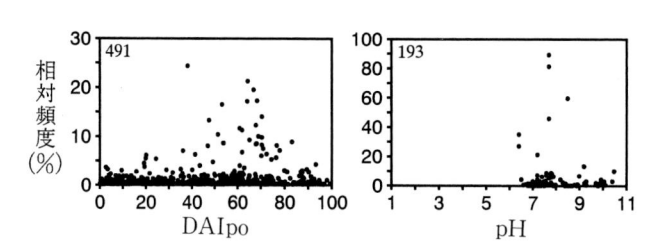

Navicula veneta の生態図

Navicula gregaria Donkin 1861 (Plate IIB_3-41:12-16)

Syn：*Navicula rostellata* Kützing sensu Germain 1936；*N. rhynchocephala* var. *germainii* (Wallace) Patrick *in* Patrick & Reimer 1966.

形態 殻の形 3-Sta；先端の形 くちばし形[3]；殻長 13-44 μm；幅 5-10 μm；条線 15-18/10 μm，弱い放散状，殻端部では弱い収斂状；胞紋 25-33/10 μm．

生態 淡水，汽水域を通じて，多様な性質の水域に，世界中最も普通に出現する普遍種．**有機汚濁に関しては典型的広適応性種，pH に関しては好アルカリ性種**．本分類群が第1位優占種となる場合，その水域は，DAIpo 35-50 の β 中腐水性かまたは，DAIpo 50-61 の α 貧腐水性のいずれかである．前者の場合第2位優占種は，*Nitzschsa palea*，*Navicula atomus* または *Achnanthes minutissima* であることが多い（渡辺，浅井 1992）．

Van Dam *et al.* (1994)は，alkaliphilous，α-mesosaprobous，eutraphentic とする．Håkansson (1993) も alkaliphilous とする．Lange-Bertalot (2001)は，汽水域の河口，内陸の塩分を含んだ湧水中にも出現し，富栄養湖からさらに極端に富栄養化した湖にまで，普通によく出現するという．また，α 中腐水性までの流水域によく適応して出現し，富栄養水域へのよい指標種でもあるという．

Navicula gregaria の生態図

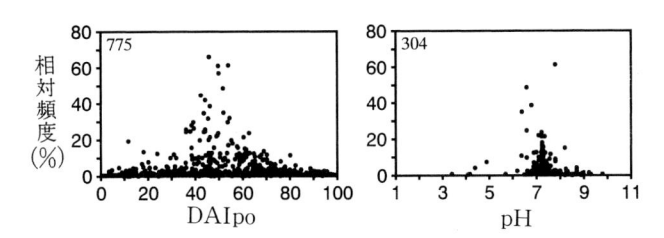

Navicula subtrophicatrix Tuji 2003 (Plate IIB₂-41：17)

形態　殻の形 3-Sta；先端の形 くちばし形[3]；殻長 22-31 μm；幅 5-9 μm；条線 10-13/10 μm，中心域周辺は配列がすべて放散状，殻端部は弱い放散状；胞紋 20-25/10 μm．

生態　辻(2003)は，本種を琵琶湖から得た試料によって新種記載した．生態未詳．

Navicula praeterita Hustedt 1945 (Plate IIB₃-41：18)

形態　殻の形 3-Sta；先端の形 くちばし形[3]；殻長 25-40 μm；幅 5.5-8.5 μm；条線 12-14/10 μm，放散状で殻端部では平行；胞紋 22-25/10 μm；中心域 小さい舟形．

生態　琵琶湖への流入清澄河川余呉川(DAIpo 62)，安曇川(DAIpo 86)，鴨川(DAIpo 99)に出現したが，DAIpo 46 の三重県四日市の河川にも出現した．未だ資料が少ないので，生態未詳．
　Lange-Bertalot(2001)は，カルシウムが豊富な湖，貧栄養から弱い中栄養湖に出現するとし，それらの水域特有の指標種であるという．

Navicula cincta (Ehrenberg) Ralfs *in* Pritchard 1861 (Plate IIB₃-41：19, 20)

　Syn：*Pinnularia cincta* Ehrenberg 1854；*Navicula heuflerii* Grunow 1860；*N. inutilis* Krasske 1949；*N. umida* Bock 1970．

形態　殻の形 3-Sta；先端の形 くさび形[11]；殻長 14-45 μm；幅 5.5-8 μm；条線 8-12/10 μm，放散状だが殻端部は収斂状；胞紋 密で約 40/10 μm；軸域 狭い；中心域 小さい．

生態　有機汚濁に関しては好清水性種，pH に関しては好アルカリ性種．相対頻度は常に低い(<6%)．
　Van Dam *et al.*(1994)は，alkaliphilous，α-mesosaprobous，eutraphentic とする．Lange-Bertalot (2001)は，常に多数個体が出現し，富栄養水域，電解質の多い水域から汽水域に現れることが多い．時には，強く汚濁した(α中腐水性)水域にも出現するという．

Navicula cincta の生態図

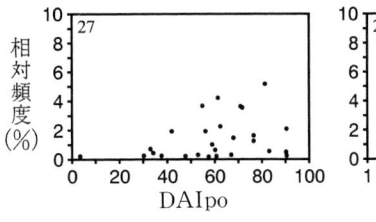

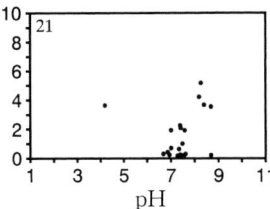

Navicula festiva Krasske 1925 (Plate IIB$_3$-41：21-23)

Syn：*Frustulia vitrea* Østrup 1901；*Navicula vitrea* (Østrup) Hustedt 1930, non *N. vitrea* Grunow *in* Cleve & Möller 1879, non *N. vitrea* Krasske 1929.

形態　殻の形 3-Sta；先端の形 くちばし形［3］；殻長 20-25μm；幅 5-7μm；条線 24-30/10μm, 放散状；殻縁から少し内部に，殻縁に沿って縦線が条線を切断するようにして走る．これが本種の特性の 1 つである；軸域 狭い；中心域 ないが，縦溝は中心孔を形成しないで向かいあう．

生態　裏磐梯のもうせん沼(pH 3.9)，九州霧島高原の白紫池(pH 4.9)に出現．*Navicula* 属中では，唯一の**強酸に耐性をもつ真酸性種**(Watanabe & Asai 1996)．稀産種．

Van Dam *et al.* (1994)は，acidobiontic, oligosabrobous, oligotraphentic とする．Patrick & Reimer (1966)は，常に低い栄養塩濃度の水域に出現するとしている．

Navicula accomoda Hustedt 1950 (Plate IIB$_3$-41：24, 25)

Syn：? *Navicula minusculoides* Hustedt 1942.

形態　殻の形 1-3-Sta；先端の形 くちばし形［3］；殻長 19-22μm；幅 7-8μm；条線 中央部 約 20/10μm, 殻端部 約 32/10μm, 殻端まで平行または平行に近い；軸域 狭い；中心域 ない．

生態　DAIpo 20 以下の強腐水性の有機的汚濁水域に，しばしば出現する**好汚濁性種，pH** に関しては**好アルカリ性種**．

Van Dam *et al.* (1994)は，alkaliphilous, polysaprobous, hypereutraphentic とする．

Navicula accomoda の生態図

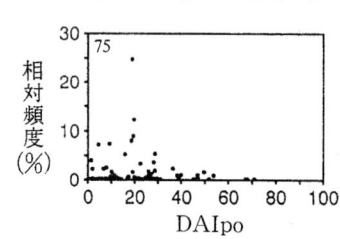

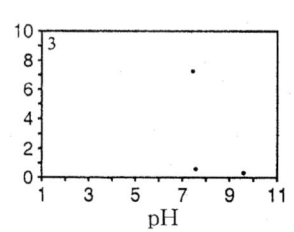

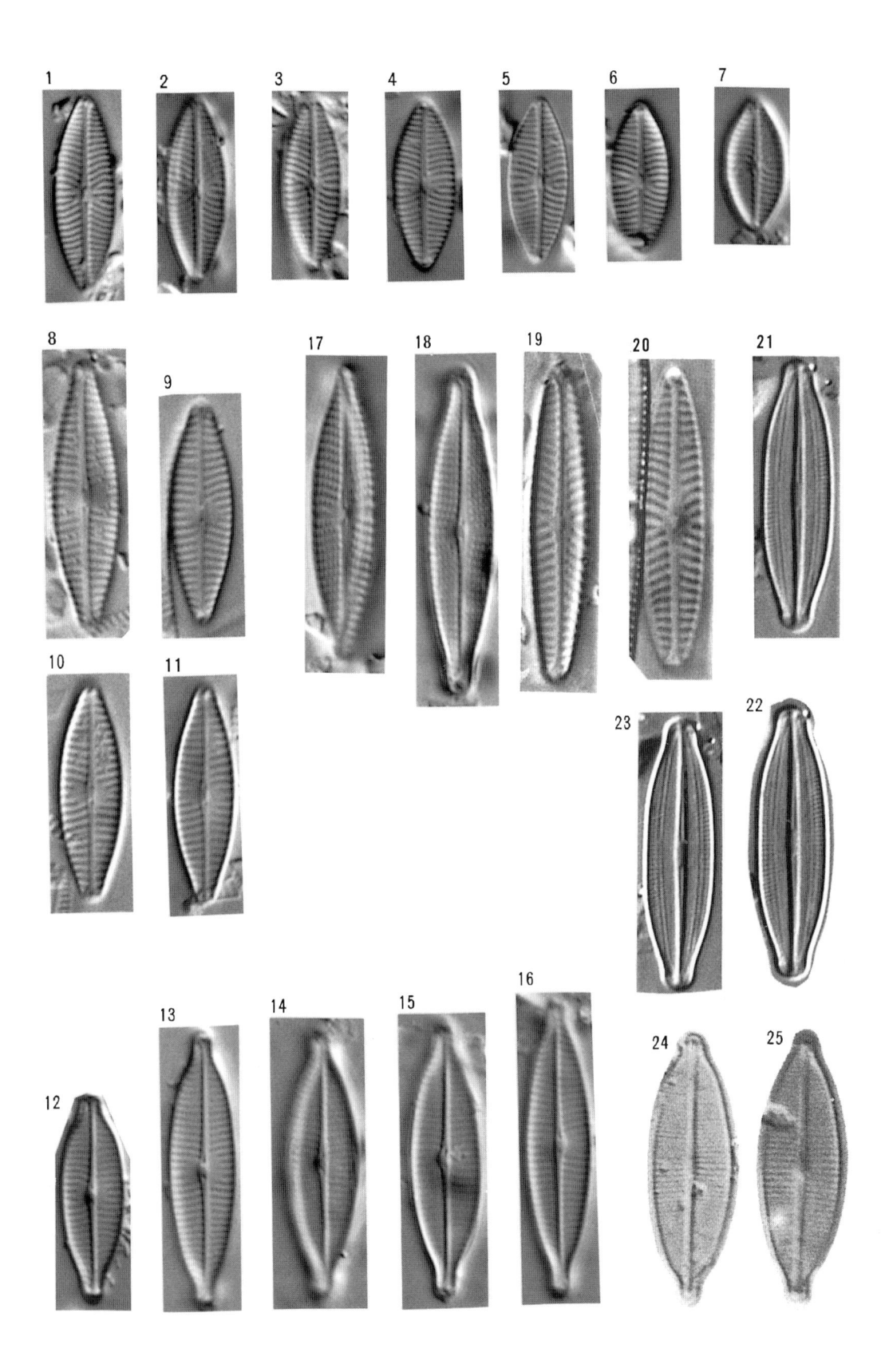

Plate II B₃-41

349

Navicula notha Wallace 1960 (Plate ⅡB₃-42：1-5, 6?)

形態 殻の形 3-Sta；先端の形 くさび形[12]；殻長 19-32 μm；幅 4-5.5 μm；条線 15-17/10 μm，放散状で殻端部では収斂状；胞紋 約 38/10 μm；軸域 極めて狭い；中心域 ほとんどないに等しい．(6)は殻の形は本分類群と同形であるが，中心域を囲む条線の長短，配列は，次記種 *N. suprinii* のそれと一致する．

生態 有機汚濁に関しては広適応性種．本分類群が第1位優占種となることは少ないが，α 貧腐水性の流水域で，第1位優占種となる例が認められた．pH に関しては中性種．

Patrick & Reimer (1966) は，低い栄養塩濃度の水を好むように思うという．Lange-Bertalot (2001) は，貧栄養湖，電解質の乏しい水域，中性から弱い酸性水域に出現するという．

Navicula notha の生態図

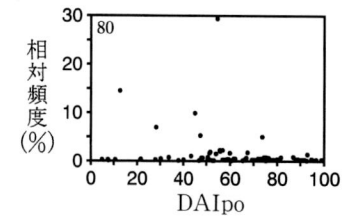

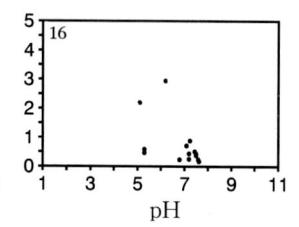

Navicula suprinii Moser, Lange-Bertalot & Metzeltin 1998 (Plate ⅡB₃-42：7-9)

形態 殻の形 3-Sta；先端の形 くさび形[11]；殻長 17-40 μm；幅 4.8-5.8 μm；条線 14-16/10 μm；胞紋 約 35/10 μm，放散状，殻端部は弱い収斂状；中心域 軸域が中央でわずかに広がって菱形の中心域を形成；縦溝；中心域で縦溝先端の中心孔が向かいあうが，先端部は極めてわずかながら二次殻側へ曲がるものと，曲がらないものとがある．*N. tenelloides* Hustedt とも似るが，中心域をとりまく条線の長短と配置が微妙に異なる．

生態 有機汚濁に関しては広適応性種，pH に関しては好アルカリ性種．斐伊川(Ohtsuka 2003)など DAIpo 50-70 の α 貧腐水性流水域で第1位優占種となる．琵琶湖沖の島(DAIpo 55，pH 8.4)，竹生島 (DAIpo 71，pH 8.4)などの止水域においても出現するが，相対頻度は比較的低い(<5%)．下の DAIpo，pH 傾斜に対する相対頻度分布図は，*N. suprinii* と *N. tenelloides* とを併せた複合種群の生態図である．

Navicula suprinii
N. tenelloides
複合種群の生態図

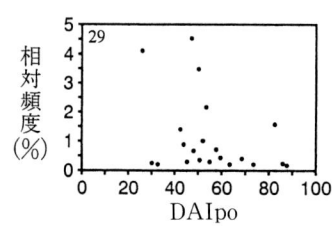

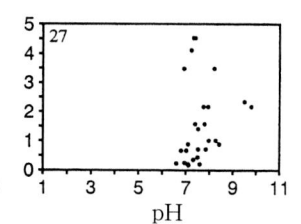

Navicula natchikae J. B. Petersen 1946 (Plate ⅡB₃-42：10)

形態 殻の形 4-Sta；先端の形 くさび形[11]；殻長 19-24 μm；幅 7 μm；条線 17-20/10 μm，弱い放散状，殻端は平行に近い，胞紋は，個々の粒が大きく比較的粗い 18-20/10 μm；縦溝は上下共に中央部でやや湾曲する；軸域は胞紋2個分ほどの幅がある；中心域は小さく，ここで向かいあった縦溝の先端部は，二次殻側へ曲がる．

生態 ロシアのウラジオストック近郊の R. Komarovka(DAIpo 98, pH 6.7)に出現したが, 個体数は少ない稀少種. Petersen は, 本分類群をカムチャツカの試料によって記載している(Hustedt 1961-1966). 北部アジアの淡水産種. 日本では未発見.

Navicula heuflerii Cholnoky *in* Cholnoky & Schindler 1953 (Plate IIB$_3$-42：(11), 12)

形態 殻の形 3-Sta；先端の形 頭状形[5]；殻長 25-48 μm；幅 5-10 μm；条線 極めて密で光顕では計数できない；軸域, 中心域をはさんで両側に, 筋状の線が走り, 中心域でふくらんだ舟形の輪郭を形成する. この輪郭によって *N. subtilissima* (11) (Pl. IIB$_3$-21：45-48 とその記述を参照)と区別できる.

生態 有機汚濁に関しては好清水性種, pH に関しては中性種.

Krammer & Lange-Bertalot (1986)は, その生態がおそらく *Navicula subtilissima* と相似だろうが, 場合によっては, 極端な高層湿原に例外的に現れることもあるとする.

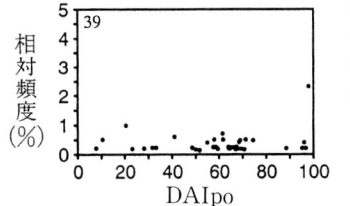

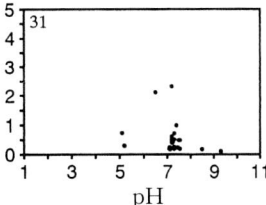

Navicula heuflerii の生態図

Navicula contenta Grunow 1885 (Plate IIB$_3$-42：13-16)

Syn：*Navicula trinodis* f. *minuta* Grunow 1880；*N. contenta* var. *typica* Ross 1947；*N. arcuata* Heiden *et* Kolbe 1928.

本分類群は Mann, D.G.によって, Kützing (1844)が設定した *Diadesmis* に移された. したがって, 本分類群は, 現在 *Diadesmis contenta* (Grunow *ex* Van Heurck) D. G. Mann の basionym となる.

形態 殻の形 2-Sta；先端の形 サジ形[6]；殻長 7-15 μm；幅 2-3 μm；条線 光顕では見にくい, 約 36/10 μm, すべて平行に近い.

生態 有機汚濁に関しては広適応性種, pH に関しては中性種.

Van Dam *et al.* (1994)は, alkaliphilous, β-mesosaprobous, oligo-to eutraphentic (hypereutraphentic)とする. Håkansson (1993)は pH indifferent とする.

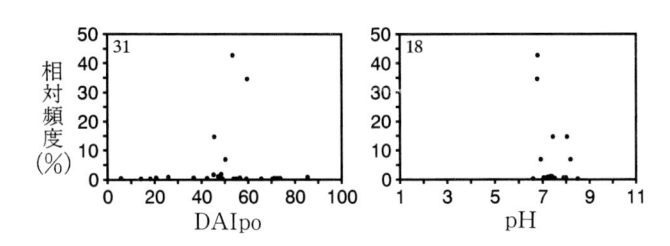

Navicula contenta の生態図

Navicula contenta f. *biceps*（Arnott *ex* Grunow *in* Van Heurck 1880）Hustedt 1930

(Plate ⅡB$_3$-42：17-22)

Syn：*Navicula biceps* Arnott *ex* Grunow *in* Van Heurck 1880；*N. contenta* var. *biceps*（Arnott *ex* Grunow *in* Van Heurck 1880）Cleve 1894.

本分類群は，*Diadesmis contenta* var. *biceps*（Arnott *ex* Grunow *in* Van Heurck）Hamilton の basionym とされている．

|形態| 殻の形 2-Con；先端の形 広円形[0]，サジ形[6]；殻長 7-15 μm；幅 2-3 μm；条線 前分類群同様，光顕では見にくい．

|生態| 有機汚濁に関しては好清水性種，pH に関しては好アルカリ性種．DAIpo 85 以上の極清浄水域で相対頻度が高くなる傾向がある．

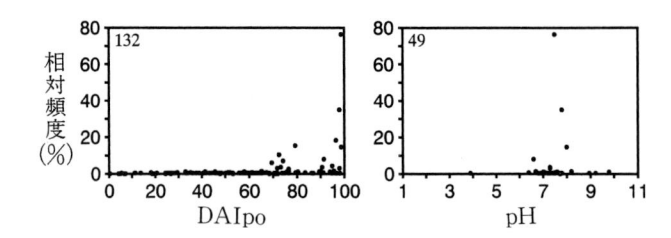

Navicula contenta f. *biceps* の生態図

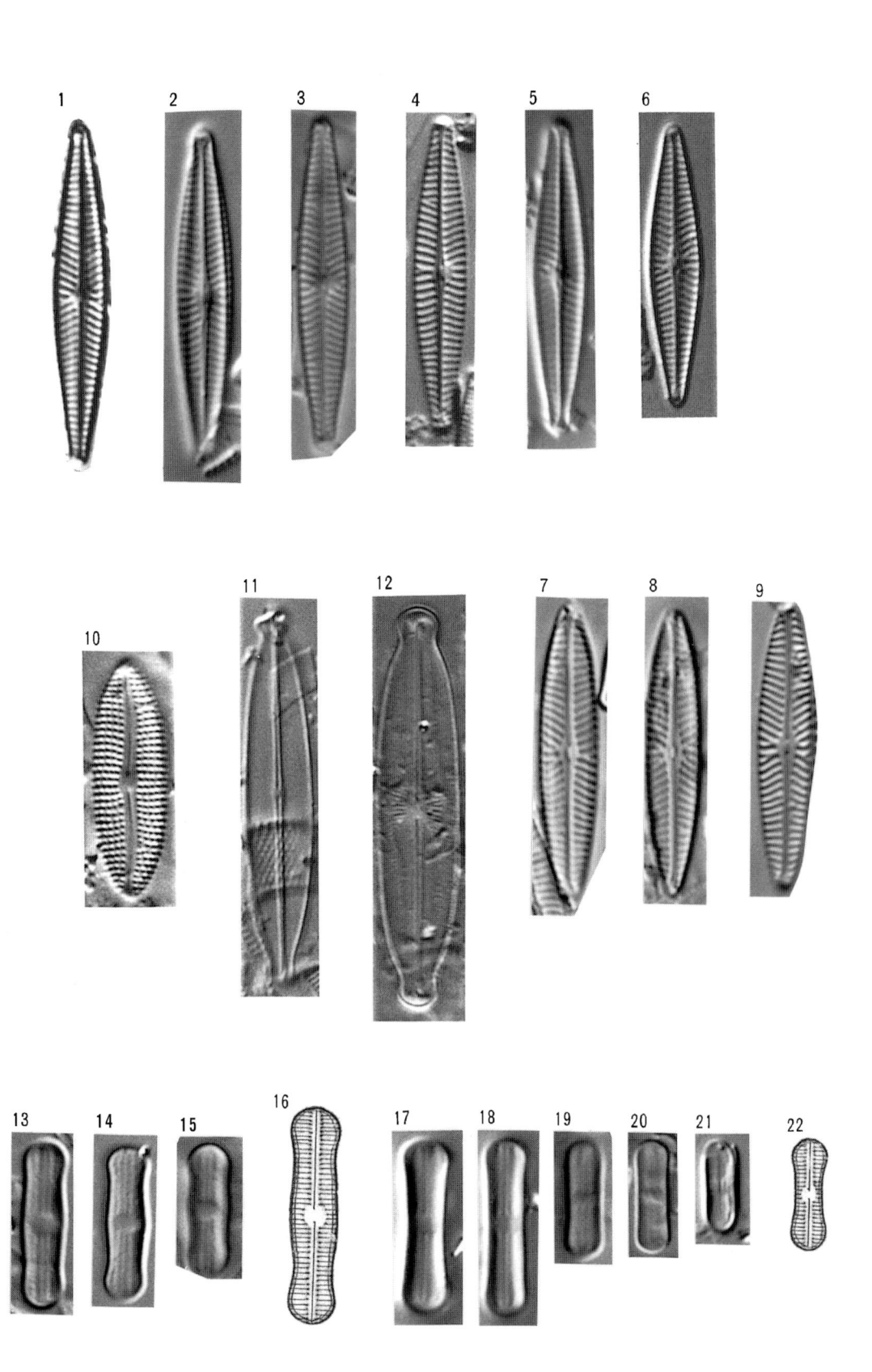

Plate ⅡB₃-42

Pinnularia Ehrenberg 1843 (Plate IIB₃-43〜IIB₃-61)

生活様式：単独または糸状群体を形成する．大部分の分類群は淡水産．環境傾斜の末端，例えば強酸性，強腐水性の水域に，**環境開拓種**(environmental frontier species)(渡辺，浅井 1995)として出現し，純群落を形成する分類群もある．*Eunotia* と共に酸性水域を好む分類群の多い属である．

葉 緑 体：殻縁に沿って左右1枚ずつの板状葉緑体は中央部で連絡されているので，2枚のように見えるが，葉緑体は1個である．

殻 面 観：殻の形は図IIB₃-7の黒丸を付けたものであるが，多くは2,3,4-Sta に属する．**長胞条線**(alveolate striae)をもつ．

帯 面 観：矩形．

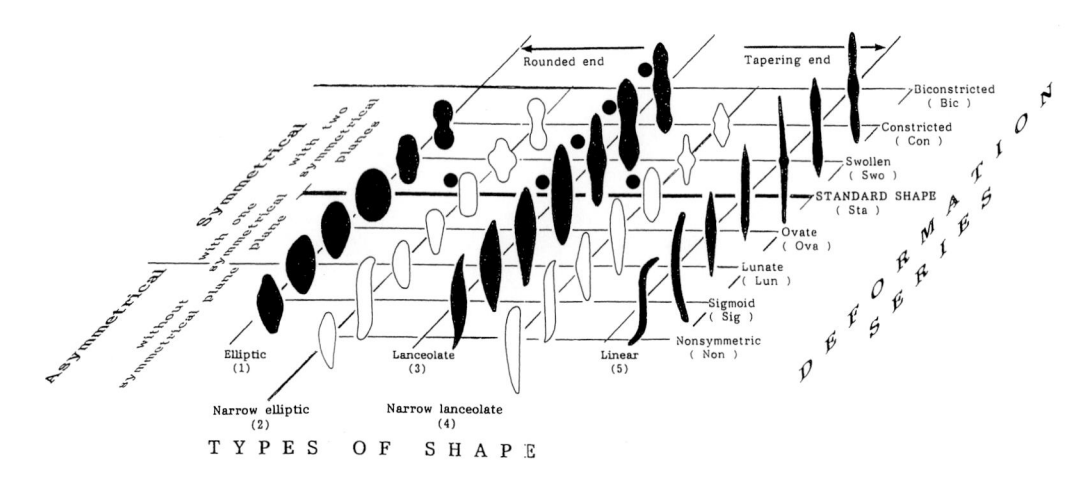

図IIB₃-7 *Pinnularia* の殻の形

種の同定に必要な記載事項

例：*Pinnularia microstauron*
1. 殻の形 4-Sta，先端の形 くちばし形[3]
2. 殻の大きさ 殻長 35μm，幅 7μm
3. 条線 13/10μm，中心部放散状，殻端部収斂状
4. 縦溝と軸域 縦溝は，中心域で中心孔を形成して向きあうが，先端部は一次殻側へわずかに曲がる．軸域は先端部では狭いが，中心域へ向かうに従い徐々に広がる
5. 中心域 帯状で，無条線域は両殻縁にまで達する

Pinnularia は大型のものが多く，条線も長胞条線(図IIB₃-8)で，光顕によって比較的はっきりと構造を見ることができる．したがって種の同定も容易のように思えるが，形態特性の変異が連続的で，区別するための線が引きにくいことが多い．つまり種の基準が決まりにくい．さらに電顕による微細構造の研究も遅れているので，種の同定が困難なものが多い．

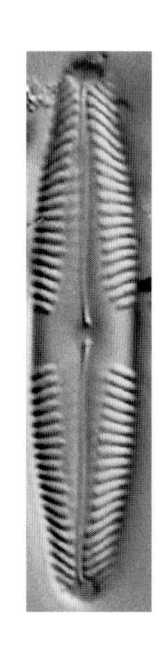

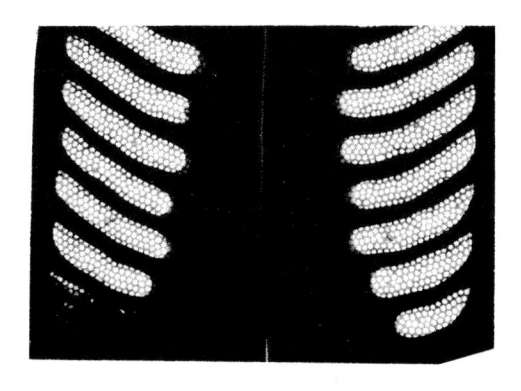

図ⅡB₃-8 *Pinnularia acidojaponica* の透過電顕写真（左）（×1450），その長胞条線（右）（×8000）

Pinnularia acidophila Hofman & Krammer 2000　　　　　　(Plate ⅡB₃-43：1-19)

[形態]　殻の形 3-Sta；先端の形 くさび形[11, 12]；殻長 12-22 μm；幅 3-3.3 μm；帯面観では幅の狭いもの(8-10)と広いもの(17-19)とがある；殻長/殻幅 3.7-6.5(大変幅の狭い舟形)；条線 13-16(17)/10 μm；放散状から収斂状へ急変する．

[生態]　殻幅の極端に狭いタイプ(1-10)は，別府の海地獄温泉が流入する池(pH 2.6)に 1975 年には出現していたが，1995 年には見ることができなかった．稀産種だが**真酸性種である可能性**が大きい．Krammer (2000) は，低 pH の水をたたえる露天掘の鉱山湖で高い相対頻度で出現した acidobiontic 種とする．また南米の様々な河川では，よく似た分類群が生存しているようだという．

Pinnularia acoricola Hustedt *in* Schmidt *et al.* 1934　　　　　　(Plate ⅡB₃-43：20-27)

[形態]　殻の形 3-Sta；先端の形 くさび形[11, 12]；殻長 8-35 μm；幅 3.5-6 μm；条線 13-16/10 μm，放散状から収斂状へ急変する；軸域 極めて狭い；中心域 殻縁にまで達する幅広い帯状；縦溝 真っすぐに走る．小さな中心孔，中心域に長く伸びて一次殻側へわずかに曲がって向かいあう．

[生態]　pH 4 以下，特に pH 1-3.5 の無機酸性水域においては，本分類群の純群落，あるいは本分類群が第 1 位優占種となる珪藻群集がしばしば出現する．最も代表的な**真酸性種**であり，pH 1-3.5 が本分類群の最適 pH 値と考えられる．産地を列挙すると，神奈川県須沢，大湧沢(pH 1.1-3.9)，大分県別府塚原温泉(pH 1.2-2.1)，明ばん温泉と平田川(pH 2.2-2.8)，姥子温泉(pH 3.1)，鶴ノ湯(pH 3.1)，青森県恐山湖，正津川(pH 2.7-3.7)，福島県銅沼(赤泥沼)(pH 3.0)，秋田県硫黄川(pH 2.4)(渡辺，浅井 1995)．Hustedt (1937-1939) は，pH 1 からおよそ 2.4 までの強無機酸性水域に出現する種であるという．その後，Cholnoky (1955, 1968)，Foged (1966)，Archibald (1966) らによって，アフリカの諸水域から本分類群の出現が報告された．Cholnoky (1968) は，pH 5.0 に本分類群の最適 pH 値があり，酸素欠乏によく耐えうる種とする．日本では，根来(1944)が，恐山，大湧谷，雲仙，阿蘇，別府の温泉で本分類群ならびに 3 新変種の出現を記述している．

　　Van Dam *et al.* (1994) は，acidophilous，β-mesosaprobous，meso-eutraphentic とする．

Pinnularia acoricola の生態図

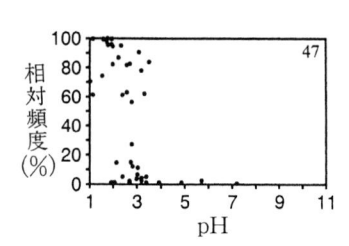

Pinnularia acolicola var. ***osoresanensis*** Negoro 1944　　　　　　(Plate ⅡB₃-43：28-33)

[形態]　殻の形 3-Sta；先端の形 くさび形[11, 12]；殻長 19-30 μm；幅 3.5-5.5 μm；条線 13-16/10 μm；中心域は基本種よりさらに幅広い帯状で，殻縁にまで達する，中心域の左右両縁は，外側へ軽く膨出する．

[生態]　本変種は，青森県恐山の地獄谷からの試料によって記載された．写真(28-33)は，恐山湖からの流出河川正津川からの試料中，温泉の湧出口付近の(pH は 2.7)の試料に，基本種と共に産出したものである．**基本種と共に真酸性種**．最近，福島，吉武，小林(2002)は，上記 *Pinnularia acoricola* と *P. acolicola* var. *osoresanensis* に相当するものを併せて，*P. osoresanensis* (Negoro) Fukush., Yoshit. & Ts. Kobay. と命名し，新種記載を行った．これに従えば，本分類群は *P. osoresanensis* の basionym となる．

Plate ⅡB₃-43

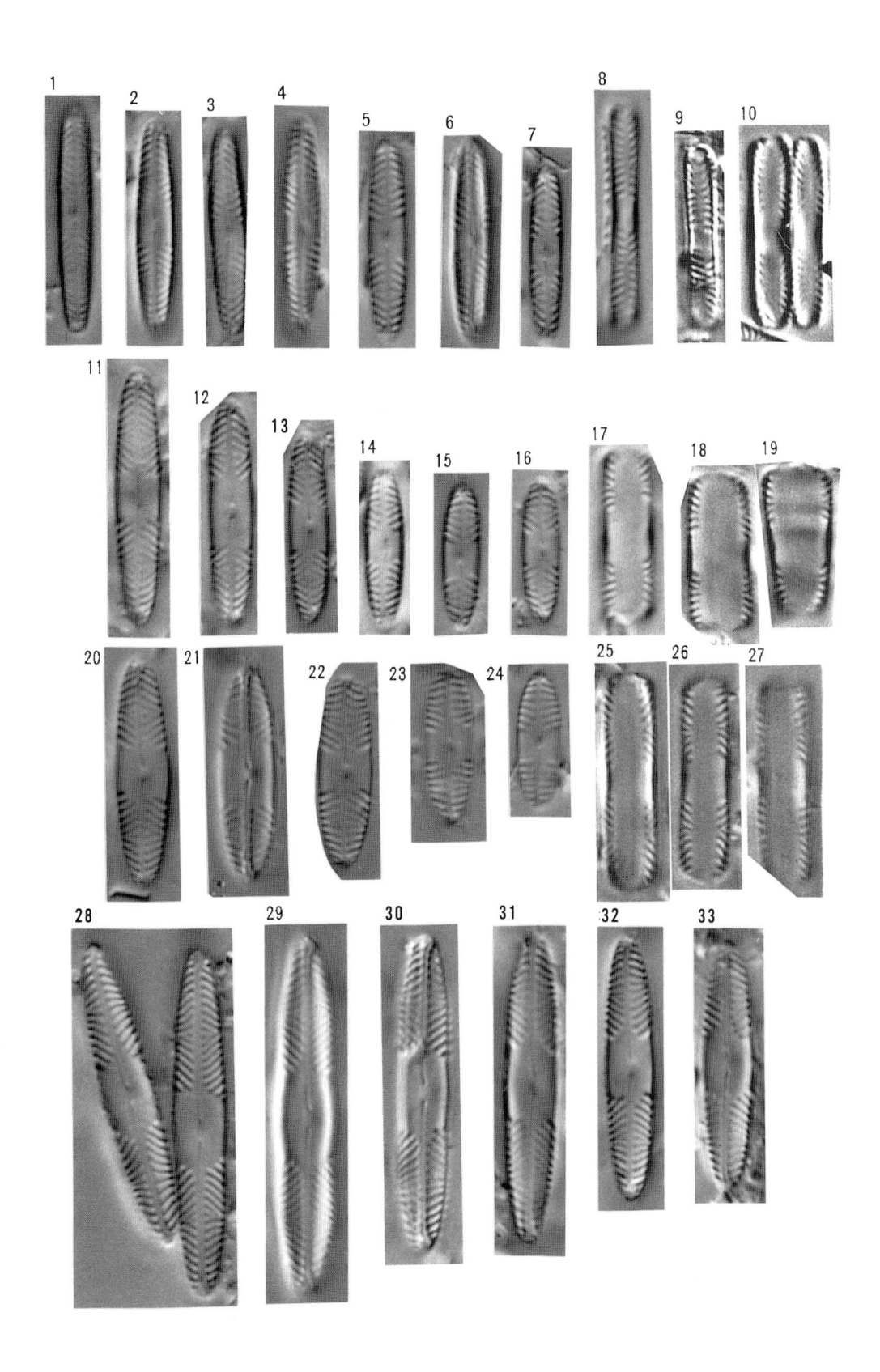

Pinnularia lapponica Hustedt 1942 　　　　　　　　　　　　　　(Plate　IIB$_3$-44：1, 2)

形態　殻の形 4-Sta；先端の形 頭状形[5]；殻長 19-23μm；幅 4-5μm の小型種；条線 14-16/10 μm，平行に近い放散状から収斂状に移行する；軸域 狭い；縦溝 中心域で向かいあうが，中心孔は光顕では認めにくく，わずかに一次殻側へ曲がる；中心域 比較的小さい円形；左右の殻縁はほぼ平行．

生態　志賀高原の三角池(pH 5.8)，上の小池(pH 5.7)に出現した稀産種．国外でも，北スウェーデンの Lapland からのみ報告されている．産地の報告は少ないが，**おそらく好酸性種であろう．**

Pinnularia joculata（Manguin）Krammer 2000 　　　　　　　　(Plate　IIB$_3$-44：3-5)

　Basionym：*Pinnularia interrupta* var. *joculata* Manguin 1952.

形態　殻の形 4-Sta；先端の形 頭状形[5]；殻長 14-26μm；幅 4-5μm の小型種；条線 12-13/10 μm，放散状から収斂状へ移行する；中心域 幅の広い帯の中央部が，殻の上下方向へ向かって深く湾入するので，舟形に見える；縦溝 中心域で向かいあうが，その先端部は極めてわずかに一次殻側へ曲がる；左右の殻縁はほぼ平行．

生態　花巻の高倉山温泉(pH 8.7)に出現した稀産種であるが，最近，篠原ら(2001)は，静岡県の峰温泉(pH 6.8，水温 36℃，NaCl 0.08%)で，量的には少ないが，最優占種として出現したことを記している．

　Krammer (2000)によれば，熱帯からは様々な報告があるが，ヨーロッパでは植物園の温室に出現したと記している．Manguin (1952)は，本分類群は pH 3.5-5 の水域を好むとしている．稀産種．

Pinnularia aff. ***krockii***（Grunow）Cleve 1891 　　　　　　　　(Plate　IIB$_3$-44：6, 7)

　Syn：*Navicula krockii* Grunow 1882；*Pinnularia globiceps* var. *krockii* (Grunow) Cleve 1895；*P. oculus* (Østrup) Østrup 1910.

形態　殻の形 3-Sta；先端の形 頭状形[5]；殻長 (9)14-40μm；幅 (3)5-11μm；条線 16-21/10 μm，弱い放散状から弱い収斂状へ変化する；中心域 舟形；縦溝 真っすぐ走り，先端部は曲がらず向かいあう．筆者らが採集したものは，写真(6,7)に示したように極めて小型であり，殻長，幅共に上記の値の 1/2 に近い．殻の形，先端の形は *P. krockii* とよく一致する．写真の分類群を小型の変種とすることも考えられる．

生態　日本では，恐山湖からの流出河川正津川の噴気孔の近く(pH 2.7)に，*Pinnulalia acoricola* と混生して出現した．

　Van Dam *et al.* (1994)は，pH に関しては circumneutral，汚濁に関しては oligosaprobous とする．

Pinnularia subcapitata Gregory var. ***subcapitata*** 1856 　　　(Plate　IIB$_3$-44：8, 9)

　Syn：*Pinnularia hilseana* Janisch in Hilse 1860；*P. subcapitata* var. *hilseana* (Janisch) O. Müller 1898.

形態　殻の形 3-Sta；先端の形 くちばし形[3]，頭状形[5]；殻長 20-43μm；幅 4-6μm；条線 10-13/10 μm，中央部では平行または弱い放散状，先端部は弱い収斂状または平行；中心域 殻縁にまで達する帯状，小型の個体では不定形の円に近い形を呈することがある．

生態　有機汚濁に関しては**好汚濁性種**．しかし相対頻度は常に低い(3%以下)．**pH に関しては真酸性**種で，酸性水域には比較的高い相対頻度で出現するが，pH 9 に近いアルカリ水域にも，相対頻度は低いが出現する．

　次図は後述の *P. sinistra*(Pl. IIB$_3$-45；6-8)との複合種群としての生態図である．

　Van Dam *et al.* (1994)は，*Pinnularia subcapitata* は，acidophilous，β-mesosaprobous，oligo-mesotraphentic とし, *P. subcapitata* var. *hilseana* を acidobiontic, β-mesosaprobous, oligotraphentic とする.

Pinnularia subcapitata と *P. sinistra* 複合種群の生態図

Pinnularia submicrostauron Schroeter 1992 (Plate IIB₃-44:10)

形態 殻の形 5-Sta；先端の形 くちばし形[3], くちばし伸長形[4], 頭状形[5]；殻長 25-57 μm；幅 5.6-7.6(8) μm；条線 12-14/10 μm, 中央部 放散状, 殻端部 収斂状；軸域 狭い；中心域 大きくて丸い；後述の *P. subcapitata* var. *elongata*(Pl.IIB₃-45；1-4)と形態が似るが, 中心域, 殻の先端の形によって区別することができる.

生態 箱根須沢右岸からの流入水路(pH 4.2)に出現した稀産種. 生態未詳だが**好酸性種の可能性**がある. Krammer (2000)は, 貧栄養から中栄養湖そして電解質濃度の低い水域に産出するという.

Pinnularia kuetzingii Krammer 1992 (Plate IIB₃-44：11, 12)

Syn：*Pinnularia appendiculata* sensu Cleve 1895；(?) *P. appendiculata* sensu Hustedt 1930.

形態 殻の形 3-Sta；先端の形 くさび形[11]；殻長 18-46 μm；幅 3.8-6.7 μm；条線 18-20/10 μm, 中央部 放散状, 殻端部 平行または収斂状；軸域 狭い；中心域 帯状.

生態 奈良市菩提山川の上流(DAIpo 65.8)において僅少個体が出現した. 有機汚濁に関しては現段階では未定. pH に関しては, 玉川上流の渋黒大橋下(pH.2.9)で72%, 八幡平の松川温泉(pH 2.8)で82%の, いずれも最優占種として出現した**真酸性種**.

Van Dam *et al.* (1994)は, acidophilous, oligosaprobous, oligo-mesotraphentic とする. Håkansson (1993)は acidophilous とする.

Pinnularia kuetzingii の生態図

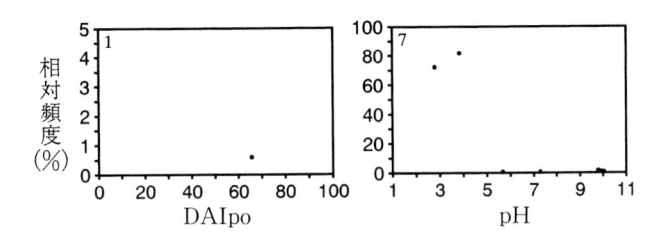

Pinnularia anglica Krammer 1992 (Plate IIB₃-44：13-16)

形態 殻の形 4-Sta；先端の形 頭状形[5]；殻長 30-70 μm；幅 10-13 μm；条線 9-11/10 μm, 中央部 放散状, 殻端部 強い収斂状；中心域 円形あるいは菱形(帯を形成しないものを, Krammer (2000)は morphotype 1 とする).

生態 志賀高原長池(pH 5.5), 上の小池(pH 5.7), 蔵王のいろは沼に出現したが稀産種. **生態情報は少ないがおそらく好清水性種, pH に関してはおそらく好酸性種.**

Krammer (2000)は, 普遍種としながらも, 電解質が低濃度の湿原に, 時に出現し, スイス, 英国, スコットランドの貧栄養湖からも報告されていると記している.

Pinnularia minutiformis (Cleve-Euler) **Krammer 2000**　　　(Plate ⅡB$_3$-44：17, 18)

Syn：*Pinnularia mesolepta* var. *interrupta* (Cleve-Euler) Cleve-Euler 1955；*P. mesolepta* var. *minuta in* Krammer 1992.

形態　殻の形 3-Bic；先端の形 頭状形[5]；殻長 14-29 μm；幅 3.4-5.5 μm の小型種；殻縁は，殻がしめつけられたかのようにへこんで波うつ；条線 13-16/10 μm，中央部 放散状，殻端部 収斂状；軸域 狭い；中心域 帯状；縦溝 中心域で極めて弱く，一次殻側へ曲がって向かいあう．

生態　志賀高原の蓮池(pH 7.2)に出現した稀産種．生態未詳．

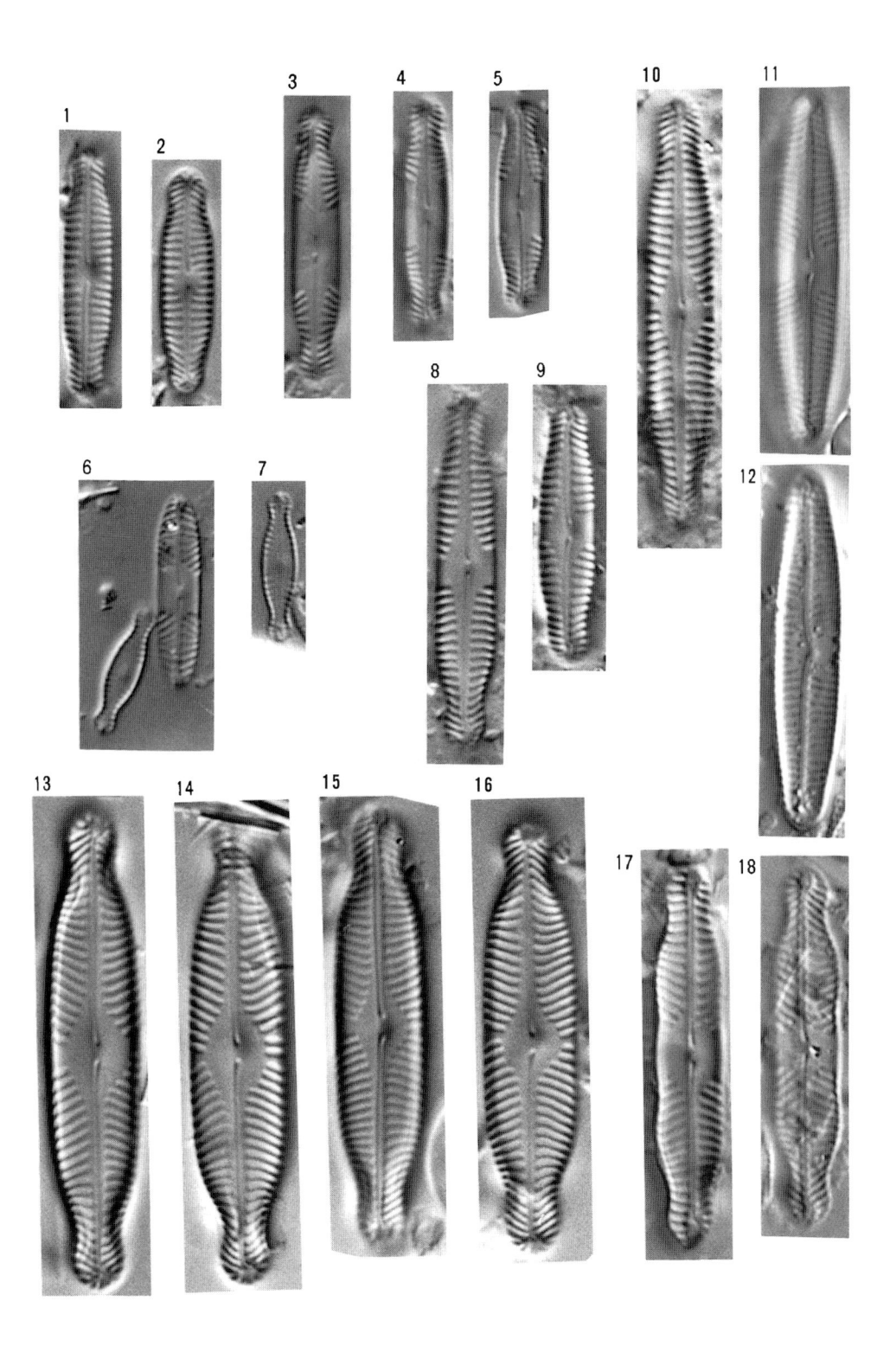

Plate II B$_3$-44

***Pinnularia subcapitata* var. *elongata* Krammer 1992**　　　　　　(Plate IIB$_3$-45：1-4)

形態　殻の形 5-Sta；先端の形 頭状形［5］；殻長 20-43 μm；幅 4-6(7) μm，殻の両縁は平行，幅に対する殻長の比は通常で 7.5 以上である；条線 10-11(13)/10 μm，中央部 放散状，殻端部 収斂状；軸域 狭い；中心域 帯状；縦溝 中心域で一次殻側へわずかに曲がって向かいあう．先述の *P. submicrostauron* と似るが，中心域の形，殻の幅，幅に対する殻長の比が異なることによって区別できる．

生態　九州霧島の六観音池(pH 4.0-4.3)，藺牟田池(pH 5.8-6.8)に出現したが稀産．Krammer (2000) は，ヨーロッパでは，南ドイツよりも北ドイツの湿原においてよりありふれた種として出現し，湿ったコケの上に着生するという．

***Pinnularia subcapitata* var. *subrostrata* Krammer 1992**　　　　　　(Plate IIB$_3$-45：5)

形態　殻の形 5-Sta；先端の形 くちばし形［3］；殻長 29-57 μm；幅 4.7-6.7 μm，殻の両縁は平行；条線 10-13/17 μm；中心域 帯状．

生態　九州霧島の六観音池(pH 4.0-4.3)に出現したが稀産．
　Krammer (2000) は，北方アルプス地帯の種で，ヨーロッパ最北部のラップランド地域の，貧栄養湖や電解質濃度の低い水域では，普遍種ではないとはいえないとする．

***Pinnularia sinistra* Krammer 1992**　　　　　　(Plate IIB$_3$-45：6-8)

　Syn：*Pinnularia subcapitata* auct. nonull. *in* Krammer 2000.

形態　殻の形 3-Sta；先端の形 くちばし形［3］；殻長 17-52 μm；幅 4-6.5 μm；条線 11-13(14)/10 μm，中央部 平行に近い弱い放散状，先端部 収斂状；軸域 狭い；中心域 帯状だが，左右非相称(写真(7))の個体がしばしば見うけられる．*P. subcapitata* Gregory var. *subcapitata* (Pl. IIB$_3$-44：8, 9)と形態は似るが，先端の形によって区別できる．中には区別しにくい個体もある．

生態　別府海地獄(pH 2.6)，磐梯赤泥沼(pH 3.0)，志賀高原上の小池(pH 5.7)に出現．先述の *P. subcapitata* var. *subcapita* における生態図は，本分類群と併せた複合種群としての図である．**本分類群も好汚濁性種，真酸性種．**

Pinnularia schoenfelderi Krammer 1992 (Plate ⅡB₃-45：9-13)

Syn：*Pinnularia microstauron* var. *brebissonii* f. *diminuta* sensu Hustedt 1930；non *Navicula brebissonii* var. *diminuta* Grunow *in* Van Heurck 1880.

形態 殻の形 3-Sta；先端の形 くさび形[11]；殻長 19-37 μm；幅 5-7 μm；条線 13-16/10 μm，中央部 放散状，先端部 収斂状；中心域 非相称形の帯状；軸域 殻端から中心へ向かうに従って広くなり，舟形を呈する；縦溝 中心域で明確な中心孔を形成し，一次殻側へ曲がって向かう．

生態 DAIpo 44(β 中腐水性)の江戸川，DAIpo 52(α 貧腐水性)のウラジオストック近郊の小池のような，わずかに汚れた水域のみならず，蔵王のいろは沼のような微酸性腐植栄養型の水域からも出現した．資料が少ないので生態未詳．

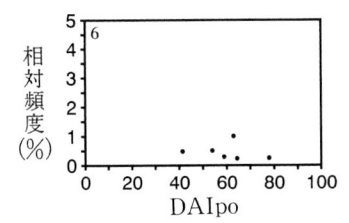

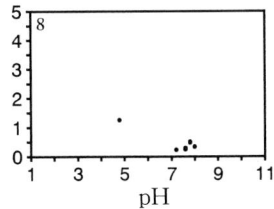

Van Dam *et al.* (1994)は，*Pinnularia microstauron* var. *brebissonii* を，pH circumneutral, α-meso-/polysaprobous, eutraphentic とする．

Pinnularia schoenfelderi の生態図

Pinnularia polyonca (Brébisson) W. Smith 1856 (Plate ⅡB₃-45：14)

Syn：*Navicula polyonca* Brébisson *in* Kützing 1849；*N. undulata* Ralfs *in* Pritchard 1861；*Pinnularia mesolepta* var. *polyonca* (Brébisson) Cleve 1895；*P. mesotyla* Ehrenberg 1854.

形態 殻の形 3-Sta；先端の形 頭状形[5]；殻長 50-90 μm；幅 8-12 μm；条線 8-12/10 μm，中央部 放散状，殻端部では強い収斂状；軸域 極めて広く最も広い部位では，殻幅の1/2以上に達するものもある；中心域 広い帯状；縦溝 中心孔をもつ先端部は，中心域で一次殻側へわずかに曲がって向かいあう．写真(14)は，本分類群の変種 var. *sumatrana* Krammer 2000 と形態は似るが，殻縁は波うたず，中央部がふくれて，幅の広い舟形を呈し，肩が張る特異な形によって区別することができる．新変種と考えられる．

生態 インドネシア，スマトラの河川に産した稀産種．生態未詳．

Plate II B$_3$-45

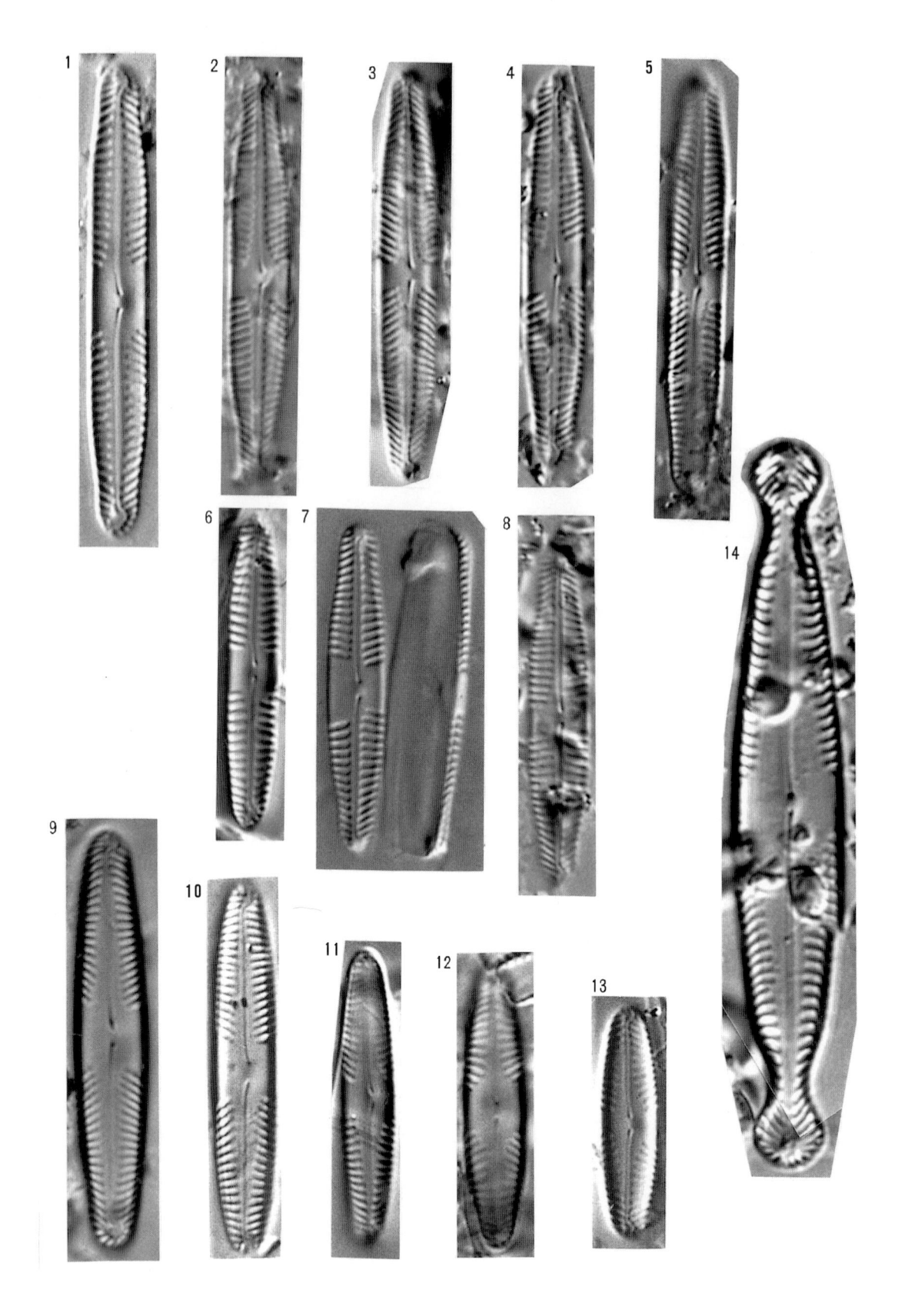

Pinnularia acidojaponica M. Idei *et* H. Kobayasi 2001 (Plate IIB$_3$-46：1-13)

　従来日本の無機強酸性水域に出現した珪藻中，*Pinnularia braunii* var. *amphicephala* (A. Mayer) Hustedt は，無機酸性水域の代表種とされてきた．本分類群は，根来(1938)が潟沼(pH 1.7)からの試料に基づいて，最初にその出現を記録した．後に小林艶子(1963)は，山形県酢川(pH 1.4, 1.8)に出現した *P. braunii* の 3 変種 4 分類群について，形態変異の視点から検討し，var. *amphicephala*, var. *amphicephala* f. *nipponica* は，var. *braunii* の synonym にすべきことを提唱した．

　一方ヨーロッパにおいては，*P. amphicephala* Mayer 1916 は，1930 年に Hustedt によって *P. braunii* var. *amphicephala* の synonym とされた．Krammer (1992) は，*P. amphicephala* A. Mayer のタイプ標本を再検討して，新名 *P. mayeri* として記載し直し，上記両分類群を新種の synonym とした．また小林が検討した *P. braunii* (Grunow) Cleve 1895 は，*P. brauniana* (Grunow) Mills 1934 の synonym とされている．日本の無機強酸性水域に出現し *P. braunii* var. *braunii* とされてきた珪藻は，*P. mayeri*, *P. brauniana* とは形態特性が微妙に異なるとして，Idei & Kobayasi は *P. acidojaponica* を新設した(Idei, M. & Mayama, S. 2001)．

　形態　殻の形 3, 4-Sta；先端の形 頭状形[5]，くちばし形[3]；殻長 24-62 μm；幅 5-8 μm；条線 12-16/10 μm，中央部 放散状，殻端部 収斂状；軸域 殻端部から中心域へ向かって徐々に広がる；縦溝 殻端の極裂と中心域の先端部とは，一次殻側へ曲がる；中心域 幅広い帯状．

　生態　図版中，写真(1)は平田川(pH 2.6)産，写真(2, 3, 5, 12)は潟沼(pH 1.9)産，写真(4)は酢川(pH 4.4)産，写真(6-9, 13)は恐山正津川(pH 2.7)産，写真(10, 11)は草津湯畑(pH 1.9)産，共に無機的強酸性水域産のものであるが，いくつかの個体は，光顕写真のみでは他種との区別がつけにくい．例えば写真(4)は，殻端が頭状形[5]で平行な殻縁をもつ形，および比較的粗い条線密度などの特徴は，*P. lataraea* と似るが，殻縁中央部がへこんでいないことで区別できる．また，写真(8, 9)は，殻の形，特に殻端が頭状であること，産地が，恐山からの流出河川で，以前に *P. braunii* var. *amphicephala* の産地とされていたことから，*P. brauniana* (Grunow) Mills とすることもできる．

　図の pH 傾斜上の相対頻度分布図は，*P. acidojaponica*, *P. brauniana* を併せた複合種群を対象としている．図で明らかなように，本種群は pH 4 以下の強酸性水域で，しばしば純群落を形成する**真酸性種**の代表者である．**有機汚濁に関しては好汚濁性種**．

Pinnularia acidojaponica と *P. brauniana* 複合種群の生態図

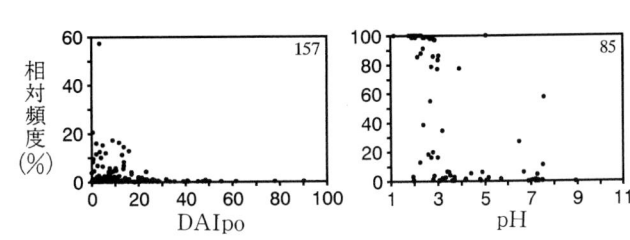

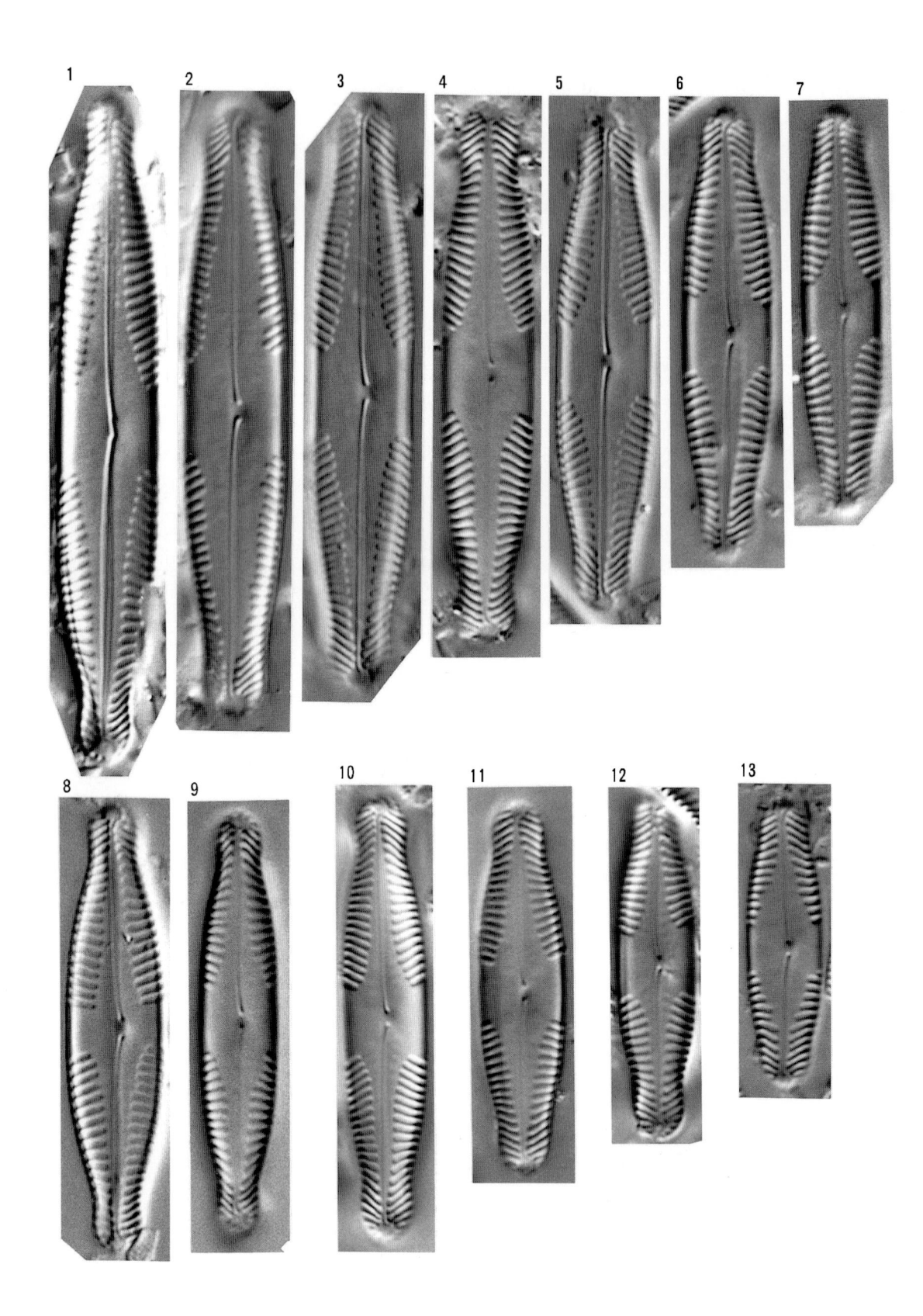

Plate II B₃-46

Pinnularia marchica Ilka Schönfelder var. *marchica* 2000　　　(Plate IIB$_3$-47：1-12)

　Syn：*Pinnularia microstauron* (Ehrenberg) Cleve 1891 sensu Krammer & Lange-Bertalot 1986, Fig. 192：6, 10.

形態　殻の形 3,4-Sta；先端の形 くちばし形［3］；殻長 22-37 μm；幅 4.7-6.3 μm(*P. microstaurom* sensu Krammer & Lange-Bertalot の中，殻長 37 μm 以下の小型のもののみが，この分類群の synonym となるが，大型のものは含まれない)；条線 11-14(16)/10 μm，中央部 弱い放散状，殻端部 強～弱収斂状；中心域 広い帯状(幅の2倍以上に達することもある)；軸域 殻端から中央部へ向かって徐々に広くなる；縦溝 中心孔をもつ先端部は，中心域において弱く一次殻側へ曲がって向かいあう．本分類群の形態は次記の *P. valdetolerans* Mayama & H. Kobayasi と酷似する．*P. valdetolerans* よりも条線密度が大きく，軸域が狭い傾向があるが，厳密に区別することは難しい．また，*P. acidojaponica*(Pl. IIB$_3$-46：1-13) とも似るが，それよりも狭小で，軸域の幅が広がり始める位置が，中心域に近いことを相違点として挙げることができよう．だがその差もまた極めて微妙である．

生態　写真(2)は磐梯緑沼への流入河川(pH 3.6)，写真(3)は八幡平藤七太古の息吹(pH 7.2)，写真(6)は九州別府の平田川(pH 2.8)，写真(11)は別府海地獄からの温泉水が流入する池(pH 2.6)で出現したもの．他は別府の塚原温泉(pH 1.6-1.7)産．写真(3)を除きほとんどすべてが無機的強酸性水域に出現した．この生態学的特性は，*P. acidojaponica*(Pl. IIB$_3$-46：1-13) と同等である．**真酸性種.**

Pinnularia valdetolerans Mayama & H. Kobayasi 2001　　　(Plate IIB$_3$-47：13-16)

形態　殻の形 3,4-Sta；先端の形 くちばし形に近い頭状形［5］；殻長 33-46 μm；幅 5.5-7.5 μm；条線 11-13/10 μm，中央部 弱い放散状，殻端部 収斂状あるいは平行に近い収斂状；軸域 比較的狭く，広い帯状中心域の近くで広がる；縦溝 中心孔をもつ先端部は，わずかに一次殻側へ曲がって向かいあう．

生態　写真(15)は，淀川御幸橋(DAIpo 48, pH 7.5)に出現したものである．他は DAIpo 7-18 の強腐水性の都市河川から得た試料による写真を Watanabe *et al.* (1986) から転用したものである．どれも *P. braunii* var. *amphicephala* (Mayer) Hustedt と同定され，好汚濁性種とされてきた．つまり，従来から好汚濁性種とされてきたこの変種と，*P. valdetolerans* とは，光顕下での形態学的特性，生態学的特性共に等しいと考えられる．

　一方，*P. braunii* var. *amphicephala* は，Krammer (1992) によって，*P. mayeri* の synonym とされたが，Idei & Mayama(2001) が指摘するように，日本で *P. braunii* var. *amphicephala* と同定されてきた分類群は，*P. mayeri* とは形態学的に異なるものである．そこで東京の極端な汚濁水域からの試料に基づいて *P. valdetolerans* が，強酸性水域からの試料に基づいて *P. acidojaponica* の2新種が記載された．前者は，α 中腐水性から強腐水性水域にまで広く分布する *P. saprophila* (Krammer 2000) のみならず，*P. acidojaponica* とも形態が似るが，Idei & Mayama (2001) は，光顕によっても区別は可能とする．

　Watanabe *et al.* (1986, 1988, 1990, 1995) が好汚濁性種とし，pH への耐性に関して真酸性種としてきた *P. braunii* var. *amphicephala*(Watanabe & Asai 1999) は，*P. valdetolerans* と *P. acidojaponica* とを併せた複合種群に相当したものであったと考えることができる．Idei & Mayama (2001) の興味深い培養実験を特記しておきたい．すなわち，汚濁に強い *P. valdetolerans* は，pH 6.5, 5.5, 4.5, 3.5, 2.5 のメディア中で生存しうることが確かめられた．本分類群は，したがって強い汚濁のみならず強い酸性に対しても耐性を保有するユニークな分類群であることが証明された．先に *P. acidojaponica*(Pl. IIB$_3$-46：1-13) で示した *P. brauniana* との複合種群としての生態図には，本分類群の生態特性が示されていることになる．**有機汚濁に関しては好汚濁性種，pH に関しては真酸性種である．**

Van Dam *et al.* (1994)は，*R. braunii* var. *amphicephala* を acidophilous, oligosaprobous, oligotraphentic とする．

Pinnularia rumrichae Krammer 2000 (Plate IIB$_3$-47：17)

形態　殻の形 4-Sta；先端の形 くびれの深い頭状形[5]；殻長 33-45 μm；幅 6.8-7.5 μm；条線 10-11/10 μm，中心部 放散状，先端部 極端な収斂状；軸域 普通中心域の近くで広がる；中心域 比較的広い帯状；縦溝 中心孔をもつ先端部は軽く一次殻側へ曲がって向かいあう．また，*P. brauniana*(Pl. IIB$_3$-48：6-9)とも似るが，殻縁が平行か否かで区別できる．

生態　Krammer (2000)は，フィンランド，北ドイツ，西ドイツの Eifel からのみ報告されている稀産種とする．日本では，琵琶湖への流入河川余呉川(DAIpo 62, pH 7.6)と大川(DAIpo 78, pH 7.0)および斐伊川(Ohtsuka 2002)の，いずれも貧腐水性の水域に出現した．

Pinnularia subcapitata var. *elongata* Krammer 1992 (Plate IIB$_3$-47：18)

基本種 var. *subcapitata* については，すでに Pl. IIB$_3$-44：8, 9 で説明済みであるが，写真(18)は，九州蘭牟田池産の個体で，殻長 64 μm，幅 7 μm．殻長/幅の値は 9.1 の通常比ではあるが，通常の個体よりもはるかに大型で，別種である可能性もある．

Plate II B$_3$-47

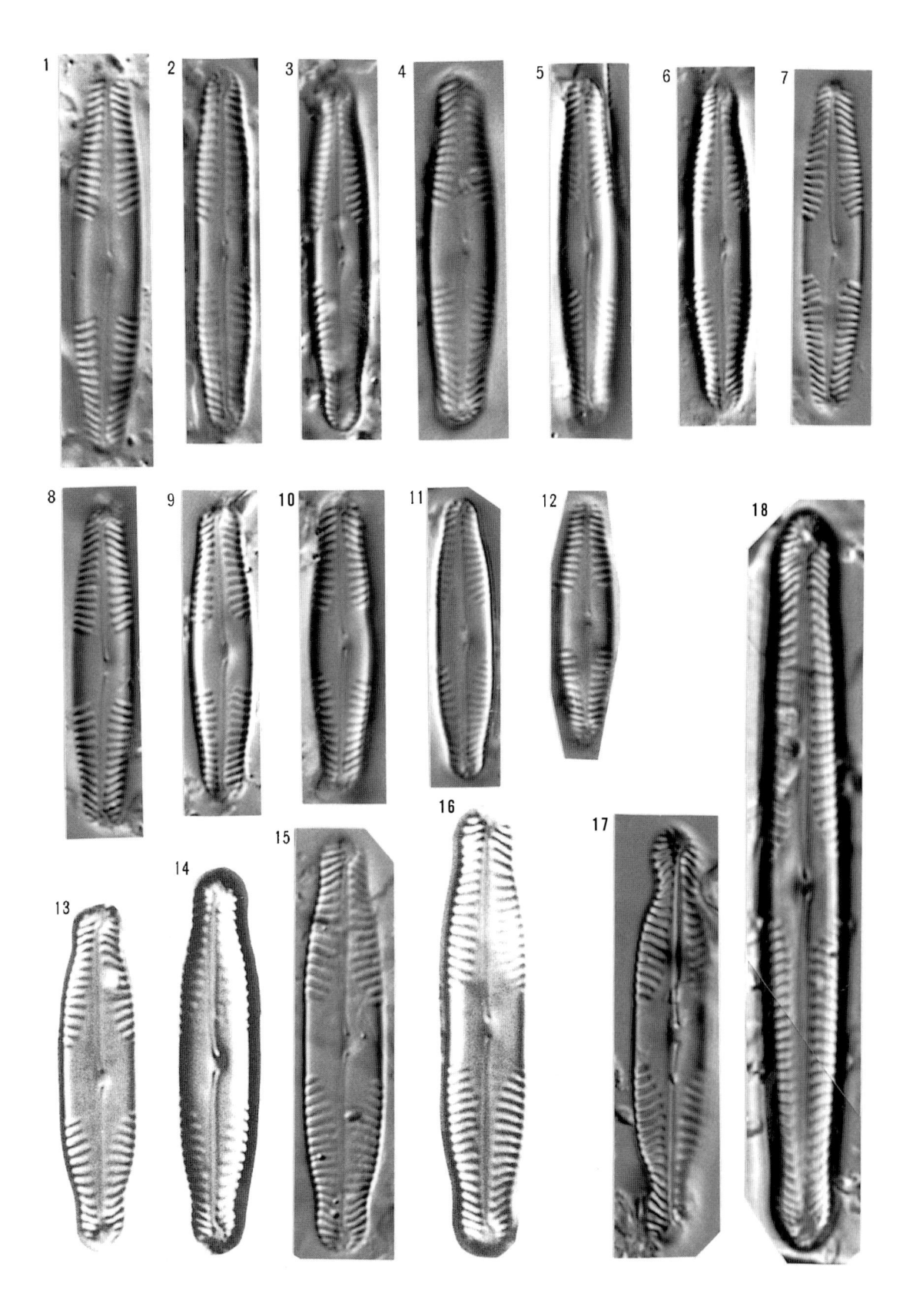

Pinnularia subanglica Krammer 2000 (Plate IIB$_3$-48:1, 2)

形態 殻の形 4-Sta；先端の形 頭状形[5]；殻長 35-53μm；幅 7-8μm；殻縁は平行（わずかに波うつもの（写真1）もある）；条線 10.5-12/10μm，中央部 放散状，殻端部 収斂状；軸域 狭い；中心域 帯状；縦溝 中心域で一次殻側へわずかに曲がって向かいあう．*P. pisciculus*（Syn：*P. anglica* Krammer (Pl. IIB$_3$-57：8)）と似るが，殻端頭状部のくびれの深さの違い，殻長に対する幅の比が，*P. subanglica* のほうが小さいことによって区別できる．また，*P. rumlichae* Krammer 2000 とも似るが，軸域の幅の大小，殻長に対する幅の比の違いによって区別できる．

生態 スマトラの Lake Talang への流入河川（DAIpo 99）に出現した．稀産種．Krammer（2000）は，電解質濃度の低い水域に出現し，溶存酸素濃度の高い水を好むが，ヨーロッパの山岳地帯や北方地域にはさらに頻繁に出現する種とする．

Pinnularia paralange-bertalotii Fukushima, Yoshitake & Kobayasi 2001
(Plate IIB$_3$-48：3, 4)

形態 殻の形 5-Con；先端の形 くちばし形[3]；殻長 43-73μm；幅 4-8.5μm(中央)，最大幅 6.5-10μm；条線 10-13/10μm，中央部 放散状，殻端部 収斂状；軸域 広くて中心域へ向かって広がる；中心域 比較的広い帯状；縦溝 中心域において，明確な中心孔をもつ先端部は，一次殻側へ曲がって向かいあう．

生態 写真(3)は別府赤川(pH 4.8-4.9)産，写真(4)は青森恐山湖からの流出河川正津川(pH 2.7)産．Fukushima *et al.* (2001)は，青森恐山の pH 2.3 の小池で採集した試料によって本新種を記載した．稀産種ではあるが，無機強酸性水域以外で出現した例を筆者らは知らない．**真酸性種**である．

Pinnularia septentrionalis (Grunow) Krammer 2000 (Plate IIB$_3$-48：5)

Syn：*Pinnularia mesolepta* var. *stauroneiformis* (Grunow) Gutwinski 1891；*P. mesolepta* (Ehrenberg) W. Smith 1853；*P. mesolepta* var. *seminuda* Cleve-Euler 1955；*P. mesolepta* morphotype 5 sensu Krammer 1992.

形態 殻の形 3-Bic；先端の形 頭状形[5]；殻長 42-70μm；幅 10-15μm(中央)；条線 10-11/10μm，中心部 放散状，殻端部 収斂状；軸域 比較的広く，殻端から中心域へ向かって徐々に広がる；中心域 広い帯状；縦溝 中心域において明確な中心孔をもった縦溝は，一次殻側へ曲がる．

生態 有機汚濁に関しては好汚濁性種，pH に関しては好酸性種．下図は *P. mesolepta* としてまとめてきた図である．

Van Dam *et al.* (1994)は，*P. mesolepta* を，pH に関しては circumneutral，汚濁に関しては β-mesosaprobous, meso-eutraphentic とする．Håkansson (1993)は，pH indifferent で，ヨーロッパには広く分布する種であるが，北方ならびに北極に近い地域で，電解質濃度の低い貧栄養湖では，大量に出現することはないとする．

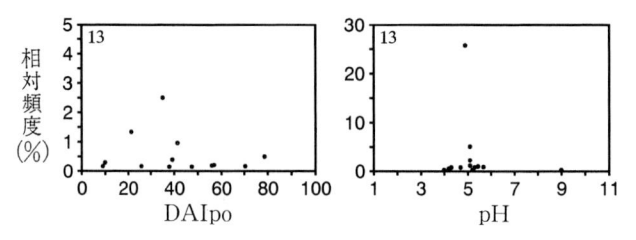

Pinnularia septentrionalis の生態図

Pinnularia brauniana (Grunow) Mills 1934   (Plate IIB$_3$-48：6-9)

Syn：*Navicula brauniana* Grunow *in* Schmidt *et al.* 1876；*N. braunii* Grunow *in* Van Heurck 1880；*Pinnularia braunii* (Grunow) Cleve 1895.

形態 殻の形 3-Sta；先端の形 細い(2-3 μm)首をもつ頭状形[5]；殻長 30-60 μm；幅 7.3-8.5 μm，中央部がふくらみ細長い舟形を呈する；条線 10-13/10 μm，中央部 放散状，殻端部 収斂状；軸域 殻端から中心域へ向かうにつれて広くなる；中心域 帯状；縦溝 中心域において中心孔をもつ先端部は，極めてゆるく一次殻側へ曲がる．

生態 有機汚濁に関しては広適応性種，pH に関しては**真酸性種**．相対頻度は普通5%以下である．

Van Dam *et al.* (1994)は，acidobiontic, oligosaprobous, oligotraphentic とし，Håkansson (1993)は acidobiontic とする．

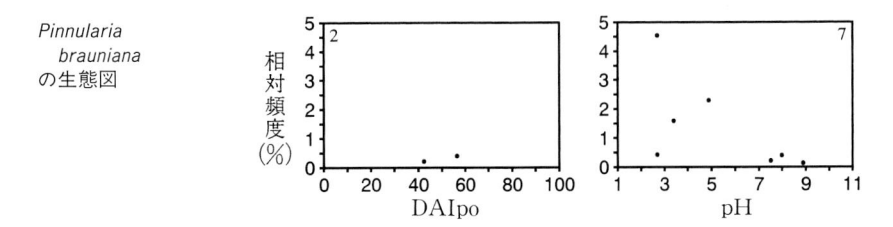

Pinnularia brauniana の生態図

Pinnularia gracilivaluis Fukush., Ts. Kobay. & Yoshit. 2002   (Plate IIB$_3$-48：10-12)

形態 殻の形 3-Sta；先端の形 頭状形[5]；殻長 28-41 μm；幅 4.5-6 μm；条線 12-14/10 μm，中央部 放散状，殻端部 収斂状；軸域 やや幅広，中心域近くで幅が広がる；中心域 帯状で両殻縁に達する；縦溝 軸域を弱く湾曲して走り，中心孔をもつ先端部は，中心域で一次殻側へ頭をもたげるようにして向かいあう．本分類群は，秋田県の Mt. Kurikoma の L. Sugawa からの試料によって新種記載された．

生態 日本の無機強酸性水域に広く分布する，**真酸性種**．

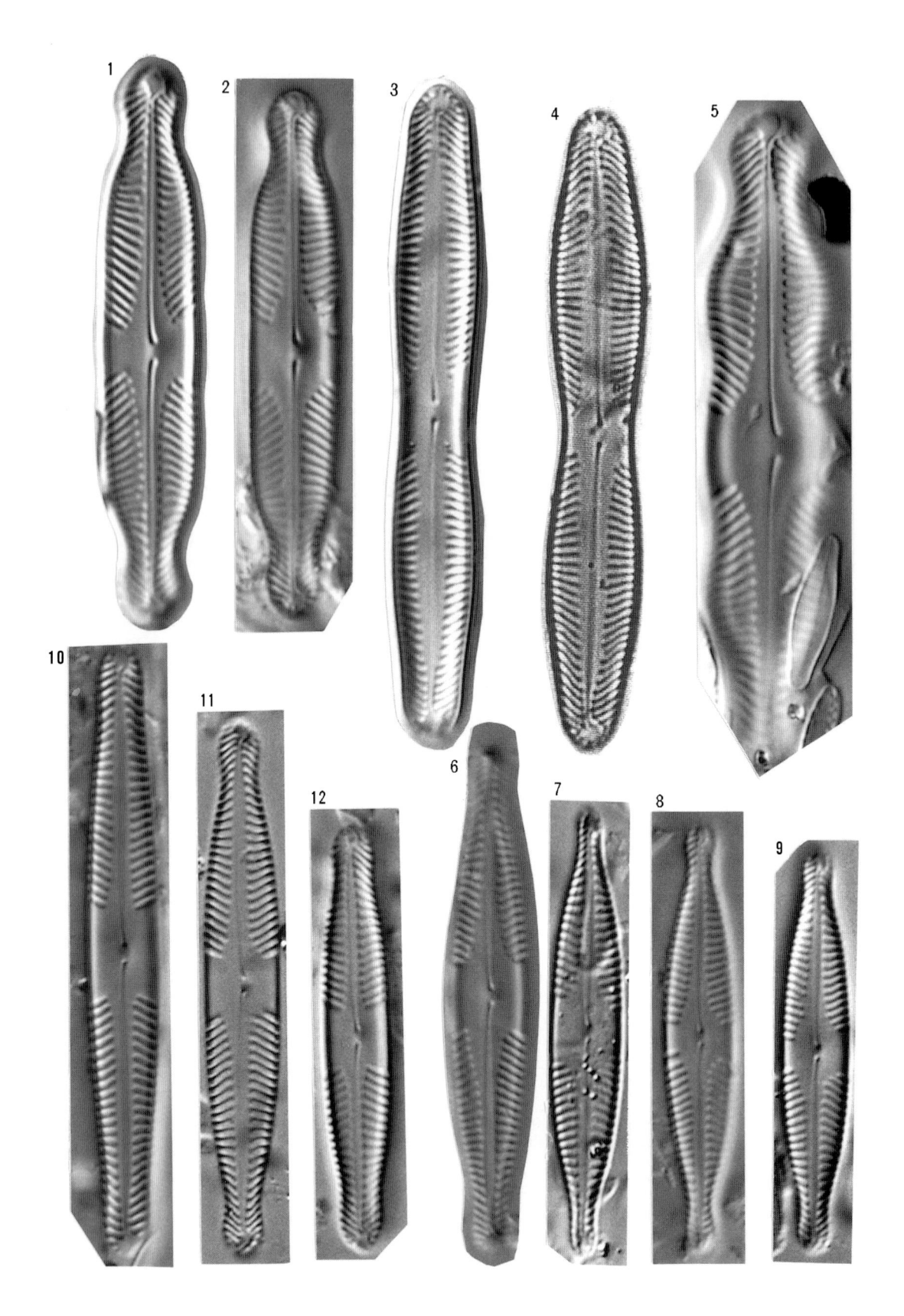

Plate IIB₃-48

Pinnularia bacilliformis Krammer 1992 (Plate IIB$_3$-49：1-4)

形態 殻の形 2-Sta；先端の形 広円形[0]；殻長 28-54 μm；幅 7-9 μm；条線 11-12/10 μm，中央部 軽度の放散状，殻端部 軽度の収斂状；軸域 殻端部では狭いが，中心域へ向かいゆるやかに広がる；中心域 小さい円形または卵形；縦溝 中心域における中心孔は小さい，先端部は極めてわずかに一次殻側へ曲がるが，ほとんど曲がらずに向かいあうように見える個体が多い．

生態 八ヶ岳七つ池(pH 6.5)に出現した稀産種．Krammer(2000)は，フィンランド，ロシアのLaplandやアルプス(スイスのZermatt にあるLake Rifel)で出現し，電解質濃度の低い貧栄養水域の泥表付着性種とする．

Pinnularia subrupestris Krammer 1992 (Plate IIB$_3$-49：5, 6?)

Syn：(?) *Pinnularia viridis* var. *fallax* Cleve 1895.

形態 殻の形 3-Sta；先端の形 くちばし形[3]；殻長 35-77 μm；幅 8.7-12 μm；条線 9-13/10 μm，中心部 わずかに放散状，殻端部 わずかに収斂状；軸域 広い(殻幅の1/2-1/4)，中心域へ向かって広がる；中心域 縦長の楕円形，幅は殻幅の2/3まで；縦溝中心域で中心孔をもち，先端部が一次殻側へわずかに曲がって向かいあう．殻端の極裂は鉤状．*P. rupestris* と形態が酷似するが，中心域における縦溝の向かいあう間隔の微妙な差，先端部が *P. subrupestris* の方が比較的強く曲がるなどの違いがある．筆者らは，本分類群を *Pinnularia viridis* var. *sudetica* (Hilse) Hustedt 1930 または，*P. sudetica* Hilse var. *sudetica* 1860 と同定してきた．

生態 写真(5)は蔵王いろは沼(pH 4.7-5.0)，写真(6)は玉川上流(pH 3.1)に出現したものである．図は，*P. sudetica* として情報整理をし，複合種群として示した生態図である．本分類群は**好酸性種**である．

Pinnularia subrupestris と *P. sudetica* 複合種群の生態図

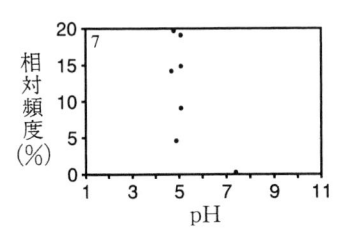

Pinnularia doloma Hohn & Hellerman var. *doloma* 1963 (Plate IIB$_3$-49：7-9)

形態 殻の形 3-Sta；先端の形 くちばし形[3]；殻長 (25)31-35 μm；幅 5-6(7) μm；条線 10-12(14)/10 μm，中央部 弱い放散状または平行に近い，殻端部 収斂状；軸域 狭いが，中心域へ向かってわずかに広がる；中心域 小さい縦長の楕円形；縦溝 中心域で，中心孔をもつ先端部は，わずかに一次殻側へ曲がる．*P. submicrostauron* と形態が似ているが，その条線密度は *P. doloma* よりも大きく，配列は *P. submicrostauron* とは異なる．

生態 玉川の上流部(pH 3.1)に出現した稀産種．生態未詳．Type locality(カナダのLa Vase川)からのみその生存が記載されていたにすぎない(Krammer 2000)．

Pinnularia borealis Ehrenberg var. *borealis* 1843 (Plate ⅡB₃-49：11)

Syn：*Pinnularia chilensis* Bleisch 1859 non *P. chilensis* Ehrenberg 1843.

形態　殻の形 4-Sta；先端の形 くさび形[11]；殻長 24-42 μm，幅 8.5-10 μm，殻縁は平行または中央部が少しふくれる；条線 太い 5-6/10 μm，中央部 わずかに放散状，殻端部 平行またはわずかに収斂状；軸域 比較的狭い；中心域 大きくて丸い．殻縁にまで広がる個体もある．

生態　図は，下記の2変種を含む *P. borealis* の生態情報を図示したものである．**有機汚濁に関しては広適応性種，pH に関しては好酸性種．**

Van Dam *et al.* (1994)は，pH circumneutral, β-mesosaprobous, oligo-mesotraphentic とする．Håkansson (1993)は acidophilous とする．

Pinnularia borealis と *P. borealis* var. *islandica* *P. borealis* var. *subislandica* 複合種群の生態図

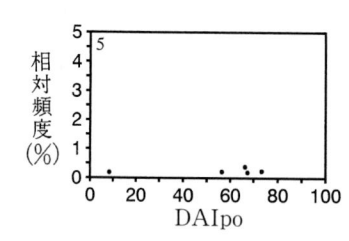

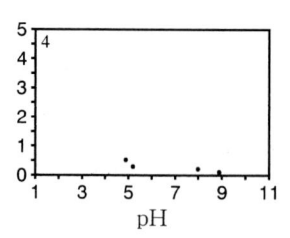

Pinnularia borealis var. *islandica* Krammer 2000 (Plate ⅡB₃-49：10)

形態　*P. borealis* var. *borealis* より大型(40-52 μm×10-12 μm)で，条線密度も幾分粗い(4-5/10 μm)ことによって，本分類群が記載された．写真(10)は塚原温泉(pH 2.0)産．

Pinnularia borealis var. *subislandica* Krammer 2000 (Plate ⅡB₃-49：12)

形態　*P. borealis* var. *islandica* よりも小型(30-47 μm×9.4-11.5 μm)で，先端部が広い円形であることによって本分類群が記載された．写真(12)は，九州別所ダム湖(pH 3.4)産．

Plate IIB₃-49

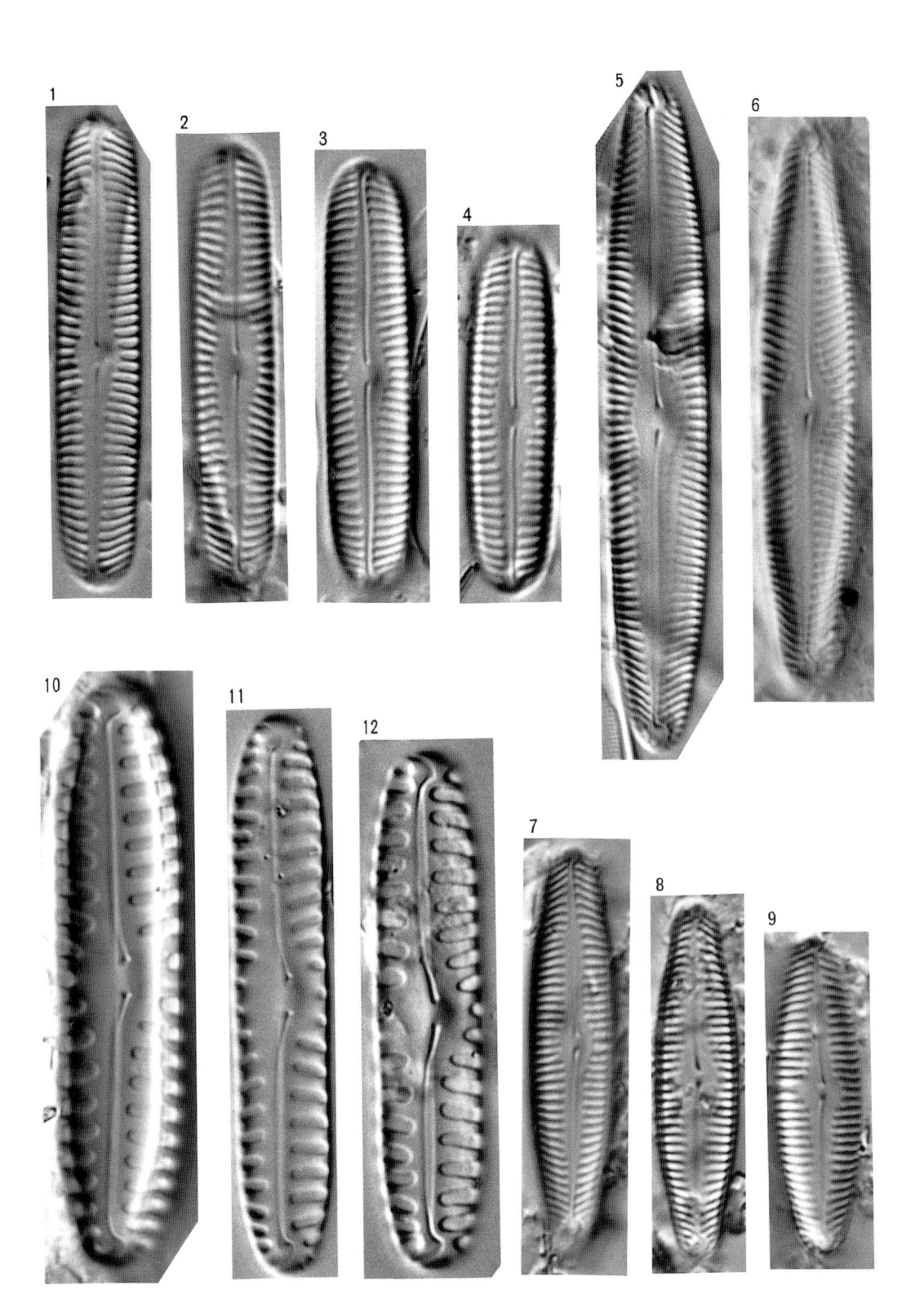

Pinnularia microstauron (Ehrenberg) Cleve var. *microstauron* 1891

(Plate IIB_3-50：1-5)

Syn：*Pinnularia microstauron* morphotype 1 sensu Krammer 1992.

形態 殻の形 3-Sta；先端の形 くさび形[11]；殻長 30-78(100)μm；幅 10-12.4μm；条線 9-11(15)/10μm，中央部 放散状，殻端部 収斂状；縦溝 中心域において先端に大きい中心孔をもち，一次殻側へわずかに曲がって向かいあう；軸域 比較的幅広く中心域へ向かって，幅は徐々に広がる；中心域 帯状．本分類群は，Pl. IIB_3-47：1-12 の *P. marchica* で述べたように，殻長 37μm 以下の小型のものが，その synonym となり，ここに示すような大型のものは synonym から除外されている．

生態 DAIpo 10-80 の広い汚濁範囲の水域に出現する普遍種であるが，下の相対頻度分布が示すように，DAIpo が 50 以下の α-β 中腐水性水域で，相対頻度，出現頻度が高い傾向のある，**好汚濁性種**である．**pH に関しては真酸性種**で，特に pH 3-5 の酸性水域で出現頻度が高くなる傾向が強い．なお本生態図は Pl. IIB_3-51：1-5 に示す *P. rhombarea* (*P. microstauron* morphotype 3)を併せた複合種群の図である．

Van Dam *et al.* (1994)は，circumneutral, β-mesosaprobous, oligo-to eutraphentic (hypereutraphentic)とする．Håkansson(1993)は，pH indifferent/acidophilous とする．Krammer (2000)は，電解質濃度と pH が低い貧栄養の止水域，貧腐水性の流水域を好み，特定の変種には，電解質濃度が極めて低く，溶存酸素量が豊富な湿原の冷水域を好むものがあるとする．

Pinnularia microstauron と
P. rhombarea
複合種群の生態図

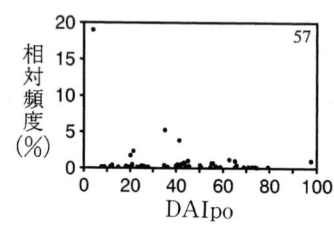

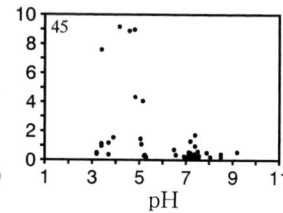

Pinnularia microstauron var. *nonfasciata* Krammer 2000 (Plate IIB_3-50：6-8)

Syn：*Pinnularia caudata* sensu Patrick *in* Patrick & Reimer 1966；*P. microstauron* var. *microstauron* morphotype 2 sensu Krammer 1992.

形態 殻の形 3-Sta；先端の形 くさび形[11]；殻長 20-60μm；幅 8-11μm；条線 11-13/10μm，中央部 放散状，殻端部 収斂状；縦溝 中心域で中心孔を形成し，先端部が一次殻側へわずかに曲がって向かいあう；中心域 帯状とはならず，丸みを帯びた菱形の中心域をもつことで，前記タイプ種と区別できる．

生態 志賀高原の渋池(pH 4.7, 5.1)に出現した．生態特性はタイプ種と似ると考えられる．

Pinnularia braunii var. *undulata* Negoro 1944　　　　　　　(Plate ⅡB$_3$-50：9, 10)

形態　殻の形 3-Sta；先端の形 頭状形[5]；殻長 55-66 μm；幅 10-10.5 μm，殻縁が弱く波うつ；条線 10-11/10 μm，中央部 放散状，殻端部 収斂状；縦溝 中心孔をもつ先端部は，一次殻側へわずかに曲がって向かいあう；軸域 比較的広く中心域へ向かって広がる；中心域 帯状，両殻縁に達する．

生態　青森県の恐山湖からの流出河川，正津川(pH 3.4)にのみ出現したにすぎない稀産種．本種は，恐山湖の傍らにある小さな血の池(19.4℃，pH 2.7)からの試料に基づいて，根来(1944)が新変種を記載したが，以後どこからも出現の報告はなかった．**真酸性種であることに間違いはなかろう．**

　最近 Krammer (2000)が，記載した新種 *Pinnularia microstauron* var. *rostrata* と形態は酷似するが，この分類群は，*P. braunii* var. *undulata* よりも小型であることによって区別できる．

Pinnularia divergentissima var. *subrostrata* Cleve-Euler 1898　　(Plate ⅡB$_3$-50：11)

　Syn：*Pinnularia divergentissima* var. *martinii* Krasske sensu Krammer 1992；non *P. subrostarta* sensu Krammer 1992；(?)*P. divergentissima* var. *capitata* Fontell 1917.

形態　殻の形 3, 4-Sta；先端の形 幅の広い頭状形[5]；殻長 23-40(50) μm；幅 5.7-6.5(8) μm；条線 12-15/10 μm，中央部 強い放散状，中心域と先端とのちょうど 1/2 に相当する部位で，条線の配列は，放散状から収斂状へ急変する．このような特殊な配列は，*P. obscura*, *P. acidophila*, *P. diversa*, *P. krammeri* など，少数の *Pinnularia* で認められる．

生態　諏訪の千代田湖(pH 6.2)に出現したが，相対頻度は極めて低い(0.2%)．Skvortzow(1936)が木崎湖から本分類群の出現を報じている．稀産種．

　Van Dam *et al*. (1994)は，*P. divergentissima* を acidophilous oligotraphentic とする．Håkansson (1993)は，pH indifferent とする．

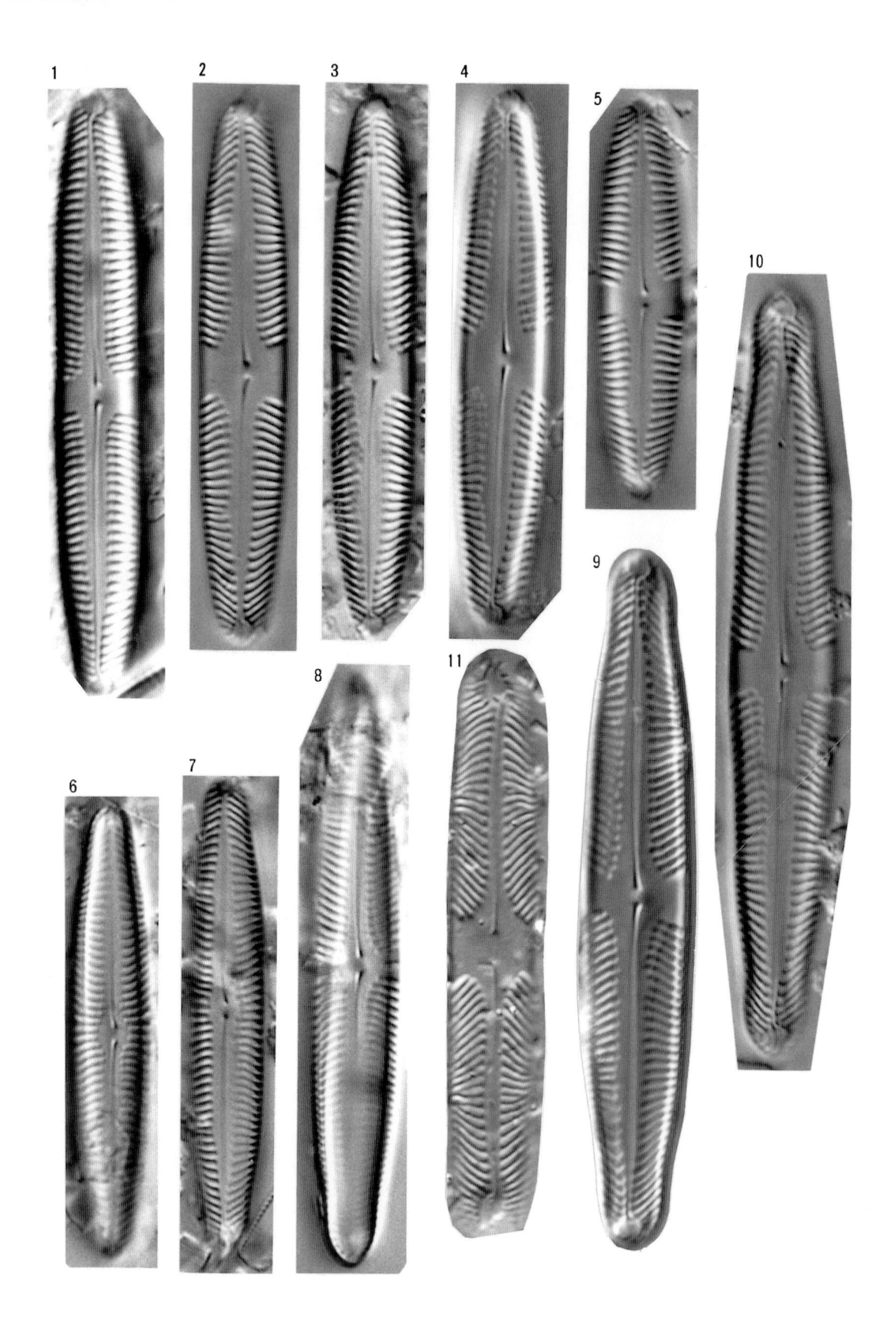

Plate II B₃-50

Pinnularia rhombarea Krammer var. *rhombarea* 1998 (Plate ⅡB$_3$-51：1-5)

Syn：*Pinnularia microstauron* morphotype sensu 3 Krammer 1992.

形態 殻の形 4-Sta；先端形 くさび形[11]，広円形[0]；殻長 50-100 μm；幅 13.4-15 μm，殻縁は平行；条線 9-10/10 μm，中央部 放散状，殻端部 収斂状；縦溝 中心孔をもつ縦溝の先端部は，中心域で一次殻側へわずかに曲がって向かいあう；軸域 比較的広い；中心域 帯状．

生態 恐山湖(pH 3.2)，恐山湖からの流出河川正津川(pH 3.2-4.2)に出現．本分類群は，*P. microstauron* の morphotype 3，さらにさかのぼると，*P. microstauron* として扱われてきたこともあろうかと考えられる．すでに Pl.ⅡB$_3$-50：1-5 に示した生態図は，*P. rhombarea* を含めた複合種群の図であるので，参照されたい．**好汚濁性種，真酸性種．**

Pinnularia parvulissima Krammer 2000 (Plate ⅡB$_3$-51：6-9)

Syn：(?)*Pinnularia parva* sensu Grunow *in* Van Heurck 1880.

形態 殻の形 3-Sta；先端の形 応円形[0]，広いくちばし形[3]；殻長 34-70 μm；幅 10-12 μm；条線 8-10/10 μm，中央部 弱い放散状，殻端部 弱い収斂状；縦溝 殻端の鉤状の極裂と，中心域の中心孔は極めて明確，中心域での縦溝先端部はわずかに一次殻側へ曲がって向かいあう；軸域 広い軸域は，中心域の近くでさらに広がる；中心域 幅が条線の 4-7 本分ほどの広い帯状，中心域に4個の影がある．

生態 奈良県十津川村の上湯(pH 7.9)，下湯(pH 8.6)各湯泉水の流水路に出現したが稀産種．

Krammer (2000)は，広く分布するが，平均的な電解質濃度の水域では，頻繁に出現する分類群ではないとする．

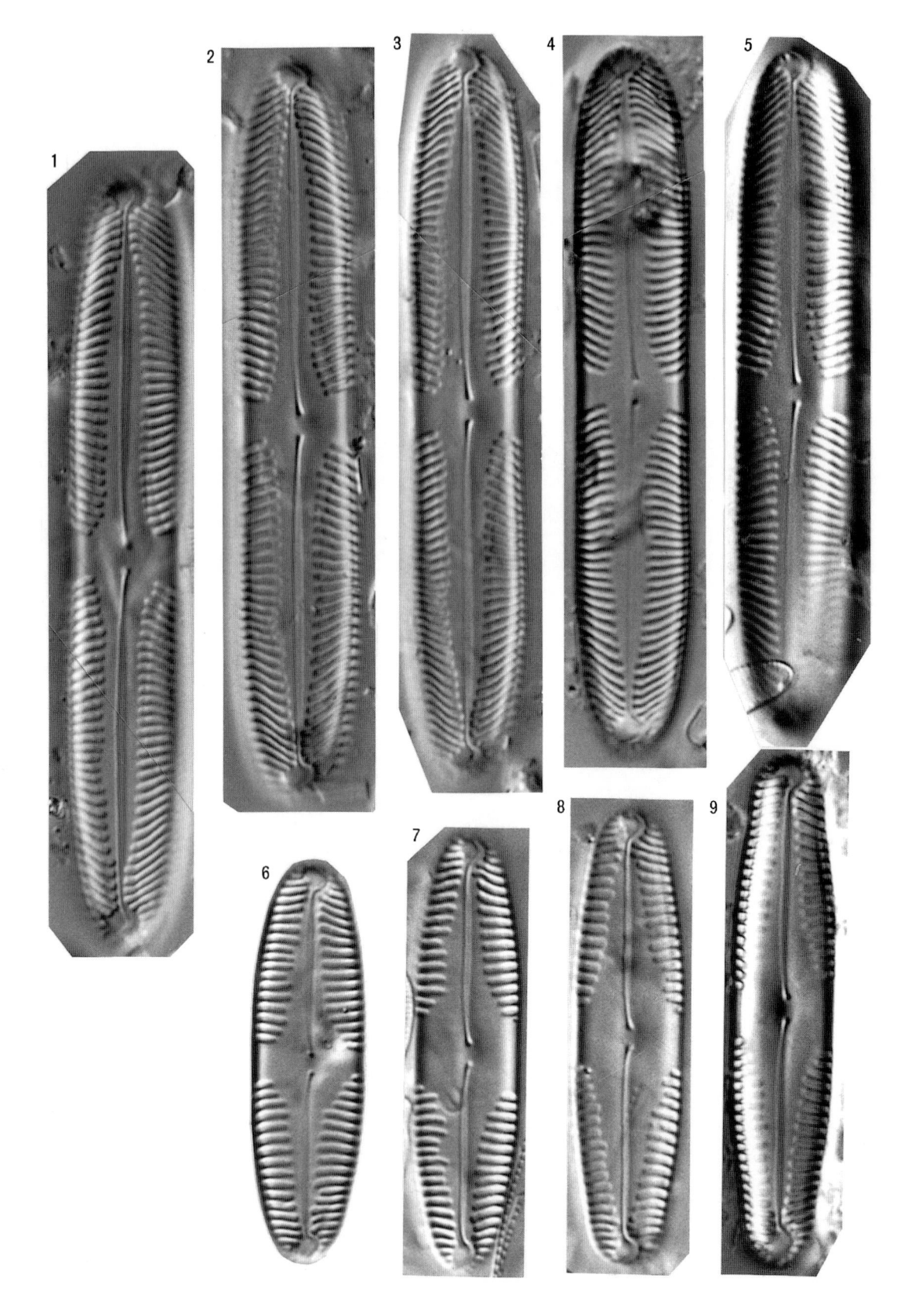

Plate IIB₃-51

***Pinnularia* aff. *triumvirorum* Hustedt var. *triumvirorum* 1937** (Plate IIB$_3$-52：1, 2)

|形態| 殻の形 3-Sta；先端の形 くちばし形［3］，くちばし伸長形［4］；殻長 65-100 μm；幅 11-16 μm；条線 11-13/10 μm，中央部 放散状，殻端部 収斂状；軸域 比較的広く，中心域の近くでさらに広がる；縦溝 極裂は鉤状，中心域の末端は一次殻方向へはねるように曲がり，両先端部の間隔は，他と比べると大きい；中心域 幅広い帯状．

|生態| 八島ヶ原湿原八島ヶ池(pH 5.2)，奈良県明神池(pH 7.5)に出現した稀産種．Hustedt (1937)は，本分類群をジャワの泉，河川から得た試料に基づいて新種として記載している．稀産種．生態未詳．

***Pinnularia stomatophora* (Grunow) Cleve var. *stomatophora* 1891**

(Plate IIB$_3$-52：3)

Basionym：*Navicula stomatophora* Grunow *in* Schmidt *et al.* 1876.

|形態| 殻の形 3-Sta；先端の形 頭円形に近いくさび形［0］，くさび形［11］；殻長 55-115 μm；幅 9.5-12.5 μm；条線 11-14/10 μm，中央部 放散状，先端部 収斂状；軸域 比較的広く，殻幅の1/4-1/3；縦溝 殻端部の極裂は鉤状で，先端部は長軸方向に真っすぐに伸びる．中心域で向かいあう縦溝の末端は，一次殻側へはねるように曲がる；中心域 縦長の楕円または菱形で，大きな個体では帯状，縦溝の両側に，三日月形あるいはすじ状の模様がある．

|生態| 八島ヶ原湿原鬼ヶ泉水(pH 5.1)に出現した稀産種．平野(1972)は，日本アルプスの飛騨山脈の黒部源流平，黒部五郎岳地域からの試料中に本分類群を見いだしている．また，平野，岩城(1972)は，北海道大雪山の池から出現したことを報じている．

Van Dam *et al.* (1994)は，acidophilous, oligosaprobous, oligotraphentic とする．Håkansson (1993)は acidophilous とする．Krammer(2000)は，電解質濃度が低く，pH が 5.5 以下の冷水を好み，ミズゴケのような水中のコケ類の表面に着生することが多く，泥表にも出現するという．

***Pinnularia subgibba* Krammer 1992** (Plate IIB$_3$-52：4)

Syn：*Pinnularia gibba* var. *linearis* sensu Hustedt 1930.

|形態| 殻の形 4-Sta；先端の形 くちばし形［3］；殻長 52-100 μm；幅 7.2-12 μm；条線 8-11/10 μm；中央部 ゆるい放散状，殻端部 収斂状；軸域 中心域へ向かって広がり，殻幅の1/2に達するものもある；中心域 帯状；*P. gibba* Ehrenberg とも似るが，殻縁が平行であること，中心域に影のようなマークがないことによって区別できる．

|生態| 止水域では尾瀬の治右衛門池(pH 6.6)に出現したし，阿寒湖にも出現した(河島，真山 2000)．また，青森県恐山湖からの流出河川(pH 3.4)にも出現した．Krammer(2000)は，普遍種であるが，熱帯では稀にしか出現しないが，中央ヨーロッパ，スコットランド，北欧では稀産種ではないとする．

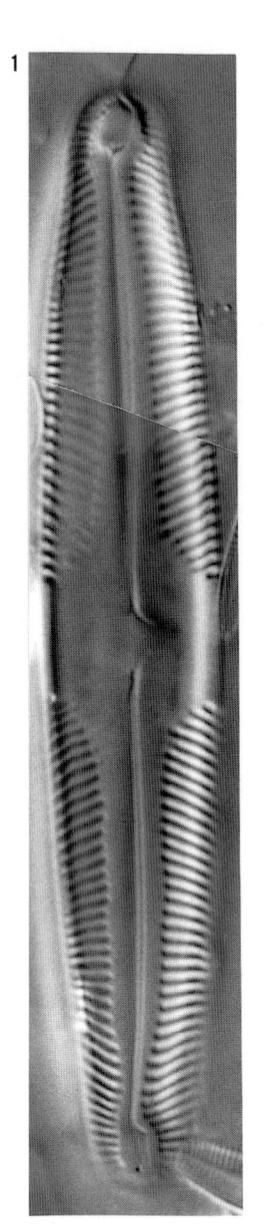

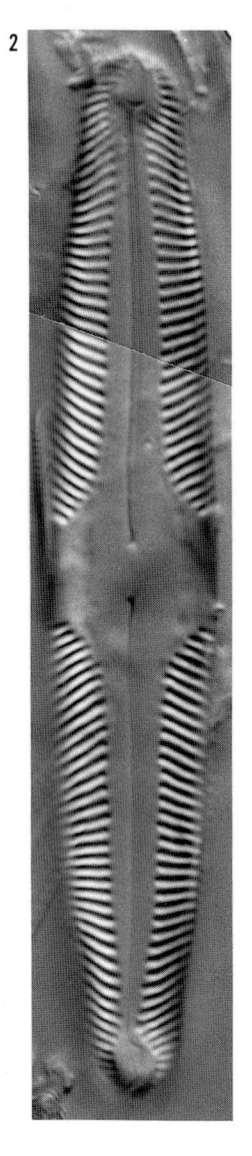

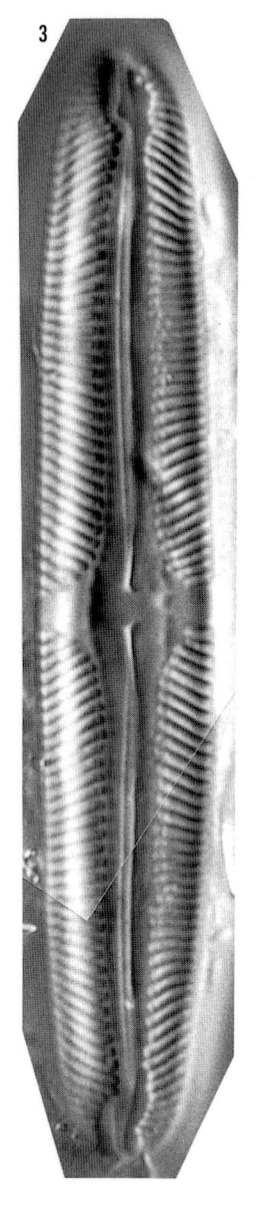

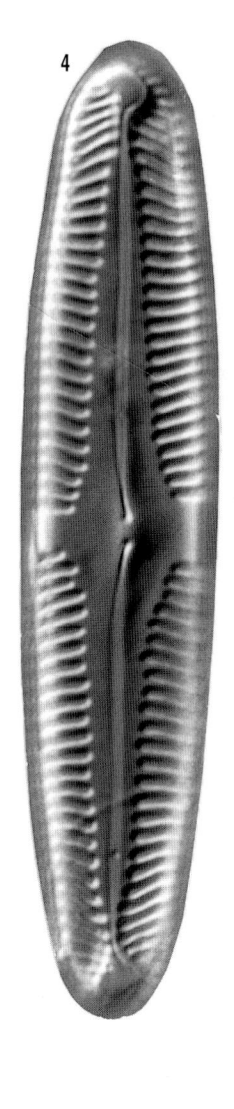

Plate ⅡB₃-52

Pinnularia kirisimaensis Tuji & Tosh. Watan. 2003 (Plate II B₃-53 : 1-5)

Syn：*Pinnularia* sp. sensu Watanabe & Oyanagi 1978.

形態 殻の形 3-Sta；先端の形 くちばし形[3]，くさび形[11]；殻長 50-85 μm；幅 7-9 μm；条線 13-15/10 μm，中央部 放散状，先端部 収斂状；縦溝 真っすぐに伸び，小さな中心孔が，中心域で向かいあう先端部は，通常，一次殻側へわずかに曲がる；軸域 中心域の近くで幅が広がるが，その範囲は，条線の3-5本分ほどの短い範囲にしかすぎない；中心域 殻縁に達する帯状，帯の幅は，条線3-10本分. 本分類群は，*Pinnularia laxa* Hustedt と外形が似るが，本分類群の方が，軸域がやや広いこと，中心域が，長軸方向に短いこと，殻端部での条線の配列が，より強い収斂状配列であること，殻縁が波うって，殻形がプロペラ状を呈することなどの違いによって，区別することができる.

生態 九州霧島公園の不動池(pH 3.8-4.0)のハリミズゴケ(*Sphagnum cuspidatum*)(渡辺，鈴木，高木 1978)群落中の表泥と，群落外の底泥の下層中に豊富に出現した(*Pinnularia* sp. として報告)(渡辺，大柳 1978). 本分類群は，日本の強酸性湖中，不動池以外には出現しないことから，不動池に固有の endemic species と考えられる. **真酸性種.**

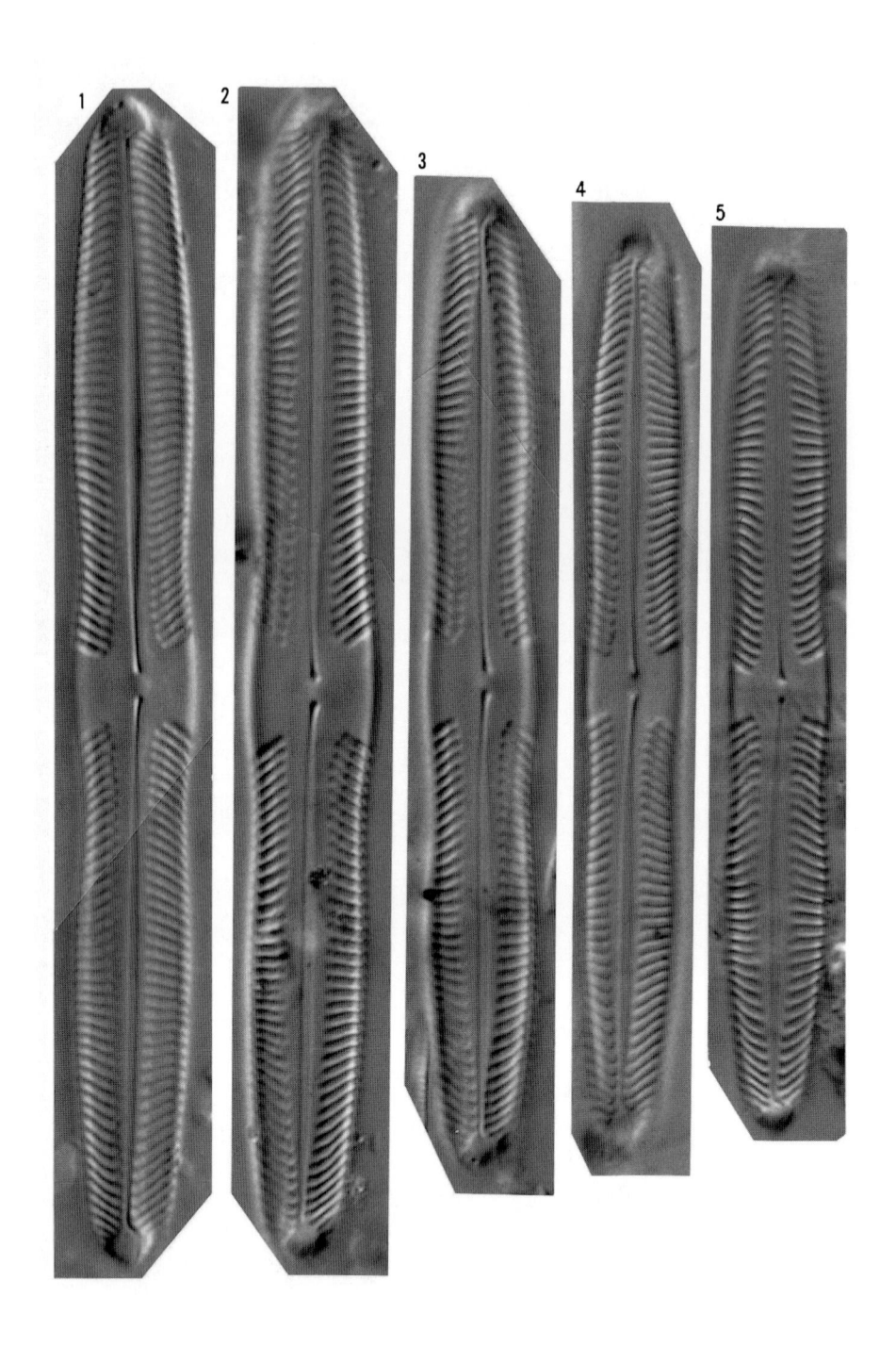

Plate IIB₃-53

Pinnularia divergens W. Smith var. *divergens* 1853 (Plate IIB$_3$-54：1)

形態 殻の形 3-Sta；先端の形 くさび形[11]；殻長 60-110 μm；幅 4-19 μm；条線 9-11/10 μm，中央部 放散状，殻端部 収斂状；縦溝 殻端の極裂は銃剣状，中心域で，中心孔をもった先端部は真っすぐに向かいあうが，極めてわずかに曲がるものもある；軸域 比較的広い，殻端から中心域へ向かって徐々に広がる；中心域 帯状．

生態 日本では，奥野(1952)によって報告されたことがあるが(福島 1957)，稀産種．写真(1)はウラジオストック近郊の River Razdornaya(DAIpo 82, pH 8.3)の清流に出現したもの．

 Van Dam *et al.*(1994)は，pH circumneutral, oligosaprobous, oligotraphentic とする．Håkansson(1993)は，acidophilous とする．

Pinnularia divergens var. *biconstricta*（Cleve-Euler）Cleve-Euler 1955
(Plate IIB$_3$-54：2)

 Syn：*Pinnularia divergens* var. *parallela* f. *biconstricta* Cleve-Euler 1939；*P. divergens* var. *linearis* sensu Krammer 1992．

形態 殻の形 3-Sta，殻縁がわずかに波うち，中央部の殻縁がわずかにふくらむ；先端の形 くちばし形[3]，広円形[0]；殻長 80-125 μm；幅 14-18 μm；条線 9-10/10 μm，中央部 放散状，殻端部 収斂状；軸域 比較的広い；中心域 菱形，帯状．

生態 ウラジオストック近郊の River Razdornaya(DAIpo 98, pH 6.7)に出現した稀産種．日本からは未報告．Krammer(2000)は，中部ヨーロッパ，北欧では，わずかな出現報告しかないとする．生態未詳．

Pinnularia divergens var. *sublinearis* Cleve 1895 (Plate IIB$_3$-54：3)

 Syn：*Pinnularia divergens* f. *linearis* Fontell 1917；*P. divergens* var. *fontellii* Cleve-Euler 1955；*P. divergens* var. *elliptica* sensu Krammer 1992．

形態 殻の形 3-Sta，殻縁平行；先端の形 くちばし形[3]，広円形[0]；殻長 60-110 μm；幅 13.5-17 μm；条線 8-10/10 μm，中央部 放散状，殻端部 収斂状；軸域 比較的広い；縦溝 殻端の極裂は銃剣状，中心域で縦溝は真っすぐに向かいあい曲がらない；中心域 広い菱形で帯状．

生態 別府海地獄の温泉水が流入する池(pH 2.6)に出現した稀産種．Krammer(2000)は，北欧とカナダの湖では稀ではないとし，おそらく亜寒帯に限られた分類群だろうという．

Pinnularia divergens var. *sublineariformis* Krammer 2000 (Plate IIB$_3$-54：4)

形態 殻の形 3-Sta；先端の形 広円形[0]；殻長 40-70 μm；幅 11-13.5 μm；条線 10/10 μm，中心部 放散状，殻端部 収斂状；縦溝 殻端部の極裂は銃剣状，中心域で向かいあう縦溝の先端部は，真っすぐに向かいあって曲がらない；中心域 菱形，狭い帯状．

生態 ウラジオストック近郊の River Amba(DAIpo 59, pH 7.6)に出現したが，日本での報告例はない．

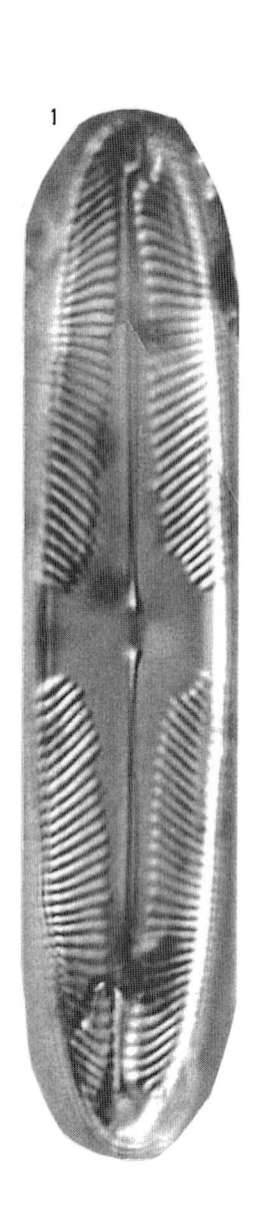

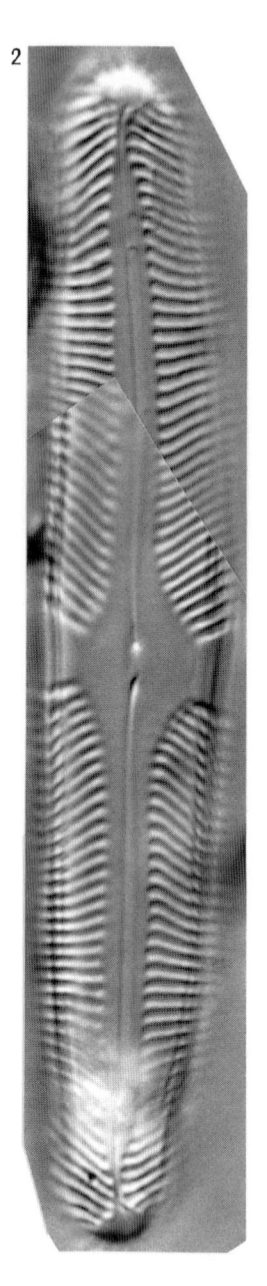

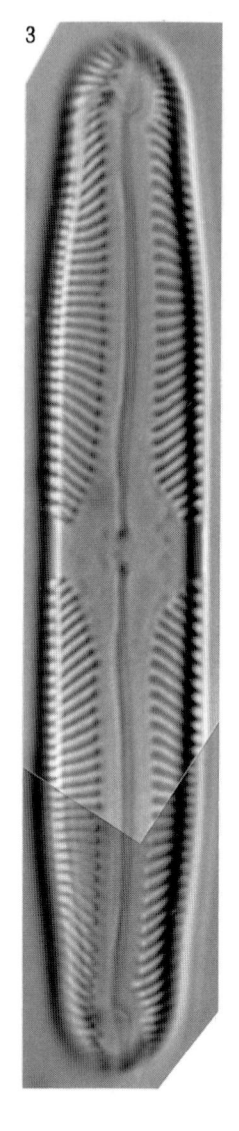

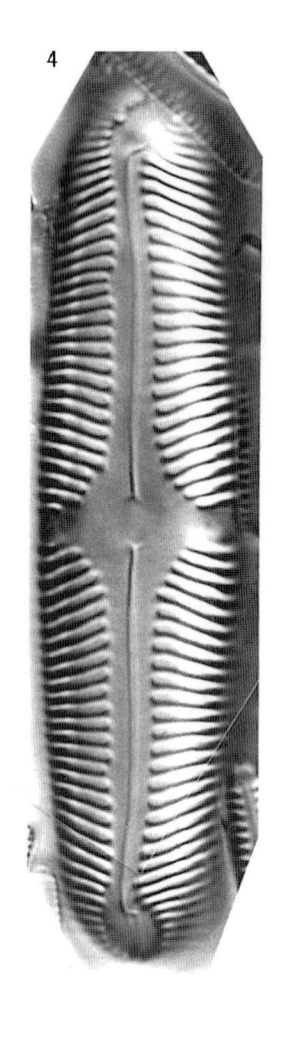

Plate IIB₃-54

Pinnularia acuminata W. Smith var. *acuminata* 1853　　　　　(Plate IIB$_3$-55：1)

　Syn：*Pinnularia hemiptera* sensu Cleve 1895；*P. hemiptera* sensu Hustedt 1930.
　写真(1)は，Krammer(2000)が，morphotype 1 としたものと形態が一致する．
|形態|　殻の形 3-Sta；先端の形 くさび形[11]；殻長 40-82 μm；幅 12-16 μm 本分類群中では，小型のタイプである；条線 8-10/10 μm，中心部 ゆるい放散状，殻端部 ゆるい収斂状；軸域と中心域 中心域はなく，舟形の広い軸域をもつものと，軸域が中央部でわずかに広がる，小さな中心域をもつものともたないものがある；縦溝 中心孔をもつ縦溝の両先端部は，一次殻側へわずかに曲がって向かいあう．
|生態|　カナダの Lake White に出現した．日本では，河島，真山(2000)が阿寒湖から報告しているが，稀産種．Van Dam *et al.* (1994)は，*P. hemiptera* を，pH circumneutral, oligosaprobous, oligotraphentic とする．

Pinnularia acuminata var. *novaezealandica* Krammer 2000　　　　(Plate IIB$_3$-55：2)

|形態|　殻の形 4-Sta；先端の形 くさび形[11]；殻長 70-90 μm；幅 (12)14.7-16 μm；条線 9-10/10 μm，中央部 ゆるい放散状，殻端部 ゆるい収斂状；軸域 広くて長い舟形；縦溝 中央部で，中心孔をもつ先端部は，一次殻側へ曲がって向かいあう；中心域 幅の狭い帯状．
|生態|　カナダの Lake White に出現したが，日本では未だ報告例はない．

Pinnularia perspicua Krammer 2000　　　　(Plate IIB$_3$-55：3)

|形態|　殻の形 4-Sta；先端の形 くさび形[11]，広円形[0]；殻長 40-65 μm；幅 13-15 μm；条線 8-11/10 μm，中央部ゆるい放散状，殻端部ゆるい収斂状；中心域 菱形；軸域 幅の 1/5-1/4，先端部へ向かって次第に細くなる；縦溝 小さい中心孔をもつ中央先端部は，中心域において，一次殻側へゆるく曲がりながら向かいあう．
|生態|　カナダの Lake White に出現．日本では報告例がない．稀産種．

Pinnularia subcommutata Krammer 1992　　　　(Plate IIB$_3$-55：4)

　Syn：*Navicula viridis* var. *commutata* Grunow *in* Van Heurck 1880-1881, 1885, non *N. commutata* Grunow 1876 *in* A. Schmidt *et al.*, non *Pinnularia commutata* (Grunow) Dippel 1904；*Pinnularia rupestris* sensu Krammer 1992.
|形態|　殻の形 4-Sta；先端の形 くさび形[11]；殻長 32-83 μm；幅 10-13.4 μm；条線 9-12/10 μm，中央部 ゆるい放散状，殻端部 ゆるい収斂状；中心域 菱形，中心域の片方の条線 1，2 本が欠除したり，著しく短くなり，左右非相称の菱形となることが，前記 *P. perspicua* との区別点となる．
|生態|　青木湖(DAIpo 73)に出現したが稀産種．
　Van Dam *et al.* は，*P. rupestris* を pH circumneutral, oligotraphentic とする．

Pinnularia karelica Cleve 1891　　　　(Plate IIB$_3$-55：5-7)

|形態|　殻の形 4-Sta；先端の形 広円形[0]；殻長 38-65 μm；幅 10-13 μm；条線 12-15/10 μm，中央部 ゆるい放散状，殻端部 ゆるい収斂状，軸域に沿って，両側に長軸方向の縦走帯(5, 6)がある；縦溝 明確で真っすぐな縦溝は，中心域で中心孔をもつ先端がわずかに一次殻側へ曲がって向かいあう；中心域 広い菱形，縦溝が向かいあう中央の，一次殻側の殻壁が肥厚する(写真(7))．
|生態|　倶多楽湖(DAIpo 71, pH 8.5)，阿寒湖に出現したが，稀産種．Krammer は，電解質濃度の低いまたは中程度の北方アルプスの水域に広く分布するが，稀産種とする．中部ヨーロッパでは，ポーランドの近くのシレシア地方，オーストリアのわずかな水域にのみ出現するという．

Plate II B₃-55

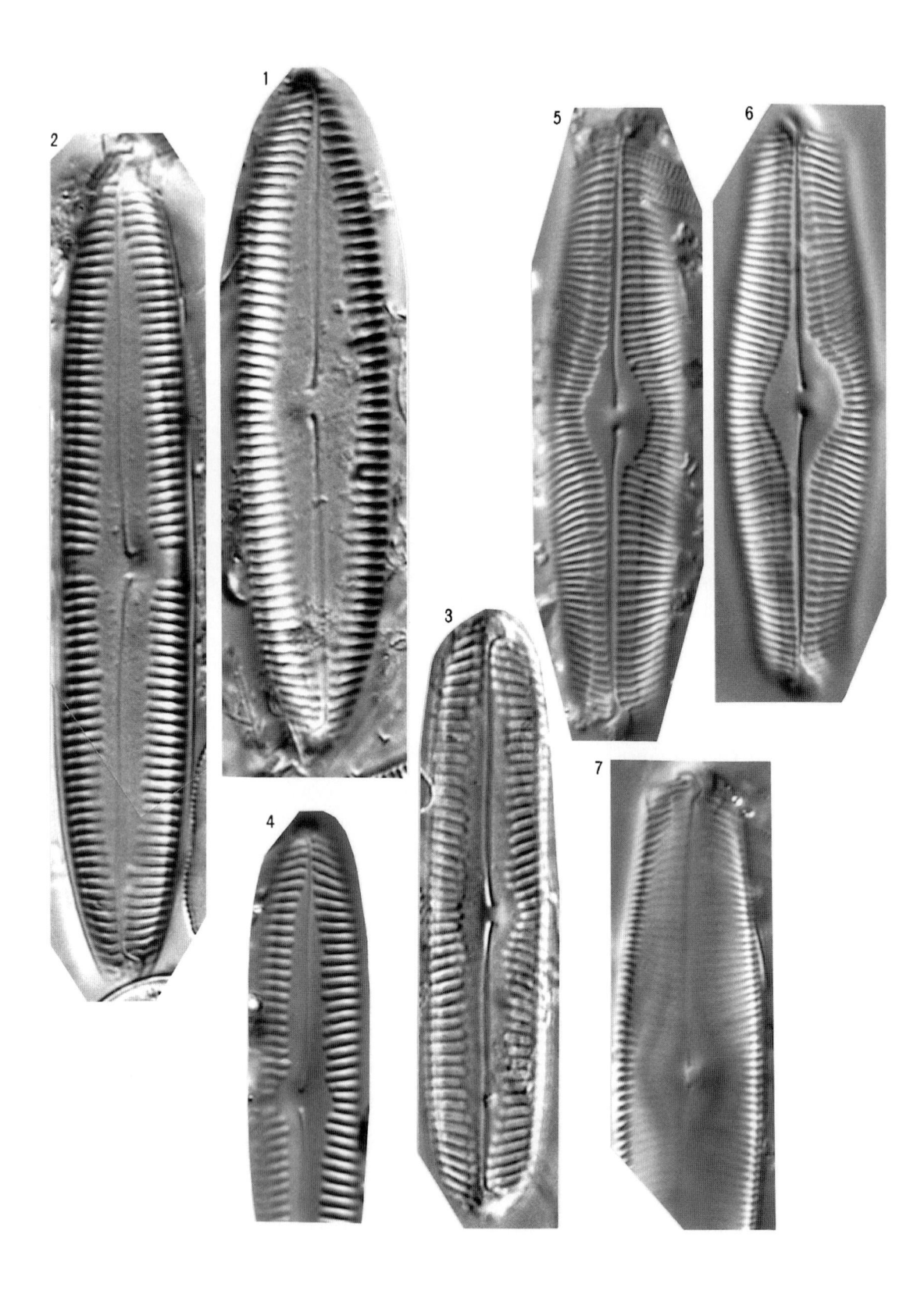

Pinnularia gibba Ehrenberg 1843 (*P. gibba* complex)

(Plate IIB_3-56：1-3)

Syn：*Stauroptera gibba* Ehrenberg 1843；*Navicula stauroptera* Grunow 1860；*N. abaujensis* Pantocsek 1889.

形態 殻の形 3-Sta；先端の形 頭状形[0]；写真(1,2)は，殻縁が波うたないタイプで，Krammer (2000)がmorphotype 2としたものに相当する；殻長 60-110μm；幅 10-13.5μm；条線 8-11/10μm，中央部 放散状，殻端部 収斂状；軸域 比較的広く，殻幅の1/2-2/3，殻端から中心域へ向かって徐々に広くなる；中心域 菱形で帯をもつ，中心部の両側に，4個ほどの影がある；縦溝 鉤状の極裂と，中心孔をもつ中心域の先端は，一次殻側へ曲がる．写真(1,2)は，morphotype 2に酷似するが，軸域がKrammer(2000)Pl.69 Fig.1-5 よりも狭い．また，福島ら(1973)が，*P. gibba* var. *parva* (Ehrenberg) Grunow として掲げた写真(Pl.18, Figs. A, C, D；Pl. 33, Fig. I)の軸域は，本分類群のそれよりも広い．写真(3)は，Krammer(2000)が，*P. parvulissima* と命名したもの(Pl.IIB_3-51：6-9)と，形態特性は一致する．しかしこの分類群のsynonymとして(?)を付して*P. parva* Grunow を挙げている．本書では，これらを併せて*P. gibba* 複合種群とする．

生態 有機汚濁に関しては広適応性種，**pH**に関しては好酸性種．写真(1)〜(3)は，順次尾瀬の治右衛門池(pH 6.6)，十和田湖(DAIpo 72, pH 7.0)産の写真．いずれも比較的清澄な水域．

Van Dam *et al.*(1994)は，pH circumneutral, α-mesosaprobous, oligo-to eutraphentic (hypereutraphentic)とする．Håkansson(1993)は，acidophilousとするが，var. *parva* (Ehrenberg) Grunow はpH indifferent とする．

Pinnularia gibba var. *sancta* (Grunow *ex* Cleve 1895) Meister 1932

(Plate IIB_3-56：4, 5)

Syn：*Pinnularia stauroptera* var. *sancta* Grunow *ex* Cleve 1895.

形態 殻の形 3-Sta；先端の形 くちばし形[3]，くさび形[11]；殻長 42-50μm；幅 10-11μm；条線 8-9/10μm，中央部 ゆるい放散状，殻端部 収斂状；軸域 広く殻端から中心域へ向かって，急に広がり，大きい中心域を形成する；中心域 大きくて，広い帯をもつが，中心域と融合する．本分類群はまた，*P. subbrevistriata* Krammer とも酷似している．

Krammer(2000)は，*P. gibba* var. *parva* sensu Hustedt；*P. gibba* in Metzeltin & Lange-Bertalot 1998 を本分類群のsynonymとしている．*P. gibba* var. *sancta* と *P. subbrevistriata* とは同種異名である可能性がある．

生態 有機汚濁に関しては好汚濁性種，**pH**に関しては中性種．

Pinnularia gibba var. *sancta* の生態図

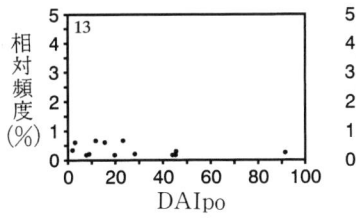

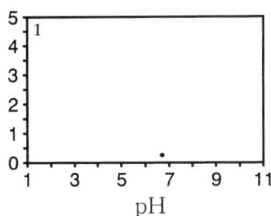

Pinnularia rhombarea var. *variarea* Krammer 2000 (Plate IIB₃-56：6-8)

形態　殻の形 3, 4-Sta；先端の形 頭状形[5]に近いくちばし形[3]；殻長 40-72μm；幅 10-12μm；条線 10-11/10μm，中央部 ゆるい放散状，殻端部 ゆるい収斂状；軸域 比較的広く幅の約1/3；中心域 幅が広く殻縁に達する帯をもつもの(6, 7)と菱形で帯をもたないもの(8)とがある．

　P. rhombarea の synonym に *P. microstauron* (Ehrenberg) Cleve の morphotype 3 *in* Krammer 1992 が置かれている．写真(6, 7)は，Krammer(2000)が *P. microstauron* var. *microstauron* として記載した Pl.IIB₃-50：1-5 とも酷似するが，先端の形態，軸域の広さが異なる．

生態　写真(6)は別府平田川下流地点(pH 6.7)，写真(7)は，淀川天ヶ瀬ダム大峰橋(DAIpo 60, pH 7.5)のいずれも α 貧腐水性水域に出現したものである．写真(8)は，琵琶湖への流入河川大同川 (DAIpo 74, pH 8.1)，長命寺川(DAIpo 59, pH 7.0)に出現したものである．

Pinnularia subcommutata Krammer 1992 (Plate IIB₃-56：9)

形態　殻の形 3-Sta；先端の形 広円形[0]，くさび形[11]；殻長 32-83μm；幅 10-13.4μm；条線 9-12/10μm，中央部 ゆるい放散状，殻端部 平行またはゆるい収斂状；中心域 角のとれた菱形または円形，中央片側のみ，条線 1-2 本分が欠除するか，または短くなって，帯に準じた空域が中心域を横切る；縦溝 中心域で，中心孔をもった先端部は，一次殻側へ曲がって向かいあう；軸域に沿って両側に，長軸方向に伸びた広いバンドが走る．

生態　ウラジオストック近郊の河川 R. Kaskadnj(DAIpo 63, pH 7.3)に出現した．日本では未記録．Krammer(2000)は，中央ヨーロッパでは電解質濃度の低いまたは中程度の貧栄養から中栄養の水域に，豊富に出現することは稀ではなく，おそらく北方水域に多い分類群であろうという．

Plate II B₃-56

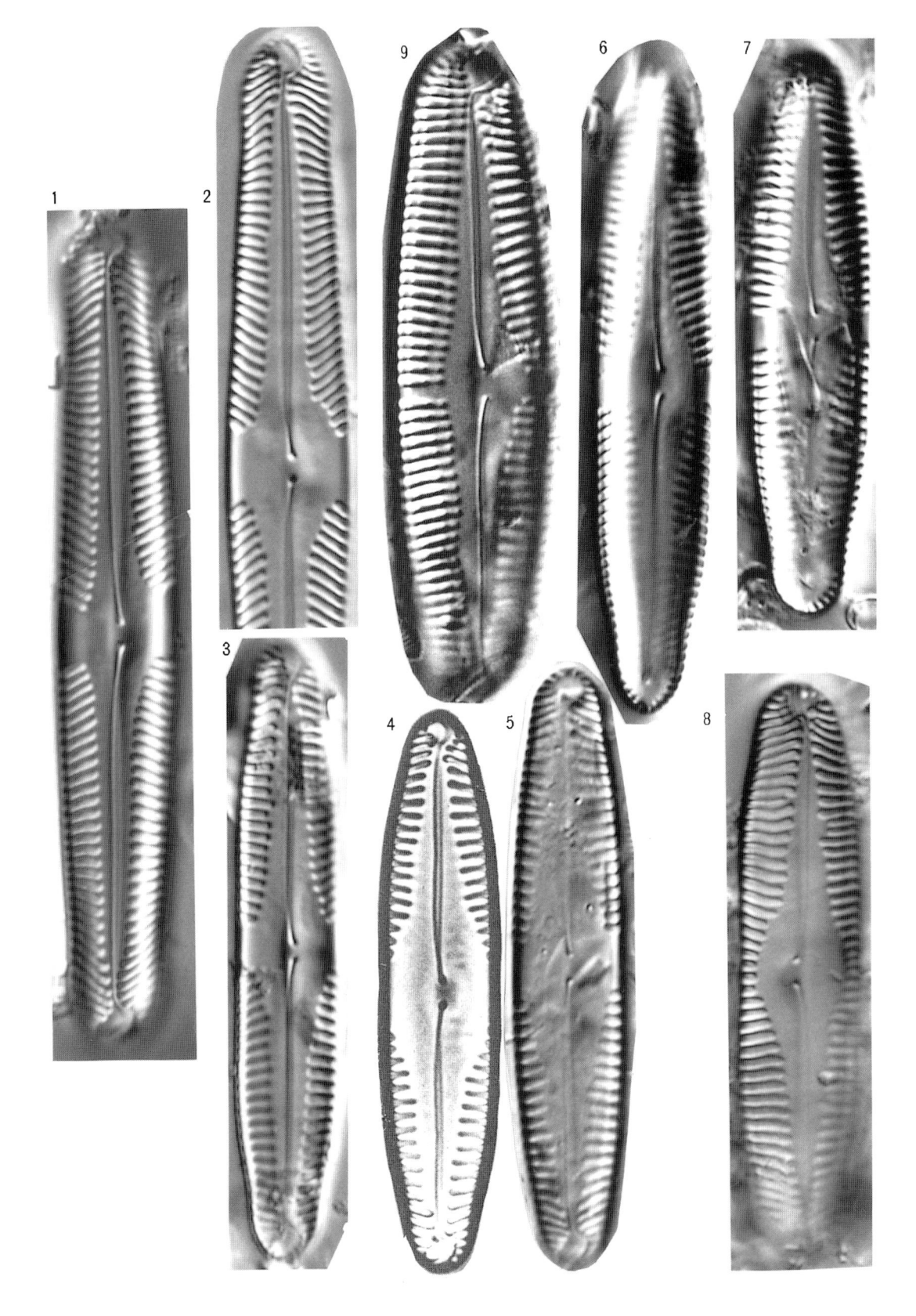

391

Pinnularia acrosphaeria W. Smith var. ***acrosphaeria*** 1853　　　(Plate IIB$_3$-57：1)

　　Syn：*Pinnularia acrosphaeria* Rabenhorst 1853；non *Frustulia acrosphaeria* Brébisson 1838.
　形態　殻の形 3-Bic；先端の形 広円形[0]；殻長 60-116μm；幅 11.5-15μm；条線 10-12/10μm，中央部 極めてゆるい放散状または平行，先端部 平行または極めてゆるい収斂状；軸域 極めて広く，幅の 1/3 以上，中央部でややふくれるが，明瞭な中心域を形成するまでにはいたらない．
　生態　御在所温泉(pH 7.7)，奈良市佐保川(DAIpo 24, 45)に出現したが，いずれも相対頻度は極めて低い(1%以下)．日本では古くから，関東以西の水域からの出現の報告がある．
　　Van Dam *et al.*(1994)は，pH circumneutral, oligosaprobous, oligo-mesotraphentic とする．

Pinnularia brebissonii（Kützing）Rabenhorst var. ***brebissonii*** 1864

(Plate IIB$_3$-57：2)

　　Basionym：*Navicula brebissonii* Kützing 1844. Syn：*Frustulia bipunctata* Brébisson 1838；*Pinnularia stauroneiformis* W. Smith 1853.
　形態　殻の形 3-Sta；先端の形 くさび形[11]；殻長 15-87μm；幅 5.6-12μm；条線 9-13/10μm，中央部放散状，先端部収斂状；縦溝 中心域で，円くて大きい中心孔をもつ先端部が，極めてわずかに一次殻側へ頭を向けるようにして向かいあう；軸域 中心域へ向かって広がり，殻幅の 1/3 以上に達することもある；中心域 殻縁に達する帯状．
　生態　青森恐山湖からの流出河川正津川(pH 3.4)に出現した稀産種．古くに諏訪湖に出現した記録もある．
　　Krammer(2000)は，電解質濃度が平均から高い水域に出現し，汽水域にも出現するという．

Pinnularia subgibba Krammer 1992　　　(Plate IIB$_3$-57：3)

　　Syn：*Pinnularia gibba* var. *linearis* sensu Hustedt 1930.
　形態　殻の形 4-Sta；先端の形 くちばし形[3]；殻長 52-100μm；幅 7.2-12μm；条線 8-11/10μm，中心部 ゆるい放散状，殻端部 収斂状；軸域 中心域へ向かって広がり，殻幅の 1/2 に達するものもある；中心域 帯状；*P. gibba* Ehrenberg とも似るが，殻縁が平行であること，中心域に影のようなマークがないことによって区別できる．
　生態　尾瀬の治右衛門池(pH 6.6)，阿寒湖に出現(河島，真山 2000)．Krammer(2000)は，普遍種であるが，熱帯では稀にしか出現しない．また，中央ヨーロッパ，スコットランド，北欧では稀ではないとする．

Pinnularia biglobosa var. ***genuina*** f. ***interrupta*** Cleve-Euler 1955

(Plate IIB$_3$-57：4, 5)

　　Syn：(?)*Pinnularia subgibba* var. *undulata* Krammer.
　形態　殻の形 5-Sta；先端の形 頭状形[5]；殻長 35-110μm；幅 8-16μm；条線 8-12/10μm，中央部 ゆるい放散状，殻端部 収斂状；縦溝 極裂は鉤状，中心域では小さい中心孔をもつ先端部が，一次殻側へゆるく曲がって向かいあう；軸域 極めて応く，殻幅の 1/3 以上に達する；中心域 帯状だが，広がった軸域とあわせると，中心域が上下に伸びて，広い舟形を呈するように見える．
　生態　青森県恐山湖からの流出河川正津川(pH 3.4)に出現した稀産種．生態未詳．Cleve-Euler(1955)は，淡水産で，中栄養水域に出現したという．

Pinnularia nodosa (Ehrenberg) W. Smith 1856 (Plate IIB_3-57:6)

Basionym：*Navicula nodosa* Ehrenberg 1838.

形態 殻の形 3-Bic；先端の形 頭状形[5]；殻長 25-72 μm；幅 5.3-9 μm，殻縁 三度波うつ．または真っすぐ；条線 8-12/10 μm，中央部 ゆるい放散状，殻端部 収斂状；軸域 比較的広い；中心域 両殻縁にまで達する帯状，片側のみ殻縁に達する帯状，または帯がなく，丸い菱形など多様．

生態 志賀高原の木戸池(pH 6.8-7.4)に出現したが，日本では稀少種．

Van Dam *et al.*(1994)は，acidophilous, oligosaprobous, oligotraphentic とする．Håkansson(1993)は，pH indifferent とする．Krammer(2000)は，電解質濃度が中〜低位で，pH が 5.5 以下の水域によく出現するが，ミズゴケのある湿地帯と湧水のあるところに，最も普通に出現するという．

Pinnularia lundii var. *linearis* Krammer 2000 (Plate IIB_3-57:7)

Syn：*Pinnularia globiceps* var. *crassior* Grunow 1880；*P. interrupta* var. *crassior* (Grunow) Cleve 1895.

形態 殻の形 2-Sta；先端の形 頭状形[5]；殻長 30-60 μm；幅 9-13 μm，殻縁 平行に近い；条線 10-13/10 μm，中央部 放散状，殻端部 収斂状；縦溝 極裂部から中心域へ向かって真っすぐに伸びて，中心孔をもつ先端部は，曲がらないで向かいあう；軸域 狭い；中心域 帯状．

生態 日本からは報告されていない．ウラジオストック近郊の R.Razdornaya(DAIpo 56-91, pH7.4-8.3)に出現．

Van Dam *et al.*(1994)は，*P. lundii* Hustedt を acidophilous, mesotraphentic とする．

Pinnularia anglica Krammer 1992 (Plate IIB_3-57:8)

本分類群は，すでに Pl.IIB_3-44:13-16 において，形態，生態特性が記述されている．Pl.II B_3-44 の写真は，Krammer(2000)が morphotype 1 としたものに相当し，ここに挙げた写真は，morphotype 2 である．この type は，中心域が，広い帯をもつことと，先端部が広円形の頭状であることとによって，morphotype 1 と区別できる．

Plate ⅡB₃-57

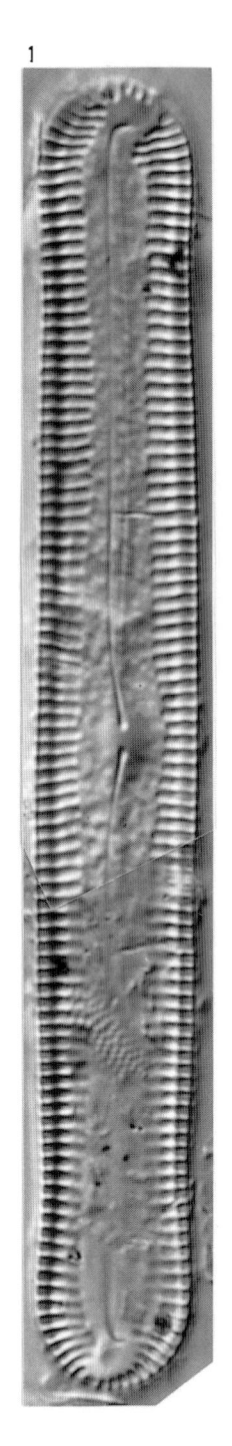

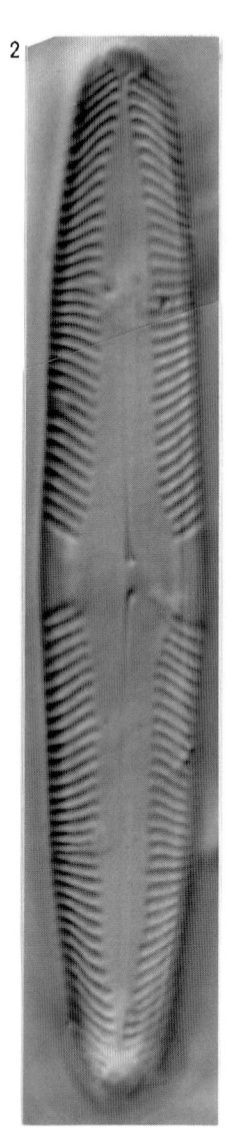

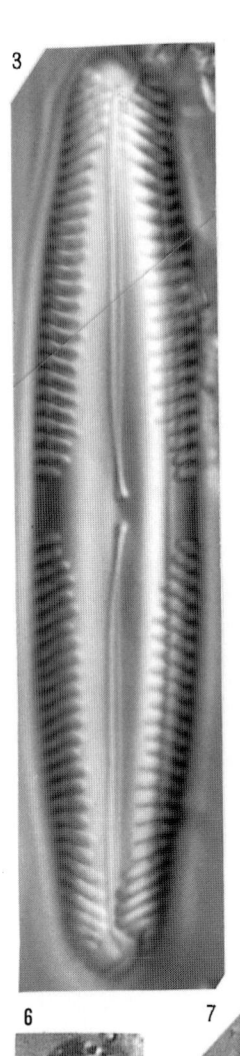

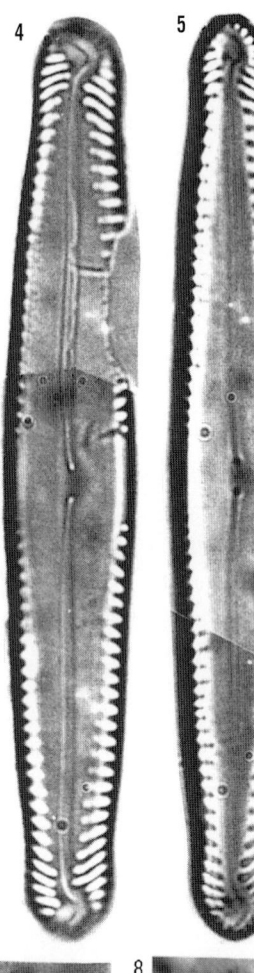

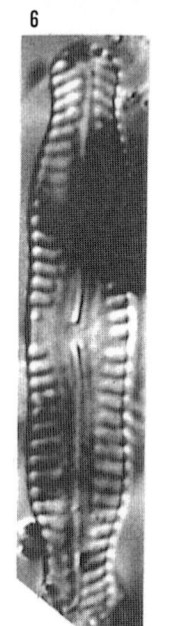

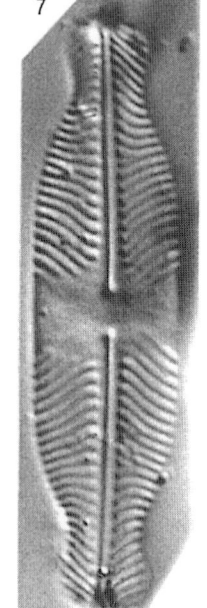

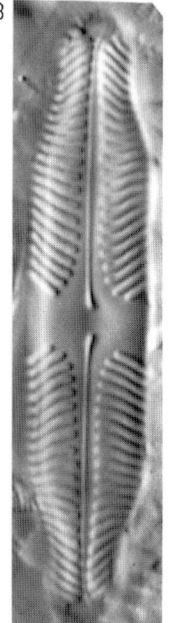

394

Pinnularia rhomboelliptica Krammer var. *rhomboelliptica* 2000
(Plate IIB$_3$-58：1)

形態 殻の形 3-Sta；先端の形 くさび形[11]；殻長 70-120 μm；幅 9-22 μm，大型の分類群；条線 7-8(9)/10 μm；中央部 ゆるい放散状，殻端部 平行または収斂状；軸域 真っすぐ伸びる，幅は殻幅の 1/4-1/5；中心域 狭い，しばしば左右非相称であったり，片方のみがへこむこともある．軸域に沿ってその両側に長軸方向にバンドが走る．

生態 志賀高原の蓮池(pH 7.2)に出現した稀産種．
　Krammer(2000)は，おそらく全北区およびそれとよく似た気候の地帯に分布すると考えており，電解質の低濃度から平均的濃度をもつ貧栄養湖に豊富に産するという．

Pinnularia neglectiformis Krammer 2000
(Plate IIB$_3$-58：2)

形態 殻の形 4-Sta；先端の形 くさび形[11]；殻長 80-130 μm；幅 16-20 μm，大型の分類群；条線 8-9/10 μm，中央部 ゆるい放散状，殻端部 収斂状；縦溝 外裂溝が波うつ，中心孔をもつ先端部は，中心域で軽く一次殻側へ曲がって向かいあう；軸域 比較的広い，軸域に沿って，その両側に，長軸方向にバンドが走る；中心域 丸みを帯びた菱形，帯はない．

生態 奈良の溜池に出現した稀産種．Krammer(2000)は，ドイツ Franken の養魚池からの試料に基づいて，この新種を記載したが，他の養魚池からも出現の報告があり，平均的な電解質濃度の中栄養水域を好む種であるという．

Pinnularia viridiformis Krammer var. *viridiformis* 1992
(Plate IIB$_3$-58：3)

Syn：*Pinnularia viridis* var. *minor* Cleve 1891；*P. streptoraphe* var. *minor* (Cleve) Cleve 1895.

形態 殻の形 3-Sta；先端の形 広円形[0]；殻長 70-145 μm；幅 16-20 μm；条線 8-10/10 μm，中央部 ゆるい放散状，殻端部 ゆるい収斂状；縦溝 外裂溝は波うたずに比較的真っすぐに走る，極裂部，中央先端部共に一次殻側へ曲がる；軸域 比較的広く，殻幅の 1/3-1/5，軸域の両側に，軸域に沿ってベルトが長軸方向に走る；中心域 軸域の幅よりもわずかに広い楕円形，左右非相称のことが多い．前記の *P. neglectiformis* と酷似するが，縦溝の特性によって区別できる．

生態 志賀高原の木戸池(pH 6.8)などに出現．Krammer(2000)は，電解質の低濃度から，平均的濃度をもつ貧栄養から中栄養までの湖沼に，最も普通に出現する種であると記している．

Pinnularia pseudogibba var. *rostrata* Krammer 1992
(Plate IIB$_3$-58：4)

形態 殻の形 3-Sta；先端の形 くちばし形[3]；殻長 45-70 μm；幅 9-10 μm；条線 10-12/10 μm，中央部 ゆるい放散状，先端部 収斂状；縦溝 極裂部から中心域へ真っすぐに伸び，中心孔をもつ先端部は，一次殻側へ軽く曲がって向かいあう；軸域 比較的広く，殻幅の 1/4-1/5；中心域 不明瞭な菱形，左右非相称の帯をもつ，中心結節が中心域の中央に，中心孔にはさまれた位置にある．

生態 志賀高原の下の小池(pH 6.2)に出現した稀産種．Krammer(2000)は，溶存酸素量が豊富で，金属塩濃度の低い貧栄養の冷たい小川のような水域では，稀ではないという．

Plate IIB₃-58

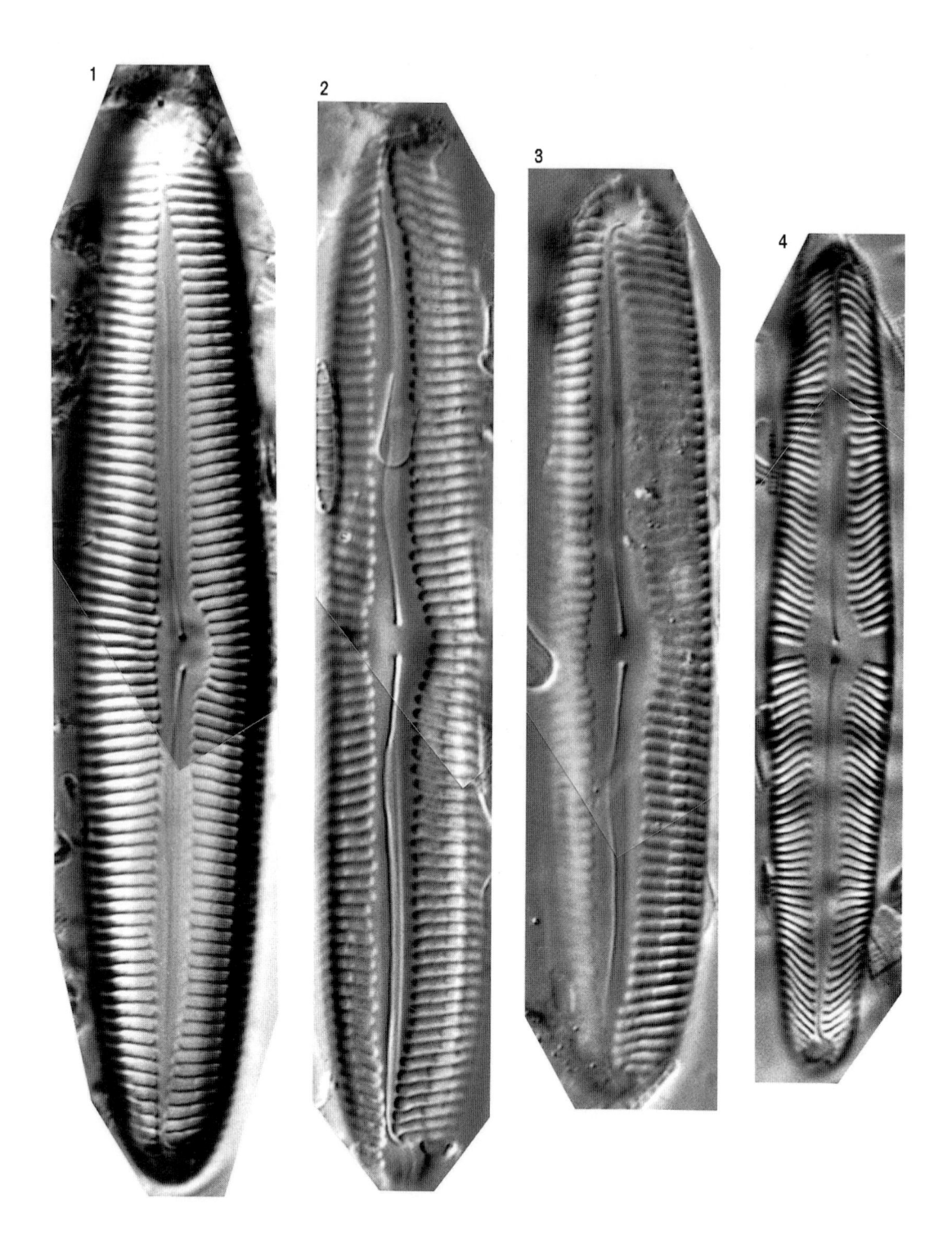

Pinnularia undula var. *major* (A.W.F Schmidt) Krammer 2000 (Plate IIB₃-59：1)

Syn：*Navicula legumen* f. *major* A.W.F. Schmidt 1875.

形態　殻の形 3-Con；先端の形 くちばし伸長形[4]；殻長 100-135 μm；幅 20-22 μm，大型の分類群；条線 8-10/10 μm，中央部 放散状，殻端部 収斂状；縦溝 極裂部から中心域へ向かって真っすぐに走り，中心孔をもつ先端部は，極めてわずかに一次殻側へ振れるようにして向かいあう；軸域 殻がよく肥厚し，縦溝が際だって深く見える軸域の幅は，殻の幅のおよそ 1/3-1/5；中心域 大きくて円形または横広の楕円形，斑点様の模様が数個不規則に散在する．

生態　日本では木崎湖，池田湖から *P. legumen* が報告された例はあるが，本分類群とは，形態が大きく異なる．写真(1)は，カナダの Lake White に出現したものである．Krammer(2000)は，アメリカでは，化石珪藻として出現することは珍しくないとする．

Pinnularia brevicostata Cleve 1891 (Plate IIB₃-59：2)

Krammer(2000)は，Hustedt(1930)に記載されている本分類群を，新種 *P. cruxarea* Krammer の synonym としたが，写真(2)に示したように，殻幅に対する殻長の比は 9.5 および先端の形も新種とは異なるので，*P. brevicostata* と同定した．

形態　殻の形 5-Sta；先端の形 くさび形[11]；殻長 70-120 μm；幅 12-16 μm；殻長/幅の値は，Krammer(2000)は，5.5-7.5 とするが，写真(2)は 9.4 で極めて狭長である；条線 8-10/10 μm，中央部 ゆるい放散状，殻端部 収斂状；軸域 極めて広く，殻幅の 3/4 に達するものもある；縦溝 外裂溝はわずかに曲がる，中心孔をもつ先端部は一次殻側へ少し曲がって向かいあう；中心域 軸域がわずかに広がるものもある(写真)が，普通，中心域はない．

生態　奈良県十津川村湯泉地温泉湧出路(pH 8.5)に出現した．長野県和村，木崎湖(Skvortzow 1936)からの報告もある．小林，原口(1969)は，埼玉県川越市の溢水池からの出現を記している．稀産．Krammer(2000)も，本分類群の確かな出現は極めて少なく，わずか二，三の報告があるにすぎないという．

Van Dam *et al.*(1994)は，acidophilous, oligosaprobous, oligotraphentic とする．Håkansson(1993)は acidophilous とする．

Pinnularia viridis (Nitzsch) Ehrenberg 1843 (Plate IIB$_3$-59：3)

Basionym：*Bacillaria viridis* Nitzsch 1817.

形態 殻の形 3-Sta；先端の形 広円形[0]；殻長 100-182 μm；幅 21-30 μm，*Pinnularia* 中最大級の分類群；条線 6-7/10 μm，中央部 放散状，殻端部 ゆるい収斂状；縦溝 外裂溝が軽く波うつ，中心孔をもつ先端部は，中心域において，一次殻側へゆるく曲がる；軸域 通常殻幅の 1/4-1/5 であるが 1/3 に近いものもある；中心域 軸域が少し広がり，通常左右非相称；軸域の両側に，長軸方向のバンドが走る．

生態 大型の世界普遍種，有機汚濁に関しては，DAIpo 34 の α 中腐水性水域から 84 の β 貧腐水性の水域にまで分布する**広適応性種**であるが，相対頻度は常に低く，0.3%以下である．**pH に関しては中性種**であるが，稀に pH 9.8 高アルカリ水域(長野県塩沢鉱泉の流出口付近)にも出現した．

Van Dam *et al.*(1994)は，pH circumneutral, β-mesosaprobous, oligo-to eutraphentic (hyper-eutraphentic)とする．Håkansson(1993), Foged(1953, 1964), Hustedt(1957), Merilainen(1967) も pH indifferent とする．Lowe(1974)は oligosaprobic から α-mesosaprobic までの水域に広く分布するとする．

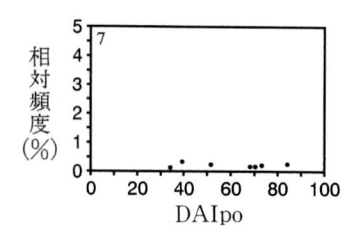

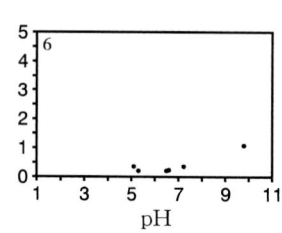

Pinnularia viridis の生態図

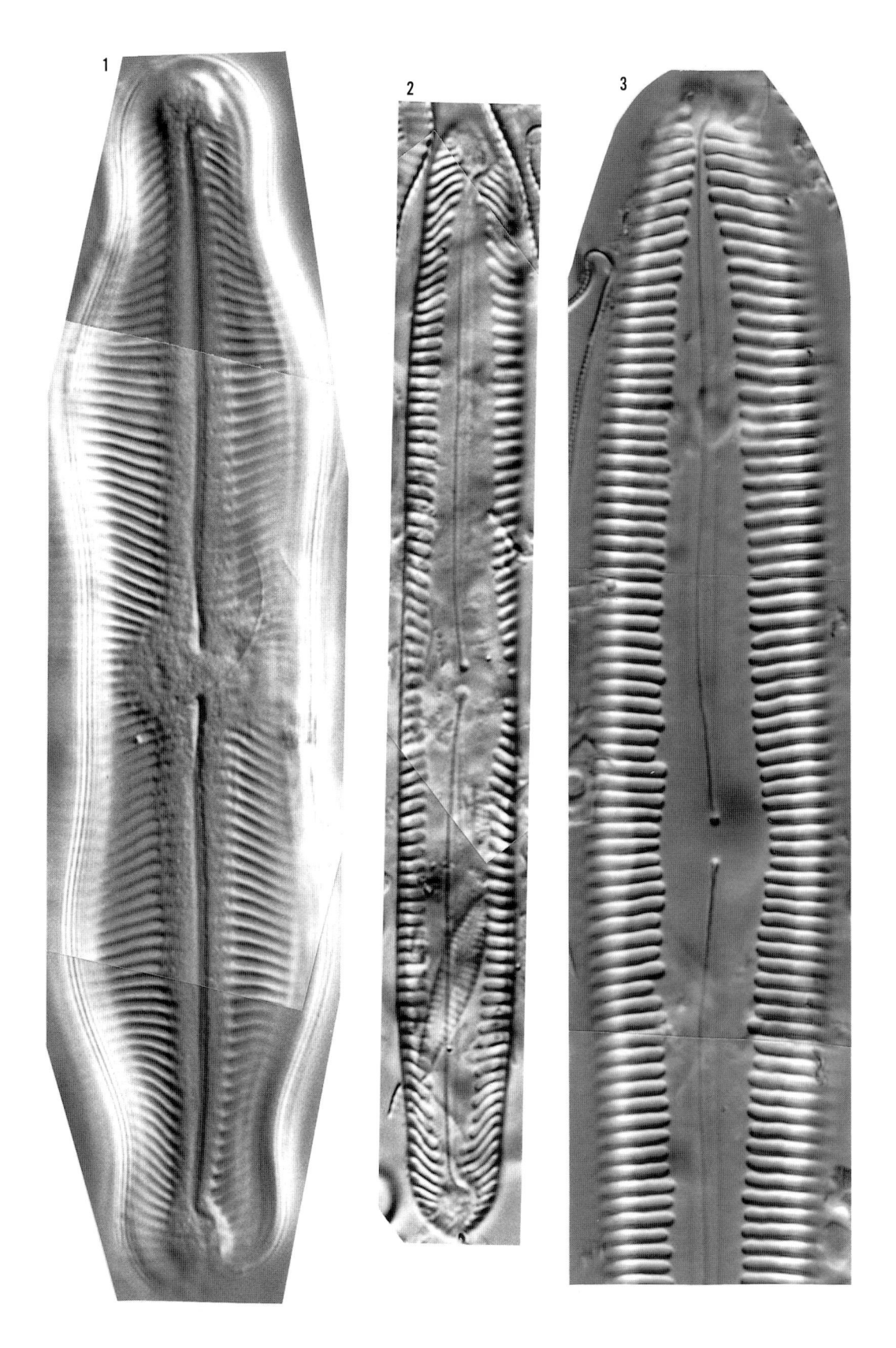

Plate II B$_3$-59

Pinnularia acidobionta Tuji & Tosh. Watanabe 2003　　　　　(Plate II B$_3$-60：1-4)
linear form

形態　殻の形 4-Sta，両殻縁は平行(写真(1))または中央部がふくらむ(写真(2))；先端の形 広円形 [0]；殻長 75-110 μm；幅 11-24 μm；条線 (9)11-13/10 μm，中央部 ゆるい放散状，殻端部 極めてゆるい収斂状；縦溝 極裂は鉤状，中心域における先端部には中心孔がなく，通常真っすぐに向かいあうが，極めてわずかに一次殻側へ曲がって向かいあうものもある；軸域 殻端部から中心域へ向かって徐々に広がる，軸域に沿って，両側にベルトが長軸方向に走る，縦溝の両側に肋骨状の薄い影がある(1, 3)；中心域 長軸方向に長い楕円形，中心結節が一次殻側へ片寄って存在する．本分類群は *P. krasskei* Hustedt と形態は酷似する．しかし，本分類群には中心孔はなく，縦溝の両側に肋骨状の影がある点で異なる．

生態　恐山湖(pH 3.2-3.7)と，その湖からの流出河川正津川(pH 2.7-3.4)および，恐山湖湖畔の円通寺境内極楽浜の小池に出現した．本分類群は，日本の無機，有機酸性水域中，上記産地以外には出現していない．したがって，本分類群は恐山周辺水域における固有種と考えられる．**pH に関しては真酸性種．**

Plate IIB₃-60

401

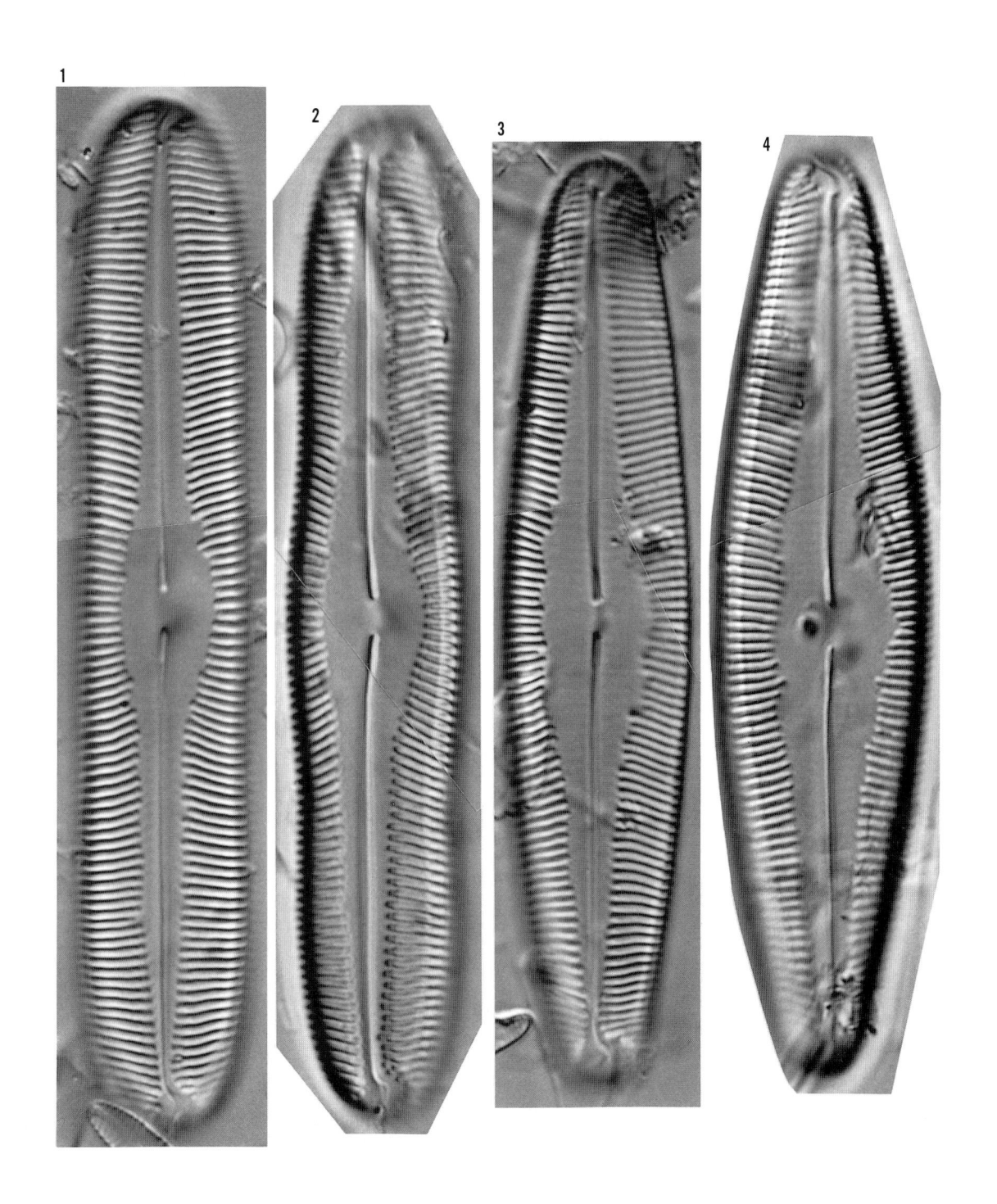

Pinnularia acidobionta Tuji & Tosh. Watanabe 2003 (Plate IIB$_3$-61 : 1-3)
rhombic-lanceolate form

形態 殻の形 1-3-Swo；先端の形 広円形[0]，くちばし形[3]，くちばし伸長形[4]；殻長 60-115 μm；幅 20-35 μm；弱いくびれがあり，前記の form とは異なった殻形となる；他の特性は，前記の form と同等．本変種は，Negoro & Kawashima(1990)が，芦ノ湖に出現した *Caloneis permagna* (Bailey) Cleve として報告したものと，形態は似る．しかし，*C. permagna* の中心孔は大きくふくらみ，中心域での縦溝先端部は，はっきりと一次殻側へ曲がって向かいあう．また，本分類群に認められた，縦溝の両側の肋骨状の影は，*C. permagna* には認められない．

本分類群と，Pl. IIB$_3$-60 の分類群とは，外形は異なっているが，下記のような共通の形態特性をもつ同一種群である．
1. 条線は 9-13/10 μm で，中央部ではゆるい放散状，殻端部では，平行に近い収斂状である．
2. 中心域の形態は，殻縁が平行または中央部のみ，ゆるくふくらむ linear form においては楕円形であるが，rhombic-lanceolate form では，比較的広い軸域とあわさって，舟形の無条線域を形成する．
3. 縦溝は真っすぐに伸び，極裂は軽く鉤状に曲がるが，中心孔はなく，中心域で向かいあう縦溝先端部は曲がらないものが多い．極めて軽く曲がるものもある(写真(2))が，そのような個体は少ない．
4. 軸域と中心域の，縦溝の両側に，肋骨様の影が存在する．

生態 これら 2 つの form を保有する本分類群は，恐山湖と，その流出河川にのみ出現し，筆者らが調査した，無機酸性，有機酸性を含めて，161 の酸性水域の珪藻群集中には出現しなかった．もちろん，酸性水域以外の水域にも出現しなかった．これらのことから，本分類群は，恐山湖で分化して，分布域が未だ他水域に広がっていない，恐山湖とその周辺の水域にのみ生存する固有種と考えられる．本分類群もまた**真酸性種**である．

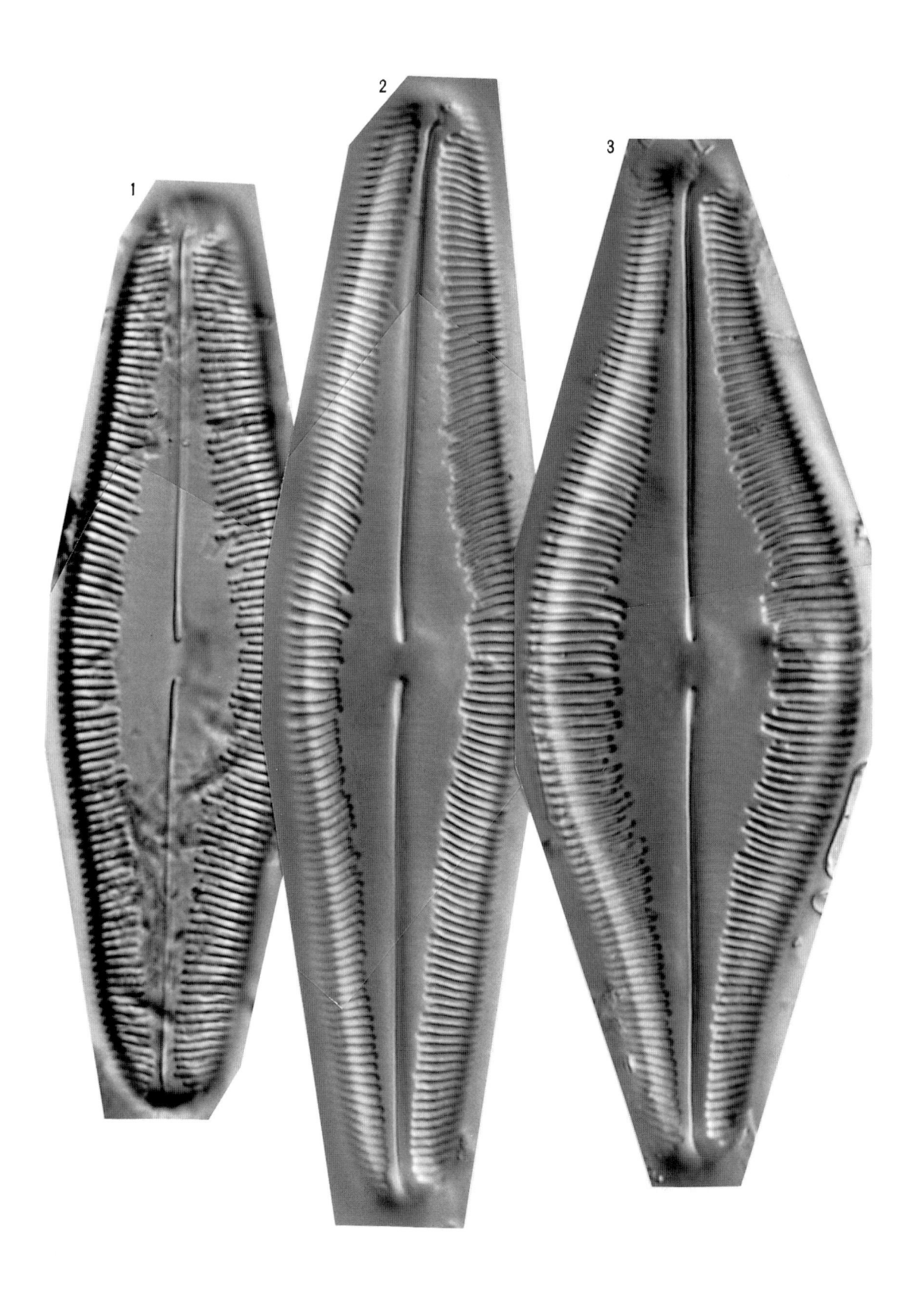

Plate IIB₃-61

Amphora Ehrenberg *in* Kützing 1844 (Plate IIB_3-62〜IIB_3-64)

生活様式：本属の多くの分類群は，海産または汽水産である．淡水域に付着性種として出現した分類群は 10 種余である．相対頻度が高くなる分類群は，*Amphora pediculus* と *A.inariensis* のみで，他は 5％以下であることが多い．

葉緑体：帯面観のどちらにおいても，H字形に見える 1 個の葉緑体をもつ(下図)．

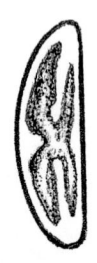

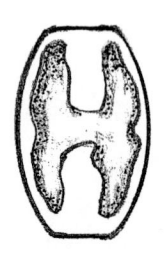

図IIB_3-9　*Amphora*の殻面観(左)と帯面観(右)

殻 面 観：殻の形は 4-Lun．
帯 面 観：どの分類群も樽状形．

種の同定に必要な記載事項

例：*Amphora pediculus*
1. 殻の形 4-Lun，先端の形 くさび形[11]
2. 殻の大きさ 殻長 19.5 μm，幅 7 μm(帯面観)，17 μm(殻面観)
3. 条線 16-17/10 μm(背側)，17/10 μm
4. 胞紋 確認できない

Amphora ovalis（Kützing）Kützing 1844 (Plate IIB$_3$-62：1-4)

Basionym：*Frustulia ovalis* Kützing 1833. Syn：*Amphora gracilis* Ehrenberg 1843.

形態 殻の形 4-Lun；先端の形 くさび形[12]；殻長 30-105 μm；幅 7-17 μm；条線 10-13/10 μm，胞紋は不等長；縦溝は中央部で一度波うち，先端部が背側へ強く曲がって向きあう特性によって下記の *A. copulata* と区別できる．

生態 有機汚濁に関しては好清水性種，pH に関しては好アルカリ性種．

Van Dam *et al.*(1994)は，alkaliphilous, β-mesosaprobic, eutraphentic とする．Patrick & Reimer(1975)，Håkansson(1993)は，alkaliphilous とする．Cox(1996)は，中程度の電解質濃度の止水域，流水域に広く分布するが，ゆるい汽水域にも出現するという．

Amphora ovalis の生態図

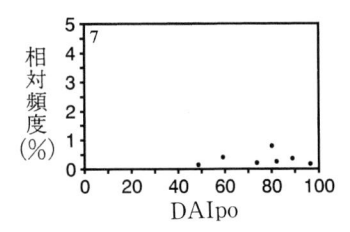

Amphora copulata（Kützing）Schoeman & R.E.M Archibald 1986

(Plate IIB$_3$-62：5-9)

Basionym：*Frustulia copulata* Kützing 1833. Syn：*Amphora libyca* Ehrenberg 1840；*A. ovalis* var. *libyca* (Ehrenberg) Cleve 1985.

形態 殻の形 4-Lun；先端の形 くさび形[11]；殻長 20-80 μm；幅 4.5-5.5 μm，帯面観の幅 14-35 μm；条線 11-15/10 μm，胞紋 不等長；中心域 背側には条線または条線の一部が残るが，腹側には残らない．写真(5,6)は殻面観，(7,9)は帯面観．

生態 有機汚濁に関しては広適応性種，pH に関しては好アルカリ性種．

Håkansson(1993)は，*A. lybyca* を alkaliphilous とする．Cox(1996)は，淡水域に広く分布する種であるが，特に中程度の電解質濃度の水域によく出現する種とする．

Amphora copulata の生態図

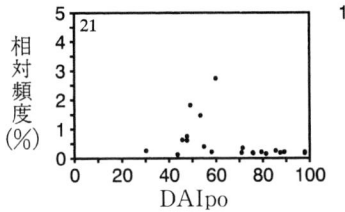

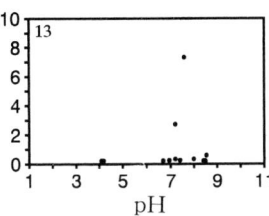

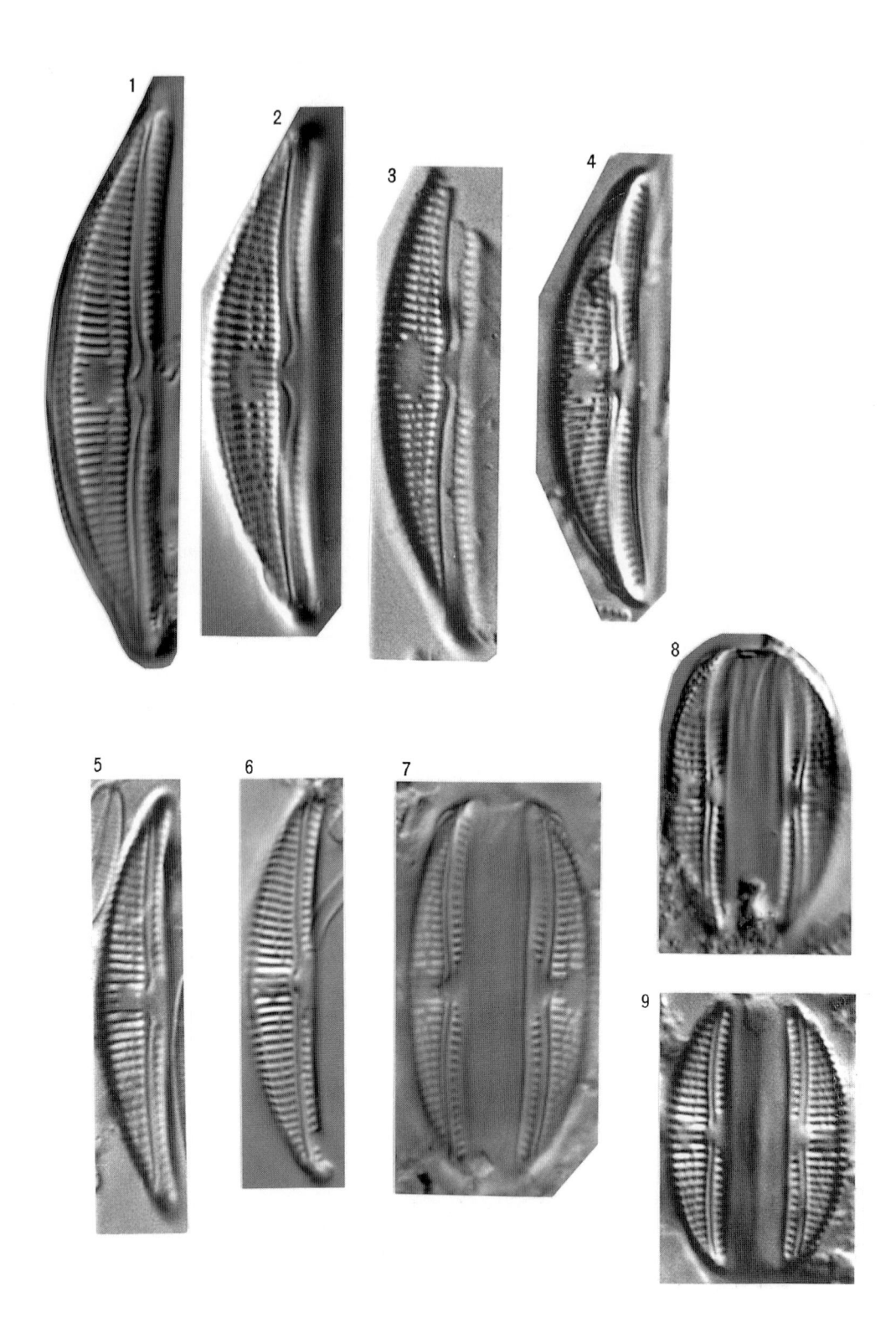

Plate IIB₃-62

Amphora pediculus (Kützing) Grunow 1880 (Plate IIB₃-63：1-6)

Syn：*Amphora pediculus* var. *exilis* Grunow *in* Van Heurck 1880；*A.ovalis* var. *pediculus* (Kützing) Van Heurck 1885, non (Kützing) Cleve 1895；*A. perpusilla* Grunow (1884-87) sensu Van Heurck.

形態　殻の形 4-Lun；先端の形 くさび形[12]；殻長 5-18 μm；幅 2-4 μm (殻面観)；条線 18-25/10 μm；縦溝は真っすぐ走り，中心域でその先端は一方へ曲がることなく向かいあう．

生態　有機汚濁に関しては好清水性種，pH に関しては好アルカリ性種．淡水産 *Amphora* 属の分類群では，数少ない高い相対頻度で出現する分類群で，普遍種でもある．

Van Dam *et al*.(1994)は, alkaliphilous, β-mesosaprobous, eutraphentic とする．Håkansson (1993) も alkaliphilous とする．Cox (1996)は，中程度の電解質濃度の水域に広く分布するが，β-α 中腐性の汚濁に適応できる分類群であり，他の珪藻種上に付着する種であるかもしれないという．

Amphora pediculus の生態図

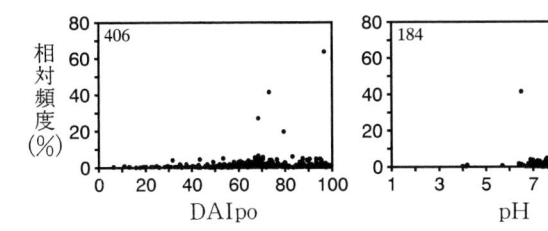

Amphora thumensis (A.Mayer) Cleve-Euler 1932 (Plate IIB₃-63：7, 8)

Syn：*Amphora coffeaeformis* var. *thumensis* A.Mayer 1919；*Cymbella parvula* Krasske 1933；*C. thumensis* (A.Mayer) Hustedt 1945.

形態　殻の形 3-Lun；先端の形 頭状形[5]；殻長 9-14 μm；幅 4-6 μm；条線 20-24/10 μm, 平行に近い放散状；中心域 小さい；縦溝 真っすぐ伸びて向かいあう．

生態　Lake Tahoe への流入河川で，石礫への付着藻として出現したが，日本では出現した報告はない．

Amphora inariensis Krammer 1980 (Plate IIB₃-63：9-12)

形態　殻の形 4-Lun；先端の形 くさび形[11,12]；殻長 10-28 μm；幅 3.4-6 μm；条線 12-17/10 μm；縦溝 曲がることなく直行し，中心域で，一方へ曲がることなく向かいあう．殻の形態は，*A. pediculus* と似るが，それよりも大型であり，条線密度の粗いことによって区別できる．写真(10)は胞紋が他と異なるので，別の分類群である可能性がある．

生態　有機汚濁に関しては好清水性種，pH に関しては好アルカリ性種．琵琶湖北湖の一地点 (DAIpo 77) で 12％，インドネシアの河川 (DAIpo 67, 52) では 8％の相対頻度で出現したが，他の地点での相対頻度は 5％以下のことが多い．ウラジオストック近郊の R. Razdornaya (DAIpo 91, 89) においても出現した．

Van Dam *et al*. (1994)は, oligotraphentic とする．Krammer & Lange-Bertalot (1986)は，ヨーロッパ北アルプスのような条件下では，普遍種で，貧栄養湖を好む種とする．

Amphora inariensis の生態図

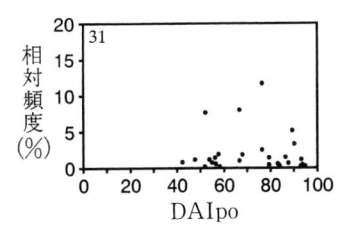

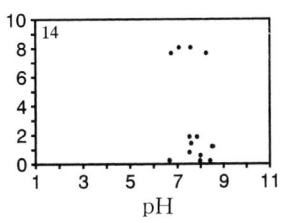

Amphora coffeaeformis var. *acutiuscula*（Kützing）Rabenhorst 1864

(Plate ⅡB₃-63：13)

Syn：*Amphora acutiuscula* Kützing 1844.

|形態| 殻の形 3-Lun；先端の形 頭状形[5]；殻長 10-30 μm；幅 3-5(殻面観)，6-12 μm(帯面観)；条線 約 18/10 μm(中央部)，約 26/10 μm(殻端背側).

|生態| 奈良市周辺の溜池，東京近郊の汚濁河川に出現した**好汚濁性種**.

Amphora coffeaeformis var. *acutiuscula* の生態図

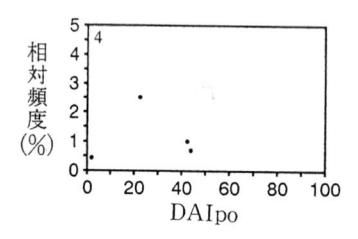

Amphora fogediana Krammer 1985

(Plate ⅡB₃-63：14-17)

|形態| 殻の形 3-Lun；先端の形 くさび形[11,12]；殻長 14-22 μm；幅 3.5-4.5 μm；条線 17-20/10 μm；中心域 ほとんどない；縦溝 真っすぐに伸びて，先端はほとんど曲がらずに向かいあう.

|生態| 摩周湖(DAIpo 90, 92)，奥日光の光徳沼，ウラジオストック近郊のR. Gorajskj(DAIpo 95, pH 6.7)，Lake Tahoe の底泥中に出現．稀産種のために情報は少ないが，産地から考えると，**好清水性種**である．

　Van Dam *et al.*(1994) は，oligosaprobous とする．Krammer & Lange-Bertalot(1986)は，北方系の種であり，フィンランド，アイスランド，アラスカなどの電解質濃度の小さい貧腐水性の止水域，流水域に出現するという．

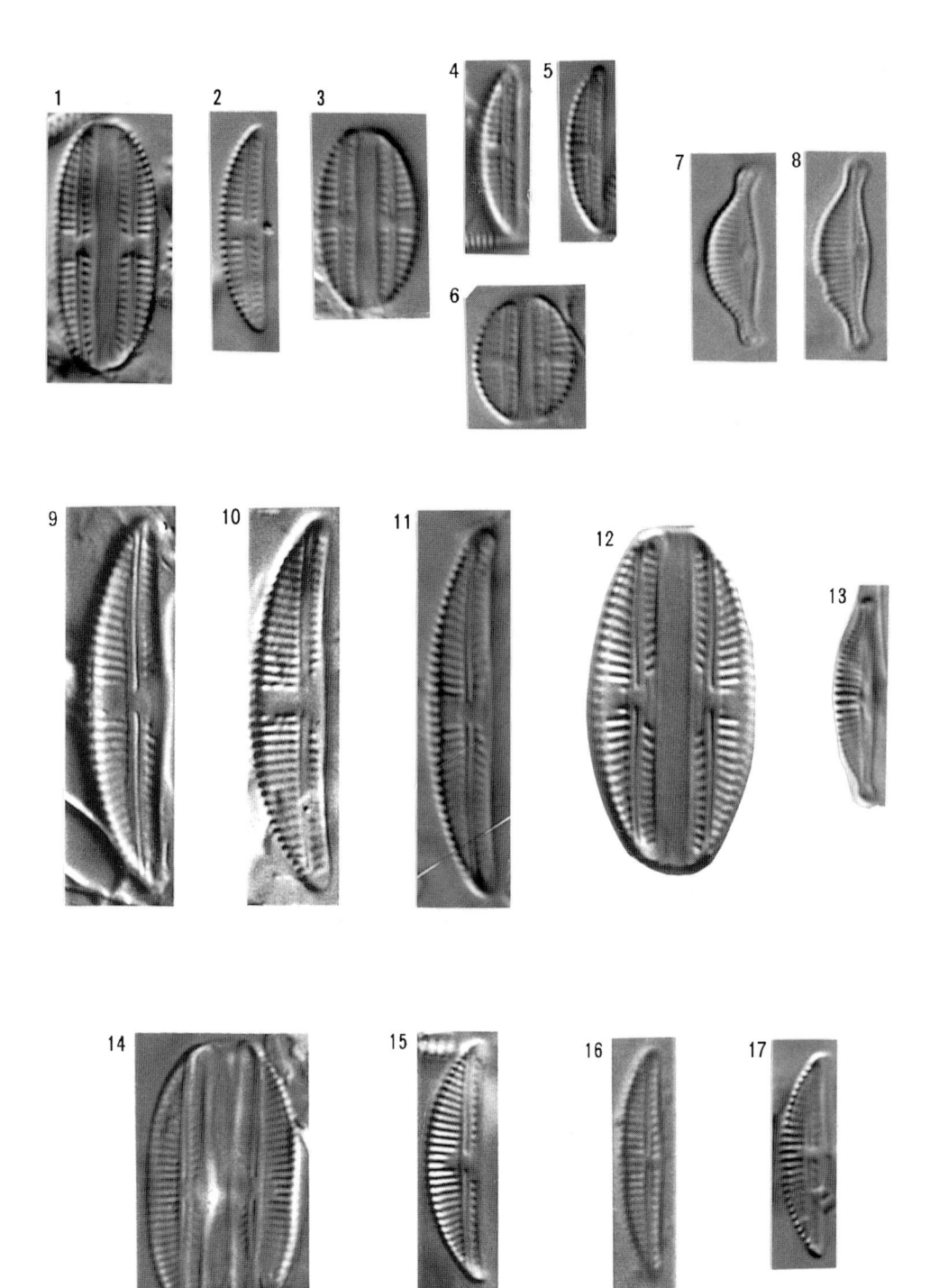

Plate IIB₃-63

Amphora strigosa Hustedt 1949 (Plate IIB$_3$-64：1-3)

Syn：*Seminavis strigosa* Danielidis & Economou-Amilli *in* Danielidis & D.G.Mann 2003.

形態 殻の形 4-Lun；先端の形 くさび形[11, 12]；殻長 20-32 μm；幅 4-5.5 μm(殻面観(2, 3))，6-11 μm(帯面観(1))；条線 15-20/10 μm，背側はゆるい放散状，腹側は短い条線がほとんど平行に並ぶ．いずれも殻端部では幾分乱れる．

生態 Hustedt(1949)は，シナイ半島のWadi島での試料によって本種を新種として記載したが，その後の本種の出現報告は極めて少ない．琵琶湖北湖への流入河川姉川(DAIpo 77, pH 8.0)，天野川(DAIpo 71, pH 7.9)，犬上川(DAIpo 72, pH 8.2)，日野川に出現したが，いずれも相対頻度は小さい(4%以下)．有機汚濁に関しては，α貧腐水性からβ中腐水性水域に出現する**広適応性種**，**pHに関しては中性種**．

Amphora strigosa の生態図

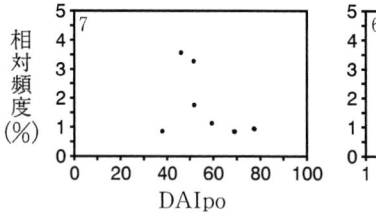

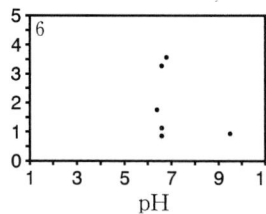

Amphora rugosa Hustedt 1938 (Plate IIB$_3$-64：4-6)

Hustedt(1938)は，スマトラのPanjingahanと呼ぶ滝から得た試料によって，本種を新種として記載した．本種はまたジャワのPakis川からも得られている．

形態 殻の形 4-Lun；先端の形 頭状形[5]；殻長 20-30 μm；幅 4.5-6 μm；条線 約18/10 μm(背側)，腹側は短く 20-25/10 μm；中心域 背側へ広く広がる．その間隔は，条線約3-4本分；縦溝 中心域で向かいあうが，それぞれの先端部は，背側へかなり強く曲がる．

生態 熱川温泉水水路(pH 7.7)，奈良県洞川泉の森(DAIpo 68, pH 7.9)に出現した稀産種．

Van Dam *et al.*(1994)は，pH circumneutral, oligosaprobous, mesotraphentic とする．Patrick & Reimer(1975)は，alkaliphilous(? alkalibiontic)とする．

Amphora veneta Kützing 1844 (Plate IIB$_3$-64：7, 8)

形態 殻の形 3-Lun；先端の形 頭状形[5]；殻長 10-45 μm；幅 4-6(殻面観)，8-14 μm(帯面観)；条線 14-20/10 μm(中央部)，約 26/10 μm(殻端部)．

生態 Patrick & Reimer(1975)は，アメリカでは，通常，中程度から最も高い硬度の水域に分布し，好アルカリ性種(真アルカリ性種であるかもしれない)とする．またよく曝気された水域にはさらに高頻度で出現するという．

Amphora veneta の生態図

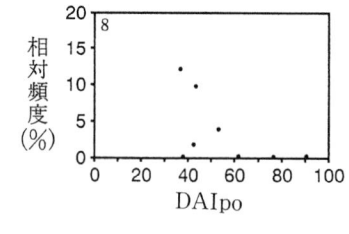

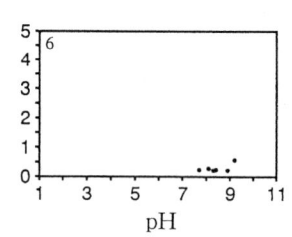

Amphora fontinalis **Hustedt 1938** (Plate IIB$_3$-64：9-11)

|形態| 殻の形 4-Lun；先端の形 頭状形[5]；殻長 27-33 μm；幅 4.5-6.5 μm(殻面観)，11-14 μm(帯面観)；条線 18-23/10 μm(背，腹側密度同等)，平行に近い放散状；中心域 背側に条線2-3本をはさみ，殻が肥厚した明瞭な中心域がある；縦溝 背側条線の先端と接するように走り，中心域をはさむように向かいあい，先端部はわずかに背側へ曲がる．本分類群は，先述の *A. rugosa* と形態が似るが，中心域の形態，中心域での縦溝先端部の向かいあう様式が異なることによって区別できる．

|生態| 奈良県十津川村湯泉地温泉(pH 8.6)，別府湯布院宇鳥越川(pH 8.8)に出現．大塚(2002)は，島根県宍道湖への流入河川斐伊川で出現したことを報じている．本分類群は，Hustedt(1938)が，スマトラからの試料に基づいて新種として記載したものである．日本では稀産種であるが，どの産地も，無機的高アルカリ水域であることから，**好アルカリ性種である**可能性**が大きい**．

Amphora montana **Krasske 1932** (Plate IIB$_3$-64：12-15)

Syn：*Amphora submontana* Hustedt 1949.

|形態| 殻の形 3-Lun；先端の形 くちばし伸長形[4]，頭状形[5]；殻長 9-25 μm；幅 3-6 μm(殻面観)，7-10 μm(帯面観)；条線 光顕ではほとんど観察できない，条線密度は約 40/10 μm；中心域 背側へ広がるが，形は鮮明ではない；縦溝 中心域をはさんで先端が対峙するが，先端は真っすぐかまたは背側へわずかに曲がる．

|生態| 有機汚濁に関しては広適応性種，pHに関しては，出現地点のpHの加重平均値は8.39の**好アルカリ性種**で，相対頻度は低いが，多くの地点に出現する普遍種．

Amphora montana の生態図

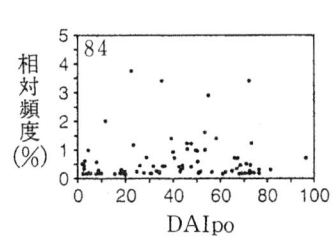

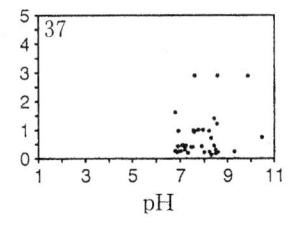

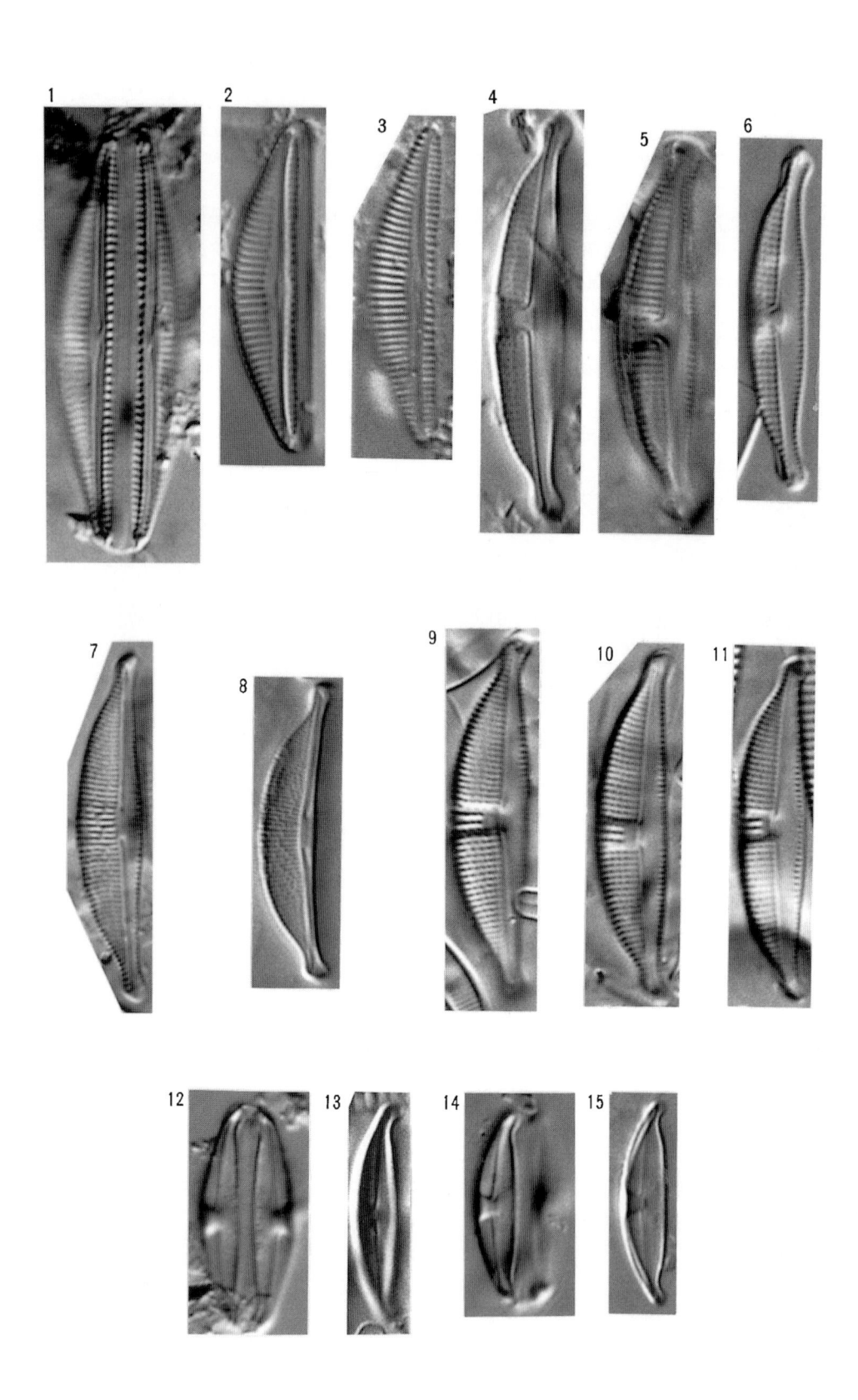

Plate ⅡB₃-64

Encyonema Kützing 1833（Plate ⅡB$_3$-65〜ⅡB$_3$-68）

　Round *et al.*(1990)は，*Cymbella*属のうち，外裂溝が殻端において腹側へ折れるように曲がり，内裂溝は，中心域において背側へ鉤状に曲がって向かい合い（図ⅡB$_3$-(a), (b)），殻端には小孔域がないなどの特徴を有する分類群を，Kützing(1833)が創設した*Encyonema*属を復活させて，それに分属させた．*Cymbella*では，図ⅡB$_3$-9(c, d)に示すように，縦溝の先端は，殻端(c)でも，中心域(d)でも背側へ曲がる．

生活様式：ほとんどすべての種は淡水産で分布は広い．付着生活をするものが多く，流水域，止水域の両者に出現する．*E. minutum*と*E. silesiacum*とは，主として流水域において付着珪藻群集の第1位優占種として出現することが多い．そのような群集は，第2位種がどのような分類群であろうと，DAIpo 85-100の**極貧腐水性**，または，DAIpo 50-84の**貧腐水性**のような，清冽な水域の指標群集といえる．
葉緑体：H型の葉緑体を1個もつ．
帯面観：矩形．

種の同定に必要な記載事項

例：*Encyonema silesiacum*
1. 殻の形 3-Lun，先端の形 くさび形[12]
2. 殻の大きさ 殻長22μm，幅5.5μm
3. 条線 背側12/10μm，腹側10/10μm
4. 胞紋 28/10μm
5. 縦溝 中央部では背側へ向かって少し湾曲し，殻端では腹側へ折れるように曲がる
6. 中心域 ないが，背側中央の条線先端に1個の遊離点がある

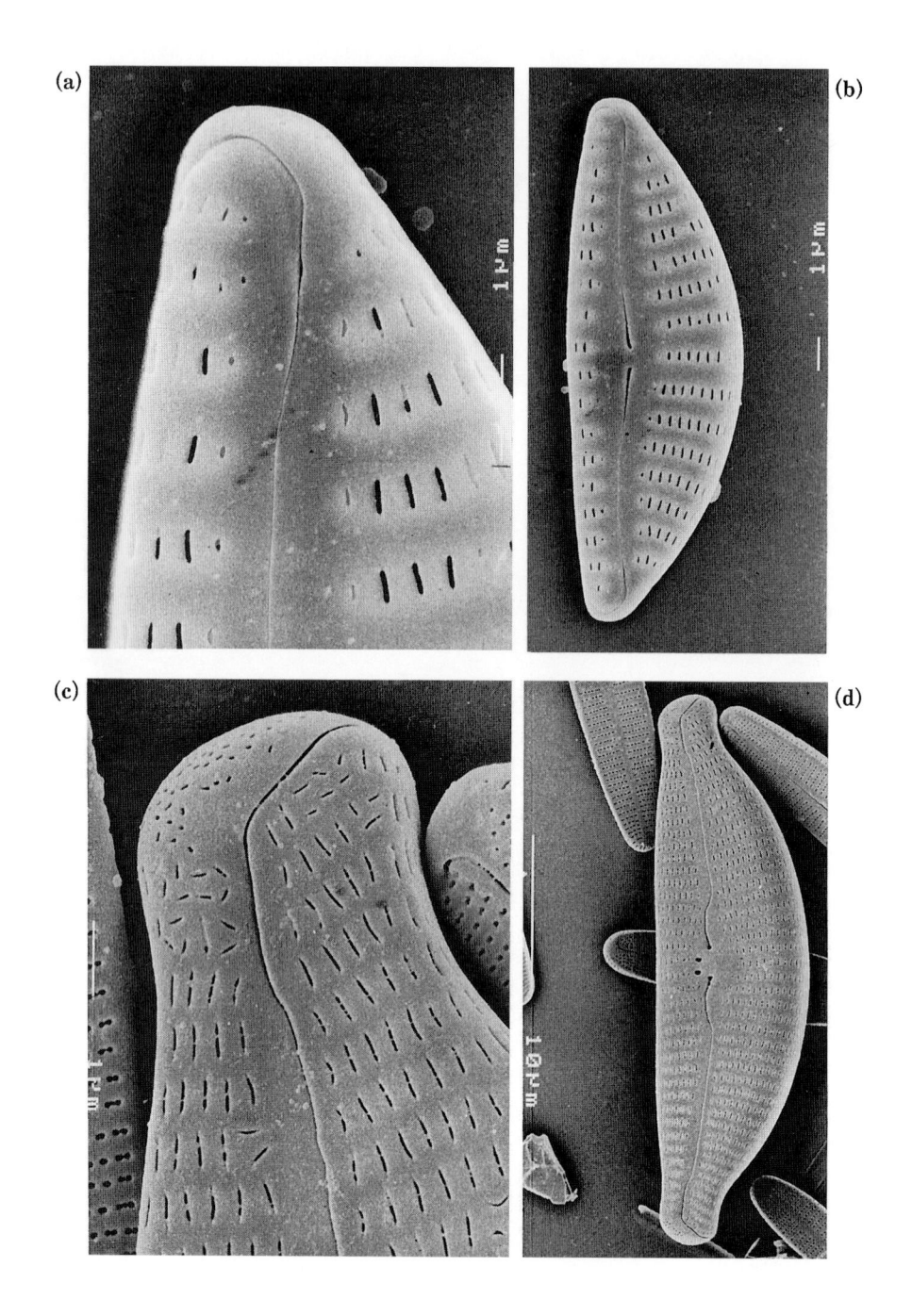

図ⅡB₃-9 *Encyonema*と*Cymbella*の電顕写真(共に，琵琶湖博物館の花田美佐子氏提供)
a, b：*Encyonema* sp.
c, d：*Cymbella turgidula* var. *nipponica*

Encyonema minutum (Hilse *ex* Rabenhorst) D. G. Mann 1990   (Plate II B$_3$-65：1-9)

Basionym：*Cymbella minuta* Hilse *ex* Rabenhorst 1862；*C. ventricosa* Kützing 1844.

形態 殻の形 2,4-Lun；先端の形 くさび形[12]；殻長 7-32 μm；幅 3.9-7 μm；条線 約 13-16/10 μm；胞紋 33-35/10 μm；縦溝 腹縁よりに，腹縁と平行に真っすぐに走り，中央部でわずかに背側へ曲がって向かいあう．殻端部では，腹側へ折れ曲がる；中心域 ない．

生態 下記生態図は，本分類群と次記の *E. lange-bertalotii* との複合種群の生態図として図示した．**典型的な好清水性種，pH に関しては中性種．**

本分類群は付着珪藻群集において，第1位優占種となるのは，ほとんどの場合流水域であり，その際の DAIpo は 62-100 で，貧腐水性～極貧腐水性の清冽な水域に限られる．第2位優占種が，*Achnanthes japonica* であることが最も多いが，そのような群集は，常に DAIpo 85 以上の極貧腐水性水域に出現する．次いで *Nitzschia frustulum* が第2位種となることも多いが，その場合の DAIpo は 75-84 で，貧腐水性水域に出現する群集である(渡辺，浅井 1992 c)．

Encyonema minutum と
E. lange-bertalotii
複合種群の生態図

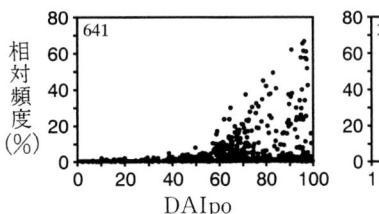

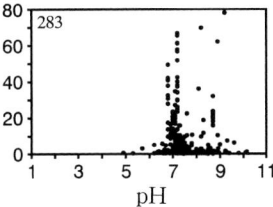

Encyonema latens (Krasske) D. G. Mann 1990   (Plate II B$_3$-65：10-12)

Basionym：*Cymbella latens* Krasske 1937. Syn：*Cymbella minuta* f. *latens* (Krasske) Reimer 1975.

形態 殻の形 2-Lun；先端の形 くちばし形[3]；殻長 15-24 μm；幅 5-7.5 μm；条線 11-13(14)/10 μm；胞紋 34-35/10 μm．

生態 紀伊半島を貫流する清冽河川新宮川(DAIpo 91, 93, 97)，富山県の清流小矢部川(DAIpo 96, 97)および，止水域では，スコットランドの L. Ness(DAIpo 87)に出現した．しかし，時には奈良市周辺の御陵の外濠(DAIpo 34)など，中腐水性の水域にも低い相対頻度(<3%)で出現した．DAIpo 85 以上の極めて清冽な水域においてのみ高い相対頻度(>10%)で出現する(図参照)ことから，本分類群は**好清水性種．**Patrick & Reimer(1975)は，本分類群の生態は未だ不確かだという．

Van Dam *et al.*(1994)は，pH circumneutral, Håkansson(1993), Patrick & Reimer(1975)は，pH indifferent とする．Cox(1996)は，電解質濃度が通常値の貧栄養水域に出現するという．

Encyonema latens
の生態図

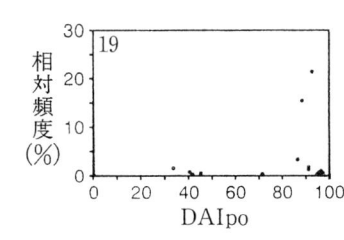

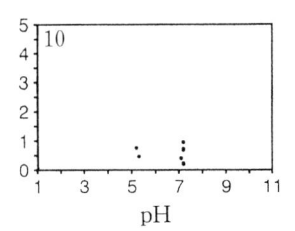

Encyonema lange-bertalotii Krammer 2003
(Plate ⅡB₃-65：13-18)

[形態]　殻の形 2-Lun；先端の形 くさび形[11, 12]；殻長 16-38 μm；幅 6.2-11 μm；条線 14-16/10 μm；胞紋 27-31/10 μm；縦溝 腹縁よりに，腹縁と平行に真っすぐに走り，中央部でわずかに背側へ曲がって向かいあう．殻端部では腹側へ折れ曲がる；中心域 ない．上記の形態特性は，前記の *E. minutum* の特性とよく似るが，殻の大きさと胞紋密度が異なる．従来，両分類群は，同一種として扱われてきた．

[生態]　前記，*E. minutum* の生態図を参照されたい．本分類群もまた**好清水性種，pH に関しては中性種**である．

Encyonema silesiacum (Bleisch *in* Rabenhorst) D. G. Mann 1990
(Plate ⅡB₃-65：19-30)

Basionym：*Cymbella silesiaca* Bleisch *in* Rabenhorst 1864. Syn：*C. minuta* var. *silesiaca* (Bleisch) Reimer 1975.

[形態]　殻の形 2, 4-Lun；先端の形 くさび形[12]；殻長 12-46 μm；幅 5-9 μm；条線 約 11-13/10 μm；胞紋 約 26-30/10 μm；殻の腹縁が中央部でわずかにふくらむものが多い；縦溝 腹縁よりに腹縁と平行に真っすぐに走り，中央部でわずかに背側へ曲がって向かいあう．殻端部では，腹側へ折れ曲がる；中心域 ないに等しいが，背側中央の条線の先端に，1個の遊離点がある．小型の個体では，遊離点がないもの(26, 27, 30)，または，不明瞭なもの(24, 25, 28, 29)もある．先述の *E. minutum*，*E. lange-bertalotii* とも似るが，本分類群は，それらよりも条線が粗いことによって区別できる．また，写真(22, 23)は幅がやや細く，胞紋が幾分粗いので，*E. simile* Krammer 1997 である可能性が大きい．

[生態]　日本の河川では，前記 *E. minutum* と共に最もポピュラーな種の1つである．**典型的な好清水性種，pH に関しては中性種**．本分類群も，清冽な流水域，止水域(DAIpo 83-97)の付着珪藻群集中に，第1位優占種として出現することがあるが，その頻度は，*E. minutum* と比べるとはるかに低い．

Van Dam *et al.*(1994)は，*Cymbella silesiaca* を，pH circumneutral，α-mesosaprobous, oligo-to eutraphentic(hypereutraphentic)とする．Cox(1996)は，貧栄養から富栄養の止水，流水域に出現し，わずかに α 中腐水性の水質に耐えうる種とする．

Encyonema silesiacum の生態図

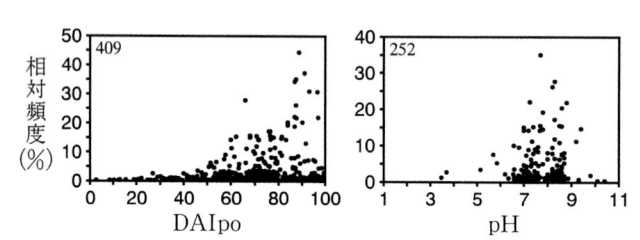

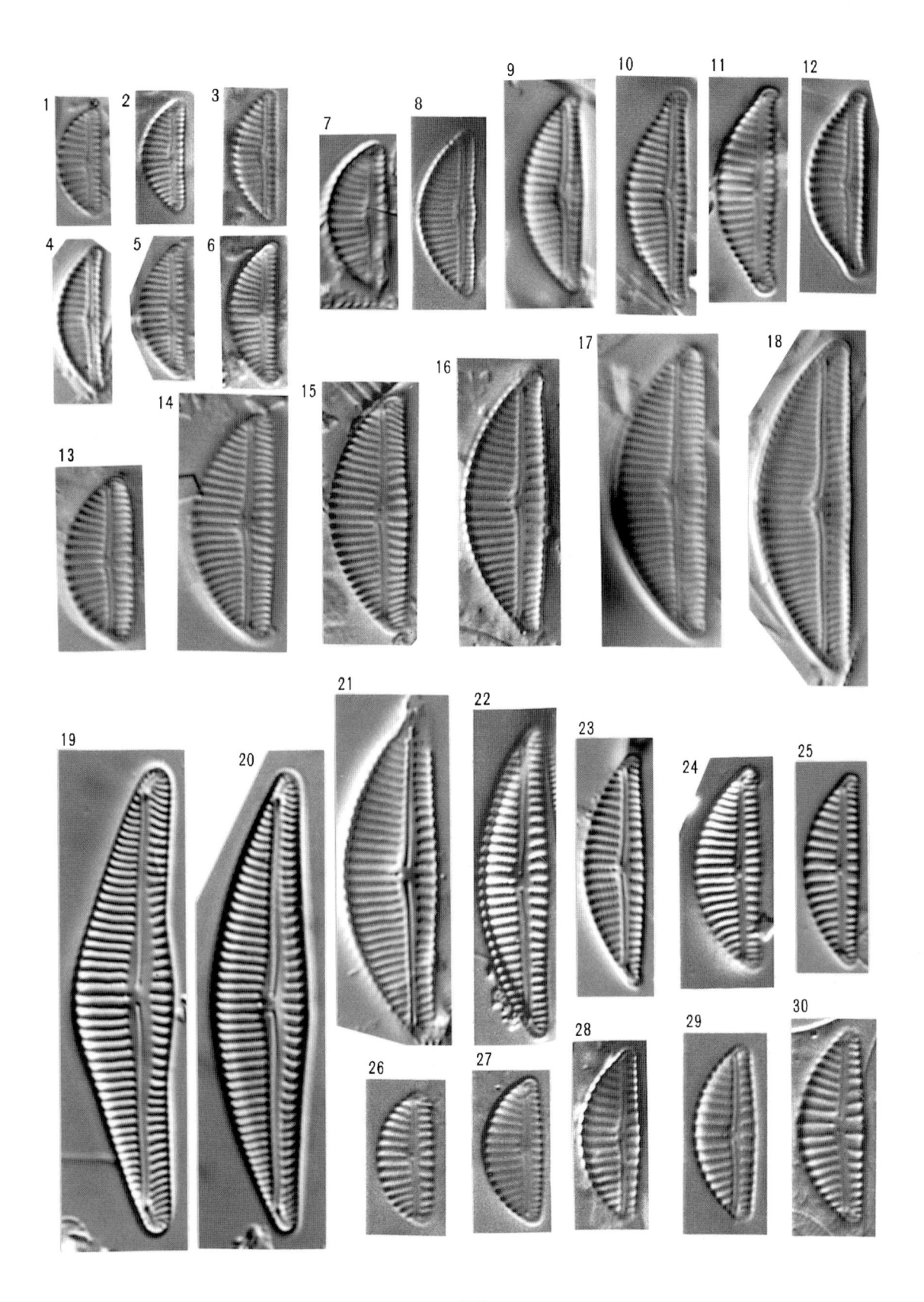

Plate IIB₃-65

417

Encyonema javanicum (Hustedt) D. G. Mann 1981　　　　　　　　(Plate IIB_3-66：1)

　　Basionym：*Cymbella javanica* Hustedt 1938.

|形態|　殻の形 3-Lun；先端の形 くちばし伸長形[4]；殻長 20-24 μm；幅 4-5 μm；条線 背側約 12-13/10 μm，腹側 11-12/10 μm；軸域 やや広い；中心域 ない．

|生態|　ジャワの養魚池から発見された．日本では奈良の小池に出現したが稀産種．

Encyonema obscurum (Krasske) D. G. Mann 1981　　　　　　　　(Plate IIB_3-66：2-7)

　　Basionym：*Cymbella obscura* Krasske 1938.

|形態|　殻の形 3-Lun；先端の形 くさび形[11]；殻長 16-33 μm；幅 7-8 μm；条線 10-13/10 μm；胞紋 22-28/10 μm；軸域 やや広い；軸域の中央部が，背腹側へわずかにふくれて，幅の狭い中心域を形成する．遊離点はない．

|生態|　日本では山中湖(DAIpo 54)に出現した，インドネシアの Lake Diatas(DAIpo 56，61，77)，L. Talang(DAIpo 59)に出現．生態未詳．

Encyonema brehmii (Hustedt) D. G. Mann 1981　　　　　　　　(Plate IIB_3-66：8-11)

　　Basionym：*Cymbella brehmii* Hustedt 1912.

|形態|　殻の形 1-Lun；先端の形 くさび形[11]；殻長 11(8.5)-19 μm；幅 4-5(6) μm；条線 11-13/10 μm；胞紋 約 25/10 μm；軸域 狭い；中心域 ない；縦溝 わずかに湾曲し，中央部で先端は，背側へ曲がって向かいあう．小型種．*E. silesiacum* の小型のものと形態は酷似するが，胞紋が少し粗いことのみによって区別できる．

|生態|　摩周湖(DAIpo 92，93)，琵琶湖，ウラジオストック周辺の小河川に出現した．貧栄養湖と清冽な河川にのみ産出したが，資料が少ないので生態未詳．

Encyonema reichardtii (Krammer) D. G. Mann 1981　　　　　　　　(Plate IIB_3-66：12-19)

　　Basionym：*Cymbella reichardtii* Krammer 1985.

|形態|　殻の形 2-Lun；先端の形 くさび形[11]；殻長 8-13 μm；幅 3-4 μm；条線 (16)18-22/10 μm (背側)，背腹共に，条線は殻端部まで放散状．小型種．

|生態|　日本では湯ノ湖からの流出河川(DAIpo 71)，摩周湖(DAIpo 92，93)，ウラジオストック近郊の R. Gryaznaya(DAIpo 81)，R. Kedrovaya(DAIpo 99)のような清冽な流水域に出現した**好清水性種**．しかし，珪藻群集中の出現頻度は低い．**pH に関しては中性種**．

　　Van Dam *et al.* (1994)は，pH circumneutral, oligosaprobous, mesotraphentic とする．

Encyonema reichardtii の生態図

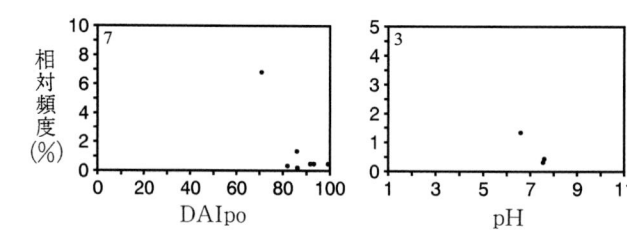

Encyonema mesianum (Cholnoky) D. G. Mann 1981 (Plate IIB$_3$-66:20-22)

Basionym: *Cymbella mesiana* Cholnoky 1955. Syn: *C. minuta* var. *pseudogracilis* (Cholnoky) Reimer 1973; *C. turgida* var. *pseudogracilis* Cholnoky 1958; *C. turgida* sensu Cleve 1894; *C. turgida* sensu Hustedt 1930.

形態 殻の形 4-Lun；先端の形 くさび形[11]；殻長 30-70 μm；幅 9-14 μm；条線 背側 7-9(11)/10 μm，腹側 9-10/10 μm，中央部 放散状，殻端部 収斂状；胞紋 18-22(24)/10 μm．

生態 紀伊半島の新宮川，奈良市の佐保川，富山県小矢部川の上流で，DAIpo 65-97 の清澄河川，あるいは川迫ダム(DAIpo 93)のような貧栄養湖に出現した**好清水性種，pH に関しては中性種**．

Van Dam *et al.*(1994)は，alkaliphilous，Håkansson は，*Cymbella mesiana* の synonym *Cymbella turgida* を alkaliphilous とする．

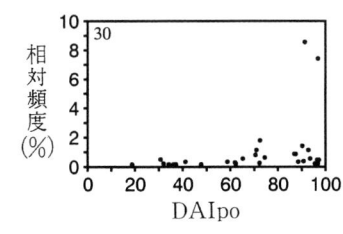

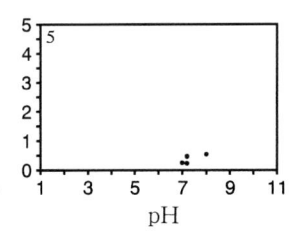

Encyonema mesianum の生態図

Encyonema paucistriatum (Cleve-Euler) D. G. Mann 1981 (Plate IIB$_3$-66:23, 24)

Basionym: *Cymbella paucistriata* Cleve-Euler 1934.

形態 殻の形 3-Lun；先端の形 くさび形[11]；殻長 24(22)-36 μm；幅 6-7 μm；条線 背側 7-10/10 μm，腹側 (10)-13/10 μm；胞紋 24-28/10 μm；軸域 狭い；中心域 極めて小さい．

生態 奈良県湯泉地温泉(pH 8.6)に出現した稀産種．

Krammer & Lange-Bertalot(1986)は，スウェーデンの北部，Lappland のような北部アルプスの貧栄養湖に出現するという．生態未詳．

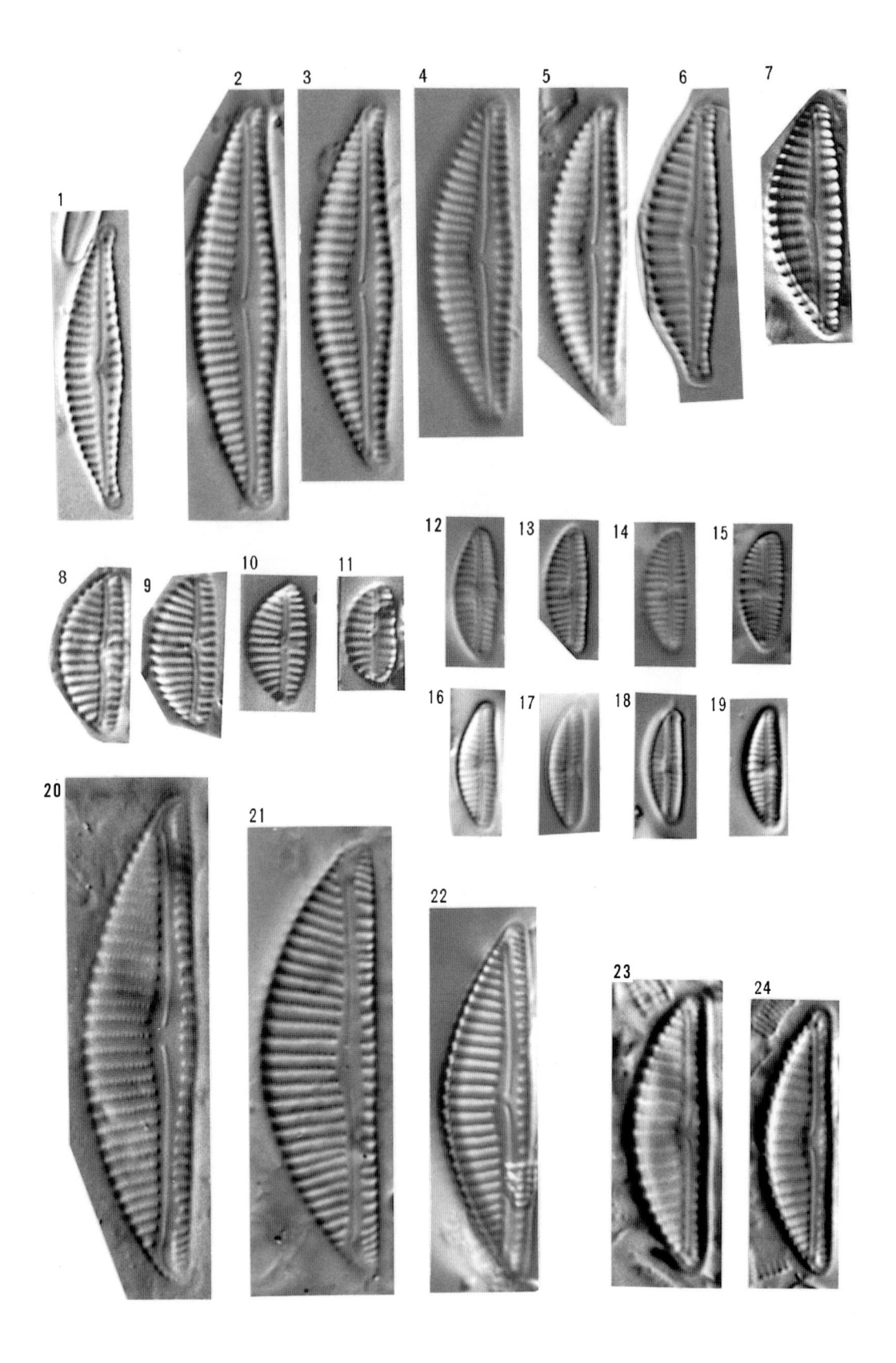

Plate ⅡB₃-66

420

Encyonema caespitosum Kützing 1849

(Plate II B$_3$-67：1-8)

Basionym：*Cymbella caespitosa* (Kützing) Brun 1880.

Reimer(1975)は，*E. caespitosum* を *Cymbella prostrata* var. *auerswaldii* (Rabenhorst) Reimer の basionym とした．Krammer(1997)は，両者を別種としている．

形態 殻の形 1-Lun；先端の形 くさび形 [11, 12]；殻長 18-58μm；幅 8-13μm；条線背側9.5-12.5/10μm，腹側 (8)11-15/10μm，腹側の条線は殻端部において収斂状とはならない；縦溝 背側へいくぶん湾曲ぎみではあるが，ほとんど真っすぐに走り，中央部では，わずかに背側へ曲がって向かいあう；胞紋 17-23/10μm；中心域 極めて小さく，ないようにも見える．

生態 有機汚濁に関しては**好清水性種**，付着珪藻群集中の相対頻度は常に5%以下と低い．pH に関しては，出現地の平均 pH 8.59 で**好アルカリ性種**．

Van Dam *et al.*(1994)は，*α*-mesosaprobous, oligo-to eutraphentic (hypereutraphentic)とし，Cox (1996)は，貧栄養から高濃度の電解質を含む富栄養の水域にまで広く分布し，汚濁によく耐えうる種であるとする．Foged(1981)は，alkaliphilous とする．

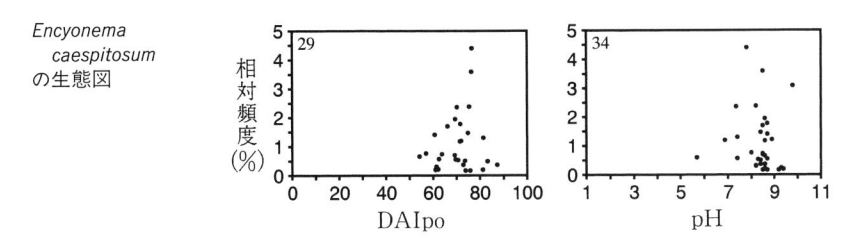

Encyonema caespitosum の生態図

Encyonema hebridicum (Gregory) Grunow *in* Cleve *et* Möller 1877

(Plate II B$_3$-67：9, 10)

Syn：*Cymbella hebridica* (Grunow *in* Cleve) Cleve 1894.

形態 殻の形 3-Lun；先端の形 くさび形[11]；殻長 22-73μm；幅 7-13μm；条線 背側10-13.5/10μm，腹側 15(10)-18/10μm，殻端部は収斂状；胞紋 細かく光顕では確認できない(38-42/10μm)；中心域 小さい；縦溝 真っすぐに伸びて，殻の中央で，小さな中心孔のみが，わずかに頭を背側へもたげるようにして向かいあう．

生態 志賀高原の三角池，長池，木戸池，蓮池，八ヶ岳の七つ池，雨池，亀甲池，八島ヶ原湿原の鎌ヶ池，鬼ヶ泉水など，有機弱酸性(pH 4.8-6.0)の腐植栄養の池沼に出現した稀産種だが，**好清水性種，好酸性種**．知床五湖，大雪山国立公園の池沼からの報告もある(平野 1972)．

Van Dam *et al.*(1994)は，*Cymbella hebridica* を acidophilous, oligosaprobous, oligotraphentic とする．

Encyonema hebridicum の生態図

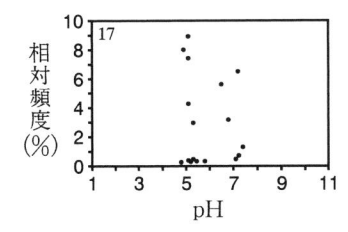

Encyonema elginense (**Krammer**) **D. G. Mann 1981**　　　　(Plate IIB$_3$-67：11-13)

Basionym：*Cymbella elginensis* Krammer 1981. Syn：*C. turgida* Gregory 1856, nom *C. turgida* Hassall 1844.

|形態|　殻の形 3-Lun；先端の形 くさび形[12]；殻長 31-52 μm；幅 10-14 μm；条線 背側 9-11/10 μm，腹側 12-14/10 μm；胞紋 21-24/10 μm（24-28/10 μm のものが多かった）；軸域 やや広く，腹側殻縁に接近して走る；中心域 軸域の中央部で，背側へわずかにふくれて，幅の狭い中心域を形成する．

|生態|　有機汚濁に関しては好清水性種，pH に関しては好アルカリ性種．

Krammer & Lange-Bertalot(1986)は，低電解質濃度の貧栄養湖における，泥表付着性種とする．

Encyonema elginense の生態図

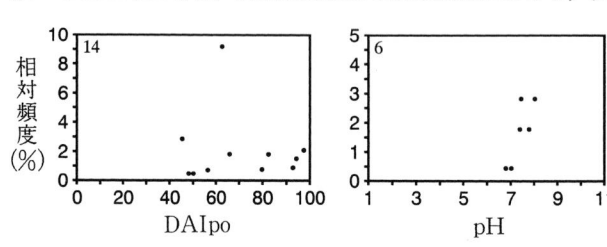

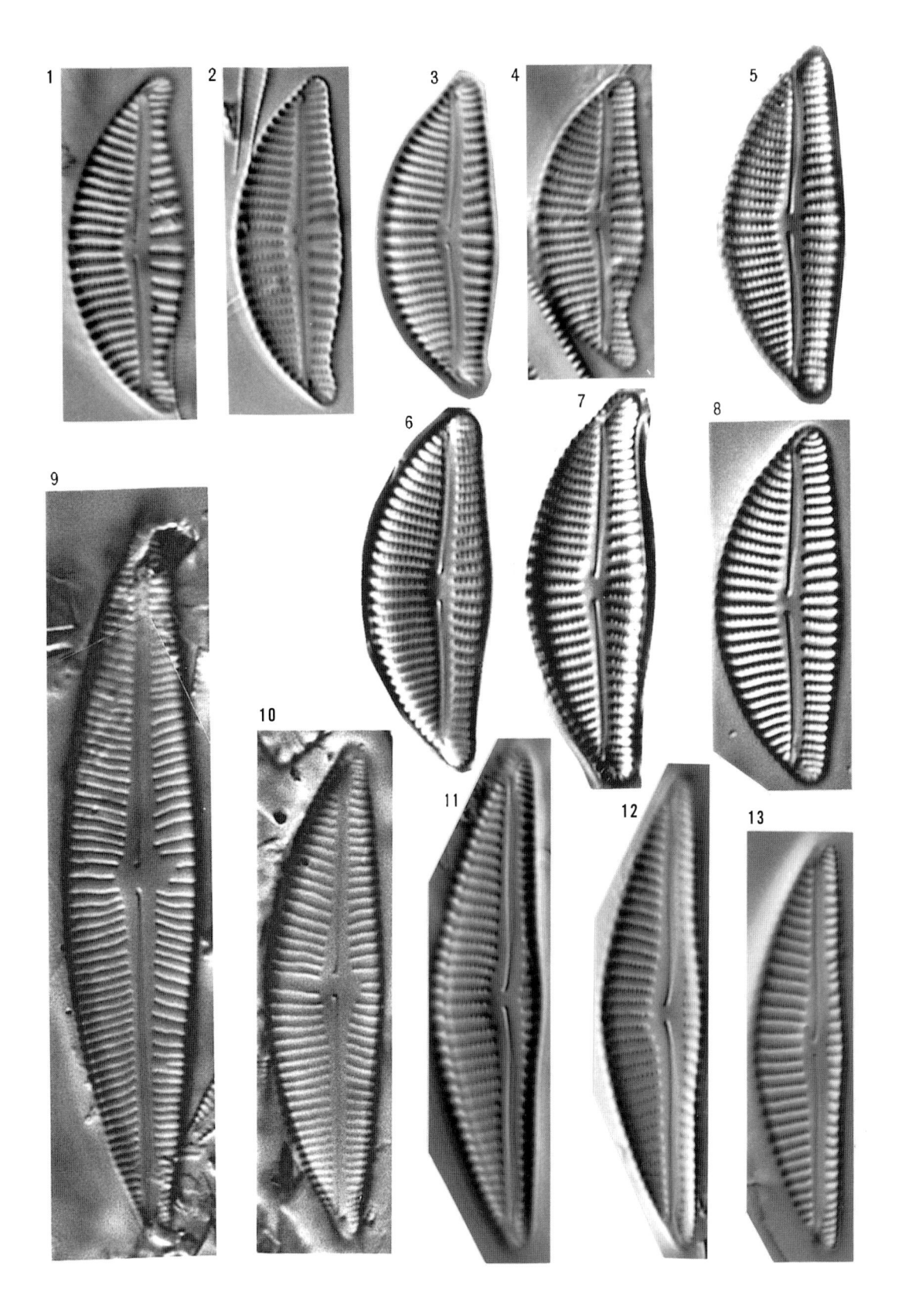

Plate II B$_3$-67

Encyonema gracile Ehrenberg 1841 (Plate ⅡB₃-68：1-5)

Basionym：*Cymbella gracilis* (Ehrenberg) Kützing 1844. Syn：*C. scotica* W. Smith 1853.

形態 殻の形 4-Lun；先端の形 くさび形[12]；殻長 22-57 μm；幅 4.5-9 μm；条線 背側9-14/10 μm；腹側 16(14)-18/10 μm，殻端部は収斂状；胞紋 26-32/10 μm；軸域 比較的広い；中心域 比較的小さい，背側中央の条線の先端に1個の遊離点がある．

生態 有機汚濁に関しては好清水性種，pHに関しては中性種．日本では，尾瀬沼，青木湖，倶多楽湖，川迫ダム湖(DAIpo 55-89)のような貧栄養湖に，インドネシアでは，L. Diatas, L. Dibaruh, L. Talang (DAIpo 60-80)などの貧栄養湖に出現した．Cox(1996)は，電解質濃度の低い貧栄養水域に広く分布するという．

Van Dam *et al.* (1994)は，*Cymbella gracilis* を，acidophilous, oligosaprobous, oligo-mesotraphentic とする．

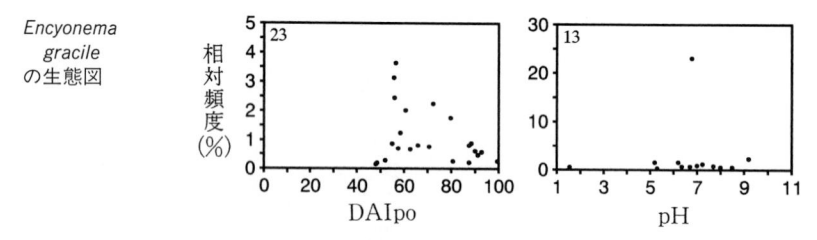

Encyonema gracile の生態図

Encyonema lunatum (W. Smith *in* Greville) Van Heurck 1896

(Plate ⅡB₃-68：6-10)

Basionym：*Cymbella lunata* W. Smith *in* Greville 1855. Syn：*C. ventricosa* var. *lunata* (W. Smith *in* Greville) Woodhead *et* Tweed 1960.

形態 殻の形 4-Lun；先端の形 くさび形[12]；殻長 20-51μm；幅 4.5-7μm；条線 背側9-12(13-15)/10 μm，腹側 14-16/10 μm，背側は極めて弱い放散状配列，腹側は殻端部が弱い収斂状；中心域 小さい，背側中央の条線先端部に1個の遊離点がある．前記の *E. gracile* に似るが，それよりも殻の幅が狭く，殻形は狭長である．

生態 インドネシアのL. Diatas(DAIpo 63-77)，L. Talang(DAIpo 57, 59)において，礫への付着珪藻として出現した．稀産種であるが，日本では，*E. gracile* と混同されている疑いがもたれる．生態未詳．

Encyonema prostratum (Berkeley) Kützing 1844 (Plate IIB$_3$-68：11)

Basionym：*Cymbella prostrata* (Berkeley) Cleve 1894.

形態 殻の形 1-Lun；先端の形 広円形[０]；殻長 38-92μm；幅 16-31μm；条線 7-11/10μm；胞紋 18-21/10μm；軸域 広い；縦溝 真っすぐに走り，中心域において，中心孔部がわずかに背側へ曲がって向かいあう，殻端部では，ほとんど直角に折れ曲がる；中心域 円形．

生態 最も清澄な湖，摩周湖(DAIpo 93)にも出現するし，琵琶湖北湖(DAIpo 72-75)，琵琶湖南湖(DAIpo 61-70)，琵琶湖からの流出河川淀川では DAIpo 42 の鳥飼大橋，DAIpo 61 の天ヶ瀬ダムにも出現した**広適応性種，pH に関しては好アルカリ性種**，相対頻度は 5% を越えることはない．Cox(1996)は，電解質の豊富な中栄養水域に広く分布するという．Van Dam *et al*. (1994)は，alkaliphilous, β-mesosaprobous, eutraphentic とする．Håkansson(1993)，Foged(1981)も alkaliphilous とする．

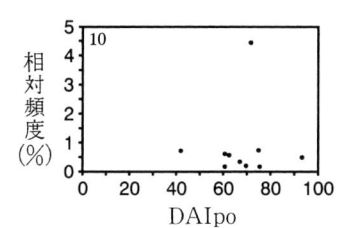

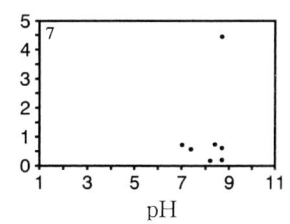

Encyonema prostratum の生態図

Encyonema leei (Krammer) Ohtsuka, Hanada & Yus. Nakamura 2004
(Plate IIB$_3$-68：12-18)

Basionym：*Encynopsis leei* Krammer 2003.

形態 殻の形 4-Sta；先端の形 くさび形[11]；殻長 21-30μm；幅 6-7μm；条線 7-9/10μm，中心部 極めて弱い放散状，殻端部 弱い放散状(14, 16)，平行(12, 15)，あるいは収斂状(17)；胞紋 約30/10μm；軸域 狭い；中心域 普通，中央の条線の一方が，他方と比べてはるかに短くなる(12, 14, 15, 18)が，両方共に短くなって等長の場合(16, 17)もある．それによってできる中心域は小さい；縦溝 中心域において，小さい中心孔をもった縦溝の先端部は，一方へ軽く曲がって向かいあう．殻端部の極裂は，まず縦溝の先端部が中心部と同方向に曲がり，鉤状を呈した先端は，反対方向へ伸びる．これは *Encyonema* 属の特徴である．筆者らは，本分類群を *Cymbella lacustris* (Agardh) Cleve として扱ってきたが，殻の形態，条線の配列様式および縦溝の微細構造が異なる．縦溝の特性が，*Encyonema* の特徴と一致するので，新種と考えた．

生態 有機汚濁に関しては好清水性種，pH に関しては真アルカリ性種で，pH 9.0-10.5 の強アルカリ水域には，相対頻度は小さいが，必ずといえるほどよく出現する．琵琶湖北湖湖岸，天ヶ瀬ダム湖の湖岸にしばしば出現するが，相対頻度は通常低い(5%以下)．

Encyonema ellipticum の生態図

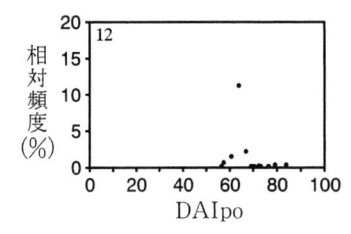

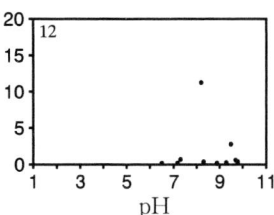

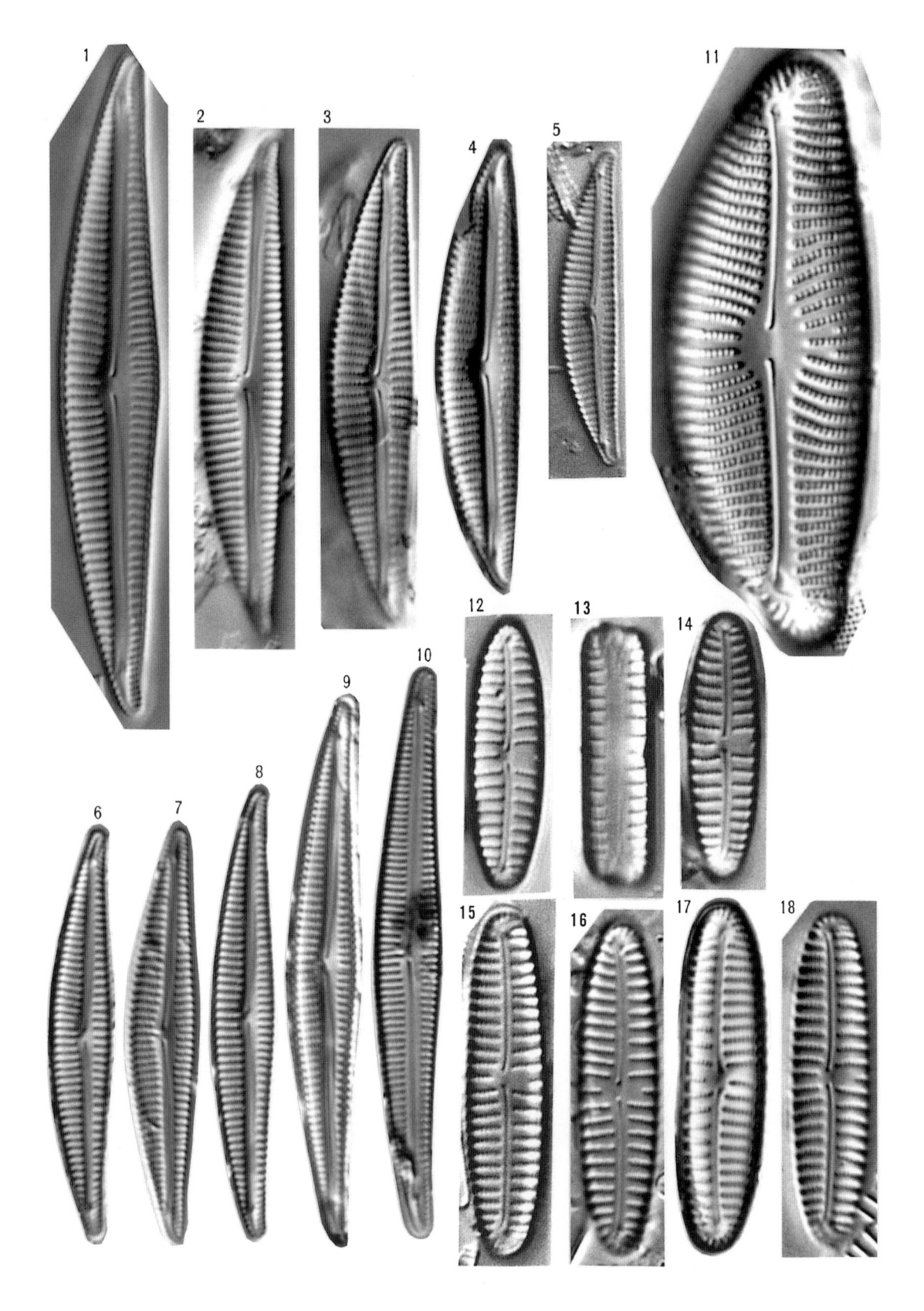

Plate ⅡB₃-68

426

Cymbella Agardh 1830 (Plate ⅡB₃-69〜ⅡB₃-80)

生活様式：本属中のほとんどすべての種は淡水産で，分布は広い．細胞は単独で浮遊生活をするものもあるが，膠質の柄によって，被付着物に着生するものが多い．また膠質の管を形成して，その中で生活するものがある．付着生活をする種は，ほとんどすべて，止水域，流水域のいずれにも共通に出現できる．

Cymbella を第1位優占種とする付着珪藻群集は，第2位種のいかんを問わず，DAIpo が 85-100 の極貧腐水性または，DAIpo 50-84 の貧腐水性の清冽な水域を代表する珪藻群集である(渡辺，浅井 1992 c)．

葉緑体：H型の葉緑体を1個もつ．
帯面観：矩形．

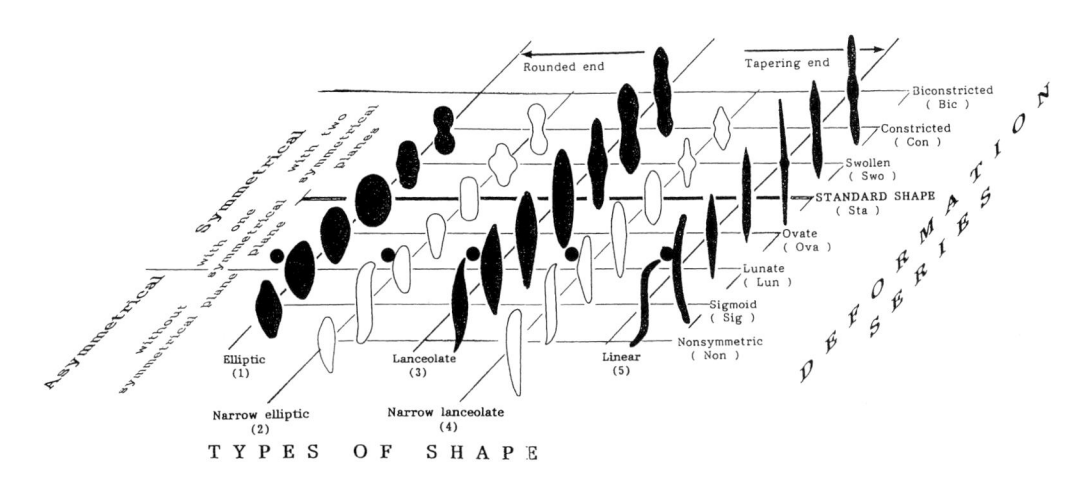

図ⅡB₃-10 *Cymbella* の殻の形

種の同定に必要な記載事項

例：*Cymbella turgidula*
1. 殻の形 2-Lun，先端の形 頭状形[5]
2. 殻の大きさ 殻長 34 μm，幅 11 μm
3. 条線 背側 9/10 μm，腹側 11/10 μm
4. 胞紋 24/10 μm
5. 中心域 小さく，腹側に2個の遊離点がある

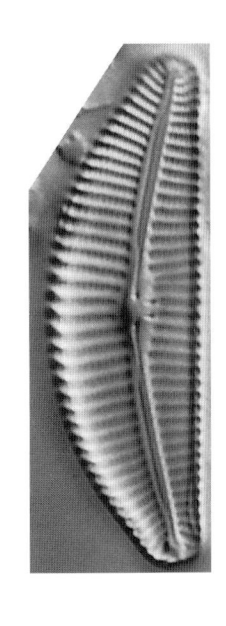

Reimeria sinuata (Gregory) Kociolek & Stoermer 1987 (Plate IIB$_3$-69：1-10)

Basionym：*Cymbella sinuata* Gregory 1856.

|形態| 殻の形 3-Sta；先端の形 広円形[0]；殻長 9-40μm；幅 3.5-9μm；条線 8-14/10μm，わずかに放散状；中心域 背側の中央条線1本は短く，腹側の中央条線が1〜2本欠けることによって，非相称的な独特の形の中心域が形成される；縦溝 中心域で向かいあうが，その中間点に1個の遊離点がある．本分類群は *Reimeria* のタイプ種．

|生態| 日本の清冽な流水域に広く分布し，清冽な流水域を代表する第1位優占種の一分類群である．しかし，止水域では第1位優占種とはならない．本分類群が第1位優占種となる場合，第2位種が *Achnanthes japonica* の場合は，その地点はDAIpo 85以上の極貧腐水性であるし，第2位種が *Navicula heufleri* var. *leptocephala*＝*N.erifuga* の場合には，DAIpo 64-75の貧腐水性である．**好清水性種であり，pH に関しては中性種である**．

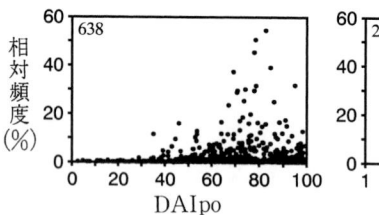

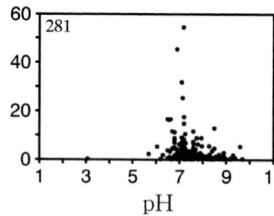

Reimeria sinuata の生態図

Cymbella delicatula Kützing var. *delicatula* 1849 (Plate IIB$_3$-69：11, 12)

Syn：*Delicata delicatula* (Kützing) Krammer 2003.

|形態| 殻の形 4-Lun；先端の形 くさび形[12]；殻長 16-32(36)μm；幅 3-6μm；条線 背側16(18)/10μm，腹側18(20)/10μm(共に中央部)，弱い放散状配列(背，腹側共に)；中心域 小さい円形；縦溝 殻の中央部を走る軸域にあるが，中心域の手前で，腹側殻縁方向へ急に曲がる．そのために，中心域は，背側が広く，腹側が狭い円形となる．

|生態| スイスの Juriel pass(DAIpo 91)の湖岸の付着藻群集の一員として出現した．日本での報告は少ないが**好清水性種**．Patrick & Reimer (1975) は，豊富な個体が出現したという報告は少ないが，中性から弱アルカリ性の水域に，最もよく出現するという．また，時には好気的な産地からの報告もあるとする．

Van Dam et al. (1994)は，pH circumneutral, β-mesosaprobous, mesotraphentic とし，Håkansson(1993)は，alkaliphilous/indifferent, Patrick & Reimer(1975)は，中性からわずかにアルカリ性の水域からの報告が最も多いという．Cox(1996)は，広く分布する種であるが，湿った岩，苔や，時に空気にさらされるような場所にも出現するという．

Reimeria lacus-idahoensis Kociolek *et* Stoermwr 1987 (Plate IIB$_3$-69：13, 14)

|形態| 殻の形 1-Lun の楕円形に近い；先端の形 広円形[0]；殻長 19-60μm；幅 8.5-11μm；殻長/幅 1.9-2.5；条線 5-8/10μm，放散状；中心域 腹側の中央各条線が2本欠けることによって，非相称形の中心域が形成される；縦溝 真っすぐに伸びた縦溝は，中心域で向かいあうが，向かいあう縦溝の中間に，1個の遊離点が背側へずれた位置に存在する．本分類群は，*Reimeria* (*Cymbella*) *sinuata* var. *ovata* と形態は似るが，それよりはるかに大型である．

|生態| Lake Tahoe の底泥中に出現したが，湖岸の礫その他の物体の付着藻中には出現しなかった．生態不明．

Encyonopsis minuta Krammer & Reichardt 1997 (Plate IIB$_3$-69：15-24)

Syn：*Cymbella ruttnerii* Hustedt 1931；*Navicula incompta* Krasske 1932.

従来 *Cymbella microcephala* Grunow *in* Van Heurck 1880 とされてきたが，*E. minuta* との区別は電顕を使わないと不可能．

形態 殻の形 3-Lun；先端の形 頭状形［5］；殻長 10-20 μm；幅 2.4-4 μm；条線 (22)23-25(30)/10 μm；条線の配列は弱い放散状，中央部の数本の条線のみ放散状であることが目立つ；軸域 狭い；中心域 ない．

生態 下図は，上記両分類群を併せた複合種群としての生態図．琵琶湖の北湖，奈良県の風屋ダム湖，三重県の宮川ダム湖などの止水域に，付着珪藻群集の一員として出現．本分類群が第1位優占種として出現したのは，極貧腐水性からβ貧腐水性(DAIpo 61-93)の清冽な止水域であり，流水域では，第1位優占種として出現したことはない．インドネシアでは，L. Diatas(DAIpo 80)，L. Talang(DAIpo 59)に出現した．**有機汚濁に関しては好清水性種，pH に関しては好アルカリ性種．**

Van Dam *et al.* (1994)は，alkaliphilous, oligosaprobous, meso-eutraphentic とする．Håkansson (1993)は，pH indifferent, Foged(1981)は，circumneutral とする．

Encyonopsis minuta と
Cymbella microcephala
複合種群の生態図

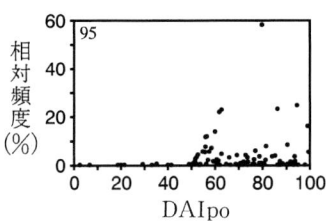

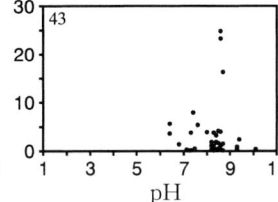

Cymbella thienemannii Hustedt 1938 (Plate IIB$_3$-69：25-34)

Syn：*Encyonopsis thienemannii* (Hustedt) Krammer 1997.

形態 殻の形 3-Lun；先端の形 頭状形［5］；殻長 15-24 μm；幅 3-4.5 μm；条線 22-25/10 μm，弱い放散状，ほとんど平行に近い；軸域 狭い；中心域 ない．

生態 DAIpo 50 以上の貧腐水性，極貧腐水性水域に出現，琵琶湖北湖の DAIpo 95, 98 の地点では，相対頻度が 19, 21%であったが，池田湖，摩周湖，本栖湖，倶多楽湖，治右衛門池などでは，5%以下の低い相対頻度で出現．**好清水性種，好アルカリ性種．**

Cymbella thienemannii の生態図

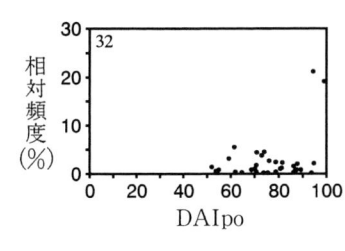

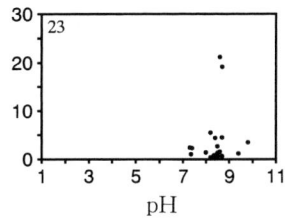

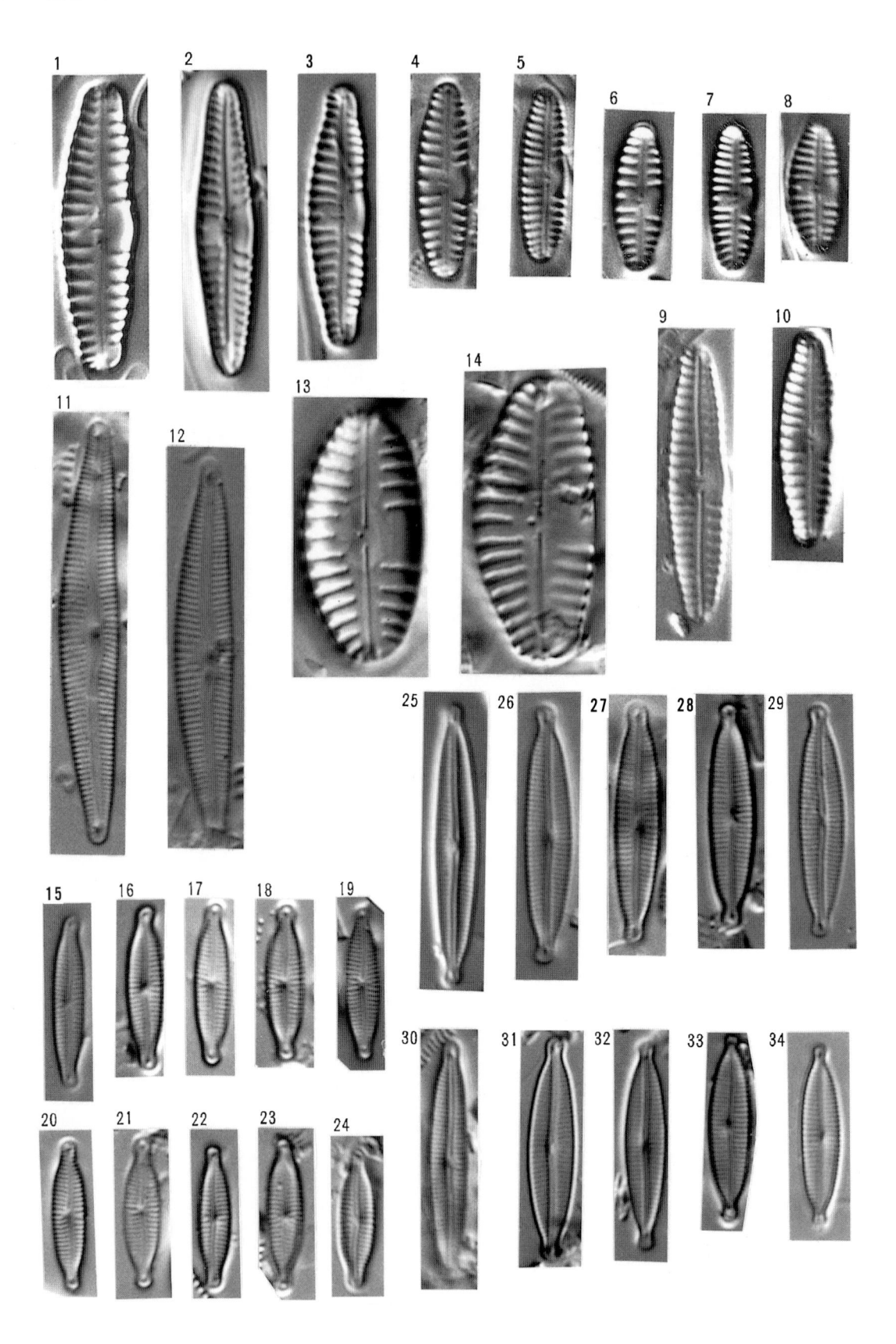

Plate II B₃-69

Cymbella affinis Kützing 1844 (Plate IIB$_3$-70：1-6)

Syn：*Cymbella excisa* Kützing 1844；*Cocconema parvum* W. Smith 1853；*Cymbella parva* (W. Smith) Kirchner 1878.

形態 殻の形 3-Lun；先端の形 くさび形[11]，くちばし形[3]；殻長 20-50(70) μm；幅 7-12(16) μm；条線 背側 9-11/10 μm，弱い放散状配列；胞紋 26-28(30)/10 μm；中心域 小さい．1個の遊離点が腹側にある．

生態 西湖(DAIpo 88)，Rhein 河上流の Julierpass(DAIpo 91)，奈良県済浄坊渓谷(DAIpo 91)のような清浄域から，奈良県風屋ダム(DAIpo 60)，インドネシアの DAIpo 48-58 の河川にまで広く分布するが，相対頻度は清浄域で比較的高く(13-18%)なることもある．**好清水性種．pH に関しては出現地点の加重平均 pH 7.1 の好アルカリ性種．**

Van Dam *et al*. (1994)は，alkaliphilous, β-mesosaprobous, eutraphentic とする．Håkansson (1993)は，alkaliphilous とする．Cox(1996)は，止水域，流水域の岸において，石礫や植物体表付着性種として出現するという．

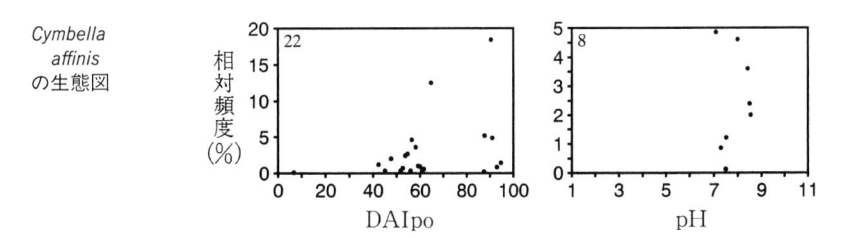

Cymbella affinis の生態図

Cymbella turgidula Grunow var. *turgidula* in A. Schmidt *et al.* 1875

(Plate IIB$_3$-70：7-10)

形態 殻の形 3-Lun；先端の形 くさび形[11]；殻長 26-50 μm；幅 10-15 μm；条線 9-11/10 μm，放散状配列；胞紋 22-24/10 μm；中心域 小さい．腹側に 1-3 個の遊離点をもつが，通常は2個．

生態 本分類群は，後述の *Cymbella novazeelandiana*(Pl. IIB$_3$-71：5-7)と形態が似る．従来両者を混同してきた可能性があるので，生態図は両者を併せた複合種群の生態図として示した．**有機汚濁に関しては好清水性種，pH に関しては真アルカリ性種**，流水域，止水域のどちらにおいても第1位優占種となる．第2位種が *Achnanthes convergens*, *A. japonica*, *A. minutissima* のどれであっても，その地点は極貧腐水性(DAIpo 90 以上)水域である(渡辺，浅井 1992 c)．

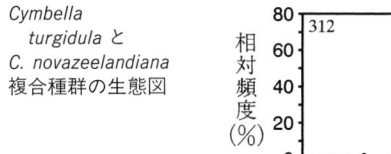

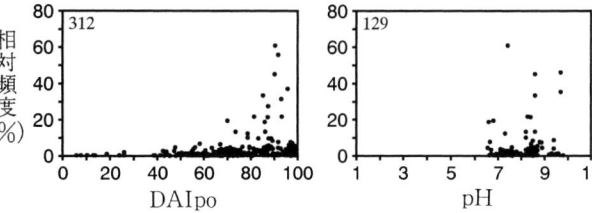

Cymbella turgidula と *C. novazeelandiana* 複合種群の生態図

Plate IIB₃-70

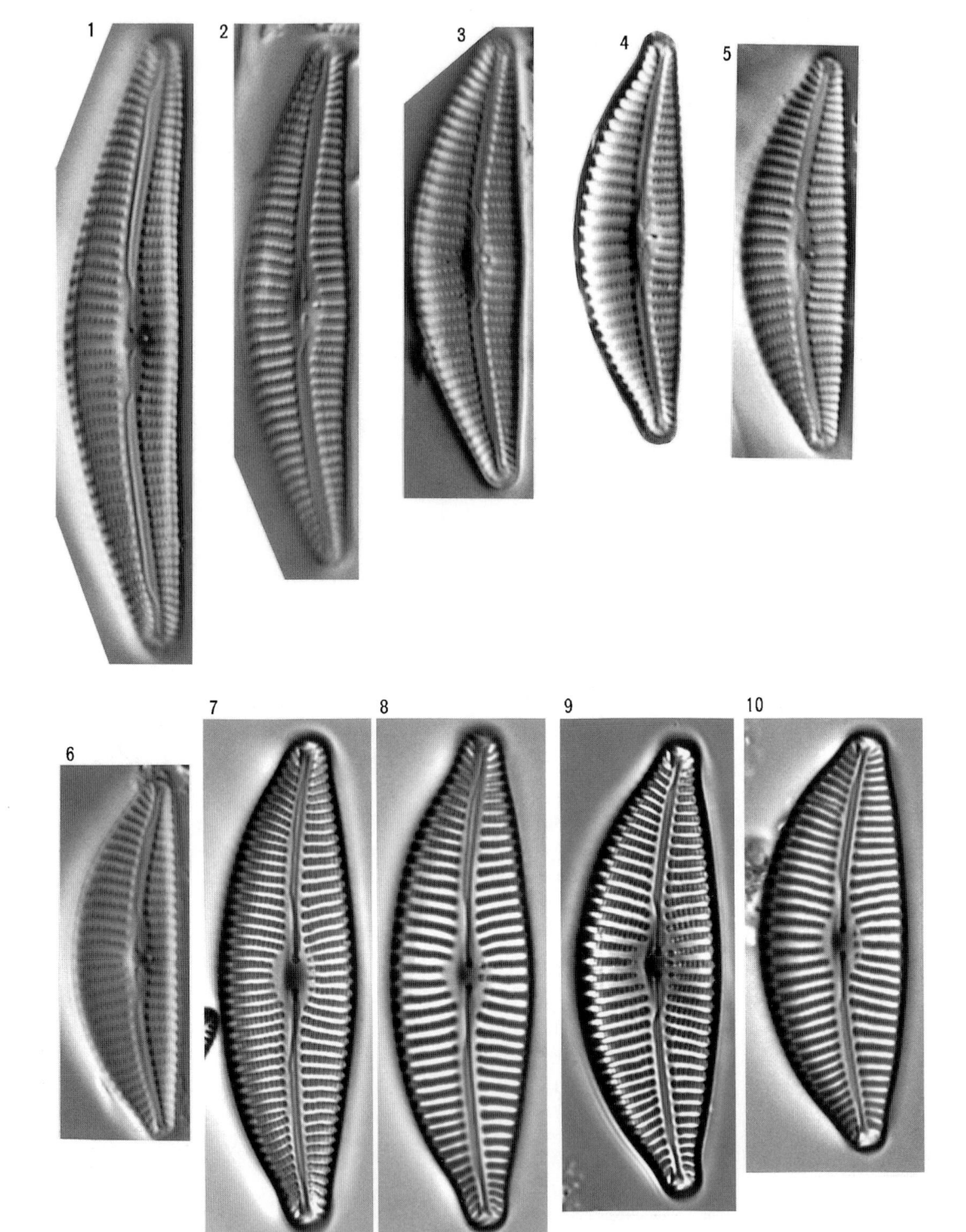

Cymbella tumida (Brébisson) Van Heurck 1880　　　　　　　　(Plate IIB$_3$-71：1, 2)

Syn：*Cocconema tumidum* Brébisson *in* Kützing 1849；*Cymbella stomatophora* Grunow 1875.

形態　殻の形 2-Lun；先端の形 くちばし形[3]，広円形[0]；殻長 35-120 μm；幅 12-25 μm；条線 背側 8-10/10 μm，放散状；胞紋 16-20/10 μm；中心域 比較的大きい横長の楕円形，中心域の中央腹側よりに 1 個の遊離点がある．写真(2)は殻端にくびれがないので，本分類群の変種または別種とすべきかもしれない．

生態　有機汚濁に関しては好清水性種，pH に関しては好アルカリ性種．流水域において，稀に第 1 位優占種となることがあるが，そのような水域は DAIpo 90 以上の極貧腐水性である．

Van Dam *et al.* (1994) は，alkaliphilous, oligosaprobous, meso-eutraphentic とし，Håkansson (1993) は alkaliphilous/indifferent とする．

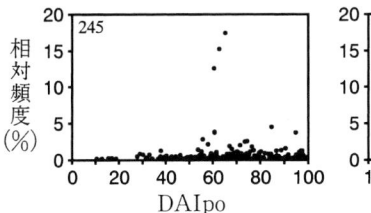

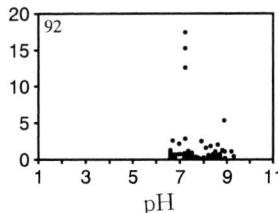

Cymbella tumida の生態図

Cymbella perpusilla A. Cleve 1895　　　　　　　　(Plate IIB$_3$-71：3, 4)

Syn：*Cymbella bipartita* A. Mayer 1916；*Encyonema perpusillum* (A. Cleve) D. G. Mann *in* Round *et al.* 1990.

形態　殻の形 3-Lun；先端の形 くさび形[11]；殻長 12-30 μm；幅 3-5 μm；条線 背側 10-13(18)/10 μm；胞紋 光顕では確認できない(38-45/10 μm)．

生態　志賀高原の一沼(pH 6.8)，八島ヶ原湿原の鎌ヶ池(pH 5.3)，鬼ヶ泉水(pH 5.1)，霧島高原の白紫池(pH 4.9)に出現した**好酸性種と考えられる**．インドネシアの L. Talang (DAIpo 59) にも出現．

Van Dam *et al.* (144) は，acidophilous, oligosaprobous, oligotraphentic とする．

Cymbella perpusilla の生態図

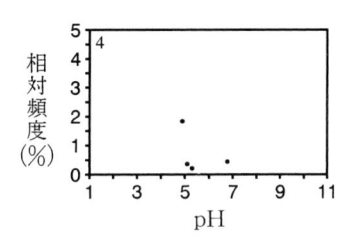

Cymbella novazeelandiana Krammer 2002　　　　　　　　(Plate IIB$_3$-71：5-7)

Basionym：*Cymbella turgida* var. *kappii* Cholnoky 1953.

形態　殻の形 3-Lun；先端の形 くさび形[11]，広円形[0]；殻長 24-57 μm；幅 10-12.8 μm；殻長/幅は 4.3，条線 9-12/10 μm，背，腹側共に放散状配列；胞紋 21-24/10 μm；中心域 極めて小さいか，またはない．腹側に通常 2 個(時に 3 個)の遊離点がある；本分類群は，*Cymbella turgidula* var. *turgidula* と似るが，殻の腹縁中央部が *turgidula* ほどには膨出しないことと，中心域がより小さいことによって区別できる．

生態　本分類群の生態図は，先述の *C. turgidula* var. *turgidula* (Pl. IIB$_3$-70：7-10) と併せた複合種群としての生態図として示されている．生態情報と併せて参照されたい．**有機汚濁に関しては好清水性種，**

pH に関しては強アルカリ性種である．

Cymbella turgidula var. *nipponica* Skvortzow 1936 (Plate IIB$_3$-71：8)

Syn：*Cymbella rheophila* Ohtsuka 2002；*C. subturgidula* Krammer 2002.

形態　殻の形 3-Lun；先端の形 くちばし形[3]；殻長 (30)-42 μm；幅 9-12 μm；条線9-11/10 μm；中心域 小さく，中央腹側に2個の遊離点がある．前記の var. *turgidula* とは，先端の形，遊離点の数の違いによって区別できる．

生態　有機汚濁に関しては好清水性種，pH に関しては好アルカリ性種．日本の流水域における代表的普遍種．

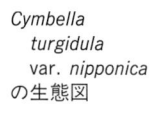

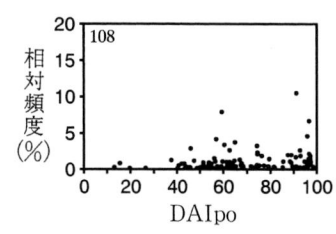

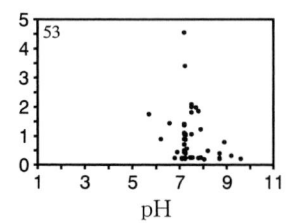

Cymbella turgidula var. *nipponica* の生態図

Cymbella japonica Reichelt *in* Kuntze 1898 *in* Schmidt *et al.* 1874

(Plate IIB$_3$-71：9, 10)

形態　殻の形 3-Sta；先端の形 くさび形[11]；殻長 30-45 μm；幅 9-12 μm；条線 6-8/10 μm，背，腹側共に放散状；軸域 極めて広い；中心域 小さい，腹側にのみふくらみをもつものが多い，腹側に遊離点1個．

生態　有機汚濁に関しては好清水性種，pH に関しては中性種．相対頻度は常に小さい(2%以下)．芦ノ湖(DAIpo 59)，尾瀬沼(DAIpo 56, pH 7.0)，治右衛門池(pH 6.6)のほかに，奈良県の旭ダム湖(DAIpo 64)，池原ダム湖(DAIpo 66)，七色ダム湖(DAIpo 59)，風屋ダム湖(DAIpo 67)のような貧栄養のダム湖にも出現する．また清冽な流水域にも出現する．

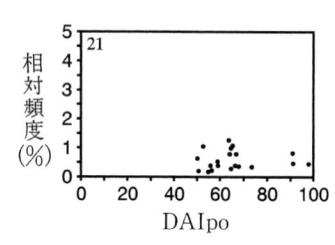

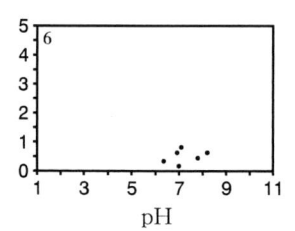

Cymbella japonica の生態図

Cymbella hustedtii Krasske 1923 (Plate IIB$_3$-71：11-15)

形態　殻の形 3-Lun；先端の形 くさび形[11]；殻長 13-34 μm；幅 5-8 μm；条線 (9)11-13/10 μm；胞紋 (22)24-28/10 μm；軸域 比較的広く，長軸方向に真っすぐに伸びる；中心域 ほとんどないに等しい．

生態　尾瀬沼(DAIpo 56, pH 7.0)，治右衛門池(pH 6.6)，奈良県の湧水路に出現する**好清水性種**．
　Van Dam *et al.* (1994)は alkaliphilous, oligosaprobous, oligo-mesotraphentic とする．

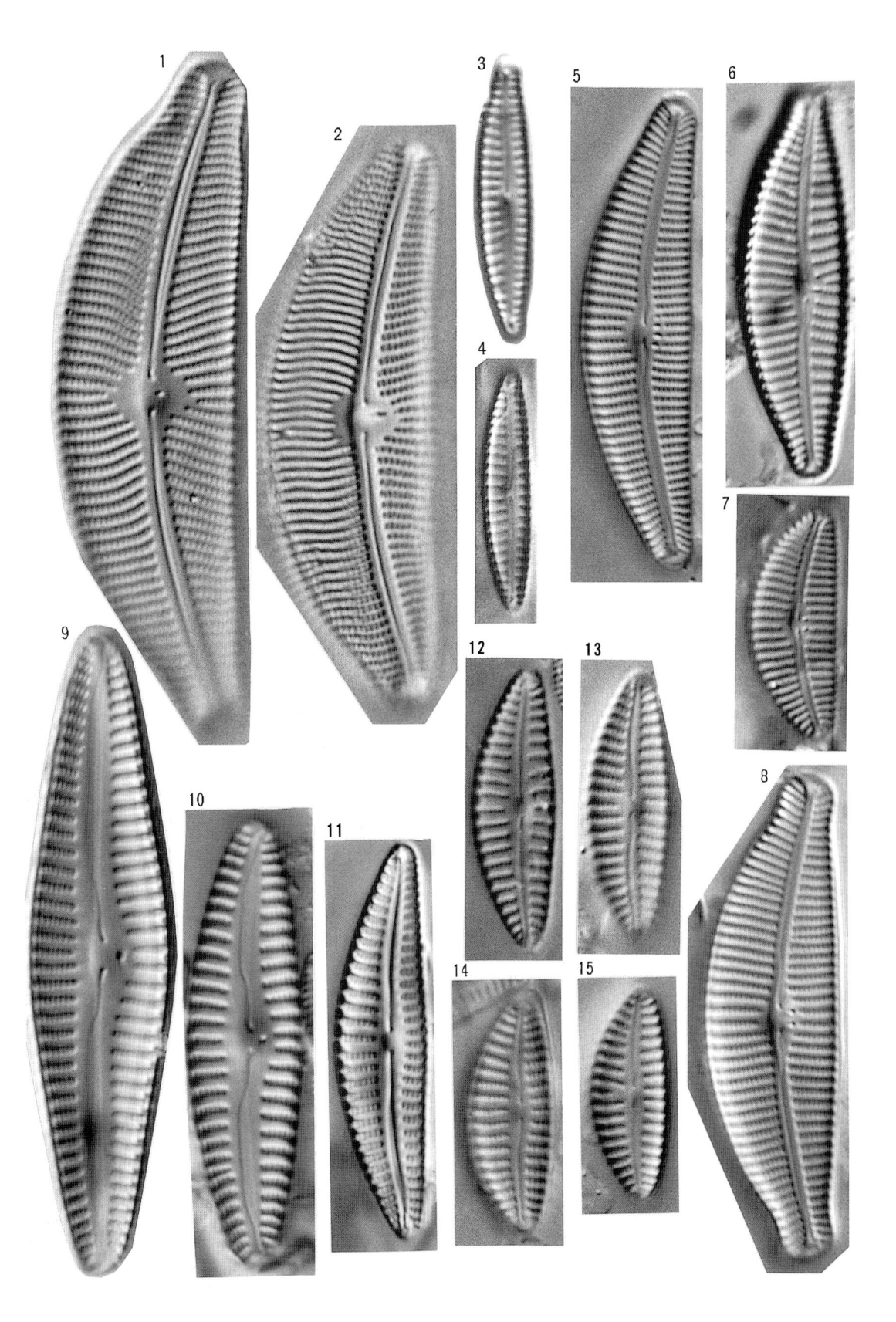

Plate II B$_3$-71

435

Cymbella subaequalis Grunow *in* Van Heurck 1880-1885　　　　(Plate IIB_3-72：1, 2)

Syn：*Cymbella aequalis* sensu Cleve 1894；sensu Hustedt 1930；*Cymbopleura subaequalis* (Grunow) Krammer 2003.

形態　殻の形 3-Sta；先端の形 広円形[0]；殻長 15-75 μm；幅 4-13 μm；条線 背側 11-14/10 μm，背腹側共に条線配列は放散状形；胞紋 30-32/10 μm.

生態　摩周湖(DAIpo 92)，支笏湖(透明度 19.5 m，pH 7.5，COD 0.6 mg/l)，志賀高原の木戸池(pH 8.6)およびライン河上流の Julier pass (DAIpo 91)に出現した稀産種であるが，**好清水性種**.

Cymbella subaequalis の生態図

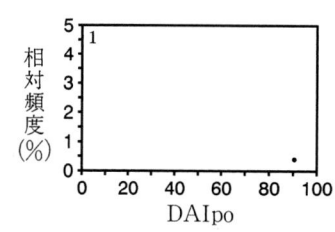

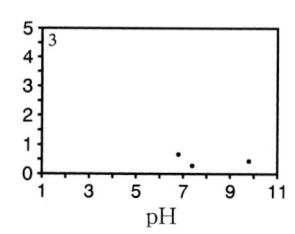

Cymbella cesatii (Rabenhorst) Grunow 1881　　　　(Plate IIB_3-72：3-6)

Syn：*Navicula cesatii* Rabenhorst 1853；*Encyonopsis cesatii* (Rabenhorst) Krammer 2003.

形態　殻の形 3-Sta，光顕下では，殻の背腹の区別はしにくい；先端の形 くさび形[12]；殻長 18-10 μm；幅 4-8 μm；条線 18-21/10 μm；条線配列は背腹共に放散状；胞紋 光顕では計数不能 36-40/10 μm；軸域 狭い；中心域 小さい円形.

生態　尾瀬沼(DAIpo 55, pH 7)，倶多楽湖(pH 8.5)，ライン河上流の Julier pass 湖(DAIpo 91)に出現した稀産種．**好清水性種である可能性**が大きい．

Van Dam *et al.* (1994)は，pH circumneutral, oligosaprobous, oligotraphentic とする．Hustedt (1943)は，一般に pH 6.8-7.2 の水域で出現するとし，Foged (1953)は，酸性試料中に広く見られるとし，Cholnoky(1968)は，pH 約6のあたりの水域が最適であるという．

Cymbella cesatii の生態図

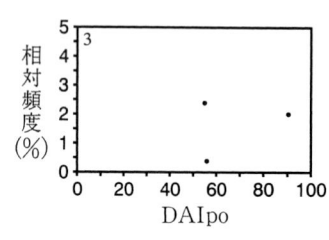

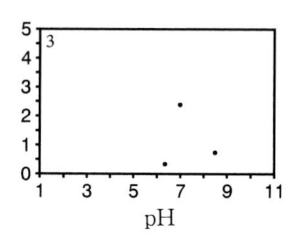

Cymbella rupicola Grunow *in* A. Schmidt *et al.* 1882　　　　(Plate IIB_3-72：7-11)

Syn：*Cymbella laevis* var. *rupicola* (Grunow) Van Heurck 1896.

形態　殻の形 2,3-Lun；先端の形 くさび形[11]；殻長 20-62 μm；幅 5-11 μm；条線 背側12-13(15)/10 μm，腹側 15-18/10 μm，条線配列は，背腹共に放散状；胞紋 21-25/10 μm；軸域 比較的広い；中心域 ない；縦溝 長軸方向に，ほとんど真っすぐの状態で走る．

生態　奈良県の清浄流水域に出現したが，日本では稀産種のため生態不明．

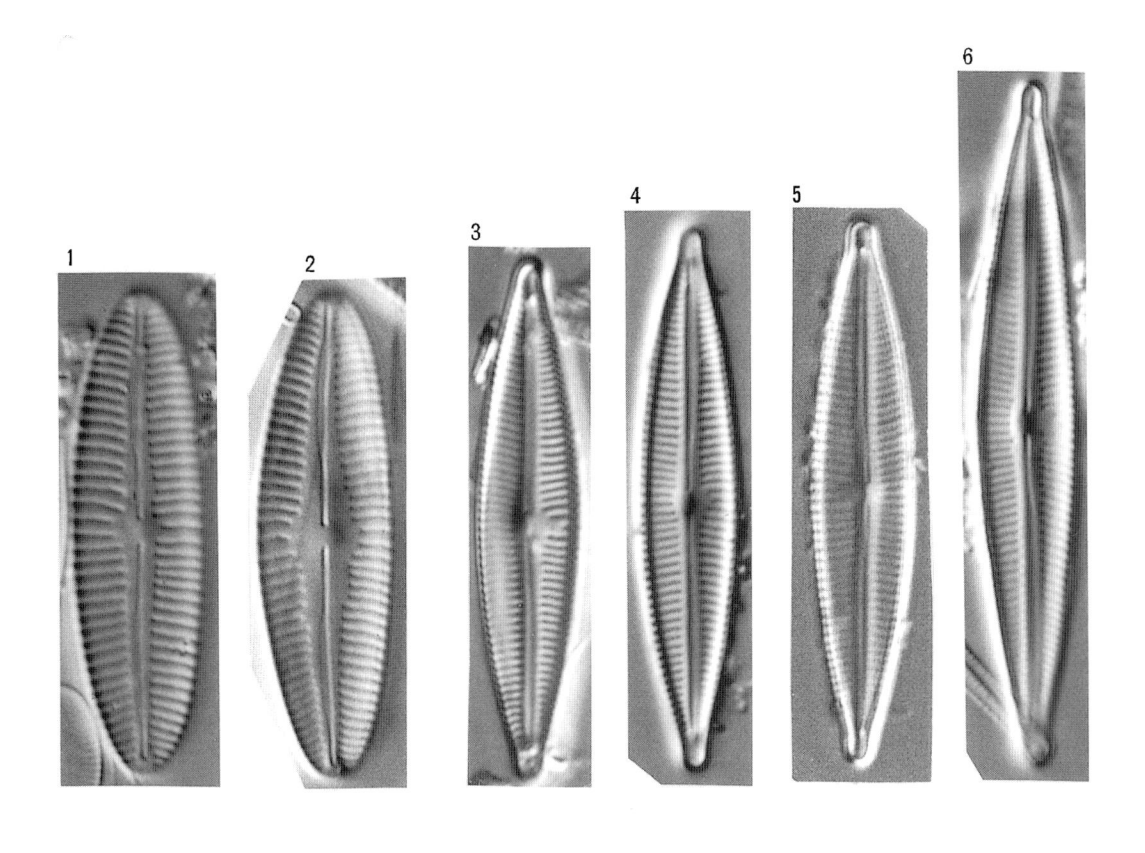

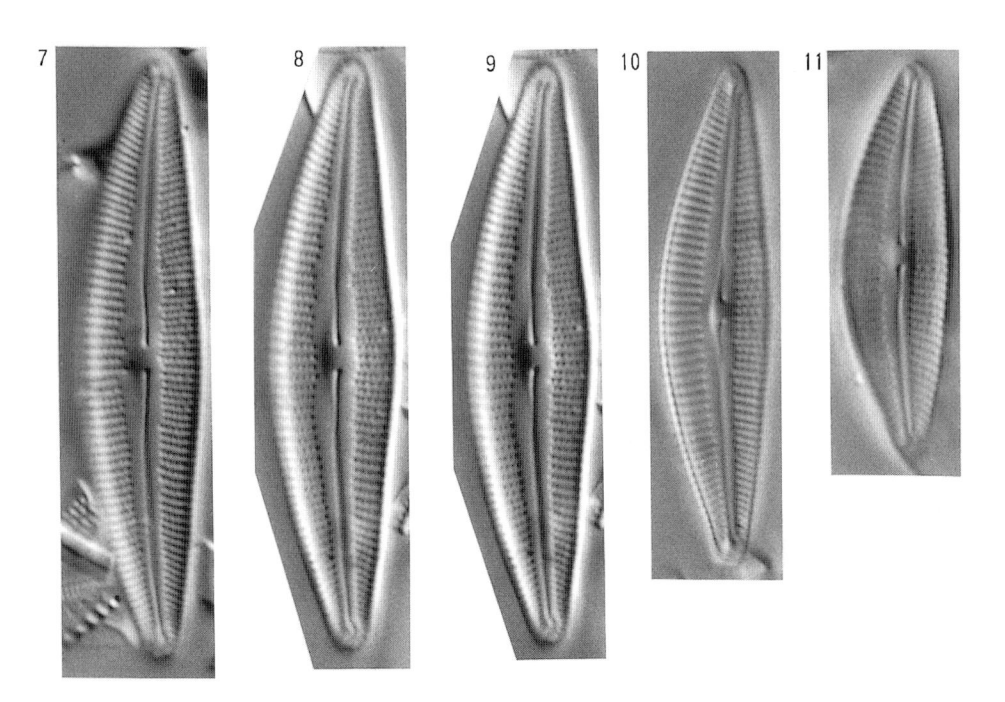

Plate IIB₃-72

437

Cymbella leptoceros (Ehrenberg) Kützing 1844 (Plate IIB$_3$-73：1-5)

Syn：*Cocconema leptoceros* Ehrenberg 1843.

形態 殻の形 3-Lun；先端の形 くさび形[11]；殻長 15-60 μm；幅 7-13 μm；条線 背側8-10/10 μm；腹側 9-11/10 μm，背腹共に放散状配列；軸域 比較的広い；中心域 ない．最近 Krammer(2002)は，本分類群の分類学上の問題点を挙げて，次の3分類群に分けた(*Cymbella subleptoceros* (Ehrenberg) Kützing；*C. neoleptoceros* Krammer var. *neoleptoceros*；*C. neoleptoceros* var. *tenuistriata* Krammer)．筆者らが示した分類群は，Krammer に従えば，*C. neoleptoceros* var. *tenuistriata* に該当する．しかし未だ分類学的検討の余地があると考えて，従来の名称を用いた．

生態 支笏湖，中禅寺湖(DAIpo 65)，木崎湖(DAIpo 81)，池田湖(DAIpo 87)，琵琶湖つづらお崎(DAIpo 62)，芦ノ湖(DAIpo 59)，滋賀県天ヶ瀬ダム湖(DAIpo 58)などの止水域のほかに，華厳の滝の上流(DAIpo 95)，奈良県大塔村宮の滝(DAIpo 94)，大塔村湧水の流路(DAIpo 95)などの流水域にも出現した**好清水性種．pHに関しては中性種**．

Van Dam *et al.* (1994)は，alkaliphilous, oligosaprobous, oligotraphentic とする．Krammer & Lange-Bertalot(1986)は，アルプス地帯の適度にカルシウムを含んだ貧栄養の止水域によく出現するという．

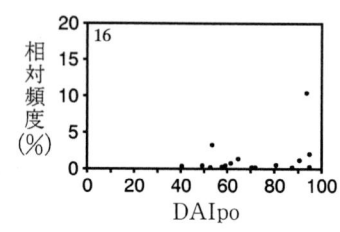

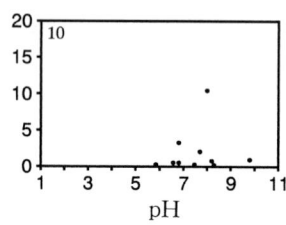

Cymbella leptoceros の生態図

Cymbella laevis Naegeli *in* Kützing 1849 (Plate IIB$_3$-73：6-11)

形態 殻の形 3-Lun；先端の形 くさび形[11, 12]；殻長 17-54μm；幅 6-12μm；条線 背側11-14(15)/10 μm，腹側 13-16/10 μm，背腹側共に放散状配列；胞紋 30-35/10 μm；軸域 比較的広い；中心域 ない；縦溝 長軸方向に，ほぼ真っすぐに走るが，殻端部で極めてわずかに腹側へ曲がり，中央先端部はわずかに腹側にゆれて向かいあう．

生態 ライン河上流の小湖 Julier pass(DAIpo 91)，台湾大甲渓徳基ダムの下流(pH 9.8)台湾北港渓(pH 9.7)に出現した．**有機汚濁に関しては好清水性種，pH に関しては真アルカリ性種**．

Håkansson(1993)は，acidophilous とし，筆者らの生態情報とは逆になっている．日本では古く(1934)に多摩川からの報告があるのみである(福島 1957)．Foged(1955)は，グリーンランドにおいては，普遍種であり，好酸性種としている．

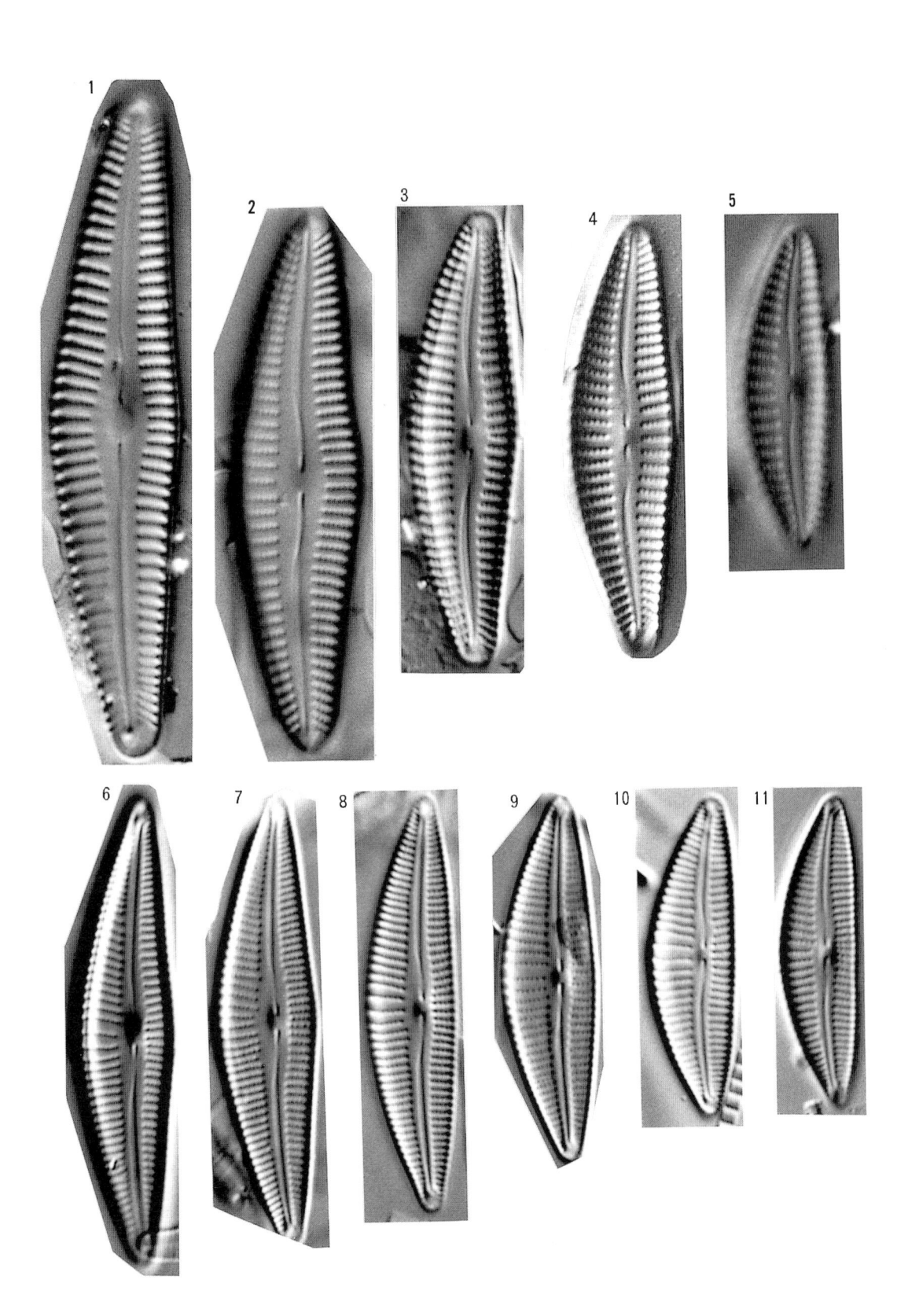

Plate IIB₃-73

Cymbella percymbiformis Krammer 2002 (Plate IIB_3-74：1-5, 6, 7)

|形態| 殻の形 3-Lun；先端の形 くさび形[11]；殻長 53-94 μm；幅 14-17.2 μm；殻長/幅 5.9；条線 背側 7-9/10 μm；背腹共に放散状配列；胞紋 15-19/10 μm；縦溝 中央部と殻端部とで，外裂溝と内裂溝とが交叉する(写真(6, 7)は殻端部の交叉)；遊離点 1-3(4)個；中心域ない．*Cymbella sumatrensis* Hustedt (Pl. IIB_3-75：5-7) とも似るが，*C. sumatrensis* は，胞紋密度が 25-30/10 μm ではるかに大きく，楕円形の中心域をもつことによって，本分類群と区別される．

|生態| スマトラの L. Diatas (DAIpo 56-80) とその流出河川 (DAIpo 61)，L. Dibarue (DAIpo 52-72) とその流出河川 (DAIpo 66)，L. Talang (DAIpo 57-63) に出現したが，日本では未報告．**好清水性**であろう．Krammer(2002)は，本分類群の基準産地を南西アフリカ (Namibia)，Naukluft の水泳用プールとする．これらの産地から考えると，熱帯性種であろう．

Plate IIB₃-74

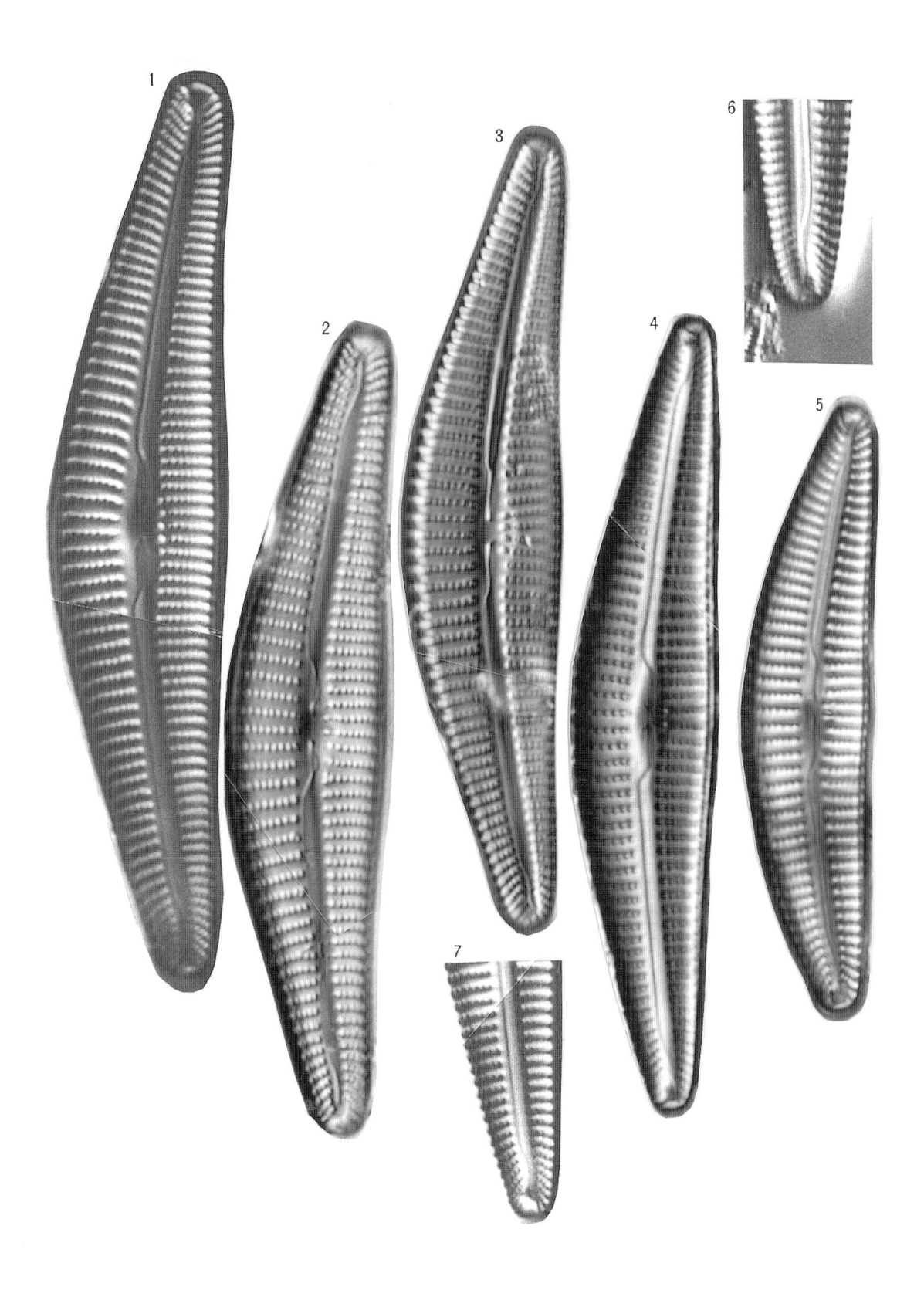

Cymbella cymbiformis Agardh var. *cymbiformis* 1830 (Plate IIB$_3$-75：1, 2)

形態 殻の形 3-Lun；先端の形 くさび形[11]；殻長 25-95(100)μm；幅 8-15μm；条線 背腹側共に 7-9/10μm；胞紋 18-20/10μm；中心域 幅の狭い舟形；遊離点 中心域中央腹側に1個；軸域 比較的狭い；縦溝 中心域で外裂溝と内裂溝が，大きく交叉するのを，光顕で明瞭に確かめることができる．

生態 志賀高原木戸池(pH 6.8)，八ヶ岳雨池(pH 5.3)，ライン河上流の小湖 Julier pass(DAIpo 91)，台湾大甲渓徳基ダム下流(pH 9.8)に出現．**好清水性種．**

Van Dam *et al.* (1994)は，pH circumneutral, oligosaprobous, oligo-mesotraphentic とする．Foged(1981)は，alkaliphilous とする．

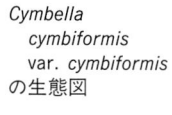

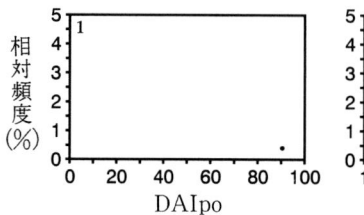

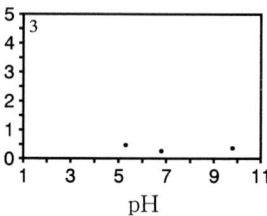

Cymbella cymbiformis var. *cymbiformis* の生態図

Cymbella cymbiformis var. *nonpunctata* Fontell 1917 (Plate IIB$_3$-75：3)

形態 中心域に遊離点がないこと以外，上記変種と大きな違いはない．
生態 俱多楽湖(DAIpo 71)に出現した稀産種，**好清水性種．**

Cymbella cistula (**Ehrenberg**) **Kirchner** 1878 (Plate IIB$_3$-75：4)

Syn：*Bacillaria cistula* Ehrenberg 1828；*Cymbella maculata* (Kützing) Kützing 1844；*C. cistula* var. *maculata* (Kützing) Van Heurck 1880.

形態 殻の形 3-Lun；先端の形 くさび形[11]，広円形[0]；殻長 35-120μm；幅 13-25μm；条線 背側 7-10/10μm，背腹側共に放散状配列，殻端部の条線は強い放散状；軸域 狭い；中心域 小さい円形；遊離点 1-5個，中心域の腹側に存在する．

生態 琵琶湖北湖の多景島(DAIpo 79)では相対頻度 79%，木崎湖(DAIpo 81)では 21%の相対頻度で出現．西湖(DAIpo 88)，青木湖(DAIpo 73)のほかに，琵琶湖の沖の白石(DAIpo 97)，その他琵琶湖北湖の水の清澄な地点に出現した**好清水性種，pH に関しては好アルカリ性種．**

Van Dam *et al.* (1994)は，alkaliphilous, β-mesosaprobous, oligo-to eutraphentic (hypereutraphentic)とする．Patrick & Reimer(1975)は，色々なタイプの水域に出現するが，アメリカでは，湖や川で，植物体表に付着して出現することが最も多いという．Patrick & Reimer(1975)と Håkansson(1993)は，共に alkaliphilous とする．

Cymbella cistula の生態図

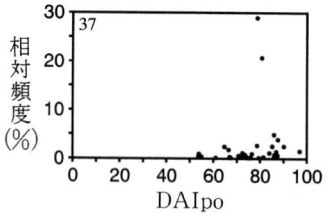

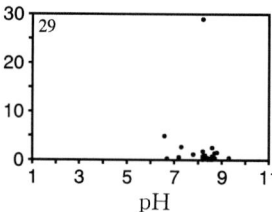

Cymbella sumatrensis Hustedt 1938 (Plate ⅡB$_3$-75：5-7)

形態 殻の形 3-Lun；先端の形 広円形[0]，くさび形[11]；殻長 24-65 μm；幅 8-14 μm；条線 背側約 10/10 μm，腹側 10-12/12 μm，殻端部約 12-14/10 μm，放散形配列；胞紋 25-30/10 μm；軸域 比較的真っすぐに，大きく曲がることなく走る；中心域 幅の狭い舟形，腹側に 1-6 個の遊離点がある．本分類群は，ニュージーランドの貧栄養湖に広く分布する．*Cymbella novazeelandiana* Krammer 2002 とも酷似する．しかし，本分類群との違いを見いだすことは難しいので，両者を併せて複合種群とした．

生態 本分類群は，南部スマトラの Ranau 湖，中部スマトラの Singkarak 湖，北部スマトラの Toba 湖に出現した試料個体に基づいて新種記載がなされた(Hustedt 1938)．筆者らは，中部スマトラの L. Diatas(DAIpo 56，61，63，77，80)，L. Dibaruh(DAIpo 52，56，66)，L. Talang(DAIpo 57，59) などの湖沼に出現するのを確かめた．**広適応性種．**

Cymbella sumatrensis と *C. novazeelandiana* 複合種群の生態図

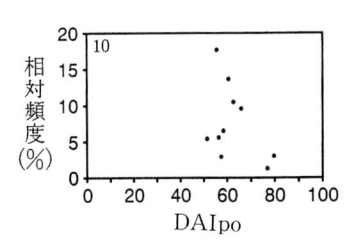

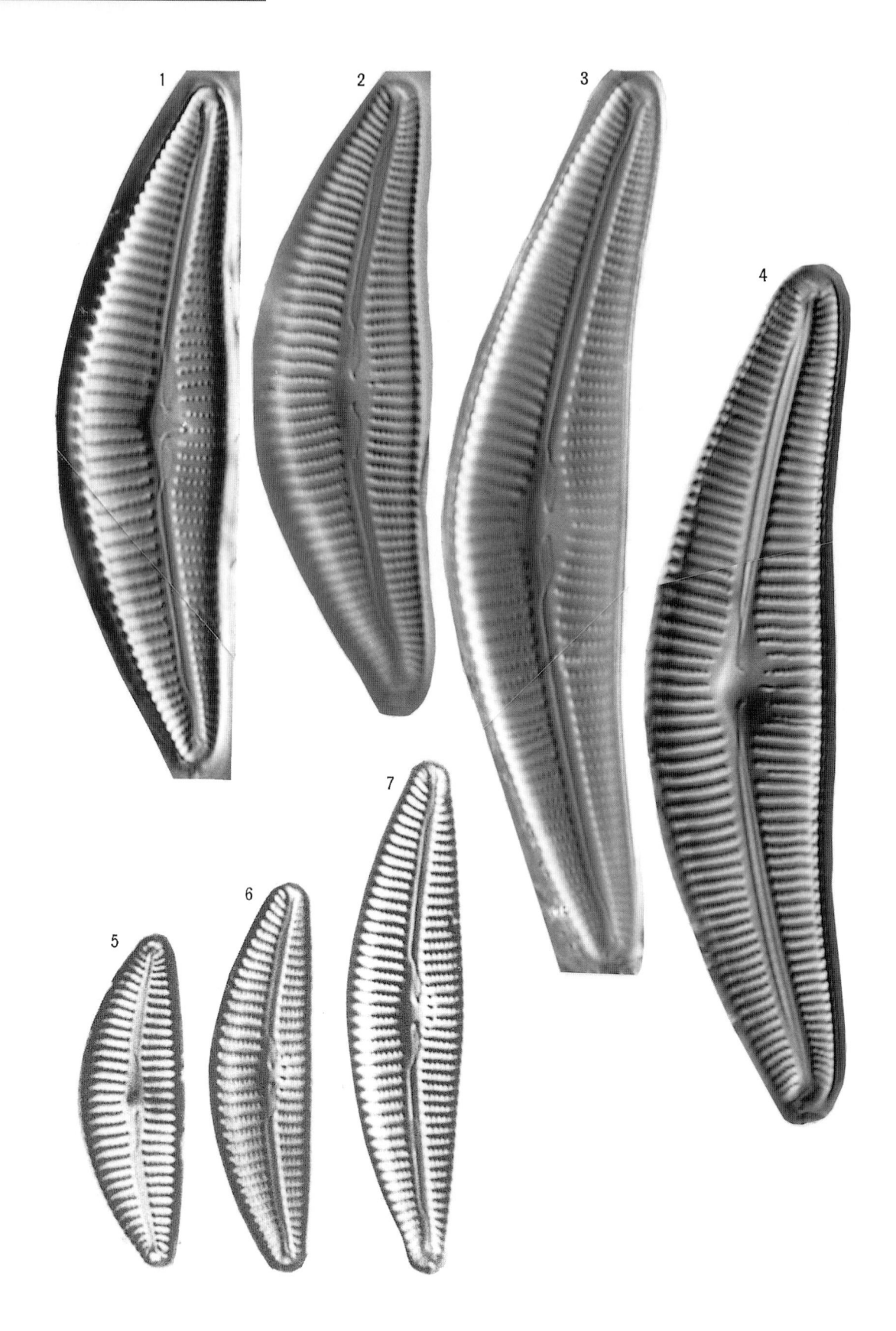

Plate IIB₃-75

Cymbella lanceolata (Ehrenberg) Kirchner 1878 (Plate IIB$_3$-76：1)

Basionym：*Cocconema lanceolatum* Ehrenberg 1838.

形態 殻の形 3-Lun；先端の形 広円形[0]；殻長 100-220 μm；幅 18-32 μm 大型の分類群；条線 背側中央部 9-10/10 μm，殻端部 13-16/10 μm；胞紋 15-18/10 μm；中心域 縦長の楕円形，中心域の腹側に，条線に接近して 4-6 個の遊離点が存在する．*Cymbella aspera* と混同しやすいが，その違いについては Pl.IIB$_3$-78：1-5 の記述を参照されたい．

生態 奈良県北山川渓谷(DAIpo 98)，佐賀県の北山ダム湖(DAIpo 87)など，清澄な水域に出現する**好清水性種**．相対頻度は常に低い(<1%)．**pH に関しては好アルカリ性種**．

Van Dam *et al.* (1994)は，alkaliphilous, β-mesosaprobous, eutraphentic とする．Håkansson (1993)も alkaliphilous とする．

Cymbella lanceolata の生態図

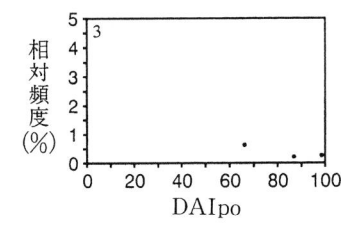

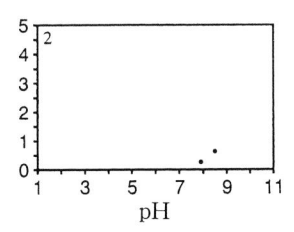

Cymbella cistula var. *gibbosa* Brun 1895 (Plate IIB$_3$-76：2-4)

形態 殻の形 3-Lun；先端の形 広円形[0]；*C. cistula*(Pl.IIB$_3$-75：4)と比べて，殻の中央部が腹側へ強くふくらむ；殻長 85-130 μm；幅 20-26 μm；条線 背側 6-9/10 μm，背腹側共に放散状，殻端部特に強い放散状(4)；軸域 比較的広い；中心域 楕円形；遊離点中心域の腹側に 5-12 個の遊離点がある．背側にも数個の遊離点をもつものが多い(3)；胞紋 (14)16-19/10 μm；縦溝 中心域の近くで，外裂溝と内裂溝とが交叉する(3)，殻端部でも交叉し，先端は背側へ鉤状に曲がる(4)．

生態 摩周湖(DAIpo 93)，支笏湖(DAIpo 91)，志賀高原木戸池(pH 6.8)，L. Tahoe(DAIpo 93)および，湯沢温泉(pH 9.3)にも出現した稀産種．**好清水性種**である．

Cymbella cistula var. *gibbosa* の生態図

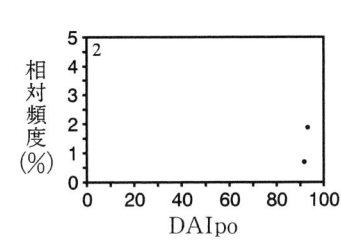

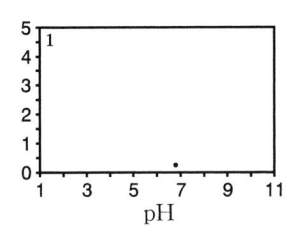

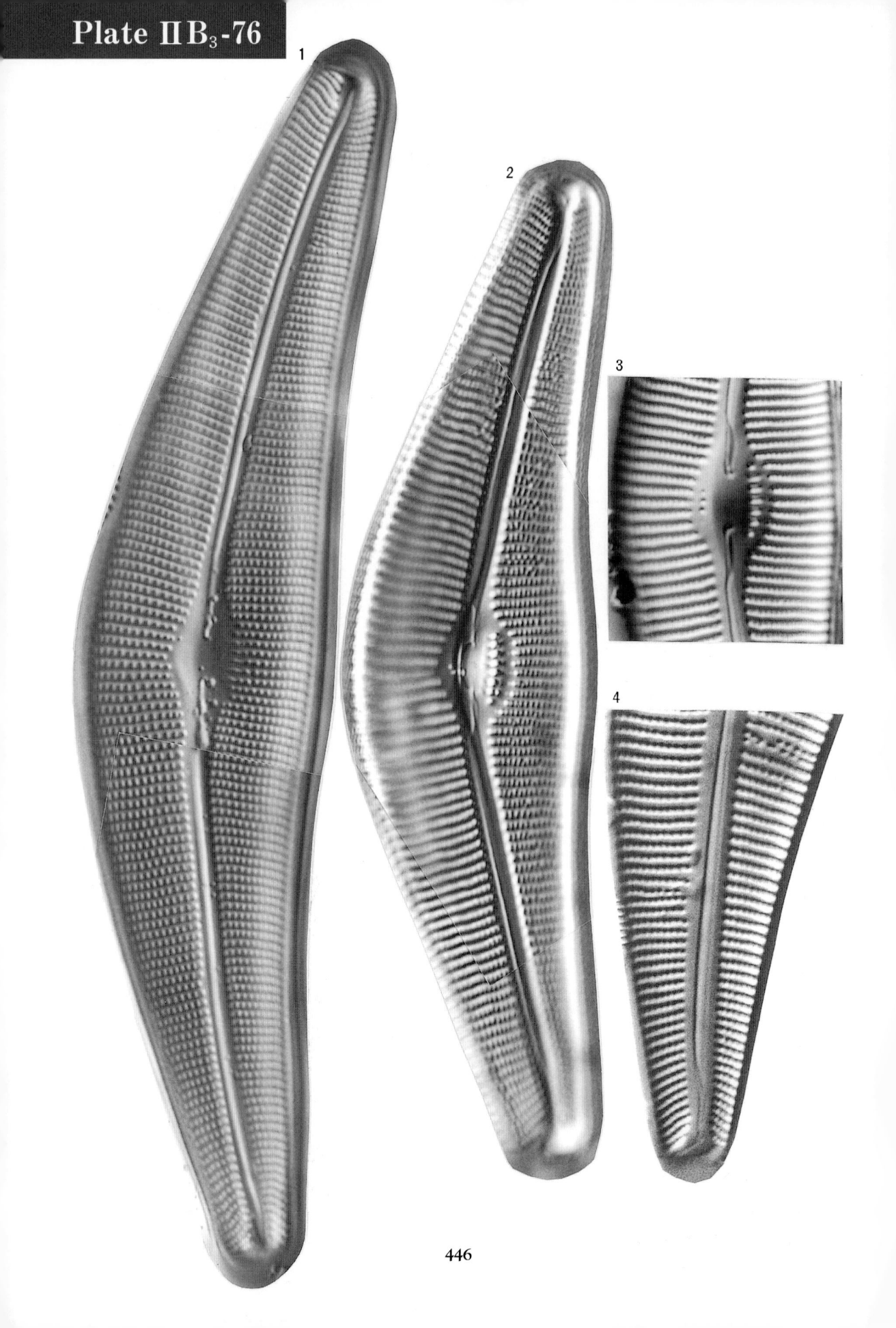

Plate IIB₃-76

Cymbella proxima Reimer 1975 (Plate IIB$_3$-77：1-4)

形態 殻の形 3-Lun；先端の形 くさび形[11]；殻長 45-120 μm；幅 18-24 μm；条線 7-8/10 μm，背腹共に放散状；胞紋 14-15(16)/10 μm；軸域 広い；中心域 円形，楕円形；遊離点 中心域の腹側に，通常 2-4 個(5, 7 個)(写真(2, 3))；縦溝 中心域で中心孔を形成して向かいあうが，中心孔が微妙に腹側へ向く，中心域中の先端部は，外裂溝と内裂溝が重なり1本に見える，この特徴が，*C. cistula*(Pl.IIB$_3$-75：4)との1つの区別点となる．

生態 日本では芦ノ湖(DAIpo 59)，西湖(pH 9.8)，志賀高原丸沼(pH 8.9)，支笏湖(DAIpo 94)，スコットランドの L. Ness(DAIpo 85)，ウラジオストック近郊の R. Gorajskj に出現したが，相対頻度は低く，2%を越えることはなかった．稀産種，**好清水性種．**

Van Dam *et al.* (1994)は，mesotraphentic とする．

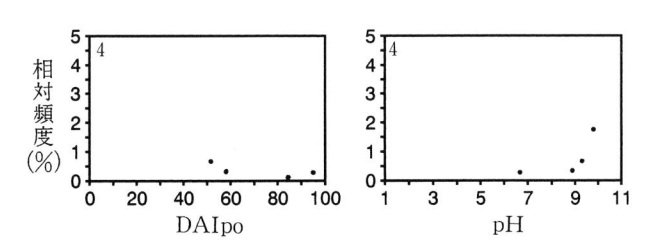

Cymbella proxima の生態図

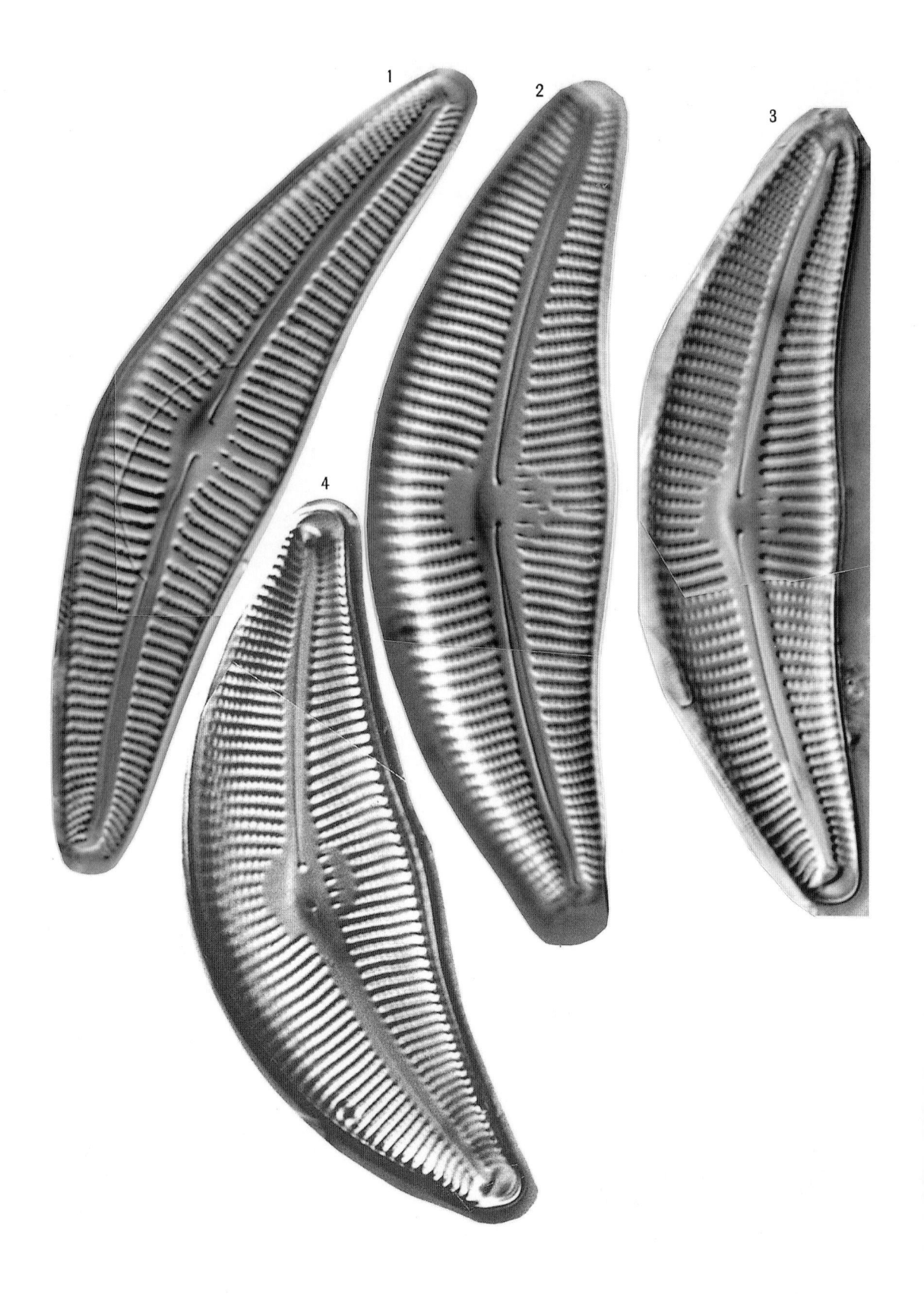

Plate II B₃-77

Cymbella aspera (Ehrenberg) Peragallo 1849 (Plate ⅡB₃-78:1-5)

Syn：*Cymbella lanceolata* var. *aspera* (Ehrenberg) Brun 1880；*C. aspera* var. *genuina* Cleve-Euler 1955.

形態 殻の形 3-Lun(5)；先端の形 くさび形[11]，広円形[0]；殻長 70-265 μm；幅 20-48 μm；条線 7-10/10 μm，背腹側共に放散状；胞紋 11-15/10 μm；軸域 広い；中心域 比較的小さい縦長の楕円形；遊離点 中心域の腹側の条線先端胞紋が遊離して約 7-10 の遊離点となる(1,2)が，小さいので，倍率が低い場合には，その存在を確かめにくい(5, ×825)；縦溝 中心域における縦溝の先端は大きい中心孔を形成し(1,2)，殻端部では背側へ約 120°ほどの角度で折れ曲がる(3,4). 本分類群は，*Cymbella lanceolata* と酷似するが，*lanceolata* の縦溝は，殻端部で背側へ 90°以下の角度で折れ曲がり，中心域では鉤状を呈する．この特徴の違いと，胞紋の形の違いとが，両者を区別する最も顕著な相違点である．しかし，光顕下では両者を混同しやすい．

生態 池田湖(DAIpo 87)に出現したが，近畿のダム湖にしばしば出現する．すなわち，小森ダム湖(DAIpo 52, 59, pH 6.8)，七色ダム湖(DAIpo 50)，坂本ダム湖(DAIpo 74)，二津野ダム湖(DAIpo 64)など，それに猪名川(DAIpo 75, 77)，一庫川(DAIpo 59)，宮川(DAIpo 74)においても，河床付着珪藻として出現したが，相対頻度は，DAIpo 50 付近でやや高い値(9%)を示すことがあっても 2% 以下の低い値を出ないことが多い．また，強アルカリ pH 12 の長野県鉄泉湧水流路に出現したことは，特筆に値しよう．**広適応性種，真アルカリ性種.**

Van Dam *et al*. (1994)は，alkaliphilous, oligosaprobous, meso-eutraphentic とする．Håkansson (1993)，Foged (1981)，福島，木村，小林(1973)，Patrick & Reimer (1975) も alkaliphilous とする．

Cymbella aspera の生態図

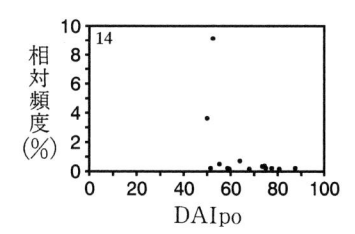

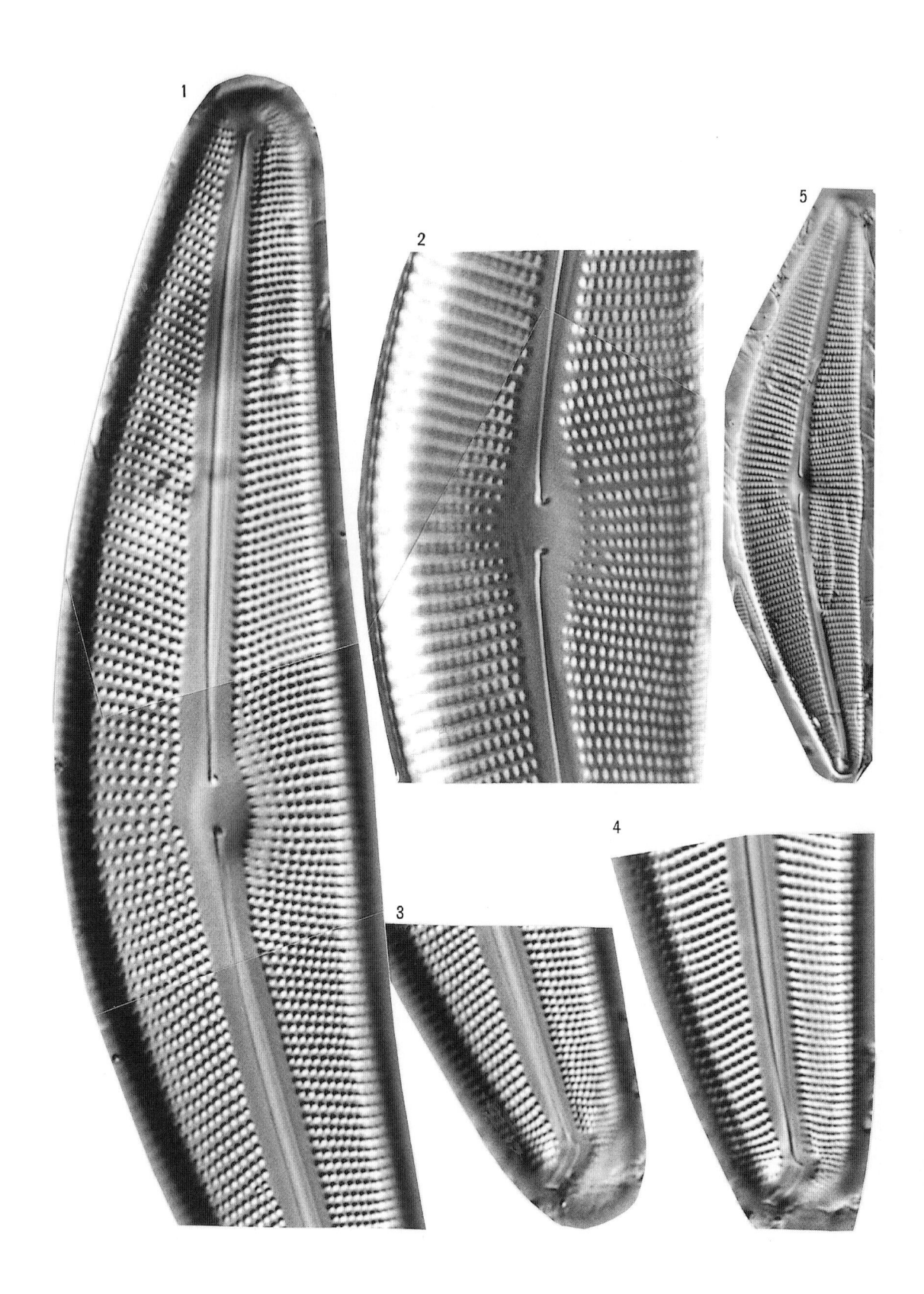

Plate IIB₃-78

Cymbella mexicana (Ehrenberg) Cleve 1894 　　　　　　　　　　(Plate IIB$_3$-79：1-9)

　Syn：*Cocconema mexicanum* Ehrenberg 1844：*Cymbella kamtschatica* Grunow 1875.

形態　殻の形 1,2-Lun；先端の形 広円形[0]；殻長 80-165 μm；幅 24-33 μm；条線 7-8/10 μm；背腹側共に放散状；胞紋 10-12/10 μm；軸域 比較的広い；中心域 小さい；遊離点 中心域の中央腹側寄りに1個の遊離点がある(写真(4-6))，写真(7-9)は，殻の表面から裏面へ，裏面から表面へピントをずらしたときの，遊離点と中心域との像)；縦溝 中心孔は，腹側へ向かって頭をもたげるようにわずかに曲がる(2,5,6,7)，殻端では，背側へ向かって，およそ90°の角度で折れ曲がる(1,3)．

生態　摩周湖(DAIpo 92, 93)，中禅寺湖(DAIpo 65)，アメリカ L. Tahoe(DAIpo 89, 93)，志賀高原丸沼(pH 8.9)において出現した．河島，真山(2001)は，阿寒湖で多産したと報じている．**好清水性種，好アルカリ性種．**

　Foged(1981)は，alkaliphilous とし，Patrick & Reimer(1975)は，北，西アメリカに広く分布し，硬水の水域から最も多く報告されるという．

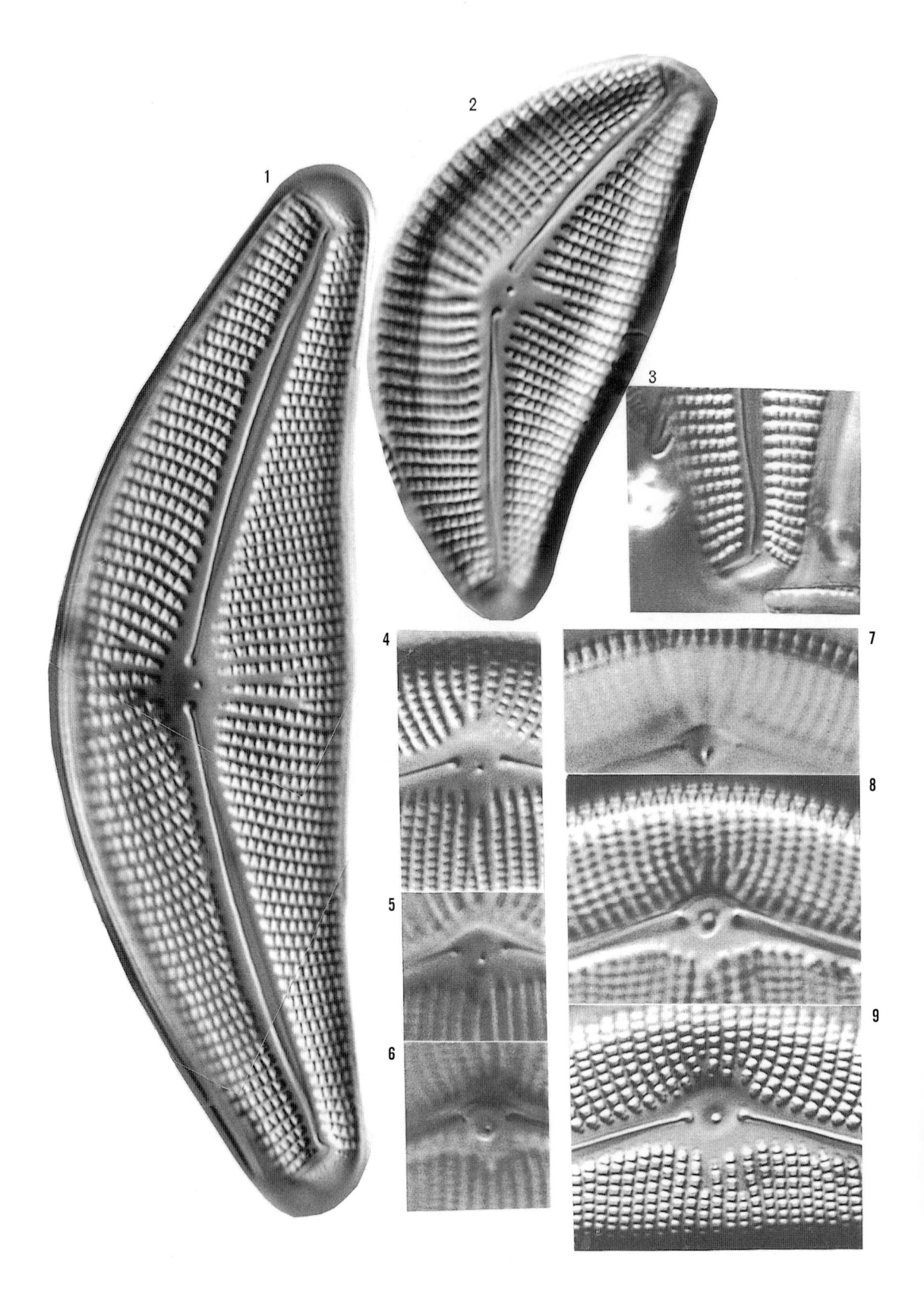

Plate IIB₃-79

452

Cymbella cuspidata Kützing 1844 (Plate ⅡB₃-80：1)

最近 Krammer(1999)は，新属 *Cymbopleura* を認定し，本分類群を *Cymbopleura apiculata* とした．

形態 殻の形 1-Lun；先端の形 くちばし形[3]；殻長 35-100 μm；幅 14-25 μm；条線 8-11.5/10 μm，背腹側共に放散状；胞紋 20-22/10 μm；軸域 比較的広い，殻端部へ向かって徐々に狭くなる；中心域 円形または左右へ広がった羽形；縦溝 中心域では，縦溝の先端が腹側へ向き，先端部では背側へ折れ曲がる．本分類群は，*Cymbopleura acuta* (A. Schmidt) Krammer 2003 とも似るが，殻端の形が本分類群とは異なる．しかしながらさらなる検討が必要であろう．

生態 摩周湖(DAIpo 93)，琵琶湖マイアミ(DAIpo 72, pH 7.2)，志賀高原蓮池(pH 7.2)，一沼，木戸池(共に pH 6.8)に出現．**好清水性種である可能性がある．pH に関しては中性種．**

Van Dam *et al.*(1994)は，pH circumneutral, oligosaprobous とする．Håkansson (1993)は，pH indifferent とする．Foged(1981)は，pH circumneutral とし，福島，木村，小林(1973)は，β 中～貧汚濁性，非耐汚濁性種とする．

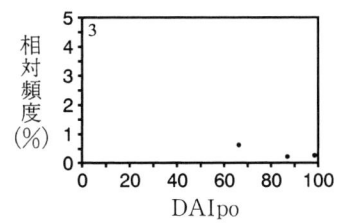

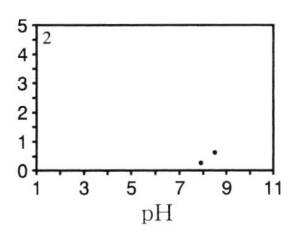

Cymbella cuspidata の生態図

Cymbella lata Grunow *in* Cleve 1894 (Plate ⅡB₃-80：2, 3)

Syn：*Cymbella loczyi* Pantocsek 1902；*C. elliptica* Prudent 1905；*C. cuspidata* var. *elliptica* (Prudent) Mayer 1917；*Cymbopleura lata* (Grunow) Krammer 2003.

形態 殻の形 1-Lun；先端の形 くちばし形[3]；殻長 40-70 μm；幅 16-22 μm；条線 背側中央部 8-12/10 μm，殻端部 16-17/10 μm；胞紋 26-28(30)/10 μm．

生態 十和田湖(DAIpo 54)，青木湖(DAIpo 73)，奈良県佐保川上流(DAIpo 73)に出現した**好清水性種．**

Patrick & Reimer (1975)は，生態は未だ十分に分かっていないが，わずかながらの産地は，本分類群が元来湖沼産であることを暗示しているという．

Van Dam *et al.* (1994)は，淡水と汽水に出現するとする．

Cymbella lata の生態図

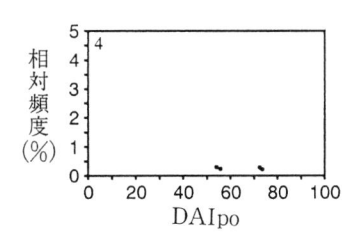

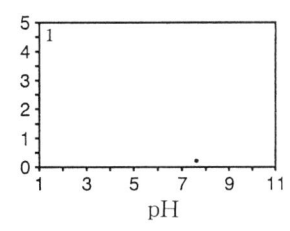

Cymbella amphicephala Naegeli var. *amphicephala* 1849   (Plate IIB$_3$-80：4, 5)

　　Syn：*Cymbopleura amphicephala* (Naegeli) Krammer 2003.

|形態|　殻の形 3-Lun；先端の形 くちばし形[3]；殻長 16-40 μm；幅 6-9 μm；条線 背側中央部 12-15/10 μm，殻端部 17-20/10 μm；胞紋 32-36/10 μm，光顕での確認は不可能；軸域 比較的幅が広く，真っすぐに走る；縦溝 軸域を真っすぐに走り，中心域で，中心孔のほとんどない先端部が真っすぐに向かいあう；中心域 中心域の中央で向かいあう1本ずつの条線が，わずかに短くなり，短い条線に隣接する条線との間隔が，やや広くなって，特異な中心域を作る個体(4)もあれば，中心域の不明瞭な個体(5)もある．

|生態|　スイスのJulier pass(DAIpo 91)に出現した**好清水性種**．Patrick & Reimer(1975)は，しばしば溶存酸素量が豊富で，pHが7以上の水域に出現するという．

　　Van Dam *et al.* (1994)は，pH circumneutral, oligosaprobous, oligo-mesotraphentic とする．

Cymbella naviculiformis Auerswald *in* Rabenhorst 1861-1879   (Plate IIB$_3$-80：6-8)

　　Syn：*Cymbella cuspidata* W. Smith 1853 (non *C. cuspidata* Kützing 1844)；*C. cuspidata* var. *naviculiformis* Auerswald *ex* Rabenhorst 1864；*C. anglica* Lagerstedt 1873.

|形態|　殻の形 3-Lun；先端の形 くちばし伸長形[4]；殻長 30-50 μm；幅 9-13 μm；条線 12-14/10 μm，背腹側条線共に放散形；胞紋 細かいために光顕では計数が困難，27-29/19 μm；軸域 狭い；中心域 比較的大きい円形，中央の縦溝先端が向かいあう間隙部は，殻が丸く肥厚する；縦溝 中心域において，中心孔のない先端部が，ほとんど真っすぐ，あるいは極めてわずかに腹側へ頭をもたげるようにして向かいあう，殻端部では，先端が腹側へ鉤状に折れ曲がる．

|生態|　**有機汚濁に関しては広適応性種，pHに関しては中性種**．オコタンペ湖，支笏湖，琵琶湖へ流入する草津川など多様な水域に出現する普遍種．

　　Van Dam *et al.* (1994)は，pH circumneutral, β-mesosaprobous, eutraphentic とし，Håkansson(1993)，Foged(1981)は，pH circumneutral とする．

Cymbella naviculiformis の生態図

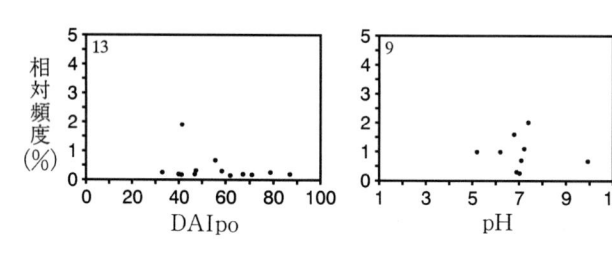

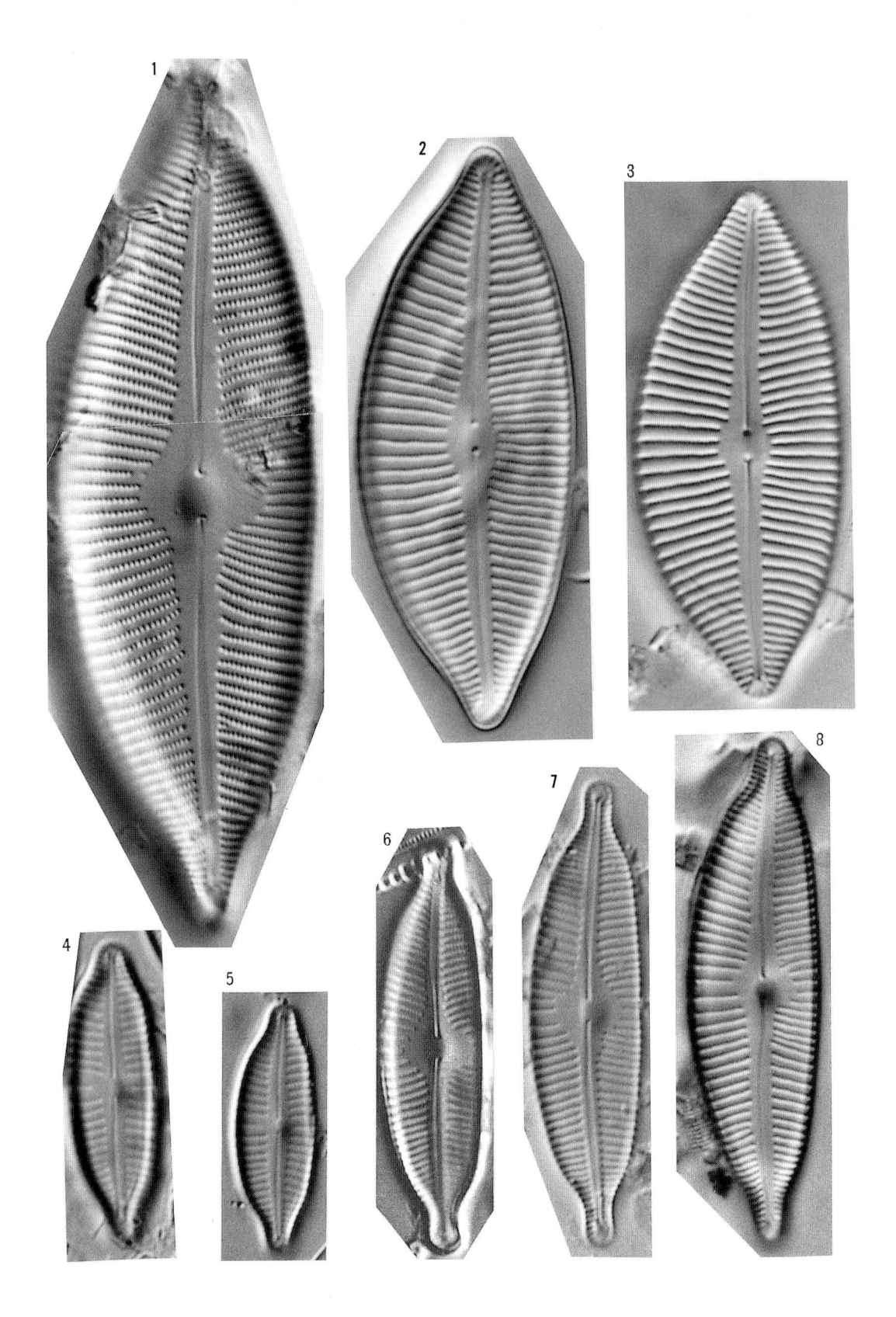

Plate II B₃-80

455

Gomphocymbella bruni (Brunii) O. Müller 1905 (Plate ⅡB$_3$-81：1-6)

Syn：*Gomphonema bruni* Fricke 1902.

形態 殻の形 2,4-Non；先端の形 くさび形[11]；殻長 45-60 μm；幅 11-15 μm；条線 背側，腹側共に 10-12/10 μm，配列は放散状；胞紋 24-27/10 μm；軸域 比較的狭い；中心域 狭い；遊離点 中心域の中央背側の中央条線の先端に，長いスリットをもった遊離点が1個ある；縦溝 中央の先端部は，背側（一次殻側）へ頭をもたげるようにして向きあう．殻端部は，背側へ鉤状に曲がる(6)，(5,6)の電顕写真は，英国において，F.E. Round教授から渡辺に提供されたものである．記して謝意を表したい．

生態 *Gomphocymbella* は，O. Müllerによって1905年に設定された属である．また本属は，東アフリカ特有の属(endemic genus)である．

本種は，ケニアのLake Turkana(pH 9.8)において採集された．胞紋構造は *Cymbella* に似るが，遊離点の構造は *Gomphonema* に似るなど，ユニークな形態的特徴を備える属である．細い方の殻端から粘質物を抽出して付着生活をする**真アルカリ性種**と考えられる．

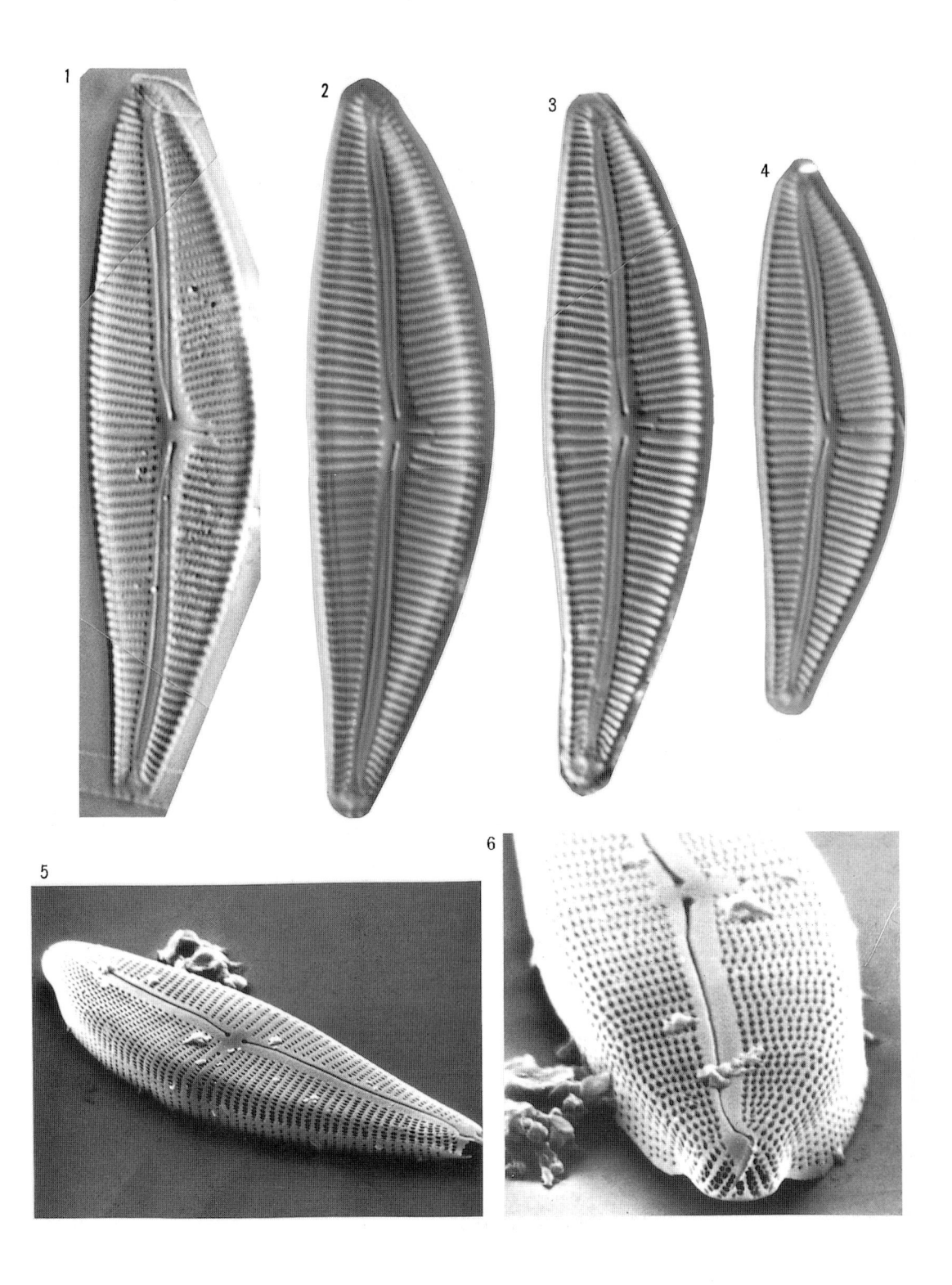

Plate IIB₃-81

Didymosphenia geminata (Lyngbye) M. Schmidt 1899 　　　　(Plate ⅡB₃-82：1-3)

Basionym：*Gomphonema geminatum* (Lyngbye) Agardh 1824.

|形態| 殻の形 1-Ova；先端部は 広円形[0]，頭状形[5]；殻長 100-150μm；幅 38-43μm；条線 8-10/10μm，配列は放散状；胞紋 10/10μm；軸域 比較的広い；中心域 長軸方向に長い楕円形；遊離点 3-5個が中心域中央一方に片寄って並ぶ；縦溝 中心域において，先端がわずかに遊離点のある側へ曲がって向かいあう．殻端部では，まず同方向にゆるく曲がるが，次いで鉤状に強く曲がった先端は，遊離点のある側とは反対方向へ長く伸びる．写真(2, 3)は 830 倍で示す全体像．

|生態| ウラジオストック近郊の R. Razdornaya(DAIpo 84)，スコットランドの Lake Ness(DAIpo 85) に出現した．大型の稀産種で，日本では未だ報告されていない．Foged (1993) は，pH circumneutral とし，Patrick & Reimer(1975) は，電解質濃度の低い冷水を好む種という．**おそらく好清水性種**であろう (写真(2, 3)は×825 の全形，(1, 2)は R. Razdornaya 産，(3)は L. Ness 産)．

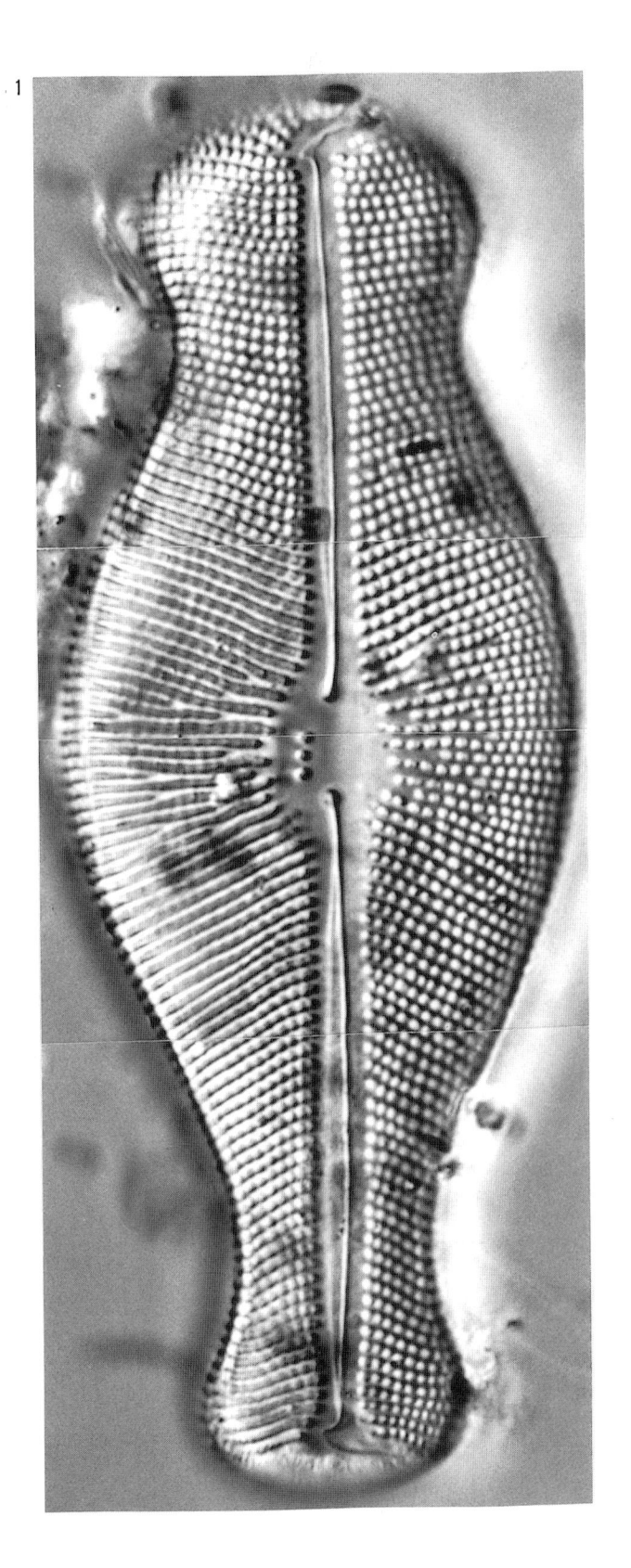

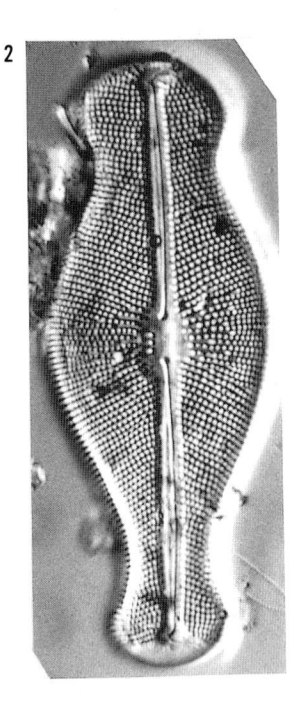

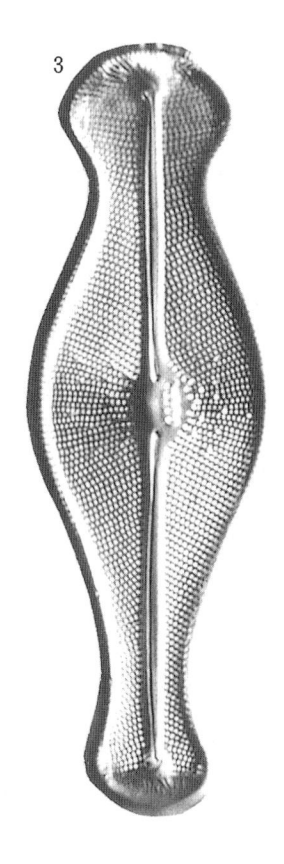

Plate II B₃-82

Didymosphenia geminata var. *sibilica* (Grunow) M. Schmidt
f. *curvata* Skvortzow 1937
(Plate IIB$_3$-83：1, 2)

|形態| 殻の形 1-Ova；先端の形 広円形[０]；殻長 37-153 μm；幅 27-49 μm；条線 8-11/10 μm，配列は放散状；軸域 比較的狭い，ゆるくアーチ状に曲がる；中心域 円形，周囲を長短が不規則の条線が囲む；遊離点 中央の殻の肥厚部に，殻の一方へ片寄って1，2個の遊離点がある；縦溝 アーチ状に曲がる軸域を走るが，中心域では，中心孔が，遊離点の存在する側へ，頭をもたげるようにして向かいあう，殻端部では，中心域での曲がり方と逆方向に，鉤状に曲がる．*D. geminata* と別の種となる可能性もあるので，今後の検討が必要．

|生態| 前記の *Didymosphenia geminata* が出現した同じ川 R. Razdornaya の別地点(DAIpo 82)に出現した．本分類群は，Skvortzow(1937)がバイカル湖に産した新品種として記載したが，その後佐賀県の新第３紀層の地層からも微化石として出現した．

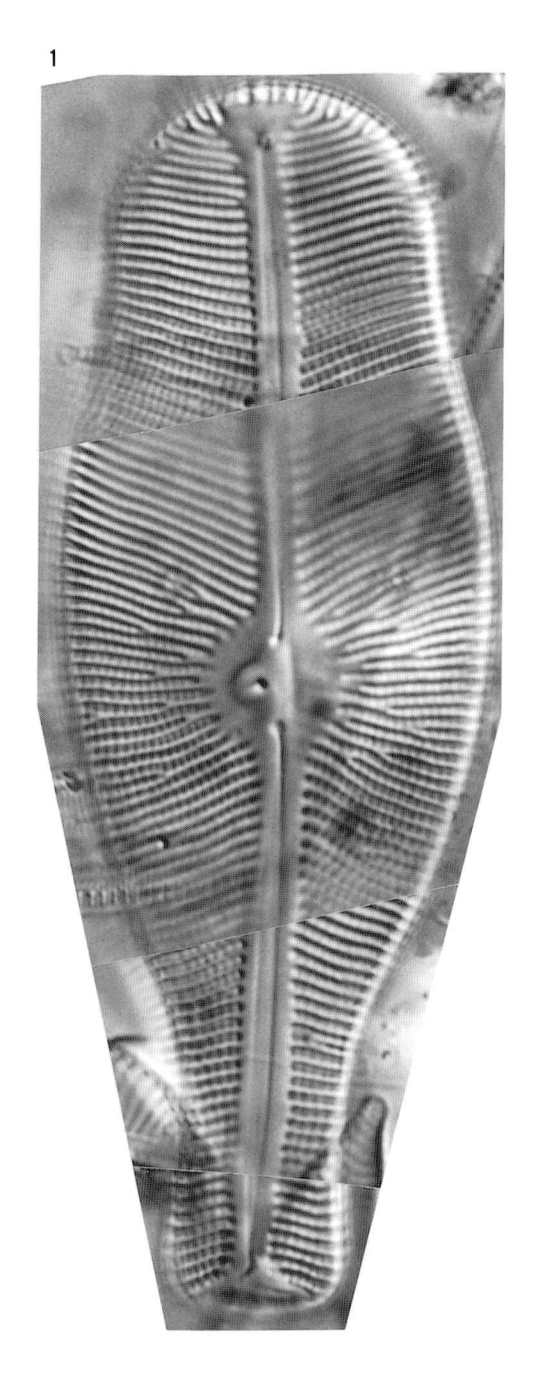

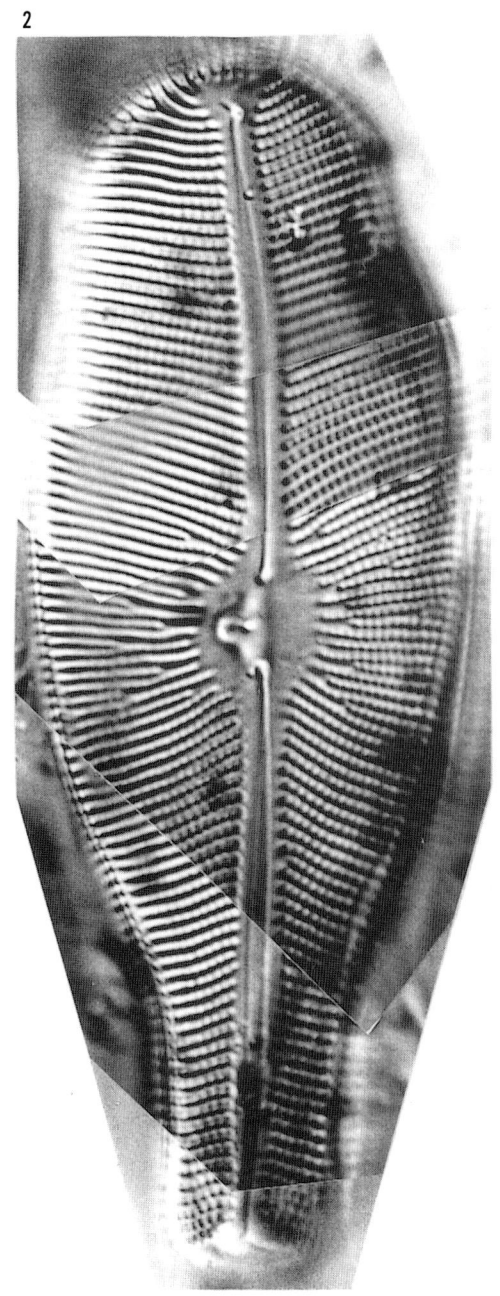

Plate IIB$_3$-83

461

Gomphoneis P. T. Cleve 1894 (Plate ⅡB$_3$-84〜ⅡB$_3$-89)

生活様式：淡水産．粘質物を出して樹枝状の柄を形成し，殻はその先端に着いて付着生活をする．
葉 緑 体：*Gomphonema* 同様のH字状葉緑体．
殻 面 観：*Gomphonema* 同様のくさび形であるが，条線が2列の胞紋列であることにより，*Gomphoneis* 属は *Gomphonema* 属から分離された．しかし条線が2列の胞紋列であることは，電顕でしか確かめることができない．
帯 面 観：縦長の梯形．

種の同定に必要な記載事項

例：*Gomphoneis olivaceoides*
1. 殻の形 3-Ova，先端の形 くさび形[11]
2. 殻の大きさ 殻長 29.5 μm，幅 7 μm
3. 条線 16/10 μm，放射状配列，殻端部は平行
4. 軸域 狭い；中心域 菱形，遊離点 4
5. 縦溝 真っすぐに走り，中心域では中心孔をもつ先端部が真っすぐに向かいあう

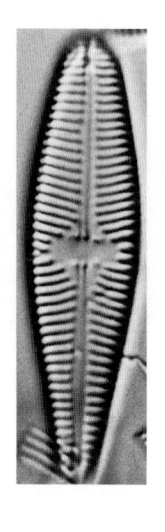

Gomphoneis herculeana (Ehrenberg) Cleve var. *herculeana* 1894

(Plate IIB_3-84:1-4)

Syn: *Gomphonema herculeanum* Ehrenberg 1845.

[形態] 殻の形 3-Ova;先端の形 広円形[0];殻長 60-100 μm 幅 20-22 μm;条線 10-12/10 μm;軸域 比較的広い;中心域 楕円形または円形,中央片側へ片寄って1個の遊離点がある;縦溝 軸域を真っすぐに走り,殻端部では,遊離点が存在する側へ軽く曲がった鉤状を呈する(3);殻端中央頂天部に2本の刺様突起が認められる(2);殻の両側に,殻縁に近い位置を,殻縁に沿って走る縦走線がある(1, 2);上部殻端部には,殻縁に沿うように,三日月形の殻肥厚部(偽隔壁)が存在する(4);胞紋 二重胞紋で,密度は約 22-25/10 μm.

[生態] Lake Tahoe 湖岸のロープに付着(DAIpo 93),この湖への小さな流入河川(DAIpo 92)の川床への付着珪藻として出現したが,いずれも相対頻度は極めて小さい(1.0, 1.3%),**好清水性種**. Patrick & Reimer(1975)は,冷水を好むように思うという.

Gomphoneis eriense var. *variabilis* Kociolek & Stoermer 1988

(Plate IIB_3-84:5, 7-10)

Syn: *Gomphoneis herculeana* var. *japonica* T. Watanabe 1990.

[形態] 殻の形;3-Ova;先端の形 小型個体は広円形[0],大型個体はくさび形[11];殻長 21.5-60 μm, 幅 7.5-12.5 μm;条線 二重胞紋列の条線で,12-15/10 μm;放散状;軸域 比較的太い;中心域 円形で,中央部に片方へ片寄った位置に1個の遊離点がある;縦溝 中心孔の近くで内裂溝と外裂溝が分かれるように見えるが,軸域のほぼ中央を真っすぐに走る.中心孔は極めて小さく,ないように見え,向かいあう先端部は遊離点が存在する側へわずかに曲がる.殻端の広い側での極裂先端部の殻は肥厚して,1個の刺をもつように見える(5, 8, 9);縦走線 軸域の両側に,軸域の近くを軸域に沿って縦走する. *G. herculeana* var. *herculeana* とは,縦走線の走る位置と殻の大きさによって明確に区別できる.

[生態] 本分類群は,日本では摩周湖(DAIpo 93)で発見されて,新変種として記載された(Watanabe 1990)が,後に支笏湖にも出現し(6),Lake Tahoe では,湖岸のロープに相対頻度 37% の高い値で出現した(DAIpo 93, pH 7.5).さらに L.Tahoe の流入河川(DAIpo 92)においても 18% の高い相対頻度で出現した.いずれも極めて清冽な水域である.**有機汚濁に関しては好清水性種**.

Gomphoneis eriense var. *apiculata* Stoermer 1982

(Plate IIB_3-84:6)

上記の分類群と似るが,殻先端部の形が異なることによって区別できる.

形態,生態情報は,Pl.IIB_3-85:3, 4 を参照.

Plate II B₃-84

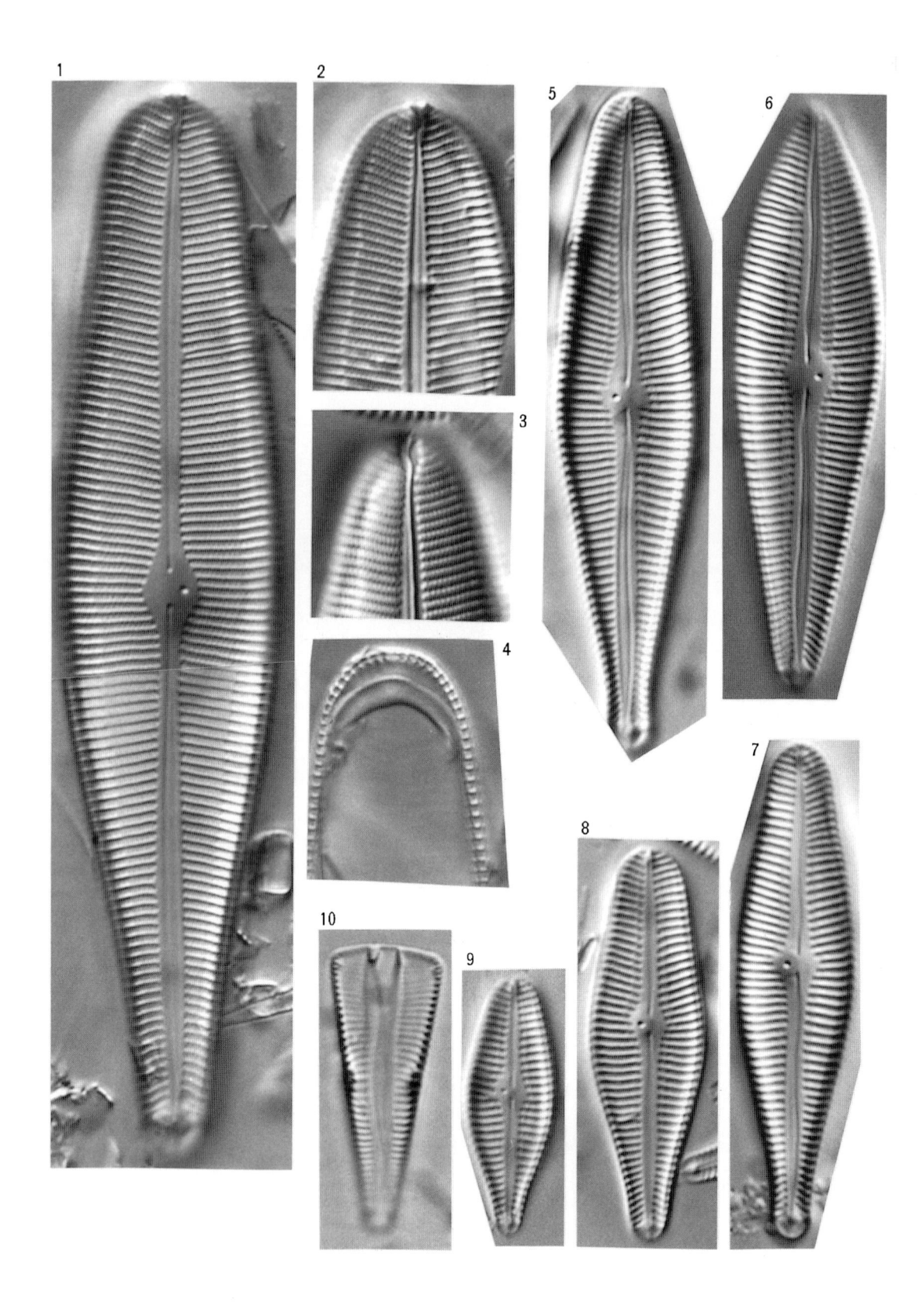

***Gomphoneis eriense* var. *variabilis* Kociolek & Stoermer 1988**　　(Plate ⅡB₃-85：1, 2)

　　形態，生態については，すでに Pl.ⅡB₃-84：5, 7-10 において述べたが，本分類群は，下記の分類群と形態が似るが，先端部の形の違いによって区別できる．

***Gomphoneis eriense* var. *apiculata* Stoermer 1982**　　(Plate ⅡB₃-85：3, 4)

形態　殻の形 3-Ova；先端の形 くさび形[11,12]；殻長 32-56 μm；幅 13-14 μm；条線 13-16/10 μm，放散状配列；胞紋 二重胞紋列(光顕での確認は難しい)；軸域 比較的太い；中心域 小さい円形，片方へ片寄った位置に1個の遊離点がある；縦溝 外裂溝，内裂溝が確認でき，軸域内を一部湾曲しながら，ほとんど真っすぐに走る．小さな中心孔をもつ先端部は，遊離点のある側へわずかに頭をもたげるようにして向かいあう．

生態　北海道の支笏湖で出現した．阿寒湖では普通に見られた(河島，真山 2001)**好清水性種．稀産種．**

***Gomphonema ventricosum* Gregory var. *ventricosum* 1856**　　(Plate ⅡB₃-85：5-8)

形態　殻の形 3-Ova；先端の形 広円形[0]；殻長 30-55 μm；幅 9-11 μm；条線 11-13/10 μm；放散状配列，広円形殻端部では平行に近い；胞紋 約 20/10 μm；軸域 比較的広い；中心域 広い，両側の条線，それぞれ4-6本ずつが，短くなると同時に，長短交互または山形に配列して中心域を形成する．遊離点は1個，中心域中央部からわずかに一方へ片寄って存在する；縦溝 外裂溝，内裂溝が明瞭で，軸域を軽く湾曲しながら縦走する．中心域において，中心孔をもつ先端部が，遊離点のある側へ頭をもたげながら向かいあう．本分類群は，上記 *Gomphoneis* と形は似るが，胞紋が二重胞紋列ではない点で上記分類群と区別できる(ただし，光顕下での胞紋列の区別はできない)．

　　写真(5-8)は，琵琶湖研究所の伏見博士が，1990年5月に，Lake Baikal 南西部の Irukutsk Region にある Listvyanka の湖岸で採集された付着藻の試料を，中島博士から頂いて撮影したものである．右図は，Patrick & Reimer (1975)の Pl. 19, Fig. 2 を，2000倍相当に拡大したものである．これらの写真と図が示すように，先端の形が広円形であることと，中心域より下方の殻幅が急に細くなる形態の特性は *Gomphoneis eriense* よりも，むしろ *G. eliensis* var. *variabilis* に似る．しかし，中心域周辺の条線の配列と，縦走線の存否によって両者は区別できる．Negoro & Ikuta(1989)が，*Gomphoneis eriense*；*G. eriense* var. *rostrata* としたバイカル湖産の分類群と，写真(5-8)の形態は酷似し，それはまた，Skvorkzow(1937)が，*Gomphonema ventricosum* として記述した，バイカル湖産の分類群に対する記載内容とも一致する．この Plate に掲げた(1-8)の形態が似る3分類群は，類縁関係が互いに近いであろう．

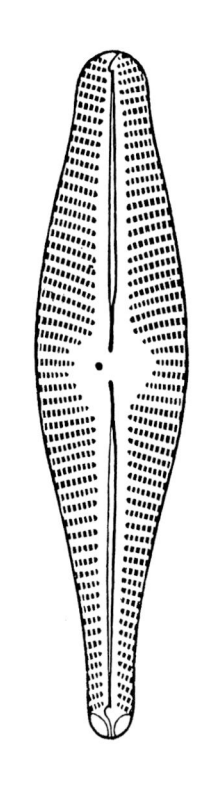

Plate II B₃-85

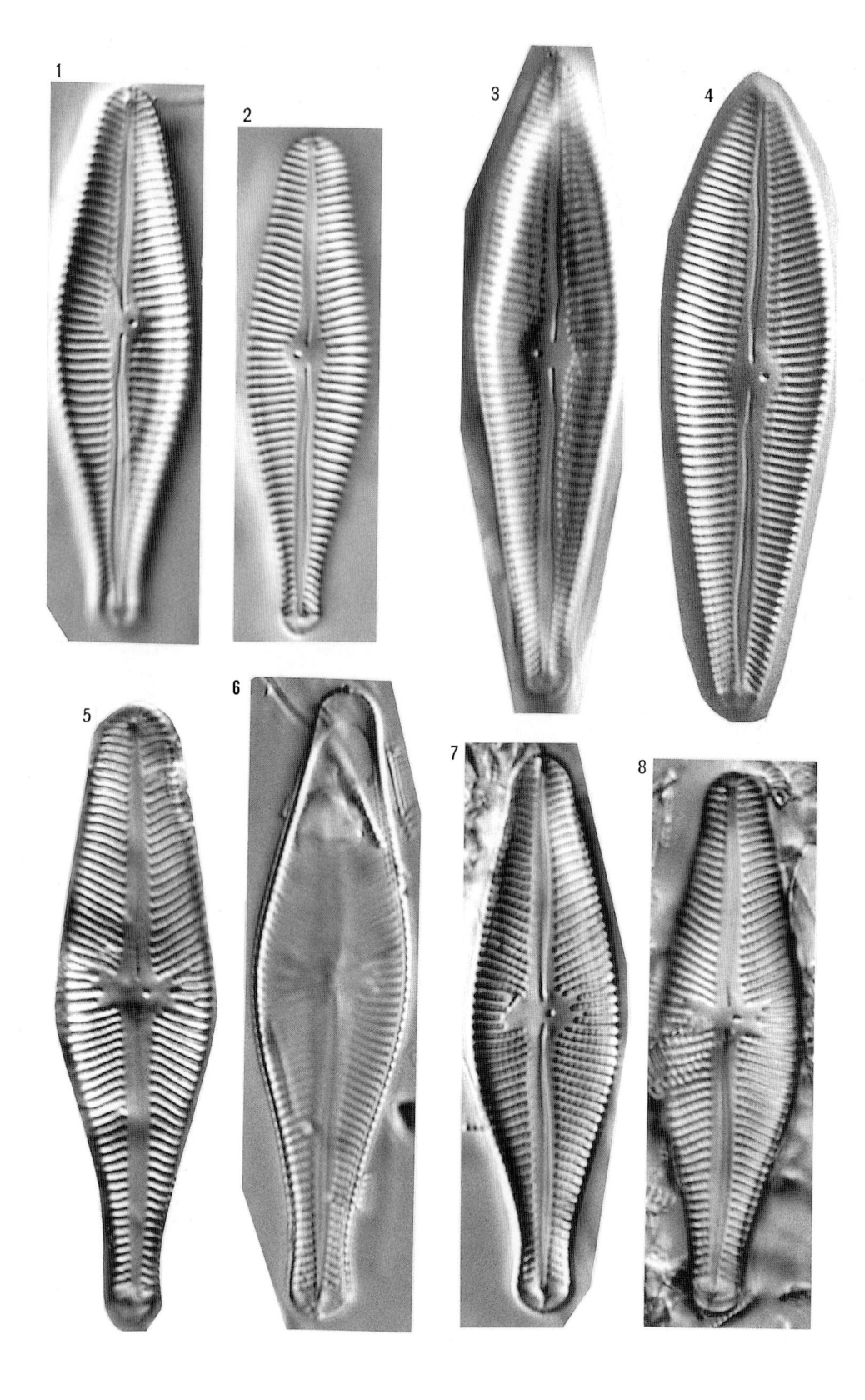

Gomphonema Ehrenberg 1832 (Plate ⅡB₃-85〜ⅡB₃-104)

生活様式：淡水産，海産の両者がある．本来，粘質物を出して付着生活をするが，付着の様式は樹状直立型で，樹状に伸びた粘質物の先端に付着する．中には，浮遊してプランクトンとして出現するものもある．

淡水産の *Gomphonema* 属は，およそ50分類群あるが，そのうち第1位優占種として出現したものは9分類群である．DAIpo 85-100 の極貧腐水性水域では2分類群，DATpo 50-84 の貧腐水性水域と，30-49 の β 中腐水性水域では5分類群ずつ，DAIpo 15-29 の α 中腐水性水域では1分類群が，第1位種として出現した．その事例数は，止水域よりも流水域の方が多い（渡辺，浅井 1992 c）．

葉 緑 体：殻の両縁に沿って，長軸方向に伸びる葉緑体は，中央部でつながるので，H字状の形態となる．

殻 面 観：長軸に対しては相称であるが，横軸に対しては非相称のくさび形．

帯 面 観：縦長の梯形．

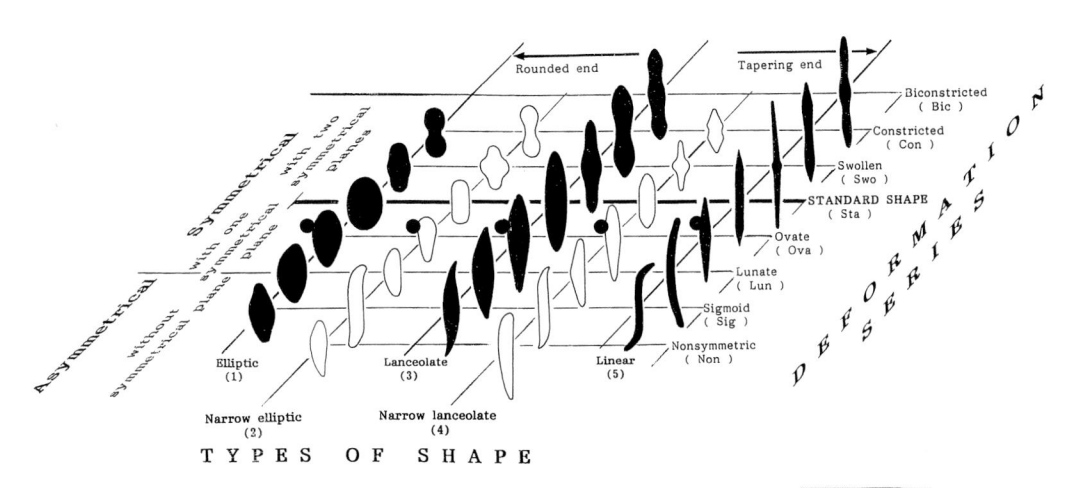

図ⅡB₃-11 *Gomphonema* の殻の形

種の同定に必要な記載事項

例：*Gomphonema affine*
1. 殻の形 4-Ova，先端の形 くさび形[11]
2. 殻の大きさ 殻長 38 μm，幅 8 μm
3. 条線 11/10 μm，弱い放散状配列
4. 軸域 狭い；中心域 小さい，遊離点 1
5. 縦溝 軸域を真っすぐに走り，中心域では小さな中心孔をもつ先端部が真っすぐに向かいあう

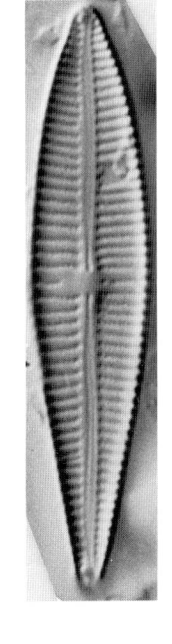

Gomphoneis pseudokunoi Tuji 2005 (Plate IIB$_3$-86：1-9)

本種は *G. okunoi*(Pl. IIB$_3$-87：1-8)に似るが，殻幅が明らかに細いため，Tuji (2005)によって別分類群として記載された．

|形態| 殻の形 2-Ova；先端の形 広円形[0]；殻長 15-35 μm；幅 5-8 μm；条線 12-16/10 μm，放散状配列，先端部は平行(4, 5)のものもある．軸域 狭い；中心域 菱形または横長小型の個体ではさらに小型，4個の遊離点がある；縦溝 真っすぐに走り，中心域では，小さな中心孔をもつ先端部が，極めてわずかに片方へ曲がる．

|生態| 中禅寺湖(DAIpo 65)，倶多楽湖(DAIpo 71)，光徳沼(pH 9.0)，湯ノ湖(DAIpo 71)，大谷川の双頭の滝(DAIpo 86)など，いずれも清冽な水域に出現する．本分類群は Pl. IIB$_3$-86：15-18 の *Gomphoneis olivaceoides* で述べるように，両分類群を含む複合種群と考え，**好清水性種，中性種**とする．

Gomphonema olivaceum (Hornemann) Brébisson var. *olivaceum* 1838
(Plate IIB$_3$-86：10-14)

Syn：*Gomphoneis olivacea* (Hornemann) Dawson *ex* Ross & Sims 1978.

|形態| 殻の形 2-Ova；先端の形 広円形[0]；殻長 13-45 μm；幅 6-13 μm；条線 11-14/10 μm，放散状配列であるが，殻端部は平行または平行に近い；軸域 狭い；中心域 横長の矩形，またはほぼ円形，遊離点はない；縦溝 真っすぐに走り，中心孔は，中心域の縦幅の距離をおいて向かいあう．

条線は二重胞紋列であるので，*Gomphoneis olivacea* とされてきたが，胞紋の殻表側の開口が，*Gomphonema* に多いC形である．さらに，本種にかかわる変種の所属とも併せて，検討すべき問題があろうと考え，現段階では *Gomphonema* の一分類群とした．

|生態| **好清水性種，pH に関しては中性種**．琵琶湖北湖の沖の白石(DAIpo 97, pH 8.8)，竹生島(DAIpo 90, pH 8.6)，多景島(DAIpo 85, pH 8.6)，沖の島(DAIpo 83, pH 8.6)，湖岸では，北岩寺(DAIpo 91, pH 8.1)，長命寺(DAIpo 64, pH 8.2)，菅浦(DAIpo 87, pH 8.7)などDAIpo 55-88 に出現したが，相対頻度は比較的小さい(3%以下)．フランスの R. Seine(DAIpo 35)，奈良市内溜池(DAIpo 13)にも出現した．

Van Dam *et al*. (1994)は，alkalibiontic, β-mesosaprobous, eutraphentic とする．Håkansson (1993)は，alkaliphilous/alkalibiontic とする．

Gomphonema olivaceum var. *olivaceum* の生態図

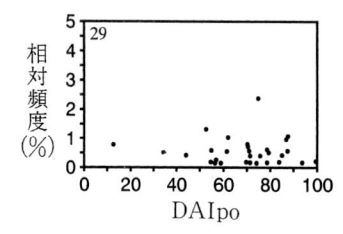

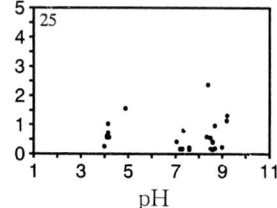

Gomphoneis olivaceoides (Hustedt) Carter *et* Bailey-Watts 1981

(Plate ⅡB₃-86：15-18)

Basionym：*Gomphonema olivaceoides* Hustedt 1950.

形態 殻の形 1, 2, 4-Ova；先端の形 広円形［0］；殻長 (14)18-35 μm；幅 5-6(7.5)μm；条線 10-13/10 μm；放散状配列，殻端部平行に近い；軸域 狭い；中心域 横長の矩形，菱形，4個の遊離点がある；縦溝 軸域中央を真っすぐに走り，中心域では，先端中心孔の両わきに遊離点を配して向かいあう．

条線は，二重胞紋列であるが，光顕ではそれを確かめることはできない．

生態 日本では支笏湖，湯ノ湖 (DAIpo 71)，華厳の滝 (DAIpo 95) に出現し，英国の Lake Ness (DAIpo 87) においても出現した．稀産種ではあるが，産地はすべて清冽な水域 (DAIpo 65 以上) である．

Krammer & Lange-Bertalot (1985, 1986) は，*Gomphonema olivaceoides* Hustedt を *G. olivaceum* var. *minutissimum* Hustedt (後述) の synonym としているが，Simonsen (1987) は両分類群はおそらく同種ではないだろうという．さらに，Hartley (1986) は，*Gomphonema olivaceum* var. *quadripunctatum* Østrup 1908；*G. quadripunctatum* (Østrup) Wislouch 1924；*G. olivaceoides* Hustedt 1950；*G. lacunicola* Patrick et Freese 1961；*G. tetrastigmatum* Horikawa et Okuno 1944；*G. separatipunctatum* Kobayashi 1964；*Gomphoneis olivaceoides* (Hustedt) Carter *et* Bailey-Watts 1950 を，すべて *Gomphoneis quadriqunctatum* (Østrup) P. Dawson *ex* R. Ross *et* Sims 1978 の synonym とした．日本では後記の *Gomphoneis okunoi* (Pl. ⅡB₃-87：1-8) に対して *Gomphonema tetrastigmatum* の名が当てられていた．Tuji (2004) は，奥野氏の *G. tetrastigmatum* のタイプ写真を調べ，*Gomphoneis tetrastigmatum* は，*G. okunoi* と比べて条線密度が粗いことによって区別できることを明らかにして，これを新種として記載した (2005)．新種 *G. okunoi* は，本分類群とも酷似するが，条線密度が本分類群の方が粗く，中心域の形も異なることによって区別できる．これらの分類学的知見には，さらに検討すべき点もあるが，生態図は，これらの種群を，複合種群と見なして作図したものである．したがって，上記のどの種と同定しても，それをすべて**好清水性種，中性種**として扱う．この種群を第1位優占種とする珪藻群集は，極めて清冽な (DAIpo 70 以上) 水域での，典型的群集といえる (渡辺，浅井 1992 c)．

Van Dam *et al.* (1994) は，pH circumneutral, oligosaprobous, oligo-mesotraphentic とする．

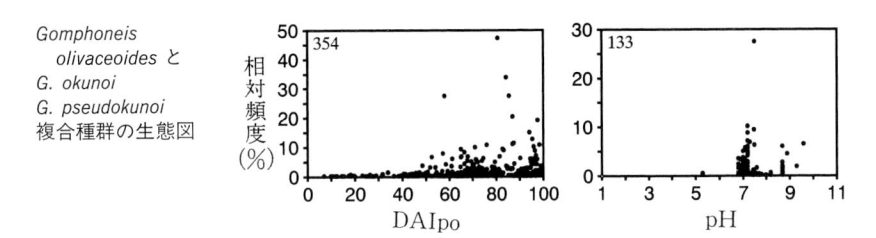

Gomphoneis olivaceoides と
G. okunoi
G. pseudokunoi
複合種群の生態図

Gomphonema olivaceum var. *balticum* f. *dubia* (Mayer 1919) Cleve-Euler 1955

(Plate ⅡB₃-86：19-21)

形態 殻の形 2-Ova；先端の形 広円形［0］；殻長 28-32 μm；幅 9-10 μm；条線 9-11/10 μm；放散状配列であるが，殻端部は平行；軸域 狭い；中心域 大きい矩形または円形，遊離点はない；縦溝 真っすぐに走り，中心域へ突き出て向かいあう．写真 (21) は帯面観．Pl. ⅡB₃-86：10-14 に示したタイプ種とは，条線密度，中心域の形，大きさが異なる．

生態 倶多楽湖 (DAIpo 71) に出現した稀産種．

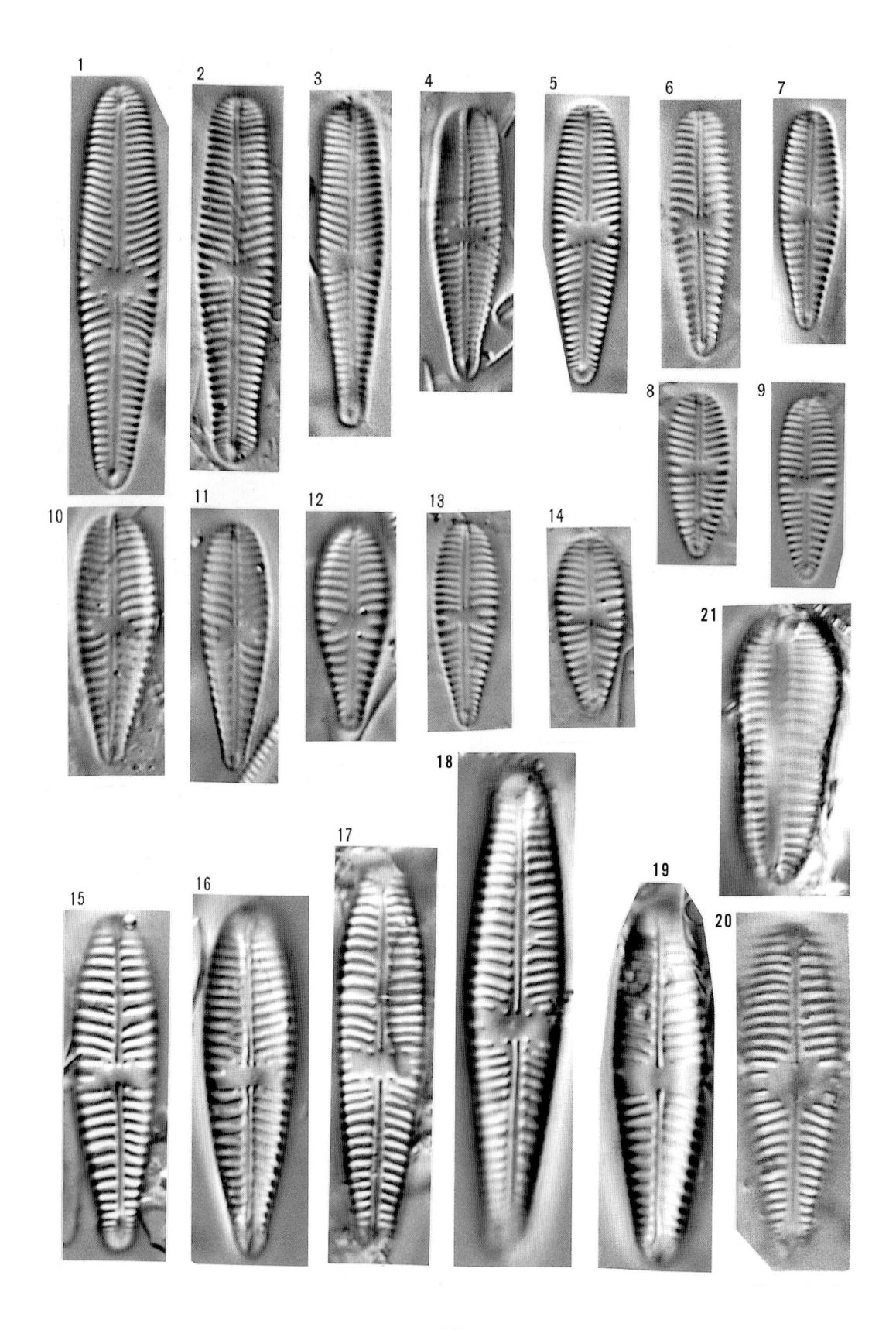

Plate ⅡB₃-86

Gomphoneis okunoi Tuji 2005 (Plate ⅡB₃-87：1-8)

Syn：*Gomphoneis tetrastigmata* sensu Ohtsuka 2002.

形態　殻の形 1,2-Ova；先端の形 広円形[0]，くさび形[11]；殻長 11-40μm；幅 6.5-11μm(最大幅)；条線 13-17/10μm，弱放散状配列，殻端部は，平行または平行に近い；軸域 狭い；縦溝 軸域の中央を真っすぐに走り，中心域における先端部は小さい中心孔となり，殻の片側へわずかに首をもたげるようにして向きあう；中心域 菱形または横長の矩形，その際の横幅は，殻幅の約1/2，小型の個体(7,8)の中心域の横幅は小さく，殻幅の約1/3，4個の遊離点がある．

先述の *Gomphoneis pseudokunoi*(Pl.ⅡB₃-86：1-9)と殻形は似るが，*G. okunoi* の方が幅広で殻長/殻幅は 2.5-4.1 で *G. pseudokunoi* の 3.7-4.7 よりもかなり小さい．しかし，本分類群が記載されるまでは，本分類群が *G. tetrastigmata* とされてきたので，生態情報はその情報(Pl.ⅡB₃-86：1-9)を参照されたい．

Gomphonema olivaceum var. *minutissima* Hustedt 1930 (Plate ⅡB₃-87：9-20)

形態　殻の形 3-Ova；先端の形 くちばし形[3]；殻長 8-23μm；幅 3.5-5μm；条線 11-15/10μm，弱い放散状，先端部平行または平行に近い放散状；軸域 狭い；中心域 横幅の小さい矩形，4個の遊離点がある；縦溝 真っすぐに伸び，中心孔の両側に1個ずつの遊離点を配して向かいあう．

Krammer & Lange-Bertalot(1986)は，*Gomphonema olivaceoides* Hustedt 1950 を，本分類群のsynonym とするが，Simonsen(1987)は，両者はおそらく同種ではないだろうとする．Simonsen が示した，Hustedt のスライドからの写真を比べても，殻の形態にはかなりの相違が認められる．

本分類群はまた，小林(1965)が，荒川からの試料に基づいて新種記載をした *Gomphoneis separatipunctatum* と酷似する．しかし，小林が示した形態測定値は，殻長 13.5-24μm；幅 4.5-5μm；条線 12-14/10μm で，本分類群の小型の個体に相当する(16-20)は，この範囲から外れる．また，殻端が幅の広いくさび形であることは，本分類群の殻形に近い．両者に対するさらなる検討が必要であろう．

生態　日本では，摩周湖，支笏湖，琵琶湖南湖の矢橋(DAIpo 72)など，清澄な止水域に出現したが，外国では，英国の Lake Ness，ロシアのウラジオストック近郊の R. Komarovka(DAIpo 96, 88)，R. Gryagnaya(DAIpo 82, 86)，R. Barabashevka(DAIpo 96)などの清流にも出現した．しかし汚濁河川(DAIpo 29)にも出現した例が1回ある．相対頻度は常に小さい(3%以下)．**広適応性種，pH に関しては中性種．**下図は，本分類群と *G. separatipunctatum* との複合種群としての生態図である．

Van Dam *et al.* (1994)は，pH circumneutral, oligosaprobous, oligo-mesotraphentic とする．

Gomphonema olivaceum var. *minutissima* と *G. separatipunctatum* 複合種群の生態図

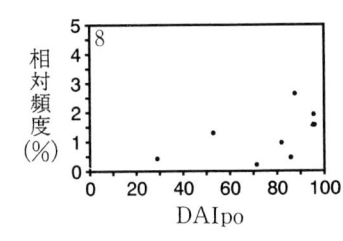

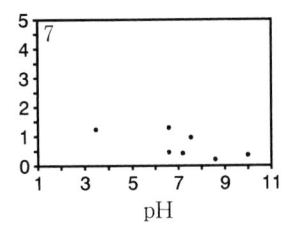

Gomphonema sp.1 (Plate ⅡB₃-87：21, 22)

|形態| 殻の形 5-Ova；先端の形 広円形[0]；殻長 約33μm；幅 約5μm；条線 10-12/10μm，弱い放散状配列，先端部は平行；胞紋 光顕下では大変粗いように見える；軸域 狭い；縦溝 真っすぐに走る；中心域 横長の矩形，4個の遊離点がある．それらは，中心孔の両側に位置する．

|生態| L. Ness への R. Ruthven 流入口の南方2kmの湖岸石礫上の付着珪藻群集中に出現した(渡辺 1993)が，相対頻度は小さい稀産種．

Gomphonema sp.2 (Plate ⅡB₃-87：23)

|形態| 殻の形 5-Ova；先端の形 頭状形[5]；殻長 30μm；幅 5μm；条線 11/10μm，殻端から中央まですべて放散状；軸域 狭い；中心域 横長の矩形，4個の遊離点がある；縦溝 真っすぐに伸び，中心孔の両側に1個ずつの遊離点を配して向かいあう．

　前記のタイプ種とは，殻端の形，殻縁が波うつ点が異なるが，類縁関係は近いと考えられる．

|生態| 前記分類群と同じ試料中に出現．相対頻度は，前記分類群と同じく小さい．稀産種．

Plate IIB₃-87

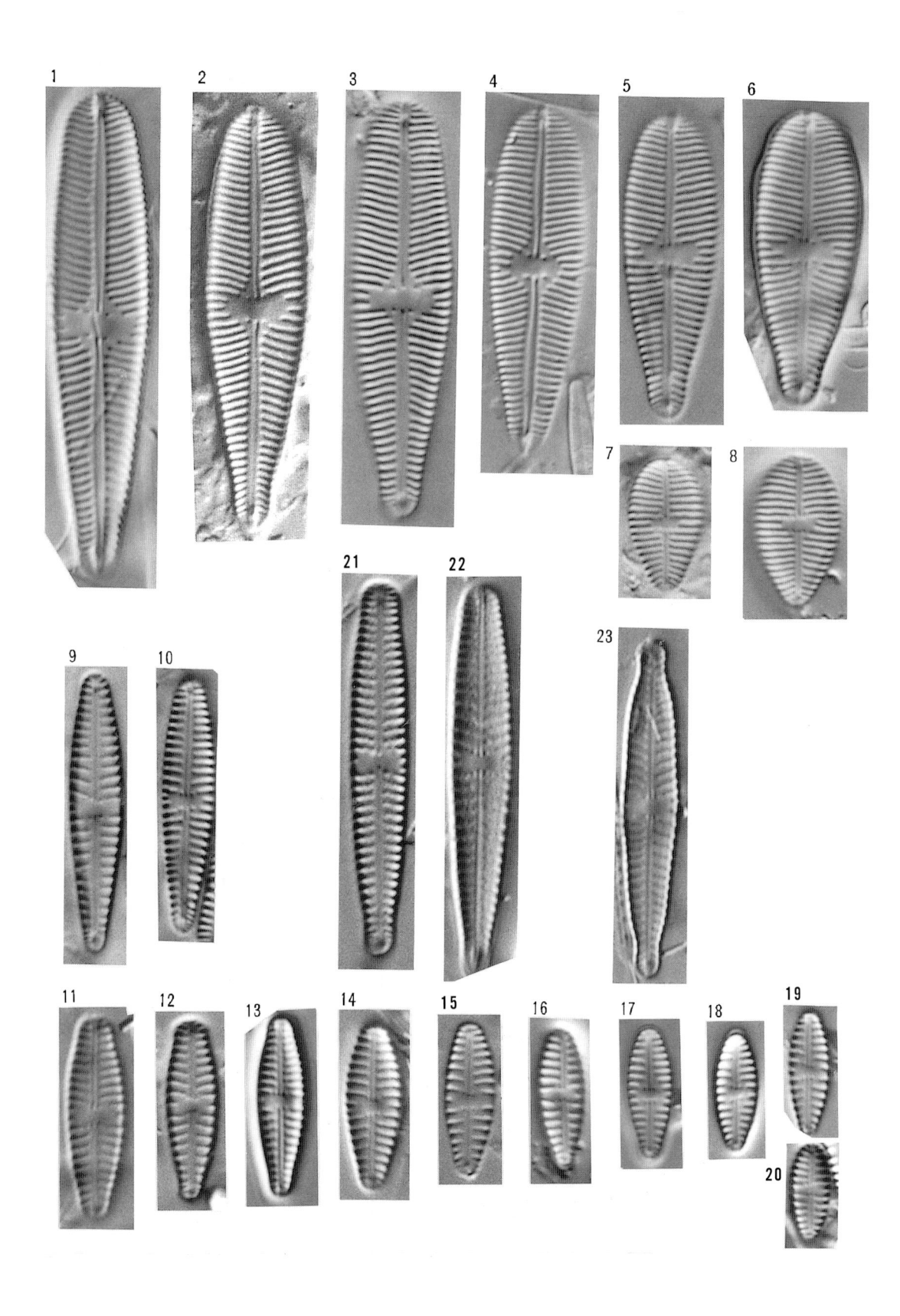

Gomphonema olivaceum (Hornemann) Brébisson var. *olivaceum* 1838

(Plate IIB$_3$-88：1-11)

　ここに示した写真は，すべてアメリカ Lake Pyranid 産の個体である．Pl. IIB$_3$-86：10-14 に示した日本産種，R. Seine 産のものと比べて，条線密度は大きい(15-16/10 μm)．また中心域が著しく小さいもの(9, 11)が含まれる．しかし，中心域には遊離点が存在しない共通点がある．光顕下でのこの程度の形態の違いは，同種内での変異によって生じた違いである可能性がある．

Gomphonema tergestinum Fricke 1902

(Plate IIB$_3$-88：12-18)

　Syn：*Gomphonema semiapertum* var. *tergestinum* Grunow *in* Van Heurck 1880.

|形態| 殻の形 4-Ova；先端の形 広円形[0]；殻長 12-55 μm；幅 (4.5)5-12 μm；条線 9-15/10 μm，放散状配列，殻端部では平行(12)，または平行に近いもの(15, 16, 18)もある；中心域 片側の条線が 4-5本欠けるために広く空く，もう一方側の条線は 1-3 本が短くなる，1 個の遊離点は，縦溝の延長線上に近い，中心域中央部にある；軸域 狭い；縦溝 真っすぐに伸び，中心域において，中心孔は，遊離点の存在する側へ，わずかに頭をもたげるように曲がって向かいあう．

|生態| 英国の Lake Ness(DAIpo 87)の中央東岸に，付着珪藻群集の一員として出現した．日本では京都鴨川(DAIpo 61)，佐保川(DAIpo 8-40)などの都市河川に広く出現する．**有機汚濁に関しては広適応性種，pH に関しては好アルカリ性種**．

　Krammer & Lange-Bertalot(1986)は，ヨーロッパ，アジア，北米に分布し，貧栄養から弱い中栄養の淡水湖に出現するという．Van Dam *et al.* (1994)は，alkaliphilous, oligosaprobous, oligomesotraphentic とする．

Gomphonema tergestinum の生態図

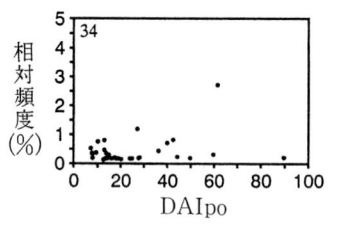

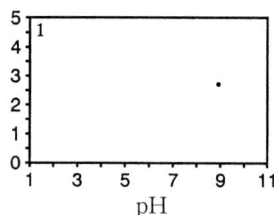

Gomphonema brebissonii Kützing var. *brebissonii* 1849 　　　(Plate ⅡB₃-88：19-22)

Syn：*Gomphonema acuminatum* f. *brebissonii* (Kützing) Cleve 1894；*G. acuminatum* var. *brebissonii* (Kützing) Grunow *in* Van Heurck 1880.

形態　殻の形 3-Bic；先端の形 くちばし形[３]；殻長 (19)30-60μm；幅 最大(5)6-10μm；条線 9-12(13)/10μm，弱い放散状配列，ふくらみの大きい殻端部では平行となる；中心域 小さい，遊離点1個；軸域 狭い；縦溝 真っすぐに伸び，中心孔は遊離点のある側へ，頭をわずかにもたげて向かいあう．

生態　Krammer & Lange-Bertalot(1986)は，本分類群を *Gomphonema acuminatum* Ehrenberg 1832 の synonym としている．筆者らもそれに従って生態情報をまとめてきたので，ここでは両者を併せた種群として生態図を作製した(Pl.ⅡB₃-104：1-5 に示す)．

　有機汚濁に関しては広適応性種，pH に関しては好アルカリ性種である．しかし，殻の形，先端の形の違いから独立した別個の分類群と考えてゆきたい．

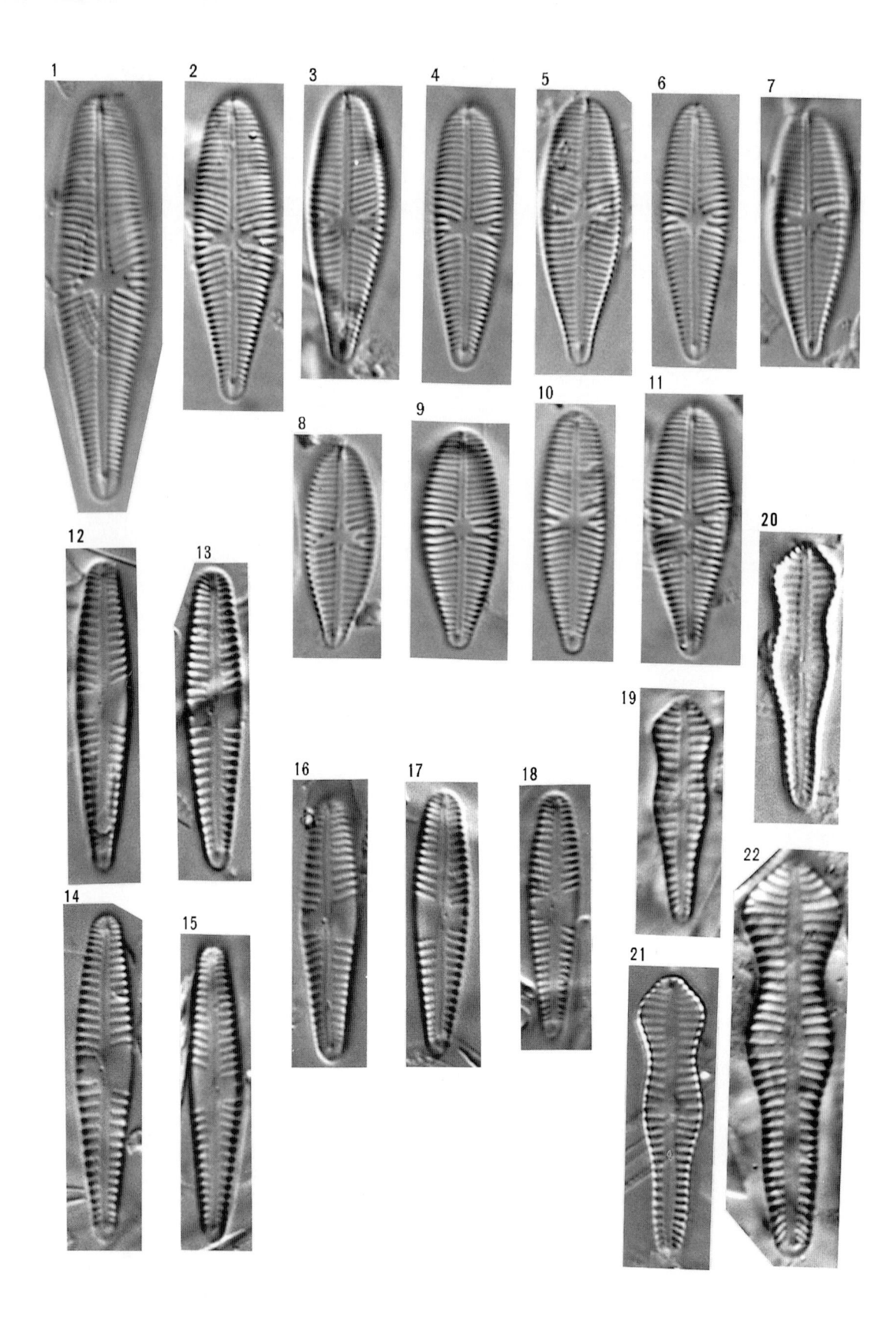

Plate ⅡB₃-88

Gomphonema tahoensis nom. nud. (Plate IIB_3-89:1-7)

形態 殻の形 4-Ova；先端の形 くちばし伸長形[4]，または弱いくびれをもつ頭状形[3-6]であるが，最先端部は広円形[0]；殻長 23-43 μm；幅 4-7.5 μm；条線 15/10 μm，中心域周辺では強い放散状，広円形の殻端へ進むに従って，平行から弱い収斂状へ変化する；中心域 小さい円形，両側には短い条線，または長短交互の条線が，普通3本以上ある，遊離点は1個；軸域 狭い；縦溝 真っすぐに伸び，中心域で中心孔の不明瞭な先端部が真っすぐに向かいあう．

　本分類群は，中心域の中央から，広円形殻端までと，もう一方の殻端までの距離が，前者のほうが長いか，あるいはほぼ等しい特徴と，条線の配列，殻の先端部の形，縦溝の中心域での対峙のし方などに，類似種（例えば次記の *Gomphoneis heterominuta*）との際立った相違点がある．

　本分類群の殻の形は *Gomphoneis okunoi* (Pl. IIB_3-87:1-8) と *G. pseudokunoi* (Pl. IIB_3-86:1-9) とに似るが，中心域での遊離点の数が異なる．本分類群は *Gomphoneis* である可能性が大きい．

生態 アメリカの Lake Tahoe 西岸 (DAIpo 93) と，西岸への流入小河川 (DAIpo 94, 97) に，石礫への付着珪藻群集の一員として出現した．相対頻度は5-8％．**好清水性種である可能性が大きい．**

Gomphoneis heterominuta Mayama *et* Kawashima 2002 (Plate IIB_3-89:8-23)

　Basionym：*Gomphonema minutum* (Agardh) C. Agardh 1831. Syn：*Licmophora minuta* Agardh 1827；*Gomphonema tenellum* Kützing 1844；*G. curtum* Hustedt 1943.

形態 殻の形 4-Ova；先端の形 広円形[0]，くさび形[11]；殻長 10-35 μm；幅 4-8 μm；条線 (8)9-14/10 μm，弱い放散状，上方殻端部では平行になる個体が多い；中心域 極めて小さい，両側の条線1本ずつが短い，遊離点1個；軸域 狭い；縦溝 真っすぐに走り，小さい中心孔をもつ先端は，中心域で曲がることなく真っすぐに向かいあう．

　本分類群は，条線が二重胞紋列であり，殻の内側に長胞構造のあることが，電顕観察によって認められ，*Gomphonema* 属から *Gomphoneis* 属へ移された（河島，真山 2001）．

生態 **有機汚濁に関しては広適応性種，pH に関しては好アルカリ性種，本種が第1位優占種として出現する水域は β 貧腐水性の清水域であることが多い．**

　Van Dam *et al.* (1994) は，*Gomphonema minutum* を，pH circumneutral, β-mesosaprobous, eutraphentic とする．

Gomphonema heterominuta の生態図

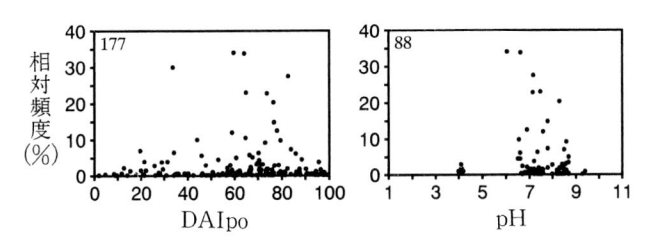

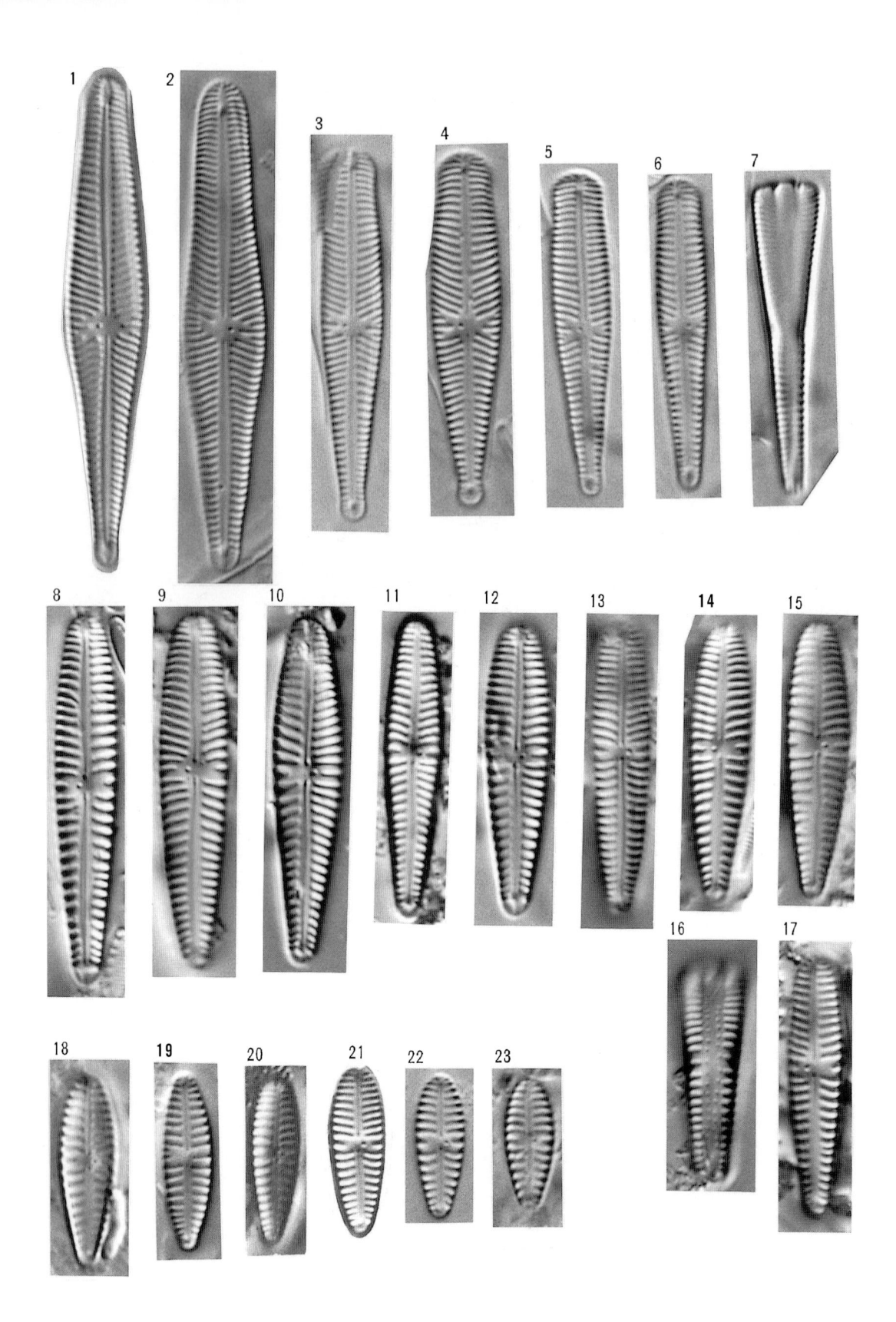

Plate ⅡB₃-89

Gomphonema pumilum var. ***rigidum*** E. Reichardt *et* Lange-Bertalot *in* E. Reichardt 1997
(Plate ⅡB₃-90：1-7, 8-13, 14-21)

形態　殻の形 4-Ova：先端の形 くさび形[11]，広円形[0]；殻長 19-40 μm；幅 4.5-6 μm；条線 10-12/10 μm，放散状配列；中心域 小さい，遊離点1個，遊離点のある側もない側も条線は共に短く等長；軸域 狭い；縦溝 わずかに湾曲し，中心域での先端部は鉤状を呈する．ここに示した写真(1-7)はスマトラ島の Lake Singkarak から得たものである．これらは Hustedt(1942)が，フィリピン Mindoro 島の Lake Naujan からの試料に基づいて記載した，*Gomphonema intermedium* Hustedt の形態と酷似する．ことに，Simonsen(1987)による，タイプスライド写真(Plate 428：1-7)とは，殻形，条線密度，条線の配列，中心域の形態構造，縦溝の形態特性はいずれもよく一致する．ただ *G. intermedium* の条線は，二重胞紋列であることが電顕下で確かめられているが，われわれが示した写真では二重胞紋列であるか否かを確かめることができない．今後検討が必要と考える．また本分類群は，*G. pygmaeum* Kociolek *et* Stoermer 1991 の異名である可能性がある．しかし，*G. pygmaeum* は殻端がやや突出するのに対して，本分類群にはそのような傾向が見られないために，ここでは別種として扱った．

生態　Ohtsuka(2002)は，島根県宍道湖への流入河川斐伊川からの試料から，本分類群を記載している．写真(2-3, 5-7, 10, 11)は，インドネシアスマトラ島の R. Anai に産したものである．DAIpo は 50，67，83 の地点に出現した．(1-13)のうち他の写真は，スマトラ島の Lake Singkarak から得たものである．(14-21)の小型のものは，日光の湯滝(DAIpo 76)，ロシアウラジオストック近郊の R. Kaskadnj (DAIpo 63)などの清澄な河川のほかに，関東の浅川(DAIpo 5, 38)，鶴見川(DAIpo 18, 19)，程久保川 (DAIpo 10)などの汚濁水域から得たもので，*Gomphonema intricatum* var. *pulvinatum* (Braun) Grunow，あるいは，その synonym，*G. purvinatum* として扱われてきた．図に示したように，**有機汚濁に関しては広適応性種，pH に関しては中性種**とされてきた．そして，相対頻度は常に小さい(3%以下)．

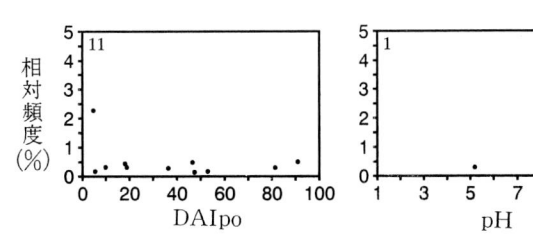

Gomphonema pumilum var. *rigidum* の生態図

Gomphonema undulatum Hustedt 1935 (Plate IIB$_3$-90：22, 23)

形態 殻の形 3-Ova；先端の形 広円形[0]；殻長 35-45 μm；幅 8-9 μm；条線 約 10/10 μm，放散状配列，幅の広い方の殻端部では平行；軸域 広い；中心域 小さい，1個の遊離点の両側の条線は，それぞれ1本ずつ短い；縦溝 軸域を強く湾曲して走り，中心域では，中心孔をもつ先端部が，遊離点の存在する側へ曲がって向かいあう．

生態 本分類群は，スマトラの Lake Toba からの試料に基づいて記載された．写真(23)は，中部スマトラの Lake Singkarak と，L. Dibaruh(DAIpo 52, 56)に出現したものであり，L. Diatas(DAIpo 77)，においても，個体数は少ないながら出現した(Watanabe 1987)．写真(22)は，奥日光の湯滝に出現したものである．稀産種．**好清水性種．**

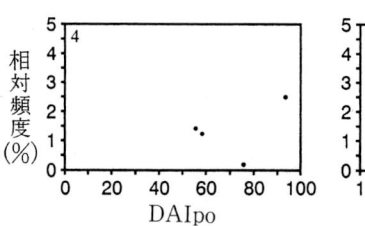

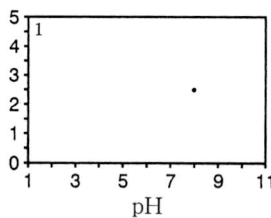

Gomphonema undulatum の生態図

Plate II B$_3$-90

481

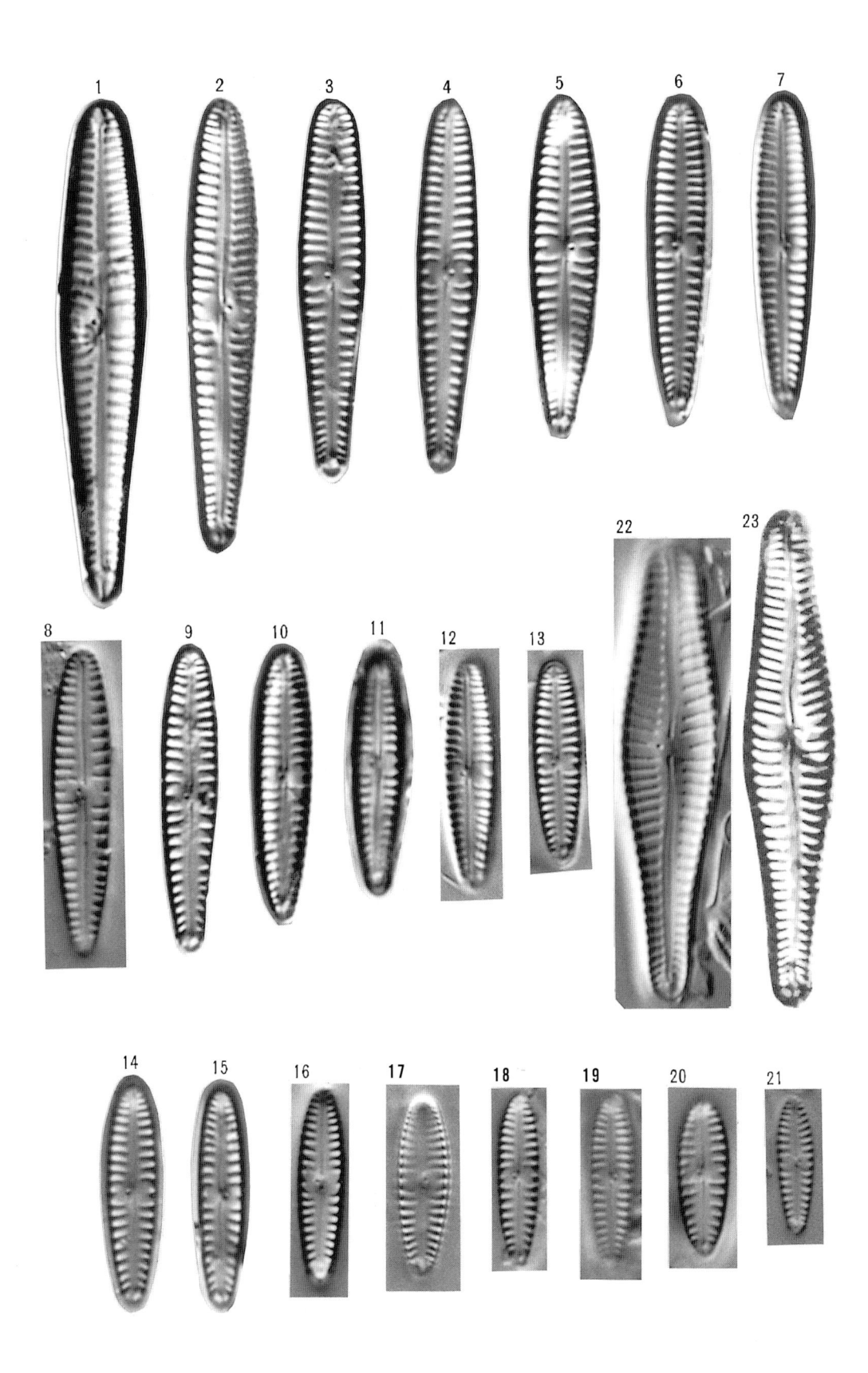

Gomphonema angustum Agardh 1831 (Plate II B$_3$-91：1-7)

Syn：*Gomphonema intricatum* Kützing 1844；*G. dichotomum* Kützing 1834；*G. intricatum* var. *pumilum* Grunow *in* Van Heurck 1880；*G. intricatum* var. *bohemicum* (Reichelt & Fricke) A. Cleve 1955；*G. bohemicum* Reichelt & Fricke 1902 (non sensu Hustedt)；*G. fanensis* Maillard 1964；*G. vibrio* var. *bohemicum* (Reichelt & Fricke) R. Ross 1991；*G. vibrio* var. *pumilum* (Grunow) R. Ross 1991.

形態 殻の形 4-Ova；先端の形 広円形[0]；殻長 13-130 μm；幅 3-12 μm；条線 11-15/10 μm，弱い放散状，広円形殻端部では，平行または，平行に近い放散状；中心域 条線2本分ほどの幅の広い矩形，遊離点は1個であるが，遊離点の存在する側の条線は短く，反対側は，短い条線のあるもの(1-4)とないもの(5-7)とがある；軸域 比較的広い；縦溝 外裂溝，内裂溝を，光顕下で比較的明瞭に見ることができる．中心孔をもつ先端部は，中心域で真っすぐに向かいあう．

写真(1-7)は，Krammer & Lange-Bertalot (1986)の Fig. 164：3-5(本分類群の synonym として示した *Gomphonema intricatum* Kützing)と形態が酷似する．特に広円形殻端部の条線密度が著しく大きくなる(約 20/10 μm)特徴は，*G. angustum* に統一された他の分類群には認められない特性である．筆者らは写真(1-7)に示した本分類群を，*G. vivrio* var. *pumilum* Ross (*G. intricatum* var. *pumilum* Grunow)として扱ってきた．

生態 写真(1-7)は，琵琶湖北湖に流入する余呉川(DAIpo 68-95)と，スイスのライン川の源流としての小湖 Lake Jurier pass (DAIpo 74)に出現したものである．下図は，*G. vivrio* var. *pumilum* としての生態分布図を示したものである．**有機汚濁に関しては典型的好清水性種**，本分類群は，下図に示すように DAIpo 70 以上の清浄な水域(貧腐水性または極貧腐水性)においてのみ，第1位優占種として出現する．**pH に関しては好アルカリ性種**．

Van Dam *et al*. (1994)は，*G. angustum* を alkaliphilous, oligosaprobous, oligotraphentic とし，Håkansson (1993)は，*G. intricatum* を alkaliphilous とする．Van Dam *et al*. (1994)は，本分類群の synonym とされている *G. bohemicum* は，pH circumneutral, oligotraphentic とし，もう1つの synonym *G. dichotomum* は，alkaliphilous, β-mesosaprobous, meso-eutraphentic としている．すなわち，*G. angustum* の synonym には，異質の生態情報をもつ種群が含まれることになる．*G. angustum* の分類については，今後さらに検討する必要があろう．

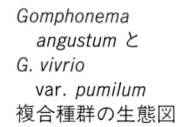

Gomphonema angustum と *G. vivrio* var. *pumilum* 複合種群の生態図

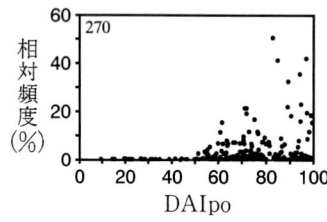

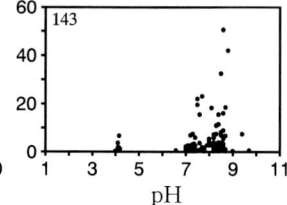

Gomphonema micropus Kützing 1844 (Plate II B$_3$-91：8-12)

Syn：*Gomphonema parvulum* var. *micropus* (Kützing) Cleve 1894.

形態 殻の形 3-Ova；先端の形 くさび形[11]；殻長 12-25 μm；幅 5-7 μm；条線 2-14/10 μm，弱い放散状配列，広い方の殻端部では平行に近い；中心域 幅の広い矩形，遊離点のない側の条線は欠けている(8)か，または極めて短い(9, 11, 12)；軸域 狭い；縦溝 真っすぐに走り，中心域では，中心孔をもつ先端部が曲がらずに真っすぐ向かいあう．

生態 分布の極めて広い普遍種，有機汚濁に関しては広適応性種，pH に関しては中性種．

本種は時に，DAIpo 49 以下の β-α 中腐水性の水域において，第1位優占種として出現する．Gomphonema の多くの種は，通常清水域で優占種となるが，本分類群は，G. parvulum と共に，汚水域で優占種となりうる特異種といえよう．

Van Dam et al. (1994) は，Gomphonema micropus を，alkaliphilous, β-mesosaprobous, eutraphentic とする．

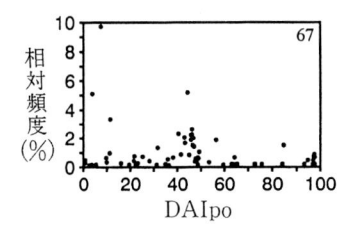

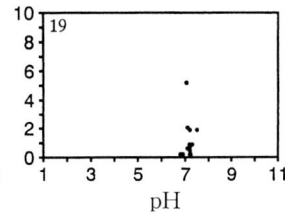

Gomphonema micropus の生態図

Gomphonema angustatum (Kützing) Rabenhorst 1864 (Plate IIB₃-91：13-16)

Syn：Sphenella angustata Kützing 1844；(?) Gomphonema micropus Kützing 1844；(?) G. bohemicum sensu Hustedt 1930；(?) G. instabilis Hohn & Hellermann 1963.

形態 殻の形 4-Ova；先端の形 くさび形[11,12]；殻長 12-45 μm；幅 5-9 μm；条線 7-14/10 μm，弱い放散状配列；中心域 横長の矩形，片側の条線の先端に1個の遊離点がある；軸域 狭い；縦溝 真っすぐに走り，中心域で真っすぐに向きあう．

写真(13-16) は，本分類群の synonym, Gomphonema bohemicum Reichelt & Fricke sensu Hustedt 1930 に相当する個体である．

ちなみに，G. bohemicum は，殻長 10-50 μm；幅 2.5-7 μm；条線 10-14/10 μm，放散状配列；軸域 狭い；中心域 普通1個の遊離点のない側の中心域は殻縁にまで達する．また，G. minutum にも似るが，中央部の条線が，本分類群の方がより平行に近いことで区別できる．

生態 典型的な広適応性種．本種が第1位優占種となる場合，その水域は，DAIpo 40 前後の β 中腐水性の水域である．pH に関しては中性種．

Van Dam et al. (1994) は，Gomphonema bohenicum を，pH circumneutral, oligotraphentic とする．Håkansson(1993) は，G. bohemicum を pH indifferent とする．

Gomphonema angustatum の生態図

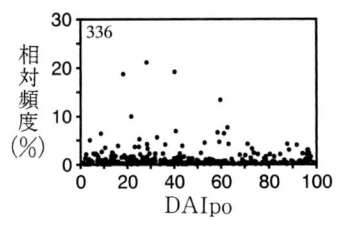

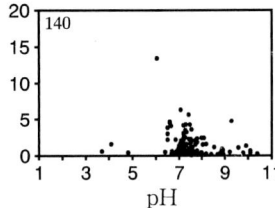

Gomphonema hebridense Gregory 1854 (Plate IIB$_3$-91：17-19)

Syn：*Gomphonema lagerheimii* A. Cleve 1895.

形態 殻の形 5-Ova；先端の形 くさび形[11]；殻長 30-60 µm；幅 4-8 µm；条線 10-14/10 µm，弱い放散状配列，殻端部は平行となる(18)こともある；軸域 広い；中心域 小さい，中心域の両側の条線は，それぞれ1本ずつ短く，遊離点が1個存在する；縦溝 外裂溝，内裂溝が明瞭に認められる，中心域において，先端部は真っすぐ，または遊離点側へわずかに頭をもたげて向かいあう．

生態 稀産種，**有機汚濁に関しては広適応性種**，**pH に関しては中性種**．写真(18)は pH 7.7 の御在所温泉露天風呂の溢水路に出現した個体．

Van Dam *et al.* (1994)は，*G. lagerheimii* を，oligosaprobous, oligotraphentic とする．

Gomphonema hebridense の生態図

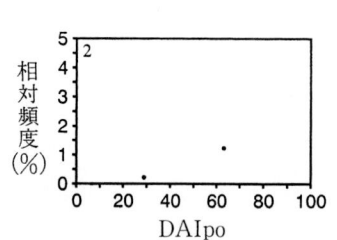

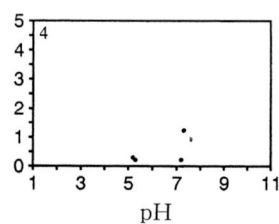

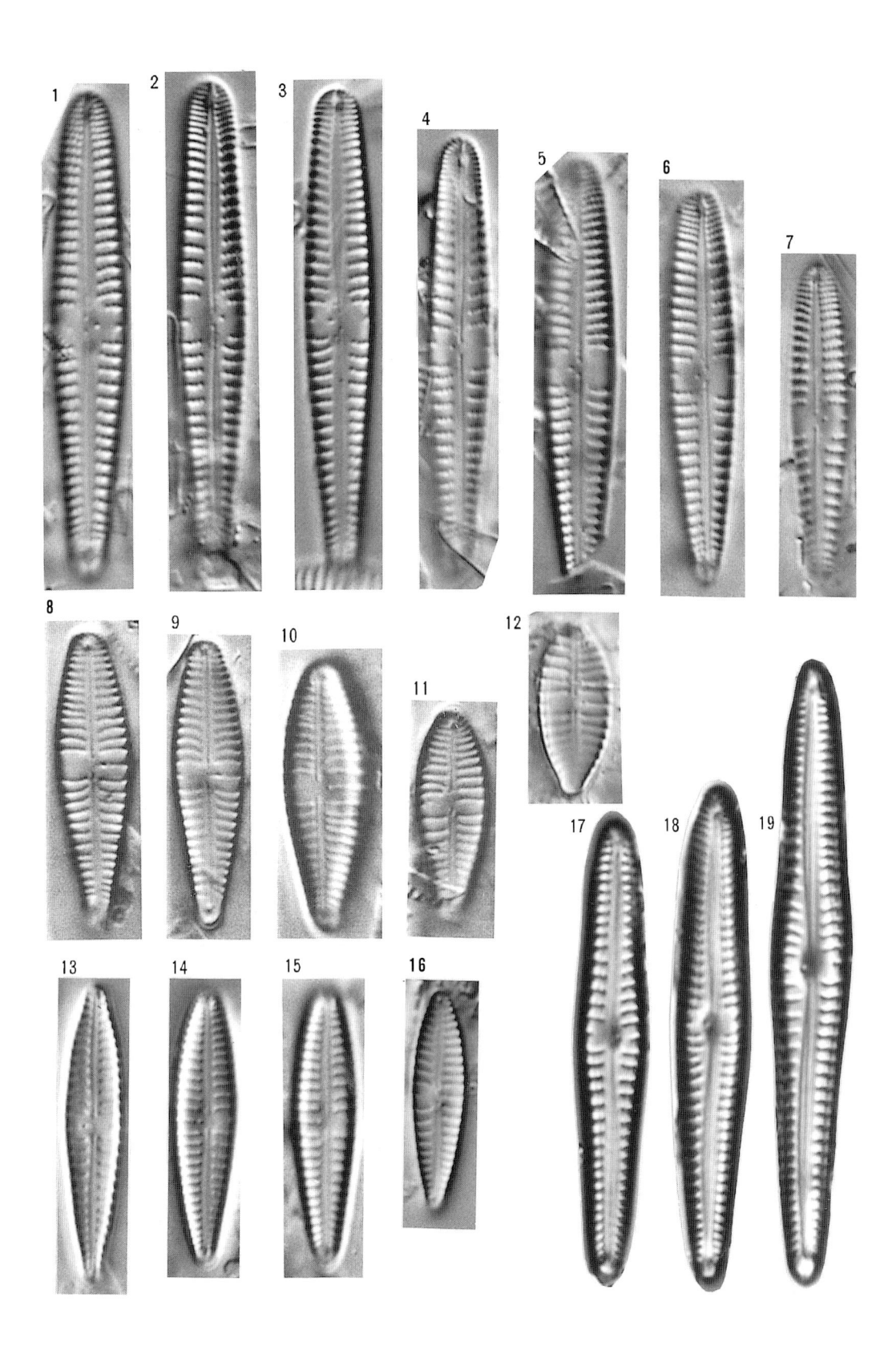

Plate IIB₃-91

Gomphonema angustivalva Reichardt 1997 (Plate ⅡB$_3$-92:1-10)

形態　殻の形 5-Ova；先端の形 くさび形[11]；殻長 11-24(39)μm；幅 2.7-3.7(4.5)μm；条線 (12-14)15-18/10μm，平行に近い弱い条線配列；中心域 中心域の両側の条線が普通1本ずつ，時に2本が短い，したがって中心域は比較的小さい，1個の遊離点がある；軸域 比較的広い；縦溝 上裂溝と下裂溝とのずれから，軽く湾曲して走るように見える；中心域 中心孔をもつ先端部が，遊離点側へ，わずかに頭をもたげるようにして向かいあう，胞紋の殻表面側の開口はC形，裏面側には長胞構造が認められる，いずれも電顕によってのみ確認できる．

生態　日本では，琵琶湖，支笏湖(DAIpo 91)，中禅寺湖(DAIpo 65)，西湖(DAIpo 88)，夏瀬ダム(DAIpo 75)など，比較的清冽な貧栄養湖に出現し，スイスの Lake Luzern, L. Zürich にも出現した．**止水域に出現する好清水性種の可能性が大きい．**

Gomphonema hebridense Gregory 1854 (Plate ⅡB$_3$-92:11-14)

Syn：*Gomphonema lagerheimii* A. Cleve 1895.
Pl. ⅡB$_3$-91:17-19 の記述を参照．

Gomphonema subtile Ehrenberg 1843 (Plate ⅡB$_3$-92:15, 16)

Syn：*Gomphonema sagitta* Schumann 1863；*G. subtile* var. *sagitta* (Schumann) Cleve 1894.

形態　殻の形 4-Ova；先端の形 くちばし形[3]；殻長 24-50μm；幅 3.5-8μm；条線 10-14/10μm，中心域周辺は平行または平行に近い放散状，くちばし状の殻端部は，平行または放散状；軸域 狭いもの(16)と，中心域へ向かって広がる(15)ものとがある；中心域 小さい，遊離点1個；縦溝 軽く湾曲する．

生態　琵琶湖沖の白石(DAIpo 62)，本栖湖(DAIpo 69)，群馬県吹割の滝(DAIpo 70)，和歌山県新宮川(DAIpo 51)に出現した稀産種．

Van Dam *et al.* (1994)は，pH circumneutral, oligosaprobous, oligo-mesotraphentic とする．Patrick & Reimer (1975)は，低い電気伝導度の値をもつ冷水を好むように思うという．Håkansson (1993)は，pH indifferent とする．

Gomphonema aff. *angustatum* var. *sarcophagus* (Gregory) Grunow 1880
(Plate ⅡB$_3$-92:17, 18)

形態　殻の形 4-Sta；先端の形 頭状形[5]；本分類群は，殻の横軸に対して，上下相称という，*Gomphonema* 属としては，例外的な形態をもつ；条線 7-8, 10-11/10μm；軸域 狭い；中心域1個の遊離点が存在するが，中心域の部位は不明瞭；縦溝 真っすぐに走り，中心孔をもつ先端部は，極めてわずかに遊離点の存在する側へ頭をもたげる．写真の個体は条線が平行で殻端部のくびれが強い点で本変種と異なるので，本変種と同定することに幾分の疑問が残る．

生態　ウラジオストック近郊の R. Razdornaya(DAIpo 56)に出現した稀産種．**好清水性種．** Patrick & Reimer(1975)は，中程度の電解質濃度で，中栄養の水域を好むという．

Gomphonema apuncto Wallace var. *apuncto* 1960 (Plate ⅡB₃-92：19, 20)

|形態| 殻の形 4-Ova；先端の形 くさび形[11]；殻長 15-29 μm；幅 4-4.5 μm；条線 13-15/10 μm，放散状配列；軸域 殻端から中央へ向かって，幅は徐々に広がり，細長い舟形を呈する；中心域 ない．中央部の縦溝が向かいあう部分は，殻が楕円形に肥厚する．遊離点はない；縦溝 真っすぐに走り，殻の中央部で，先端をやや片方にかしげるようにして向かいあう．

|生態| 芦ノ湖(DAIpo 59)に出現した稀産種，生態未詳．Patrick & Reimer (1975)は，温暖な水域に見いだされるという．

Plate ⅡB₃-92

488

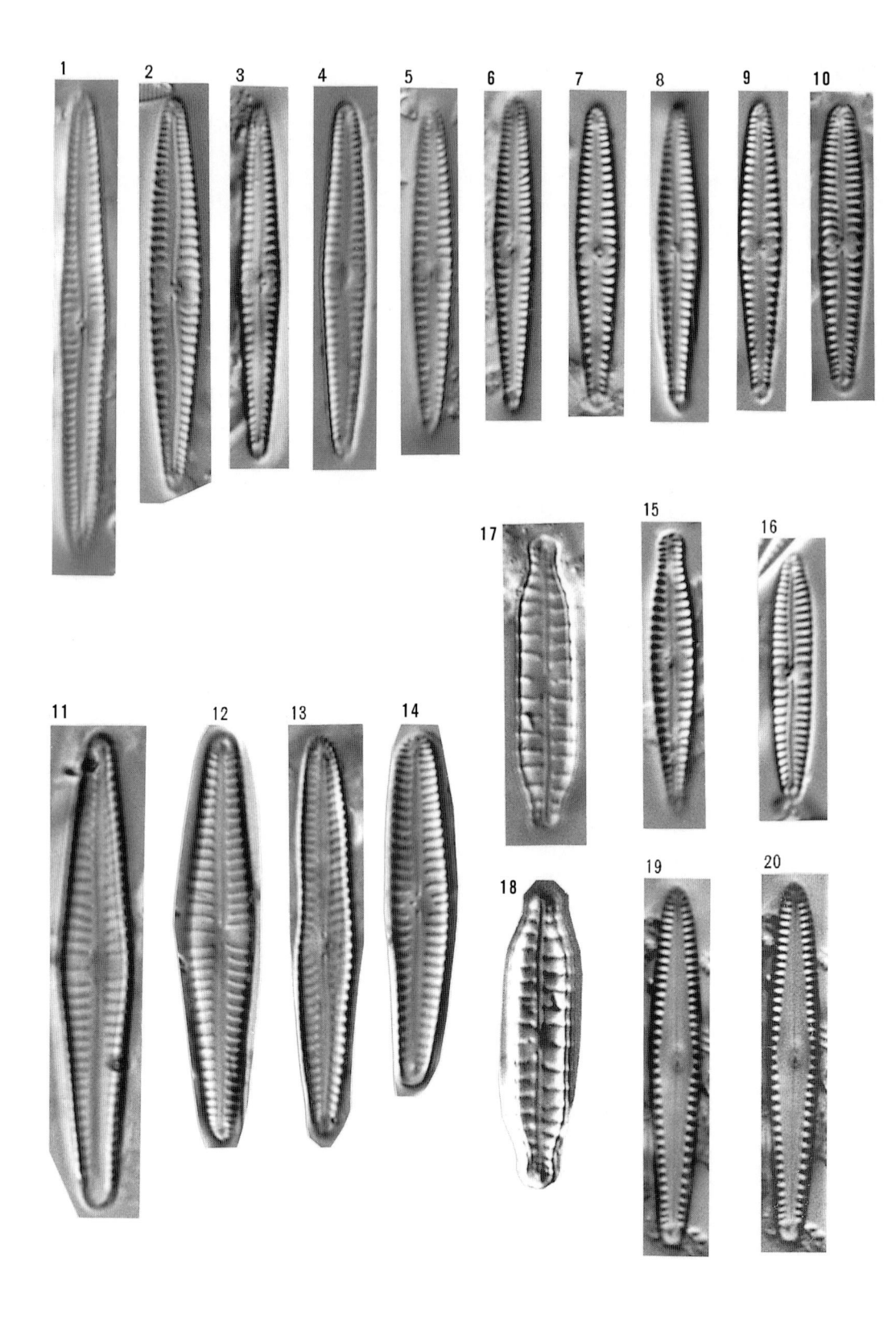

Gomphonema clevei Fricke var. *clevei* 1902 (Plate IIB$_3$-93:1-7)

|形態| 殻の形 3-Ova；先端の形 くさび形[11]；殻長 17-37(46) μm；幅 5-8 μm；条線 (10)13-14/10 μm，弱い放散状；軸域 極めて広い；中心域 軸域の幅が中央部へ移るに従って，徐々に広がって舟形になるが，中心域の範囲は不明瞭である．遊離点は1個；縦溝 広い軸域を強く湾曲して走る．中央部で中心孔をもつ先端部は，わずかに遊離点の存在する側へ曲がって向かいあう．

|生態| *Gomphonema* 中，最も清冽な極貧腐水性水域に高い相対頻度で出現する**好清水性種**．本種が第1位優占種となる水域は，α，β貧腐水性，またはDAIpo 85以上の極貧腐水性水域である．**pHに関しては中性種**．

Hustedt(1938)は，pH 8.6に最適pH閾値をもつ低塩分の水域に出現する種とする．Patrick & Reimer (1975)は，本分類群の見られた地点は，すべて流水域であったという．

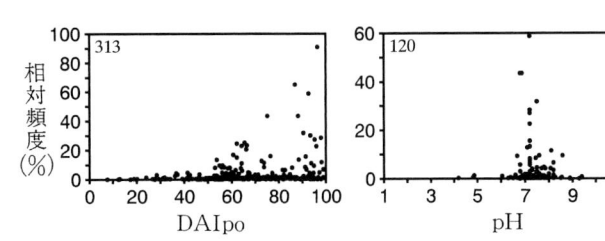

Gomphonema clevei var. *clevei* の生態図

Gomphonema vastum Hustedt 1927 (Plate IIB$_3$-93:8-11)

|形態| 殻の形 4-Ova；先端の形 頭状形[5]；殻長 31-38 μm；幅 4.5-6 μm；条線 13-16/10 μm，弱い放散状，くびれた方の殻端部では，平行(10, 11)のものもある；軸域 極めて広い，殻端部から中央部へ向けて幅が徐々に広がり，舟形を呈する；中心域 不明瞭，遊離点が1個ある；縦溝 広い軸域を湾曲して走り，中心孔をもつ先端部は，遊離点の存在する側へ曲がって向かいあう．

殻端がくびれて，頭状形となることによって，前記の *G. clevei* と区別できる．

|生態| 本栖湖(DAIpo 69)，倶多楽湖(DAIpo 71，pH 8.5)，前京大琵琶湖臨湖実験所前(DAIpo 55，pH 8.4)，福井県兵庫川(DAIpo 52，pH 6.4)に出現した稀産種．生態未詳．

Gomphonema manubrium Fricke var. *manubrium* 1902 (Plate IIB$_3$-93:12, 13)

|形態| 殻の形 5-Ova；先端の形 突起伸長形[13]；殻長 40-49 μm；幅 (5.5)7-8 μm；殻中央の横軸に対して，上下相称形；条線 11-13/10 μm，放散状配列；軸域 殻端から中央へ向かって徐々に幅が広がり，舟形を呈する；中心域 不明瞭，1個の遊離点がある；縦溝 広い軸域に，外裂溝，内裂溝が認められ，中央部の先端には，中心孔は認められない，真っすぐに向かいあう．

|生態| 倶多楽湖実験所前(DAIpo 71，pH 8.5)においてのみ出現した稀産種，生態未詳．

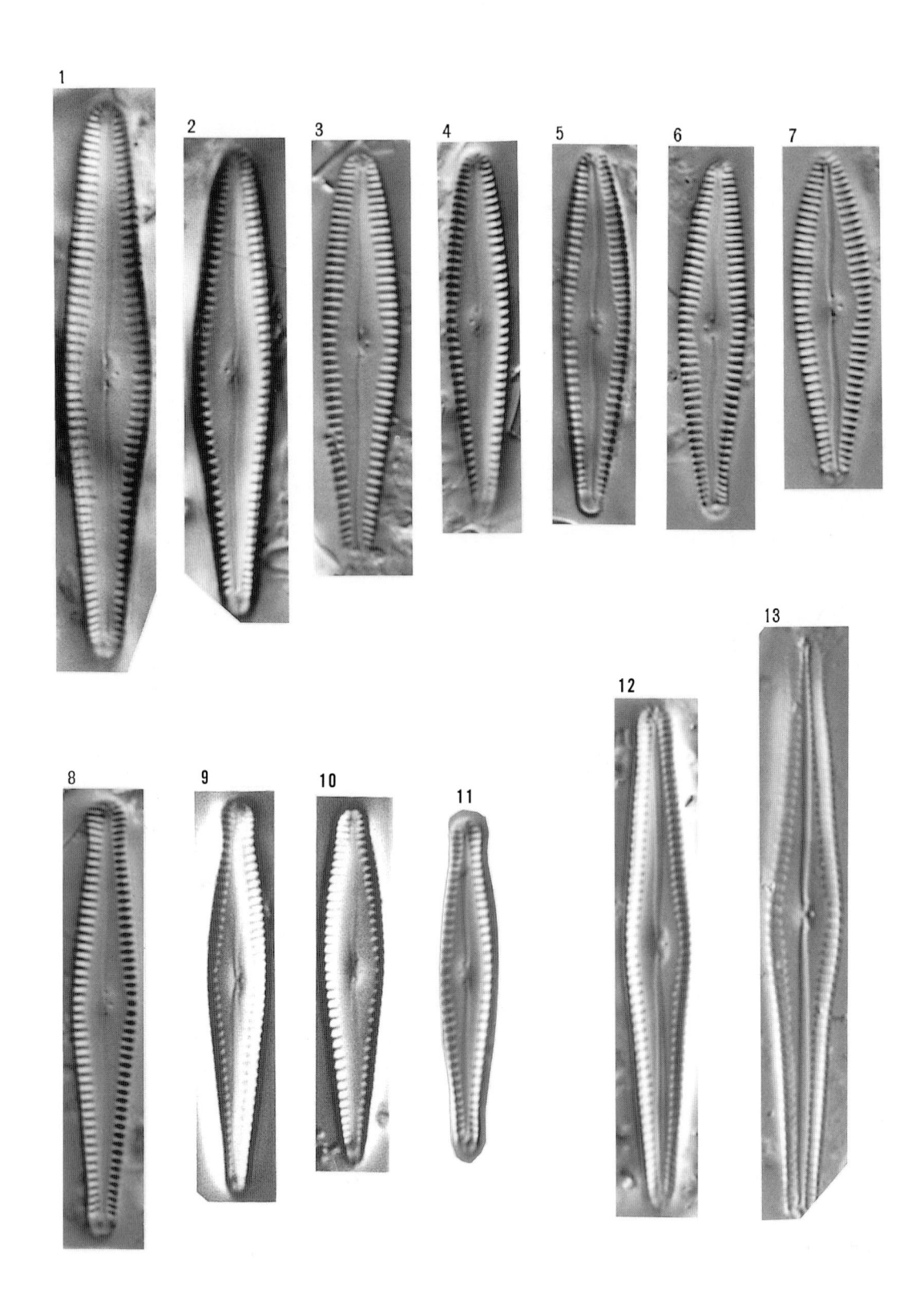

Plate II B₃-93

490

Gomphonema rhombicum Fricke 1904

(Plate IIB$_3$-94:1-7)

形態 殻の形 4-Ova；先端の形 くさび形[11]；殻長 18-50 μm；幅 4.5-7.5 μm；条線 9-11/10 μm，(中央部)平行〜弱い放散状，(殻端部)放散状；軸域 広い，殻端から中央へ向かって徐々に広がる；中心域 菱形，遊離点1個；縦溝 大きい個体では光顕下で外裂溝と内裂溝が認められる，中心域において，先端は遊離点のある側へ鉤状に曲がる；*G. clevei* var. *javanica* にも似るが，本分類群の方が大型で条線密度も小さい．

生態 奈良県十津川村の笹の滝(DAIpo 95, pH 6.9)と湯泉地温泉の溢流路(pH 8.5)に出現した．ウラジオストック近郊の河川 R. Gorajski(DAIpo 95), R. Kaskodnj(DAIpo 60), R.Komarovka(DAIpo 98)，さらに無名の小川(DAIpo 86, 53)に出現した**広適応性種，pH に関しては中性種**．

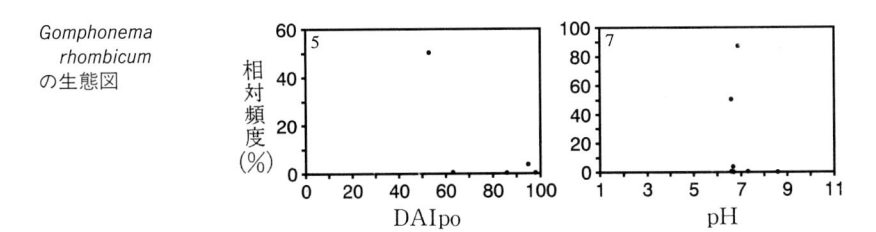

Gomphonema rhombicum の生態図

Gomphonema grovei var. *lingulatum* (Hustedt) Lange-Bertalot 1985

(Plate IIB$_3$-94:8-11)

Syn：*Gomphonema lingulatum* Hustedt 1927；*G. abbreviatum* sensu Kützing 1833 non C. Agardh 1831；*G. abbreviatum* var. *blasiliense* Grunow in Van Heurck 1880；*G. lingulatum* var. *constrictum* 1938；*G. holmquistii* Foged 1968；*Gomphosphenia grovei* var. *lingulata* (Hustedt) Lange-Bertalot 1995.

形態 殻の形 1,2-Ova；先端の形 くさび形[11]；殻長 23-35 μm；幅 6-9 μm；条線 10-12/10 μm，条線の長さは長短ふぞろいである，条線の内側への先端部に，胞紋が分離したように見える点が，1条線当たり，1-2個つく個体(8, 9, 10)がある；軸域 極めて広い；中心域 不明瞭；縦溝 外裂溝，内裂溝と分かれることなく，真っすぐに走り，殻の幅が最大となる部位よりも下方で向かいあう．

現在，電顕観察によって，細い方の先端部に小孔板がなく，胞紋が横長で，縦溝の中央末端部が，殻の裏面でT字状であることが確かめられ，新属 *Gomphosphenia* に移されている．

生態 琵琶湖南湖の淀川流出口(南郷)(DAIpo 60, pH 7.2)に出現した稀産種，アメリカのLake Tahoe(DAIpo 89-93)にも出現した．Krammer & Lange-Bertalot(1986)は，中栄養/富栄養の止水域のみならず，β-α 中腐水性流水域にも出現する普遍種とする．

Gomphonema aff. *inaequilongum* (H. Kobayasi) H. Kobayasi in Mayama *et al.* 2002

(Plate IIB$_3$-94:12, 13)

Basionym：*Gomphonema clevei* var. *inaequilongum* H. Kobayasi 1965.

形態 殻の形 3-Ova；先端の形 くさび形[11]；殻長 約35 μm；幅 6-8 μm；条線 9-10/10 μm，放散状配列；軸域 極めて広く舟形；中心域 不明瞭，遊離点1個；縦溝 広い軸域を幾分湾曲して走り，中心域において，遊離点のある側へ先端が鉤状に曲がる．

小林(1964)は，荒川産の *G. clevei* var. *inaequilongum* の記述中で，条線が長短不揃いであることと，縦溝の中心孔が特徴のある形態で終っていることで，*G. clevei* の基本種と区別できるとし，条線密度を，14-16/10 μmとしている．条線が長短不揃いであることは，(12, 13)では認められず，条線密度は9-10/10 μmであって，*G. inaequilongum* のそれとは大きく異なる．

本類群はまた，*G. sabclavatum* var. *sparsistriata* f. *minor* Grunow *in* A. Schmidt *et al.*, Tafel 248：5, 1904 と形態が似ており，条線密度も等しい．本分類群の所属については今後さらに検討する必要がある．

生態 富士山麓の忍野八海の湧池(pH 8.4)と，福井県大野市の湧水御清水(pH 6.3)の，いずれも湧水中に出現した．生態未詳．

G. inaequilongum については，小林は荒川の波久礼支流に，優占種として多量に見いだされたと記し，大塚，花田(2003)は，琵琶湖からの出現を報じている．

Gomphonema clevei var. *cuneata* nom. nud. (Plate ⅡB$_3$-94：14-16)

形態 殻の形 3-Ova；先端の形 くさび形[11]；殻長 25-35 μm；幅 6-8 μm；条線 14-16/10 μm，すべて放散状配列；軸域 条線が短いので，軸域が広い，殻端部から中央部へ向かっての軸域の広がりは漸増するので，中心域はない；縦溝 弱く湾曲する．中央部で，1個の遊離点のある側へ，わずかに頭をもたげるようにして向かいあう．先端は，遊離点のある側へ鉤状に曲がる．

殻の先端がくさび状に尖りぎみであることによって，基本型の var. *clevei* と区別することができる．

生態 琵琶湖への流入河川野洲川(DAIpo 73，pH 7.1)，家棟川(DAIpo 59，pH 6.6)に出現した．最近まで，*G. clevei* の基本種と区別しないで扱ってきた可能性があるが，本変種の出現頻度は，基本種と比べて著しく小さい．生態未詳．

Gomphonema christenseni Lowe *et* Kociolek 1984 (Plate ⅡB$_3$-94：17, 18)

形態 殻の形 5-Ova；先端の形 くさび形[11]；殻長 35-73 μm；幅 8.5-10 μm；条線 11-13.5/10 μm，すべて放散状配列；軸域 殻端部から中央部へ向けて漸増する，大変広い舟形；中心域 不明瞭，中央部に縦長楕円形の肥厚部がある，遊離点は存在しない；縦溝 外裂溝と内裂溝が明瞭に認められ，わずかに湾曲して走る，中央部での末端は，一方へ頭を軽くもたげ，その方向へ鉤状に曲がって向かいあうように見える．

生態 紀伊半島の新宮川では，上流から中流にかけての清浄域(DAIpo 93-100)に，しばしば出現した．後藤(1986)は，熊野川河口での本分類群の出現を報じている．また，琵琶湖への流入河川大同川(DAIpo 74)にも出現した．稀産種．**有機汚濁に関しては好清水性種，pH に関しては中性種．**

Gomphonema christenseni の生態図

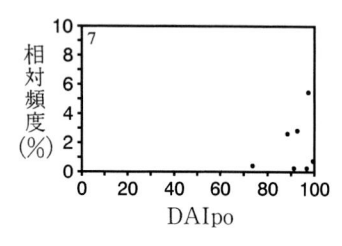

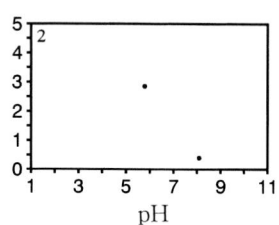

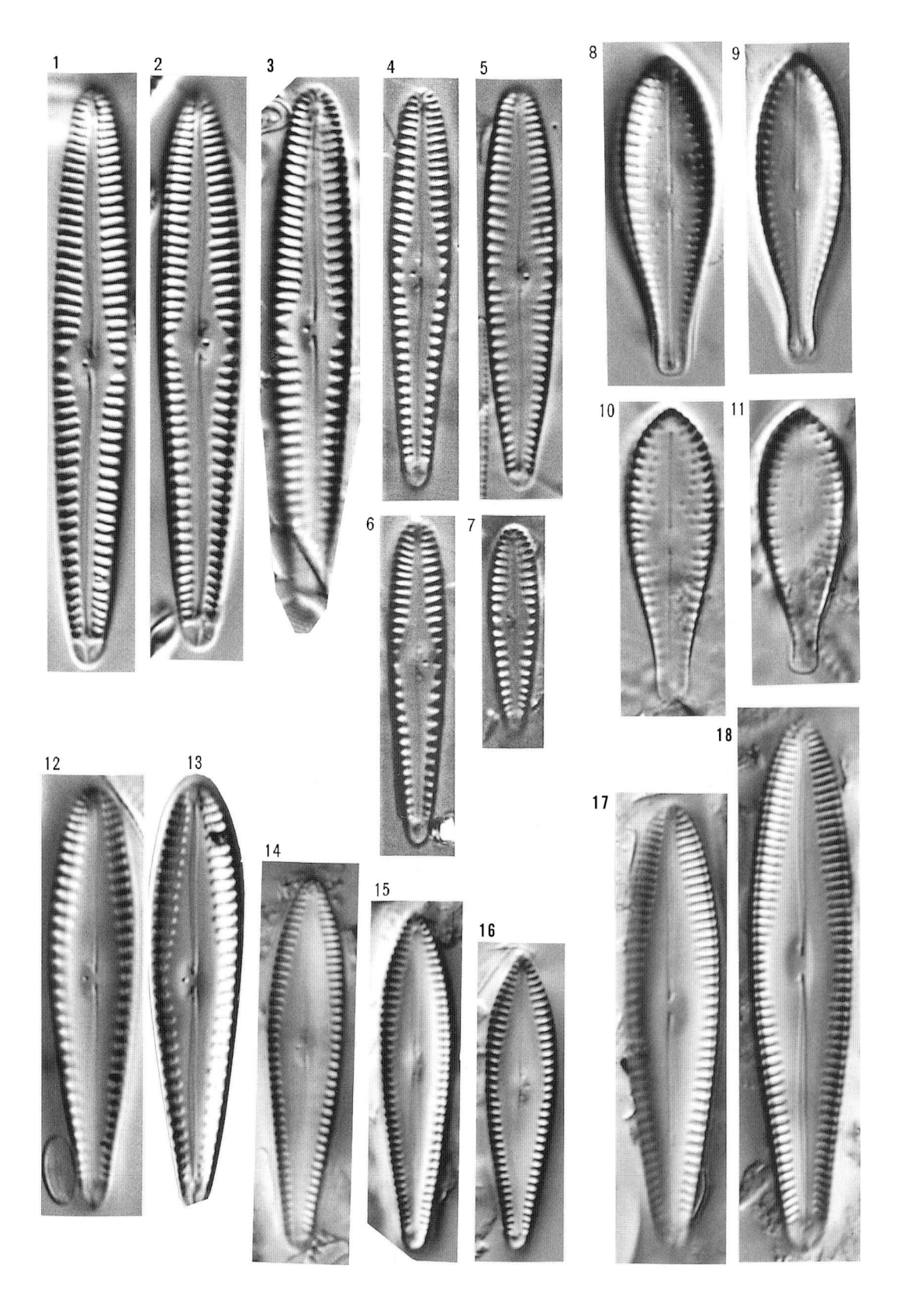

Plate ⅡB₃-94

Gomphonema pseudoaugur Lange-Bertalot 1979 (Plate IIB$_3$-95：1-7)

形態 殻の形 3-Ova；先端の形 くさび形[11]，くちばし形[3]；殻長 (19)25-55 μm；幅 7-10 μm；条線 9-12/10 μm，弱い放散状配列；軸域 狭い；中心域 小さい遊離点 1 個；縦溝 真っすぐに伸びる，中心域において，中心孔をもつ先端部は，極めてわずかに遊離点の存在する側へ頭をもたげて向かいあう．

生態 有機汚濁に対しては，*Gomphonema* 属では数少ない**好汚濁性種**，**pH に関しては中性種**．汚濁都市河川(DAIpo 3，pH 9.0)において優占種として出現した．

Van Dam *et al.* (1994)は pH circumneutral, α-mesosaprobous, eutraphentic とする．Håkansson (1993)は，alkaliphilous とする．

Gomphonema pseudoaugur の生態図

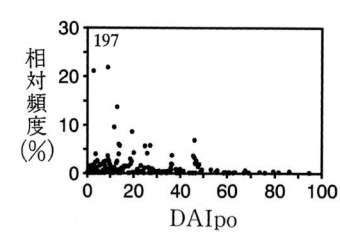

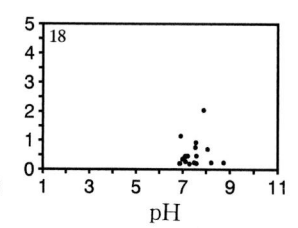

Gomphonema mexicanum Grunow 1880 (Plate IIB$_3$-95：8-10)

Basionym：*Gomphonema* (*commutatum* var. *?*) *mexicanum* Grunow *in* Van Heurck 1880.

形態 殻の形 3-Ova；先端の形 くさび形[11]；殻長 28-45 μm；幅 7.5-10 μm；条線 8-10/10 μm で粗，放散状配列；軸域 狭い；中心域 小さい，遊離点 1 個；縦溝 真っすぐに走り，中心孔をもつ先端部は，遊離点のある側へわずかに頭をもたげて向かいあう．

Krammer & Lange-Bertalot(1986)は，*G. mexicanum* に(?)を付して，*G. clavatum* (Pl. IIB$_3$-97：5-8)の synonym としているが，条線が粗く，幅の大きい殻形である特性により，筆者らは独立種とした．

Gomphonema affine Kützing 1844 (Plate IIB₃-95：13)

Syn：*Gomphonema lanceolatum* sensu Hustedt (*et al.*) non Ehrenberg.

形態 殻の形 3,4-Ova；先端の形 くさび形[11]；殻長 30-100 μm；幅 7-17 μm；条線 (8)9-13/10 μm，放散状配列，殻端部では弱い放散状または平行；胞紋 約29/10 μm；軸域 狭い；中心域 小さい，遊離点通常1個，ときに2-3個；縦溝 外裂溝，内裂溝が確認できる．中心孔をもつ先端部は，中心域で真っすぐに向かいあう．

G. gracile (11, 12, 14, 15) (Pl. IIB₃-96：9-14) と形態が似るが，胞紋密度の違いによって区別できる．

生態 有機汚濁に対しては，図で明らかなように，強い汚濁域(DAIpo 2)から，極めて清冽な水域(DAIpo 93)にまで広く分布する**広適応性種**であるが，相対頻度は5％を越えることはない．**pHに関しては中性種**．

Van Dam *et al.* (1994) は，alkaliphilous，β-mesosaprobous，mesotraphentic とする．Patrick & Reimer(1975)は，広範囲の電解質濃度の淡水域に適応する種とする．

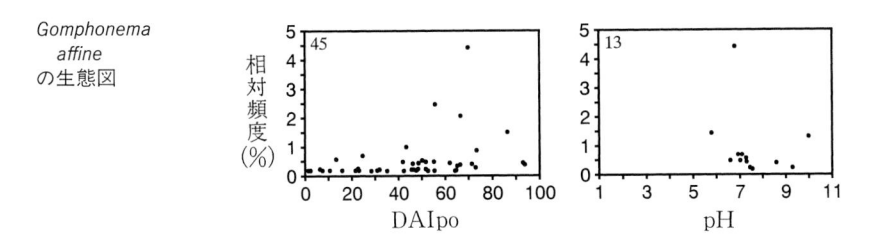

Gomphonema affine の生態図

Gomphonema gracile Ehrenberg var. *gracile* 1838 (Plate IIB₃-95：11, 12, 14, 15)

形態，生態は Pl. IIB₃-96：9-14 を参照．

Plate II B$_3$-95

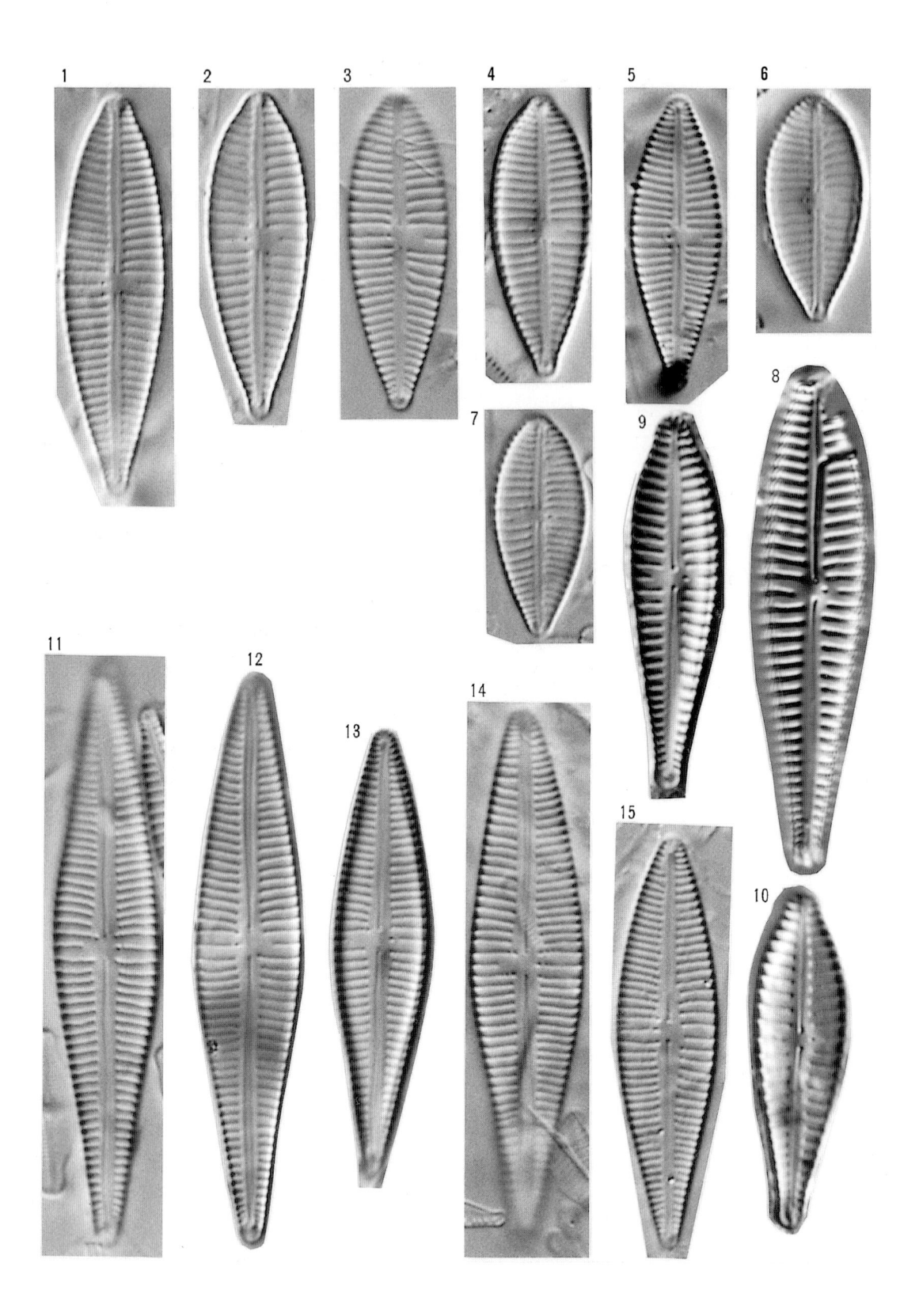

Gomphonema grunowii Patrick var. *grunowii* 1975 (Plate IIB$_3$-96：1-8)

Syn：*Gomphonema lanceolatum* (Ehrenberg) Kützing 1844 non *G. lanceolatum* Agardh 1831.

形態　殻の形 3-Ova；先端の形 両殻端共にくちばし形[3]；殻長 33-56 μm；幅 7-10 μm；条線 12-13/10 μm, 放散状配列；軸域 細い；中心域 狭い, 一方の条線の先端に1個の遊離点があり, 他方の条線1本が短い；縦溝, 真っすぐに走り, 小さい中心孔をもつ先端部は, 遊離点のある方向へ軽く曲がって向かいあう.

　Krammer & Lange-Bertalot(1986)は, 本分類群を *Gomphonema gracile* Ehrenberg 1838 の synonym としているが, 殻の両先端部が多少ともくびれていることと, 中心域における縦溝の向かいあう様式の違いによって, 本分類群を, *G. gracile* と区別することができる.

生態　長期間, Krammer & Lange-Bertalot(1986)に従ってきたので, 生態に関する情報は, 両者の複合種群の情報として, 次記の *G. gracile* の生態項に記述した.

Gomphonema gracile Ehrenberg var. *gracile* 1838 (Plate IIB$_3$-96：9-14)

Syn：*Gomphonema lanceolatum* Ehrenberg 1841；*G. grunowii* Patrick 1975.

形態　殻の形 3-Ova；先端の形 くさび形[12]；殻長 20-100 μm；幅 4-11 μm；条線 9-17/10 μm；胞紋 約 29/10 μm；軸域 狭い；中心域 小さい, 遊離点は1個；縦溝 外裂溝, 内裂溝が確認できる, 中心孔をもつ先端部は, 中心域で真っすぐに向かいあう.

　前述の *Gomphonema affine*(Pl.IIB$_3$-95：13)とも形態は酷似するが, 本分類群の幅はやや狭く, 中心域が, 殻のちょうど中央に位置することによって区別できる.

生態　次記の生態情報は, 前述のように, *Gomphonema gracile*, *G. grunowii* との, 複合種群としての情報である.

　相対頻度は, 図に示すように小さいことが多く, 5％以上の相対頻度で出現した水域は, 奈良公園の雪解の沢(14.5％, DAIpo 50), 西大寺の池(11％ DAIpo 45), 八方池(9％, DAIpo 56), 奈良県の風屋ダム(8％, DAIpo 50), 三重県の宮川ダム(5％, DAIpo 54)である. **有機汚濁に関しては広適応性種, pH に関しては中性種である.**

　Van Dam *et al.*(1994)は, *G. gracile* を pH circumneutral, oligosaprobous, mesotraphentic とする. Håkansson(1993)は pH indifferent とする, Patrick & Reimer(1975)は, 湖岸に出現するが, ときにプランクトンとしても出現する. また, pH や電解質濃度の広い範囲の値に対してよく適応するが, 低濃度の栄養塩を含む水域を好むという.

Gomphonema gracile var. *gracile* と *G. grunowii* 複合種群の生態図

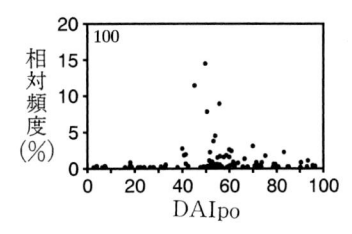

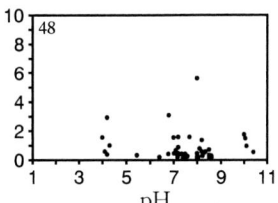

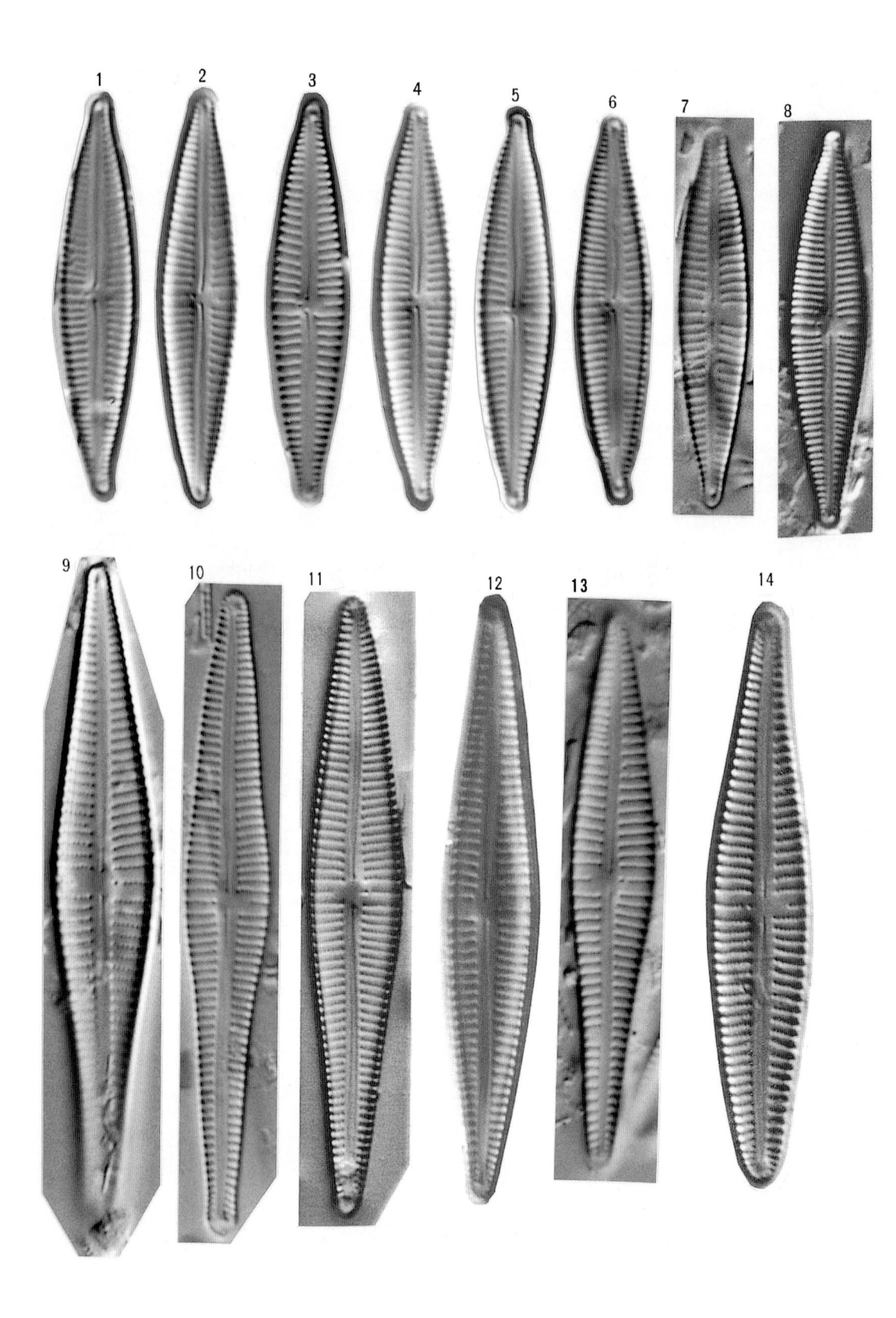

Plate II B₃-96

Gomphonema turris Ehrenberg 1843 (Plate IIB₃-97:1, 2)

Syn：*Gomphonema augur* var. *turris* (Ehrenberg) Lange-Bertalot 1985.

形態 殻の形 4-Ova；先端の形 くさび形[11]；殻長 50-100 μm；幅 (13)16-18 μm；条線 (7)7.5-9.5/10 μm，放散状配列；胞紋 12-15(18)/10 μm；軸域 広い；中心域 小円形，片側の条線の先端に1個の遊離点があり，反対側の条線1本が短い；縦溝 外裂溝，内裂溝が認められ，真っすぐに伸びて，中心域では，中心孔をもつ先端部が，真っすぐに向かいあう．

生態 琵琶湖への流入河川大同川(DAIpo 74，pH 8.1，EC 210 μS/cm)，および，オーストラリアの一河川にも出現した大型稀産種，生態未詳．

Gomphonema septentrionale var. *claviceps* Cleve-Euler 1955 (Plate IIB₃-97:3, 4)

Syn：*Gomphonema exiguum* var. *septentrionale* (Østrup) A. Cleve 1915

形態 殻の形 4-Ova；先端の形 広円形[0]；殻長 23-50(55) μm；幅 5-10 μm；条線 10-13/10 μm，弱い放散形；胞紋 約20/10 μm；軸域 広い；中心域 幅の広い(条線のおよそ3本分)矩形 中央の短い条線の先端に1個の遊離点がある，他方の条線も短い；縦溝 外裂溝，内裂溝が明瞭に確認できる．中心域における先端には中心孔があり，真っすぐに向かいあう．

生態 ウラジオストック近郊の清流 R. Gorajski(DAIpo 95，pH 6.7)に出現した稀産種，生態未詳．

Gomphonema clavatum Ehrenberg 1832 (Plate IIB₃-97:5-7)

Syn：*Gomphonema longiceps* Ehrenberg 1854；*G. mustela* Ehrenberg 1854；*G. montanum* Schumann 1867；*G. subclavatum* (Grunow 1878) Grunow *in* Van Heurck 1885；*G. commutatum* Grunow *in* Van Heurck 1880；*Gomphocymbella obliqua* (Grunow 1884) O. Müller 1905.

形態 殻の形 4-Ova；先端の形 広円形[0]；殻長 20-95 μm；幅 6-14 μm；条線 9-15/10 μm，放散状配列，広円形殻端部は平行または弱い放散状；軸域 広い；中心域 小さい，遊離点1個；縦溝 外裂溝，内裂溝が明瞭，軸域を湾曲して走る．中心域において，中心孔をもつ先端部はわずかに頭をもたげて向かいあう．Krammer & Lange-Bertalot(1986)は，*G. mexicanum* (Pl.IIB₃-95:8-10)を疑問符を付けて本分類群の synonym としている．

生態 アメリカの Lake Tahoe，インドネシアの R. Anai 本流とその支流(DAIpo 50-58，pH 6.9-8.3)に出現し，最高の相対頻度は 44％に達した(図参照)．**有機汚濁に関しては好清水性種，pH に関しては好アルカリ性種**．従来日本でも本分類群出現の報告は多いが，福島(1957)は，本分類群を *Gomphonema constrictum* var. *capitatum* の同種異名とし，var. *capitata* の日本での出現例が多いことを記述している．

Van Dam *et al*. (1994)は，pH circumneutral, oligosaprobous, meso-eutraphentic とする．

Gomphonema clavatum の生態図

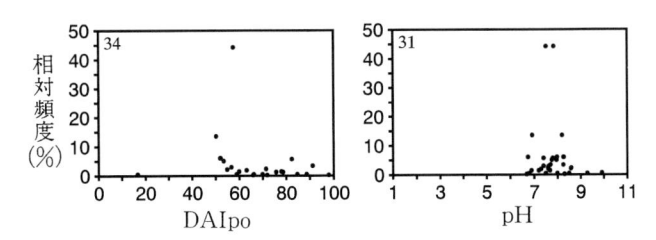

Gomphonema subclavatum (Grunow) Grunow *in* Van Heurck 1885

(Plate IIB$_3$-97：8, 9)

Syn：*Gomphonema longiceps* var. *subclavatum* Grunow 1878；*G.* (*montanum* var.) *subclavatum* Grunow 1880；*G. longiceps* var. *subclavata* f. *gracilis* Hustedt 1930.

形態 殻の形 3-Ova；先端の形 広円形[0]；殻長 35-70 μm；幅 8-10 μm；条線 9-13/10 μm, 放散状, 広円形の先端部では平行；胞紋 約 25/10 μm；軸域 広い；中心域 ないに等しい, 片側の条線の先端から離れて1個の遊離点がある. それと反対側の条線1本のみが短い；縦溝 外裂溝, 内裂溝が認められるが, 共にわずかに湾曲しながら軸域を縦走する, 小さい中心孔をもつ先端部は, 遊離点のある側へ頭をもたげて向かいあう.

生態 止水域では, 奈良市周辺の御陵, 社寺にある池, あるいは灌漑用の溜池と山間のダム湖(旭ダム, 瀬戸ダム), 流水域では大和川, 佐保川, 橿原川などの汚濁河川に出現した. **有機汚濁に関しては広適応性種, pH に関しては中性種.**

Van Dam *et al.*(1994)は, pH circumneutral, *α*-mesosaprobous, mesotraphentic とする. Patrick & Reimer(1975)は, 中性周辺の水を好むように思うと述べている.

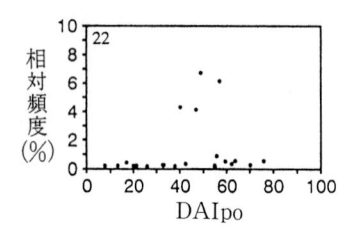

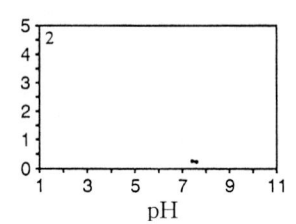

Gomphonema subclavatum の生態図

Gomphonema undulatum Hustedt 1935

(Plate IIB$_3$-97：10)

形態, 生態は, Pl.IIB$_3$-90：22, 23 の記述を参照.

Plate IIB₃-97

501

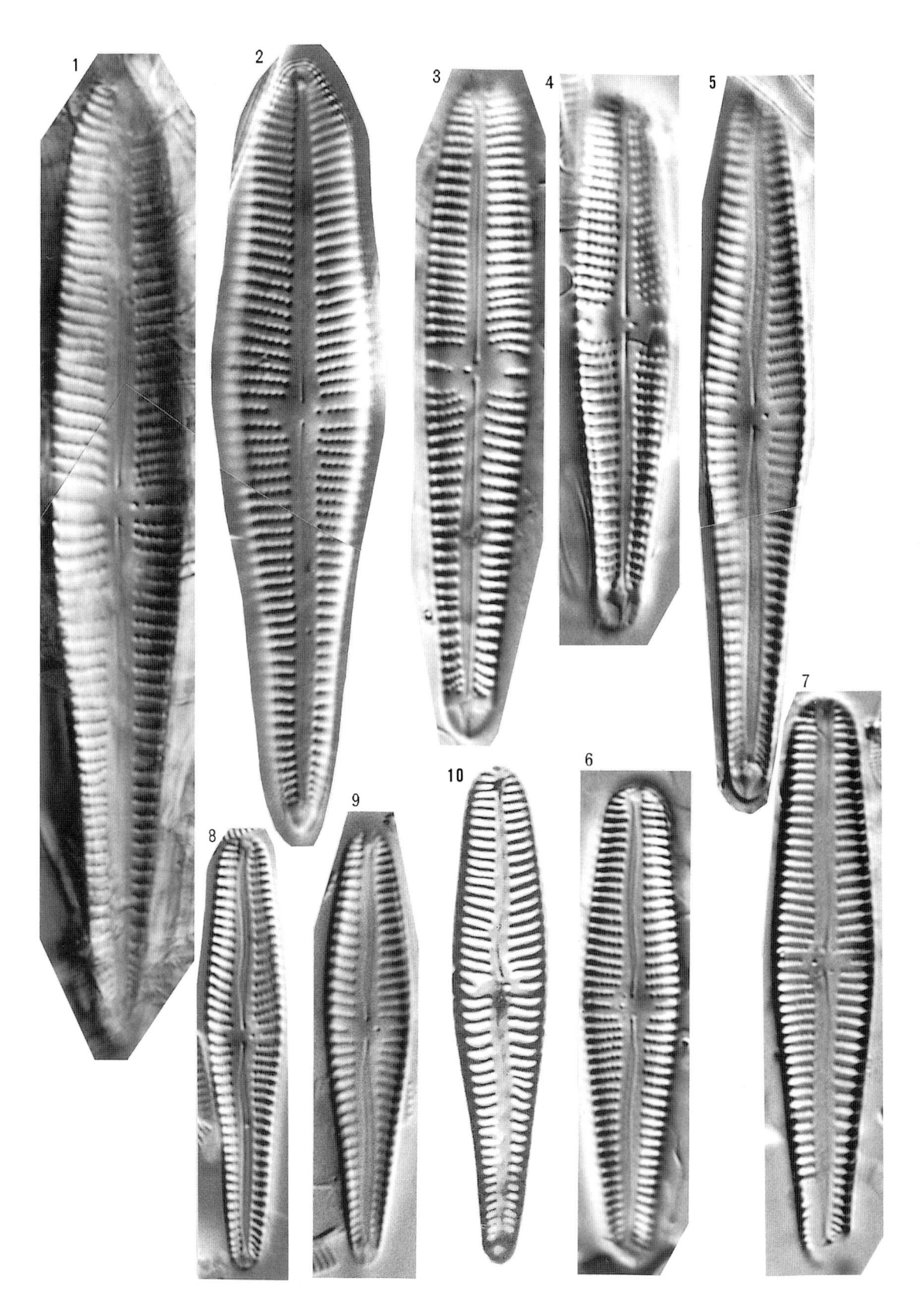

Gomphonema pseudosphaerophorum H. Kobayasi var. *pseudosphaerophorum* 1988

(Plate IIB$_3$-98：1-6)

|形態| 殻の形 3-Ova；先端の形 頭状形[5]；殻長 35-44(51)μm；幅 8-10 μm；条線 8-12/10 μm，放散状配列，先端の頭状部は，平行(1-4)のこともある；軸域 狭い；中心域 幅が極めて狭く小さい，遊離点が通常は片方に1個あるが，稀に両方に1個ずつ存在する(2)ものもある；縦溝 外裂溝と内裂溝が確認できる，中心域で中心孔をもつ先端部が，遊離点の存在する側へ，軽く頭をもたげて向かいあう．

|生態| 本分類群は，山梨県の河口湖で得た試料に基づいて記載されたが(Kobayasi 1988)が，琵琶湖飯ノ浦港(DAIpo 66, pH 8.5)，西湖(pH 9.8)にも出現する．筆者らは，次記の *G. sphaerophorun* と本分類群とを区別しないままに，生態情報を処理してきたので，*G. sphaerophorum* の生態情報図は，両者の複合種群の図であることを断わっておきたい．

Gomphonema sphaerophorum Ehrenberg 1846

(Plate IIB$_3$-98：7, 8)

|形態| 殻の形 3-Ova；先端の形 首の細い頭状形[5]；殻長 32-53 μm；幅 7-10.5 μm；条線 10-13/10 μm，放散状配列；軸域 狭い；中心域 幅は極めて狭く小さい，遊離点は，中心域の片方の条線の先に，大変接近して存在するので，その存在を見落しそうになることもある．これも，頭状形の先端部の首部が狭いことと併せて前記の *G. pseudosphaeophorum* との相違点である；縦溝 外裂溝，内裂溝は真っすぐに伸び，中心域で，中心孔をもつ先端部がわずかに遊離点側へ頭をもたげて向かいあう．

|生態| 有機汚濁に関しては広適応性種，**pH** に関しては中性種，写真(7)は志賀高原一沼(pH 6.8, EC 24 μS/cm)，(8)は鹿児島県藺牟田池(pH 5.8-6.8)産．

Håkansson(1993)は，pH indifferent とする．

Gomphonema sphaerophorum と *G. pseudosphaerophorum* var. *pseudosphaerophorum* 複合種群の生態図

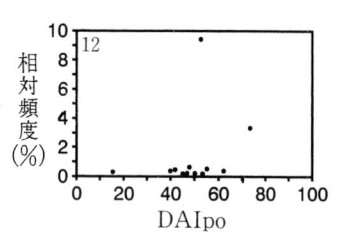

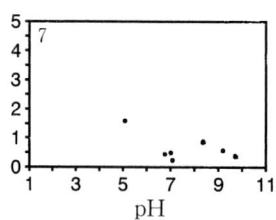

Gomphonema biceps F. Meister 1935 (Plate ⅡB₃-98：9-13)

Syn：*Gomphonema brasiliense* var. *demerarae* Grunow 1878.

形態 殻の形 3-Sta；先端の形 くちばし形［3］，頭状形［5］；殻長 24-28 μm；幅 6-7.5 μm；条線 12-13/10 μm，放散状；軸域 広い；中心域 軸域が中央部で小円形に広がる，遊離点1個；縦溝 軸域をゆるく湾曲して走る．中心域において，中心孔をもつ先端部は，遊離点の存在する側へ曲がって向かいあう．

生態 台湾の北港渓（pH 9.7，EC 267 μS/cm），琵琶湖北湖への流入河川知内川（DAIpo 97，pH 7.1，EC 78 μS/cm），三重県の宮川（DAIpo 93，68），奈良県高見川（DAIpo 96，97，98）など，清冽な河川に出現した．**有機汚濁に関しては好清水性種，pHに関しては真アルカリ性種である．**

本分類群は，*Gomphonema helveticum* Brun と，形態が酷似するが，縦溝が軸域を湾曲すること，先端部が中心域で湾曲して向かいあう *G. biceps* の特性によって光顕下で区別することができる．

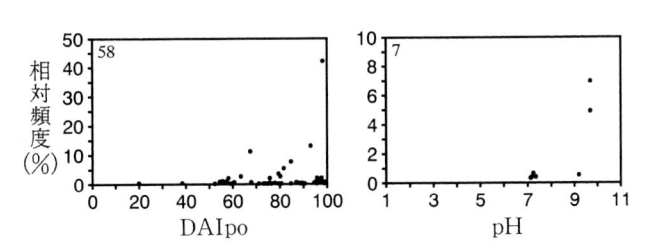

Gorphonema biceps の生態図

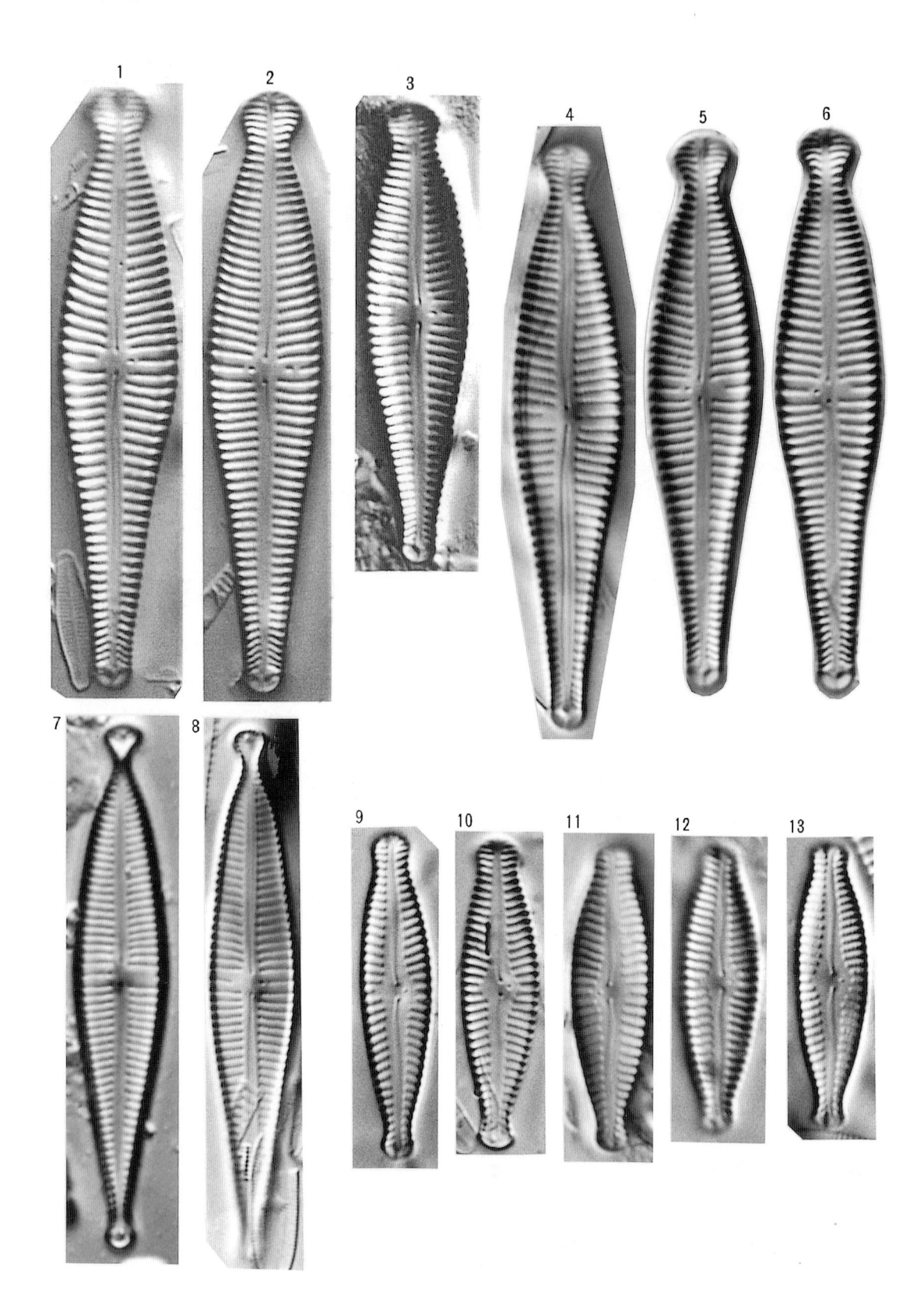

Plate IIB₃-98

Gomphonema parvulum (Kützing) Kützing var. *parvulum* 1849

(Plate IIB₃-99：1-6, 7-10)

Syn：*Sphenella parvulum* Kützing 1844；*Gomphonema micropus* Kützing 1844；*G. parvulum* var. *subellipticum* Cleve 1894.

|形態| 殻の形 1, 3-Ova；先端の形 くさび形[11], 準くちばし形[2]；殻長 10-36 μm；幅 4-8 μm；条線 13-19/10 μm, 中央部では平行, 殻端部では弱い放散状；軸域 狭い；中心域 小さくて不明瞭, 一方の短い条線の先端に1個の遊離点がある, 反対側の条線は, 1本のみ短い；縦溝 真っすぐに伸び, 中心域において, 先端部は曲がらないままで向かいあう.

写真(1-3)は, synonym の *G. microopus* に相当し, (4-6)は, 横軸に対して, 上下ほぼ相称で, 殻長に対しては殻幅が比較的大きい var. *subellipticum* に相当する. (7-10)は, f. *saprophilum* Reichardt とされてきた分類群に相当する.

|生態| *Gomphonema* には, 清冽な水域において優占種となるものと, 中腐水性以下の汚濁水域において優占種となるものとがある. 本分類群は, 図で明らかなように, 広範囲の汚濁水域に出現する**広適応性種**であるが, DAIpo 30-49 の β 中腐水性水域, DAIpo 15-29 の α 中腐水性水域においても第1位優占種となる分類群である. **pH に関しては中性種**, 世界普遍種. var. *subellipticum* は, pH 8.6 の温泉(奈良県十津川村, 上湯温泉, 下湯温泉, 竜神温泉)に出現した.

Van Dam *et al.* (1994)は, *G. parvulum* を, pH circumneutral, α-meso-/polysaprobous, eutraphentic とし, *G. micropus* を alkaliphilous, β-mesosaprobous, eutraphentic とする. Håkansson (1993)は, *G. parvulum* を pH indifferent とする. Patrick & Reimer(1975)は, *G. parvulum* を, 高濃度の栄養塩濃度の水域, 特に下水とか農業排水を含む水域で, 最もよく生育するという.

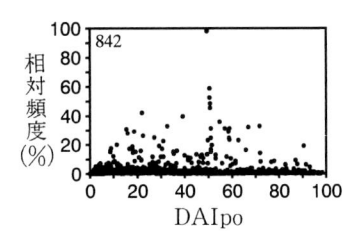

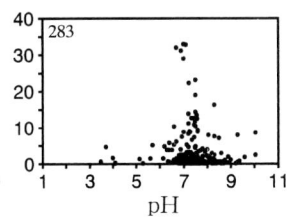

Gomphonema parvulum の生態図

Gomphonema lagenula Kützing 1844

(Plate IIB₃-99：11-14)

Krammer & Lange-Bertalot (1986)は, 本分類群を, *G. parvulum* の synonym としているが, 下記の形態的特性から, *G. parvulum* と区別できる.

|形態| 殻の形 3-Ova；先端の形 両先端共に頭状形[5], くちばし形[3]；殻長 8-28 μm；幅 5-7 μm；条線 12-17/10 μm；軸域 狭い；中心域 狭い, 小さい, 遊離点1個, 遊離点のない側の条線1本が短い；縦溝 真っすぐに伸びて, 中心域では曲がらずに向かいあう.

|生態| 有機汚濁に関しては, 図で明らかなように**好汚濁性種, pH に関しては中性種**. 汚濁の進んだ都市河川によく出現する.

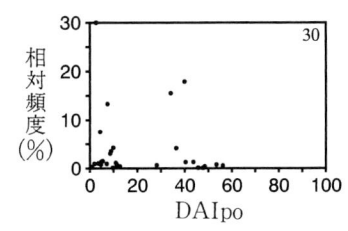

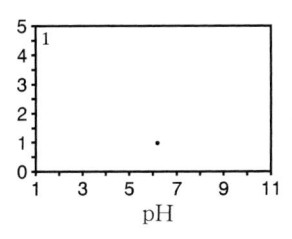

Gomphonema lagenula の生態図

Gomphonema augur Ehrenberg var. *augur* 1840 (Plate ⅡB₃-99：15, 16)

形態 殻の形 1-Ova；先端の形 くちばし伸長形［4］，くちばし形［3］；殻長 17-50μm；幅 9-13μm；条線 11-15/10μm，放散状配列；胞紋 約26/10μm；軸域 狭い；中心域 幅は狭く，小さい，遊離点は，中央の短い条線の先端に1個と，中心域をとりまく他の条線の先端部にも，1-2個の遊離点が認められることが多い；縦溝 真っすぐに伸びて，中心域では，中心孔のある先端部が，一方の側へ軽く曲がって向かいあう．

生態 木崎湖(DAIpo 81)と，pH 9.2の下呂温泉水溢水路，インドネシア，スマトラ島のR. Sulangtia (DAIpo 70)に出現したが，相対頻度はいずれも1％以下の稀産種．

Van Dam *et al*. (1994)は，alkaliphilous, β-mesosaprobous, meso-eutraphentic とする．

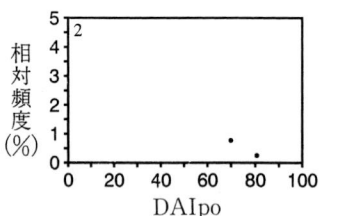

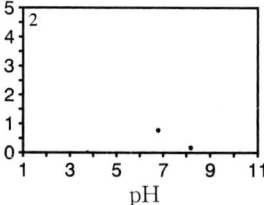

Gomphonema augur var. *augur* の生態図

Gomphonema pseudosphaerophorum H. Kobayasi var. *pseudosphaerophorum* 1988
(Plate ⅡB₃-99：17, 18)

分類群の形態，生態特性については，Pl. ⅡB₃-98：1-6の項を参照されたい．ここでは，本分類群と形態が酷似する次記分類群と対比させるために写真を示した．

Gomphonema sp.3 nom. nud. (Plate ⅡB₃-99：19-22)

形態 殻の形 3-Ova；先端の形 両殻端共に頭状形［5］；本分類群は中央から下半部の形態と，殻縁が弱く波うつことで前述の var. *pseudosphaerophorum* と異なる；殻長 30-43μm；幅 7.5-13μm；条線 9-12/10μm，中心部は平行，殻端部は放散状配列；軸域 狭い；中心域 小さく狭い，一方中央の条線の先端に，1個の遊離点がある，その反対側の条線1本が短い；縦溝 軽く湾曲して走る，中心域において中心孔をもった先端部は，遊離点側へわずかに頭をもたげて向かいあう．

生態 琵琶湖北湖の大浦(DAIpo 100, pH 7.6, EC 130μS/cm)，安曇川の河口(DAIpo 71, pH 8.6, EC 125μS/cm)などに出現したが，情報が var. *pseudosphaerophorum* と混同されてきたおそれがあるので，確実な情報は不明．

Plate ⅡB₃-99

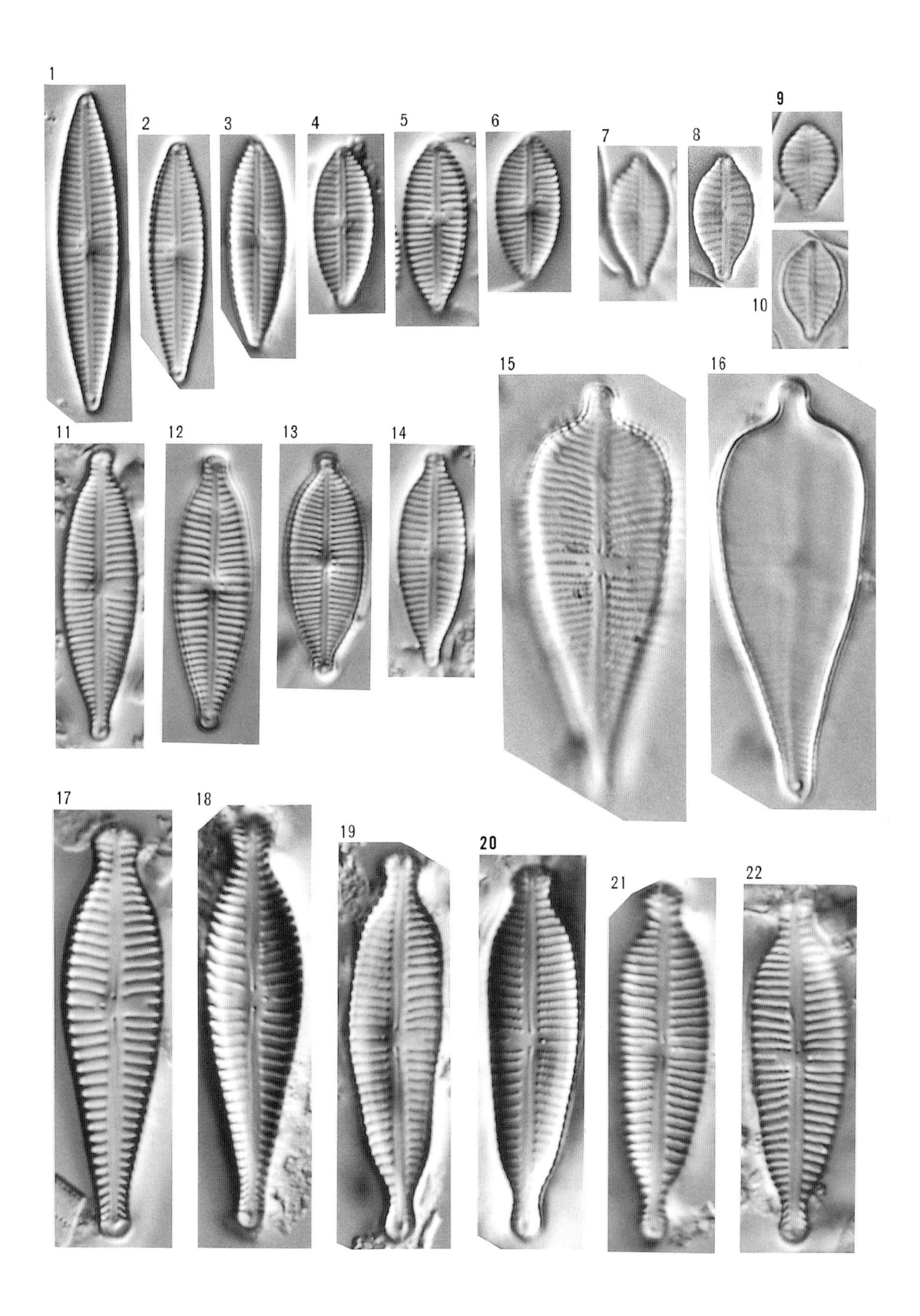

Gomphonema lagenula Kützing 1844 (Plate IIB₃-100：1-6)

形態, 生態は, Pl. IIB₃-99：11-14 の記述を参考.
有機汚濁に関しては好汚濁性種, pHに関しては中性種.

Gomphonema angustatum (**Kützing**) **Rabenhorst 1864** (Plate IIB₃-100：7-10)

本分類群は, 奈良県高見川産のものである. 種名については今後さらに検討をする必要性がある. Pl. IIB₃-91：13-16 の記述を参照.
有機汚濁に関しては広適応性種, pHに関しては中性種.

Gomphonema parvulum var. *parvulum* f. *saprophilum* Lange-Bertalot & Reichardt 1993
(Plate IIB₃-100：11, 12)

[形態] 殻の形 3-Ova；先端の形 くちばし形[3], 頭状形[5]；殻長 25-30 μm；幅 6-8 μm；条線 11-13/10 μm, 弱い放散状；軸域 狭い；中心域 横長の矩形, 中心域中央の片側の条線の先に1個の遊離点がある. もう一方の条線は短い；日本では, アルカリ性のカルルス温泉, 竜神温泉, 湯沢温泉などに出現.

Lange-Bertalot(1993)は, α中腐水性から強腐水性の汚濁水域に出現するという.

Gomphonema parvulum var. *parvulum* f. *saprophilum* の生態図

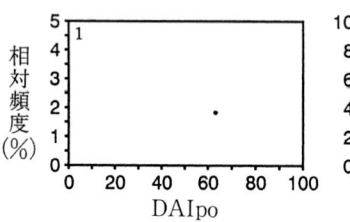

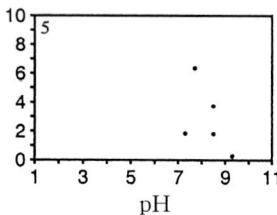

Gomphonema parvulum var. *exilissima* Grunow 1880   (Plate IIB$_3$-100：13-15)

形態　殻の形 3-Sta, 3-Ova；先端の形 くちばし形［3］；殻長 23-30 μm；幅 4.5-7 μm；条線 10-13/10 μm，放散状配列；軸域 狭い；中心域 1本の条線の先端に1個の遊離点があり，その反対側の条線1本は，隣りの条線の長さの半分以下である；縦溝 中心域において，中心孔のある先端部は真っすぐに向かいあう.

本変種は前記 *G. lagenula* と同様に殻の両先端がくびれて，くちばし状になる点で形態が似るが，*lagenula* のようにくびれが際立った頭状形にはならない．また殻長/幅の値は 4-6 で，幅が狭い点で異なる．

生態　図に示すように，DAIpo 40-70 の β 中腐水性から，α 貧腐水性の範囲の水域で，10-25％の相対頻度で出現する**広適応性種，pH に関しては中性種**.

Van Dam *et al.*(1994)は，pH circumneutral, oligosaprobous, oligotraphentic とする.

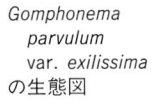

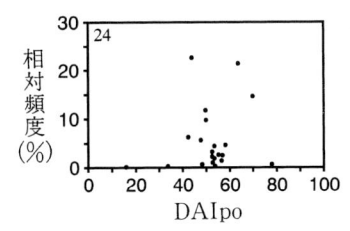

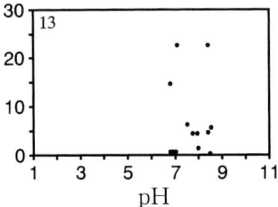

Gomphonema parvulum var. *exilissima* の生態図

Gomphonema productum (Grunow) Lange-Bertalot & Reichardt 1993
(Plate IIB$_3$-100：16, 17)

Basionym：*Gomphonema angustatum* var. *productum* Grunow 1880.

形態　殻の形 3-Ova；先端の形 くちばし形［3］；殻長 13-48 μm；幅 4-6 μm；条線 10-11/10 μm，放散状配列；軸域 狭い；中心域 狭い，遊離点1個が，中心域中央片方の条線の先端にあり，反対側の条線1本は短い；縦溝 真っすぐに伸び，中心域において，先端部は真っすぐに向かいあう．

生態　有機汚濁に関しては，強腐水性から貧腐水性までの，広い範囲の汚濁度の水域に出現する**広適応性種，pH に関しては中性種**.

Van Dam *et al.*(1994)は，pH circumneutral, β-mesosaprobous, oligo-mesotraphentic とする．Håkansson は，*G. angustatum* var. *producta* として，alkaliphilous-indifferent とする．

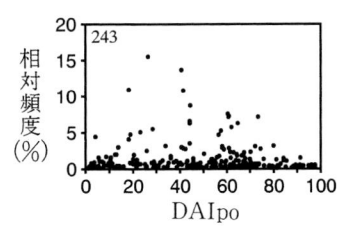

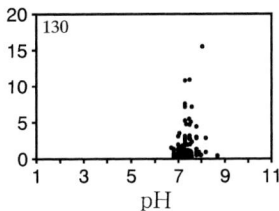

Gomphonema productum の生態図

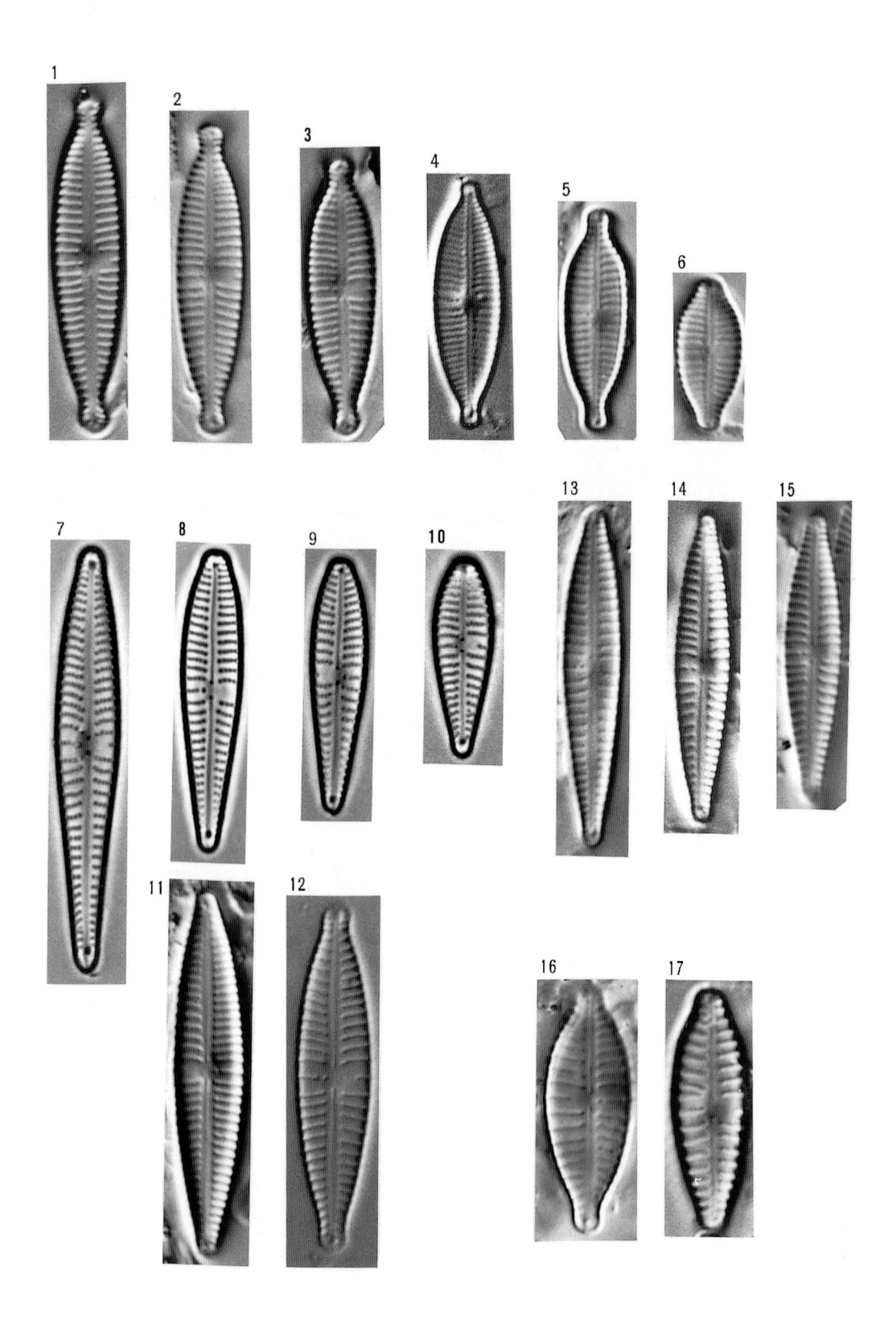

Plate ⅡB₃-100

Gomphonema intricatum var. *vivrio* (Ehrenberg) Cleve 1894 (Plate II B$_3$-101:1-3)

Syn: *Gomphonema vivrio* Ehrenberg 1841; *G. accessum* Héribaud 1903; *G. intricatum* var. *vivrio* f. *typica* Mayer 1928.

形態 殻の形 4-Ova；先端の形 くさび形[11]，広円形[0]；殻長 (43)70-110 μm；幅 9-12 μm；条線 6-10/10 μm，放散状配列，広円形先端部では条線密度が約 14/10 μm となる；胞紋 24-28/10 μm；軸域 幅が広い；中心域 幅が広く，中央の条線の先端に1個の遊離点がある．これと反対側の中心域には，条線がないか，あるいは，極めて短い条線が1本ある；縦溝 外裂溝と内裂溝が確認でき，中心域での先端部は，遊離点のある側へ鉤状に曲がって向かいあう．

生態 日本では池田湖(DAIpo 87)，西湖(DAIpo 88, pH 9.8)に出現した．スマトラ島の河川，R. Anai(DAIpo 54, 55)，R. Kalamuntung(DAIpo 57)などに出現した．日本では稀産種ではあるが，インドネシアでは普遍種，有機汚濁に関しては広適応性種，pH に関しては好アルカリ性種．

Van Dam *et al.*(1994)は，*G. vibrio* として alkaliphilous, β-mesosaprobous, meso-eutraphentic とする．Patrick & Reimer(1975)は．本分類群を，広い濃度範囲の電解質濃度に対して耐性をもつという．

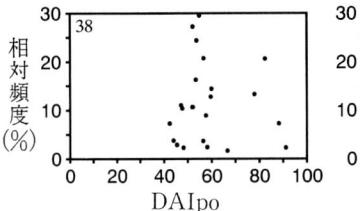

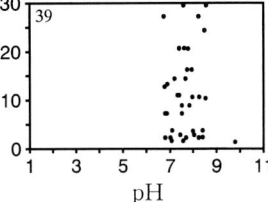

Gomphonema intricatum var. *vivrio* の生態図

Gomphonema intricatum var. *major* nom. nud. (Plate II B$_3$-101:4-8, 4')

Basionym: *Gomphonema vivrio* var. *major* T. Watanabe & R. Usman 1987.

形態 殻の形 5-Ova；先端の形 くさび形[11]；殻長 67-130 μm；幅 7.5-12 μm；条線 6-7/10 μm，殻端部 9-10/10 μm，放散状配列(中央部は弱い，殻端部は強い放散状)；胞紋 24-26/10 μm；軸域 広い；中心域 広い，中心域中央一方の条線の先端に遊離点が1個ある．それと反対側には条線がない(4, 6, 8)；縦溝 外裂溝，内裂溝を確認できる；中心域 幅が広く，中央の条線の先端に1個の遊離点がある．これと反対側の中心域には条線がない(4, 6, 8)；縦溝 外裂溝と内裂溝が確認でき，中心域での先端部は，遊離点のある側へ鉤状に曲がって向かいあう．殻の先端部(4, 5, 7)では，遊離点側へにぶく曲がるが見にくい．

この分類群は，Krammer & Lange-Bertalot(1986)の，*Gomphonema angustum* の "*vivrio*" form(Fig. 164：10, 11)と，形態は似る．しかし，殻長/幅が，本分類群では10以上で，著しく細長い形態は，*G. angustum* との大きな相違点である．また本分類群は，*G. malayense* Hustedt とも似るが，殻の中央部が，*G. malayense* ほど強くふくれていない．

生態 スマトラ島の Lake Diatas(DAIpo 47, BOD 1-1.6 ppm, pH 7.4-7.9)，L. Dibaruh(DAIpo 71, BOD 1.2-3.2 ppm, pH 7.3-7.9)に，それぞれ4.8, 8.4％の相対頻度で出現した．日本では西湖(DAIpo 88)に出現した稀産種．生態未詳．

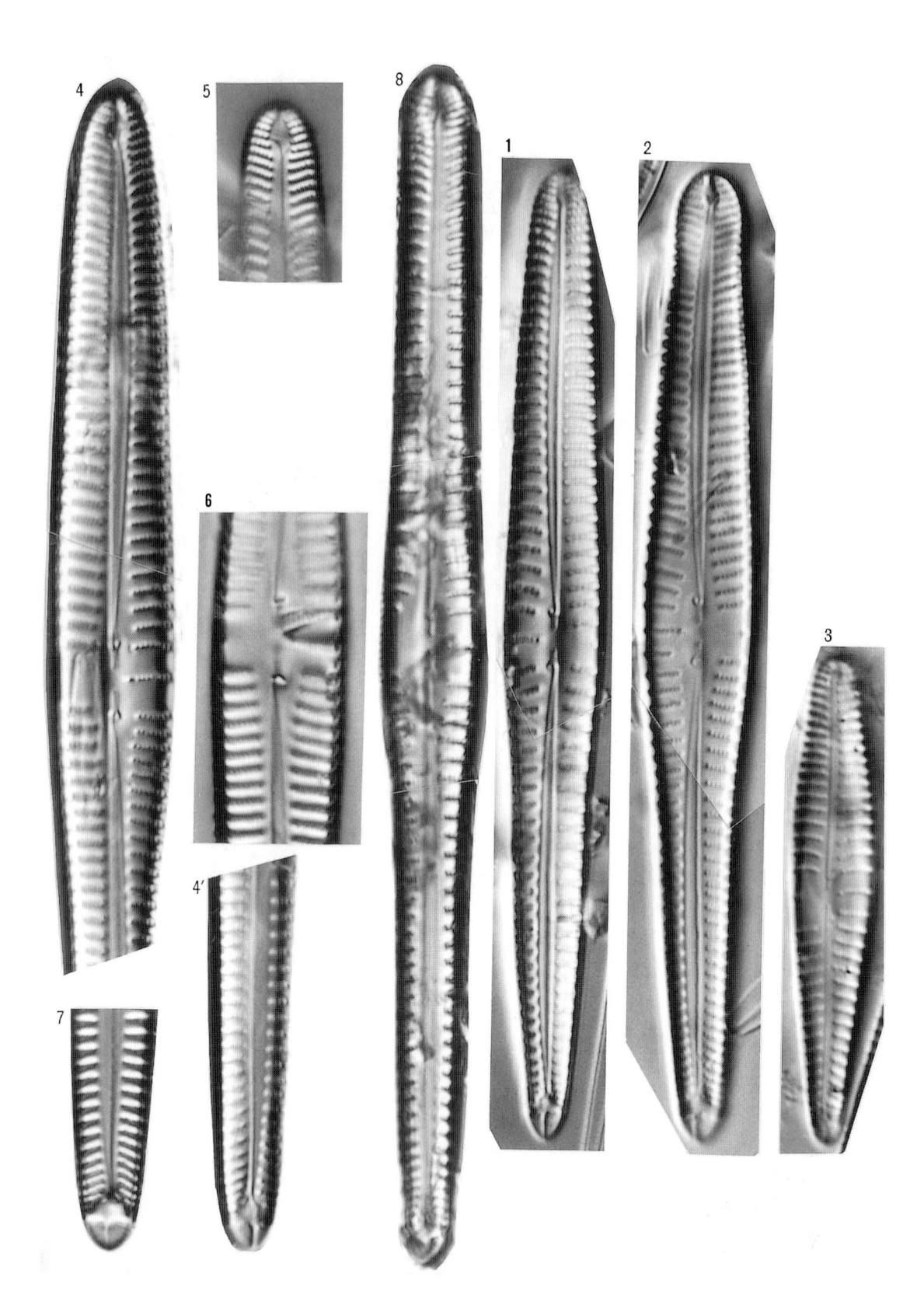

Plate IIB$_3$-101

Gomphonema pseudopsillum Reichardt 1999 (Plate IIB₃-102：1-3)

形態 殻の形 3-Bic；先端の形 サジ形[6]；殻長 50-60μm；幅 最大幅8-10μm；条線 8-10/10μm，中央部強い放散状配列，サジ形部では，先端から頸部への順に，放散，平行，収斂の順に変わる；軸域 広い；中心域 軸域が丸くふくらんだような中心域の左右には，3-5本の長短交互の条線がある．遊離点は1個；縦溝 外裂溝，内裂溝を光顕下で確認できる，中心域において，中心孔をもつ先端部は，真っすぐに向かいあう；殻の全形は，2箇所の強いくびれによって，上，中，下の3部分に区分できるが，それぞれの中央部は，多少ともふくらむ．

生態 中禅寺湖(DAIpo 65)に出現した，河島，真山(2001)は，阿寒湖からの出現を報じている．稀産種，生態未詳．

Gomphonema brebissonii Kützing 1849 (Plate IIB₃-102：4, 5)

Syn：*Gomphonema acuminatum* var. *brebissonii* (Kützing) Grunow 1880.

Krammer & Lange-Bertalot(1986)は，本分類群を *G. acuminatum* の synonym としているが，筆者らは，殻の形，先端の形の違いから独立した分類群と考える．本分類群については，すでに Pl.IIB₃-88：19-22 の記述で示したが，ここに挙げた L. Tahoe 産のものは前記のものと比べて狭長形である．

形態 殻の形 3-Bic；先端の形 頭状形；殻長 30-60μm；幅 6-10μm；条線 9-12/10μm，弱い放散状配列，頭状部では平行になる部分がある；軸域 広い；中心域 狭い，左右1本ずつの条線が短く，一方の短い条線の先端に1個の遊離点がある；縦溝 外裂溝，内裂溝が確認できる，中心域において，中心孔をもつ先端部部は，遊離点のある側へ，わずかに頭をもたげて向かいあう．

前述の *G. pseudopsillum* と形態は似るが，大きさが異なり，中心域周辺の条線の配列と中心域の大きさも異なる．さらに，中心域から下部(頭状部とは反対側の殻端部)の幅が細くなった部分は，前分類群のように，その中央部がふくれるようなことはない．

生態 アメリカの Lake Tahoe(DAIpo 93)と，L. Tahoe への流入河川(DAIpo 94, 97)に出現した．このタイプは，**好清水性種の可能性**がある．稀産種．

Håkansson(1993)は，*G. acuminatum* var. *brebissonii* を alkaliphilous とする．Patrick & Reimer (1975)は，中性周辺の水を好む circumneutral の種のように思えるという．

Gomphonema truncatum Ehrenberg 1832 (Plate IIB₃-102：6, 7)

Syn：*Gomphonema constrictum* Ehrenberg 1832；*G. capitatum* Ehrenberg 1838；*G. turgidum* Ehrenberg 1854.

形態 殻の形 1, 2-Ova；先端の形 広円形[0]，先端部はくびれる；殻長 17-48μm；幅 8.5-13.5μm；条線 10-15/10μm，弱い放散状配列；軸域 狭い；中心域 比較的広い，中心域の両側には，それぞれ3-5本ずつの長短交互の条線があり，一方側中央の長い条線の先端に，1個の遊離点がある；縦溝 外裂溝，内裂溝が確認でき，軸域を湾曲して走る，中心域において，中心孔をもつ先端部は，遊離点のある側へ頭をもたげるようにして向かいあう．

本分類群は，先端部がくびれることによって，次記 *G. italicum*, *G. pala* と区別できる．*G. pala* は，殻の中央部のふくらみが，*G. italicum* よりは大きいことによって，ほぼ区別できる．*G. pala* の条線は，*G. truncatum* と共に，部分的にあるいは全部が二重胞紋列であることによって，一重胞紋列の *G. italica* と区別しうる．しかしこの判定は，光顕では不可能である．

生態 (6)は支笏湖，(7)は西湖産のものを示した．いずれも，清冽な湖水(DAIpo 85 前後)をたたえる貧栄養湖である．従来，筆者らは，次記の *G. italicum*, *G. pala* を含めて *G. truncatum* としてきたので，図は，これら3者の複合種群としての生態図である．*G. truncatum* 複合種群は**好清水性種であり**，

pHに関しては好アルカリ性種である．

G. truncatum を，Van Dam et al.(1994)は，alkaliphilous，β-mesosaprobous，meso-eutraphentic とする．Håkansson(1993)は，alkaliphilous/indifferent とする．Patrick & Reimer(1975)は，中程度の硬度の中性周辺の水域に出現し，冷水から温水までの広い温度範囲の水域に広く適応し，低濃度から中程度の栄養塩濃度の水を好むという．

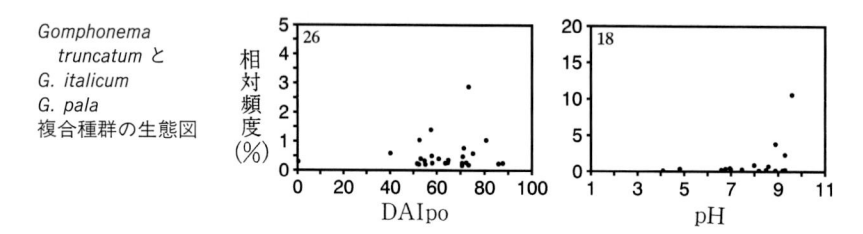

Gomphonema truncatum と
G. italicum
G. pala
複合種群の生態図

Gomphonema italicum Kützing 1844　　　　　　　　　　　　　(Plate IIB$_3$-102：8, 9)

Syn：*Gomphonema* (*constrictum* var.) *capitatum* sensu Grunow *in* Van Heurck 1880-85.

[形態]　殻の形 1,2-Ova；先端の形 広円形[0]，先端部はくびれない；殻長 19-53.5μm；幅 9.3-14μm；条線 10-16/10μm，胞紋 約23-29/10μm，胞紋列は1列(光顕では観察困難)；軸域 広い；縦溝 大型のものでは外縦溝，内縦溝が見えるが，小型のものでは確認しにくい．軸域を湾曲して縦走し，中心孔をもつ先端部は，遊離点の存在する側へ，軽く頭をもたげて向かいあう；中心域 比較的小さい．中心域を囲む条線の中で，通常中央の長い条線の先端の1個の遊離点がある．

[生態]　先述の *Gomphonema truncatum* の項で述べたように，*G. truncatum* 複合種群として扱った．**好清水性種，好アルカリ性種**である．

Gomphonema pala Reichardt 2001　　　　　　　　　　　　　　(Plate IIB$_3$-102：10)

Syn：*Gomphonema truncatum* var. *capitatum* sensu Patrick *in* Patrick & Reimer 1975.

[形態]　殻の形 1,2-Ova；先端の形 広円形[0]，先端はくびれず，中央部膨出する；殻長 15-50μm；幅 8.6-13.5μm；条線 10-13(15)/10μm，放散状配列，部分的あるいは全部が二重胞紋列(光顕では確かめることができない)；軸域 広い；縦溝 大型のものでは外裂溝，内裂溝を区別できる．軸域を湾曲して縦走する．中心孔をもつ先端部は，遊離点のある側へ，頭を軽くもたげて向かいあう；中心域 比較的小さい．中心域の両側に，長短交互あるいは短い1-2本の条線があり，その中の片側中央の条線の先端に普通1個の遊離点がある．

[生態]　*Gomphonema truncatum* の項で述べたように，*G. truncatum* 複合種群として扱った．**好清水性種，好アルカリ性種**である．

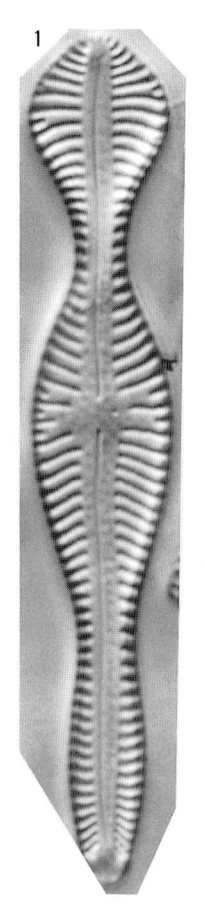

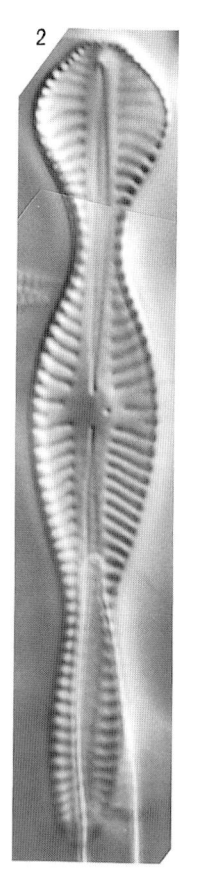

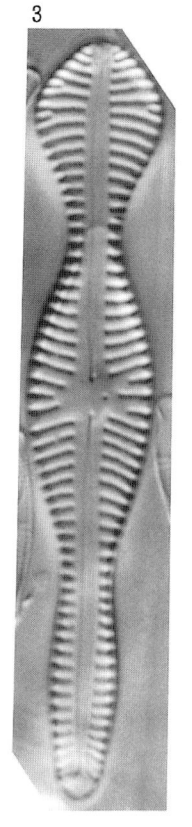

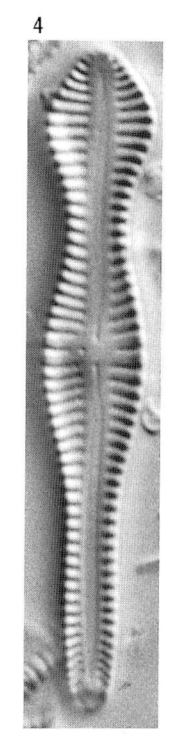

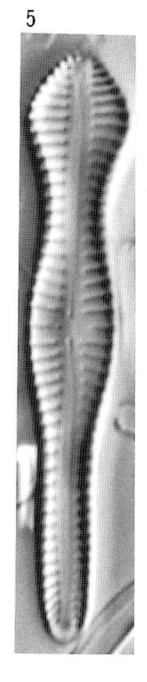

Plate IIB₃-102

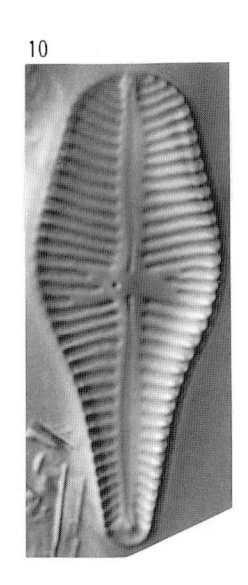

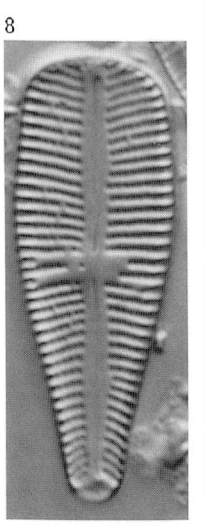

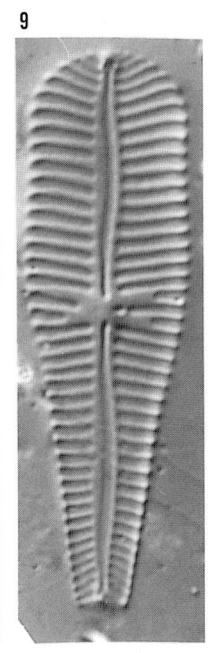

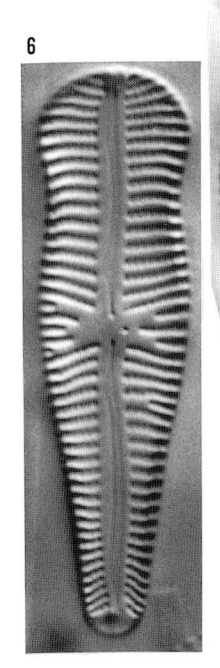

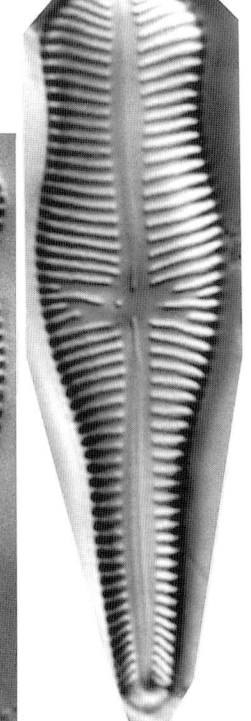

Gomphonema intricatum var. *fossilis* (Fossile) Pantocsek 1889

(Plate ⅡB₃-103：1-3)

Syn：*Gomphonema intricatum* var. *fossilis* f. *seminuda* Cleve-Euler 1955；*G. intricatum* var. *vivrio* f. *subcapitata* A. Mayer 1928.

形態　殻の形 4-Ova；先端の形 頭状形[5]；殻長 48-70(75)μm；幅 8-9.5μm；条線 中央部(6)-7/10μm，くびれ部 10-11/10μm，頭状部 約16/10μm，放散状配列，頭状形先端部では，条線密度が大となり，平行配列となる；胞紋 約24/10μm；軸域 先端部から中心域へ向かって，幅は太くなる；中心域 幅は広く(条線約4本分)，中央条線の先端に1個の遊離点がある．これと反対側の中心域には，極めて短い遊離点がある個体と，条線のない個体とがある；縦溝 外裂溝と内裂溝が確認でき，中心域での先端部は，遊離点の存在する側へ鉤状に曲がって向かいあう．写真(3)は帯面観．

生態　本栖湖(DAIpo 69)に出現したが稀産種生態未詳．

Gomphonema intricatum var. *capitatum* nom. nud.

(Plate ⅡB₃-103：4-6)

形態　殻の形 4, 5-Ova；先端の形 頭状形[5]（頭部の径は，殻中央部の最大幅とほぼ等しい）；殻長 55-80μm；幅 7.5-9μm；条線 7-9/10μm，弱い放散状配列，頭部の一部は平行；軸域 広い；中心域 幅は，条線3本分ほどの広さがある，中央1本の条線先端に密着して1個の遊離点がある，遊離点の反対側には，普通条線が存在しないので，殻縁にまで達した幅の広い中心域を形成する．1本の短い条線が存在することもある；縦溝 外裂溝，内裂溝を光顕によって確認することができる．真っすぐに伸びて，中心域では，先端部は，遊離点のある側へ鉤状に曲がって向かいあう．

殻の形態は，*Gomphonema subclavatum* var. *mustele* (Schmidt 1902, Tafel 240；Fig 34, 35)と似るが，中心域の形が異なる．また，*G. subtile* (Pl. ⅡB₃-104：6-10)とも似るが，殻の大きさが異なる．

生態　倶多楽湖(DAIpo 71)にのみ出現した稀産種，生態未詳．

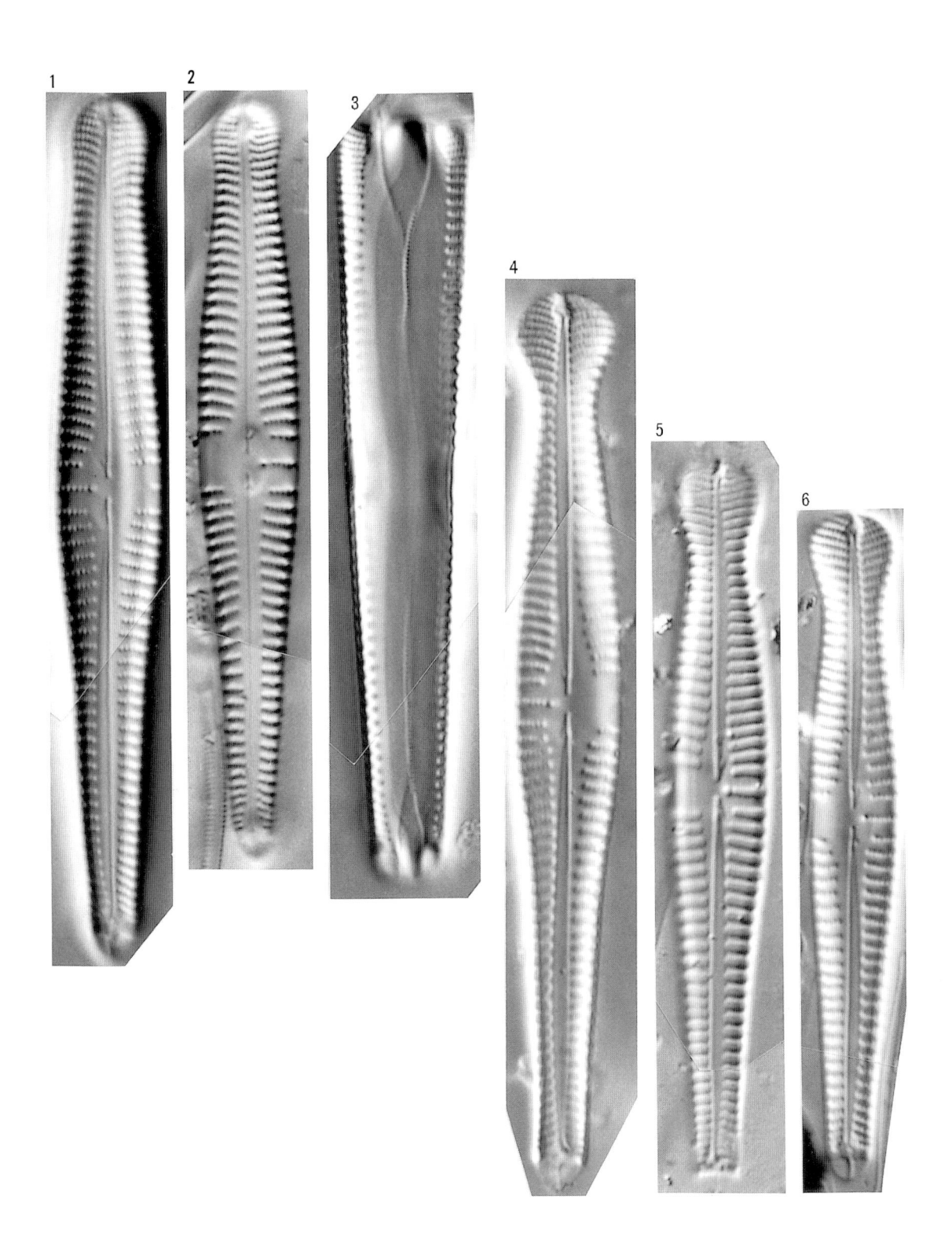

Plate ⅡB₃-103

Gomphonema acuminatum Ehrenberg 1836 (Plate ⅡB₃-104：1-5)

形態　殻の形 3-Ova, 3-Bic；先端の形 翼をもつ小突起形[10]；殻長 30-85 μm；幅 7-11(13)μm；条線(7)8-11/10 μm，中央部は弱い方散状配列，翼をもつ小突起部と，くびれ部では平行，先端へ向かうに従って放散状となる；軸域 広い；中心域 1本の条線の先端部に1個の遊離点があるが，反対側の条線は1-2本が短い，遊離点の数は普通1個であるが，それ以上(3個)のもの(4)もある；縦溝 外裂溝，内裂溝が確認できる．軸域内をわずかに湾曲して走り，中心域において，中心孔をもつ先端部は遊離点のある側へ，わずかに頭をもたげて向かいあう．(5)は帯面観．

生態　中禅寺湖(DAIpo 65)(1, 2)，湯ノ湖(DAIpo 71)(3)，支笏湖(4)に出現．**有機汚濁に関しては広適応性種，pH に関しては好アルカリ性種**であるが，相対頻度は常に小さい(3％以下)．下図は，*G. brebissonii* var. *brebissonii* (Pl. ⅡB₃-88：19-22，ⅡB₃-102：4, 5)との複合種群としての生態図である．
　Van Dam *et al.*(1994)は，alkaliphilous, β-mesosaprobous, eutraphentic とし，Håkansson(1993)も，alkaliphilous とする．Patrick & Reimer(1975)は，中程度から低い硬度までの水域とか，貧栄養から中栄養までの水域，低塩分の水域に広く出現するという．

Gomphonema acuminatum と
G. brebissonii var. *brebissonii*
複合種群の生態図

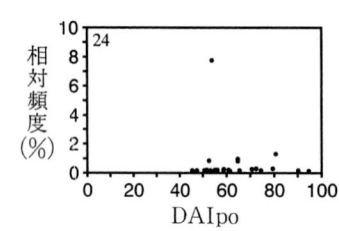

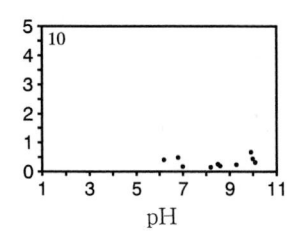

Gomphonema subtile Ehrenberg 1843 (Plate ⅡB₃-104：6-10)

　Syn：*Gomphonema sagitta* Schumann 1863.

形態　殻の形 3-Swo；先端の形 頭状形[5]，サジ形[6]；殻長 24-50 μm；幅 3.5-8 μm；条線 10-14/10 μm，中央部弱い放散状，広円形殻端部では平行；軸域 広い；中心域 小さい，中心域の一方の条線の先端に1個の遊離点があり，反対側の条線1本のみが短い；縦溝 真っすぐに伸び，中心孔をもつ先端部は，遊離点のある側へ，軽く曲がって向かいあう．(10)は，殻形と縦溝の中心域で向かい合う様式が他と異なり，別の分類群である疑いがもたれる．

生態　本栖湖(DAIpo 69)，紀伊半島の新宮川水系の坂本ダム湖(DAIpo 51)に出現した稀産種．
　Van Dam *et al.*(1994)は，pH circumneutral, oligosaprobous, oligo-mesoeutraphentic とする．Håkansson(1993)は，pH indifferent とする．Patrick & Reimer(1975)は，電気伝導度の低い冷水を好むように思うと述べている．

Gomphonema subtile の生態図

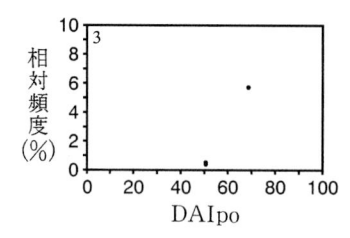

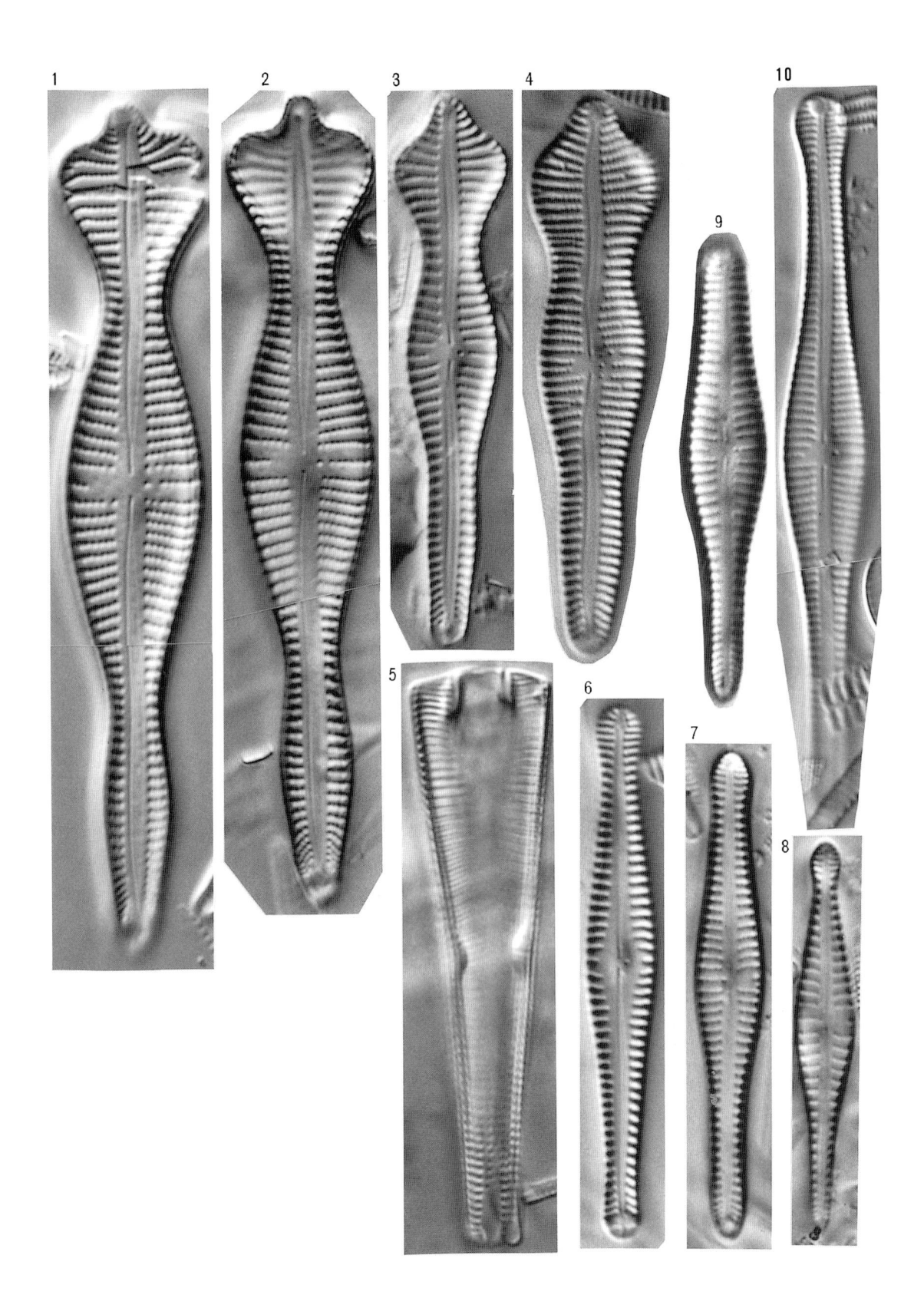

Plate II B$_3$-104

Epithemia Brébisson *ex* Kützing 1844（Plate ⅡB₄-1〜ⅡB₄-5）

生活様式：本属中のすべての種は淡水産．多くの種は付着生活をするが，湖のプランクトンとしても出現する．

葉緑体：帯面観の腹側へ横たわるような1個の葉緑体がある．この葉緑体は，背側からいくつもの切れ込みが入り，数枚の葉片が付いたように見える．

殻面観：*Epithemia adnata* の写真を例にとって説明する．光顕による写真(a)では，管縦溝(cr：canal raphe)，胞紋(a：areola)が一列に並ぶ条線を認めることができる．写真(b)，(c)は殻の内面，(d)，(e)は殻の外面を電顕写真によって示したものである．(b)，(c)において肋(c)は，太い柱状構造で，肋と肋との間には数本の円形の胞紋 a の開口列を見ることができる．(d)，(e)において，胞紋の外部への開口は，殻の内部への開口とは異なり不規則な形の連続で，光顕写真からは想像もできない形態である．管縦溝の外部へ開く裂けめといえる縦溝 r

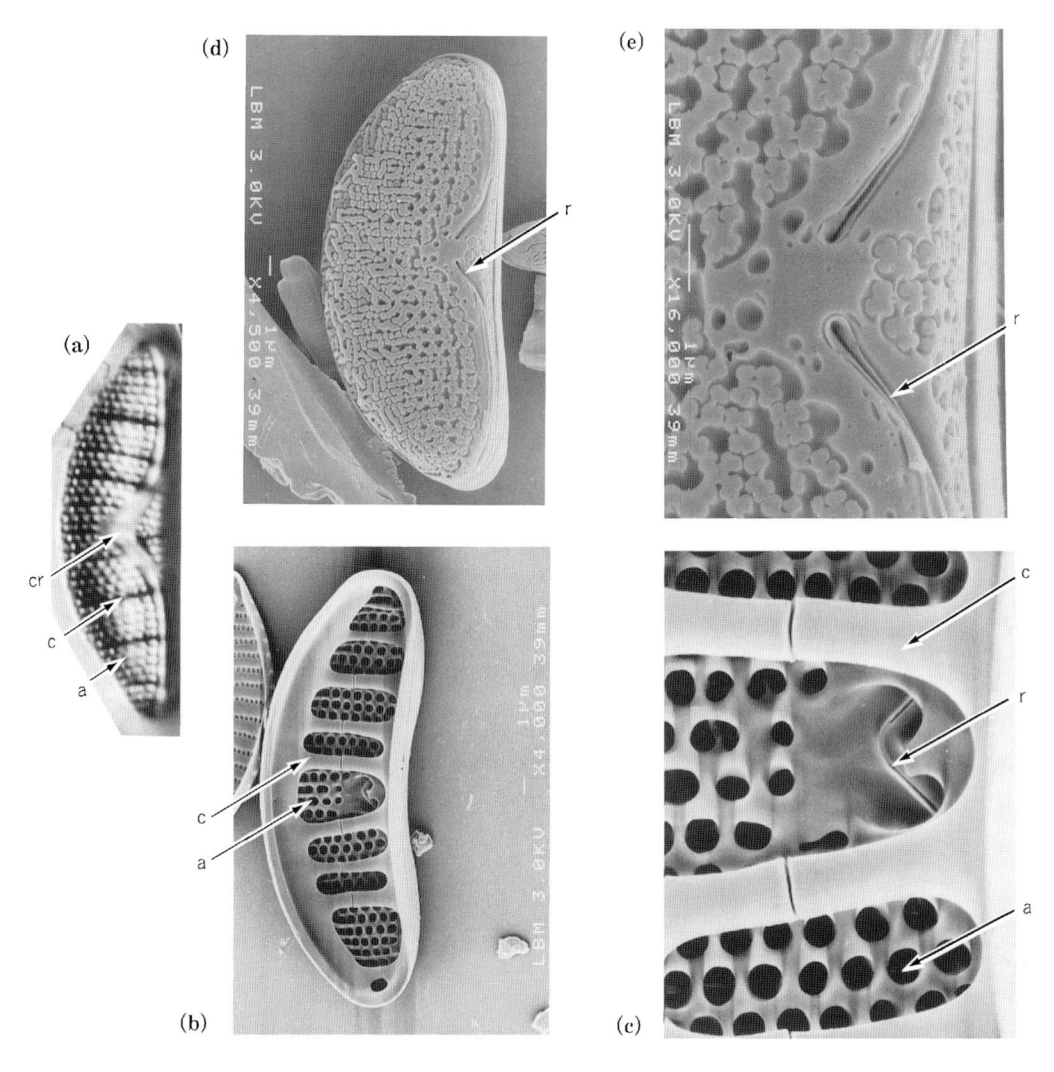

図ⅡB₄-1　*Epithemia adnata* の殻の内面(b)，(c)と外面(d)，(e)

は，腹側の殻縁を底とした山形の管縦溝の頂点で向かいあうが，縦溝の内部への裂けめ(写真(c)のr)の構造とは，全く異なる．
(電顕写真(b)-(e)は，滋賀県立琵琶湖博物館の花田美佐子氏提供)．

帯 面 観：矩形または樽(たる)状．

種の固定に必要な記載事項

例：*Epithemia sorex*

1. 殻の形 4-Lun，先端の形 くちばし形[3]
2. 殻の大きさ 殻長 25 μm，幅 6.5 μm
3. 肋 5/10 μm(背側)，7/10 μm(腹側)
4. 条線 13/10 μm，肋間に 2，3 本
5. 胞紋 約 20/10 μm
6. 管縦溝 殻端部では腹縁に沿って走るが，中央部は背側へ曲がり，背縁の近くで向かいあう

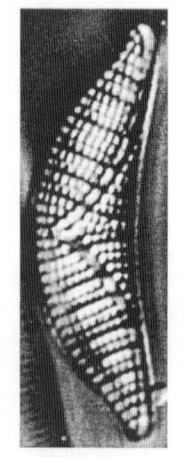

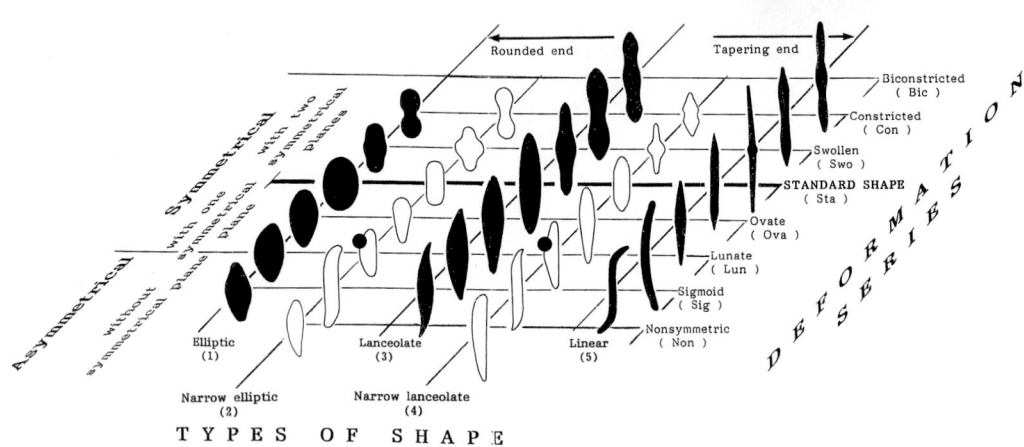

図ⅡB₄-2　*Epithemia*の殻の形

Epithemia turgida (Ehrenberg) Kützing var. *turgida* 1844　　(Plate IIB$_4$-1：1-3)

Syn：*Navicula turgida* Ehrenberg 1832；*Eunotia turgida* (Ehrenberg) Ehrenberg 1837.

形態　殻の形 4-Lun；先端の形 くちばし形[3]；殻長 45-200 μm；幅 13-35 μm；肋 3-5/10 μm；条線 7-9/10 μm，肋と肋との間には 2-3 列の条線がある；胞紋 5-10(11)/10 μm，胞紋密度は他と比べて粗である．

生態　日本では中禅寺湖(DAIpo 65)，十和田湖(DAIpo 54)，支笏湖に出現した．アメリカの L. Tahoe (DAIpo 93)と，湖への流入河川(DAIpo 97)にも出現した．**好清水性種**．

Van Dam *et al.*(1994)は，alkalibiontic, β-mesosaprobous, meso-eutraphentic とし，Håkansson (1993)は，alkaliphilous とし，Patrick & Reimer(1975)も，アルカリ水域を好むという．

Epithemia turgida var. *turgida* の生態図

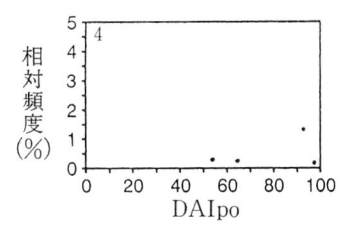

Epithemia turgida var. *granulata* (Ehrenberg) Brun 1880　　(Plate IIB$_4$-1：4)

Syn：*Navicula granulata* Ehrenberg 1836；*Eunotia librile* Ehrenberg 1843；*Epithemia vertagus* Kützing 1844；*E. granulata* (Ehrenberg) Kützing 1844；*E. turgida* var. *vertagus* (Kützing) Grunow 1862．

形態　殻の形 2, 4-Lun；先端の形 くちばし形[3]；殻長 45-100 μm；幅 13-20 μm；肋 3-5/10 μm；条線 7-9/10 μm；胞紋 5-10/10 μm．

生態　基本種と同等，有機汚濁に関しては好清水性種，pH に関しては中性種．

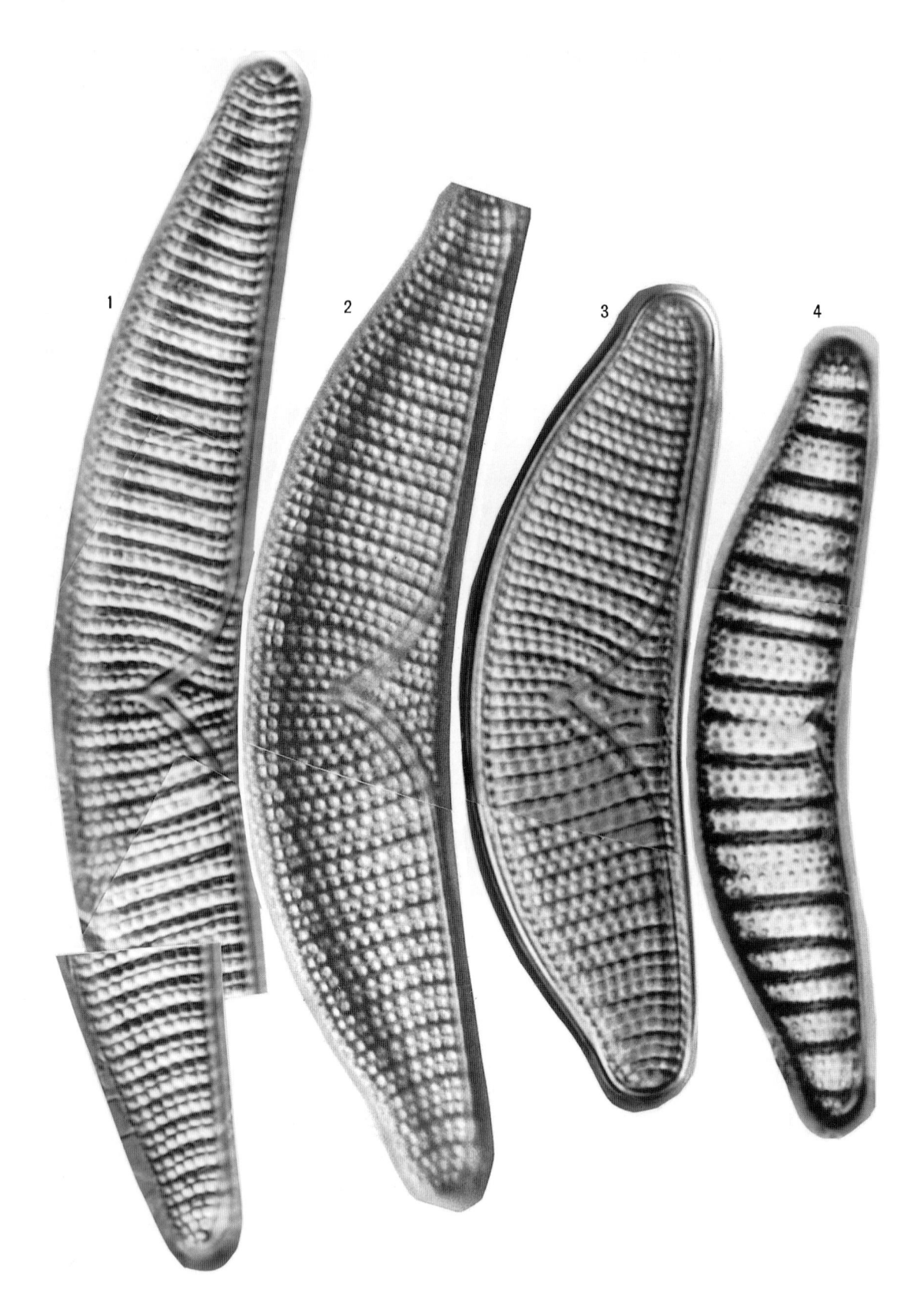

Plate IIB₄-1

Epithemia turgida var. *sumatraense* Tosh. Watan. 1987 　　　　　(Plate IIB$_4$-2：1, 2)

|形態| 殻の形 2, 4-Lun；先端の形 くさび形[11]；殻長 80-135 μm；幅 20-23 μm；肋 3-5/10 μm；条線 8-9/10 μm；肋間の条線数は少なく，通常2列，時に3列；胞紋 6-7/10 μm，小さくてやや粗に配列する；管縦溝 光顕下で明瞭にその位置を確認することができる．殻端部では，腹側の殻縁に沿って走るが，中央部で，背側へ強く曲がる．中央先端部は背側の殻縁から，殻の幅の1/3以下の部位で向かいあう．

　E. turgida var. *westermannii* (Ehrenberg) Grunow 1862 と殻形が似るが，殻の先端の形が異なり，縦溝が向きあう位置も異なる．さらに，殻の大きさがやや大きいことなどによって区別できる．

|生態| インドネシア，スマトラ島のL. Dibaruh (DAIpo 52, 56)，L. Talang (DAIpo 57, 59)─共に α 貧腐水性の湖(貧栄養湖)─に出現した大型の稀産種．

Epithemia smithii Carruthers var. *smithii* 1864 　　　　　(Plate IIB$_4$-2：3)

　Syn：*Epithemia proboscidae* W. Smith 1853.

|形態| 殻の形 4-Lun；先端の形 くちばし伸長形[4]；殻長 30-73 μm；幅 9-18 μm；条線 約8/10 μm；胞紋 約8/10 μm；肋 2-4/10 μm；肋間の条線数 2-5．

　前記の *E. turgida* var. *sumatraense* とも似るが，先端の形，肋間の条線数が，本分類群の方が多いなどの違いによって区別できる．なお，ここに示した図は，Patrick & Reimer (1975)のPl. 27, Fig. 37 を模写後，2000倍相当に拡大したものである．

|生態| 日本では採集できなかったが，アメリカのLake Tahoe (DAIpo 93)と，その湖への流入河川 (DAIpo 97)に出現した稀産種．**有機汚濁に関しては好清水性種．**

　Patrick & Reimer (1975)は，淡水あるいは汽水産種とする．

Epithemia smithii var. *smithii* の生態図

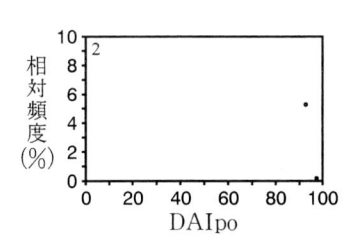

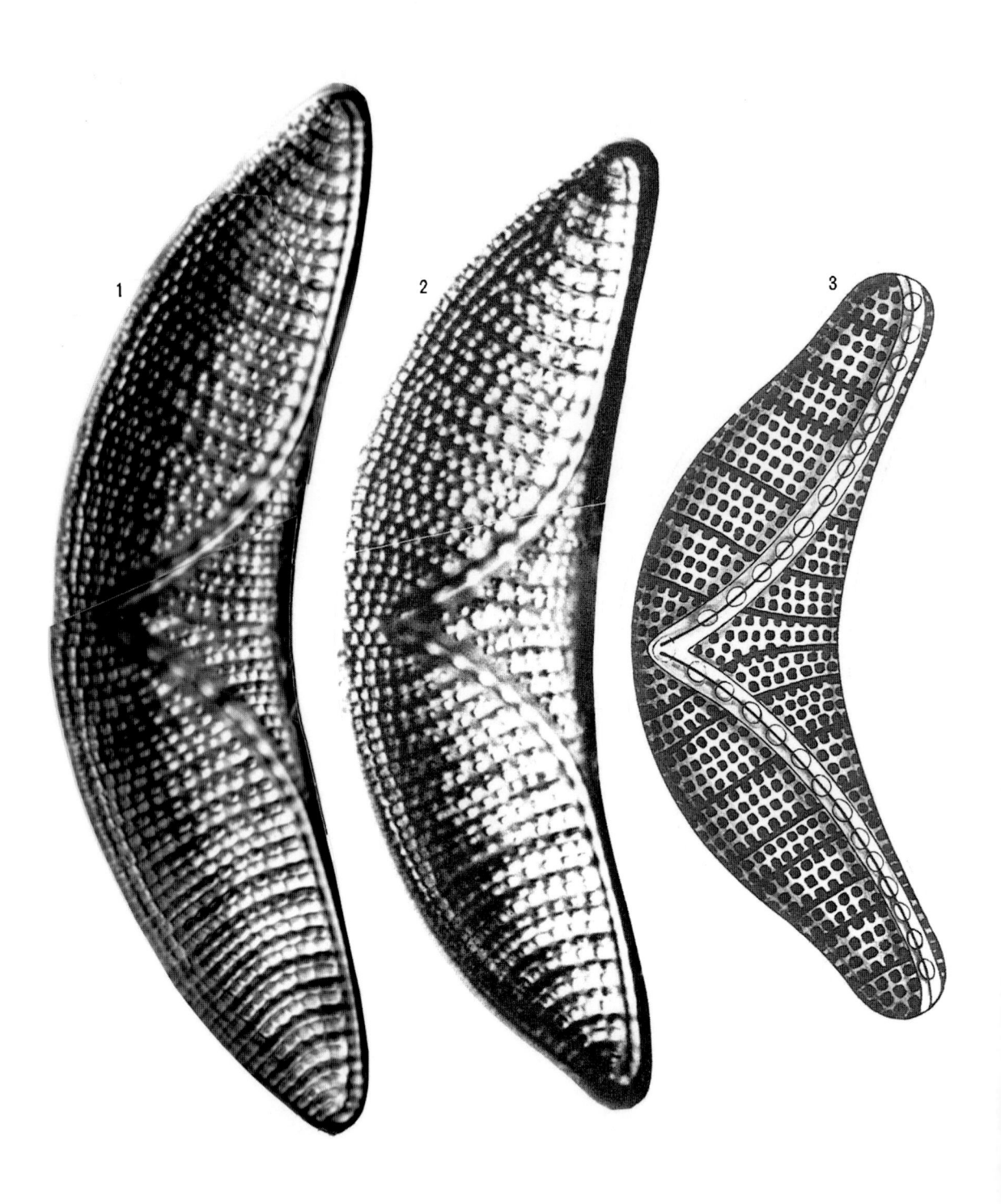

Plate II B₄-2

1

2

3

526

Epithemia adnata (Kützing) Brébisson var. *adnata* 1838 (Plate IIB₄-3 : 1-9)

Syn : *Epithemia zebra* (Ehrenberg) Kützing 1844 ; *Frustulia adnata* Kützing 1833 ; *Eunotia zebra* (Ehrenberg) Ehrenberg 1838 ; *Epithemia kurzeana* Rabenhorst Alg. Sachsems 27, 1848-1860.

形態 殻の形 4-Lun；先端の形 くさび形[11]；殻長 15-150 μm；幅 7-14 μm；肋 (2)3-5(8)/10 μm；条線 11-14/10 μm，肋間の条線数 3-7；胞紋 9-11/10 μm；縦溝 腹側の殻縁に沿って走るが，中央部で背側へ曲がり，殻の幅の1/2よりも腹側へよった部位で向かいあう．(7-9)は，胞紋が8-9/10 μmで，基本種よりも粗く不整合配列である．また肋も幾分粗く，条線と共に平行に近い．これらの特性から，本分類群は *E. frickei* とも同定できるが，*E. adnata* との共通点の方が多いので，この分類群を，現段階では *E. adnata* の一変異体と考えた．

生態 北海道俱多楽湖(DAIpo 71, pH 8.5)，鹿児島県池田湖(DAIpo 87)，奈良県湯泉地温泉水流路(pH 8.6)，インドネシアの L. Diatas(DAIpo 50-79)と流出河川(DAIpo 61)，L. Dibaruh(DAIpo 52, 56)と流出河川(DAIpo 71)，奈良県東吉野村の丹生川上神社夢渕(DAIpo 75, pH 6.7)と七滝八壺(DAIpo 98, pH 7.8)に出現．**有機汚濁に関しては好清水性種，pH に関しては好アルカリ性種．**

Van Dam *et al.*(1994)は，alkalibiontic, β-mesosaprobous, meso-eutraphentic とし，Håkansson (1993)は，alkaliphilous, Hustedt(1957)は，alkalibiontic(*Epithemia zebra*)とする．また *E. zebra* を，Hustedt(1957)は，saproxenous, Kolkwitz & Marsson(1908)は，oligosaprobic とする．Patrick & Reimer(1975)は，カルシウムを適度に含むアルカリ水域を好む種とし，水草その他の物に付着する種とする．

Epithemia adnata var. adnata の生態図

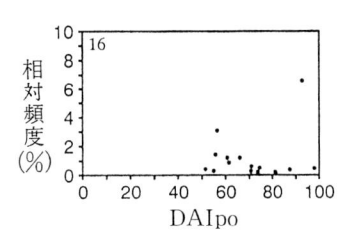

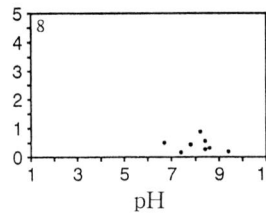

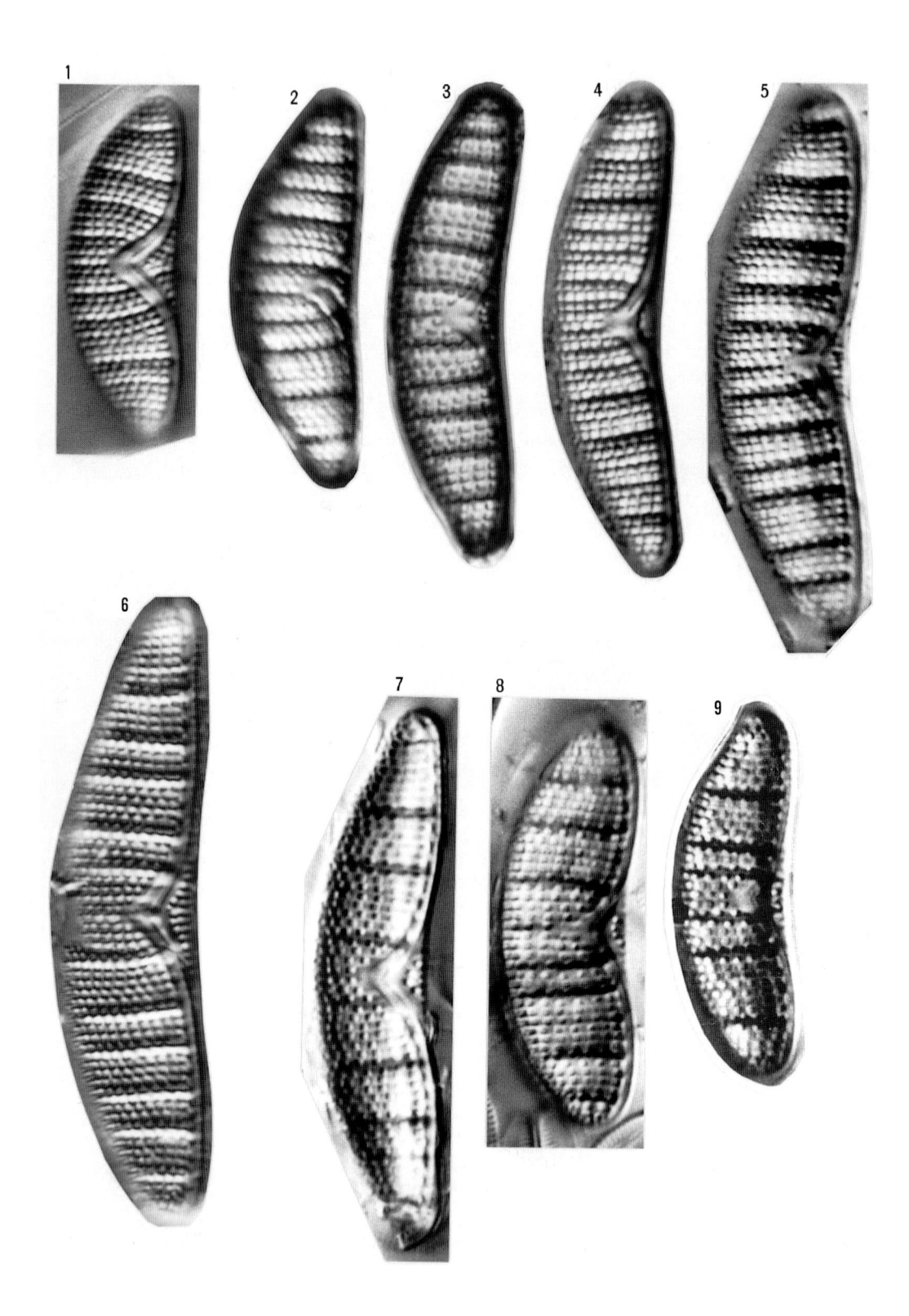

Plate II B₄-3

528

Epithemia adnata var. *proboscidea*（Kützing）Patrick 1975　　　　（Plate IIB$_4$-4：1）

　　Basionym：*Epithemia proboscidea* Kützing 1844. Syn：*Epithemia zebra* var. *proboscidea*（Kützing）Grunow 1862；*Cystopleura zebra* var. *proboscidea*（Kützing）De Toni 1892.

　形態　殻の形 4-Lun；先端の形 くちばし伸長形[4]；殻長 40-50 μm；幅 8-10 μm；肋 2.5-4/10 μm；条線 11-14/10 μm, 肋間には 3-7 列；胞紋 11-12/10 μm.

　生態　支笏湖に出現した．生態は基本種 var. *adnata*（Pl. IIB$_4$-3：1-9）と似ていると考えられるが，試料が少なく未詳．Patrick & Reimer（1975）は，沿岸性で，水草の表面に付着し，アルカリ性の水域を好むように思えるという．

Epithemia ocellata（Ehrenberg）Kützing var. *ocellata* 1844　　　　（Plate IIB$_4$-4：2-4）

　　Syn：*Eunotia ocellata* Ehrenberg 1840；*Cystopleura ocellata* Brébisson *in* Brébisson *et* Godey 1838.

　形態　殻の形 4-Lun；先端の形 くさび形[11]；殻長 25-45 μm；幅 5-11 μm；肋 2-3/10 μm；条線 肋間には 4 列以上の条線がある；縦溝 殻の中央腹側の殻縁に近い位置で向かいあう．

　生態　北海道倶多楽湖（DAIpo 71）に出現した稀産種．生態未詳，古くは市川（1951）が宮城県から本分類群の出現を報じた（福島 1957）．Patrick & Reimer（1975）は，アメリカでは，電解質濃度の幾分高い淡水域に出現するという．

Epithemia goeppertiana Hilse 1860　　　　（Plate IIB$_4$-4：5-7）

　　Syn：*Epithemia argus* var. *goeppertiana* Hilse *in* Rabenhorst 1861；*E. muelleri* Fricke 1904；*E. argus* var. *grandis* Fontell 1917.

　形態　殻の形 4-Lun；先端の形 くさび形[11]；殻長 40-120 μm；幅 12-18 μm；肋 1-2/10 μm；条線 10-12/10 μm, 肋間には 4-7 列の条線が存在する；胞紋 大粒で 8-10/10 μm；縦溝 腹側殻縁に沿って走り，中央部殻幅の 1/2 より腹側殻縁に近い部位で向かいあう．

　　前述の*Epithemia adnata* と形態が酷似するが，背側と腹側との殻縁が平行に近いことによって区別はできるが，今後の検討が必要であろう．

　生態　倶多楽湖（DAIpo 71）に出現したが，生態未詳．

Epithemia zebra var. *denticuloides* Hustedt 1935　　　　（Plate IIB$_4$-4：8-10）

　形態　殻の形 4-Lun；先端の形 くさび形[11]；殻長 28-40 μm；幅 5.5-7.5 μm；肋 2-3/10 μm；条線 約 13/10 μm, 肋間には 3-7 列の条線がある；胞紋 約 16/10 μm；縦溝 終始腹側の殻縁に沿って走り，殻の中央部で向かいあう．管縦溝は中央部で背側へもり上がることはない．

　　E. zebra は現在，*E. adnata* の synonym とされているので，本分類群は，種に格上げすべきであろう．

　生態　本分類群は，Hustedt（1935）が，スマトラの Lake Toba からの試料に基づいて，新変種として記載されたものである．ここに示した写真は筆者らが 1993 年に L. Toba 湖岸で採集した，石礫への付着藻群集中に発見されたものである．本分類群は，L. Toba 以外からは報告されていないので，L. Toba の固有種と考えられる．

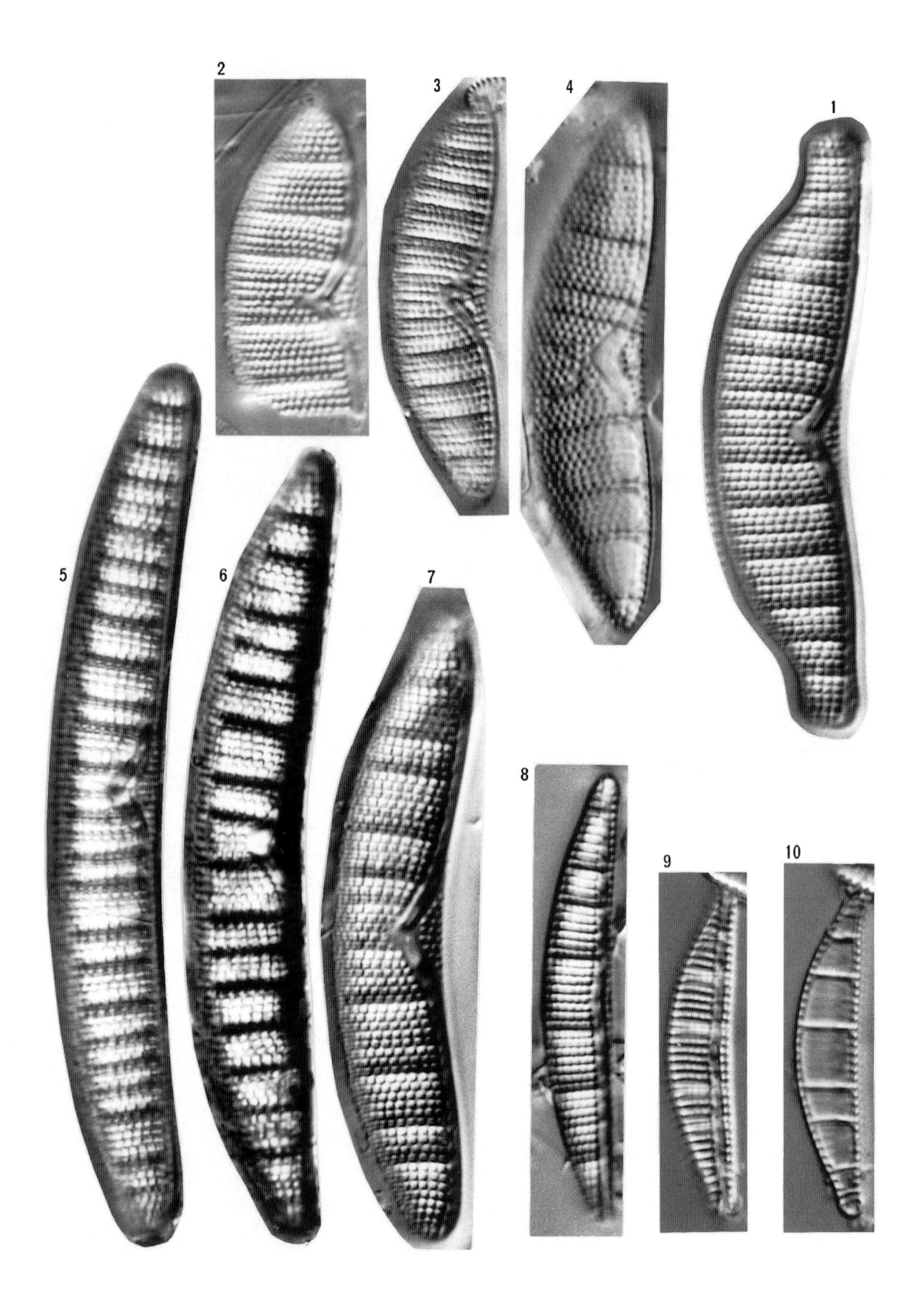

Plate II B₄-4

Epithemia reichelti Fricke 1904 (Plate IIB₄-5：1, 2)

形態 殻の形 4-Lun；先端の形 くさび形[11]；殻長 33-47(74)μm；幅 10-13μm；肋 2-3/10μm；条線 9-11(12)/10μm，肋間の条線数 4-8列；胞紋 10-12/10μm，大粒；縦溝 両殻端から殻の背部中央へ向けて真っすぐに走る．

生態 オーストラリアの Hartley creek, Emerald creek に出現した稀産種．John(1993)は，西オーストラリアの R. Swan から本分類群が出現したことを報じ，形態に関する計測値も，筆者らの個体とほぼ一致する．さらに Schmidt の Atlas der Diatomaceen-Kunde(1874-1959)の Pl. 251, Figs. 29, 30 ともよく一致する．その図は，Fricke(1904)が，Statzer 湖から得た試料に基づいて作図したものである．

本分類群と酷似する分類群として，*Epithemia cistula* (Ehrenberg) Ralfs *in* Pritchard 1861 を挙げることができる．Krammer & Lange-Bertalot(1988)の記述と比べると，胞紋密度が *E. cistula* の方が幾分密(11-14/10μm)であり，殻の先端部が比較的細いという相違点を挙げることはできても，形態の類似点は多く，今後異種か否かの検討が必要である．

Epithemia sorex Kützing var. *sorex* 1844 (Plate IIB₄-5：3-9)

Syn：*Cystopleura sorex* (Kützing 1844) Kuntze 1891；*Eunotia sorex* (Kützing 1844) Rabenhorst 1853.

形態 殻の形 4-Lun；先端の形 くちばし形[3]，頭状形[5]；殻長 20-65μm；幅 6-15μm；肋 5-7/10μm；条線 (10)12-15/10μm，肋間条線数は，2-3列；胞紋 15-20/10μm，大粒；縦溝 殻端部では殻の腹側殻縁に沿って走り，背中央へ向かって湾曲する．縦溝端は，殻の中央，背に近い部位で向かいあう．

生態 奈良県大塔村宮の滝(DAIpo 94, pH 8.0)では23%の高い相対頻度で出現したが，鹿児島県池田湖(DAIpo 87)，山中湖(DAIpo 54)，琵琶湖山下湾(pH 7.4)などの止水域，および華厳の滝の上の流水(DAIpo 54)などの流水域にも出現した．アメリカの L. Tahoe(DAIpo 93)，インドネシアの L. Dibaruh(DAIpo 52, 56, 66)，L. Diatas(DAIpo 50-77)，L. Talang(DAIpo 59)にも出現した．**有機汚濁に関しては好清水性種，pH に関しては好アルカリ性種．**

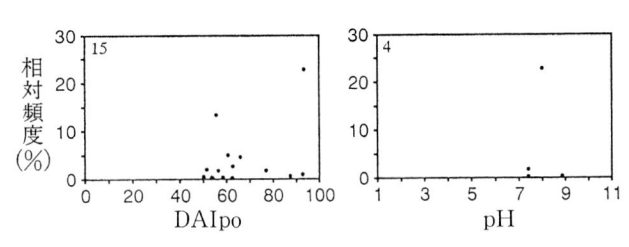

Van Dam *et al.*(1994)は，alkalibiontic, β-mesosaprobous, eutraphentic とする．Håkansson (1993)は，alkalibiontic とする．

Epithemia sorex var. *sorex* の生態図

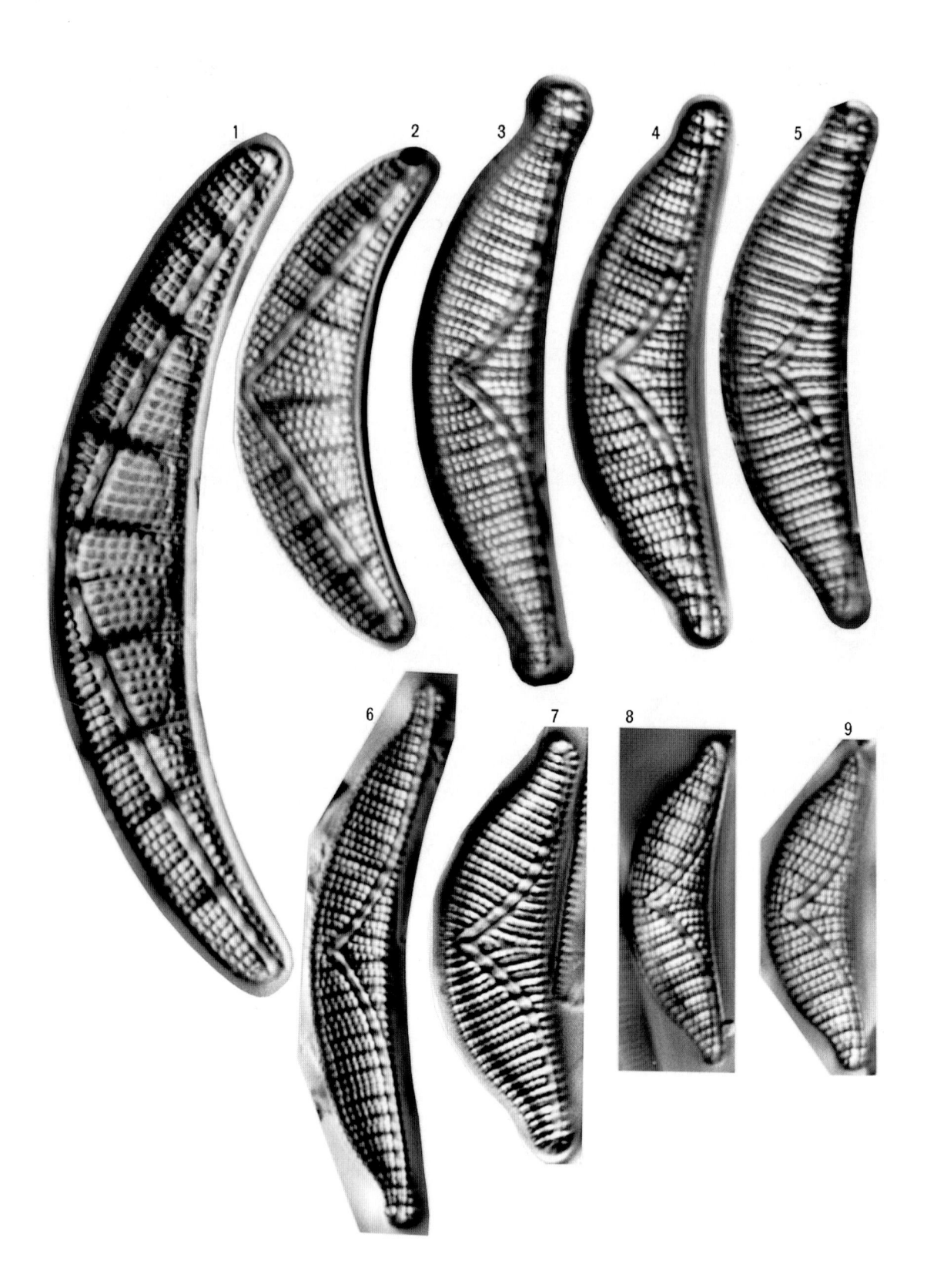

Plate IIB₄-5

532

Rhopalodia O. Müller 1895（Plate ⅡB₄-6, ⅡB₄-7）

生活様式：本属中の分類群は淡水産で，単独で付着生活をするが，多くの湖からプランクトンとして報告されてきた．
葉緑体：多くの切れ込みをもつ1個の大きい平板状の葉緑体．切れ込みの入った葉緑体の形は，*Epithemia* の葉緑体とよく似る．
殻面観：殻の構造上，光顕下で殻面を見せることは極めて稀である．
帯面観：中央のふくれた矩形，楕円形あるいは樽状，管縦溝は背側の殻縁に沿って走るが，光顕では確かめにくいものが多い．

種の同定に必要な記載事項

例：*Rhopalodia operculata*

1. 殻の形 4-Lun，先端の形 突起伸長形[13]
2. 殻の大きさ 殻長 34 μm，幅 7 μm
3. 肋脈 3-4/10 μm（背側）
4. 条線 14/10 μm，肋間に 2-4 列
5. 胞紋 計数不能

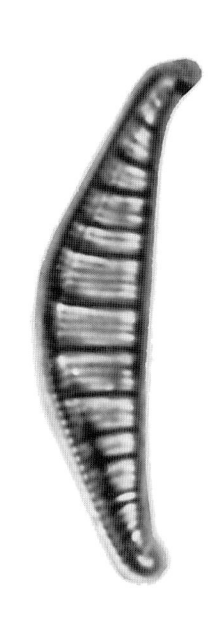

Rhopalodia gibba (Ehrenberg) O. Müller var. *gibba* 1895 (Plate IIB₄-6：1-3)

Syn：*Navicula gibba* Ehrenberg 1830；*Epithemia gibba* (Ehrenberg) Kützing 1844；*Cystopleura gibba* (Ehrenberg) De Toni 1891.

形態 殻の形 4-Lun；先端の形 突起伸長形[13]；殻長 80-300 μm；幅 8-11 μm；帯面観の最大幅 18-30 μm；肋 6-8/10 μm；条線 12-16/10 μm，肋間には 2-3 列；胞紋 12-17/10 μm．

生態 広く分布する普遍種であるが，相対頻度は比較的小さい(3％以下)．**有機汚濁に関しては広適応性種，pH に関しては，pH 3 の強酸性水域にも pH 10 の高アルカリ水域にも出現する中性種．**

Van Dam *et al.*(1994)は，alkalibiontic, β-mesosaprobous, eutraphentic とする．Håkansson (1993)は，alkaliphilous, Foged(1981)は，alkalibiontic とし，Cholnoky(1962)は，pH 8.0 付近に最適 pH 値があるという．Cox(1996)は，広い分布域をもつ普遍種で，止水域と緩流域の沿岸部によく出現するという．また特に電解質濃度の高い湧水中にもよく出現するという．Patrick & Reimer(1975)は，普通水中の植物体表に付着し，電解質濃度が適当からやや高い水域によく出現するとする．

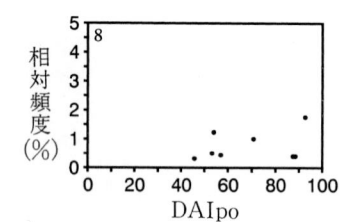

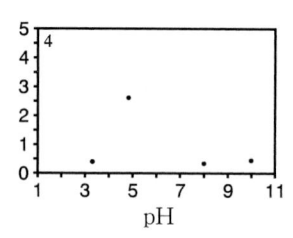

Rhopalodia gibba var. *gibba* の生態図

Rhopalodia gibba var. *ventricosa* (Kützing) H. Peragallo & M. Peragallo 1900
(Plate IIB₄-6：4)

Syn：*Epithemia ventricosa* Kützing 1844；*E. gibba* var. *ventricosa* (Kützing) Grunow 1881；*Rhopalodia ventricosa* (Kützing) O. Müller 1895.

形態 殻の形 4-Lun；先端の形 突起伸長形[13]；殻長 25-100 μm；幅 7-10 μm；肋 5-8/10 μm；条線 肋間に 1-2 列．var. *gibba* よりもはるかに小型．

生態 基本種と似る．**有機汚濁に関しては広適応性種，pH に関しては中性種．**

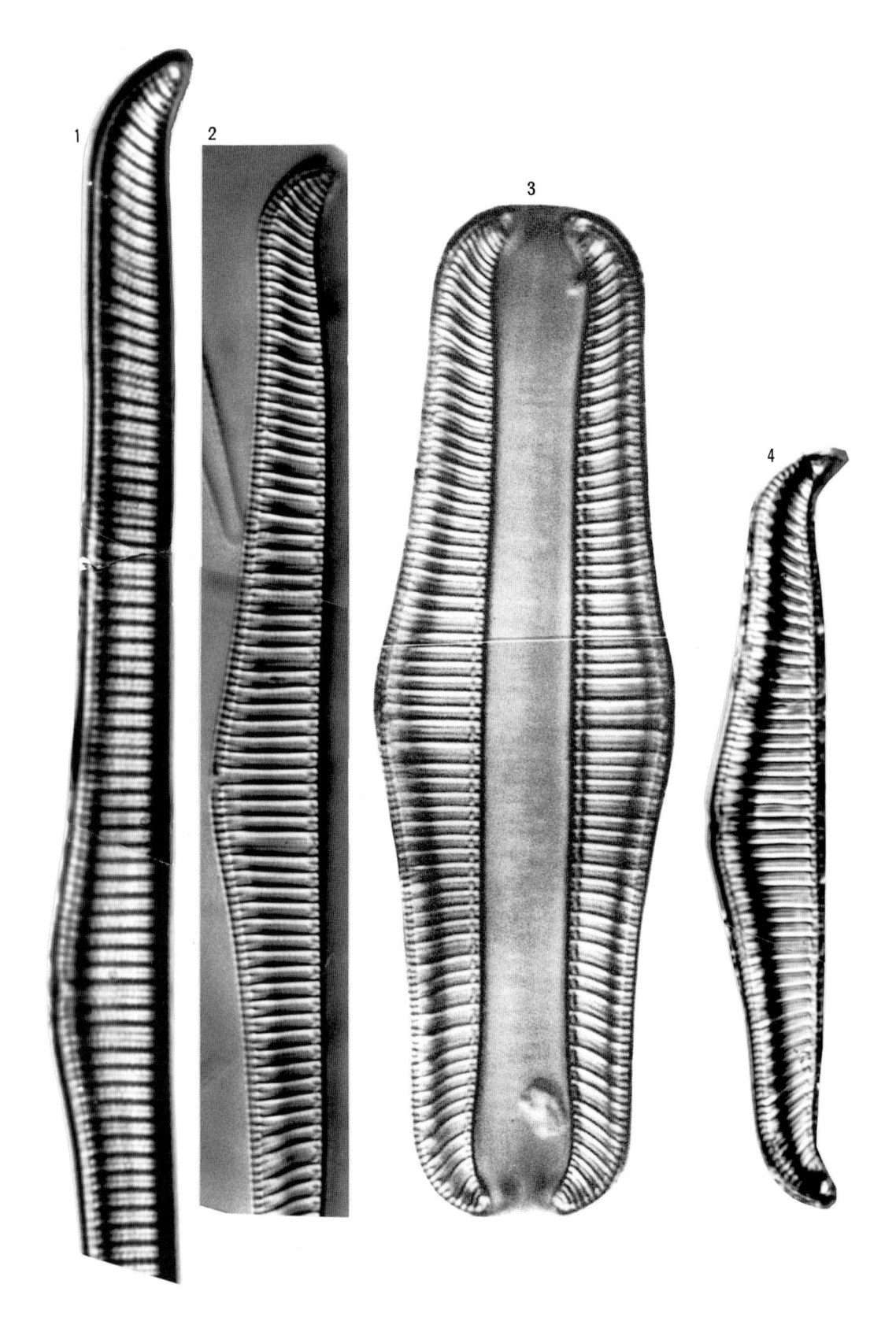

Plate IIB₄-6

Rhopalodia operculata (Agardh) Håkansson 1979 (Plate IIB$_4$-7：1-5)

Syn：*Frustulia operculata* Agardh 1827；*Cymbella operculata* Agardh 1830；*Epithemia minuta* Hantzsch 1863.

|形態| 殻の形 4-Lun；先端の形 くさび形[12]，突起伸長形[13]；殻長 (18)21-75 μm；幅 13-26 μm；肋間の条線数は 2-7；肋の密度（背側で）3-6/10 μm；条線 (14)16-18/10 μm.

　従来，*Rhopalodia gibberula* あるいは *R. musculus* と本分類群とは，同一種として扱われてきた．しかし本種は，条線が二重胞紋列であることによって，他と区別できるが，光顕では区別できない．

|生態| 奈良県十津川村湯泉地温泉湧出流路(pH 8.6)，温泉水の流入がある九州別府市近郊の平田川 (pH 5.0)に出現した．有機汚濁に関しては広適応性種，pH に関しては中性種．

Rhopalodia operculata の生態図

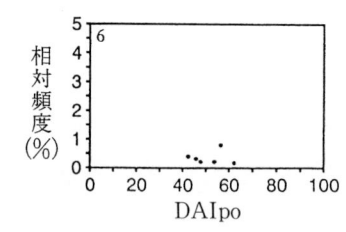

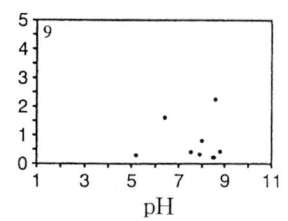

Rhopalodia michelorun K. Krammer 1988 (Plate IIB$_4$-7：6-12)

|形態| 殻の形 4-Lun；先端の形 くさび形[12]，突起伸長形[13] で，強く曲がる；殻長 17-50 μm；幅 6-10 μm；肋の密度(背側で)2-3/10 μm；中央部の肋間が広いことが多い．したがって肋間の条線数は 2 から 9 列まで多様である；条線 19-24/10 μm；胞紋 17-19/10 μm；帯面観の殻形(9)は樽形.

|生態| 本分類群の基準産地は，タヒチ，ポリネシアである．Krammer(1988)は，本分類群と随伴して出現した種は，その水域の電解質が，中程度から豊富な水域であることを示唆しているという．また基準産地と，ケニアの Monbasa の養魚場からのサンプルでは，本分類群は，豊富に出現したと述べている．

　本分類群は，*Rhopalodia gibberula* var. *vanheurckii*，あるいは var. *volkensii* と形態が似るが，条線密度，胞紋の形などによって区別できる．しかし，明確な区別は，電顕による胞紋の形態によるべきであろう．写真(6-10)は，奈良県十津川村の湯泉地温泉の湧水路(38°C，pH 8.5)に出現したもの，(11, 12)は，スマトラ島の Lake Toba に産したものである．

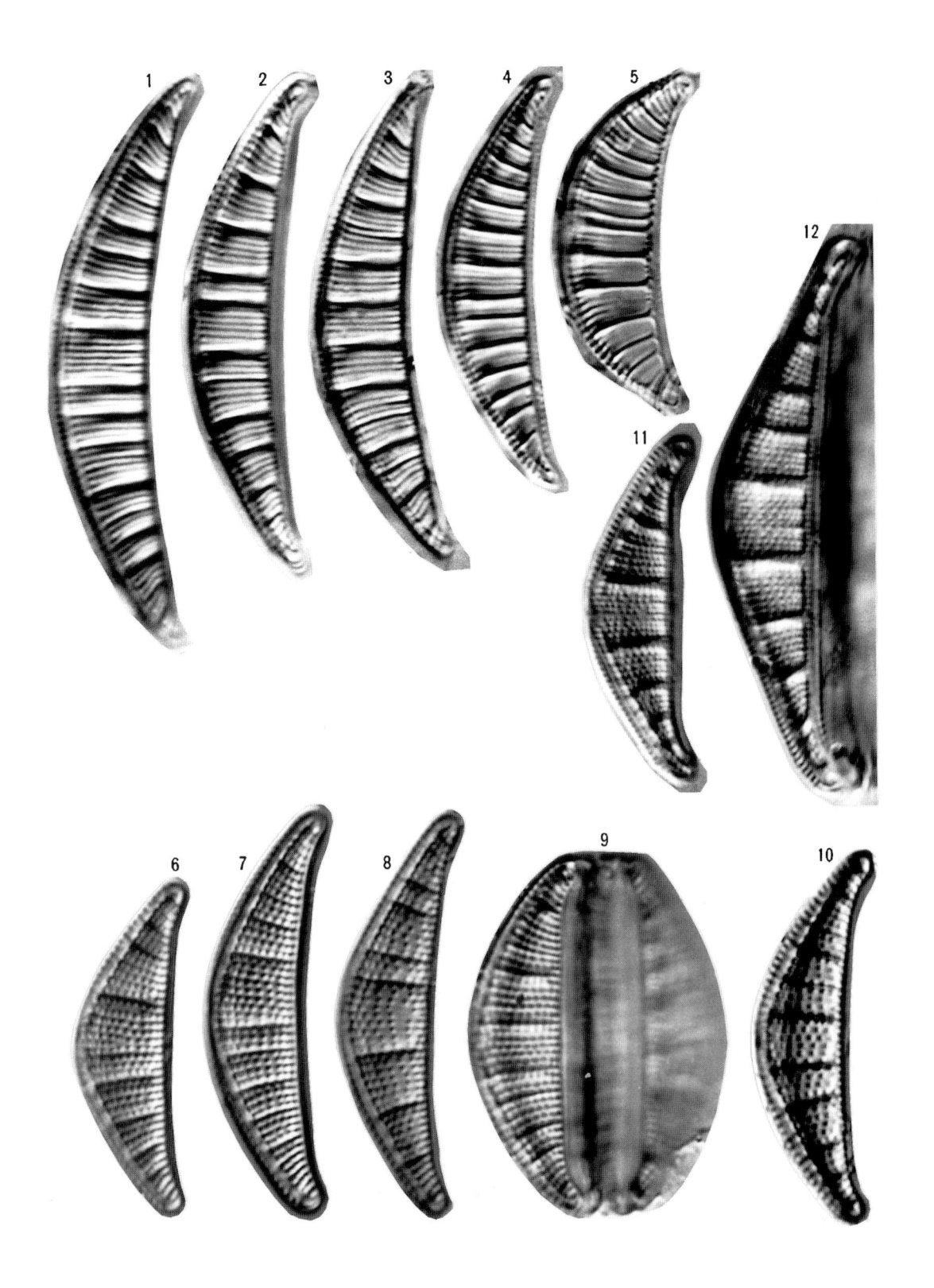

Plate IIB₄-7

537

Denticula Kützing 1844 (Plate IIB_4-8, IIB_4-9)

生活様式：淡水，海水両者に出現する．殻はルーズな鎖形状群体を形成するか，ゼラチン質のかたまりの中に存在する．淡水産のものは，湖や川の沿岸部に出現する．

葉 緑 体：2枚の葉緑体が殻の中央を境にして上下1枚ずつ並ぶ．

殻 面 観：舟形または細長い棒状の舟形．管縦溝(canal raphe)は殻面観において，一方の殻縁側へ偏在するものもあれば，中央部を縦走するものもある．縦溝(raphe)は光顕下では見にくいし，中心孔を確かめることも不可能に近い．

本属は，珪藻の中で特異な構造をもつ属の1つであるので，その構造を *Denticula kuetzingii* を用いて説明する(図IIB_4-3)．(a)は光顕写真であり，(a)右側の矢印の軸は，断面の位置を示す．(b)の上は条線部をよぎる断面，(b)の下は肋をよぎる断面．(c)は電顕像上の断面の位置を示す．(b)は，上記の断面が菱形であることを示し，左上，右下の突出部は，それぞれ上殻，下殻の管縦溝で，その先端部は縦溝の外界への開口部．(d)は殻面観，(e)は帯面観を示す電顕写真．(d, e)の太い矢印は縦溝(raphe)を示す．

帯 面 観：矩形または，ふくらみの小さい樽形．

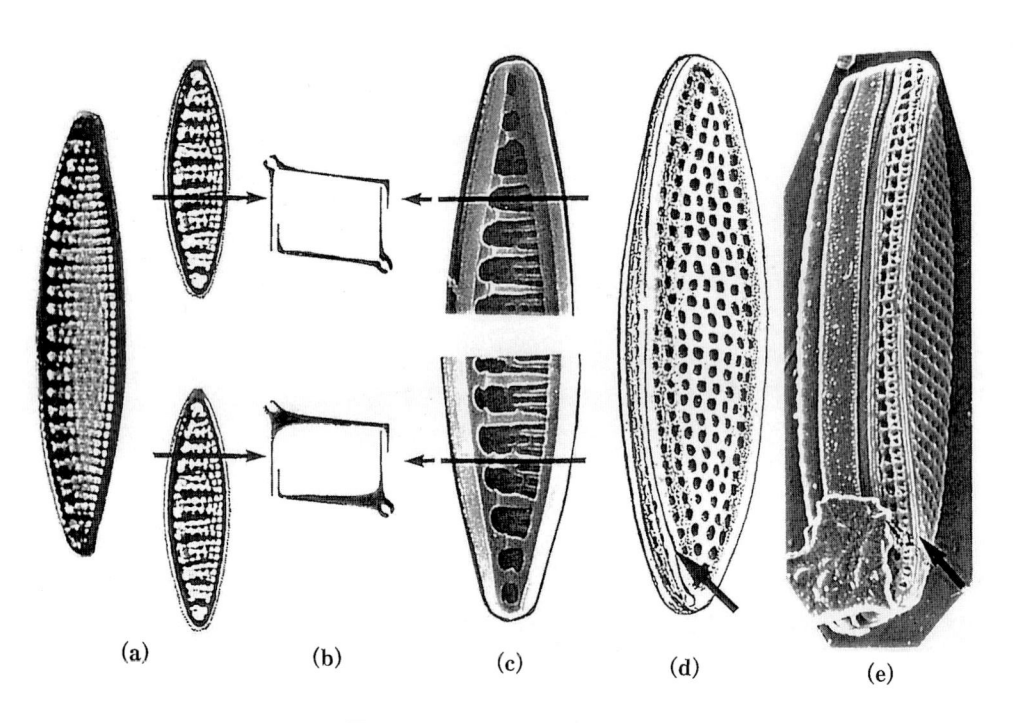

図IIB_4-3 *Denticula kuetzingii*

種の同定に必要な記載事項

例：*Denticula elongata*
1. 殻の形 2-Sta，先端の形 くさび形[11]
2. 殻の大きさ 殻長 45 μm，幅 8 μm
3. 肋脈 2/10 μm
4. 条線 11/10 μm，肋間に 5-8 列
5. 管縦溝 殻の中央を長軸方向に走る．縦溝はこの管内を走っているはずだが，この写真には認められない

Denticula tenuis Kützing 1844 (Plate II B$_4$-8：1-6)

Syn：*Denticula frigida* Kützing 1844；*D. crassula* Naegeli *ex* Kützing 1849.

|形態| 殻の形 3-Sta；先端の形 くさび形[11]；殻長 6-42(60)μm；幅 3-7μm；肋 5-7/10μm；条線 22-30(32)/10μm；胞紋 約30/10μm；管縦溝 一方の殻縁と少し離れた位置を，長軸と平行に，ほぼ真っすぐに走るが，縦溝を光顕下で見ることは容易ではない．

|生態| 奈良県大塔村宮の滝(DAIpo 94, pH 8.0)の清流，R. Rhein の源流の1つである小湖 Julier pass (DAIpo 91, 78)に出現した．**好清水性種である．pH に関しては好アルカリ性種．**

Van Dam *et al.*(1994)は，alkaliphilous, oligosaprobous, mesotraphentic とする．Patrick & Reimer(1975)は，冷水を好む種とする．

Denticula kuetzingii Grunow 1862 (Plate II B$_4$-8：7-12)

Syn：*Denticula obtusa* W. Smith 1856；non *D. obtusa* Kützing 1844；*D. inflata* W. Smith 1856；*D. decipiens* Arnott 1868；*Nitzschia denticula* Grunow *in* Cleve & Grunow 1880.

|形態| 殻の形 3-Sta；先端の形 くさび形[11]；殻長 10-120μm；幅 3-8μm；肋 5-8/10μm；条線 (13)14-18(20)/10μm；胞紋 14-16(18)/10μm；管縦溝は，殻面観(9-11)の殻縁へ偏在するために，確認しにくい．帯面観は，中央部が軽くふくらんだ矩形(12).

|生態| 富士五湖の本栖湖(DAIpo 88, pH 9.8)，琵琶湖北湖(DAIpo 77)および高アルカリの温泉水流路，すなわち，天恵泉天笑閣(pH 10.5)とオソウシ温泉(pH 10)では，それぞれ67％，40％の高い相対頻度の第1位優占種として出現した．その他にも，奈良県十津川村の湯泉地温泉(pH 8.6)などにも出現した．Watanabe & Asai(1996)は，好アルカリ性種としたが，当時以後の上記のような試料が加わった結果，**真アルカリ性種へ変更し**た．

Van Dam *et al.*(1994)は，alkaliphilous, β-mesosaprobous, mesotraphentic とする．

Denticula kuetzingii の生態図

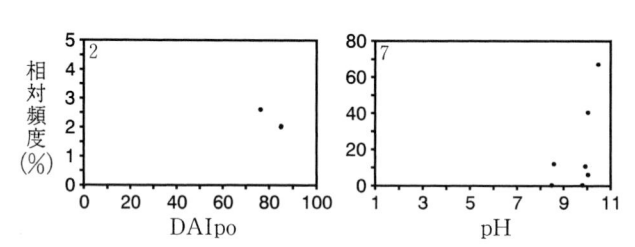

Denticula kuetzingii var. *rumrichae* Krammer 1987 (Plate II B$_4$-8：13)

|形態| 殻の形 5-Sta；先端の形 くさび形[11]；殻長 (30)50-120μm；幅 5-7.5μm；肋 5-7/10μm；条線 約15/10μm；胞紋 約15；基本種よりも大型．

|生態| 支笏湖へ出現した．生態未詳．

Denticula elegans Kützing 1844 (Plate II B$_4$-8：14-17)

Syn：*Denticula ocellata* W. Smith 1856.

|形態| 殻の形 3-Sta；先端の形 くさび形[12]；殻長 15-45μm；幅 4-8μm；肋 3-4(5)/10μm；条線 (14)15-18/10μm，肋間には 2-4 の条線列がある；帯面観は矩形(17).

|生態| 奈良県十津川村の湯泉地温泉(pH 8.6, 19℃)，吹割の滝(pH 8.5)に出現．福島(1957)によると，1941, 1942 年代に，江本，米田は本分類群が，湯泉地温泉，和歌山白浜温泉，湯の峯温泉，熊本県の栃の木温泉に出現したことを報じている．

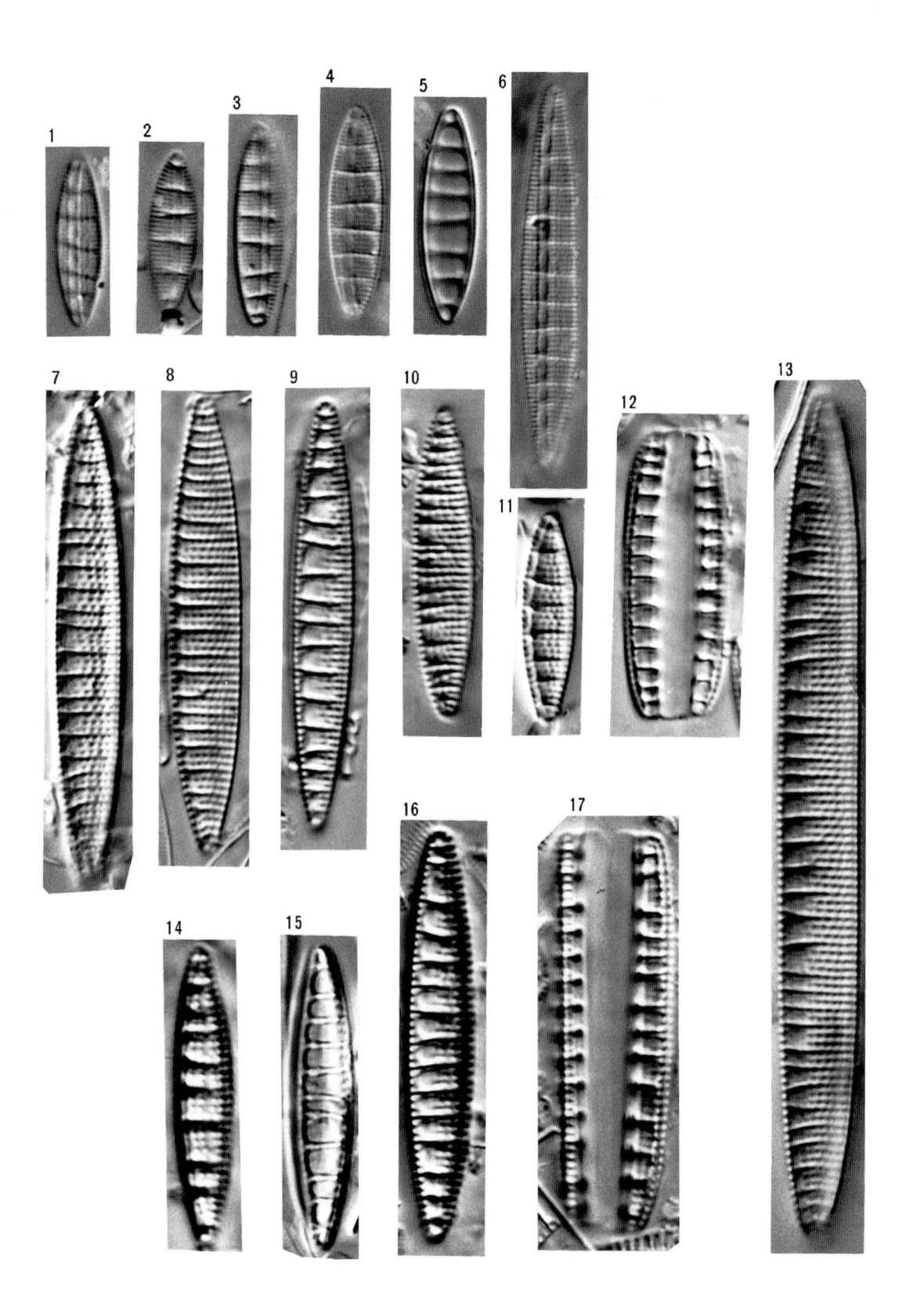

Plate IIB$_4$-8

541

Denticula pelagica Hustedt 1935 (Plate IIB$_4$-9：1-7)

|形態| 殻の形 3-Sta；先端の形 くちばし形［3］；殻長 14-30 μm；幅 7-9 μm；肋 2-4/10 μm；条線 13-14/10 μm，肋間には 3-8 列の条線がある；胞紋 約 14/10 μm；管縦溝 殻の中央部を縦走する；帯面観は矩形(7).

|生態| スマトラ島の Lake Dibaruh(DAIpo 52, 56, 66 の地点)と，L. Diatas(DAIpo 61, 56)に出現した．前者のDAIpo 52 の地点では，相対頻度 21.2％の第1位優占種として出現した．Hustedt(1937-1939)は，中央スマトラの L. Singkarak, L. Manindjau に出現したことを報じている．

Denticula pelagica の生態図

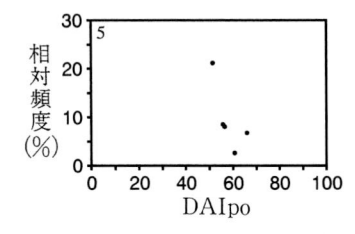

Denticula costata Hustedt 1935 (Plate IIB$_4$-9：8-10)

|形態| 殻の形 3-Sta；先端の形 くさび形[11]；殻長 28-78 μm；幅 7.5-11 μm；肋 1-2/10 μm；条線 9-11/10 μm，肋間には 3-10 列の条線がある；胞紋 9-12/10 μm；管縦溝 殻の中央部を縦走する．

|生態| 本分類群は，北スマトラの Lake Toba から微化石として発見された．Hustedt(1937-1939)の図 (Tafel 36：13-15)，および Simonsen(1987)の，Hustedt が記載した分類群のタイプ写真(Plate 282：1-5)と比べて小型である．

写真(8-10)は，スマトラの L. Dibaruh から得たものである．生態未詳．

Denticula vanheurckii Brun var. *vanheurckii* 1891 (Plate IIB$_4$-9：11-13)

|形態| 殻の形 3, 5-Sta；先端の形 くさび形[12]；殻長 38-123 μm；幅 7-9 μm；肋 2-3/10 μm；条線 13-15/10 μm，肋間には 4-12 列の条線がある；胞紋 約 15/10 μm；管縦溝 殻の中央を長軸に沿ってほぼ真っすぐに走るが，中央部が軽く片方へ曲がる．縦溝は湾曲した管縦溝の頂点部で向かいあう(12)．

|生態| 中央スマトラの Lake Diatas(DAIpo 63, 77, 80)の湖岸とその湖からの流出河川(DAIpo 61)，および L.Talang(DAIpo 57, 59)，さらに L. Dibaruh からの流出河川(DAIpo 66)に出現した．しかも清冽な水域で，相対頻度が比較的大きい(13-23％)．有機汚濁に関しては好清水性種．

Denticula vanheurckii var. vanheurckii の生態図

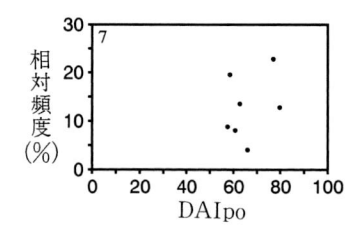

Denticula vanheurckii var. *obtusa* Hustedt 1938 (Plate II B$_4$-9：14)

形態 殻の形 3-Sta；先端の形 くさび形[11]；殻長 25-70 μm；幅 6-10 μm；肋 2-3/10 μm；条線 12-14/10 μm，肋間には 4-14 列の条線がある；管縦溝 前述の var. *vanheurckii* と同じ；var. *vanheurckii* とは殻先端部の形が共にくさび形ではあるが，var. *vanheurckii* の先端部は細く，突起伸長形に近いのに対して，本分類群の先端部は，それほど細くならない．

生態 写真はスマトラの L. Dibaruh 産．生態は前記 var. *vanheurckii* と同等と考えられる．スマトラの L. Toba からの試料によって記載された．

Denticula elongata Hustedt 1938 (Plate II B$_4$-9：15-17)

形態 殻の形 5-Sta；先端の形 くさび形[11]；殻長 45-180 μm；幅 8.5-12 μm；肋 2-3/10 μm；条線 11-13/10 μm，肋間には 3-12 列の条線がある；管縦溝 殻のほぼ中央を長軸に沿って真っすぐに走る．

生態 スマトラの L. Dibaruh (DAIpo 52, 56, 66, 72)，L. Diatas (DAIpo 63) に出現した．本分類群は Hustedt (1936) によって，北スマトラの L. Toba から得た試料に基づいて記載された．生態未詳．

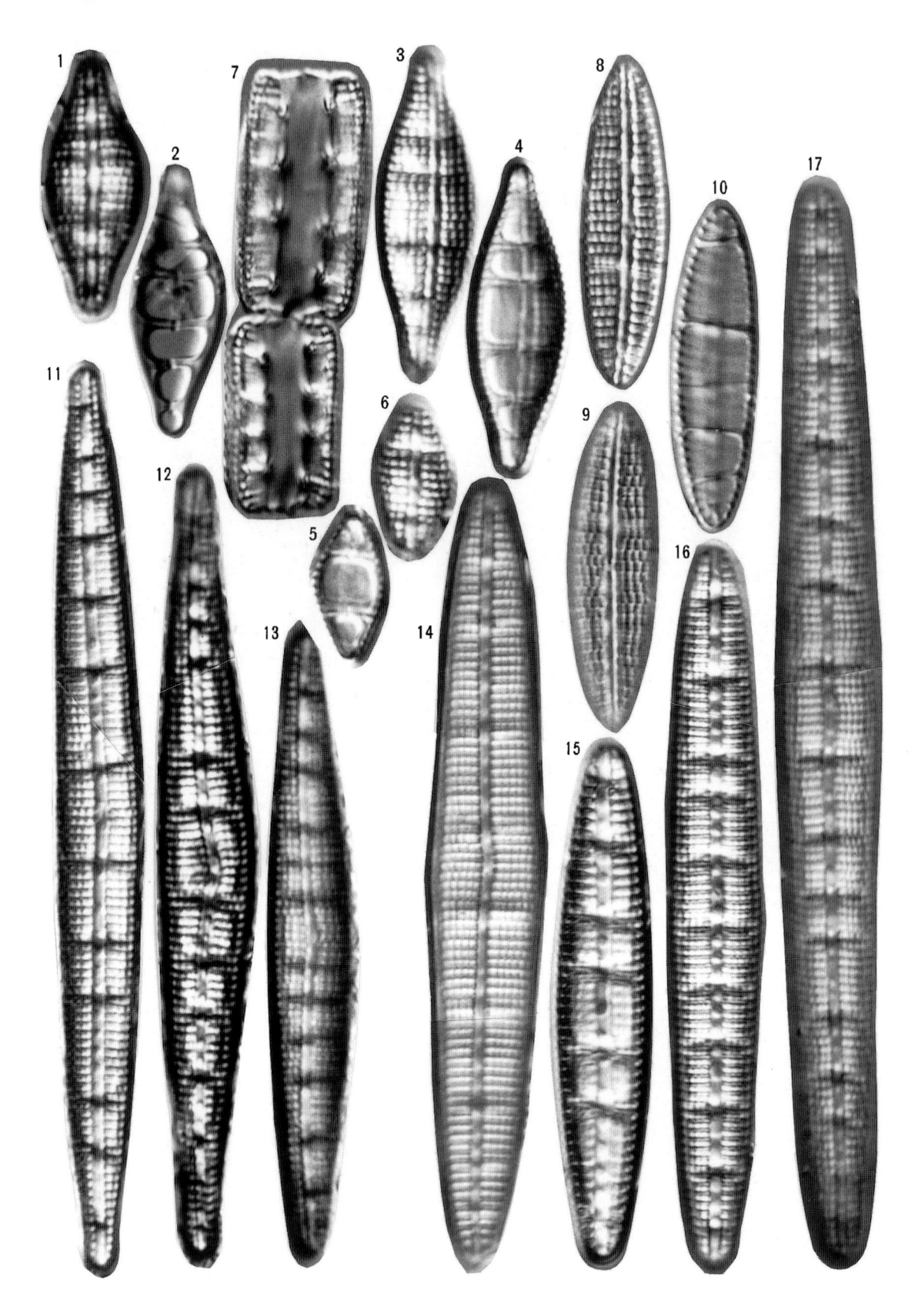

Plate IIB₄-9

Nitzschia Hassall 1845（Plate ⅡB$_4$-10〜ⅡB$_4$-26）

生活様式：単独で生活するものもあれば，群体を形成して生活するものもある．付着性のものと，浮遊性のものとがある．
葉緑体：2枚の板状の葉緑体が，殻の中央を境にして，上部と下部とに1枚ずつ別れて存在する．

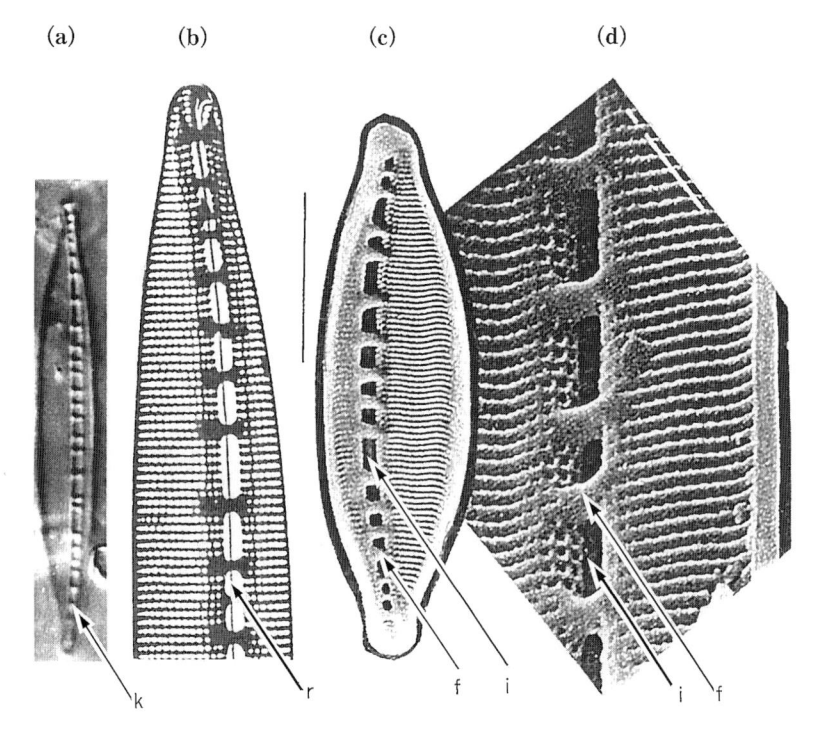

図ⅡB$_4$-4　*Nitzschia dissipata* の殻の構造（k：管縦溝，r：縦溝，f：間板，i：間隙）

殻面観：形は，細長い舟形，S字形，楕円形，中央がへこんだ楕円形など様々であるが，細長い舟形のものが多い．*Nitzschia* 属も，珪藻中では特別の構造をもつ部類の1つであるので，*Nitzschia dissipata* を例にあげて構造を説明する（図ⅡB$_4$-4）．(a)は光顕写真，(a)-(c)は電顕写真である．管縦溝（k：canal raphe）は，一方の殻縁に片寄って走る(b)，(c)，(d)．管をまたぐようにいくつもの間板（f：fibula）があり，2つの間板の間の空間を，間隙（i：interspace）と呼ぶ(c)，(d)．管縦溝中を縦溝rが走る(b)．

管縦溝を竜骨（keel）と呼ぶこともある．光顕ではこの竜骨中の間板と間隙との列は，点紋列または短い線列のように見える．
帯面観：矩形またはS字形．

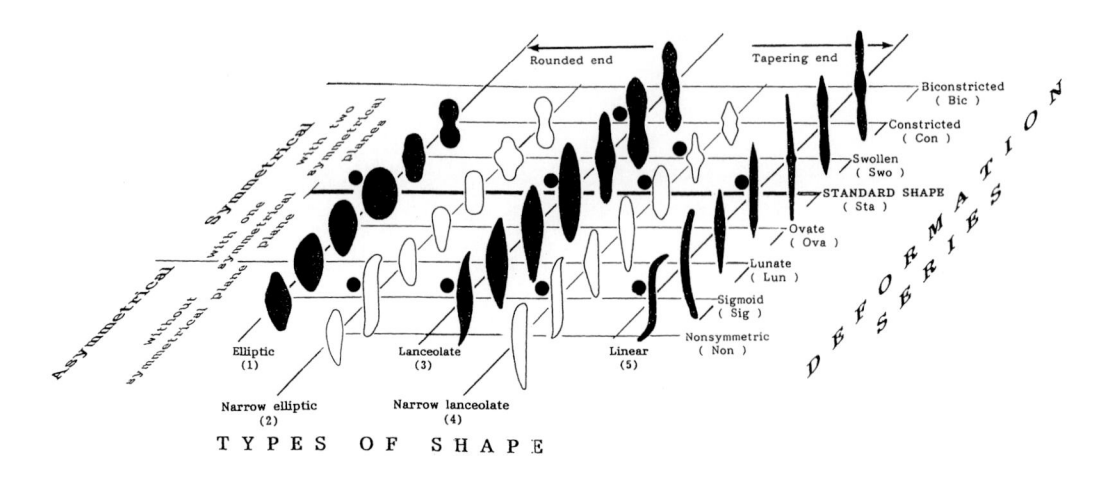

図ⅡB₄-5　*Nitzschia*の殻の形

種の同定に必要な記載事項

例：*Nitzschia amphibia*
1. 殻の形　5-Sta，先端の形　くさび形[12]
2. 間板　6-7/10 μm
3. 条線　19/10 μm
4. 胞紋　約 16/10 μm

Hantzschia amphioxys (Ehrenberg) Grunow *in* Cleve & Grunow 1880

(Plate IIB$_4$-10：1-5)

Syn：*Eunotia amphioxys* Ehrenberg 1841；*Nitzschia amphioxys* (Ehrenberg) W. Smith 1853；*Navicula amphioxys* Westendorp 1845-1849；*Amphora amphioxys* J.W.Bailey 1850；*Hantzschia amphioxys* var. *genuina* Otto Müller 1905；*Nitzschia amphioxys* var. *genuina* Mayer 1919.

形態　殻の形 3-Sta；先端の形　くちばし形[3]；殻長 20-210 μm；幅 5-15 μm；間板 4-11/10 μm であらく，中心節がある；条線 11-28/10 μm；管縦溝が走る側の殻縁の中央部はへこむ．

生態　本分類群は，DAIpo 7 の強汚濁域から 73 の清水域にまで，広く分布するが，相対頻度は常に低く（<5％），奈良県高取町（DAIpo 53, pH 6.8）で 5.7％を記録したのが最大であった．**有機汚濁に関しては広適応性種，pH に関しては中性種**．

Van Dam *et al*. (1994) は，pH に関しては circumneutral, α-mesosaprobouzs, oligo-to eutraphentic (hypereutraphentic) とする．Håkansson (1993) は，pH indifferent とする．

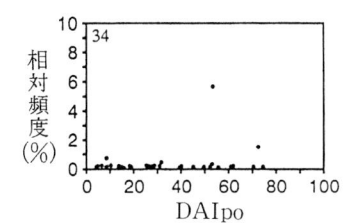

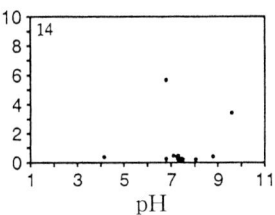

Hantzschia amphioxys の生態図

Bacillaria paxillifer (O.F.Müller) Hendey 1951

(Plate IIB$_4$-10：6)

Syn：*Vivrio paxillifer* O.F.Müller 1786；*Nitzschia paxillifer* (O.F.Müller) Heiberg 1863；*Bacillaria paradoxa* Gmelin *in* Linneaeus 1788.

形態　殻の形 5-Sta；先端の形　くさび形[12]；殻長 60-150 μm；幅 4-8 μm；管縦溝　殻の中央部を長軸方向に走る；間板 5-9/10 μm；条線 20-25/10 μm．

生態　有機汚濁に関しては，汚濁水域から清浄水域まで広く分布する**広適応性種，pH に関しては好アルカリ性種**．広い分布域をもつ普遍種ではあるが，相対頻度は常に低く 5％を越えることはほとんどない．

Bacillaria paxillifer の生態図

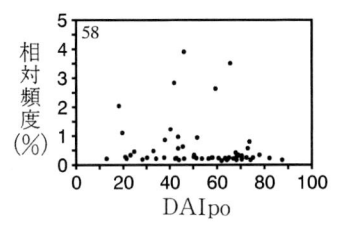

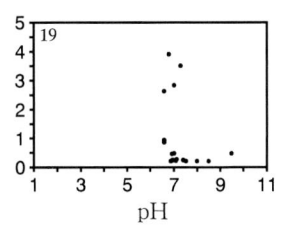

Nitzschia dissipata (Kützing) Grunow var. *dissipata* 1862   (Plate IIB₄-10：7-10)

Syn： *Synedra dissipata* Kützing 1844； *Nitzschia minutissima* W. Smith 1853.

|形態| 殻の形 3-Sta；先端の形 くさび形[12]；殻長 12.5-85 μm；幅 (3)3.5-7(8)μm；間板 5-11/10 μm；条線 39-50/10 μm, 光顕では計数不能；管縦溝 長軸方向に走るが, 普通どちらか一方の殻縁側へ片寄って走る.

|生態| *Nitzschia* 属中では数少ない**好清水性種**の1つである. また, DAIpo 85 以上の超貧腐水性から DAIpo 70-85 の β 貧腐水性の清浄水域でのみ第1位優占種となる. 超貧腐水性域では, *Cymbella minuta* var. *minuta* と *Synedra inaequalis* が, β 貧腐水性水域では *Navicula pelliculosa* が, 第2位優占種になることが多い(渡辺, 浅井 1992 e). **pH に関しては好アルカリ性種**. 世界普遍種.

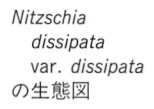

Van Dam *et al.*(1994)は, alkaliphilous, β-mesosaprobous, meso-eutraphentic. Håkansson (1993)は, alkaliphilous とする.

Nitzschia dissipata var. *dissipata* の生態図

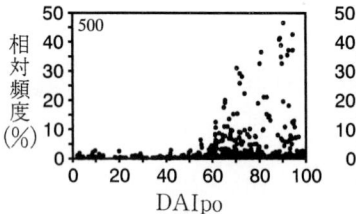

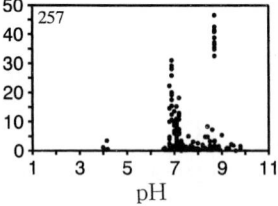

Nitzschia dissipata var. *media* (Hantzsch) Grunow 1881   (Plate IIB₄-10：11-14)

Syn： *Nitzschia media* Hantzsch 1860； (?) *N. bavarica* Hustedt 1953.

|形態| 殻の形 5-Sta；先端の形 頭状形[5], くちばし伸長形[4]；殻長, 殻幅, 間板, 条線の密度共に基本種と変わりはない. 殻形が基本種よりも狭長で, 殻縁が平行に近く, 殻端の形の違いによって基本種と区別できる.

|生態| 本分類群もまた基本種同様, 清水域によく出現する**好清水性種**.

Nitzschia dissipata var. *media* の生態図

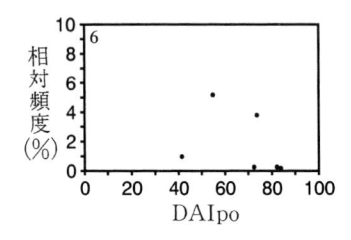

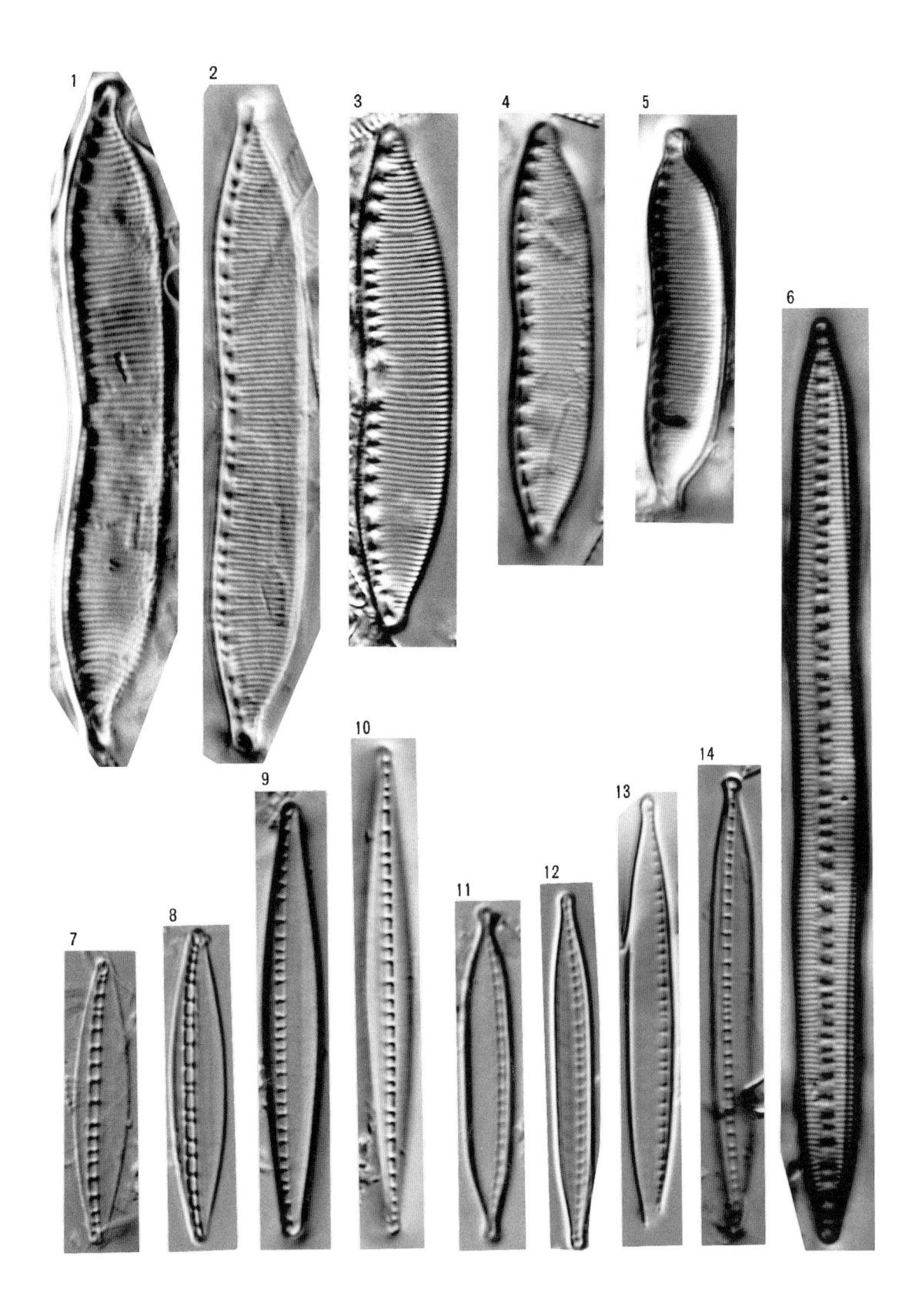

Plate IIB₄-10

Nitzschia littoralis Grunow var. *littoralis in* Cleve & Grunow 1880

(Plate IIB_4-11：1)

Syn：*Nitzschia tryblionella* var. *littoralis* (Grunow) Grunow *in* Van Heurck 1881 ; *N. visurgis* Hustedt 1957 ; *Tryblionella littoralis* (Grunow *in* Cleve & Grunow) D. G. Mann.

|形態| 殻の形 4-Sta；先端の形 くさび形[11]；殻長 30-100 μm；幅 12-30 μm；間板 6-9/10 μm；間板の密度とほぼ同じ密度で殻を横切る肋が並ぶ；条線 30-38/10 μm；光顕では確認しにくい；管縦溝一方の殻縁に沿って走る；ほぼ長軸に沿って中央部にしわのように見える線がある；殻の両縁共に，中央部に浅いくびれがある．

|生態| 琵琶湖への流入河川余呉川(DAIpo 62, pH 7.6)に出現したが，日本では稀産種，英国テームズ川の下流 Thames barrier(DAIpo 50)にも出現した．

Van Dam *et al.*(1994)は，alkaliphilous, 塩素イオン濃度 1000-5000 mg/l の汽水性種で，eutraphentic とする．

Nitzschia tryblionella var. *salinarum* Grunow *in* Cleve & Grunow 1880

(Plate IIB_4-11：2-4)

Syn：*Nitzschia tryblionella* var. *levidensis* (W. Smith) Grunow *in* Cleve & Grunow 1880 ; *N. calida* var. *salinarum* (Grunow *in* Cleve & Grunow 1880) Frenguelli 1923 ; *Tryblionella levidensis* W. Smith 1856.

|形態| 殻の形 4-Sta；先端の形 くさび形[12]；殻長 18-65(82) μm；幅 8-19 μm；間板 10-15/10 μm；肋 ほぼ平行に並ぶ肋が殻を横切る．その密度は 10-11/10 μm；長軸方向に，肋をまたぐしわが 1, 2 本走るように見える．これは殻の表面が波うつためである．殻の中央部が浅くくびれる．

|生態| 琵琶湖からの流出河川淀川にある天ヶ瀬ダム(DAIpo 58-60, pH 7.4-7.6)，淀川の観月橋(DAIpo 40, pH 7.6)，淀川下流の淀川大堰の淡水域(DAIpo 33, pH 7.0)および，ウラジオストック近郊の R. Razdornaya(DAIpo 89)に出現した．有機汚濁に関しては広適応性種，pH に関しては中性種．相対頻度は常に低い(<1%)．

Van Dam *et al.*(1994)は，本変種の基本種 *N. levidensis* var. *levidensis* を，alkaliphilous, 塩素濃度 500-1000 mg/l の汽水性種，α-mesosaprobous, eutraphentic とするが，本変種の生態にはふれていない．

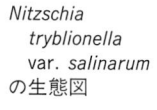

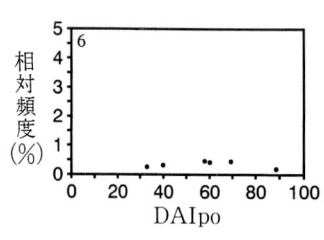

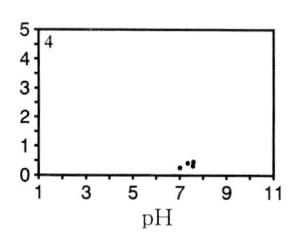

Nitzschia tryblionella var. *salinarum* の生態図

Nitzschia angustata (W. Smith) Grunow *in* Cleve & Grunow 1880

(Plate IIB$_4$-11：5-7)

Syn：*Tryblionella angustata* W. Smith 1853.

形態　殻の形 3-Sta；先端の形 くさび形[12]；殻長 (20)25-180 μm；幅 4-12 μm；管縦溝 狭く，間板不明瞭；条線 12-18/10 μm；胞紋 約 23-26/10 μm；長軸方向に走る線(しわ)はない．

生態　淀川水系の天ヶ瀬ダム(DAIpo 70-76)アメリカの L.Tahoe の湖岸(DAIpo 93)，ロシア，ウラジオストック近郊の汚濁河川 R.Vtoraja(DAIpo 22, pH 7.1)に出現した．**有機汚濁に関しては広適応性種，pH に関しては中性種．**

Van Dam *et al.*(1994)は，circumneutral, oligosaprobous, mesotraphentic とする．Håkansson (1993)は，alkaliphilous とする．

Nitzschia constricta (Kützing) Ralfs *in* Pritchand 1861
non (Gregory) Grunow *in* Cleve & Grunow 1880

(Plate IIB$_4$-11：8-10)

Syn：*Synedra constricta* Kützing 1844；*Tryblionella apiculata* Gregory 1857；*Nitzschia apiculata* (Gregory) Grunow 1878；non *Tryblionella constricta* Gregory 1855.

形態　殻の形 3, 4-Sta；先端の形 くちばし形[3]；殻長 20-58 μm；幅 4.5-8.5 μm；管縦溝 極めて狭く，間板も判別しにくい；条線 15-20/10 μm，平行；胞紋 光顕では見えない；殻は中央部で両殻縁共にくびれる；長軸方向に走る1本の溝が，条線を左右に切断する．

生態　日本では，本分類群の品種 *N. constricta* f. *parva* Van Heurck が，船橋市，淡路島の洲本から報告された(福島 1957)にすぎない稀産種．写真(8-10)は英国のテームズ川 Thames barrier 産のものである．**有機汚濁に関しては広適応性種，pH に関しては好アルカリ性種．**

Van Dam *et al.*(1994)は，alkaliphilous, α-mesosaprobous, eutraphentic とする．

Nitzschia acula Hantzsch *in* Rabenhorst 1862

(Plate IIB$_4$-11：11)

Syn：*Nitzschia* (*dissipata* var ?) *acula* Grunow *in* Van Herck 1881；(?) *N. lamprocampa* Hantzsch *ex* Grunow *in* Cleve & Grunow 1880.

形態　殻の形 5-Sta；先端の形 頭状形[5]；殻長 90-150 μm；幅 4-8 μm；間板 5-7/10 μm，不等間隔に並ぶ；条線 35-36/10 μm 光顕では計数しにくい；管縦溝 殻端を結ぶ明瞭な管縦溝が長軸方向に走る．

生態　日本での報告はない．ウラジオストック近郊の R. Razdornaya(DAIpo 89)に少量出現した．生態未詳．

Van Dam *et al.*(1994)は，alkaliphilous, β-mesosaprobous, eutraphentic とする．

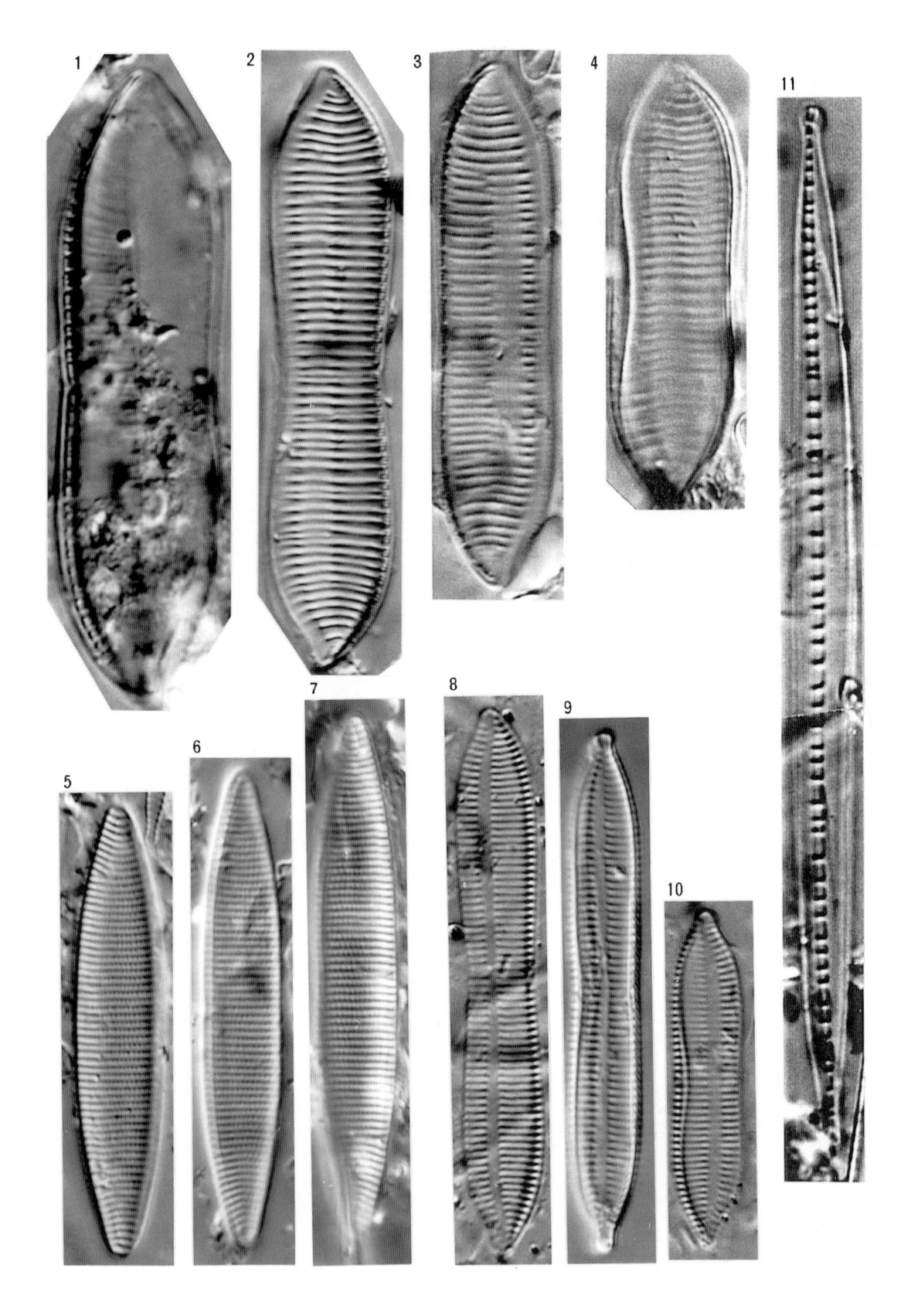

Plate IIB₄-11

Nitzschia tabellaria (Grunow) Grunow *in* Cleve *et* Grunow 1880

(Plate IIB₄-12：1-6)

Basionym：*Denticula tabellaria* Grunow 1862. Syn：*Nitzschia sinuata* var. *tabellaria* (Grunow) Grunow *in* Van Heurck 1881.

形態 殻の形 2-4-Swo；先端の形 くちばし形[3]；殻長 15-30 μm；幅 最大6-9 μm，中央部 強く膨出する；管縦溝 狭い，殻縁に沿って，または殻縁側へ寄り添うように走る(1, 3, 5, 6)；肋 長く伸びて中央にまで達する，肋密度 5-6(8)/10 μm；条線 18-25/10 μm，弱い放散状配列；胞紋 約22/10 μm.

生態 鹿児島県池田湖(DAIpo 87)，三重県の清冽河川宮川(DAIpo 89, 93)など，清浄水域によく出現する**好清水性種**であり，**pHに関しては好アルカリ性に近い中性種**．

Van Dam *et al.*(1994)は，pH circumneutral，β-mesosaprobous，mesotraphentic とする．

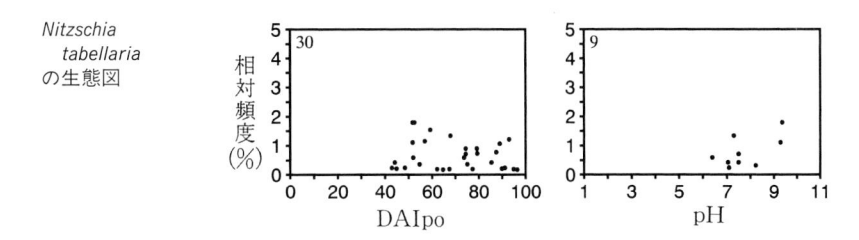

Nitzschia tabellaria の生態図

Nitzschia sinuata var. *delognei* (Grunow) Lange-Bertalot 1980

(Plate IIB₄-12：7-12)

Syn：*Nitzschia denticula* var. *delognei* Grunow *in* Van Heurck 1881；*N. solgensis* Cleve-Euler 1952.

形態 殻の形 3-Sta；先端の形 くちばし形[3]；殻長 10-22 μm；幅 3-4.5 μm；管縦溝 細くて殻縁へ寄り添うように走る；肋 5-7/10 μm，殻の中央あるいは，それを超えた位置にまで伸びる；条線 22-23/10 μm，胞紋 約21/10 μm；比較的小型のものが多い．

生態 滋賀県木之本の清冽河川(DAIpo 90, 94)，倶多楽湖(DAIpo 71)，池田湖(DAIpo 87)，尾瀬沼(DAIpo 55，pH 7.0)など比較的清潔な水域から，東京周辺の汚濁河川(DAIpo 12-50)にも出現する**広適応性種**，**pHに関しては中性種**．また忍野八海の湧池，御在所温泉，湯泉地温泉などにも出現する．相対頻度は常に低い(<4%)．

Van Dam *et al.*(1994)は，alkaliphilous，β-mesosaprobous，meso-eutraphentic とする．

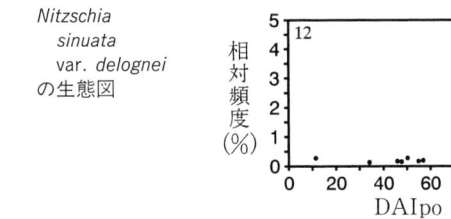

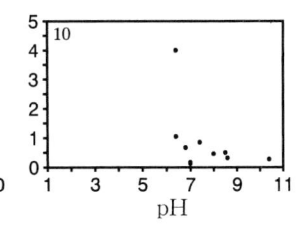

Nitzschia sinuata var. *delognei* の生態図

Nitzschia heidenii Meister 1914 (Plate ⅡB$_4$-12：13-20)

Syn：*Nitzschia moissacensis* var. *heidenii* Meister 1914；*N. heidenii* var. *pamirensis* Petersen 1930. K. Krammer & H. Lange-Bertalot (1988)は，本分類群を，*N. sinuata* var. *delognei* の synonym としている．

形態 殻の形 3-Sta；先端の形 くちばし形[3]；殻長 22-70 μm；幅 6-9 μm；管縦溝 狭くて，肋のある側の殻縁に沿って走る；肋 4-6/10 μm；長く伸びて殻のほぼ中央にまで達する：条線 14-16/10 μm，胞紋 約 12/10 μm，胞紋配列は，中央へ向かうに従って，間隔不同となる．

生態 志賀高原の一沼(pH 6.8)，木戸池(pH 6.8)，北海道俱多楽湖(pH 8.5)に出現した稀産種．**好清水性種．**

Nitzschia heidenii var. *sigmatella* nom. nud. (Plate ⅡB$_4$-12：21)

形態 殻の形 4-Sig；先端の形 くちばし伸長形[4]；殻長 53 μm；幅 7 μm；管縦溝，肋，条線の特性は基本種と変わらない．殻の形が明瞭なS字状であることと，殻の先端が，互いに反対側へ長く伸びる特性によって，基本種と区別できる．

生態 志賀高原の一沼(pH 6.8)にのみ産した稀産種，生態未詳．

Plate IIB₄-12

555

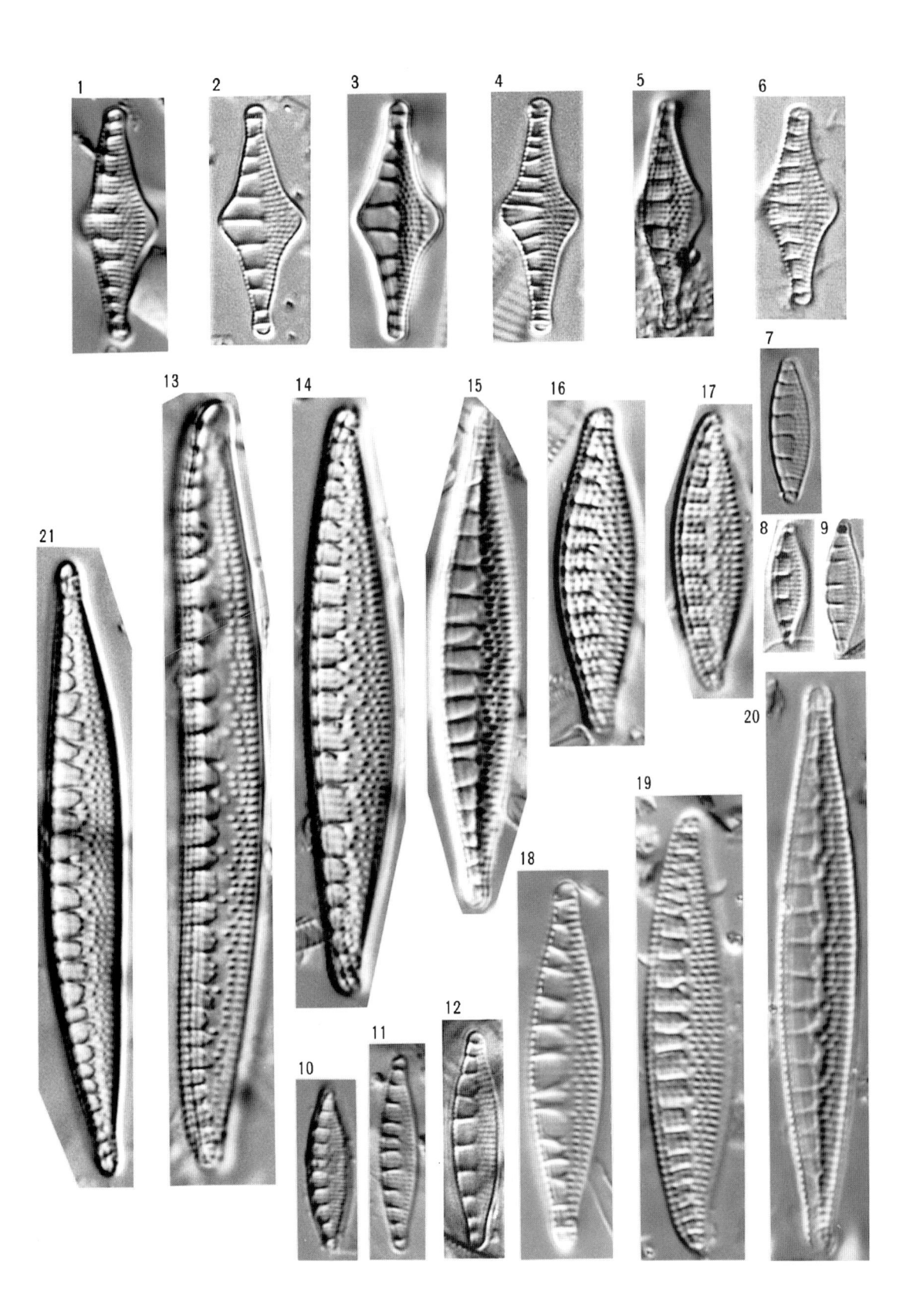

Nitzschia levidensis (W. Smith) Grunow var. *levidensis in* Van Heurck 1881
(Plate IIB$_4$-13：1)

Syn：*Tryblionella levidensis* var. *levidensis* W. Smith 1856；*Nitzschia tryblionella* var. *levidensis* (W. Smith) Grunow *in* Cleve & Grunow 1880；*Nitzschia tryblionella* var. *victoriae* (Grunow 1862) Grunow *in* Cleve & Möller 1878.

|形態| 殻の形 1-Sta；先端の形 くさび形[11]；殻長 18-65 μm；幅 8-23 μm；間板 6-12/10 μm；管縦溝 狭く，片側の殻縁に沿って走る；条線 35-36/10 μm．

|生態| 本分類群の生態は先述の *N. levidensis* var. *sarinarum* (Pl. IIB$_4$-11：2-4)とは異なり，**有機汚濁に関しては好汚濁性種，pH に関しては中性種．**

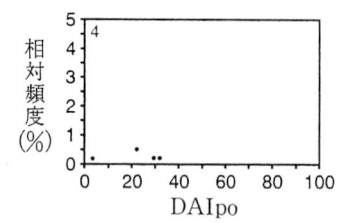

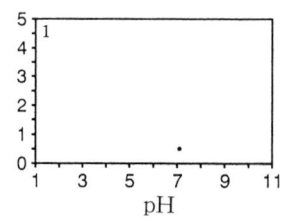

Nitzschia levidensis の生態図

Nitzschia tryblionella Hantzsch *in* Rabenhorst 1860 (Plate IIB$_4$-13：2)

Syn：*Triblionella gracilis* W. Smith 1853.

|形態| 殻の形 3-Sta；先端の形 くさび形[12]；殻長 60-180 μm；幅 16-30 μm；間板 5-10/10 μm；条線 30-35/10 μm；間板(竜骨点)密度よりも細かく，条線密度よりも粗い横行線(約 15/10 μm)が，ある場合には殻の中央部まで，ある時には殻のおよそ 1/4 の幅まで伸びる．

|生態| 英国テームズ川下流の Thames barrier(DAIpo 50)に出現したが，日本では未発見．

Van Dam *et al.*(1994)は，alkaliphilous, *α*-mesosaprobous, eutraphentic とする．

Nitzschia vermicularis (Kützing) Hantzsch *in* Rabenhorst 1860 (Plate IIB$_4$-13：3)

Syn：*Frustulia vermicularis* Kützing 1833.

|形態| 殻の形 5-Sta；先端の形 突起伸長形[13]；殻長 75-250 μm；幅 3.5-7 μm；間板 5-12/10 μm；条線 30-約 40/10 μm；管縦溝 極めて狭く，一方の殻縁に沿って走る．写真は大塚(2001)が撮影した斐伊川(島根県)産の写真を 2000 倍に拡大したものである．

|生態| 日本では，琵琶湖，淀川の大阪浄水場，奈良県都介野村，埼玉県山口から，幾人かの研究者によって報告されてきた(福島 1957)普遍種である．**有機汚濁に関しては広適応性種，pH に関しては好アルカリ性種．**

Van Dam *et al.* (1994)は，alkaliphilous, *β*-mesosaprobous, oligo-to eutraphentic (hypereutraphentic)とする．

Nitzschia sigma (Kützing) W. Smith 1853   (Plate ⅡB$_4$-13：4-7, 8-10)

Syn：*Synedra sigma* Kützing.

|形態| 殻の形 3-Sig；先端の形 くさび形[12]；殻長 35-100 μm；幅 4-15(26) μm；殻はS字状；管縦溝 間板のある側の殻縁に沿って走る；間板 7-12/10 μm, 小型の(4-7)では 10-11/10 μm, 大型の(8, 9)では 9-10/10 μm；条線 19-38/18 μm, 写真では 30-35/10 μm, 胞紋は細かい胞紋列；写真(4-7)は *N. clausii* Hantzsch に殻の形は似るが，本分類群には肋の列の中央部に結節がない点で異なる．ここに挙げたのは，広義の *Nitzschia sigma* であり，幾種類かの複合種群である可能性が大きい．

|生態| 有機汚濁に関しては，奈良市の汚濁河川佐保川(DAIpo 20)から奈良県の清冽河川内牧川(DAIpo 93)にまで，広く分布する**広適応性種，pH に関しては好アルカリ性種**．相対頻度は常に低い(<3%)が，アフリカの L. Nakuru では，25.3%の高い相対頻度で出現した．

Van Dam *et al.* (1994)は，alkaliphilous, *α*-mesosaprobous, eutraphentic とする．Håkansson (1993)は alkaliphilous とする．

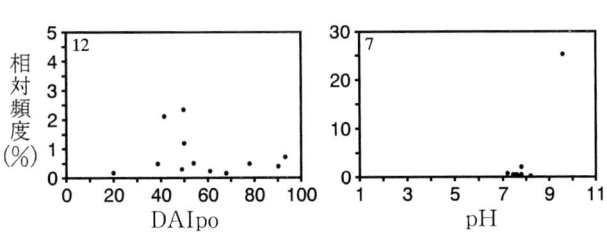

Nitzschia sigma の生態図

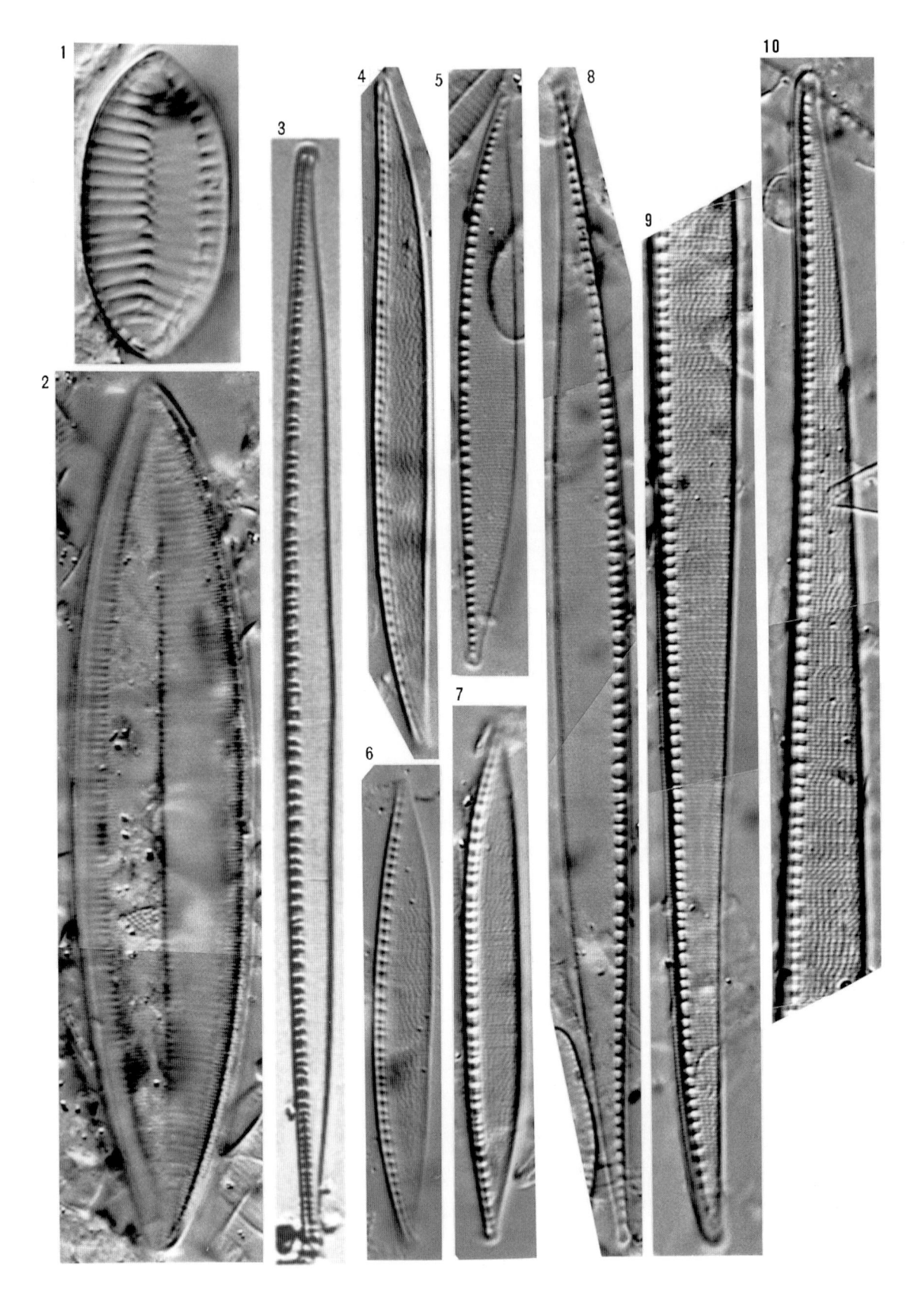

Plate II B₄-13

558

Nitzschia nana Grunow *in* Van Heurck 1881 (Plate IIB₄-14:1-3)

Syn：*Nitzschia obtusa* var. *nana* (Grunow) Van Heurck 1885；*N. obtusa* var. *lepidula* Grunow *in* Cleve & Grunow 1880；*N. ignorata* Krasske 1929.

|形態| 殻の形 4,5-Sig；先端の形 くさび形[11]；殻長 35-120 μm；幅 3-4.5 μm；間板 7-11/10 μm，中央に間板の欠けた中心節がある；条線 30-36/10 μm，胞紋 極めて細かく，光顕では計数しにくい．長く伸びた S 字状の殻の形が特徴的．

|生態| 東京近郊と三重県四日市近郊の汚濁河川(DAIpo 9-55)に出現した**好汚濁性種**，pH に関しては情報が少ないので不明．

Van Dam *et al.* (1994)は，pH circumneutral, β-mesosaprobous, mesotraphentic とする．

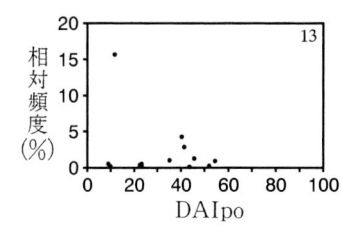

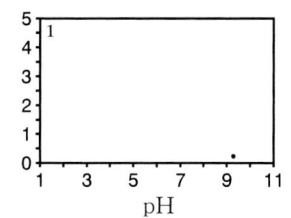

Nitzschia nana の生態図

Nitzschia brevissima Grunow *in* Van Heurck 1881 (Plate IIB₄-14:4-6)

Syn：*Nitzschia parvula* Lewis 1862 non W. Smith 1853；*N. obtusa* var. *brevissima* (Grunow) Van Heurck 1885.

|形態| 殻の形 5-Con；先端の形 くちばし形[3]；殻長 18-54 μm；幅 3.5-6.5 μm；間板 5-10/10 μm，間隔不同；条線 30-38/10 μm；殻の中央部両縁共にかなり強くくびれる．

|生態| 東京近郊の汚濁河川江戸川(DAIpo 46)では 22, 23％の高い相対頻度で出現したが，他の多くの場合相対頻度は低かった(＜5％)．**有機汚濁に関しては広適応性種，pH に関しては中性種**．

Van Dam *et al.* (1994)は，pH circumneutral, β-mesosaprobous, eutraphentic とする．

Nitzschia brevissima の生態図

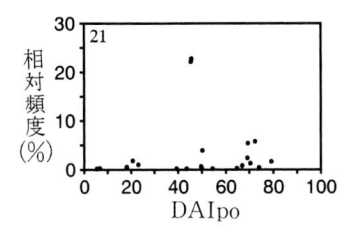

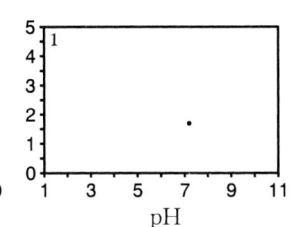

Nitzschia clausii Hantzsch 1860 (Plate IIB₄-14:7-9)

Syn：(?) *Nitzschia sigma* var. *curvula* (Ehrenberg 1838) Brun 1880；*N. sigma* var. *clausii* (Hantzsch) Grunow 1878.

|形態| 殻の形 2-Sig；先端の形 頭状形[5]；殻長 20-55 μm；幅 3-5 μm；間板 10-13/10 μm，間板の列の中央に，間板の欠けた中心節がある；条線 38-42/10 μm．

|生態| **有機汚濁に関しては広適応性種**で，福井県の兵庫川(DAIpo 59)では相対頻度が 34％，インドネシアの汚濁河川 R. Anai(DAIpo 37)，R. Padang (DAIpo 37)では共に 36％の高い相対頻度で出現したが，普通相対頻度は低い(＜5％)．**pH に関しては好アルカリ性種**．

Van Dam *et al.* (1994)は，alkaliphilous, α-mesosaprobous, eutraphentic とする．

Nitzschia clausii の生態図

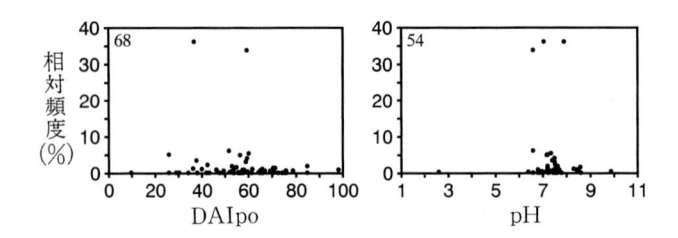

Nitzschia parvuloides Cholnoky 1954 (Plate ⅡB$_4$-14：10-13)

形態　殻の形 2-4-Sig；先端の形 くさび形[12]；殻長 20-45 μm；幅 中央 3.5-5 μm；間板 9-12/10 μm，中央部に間板の欠けた中心節がある；条線 32-37/10 μm；殻形はゆるい S 字状であるが，殻の一方側のみ，中央でへこむ．その部分は間板列の中心節にあたる．

Nitzschia clausii，*N. filiformis* とも似るが，殻の先端形の違いによって区別できる．また，*N. nana* とも似るが，殻長に関して殻の幅が本分類群の方が広いことによって区別できる．Krammer, K. & Lange-Bertalot, H. (1988) は，*Nitzschia scalpelliformis* f. *minor*，*N. angusta* Grunow *in* Cleve & Möller 1882，*N. parvuloides* f. *curta* Cholnoky 1954 を本分類群に包含している．

生態　有機汚濁に関しては広適応性種，pH に関しては中性種．

Nitzschia aremonica Archibald 1983 (Plate ⅡB$_4$-14：14, 15)

形態　殻の形 4-Sig；先端の形 くさび形[11]；殻長 30-60 μm；幅 4-5 μm；間板 7-10/10 μm；条線 30-33/10 μm；胞紋 約 32/10 μm；*Nitzschia nana* と形態は似るが，それよりも本分類群の方が太短く，胞紋密度が幾分粗いことによって区別できる．

生態　洞爺湖(DAIpo 52，pH 8.0)に産した稀産種．生態未詳．

Nitzschia lorenziana Grunow *in* Cleve & Grunow 1880 (Plate ⅡB$_4$-14：16)

Syn：*Nitzschia lorenziana* Cleve & Möller 1879；*N. lorenziana* var. *subtilis* Grunow *in* Cleve & Grunow 1880.

形態　殻の形 5-Sig；先端の形 突起伸長形[13]；殻長 50-190 μm；幅 4-7 μm；間板 6-10/10 μm；条線 13-19/10 μm；細くなった長い先端部は互いに反対側へ湾曲する．写真は大塚(2002)の Fig.174(島根県斐伊川産)を 2000 倍に拡大したものである．

生態　北海道十三潟，埼玉県川跡沼(福島 1957)，島根県斐伊川(大塚 2002)から本分類群の出現が報告されている．

Hustedt(1930) は，海岸地域の弱い汽水域に分布するが，内陸のあちこちの水域にも出現したとする．Van Dam *et al.*(1994) は，塩素イオン濃度 1000-5000 mg/*l*，塩分濃度 1.8-9.0 ‰の汽水産とする．

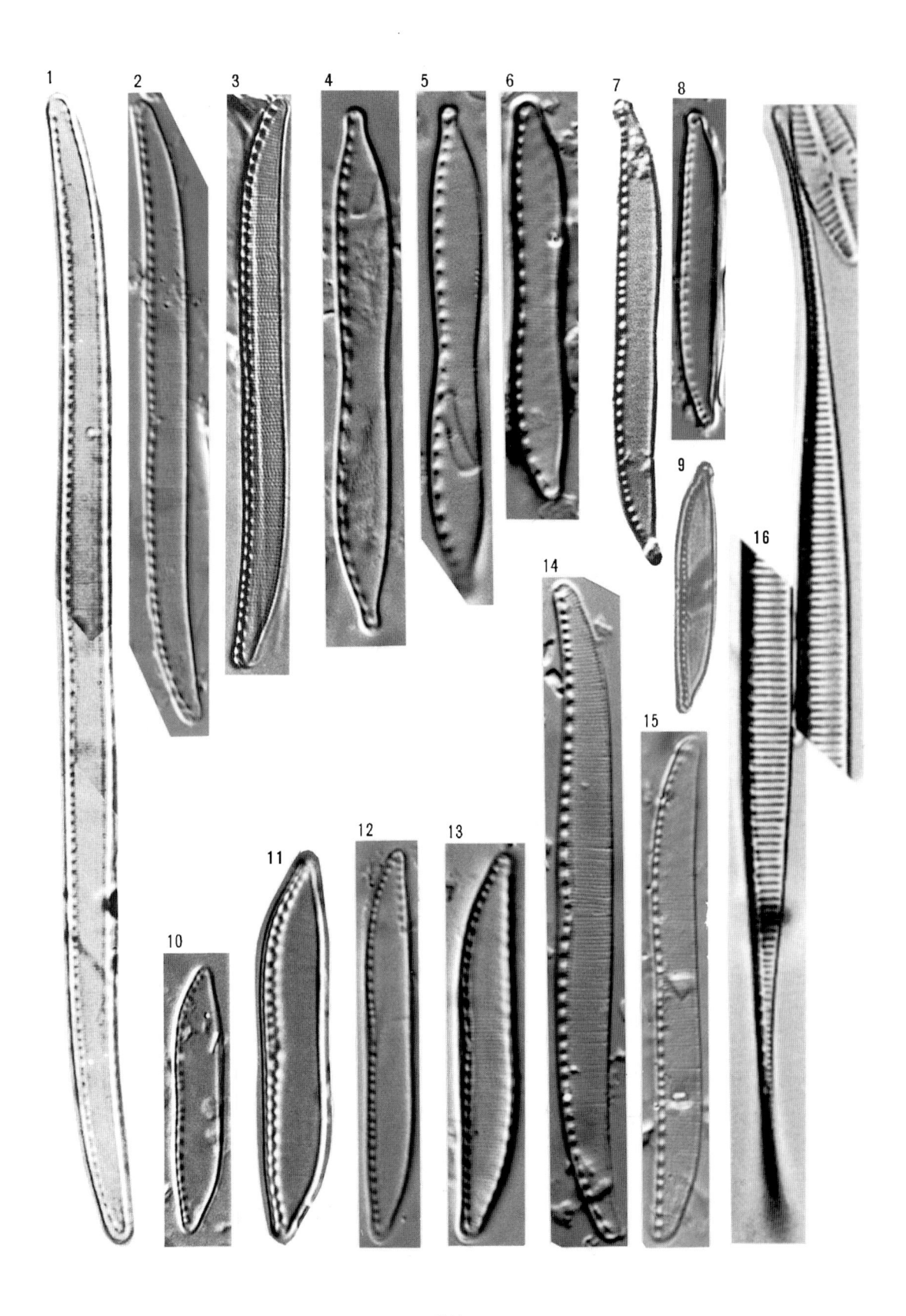

Plate II B₄-14

561

Nitzschia intermedia Hantzsch *ex* Cleve & Grunow 1880　　　(Plate IIB$_4$-15：1-3)

Syn：*Nitzschia subtilis* var. *intermedia* (Hantzsch *in* Cleve & Grunow) Schönfeldt 1907；*N. damasi* Hustedt 1949；*Homoeocladia intermedia* (Hantzsch *ex* Cleve & Grunow 1880) Kuntze 1898.

形態　殻の形 5-Sta；先端の形 くちばし形[3]，頭状形[5]；殻長 40-150 μm；幅 4-7 μm；間板 7-13/10 μm；条線 20-33/10 μm；殻縁はほとんど平行．

本分類群は，後に Pl. IIB$_4$-21：1-5 で述べる *Nitzschia frickei* と，光顕下では形態学的に区別することは難しい．生態図は両者の複合種群としての図である．

生態　有機汚濁に関しては広適応性種，pH に関しては真アルカリ性種．広く分布する普遍種ではあるが，相対頻度は常に低い（<3％）．

Van Dam *et al*. (1994)は，pH circumneutral, β-mesosaprobous, eutraphentic とする．Håkansson (1993)は，pH indifferent とする．

Nitzschia intermedia と
N. frickei
複合種群の生態図

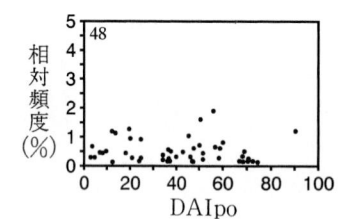

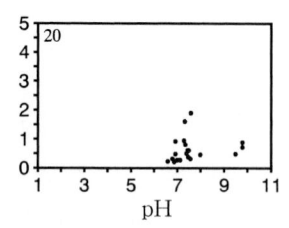

Nitzschia linearis (Agardh) W. Smith var. *linearis* 1853　　　(Plate IIB$_4$-15：4-7)

Syn：*Frustulia linearis* Agardh *ex* W. Smith 1853；*Nitzschia linearis* f. *brevis* H. Peragallo & M. Peragallo 1900；*N. linearis* var. *genuina* A. Mayer 1913.

形態　殻の形 5-Sta；先端の形 くさび形[12]；殻長 34-228 μm；幅 2.5-7.5 μm；間板 8-17/10 μm，間板列の中央では間板を欠く中心節がある；条線 28-41/10 μm．

生態　有機汚濁に関しては広適応性の普遍種．北海道オソウシ温泉(pH 10.0-10.4)，長野県鉱泉湧水(pH 12.0)の高アルカリ温泉の流出路に 3.5-9.2％の相対頻度で出現した**真アルカリ性種**．

Van Dam *et al*. (1994)は，alkaliphilous, β-mesosaprobous, meso-eutraphentic とする．

Nitzschia linearis
の生態図

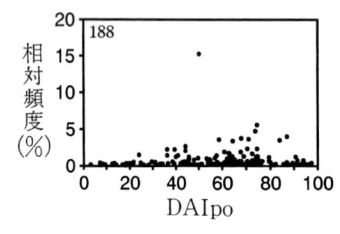

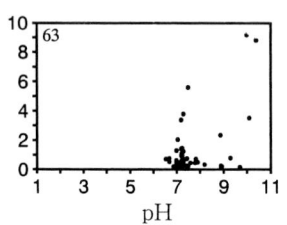

Nitzschia linearis var. *subtilis* (Grunow) Hustedt 1923 　　(Plate IIB_4-15：8, 9)

Syn：*Nitzschia linearis* var. *tenuis* (W. Smith 1853) Grunow *in* Cleve & Grunow 1880；*N. subtilis* Grunow.

形態　殻の形 5-Sta；先端の形 くさび形[12]；殻長 35-180μm；幅 2.5-6.5μm；間板 8-15/10μm, 中心節の明確な個体と不明確な個体とがある．(9)は不明確個体；条線 33-37/10 μm；基本種と比べて，殻が狭くなり始める位置が，本分類群の方が，先端よりも遠い部位にあることによって，両者を区別することができる．

生態　有機汚濁に関しては広適応性種，pH に関しては中性種．
Van Dam *et al.* (1994)は，acidophilous とする．

Nitzschia linearis var. *subtilis* の生態図

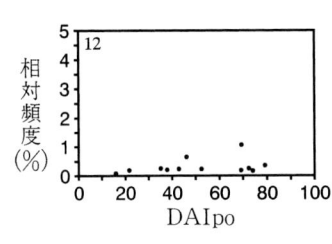

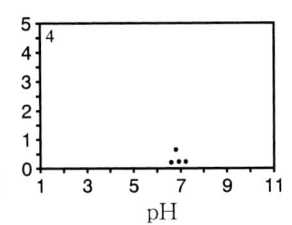

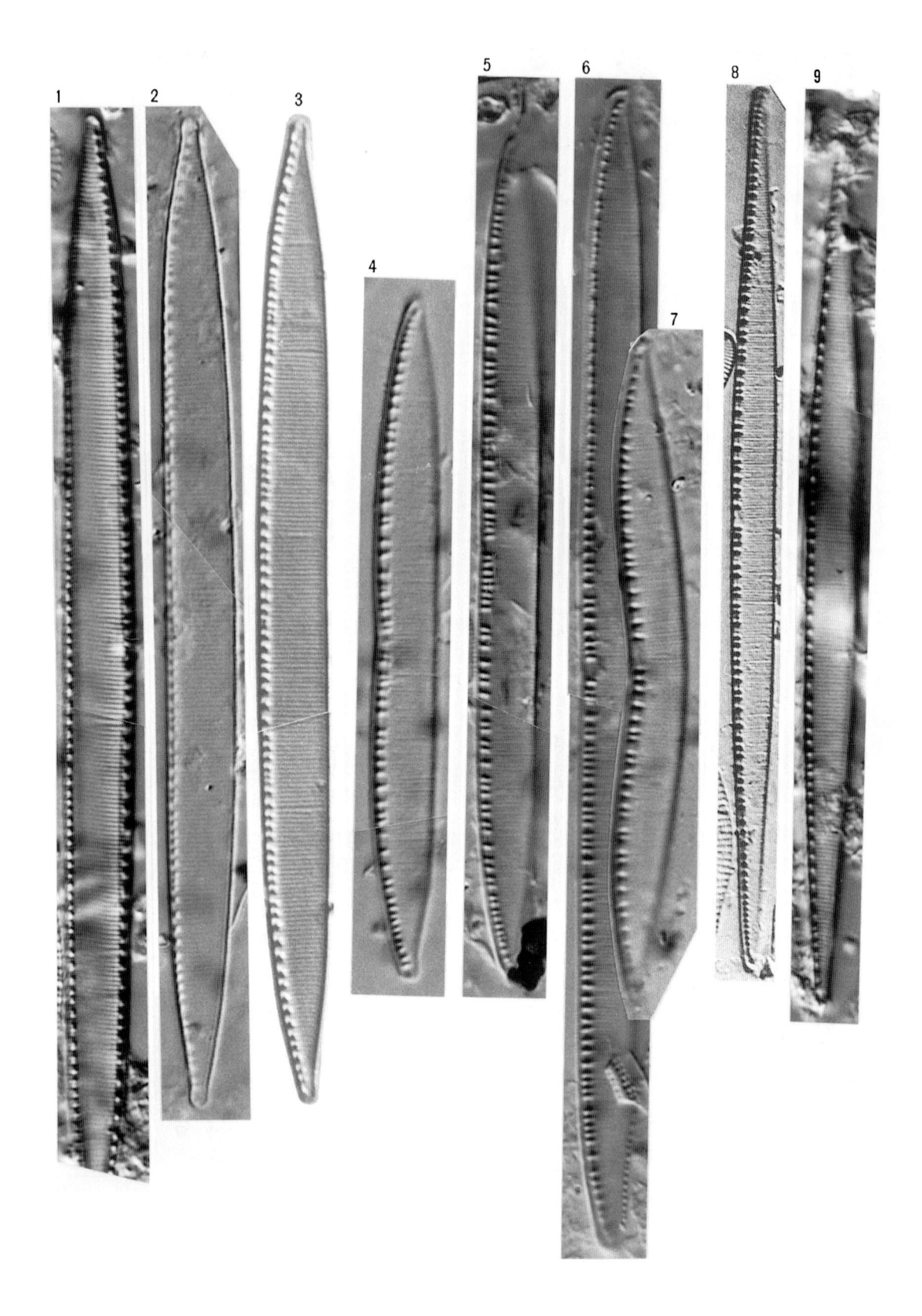

Plate II B₄-15

Nitzschia heufleriana Grunow 1862
(Plate IIB$_4$-16：1-3)

Syn：*Nitzschia lauenburgiana* Hustedt 1950.

形態　殻の形 5-Sta；先端の形 くちばし形[3]；殻長 70-190 μm；幅 4-7 μm；間板 10-13/10 μm，中心節はない；条線 20-24(26)/10 μm；胞紋 約 40/10 μm；殻縁は平行に近い．

生態　有機汚濁に関してはDAIpo 10以下の強い汚濁域にも出現する**好汚濁性種**，**pH**に関しては中性種であるが，相対頻度は低い（<3%）ことが多い．

Van Dam *et al*. (1994)は，alkaliphilous，β-mesosaprobous とする．

Nitzschia heufleriana の生態図

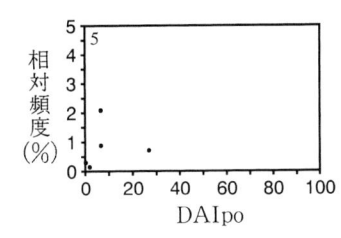

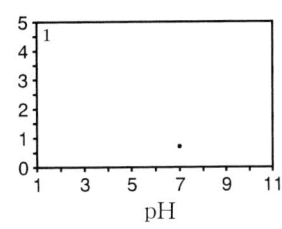

Nitzschia scalpelliformis（Grunow）Grunow *in* Cleve & Grunow 1880
(Plate IIB$_4$-16：4-6)

Syn：*Nitzschia obtusa* var. *scalpelliformis* Grunow *in* Cleve & Möller 1879.

形態　殻の形 5-Sta；先端の形 くさび形[11,12]，両殻端が互いに反対側へゆるく曲がる；殻長 20-110 μm；幅 4.5-7.4 μm；間板 7-10/10 μm，中央に間板が欠けた中心節がある．間板列で示される管縦溝は，殻の中央部で，殻縁から離れて，殻の中央へ向かって曲がる；条線 27-38/10 μm で，光顕で確認できる．

生態　有機汚濁に関しては**好汚濁性種**，**pH**に関しては**好アルカリ性種**．相対頻度は常に低い（<4%）．東京近郊の著しい汚濁河川鶴見川（DAIpo 18），白子川（DAIpo 2），新河岸川（DAIpo 10）などに出現した．

Nitzschia scalpelliformis の生態図

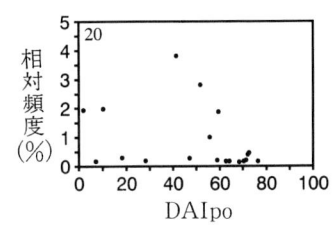

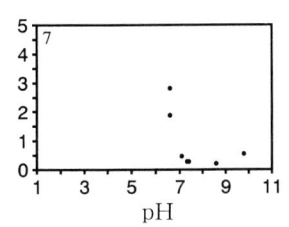

Nitzschia recta Hantzsch *in* Rabenhorst 1861-1879 (Plate IIB$_4$-16：7, 8)

形態 殻の形 5-Sta；先端の形 くちばし形[3]；殻長 35-100 μm；幅 3.5-7(8) μm；間板 5-10/10 μm，中心節はない；条線 35-52/10 μm，(7) は *N.rectiformis* Hustedt 1943 に相当する *rectiformis*-Sippen に，(8) は *N. bavarica* Hustedt 1953 に相当する *bavarica*-Sippen に相当する (K. Krammer & Lange-Bertalot 1988).

生態 有機汚濁に関しては広適応性種，pH に関しては好アルカリ性種．

Van Dam *et al.* (1994) は，alkaliphilous, β-mesosaprobous, oligo-to eutraphentic (hypereutraphentic) とする．Håkansson (1993) は alkaliphilous とする．

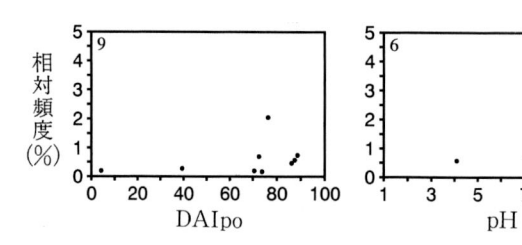

Nitzschia recta の生態図

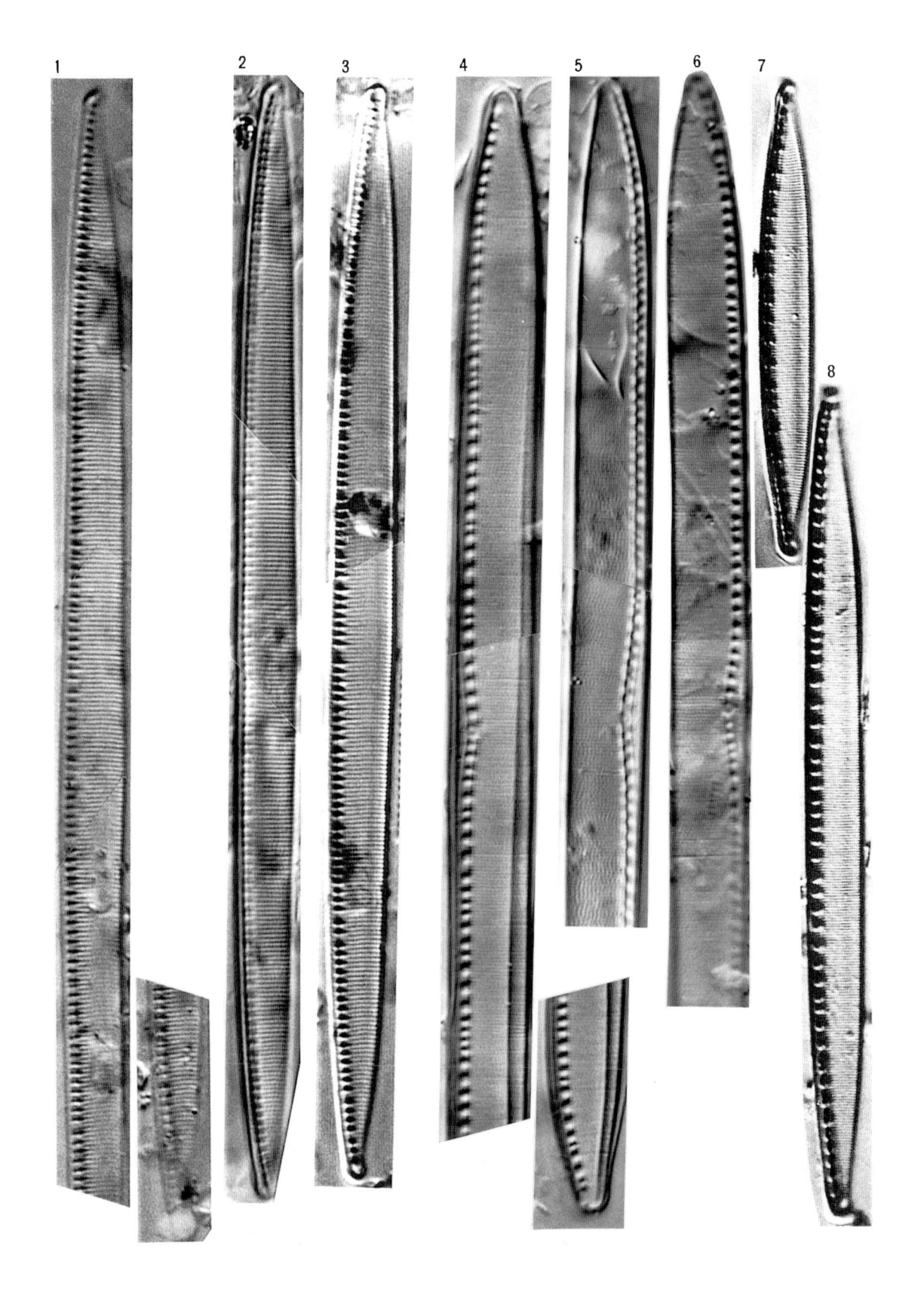

Plate II B$_4$-16

Nitzschia aff. *fasciculata* (Grunow) Grunow *in* Van Heurck 1881
(Plate IIB$_4$-17：1)

Syn：*Nitzschia sigma* var.？*fasciculata* Grunow 1878.

形態　殻の形 5-Sta；先端の形 くちばし伸長形[4]；殻長 45-95μm；幅 3-7μm；間板 4-7/10μm，間隔不同，間板の長さは殻の幅の 1/3 以上；条線 27-30/10μm；殻の両縁はほぼ平行，本分類群の両先端部は，普通反対側へ曲がるとされているが，Krammer & Lange-Bertalot (1988) は，先端の曲がらないもの (Taf. 22, Fig.12) をこの分類群としたのに従って本分類群と考えたが，なお検討が必要である．

生態　稀産種のため生態未詳．Van Dam *et al.* (1994) は，alkaliphilous としている．

Nitzschia aequalis Hustedt 1949
(Plate IIB$_4$-17：2, 3)

形態　殻の形 5-Sta；先端の形 くさび形[12]；殻長 80-130μm；幅 2.5-4.5μm；間板 11-14/10μm，中心節はない；条線 約 40/10μm，光顕では確認しにくい；殻縁は平行．

生態　日本では未記録．Hustedt (1949) は，アフリカの Uganda と Republic of Zaire との国境にある Lake Edward の試料によって，本分類群を新種として記載した．(2, 3) は，アフリカの L. Turkana (pH 9.5-10.0) 産の個体である．本分類群は，pH 8.5 以上の強アルカリ水域にしばしば優占的に出現する真アルカリ性種．

Nitzschia recta Hantzsch *bavarica*-Sippen
(Plate IIB$_4$-17：4)

Pl. IIB$_4$-16：7, 8 で述べたように，本分類群は，*Nitzschia bavarica* Hustedt 1953 に相当する．

Nitzschia fruticosa Hustedt 1857
(Plate IIB$_4$-17：5)

Syn：*Nitzschia actinastroides* Lemmermann sensu Van Goor 1925；*Synedra actinastroides* var. *lata* sensu Schultz 1931；*Nitzschia actinastroides* var. *ligeriensis* Germain 1977.

形態　殻の形 5-Sta；先端の形 くさび形[12]；殻長 20-83μm；幅 2.5-4.5μm；間板 13-18/10μm，中心節はない；条線 29-36/10μm；*N. palea* と殻形が似るが，先端の形がゆるやかに細くなる，くさび形であるなど，微妙な違いがある．本分類群は，星形の群体を作って浮遊することもある．

生態　*N. palea* と混同されてきた可能性が大きい．生態未詳．

Nitzschia radicula Hustedt 1942
(Plate IIB$_4$-17：6, 7)

Syn：*Nitzschia radicula* var. *rostrata* Hustedt 1950.

形態　殻の形 5-Sta；先端の形 くさび形[12]；殻長 33-70μm；幅 2.5-3μm；間板 10-13/10μm；条線 28-30/10μm．

生態　島根県斐伊川の淡水域に出現 (Ohtsuka 2002) した以外，日本での出現の報告はない．生態未詳．

Nitzschia hantzschiana Rabenhorst 1860
(Plate IIB$_4$-17：8, 9)

Syn：*Nitzschia perpusilla* Rabenhorst 1861, non Grunow 1862；*N. frustulum* var. *gracialis* Grunow *in* Van Heurck 1881；*N. frustulum* f. *subserians* Grunow *in* Van Heurck 1881.

形態　殻の形 5-Sta；先端の形 くさび形[12]；殻長 25-50μm；幅 3-5μm；間板 7-10/10μm，中心節がある；条線 20-26/10μm，24/10μm 内外のことが多い．

生態　有機汚濁に関しては広適応性種，流水域でしばしば第1位優占種となる．第2位優占種が，*Nitzschia dissipata*, *N. romana*, *Cocconeis pediculus*, *Cymbella minuta* のような好清水性である場合に

はその水質は DAIpo 59 以上で貧腐水性であり，他の広適応性種である場合は，DIApo 50 以下の β 中腐水性である．pH に関しては，アルカリ度が高くなるに従って相対頻度が大きくなる傾向がある**真アルカリ性種**である．

　Hustedt (1930) は，淡水に分布する種で稀産種ではなく，特に山岳地帯の水域，湧水，濡れた岩上に出現するという．Van Dam et al. (1994) は，circumneutral, oligosaprobous, mesotraphentic とする．Håkansson (1993) は alkaliphilous とする．

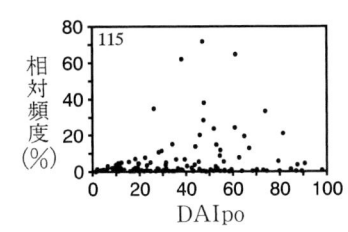

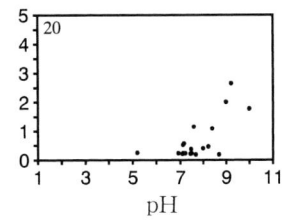

Nitzschia hantzschiana の生態図

Nitzschia sublinearis Hustedt 1930　　　　　　　　　　　(Plate II B₄-17：10, 11)

|形態|　殻の形 5-Sta；先端の形 くさび形[12]；殻長 (20)30-90μm；幅 4-6μm；間板 13-17/10μm，間板は殻の中央へ向かって長く(殻幅の約 1/3)伸び，間隔は不同；条線 34-38/10 μm．

|生態|　有機汚濁に関しては広適応性種，**pH** に関しては中性種．相対頻度は常に低い(＜3％)．

Nitzschia sublinearis の生態図

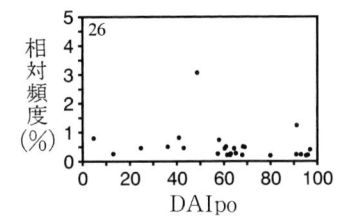

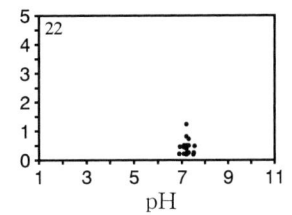

Nitzschia gracilis Hantzsch 1860　　　　　　　　　　　　　(Plate II B₄-17：12)

　Syn：*Nitzschia graciloides* Hustedt 1953．

|形態|　殻の形 5-Sta；先端の形 突起伸長形[13]；殻長 30-110 μm；幅 2.5-4 μm；間板 (11)12-18/10 μm，中心節はない；条線 38-42/10 μm，光顕では確認しにくい；殻縁は平行．

　Hustedt は，*Nitzschia graciloides* の種名を，1953 年には先端がくさび状の種群に，1959 年には先端が細長くなる種群に与えている．両者の形態は明らかに異なる．本分類群は，後述の *N. acicularis* (Pl. II B₄-24：1-4) とも似るが，それよりも本分類群の間板密度がやや小さいことが区別の目安となる．ただ，厳密には条線密度の違いによってしか区別できない，その違いは電顕によってのみ確認できる．ちなみに *N. gracilis* は 38-42/10 μm，*N. acicularis* は 60-72/10 μm とされている．

|生態|　有機汚濁に関しては，清浄域から汚濁域にまで広く分布するが，相対頻度が，DAIpo 15 以下の強い汚濁域で高くなり，他の好汚濁性種とよく共存するので，**好汚濁性種**とされた(Watanabe *et al.* 1988, Asai 1995, Asai & Watanabe 1995)．**pH** に関しては中性種．

　Van Dam *et al.* (1994) は，pH circumneutral, β-mesosaprobous, mesotraphentic とする．Håkansson (1993) は，alkaliphilous/indifferent とする．

Nitzschia gracilis の生態図

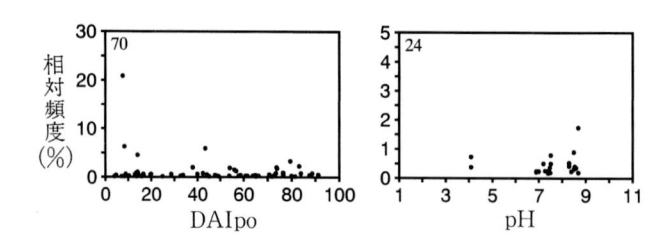

Nitzschia paleacea (Grunow) Grunow *in* Van Heurck 1881　　(Plate IIB$_4$-17：13-16)

Basionym：*Nitzschia subtilis* var. *paleacea* Grunow *in* Cleve & Grunow 1880. Syn：*Nitzschia holsatica* Hustedt *in* A. Schmidt *et al*. 1924；*N. kuetzingiana* sensu Hustedt 1930 non Hilse 1863；*N. bacata* Hustedt 1938；*N. admissa* Hustedt 1957；*N. paleacea* var. *ebroicensis* Maillard 1978；*N. makarovae* Michailow 1984.

|形態| 殻の形 5-Sta(3-Sta)；先端の形 くさび形[12]；殻長 8-55(80)μm；幅 1.5-4μm；殻縁は平行ではなく，細長い舟形；間板 (12)13-17, 中心節がある；条線 極めて細かく(44-50/μm)，光顕では確認できない．

|生態| **有機汚濁に関しては清水域から汚濁域にまで広く分布する広適応性種**．本種は，DAIpo 35-85 の貧腐水性〜β中腐水性の流水域で，しばしば第1位優占種として出現する(渡辺，浅井 1992 c)，**pH に関しては好アルカリ性種．普遍種**．

　Hustedt(1930)は，たぶん淡水域には広く分布するが，ことに止水域によく出現するという．Van Dam *et al*. (1994) は，alkaliphilous, α-mesosaprobous, eutraphentic とする．Håkansson (1993) は，alkaliphilous とする．

Nitzschia paleacea の生態図

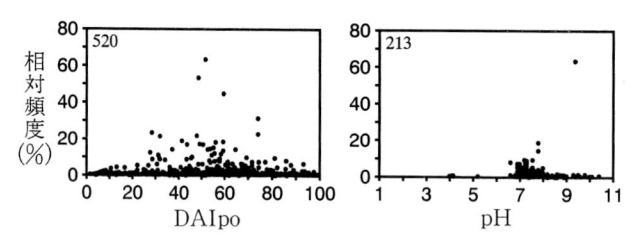

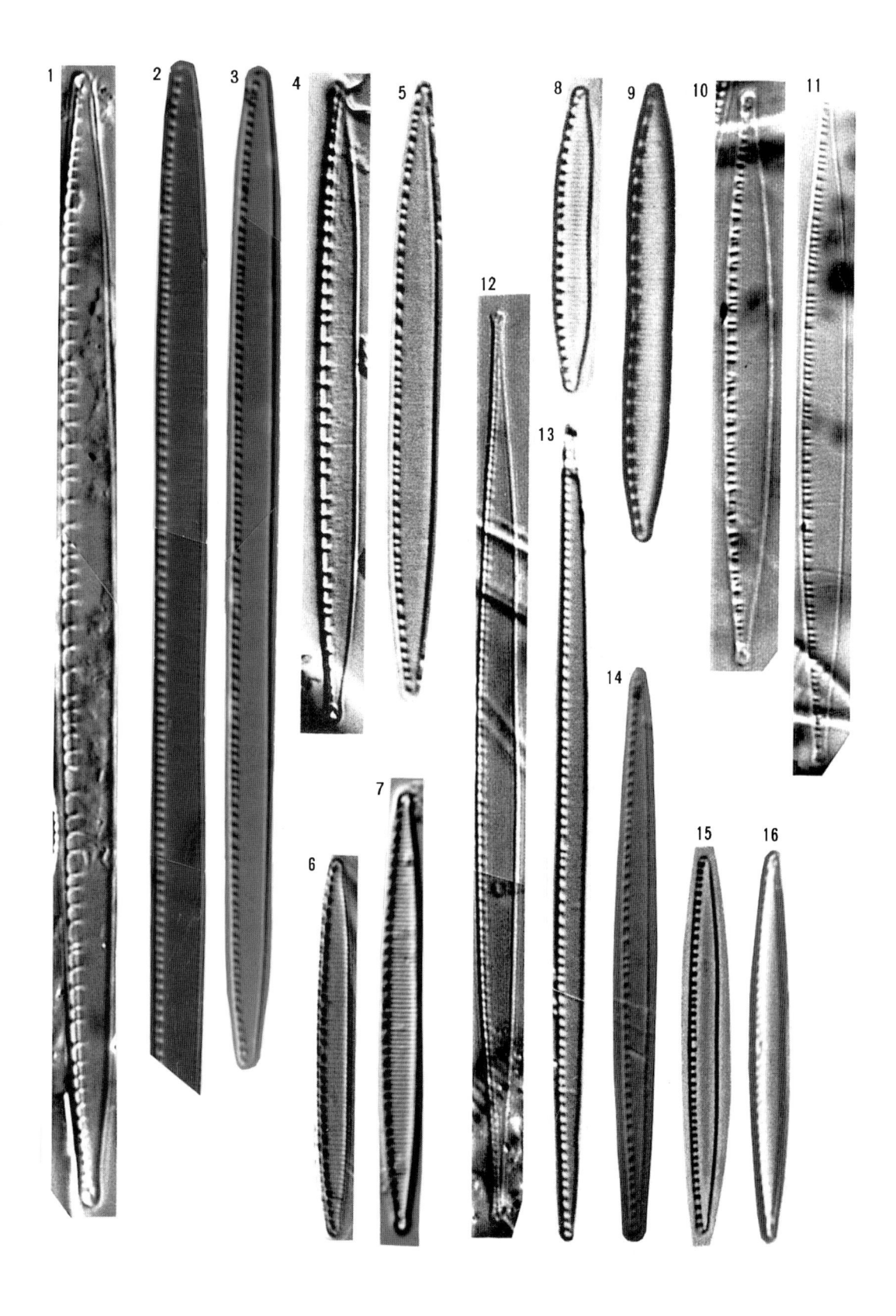

Plate IIB₄-17

Nitzschia gessneri Hustedt 1953 (Plate IIB_4-18:1-7)

|形態| 殻の形 5-Sta；先端の形 くさび形[12]，先端の小さい頭状形[5]；殻長 45-95 μm；幅 3-4(5) μm；間板 9-10(13)/10 μm，中心節が明瞭な個体(1,3)と不明瞭なもの(2,4)とがある；条線 26-29/10 μm；管縦溝の走る側の殻縁は中央部で軽く陥入する．写真(1-4)は，殻の幅が中央で 4.5-5 μm で，前記の値よりも幾分広い．

|生態| 日本では支笏湖(pH 7.5)，倶多楽湖(DAIpo 71, pH 8.5)の，いずれも北海道の湖にのみ出現した．また，ウラジオストック近郊の小さな池(DAIpo 52, pH 9.3)にも出現した稀産種．生態未詳．

Nitzschia capitellata Hustedt 1922 *in* Schmidt *et al.* 1874 (Plate IIB_4-18；8-12)

|形態| 殻の形 5-Sta；先端の形 細いくちばし伸長形[4]；殻長 20-約70 μm；幅 3.5-6.5 μm；間板 10-18/10 μm，明確な中心節がある；条線 密で約 30(23-40)/10 μm；殻縁はほぼ平行．

|生態| 有機汚濁に関しては広適応性種．相対頻度は普通 5% 以下と小さいが，10% 以上となるのは，DAIpo 35-50 の β 中腐水性域である．しかし，第 1 位優占種となることはなかった．**pH に関しては中性種．**

Hustedt (190)は，淡水と弱い汽水域に分布するが，おそらく広い範囲の塩分濃度水域に適応できる広塩性であろうという．Van Dam *et al.* (1994)は，alkaliphilous, α-meso-/polysaprobous, hypereutraphentic とする．Håkansson (1993)は，pH indifferent とする．

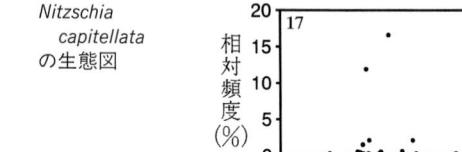

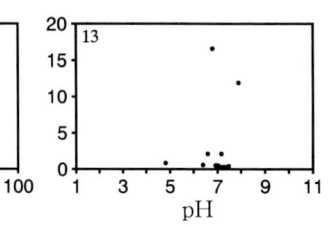

Nitzschia capitellata の生態図

Nitzschia gandersheimiensis Krasske 1927 (Plate IIB_4-18：13, 14)

|形態| 殻の形 4,5-Sta；先端の形 鋭端形[14]，鋭いくさび形[12]；殻長 14-70 μm；幅 3.5-6 μm；間板 7(8)-(10)13/10 μm，中心節がある；条線 29-35/10 μm，(13,14)の条線は 27-28/10 μm．

Krammer & Lange-Bertalot (1988)は，本分類群を *N. tubicola* Grunow の *gandersheimiensis*-Sippen とする．

|生態| 東京近郊の汚濁河川柳瀬川(DAIpo 8)，南浅川(DAIpo 25)，平井川(DAIpo 46)，および大和郡山の金魚養殖池(DAIpo 5)から，清浄河川としては佐賀県嘉瀬川(DAIpo 54-80)，京都鴨川(DAIpo 53)，兵庫県余野川(DAIpo 61)にまで，広く分布する普遍種．**有機汚濁に関しては広適応性種，pH に関しては中性種．**

Van Dam *et al.* (1994)は，alkaliphilous, polysaprobous, hypereutraphentic とする．

Nitzschia gandersheimiensis の生態図

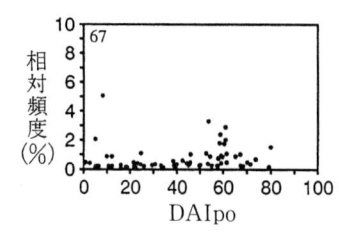

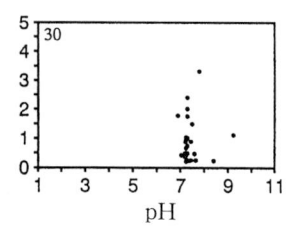

Nitzschia sociabilis Hustedt 1957 (Plate IIB$_4$-18：15)

Syn：*Nitzschia subtubicola* Germain 1981.

形態 殻の形 5-Sta；先端の形 くさび形[12]；殻長 20-60 μm；幅 3-5 μm；間板 9-12/10 μm，中心節はない；条線 極めて細かく，光顕では見ることができない，約 50/10 μm．

生態 Hustedt (1957) は，Bremen のハンザ同盟都市 (Hanse-stadt) 近郊の水域から本分類群を記録したが，Simonsen (1987) は，Holotype 中には非常に豊富に出現すると述べている．日本では稀産種であり，その生態は未詳．

Nitzschia homburgiensis Lange-Bertalot 1987 (Plate IIB$_4$-18：16-18)

Syn：*Nitzschia thermalis* (Ehrenberg 1841) Auerswald *in* Rabenhorst 1861-1879；*N. thermalis* var. *minor* Hilse 1860.

形態 殻の形 5-Sta；先端の形 小さい頭状形[5]；殻長 32-52 μm；幅 中央 4.5 μm，最大 5-6 μm；間板 9-15/10 μm，間隔不同，中心節がある；条線 34-40/10 μm；殻縁は，両縁または一方の縁のみが軽く陥入する．

本分類群と形態が酷似する *Nitzschia umbonata* (Pl. IIB$_4$-19：22, 23) は，間板 7-10/10 μm；条線 24-30/10 μm で，共に本分類群よりも粗である．しかし光顕では，写真によって精査しない限り，区別は困難である．

生態 図は，本分類群と *Nitzschia umbonata* (synonym として，*Nitschia thermalis* Grunow 1862；*N. stagnorum* Rabenhorst 1860 を含む) との複合種群として作図したものである．**有機汚濁に関しては広適応性種，pH に関しては中性種**．

Van Dam *et al.* (1994) は，*N. homburgiensis* について circumneutral, oligosaprobous, mesotraphentic とするが，*N. umbonata* については circumneutral, polysaprobous, hypereutraphentic とする．つまり前者は清浄域に，後者は汚濁域に産する相反する生態特性をもった種とする．

Nitzschia homburgiensis と *N. umbonata* 複合種群の生態図

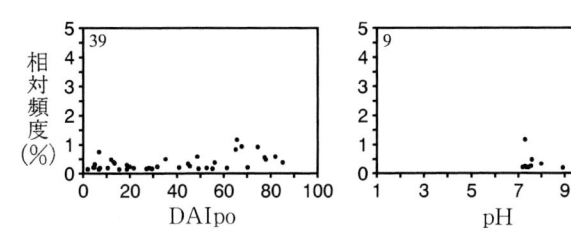

Plate II B₄-18

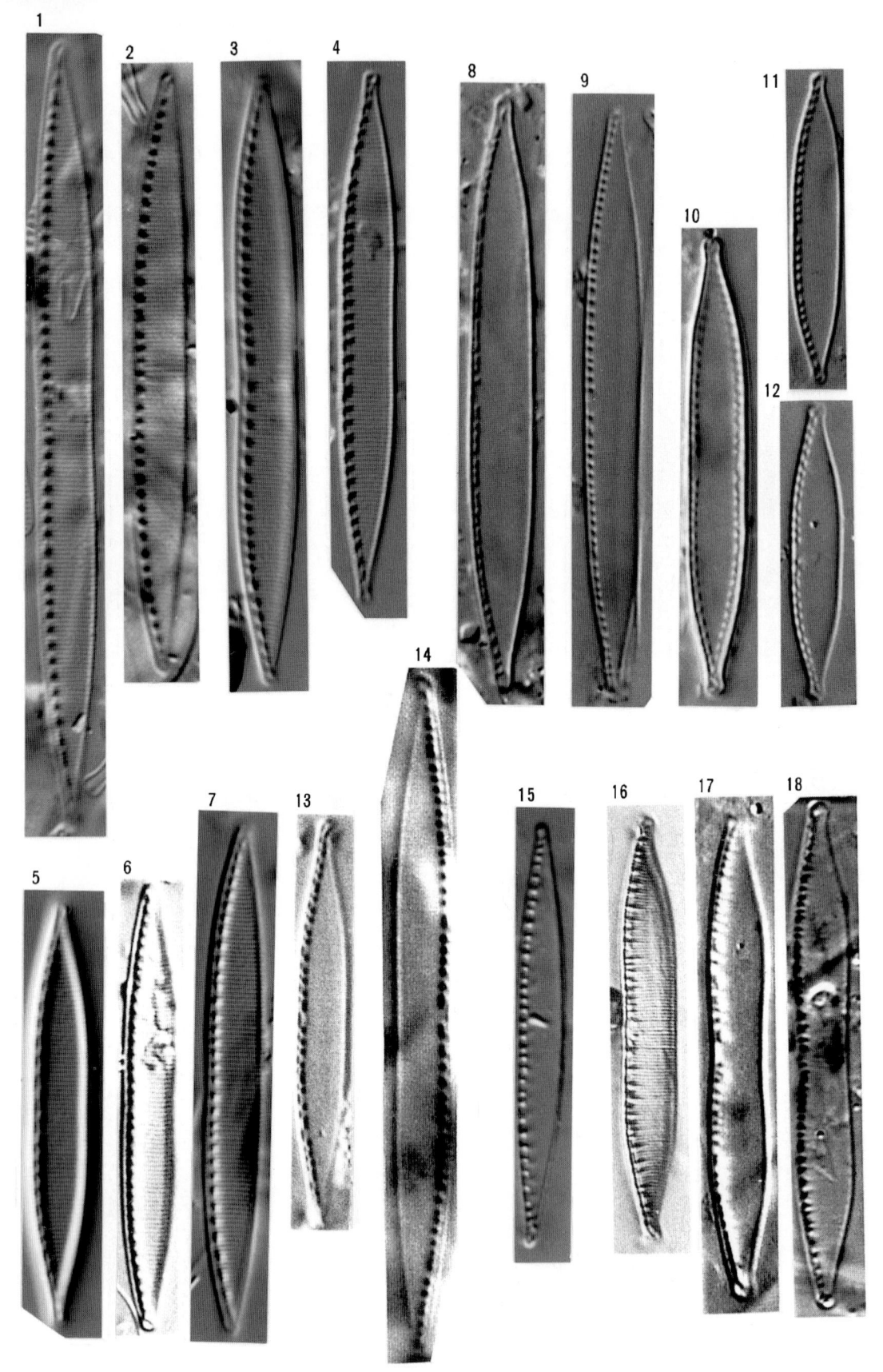

Nitzschia palea (Kützing) W. Smith 1856 (Plate IIB₄-19：1-7)

Basionym：*Synedra palea* Kützing 1844. Syn：*Nitzschia accommodata* Hustedt 1949.

本分類群中には，K. Krammer & H. Lange-Bertalot (1988)が *major*-Sippen(1)とする *Nitzschia palea* f. *major* Rabenhorst 1864；*N. pilum* Hustedt 1942，および *minuta*-Sippen(2, 3)とする *N. minuta* Bleisch 1863；*N. palea* var. *minuta* Bleisch *in* Rabenhorst 1860；*N. fusidium* (Kützing 1844) H. L. Smith 1874-1879 を含む．

形態 殻の形 5-Sta；先端の形 くちばし形[12]；殻長 15-70 μm；幅 2.5-5 μm；間板 9-17/10 μm，中心節はない；条線 28-40/10 μm．

生態 典型的な好汚濁性種．本分類群が第1位優占種となる群集は，DAIpo 49以下のβ，α中腐水性，強腐水性の水域に出現する．しかし，出現事例数は，この順に7, 38, 132例の具体例（渡辺，浅井 1992 c)が示すように，汚濁度が増すにつれて急増し，DAIpo 5以下の水域では本分類群の純群落に近い群集が出現する．好汚濁性種は，普通好清水性種とは共存しない(Watanabe *et al.* 1988)が，極めて稀に，好清水性種を第2位優占種とする例外も，β中腐水性域で発する．これは，清浄水域であっても，浮石の瀬において，石礫の裏面には，本分類群が豊富に出現する（上條，渡辺 1975)ので，試料中に石礫の裏面の付着藻が混入した可能性が大きい．第2位優占種も好汚濁性種である群集は，DAIpo 0-15の強腐水性水域においてのみ出現する．本分類群を第1位優占種とする珪藻群集は，すべて流水域に出現するが，止水域においても，極めて稀ではあるが，第1位優占種としての出現が認められた（渡辺，浅井 1992)．**pH** に関しては好アルカリ性種である．

Van Dam *et al.* (1994)は，pH circumneutral, polysaprobous, hypereutraphentic とする．Håkansson (1993)は，pH indifferent とする．

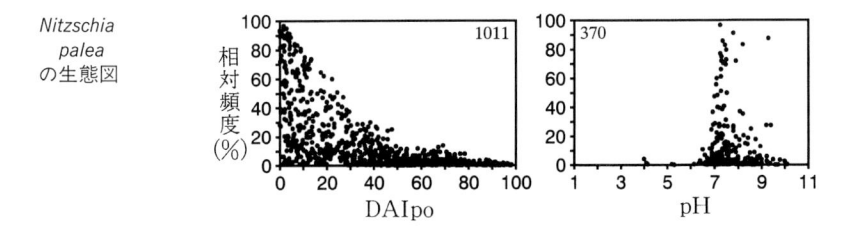

Nitzschia palea の生態図

Nitzschia palea var. *debilis* (Kützing) Grunow *in* Cleve & Grunow 1880 (Plate IIB₄-19：8-10)

Basionym：*Synedra debilis* Kützing 1844.

形態 殻の形 5-Sta；先端の形 くちばし形[12]；殻長 15-40 μm；幅 2.5-3.5 μm；間板 12-15/10 μm，中心節はない；条線 約 40/10 μm；殻形が狭長であることによって基本種と区別できる．

生態 有機汚濁に関しては広適応性種，**pH** 関しては中性種．

Van Dam *et al.* (1994)は，*Nitzschia palea* group *debilis* を，pH circumneutral, oligosaprobous, oligotraphentic とする．

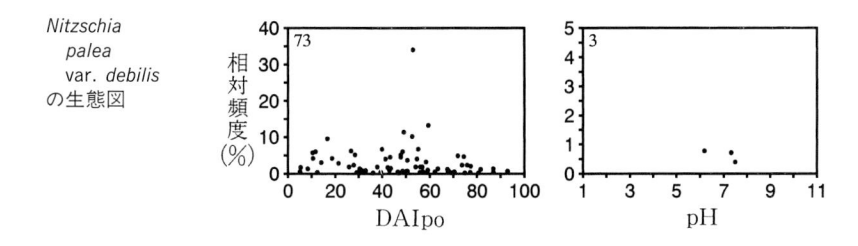

Nitzschia palea var. *debilis* の生態図

Nitzschia pusilla Grunow 1862 (Plate ⅡB₄-19：11, 12)

Basionym：*Synedra pusilla* Kützing 1844. Syn：*Nitzschia kuetzingiana* Hilse *ex* Rabenhorst 1862；non *N. kuetzingiana* sensu Hustedt 1930；*N. kuetzingiana* var. *exilis* Grunow *in* Cleve & Grunow 1880.

形態 殻の形 3,4-Sta；先端の形 くちばし形[12]；殻長 8-33 μm；幅 2.5-5 μm；間板 13-20(24)/10 μm，中心節はない；条線 (34)40-55/10 μm で細かい；*N. palea* と似るが，殻の形が太短いことによって区別できる．

生態 有機汚濁に関しては広適応性種，pH に関しては好アルカリ性種．本分類群は DAIpo 60 前後の α 貧腐水性の流水域において，第1位優占種として出現することがある．

Van Dam *et al.* (1994)は，pH circumneutral, β-mesosaprobous, oligo-to eutraphentic (hypereutraphentic)とする．Håkansson (1993)は，*N. pusilla*, *N. kuetzingiana* を共に alkaliphilous とする．

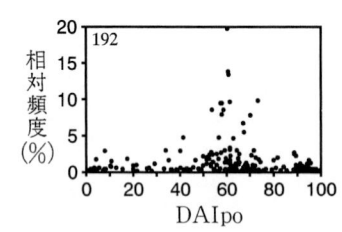

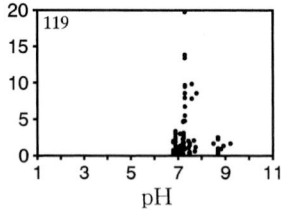

Nitzschia pusilla の生態図

Nitzschia paleaeformis Hustedt 1950 (Plate ⅡB₄-19：13-16)

形態 殻の形 5-Sta；先端の形 くちばし形[12]；殻長 (28)30-90 μm；幅 3-5 μm；間板 10-13/10 μm，中心節がある；条線 35-40/10 μm，細かくて光顕では確認できない；殻縁は平行または極めてわずかに陥入．

生態 本分類群は，*Nitzschia* 属の中では，次記の *N. amplectens* と共に極めて少数の好酸性種である．Hustedt (1950)は，本分類群を北ドイツの酸性湖 L.Pinn のコケに付着する藻類群集中の新種として記載した．有機汚濁に関しては広適応性種，pH に関しては 2.5-8.2 の広い範囲に出現するが，裏磐梯のpH 3.0 の赤泥沼(銅沼)に，71.8%の高い相対頻度をもつ第1位優占種として出現し，pH 4 以下の強酸性水域にもよく出現した．真酸性種である(Watanabe & Asai 2004)．

Van Dam *et al.* (1994)も acidobiontic とし，β-mesosaprobous, oligo-to eutraphentic (hypereutraphentic)とする．

Nitzschia paleaeformis の生態図

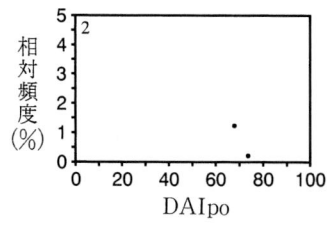

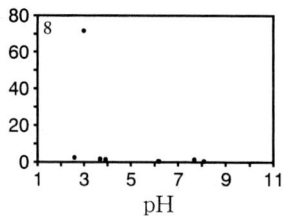

Nitzschia amplectens Hustedt 1957 (Plate ⅡB₄-19：17-19)

Syn：(?)*Nitzschia submarina* Hustedt *in* A. Schmidt *et al*. 1921；(?) *N. anassae* Cholnoky 1957.

形態 殻の形 3-Sta；先端の形 くちばし形[3]，小さい頭状形[5]；殻長 17-38 μm；幅 4-6 μm；間板 12-15/10 μm，明瞭な中心節がある；条線 細かく 33-40/10 μm，光顕での確認はできない；殻縁は中央部が軽く膨出して舟形を呈する．

生態 本分類群は，Hustedt (1957)が北西ドイツのBremenの近くのR. Weserからの試料によって新種の記載を行った．Lange-Bertalot & Simonsen (1978)は，本分類群が，スペインの汚濁河川中に好塩水性の珪藻と共存することから，本分類群の典型的な生態環境は汽水域かもしれないという．日本では，本分類群は，pH 4以下の強い無機酸性水域に，しばしば第1位優占種として出現した，**真酸性種**である．また，インドネシアでは，DAIpo 26と37の汚濁河川R. Anaiの河口の近く，あるいは，河口から2 km上流の汽水域において(pH 7.1，7.2)，それぞれ11.2，11.9%の比較的高い相対頻度で出現した．これはLange-Bertalot & Simonsen (1978)の考えの正当性を裏付ける事実といえよう．**有機汚濁に関しては好汚濁性種に近い広適応性種．**

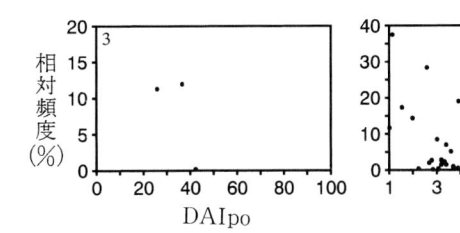

Nitzschia amplecters の生態図

Nitzschia pseudofonticola Hustedt 1942 (Plate ⅡB$_4$-19：20, 21)

形態 殻の形 3-5-Sta；先端の形 突起伸長形[13]；殻長 19-40 μm；幅 4-5.5 μm；間板 7-12/10 μm，中心節はない；条線 42-46/10 μm；殻形は，中央部が軽く膨出する，細長い舟形，*N. palea*に似るが，先端部の細く伸長する形態の違いによって区別できる．

生態 (20, 21)はOhtsuka(2002)による島根県斐伊川の淡水域からの試料の写真．日本での出現記録が皆無に近い稀産種．生態未詳．Hustedt (1942)は，北ドイツのBremenの近くで本分類群を採集し，新種記載を行った．Van Dam *et al.* (1994)は，pH circumneutral, eutraphenticとする．

Nitzschia umbonata (Ehrenberg) Lange-Bertalot 1978 (Plate ⅡB$_4$-19：22, 23)

Basionym：*Navicula umbonata* Ehrenberg 1838．Syn：*Surirella thermalis* Kützing 1844；*Nitzschia thermalis* sensu Grunow 1862；*N. stagnorum* Rabenhorst 1860；*N. thermalis* var. *serians* (Rabenhorst) Grunow 1862；*N. diducta* Hustedt 1938；*N. fossalis* Hustedt 1942．

形態 3-5-Sta；先端の形 くちばし形[3]；殻長 22-125 μm；幅 (5)6-9(10) μm，狭義の*Nitzschia*の中では最も幅広い種；間板 7-10/10 μm，中心節 不明瞭な個体(22)とない個体(23)とがある；条線 24-30/10 μm．

生態 有機汚濁に関しては，強い汚濁域(DAIpo 10以下)からDAIpo 80前後の貧腐水性水域にまで広く分布する**広適応性の普遍種，pHに関しては中性種．** *N. homburgiensis* (Pl. ⅡB$_4$-18：16-18)を参照．

Van Dam *et al.* (1994)は，pH circumneutral, polysaprobous, hypereutraphenticとする．

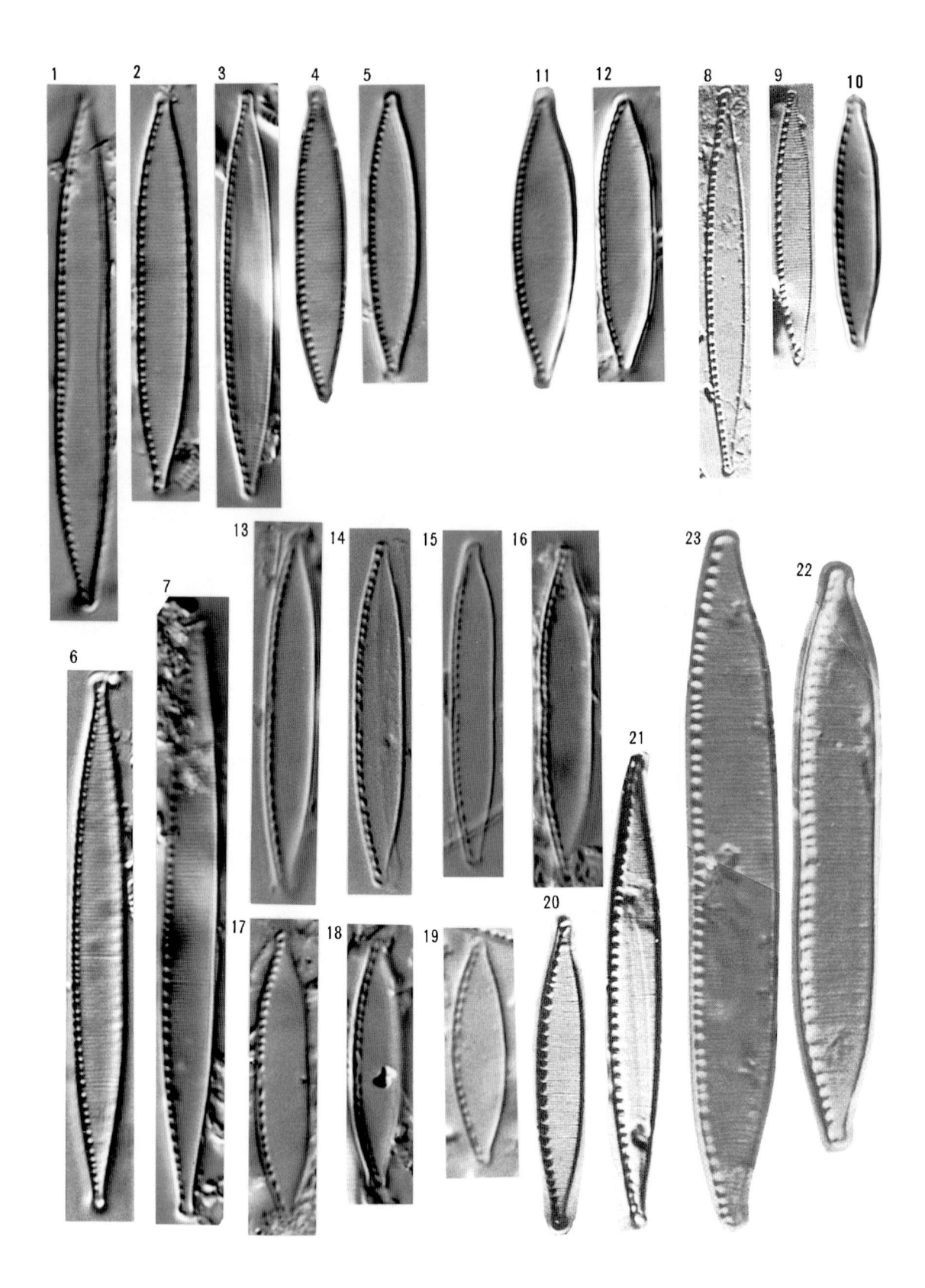

Plate ⅡB₄-19

Nitzschia bryophila (Hustedt) Hustedt 1943 (Plate IIB₄-20：1, 2)

Basionym：*Nitzschia frustulum* var. *bryophila* Hustedt 1937.

形態　殻の形 3-Sta；先端の形 くちばし形[3]；殻長 15-26.5 μm；幅 4-5 μm；間板 (8)9-10(12)/10 μm，中心節はない；条線 30-32/10 μm．

生態　日本では未記録．(1)はドイツの R. Rhein の Rhein Fall に，(2)はパリ市内の R. Seine に産したものである．

Van Dam *et al.* (1994)は，oligosaprobous とする．

Nitzschia filiformis (W. Smith) Van Heurck var. *filiformis* 1896
(Plate IIB₄-20：3, 4)

Basionym：*Homoeocladia filiformis* W. Smith 1856.

形態　殻の形 5-Sta；先端の形 くさび形[11]；殻長 20-100 μm；幅 4-6 μm；間板 7-11/10 μm；管縦溝 一方の殻縁に沿って走るが，中央で軽く陥入し，その部分に中心節が存在する；条線 細かく 27-36/10 μm．

生態　有機汚濁に関しては広適応性種，pH に関しては好アルカリ性の普遍種ではあるが，相対頻度は低い(<5%)．

Van Dam *et al.* (1994)は，alkaliphilous，α-mesosaprobous，eutraphentic とする．

Nitzschia filiformis var.*filiformis* の生態図

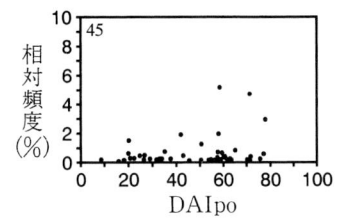

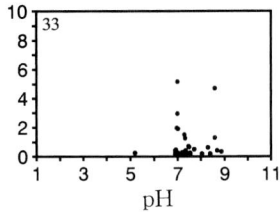

Nitzschia filiformis var. *conferta*(Richter) Lange-Bertalot 1987
(Plate IIB₄-20：5-9)

Basionym：*Homoeocladia conferta* Richter 1879. Syn：*Nitzschia conferta* (Richter) M. Peragallo 1903；*N. accedens* Hustedt 1939.

形態　殻の形 3,4-Sta；先端の形 くさび形[12]；殻長 20-45 μm；幅 3-5 μm で，基本種よりも太短く，殻端がとがることが主要な相違点である；間板，条線は基本種と同等．

生態　有機汚濁に関しては広適応性種，pH に関しては中性種．

Nitzschia filiformis var. *conferta* の生態図

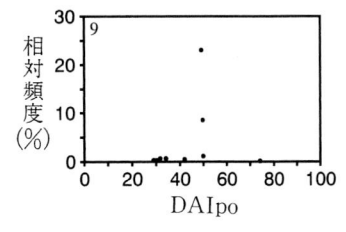

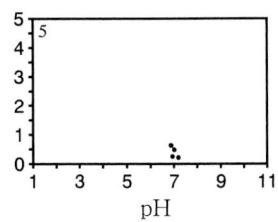

Nitzschia hantzschiana Rabenhorst 1860 (Plate IIB₄-20：10-13)

Pl. IIB₄-17：8, 9 で述べたように，**真アルカリ性種**であり，湧水，温泉水の流路中にも出現する特性をもつ種である．写真(10, 11)は九州の海地獄(pH 2.6)産，(13)は忍野八海湧池(pH 8.4)産，(12)はアメリカ Lake Tahoe への流入河川産．

Nitzschia communis Rabenhorst 1860 (Plate IIB₄-20：14-20)

形態 殻の形 4-Sta；先端の形 丸みを帯びたくさび形[11]；殻長 6-40(60) μm；幅 4-5.8 μm；間板 (8)10-14/10 μm，普通約 10/10 μm，中心節はない；条線 28-38/10 μm．

生態 有機汚濁に関しては**好汚濁性種**，pH に関しては**好アルカリ性種**．相対頻度は普通低い(<3％)が，八幡平御在所温泉(pH 7.9)において，82％の高い相対頻度で出現した．

Van Dam *et al.* (1994) は，alkaliphilous, α-meso-/polysaprobous, eutraphentic とする．

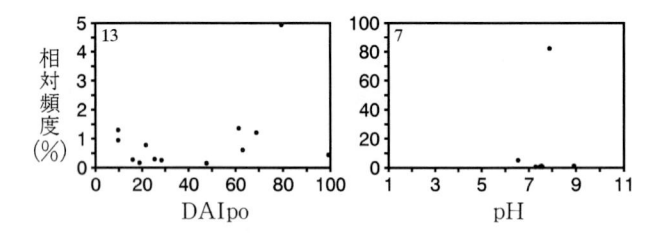

Nitzschia communis の生態図

Nitzschia supralitorea Lange-Bertalot 1979 (Plate IIB₄-20：21-24)

形態 殻の形 4-Sta；先端の形 小さい頭状形[5]，小さいくちばし形[3]；殻長 10-25 μm；幅 2.5-5 μm；間板 (11)14-18(20)/10 μm，中心節はない；条線 25-34/10 μm．

生態 東京近郊の汚濁河川南浅川(DAIpo 12)，琵琶湖南湖への流入河川狼川(DAIpo 21, pH 7.2)などの汚濁流水域に出現した**好汚濁性種**．

Van Dam *et al.* (1994) は，pH circumneutral, α-mesosaprobous, eutraphentic とする．

Plate II B$_4$-20

581

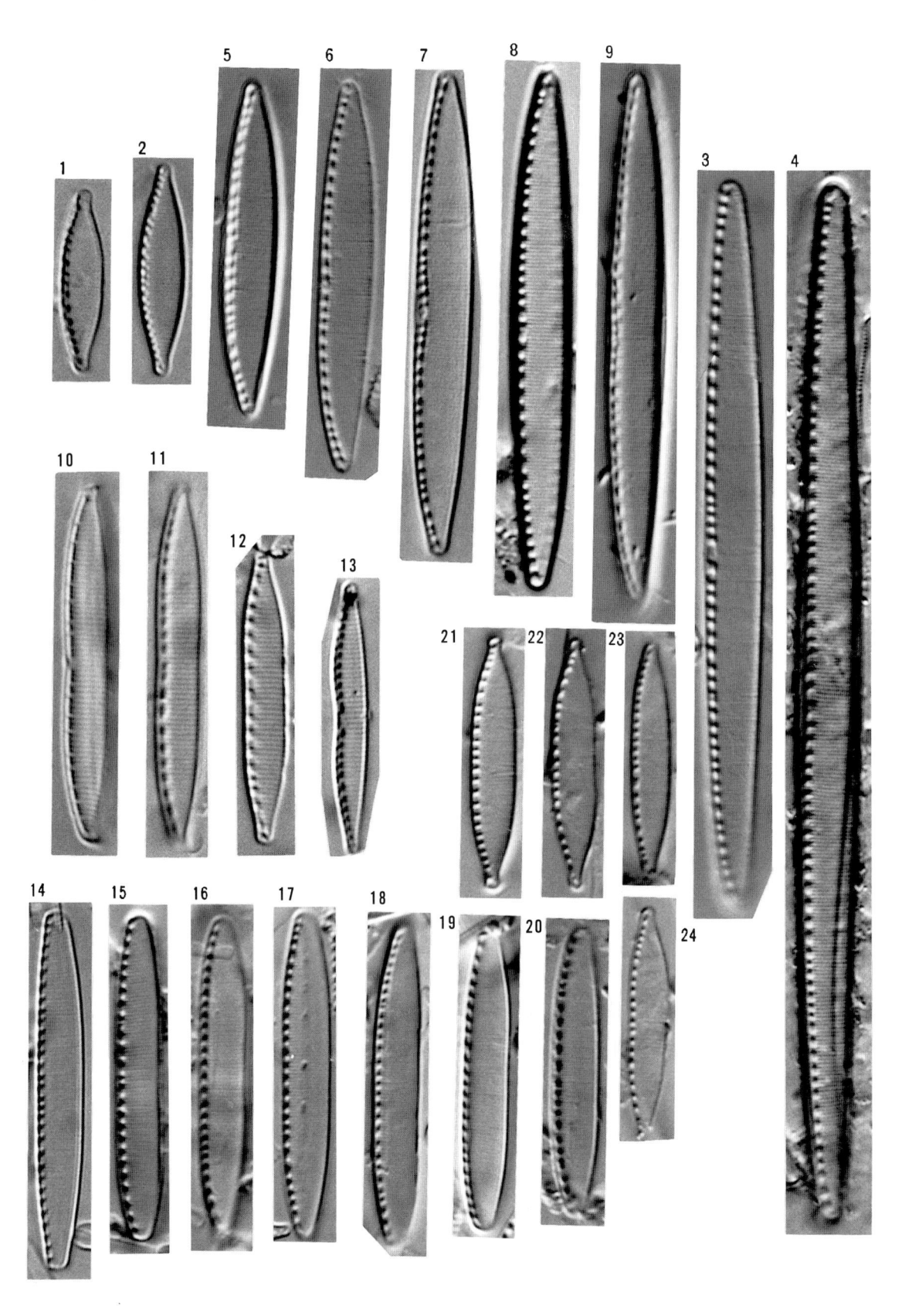

Nitzschia frickei Reichelt *ex* Hustedt 1922 (Plate IIB$_4$-21：1-5)

|形態| 殻の形 5-Sta；先端の形 くちばし形[3]；殻長 37-65μm；幅 4-5.5μm；間板 10-14/10μm，中心節はない；条線 28-32/10 μm．

本分類群は，*Nitznschia intermedia* と，形態学的に区別することは難しい．

|生態| すでに Pl.IIB$_4$-15：1-3 に示した生態図は，本分類群との複合種群の図であるので参照されたい．有機汚濁に関しては広適応性種，pH に関しては真アルカリ性種．

Nitzschia paleacea (Grunow) Grunow *in* Van Heurck 1881 (Plate IIB$_4$-21：6-10)

形態，生態は，Pl.IIB$_4$-17：13-16 ですでに述べた．

Nitzschia epiphyticoides Hustedt 1949 (IIB$_4$-21：11-16)

|形態| 殻の形 5-Sta；先端の形 くさび形[11]；殻長 11-24μm；幅 2.5-3μm；間板 9-13/10μm，中心節がある；条線 24-26/10 μm．

Hustedt(1949)は，アフリカ Kongo の Albert 国立公園からの試料に基づいて，新種を記載した．本分類群は *N.tropica*(Pl.IIB$_4$-22：17-22)とも似るが，殻の先端の形の違いによって区別できる．また，*N. subcommunis* Hustedt とも似るが，殻の先端の条線の走り方の違いによって区別できる．

|生態| 日本では未報告．写真(11-16)はケニアの Mjula Spring(pH 7.6)に出現したものである．稀産種のために生態未詳．

Nitzschia aff. ***turgidula*** Hustedt 1958(nov. sp.?) (Plate IIB$_4$-21：17, 18)

|形態| 殻の形 3-Swo；先端の形 くさび形[11]；殻長 32-47μm；幅 3-4.5μm；間板 8-10/10μm，中心節はない；条線 22-24/10 μm．

Hustedt(1958)が，南極の大西洋岸に近い水域から新種記載をした，Holotype の写真(Simonsen 1987, Plate 672；7-15)と比べると，アフリカの Mjula Spring に出現したもの(17, 18)は，殻の中央部がより強く膨出することと，条線を構成する胞紋が，不等間隔で並ぶなどの違いがある．南極とアフリカの極端な産地環境の違いとも考えあわせると，現段階では *turgidula* と形態が酷似するが，本分類群はそれとは別種である可能性が大きい．

|生態| 稀産種，生態未詳．

Nitzschia obsoleta Hustedt 1949 (Plate IIB$_4$-21：19-24)

|形態| 殻の形 5-Sta；先端の形 くさび形[5]；殻長 25-55μm；幅 2.5-3.5μm；間板 10-12(14)/10 μm，中心節の明瞭な個体(20, 23, 24)と不明瞭または，ない個体(19, 21, 22)とがある；条線 32-34/10 μm，中央部は殻縁に関して 90°で平行であるが，殻端部での条線の配列は，管縦溝に関して放散状である．

|生態| Hustedt(1949)は，アフリカ Kongo の Lake Edouard からの試料に基づいて新種の記載を行った．ここに示した(19-24)は，アフリカ，ケニアの Lake Turkana(pH 10.0)で 1979 年に得たものである．稀産種であるが，産地から考えると**好アルカリ性**，または**真アルカリ性種である可能性**が大きい．

Plate II B$_4$-21

583

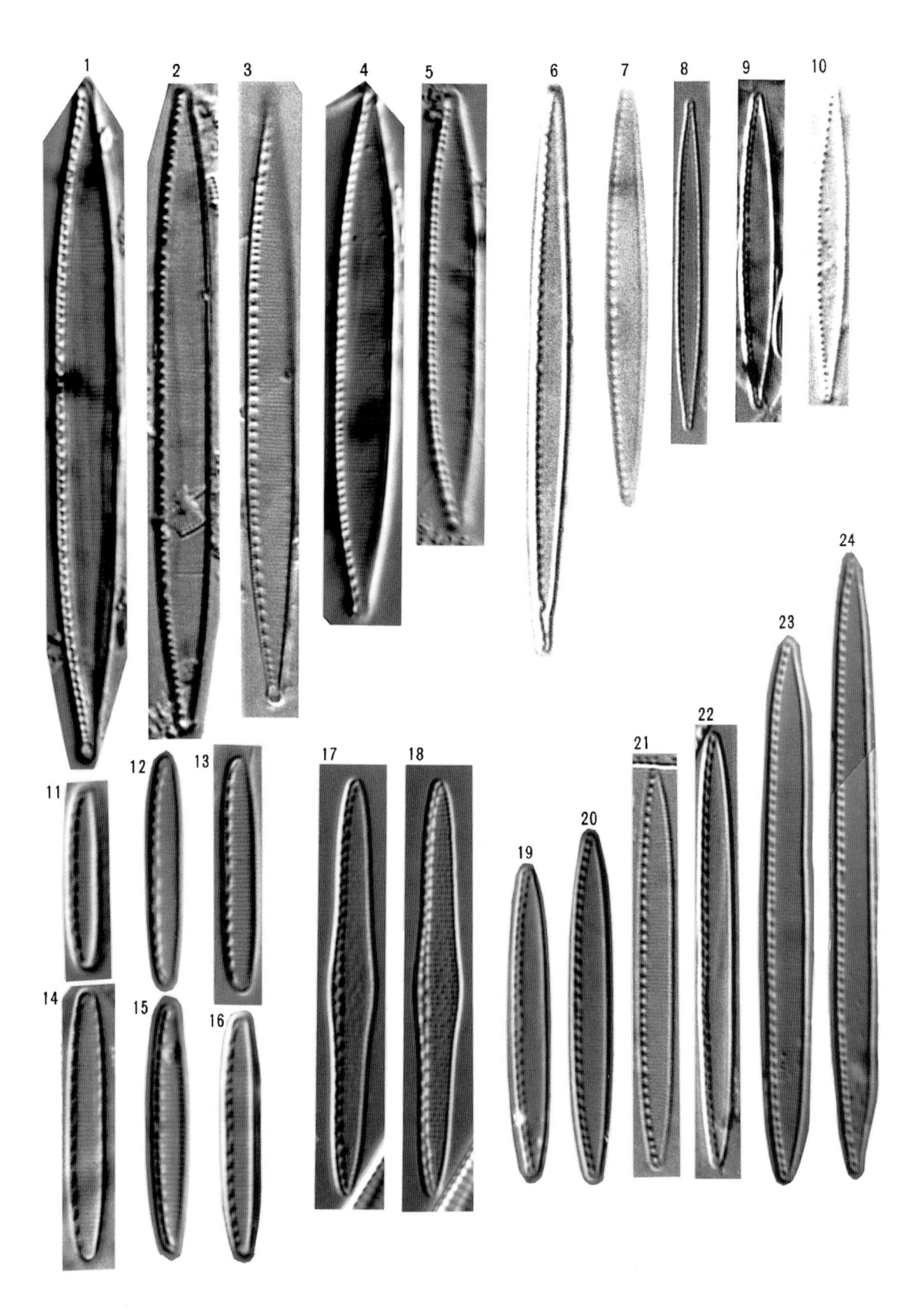

Nitzschia archibaldii Lange-Bertalot 1980　　　　　　　　　　　　(Plate II B$_4$-22：1)

Syn：(?) *Nitzschia attenuata* Michailov 1984.

形態　殻の形 5-Sta；先端の形 突起伸長形[13]；殻長 15-40 μm；幅 2-3 μm；間板 14-19/10 μm，中心節はない；条線 46-55/10 μm，光顕では確認できない；極めて細い舟形の珪藻の1種．

生態　奈良市内河川佐保川(DAIpo 20)では，14.7%の高い相対頻度で出現した．その他に東京近郊の都市河川浅川(DAIpo 34)，平井川(DAIpo 53，31)，江戸川(DAIpo 44)，秋川(DAIpo 65)にも出現したが，相対頻度は5%以下．止水域では，奈良市近郊の溜池鷺池(DAIpo 51)，ガマ池(DAIpo 40)，博物館の池(DAIpo 49)などに出現した普遍種．**有機汚濁に関しては広適応性種．**

Van Dam *et al.* (1994)は，pH circumneutral, β-mesosaprobous, eutraphentic とする．

Nitzschia archibaldii の生態図

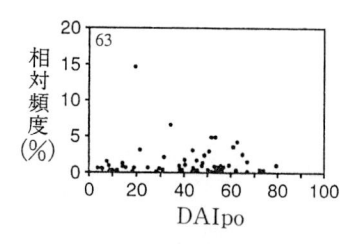

Nitzschia acidoclinata Lange-Bertalot 1976　　　　　　　　　　　　(Plate II B$_4$-22：2-8)

Syn：*Nitzschia* (*frustulum* var.) *tenella* Grunow *in* Van Heurck 1881 (part. excl. Lectotypus)；*N.* (*frustulum* var.) *minutula* Grunow *in* Van Heurck 1881 (part. excl. Lectotypus)；*N. frustulum* var. *perminuta* Grunow *in* Van Heurck 1881 sensu auct. nonnull.

形態　殻の形 5-Sta；先端の形 くさび形[12]；殻長 17-37 μm；幅 2.5-3 μm；両殻縁平行の極めて細長い分類群；間板 (9)10-13(15)/10 μm，中心節がある；条線 27-34/10 μm．本分類群は *N. ruttneri* Hustedt 1988 と形態的に酷似する．ちなみに，Hustedt 形態測定値は，殻長 19-36 μm，幅 1.8-2.5 μm，間板 9-10/10 μm で中心節がある．条線 32-35/10 μm で，両者の区別は困難である．

生態　下の生態図は，本分類群と *N. ruttneri*，次記の *N. perminuta* との複合種群としての生態図である．**有機汚濁に関しては広適応性種，pH に関しては好アルカリ性種．**

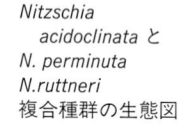

Nitzschia acidoclinata と *N. perminuta* *N.ruttneri* 複合種群の生態図

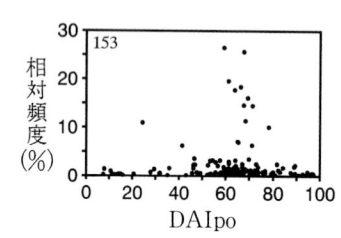

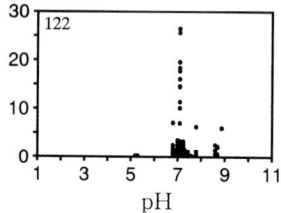

Nitzschia perminuta (Grunow) M. Peragallo 1903　　　　　　　　　(Plate II B$_4$-22：9-16)

Basionym：*Nitzschia palea* var. *perminuta* Grunow *in* Cleve & Grunow 1880．Syn：*N. frustulum* var. *tenella* Grunow *in* Van Heurck 1881 non *N. tenella* Brébisson *ex* W. Snith；*N.* (*frustulum* var.) *minutula* Grunow *in* Van Heurk 1881；(?) *N. frustulum* var. *asiatica* Hustedt 1922；*N. hiemalis* Hustedt 1943.

形態　殻の形 5-Sta；先端の形 くちばし形[3]；殻長 8-45 μm；幅 2.5-3 μm；間板 10-16/10 μm，中心節はない；条線 26-32(36)/10 μm，形態は前述の，*N. acidoclinata*，*N.ruttneri* と似るが中心節がなく，先端が小さくくびれることによって区別することができる．しかし，従来この3者を混同してき

たおそれがあるので，前記のような3者を併せた複合種群の図を作製した．
生態　有機汚濁に関しては広適応性の普遍種で，DAIpo(DAIpo 59-78)の α-β 貧腐水性水域で，相対頻度が10-28%の高い相対頻度に達することがある．**pH に関しては好アルカリ性種である．**
　　Van Dam *et al.*(1994)は，alkaliphilous, oligosaprobous, oligo-mesotraphentic とする．

Nitzschia tropica Hustedt 1949　　　　　　　　　　　　　　　　(Plate II B₄-22：17-20)

形態　殻の形 3-Sta；先端の形 くさび形[12]；殻長 10-65 μm；幅 2.5-4 μm；中央部が軽くふくらむ細長い舟形であることにより，殻縁が平行の形態近似種 *N. acidoclinata*，*N. perminuta* と区別できる；間板 8-12，中心節がある；条線 23-25(28)/10 μm．
生態　Hustedt(1949)は，アフリカ Kongo の Albert 国立公園の試料から本新種を記載した．同じ試料から，本分類群と形態がよく似た新種 *Nitzschia subcommunis* をも記載したが，後者の条線が，殻端部で斜方向に走ることで区別できる．写真(17-21)は，アフリカケニアの Mjura Spring (pH 7.6)から得た稀産種である．生態未詳．

Nitzschia fonticola Grunow *in* Cleve & Möller 1978　　　　　　(Plate II B₄-22：21)

　　形態，生態は，Pl.II B₄-26：1-22 を参照．

Nitzschia lacuum Lange-Bertalot 1980　　　　　　　　　　　　　(Plate II B₄-22：22, 23)

形態　殻の形 3-Sta；先端の形 細いくさび形[12]；殻長 10-20μm；幅 2-3μm；間板 13-18/10μm，中心節はない；条線 35-40/10 μm，光顕では確認しにくい．
生態　琵琶湖からの流出河川，淀川の清浄域，天ヶ瀬ダム(DAIpo 60, pH 7.4)から，牧野左岸(DAIpo 20, pH 7.6)，枚方大橋左岸(DAIpo 21, pH 7.1)，右岸は DAIpo 43, pH 6.9 までの，比較的限られた汚濁範囲(DAIpo 20-60)，すなわち α 中腐水性から α 貧腐水性の水域にまで分布する**広適応性種，pH に関しては中性種**．
　　Van Dam *et al.*(1994)は，alkaliphilous, oligosaprobous, mesotraphentic とする．

Nitzschia lacuum の生態図

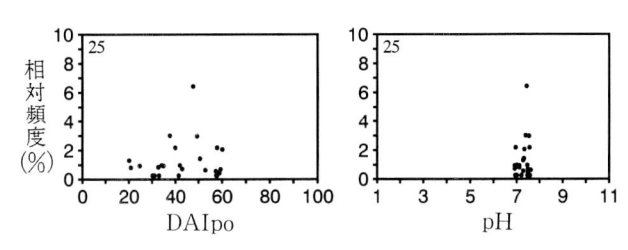

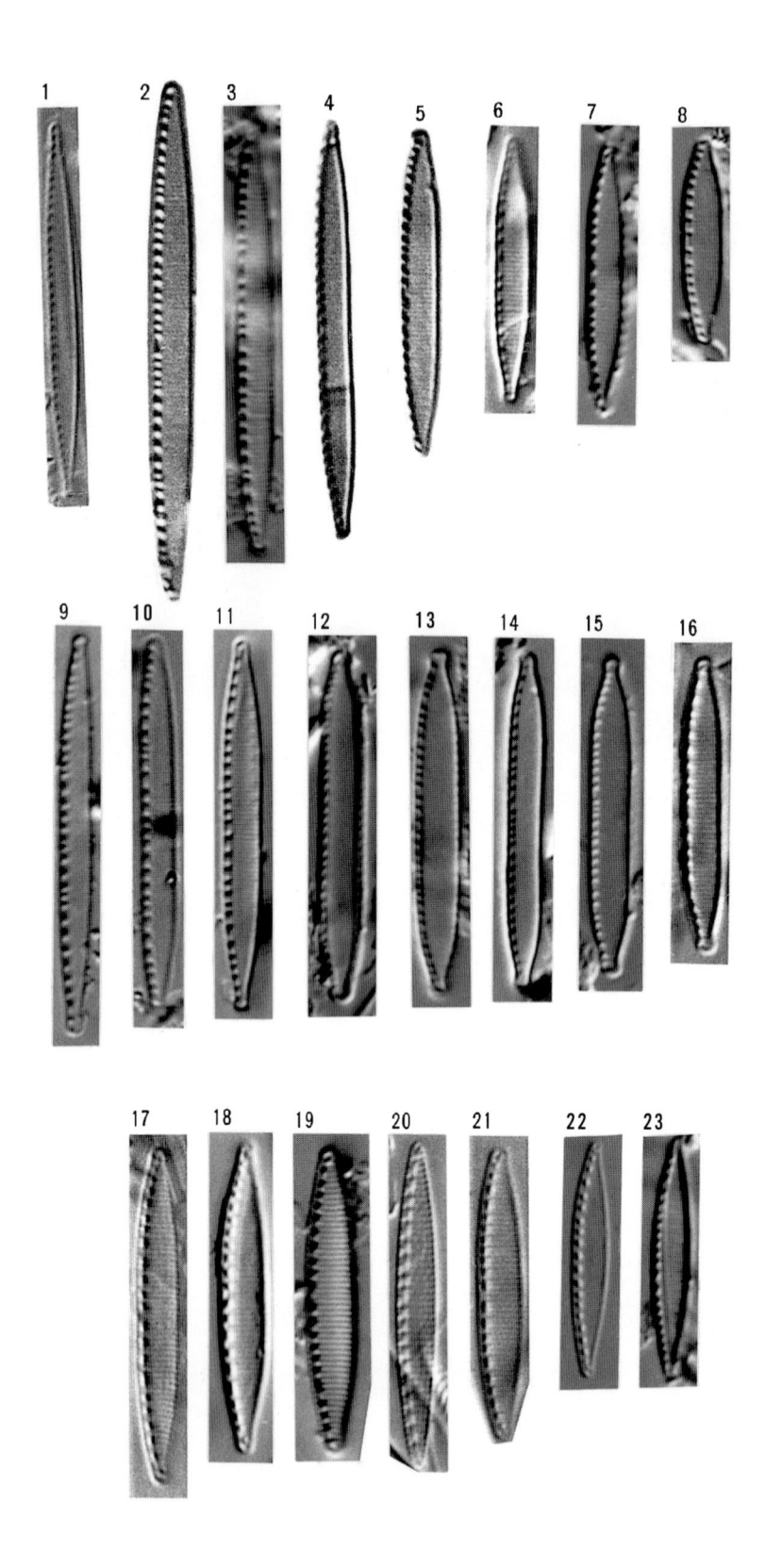

Plate ⅡB₄-22

Nitzschia hantzschiana Rabenhorst 1860　　　　　　　　　　　　(Plate II B₄-23：1-4)

　Pl. II B₄-17：8, 9 の記述を参照されたい．有機汚濁に関しては広適応性種，pH に関しては真アルカリ性種．

Nitzschia angustiforaminata Lange-Bertalot 1980　　　　　　　　(Plate II B₄-23：5, 6)

　形態　殻の形 3,5-Sta；先端の形 くさび形[12]，くちばし形[3]；殻長 8-24 μm；幅 3-4 μm；間板 10-12/10 μm，中心節はない；条線 21-25/10 μm；上記の *N. hantzschiana* と形態は似るが，中心節の有無によって区別できる．

　生態　白糸の滝(pH 8.5)，忍野八海湧池(pH 8.4)，忍野八海神水中池(pH 8.3)に産する．好アルカリ性種と考えられるが，さらに検討を要する．

Nitzschia inconspicua Grunow 1862　　　　　　　　　　　　　(Plate II B₄-23：7-15)

　Syn：*Nitzschia* (*perpusilla* Rabenhorst var.) *inconspicua* Grunow *in* Cleve & Möller 1878；*N. frustulum* var. *inconspicua* Grunow *in* Van Heurck 1881；(?) *N. abbreviata* Hustedt *in* A. Schmidt *et al.* 1924；(?) *N. invisitata* Hustedt 1942；*N. perpusilla* Grunow 1862；*N. perpusilla* Rabenhorst 1861.

　形態　殻の形 3-Sta；先端の形 くさび形[11]；殻長 3-22 μm；幅 2.5-3.5 μm；間板 8-13/10 μm，中心節のあるもの(7, 12, 13)と，ないものとがある；条線 23-32/10 μm；小型で中央がふくれる舟形．

　生態　有機汚濁に関しては広適応性種，pH に関しては好アルカリ性種．三重県のDAIpo 55-61 の α 貧腐水性の河川に，50-70％の高い相対頻度で，第1位優占種として出現した普遍種．

　Van Dam *et al.* (1994)は，alkaliphilous，α-mesosaprobous，eutraphentic とする．

Nitzschia inconspica の生態図

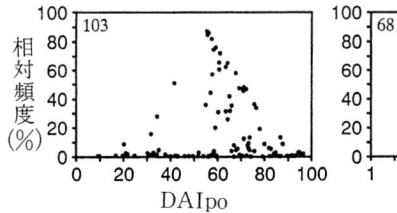

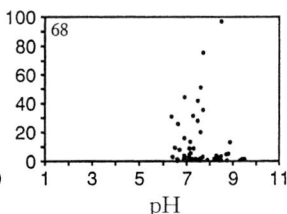

Nitzschia leistikowii Lange-Bertalot 1980　　　　　　　　　　(Plate II B₄-23：16-20)

　形態　殻の形 3-Sta；先端の形 くさび形[11]；殻長 9-11 μm；幅 2-3 μm；間板 9-11/10 μm；条線 25-30/10 μm；前記の *N. inconspicua* と形態は似るが，本分類群は，幅が小さく，細身であることと，殻の両縁のふくらみ方が異なるために，長軸に関して左右非相称の個体となることによって，前記種と区別できる．

　生態　南ブラジルとシシリア島の，電気伝導度の高い淡水域においてのみ出現した(Krammer & Lange-Bertalot 1988)が，写真(16-20)は，ケニアの Mujula Spring で涵養される池(pH 7.6)の，付着藻中に見いだされたものである．これらの産地から考えて，熱帯性の分類群であるかもしれないが，稀産種であるために，生態未詳．

Nitzschia acidoclinata Lange-Bertalot 1976　　　　　　　　　(Plate II B₄-23：21-24)

　すでに Pl. II B₄-22：2-8 において記述した．本分類群は，*N. perminuta* (Grunow) M. Peragallo と，光顕下では区別しにくいことは前述のとおりであるが，本図版上記の *N. hantzschiana*，*N. angustiforminata とも形態が酷似するので，比較のために，本分類群の写真を，再度ここへ掲載した．N. hantzschiana とは条線密度の違いによって，N. angustiforminata とは，中心節の有無によって区別できる．生態は，Pl. II B$_4$-22：2-8, 9-16 を参照されたい．

Nitzschia bacillum Hustedt *in* A. Schmidt *et al.* 1922 (Plate II B$_4$-23：25-32)

Syn：*Nitzschia fonticola* Grunow sensu Hustedt 1949.

形態 殻の形 3-Sta；先端の形 突起伸長形[13]；殻長 12-20(24) μm；幅 2-3.5 μm；間板 12-16 μm/10 μm，中心節はない；条線 27-32/10 μm．

生態 Hustedt(1922)は，南チベットからの試料によって，本分類群を記載した．本分類群は，*Nitzschia lacuum* Lange-Bertalot 1980 とも似るが，それよりも条線密度が粗であることによって区別できる．日本では未記録，ウラジオストック近郊の R. Amba (DAIpo 59, pH 7.6)に出現した．写真(25-32)は，アフリカの強アルカリ湖 L. Turkana (pH 10.0)産のものである．これらの形態は，Krammer & Lange-Bertalot(1988)の Tafel 78, Fig.5, 9 のアフリカ，ザイールの L. Eduard 産のものの形態とよく一致する．

Nitzschia paleacea (Grunow) Grunow 1827 (Plate II B$_4$-23：33)

Pl. II B$_4$-17：13-16；Pl. II B$_4$-21：6-10 においてすでに記述したが，その形態は，前記の *N. bacillum* Hustedt とも似る．しかし，写真を比較して明らかなように，条線密度の粗密，殻長の長短，中心節の有無によって区別できる．

Nitzschia frustulum (Kützing) Grunow var. *frustulum* 1880 (Plate II B$_4$-23：34-39)

Basionym：*Synedra frustulum* Kützing 1844. Syn：*Synedra minutissima* Kützing 1844；*S. perpusilla* Kützing 1844；*S. quadrangula* Kützing 1844；*S. minutissima* β *pelliculosa* Kützing 1849；*Nitzschia minutissima* W. Smith 1853 pro parte；(?) *N. frustulum* var. *perminuta* Grunow 1881 pro parte：*N. liebetruthii* var. *siamensis* Hustedt 1922；(?) *N. frustulum* var. *sabsalina* Hustedt 1925；*N. perpusilla* Rabenhorst 1816.

形態 殻の形 5-Sta；先端の形 くさび形[12]；殻長 5-60 μm；幅 2-4.5 μm；間板 10-16/10 μm，中心節はない；条線 19-30/10 μm；殻の両縁は平行であることによって，*N. hantzschiana* と区別できる．

生態 図に示すように有機汚濁に関しては広適応性種．基本種 var. *frustulum* は，*Nitzschia* の中では，*N. palea* と並んで，最も頻繁に第1位優占種となる普遍種である．第1位優占種として出現するのは，DAIpo 35-50 の β 中腐水性水域と，DAIpo 50-75 の貧腐水性水域とである．後者での事例の方が，前者での事例よりもはるかに多い．この事例のほとんどすべては流水域である．**pH に関しては好アルカリ性種**．

Van Dam *et al.* (1994)は，alkaliphilous，β-mesosaprobous とし，基本種と var. *bulnheimiana* 共に eutraphentic とする．Håkansson(1993)も基本種を alkaliphilous とする．

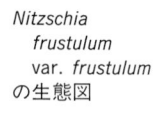

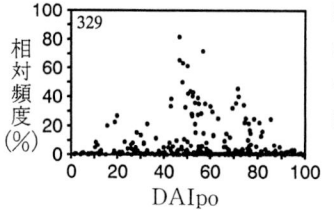

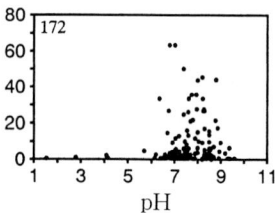

Nitzschia frustulum var. *frustulum* の生態図

Nitzschia alpinobacillum Lange-Bertalot 1993 (Plate II B₄-23：40)

形態 殻の形 3-Sta；先端の形 突起伸長形[13]；殻長 14-25 μm；幅 3-4 μm；間板 9-11/10 μm，中心節はない；条線 25-27/10 μm，すべて平行．

本分類群は，*N. subacicularis* Hustedt(Pl. II B₄-24：11-19)と形態が酷似しているので，混同されてきた恐れがある．*N. subacicularis* は，殻長が 20-80 μm で，本分類群よりも大きく，間板は 12-16/10 μm，条線 27-33/10 μm で，共に本分類群よりも密である．写真(40)は，間板と条線の密度は *N. alpiniobacillum* に適合するが，殻長は *N. subacicularis* に適合し，間板，条線密度は，基準の範囲をわずかにはずれる．

生態 図は，*N. alpinobacillum* と，*N. subacicularis* との複合種群としての生態図である．この複合種群は，琵琶湖からの流出河川の流出口ともいえる南郷大堰(DAIpo 51，pH 7.3)において 5.5%の相対頻度で出現した．この流出河川は，宇治川から淀川へと名を変えて大阪湾へ流入する．その間，天ヶ瀬ダム湖(DAIpo 79)，宇治隠元橋(DAIpo 38)，観月橋(DAIpo 40，pH 7.6)，牧野(DAIpo 20，pH 7.3)，枚方大橋(DAIpo 21，pH 7.1)に出現した．マレーシア，スマトラの L. Diatas(DAIpo 56, 61)にも出現した普遍種．有機汚濁に関しては広適応性種，**pH** に関しては好アルカリ性種．

Lange-Bertalot(1993)は，*N. alpinobacillum* をカルシウムに富んだ貧栄養〜富栄養の湖に出現する分類群であるという．

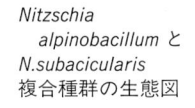

Nitzschia alpinobacillum と *N.subacicularis* 複合種群の生態図

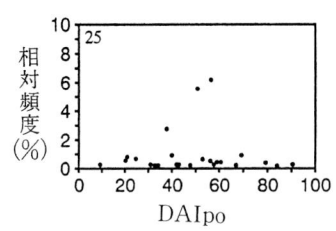

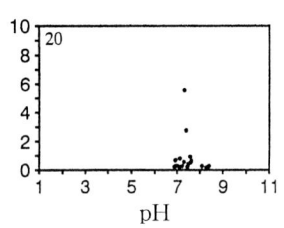

Nitzschia laevis Hustedt 1939 (Plate II B₄-23：41, 42)

non *Nitzschia laevis* Frenguelli 1923.

形態 殻の形 1-Sta；先端の形 準くちばし形 [2]；殻長 (5)12-26.5 μm；幅 (2.5)4.4-7 μm；間板 10-14/10 μm，中心節がある；条線 32-36/10 μm；卵形に似た幅の広い舟形．

生態 箱根の大湧沢(pH3.9)においてのみ出現した稀産種．

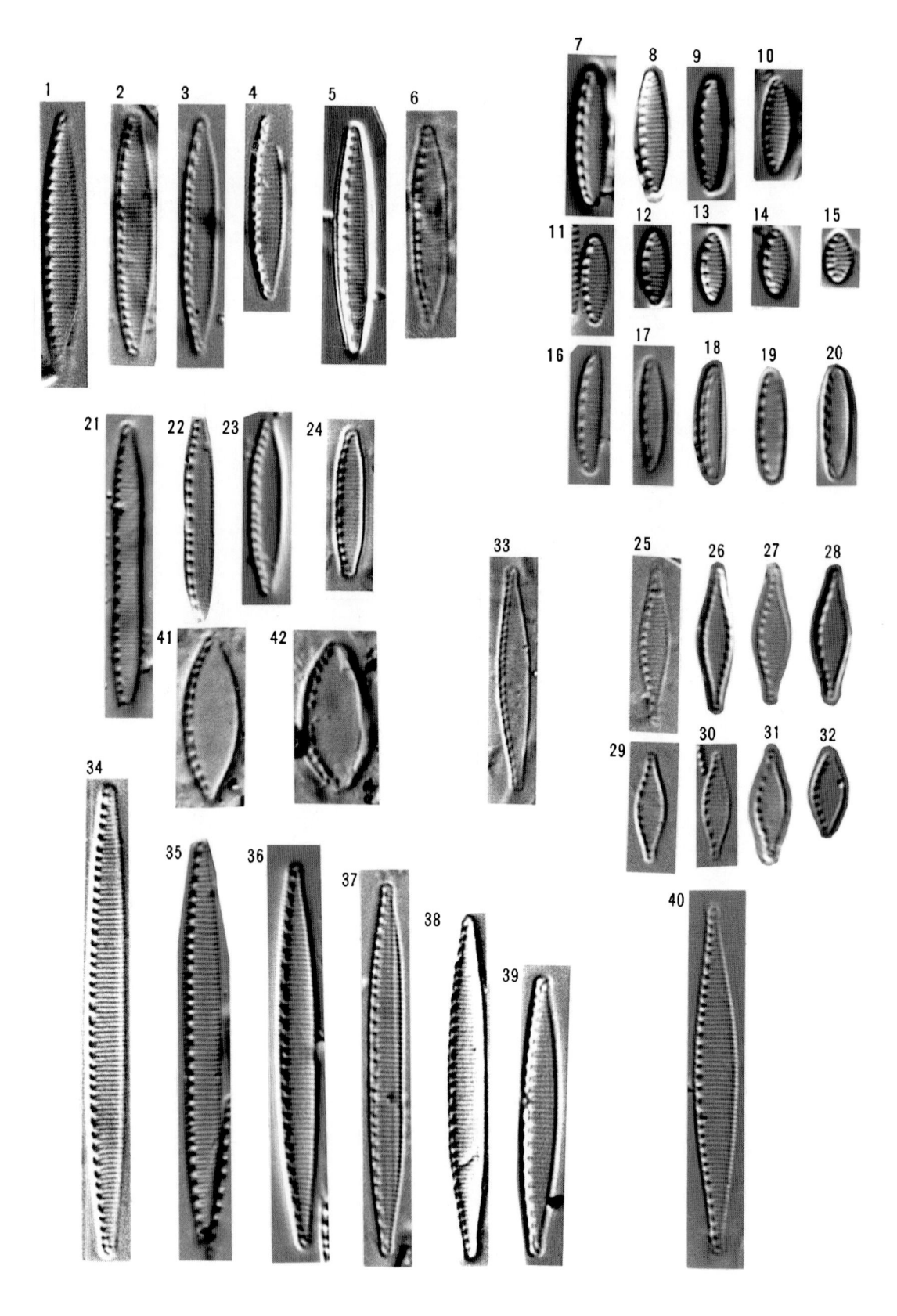

Plate II B₄-23

590

Nitzschia acicularis (Kützing) W. Smith 1853 (Plate IIB$_4$-24：1-4)

Basionym：*Synedra acicularis* Kützing 1844.

|形態| 殻の形 5-Sta；先端の形 突起伸長形[13]；殻長 30-150 μm；幅 2.2-5 μm；間板 15-22/10 μm，中心節はない；条線極めて密で，光顕では確認できない，60-72/10 μm；形は *N. pumila* Hustedt に似るが，その殻長は本分類群よりもはるかに小さい．

|生態| 有機汚濁に関しては広適応性種，pH に関しては好アルカリ性種．相対頻度は常に低い（<3%）．Van Dam *et al.* (1994)は，alkaliphilous，α-mesosaprobous，eutraphentic とする．

Nitzschia acicularis の生態図

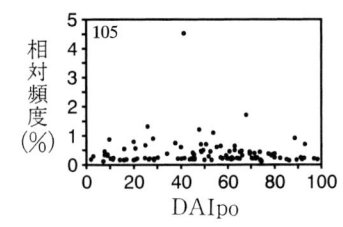

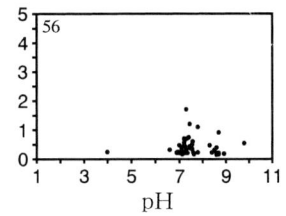

Nitzschia paleacea (Grunow) Grunow 1881 (Plate IIB$_4$-24：5, 6)

本分類群は，次記の *N. acicularioides* と殻形が酷似するが，間板列に中心節があることが，最も分かりやすい相違点である．

生態については，Pl. IIB$_4$-17：13-16 を参照．

Nitzschia acicularioides Hustedt 1959 (Plate IIB$_4$-24：7-10)

|形態| 殻の形 5-Sta；先端の形 くさび形[11]；殻長 40-60 μm；幅 2.5-3.5 μm；間板 13-16/10 μm，中心節のあるものとないものとがある；条線 密で光顕では確認できない．後述の *N. gracilis* (Pl. IIB$_4$-24：20, 21)と似るが，先端の形の違いによって区別できる．

|生態| 琵琶湖北湖へ流入する清冽河川石田川(DAIpo 99, pH 7.4)，安曇川(DAIpo 86, pH 7.4)，余呉川(DAIpo 62, pH 7.6)および，高アルカリの塩沢鉱泉(pH 9.8)に出現した．また，アフリカの Lake Victoria (pH 8.0)にも出現．有機汚濁に関しては好清水性種である可能性が大きい，pH に関しては真アルカリ性種．

Nitzschia acicularioides の生態図

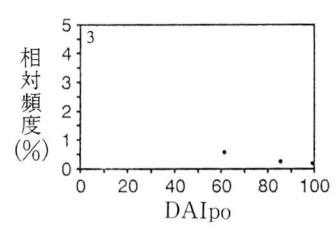

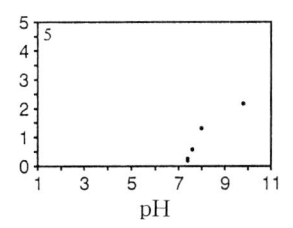

Nitzschia subacicularis Hustedt *in* A. Schmidt *et al.* 1922 (Plate IIB$_4$-24：11-18, 19)

Syn：(?) *Nitzschia striolata* Hustedt 1938；*N. subrostrata* Hustedt 1942；*N. radicula* var. *rostrata* Hustedt 1950 pro parte.

|形態| 殻の形 5-Sta；先端の形 突起伸長形[13]；殻長 20-約80 μm；幅 1.5-3.5 μm；間板 12-16/10 μm，中心節はない；条線 (26)27-33/10 μm；写真(19)は大型の個体．

本分類群は，Pl. IIB$_4$-23：40，*Nitzschia alpinobacillum* の記述にあるように，形態特性の違いがあっ

ても，形が似ていることによって混同されてきた可能性がある．(19)は大型で先端が長く伸びる特性は，他と異なるように見えるが，本分類群の特性範囲内に入る．

生態 両者の複合種群としての生態特性を Pl.ⅡB$_4$-23：40 に記述してあるので，参照されたい．ちなみに本分類群も，**有機汚濁に関しては広適応性種，pH に関しては好アルカリ性種**である．

Nitzschia gracilis Hantzsch 1860 (Plate ⅡB$_4$-24：20, 21)

殻の形態は，前記 *N. acicularis* と似るが，間板，条線密度が異なる．しかし両分類群の条線は，光顕下では確認できない．

本分類群については，Pl.ⅡB$_4$-17：12 の記述を参照されたい．ちなみに**有機汚濁に関しては好汚濁性種，pH に関しては中性種**．

Plate II B$_4$-24

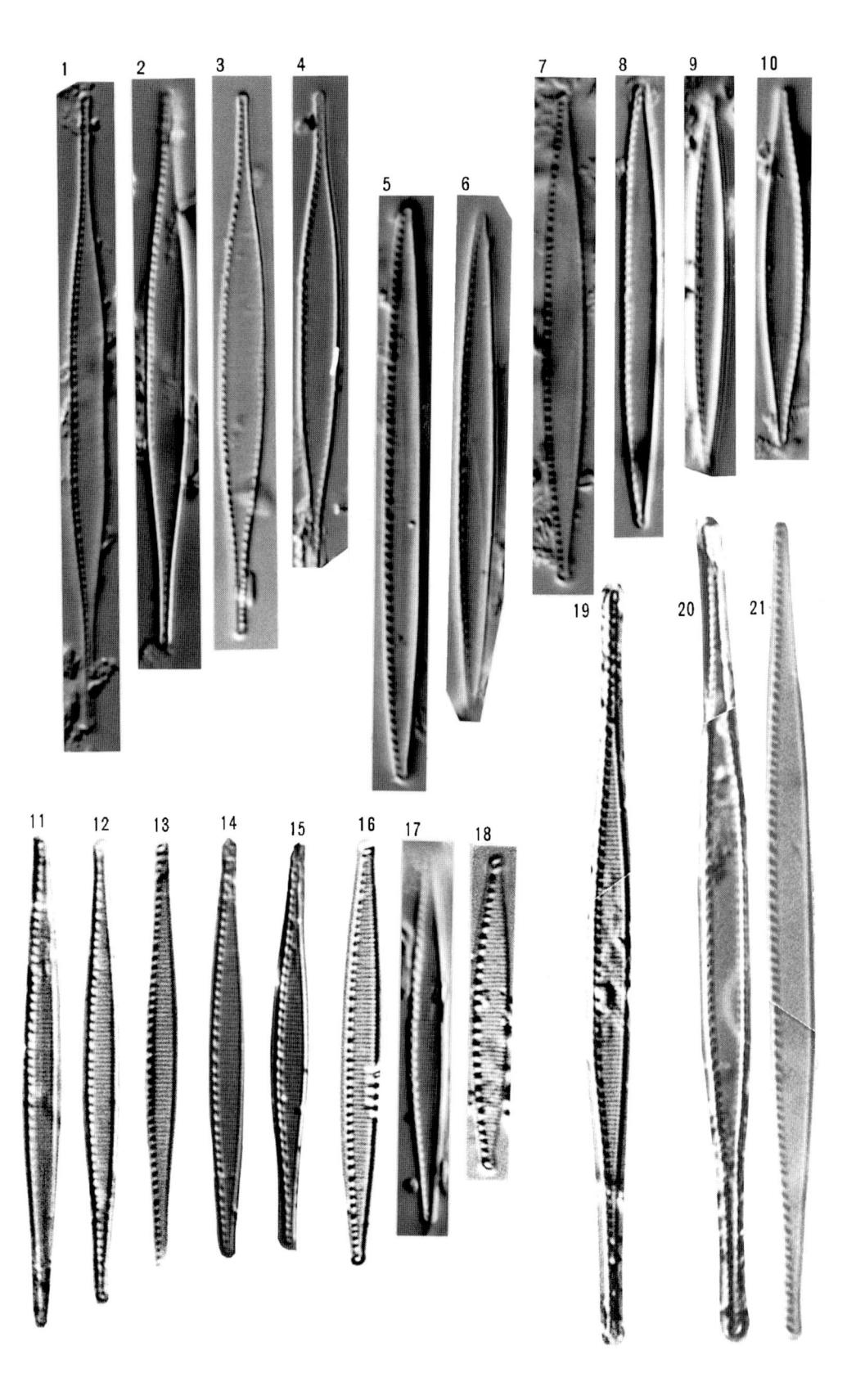

Nitzschia elegantula Grunow *in* Van Heurck 1881 (Plate IIB$_4$-25：1)

Syn：*Nitzschia microcephala* var. *elegantula* Van Heurck 1885；*N. jugiformis* Hustedt 1922；*N. microcephala* var. *medioconstricta* Fritsch & Rich 1930；*N. osmophila* Cholnoky 1963.

形態　殻の形 4-Sta；先端の形 突起伸長形[13]；殻長 10-29 μm；幅 2.5-4 μm；間板 10-15/10 μm，中心節はない；条線 23-32/10 μm．

生態　奈良県の山地河川十津川の猿谷ダム湖(DAIpo 74)，川迫ダム湖(DAIpo 93)および，新宮川 (DAIpo 91)の，いずれも清冽な水域に出現したが，相対頻度は常に低い(＜2％)．**有機汚濁に関しては好清水性種，pH に関しては中性種．**

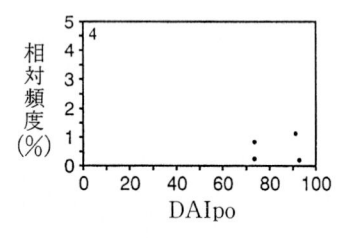

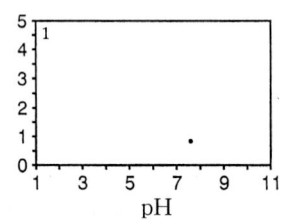

Nitzschia elegantula の生態図

Nitzstchia liebetruthii Rabenhorst var. *liebetruthii* 1864 (Plate IIB$_4$-25：2-8)

Syn：*Nitzschia perpusilla* Grunow 1862；non *N. perpusilla* Rabenhorst 1861.

形態　殻の形 3-Sta；先端の形 くさび形[12]；殻長 12-40 μm；幅 2.5-3.5 μm；間板 12-14/10 μm，中心節はない；条線 26-29/10 μm．

本分類群は，後述の *Nitzschia fonticola*(Pl. IIB$_4$-26：1-12, 13-22)とは，条線密度が本分類群の方がやや粗いこと以外，光顕下での違いは見いだしにくい．

生態　分類群の生態については，*Nitzschia fonticola* の項へ，*N. fonticola* とその変種 var. *pelagica* および *N. liebetruthii* の複合種群の生態図として示したので参考にされたい．ちなみに複合種群は**有機汚濁に関しては広適応性種，pH に関しては好アルカリ性種**である．

Nitzschia sp. (Plate IIB$_4$-25：9-11)

形態　殻の形 5-Sta；先端の形 小さい頭状形[5]，細いくちばし伸長形[4]；殻長 25-27.5 μm；幅 2.5-3 μm；間板 12-14/10 μm，中心節はない；条線 32/10 μm．

Nitzschia agnita Hustedt と殻形は酷似し，各種形態計測値のほとんどすべては，この分類群と一致する．しかし，条線密度が，*N. agnita* は 35/10 μm 以上であり，本分類群ではかなり粗であることによって，*N. agnita* と同定することは避けた．また *N. palea* var. *debilis* とも似るが，先端の形が異なる．

生態　俱多楽湖(DAIpo 71)，三重県浜島渓流(DAIpo 76, 85)の清浄域に出現した稀産種．

Nitzschda bacillum Hustedt 1827 (Plate IIB$_4$-25：12, 13)

すでに Pl. IIB$_4$-23：25-32 に記述したので参照されたい．次記 *N. microcephala* と形態が似るが，写真で明らかなように，先端の形，間板密度が異なる．

Nitzschia microcephala Grunow *in* Cleve & Möller 1878　　　（Plate ⅡB₄-25：14-20）

|形態|　殻の形 3-Sta；先端の形 くちばし伸長形[4]；殻長 7-19μm；幅 2.3-4μm，小型種；間板 12-13/10μm，中心節はない；条線 33-36/10μm，光顕では確認しにくい．

|生態|　富山県小矢部川（DAIpo 64-95），佐賀県嘉瀬川（DAIpo 58-69），三重県鈴鹿川（DAIpo 77）などの清浄河川によく出現するが，奈良市内河川佐保川（DAIpo 48）のような，少し汚れた流水域にも出現する普遍種で，**好清水性種，pH に関しては好アルカリ性種**である．相対頻度は常に低い（<3％）．しかし花巻の高倉山温泉（pH 8.7）では，51％の高い相対頻度で出現した．これは大変珍しい例といえよう．
　Van Dam *et al.*（1994）は，alkaliphilous，α-mesosaprobous，eutraphentic とする．Håkansson（1993）は，alkaliphilous とする．

Nitzschia microcephala の生態図

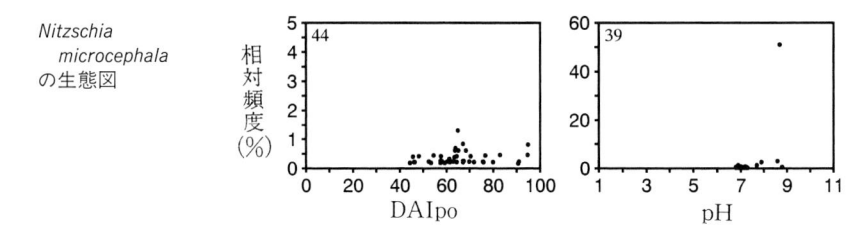

Nitzschia microcephala var. ***bicapitellata*** Cleve-Euler 1952　　　（Plate ⅡB₄-25：21-24）

|形態|　殻の形 4-Sta；先端の形 小さい頭状形[5]；殻長 15-17μm；幅 2.5-3μm，両殻縁が平行の舟形の小型種；間板 12-13/10μm，中心節はない；条線 33-36/10μm，光顕では確認しにくい．

|生態|　奈良県十津川村の上湯温泉（pH 7.9），下湯温泉（pH 8.6）に出現した稀産種，生態未詳．

Nitzschia angustiforminata Lange-Bertalot 1980　　　（Plate ⅡB₄-25：25-27）

|形態|　殻の形 3-Sta；先端の形 くちばし形[3]；殻長 8-24μm；幅 3-4μm；間板 10-12/10μm，中心節のあるもの（25）と，ないもの（26, 27）とがある；条線 21-25/10μm．

|生態|　日本では山梨県の白糸の滝（pH 8.5）に出現したが，稀産種．
　Van Dam *et al.*（1994）は，alkaliphilous，α-mesosaprobous，hypereutraphentic とする．

Nitzschia alpina Hustedt 1943　　　（Plate ⅡB₄-25：28-33）

|形態|　殻の形 5-Sta；先端の形 くさび形[11]；殻長 8-48μm；幅 3-5μm；間板（7）8-14/10μm，中心節のあるもの（28, 30, 32, 33）と，ないもの（29, 31）とがある；条線 21-25/10μm．

|生態|　摩周湖（DAIpo 93），奥日光湯ノ湖への流入河川白根沢（DAIpo 72），三重県浜島（DAIpo 76）の，いずれも清冽な水域に出現した．さらに北海道の高アルカリのオソウシ温泉（pH 10.0）にも出現した稀産種．生態未詳．

Nitzschia alpina の生態図

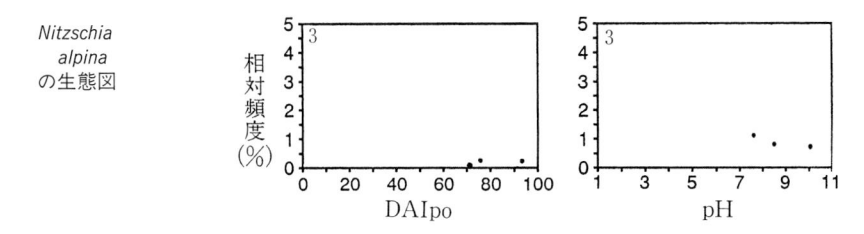

Nitzschia fonticola Grunow *in* Cleve & Möller 1987　　　　　(Plate IIB$_4$-25：34-36)

　形態，生態は，後述の Pl. II B$_4$-26：1-12, 13-22 を参照．

Nitzschia dissipata* var. *media (Hantzsch) Grunow 1881　　　　　(Plate IIB$_4$-25：37)

　Syn：*Nitzschia media* Hantzsch 1860；(?) *N. bavarica* Hustedt 1953.

形態　殻の形 5-Sta；先端の形　頭状形[5]，くさび形[12]；殻長 12.5-85 μm；幅 (3)3.5-7(8) μm；間板 5-11/10 μm；条線 32？, 39-50/10 μm；*N. sublinearis* (Pl. II B$_4$-17：10, 11)に似るが，先端の形の違いによって区別できる．

生態　有機汚濁に関しては広適応性種．

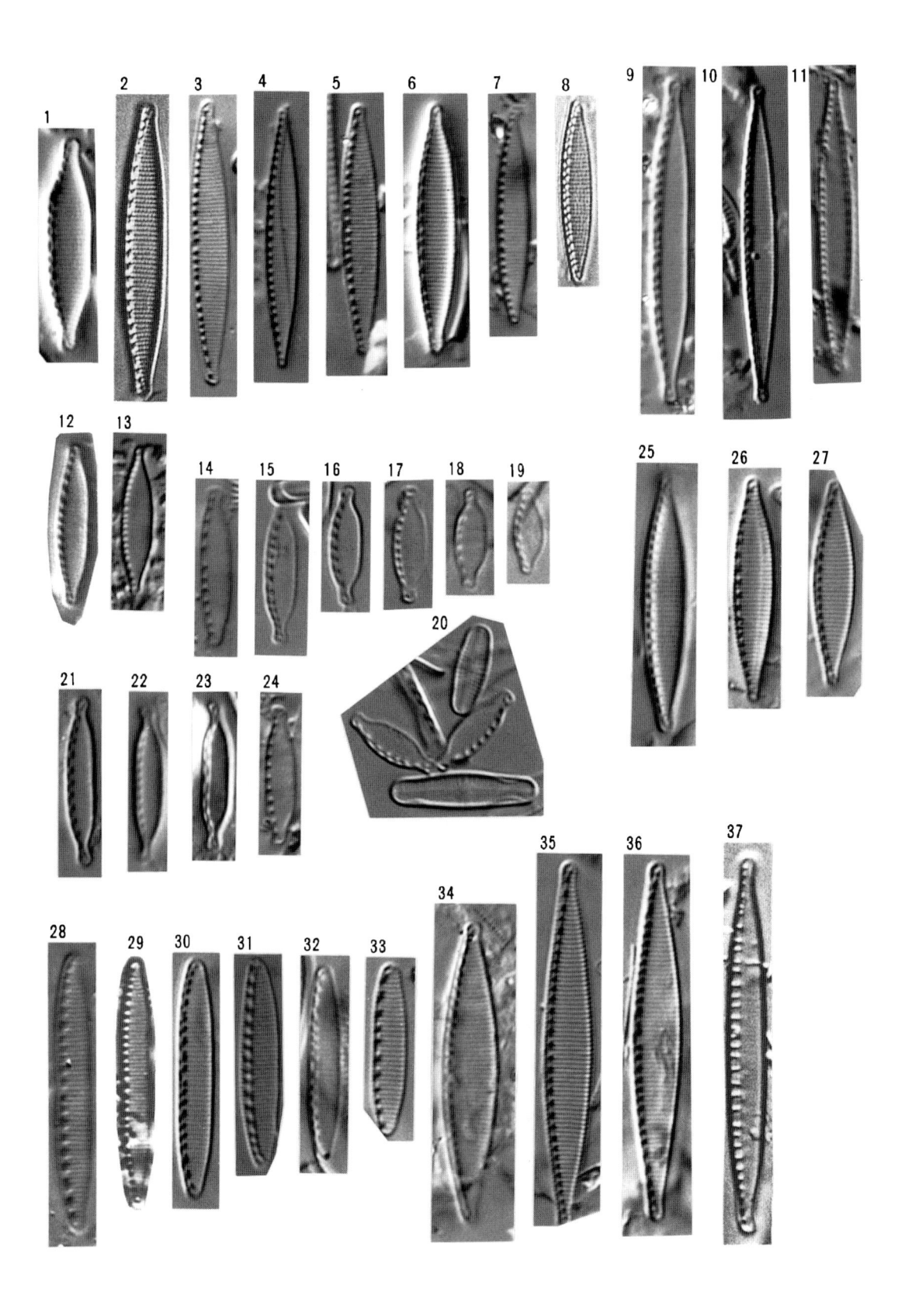

Plate II B$_4$-25

Nitzschia fonticola Grunow *in* Cleve & Möller 1978   (Plate IIB$_4$-26：1-12, 13-22)

Syn：*Nitzschia* (*palea* var. ?) *fonticola* Grunow *in* Cleve & Möller 1879；*N. fonticola* (Grunow) Grunow *in* Van Heurck 1881；*N. kuetzingiana* var. *romana* Grunow *in* Cleve & Grunow 1880；*N. romana* (Grunow) Grunow *in* Van Heurck 1881；(?) *N. minima* F. Meister 1935；*N. macedonica* Hustedt 1945；*N. subromana* Hustedt 1954；*N. manca* Hustedt 1957.

形態　殻の形 3-Sta；先端の形 くさび形[12]；殻長 10-65 μm；幅 2.5-5 μm；間板 9-16/10 μm，普通中心節があるが，ないもの(5, 11, 15)もある；条線 23-33/10 μm；13-22 は，*N. romana* とされてきたもの．

生態　有機汚濁に関しては広適応性種であるが，図に示すように，DAIpo 47-82 の，貧腐水性と β 中腐水性の水域で，相対頻度 30-60% の高い相対頻度で出現する普遍種．pH に関しては，図で明らかなように**典型的な好アルカリ性種**．

Van Dam *et al.* (1994)は，alkaliphilous，β-mesosaprobous，meso-eutraphentic とする．Håkansson(1993)は alkaliphilous とする．

Nitzschia fonticola と
N. fonticola var. *pelagica*
N. lieberuthii
複合種群の生態図

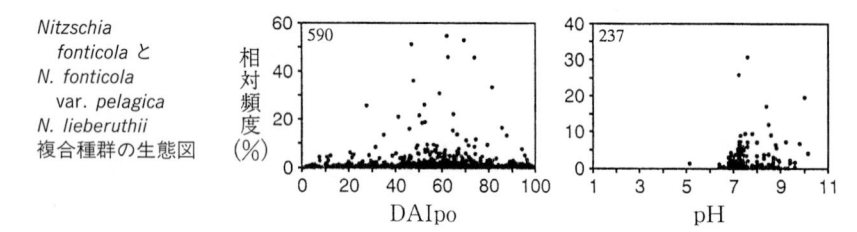

Nitzschia liebetruthii Rabenhorst var. *liebetruthii* 1864   (Plate IIB$_4$-26：23-32)

すでに Pl.IIB$_4$-25：2-8 で述べたように，本分類群の生態は，本分類群と上述の *N. fonticola* var. *fonticola* との複合種群の生態図として示した．ちなみに複合種群は，有機汚濁に関しては広適応性種，**pH に関しては好アルカリ性種**．

Nitzschia amphibia Grunow f. *amphibia* 1862   (Plate IIB$_4$-26：33-42)

Syn：*Nitzschia amphibia* var. *acutiuscula* Grunow *in* Cleve & Grunow 1880.

形態　殻の形 3-5-Sta；先端の形 くさび形[12]；殻長 6-50 μm；幅 4-6 μm；間板 7-9/10 μm，中心節のあるものとないもの(35, 37, 38)とがある；条線 13-18/10 μm；胞紋 約 20/10 μm．

生態　有機汚濁に関しては，図でも明らかなように**典型的な好汚濁性種**．本分類群が第 1 位優占種となる群集は，DAIpo 3-30 の強腐水性〜α 中腐水性の汚濁流水域に出現する．その際，第 2 位優占種が，好汚濁種の *Navicula subminuscula* である水域は，DAIpo 28-36 の α 中腐水性または β 中腐水性水域であり，広適応性種の *Navicula minima* が第 2 位優占種である群集は，DAIpo 33-37 の β 中腐水性水域に出現する．**pH に関しては好アルカリ性種である**．

Van Dam *et al.* (1994)は，alkaliphilous，α-mesosaprobous，eutraphentic とする．Håkansson (1993)も alkaliphilous とする．

Nitzschia amphibia f. *amphibia* の生態図

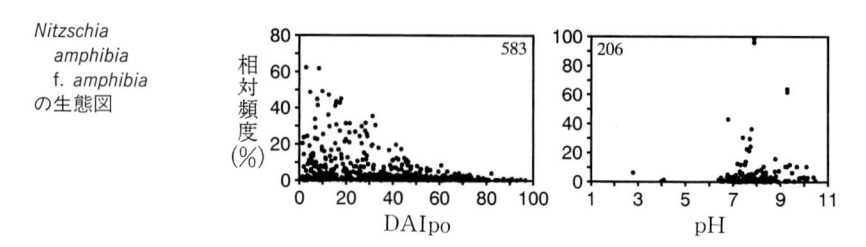

***Nitzschia amphibia* f. *rostrata* Hustedt 1959** (Plate IIB₄-26：43, 44)

形態　殻の形 3-Sta；先端の形 細いくちばし伸長形［2］（基本種と最も異なった特性）；殻長 約15 μm；幅 約5 μm；間板 約9/10 μm，基本種とは異なり中心節はない；条線 約18/10 μm．

生態　スマトラの Lake Toba アフリカの Lake Victoria に出現した．日本では未報告．稀産種で生態未詳．

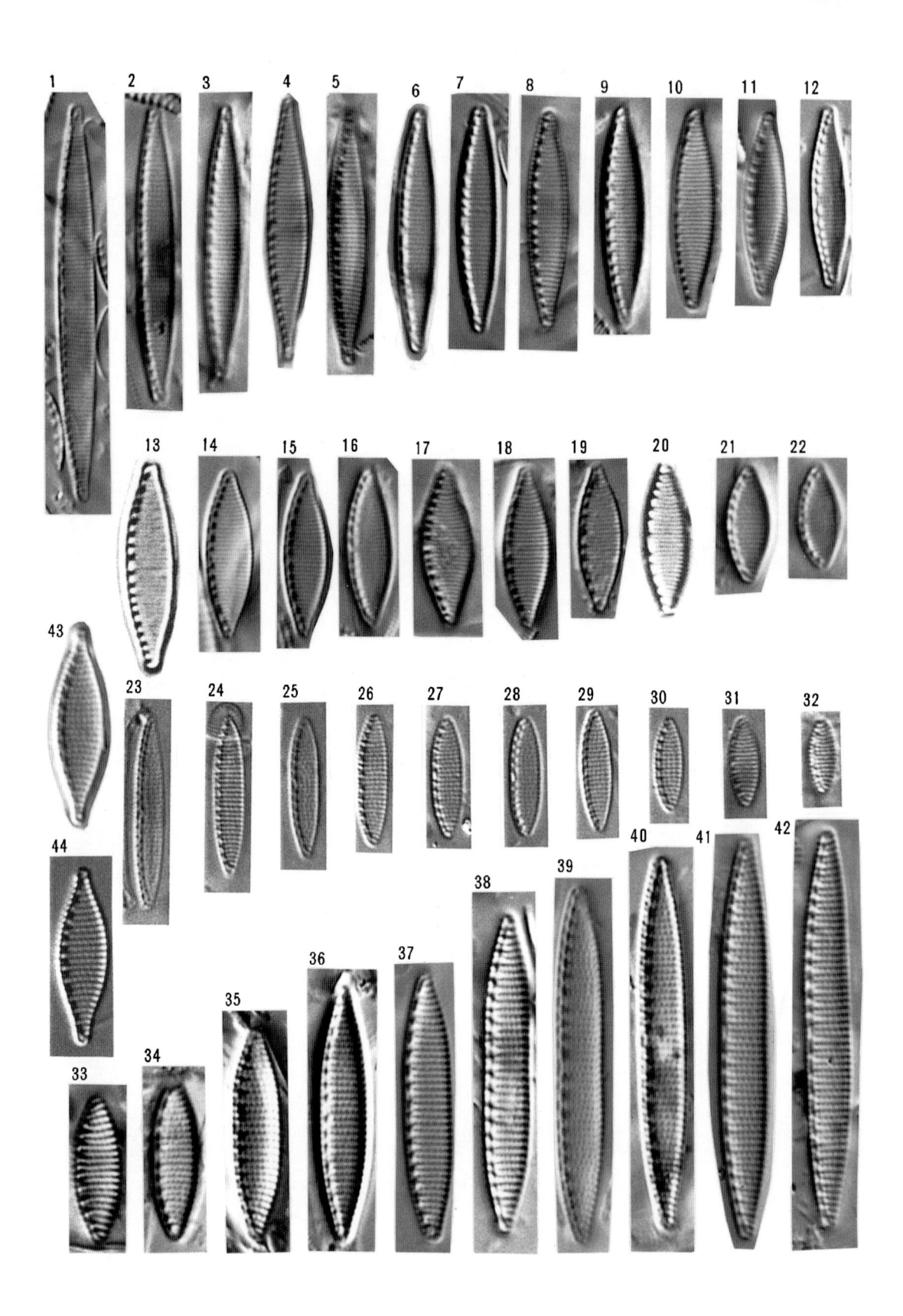

Plate II B$_4$-26

Cymbellonitzschia minima Hustedt *in* A. Schmidt 1925   (Plate IIB$_4$-27：1-12)

形態　殻の形 2,4-Lun；先端の形 くさび形[12]；殻長 6-15 μm；幅 2-2.5 μm；間板 8-10/10 μm，中心節はない，管縦溝が通常湾曲した背側にある(Simonsen 1987)(7-12)ものと，真っすぐな腹側にある(1-6)ものとがある；条線 21-23/10 μm，平行またはわずかに放散状；胞紋 約30/10 μm で明瞭な胞紋列．

生態　Hustedt(1925)は，本分類群をアフリカのLake Tanganyika の試料に基づいて，新種として記載した．ここに示した写真は，清水晃博士が1986年にL. Tanganyika 湖岸のMbemba と Uvira の近くで採集された試料中に見いだしたものである．Cocquyt & Jewson(1994)は，南東アフリカMalawi の Lake Nyasa(L. Malawi)の底泥表面から，本分類群の遺骸を見つけている．

Cymbellonitzschia diluviana Hustedt 1950   (Plate IIB$_4$-27：13-19)

形態　殻の形 2-4-Lun；先端の形 くさび形[12]；殻長 10-20 μm；幅 2.5-4 μm；間板 9-10/10 μm，中心節がある；条線 約25/10 μm，弱い放散状，胞紋は細かくて光顕下では不明瞭；前記の *Cymbellonitzschia minima* とは形態は似るが，本分類群の方が幾分大きく，中心節があること，胞紋が不明瞭であることによって，区別できる．

生態　本分類群は，Hustedt(1950)が，ドイツの間氷期の地層中に，比較的豊富な微化石として新種記載をした．その後 Hustedt(1954)は，北ドイツの Lake Schaal で生細胞を見つけている．さらに Sovereign(1958)はアメリカの北カリフォルニアとオレゴン州のいくつかの湖で本分類群の存在を記録し，Foged (1960, 1974, 1977)も，デンマーク，アイスランド，北アイルラインドの湖での出現を報じた．それらの湖の多くは，pH が 7.6-9.1 の間にあったと記されている．Jewson & Lowry(1993)は，上記のpH 範囲について，本分類群が他のアルカリ水域に，何故もっと広く分布しないのかの疑問を挙げ，炭酸カルシウムの溶解度の重要性を指摘している．さらに波にさらされた湖岸とか，砂の堆積した湖岸に豊富なことから，本分類群は，激しく摩擦されるような状態にも耐えられる特性をもつ種であるという．これらの物理，化学的特性から考えて，本分類群は，現在は普遍種とはいえないが，過去においては，もっと広く分布していただろうと想定している．

写真(13-17)は，Lake Tahoe の表泥中から得たものであり，(18, 19)は奥日光の湯ノ湖(pH 8.2)湖岸に出現したものである．最近，阿寒湖にも産出することが報告された(河島，真山 2003)．

Gomphonitzschia ungeri Grunow 1880   (Plate IIB$_4$-27：20-27, 28-30, 31-34)

Syn：*Gomphonitzschia ungeriana* Grunow 1868.

形態　殻の形 2,4-Non；先端の形 くさび形[11]；上下左右非相称の特異な形態；殻長 9-40 μm；幅(最大幅)3.5-4.5 μm；間板 11-13/10 μm，中心節がある；条線 22-28/10 μm；上記の計測値に該当する個体は，写真(20-27)の個体である．それらよりも幅が広く殻端の鋭い(31, 32)の個体は最大幅 5.5 μm，間板 10-11/10 μm で中心節は大きくて明瞭；条線は 20-22/10 μm である．さらに(33, 34)の個体は L. Victoria に出現したが，間板 8-10/10 μm；条線 18-19/10 μm で他と比べて粗であり，中心節も認められず，条線を形成する胞紋列が明瞭であり胞紋密度は約 21/10 μm である．(28-30)の電顕写真のうち，(28)は殻の外面，(29)は内面を示したものである．内面写真の殻の上縁に沿って管縦溝が走り，中央に中心節が，3列の条線にまたがる間板のような形で見ることができる．(30)は殻の外面において縦溝が向かいあうのを示したものである．これら分類群の所属については今後の検討が必要であろう．

生態　写真(20-34)はすべてアフリカの Lake Victoria(pH 8.0)と L. Tanganyika, L. Nakuru において，湖岸の付着藻類群集の一員として出現したものである．

本分類群の基準産地はエジプトで，緑藻の *Cladophora* sp.への体表付着藻群集の一員として採取され

た．Hustedt(1949)は，熱帯アフリカの固有種といい，本分類群の出現を報じたほとんどすべての研究者は，その産地のpHが約8であったとする．Hendey & Sims(1982)は，本分類群は高い電解質濃度を保有する水を好む熱帯-亜熱帯性種であるとする．アフリカ以外における本分類群の出現については，A. Cleve-Euler(1939)がフィンランドLapplandのコケ群集中に，稀に見られることを報じている．Hendey & Sims(1982)は，フィンランド産の分類群を調べはしなかったと断わりながら，電解質濃度の高い水域に生育する熱帯-亜熱帯性種が，フィンランドの極地性の酸性水域に分布を広げたとは考えられそうもないという．

Plate II B$_4$-27

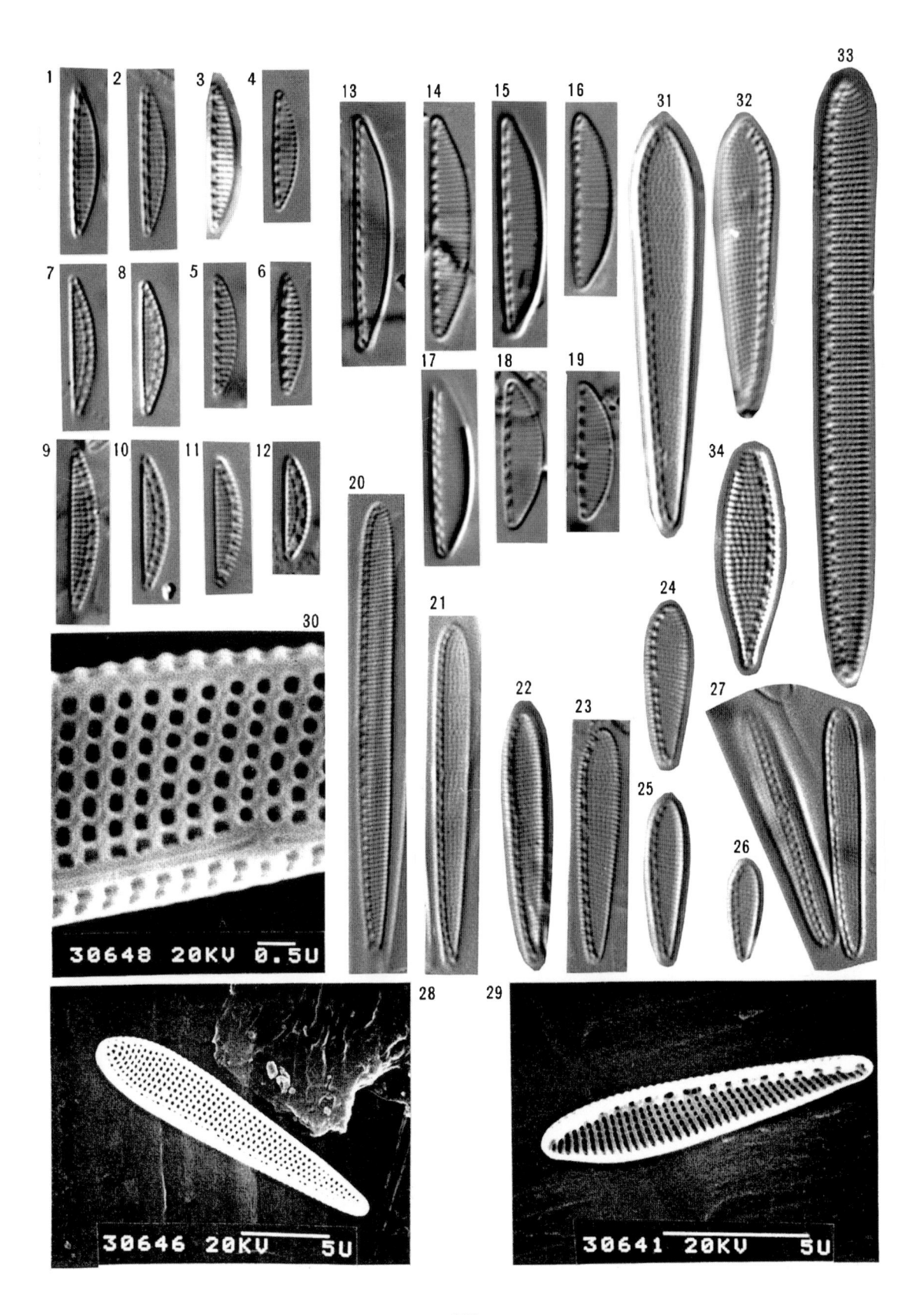

Surirella Turpin 1828 (Plate ⅡB₅-1〜ⅡB₅-10)

生活様式：沿岸性のものが多いが，大量に出現することはない．多くの湖にプランクトンとして出現する分類群もある．海産種は少ない．細胞は時々這うように動く．
葉 緑 体：狭い橋でつながった2枚の板状葉緑体が，外殻と内殻それぞれの殻面内部に広く広がる．
殻 面 観：卵円形または長い卵円形のものが多い．殻面の中央には，長軸方向に縦走する中央線があり，両殻縁から中央線に向かう肋と，肋にはさまれた部分に翼窓がある．肋は中央線に達するものと達しないものとがある．

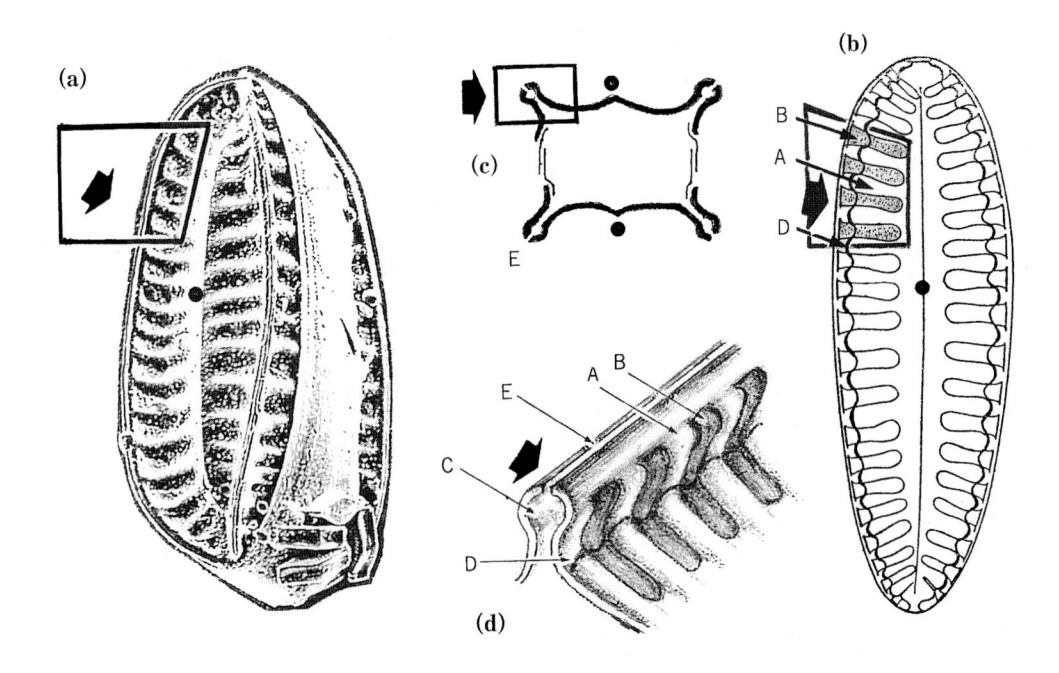

図ⅡB₅-1 *Surirella*の構造

*Surirella*は，珪藻中特殊構造をもつ仲間の1つであるので，具体的な例を挙げてその構造を説明した(図ⅡB₅-1)．(a)は *Surirella tenera*(故小林弘博士撮影)で肋脈は中央線(●印)に達する．(b)は *Surirella robusta* で，肋脈は中央線に達しない．(c)は横断面の摸式図，太線は外殻，内殻を，細線は外殻帯，内殻帯を示す．殻が四隅から斜め方向に翼状に突出し，その先端部は管状にふくらみ，最先端の裂けめは縦溝の外部への開口部である．

(a-c)の四角の線で囲った部分を，太い矢印方向から見た摸式図が(d)である．図ⅡB₅-1：(b-d)における記号は次の部分を示す．A：肋(costa)；B：翼窓(fenestra)；C：縦溝管(raphe canal)；D：糸状波(linear undulate)；E：縦溝(raphe)．

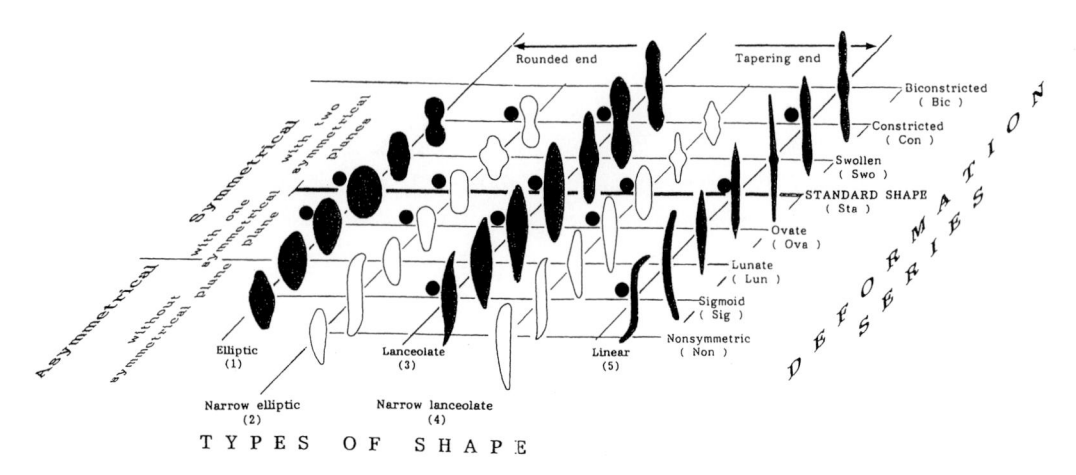

図ⅡB₅-2　*Surirella*と*Stenopterobia*の殻の形
Sigmoid(Sig)は，*Stenopterobia*の殻形で，*Surirella*にはこの形のものはない

種の同定に必要な記載事項

例：*Surirella minuta*
1. 殻の形 1-Ova，先端の形 広円形［0］
2. 殻の大きさ 殻長 41μm，幅 13μm
3. 肋 7/10μm，条線 24/10μm

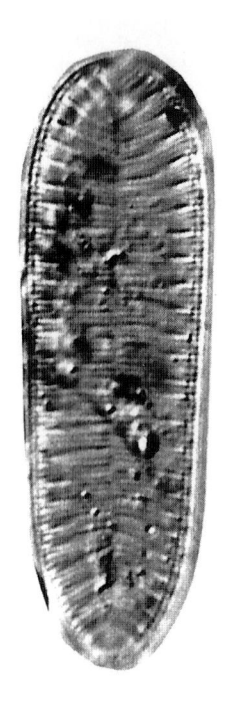

Surirella brebissonii Krammer & Lange-Bertalot var. *brebissonii* 1987

(Plate IIB$_5$-1：1-4)

Syn：*Surirella ovata* var. *marina* Brébisson 1867；*S. ovata* Küzing 1844.

|形態| 殻の形 1-Sta；先端への形 広円形[0]；殻長 16-70 μm；幅 12-30 μm；肋 中央線にまでは達しない，5-6/10 μm；翼窓 出現しない：中央に中央線をはさんで，紡垂形の無紋域がある．

|生態| 日本では，*S. ovata* として，琵琶湖，多摩川，奈良公園内の溜池に出現した．ライン川のRüdesheim (DAIpo 49)にも，比較的多数の個体が出現した．**有機汚濁に関しては広適応種，pH に関しては好アルカリ性種．**

Hustedt(1930)は，分布の広い普遍種であるとし，Van Dam *et al.*(1994)は，*S. brebissonii* を alkaliphilous とする．Foged(1981)も *S. ovata* を alkaliphilous の普遍種とし，Archibald(1971)はヨーロッパでの普遍種であるが，有機窒素を栄養源とする，大量の *Nitzschia* と共存していたことを記している．

Surirella brebissonii の生態図

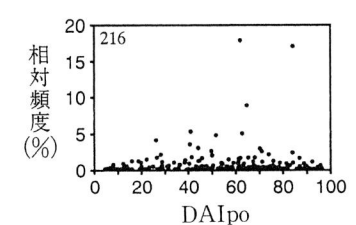

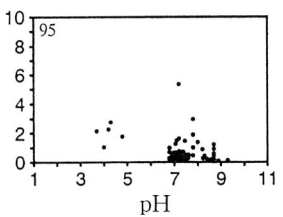

Surirella brebissonii var. *kuetzingii* Krammer & Lange-Bertalot 1987

(Plate IIB$_5$-1：5-8)

Syn：(?) *Surirella ovata* Kützing 1844.

|形態| 殻の形 1-Ova；先端の形 広円形[0]；殻長 8-36 μm；幅 8-18 μm；肋，翼窓などの特徴は基本種と同じであるが，基本種よりも小型．

|生態| アメリカの Lake Pyramid に出現した．Van Dam *et al.* (1994)は，alkaliphilous，α-mesosaprobous，eutraphentic とする．

Surirella amphioxys W. Smith 1856

(Plate IIB$_5$-1：9)

Syn：*Surirella moelleriana* Grunow *ex* Möller 1868, 1861；*S. moelleriana* sensu Germain 1981.

|形態| 殻の形 1-Ova；先端の形 両端共にくさび形[12]；殻長 15-120 μm；幅 12-20 μm；肋 中央線にまでは達しない，4-5/10 μm；翼窓 不明瞭；中央部には，中央線の両側に，平行線に囲まれた舟形の中心区域がある．

|生態| ウラジオストック近郊のR. Narva(DAIpo 59，pH 6.9，α貧腐水性水域)に出現した．日本では，志賀高原蓮池(pH 7.2)にのみ出現した稀産種．いずれも，出現頻度は小さい(1%以下)．

Van Dam *et al.* (1994)は，alkaliphilous，β-mesosaprobous，eutraphentic とする．

Foged(1981)は，アラスカでは普遍種で，pH circumneutral とする．

Surirella brightwellii W. Smith var. *brightwellii* 1853　　　　(Plate II B₅-1：10, 11)

Syn：*Surirella ovalis* var. *brightwellii* (W. Smith) H. & M. Peragallo 1897-1908.

形態　殻形 1-Ova；先端の形 広円形[0]；殻長 15-80 μm；幅 10-45 μm；肋 中央線にまでは達しない，3-4.5/10 μm；翼窓 殻縁に寄り添うように存在するが，小さくて不明瞭；中央線の両側には，平行線紋に囲まれた，大小二重の舟形の中心区域がある．平行線密度は，約 16/10 μm．

生態　北海道オコタンペ湖にのみ出現した稀産種．形態が似る *Surirella ovalis* もまた，日本では湯本温泉(pH 6.4)，阿寒湖温泉，御崎温泉にのみ出現した稀産種．

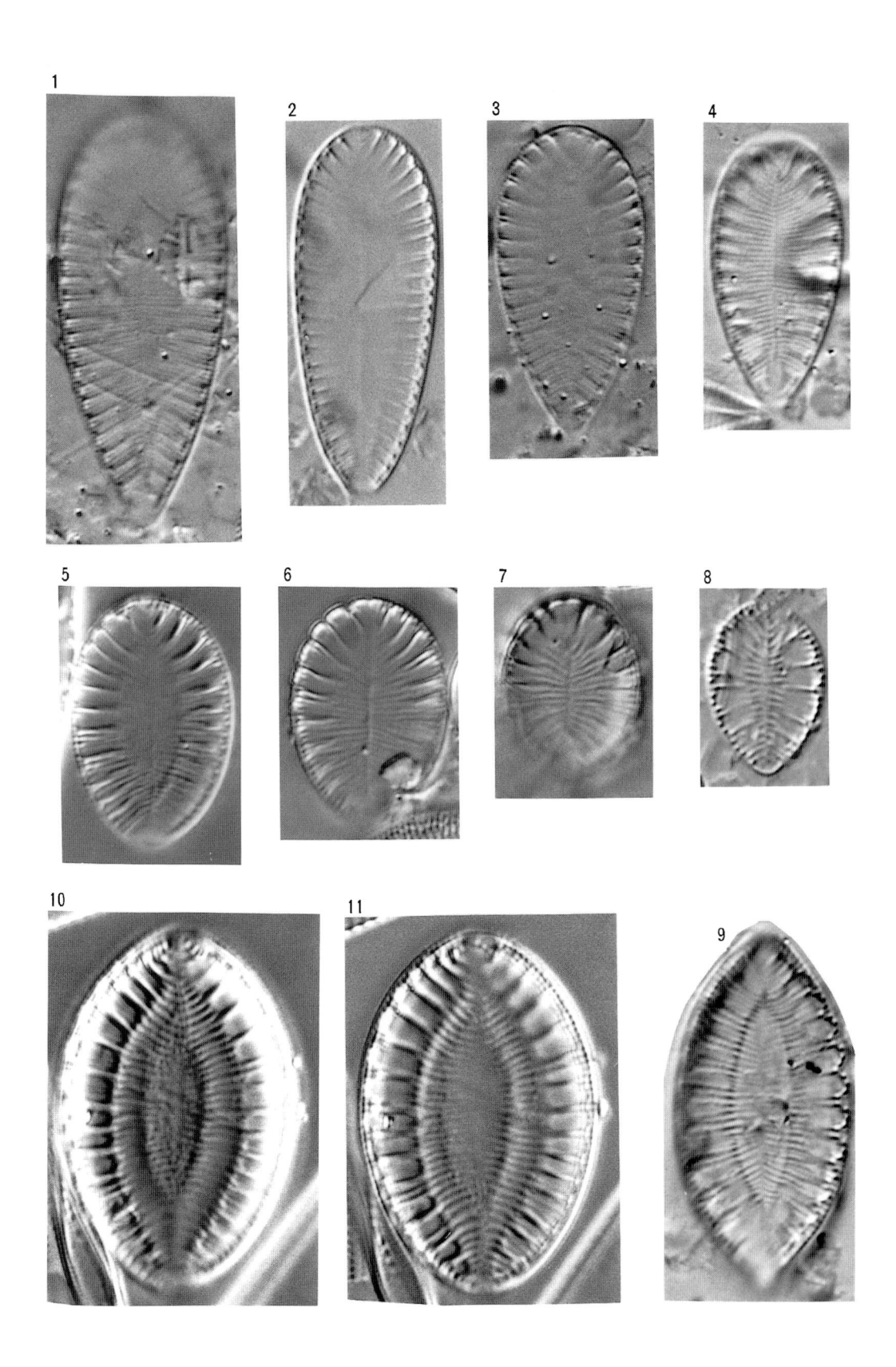

Plate IIB₅-1

Surirella minuta Brébisson *in* Kützing 1849 (Plate IIB$_5$-2 : 1-3)

Syn：(?)*Surirella minuta* Brébisson 1838；(?) *S. ovata* Kützing a part；*S. ovata* var. *pinnata* (W. Smith) Brun 1880；*S. pinnata* W. Smith 1853；*S. apiculata* W. Smith 1856；*S. salina* W. Smith 1851；*S. ovata* var. *salina* (W. Smith) Rabenhorst 1864；*S. ovalis* var. *salina* (W. Smith) Van Heurck 1896.

形態　殻の形 2, 3-Ova；先端の形　広円形[0]；殻長 9-47(60)μm；幅 9-11(15)μm；翼窓　小型で, 肋は中央線にまで到達しない, その密度は 5-9/10μm, 肋間にはおよそ 3 本の平行な条線がある. その密度は 20-22/10μm.

1 の大型個体は, 大塚(2002)が, 斐伊川に産した個体として示した写真だが, 殻長殻幅共に *S. ninuta* の記載範囲からはみ出している. しかし, ここに示したものは, 殻端の形態が *S. angusta* とは合致しないので, *S. minuta* の大型のものと判定したが, 別種の可能性もある. (3)の小型種は, 本分類群の synonym の *S. ovata* var. *pinnata* と考えられる.

生態　有機汚濁に関しては広適応性種, pH に関しては中性種の広い分布域をもつ普遍種. 相対頻度は普通 5% 以下であるが, 極めて稀に第 1 位優占種となることがある. その水域は, 貧腐水性の清浄水域である.

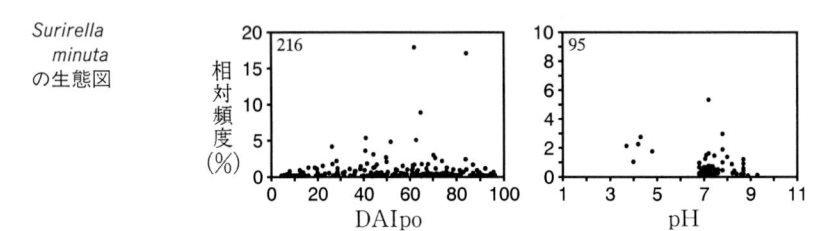

Van Dam *et al*. (1994)は, alkaliphilous, α-mesosaprobous, eutraphentic とし, Håkansson (1993)は, pH indifferent とする.

Surirella minuta の生態図

Surirella tenuissima Hustedt 1913 *in* Schmidt *et al*. 1874 (Plate IIB$_5$-2 : 4, 5)

形態　殻の形 3-Ova；先端の形　くさび形[11]；殻長 17-38μm；幅 6-11μm；肋　中央線にまで到達しない. その密度は 4-7/10μm.

生態　日本では, 九州霧島高原の不動池(pH 4)にのみ小さな相対頻度(0.3-0.4%)で出現した. インドネシアの R. Padang にも出現した. Hustedt (1937-1939)は, 南アメリカと東南アジアのマレー諸島, レイテ島, セレベス島に出現し, 沿岸部に産したが, プランクトンとしても幾度か出現したと記している.

Surirella linearis var. *helvetica* (Brun) F. Meister 1912 (Plate IIB$_5$-2：6, 7)

Syn：*Surirella helvetica* Brun 1880.

形態 殻の形 3-Sta：先端の形 くさび形[11]；殻長 20-125μm；幅 9-25μm；肋 2-3/10μm, 中央線へ向かうが短い；翼窓 明瞭である；中心域にはたくさんの小粒がある．

生態 奈良県佐保川の上流清浄域(DAIpo 63, 89)，新宮川(DAIpo 91)，佐賀県嘉瀬川(DAIpo 80)に出現した**好清水性種，pH に関しては中性種**であるが，相対頻度は常に低い(1%以下)．

Hustedt(1930)は，本分類群は，北ドイツのみならず，ヨーロッパアルプス地帯の比較的大きい湖に出現するという．Van Dam *et al.*(1994)は，pH は circumneutral, oligosaprobous, oligotraphentic とする．Foged(1981)は，アラスカでは普遍種で，pH circumneutral とする．

Surirella linearis var. *helvetic* の生態図

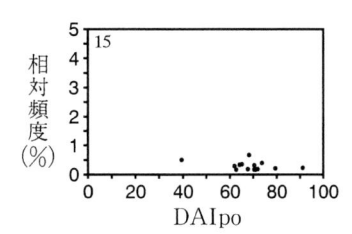

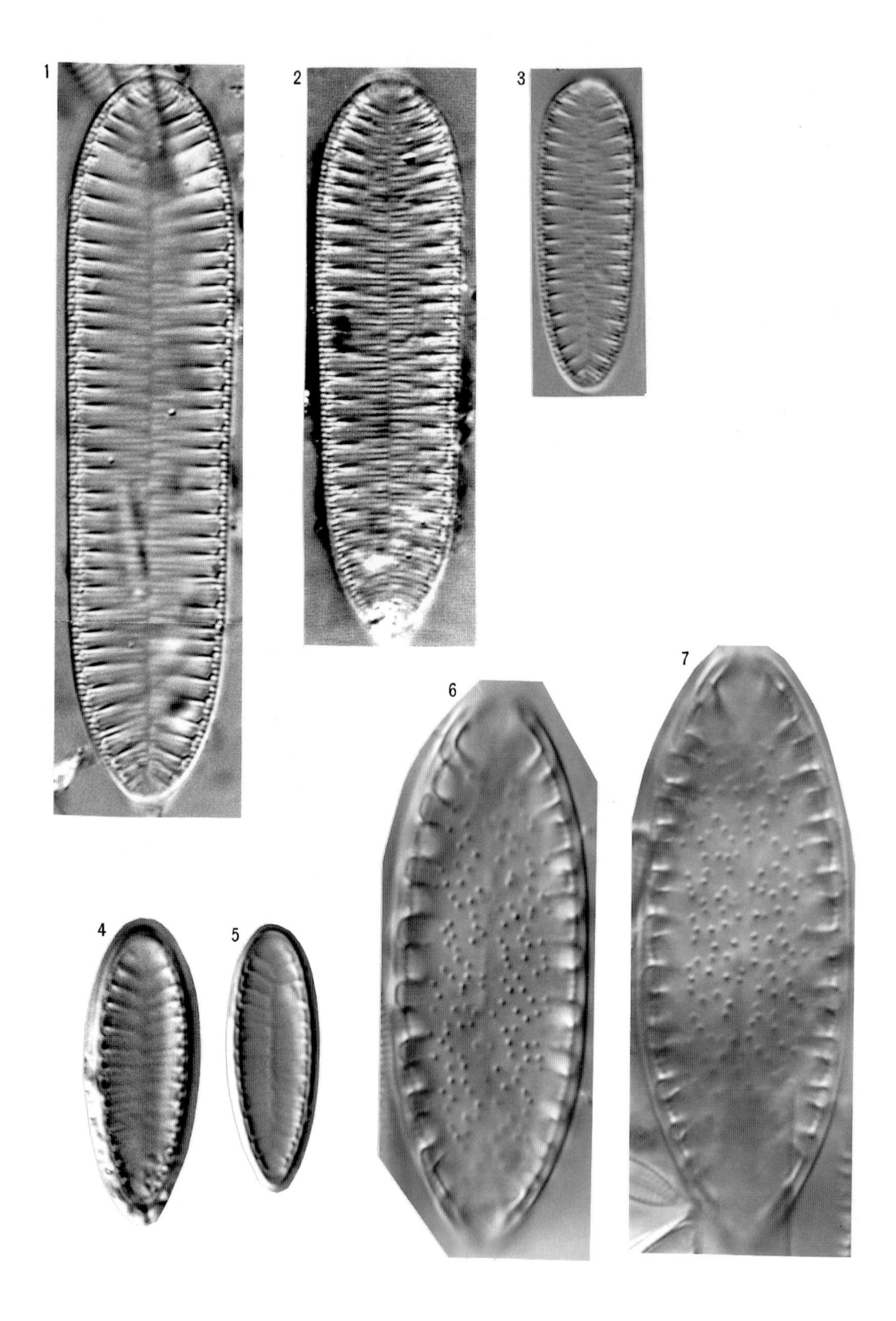

Plate ⅡB₅-2

Surirella pseudotenuissima Leclercq 1983 (Plate IIB$_5$-3：1-3)

形態 殻の形 3-Ova；先端の形 くさび形[11]；殻長 40-44 μm；幅 12-13 μm；翼窓 幅広く明瞭，その中央線へ向けての突出部は，中央線に到達する；肋 中央線を境にして，左右が少しずれて向かいあう；条線 約25/10 μm．

生態 九州霧島の六観音池(pH 4.0-4.3)に出現した．大塚(2002)は，島根県東部の斐伊川で，本種の出現を報じた．報告例が未だ少ないので生態未詳．

Surirella roba Leclercq 1983 (Plate IIB$_5$-3：4-9)

形態 殻の形 3-Sta；先端の形 両先端同形に近い，くさび形[11]；殻長 22-61 μm；幅 8-11 μm；翼窓 明瞭，密度 4-5/10 μm；肋 中央線にまで達する；後述の *S. linearis* (Pl. IIB$_5$-4：5-8)の小型のものと形態が似るが，殻の先端が両端共に，*S. linearis* よりもとがったくさび状であることと，肋の密度が *S. linearis* よりも密であることによって区別できる．

生態 酸性河川，九州別府の平田川(pH 6.7)，玉川の夏瀬ダム(pH 6.2)にのみ出現した稀産種．**好清水性種，好酸性種である可能性**が大きい．

Van Dam *et al.* (1994)は，acidophilous, oligosaprobous, oligotraphentic とする．

Surirella angusta Kützing 1844 (Plate IIB$_5$-3：10-17)

Syn：*Surirella apiculata* W. Smith 1856；*S. angusta* var. *apiculata* Grunow 1862；*S. ovalis* var. *apiculata* Otto Müller 1904；*S. ovata* var. *angusta* (Kützing) Cleve-Euler 1952.

形態 殻の形 3,4-Sta；先端の形 くさび形[11, 12]；殻長 18-70 μm；幅 6-15 μm；殻長/幅の値は3-4.7；翼窓 不明瞭であるが，その密度は6-7.5/10 μm；肋 中央線にまで到達する．

生態 多様な水域に広く分布する普遍種，**有機汚濁に関しては広適応性種，pHに関しては中性種**．*Surirella* に属する種が，第1位優占種となる珪藻群集は稀であるが，本分類群は，*S. ovata* と共に優占することが多い分類群の1つである．本分類群が珪藻群集の第1位優占種として出現したのは，β 中腐水性で，DAIpo は 33-39 の流水域であった．

Van Dam *et al.* (1994)は，本種を alkaliphilous, β-mesosaprobous, eutraphentic とする．

Archibald (1971)は，溶在酸素量の豊富なアルカリ水域に出現し，pH の最適値はおよそ8.0という．福島ら(1973)は，好アルカリ性，真流水性，耐汚濁性とする．

Surirella angusta の生態図

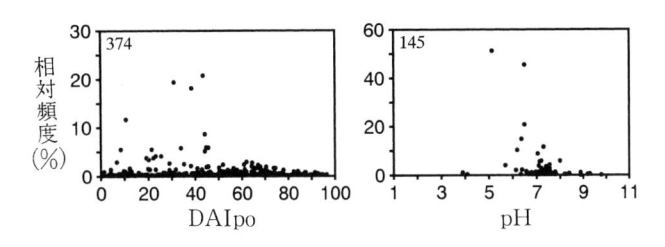

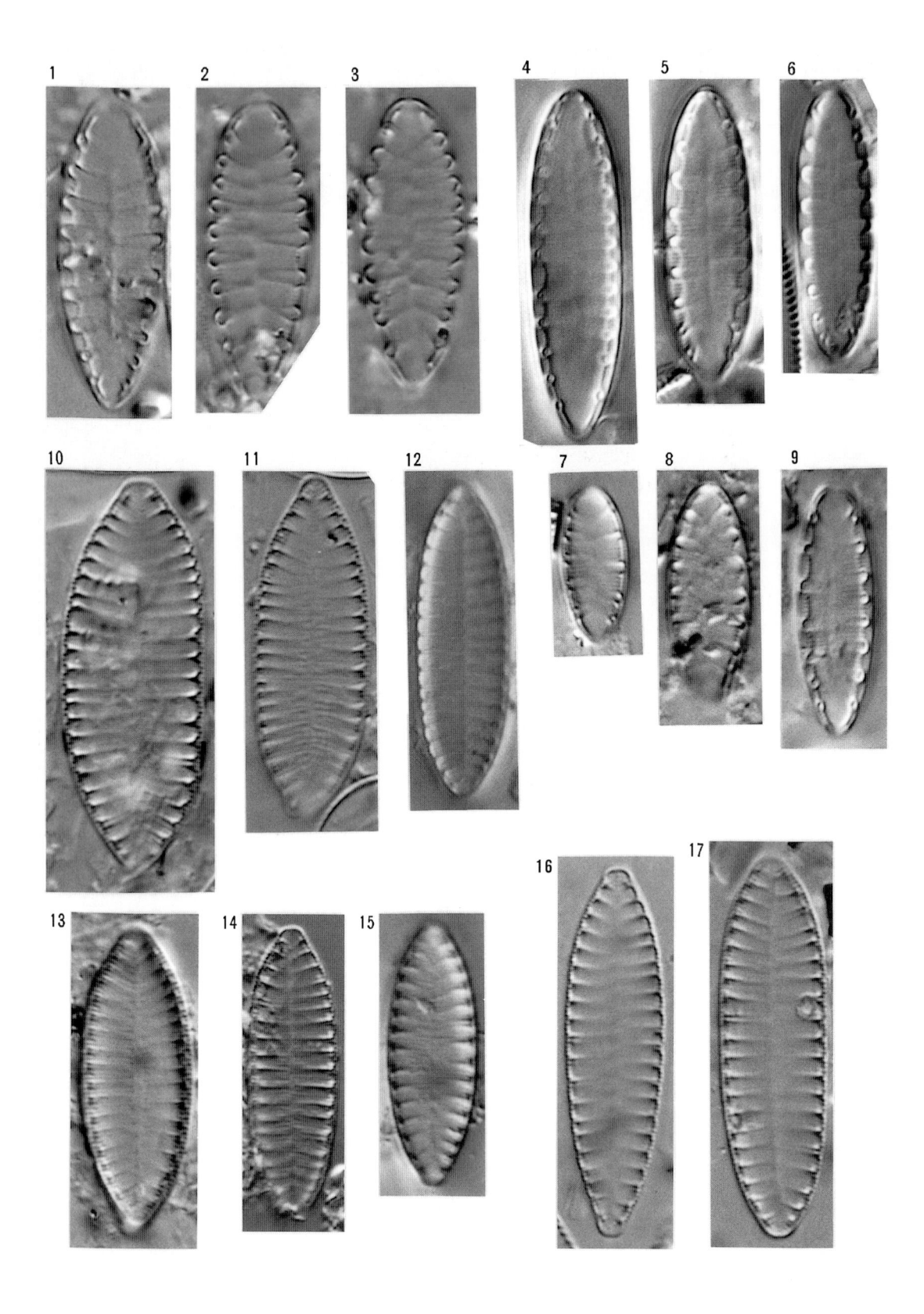

Plate ⅡB₅-3

Surirella bohemica Maly 1895 (Plate IIB$_5$-4:1-4)

形態 殻の形 4-Sta；先端の形 くさび形[11]；殻長 33-80 μm；幅 13-19 μm；翼窓 3-4/10 μm，翼窓と同等幅の肋が，中央線にまで達する；左右双方の肋は，中央線を境にして，ややずれて向かいあう；条線 肋間に 2-3 本の条線が認められる，その密度は 17-20/10 μm．

生態 九州霧島屋久国立公園の不動池(pH 3.8-4.0)，九州六観音池(pH 4.0-4.3)，磐梯山麓の赤沼(pH 3.9)，八ヶ岳七つ池(pH 6.5)など，いずれも酸性の湖沼に出現した稀産種．生態未詳であるが，好酸性種である可能性が大きい．

Surirella linearis W. Smith var. *linearis* 1853 (Plate IIB$_5$-4:5-8)

Syn：*Surirella constricta* Schumann 1862；*S. symmetrica* Østrup 1918；*S. decipiens* Cleve-Euler 1952.

形態 殻の形 3-Sta；先端の形 くさび形[11]；殻長 20-120 μm；幅 9-25 μm；翼窓 明瞭，肋の密度 2-3(5)/10 μm，中央線にまで到達する．左右の肋は，中央部で互いにちぐはぐに向かいあう．

生態 従来，日本の止水域では，阿寒温根沼，十和田湖，芦ノ湖，青木湖，池田湖などから，流水域では，淀川，大和川，猪名川，大浦川など，多様な水域に広く出現した．**有機汚濁に関しては広適応性種，pH に関しては好酸性種**．インドネシアの R. Anai(DAIpo 42)，R. Buluh (DAIpo 58)にも出現した．また酸性水域では，霧島屋久国立公園内の大浪池(pH 4.4)，志賀高原の三角池(pH 5.1)，長池(pH 5.1)，八島ヶ原の八島ヶ池(pH 5.2)と鎌ヶ池(pH 5.3)，八ヶ岳の白駒池(pH 5.1)と雨池(pH 5.3)に出現した．

Van Dam *et al.* (1994)は，pH circumneutral, β-mesosaprobous, oligo-mesotraphentic とし，Håkansson(1993)は，acidophilous とする．Foged (1981)は，普遍種で pH circumneutral とする．

Surirella linearis var. *lineari* の生態図

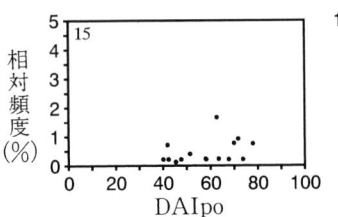

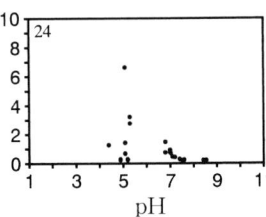

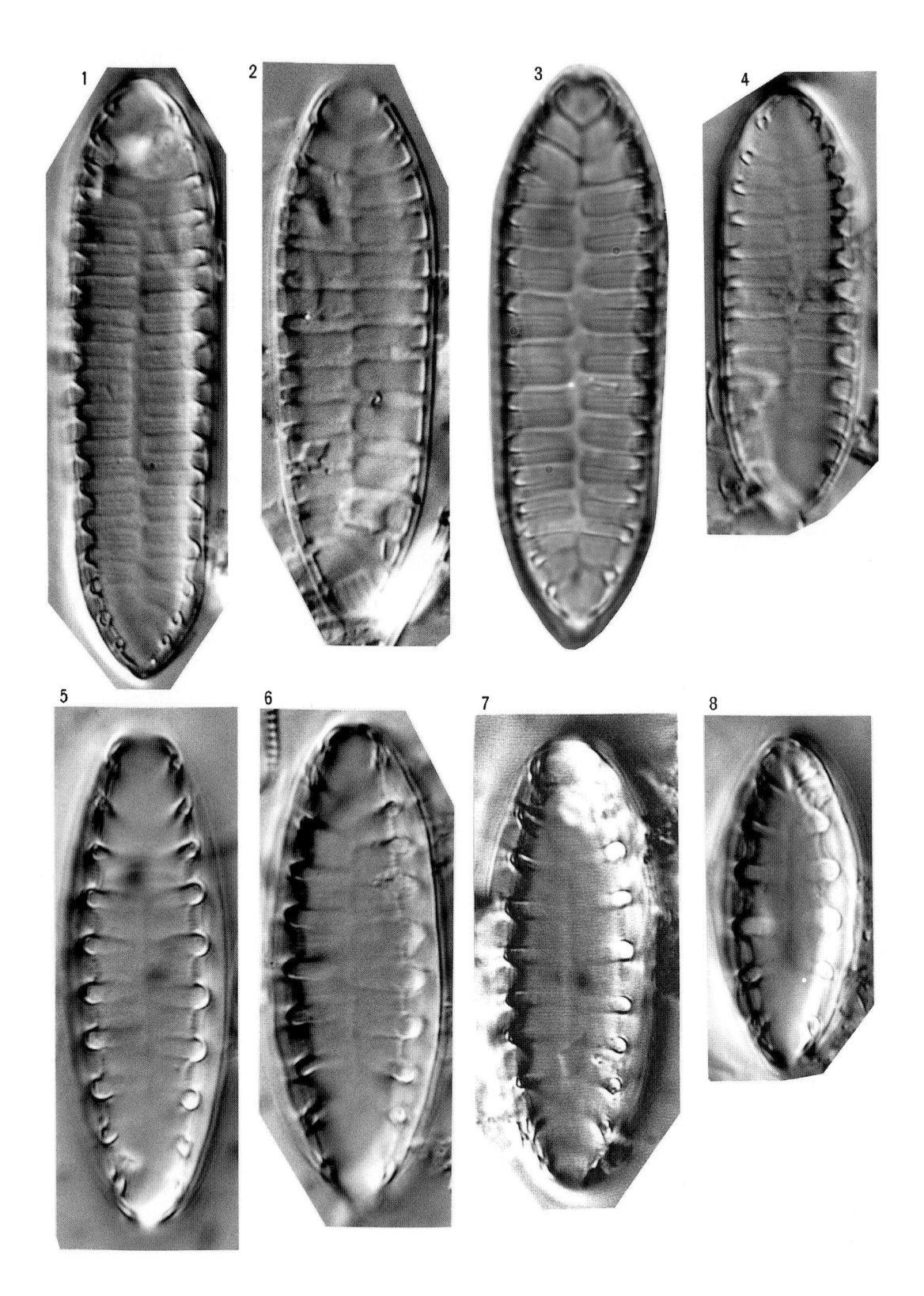

Plate IIB$_5$-4

Surirella bifrons Ehrenberg 1843 (Plate ⅡB₅-5：1 ×1500)

Syn：*Navicula bifrons* Ehrenberg 1833；*Surirella biseriata* var. *minor* sensu Grunow 1880-1887 *in* Van Heurck；*S. biseriata* var. *bifrons* (Ehrenberg) Hustedt 1911；*S. bifrons* var. *punctata* Meister 1912；*S. rotunda* Jurilj 1948.

|形態| 殻の形 3-Sta；先端の形 くさび形[11]；殻長 (60)76-150 μm；幅 (20)30-60 μm；翼窓 幅広く大きい，翼窓の密度は約 2/10 μm 肋間には 3-4 本の条線がある，肋の配列は放散状で，中央線へ向かうが，殻端部では中央線に到達しても，中央部では到達しないために，細い舟形の無紋域が生じる.

|生態| 東京周辺の平井川(DAIpo 53)，江戸川(DAIpo 44)，九州国東半島の奕川(DAIpo 74)，兵庫県柏原川(DAIpo 76)，島根県斐伊川(Ohtsuka 2002)，および恐山湖(pH 3.7)に出現した.

Van Dam *et al.* (1994)は，alkaliphilous, oligosaprobous, eutraphentic とする．Foged (1981)は，*S. biseriata* var. *bifrons* として，それを alkaliphilous で，アラスカでの普遍種とした.

Surirella bifrons の生態図

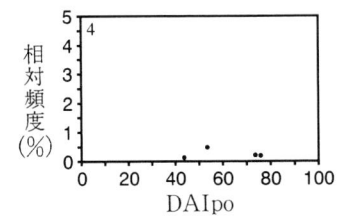

Surirella laterostata Hustedt 1922 (Plate ⅡB₅-5：2 ×1500)

|形態| 殻の形 1-Ova；先端の形 くさび形[11]；殻長 73-90 μm；幅 33-47 μm；翼窓 幅広く明瞭，肋は中央線へ向かうが不明瞭，その密度は 2.5/10 μm，肋間には 4-7 本の条線が，肋の走る方向と平行に並ぶが，光顕では注意深く観察をしないと見えない.

|生態| 本分類群は，アフリカの Lake Tanganyika からの試料に基づいて，Hustedt(1922)が記載したものであるが，Hustedt(1942)は稀産種とする.

日本では恐山湖からの流出河川正津川(pH 3.4)からのみ見いだすことができた．稀産種のために生態未詳.

Surirella linearis var. *constricta* (Ehrenberg) Grunow 1862

(Plate ⅡB₅-5：3 ×2000))

|形態| 殻の形 5-Sta, 5-Con；先端の形 くさび形[11] 殻長 50-125 μm；幅 12-25 μm 翼窓明瞭，肋密度 2-3/10 μm，肋は中央線にまで達し，ちぐはぐに向かいあう；殻が中央部でくびれることによって，基本種(Pl.ⅡB₅-4：5-8；Pl.ⅡB₅-5：4,5)と区別できる.

|生態| 八島ヶ原湿原の鬼ヶ泉水(pH 5.1)，琵琶湖北湖の近江舞子(DAIpo 79, pH 7.3)，恐山湖からの正津川(pH 3.4)に出現．基本種 var. *linearis* と比べると，出現率は小さい.

Håkansson(1993)は，pH 耐性に関して，広適応から好酸性にまたがる分類群とする．Foged (1981)は，pH に関しては circumneutral とし，アラスカでは普遍種であるという.

Surirella linearis var. *constricta* の生態図

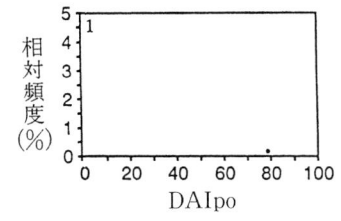

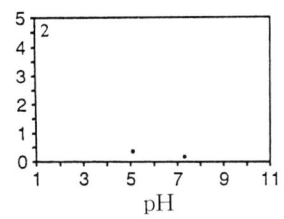

***Surirella linearis* W. Smith var. *linearis* 1853**　　　　　　　　　　　　(Plate IIB_5-5：4, 5)

|形態|　生態に関してはPl. IIB_5-4：5-8の記述を参照されたい．写真は，上述のvar. *constricta* と同地点に出現した個体である．

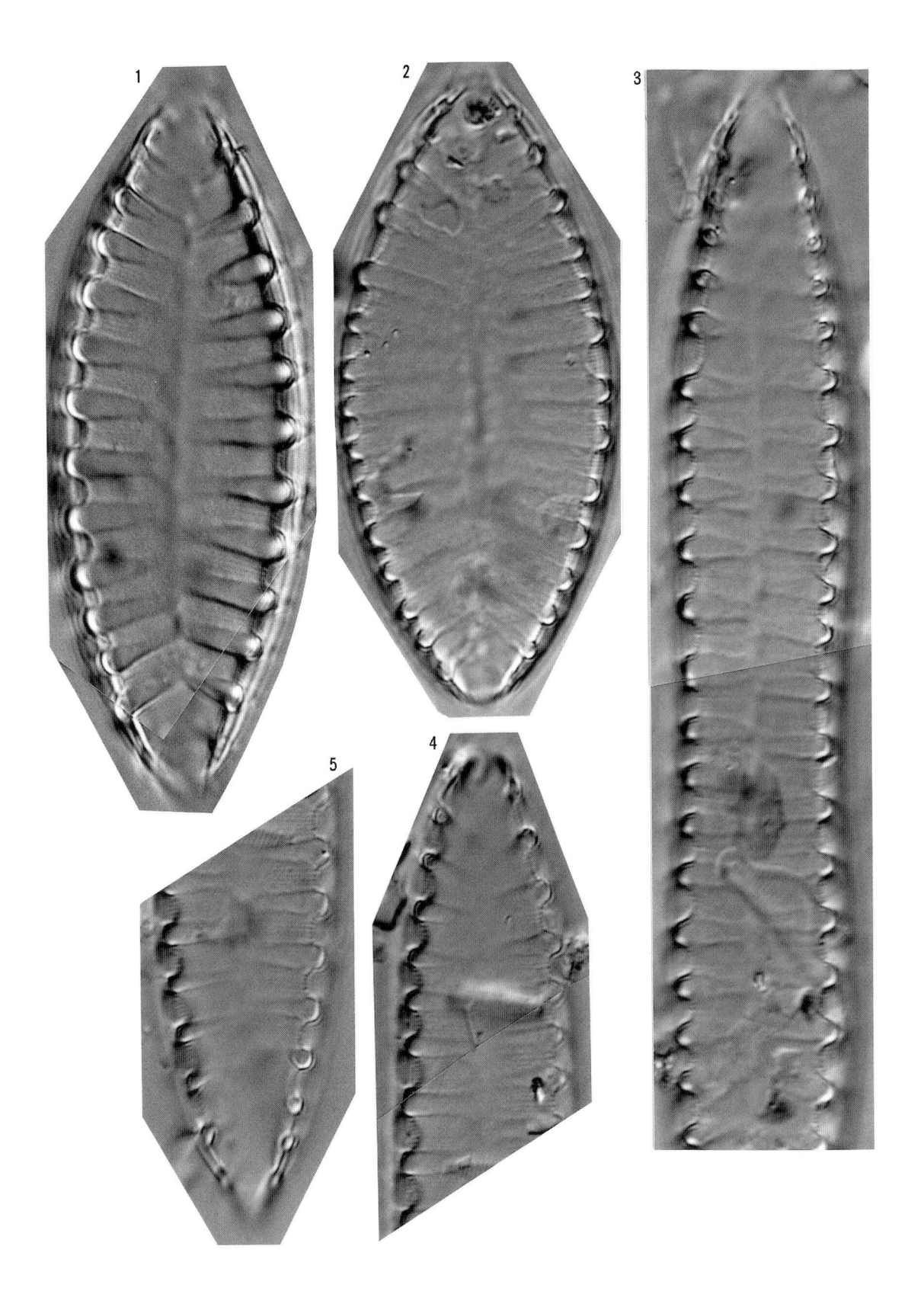

Plate II B$_5$-5

***Surirella sublinearis* Hustedt 1942**　　　　　　　　　　　　　　　　　(Plate ⅡB$_5$-6：1-3)

|形態|　殻の形 2,3-Con；先端の形 くさび形[11]；殻長 55-75μm；幅（中央くびれ部）14-19μm；翼窓 明瞭でその密度は3-4/10μm；肋 中央線にまで達する，中央線に対して互いに向かいあうこともあれば，ちぐはぐに向きあうこともある；条線 約33/10μm.

|生態|　セレベス島のLake Towoeti, L. Matano から，Husted(1942)が記載した稀産種で，日本では未記録，オーストラリアのR. Massmen の支流に出現した.

***Surirella andoi* Fukushima, Kimura *et* Ko-Bayashi 1973**　　　　　　　(Plate ⅡB$_5$-6：4-6)

|形態|　殻の形 3-Con；先端の形 広円形[0]；殻長 50-60μm；幅（最大部）12-14μm；翼窓 小さい；肋 5-6/10μm，配列は中央部では平行，両端へ移るに従って収斂状に変わり殻端部では放散状へ変化する；条線 約21/10μm.

　安藤(1965, 1967)が，武辺川，伊佐沼，入間川で *Surirella* sp.として記録してきたものを，福島ら(1973)が，*S. andoi* と命名した.

|生態|　各地の河川に出現するが，稀産種．生態未詳．

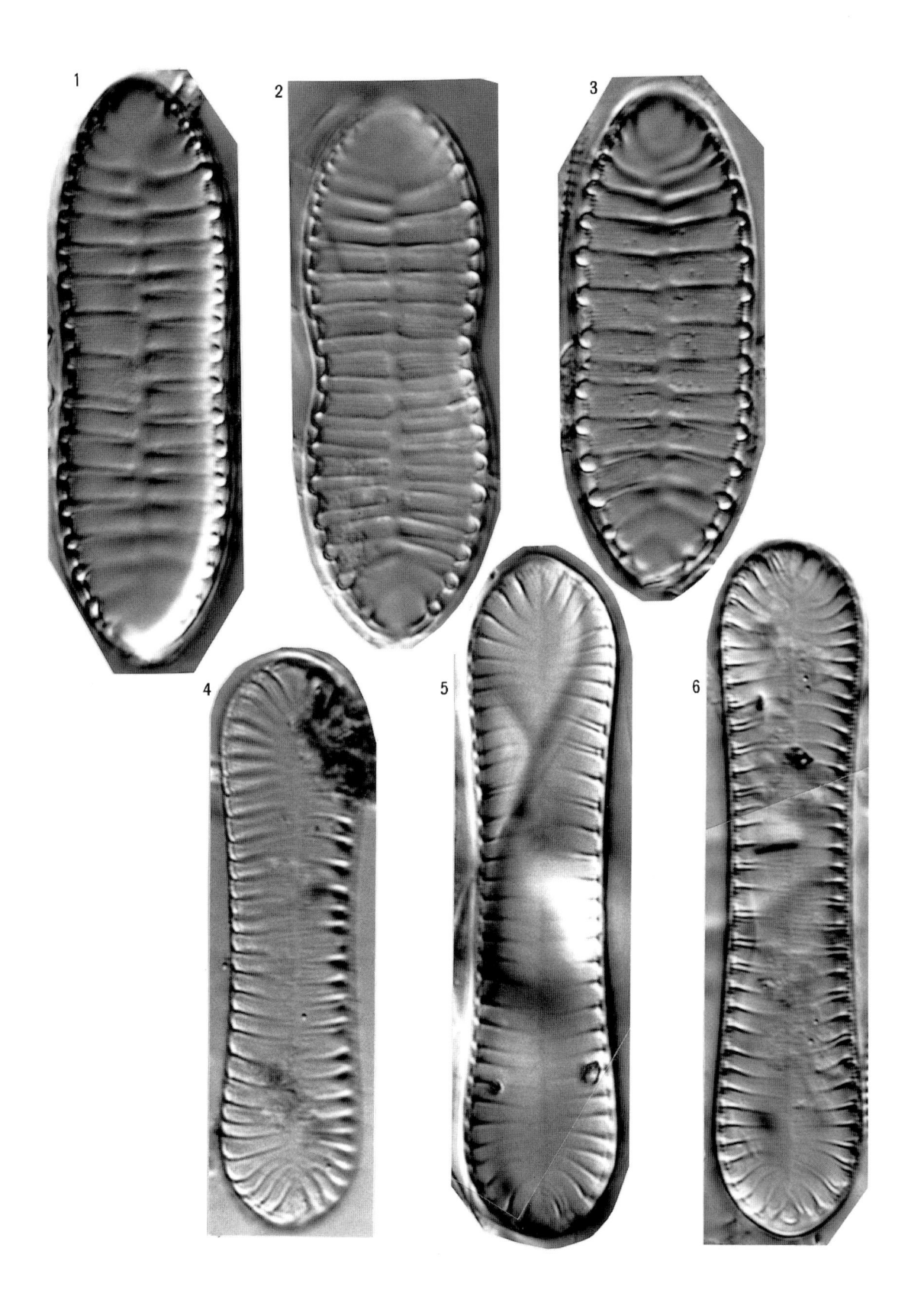

Plate II B₅-6

Surirella tenera Gregory 1856 (Plate ⅡB$_5$-7：1, 2)

Syn：*Surirella diaphana* Bleisch 1863；*S. tenera* f. *cristata* Hustedt 1957.

形態　殻の形 3-Ova；先端の形 くさび形[11]，広円形[0]；殻長 40-170 μm；幅 13-45 μm；翼窓幅広い，その密度は 2-3/10 μm，翼窓から中央線へ向かって張り出す幅広い突起は，中央線には達しない，それによって中央部を中央軸として狭い舟形の域が生じる；肋その幅は，翼窓に続く突起の幅と比べて，極めて狭い；*S. tenera* var. *nervosa* (Schmidt) Mayer は中央線上に平たい歯状突起をもつが殻面観のみではその有無を確かめにくい．写真(1, 2)には中央線上の一方の殻端に近い部分に，突起らしいものがありそうで，var. *nervosa* の可能性が大きいが，この写真のみでは基本種と区別しにくい．

生態　奈良北山川の小森ダム(DAIpo 52)，八ヶ岳亀甲池(pH 5.2)，八島ヶ原湿原の鎌ヶ池(pH 5.3)，ウラジオストック近郊の R. Razdornaya(DAIpo 42, pH 7.5)に出現したが，相対頻度は常に低い(1%以下)．基本種，変種共に**有機汚濁に関しては広適応性種，pH に関しては中性種**．図は，*S. tenera* var. *nervosa* (Schmidt) Mayer との複合種群としての生態図である．

Van Dam *et al*. (1994)は，alkaliphilous，β-mesosaprobous，eutraphentic とする．Håkansson (1993)は，alkaliphilous とする．Cholnoky(1962)は，本分類群の最適pH 値は 8.0 としている．Foged (1981)も，alkaliphilous とする．

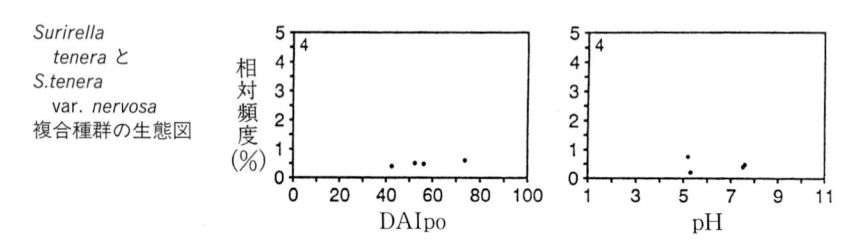

Surirella tenera と *S.tenera* var. *nervosa* 複合種群の生態図

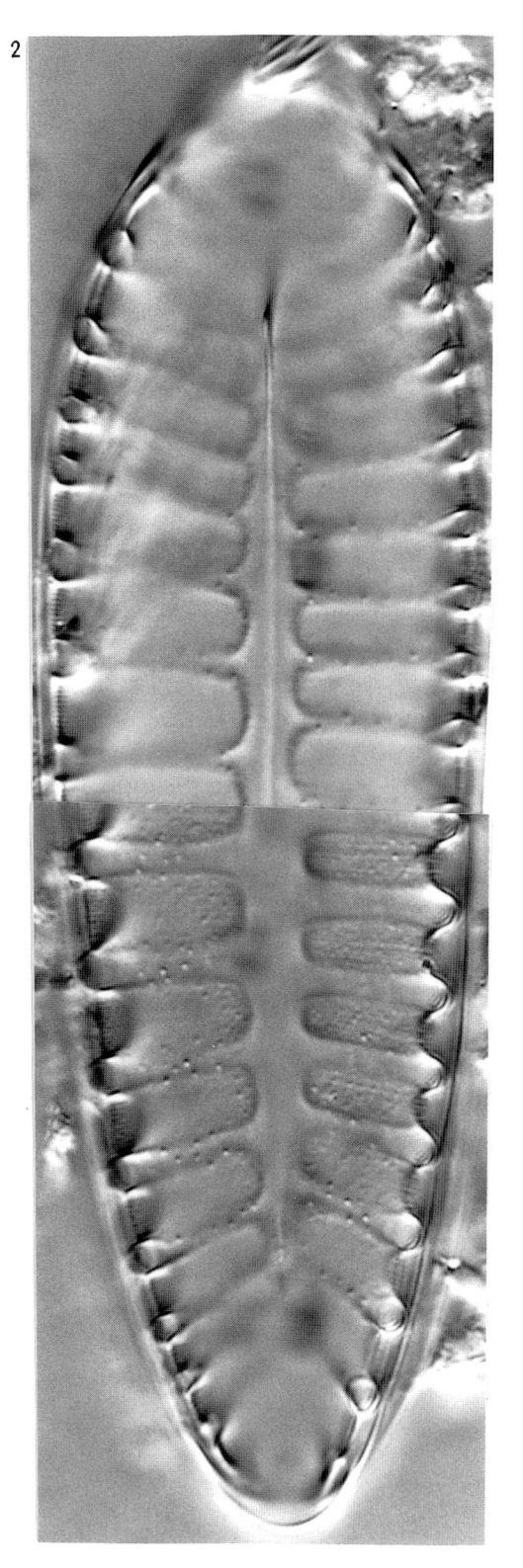

Plate II B₅-7

623

Surirella splendida (Ehrenberg) Kützing 1844 (Plate IIB$_5$-8:1)

Syn：*Navicula* (?) *splendida* Ehrenberg 1832；*Surirella robusta* var. *splendida* (Ehrenberg) Van Heurck 1885.

|形態| 殻の形 1-Ova；先端の形 広円形[0]；殻長 75-250 μm；幅 40-70 μm；翼窓 幅広い，密度は約 2/10 μm；中央線 明瞭で部分的に太さが異なる．本分類群は，*S. robusta* Ehrenberg よりも小型ではあるが，殻形が酷似するために，混同されてきた恐れがある．

|生態| 京都鴨川三宅橋(DAIpo 69, pH 7.6)，佐賀県嘉瀬川(DAIpo 62, pH 7.2)，奈良市菩提川(DAIpo 66, pH 7.3)，志賀高原木戸池などに出現した．ことに別府の平田川の川床泥上(pH 6.7)では，45%の高い相対頻度で出現した．**有機汚濁に関しては広適応性種，pH に関しては中性種．**

生態図は，*S. splendida* と *S. robusta* を複合種群と見なして作図したものである．

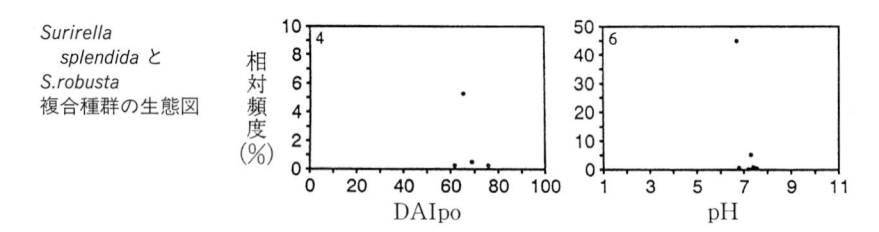

Van Dam *et al.* (1994)は，*S. splendida* を alkaliphilous, β-mesosaprobous, meso-eutraphentic とし，*S. robusta* は pH circumneutral, α-mesosaprobous, oligo-to eutraphentic (hypereutraphentic) とする．

Surirella splendida と *S.robusta* 複合種群の生態図

Surirella proxima Hustedt 1938 (Plate IIB$_5$-8:2)

|形態| 殻の形 3-Ova；先端の形 くさび形[11]；殻長 62-90 μm；幅 18-22 μm；肋 1.5-2/10 μm で極めて粗い；条線 約 28/10 μm；翼窓 不明瞭；ピントのあわせかたにより，中央線の周辺と殻縁に，条線が現れるので，殻面は，飛ぶ鳥を正面から見たような形に波うつと考えられる．

|生態| Hustedt (1938)が，北スマトラの Lake Toba の南東にある Balige 村の近くにある小川の，源流の湧水地に生育する，車軸藻上からの試料に基づいて新種記載を行った．Hustedt(1938)は，pH 7.5 周辺に生育する好湧泉性の種とする．

写真(2)は，1995 年に L. Toba 湖岸の藻類群集中から採取したものである．日本では未記録，外国においても，スマトラ以外で出現した例を知らない．生態未詳．

Surirella elegans f. *elongata* Skvortzow 1936 (Plate IIB$_5$-8:3 ×1000)

|形態| 殻の形 4-Ova；先端の形 くさび形[11]；殻長 180-220 μm；幅 38-44 μm；翼窓 明瞭で幅広い，密度 2/10 μm；肋 平行，殻端部では放散状，中央線には達しない；基本種とは細長い舟形の殻長によって区別できる．

|生態| Skvortzow (1936)が，木崎湖の底泥から本分類群を見いだし，新品種として記載した．写真は，フィリピン，ルソン島の R. Teresa の川床表泥中で見いだしたものである．本品種は稀産種で，その生態は不明であるが，基本種の *S. elegans* は，日本各地からその出現が報告されている．例えば，十三潟，山中湖，青木湖，池田湖，奈良県九尾貯水池などの止水域，吾妻川，多摩川などの流水域から出現する(福島 1957)普遍種である．

Van Dam *et al.*(1994)は，*S. elegans* について，pH circumneutral, oligosaprobous, meso-eutraphentic としている．本品種は，基本種と類似の生態学的性質をもつであろう．

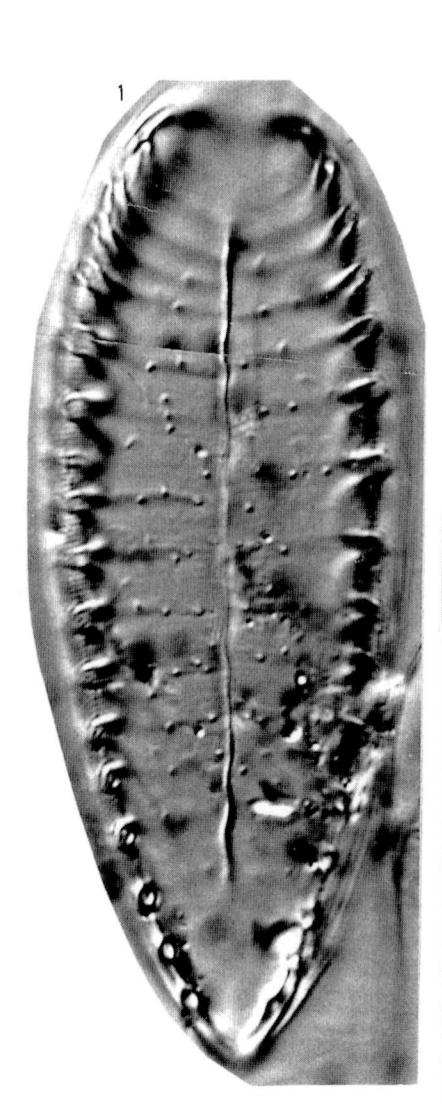

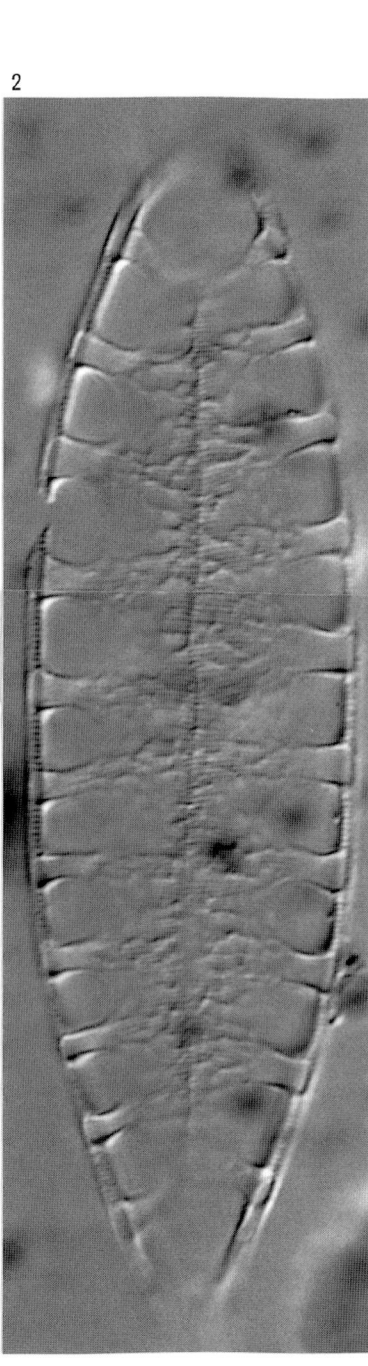

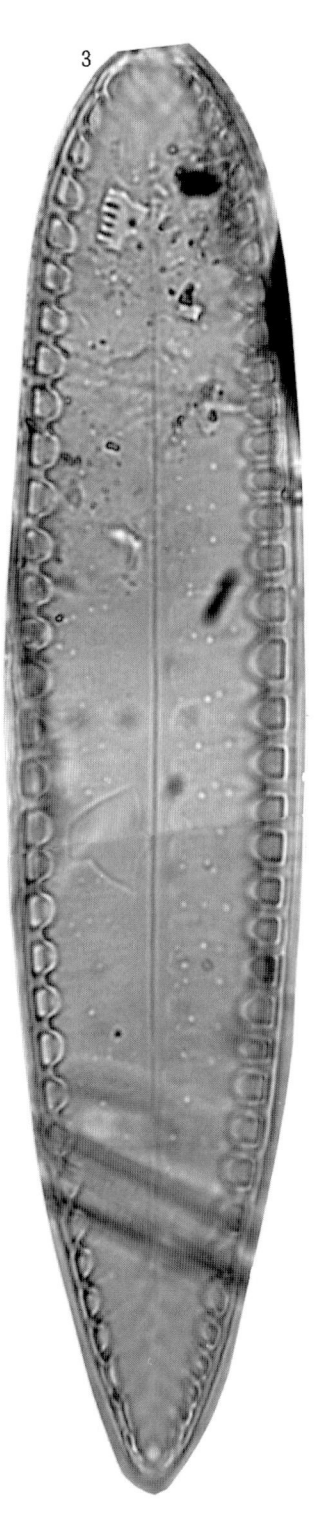

Plate IIB₅-8

Surirella capronii Brébisson & Kitton 1869 (Plate IIB$_5$-9：1, 2 ×1400)

形態 殻の形 1-Ova；先端の形 広円形[0]；殻長 120-350 μm；幅 60-125 μm；翼窓 極めて明瞭，密度は 0.7-1.5/10 μm；肋は普通中央線には到達しない．中央線上には，広円形の殻端に近い位置に，太い基部をもつ突起があり(1)，もう一方のくさび状の殻端に接近して，基部のやや細い突起(2)がある．

生態 秋元湖，山中湖，精進湖，河口湖，三方湖に出現した(福島 1957)．**有機汚濁に関しては広適応性種，pH に関しては中性種**．ここに示した(1,2)の写真は，フィリピンの R. Teresa 河床の泥上に出現したものである．日本でも，木曽川，益田川，秋神川，飛騨川から出現したことを福島(1973)が報じている．

Hustedt (1930)は，普遍種であるが，特に大湖の底泥中に出現し，さらに弱い汽水中にも出現するという．Van Dam *et al.* (1994)は，alkaliphilous, oligosaprobous, meso-eutraphentic とする．Håkansson (1993)は alkaliphilous とする．

Surirella biseriata Brébisson *in* Brébisson & Godey 1836 (Plate IIB$_5$-9：3 ×1500)

形態 殻の形 3-Sta；先端の形 くさび形[12]；殻長 80-400 μm；幅 30-90 μm；翼窓 0.8-2/10 μm，幅広く明瞭；肋 中央線に達するが，肋の形が不明瞭である個体が多い．

生態 奈良市神功皇后陵外濠(DAIpo 47)，九州露島の六観音池(pH 4.3)，青森県赤沼(pH 4.8)などの止水域と，佐賀県嘉瀬川(DAIpo 69, pH 7.3)に出現した．どの地点においても相対頻度は極めて低い(0.1-0.5%)．**有機汚濁に関しては広適応性種，pH に関しては中性種**．

Van Dam *et al.* (1994)は，alkaliphilous, β-mesosaprobous, eutraphentic とする．Foged (1981)，Håkansson (1993)は，alkaliphilous とする．

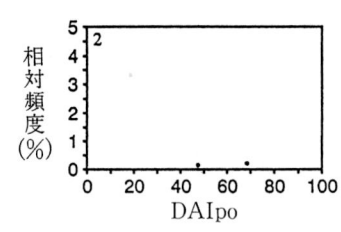

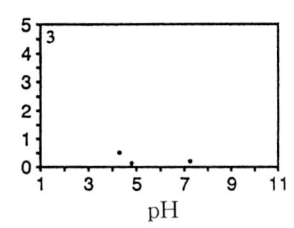

Surirella biseriata の生態図

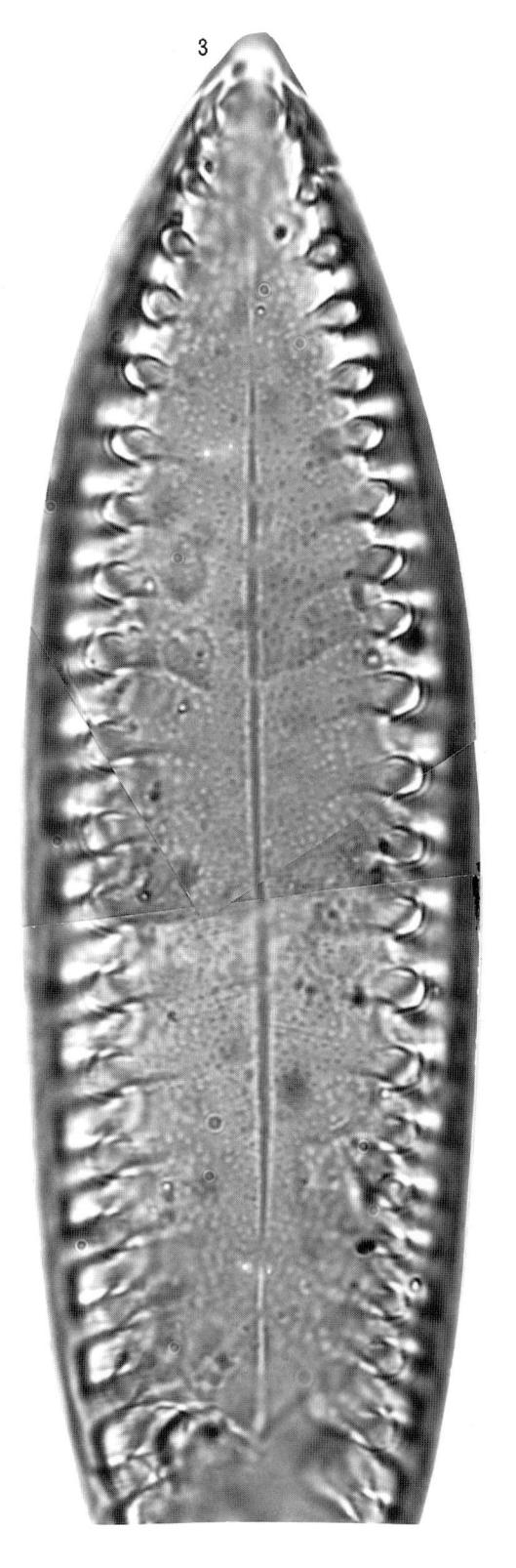

Plate II B$_5$-9

Surirella nyassae var. *sagitta* O. Müller 1904 *in* Schmidt *et al.* 1874
(Plate IIB$_5$-10：1, 2 ×770, 3 ×490)

|形態| 殻の形 5-Con；先端の形 蛇頭形[20]；殻長 345-460 μm(1, 2 は 368 μm)；幅 最小部 33 μm(1 では 35 μm)，最大部 47 μm(1 では 43 μm)：翼窓 幅広く明瞭，密度 1.2-1.4/10 μm；肋 中央部平行，殻端部放散形，中央線には達しない．

|生態| 東アフリカ Malawi の Lake Nyasa の水深 5-8 m 層のプランクトン試料に基づいてこの新変種が記載された(Hustedt 1942)．写真(1-3)は，Lake Victoria の湖岸付着藻類群集中に編者の渡辺が見いだしたものである．

稀産種，生態未詳．

Surirella ostentata Cholnoky 1962
(Plate IIB$_5$-10：4-7)

Syn：*Surirella ovata* var. *africana* Cholnoky 1955.

|形態| 殻の形 1-Ova；先端の形 一方は広円形[0]，他方はくちばし形[3]；殻長 11-15 μm；幅 5-7 μm，極めて小型；翼窓 小さく不明瞭，密度約 8/10 μm．中央線は明瞭；肋 不詳明であるが，中央線にまで達しているようである．

Surirella atomus Hustedt と，形態，大きさは似るが，翼窓の密度が異なり，くちばし状の突出が，*S. atomus* にはないことにより区別できる．

|生態| 琵琶湖の北湖へ流入する余呉川(DAIpo 62，pH 7.6)に，先述の *S. bifrons*(Pl. IIB$_5$-5：1)と共に群集を形成していたが，相対頻度は極めて小さい(1%以下)．Ohtsuka & Fujita (2001)は，高槻の水田において，山川(1994)は，嘉瀬川(佐賀県)河口の汽水域から本種の出現を記載しているが，稀産種で生態未詳．

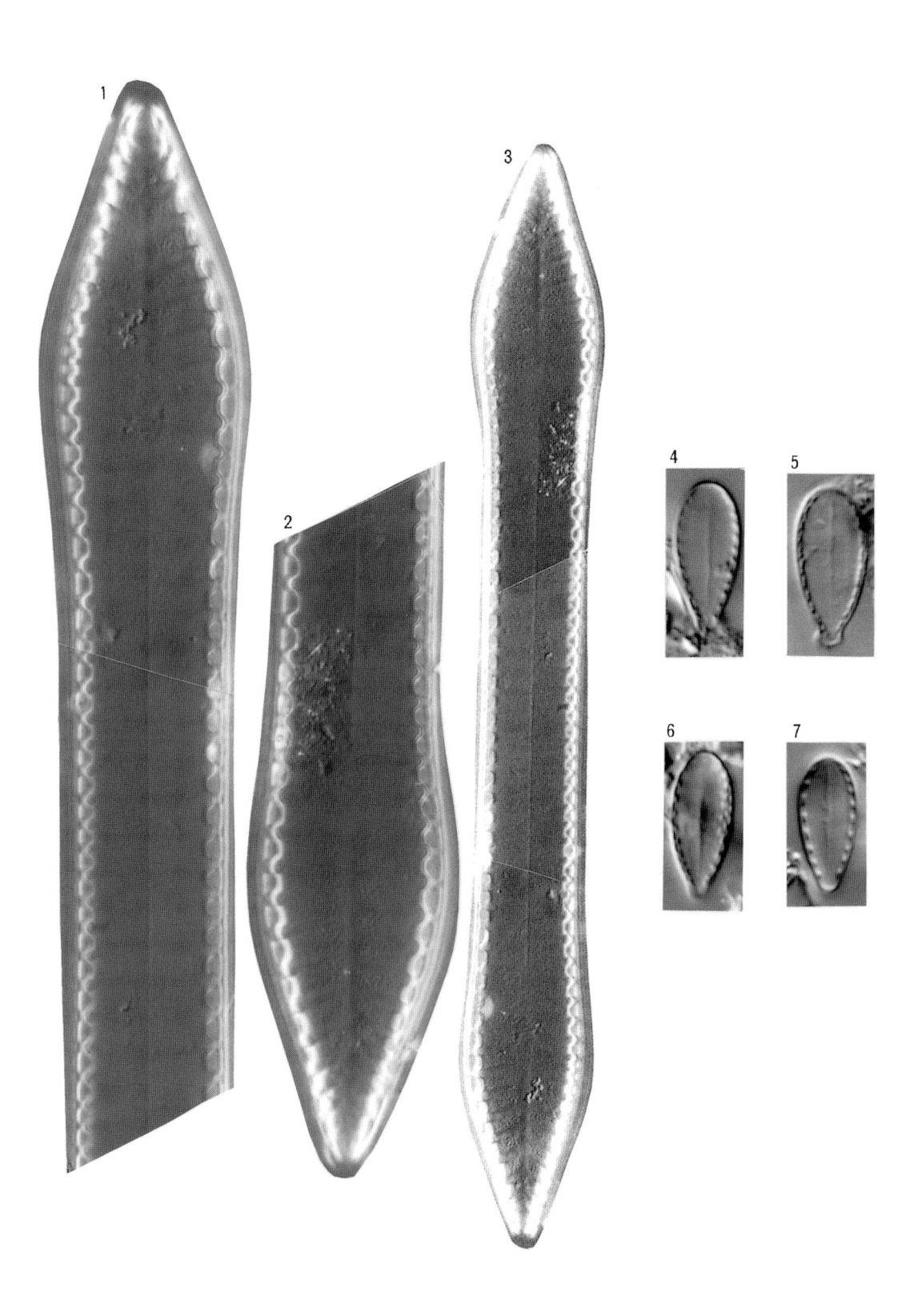

Plate II B₅-10

Cymatopleura W. Smith 1851 (Plate ⅡB$_5$-11)

生活様式：淡水産で，単独の浮遊性．
葉 緑 体：狭い橋でつながった2葉の板状葉緑体が，殻面観に広く広がる．
殻 面 観：楕円形，紡錘形のものが多い．また殻面は長軸方向に波うつことが多く，両側殻縁に沿った翼窓構造の幅は狭い．縦溝は両殻縁の翼窓構造中を走る．翼窓と翼窓にはさまれた部分を肋と呼ぶ．
帯 面 観：矩形で両側面波うつ．

種の同定に必要な記載事項

例：*Cymatopleura solea*
1. 殻の形 3-Con，先端の形 準くちばし形［2］
2. 殻の大きさ 殻長 140 μm，
   幅（最大 25 μm，中央（最小）18 μm）
3. 肋脈 7/10 μm，条線 不明

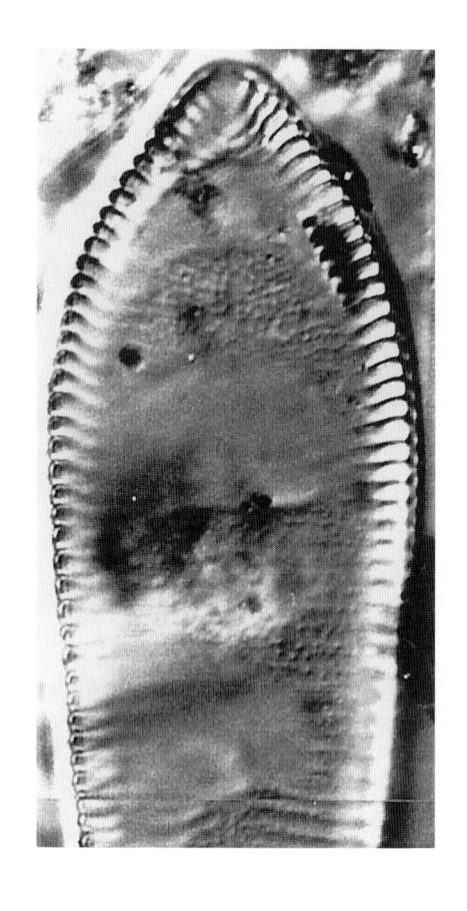

Cymatopleura solea (Brébisson) W. Smith 1851　　　　　(Plate ⅡB$_5$-11：1-3 ×800)

Syn：*Cymbella solea* Brébisson 1836；*Surirella albaregiensis* Pantocsek 1901；*Cymatopleura librile* (Ehrenberg) Pantocsek 1901.

形態　殻の形 3-Con；先端の形 準くちばし形[2]；殻長 30-300 μm；幅 12-40 μm；翼管と肋 6-9/10 μm；条線 25-32/10 μm(3).

生態　日本では十和田湖(DAIpo 54)，東京の江戸川(DAIpo 44)に，ウラジオストック近郊の池(DAIpo 52)に，いずれも付着藻の一員として出現したが，相対頻度は常に極めて小さい(1%以下)．また，河口湖，山中湖からプランクトンとして(稲葉 1934)，さらに琵琶湖(Skvortzow 1936)，池田湖(Skvortzow 1936, 1937)からも報告されている．本属中最も広く分布する種である．**有機汚濁に関しては広適応性種**．

Cymatopleura elliptica (Brébisson) W. Smith 1851　　　　　(Plate ⅡB$_5$-11：4 ×800)

Syn：*Surirella elliptica* Brébisson 1844.

形態　殻の形 1-Ova, 1-Sta；先端の形 くさび形[11]；殻長 60-220(280) μm；幅 30-90 μm；翼管と肋 2.5-6/10 μm；条線 15-20/10 μm.

生態　湖沼のプランクトンとしては広く分布するが，付着藻としては出現する例は少ない．
Cox(1996)は，広い分布域をもつ分類群であり，普通から高い電解質濃度の止水域，流水域において，泥表付着藻の一員として出現するという．

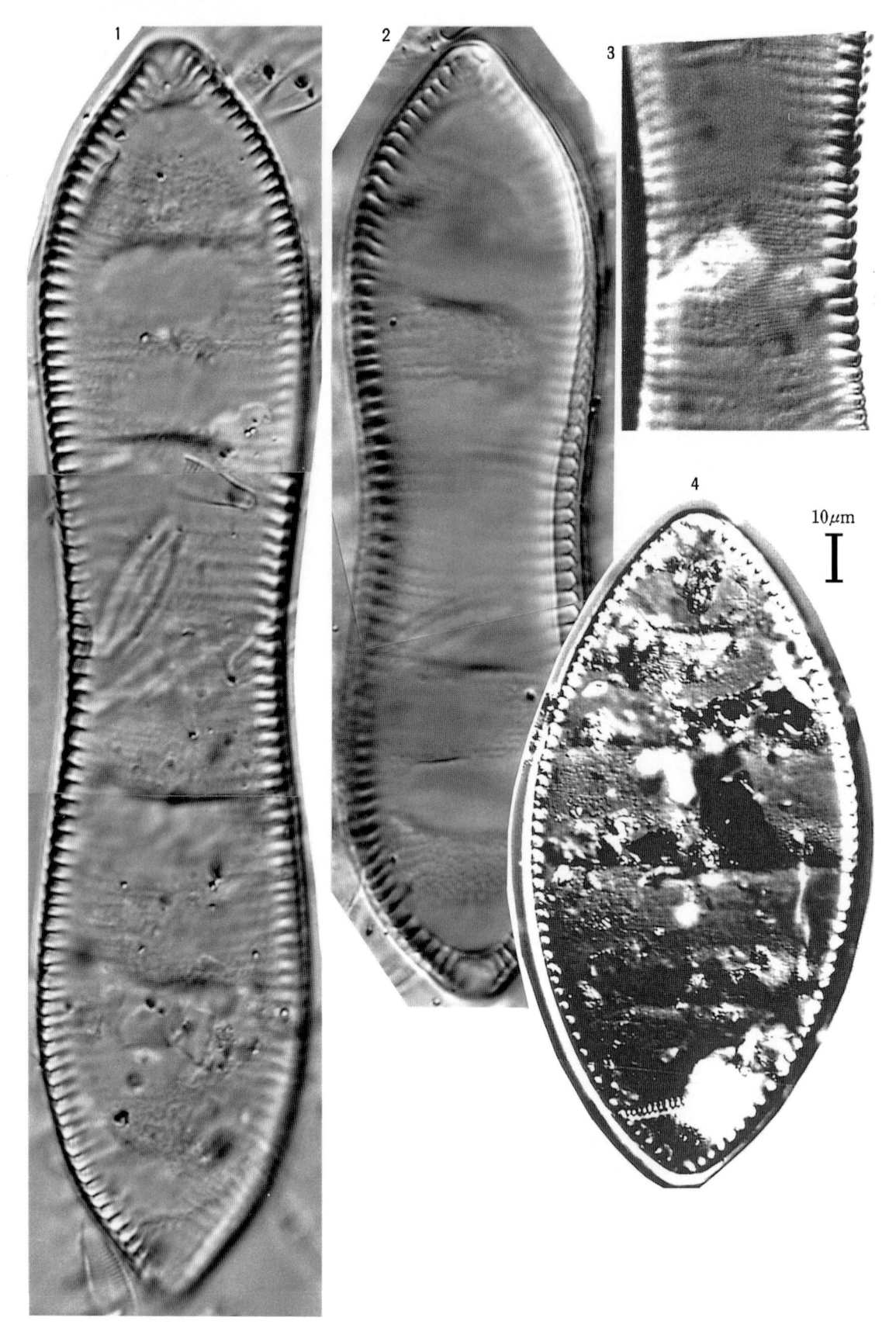

Plate IIB$_5$-11

632

Stenopterobia Brébisson 1878 (Plate II B$_5$-12, II B$_5$-13)

生活様式：色々な種類の水域に出現するが，特に低層湿原の沼地とか岩肌の山中の水域に出現するが，現存量は少ない．

葉 緑 体：*Cymatopleura* 属と同様に，狭い橋でつながった2葉の板状葉緑体が殻面観に広がる．

殻 面 観：殻形は狭くて細い棒状またはS字状．殻縁の翼窓構造は，光顕下では不明瞭なことが多い．縦溝は翼窓構造中を走り，翼窓と翼窓とにはさまれた肋は，殻の中央へ向けて走る．

帯 面 観：細長い矩形．

種の同定に必要な記載事項

例：*Stenopterobia delicatissima*
1. 殻の形 5-Ova，先端の形 突起伸長形[13]
2. 殻の大きさ 殻長 5 μm，幅 4.5 μm
3. 肋 7/10 μm
4. 条線 31/10 μm

Stenopterobia curvula (W. Smith) Krammer 1987 (Plate IIB$_5$-12：1, 2)

Syn：*Nitzschia curvula* W. Smith 1856；*Surirella intermedia* Lewis 1863；*Stenopterobia intermedia* (Lewis) Brébisson *ex* Van Heurck 1896；*Stenopterobia hungarica* Pantocsek 1901.

形態 殻の形 5-Sig；先端の形 くさび形[12]；殻長 70-280 μm；幅 (5.5)6-9 μm；翼窓 3-5/10 μm (光顕下では不明瞭)；条線 18-24(27)/10 μm.

生態 日本では *Nitzschia sigma* var. *curvula*, *Surirella intermedia* としても報告されてきた(福島 1957)が, 生態的情報は未詳. スマトラのLake Talang (DAIpo 59, 63)に出現した. **pHに関しては好酸性種**.

Van Dam *et al.* (1994)は, acidophilous, oligosaprobous, oligotraphentic とする.

Stenopterobia densestriata (Hustedt) Krammer 1987 (Plate IIB$_5$-12：3)

Syn：*Stenopterobia intermedia* f. *densestriata* Hustedt 1912.

形態 殻の形 5-Sta；先端の形 くさび形[12]；殻長 63-110 μm；幅 4.5-7 μm；翼管 4-6/10 μm；条線(25)26-30/10 μm.

生態 酢川(pH 4.4), スマトラのR. Sulangtia (DAIpo 70, pH 6.8)に出現した稀産種.

Van Dam *et al.* (1994)は, acidophilous, oligosaprobous, oligotraphentic とする.

Stenopterobia delicatissima (Lewis) Brébisson *ex* Van Heurck 1896

(Plate IIB$_5$-12：4, 5, 6-12)

Syn：*Surirella delicatissima* Lewis 1864；*S. gracillima* Grunow 1881 (1882).

形態 殻の形 5-Sta；先端の形 鋭端形[14], 突起伸長形[13]；殻長 30-100 μm；幅 3.5-9 μm；翼窓 4-7.5/10 μm；条線 18-27(30)/10 μm.

生態 写真で明らかなように, 先端が鋭端形のもの(4)赤沼pH 3.9産；(5)スマトラのLake Talang への流入河川産DAIpo 63)と, 先端の窓起が長く伸びた突起伸長型(6)赤沼産；(7, 8, 10)恐山湖湖底の水草付着, pH 2.4；(9, 11, 12)磐梯朝日国立公園内の下銅沼産pH 3.4)のものとがある. 本分類群が出現した水域は, 強酸性(pH 4.0 以下)の水域が多い. **有機汚濁に関しては好清水性種である可能性が大きい. pHに関しては真酸性種**.

Van Dam *et al.* (1994)は, acidophilous, oligosaprobous, oligotraphentic とする.

Cox (1996)は, 貧栄養湖, 時には腐植栄養湖, あるいは低濃度から中程度の電解質濃度の高地水域に出現するが, 現存量は決して豊富ではないとする.

Stenopterobia delicatissima の生態図

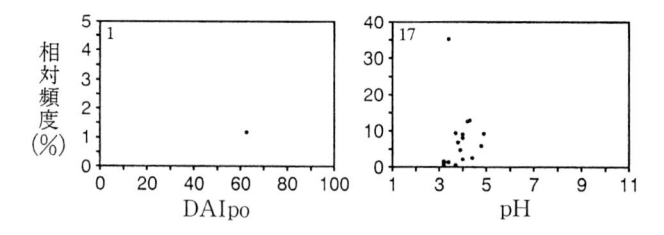

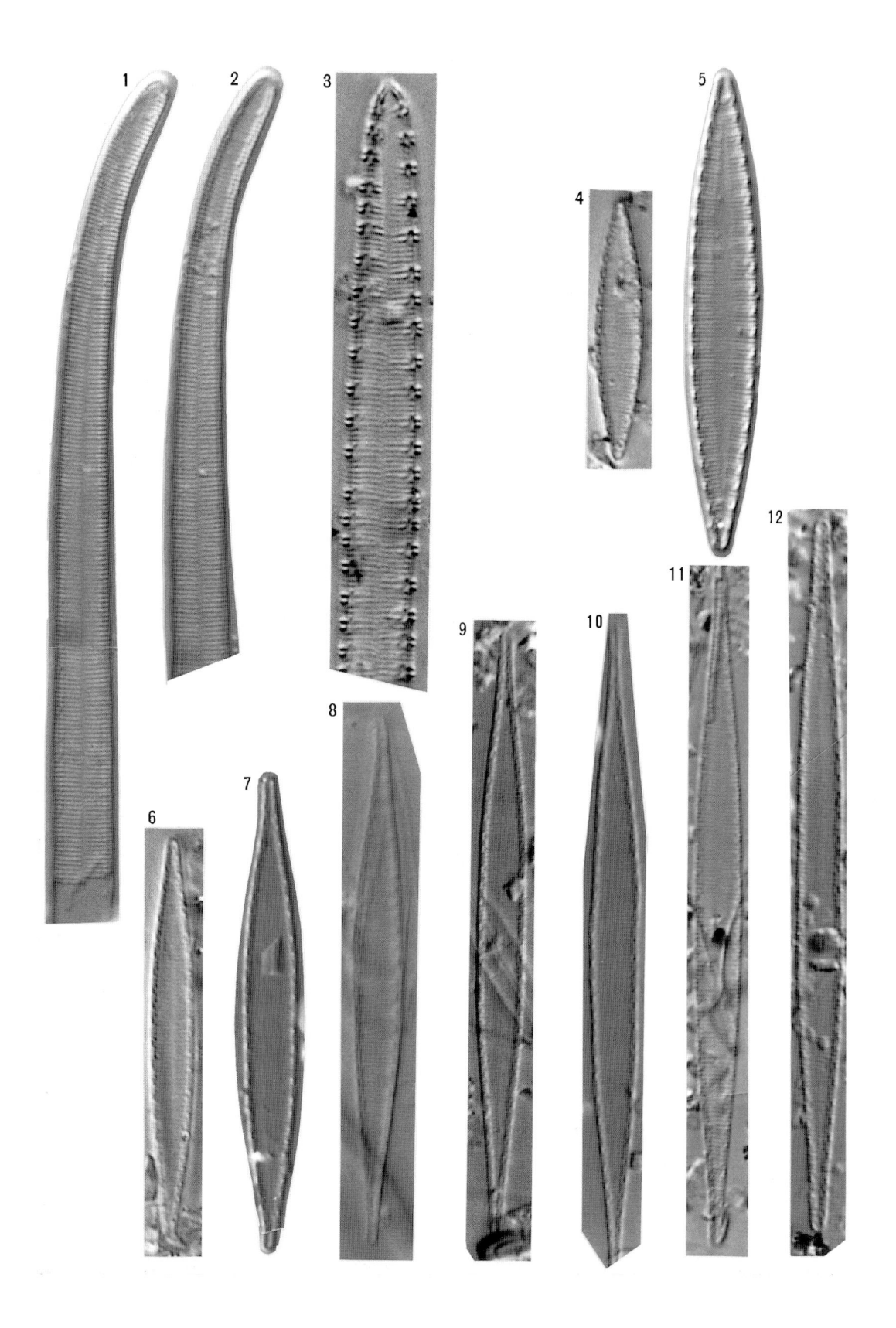

Plate IIB₅-12

Stenopterobia curvula (W. Smith) Krammer 1987 (Plate ⅡB$_5$-13：1-3)

Pl.ⅡB$_5$-12：1, 2 の説明を参照．
(1)はオーストラリア R. Massman 支流産，(2)はスマトラの河川産．

Stenopterobia arctica var. *fusiformis* nom. nud.

(Plate ⅡB$_5$-13：4, 5)

形態　殻の形 5-Sig；先端の形 突起伸長形[13]；殻長 56μm；幅 最大 4.5μm；翼窓 4-5/10μm；条線 22/10μm；殻の中央部に長軸方向の擬縦溝に似た線がある．
　基本種 *S. arctica* var. *arctica* は，殻長 73-116μm，幅 3.5-5μm，翼窓 4.5-7/10μm，条線 26-35/10μm(A.Cleve-Euler 1952)である．ここに挙げた変種は，基本種よりも小型であり，殻の中央部がふくれ，条線密度が粗いことによって区別できるので，新変種を設定した．
生態　オーストラリア北東部の Davis stream に出現した稀産種．

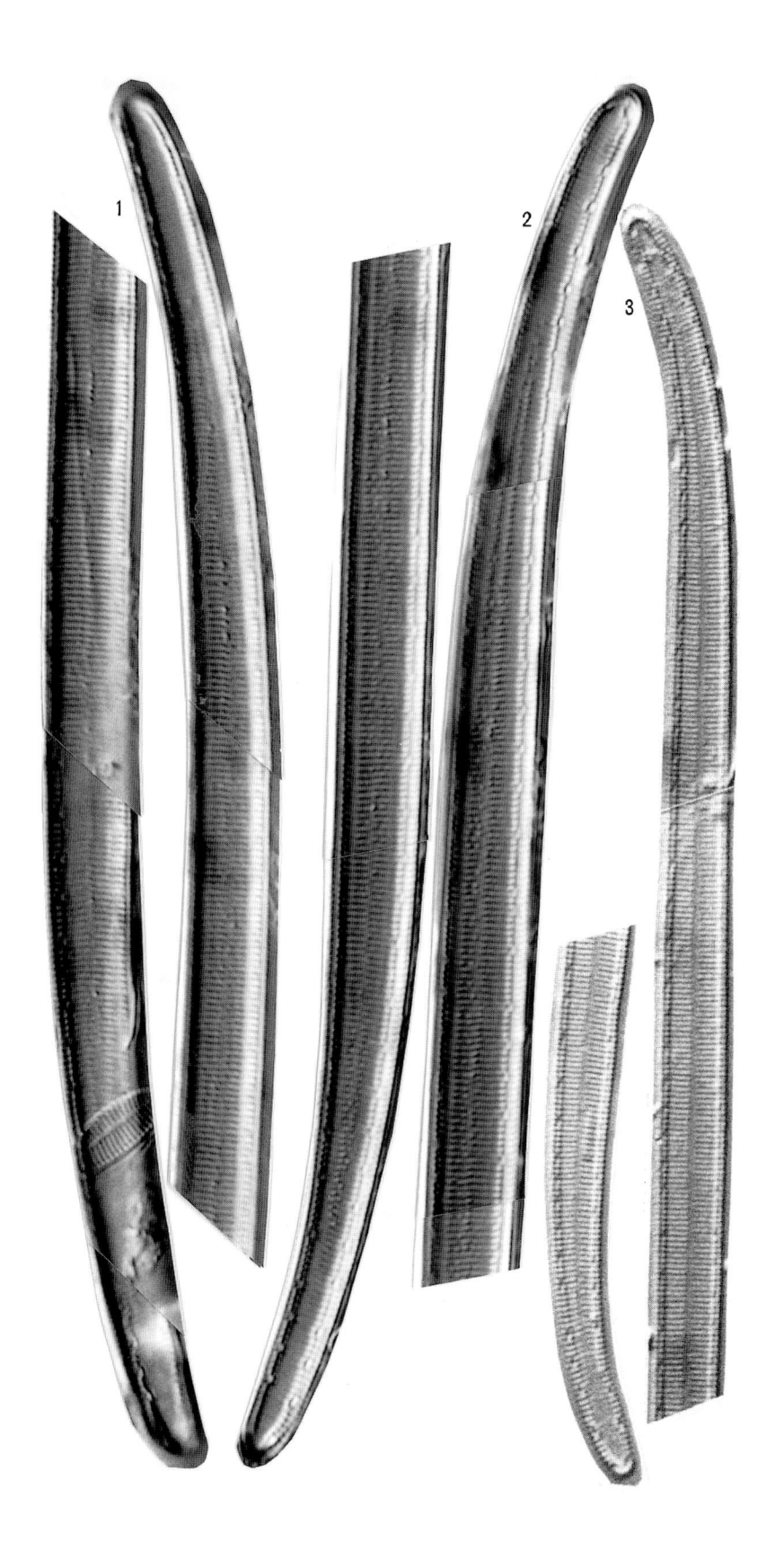

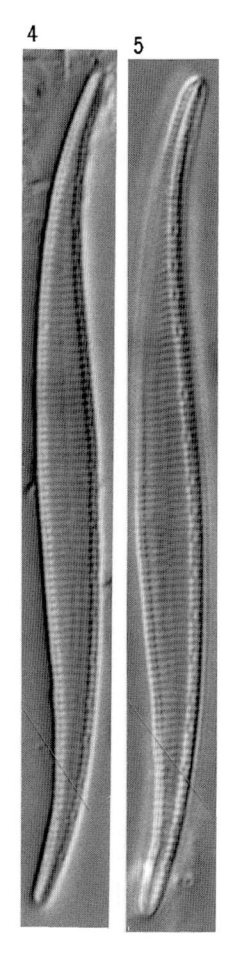

Plate II B$_5$-13

637

索　引

学名総索引
事項索引

学名総索引

太字で表した属名,種名は,本文にその解説が記載されている.斜体の数字は「総論」,立体の数字は「写真編」の頁を示す.

A

Acanthoceras zachariasii ·················· 58
Achnanthes ······················ *24, 34,* 180
Achnanthes affinis ······················ 214
Achnanthes alteragracillima ··········· *25,* 212
Achnanthes amoena ···················· 206
Achnanthes andicola ···················· 193
Achnanthes atalanta ···················· 189
Achnanthes atomus ············ *24,* 216, 222
Achnanthes austriaca var. *helvetica* ······· 189
Achnanthes austriaca var. *ventricosa* ······ 189
Achnanthes biasolettiana var. **biasolettiana**
······································ *24,* 214
Achnanthes biasolettiana var. **subatomus**
······································ *24,* 214
Achnanthes biasolettiana var. **undulata** *24,* 215
Achnanthes bioretii ················ *24,* 189
Achnanthes biporoma ···················· 203
Achnanthes brevipes ···················· 182
Achnanthes brevipes var. *parvula* ········· 185
Achnanthes brevipes var. *subcrenulata* ··· *24,* 182
Achnanthes calcar ······················ 193
Achnanthes clevei var. **clevei** ········ *24,* 196
Achnanthes clevei var. **rostrata** ······ *24,* 197
Achnanthes coarctata ···················· 185
Achnanthes coarctata var. *constricta* ······ 185
Achnanthes coarctata var. *elliptica* ········ 185
Achnanthes conspicua ·············· *24,* 196
Achnanthes conspicua var. *brevistriata* ····· *24,* 196
Achnanthes convergens ········ *24,* 218, 222
Achnanthes crassa ······················ 219
Achnanthes crenulata ·············· *24,* 182
Achnanthes daonensis ···················· 194
Achnanthes daui ······················ 207
Achnanthes delicatula ·············· *25,* 186
Achnanthes delicatula ssp. **hauckiana** ··· *24,* 186
Achnanthes delicatula ssp. *septentrionalis* ··· *25,* 186
Achnanthes detha ···················· *25,* 191
Achnanthes didyma ···················· 207
Achnanthes elliptica ···················· 193
Achnanthes elliptica var. *minor* ········· *25,* 201
Achnanthes engelbrechlii ············ *25,* 186
Achnanthes exigua var. *constricta* ········· *35,* 206
Achnanthes exigua var. **elliptica** ········ *34,* 206
Achnanthes exigua var. **exigua** ········ *35,* 206
Achnanthes exigua var. *heterovalvata* ······ *35,* 206

Achnanthes exilis ·················· *24,* 212, 220
Achnanthes flexella var. **flexella** ········ *24,* 178
Achnanthes fonticola ················ *24,* 186
Achnanthes frigida ······················ 196
Achnanthes grischuna ···················· 196
Achnanthes grubei ······················ 215
Achnanthes hauckiana ·················· *24,* 186
Achnanthes hauckiana f. *lancettula* ······ *24,* 186
Achnanthes haynaldii ···················· 201
Achnanthes helvetica ···················· 189
Achnanthes hintzii ······················ 208
Achnanthes hungarica ···················· 193
Achnanthes hustedtii ················ *25,* 188, 215
Achnanthes inflata ·················· *24,* 182
Achnanthes aff. **inflata** ···················· 183
Achnanthes japonica ············ *24,* 218, 222
Achnanthes joursacense ···················· 200
Achnanthes kolbei ······················ 207
Achnanthes krasskei ·················· *25,* 188
Achnanthes aff. **kryophila** ···················· 190
Achnanthes kryophila var. *africana* ······ *25,* 191
Achnanthes kryophila var. *densestriata* ······ 215
Achnanthes kryophila var. *protracta* ········ 207
Achnanthes laevis var. **quadratarea** ······ *24,* 190
Achnanthes lanceolata ssp. **apiculata** ··· *24,* 203
Achnanthes lanceolata var. *apiculata* ······ *24,* 203
Achnanthes lanceolata ssp. **biporoma** ······ 203
Achnanthes lanceolata var. *capitata* ········ 201
Achnanthes lanceolata var. *elliptica* f. *minor*
·································· *25,* 201
Achnanthes lanceolata ssp. **frequentissima**
var. **magna** ···················· *24,* 201
Achnanthes lanceolata ssp. **frequentissima**
var. **minor** ···················· *24,* 201
Achnanthes lanceolata var. **lanceolata** *24,* 200
Achnanthes lanceolata ssp. **lanceolata**
var. **haynaldii** ···················· 201
Achnanthes lanceolata var. *minor* ········ *25*
Achnanthes lanceolata var. *oestrupii* ······ 193
Achnanthes lanceolata var. *omissa* ········ 200
Achnanthes lanceolata ssp. **rostrata** ······ 203
Achnanthes lanceolata var. **ventricosa** *24,* 201
Achnanthes lapidosa var. **lapidosa** ······ *25,* 197
Achnanthes lapponica ················ *25,* 190, 197
Achnanthes lapponica var. **ninckei** ······ *24,* 190
Achnanthes laterostrata ················ *25,* 185
Achnanthes lemmermannii ················ 207

Achnanthes levanderi **25**,191
Achnanthes levanderi var. *helvetica* **25**,191
Achnanthes lewisiana **26**,200
Achnanthes linearis 219
Achnanthes linearis var. *jackii* **25**,212,219
Achnanthes (*linearis* var. ?) *pusilla* **25**,219
Achnanthes lutheri **25**,189
Achnanthes marginulata **25**,194
Achnanthes maxima **24**,178
Achnanthes microcephala **25**
Achnanthes microcephala var. *gracillima* **25**,212
Achnanthes microcephala var. **microcephala**
211
Achnanthes microcephala f. *scotica* **25**,211
Achnanthes minuta **24**,178
Achnanthes minutissima var. **affinis** 214
Achnanthes minutissima var. *cryptocephala* 210
Achnanthes minutissima f. *curta* 210
Achnanthes minutissima var. **gracillima**
25,212
Achnanthes minutissima var. **jackii** **25**,212
Achnanthes minutissima var. **minutissima** 210
Achnanthes minutissima var. **robusta** **25**,215
Achnanthes minutissima var. **saprophila**
35,180,210
Achnanthes minutissima var. **scotica** **25**,211
Achnanthes montana **25**,200
Achnanthes nitidiformis 206
Achnanthes obliqua 185
Achnanthes oblongella **25**,188
Achnanthes occulta **25**,191
Achnanthes oestrupii var. **oestrupii** 193
Achnanthes oestrupii var. *parvula* **25**,204
Achnanthes parallela 215
Achnanthes parvula 185
Achnanthes peragalli var. **parvula** **25**,204
Achnanthes peragalli var. **peragalli** 204
Achnanthes petersenii 215
Achnanthes pinnata **24**,196
Achnanthes plitvicensis 190
Achnanthes ploenensis 207
Achnanthes procera 215
Achnanthes pusilla **25**,219
Achnanthes pusilla var. *petersenii* 215
Achnanthes pyrenaica **24**,214
Achnanthes rechtensis 196
Achnanthes robusta var. *minor* **25**,201
Achnanthes rosenstockii var. **rosenstockii** 215
Achnanthes rostrata 203
Achnanthes rostrata var. *magna* **24**,201
Achnanthes rupestoides **25**,188
Achnanthes saxonica **25**,188

Achnanthes septentrionalis var. **subcapitata**
25,186
Achnanthes sonyda 215
Achnanthes subatomoides **25**,191
Achnanthes subatomus **24**,214
Achnanthes subhudsonis **26**,198
Achnanthes sublaevis 207
Achnanthes sublaevis var. *crassa* 207
Achnanthes subsessilis var. *subcrenulata* **24**,182
Achnanthes suchlandtii **26**,200,207
Achnanthes suchlandtii var. *robusta* **25**,200
Achnanthes sutura **25**,191
Achnanthes umara **26**,191
Achnanthes undata 182
Achnanthes ventralis 207
Achnanthes ziegleri 207
Achnanthidium alteragracillima **25**,212
Achnanthidium delicatulum **25**,186
Achnanthidium exiguum **35**,206
Achnanthidium hungaricum 193
Achnanthidium jackii **25**,212
Achnanthidium lanceolatum 200
Achnanthidium lanceolatum var. *inflata* **24**,200
Achnanthidium lapidosum **25**,197
Achnanthidium lineare **24**,214,219
Achnanthidium microcephalum 211
Achnanthidium minutissimum 210
Achnanthidium pyrenaicum **24**,214
Achnanthidium saprophilum **35**,210
Actinella 165
Actinella mirabilis 127
Actinella peronioides 166
Actinella punctata var. **punctata** 169
Actinella subperonioides var. **linearis** 166
Actinella subperonioides var. **subperoniodes** 166
Actinella usoriensis 166
Adlafia bryophila 292
Amphicampa eruca 127
Amphicampa mirabilis 127
Amphipleura pellucida 226
Amphora **26**, **35**,404
Amphora acutiuscula **35**,408
Amphora amphioxys 547
Amphora coffeaeformis var. *acutiuscula* **35**
Amphora coffeaeformis var. **acutiuscula** 408
Amphora coffeaeformis var. *thumensis* 407
Amphora copulata 405
Amphora fogediana **26**,408
Amphora fontinalis 411
Amphora gracilis **26**,405
Amphora inariensis **26**,407
Amphora libyca 405

Amphora montana ··411
Amphora ovalis ··***26***,405
Amphora ovalis var. *libyca* ···························405
Amphora ovalis var. *pediculus* ··············***26***,407
Amphora pediculus ································***26***,407
Amphora pediculus var. *exilis* ···············***26***,407
Amphora perpusilla ··································***26***,407
Amphora rugosa ··410
Amphora strigosa ···410
Amphora submontana ··411
Amphora thumensis ···407
Amphora veneta ··410
Aneumastus rostratus ···318
Anomoeoneis ···267
Anomoeoneis brachysira var. *brachysira* ··········273
Anomoeoneis costata ··268
Anomoeoneis irawanae ···274
Anomoeoneis polygramma ·····································268
Anomoeoneis sculpta ··268
Anomoeoneis serians ·······································***26***,271
Anomoeoneis serians var. *brachysira* ··············273
Anomoeoneis sphaerophora ···································268
Anomoeoneis sphaerophora* f. *costata ·······268
Anomoeoneis sphaerophora* f. *sculpta ······268
Anomoeoneis sphaerophora var. *sculpta* ·········268
Asterionella ··***26***
Asterionella formosa ·····································***26***,120
Asterionella formosa var. *gracillima* ········***26***,120
Asterionella gracillima ···································***26***,120
Attheya ···58
Attheya zachariasii ··58
Aulacoseira ···***26***,12
Aulacoseira alpigena ···21
Aulacoseira ambigua ··18
Aulacoseira canadensis ··14
Aulacoseira crenulata ··16
Aulacoseira distans* var. *distans ··············23
Aulacoseira granulata* var. *angustissima ······14
Aulacoseira granulata* var. *granulata ·········14
Aulacoseira islandica ··25
Aulacoseira italica* var. *italica ··················18
Aulacoseira italica subsp. *subarctica* ·············16
Aulacoseira italica* var. *tenuissima ···········19
Aulacoseira italica var. *valida* ·························16
Aulacoseira laevissima ··21
Aulacoseira longispina ··18
Aulacoseira nipponica ·····································***26***,25
Aulacoseira perglabra ··21
Aulacoseira pfaffiana ··23
Aulacoseira subarctica ··16
Aulacoseira tethera ··23
Aulacoseira valida ··16

B

Bacillaria cistula ···***27***,442
Bacillaria paradoxa ···547
Bacillaria paxillifer ···547
Bacillaria phoenicenteron ··································259
Bacillaria ulna ··112
Bacillaria viridis ··398
Bacillariaceae ···***3***
Bacillariales ··***3***
Bacillariophyceae ··***3***
Bacillariophyta ···***3***
Biblarium emarginatum ··71
Biblarium leptostauron ·································***33***,87
Biddulphia laevis ···54
Brachysira ···***26***,270
Brachysira brebissonii ···273
Brachysira irawanae ··274
Brachysira neoexilis ··273
Brachysira serians ··***26***,271
Brachysira serians var. *acuta* ························271
Brachysira styriaca ···274
Brachysira* aff. *sublinearis ····························271
Brachysira wygaschii ···271

C

Caloneis ···***35***,238
Caloneis aerophila ··***35***,242
Caloneis bacillum ··239
Caloneis bacillum* f. *inflata ·······················239
Caloneis bacillum var. *lancettula* ···················239
Caloneis clevei ···239,242
Caloneis fasciata ···239,242
Caloneis largerstedtii ··242
Caloneis limosa ···240
Caloneis limosa var. *biconstricta* ·····················240
Caloneis molaris ···242
Caloneis permagna ··402
Caloneis schumanniana ···240
Caloneis silicula ···240
Caloneis silicula* var. *truncatula ···············239
Caloneis sublinearis ···242
Caloneis tenuis ··242
Caloneis trochus ··240
Caloneis ventricosa ···240
Cavinula cocconeiformis ·····································277
Cavinula jaernefeltii ···277
Cavinula pseudoscutiformis ································277
Cavinula scutelloides ··278
Ceratoneis amphioxys ···116
Ceratoneis arcus ··***31***,116
Ceratoneis arcus var. *linearis* f. *recta* ········***31***,116

Ceratoneis amphioxys	**31**	Cyclotella crucigera	30
Ceratoneis arcus var. recta	**31**	**Cyclotella cyclopuncta**	**30**
Ceratoneis recta	**31**,116	**Cyclotella delicatula**	**30**
Chamaepinnularia evanida	311	Cyclotella dubia	42
Chamaepinnularia soehrensis var. muscicola	288	Cyclotella dubia var. spinulosa	42
Cocconeis	**26**,173	**Cyclotella glomerata**	**33**
Cocconeis depressa	**26**,177	Cyclotella kuetzingiana	**35**,30
Cocconeis diminuta	177	**Cyclotella lacunarum**	**35**
Cocconeis disculus var. diminuta	177	Cyclotella laevissima	**35**
Cocconeis elongata	174	Cyclotella melosiroides	35
Cocconeis euglypta	**26**,174	**Cyclotella meneghiniana**	**35**,30
Cocconeis finnica	251	Cyclotella meneghiniana var. binotata	**35**,30
Cocconeis hustedtii	**25**,188	Cyclotella meneghiniana var. laevissima	**35**,30
Cocconeis lineata	**26**,175	Cyclotella meneghiniana f. plana	**35**,30
Cocconeis neodiminuta	**177**	Cyclotella meneghiniana var. rectangulata	**35**,30
Cocconeis pediculus	**26**,177	Cyclotella meneghiniana var.? stellifera	32
Cocconeis placentula var. euglypta	**26**,174	Cyclotella meneghiniana var.? stelligera	32
Cocconeis placentula var. lineata	**26**,175	Cyclotella meneghiniana var. stellulifera	32
Cocconeis placentula var. placentula	**174**	Cyclotella meneghiniana var. vogesiaca	**35**,30
Cocconeis placentula var. rouxii	**26**,175	Cyclotella minutula	43
Cocconeis pumila	174	**Cyclotella nana**	**50**
Cocconeis punctata	174	**Cyclotella ocellata**	**30**
Cocconeis quadratarea	**24**,190	Cyclotella operculata	39
Cocconeis semiaperta	208	**Cyclotella praetermissa**	**35**
Cocconeis utermoeblii	**36**,200	**Cyclotella pseudostelligera**	**32**
Cocconema lanceolatum	445	Cyclotella punctata	49
Cocconema leptoceros	**27**,438	**Cyclotella radiosa**	**35**
Cocconema mexicanum	**27**,451	Cyclotella rectangula	**35**,30
Cocconema parvum	**27**,431	Cyclotella schroeteri	35
Cocconema tumidum	**27**,433	Cyclotella socialis var. minima	33
Conferva flocculosa	**34**,71	**Cyclotella stelligera var. stelligera**	**32**
Conferva hyemalis	75	**Cyclotella stelligeroides**	**33**
Coscinodiscus faurii	49	Cyclotella tibetana	30
Coscinodiscus lacustris	49	**Cyclotella wolterecki**	**33**
Craticula molestiformis	289	**Cymatopleura**	**630**
Ctenophora	**26**,100	**Cymatopleura elliptica**	**631**
Ctenophora pulchella	**26**,119	Cymatopleura librile	631
Cyclostephanos	**37**	**Cymatopleura solea**	**631**
Cyclostephanos dubius	**42**	**Cymbella**	**26**,427
Cyclostephanos fritzii	**38**	Cymbella aequalis	**27**,436
Cyclostephanos cf. invisitatus	**39**	**Cymbella affinis**	**26**,431
Cyclostephanos tholiformis	**38**	Cymbella amphicephala	**27**
Cyclotella	**35**,29	**Cymbella amphicephala var. amphicephala**	454
Cyclotella americana	35	Cymbella anglica	454
Cyclotella arentii	9	**Cymbella aspera**	**449**
Cyclotella atomus	**35**,33	Cymbella aspera var. genuina	449
Cyclotella balatonis	35	Cymbella bipartita	433
Cyclotella bodanica var. affinis	**35**	Cymbella brehmii	418
Cyclotella comta	35	Cymbella caespitosa	**28**,421
Cyclotella comta var. affinis	35	**Cymbella cesatii**	**436**
Cyclotella comta var. melosiroides	35	Cymbella cistula	**27**,442
Cyclotella comta var. radiosa	35	**Cymbella cistula var. gibbosa**	**27**,445

Cymbella cistula var. *maculata* ·········· ***27***,442
Cymbella cuspidata ········· **453**,**454**
Cymbella cuspidata var. *elliptica* ·········· ***27***,453
Cymbella cuspidata var. *naviculiformis* ··········454
Cymbella cymbiformis var. **cymbiformis** **26**,**442**
Cymbella cymbiformis var. **nonpunctata** **26**,**442**
Cymbella delicatula var. **delicatula** ······ ***27***,**428**
Cymbella elginensis ·········· ***28***,422
Cymbella elliptica ·········· ***27***,453
Cymbella excisa ·········· ***27***,431
Cymbella gracilis ·········· ***28***,424
Cymbella hebridica ·········· ***28***,421
Cymbella hustedtii ·········· **26**,**434**
Cymbella japonica ·········· **26**,**434**
Cymbella javanica ··········418
Cymbella kamtschatica ·········· ***27***,451
Cymbella laevis ·········· ***27***,**438**
Cymbella laevis var. *rupicola* ··········436
Cymbella lanceolata ·········· ***27***,**445**
Cymbella lanceolata var. *aspera* ··········449
Cymbella lata ·········· ***27***,**453**
Cymbella latens ··········415
Cymbella leptoceros ·········· ***27***,**438**
Cymbella loczyi ·········· ***27***,453
Cymbella lunata ·········· ***28***,424
Cymbella maculata ·········· ***27***,442
Cymbella mesiana ·········· ***28***,419
Cymbella mexicana ·········· ***27***,**451**
Cymbella microcephala ··········429
Cymbella minuta ·········· ***28***,415
Cymbella minuta f. *latens* ·········· ***28***,415
Cymbella minuta var. *pseudogracilis* ·········· ***28***,419
Cymbella minuta var. *silesiaca* ·········· ***28***,416
Cymbella naviculiformis ··········**454**
Cymbella neoleptoceros var. *neoleptoceros* ··········438
Cymbella neoleptoceros var. *tenuistriata* ··········438
Cymbella novazeelandiana ·········· ***27***,**433**,**443**
Cymbella obscula ··········418
Cymbella operculata ··········536
Cymbella parva ·········· ***27***,431
Cymbella parvula ··········407
Cymbella paucistriata ··········419
Cymbella percymbiformis ··········**440**
Cymbella perpusilla ··········**433**
Cymbella prostrata ··········425
Cymbella prostrata var. *auerswaldii* ··········421
Cymbella proxima ·········· ***27***,**447**
Cymbella reichardtii ·········· ***28***,418
Cymbella rheophila ·········· ***27***,434
Cymbella rupicola ··········**436**
Cymbella ruttnerii ·········· ***28***,429
Cymbella scotica ·········· ***28***,424
Cymbella silesiaca ·········· ***28***,416
Cymbella sinuata ·········· ***33***,428
Cymbella solea ··········631
Cymbella stomatophora ·········· ***27***,433
Cymbella subaequalis ·········· ***27***,**436**
Cymbella subleptoceros ··········438
Cymbella subturgidula ·········· ***27***,434
Cymbella sumatrensis ·········· **440**,**443**
Cymbella thienemannii ·········· ***27***,**429**
Cymbella thumensis ··········407
Cymbella tumida ·········· ***27***,**433**
Cymbella turgida ·········· ***28***,419
Cymbella turgida var. *kappii* ·········· ***27***,433
Cymbella turgida var. *pseudogracilis* ·········· ***28***,419
Cymbella turgidula var. **nipponica** ·········· ***27***,**434**
Cymbella turgidula var. **turgidula** ·········· ***27***,**431**
Cymbella ventricosa ·········· ***28***,415
Cymbella ventricosa var. *lunata* ··········424
Cymbellonitzschia diluviana ··········**601**
Cymbellonitzschia minima ··········**601**
Cymbopleura amphicephala ·········· ***27***,454
Cymbopleura apiculata ··········453
Cymbopleura lata ·········· ***27***,453
Cymbopleura subaequalis ·········· ***27***,436
Cystopleura gibba ··········534
Cystopleura ocellata ··········529
Cystopleura sorex ·········· ***29***,531
Cystopleura zebra var. *proboscidea* ··········529

D

Decussata placenta ·········· ***32***,318
Delicata delicatula ·········· ***27***,428
Denticula ·········· ***27***,**538**
Denticula costata ··········**542**
Denticula crassula ·········· ***27***,540
Denticula decipiens ··········540
Denticula elegans ··········**540**
Denticula elongata ··········**543**
Denticula frigida ·········· ***27***,540
Denticula inflata ··········540
Denticula kuetzingii ··········**540**
Denticula kuetzingii var. **rumrichae** ··········**540**
Denticula obtusa ··········540
Denticula ocellata ··········540
Denticula pelagica ··········**542**
Denticula tabellaria ·········· ***33***,553
Denticula tenuis ·········· ***27***,**540**
Denticula vanheurckii var. **obtusa** ··········**543**
Denticula vanheurckii var. **vanheurckii** **27**,**542**
Diadesmis confervacea ·········· ***35***,280
Diadesmis contenta var. *biceps* ·········· ***32***,352
Diatoma ·········· ***28***,**74**

Diatoma ehrenbergii ·········78
Diatoma elongatum ·········**28**,82
Diatoma fasciculatum ·········91
Diatoma fenestratum ·········71
Diatoma gracillima ·········**26**,120
Diatoma grande ·········78
Diatoma hyemale var. *mesodon* ·········**28**,78
Diatoma hyemale var. *quadratum* ·········78
Diatoma hyemalis ·········**75**
Diatoma hyemalis var. *mesodon* ·········78
Diatoma maxima ·········**76,78**
Diatoma mesodon ·········**28**,78
Diatoma mesoleptum ·········**28**,82
Diatoma moniliformis ·········**82**
Diatoma tenuis ·········**28**,82
Diatoma tenuis var. *elongatum* ·········**28**,82
Diatoma tenuis var. *moniliformis* ·········82
Diatoma vulgaris ·········**28**,79
Diatoma vulgaris var. *ehrenbergii* ·········78
Diatoma vulgaris var. *grande* ·········78
Diatoma vulgaris var. *ovalis* ·········**28**,79
Diatoma vulgaris var. *producta* ·········**28**,79
Diatomella balfouriana ·········**225**
Didymosphenia geminata ·········**458**
Didymosphenia geminata
 var. *sibilica* f. *curvata* ·········**460**
Diploneis ·········**28**,**250**
Diploneis alpina ·········**255**
Diploneis boldtiana ·········**28**,**255**
Diploneis burgitensis ·········255
Diploneis clevei ·········251
Diploneis didyma var. *bavarica* f. *typica* ·········255
Diploneis domblittensis var. *subconstricta* ·········255
Diploneis duplopunctata ·········251
Diploneis elliptica var. ***elliptica*** ·········**28**,**253**
Diploneis finnica ·········**251**
Diploneis interrupta var. ***interrupta*** ·········**256**
Diploneis marginestriata ·········**256**
Diploneis pseudovalis ·········**28**,**255**
Diploneis subconstricta ·········255
Diploneis subovalis ·········**253**
Diploneis yatukaensis ·········**251**

E

Echinella circularis ·········75
Encynopsis leei ·········425
Encyonema ·········**28**,**413**
Encyonema brehmii ·········**418**
Encyonema caespitosum ·········**28**,**421**
Encyonema elginense ·········**28**,**422**
Encyonema gracile ·········**28**,**424**
Encyonema hebridicum ·········**28**,**421**

Encyonema javanicum ·········418
Encyonema lange-bertalotii ·········**28**,**416**
Encyonema latens ·········**28**,**415**
Encyonema leei ·········**28**,**425**
Encyonema lunatum ·········**424**
Encyonema mesianum ·········**28**,**419**
Encyonema minutum ·········**28**,**415**
Encyonema obscurum ·········**418**
Encyonema paucistriatum ·········**419**
Encyonema perpusillum ·········433
Encyonema prostratum ·········**425**
Encyonema reichardtii ·········**28**,**418**
Encyonema silesiacum ·········**28**,**416**
Encyonema simile ·········416
Encyonopsis ·········**28**
Encyonopsis cesatii ·········436
Encyonopsis minuta ·········**28**,**429**
Encyonopsis thienemannii ·········**27**,429
Eolimna minima ·········284
Eolimna subminuscula ·········**36**,285
Epithemia ·········**29**,**521**
Epithemia adnata ·········527
Epithemia adnata var. ***adnata*** ·········**29**,**527**
Epithemia adnata var. ***proboscidea*** ·········**529**
Epithemia argus var. *goeppertiana* ·········529
Epithemia argus var. *grandis* ·········529
Epithemia cistula ·········531
Epithemia gibba ·········534
Epithemia gibba var. ***ventricosa*** ·········**534**
Epithemia goeppertiana ·········**529**
Epithemia granulata ·········**29**,523
Epithemia kurzeana ·········**29**,527
Epithemia minuta ·········536
Epithemia muelleri ·········529
Epithemia ocellata var. ***ocellata*** ·········**529**
Epithemia proboscidae ·········**29**,525,529
Epithemia reichelti ·········**531**
Epithemia smithii var. ***smithii*** ·········**29**,**525**
Epithemia sorex var. ***sorex*** ·········**29**,**531**
Epithemia turgida var. ***granulata*** ·········**29**,**523**
Epithemia turgida var. ***sumatraense*** ·········**525**
Epithemia turgida var. ***turgida*** ·········**29**,**523**
Epithemia turgida var. *vertagus* ·········**29**,523
Epithemia turgida var. *westermannii* ·········525
Epithemia ventricosa ·········534
Epithemia vertagus ·········**29**,523
Epithemia zebra ·········**29**,527
Epithemia zebra var. ***denticuloides*** ·········**529**
Epithemia zebra var. *proboscidea* ·········529
Eucocconeis quadratarea ·········**24**,190
Eunotia ·········**29**,**124**
Eunotia alpina ·········**29**,150

Eunotia amphioxys 547
Eunotia arctica **153**
Eunotia arculus **29**,160
Eunotia arcus var. arcus **148**
Eunotia arcus var. ? *hybrida* 144
Eunotia arcus var. *minor* 148
Eunotia arcus var. *plicata* 148
Eunotia arcus var. ? *tenella* 144
Eunotia asterionelloides **170**
Eunotia bidens 127
Eunotia bigibba 153
Eunotia bilunaris var. bilunaris **161**
Eunotia bilunaris var. mucophila **161**
Eunotia biseriata 148
Eunotia biseriatoides **29**,**148**
Eunotia camelus **129**
Eunotia circumborealis **129**
Eunotia crassa 148
Eunotia curvata 161
Eunotia (*denticula* var.) *glabrata* 146
Eunotia diadema 131
Eunotia diadema var. *densior* 131
Eunotia diadema var. *intermedia* 131
Eunotia diadema var. *tetraodon* 131
Eunotia epithemioides **136**
Eunotia eruca 127
Eunotia exigua var. bidens **154**
Eunotia exigua var. exigua **141**
Eunotia exigua var. *gibba* 160
Eunotia faba var. *intermedia* **29**,144
Eunotia fallax var. *aequalis* 143,150
Eunotia fastigiata 141
Eunotia flexosa **158**
Eunotia flexosa var. *eurycephala* 158
Eunotia flexosa var. *pachycephala* 158
Eunotia aff. fontellii var. genuina **166**
Eunotia formica var. formica **131**
Eunotia frickei var. elongata **156**,**158**
Eunotia gracilis 141
Eunotia heptaodon 131
Eunotia implicata **143**
Eunotia impressa **29**,134
Eunotia impressa var. *angusta* 143
Eunotia impressa var. *angusta* f. *vix impressa* ...143
Eunotia incisa **138**,**143**
Eunotia incisa var. *minor* 143,150
Eunotia intermedia **29**,144,150
Eunotia lapponica 138
Eunotia lapponica var. lapponica **146**
Eunotia levistriata 141
Eunotia librile **29**,523
Eunotia lunaris 161

Eunotia lunaris var. ? *alpina* **29**,150
Eunotia lunaris var. *bilunaris* 161
Eunotia lunaris var. *subarcuata* 161
Eunotia major var. *bidens* **29**,133
Eunotia media 148
Eunotia media (? var. *jemtlandica*) **29**,133
Eunotia meisteri 141
Eunotia meisteri var. meisteri **140**
Eunotia mesiana 158
Eunotia microcephala var. microcephala
 ....**154**,**160**
Eunotia minor **29**,**134**,**143**,**151**
Eunotia minor var. *minor* f. *impressa* 134
Eunotia minor var. *minor* f. *intermedia* 134
Eunotia minor var. *undulata* 134
Eunotia minor var. *ventralis* 134
Eunotia minuta 141
Eunotia mira var. genuina **166**
Eunotia monodon var. bidens **29**,133
Eunotia monodon var. *constricta* **29**,133
Eunotia muscicola var. muscicola **153**
Eunotia muscicola var. perminuta **153**
Eunotia naegelii **29**,150
Eunotia nipponica var. nipponica **138**
Eunotia nymanniana 141
Eunotia ocelata 529
Eunotia osoresanensis 140,**163**
Eunotia osoresanensis var. cuneata **163**
Eunotia osoresanensis var. *minor* 140
Eunotia paludosa 141
Eunotia paludosa var. *arculus* **29**,160
Eunotia paludosa var. paludosa **151**
Eunotia paludosa var. trinacria **160**
Eunotia parallela var. *media* 148
Eunotia parallela var. parallela **148**
Eunotia parallela var. *pseudoparallela* 148
Eunotia pectinalis **29**,133
Eunotia pectinalis var. *curta* f. *subimpressa* 129
Eunotia pectinalis f. *elongata* **29**,133
Eunotia pectinalis var. *impressa* **29**,134
Eunotia pectinalis var. *minor* **29**,134
Eunotia pectinalis var. *minor* f. *impressa*
 ....**29**,134,143
Eunotia pectinalis var. *minor* f. *intermedia* **29**,144
Eunotia pectinalis var. pectinalis **133**,**151**
Eunotia pectinalis var. *stricta* **29**,133
Eunotia pectinalis var. *undulata* 129
Eunotia perminut 153
Eunotia pirarucu 136
Eunotia pirla **30**,136,138
Eunotia praerupta arctica-Sippen 153
Eunotia praerupta var. bidens **127**

Eunotia praerupta var. *bidens* f. *compressa* 127
Eunotia praerupta var. *bidens* f. *minor* 127
Eunotia praerupta var. inflata **136**
Eunotia praerupta var. praerupta **29**,**146**
Eunotia pseudoflexuosa 158
Eunotia pseudoparallela 148
Eunotia aff. pseudoserra **129**
Eunotia pseudoserrata **127**
Eunotia pseudosoresanensis **140**
Eunotia rabenhorstii var. maxima **153**
Eunotia raphidioides **154**
Eunotia rhomboidea **143**,**150**
Eunotia robusta 129
Eunotia robusta var. *diadema* 131
Eunotia rostellata **29**,160
Eunotia scandinavica **29**,129,133
Eunotia scandinavica f. *typica* 129
Eunotia scarda 129
Eunotia septentrionalis 141
Eunotia septentrionalis var. *bidens* 129
Eunotia serpentina **127**
Eunotia serra var. diadema **131**
Eunotia serra var. serra **129**
Eunotia siolii 148
Eunotia sorex **29**,531
Eunotia subarcuata 161
Eunotia submonodon **136**
Eunotia sudetica 134
Eunotia tambaquina 153
Eunotia tassii 153
Eunotia tenella 141
Eunotia tenella var. tenella **144**
Eunotia tenelloides **150**
Eunotia tetraodon 131
Eunotia tibia var. *bidens* **29**,133
Eunotia tridentula var. *perminuta* 153
Eunotia trinacria 160
Eunotia trinacria var. *undulata* 160
Eunotia turgida **29**,523
Eunotia vanheurckii var. *intermedia* **29**,144
Eunotia varioundulata 154
Eunotia veneris **30**,**136**,**138**,**143**
Eunotia zebra **29**,527

F

Fallacia maceria 288
Fallacia tenera **36**,312
Fistulifera pelliculosa 281
Fistulifera saprophila **36**,282
Fragilaria **30**,**35**,**100**
Fragilaria aequalis 96
Fragilaria arcus **31**,116

Fragilaria arcus var. *recta* **31**,116
Fragilaria bicapitata 96
Fragilaria biceps 112
Fragilaria binodis 97
Fragilaria brevistriata 91
Fragilaria capitellata **29**,**102**
Fragilaria capucina var. amphicephala 35,**105**
Fragilaria capucina var. *capitellata* 102
Fragilaria capucina var. capucina **29**,**102**
Fragilaria capucina var. gracilis ...**29**,**34**,**110**
Fragilaria capucina var. *lanceolata* **29**,102
Fragilaria capucina var. mesolepta **29**,**107**
Fragilaria capucina var. *rumpens* 102
Fragilaria capucina var. vaucheriae ...**29**,**103**
Fragilaria construens f. *binodis* 92,97
Fragilaria construens var. *binodis* 97
Fragilaria construens var. *binodis* f. *robusta* 92
Fragilaria construens var. *construens* **33**,98
Fragilaria construens f. exigua **96**
Fragilaria construens var. *exigua* 96
Fragilaria construens f. *venter* 97
Fragilaria construens var. *venter* **37**,97
Fragilaria crotonensis **105**
Fragilaria delicatissima **106**
Fragilaria exigua 96
Fragilaria exigua var. *concava* 96
Fragilaria goulardii 117
Fragilaria gracilis **33**,110
Fragilaria intermedia **29**,103
Fragilaria laevissima 102
Fragilaria lapponica 87
Fragilaria leptostauron **30**,87
Fragilaria mazamaensis **29**,**82**
Fragilaria mesodon 78
Fragilaria mesolepta **30**,107
Fragilaria oldenburgiana **82**
Fragilaria parasitica var. parasitica **92**
Fragilaria pinnata 86
Fragilaria pinnata var. *lancettula* 86
Fragilaria pseudoconstruens var. *bigibba* 92
Fragilaria pseudogaillonii 112
Fragilaria pseudolaevissima 102
Fragilaria pulchella **26**,119
Fragilaria robusta 92
Fragilaria rumpens var. fragilarioides 30,**103**
Fragilaria smithiana 105
Fragilaria subconstricta **30**,107
Fragilaria tenera **105**
Fragilaria tenuistriata **30**,107
Fragilaria ulna 112
Fragilaria ulna var. *acus* 109
Fragilaria vaucheriae **30**,103

Fragilaria vaucheriae var. *capitellata* **30**,102
Fragilaria vaucheriae var. *parvula* 103
Fragilaria venter **37**,97
Fragilaria virescens 96
Fragilaria virescens var. *exigua* 96
Fragilaria zeilleri 91
Fragilariforma **94**
Fragilariforma bicapitata **96**
Fragilariforma exigua 96
Fragilariforma virescens **96**
Fragilariforma virescens var. **exigua** **96**
Frustulia **30**,228
Frustulia adnata **29**,527
Frustulia amphipleuroides **30**,232
Frustulia bipunctata 392
Frustulia copulata 405
Frustulia lanceolata 326
Frustulia linearis 562
Frustulia operculata 536
Frustulia ovalis 405
Frustulia pellucida 226
Frustulia rhomboides var. *amphipleuroides* **30**,232
Frustulia rhomboides var. **capitata** **230**
Frustulia rhomboides var. **crassinervia** **230**
Frustulia rhomboides var. **rhomboides** **229**
Frustulia rhomboides var. **saxonica** **229**
Frustulia rhomboides var. *saxonica* f. *capitata* 230
Frustulia rhomboides var. **viridula** **232**
Frustulia saxonica 229
Frustulia saxonica var. *capitata* 230
Frustulia vermicularis 556
Frustulia viridula 232,343
Frustulia vitrea 290,348
Frustulia vulgaris **233**
Frustulia vulgaris var. *elliptica* 233

G

Geissleria acceptata 281
Geissleria decussis 315
Geissleria ignota 280
Gomphocymbella bruni **456**
Gomphocymbella obliqua **31**,499
Gomphoneis **30**,462
Gomphoneis eliense var. **apiculata** 463,465
Gomphoneis eliense var. **variabilis** **30**,463,465
Gomphoneis herculeana var. **herculeana** **30**,463
Gomphoneis herculeana var. *japonica* **30**,463
Gomphoneis heterominuta **477**
Gomphoneis okunoi **30**,471
Gomphoneis olivacea **31**,468
Gomphoneis olivaceoides **30**,469,469
Gomphoneis pseudokunoi **30**,468

Gomphoneis quadriqunctatum 469
Gomphoneis separatipunctatum 471
Gomphoneis tetrastigmata **30**,471
Gomphoneis tetrastigmatum 469
Gomphonema **31**,**35**,467
Gomphonema abbreviatum **33**,225,491
Gomphonema abbreviatum var. *blasiliense* 491
Gomphonema accessum 511
Gomphonema acuminatum **518**
Gomphonema acuminatum f. *brebissonii* 475
Gomphonema acuminatum var. *brebissonii* 475,513
Gomphonema affine **495**
Gomphonema angustatum 482,508
Gomphonema angustatum var. *productum* 509
Gomphonema aff. **angustatum**
    var. **sarcophagus** **31**,486
Gomphonema angustivalva **486**
Gomphonema angustum **31**,482
Gomphonema apuncto var. **apuncto** **487**
Gomphonema augur var. **augur** **506**
Gomphonema augur var. *turris* 499
Gomphonema biceps **31**,503
Gomphonema bohemicum **31**,482,483
Gomphonema brasiliense var. *demerarae* **31**,503
Gomphonema brebissonii **513**
Gomphonema brebissonii var. **brebissonii** 475
Gomphonema bruni 456
Gomphonema capitatum **31**,513
Gomphonema christenseni **31**,492
Gomphonema clavatum **31**,499
Gomphonema clevei var. **clevei** **31**,489
Gomphonema clevei var. **cuneata** **492**
Gomphonema clevei var. *inaequilongum* 491
Gomphonema clevei var. *javanica* 491
Gomphonema commutatum **31**,499
Gomphonema (*commutatum* var. ?) *mexicanum* 494
Gomphonema constrictum **31**,513
Gomphonema (*constrictum* var.) *capitatum* **31**,514
Gomphonema curtum **33**,477
Gomphonema curvatum 225
Gomphonema dichotomum **31**,482
Gomphonema exiguum var. *septentrionale* 499
Gomphonema fanensis **31**,482
Gomphonema fibula 169
Gomphonema geminatum 458
Gomphonema gracile var. **gracile** 495,497
Gomphonema grovei var. **lingulatum** **491**
Gomphonema grunowii 497
Gomphonema grunowii var. **grunowii** **497**
Gomphonema hebridense 484,486
Gomphonema herculeanum **30**,463
Gomphonema holmquistii 491

Gomphonema aff. *inaequilongum* ·············491
Gomphonema instabilis ·················483
Gomphonema intermedium ··············479
Gomphonema intricatum···············**31**,482
Gomphonema intricatum var. *bohemicum* ···**31**,482
Gomphonema intricatum var. capitatum ···516
Gomphonema intricatum var. fossiis ········516
Gomphonema intricatum var. *fossilis* f. *seminuda*
·····················516
Gomphonema intricatum var. major ········511
Gomphonema intricatum var. *pulvinatum* ········479
Gomphonema intricatum var. *pumilum* ·····**31**,482
Gomphonema intricatum var. vivrio ·······511
Gomphonema intricatum var. *vivrio* f. *subcapitata*
·····················516
Gomphonema intricatum var. *vivrio* f. *typica* ···511
Gomphonema italicum ··············**31**,514
Gomphonema lacunicola ···············469
Gomphonema lagenula ·········**35**,505,508
Gomphonema lagerheimii ············484,486
Gomphonema lanceolatum ············495,497
Gomphonema lingulatum ···············491
Gomphonema lingulatum var. *constrictum* ······491
Gomphonema longiceps ················**31**,499
Gomphonema longiceps var. *subclavata* f. *gracilis*
·····················500
Gomphonema longiceps var. *subclavatum* ········500
Gomphonema manubrium var. manubrium 489
Gomphonema mexicanum ··············494
Gomphonema micropus ·········482,483,505
Gomphonema minutum ·············477,483
Gomphonema montanum ··············**31**,499
Gomphonema (*montanum* var.) *subclavatum* ···500
Gomphonema mustela ·················**31**,499
Gomphonema olivaceoides ·············**30**,469
Gomphonema olivaceum
    var. *balticum* f. *dubia* ·············469
Gomphonema olivaceum var. minutissima ···471
Gomphonema olivaceum var. *minutissimum* ······469
Gomphonema olivaceum var. olivaceum
·····················**31**,468,474
Gomphonema olivaceum var. *quadripunctatum* 469
Gomphonema pala·················514
Gomphonema parvulum var. exilissima ·····509
Gomphonema parvulum var. *micropus* ··········482
Gomphonema parvulum var. parvulum ·····505
Gomphonema parvulum
    var. *parvulum* f. *saprophilum* ·········508
Gomphonema parvulum var. *subellipticum* ······505
Gomphonema productum ···············509
Gomphonema pseudoaugur ··········**35**,494
Gomphonema pseudopsillum ············513

Gomphonema pseudosphaerophorum
    var. *pseudosphaerophorum*···········502,506
Gomphonema pumilum var. rigidum···········479
Gomphonema purvinatum ···············479
Gomphonema pygmaeum ···············479
Gomphonema quadripunctatum ···········469
Gomphonema rhombicum ···············491
Gomphonema sabclavatum
    var. *sparsistriata* f. *minor*···············492
Gomphonema sagitta ·············486,518
Gomphonema semiapertum var. *tergestinum* ······474
Gomphonema separatipunctatum ·············469
Gomphonema septentrionale var. **claviceps** 499
Gomphonema sphaerophorum ············502
Gomphonema subclavatum ········**31**,499,500
Gomphonema subclavatum var. *mustele* ·········516
Gomphonema subtile ··········486,516,518
Gomphonema subtile var. *sagitta* ············486
Gomphonema tahoensis ················477
Gomphonema tenellum ···············477
Gomphonema tergestinum ··············474
Gomphonema tetrastigmatum············469
Gomphonema truncatum ···········**31**,513
Gomphonema truncatum var. *capitatum*······**31**,514
Gomphonema turgidum ···············**31**,513
Gomphonema turris ···············499
Gomphonema undulatum ·······**31**,480,500
Gomphonema vastum ···············489
Gomphonema ventricosum var. ventricosum 465
Gomphonema vibrio var. *bohemicum* ········**31**,482
Gomphonema vibrio var. *pumilum* ··········**31**,482
Gomphonema vivrio ···············511
Gomphonema vivrio var. *major* ·········511
Gomphonitzschia ungeri ···············601
Gomphosphenia grovei var. *lingulata* ············491
Grammatophora ? *balfouriana* ··········225
Gyrosigma··················235
Gyrosigma nodiferum ·················236
Gyrosigma procerum ···············236
Gyrosigma scalproides ···············236
Gyrosigma spencerii ··············236

H

Hannaea ··················**31**
Hannaea arcus var. amphioxys ··········**31**,116
Hannaea arcus var. arcus···············**31**,116
Hantzschia amphioxys ················547
Hantzschia amphioxys var. *genuina*·········547
Himantidium arcus ···············148
Himantidium bidens·················**29**,133
Himantidium exiguum················141
Himantidium polyodon ··············129

Himantidium veneris **30**,136,138
Hippodonta capitata 313
Hippodonta linearis 313
Hippodonta pseudoacceptata 312
Homoeocladia conferta 579
Homoeocladia filiformis 579
Homoeocladia intermedia 562
Hydrosera **56**
Hydrosera triquetra 56
Hydrosera whampoensis **56**

K

Karayevia clevei **24**,196
Karayevia clevei var. *rostrata* **24**,197
Kolbesia kolbei 207
Kolbesia suchlandtii **26**,200

L

Licmophora minuta 477
Luticola acidoclinata 296
Luticola aequatorialis 296
Luticola dismutica 296
Luticola goeppertiana **36**,292
Luticola nivalis 294
Luticola peguana 293
Luticola saprophila 297
Luticola ventricosa 293

M

Martyana **81**
Martyana martyi **86**
Mastogloia smithii* var. *smithii **225**
Mayamaea atomus 282
Melosira **8**
Melosira ambigua 18
Melosira arentii **9**
Melosira canadensis 14
Melosira crenulata 16
Melosira crenulata var. *ambigua* 18
Melosira crenulata var. *valida* 16
Melosira distans 23
Melosira distans var. *africana* 23
Melosira distans var. *alpigena* 21
Melosira distans var. *laevissima* 21
Melosira distans var. *perglabra* 21
Melosira distans var. *pfaffiana* 23
Melosira granulata 14
Melosira granulata var. *valida* 16
Melosira islandica 25
Melosira italica 18
Melosira italica f. *crenulata* 16
Melosira italica subsp. *subarctica* 16

Melosira italica var. *tenuissima* 19
Melosira italica var. *valida* 16
Melosira pfaffiana 23
Melosira roeseana 27
Melosira roeseana var. *epidendron* 27
Melosira roeseana var. *spiralis* 27
Melosira ruttneri **10**
Melosira solida var. *nipponica* 25
Melosira tenuissima 19
Melosira undulata* var. *undulata **9**
Melosira varians **9**
Meridion **31**
Meridion circulare* var. *circulare **31**,75
Meridion circulare* var. *constrictum **31**,75
Meridion circulare var. *zinkenii* **31**,75
Meridion constrictum **32**,75
Meridion zinkenii **31**,75
Microneis gracillima **25**,212
Micropodiscus weissflogii 49

N

Navicula **32**,**35**,276
Navicula abaujensis 389
Navicula absoluta **305**
Navicula acceptata 281
Navicula accomoda **35**,348
Navicula acidobionta **309**
Navicula aggerica 287
Navicula amphiceropsis **341**
Navicula amphioxys 547
Navicula ampliata 245
Navicula anglica 308
Navicula anglica var. *subsalina* 308
Navicula angusta **32**,334
Navicula arcuata 351
Navicula arcus 116
Navicula arkona 326
Navicula atomoides **36**,284,287
Navicula atomus* var. *atomus **35**,282
Navicula atomus var. *permitis* **35**,282
Navicula auriculata **36**,312
Navicula bacilliformis 299
Navicula bacillum **299**
Navicula beaufontina **319**
Navicula biceps **32**,352
Navicula bifrons 617
Navicula biseriata **36**,312
Navicula brauniana 371
Navicula braunii 371
Navicula brebissonii 392
Navicula* cf. *broetzii **326**
Navicula bryophila **292**

Navicula caduca ·············**35**,282
Navicula capitata var. capitata ···········313
Navicula capitata var. luneburgensis ·······313
Navicula capitatoradiata ············**32**,344
Navicula cari var. *angusta* ············**32**,334
Navicula cataractarheni ············326
Navicula certa ············334
Navicula cesatii ············436
Navicula cincta ············**32**,347
Navicula cincta var. *angusta* ············**32**,334
Navicula cincta var. *linearis* ············**32**,334
Navicula clementis ············316
Navicula clementis var. *japonica* ············315
Navicula clementis var. *rhombica* ············316
Navicula clementoides ············**32**,315
Navicula cocconeiformis ············277
Navicula comutata ············387
Navicula concentrica ············**32**,339
Navicula concentrica var. angusta ············339
Navicula confervacea ············**35**,280
Navicula confervacea var. *hungarica* ············**36**,280
Navicula confervacea var. *peregrina* ············**36**,280
Navicula constans var. *symmetrica* ············318
Navicula contempta ············265
Navicula contenta ············351
Navicula contenta f. biceps ············**32**,352
Navicula contenta var. *biceps* ············**32**,352
Navicula contenta var. *typica* ············351
Navicula costata ············268
Navicula crassinervia ············230
Navicula cryptocephala ············328
Navicula cryptocephala var. *intermedia* ············**32**,344
Navicula cryptocephala var. *subsalina* ············346
Navicula cryptocephala var. *veneta* ············346
Navicula cryptotenella ············**32**,329
Navicula cymbula ············**32**,339
Navicula decussis var. decussis ············315
Navicula delicatilineolata ············339
Navicula demissa ············**36**,285
Navicula dicephala var. *minor* ············308
Navicula dicephala var. *undulata* ············308
Navicula dismutica ············296
Navicula dissipata ············**36**,312
Navicula dubia ············247
Navicula elginensis var. elginensis ············308
Navicula elliptica ············**28**,253
Navicula evanida ············311
Navicula excelsa ············**35**
Navicula exigua var. elliptica ············318
Navicula exiguiformis ············315
Navicula fasciata ············239
Navicula festiva ············290,348

Navicula fluviatilis ············**26**,200
Navicula fossalis var. fossalis ············281
Navicula frugalis ············**36**,285
Navicula fusticulus ············299
Navicula gastrum var. gastrum ············308
Navicula (gastrum var. ?) *upsaliensis* ············321
Navicula gibba ············534
Navicula goeppertiana var. goeppertiana
············**36**,292
Navicula goeppertiana var. peguanat ············293
Navicula gracilis ············331
Navicula granulata ············**29**,523
Navicula gregaria ············346
Navicula halophiloides ············289
Navicula hasta var. gracilis ············337
Navicula hasta var. hasta ············337
Navicula heuflerii ············351
Navicula hexagona ············**32**,318
Navicula humilis ············313
Navicula hungarica var. *capitata* ············313
Navicula hungarica var. linearis ············313
Navicula hungarica var. *luneburgensis* ············313
Navicula hustedtii ············**32**,288
Navicula hustedtii f. *obtusa* ············305
Navicula hustedtii var. *obtusa* ············305
Navicula ignota var. acceptata ············281
Navicula ignota var. ignota ············280
Navicula imbricata ············**36**,296
Navicula inclementis ············316
Navicula incompta ············**29**,429
Navicula inflata ············304
Navicula ingrata ············288
Navicula inntilis ············**32**
Navicula insociabilis var. *dissipatoides* ············**36**,312
Navicula integra ············292
Navicula interrupta ············256
Navicula inutilis ············347
Navicula iridis ············245
Navicula jaernefeltii ············277
Navicula joubaudii ············287
Navicula krockii ············358
Navicula laevissima var. laevissima ············299
Navicula lagerheimii var. *intermedia* ············296
Navicula lagerstedtii ············280
Navicula lagerstedtii var. *palustris* f. *minores* ···281
Navicula lanceolata ············**32**,326,336
Navicula lanceolata var. *cymbula* ············**32**,339
Navicula lancettula ············346
Navicula laterostrata ············304
Navicula legumen f. *major* ············397
Navicula leptogongyla ············240
Navicula lobeliae ············**32**,334

Navicula longiceps ⋯⋯⋯⋯⋯⋯⋯⋯⋯247
Navicula luzonensis ⋯⋯⋯⋯⋯⋯**36**,285
Navicula maceria ⋯⋯⋯⋯⋯⋯⋯⋯288
Navicula maillardii ⋯⋯⋯⋯⋯⋯⋯⋯292
Navicula mediopunctata ⋯⋯⋯**32**,289
Navicula menisculus ⋯⋯⋯⋯⋯⋯⋯332
Navicula menisculus var. *menisculus* ⋯⋯⋯⋯⋯⋯321
Navicula menisculus var. *upsaliensis* ⋯⋯⋯⋯⋯⋯321
Navicula minima ⋯⋯⋯⋯⋯⋯⋯⋯284
Navicula minizanonii ⋯⋯⋯⋯⋯⋯⋯326
Navicula minuscula ⋯⋯⋯⋯⋯⋯**36**,290
? *Navicula minusculoides* ⋯⋯⋯**35**,348
Navicula minutissima ⋯⋯⋯⋯⋯⋯284
Navicula mobiliensis var. **minor** ⋯⋯⋯293
Navicula molaris ⋯⋯⋯⋯⋯⋯⋯⋯242
Navicula molestiformis ⋯⋯⋯⋯⋯289
Navicula mollicula ⋯⋯⋯⋯⋯⋯⋯285
Navicula mournei ⋯⋯⋯⋯⋯⋯⋯⋯304
Navicula muralis f. *minuta* ⋯⋯⋯**36**,282
Navicula mutata ⋯⋯⋯⋯⋯⋯⋯⋯302
Navicula mutica f. *goeppertiana* ⋯⋯**36**,292
Navicula mutica var. *goeppertiana* ⋯⋯**36**,292
Navicula mutica f. **intermedia** ⋯⋯⋯296
Navicula mutica var. **mutica** ⋯⋯**36**,296
Navicula mutica var. *nivalis* ⋯⋯⋯⋯294
Navicula mutica var. *peguana* ⋯⋯⋯293
Navicula mutica var. *quinquenodis* ⋯⋯294
Navicula mutica var. *tropica* ⋯⋯**36**,292
Navicula mutica var. *undulata* ⋯⋯⋯294
Navicula mutica var. **ventricosa** ⋯⋯293
Navicula natchikae ⋯⋯⋯⋯⋯⋯⋯350
Navicula neglecta ⋯⋯⋯⋯⋯⋯⋯⋯308
Navicula neoventricosa ⋯⋯⋯⋯⋯⋯293
Navicula nipponica ⋯⋯⋯⋯⋯**32**,323
Navicula nivalis ⋯⋯⋯⋯⋯⋯⋯⋯294
Navicula nodosa ⋯⋯⋯⋯⋯⋯⋯⋯393
Navicula notha ⋯⋯⋯⋯⋯⋯⋯⋯350
Navicula obliqua ⋯⋯⋯⋯⋯⋯⋯⋯185
Navicula obsoleta ⋯⋯⋯⋯⋯⋯⋯311
Navicula opportuna ⋯⋯⋯⋯⋯⋯⋯280
Navicula oppugnata ⋯⋯⋯⋯⋯**32**,324
Navicula paramutica ⋯⋯⋯⋯⋯⋯⋯296
? *Navicula paramutica* ⋯⋯⋯⋯⋯⋯**36**
Navicula paucivisitata ⋯⋯⋯⋯**36**,290
Navicula peguana ⋯⋯⋯⋯⋯⋯⋯⋯293
Navicula pelliculosa ⋯⋯⋯⋯⋯⋯281
Navicula peratomus ⋯⋯⋯⋯⋯⋯⋯**35**
Navicula peregrina ⋯⋯⋯⋯⋯⋯⋯324
Navicula permitis ⋯⋯⋯⋯⋯⋯⋯⋯**35**
Navicula perparva ⋯⋯⋯⋯⋯⋯**36**,285
Navicula placenta ⋯⋯⋯⋯⋯⋯**32**,318
Navicula placentula var. *anglica* ⋯⋯⋯308

Navicula polyonca ⋯⋯⋯⋯⋯⋯⋯⋯363
Navicula porifera var. **opportuna** ⋯⋯⋯280
Navicula praeterita ⋯⋯⋯⋯⋯⋯⋯347
Navicula protractoides ⋯⋯⋯⋯⋯⋯304
Navicula pseudoacceptata ⋯⋯⋯⋯⋯312
Navicula pseudoatomus ⋯⋯⋯⋯⋯⋯282
Navicula pseudocari ⋯⋯⋯⋯⋯**32**,334
Navicula pseudolanceolata ⋯⋯⋯**32**,336
Navicula pseudoreinhardtii
    var. **pseudoreinhardtii** ⋯⋯⋯⋯⋯346
Navicula pseudoscutiformis ⋯⋯⋯⋯277
Navicula aff. *pupula* ⋯⋯⋯⋯⋯⋯⋯302
Navicula pupula var. *mutata* ⋯⋯⋯302
Navicula pupula var. *pupula* ⋯⋯**36**,301
Navicula pupula var. *subcapitata* ⋯⋯**36**,301
Navicula pusio ⋯⋯⋯⋯⋯⋯⋯⋯⋯319
Navicula quadripunctata ⋯⋯⋯⋯⋯247
Navicula quinquenodis ⋯⋯⋯⋯⋯⋯294
Navicula radiosa f. *nipponica* ⋯⋯⋯323
Navicula radiosa var. *parva* ⋯⋯⋯323
Navicula radiosa var. **radiosa** ⋯⋯⋯323
Navicula radiosa var. *tenella* ⋯⋯⋯329
Navicula radiosafallax ⋯⋯⋯⋯⋯⋯323
Navicula reinhardtii ⋯⋯⋯⋯⋯⋯⋯321
Navicula rhomboides ⋯⋯⋯⋯⋯⋯⋯229
Navicula rhynchocephala var. *amphiceros* ⋯⋯324
Navicula rhynchocephala var. *constricta* ⋯⋯344
Navicula rhynchocephala var. *elongata* ⋯⋯324
Navicula rhynchocephala var. *germainii* ⋯⋯346
Navicula rhynchocephala var. **rhynchocephala**
    ⋯⋯⋯⋯⋯⋯⋯⋯⋯⋯⋯⋯⋯⋯344
Navicula rhynchocephala var. *rostellata* ⋯⋯343
Navicula rivularis ⋯⋯⋯⋯⋯⋯⋯⋯287
Navicula rostellata ⋯⋯⋯⋯332,**343**,346
Navicula rostrata ⋯⋯⋯⋯⋯⋯⋯⋯268
Navicula rotaeana var. *excentrica* ⋯⋯**24**,189
Navicula salinarum var. *intermedia* ⋯⋯**32**,344
Navicula saprophila ⋯⋯⋯⋯⋯⋯**36**,282
Navicula saugerii ⋯⋯⋯⋯⋯⋯⋯**36**,287
Navicula saxophila ⋯⋯⋯⋯⋯⋯⋯297
Navicula schroeterii ⋯⋯⋯⋯⋯⋯⋯336
Navicula schroeterii var. *escambia* ⋯⋯⋯336
Navicula schumanniana ⋯⋯⋯⋯⋯⋯240
Navicula sculpta ⋯⋯⋯⋯⋯⋯⋯⋯268
Navicula scutelloides ⋯⋯⋯⋯⋯⋯278
Navicula scutelloides var. *minutissima* ⋯⋯⋯277
Navicula semen ⋯⋯⋯⋯⋯⋯⋯⋯321
Navicula seminuloides ⋯⋯⋯⋯⋯311
Navicula seminulum var. *fragilarioides* ⋯⋯**36**,287
Navicula seminulum var. **intermedia** ⋯⋯⋯311
Navicula seminulum var. *radiosa* ⋯⋯⋯287
Navicula seminulum var. **seminulum** ⋯⋯**36**,287

Navicula serians **26**,271
Navicula silicula 240
Navicula simulata 336
Navicula slesvicensis **32**,331
Navicula smithii var. *dilatata* 251
Navicula soehrensis var. **muscicola** 288
Navicula aff. **splendicula** 334
Navicula (?) splendida 624
Navicula stauroptera 389
Navicula stomatophora 381
Navicula stroemii 287,299
Navicula subalpina 326
Navicula subatomoides **25**,**32**,191,284
Navicula subbacillum 287
Navicula subconentica 337
Navicula subcontenta 287
Navicula subhasta 337
Navicula subminuscula **36**,285
Navicula subrostellata 332
Navicula subtilissima **32**,290
Navicula subtilissima var. *micropunctata* **32**,290
Navicula subtrophicatrix 347
Navicula suchlandtii 292
Navicula suecorum var. **dismutica** 296
Navicula suprinii 350
Navicula symmetrica var. *symmetrica* 336
Navicula tantula 284,287
Navicula tenella **32**,329
Navicula tenera **36**,312
Navicula terbrata 315
Navicula terminata **36**,292
Navicula thermicola 265
Navicula thienemannii 306
Navicula thingvallae 315
Navicula tridentula var. *parallela* 292
Navicula trinodis f. *minuta* 351
Navicula tripunctata 331
Navicula trivialis 336
Navicula trochus 240
Navicula tumens 268
Navicula tumida var. *anglical* 308
Navicula turgida **29**,523
Navicula tuscula 318
Navicula tuscula var. **rostrata** 318
Navicula tusculoides 318
Navicula umbonata 577
Navicula undulata 337,363
Navicula uniseriata **36**,312
Navicula upsaliensis 321
Navicula utermoehlii 285
Navicula utermoehlii var. *subatomoides* **32**,284
Navicula vaneei 324

Navicula (Vanheurckia) rhomboides
  var. *amphipleuroides* **30**,232
Navicula vanheurckii **24**,189
Navicula vasta 287
Navicula vaucheriae **36**,284,285
Navicula veneta 346
Navicula ventosa 311
Navicula ventralis 305
Navicula ventraloides 287
Navicula ventricosa 240
Navicula verecunda 302
Navicula viridis var. *commutata* 387
Navicula viridula 341
Navicula (viridula var. ?) *avenacea* 326
Navicula viridula var. **linearis** 341
Navicula viridula var. *rostellata* 332,343
Navicula viridula var. *slesvicensis* **32**,331
Navicula viridula var. **viridula** 343
Navicula viridulacalcis 341
Navicula vitabunda 302
Navicula vitrea 290,348
Navicula wittrockii 299
Navicula yuraensis **32**,328
Neidium 244
Neidium affine var. *amphirhynchus* 247
Neidium affine var. *elegans* 245
Neidium affine f. *hercynica* 248
Neidium affine var. **longiceps** 247
Neidium affine f. *maxima genuina* 245
Neidium alpinum var. **alpinum** 247
Neidium amphigomphus 245
Neidium ampliatum 245
Neidium bisulcatum var. *bisulcatum* 248
Neidium bisulcatum var. **subampliatum** 248
Neidium dubium var. **dubium** 247
Neidium hercynicum 248
Neidium iridis var. *amphigomphus* 245
Neidium iridis var. *ampliata* 245
Neidium iridis var. **iridis** 245
Neidium iridis var. *obtusa* 245
Neidium iridis var. *parallela* 245
Neidium iridis var. *subundulatum* 245
Neidium iridis f. *vernalis* 245
Neidium longiceps 247
Neidium maximum 245
Neidium minor 248
Neidium odamii 247
Neidium perminutum 247
Neidium tenellum 247
Neidium testa 247
Nitzschia **32**,**36**,545
Nitzschia abbreviata 587

Nitzschia accedens ·················579
Nitzschia accommodata ············**37**,575
Nitzschia acicularioides ············591
Nitzschia acicularis ··············591
Nitzschia acidoclinata ········584,587
Nitzschia actinastroides ············568
Nitzschia actinastroides var. *ligeriensis* ·······568
Nitzschia acula ···················551
Nitzschia admissa ···············570
Nitzschia aequalis ···············568
Nitzschia agnita ·················594
Nitzschia alpina ················595
Nitzschia alpinobacillum ···········589
Nitzschia amphibia var. *acutiuscula* ·······**36**,598
Nitzschia amphibia f. **amphibia** ·······**36**,598
Nitzschia amphibia f. **rostrata** ········599
Nitzschia amphioxys ···············547
Nitzschia amphioxys var. *genuina*·······547
Nitzschia amplectens ·············576
Nitzschia anassae ················576
Nitzschia angustata ··············551
Nitzschia angustiforaminata ·········587
Nitzschia angustiforminata ··········595
Nitzschia apiculata ···············551
Nitzschia archibaldii ·············584
Nitzschia aremonica ·············560
Nitzschia attenuata ···············584
Nitzschia bacata ················570
Nitzschia bacillum ············588,594
Nitzschia bavarica ············548,596
? *Nitzschia bavarica* ··············**33**
Nitzschia brevissima ·············559
Nitzschia bryophila ··············579
Nitzschia calida var. *salinarum* ········550
Nitzschia capitellata ·············572
Nitzschia clausii ············557,559
Nitzschia communis ··········**36**,580
Nitzschia conferta ················579
Nitzschia constricta ··············551
Nitzschia constricta f. **parva** ········551
Nitzschia curvula ················634
Nitzschia damasi ················562
Nitzschia denticula ···············540
Nitzschia denticula var. *delognei* ·······553
Nitzschia diducta ················577
Nitzschia (*dissipata* var ?) *acula* ·······551
Nitzschia dissipata var. **dissipata** ······**32**,548
Nitzschia dissipata var. **media** ·····**32**,548,596
Nitzschia elegantula ············**33**,594
Nitzschia epiphyticoides ············582
Nitzschia aff. **fasciculata** ···········568
Nitzschia filiformis var. **conferta** ·······579

Nitzschia filiformis var. **filiformis** ·······579
Nitzschia fonticola ·········585,588,598
Nitzschia fossalis ···············577
Nitzschia frickei ···············582
Nitzschia frustulum var. *asiatica* ········584
Nitzschia frustulum var. *bryophila* ········579
Nitzschia frustulum var. *bulnheimiana* ·······588
Nitzschia frustulum var. **frustulum** ·······588
Nitzschia frustulum var. *gracialis* ········568
Nitzschia frustulum var. *inconspicua* ·······587
Nitzschia (*frustulum* var.) *minutula*·······584
Nitzschia frustulum var. *perminuta* ········584,588
Nitzschia frustulum var. *sabsalina* ········588
Nitzschia frustulum f. *subserians* ·······568
Nitzschia frustulum var. *tenella* ········584
Nitzschia (*frustulum* var.) *tenella* ········584
Nitzschia fruticosa ···············568
Nitzschia fusidium ···············**37**,575
Nitzschia gandersheimiensis ·········572
Nitzschia gessneri ··············572
Nitzschia gracilis ············**36**,569,592
Nitzschia graciloides···············**36**,569
Nitzschia hantzschiana ········568,580,587
Nitzschia heidenii ··············**33**,554
Nitzschia heidenii var. *pamirensis* ·······554
Nitzschia heidenii var. **sigmatella** ······554
Nitzschia heufleriana ············**36**,565
Nitzschia hiemalis ···············584
Nitzschia holsatica ···············570
Nitzschia homburgiensis ···········573
Nitzschia ignorata ··············**37**,559
Nitzschia inconspicua ·············587
Nitzschia intermedia ············562
Nitzschia invisitata ···············587
Nitzschia jugiformis ·············**33**,594
Nitzschia kuetzingiana ··········570,576
Nitzschia kuetzingiana var. *exilis* ·······576
Nitzschia kuetzingiana var. *romana* ·······598
Nitzschia lacuum ············585,588
Nitzschia laevis ·················589
Nitzschia lamprocampa ·············551
Nitzschia lauenburgiana ··········**36**,565
Nitzschia leistikowii ··············587
Nitzschia levidensis var. **levidensis** ·····**36**,556
Nitzschia liebetruthii var. **liebetruthii** ······594
Nitzschia liebetruthii var. *siamensis* ······588
Nitzschia linearis f. *brevis* ··········562
Nitzschia linearis var. *genuina*·········562
Nitzschia linearis var. **linearis** ·······562
Nitzschia linearis var. **subtilis** ········563
Nitzschia linearis var. *tenuis* ·········563
Nitzschia littoralis var. **littoralis** ·······550

Nitzschia lorenziana ······················**560**,560
Nitzschia lorenziana var. *subtilis* ·····················560
Nitzschia macedonica ·····················598
Nitzschia makarovae·····················570
Nitzschia manca ·····················598
Nitzschia media ·····················**33**,548,596
Nitzschia microcephala ·····················**33**,595
Nitzschia microcephala var. **bicapitellata** ···595
Nitzschia microcephala var. *elegantula* ······**33**,594
Nitzschia microcephala var. *medioconstricta* **33**,594
Nitzschia minima ·····················598
Nitzschia minuta ·····················**37**,575
Nitzschia minutissima ·····················**32**,548,588
Nitzschia moissacensis var. *heidenii* ···············554
Nitzschia nana ·····················**37**,559
Nitzschia obsoleta ·····················**582**
Nitzschia obtusa var. *brevissima* ·····················559
Nitzschia obtusa var. *lepidula* ·····················**37**,559
Nitzschia obtusa var. *nana* ·····················**37**,559
Nitzschia obtusa var. *scalpelliformis* ········**37**,565
Nitzschia osmophila ·····················**37**,594
Nitzschia palea ·····················**37**,575
Nitzschia palea var. **debilis** ·····················**575**
Nitzschia (*palea* var. ?) *fonticola* ·····················598
Nitzschia palea f. *major* ·····················**37**,575
Nitzschia palea var. *minuta* ·····················**37**,575
Nitzschia palea var. *perminuta* ·····················584
Nitzschia paleacea ·····················**570**,582
Nitzschia paleacea var. *ebroicensis* ·····················570
Nitzschia paleaeformis ·····················**576**
Nitzschia parvula ·····················559
Nitzschia parvuloides ·····················**560**
Nitzschia paxillifer ·····················547
Nitzschia perminuta·····················**584**
Nitzschia perpusilla ·····················568,587,588,594
Nitzschia (*perpusilla* var.) *inconspicua* ············587
Nitzschia pilum ·····················**37**,575
Nitzschia pseudofonticola ·····················**577**
Nitzschia pumila ·····················591
Nitzschia pusilla ·····················**576**
Nitzschia radicula·····················**568**
Nitzschia radicula var. *rostrata*·····················568,591
Nitzschia recta ·····················**566**,568
Nitzschia romana ·····················598
Nitzschia scalpelliformis ·····················**37**,565
Nitzschia sigma ·····················**557**
Nitzschia sigma var. *clausii* ·····················559
Nitzschia sigma var. *curvula* ·····················559,634
Nitzschia sigma var. ? *fasciculata* ·····················568
Nitzschia sinuata var. **delognei** ·········**553**,554
Nitzschia sinuata var. *tabellaria* ·····················**33**,553
Nitzschia sociabilis ·····················**573**

Nitzschia solgensis ·····················553
Nitzschia stagnorum·····················573,577
Nitzschia striolata ·····················591
Nitzschia subacicularis ·····················**591**
Nitzschia subcommunis ·····················582,585
Nitzschia sublinearis ·····················**569**
Nitzschia submarina·····················576
Nitzschia subromana ·····················598
Nitzschia subrostrata ·····················591
Nitzschia subtilis ·····················563
Nitzschia subtilis var. *intermedia*·····················562
Nitzschia subtilis var. *paleacea* ·····················570
Nitzschia subtubicola ·····················573
Nitzschia supralitorea·····················**37**,580
Nitzschia tabellaria ·····················**33**,553
Nitzschia thermalis ·····················573,577
Nitzschia thermalis var. *minor*·····················573
Nitzschia thermalis var. *serians* ·····················577
Nitzschia tropica ·····················**585**
Nitzschia tryblionella ·····················**556**
Nitzschia tryblionella var. *levidensis* ···**36**,550,556
Nitzschia tryblionella var. *littoralis* ·····················550
Nitzschia tryblionella var. **salinarum** ·········**550**
Nitzschia tryblionella var. *victoriae* ············**37**,556
Nitzschia aff. **turgidula** ·····················**582**
Nitzschia umbonata ·····················573,**577**
Nitzschia vermicularis·····················**556**
Nitzschia visurgis ·····················550
Nupela lapidosa·····················**25**,197

O

Odontidium anomalum var. *maximum* ············76
Odontidium hyemalis·····················75
Odontidium parasiticum ·····················92
Opephora martyi ·····················86
Orthoseira ·····················**27**
Orthoseira roeseana ·····················**27**
Orthosira spinosa ·····················27

P

Parlibellus protractoides ·····················304
Pelagodictyon fritzii ·····················38
Peronia ·····················**168**
Peronia erinacea ·····················169
Peronia fibula var. **fibula** ·····················**169**
Peronia heribaudii ·····················169
Pinnularia ·····················**37**,354
Pinnularia acidobionta ·····················**400**,402
Pinnularia acidojaponica ·····················**37**,365
Pinnularia acidophila·····················**356**
Pinnularia acolicola var. **osoresanensis** ······**356**
Pinnularia acoricola ·····················**356**

Pinnularia acrosphaeria var. *acrosphaeria* 392
Pinnularia acuminata var. **acuminata** 387
Pinnularia acuminata var. **novaezealandica** 387
Pinnularia amphicephala **37**
Pinnularia anglica 359,393
Pinnularia appendiculata 359
Pinnularia bacilliformis 373
Pinnularia biceps var. *amphicephala* **37**
Pinnularia biglobosa
  var. *genuina* f. *interrupta* 392
Pinnularia borealis var. **borealis** 374
Pinnularia borealis var. **islandica** 374
Pinnularia borealis var. **subislandica** 374
Pinnularia brauniana 371
Pinnularia braunii 371
Pinnularia braunii var. *amphicephala* **37**
Pinnularia braunii var. **undulata** 377
Pinnularia brebissonii var. **brebissonii** 392
Pinnularia brevicostata 397
Pinnularia capitata 313
Pinnularia caudata 376
Pinnularia chilensis 374
Pinnularia cincta **32**,347
Pinnularia cruxarea 397
Pinnularia digitus 313
Pinnularia divergens var. **biconstricta** 385
Pinnularia divergens var. **divergens** 385
Pinnularia divergens var. *elliptica* 385
Pinnularia divergens var. *fontellii* 385
Pinnularia divergens f. *linearis* 385
Pinnularia divergens var. *linearis* 385
Pinnularia divergens var. *parallela* f. *biconstricta* 385
Pinnularia divergens var. **sublineariformis** 385
Pinnularia divergens var. **sublinearis** 385
Pinnularia divergentissima var. *capitata* 377
Pinnularia divergentissima var. *martinii* 377
Pinnularia divergentissima var. **subrostrata** 377
Pinnularia doloma var. **doloma** 373
Pinnularia elginensis 308
Pinnularia gastrum 308
Pinnularia gibba 389
Pinnularia gibba var. *linearis* 381,392
Pinnularia gibba var. *parva* 389
Pinnularia gibba var. **sancta** **37**,389
Pinnularia globiceps var. *crassior* 393
Pinnularia globiceps var. *krockii* 358
Pinnularia gracilivaluis 371
Pinnularia gracillima 242
Pinnularia hemiptera 387
Pinnularia hilseana **37**,358

Pinnularia integra 292
Pinnularia interrupta var. *crassior* 393
Pinnularia interrupta var. *joculata* 358
Pinnularia joculata 358
Pinnularia karelica 387
Pinnularia kirisimaensis 383
Pinnularia krasskei 400
Pinnularia aff. **krockii** 358
Pinnularia kuetzingii 359
Pinnularia lapponica 358
Pinnularia laxa 383
Pinnularia lundii var. **linearis** 393
Pinnularia marchica var. **marchica** 367
Pinnularia mesolepta **37**,370
Pinnularia mesolepla morphotype 5 **37**
Pinnularia mesolepta var. *interrupta* 360
Pinnularia mesolepta var. *minuta* 360
Pinnularia mesolepta var. *polyonca* 363
Pinnularia mesolepta var. *seminuda* **37**,370
Pinnularia mesolepta var. *stauroneiformis* **37**,370
Pinnularia mesotyla 363
Pinnularia microstauron 367
Pinnularia microstauron morphotype 1 **37**,376
Pinnularia microstauron morphotype 3 **37**,379
Pinnularia microstauron
  var. *brebissonii* f. *diminuta* 363
Pinnularia microstauron var. **microstauron** **37**,376
Pinnularia microstauron
  var. *microstauron* morphotype 2 376
Pinnularia microstauron var. **nonfasciata** 376
Pinnularia minutiformis 360
Pinnularia molaris 242
Pinnularia muscicola 288
Pinnularia neglectiformis 395
Pinnularia nodosa 393
Pinnularia oculus 358
Pinnularia paralange-bertalotii 370
Pinnularia parva 379
Pinnularia parvulissima 379
Pinnularia perspicua 387
Pinnularia pisciculus 370
Pinnularia polyonca 363
Pinnularia polyonca var. *sumatrana* 363
Pinnularia pseudogibba var. **rostrata** 395
Pinnularia rhombarea var. **rhombarea** **37**,379
Pinnularia rhombarea var. **variarea** 390
Pinnularia rhomboelliptica
  var. *rhomboelliptica* 395
Pinnularia rumrichae 368
Pinnularia rupestris 373,387
Pinnularia schoenfelderi 363

Pinnularia septentrionalis **37**,370
Pinnularia silesiaca 343
Pinnularia sinistra **37**,362
Pinnularia stauroneiformis 392
Pinnularia stauroptera var. *amphicephala* **37**
Pinnularia stauroptera var. *sancta* **37**,389
Pinnularia stomatophora var. **stomatophora** 381
Pinnularia streptoraphe var. *minor* 395
Pinnularia subanglica 370
Pinnularia subbrevistriata 389
Pinnularia subcapitata **37**,362
Pinnularia subcapitata var. **elongata** 362,368
Pinnularia subcapitata var. *hilseana* **37**,358
Pinnularia subcapitata var. **subcapitata** **37**,358,362
Pinnularia subcommutata 387,390
Pinnularia subgibba 381,392
Pinnularia subgibba var. *undulata* 392
Pinnularia submicrostauron 359,373
Pinnularia subrupestris 373,373
Pinnularia sudetica var. *sudetica* 373
Pinnularia tenuis 242
Pinnularia aff. **triumvirorum** var. **triumvirorum** 381
Pinnularia undula var. **major** 397
Pinnularia valdetolerans **37**,367
Pinnularia viridiformis var. **viridiformis** 395
Pinnularia viridis 398
Pinnularia viridis var. *fallax* 373
Pinnularia viridis var. *minor* 395
Pinnularia viridis var. *sudetica* 373
Placoneis clementis 316
Placoneis clementoides 315
Placoneis elginensis 308
Placoneis palaelginensis 308
Planothidium calcar 193
Planothidium lanceolatum **24**,201
Planothidium oestrupii 193
Planothidium peragalli var. *parvulum* **25**,204
Planothidium rostratum 203
Pleurosigma scalproides 236
Pleurosira **54**
Pleurosira laevis **54**
Pleurostauron parvulum 265
Pleurostauron prominulum 264
Psammothidium bioretii **24**,189
Psammothidium grischnum f. *daonensis* 194
Psammothidium helveticum 189
Psammothidium hustedtii **25**,188
Psammothidium montanum **25**,200
Psammothidium oblongellum **25**,188

Psammothidium subatomoides **26**,191
Psammothidium ventralis 207
Pseudostaurosira **89**
Pseudostaurosira brevistriata **91**
Pseudostaurosira brevistriate var. **minor** **91**
Pseudostaurosira robusta **92**
Pseudostaurosira zeilleri **91**
Punctastriata **84**
Punctastriata linearis **86**
Punctastriata ovalis **86**

R

Reimeria **33**
Reimeria lacus-idahoensis 428
Reimeria sinuata **33**,428
Rhizosolenia **52**
Rhizosolenia longiseta **52**
Rhoicosphenia **33**
Rhoicosphenia abbreviata **33**,225
Rhoicosphenia curvata **33**,225
Rhopalodia 533
Rhopalodia gibba var. **gibba** 534
Rhopalodia gibba var. **ventricosa** 534
Rhopalodia gibberula 536
Rhopalodia michelorum 536
Rhopalodia musculus 536
Rhopalodia operculata 536
Rhopalodia ventricosa 534

S

Schizonema neglectum 331
Schizonema thwaitesii 326
Schizonema vulgare 233
Sellaphora japonica **33**,265
Sellaphora mutata 302
Sellaphora pupula **36**,301
Sellaphora seminulum **36**,287
Sellaphora stroemii 287
Seminavis strigosa 410
Sphenella angustata 483
Sphenella parvulum 505
Stauroneis **33**,258
Stauroneis anceps var. **americana** **33**,261
Stauroneis anceps var. *amphicephala* **33**,261
Stauroneis anceps var. **anceps** **33**,261
Stauroneis anceps var. *capitata* **33**,262
Stauroneis anceps var. **javanica** 262
Stauroneis anceps f. **linearis** **33**,261
Stauroneis bacillum 239
Stauroneis biundulata 264
Stauroneis goeppertiana **36**,292
Stauroneis ignorata 264

Stauroneis japonica ········· **33**,265,301	*Stephanodiscus hantzschii* ········· ·39
? *Stauroneis japonica* ········· **36**	*Stephanodiscus hantzschii* var. *delicatula* ········· ·39
Stauroneis kriegeri* var. *kriegeri ········· **33**,262	*Stephanodiscus hantzschii* var. *pusilla* ········· ·39
Stauroneis legumen* var. *legumen ········· 264	*Stephanodiscus hantzschii* var. *zachariasii* ········· ·39
Stauroneis linearis ········· **33**,261,264	***Stephanodiscus minutulus*** ········· **43**,43
Stauroneis montana ········· 265	*Stephanodiscus parvus* ········· ·43
Stauroneis obliqua ········· 185	***Stephanodiscus pseudosuzukii*** ········· **33**,46
Stauroneis parvula var. *producta* ········· 265	*Stephanodiscus pulcherrimus* ········· ·42
Stauroneis parvula var. *prominula* ········· 264,265	*Stephanodiscus pusillus* ········· ·39
Stauroneis parvula var. *subrhombica* ········· 265	***Stephanodiscus suzukii*** ········· **33**,45
Stauroneis phoenicenteron* f. *nipponica ········· 259	*Stephanodiscus tenuis* ········· ·39
Stauroneis phoenicenteron var. ***phoenicenteron*** ········· 259	*Stephanodiscus zachariasii* ········· ·39
	Striatella flocculosa ········· ·71
Stauroneis producta ········· 265	***Surirella*** ········· **34**,605
Stauroneis prominula ········· 264	*Surirella albaregiensis* ········· 631
Stauroneis pygmaea ········· **33**,262	***Surirella amphioxys*** ········· 607
Stauroneis reinhardtii ········· 321	***Surirella andoi*** ········· 620
Stauroneis rotaeana ········· **36**,296	***Surirella angusta*** ········· 613
Stauroneis smithii* var. *smithii ········· 264	*Surirella angusta* var. *apiculata* ········· 613
Stauroneis staurolineata* var. *japonica ········· 259	*Surirella apiculata* ········· 610,613
Stauroneis thermicola ········· 265	*Surirella atomus* ········· 628
Stauroptera gibba ········· 389	***Surirella bifrons*** ········· 617
Stauroptera legumen ········· 264	*Surirella bifrons* var. *punctata* ········· 617
Staurosira ········· **33**,**37**,94	***Surirella biseriata*** ········· 626
Staurosira construens* var. *binodis ········· 97	*Surirella biseriata* var. *bifrons* ········· 617
Staurosira construens* var. *construens ········· **33**,98	*Surirella biseriata* var. *minor* ········· 617
Staurosira construens* var. *venter ········· **37**,97	***Surirella bohemica*** ········· 615
Staurosira intermedia ········· **30**,103	***Surirella brebissonii* var. *brebissonii*** ········· 607
Staurosirella ········· **33**,84	***Surirella brebissonii* var. *kuetzingii*** ········· 607
Staurosirella lapponica ········· 87	***Surirella brightwellii* var. *brightwellii*** ········· 608
Staurosirella leptostauron ········· **33**,87	***Surirella capronii*** ········· 626
Staurosirella pinnata ········· 86	*Surirella constricta* ········· 615
Stenopterobia ········· 633	*Surirella decipiens* ········· 615
Stenopterobia arctica* var. *fusiformis ········· 636	*Surirella delicatissima* ········· 634
Stenopterobia curvula ········· 634,636	*Surirella diaphana* ········· 622
Stenopterobia delicatissima ········· 634	***Surirella elegans* f. *elongata*** ········· 624
Stenopterobia densestriata ········· 634	*Surirella elliptica* ········· 631
Stenopterobia hungarica ········· 634	*Surirella gracillima* ········· 634
Stenopterobia intermedia ········· 634	*Surirella helvetica* ········· **34**,611
Stenopterobia intermedia f. *densestriata* ········· 634	*Surirella intermedia* ········· 634
Stephanodiscus ········· **33**,41	***Surirella laterostata*** ········· 617
Stephanodiscus alpinus ········· 42	***Surirella linearis* var. *constricta*** ········· 617
Stephanodiscus astraea var. *minutula* ········· 43	***Surirella linearis* var. *helvetica*** ········· **34**,611
Stephanodiscus binatus ········· 43	***Surirella linearis* var. *linearis*** ········· 615
Stephanodiscus bramaputrae ········· 49	***Surirella minuta*** ········· 610,610
Stephanodiscus carconensis ········· **33**,45	*Surirella moelleriana* ········· 607
Stephanodiscus carconensis var. *pusilla* ········· **33**,46	***Surirella nyassae* var. *sagitta*** ········· 628
Stephanodiscus dubius ········· 42	***Surirella ostentata*** ········· 628
Stephanodiscus dubius α *radiosa* ········· 42	*Surirella ovalis* ········· 608
Stephanodiscus dubius β *dispersus* ········· 42	*Surirella ovalis* var. *apiculata* ········· 613
Stephanodiscus dubius f. *longiseta* ········· 42	*Surirella ovalis* var. *brightwellii* ········· 608
Stephanodiscus hantzschianus ········· 39	*Surirella ovalis* var. *salina* ········· 610

Surirella ovata ··607,610
Surirella ovata var. *africana* ·····························628
Surirella ovata var. *angusta* ·····························613
Surirella ovata var. *marina* ·····························607
Surirella ovata var. *pinnata* ·····························610
Surirella ovata var. *salina* ·····························610
Surirella pinnata ·····························610
Surirella proxima ·····························**624**
Surirella pseudotenuissima ·····························**613**
Surirella roba ·····························**613**
Surirella robusta var. *splendida* ·····························624
Surirella rotunda ·····························617
Surirella salina ·····························610
Surirella splendida ·····························**624**
Surirella sublinearis ·····························**620**
Surirella symmetrica ·····························615
Surirella tenera ·····························**622**
Surirella tenera f. *cristata* ·····························622
Surirella tenera var. *nervosa* ·····························622
Surirella tenuissima ·····························**610**
Surirella thermalis ·····························577
Synedra ·····························**34**,100
Synedra acicularis ·····························591
Synedra actinastroides var. *lata* ·····························568
Synedra acus ·····························**109**
Synedra acus var. *angustissima* ·····························105
Synedra acus var. *radians* ·····························105
Synedra affinis var. *fasciculata* ·····························91
Synedra amphicephala ·····························**35**,105
Synedra (*amphicephala* var.?) *fallax* ·····························**30**,102
Synedra balatonis ·····························112
Synedra balatonis f. *staurophora* ·····························112
Synedra constricta ·····························551
Synedra debilis ·····························575
Synedra delicatissima ·····························106
Synedra delicatula ·····························109
Synedra dissipata ·····························**32**,548
Synedra famelica ·····························**30**,**34**,110
Synedra (*famelica* var.?) *minuscula* ·····························109
Synedra familiaris ·····························**26**,**34**,106,110,119
Synedra familiaris f. *major* ·····························**34**,106
Synedra familiaris f. *parva* ·····························**34**,106
Synedra fasciculata ·····························91
Synedra fasciculata var. *truncata* ·····························91
Synedra frustulum ·····························588
Synedra inaequalis ·····························**34**,112,**120**
Synedra joursacensis ·····························112
Synedra juliana ·····························114
Synedra lanceolata ·····························**114**
Synedra mazamaensis ·····························82
Synedra minuscula ·····························**109**
Synedra minuscula var. *latestriata* ·····························109
Synedra minuscula var. *undulata* ·····························109
Synedra minutissima ·····························588
Synedra minutissima β *pelliculosa* ·····························588
Synedra oxyrhynchus var. *medioconstricta* ·····························114
Synedra palea ·····························575
Synedra parasitica ·····························92
Synedra perpusilla ·····························588
Synedra pulchella ·····························**26**,119
Synedra pulchella var. *flexella* ·····························**34**,106
Synedra pusilla ·····························576
Synedra quadrangula ·····························588
Synedra ramesi ·····························**34**,119
Synedra rostrata ·····························112
Synedra rumpens ·····························**102**
Synedra rumpens var. *acuta* ·····························**30**,102
Synedra rumpens var. **familiaris**
·····························**30**,**34**,106,110
Synedra rumpens var. *familiaris* f. *major* ···**30**,102
Synedra rumpens var. **fragilarioides** ···**30**,**103**
Synedra rumpens var. *meneghiniana* ·····························**30**,103
Synedra sigma ·····························557
Synedra spathulifera ·····························112
Synedra sumatrensis ·····························**117**
Synedra tabulata var. *acuminata* ·····························91
Synedra tabulata var. *fasciculata* ·····························91
Synedra tenera ·····························105
Synedra ulna ·····························**112**
Synedra ulna var. **claviceps** ·····························**112**
Synedra ulna var. *fonticola* ·····························114,117
Synedra ulna var. *lanceolata* ·····························114
Synedra ulna var. **oxyrhynchus** ·····························**114**
Synedra ulna var. *oxyrhynchus* f. *contracta* ·····························114
Synedra ulna var. **ramesi** ·····························**34**,119
Synedra ulna var. **spathulifera** ·····························**112**
Synedra (*vaucheriae* var.) *capitellata* ·····························**30**,102
Synedra vaucheriae var. *distans* ·····························**30**,103
Synedrella parasitica ·····························92

T

Tabellaria ·····························**34**,70
Tabellaria fenestrata ·····························**34**,71
Tabellaria fenestrata var. *intermedia* ·····························71
Tabellaria flocculosa ·····························**34**,71
Tabellaria flocculosa var. *ventricosa* ·····························**34**,71
Tabellaria trinodis ·····························71
Tabellaria ventricosa ·····························72
Tabularia ·····························**89**
Tabularia fasciculata ·····························**91**
Tetracyclus emarginatus ·····························**71**
Thalassiosira ·····························**48**
Thalassiosira bramaputrae ·····························**49**
Thalassiosira faurii var. **faurii** ·····························**49**

Thalassiosira fluviatilis ·················49
Thalassiosira lacustris ·················49
Thalassiosira pseudonana ·················**50**
Thalassiosira weissflogii ·················**49**
Tibiella punctata ·················169
Triblionella gracilis ·················556
Triceratium exiguum ·················96
Triceratium whampoense ·················56
Tryblionella angustata ·················551
Tryblionella apiculata ·················551
Tryblionella constricta ·················551
Tryblionella levidensis ·················550
Tryblionella levidensis var. *levidensis* ········**36**, 556
Tryblionella littoralis ·················550

U
Urosolenia longiseta ·················**52**

V
Vanheurckia crassinervia ·················230
Vanheurckia rhomboides ·················229
Vanheurckia rhomboides var. *crassinervia* ········230
Vanheurckia rhomboides
    var. *crassinervia* f. *capitata* ·················230
Vanheurckia viridula ·················232
Vibrio tripunctatus ·················331
Vivrio paxillifer ·················547

事 項 索 引

太字で表した項目は，生態学的に重要なものである．斜体の数字は「総論」，立体の数字は「写真編」の頁を示す．

あ

RPId(River Pollution Index based on DAIpo) *40*
アデノシン3燐酸(ATP) ·· *5*
α 中貧腐水性水域(α-mesosaprobic area) ········ *39*
α 中腐水性(α-mesosaprobic) ··························· *7*
α 貧腐水性水域(α-oligosaprobic area) ············ *39*

い

イコサペンタ塩酸(eicosapentaenoicacid:EPA) ··· *3*
石礫上付着性(epilithic) ······································· *58*
一次側(primary side) ·· *68*
一次生産量(productivity) ···································· *7*
一時浮遊性(tychoplanktonic) ····························· *54*
一極性(unipolar) ·· *4*

う

羽状構造(pennate striation) ································ *76*
羽状目(Pennales) ·· *61*

え

永久プレパラート ·· *64*
鋭端形(acute)[14] ·· *72*
栄養性体系(trophic system) ································ *6*
AAP(Algal Assay Procedure bottle test) ······ *15*
ac 植物 ··· *4*
AGP(Algal Growth Potential) ·························· *15*
ab 植物 ··· *4*
S 字状(sigmoid) ·· *71*
NDCI(New DCI) ··· *10*
襟(collar) ··· 27
遠心機 ·· *60*

お

黄金藻門(Chrysophyta) ·· *3*
応答(response) ··· *15*
大型ピペット ·· *61*
オクターブ法(octave method) ······························ *9*
汚染地図(water quality map) ···························· *40*
汚濁指数(福島の) ··· *9*
汚濁度(小林の) ··· *9*

か

外殻(epivalve) ·· 66
外殻帯(epicingulum) ·· 66
外殻筒(epitheca) ·· 66
外裂溝(inner fissure) ··· 68
下殻(hypovalve) ·· 8
殻套(valve mantle) ············· 6,8,65,29,41,48
隔壁(septum) ·· 70
殻面観(valve view) ·· 66,6
河川総合評価値(RPId) ·· *40*
滑走型(sliding type) ·· 54
顆粒(granule) ·· 8
貫殻軸(valvar axis) ··· 66,4
環境開拓群集(environmental frontier community)
··· *13*
環境開拓種(environmental frontier species)
··· *13*,354
間隙(interspace) ··· 545
環状突起(carinoportula) ··································· 27
管縦溝(canal raphe) ·························· 62,521,538,545
管内群体型(tube-dwelling colony type) ·········· 57
間板(fibula) ·························· 62,65,545
簡便処理法 ·· 63

き

偽眼域(pseudocellus) ·· 4
休眠域胞子(resting spore) ·································· 4
強制酸化法 ·· 63
共存係数 ··· *21*
強熱処理法 ·· 63
強腐水性 ·· *7*
強腐水性水域(polysaprobic area) ····················· *39*
極結節(terminal nodule) ··································· 68
極孔(terminal pore) ·· 68
曲截縦溝 ·· 67
極性(polarity) ·· 4
極貧腐水性水域(xenosaprobic area) ················ *39*
極裂(terminal fissure) ······································ 68
金属皿 ·· 61

く

くさび形(cuneate)[11,12] ································· *72*
くちばし形(rostrate)[3] ····································· *72*
くちばし伸長形(produced rostrate)[4] ············ *72*

クリスタ(crista) ……………………… 5
クリソラミナリン(chrysolaminarine) ……… 3,5
クロロフィル(chlorophyll) ……………… 3

け

珪藻科(Baciflariaceae) ………………… 3
珪藻綱(Bacillariophyceae) ……………… 3
珪藻目(Baciflariales) …………………… 3
珪藻門(Bacillariophyta) ………………… 3
携帯用採泥器 …………………………… 62
結合針(linking spine) ……………… 54,100
原始(短)縦溝類 ………………………… 69

こ

好アルカリ性種(alkaliphilous taxa) ……… 11
広円形(broadly rounded)[0] …………… 72
好汚濁性種群(saprophilous taxa) ……… 22
光顕写真撮影 …………………………… 65
好止水性(limnophilous) ……………… 54
好清水性種群(saproxenous taxa) ………… 22
広適応性種(indifferent taxa) …………… 22
好流水性(rheophilous) ……………… 54
コンデンサー …………………………… 65

さ

柵状構造(trellisoid striation) …………… 75
サジ形(spathulate)[6] ………………… 72
砂上付着性(episammic) ………………… 58
作用(action) …………………………… 15
三者分離則(law of separation into three groups)
……………………………………… 21

し

軸域(axial area) …………………… 67,70,74
ジグザグ群体(zig-zag chain colony) ……… 54
ジグザグ群体型(zig-zag chain colony type) …… 57
斜行(oblique) ………………………… 76
斜交構造(transverse and oblique striation) … 75
斜截縦溝 ……………………………… 67
蛇頭形(snake head)[20] ………………… 72
縦管(longitu-dinal candl) ……………… 250
縦溝(raphe) ……………… 67,61,62,124,538
縦溝類 ………………………………… 69
収斂(convergent) ……………………… 76
樹状直立型(dendriform upright type) …… 57
種数に基づく汚濁度指数 ………………… 7
準くちばし形(sub-rostrate)[2] ………… 72
上殻(epivalve) ………………………… 8

条件統一 ……………………………… 18
小孔群(apical pore field) ……………… 81
小棘(spinule) ………………………… 8
条線(striae) …………………… 8,74,124
小突起形(apiculate)[1] ……………… 72
消費者(consumer) ………………… 15
植物体表付着性(epiphytic) …………… 58
真アルカリ性種(alkalibiontic taxa) …… 11
真酸性種(acidobiontic taxa) …………… 11
真止水性(limnobiontic) ………………… 54
針状棘(spine) …………………… 4,6,41
唇状突起(labiate process) …… 4,6,8,12,62
真耐性種(extremely torelant taxa) ……… 11
真鍮製細毛ブラシ ……………………… 61
真浮遊性(euplanktonic) …………… 54
真流水性(rheobiontic) …………… 54

せ

生産者(producer) ………………… 15
成熟期 ………………………………… 18
清浄度(小林の) ………………………… 9
生態系 ………………………………… 15
生物の遷移 …………………………… 14
切線構造(tangential areolation) ……… 74
狭い楕円(narrow elliptic) ……………… 71
狭い舟形(narrow lanceolate) …………… 71
遷移 ……………………………… 17
線条線(plain striae) ………………… 77

そ

双縦溝類 ……………………………… 69
藻類生産の潜在力 ……………………… 15
藻類培養試験回分法 …………………… 15
束(fascicle) …………………… 29,37,41

た

Diatom ………………………………… 3
耐性種(torelant taxa) …………… 9,11
**DAIpo(Diatom Assemblage Index to organic
water pollution)** ………… 10,18,22
DAIpo 負荷量 ………………………… 47
帯面観(girdle view) …………………… 66
楕円(elliptic) ………………………… 71
多孔篩膜(cribrum) …………………… 77
縦(長)軸(apical axis) ………………… 66
多糖類の粘質物(mucilage pad) ………… 54
単色フィルター ………………………… 65
単縦溝類 ……………………………… 69
単独直立型(solitary upright type) ……… 57

ち

中栄養型(mesotrophic) ……………… 6
中央圧縮(constricted) ……………… 71
中央膨出(swollen) ……………… 71
中間帯(girdle) ……………… 66
中心結節(central ndule) ……………… 68
中心孔(central pore) ……………… 68
中心目(Centrales) ……………… 4
長胞条線(alveolate striae) ……………… 77, 354
調和型湖沼(harmonic lake type) ……………… 6
調和型水域(harmonic waters) ……………… 12
直截縦溝 ……………… 67
直続群体(straight chain colony) ……………… 54
直立型(upright type) ……………… 54, 180
直交構造(transverse and longitudinal striation) 75
チラコイドラメラ(thylakoid lamella) ……………… 4

て

ディアディノキサンチン(diadinoxanthin) ……………… 3
DCI(Diatom Community Index) ……………… 10
泥表付着性(epipelic) ……………… 58
電気伝導度(EC) ……………… 38

と

頭状(すりこぎ)形(capitate) [5] ……………… 72
動物体表付着性(epizoic) ……………… 58
突起伸長形(produced apiculate) [13] ……………… 72
トリヌクレオチド(trinucleotide) ……………… 5

な

内殻(hypovalve) ……………… 66
内殻帯(hypocinglum) ……………… 66
内殻筒(hypotheca) ……………… 66
内裂溝(inner fissure) ……………… 68

に

二カ所圧縮(biconstricted) ……………… 71
二極性(bipolar) ……………… 4
肉祉状篩膜(vola) ……………… 77
二次側(secondary side) ……………… 68
二者共存則(law of coexistence) ……………… 21

は

Bacillaria ……………… 3
パラミロン(paramylon) ……………… 5

ひ

Pianka の niche overlap equation ……………… 21
被殻(frustule) ……………… 66, 4, 61
非調和型水域(dysharmonic waters) ……………… 12
比例変化則(law of proportional variation) 21, 22
貧栄養型(oligotrophic) ……………… 6
貧腐水性(oligosaprobic) ……………… 7

ふ

封入剤 ……………… 65
富栄養型(eutrophic) ……………… 6
フコキサンチン(fucoxanthin) ……………… 3
腐植栄養型(dystrophic) ……………… 12
腐水性体系(saprobic system) ……………… 6
付着性珪藻 ……………… 6
舟形(lanceolate) ……………… 71
浮遊性珪藻 ……………… 6
プランクトンネット ……………… 60
Pleurax ……………… 65
篩膜(cribrum) ……………… 4
分解者(decomposer) ……………… 15
分離刺(seperating spine) ……………… 12

へ

平行(parallel) ……………… 76
ベーターカロテン(β-catrotene) ……………… 3
β 中腐水性水域(β-mesosaprobic area) ……………… 39
β 中腐水性(β-mesosaprobic) ……………… 7
β 貧腐水性水域(β-oligosaprobic area) ……………… 39

ほ

放散(radiate) ……………… 76
放射状群体(radiate colony) ……………… 54
放射線構造(centric and radial areolation) ……………… 74
放射直立型(radiating upright type) ……………… 57
胞紋(areola) ……………… 77, 4, 12, 29, 41, 521
胞紋列(rows of areola) ……………… 6, 12, 27, 29, 37, 41, 48
星状群体(stellate colony) ……………… 54
ホルマリン ……………… 60

ま

マウントメディア ……………… 65

み

三日月形(lunate) ……………… 71
密着型(prostrate type) ……………… 54, 173, 180

ミトコンドリア(mitochondria) ……………… *5*

む

無相称(nonsymmetric) ……………………… *71*
無縦溝亜目(Araphidineae) ………………… 67
無縦溝類 ……………………………………… 69

ゆ

有機汚濁指数 …………………………… *18,19*
有機汚濁に対する耐性指数 ………………… *19*
有機突起(strutted process) ……… 4,6,29,41,48
有縦溝亜目(Raphidineae) …………………… 123
油脂(lipid) …………………………………… *3*
油浸レンズ …………………………………… 65

よ

葉緑体(chloroplast) ………………………… *4*
葉緑体 ER(chloroplast endoplasmic reticulum) … *4*
葉緑体膜(chloroplast envelope) …………… *4*
翼管(alar canal) ……………………………… 65
翼窓(wing fenestra) ………………………… 65

翼をもつ小突起形(apiculate with wings)[10] … *72*
横軸(transapical axis) ……………………… 66

ら

ラミナリン(laminarine) …………………… *5*
卵形(ovate) ………………………………… *71*

り

竜骨(keel) …………………………………… 62,545
硫酸強熱法 …………………………………… 63
粒状条線(areolae striae) ………………… 77,173
輪形篩膜(rota) ……………………………… *77*
輪溝(sulus) ………………………………… 12,27

れ

連結刺(linking spine) ……………………… 4,12

ろ

肋(costae) ……………………………… 29,37,48,74

編著者略歴

渡 辺 仁 治（わたなべ　としはる）

1948年3月　金沢高等師範学校生物科卒業
1961年7月　京都大学理学博士
1972年3月　金沢大学教養部教授
1975年4月　奈良女子大学理学部教授
1988年4月　関西外国語大学国際言語学部教授
2001年3月　関西外国語大学退職
現　　在　日本珪藻学会会長，瀬戸内海研究会議学術
　　　　　顧問，理事
この間に，新宮川，紀ノ川，大和川汚濁防止連絡協議会
専門委員，環境庁瀬戸内海環境保全審議会委員，水圏生
態研究会会長，顧問，奈良県環境審議会会長，奈良市環
境審議会会長を歴任

Picture Book and Ecology of the Freshwater Diatoms

2005年5月25日　第1版発行

編著者了解に
より検印を省
略いたします

淡水珪藻生態図鑑
群集解析に基づく汚濁指数 DAIpo，pH 耐性能

編著者 © 渡　辺　仁　治
発行者　　内　田　　悟
印刷者　　山　岡　景　仁

発行所　株式会社　内田老鶴圃　〒112-0012 東京都文京区大塚3丁目34-3
　　　　　　　　　電話 (03) 3945-6781(代)・FAX (03) 3945-6782
　　　　　　　　　印刷/三美印刷K.K.・製本/榎本製本K.K.

Published by UCHIDA ROKAKUHO PUBLISHING CO., LTD.
3-34-3 Otsuka, Bunkyo-ku, Tokyo 112-0012, Japan

U.R.No. 538-1
ISBN 4-7536-4047-7 C3045

藻類多様性の生物学

千原 光雄 編著　　　B5判・400頁・定価9450円（本体価格9000円＋税5％）

第1章　総論　第2章　藍色植物門　第3章　原核緑色植物門　第4章　灰色植物門　第5章　紅色植物門　第6章　クリプト植物門　第7章　渦鞭毛植物門　第8章　不等毛植物門　第9章　ハプト植物門　第10章　ユーグレナ植物門　第11章　クロララクニオン植物門　第12章　緑色植物門　第13章　緑色植物の新しい分類

淡水藻類入門　淡水藻類の形質・種類・観察と研究

山岸 高旺 編著　　　B5判・700頁・定価26250円（本体価格25000円＋税5％）

「日本淡水藻図鑑」の編者である著者がまとめる，初心者・入門者のための書．多種多様な藻類群を，平易な言葉で誰にも分かるよう，丁寧に解説する．Ⅰ編，Ⅱ編で形質と分類の概説を行い，Ⅲ編では各分野の専門家による具体的事例20編をあげ，実際にどのように観察・研究を進めたらよいかを理解できるように構成する．

日本淡水藻図鑑

廣瀬弘幸・山岸高旺 編集　　　B5判・960頁・定価39900円（本体価格38000円＋税5％）

図鑑という特性を最高度に発揮させるために図版は必ず左頁に，説明は必ず右頁に組まれ，常に図と説明とが同時に見られるように工夫されている．また本書内の随所に，各藻類群の総括的な解説や検索表およびその他有意義な参考記事と図とが記されている．概要としては，淡水藻一般の形態，生態，分布，分類の概要，採集・観察・培養・保存・標本作成の方法，日本国内の採集適地，淡水藻の利用の途等が述べられ，図版とその説明が続く．

新日本海藻誌
―日本産海藻類総覧―

吉田忠生 著　B5・1248p・48300円

本書は古典的になった岡村金太郎の歴史的大著「日本海藻誌」(1936)を全面的に書き直したものである．「日本海藻誌」刊行以後の約60年間の研究の進歩を要約し，1997年までの知見を盛り込んで，日本産として報告のある海藻（緑藻，褐藻，紅藻）約1400種について，形態的特徴を現代の言葉で記載する．植物学・水産学の専門家のみならず，広く関係各方面に必携の書．

藻類の生活史集成
堀 輝三 編

第1巻　緑色藻類　B5・448p(185種)　8400円
第2巻　褐藻・紅藻類　B5・424p(171種)　8400円
第3巻　単細胞性・鞭毛藻類　B5・400p(146種)　7350円

陸上植物の起源
―緑藻から緑色植物へ―

渡邊 信・堀 輝三 共訳　A5・376p・5040円

最初に海で生まれた現生植物の祖先は，どのような進化をたどって陸上に進出したのか―．分子生物学，生化学，発生学，形態学などの成果にもとづく探求の書．

日本の赤潮生物
―写真と解説―

福代・高野・千原・松岡 共編　B5・430p・13650円

日本近海および日本の淡水域に出現する200種の赤潮生物を収録．赤潮生物の分類・同定に有効な一冊．

原生生物の世界
細菌，藻類，菌類と原生動物の分類

丸山 晃 著・丸山雪江 絵　B5・440p・29400円

原生生物，すなわち細菌，藻類，菌類と原生動物の分類という壮大な世界を緻密な点描画とともに一巻に収めた類例のない書．

淡水藻類写真集 全20巻
山岸高旺・秋山 優 編集　B5・各100種(100シート)

1,2巻 4200円　3,4,6-10巻 5250円　5巻 8400円　11-20巻 7350円

淡水藻類写真集ガイドブック
山岸高旺 著　B5・144p・3990円

藻類の生態
秋山・有賀・坂本・横浜 共編　A5・640p・13440円

日本海藻誌
岡村金太郎 著　B5・1000p・31500円

表示の価格は税込定価（本体価格＋税5％）です．

内田老鶴圃